ODP 全訳版

ディジタル回路設計と
コンピュータアーキテクチャ
［ARM版］

サラ・L・ハリス、デイビッド・M・ハリス 著
天野英晴、鈴木 貢、中條拓伯、永松礼夫 訳

Digital Design and Computer Architecture ARM Edition
Sarah L. Harris, David Money Harris

SiB
access

私たちの家族に捧ぐ

『ディジタル回路設計とコンピュータアーキテクチャ ARM版』
推薦のことば1

2人のハリスは、教え伝えること、育てることに対する愛情と情熱を明確に示した真の教科書を作りあげるという素晴らしく立派な仕事をした。この本を読み進む学生らは卒業後も2人のハリスに感謝の念を抱き続けるだろう。本書の書き方、明確さ、詳細な図、情報の流れ方、課題の複雑さが徐々に増していく様、章全体に渡る数々の例題、章末に設けられた演習問題、簡潔でありながら明確な説明、有用な現実世界の問題、各話題のすべての側面をカバーする範囲といったこと、すべてにおいて見事にまとめられている。本書を授業で用いている学生さん、楽しみ、感動しするとともに、多くのことを学ぶ準備はいいか。

Mehdi Hatamian, Sr.
Vice President, Broadcom

2人のハリスは既に名声を博している彼らの教科書である『ディジタル回路設計とコンピュータアーキテクチャ』のこのARM版を創り上げるという素晴らしい仕事を行った。ARMをターゲットにすることは、挑戦的な課題であるが、明確で徹底した表現スタイルとともに、際立った記述の品質を著者らは維持しつつ、見事にやり遂げた。この新しい版は学生と実務者の両方にものすごく受け入れられること請け合いだ。

Donald Hung
San Jose State University

この10年間、教授としてこれまで吟味し、採用してきた教科書の中で、『ディジタル回路設計とコンピュータアーキテクチャ』は疑問を挟むまでもなく購入に値するたった2冊のうちの1冊である（もう1冊は*Computer Organization and Design*（邦訳：『コンピュータの構成と設計』（通称パタヘネ））。記述は明瞭かつ簡潔で、というのも図は分かりやすく、実際の例として著者らが用いているCPUは現実にあるかなり複雑なものなのに、当大学の学生らも隅から隅まで理解できるほどシンプルなものとなっている。

Zachary Kurmas
Grand Valley State University

本書の元となった（この推薦文は前の版とまったく同じな

のでこのようにした）第1版の『ディジタル回路設計とコンピュータアーキテクチャ』は、古くからある学問分野に新鮮な展望をもたらした。多くの教科書は似たり寄ったりで、育ちすぎた潅木みたいだが、2人のハリスは基礎を保ちつつ最新の語り口の中に展開することで、立ち枯れた枝をうまく刈り込んでいる。この作業をやりながら、著者らは、明日の挑戦のために、設計上の解決法に興味を持つ学生に役立つ情報を与える教科書を提供している。

Jim Frenzel
University of Idaho

2人のハリスは楽しく、教育的な語り口を持っている。著者らの教材の論じ方は、学生にコンピュータ工学を導入するためにはちょうど良いレベルであり、たくさんの役に立つ図を含んでいる。組み合わせ回路、マイクロアーキテクチャ、メモリシステムを特にうまく扱っている。

Jamse Pinter-Lucke
Claremont McKenna College

2人のハリスは非常に明確で理解しやすい本を書いた。演習問題は良く考えられており、実世界の例は優れた導入になっている。同様の教科書で見られる長ったらしく困惑させるような説明はここでは見られない。著者らがこのとっつきやすい教科書を作るのに多大な時間と努力を費やしたことは疑いもない。私はこの『ディジタル回路設計とコンピュータアーキテクチャ』を強くお勧めしたい。

Peiyi Zhao
Chapman University

『ディジタル回路設計とコンピュータアーキテクチャ ARM版』
推薦のことば2

和田英一

Getting an education from MIT is like trying to get a drink of water from a fire hose（MITで教育を受けるのは、消防のホースの水で喉を潤すようだ）といった人がいるらしい。

本書の英語版*Digital Design and Computer Architecture, ARM Edition*は580ページもある大著で、その日本語訳も、2段組でも300ページを超え、アメリカの大学教育レベルの強烈さを示す書である。

私は1950年代後半、パラメトロンを使った第一世代の計算機開発にかかわった。どちらかといえばプログラムライブラリの整備を受け持ったが、回路設計や方式設計のことも十分知っている。その後工学部で計算機に関係する講義などを続けてきたから、最近までのアーキテクチャは一応理解している。RISCの時代になってからも、SPARCやMIPSのアセンブリ言語でプログラムを書いたこともあり、*The Art of Computer Programming*の機械語MMIXのプログラムもシミュレータで走らせたりした。

昨年Raspberry Piを手に入れた。その心臓部はARMであった。私は1990年代にイギリスのケンブリッジに行ったとき、Andy Hopperさんに「ARMはいいぞ。ぜひ使ってみて」といわれたのを思い出し、Raspberry Piで最初に試みたのは、ARMのアセンブリ言語による除算のサブルーチン作りであった。

これはひとえにARMのアーキテクチャを理解したかったからであった。SPARC、MIPS、MMIXなどを使ってRISCの味を知っている積りだった私も、ARM独特の条件付き実行や条件フラグ設定指定の便利さにすっかり魅せられ、たちまちにしてARMファンになってしまった。

そういう状態で知ったのが『ディジタル回路設計とコンピュータアーキテクチャ ARM版』の存在であった。これを読まずにいられようかと思っていたところ、日本語版の推薦文を依頼され、校正用のpdfがどばーっと届いた。

幸いこの時期、多少の暇もあり、ほど無く全体を読み終えた。例題は大体目を通し、演習問題は横目で流して通過。

読み終っての最大の印象は、二進法の説明から始まる記述の範囲の広さである。これは大学で使うテキストと想像するが、一学期で終るのだろうか。私がかつて滞在したMITでは、秋学期が9、10、11、12月、春学期が2、3、4、5月であった。日本の大学の一学期は90分で13回だから、「演習問題は自分でやってね」といったとしても、半分も進まないのではないか。

私から見てここまで書くのかと思ったのは、第2章と第3章のタイミングの計算と、第7章のマイクロアーキテクチャのデータパスの設計であった。CPUをデータパスとその制御部に分けて設計する例は、『計算機プログラムの構造と解釈 第2版』の第5章で、LISPマシンを設計する場面などに現れるが、ロジックが簡単なLISPを実装するのだから、なんとも簡単明瞭であった。一方本書ではARMの命令の一部を実装するだけであるが、単一サイクルプロセッサ、マルチサイクルプロセッサ、パイプラインプロセッサと難しい制御のデータパスの図が次から次と登場する。特にハザード処理の説明も詳しい。

60年程前に設計されたパラメトロン計算機PC-1でも、計算性能を上げるため、先行制御を組み込んでいた。つまりある番地pの命令の演算実行中に次の$p+1$にある命令を読み出す。昔の計算機にはレジスタが1個しかなく、レジスタに作った命令をp番地の命令で$p+1$番地に書いて直ぐそれを実行したいことはよくあった。新命令を$p+1$番地に書く前にそこの旧命令は読み出されているので、そういう場合を検出すると、書き込むと同時にそれを命令レジスタにも送ることにした。そんなことを思い出しながら、ハザード処理のところを読んだ。

およそのことは知っているはずの私だったが、対数時間の桁上げ先見回路や、動的分岐予測回路は新鮮な知識であった。またいつかもう一度読むのが楽しみな本である。

『ディジタル回路設計とコンピュータアーキテクチャ ARM版』
翻訳出版協力者のことば

このたび、『ディジタル回路設計とコンピュータアーキテクチャ』のARM® Editionが翻訳出版されることになりました。現在、コンピュータアーキテクチャを学ぶための書籍として、多くの大学の講義で本書のオリジナル版を使われています。しかしながら、昨今の市場状況に合う、ARMアーキテクチャをベースにしたエディションの出版が予てから待望されておりました。

ここで簡単にARMの歴史について触れておきたいと思います。

一般的にはあまり知られておりませんが、ARMの前身は1978年にイギリス、ケンブリッジに設立されたエイコーン・コンピュータ（Acorn Computers、以下エイコーン）という企業です。エイコーンはマイクロコンピュータの開発で知られるメーカーで、同社が最初に作った「Acorn System 1」は大学の研究者向けに販売されました。その後も次々と製品を世に出し続けましたが、最大のヒットは1980年代のイギリスで行われた「BBCコンピュータリテラシープロジェクト」向けに開発された「BBC Micro」という教育用コンピュータです（このプロジェクトは2015年にも行われ、ARM Cortex®-M0をベースとしたMCUを搭載したMicro Bitという名前のボードとしてイギリス全土の中学1年生を対象に100万台が配布されました）。このようにエイコーンは当時から教育分野への投資の重要性を深く理解しており、この遺伝子は現在のARMにも脈々と引き継がれています。

1990年11月からARMとしてビジネスをスタートして以来、一貫して、当社はあらゆるコンピューティングに最もエネルギー効率の良いテクノロジーを搭載してくことを最重要視しています。現在では、多くのスマートフォンやタブレットなどにアプリケーションプロセッサのCortex-Aシリーズ、産業用機械や自動車などリアルタイム処理を重視するアプリケーションにはCortex-Rシリーズ、またマイクロコントローラ（MCU）では、非常に多くのCortex-Mシリーズが採用されています。また、今後も、IoT（Internet of Things：モノのインターネット）があらゆる分野に用いられ始めることで、更にこれらのシリーズが市場に出て行くことを期待しています。

最後に、『ディジタル回路設計とコンピュータアーキテクチャ』のARM® Editionの翻訳出版に関わることができ、ARM社員として、また一個人として非常に名誉なことだと感じております。今回の出版を機に、コンピュータエンジニアを目指す学生だけでなく、現役のエンジニアの皆さまにも本書を注目していただけると嬉しいです。

アーム株式会社代表取締役社長
内海 弦

名著、*Digital Design and Computer Architecture, ARM® Edition*の訳書を出すことに協力をすることができ、とても光栄に思っています。本書には、世界中の人々が使っているARMアーキテクチャを題材に、トランジスタ、ゲートといった論理回路の基本的な構成要素から、ハードウェア記述言語、機械語と、およそマイクロコントローラーに関わる全てが記されています。この優れた本が、我々が容易に読むことのできる日本語に訳されたことは大きな喜びです。翻訳の労をとられた、天野英晴、鈴木貢、中條拓伯、永松礼夫先生に感謝します。

株式会社スイッチサイエンス取締役
坪井義浩

『ディジタル回路設計とコンピュータアーキテクチャ ARM版』が天野英晴、鈴木貢、中條拓伯、永松礼夫先生先生により翻訳されたことを嬉しく思います。また翻訳のご努力に敬意を表させていただきます。本書は、これからのIoT社会を担う学生の方々、企業の若手エンジニアの方々に是非とも手に取って、熟読し、活用いただきたいと希望いたします。組込みソフトウェア開発、ハードウェア設計などに係わる上で、必ずや皆さんの良きバイブルになると信じております。

REVSONIC 株式会社代表取締役
砂子坂 宗則

序

この本は、コンピュータアーキテクチャの見地からディジタル論理設計を論じている点が特徴的で、I/Oから始めてマイクロプロセッサの設計まで導いていく。

私たちはマイクロプロセッサを作ることが、コンピュータ科学と工学の学生にとっての特別な通過儀礼であると信じている。プロセッサの内部動作は、入門者にはほとんど魔術的に見えるが、注意深く説明していけば、単純な一本道であることが分かる。ディジタル設計それ自体は、力強く刺激的なテーマである。アセンブリ言語でプログラミングすることで、プロセッサの内部で話されている言語が明らかになる。マイクロアーキテクチャはこれらをまとめて1つにする連結部である。

徐々に広まっていった最初の2つの版では、広く用いられているパターソンとヘネシーのアーキテクチャの書籍に従いMIPSアーキテクチャを追及した。初期のRISC（Reduced Instruction Set Computing）アーキテクチャの1つとして、MIPSは明瞭であり、極めて分かりやすく作りやすいものである。MIPSは重要なアーキテクチャであり、2013年にイマジネーション・テクノロジーズ社がMIPSテクノロジーズ社を買収した後、新たなエネルギーが吹き込まれた。

過去20年において、ARMアーキテクチャは、その効率の良さと幅広いエコシステムから、爆発的に人気を博すようになった。500億個ものARMプロセッサが出荷され、75%以上の地球上の人間がARMプロセッサを用いた製品を使っているのである。本書を書いている現時点においても、ほとんどすべての携帯電話やタブレットは1つまたは複数のARMプロセッサを搭載している。予測では、100億以上ものARMプロセッサが間もなくIoT（Internet of Things）をコントロールするだろうと報じられている。多くの企業が高性能ARMシステムを構築し、サーバマーケットにおいてインテル社に挑戦状を叩きつけている。その商業的な重要性や学生の興味から、この教科書のARM版を著すことにしたのである。

教育学上においては、MIPS版とARM版の学ぶべき対象は同一のものである。ARMアーキテクチャには、少しばかり複雑なものとなるが、効率化をもたらすアドレシングモードや条件実行といった多数の特徴がある。2つのマイクロアーキテクチャは極めて似通っており、条件実行やプログラムカウンタが最も大きな違いとなっている。I/Oについての章は、ARMベースの組み込みLinux搭載シングルボードコンピュータであり、今話題のRaspberry Piを用いて多数の例を示している。

市場の要請がある限り、MIPS版、ARM版ともに提供していきたい。

本書の特徴

SystemVerilogとVHDLの1対1対応の表示

ハードウェア記述言語（HDL）は、最近のディジタル設計現場で中心的に使われている。不幸なことに、設計者を二分してしまう2つの有力な言語がある。それはSystemVerilogとVHDLである。本書は組み合わせ回路と順序回路設計を述べた後にすぐ第4章でHDLを紹介する。そして、HDLを第5章から第7章まで、大きなビルディングブロックやプロセッサ全体を設計するのに用いている。しかし、HDLを教えないコースで、第4章を飛ばしても、それ以降の章を読むことはできる。

本章はSystemVerilogとVHDLを1対1に対応して記述し、読者がこの2つの言語を学べるようになっている点でユニークである。第4章は両方のHDLで適用される方針を記述し、それから言語依存のシンタックスや例を、隣り合った欄に示す。この1対1対応により教師は、どちらのHDLを選ぶかを簡単に決めることができ、読者は、クラスにおいても、また実務における実践でも、一方から他方への変換を簡単に行うことができる。

ARMアーキテクチャとマイクロアーキテクチャ

第6章と第7章では、まずARMアーキテクチャとマイクロアーキテクチャについて詳細に述べる。ARMは年々何百万もの製品に用いられている実際のアーキテクチャであり、最新でありながら学びやすいということから、理想的なアーキテクチャである。さらに、商業的にも趣味の世界においても人気があることから、ARMアーキテクチャ用のシミュレーション環境や開発ツールが存在する。ARM技術に関連した本書の題材はARM社からの承認のもとに作り直したものである。

現実世界の展望

ARMアーキテクチャの議論における現実世界の展望に加

え、第6章では別の側面を示すためにインテルx86プロセッサについて例示している。第9章（オンライン補助教材として提供）においては、ARMベースの超人気プラットフォームのシングルボードコンピュータであるラズベリーパイに関連した周辺機器についても触れている。これらの現実世界の側面に触れた章では、そこで述べた概念が、多くのPCや家電製品の中に見られるチップにどのように関連しているのかを示している。

先進的なマイクロアーキテクチャの概観

第7章では最近の高性能マイクロアーキテクチャの特徴となる分岐予測、スーパースカラ、アウトオブオーダ処理、マルチスレッディング、マルチコアプロセッサを概説している。ここでは、最初のコースの学生でも分かるように扱うとともに、本書のマイクロアーキテクチャがどのように最近のプロセッサに拡張可能かを示している。

章末の演習と口頭試問の問題

ディジタル設計を勉強する最善の方法は設計をすることである。各章の終わりには、記述内容を練習するための膨大な数の演習問題がある。これらの演習問題に続いて、この業界で働きたいという学生に対して私たちの仲間がよく行う口頭試問の問題セットが用意されている。これらの問題は、就職面接でよく試問される典型的な問題を一瞥するための助けとなる。（演習の解答は本書の手引きと教師のためのWebページから利用可能である。より詳細は次の節「オンライン補助教材」を参照されたい。）

オンライン補助教材（Companion Material）

補助教材は、http://textbooks.elsevier.com/9780128000564からオンラインで利用可能である（9780128000564は原書のISBN）。この手引きサイト（すべての読者がアクセス可能）は以下のものを掲載している。
- ▶ 奇数番号の演習の解答
- ▶ Altera®社提供の業務用設計ツール（CAD）へのリンク
- ▶ KeilのARM マイクロコントローラ開発キット（MDK-ARM）へのリンクで、これはARMプロセッサ用のコンパイル、機械語変換、Cとアセンブリコードのシミュレーション環境である。
- ▶ ARMプロセッサ用のHDLコード
- ▶ Altera Quartus IIの有用なヒント
- ▶ PowerPoint（PPT）フォーマットの授業スライド
- ▶ コースの例と実験用教材
- ▶ 誤りのリスト

教師サイト（手引きサイトにリンクされており、http://textbooks.elsevier.com/9780128000564に登録した採用者が利用可能）には以下が掲載されている。
- ▶ 全演習問題の解答
- ▶ Altera社の業務用設計ツール（CAD）へのリンク。
- ▶ PDFとPPTフォーマットの図

Altera関連、ラズベリーパイ、MDK-ARMといったツールを使うための詳細も提供されている。ここには実験機材の例も詳しく示してある。

コースのソフトウェアツールの使い方

Altera Quartus II

Quartus II Web版は業務用のQuartus II FPGA設計ツールのフリー版である。これは、学生は回路図入力やSystem-VerilogもしくはVHDLといったハードウェア記述言語（HDL）を用いたディジタル設計の入門となる。設計に入った後、学生はAltera Quartus II Web 版とともに利用可能なModelSimのAlteraスタータ版を用いた回路のシミュレーションができるようになる。Quartus II Web 版にはSystem-VerilogとVHDLの両方をサポートする論理合成ツールが含まれている。

Web版と購入版との違いは、Web版はAltera社の最も一般的なFPGAの一部が利用できる。ModelSimのAlteraスタータ版と販売版との違いは、スタータ版では10,000行を超えるHDLコードのシミュレーションの性能が低下する。

KeilのARMマイクロコントローラ開発キット（MDK-ARM）

Keil MDK-ARMは、ARMプロセッサのコード開発ツールであり、自由にダウンロードして利用できる。このMDK-ARMには、ARM用の商用コンパイラやシミュレータが含まれており、これらによって学生はCコードとアセンブリ言語のプログラムの両方が書け、コンパイルし、シミュレーションも行えるようになる。

実　　験

手引きサイトは、ディジタル設計からコンピュータアーキテクチャのトピックを扱う一連の実験に対するリンクを含んでいる。この実験では学生に、Quartus IIツールを使う方法、すなわち、その導入、シミュレーション、論理合成、最終回路の生成の仕方を教える。この実験にはMDK-ARMとラズベリーパイ開発ツールを用いたC言語とアセンブリ言語プログラムの演習も含まれている。

論理合成後、学生は自分たちの設計をAltera DE2（またはDE2-115)開発教育ボード上に実装することができる。この手頃な価格のボードは、www.altera.comで入手可能である。このボードは学生の設計を実装するためにプログラム可能なFPGAを搭載している。私たちは、DE2ボードとQuartus II Web版を使って設計を実装する方法を記述した実験を用意した。

実験を遂行するには、学生は、Altera社 Quartus II Web版と、MDK-ARMもしくはラズベリーパイツールのいずれかをダウンロードしてインストールする必要がある。教師は実験用マシンにインストールするツールを選ぶだろう。実験で

は、DE2ボード上にプロジェクトを実装する方法も用意している。実装ステップは省くことができるが、これは非常に価値があるものであることが分かっている。

実験はWindowsではテスト済みであるが、ツールはLinuxでも利用可能である。

バ　グ

すべての実践的プログラマがご存知の通り、非常に複雑なプログラムはすべてバグを含んでいることは疑いもない。これは本でも同じである。私たちは細心の注意を払ってバグを見つけ、これを排除した。しかし、いくつかのエラーが残っていることは疑いない。私たちは本書のWebサイトに正誤表を用意した。

バグレポートをddcabugs@gmail.comに送ってほしい。本質的なバグを発見、修正した最初の人には、それが将来の増刷で使われた場合には1ドル差し上げる[†]。

謝　辞

本書を世に出してくれたNate McFadden, Joe Hayton, Punithavathy GovindaradjらのMorgan Kaufmann社のみなさんのご努力に感謝します。Duane Bibbyのアートは大好きで、その漫画は各章を活気づけてくれた。

第7章で異種マルチプロセッサの節を提供してくれたMatthew Watkinsに感謝する。第9章でラズベリーパイ用のコードを開発してくれたJoshua Vasquez の仕事に感謝する。教材をテストしてくれたJosef Spjut とRuye Wangにも感謝したい。

数多くの査読者が本書を根本から良くしてくれた。Boyang Wang, John Barr, Jack V. Briner, Andrew C. Brown, Carl Baumgaertner, A. Utku Diril, Jim Frenzel, Jaeha Kim, Phillip King, James Pinter-Lucke, Amir Roth, Z. Jerry Shi, James E. Stine, Luke Teyssier, Peiyi Zhao, Zach Dodds, Nathaniel Guy, Aswin Krishna, Volnei Pedroni, Karl Wang, Ricardo Jasinski, Josef Spjut, Jörgen Lien, Sameer Sharma, John Nestor, Syed Manzoor, James Hoe, Srinivasa Vemuru, K. Joseph Hass, Jayantha Herath, Robert Mullins, Bruno Quoitin, Subramaniam Ganesan, Braden Phillips, John Oliver, Yahswant K. Malaiya, Mohammad Awedh, Zachary Kurmas, Donald Hung、...そのほかの人々である。ARM関連の題材について注意深く見てくれたKhaled BenkridとARM社の同僚らには特に感謝したい。

私たちはまた、ハーベイ・マッド大学とネバダ大学ラスベガス校で私たちのコースを取った学生に、この教科書の草稿に対する有用なフィードバックを与えてくれたことを感謝する。その中でもClinton Barnes, Matt Weiner, Carl Walsh, Andrew Carter, Casey Schilling, Alice Clifton, Chris Acon, およびStephen Brawnerに特に感謝する。

最後だからといって決して軽んじているわけではなく、私たち2人を愛情とともに支えとなってくれた家族のみんなに感謝したい。

[†]　（翻訳出版社注）バグレポートの報償金制度については、原書および原著者に関するものです。本翻訳書についてはバグレポート報償金はありません。

目　　次

1

ゼロからイチへ

1.1　ゲームの計画

　マイクロプロセッサは過去30年の間に私たちの世界を革命的に変えた。今日のノートパソコンは、大きさがひと部屋もある昔のメインフレーム機の能力を凌いでいる。高級乗用車には約100個のマイクロプロセッサが使われている。マイクロプロセッサの進化が携帯電話やインターネットを可能にし、戦争の駆け引きをも変えた。世界の半導体生産の売り上げは1985年に210億ドルであったのが、2013年には3,060億ドルに増加した。その大部分はマイクロプロセッサの売り上げである。マイクロプロセッサは技術分野だけでなく、経済・社会の分野でも重要であると思える。さらに本質的に、人間の持つ発明心を魅了している。本書を読み終えたとき、自分でどうすればマイクロプロセッサを設計・製造できるかが分かるだろう。それを通してあなたが学んだスキルは他のディジタルシステムをデザインする際の準備ともなる。

　本書は前提として、電気回路の基礎知識があり、プログラミング経験があり、さらに、本気でコンピュータの内側で起こっていることを知りたい意欲を持っている人を対象とする。ここで焦点を当てるのは、0と1を用いて演算処理がされるディジタルシステムのデザインである。まず最初に、0と1を入力して受け取り、0と1を出力として生成するディジタル論理ゲートを取り上げる。次いで、それらのゲートを組み合わせて、加算器やメモリなど、より複雑なモジュールを構成する方法を学ぶ。さらに進め、マイクロプロセッサの母語であるアセンブリ言語のプログラミングを学ぶ。最後に、ゲートを組み合わせて、そのようなアセンブリ言語のプログラム

を動かせるマイクロプロセッサを構築する。

　ディジタルシステムの大きな利点は、ビルディングブロックを構成するのが極めて単純な1と0であることだ。嫌いな数学や深遠な物理学の知識を必要としない代わりに、デザインの要点は単純なブロックを組み合わせて複雑なシステムを作る極意にある。マイクロプロセッサは、自分ひとりの頭で全体を一時に把握するにはあまりに複雑であるような初めてのシステム作成の経験になるだろう。複雑さをどう扱うかは本書全体を貫くテーマの1つでもある。

1.2　複雑さを上手に扱う方法

　エンジニアやコンピュータ科学者と一般人の違いは、複雑さを上手く扱うのにシステム的（組織的）なアプローチをできるかどうかである。最近のディジタルシステムは何十万あるいは何十億個のトランジスタから構成されている。各トランジスタの電子の動きを記述する方程式を書き、その方程式のすべてを同時に満たす解を求めることで、そのようなシステムを理解できるような人間はいない。細かいことの泥沼に嵌らずにマイクロプロセッサを作る方法を理解するには、複雑さを手なづける方法を学ぶべきである。

1.2.1　抽象化

　複雑さを管理する方法の要は**抽象化**——細部がそれほど問題とならないときには細部を見ないこと——である。例えば、アメリカの政治家は世界を市、郡、州、国に抽象化する。郡はいくつもの市を含み、州はいくつもの郡を含んでい

る。政治家が大統領のために働いているとき、彼は、それぞれの郡がどのように投票するかよりも、もっぱら州全体がどのように投票するかに関心を持っている。つまり、州のレベルでの抽象化が役立つ。一方で、国勢調査局はそれぞれの市の人口を調査しており、そのような場合は細部または低いレベルの抽象化で考えるべきである。

図1.1は、コンピュータシステムでの抽象化の階層を、それぞれのレベルでの典型的なビルディングブロックに沿って示したものである。

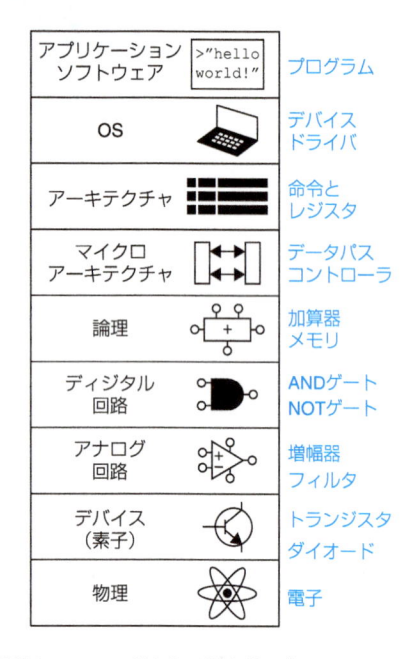

図1.1　電子計算システムに使われる抽象化の各レベル

一番下の抽象階層は物理学による電子の動きである。電子の挙動は量子力学とマックスウェルの方程式で記述される。私たちのシステムは電子的な**デバイス**、例えばトランジスタ（かつては真空管の時代もあった）で構成されている。これらのデバイスは定義された**端子**（**ターミナル**）と呼ばれる接続点を持ち、各端子で観測される電流と電圧の関係でモデル化される。このデバイスのレベルの抽象化により、個々の電子の振る舞いは無視できる。次の抽象化のレベルは**アナログ回路**である。そこではデバイスは増幅器（アンプ）などの部品を作るため組み合わされる。アナログ回路では入力と出力の電圧範囲は連続的である。論理ゲートのような**ディジタル回路**では電圧の範囲を0と1を表す離散的なものに限っている。論理設計では、例えば加算器やメモリなどのより複雑な構造を、ディジタル回路を用いて作る。

> 本書の各章の最初に、その章において焦点を当てている項目の抽象化アイコンを濃い青色で示し、次に重要な項目には薄い青色示している。

抽象化の論理レベルとアーキテクチャレベルを**マイクロアーキテクチャ**が橋渡しする。**アーキテクチャ**レベルの抽象化では、コンピュータをプログラマからの視点で記述する。例えば、多くのパーソナルコンピュータ（**PC**）に使われるマイクロプロセッサであるIntel x86アーキテクチャは、プログラマが使える命令とレジスタ（一時的に変数の値を格納するメモリ）の集合により定義されている。マイクロアーキテクチャには、アーキテクチャで定義された命令を実行するための組み合わせロジックエレメント（論理素子）が含まれる。あるアーキテクチャは価格・性能・消費電力の選定で決まった多数の異なるマイクロアーキテクチャの1つにより実装される。例えば、Intel Core i7、Intel 80486、そしてAMD Athlonはどれもx86アーキテクチャを実装した異なるマイクロアーキテクチャである。

ソフトウェアの領域に目を転じると、オペレーティングシステムではハードディスクへのアクセスやメモリ管理といった低レベルの詳細を扱う。そして、アプリケーションソフトウェアが、これらOSが提供する機能を使ってユーザの課題を解く。抽象化の力よありがとう。おかげで、あなたのおばあちゃんも電子の量子力学的な振る舞いや使っているコンピュータのメモリの構成のことを何も考えずにネットサーフィンができる。

本書では、ディジタル回路からコンピュータのアーキテクチャの範囲にわたる抽象化のレベルに焦点を当てる。抽象化の1つのレベルを考えているとき、すぐ上とすぐ下の抽象化のレベルについて何か知っておいたほうがよい。例えば、プログラムの書かれたアーキテクチャの知識なしにコンピュータ科学者は完全にコードを最適化できない。デバイス技術者もそのトランジスタが使われる回路について知識がないとトランジスタ設計のトレードオフに賢い判断はできない。本書を読み終えたときに、あなたが直面した問題を解くための抽象化のレベルを適切に選び、あなたの設計上の選択が他の抽象化レベルに与える影響を評価できることを望んでいる。

1.2.2　規　格

規格（discipline）とはあなたの設計の選択を意図的に制限し、それにより上の抽象化レベルでより効率的に考えることを可能にするものである。互換性のある部品を用いることは規格のよく知られた応用である。初期の互換性のある部品の例の1つに、フリントロック式のライフル銃の製造過程がある。19世紀の初期までは、ライフル銃は1つ1つ手作りされていた。多数の異なる職人が作った部品は注意深く分類整理され、それを高度な技術を持つ組み立て職人が製品にしていた。互換性のある部品という規格の導入は銃工業に革命を起こした。使われる部品を定められた公差を持つ標準化された部品に限ることで、ライフル銃はより迅速に、スキルの低い職人でも組み立て・修理できるようになった。銃の組み立て職人は、もはや銃身や銃床の形状のような部品固有の癖といった低い抽象化レベルの事柄について考慮する必要がなくなった。

本書の文脈では、ディジタルシステムにおける規格は大変に重要である。ディジタル回路は信号に離散的な電圧範囲を使うが、アナログ回路は連続的な電圧範囲を使う。したがって、ディジタル回路はアナログ回路の部分集合であり、ある意味でアナログ回路より狭い範囲の可能性を持つ。しかし、

ディジタル回路はデザインがはるかに簡潔である。私たちも対象をディジタル回路に限定することで、容易に部品を結合して洗練されたシステムを作ることができる。それは、多くの応用分野でアナログ部品から作られたシステムよりも抜きん出た性能が得られる。例えばディジタルテレビ、コンパクトディスク（CD）、携帯電話などがアナログ技術の機械から置き換わっている。

1.2.3 3つの「〜化」

抽象と規格に加えて、設計者は3つの「〜化」を用いて複雑さを管理する。それらは階層化、モジュール化、規則化である。これらの原則はソフトウェアにもハードウェアにも適用される。

▶ **階層化** 関連するシステムをモジュールに分割すること、さらにそれを 各モジュールが理解しやすい大きさの断片となるまで再分割すること

▶ **モジュール化** モジュールはきちんと定義された機能とインタフェースを持ち、不測の副作用なしに相互に接続できるようにすること

▶ **規則化** モジュール間の一様さ。共通のモジュールは何度も使われ、モジュールの種類を減らすこともよい設計方針である。

3つの「〜化」の説明のため再びライフル銃の例を続ける。19世紀の初頭によく使われた最も複雑な道具がフリントロック（火打ち式）ライフルである。階層化の原理に従ってライフル銃を図1.2のように発火機構（ロック）と銃床（ストック）と銃身の3つの部分へと分けることができる。

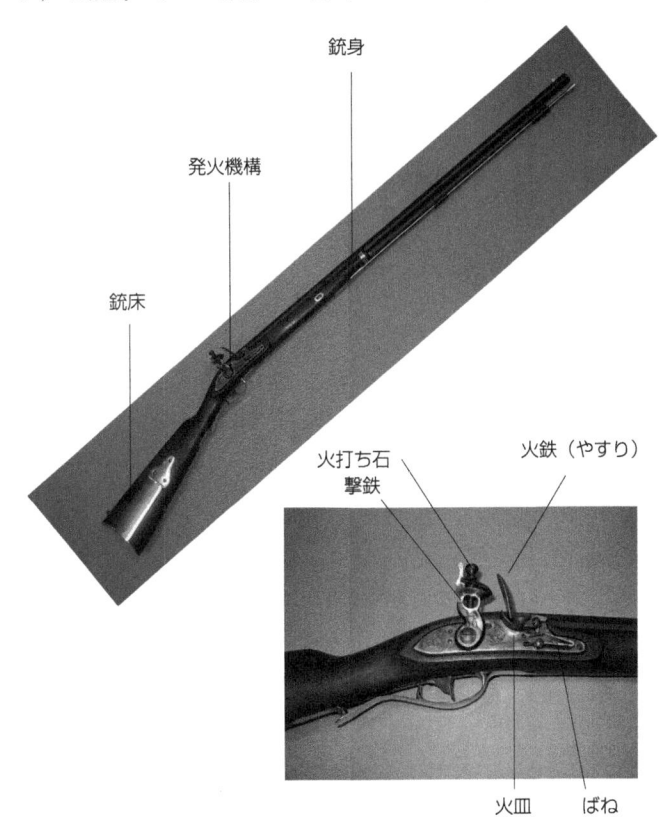

銃身

発火機構

銃床

火打ち石
撃鉄

火鉄（やすり）

火皿 ばね

発火機構の拡大図

図1.2 フリントロック式ライフル銃とその発火機構の拡大図（図版はユーロアームズ・イタリアによる。www.euroarms.net ©2006）

> ルイス・クラーク探検隊の、キャプテン・メリウェザー・ルイスは初期のライフルの交換可能な部品システムの支持者であった。1806年に、彼はこう述べている。
>
> 　　ドゥレヤーとブライヤー軍曹の銃は故障して使えなくなった。そこでまず発火機構を交換した。古い発火機構は合わなくて使えなかった。次は発火機構の壊れたねじ部分だ。それを本体が作られたハーパーズ・フェリー工廠製の予備品と交換した。しかし、これら余分の発火機構やその部品を持っていくことには事前の注意が必要だった。われわれの銃の大半はそのとき適合せず全く役立たなかった。しかし幸運なことに、天才的なジョン・シールズの修理技術で私たちの持てる力で銃と部品を組み立てられたことは記録に値する。
>
> 出典：エリオット・カウズ編、ルイスとクラークの探検隊史（4巻）、ニューヨーク：ハーパー、1893；再版、第3巻、ニューヨーク：ドーバー、第3章：817ページ

銃身は発射された弾が通っていく長い金属の管である。発火機構は発射装置である。銃床は木製の胴体で各部品を結合するとともに射手にとって安定した握り部分となる。さらに見ると、発火機構部には引き金・撃鉄・火打石・火鉄・火皿がある。これらの部品のそれぞれについて、後でより詳しく階層的に説明する。

モジュール化では、それぞれの部品が明確に定義された機能とインタフェースを持つことを定めている。銃床の機能とは銃身とロックを載せることである。この場合、インタフェースは結合用のピンの位置と長さで決まる。モジュール化されたライフルの設計ならば、多くの異なる製造者から供給された銃床でも、銃床と銃身が正しい長さと合致する結合部を持つなら、どんな銃身とも組み合わせて使うことができる。銃身の機能は銃弾がより正確に飛ぶように回転を与えることである。モジュール化では副作用のないことが条件になる。銃床のデザインが銃身の機能に支障を与えるようではいけない。

規則化の考えとして、交換可能な部品は良いアイデアである。規則化することによって破損した銃身は同じ型の部品と交換することができる。そして手間のかかる手作業でなく組み立てラインで効率的に銃を作れる。

本書を通して、これらの階層化、モジュール化、規則化の原則に何度も立ち戻って議論する。

1.3 ディジタルによる抽象化

たいていの物理変数は連続的（アナログ）量である。例えば、電線の上の電圧・振動の周波数・質点の位置はすべて連続的な量で表せる。それに対して、ディジタルシステムでは**離散的な値**（有限個の離れた値のどれか）を取る変数で情報を表す。

初期のディジタルシステムで、10通りの値を取る変数を用いたのがバベッジの解析機関である。1834年から1871年の間、バベッジは機械式コンピュータの設計と建造を試みた。解析機関は、自動車の機械式走行距離メータのような、0から9のラベルの付いた10通りの位置を持つ歯車を用いていた。次ページの図1.3に示すのは解析機関の試作機で、一列で1桁を表せる。バベッジは25列の歯車にしたため、機械は25桁の精度のものであった。

図1.3 バベッジの没した1871年に建造中だった解析機関（写真は英国科学博物館／科学と社会の画像ライブラリによる）

チャールズ・バベッジ（Charles Babbage）、1791～1871年。ケンブリッジ大学に入学し1814年にジョージアナ・ホイットモアと結婚。世界初の機械式コンピュータである解析機関を発明。鉄道の排障器や郵便の国内均一料金の発明も行う。錠前破りに興味を持ったり、ストリートミュージシャンを嫌ったりしたことも知られている。（肖像はスイスのフォーミラプ（www.fourmilab.ch）による）

バベッジの機械とは異なり、多くの電子式コンピュータはバイナリ（2値）の表現を用いている。つまり高い電圧で「1」を、低い電圧で「0」を表すものである。なぜなら、10種類の電圧を区別するより、2種類を区別するほうが簡単だからである。

N通りの異なった状態を取る離散的変数での**情報量**Dは、ビットを単位として以下のように測ることができる。

$$D = \log_2 N \text{ビット} \tag{1.1}$$

1つの2値変数で$\log_2 2 = 1$ビットの情報を表せる。実際、ビット（bit）という語は、「Binary digIT」（2進数の1桁）を短くして作ったものである。バベッジの歯車の1個は$\log_2 10 = 3.322$ビットの情報量を持っていた。つまり、歯車が$2^{3.322} = 10$通りのうち1つの位置を取るからである。連続的なアナログの信号は、理論的にはとり得る値が無限個あるので無限の情報量を持つといえる。実際は、雑音や測定の誤差によって多くのアナログ信号の情報量は10～16ビットに制限されてしまう。また測定を高速に行おうとすると情報量は、例えば8ビットのように、もっと少なくなる。

本書が取り上げるのは、1と0の値を取る2値変数を用いるディジタル回路である。ジョージ・ブールは、**ブール代数**と

して知られる2値変数（論理変数）による論理操作の体系を作った。ブール代数の変数は「TRUE（真）」または「FALSE（偽）」の値を取る。電子式コンピュータでは一般に正の電圧を「1」、ゼロの電圧を「0」を表すために用いる。本書では、「1」と「TRUE」と「高い電圧の状態（HIGH）」を同義に扱う。同じように、「0」と「FALSE」と「低い電圧の状態（LOW）」も同義に扱う。

ジョージ・ブール（George Boole）、1815～1864年。労働者階級の家に生まれ正式な教育は受けられなかった。ブールは数学を独学で学び、アイルランドのクイーンズ大学の教授となった。著作『思考法則の研究』（1854）の中で、論理変数や3つの基本的論理演算（AND、OR、NOT）について述べている。（肖像はアメリカ物理学会提供）

ディジタルによる**抽象化**の素晴らしさは、特定の電圧や回転する歯車あるいは水圧のレベルといった2値変数が物理的にはどのように実現されているかを考えずに、ディジタルシステムの設計者は1と0に集中できることである。コンピュータプログラマはハードウェアの直接的な細部を知らなくても仕事ができる。その一方で、ハードウェアの詳細を理解していれば、プログラマはソフトウェアを特定のコンピュータ上でより効率的に動かすことができる。

個々のビットは大した情報を運ばない。次節で、複数のビットをグループにして数を表現するかを論じる。後節では、ビットの集合で文字やプログラムを表す方法を述べる。

1.4　数の体系

皆さんは10進数で考えることに慣れているだろう。一方、1と0からなるディジタルシステムでは2進数や16進数が便利なことが多い。この節では、本書の残りで使われるそれらの数の体系について紹介する。

1.4.1　10進数

小学校で、**10進数**で数えたり計算することを習っただろう。そしてあなたにはたぶん10本の指があるだろう。0、1、2、…、9という10個の数字、10進数字を組み合わせてより長い10進数が構成できる。10進数のそれぞれの桁は隣の桁より10倍の重みを持つ。右から左に各桁の重みは1、10、100、1000、…となっていく。10進数のことを**10を基数**とする数の表現ともいう。複数の基数を混ぜて考えるときの混乱を避けるため、基数を数の後ろに下付きの添え字として示すこともある。例えば、図1.4に示すように10進数の9742_{10}はそれぞれの数字に対応する桁の重みを掛けたものの和で表せる。

重みが1000の桁　重みが100の桁　重みが10の桁　重みが1の桁

$$9742_{10} = 9 \times 10^3 + 7 \times 10^2 + 4 \times 10^1 + 2 \times 10^0$$

9つの1000　7つの100　4つの10　2つの1

図1.4 10進数の表記

N桁の10進数は10^Nの可能性のうちの1つを表現する。つまり、0、1、2、3、...、$10^N - 1$である。これを値の**範囲**という。例えばある3桁の10進数は0から999の範囲の1000の可能性の1つを表現する。

1.4.2 2進数

ビットは0か1の2つの値のどちらかを表す。それらを組み合わせ**2進数**を構成する。2進数のそれぞれの桁は直前の桁の2倍の重みを持つ。つまり2進数では基数は2である。2進数では各桁の重みは（ここでも右から左に）1、2、4、8、16、32、64、128、256、512、1024、2048、4096、8192、16384、32768、65536、...となる。もし2進数をよく使うなら2^{16}までの2のべき乗を覚えておくと時間が節約できる。

1つのN桁の2進数は$2N$の可能性、0、1、2、3、...、$2^N - 1$のうちの1つを表す。表1.1に1、2、3と4ビットの2進数とその値の10進表現を示す。

表1.1 2進数と同じ値の10進数での表現

1ビットの2進数	2ビットの2進数	3ビットの2進数	4ビットの2進数	10進数での値
0	00	000	0000	0
1	01	001	0001	1
	10	010	0010	2
	11	011	0011	3
		100	0100	4
		101	0101	5
		110	0110	6
		111	0111	7
			1000	8
			1001	9
			1010	10
			1011	11
			1100	12
			1101	13
			1110	14
			1111	15

例題1.1 2進数から10進数への変換

2進数10110_2を10進数に変換する。

解法：図1.5に変換方法を示す。

16の桁　8の桁　4の桁　2の桁　1の桁

$$10110_2 = 1 \times 2^4 + 0 \times 2^3 + 1 \times 2^2 + 1 \times 2^1 + 0 \times 2^0 = 22_{10}$$

16が1つ　8はない　4が1つ　2が1つ　1はない

図1.5 2進数から10進数への変換

例題1.2 10進数から2進数への変換

10進数84_{10}を2進数へ変換する.

解法：結果の2進数のそれぞれの桁が1になるか0になるかを決めて行く。これは右でも左でもどちらの桁からでも開始できる。

左から始めるときは、対象とする数以下の、2のべき乗で最大のもの（この場合64）から始める。$84 \geq 64$なので、64の桁は1になる。残りは$84 - 64 = 20$になる。$20 < 32$なので32の桁は0になる。$20 > 16$なので16の桁は1になる。残りは$20 - 16 = 4$になる。$4 < 8$なので8の桁は0になる。$4 \geq 4$なので4の桁は1になる。残りは$4 - 4 = 0$である。したがって、2の桁と1の桁は0になる。これをまとめると84_{10}は1010100_2になる。

右から始める場合は、対象とする数を繰り返し2で割る。割った余りがそれぞれの桁の値になる。$84/2 = 42$なので0が1の桁になる。$42/2 = 21$なので0が2の桁になる。$21/2 = 10$の余りの1が4の桁になる。$10/2 = 5$なので0が8の桁になる $5/2 = 2$の余りの1が16の桁になる。$2/2 = 1$なので0が32の桁になる。最後に$1/2 = 0$の余りの1が64の桁になる。同じく$84_{10} = 1010100_2$になった。

1.4.3 16進数

長い2進数を書くのは退屈で、間違いを起しやすい。そこで、4ビットをひとまとまりにして$2^4 = 16$のうち1つの可能性を表す。つまり、**基数16**の体系を使うことは時としてより便利である。これを**16進数**と呼ぶ。16進数では数字に0から9と、文字AからFを使う。表1.2に示すように、基数が16なので、それぞれの桁は1、16、16^2（すなわち256）、16^3（すなわち4096）のように続く重みを持つ。

表1.2 16進数の体系

16進数	10進数での表記	2進数での表記
0	0	0000
1	1	0001
2	2	0010
3	3	0011
4	4	0100
5	5	0101
6	6	0110
7	7	0111
8	8	1000
9	9	1001
A	10	1010
B	11	1011
C	12	1100
D	13	1101
E	14	1110
F	15	1111

> 16進数の用語「ヘキシデシマルhexadecimal」はIBMにより1963年にギリシア語の6を表すhexiとラテン語の10を表すdecemをつないで造語された。ラテン語で6を表すsexaを使ったsexadecimalがより適切と思えるが、品位がない発音である。

例題1.3　16進数から2進数と10進数への変換

16進数$2ED_{16}$を2進数と10進数へと変換する。

解法：16進数と2進数の間の変換はやさしい。なぜなら16進数のそれぞれの桁数字は4つの2進数の桁に直接対応するからである。2_{16}は0010_2に、E_{16}は1110_2に、そして、D_{16}は1101_2に対応するので、$2ED_{16}$は001011101101_2になる。10進数への変換には図1.6に示すような計算が必要になる。

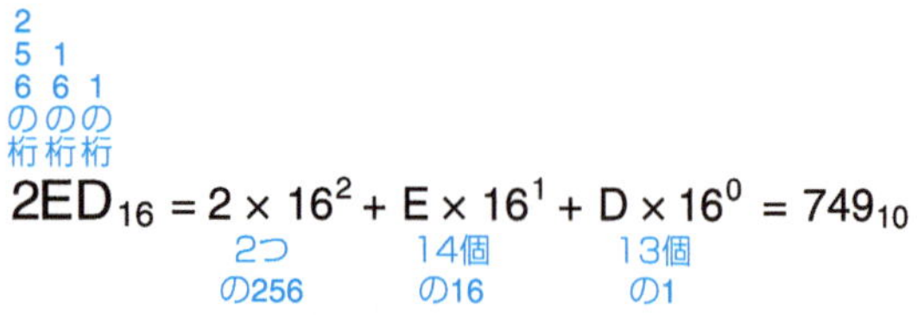

$$2ED_{16} = 2 \times 16^2 + E \times 16^1 + D \times 16^0 = 749_{10}$$

2つの256　14個の16　13個の1

図1.6　16進数から10進数への変換

例題1.4　2進数から16進数への変換

2進数$111\ 1010_2$を16進数に変換する。

解法：これもまた変換は容易である。右から始める。最下位側の4ビットは1010_2なのでA_{16}となる。次の4ビットは$111_2 = 7_{16}$、よって$1111010_2 = 7A_{16}$である。

例題1.5　10進数から16進数と2進数への変換

10進数333_{10}を16進数と2進数へ変換する。

解法：10進数から2進数への変換と同じように、10進数から16進数へは右から始めても左から始めても変換できる。

左から始める場合は、対象とする数以下の、16のべき乗で最大の数（この場合は256）から始める。256は333に1つ入るので、256の桁は1になる。残りは$333 - 256 = 77$である。16は77に4つ入るので、16の桁は4になる。残りは$77 - 16 \times 4 = 13$となる。$13_{10} = D_{16}$であるので、1の桁はDになる。結果として$333_{10} = 14D_{16}$となる。そして、16進数から2進数への変換は、例題1.3のように$14D_{16} = 101001101_2$とすることで簡単にできる。

右から始める場合は、対象とする数を16で繰り返し割る。割り算の余りがそれぞれの桁の値になる。$333/16 = 20$で余った13_{10}つまりD_{16}が1の桁になる。$20/16 = 1$で余った4が16の桁になる。$1/16 = 0$で余った1が256の桁になる。前の方法と同じく結果は$14D_{16}$になる。

1.4.4　バイト／ニブルとその他諸々

8ビットのかたまりはバイト（byte）と呼ばれる。それは2^8つまり256の可能性のうちの1つを表現する。コンピュータのメモリに格納されるオブジェクトの大きさは慣例的にビットでなくバイト単位で測られる。

4ビットのかたまり、つまり半バイトはニブル（nibble）と呼ばれる。それは2^4つまり16の可能性のうちの1つを表現する。1つの16進の数字は1つのニブルに格納され、2つの16進の数字は1つのバイトに格納される。ニブルは現在では余り使われない単位であるが、その名前は可愛い。

マイクロプロセッサはデータをワード（語）と呼ばれるかたまりで処理する。ワードの大きさは使用するマイクロプロセッサのアーキテクチャによって異なる。この節が2012年に書かれたとき、大多数のコンピュータは64ビットの大きさのワードを処理する「64ビットプロセッサ」を搭載していた。当時、32ビットのワードを処理できる前世代のコンピュータもまた広く使用されていた。家電製品などの機器で使われる、より単純なマイクロプロセッサは、8または16ビットのワードである。

> マイクロプロセッサとは単一のICチップ上に作られたプロセッサである。1970年代までは、プロセッサは複雑すぎて単一チップ上には作れなかった。大型コンピュータのプロセッサは多くのICチップを載せた回路基板を組み合わせて作られていた。Intel社が4004と呼ばれる最初の4ビットマイクロプロセッサを1971年に発表した。現在では、最も洗練されたスーパーコンピュータですらマイクロプロセッサを使って造られている。本書では、マイクロプロセッサとプロセッサの語を同じものとして扱う。

複数のビットの中で、1の桁にあるビットは最下位ビット（lsb）と呼ばれ、反対の端にあるビットは最上位ビット（msb）と呼ばれる。図1.7（a）に6ビットの2進数での例を示す。同じように、1つのワードの中では、図1.7（b）に示した8つの16進数字で表された4バイトの数のように最下位バイト（LSB）から最上位バイト（MSB）へと複数のバイトが並んでいる。

101100　DEAFDAD8

最上位 最下位　最上位 最下位
ビット ビット　バイト バイト

(a)　　　(b)

図1.7　最下位／最上位ビットとバイト

$2^{10} = 1024 \approx 10^3$という偶然だが便利な関係がある。そのため、キロ（ギリシア語の1000）という語を2^{10}を示すのに使う。例えば、2^{10}バイトを1キロバイト（1 KB）と示し、同様にメガ（100万）で$2^{20} \approx 10^6$を示し、また、ギガ（10億）で$2^{30} \approx 10^9$を示す。もし、$2^{10} \approx 1000$、$2^{20} \approx 100$万、$2^{30} \approx 10$億の関係を知っていて、9乗までの2のべき乗を覚えていれば、どんな2のべき乗でも容易に暗算で推定できる。

例題1.6　2のべき乗の近似値

電卓を使わずに2^{24}の近似値を求めよ。

解法：指数部を10の倍数と残りに分割する。

$2^{24} = 2^{20} \times 2^4$なので、$2^{20} \approx 100$万と、$2^4 = 16$の積である。そこで$2^{24} \approx 1600$万になる。正確には$2^{24} = 16,777,216$であるが、1600万はマーケティング目的では十分良い近似といえる。

1024バイトはキロバイト（KB）、1024ビットはキロビット（KbまたはKビット）と呼ばれる。同様に、MBとMb、GBとGbはバイトとビットの10^6倍と10^9倍を示すために用いられる。メモリ容量は通常バイト単位で測定される。通信速度では通常はビット/秒を単位として測定される。例えば、ダイアルアップモデムの最高速度は通常では56 Kビット/秒である。

1.4.5 2進数の加算

2進数の加算は10進数の加算に似ている。しかし図1.8に示すようにもっとやさしい。

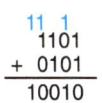

	11	←キャリ→	11
	4277		1011
+	5499		0011
	9776		1110
	(a)		(b)

図1.8 キャリを示した加算の例：（a）10進数、（b）2進数

10進数の加算のように、もし2数の和が1桁の数で表せるものより大きくなったら、**キャリ（桁上げ、繰り上がり）**の1を次の桁に加える。図1.8は10進数の加算と2進数の加算を比較している。図1.8（a）の最も右端の桁で、7 + 9 = 16を計算すると、結果は9より大きいので1つの数字で表せない。そこで、1の位には6を書き、キャリの1を10の位である次の桁の上に書く。同様に2進数でも、2つの数の和が1より大きかったらキャリを2の位である次の桁に書く。例えば、図1.8（b）の最も右の桁について、和の$1 + 1 = 2_{10} = 10_2$は1つの2進数の数字で表せない。そこで、重み1の桁の数字（0）を書き、繰り上がった重み2の桁の数字（1）は次の桁の上に書く。2番目の桁では、和は$1 + 1 + 1 = 3_{10} = 11_2$となる。再び、重み1の数字（1）を書き、さらに繰り上がった重み2の数字（1）は次の桁に書く。そのため、隣の桁へと繰り上げされるビットはキャリビットと呼ばれる。

例題1.7 2進数の加算

$0111_2 + 0101_2$を計算する。

解法：図1.9は和が1100_2になることを示している。キャリは青色の文字で示してある。計算を10進数で行うことで結果を確認できる。$0111_2 = 7_{10}$、$0101_2 = 5_{10}$なので和は$12_{10} = 1100_2$となる。

	111
	0111
+	0101
	1100

図1.9 2進数の加算の例

ディジタルシステムでは通常は決められた桁数の数を使って動作する。加算の結果が使える桁数に入らないほどに大きくなることを**桁あふれ**あるいは**オーバーフロー**という。4ビットの数、例えば範囲[0, 15]の4ビット2進数ならば、加算の結果が15を超えたとき桁あふれになる。第5のビットは捨てられ、残りの4ビットには正しくない結果が残る。桁あふれは最上位の桁から繰り上げが起きたかを見ることで検出できる。

例題1.8 桁あふれのある加算

$1101_2 + 0101_2$を計算する。桁あふれは起きるか。

解法：図1.10は和が10010_2になることを示している。この結果は4ビットの2進数で表せる範囲から桁あふれしている。この結果を4ビットに格納するなら、最上位ビットは捨てられ、残りの正しくない結果の0010_2が残る。5個以上のビットを使って計算をすれば、結果の10010_2は正しく得られる。

	11 1
	1101
+	0101
	10010

図1.10 桁あふれのある2進数の加算の例

> 70億ドルのアリアン5型ロケットは、1996年6月4日に発射されたが40秒後にコースを外れて分解・爆発した。この失敗はロケットを制御するコンピュータが16ビットの範囲から桁あふれしたことで起きた。
>
> プログラムはアリアン4型ロケットで慎重にテストされていた。しかし、アリアン5型はもっと強力なエンジンを搭載していたため、制御コンピュータが桁あふれを起こすような大きな値が生じてしまった。

（写真はESA/CNES/アリアン宇宙サービスOptique CS6による）

1.4.6 符号付2進数

これまで、正の値を表す符号無の2進数のみを考えてきたが、正と負の数の両方を表したいことはよくある。符号の付いた2進数を表すには違った2進数表記の体系が必要となる。**符号付**の数を表す方式はいくつかあるが、よく使われる2つは、「符号／絶対値表現」と「2の補数表現」である。

符号／絶対値表現

符号／絶対値表現は、私たちが負の数を書くときのマイナス符号と絶対値をつなげる書き方と同じで、直感的に分かりやすい。Nビットの符号／絶対値表現の数では最上位ビットを符号に使う。残りの$N - 1$ビットを絶対値に使う。符号ビットの0は正を示し、符号ビットの1は負を示す。

例題1.9 符号／絶対値表現での数の表現

5と−5を4ビットの符号／絶対値表現の数で書け。

解法：両方の数とも絶対値は$5_{10} = 101_2$である。したがって、$5_{10} = 0101_2$と$-5_{10} = 1101_2$となる。

残念ながら、通常の2進数の加算方法は符号／絶対値表現の数に使えない。例えば、$-5_{10} + 5_{10}$に通常の加算を使うと$1101_2 + 0101_2 = 10010_2$と無意味な結果になる。

Nビットの符号／絶対値表現が表せるのは$[-2^{N-1} + 1, 2^{N-1} - 1]$の範囲になる。符号／絶対値表現の数は少し妙なところがあって、ゼロを示すのに−0と+0の両方がある。予想されるよ

うに、同一の数に異なる表現があることは問題となる可能性がある。

2の補数による表現

2の補数は、最上位の位置にあるビットの重みが2^{N-1}でなく-2^{N-1}であること以外は符号無の2進数と同じである。これは、ゼロの表現方法が1通りで、通常の加算が使える点で符号/絶対値表現の欠点を解決している。

2の補数ではゼロはすべて0（$00...000_2$）で表される。表現できる最も大きい正の数は、0が最上位の位置にあり、残りは1であるような、$01...111_2 = 2^{N-1} - 1$である。最も小さな負の数は、1が最上位の位置にあり、残りが0である$10...000_2 = -2^{N-1}$である。また、-1はすべて1の$11...111^2$となる。

正の数は0が最上位の位置にあり、負の数は1がそこにあるので、最上位ビットは符号ビットと見なせる。しかし、数全体の解釈法は2の補数と符号/絶対値表現で異なっている。

2の補数の符号は**2の補数を取る**と呼ばれる過程で反転される。その過程では、もとの数のすべてのビットを反転させてから、1を最下位のビット位置に加える。これは負の数の表現と判定したり、または負の数の絶対値を求めるのに役立つ。

例題1.10 負の数の2の補数での表現

-2_{10}について4ビットの2の補数での表現を求めよ。

解法：まず$+2_{10} = 0010_2$から開始する。-2_{10}を求めるには、ビットを全部反転させてから1を加えればよい。0010_2を反転すると1101_2になる。$1101_2 + 1 = 1110_2$なので-2_{10}は1110_2となる。

例題1.11 負の2の補数の値

2の補数1001_2の10進数での値を求めよ。

解法：1001_2は先頭に1があるので負の数である。その絶対値を求めるには、ビットをすべて反転させてから1を加える。1001_2を反転すると0110_2になり、$0110_2 + 1 = 0111_2 = 7_{10}$となる。よって$1001_2 = -7_{10}$である。

2の補数の表現には正負の数のどちらでも加算が正しくできるという魅力的な利点がある。Nビットの数の加算ではN番目のビットからのキャリ（つまり、結果の$N + 1$番目のビット）は捨てられることを思い出してほしい。

例題1.12 2の補数の加算

2の補数を使って、（a）$-2_{10} + 1_{10}$、（b）$-7_{10} + 7_{10}$を計算せよ。

解法：（a）$-2_{10} + 1_{10} = 1110_2 + 0001_2 = 1111_2 = -1_{10}$、（b）$-7_{10} + 7_{10} = 1001_2 + 0111_2 = 10000_2$となる。4ビットの正しい結果である$0000_2$を残して5番目のビットは捨てられる。

引き算（減算）は、2番目の数の2の補数を求めてから加算することで計算できる。

例題1.13 2の補数の減算

4ビットの2の補数を使って、（a）$5_{10} - 3_{10}$、（b）$3_{10} - 5_{10}$を計算せよ。

解法：（a）$3_{10} = 0011_2$であり、その2の補数を取ると$-3_{10} = 1101_2$と

なる。次に加算をすると$5_{10} + (-3_{10}) = 0101_2 + 1101_2 = 0010_2 = 2^{10}$となる。結果は4ビットにするので最上位からのキャリは捨てられることに注意せよ。（b）5_{10}の2の補数を取ると$-5_{10} = 1011_2$である。加算すると$3_{10} + (-5_{10}) = 0011_2 + 1011_2 = 1110_2 = -2_{10}$となる。

ゼロに対する2の補数を求めるため、すべてのビットを反転し（$11...111_2$となる）そこに1を加え、最上位ビットからのキャリを無視すると、すべて0であるビットの並びが得られる。したがって、ゼロは常にすべて0の並びで表現される。符号/絶対値表現とは違い、2の補数の表現では-0に対する異なった表現はない。符号ビットが0なのでゼロは正の数と見なされる。

符号無整数のようにNビットの2の補数表現では2^Nの可能性のうちの1つの値を表現する。しかし、正と負の数に値は分かれている。例えば、4ビット符号無整数は0から15までの16通りの値を表現する。4ビットの2の補数もまた、-8から7までの16通りの値を表現する。一般にNビットの2の補数は$[-2^{N-1}, 2^{N-1} - 1]$の範囲を表現する。負の0はないので、正の数より1つ多くの負の数があるのは当然である。負の数で最も小さい$10...000_2 = -2^{N-1}$は**奇妙な数**とも呼ばれる。その2の補数を求めようと、ビットを反転させ（$01...111_2$になる）、それに1を加えると、$10...000_2$となり、同じ奇妙な数に戻ってしまう。つまり、この負の数には対応する正の片割れの数がない。

2つのNビットの正の数または負の数同士を加算した結果が$2^{N-1} - 1$より大きいか、または-2^{N-1}より小さいならば桁あふれが起こり得る。正の数と負の数を加算したときには桁あふれは決して起きない。符号無整数と違って、最上位からのキャリが出ても桁あふれを示すものではない。代わりに、符号が同じ2つの数を加算した結果の符号が違うときは桁あふれが起きている。

例題1.14 桁あふれのある2の補数の加算

4ビットの2の補数を使って$4_{10} + 5_{10}$を計算する。また結果は桁あふれするか。

解法：$4_{10} + 5_{10} = 0100_2 + 0101_2 = 1001_2 = -7_{10}$となる。桁あふれが起こって、4ビットの正の2の補数の範囲から外れ、間違った負の結果になる。5個以上のビットを使って計算すれば、結果は$01001_2 = 9_{10}$となり正しい。

2の補数をより多いビットへ拡張するには、符号ビットを最上位ビットの位置にコピーする必要がある。このプロセスを**符号拡張**と呼ぶ。例えば、3と-3が4ビットの2の補数でそれぞれ0011と1101と表されているとき、符号ビットを3つの新たな上位ビットにコピーして7ビットまで符号拡張すると、それぞれ0000011と1111101となる。

数の体系の比較

3つのよく使われている2進数の体系は、符号無、2の補数、符号/絶対値表現である。表1.3ではこれら3つの体系のNビットで表せる数の範囲を比較している。2の補数は、正と負の両方の整数を表現でき、どの数にでも通常の加算が使えるため便利である。引き算は2番目の数を負に変えて（つまり、

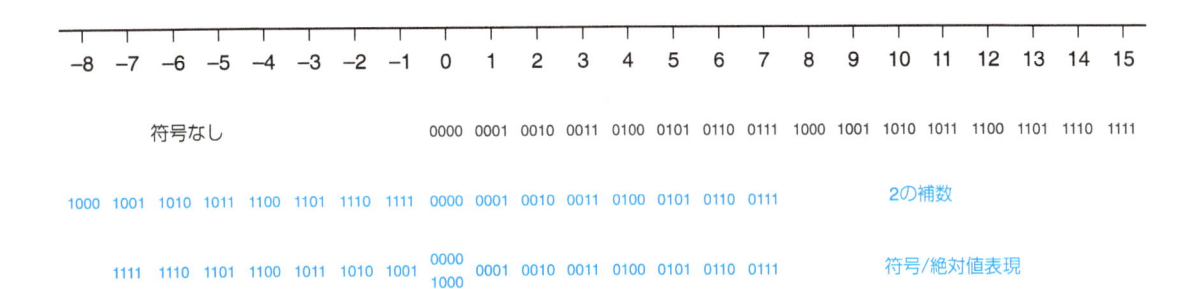

図1.11　数直線と4ビット2進数のコード化

2の補数を取って）加算することで計算できる。別に指示がなければ、符号付2進数はすべて2の補数表現であると仮定する。

表1.3　Nビットの数表現の範囲

体系	範囲
符号無	$[0, 2^N - 1]$
符号/絶対値表現	$[-2^{N-1} + 1, 2^{N-1} - 1]$
2の補数	$[-2^{N-1}, 2^{N-1} - 1]$

　図1.11には数直線の上にこれらの体系で表現された4ビットの数の値を示したものである。符号無整数は、[0, 15]の範囲に、普通の2進数の順序と同じに並ぶ。2の補数は[−8, 7]の範囲に並ぶ。非負の[0, 7]の範囲では、符号無整数と同じビットの列で表される。負の数[−8, −1]の範囲では符号無2進数として見た値が大きいほど0に近い値を表すようにコード化されている。ただし、−8を表現する1000は奇妙な数で、対応する正の数がない。符号/絶対値表現の体系の数は、[−7, 7]の範囲に並ぶ。最上位のビットは符号ビットである。正の数[1, 7]の範囲では符号無整数と同じビット列になる。負の数は符号ビットが0で、対応する正の数と対称に並んでいる。値0は0000と1000の両方の表現がある。0について2通りの表現があるため、Nビットの符号/絶対値表現では $2^N - 1$ 通りの数だけが表現できる。

1.5　論理ゲート

　ここまで、情報を表現するために2値変数をどのように使うか見てきたが、さらに、この2値変数を使って動作するディジタルシステムを見ていく。**論理ゲート**はシンプルなディジタル回路で、1つまたはそれ以上の2値入力を得て、1つの2値出力を出すものである。論理ゲートの記号は、1つまたはそれ以上の入力と出力を示すように描かれる。通常は、入力を左（または上）側に、出力を右（または下）側にする。ディジタル回路設計では、アルファベットの初めのほうの文字（A, B, C, ...）をゲートの入力に、Yの文字をゲートの出力に用いるのが通例である。入力と出力との関係は**真理値表**または**ブール論理式**（単に**論理式、ブール式**ともいう）で表現される。真理値表は左側に入力を並べ、右側に対応する出力

を並べたものである。取り得る入力の組み合わせがそれぞれの列となっている。ブール論理式は2値変数を用いた数式である。

1.5.1　NOTゲート

　NOTゲートは、図1.12に示すように1つの入力Aと、1つの出力Yを持つ。

NOT

A ──▷○── Y

$Y = \overline{A}$

A	Y
0	1
1	0

図1.12　NOTゲート

　NOTゲートの出力はその入力を反転させたものであるAがFALSEのときYはTRUEになり、AがTRUEのときYはFALSEになる。この関係は、図の真理値表とブール論理式にまとめてある。ブール論理式でAに付けられた上線は「バー」（あるいは「ノット」）と読み、$Y = \overline{A}$は「YはバーA（ノットA）」と読む。NOTゲートは**インバータ（反転回路）**とも呼ばれる。

　他の書籍ではNOTが、$Y = A'$、$Y = \neg A$、$Y = !A$、$Y = \sim A$などと書かれていることもある。本書では$\overline{A}$のみを使うが、別の所では他の記法があっても困惑しないでほしい。

1.5.2　バッファ

　もう1つの1入力の論理ゲートはバッファと呼ばれ、図1.13に示してある。

BUF

A ──▷── Y

$Y = A$

A	Y
0	0
1	1

図1.13　バッファ

　それは単に入力と同じ値を出力する。論理的な視点では、バッファと導線に違いはなく、無用に思えるかもしれない。しかし、アナログ回路の視点で見るとバッファは、大電流をモータに供給したり、出力を多くのゲートに素早く送れるといった役立つ特徴を持っている。これは、1つのシステムを完全に理解するために複数の抽象化レベルで考えることがなぜ必要かを示す例になっている。ディジタル抽象化はバッファの真の目的を隠すことになる。

三角形の記号でバッファを示す。図1.12のNOTゲートにあった出力の小さい丸は*バブル*と呼ばれ、反転を示すものである。

1.5.3 ANDゲート

2入力の論理ゲートはもっとおもしろい。図1.14に示す**AND**ゲートは、入力AとBが両方ともTRUEであるときだけ出力YにTRUEを出す。それ以外の場合、出力はFALSEになる。

AND

	A	B	Y
	0	0	0
	0	1	0
	1	0	0
	1	1	1

$Y = AB$

図1.14 ANDゲート

慣例により、入力の値は2進数で数えるように00、01、10、11の順に並べる。ANDゲートのブール論理式には、$Y = A \cdot B$、$Y = AB$、あるいは、$Y = A \cap B$といくつかの書き方がある。$\cap$の記号は「論理積」と読み、論理学で好まれる。私たちはめんどくさがりなので、$Y = AB$の書き方を好み、「YはAアンドB」と読む。

> Perlプログラミング言語の発明者のラリー・ウォール（Larry Wall）によれば、「プログラマにとっての三大美徳とは怠けること・こらえ性のなさ・自信過剰である。」だそうだ。

1.5.4 ORゲート

図1.15に示す**OR**ゲートはAまたはB（あるいは両方）の入力がTRUEのとき出力YにTRUEを出す。

OR

	A	B	Y
	0	0	0
	0	1	1
	1	0	1
	1	1	1

$Y = A + B$

図1.15 ORゲート

ORゲートのブール論理式は$Y = A + B$または$Y = A \cup B$と書く。$\cup$記号は「ユニオン」と読み、論理学でよく使われる。ディジタル回路設計者は通常+の記法を使う。$Y = A + B$は「YはAオアB」と読む。

> 冗談みたいなORゲートの記号の覚え方：ORゲートの入力側はパックマンの口に似ているので、腹を空かせてTRUEの入力を見つけ次第いくらでも食べようとしている。

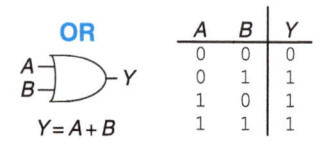

1.5.5 他の2入力ゲート

図1.16は他のよく使われる2入力論理ゲートを示している。**XOR**（排他的論理和、「エックスオア」と読む）ゲートは、入力AまたはBのうち一方（両方ではない）がTRUEのときTRUEを出力する。XOR演算は、+を○で囲んだ$\oplus$で表される。どんなゲートも、バブルを出口に付けると出力を反転させる。**NAND**ゲートはANDの出力を反転させたもので、2入力がともにTRUEの場合以外はTRUEを出力する。**NOR**ゲートはORの出力を反転させたもので、入力AとBがともにTRUEでないときTRUEを出力する。

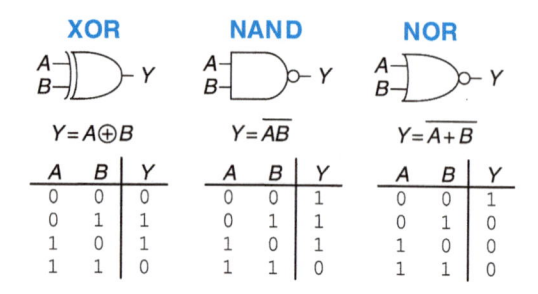

XOR				NAND				NOR		
A	B	Y		A	B	Y		A	B	Y
0	0	0		0	0	1		0	0	1
0	1	1		0	1	1		0	1	0
1	0	1		1	0	1		1	0	0
1	1	0		1	1	0		1	1	0

$Y = A \oplus B$ · $Y = \overline{AB}$ · $Y = \overline{A+B}$

図1.16 他のいろいろな2入力論理ゲート

例題1.15 XNORゲート

図1.17に2入力**XNOR**ゲートの記号とブール論理式を示す。このゲートはXORの反転を計算する。真理値表を完成せよ。

XNOR

A	B	Y
0	0	
0	1	
1	0	
1	1	

$Y = \overline{A \oplus B}$

図1.17 XNORゲート

解法：図1.18に真理値表を示す。XNORゲートの出力は、両方の入力ともFALSEであるか、両方の入力ともTRUEであるときTRUEになる。2入力のXNORゲートは、入力が等しいとき出力がTRUEになるため一致ゲートとも呼ばれる。

A	B	Y
0	0	1
0	1	0
1	0	0
1	1	1

図1.18 XNOR真理値表

1.5.6 多入力ゲート

3つあるいはそれ以上の入力を持つブール関数もある。最も一般的なものはAND、OR、XOR、NAND、NOR、XNORである。N入力ANDゲートはN入力のすべてがTRUEのときにTRUEを出力する。N入力ORゲートは少なくとも1つの入力がTRUEのときにTRUEを出力する。

N入力XORゲートはパリティゲートとも呼ばれ、入力のうちTRUEであるものが奇数個のときTRUEを出力する。2入力ゲートの場合と同じく、真理値表の入力の組み合わせは数え

上げ順に並べてある。

例題1.16　3入力NORゲート

図1.19は3入力NORゲートの記号とブール論理式を示している。真理値表を完成せよ。

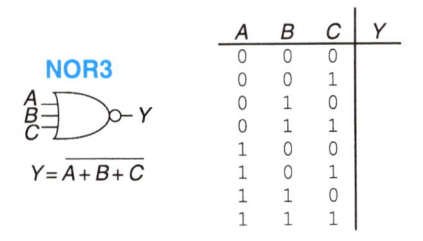

A	B	C	Y
0	0	0	
0	0	1	
0	1	0	
0	1	1	
1	0	0	
1	0	1	
1	1	0	
1	1	1	

$$Y = \overline{A + B + C}$$

図1.19　3入力NORゲート

解法：図1.20に真理値表を示す。入力がどれもTRUEでないときだけ出力がTRUEになる。

A	B	C	Y
0	0	0	1
0	0	1	0
0	1	0	0
0	1	1	0
1	0	0	0
1	0	1	0
1	1	0	0
1	1	1	0

図1.20　3入力NOR真理値表

例題1.17　4入力ANDゲート

図1.21は4入力ANDゲートの記号とブール論理式を示している。真理値表を作成せよ。

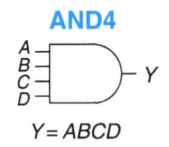

$$Y = ABCD$$

図1.21　4入力ANDゲート

解法：図1.22に真理値表を示す。すべての入力がTRUEであるときだけ出力はTRUEになる。

A	B	C	D	Y
0	0	0	0	0
0	0	0	1	0
0	0	1	0	0
0	0	1	1	0
0	1	0	0	0
0	1	0	1	0
0	1	1	0	0
0	1	1	1	0
1	0	0	0	0
1	0	0	1	0
1	0	1	0	0
1	0	1	1	0
1	1	0	0	0
1	1	0	1	0
1	1	1	0	0
1	1	1	1	1

図1.22　4入力AND真理値表

1.6　ディジタル抽象化の裏側

ディジタルシステムでは離散的な値を取る変数を用いている。しかし、その変数は、導線の上の電圧・歯車の位置・シリンダー内の液面といった連続した物理量で表されている。したがって、設計者は連続値を離散値に対応させる方法を定める必要がある。

例えば、2値の信号Aを導線上の電圧で表す場合を考えてみよう。0ボルト（V）が$A = 0$を示し、5 Vが$A = 1$を示すとしてみる。現実のシステムでは雑音があっても大丈夫なように作るべきなので、4.97 Vなら同様に$A = 1$と解釈されるはずである。しかし、4.3 Vはどうだろうか。あるいは2.8 Vや2.500000 Vはどうだろうか。

1.6.1　電　源

電圧システム中で最も低い電圧を0Vとする。これは**グランド**（**接地**）、あるいは**GND**とも呼ばれる。システム中で最も高い電圧は、電源から供給される電圧によるもので、通常はV_{DD}と呼ばれている。1970〜1980年代の技術では、V_{DD}は一般に5 Vであった。より小さいトランジスタへと技術が進歩するにつれ、消費電力を節約しトランジスタの過熱を防ぐために、V_{DD}は3.3 V、2.5 V、1.8 V、1.5 V、1.2 V、さらにそれ以下へと下がっていった。

> V_{DD}の名称は最近のチップに使われているMOS（金属酸化物半導体）トランジスタの**ドレイン端子**電圧から来ている。供給電圧の名称としてV_{CC}も使われるが、これは以前のチップ技術で使われていたバイポーラ結合トランジスタの**コレクタ端子**電圧から来ている。グランド（接地）をV_{SS}と呼ぶこともある。これはMOSトランジスタの**ソース端子**電圧の意味である。トランジスタについては1.7節でより詳しく述べる。

1.6.2　論理レベル

連続する変数から離散的な2値変数への対応付けは、図1.23に示すように**論理レベル**を定めることでなされる。

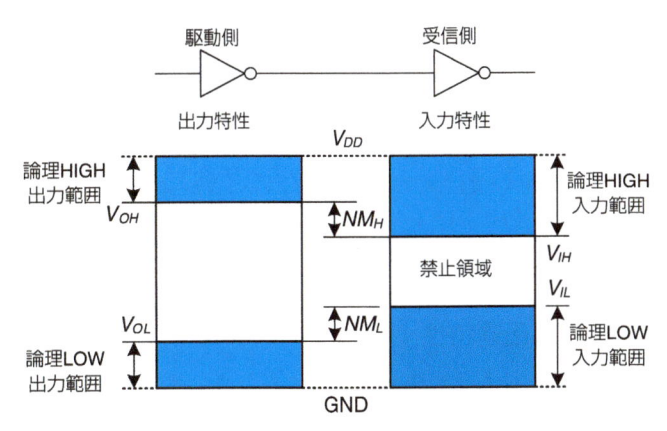

図1.23　論理レベルと雑音余裕

第一のゲートは**駆動側**と呼ばれ、第二のゲートは**受信側**と呼ばれる。駆動側の出力が受信側の入力に接続されている。駆動側は、LOW（0）を出力するときは0〜V_{OL}の範囲の電圧を出し、HIGH（1）を出力するときはV_{OH}〜V_{DD}の範囲の電圧を出す。受信側では、0〜V_{IL}の範囲の電圧を受けたときLOWと判断し、V_{IH}〜V_{DD}の範囲の電圧を受けたときには

HIGHと判断する。雑音やデバイスの故障などの理由で、受信側で受ける電圧が**禁止領域**であるV_{IL}〜V_{IH}の範囲となった場合には、ゲートの動作は予測不能となる。V_{OH}、V_{OL}、V_{IH}、V_{IL}は、出力と入力のHIGH／LOW論理レベルと呼ばれる。

1.6.3 雑音余裕

駆動側の出力したものが受信側の入力として正しく解釈されるには、$V_{OL} < V_{IL}$かつ$V_{OH} > V_{IH}$であるように設定する必要がある。そうすれば、たとえ駆動側の出力が雑音でいくらか乱されたときでも、受信側の入力を正しい論理レベルとして検出することができる。**雑音余裕**（ノイズマージン）とは、最悪のケースで出力にそれだけの雑音が加わっても入力された信号が正しく解釈できるような雑音の量である。図1.23より、LOWレベルとHIGHレベルの雑音余裕は、それぞれ次式のようになる。

$$NM_L = V_{IL} - V_{OL} \tag{1.2}$$

$$NM_H = V_{OH} - V_{IH} \tag{1.3}$$

例題1.18 インバータの雑音余裕

図1.24のインバータの回路において、V_{O1}はインバータI1の出力電圧で、V_{I2}がインバータI2の入力電圧である。両方のインバータとも特性はV_{DD} = 5 V、V_{IL} = 1.35 V、V_{IH} = 3.15 V、V_{OL} = 0.33 V、V_{OH} = 3.84 Vであるとする。このインバータのLOWレベルとHIGHレベルの雑音余裕はいくらか。この回路はV_{O1}とV_{I2}の間で1 Vの雑音が入っても正しく動作するか。

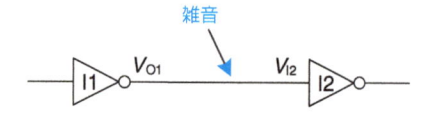

図1.24 インバータ回路

解法：このインバータの雑音余裕は$NM_L = V_{IL} - V_{OL} = $(1.35 V − 0.33 V) = 1.02 V、$NM_H = V_{OH} - V_{IH} = $(3.84 V − 3.15 V) = 0.69 Vとなる。この回路は 出力がLOW（NM_L = 1.02 V）のときは1 Vの雑音があっても正しく動作するが、出力がHIGH（NM_H = 0.69 V）のときはそうでない。例えば、駆動側のI1の出力が最悪ケースのHIGHの値であるときを考える。そのときは$V_{O1} = V_{OH}$ = 3.84 Vである。もし雑音により電圧が受信側の入力に達する前に1V低くなったとしたら、受信側ではV_{I2} = (3.84 V − 1 V) = 2.84 Vとなる。この値は正しくHIGHとして受け取れるV_{IH} = 3.15 Vより小さいため、受信側では正しくHIGHと判断できなくなる。

1.6.4 DC伝達特性

ディジタル抽象化の限界を理解するため、ゲートのアナログ回路としての振る舞いを見てみよう。ゲートのDC伝達特性とは、出力が追随できるようにゆっくりと入力が変化するときに出力電圧を入力電圧の関数として記述したものである。これは入力電圧と出力電圧の関係を記述したものなので伝達特性と呼ばれる。

DCは、一定の入力電圧であるか、システムの他の部分が十分に追随できる程度にゆっくりと変化するような入力電圧の振る舞いを示している。DCの語源は、歴史的には、電線に一定の電圧をかけて電力を送る方法である**直流**（direct current）から来ている。それに対して、入力電圧が急に変化するときの振る舞いを、回路の**過渡応答**（transient response）という。過渡応答については2.9節で詳しく触れる。

理想的なインバータなら、図1.25（a）のように$V_{DD}/2$の電圧に急激な切り替わりのしきい値（スレッショルド）を持っていて、$V(A) < V_{DD}/2$のときは$V(Y) = V_{DD}$となり、$V(A) > V_{DD}/2$のときは$V(Y) = 0$となるであろう。この場合、$V_{IH} = V_{IL} = V_{DD}/2$、$V_{OH} = V_{DD}$、$V_{OL} = 0$である。

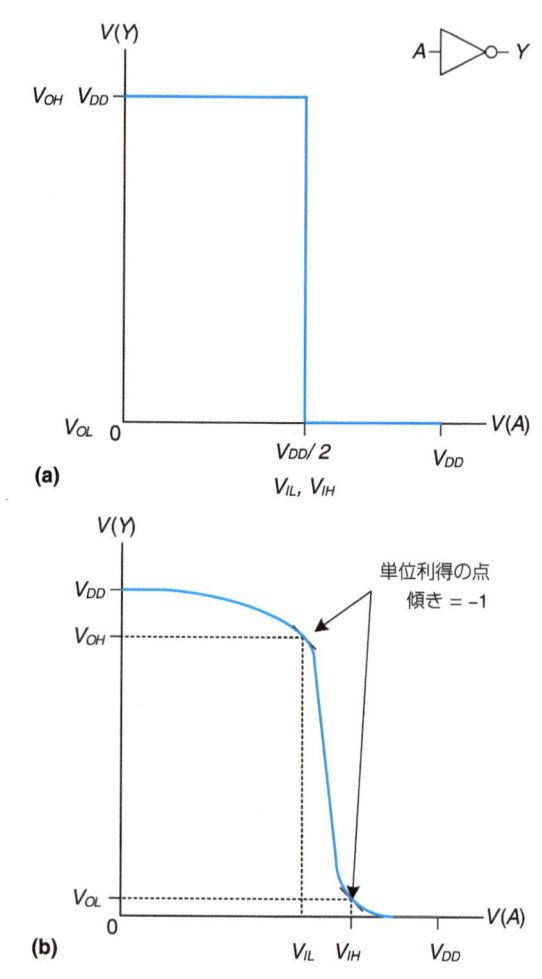

図1.25 DC伝達特性と論理レベル

現実のインバータでは、図1.25（b）に示すように両端の電圧の間を徐々に変化する。入力電圧$V(A) = 0$のときは出力電圧$V(Y) = V_{DD}$であり、$V(A) = V_{DD}$のときは$V(Y) = 0$である。しかしながら、これら端点の間はゆっくり遷移し、対称の中心も正確な$V_{DD}/2$ではない。そこで、どのように論理レベルを定めるべきかという疑問が起きる。

論理レベルを定めるのに合理的な位置は、伝達特性の傾き$dV(Y)/dV(A)$が−1の場所である。そのような点は単位利得と呼ばれ、2つある。論理レベルを単位利得の点で選ぶと、通常は雑音余裕が最大になる。その点よりもV_{IL}を下げてもV_{OH}は少ししか増えないし、V_{IL}を上げてもV_{OH}は急に下がってしまう。

1.6.5 静的な規格

入力が禁止領域に入らないようにディジタル論理ゲートは**静的な規格**を満たすように設計される。静的な規格は、論理的に意味ある入力を与えられたら、すべての回路エレメント（素子）は論理的に意味ある出力を出すことを要求する。

静的な規格に従うことで、ディジタル回路設計者は任意のアナログ回路エレメントを使う自由を放棄する代わりに、ディジタル回路の単純さと頑健さという性質を得ている。これにより抽象化のレベルをアナログからディジタルに上げ、不要な詳細を隠して設計の生産性を上げることができる。

V_{DD}と論理レベルの選択は任意であるが、接続されるすべてのゲートは互換性のある論理レベルでないといけない。そこでゲートを、**論理回路（ロジック）ファミリ**といわれるグループに分け、ある論理回路ファミリのすべてのゲートは同じファミリの他のゲートとともに使うときは同じ静的な規格に従っているようにする。同じ論理回路ファミリにある論理ゲートは供給電圧と論理レベルが整合しているので、レゴのブロックのようにどれとでも組み合わせることができる。

1970年代から1990年代に広く使われた4つの代表的な論理回路ファミリは、トランジスタ-トランジスタ論理（TTL）、相補的金属酸化物半導体論理（CMOS、「シーモス」と発音する）、低電圧TTL論理（LVTTL）、低電圧CMOS論理（LVCMOS）である。それらの論理レベルの比較を表1.4に挙げる。

表1.4　5Vと3.3V論理回路ファミリの論理レベル

論理回路ファミリ	V_{DD}	V_{IL}	V_{IH}	V_{OL}	V_{OH}
TTL	5 （4.75〜5.25）	0.8	2.0	0.4	2.4
CMOS	5 （4.5〜6）	1.35	3.15	0.33	3.84
LVTTL	3.3 （3〜3.6）	0.8	2.0	0.4	2.4
LVCMOS	3.3 （3〜3.6）	0.9	1.8	0.36	2.7

それ以降は論理回路ファミリとしてもっと低い供給電圧のものが群雄割拠している。付録A.6で一般的な論理回路ファミリについて詳細を述べる。

例題1.19　論理回路ファミリの互換性

表1.4にあるどの論理回路ファミリが、他のファミリと信頼性を持って接続できるか。

解法：表1.5に各論理回路ファミリの互換性のある論理レベルを示した。TTLやCMOSのような5V論理回路ファミリはHIGHとして5Vの電圧を出力することに注意しよう。もしこの5V信号をLVTTLやLVCMOSのような3.3V論理回路ファミリの入力につないだ場合、受信側が5V互換であるように特別に設計されていなければ、受信側のエレメントを損傷する怖れがある。

表1.5　論理回路ファミリの互換性

		受信側			
		TTL	CMOS	LVTTL	LVCMOS
駆動側	TTL	可能	不可：$V_{OH} < V_{IH}$	条件付きで可能*	条件付きで可能*
	CMOS	可能	可能	条件付きで可能*	条件付きで可能*
	LVTTL	可能	不可：$V_{OH} < V_{IH}$	可能	可能
	LVCMOS	可能	不可：$V_{OH} < V_{IH}$	可能	可能

* 5VのHIGHレベルを入力しても受信側の回路エレメントが損傷しないなら可能

ロバート・ノイス（Robert Noyce）、1927〜1990年。アイオワ州バーリントン生まれ。グリネル大学の物理学科を卒業。MITから物理学の博士号を受ける。彼の産業界に与えた大きな影響から「シリコンバレーの市長」とあだ名される。

1957年にFairchild Semi-conductor社を、そして1968年にIntel社を共同設立した。集積回路の発明者の1人でもある。彼の下で育った多くの技術者が発展性のある他の半導体企業を設立している。（©2006 Intel。許可を得て複製）

1.7　CMOSトランジスタ*

この節や他の*の印の付いた節は、本書の本流を理解する上で必須ではないため、読み飛ばしてもかまわない。

バベッジの解析機関は歯車を使い、初期の電気式コンピュータはリレーや真空管を使っていた。現代のコンピュータは小さく安価で信頼性があるので**トランジスタ**を使っている。トランジスタとは、電圧または電流を制御端子に加えることでオンやオフにできる電子的に制御されたスイッチである。2つの主なトランジスタのタイプとして、**バイポーラ結合トランジスタ**と**金属酸化物半導体電界効果トランジスタ**（**MOSFET**または**MOS**トランジスタ、それぞれ「モスフェット」、「エムオーエス」と読む）がある。

1958年に、Texas Instrumentsのジャック・キルビーにより2つのトランジスタからなる最初の集積回路が作られた。1959年にはFairchildのロバート・ノイスが1つのシリコンチップ上の複数のトランジスタを相互接続する方法についての特許を得た。その当時、トランジスタの価格は1個当たり約10ドルで

あった。

40年以上にわたるかつてない製造技術の進歩のおかげで、今の技術では約30億個のMOSFETを1 cm^{2}のシリコンチップ上に詰め込むことができる。そしてこのトランジスタのコストは1個当たり1万分の1セント以下である。容量とコストの進歩は、およそ8年で10倍の勢いで続いている。MOSFETは、今やほとんどすべてのディジタルシステムのビルディングブロックに使われるようになった。この節ではディジタル抽象化の一皮下を覗いてみて、どのようにMOSFETから論理ゲートが作られていくか見ていく。

1.7.1 半導体

MOSトランジスタは、岩や砂に多く含まれる元素であるシリコン（珪素）から作られている。シリコン（Si）はIV族の原子で、4つの電子を価電子帯（殻）に含むので、隣接する4つの原子と結合して**結晶格子**を構成する。

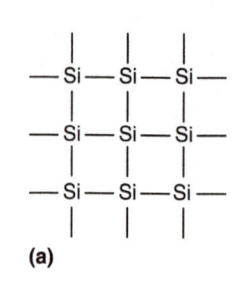

(a)

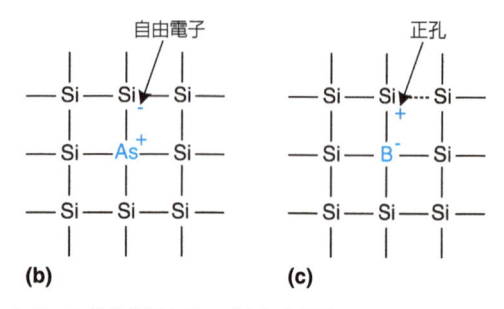

(b)　　　　　　(c)

図1.26　シリコン結晶格子とドープされた原子

図1.26（a）では便宜的に2次元の格子として示しているが、実際には立方体の結晶を形成している。図の線は共有結合を表す。すべての電子が価電子帯に結合されているためシリコンそれ自身は弱い導体である。しかし、少量の不純物（ドープ物質と呼ばれる）が注意深く加えられると良導体になる。砒素（As）のようなV族のドープ物質を加えると、ドープ物質の原子は結合に関与しない余剰の電子を持っている。その電子は1.26（b）に示すように、イオン化した**ドープ物質原子**（As$^+$）を残して格子の中を容易に動き回ることができる。電子は負の電荷を運ぶので砒素を**n型**のドープ物質と呼ぶ。その一方、ホウ素（B）のようなIII族のドープ物質を加えると図1.26（c）に示すようにドープ物質の原子は電子が不足している。欠落した電子は**正孔**と呼ばれる。隣接するシリコン原子からの電子が欠けた結合を埋めるように動いてくると、ドープ物質の原子はイオン化し（B$^-$）、隣のシリコン原子に正孔が移る。同様に、正孔も格子の中を移動していく。正孔は負の電荷の欠落であり、正の電荷を持つ粒子のよ

うに振る舞う。そのため、ホウ素を**p型**のドープ物質と呼ぶ。ドープ物質の密度によってシリコンの電気伝導度は桁違いに変化するので、シリコンは**半導体**と呼ばれる。

1.7.2 ダイオード

p型とn型のシリコンの間の接合部分は**ダイオード**と呼ばれる。図1.27に示すように、p型の領域は**陽極**（アノード）と呼び、n型の領域は**陰極**（カソード）と呼ぶ。

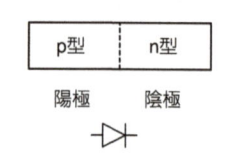

図1.27　p-n接合ダイオードと記号

陽極が陰極に対して高い電圧である場合はダイオードは**順方向**にバイアスされていて、電流はダイオードを通って陽極から陰極へ流れる。しかし、陽極が陰極に対して低い電圧である場合はダイオードは**逆方向**にバイアスされ、電流は流れない。ダイオードの記号は直感的に電流が一方通行で流れることを示している。

1.7.3 コンデンサ

コンデンサ（キャパシタ）は絶縁体で分離された2つの導体から構成される。電圧Vが一方の導体に加えられると、一方の導体に**電荷**Qが蓄積され、他方の導体に反対の極性の電荷$-Q$が蓄積される。コンデンサの**電気容量**Cは蓄えられる電荷と電圧の比で、$C = Q/V$の関係がある。電気容量は導体の大きさに比例し、導体間の距離に反比例する。図1.28にコンデンサの記号を示す。

図1.28　コンデンサの記号

導体を充電したり放電したりするのに時間とエネルギーがかかるので、コンデンサは重要である。電気容量が大きいことは回路の動作が遅く、動作に要するエネルギーが大きいことを意味する。速度とエネルギーについては本書全体を通じて議論する。

1.7.4 nMOSトランジスタとpMOSトランジスタ

MOSFETは導体と絶縁物質のいくつかの層をサンドイッチにした構造である。MOSFETは薄く平らで直径が15〜30 cmのシリコンウェーハの上に作られる。製造プロセスは未加工のウェーハから始まり、ドープ物質の注入、二酸化シリコンやシリコンの薄膜の成長、金属の沈着などの段階を繰り返す。それぞれの段階の間にウェーハにパターンを形成して材料が目的とした場所だけに付くようにする。各トランジスタは1ミクロン[1]以下の大きさでウェーハ全体が一度に製造され

1　1 μm = 1ミクロン = 10^{-6}m

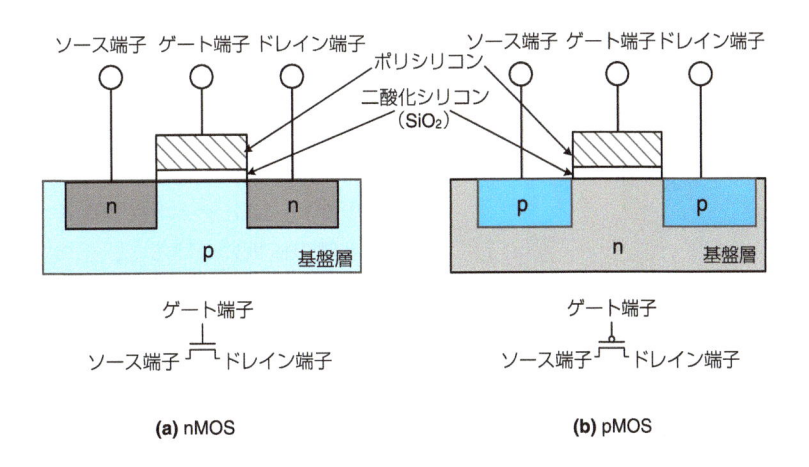

(a) nMOS   **(b)** pMOS

図1.29　nMOSとpMOSトランジスタ

るため、一度に何十億ものトランジスタを安価に製造することができる。製造プロセスが完了すると、ウェーハは**チップ**（あるいは**ダイス**）と呼ばれる長方形に切断される。チップには数千、数十万、あるいは何十億ものトランジスタが載っている。チップは検査されてから、外部回路と接続するための金属ピンの付いたプラスチックやセラミックの**パッケージ**に収められる。

Intelのクリーンルーム内の技術者たち：シリコンウェーハ上の微細加工されたトランジスタが　髪の毛や皮膚や衣類からのホコリで汚染されないようゴアテックス製の気密作業服を着ている。（©2006 Intel。許可を得て複製）

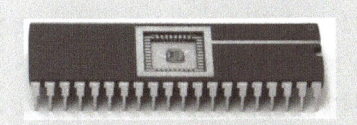

40ピンのデュアル-インラインパッケージ（DIP）の中央にほとんど見えないような小さなチップが入っている。チップは、髪の毛より細い金の線で片側に20本ずつ計40本ある金属のピンに接続されている。（写真はケビン・マップ。©Harvey Mudd College）

　MOSFETのサンドイッチ構造は、ゲートと呼ばれる導電性の層の下に、**二酸化シリコン**（SiO_2）の絶縁層があり、その下に**基盤層**と呼ばれるシリコンウェーハのある構成となっている。歴史的には、ゲートは金属で作られていたので、「金属-酸化物-半導体（**MOS**）」と名付けられた。最近の技術では、高温の製造プロセスの繰り返しでも溶けないポリシリコンをゲートに使っている。二酸化シリコンはガラスとしても知られ、半導体工業では単に**酸化物**といわれている。金属酸

化物半導体のサンドイッチ構造では、**誘電体**と呼ばれる絶縁酸化物の薄い層が 金属と半導体のプレートを分けていることで、コンデンサが形成される。

　MOSFETには2つの種類がある。すなわち、nMOSとpMOS（「エヌモス」、「ピーモス」と読む）である。図1.29はそれぞれのタイプのウェーハを切断して横から見た断面図を示している。**nMOS**と呼ばれるn型トランジスタでは、ゲート端子の脇に、ソース端子とドレイン端子と呼ばれるn型にドープされた領域を持ち、それらがp型半導体の基盤層上に作られている。**pMOS**トランジスタは反対に、p型のソース端子とドレイン端子領域が**n型の基盤層**上にある。

　ソース端子とドレイン端子は物理的には対称である。しかし、私たちは電荷の流れはソース端子からドレイン端子であるとした。nMOSトランジスタでは電荷は負の電圧から正の電圧へ流れる電子で運ばれる。pMOSトランジスタでは電荷は正の電圧から負の電圧へ流れる正孔で運ばれる。最も正の電圧を上に最も負の電圧を下にして回路図を書くなら、nMOSトランジスタでは負の電荷のソース端子が下端になり、pMOSトランジスタでは正の電荷のソース端子が上になる。

数百個のマイクロプロセッサのチップが載っている12インチのウェーハを手にする技術者。（©2006 Intel。許可を得て複製）

ゴードン・ムーア（Gordon Moore）、1929年〜。サンフランシスコで生まれる。カリフォルニア大学バークレイ校の化学科を卒業。カリフォルニア工科大学から化学と物理の博士号を得る。1968年にロバート・ノイスとともにIntel社を設立した。1965年にコンピュータのICチップの上のトランジスタ数は1年で2倍になることを発見し、それはムーアの法則として知られるようになった。1975年からトランジスタ数は2年ごとに2倍になり続けて来た。

ムーアの法則の別の表現としてマイクロプロセッサの性能は18から24か月ごとに2倍になる、がある。半導体の売上もまた指数的に伸びてきた。残念ながら、電力消費も同じように指数的に増大していった。

ムーアの法則は、50年間もの間、トランジスタの形状サイズが10 μm以上からたった28 nmに縮小していくとともに、猛烈な半導体産業の発展を駆り立ててきた。しかしながら、光の波長よりもさらに小さなトランジスタを製造するコストが高いため、この発展は28 nmのノード以上の縮小化が遅くなるという兆候を示している。（©2006 Intel。許可を得て複製）

MOSFETはゲート電圧で生じた電界によりソース端子とドレイン端子の間の接続がオン／オフされる、電圧で制御されたスイッチとして動作する。**電界効果トランジスタ**の名前はこの動作原理から来ている。nMOSトランジスタの動作から見てみよう。

nMOSトランジスタの基盤層は、通常はシステムで最も低い電圧であるGNDに接続されている。まず、図1.30（a）のようにゲートも0 Vである状態を考えよう。

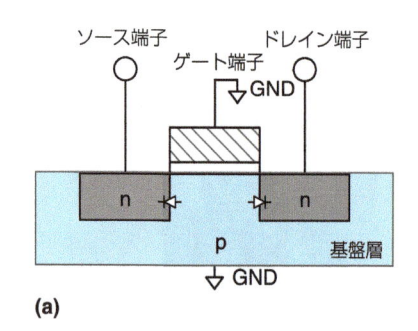

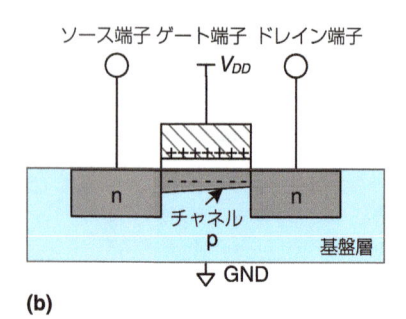

図1.30　nMOSトランジスタの働き

ソース端子とドレイン端子には負でない電圧がかかっているので、基盤層とソース端子またはドレイン端子との間のダイオードは逆電圧にバイアスされている。したがって、ソース端子とドレイン端子の間で電流が流れる道はなく、トランジスタはOFFである。さて、図1.30（b）に示すようにゲート電圧がV_{DD}に上がった場合を考える。正の電圧をコンデンサの上側の極板にかけると、正の電荷を上側に引き付け、負の電荷を下側に引き付けるような電界が生じる。もし電圧が十分大きければ、多くの負の電荷がゲート端子の下側に引き付けられ、p型だった領域が実質的にn型に反転する。この反転した領域は**チャネル**と呼ばれる。そうなると、トランジスタはn型のソース端子からn型のチャネルを経てn型のドレイン端子に至る連続する道を持つことになり、電子がソース端子からドレイン端子へ流れることができる。トランジスタはONになった。トランジスタをオンにするのに必要なゲート電圧はしきい（スレッショルド）電圧V_tと呼ばれ、典型的な値は0.3〜0.7Vである。

pMOSトランジスタは、図1.31に示した、記号に付けられた丸（バブル）からも推察できるように、その反対の動作をする。基盤層はV_{DD}に接続されている。ゲートもV_{DD}ならば、pMOSトランジスタはOFFになる。ゲートがGNDになると、p型に反転したチャネルによりpMOSトランジスタはONになる。

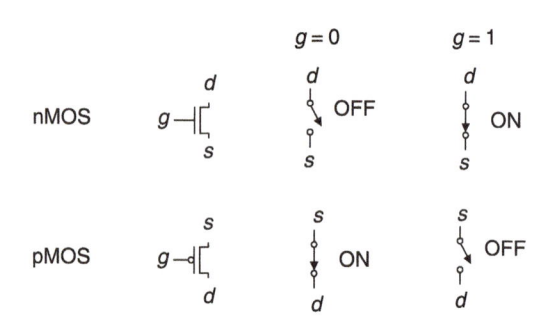

図1.31　MOSFETのスイッチモデル

残念ながら、MOSFETは完璧なスイッチではない。nMOSトランジスタは0を出力するのは良いが、1は苦手である。nMOSトランジスタのゲートがV_{DD}であるとき、ドレイン端子からの出力は0〜$V_{DD} - V_t$の範囲しか出せない。同様に、pMOSトランジスタは1は得意だが、0は苦手だ。しかし後ほど、それぞれのトランジスタの得意なモードだけ使って論理ゲートが作れることを学ぶであろう。

nMOSトランジスタはp型の基盤層を必要とし、そしてpMOSトランジスタはn型の基盤層を必要とする。両タイプのトランジスタを同じチップの上に構築するには、製造プロセスは普通はp型のウェーハから開始し、そこに井戸（ウェル）と呼ばれるn型の領域を埋め込み、そこにpMOSトランジスタを置く。トランジスタの両方の型を作れる製造プロセスは、相補型MOSまたはCMOSと呼ばれる。今日では製造されるトランジスタの大多数をCMOS製造プロセスが占めている。

まとめると、CMOS製造プロセスにより図1.31に示すよう

な2種類の電子的に制御できるスイッチが提供できる。ゲート端子（*g*）の電圧が、ソース端子（*s*）とドレイン端子（*d*）の間の電流を制御する。nMOSトランジスタは、ゲートが0のときOFFに、ゲートが1のときONになる。pMOSトランジスタはその反対で、ゲートが0のときONになり、ゲートが1のときOFFになる。

1.7.5 CMOS NOTゲート

図1.32はCMOSトランジスタから作られたNOTゲートの回路図を示している。

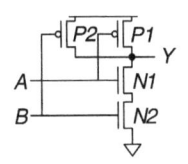

図1.32　NOTゲートの回路図

三角形はGNDを示し、横線はV_{DD}を示す。これらの印は後の回路図では略されている。nMOSトランジスタN1は、GNDと*Y*出力との間に接続されている。pMOSトランジスタP1は、V_{DD}と*Y*出力との間に接続されている。両方のトランジスタのゲートは入力*A*により制御される。

A = 0のとき、N1はOFFでP1はONとなる。したがって、*Y*はV_{DD}と接続され、GNDとは接続されていないので、*Y*の出力は論理レベルの1を示すV_{DD}に引き上げられる。P1は良い1を出力する。*A* = 1のとき、N1はONでP1はOFFとなる。*Y*は論理レベルの0に引き下げられる。N1は良い0を出力する。図1.12の真理値表と比べれば、この回路が本当にNOTゲートだと分かる。

1.7.6　他のCMOS論理ゲート

図1.33は2入力NANDゲートの回路図を示している。

図1.33　2入力NANDゲートの回路図

回路図の書き方で、3方向の交差では線は相互に接続しているが、4方向の交差では点があるときだけ接続している。nMOSトランジスタのN1とN2は直列接続されているので、両方のnMOSトランジスタがONでなければ出力はGNDにならない。pMOSトランジスタのP1とP2は並列接続されていて、一方のpMOSトランジスタがONなら出力はV_{DD}に引き上げられる。表1.6には（出力をGNDにする）プルダウン回路網の動作と（出力をV_{DD}に引き上げる）プルアップ回路網の動作と出力の状態を載せ、このゲートがNANDとして動作することを示す。例えば、*A* = 1かつ*B* = 0のとき、N1はONだがN2はOFFとなって、*Y*からGNDの道は通じない。一方でP1はOFFだがP2はONとなり、V_{DD}から*Y*への道は通じるので、*Y*は1に引き上げられる。

表1.6　NANDゲートの動作

A	B	プルダウン回路網	プルアップ回路網	出力Y
0	0	OFF	ON	1
0	1	OFF	ON	1
1	0	OFF	ON	1
1	1	ON	OFF	0

図1.34は、NOT、NAND、NORなどの反転型の論理ゲートの構成の一般的形を示している。

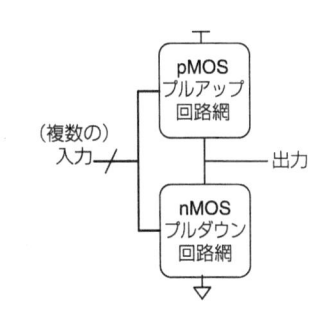

図1.34　反転型の論理ゲートの一般形

nMOSトランジスタは0を出力することを得意とするので、nMOSトランジスタを使ったプルダウン回路網を出力とGNDの間に置いて、0を出力するのに使う。pMOSトランジスタは1を出力することを得意とするので、pMOSトランジスタを使ったプルアップ回路網を出力とV_{DD}の間に置いて、1を出力するのに使う。プルアップとプルダウンの両回路網では、トランジスタが直列接続または並列接続されている。トランジスタが並列接続なら、1つでもトランジスタがONになると、回路網全体がONになる。トランジスタが直列接続なら、全部のトランジスタがONにならないと、回路網全体はONにならない。入力線を横切る斜線はゲートに複数の入力があり得ることを示す。

経験豊かな技術者は、**魔法の煙**が中に入っているので電子デバイスは動作する、といっている。この理論の正しさは、デバイスから魔法の煙が出たら動かなくなるので分かる。

もしプルアップ回路網とプルダウン回路網が両方とも同時にONになったならば、V_{DD}とGNDの間に短絡（ショート）回路ができてしまう。そしてゲートの出力は禁止領域となり、トランジスタでは大電力が消費され、おそらく焼けてしまうであろう。その反対に、もしプルアップ回路網とプルダウン回路網の両方が同時にOFFになったならば、出力端子がV_{DD}とGNDのどちらにも接続されていない状態になる。このような場合、出力は浮いているという。このとき出力の値も未定義である。出力が浮いているのは通常は望ましくないが、設計上の利点のために場合によっては浮いた状態が使われることを2.6節で述べる。

正しく機能している論理ゲートでは、回路網の片方はONで、他方はOFFであるべきで、いつも出力はHIGHまたはLOWに引かれていて、ショートしたり浮いたりはしていない。相補導通の法則を使うとこれを保証できる。nMOSトランジスタが直列接続のとき、pMOSトランジスタは並列接続でなければならない。nMOSトランジスタが並列接続のとき、pMOSトランジスタは直列接続でなければならない。

例題1.20　3入力NANDの回路図

CMOSトランジスタを使って3入力NANDゲートの回路図を描きなさい。

解法：3つの入力すべてが1のときのみNANDゲートは0を出力する。したがって、プルダウン回路網は3つのnMOSトランジスタを直列接続したものになる。相補導通の法則から、pMOSトランジスタは並列接続でなければならない。そのようなゲートを図1.35に示す。真理値表が正しいかをチェックすることで機能は検証できる。

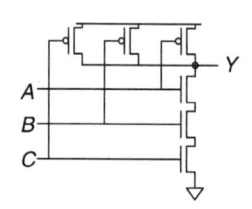

図1.35　3入力NANDゲートの回路図

例題1.21　2入力NORの回路図

CMOSトランジスタを用いて2入力NORゲートの回路図を描きなさい。

解法：どれかの入力が1のとき、NORゲートは0を出力する。したがって、プルダウン回路網は2つのnMOSトランジスタを並列接続したものになる。相補導通の法則から、pMOSトランジスタは直列接続でなければならない。そのようなゲートを図1.36に示す。

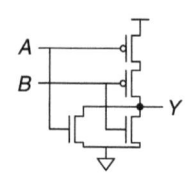

図1.36　2入力NORゲートの回路図

例題1.22　2入力ANDの回路図

2入力ANDゲートの回路図を描きなさい。

解法：ANDゲートを1つのCMOSゲートで構築することはできない。しかし、NANDゲートとNOTゲートは容易に作れる。そこで、CMOSトランジスタを使ってANDゲートを作るには、図1.37に示すように、NANDゲートの後にNOTゲートを置けばよい。

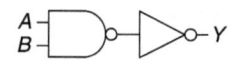

図1.37　2入力ANDゲートの回路図

1.7.7　伝送ゲート

時として、設計者は0も1も同じように出力できる理想的なスイッチがあれば便利だと思う。nMOSトランジスタは0を出すことが得意で、pMOSトランジスタは1を出すことが得意なことを使い、両者を並列に組み合わせ、両方の値をうまく扱える回路ができる。図1.38にそのような回路を示す。

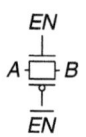

図1.38　伝送伝達ゲート

これは伝送ゲートあるいはパスゲートと呼ばれる。スイッチの両側の端子はAとBと呼ばれる。なぜならこのスイッチは双方向でどちらが入力側でどちらが出力側か決まっていない。制御信号はイネーブルと呼ばれ、ENと$\overline{EN}$で表す。$EN = 0$で$\overline{EN} = 1$のときは、両方のトランジスタはOFFになるので、伝送ゲートもOFF（または、ディスエーブル状態）になって、端子Aと端子Bの接続は切れている。$EN = 1$で$\overline{EN} = 0$のときは、伝送ゲートはON（イネーブル状態）になって、いかなる論理値でも端子Aと端子Bの間を流れることができる。

1.7.8　疑似nMOS論理回路

N入力CMOS NORゲートはN個のnMOSトランジスタを並列接続し、N個のpMOSトランジスタを直列接続している。直列接続の抵抗が並列接続の抵抗より大きい抵抗値を持つのと同じように、直列接続のトランジスタは並列接続のトランジスタよりも遅い。さらに、正孔はシリコン格子の中を電子ほど速くは動き回ることができないので、pMOSトランジスタはnMOSトランジスタより遅い。そのため、並列接続のnMOSトランジスタは速く、直列接続のpMOSトランジスタは遅くなる（特に多数直列に接続されたときには）。

疑似nMOS論理回路は、図1.39に示すように、遅いpMOSトランジスタの集団を常にONの弱いpMOSトランジスタ1個に置き換えたものである。このpMOSトランジスタはしばしば弱いプルアップと呼ばれる。このpMOSトランジスタの物理的な大きさを調整することで、nMOSトランジスタがすべてOFFのときだけ出力YがHIGHに引かれるように弱くしてある。しかしnMOSトランジスタのどれか1つでもONになれ

ば、その力が弱いプルアップに勝るので、出力YはGND近くまで引き下げられて、論理レベルの0となる。

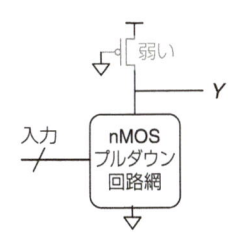

図1.39　疑似nMOSゲートの一般形

疑似nMOS論理回路の利点は多くの入力を持ち高速に動作するNORゲートを構築することができることだ。例えば、図1.40は疑似nMOSによる4入力NORゲートを示している。

図1.40　疑似nMOS 4入力NORゲート

疑似nMOSゲートは第5章で述べるような特定のメモリや論理回路の配列で有用である。欠点は、出力がLOWのときのV_{DD}とGNDの間には、弱いpMOSとnMOSの両方のトランジスタがONとなって 短絡回路が生じることである。その短絡回路は連続して電力を消費するので、疑似nMOS論理回路は控えめに使わなければならない。

疑似nMOSゲートの名前は、当時の製造プロセスではnMOSトランジスタしか作れなかった1970年代に由来している。pMOSトランジスタは製造できなかったので弱いnMOSトランジスタが出力をHIGHに引くために使われていた。

1.8　電力消費*

電力消費とは単位時間に使われるエネルギーの総量である。電力消費はディジタルシステムにおいてとても重要である。携帯電話やノートPCのようなポータブル機器ではバッテリの持続時間は電力消費で決まってしまう。電力消費は電源に接続した機器でも重要である。なぜなら、電気にはコストがかかるし、多くの電力を使えば熱が発生するからである。

ディジタルシステムでは**ダイナミック（動的）**と**スタティック（静的）**の2つの電力消費がある。ダイナミックな電力消費は、信号が0と1との間を変化するとき電気容量に充電するために使われる電力である。スタティックな電力消費は、信号が変化しなくても、システムがアイドルであっても使われる電力である。

論理ゲートとそれをつなぐ導線は電気容量を持っている。電気容量Cを電圧V_{DD}まで充電するために電源から引き出されるエネルギーはCV_{DD}^2である。もし電気容量にかかる電圧が周波数f（つまり、毎秒f回）で変化したら、充電と放電が毎秒$f/2$回ずつ起こる。放電は電源からエネルギーを引き出さないので、ダイナミックな電力消費は次式のようになる。

$$P_{dynamic} = \frac{1}{2} C V_{DD}^2 f \tag{1.4}$$

電子システムはそれが待機状態でもなんらかの電流が流れている。トランジスタがOFFのときでも、少量の洩れ電流がある。1.7.8節で議論した疑似nMOSゲートのような回路では、V_{DD}からGNDへ電流がいつも流れているパス（経路）がある。合計のスタティック電流、I_{DD}は洩れ電流、あるいはV_{DD}とGNDの間を流れる静止供給電流と呼ばれる。スタティックな電力消費はこのスタティック電流に比例する。

$$P_{static} = I_{DD} V_{DD} \tag{1.5}$$

例題1.23　電力消費

ある携帯電話機は6ワット時（W-hr）のバッテリを持ち、1.2 Vで動作する。使用中のとき、その携帯電話は300 MHzで動作し、チップ内でスイッチする平均電気容量は10 nF（10^{-8}ファラッド）であると仮定する。さらに、使用中はアンテナからの送信に3 Wの電力を使うとする。この電話機は使用していないときは、信号処理を行わないのでダイナミック消費電力はほとんどゼロになる。しかし、この電話機は40 mAの静止電流を使用中であってもなくても消費する。以下の場合のこの電話機のバッテリ持続時間を求めよ。(a) 使っていないとき、(b) 連続して使用しているとき。

解法：スタティック消費電力はP_{static} = 0.040（A）× 1.2（V）= 48 mWである。(a) 電話機が使われていないなら、これが唯一の電力消費である。そこで、バッテリ寿命は(6 W-hr)/(0.048 W) = 125時間（約5日）となる。(b) 電話機が使われていると、ダイナミックな消費電力は$P_{dynamic}$ = (0.5)×(10^{-8}F)×(1.2 V)^2×(3×10^8Hz) = 2.16 W。スタティック電力消費と送信電力を加えて、合計の動作時の電力は2.16 W + 0.048 W + 3 W = 5.2 Wとなる。そこで、バッテリ寿命は6 W-hr/5.2 W = 1.15時間となる。この例は、携帯電話の動作を単純化しすぎているが、電力消費の基本的考え方をうまく示している。

1.9　まとめとこれから学ぶこと

> 世界には10種類の人がいる：2進数で数えられる人と、そうでない人だ。

この章では、複雑なシステムを理解したり設計するための原理を紹介した。現実の世界はアナログであるが、ディジタル設計者は取り得る信号値のうち離散値のみを使うよう自分を律している。特に2値変数は2つだけの状態を取る。つまり、0と1、FALSEとTRUE、あるいはLOWとHIGHと呼ばれる状態である。論理ゲートは1つかそれ以上の2値の入力から2値出力を計算する。よく使われる論理ゲートとして

► NOT：TRUEを出すのは、入力がFALSEのとき

► AND：TRUEを出すのは、すべての入力がTRUEのとき

► OR：TRUEを出すのは、1つでも入力がTRUEのとき

► XOR：TRUEを出すのは、奇数個の入力がTRUEのとき

がある。

論理ゲートは通常は電子的に制御されたスイッチである

CMOSトランジスタから作られている。ゲート端子が1のときnMOSトランジスタはONになり、ゲート端子が0のときpMOSトランジスタはONオンになる。

第2章から第5章ではディジタル論理回路について学び続ける。第2章では出力が現在の入力のみに依存する**組み合わせ回路**について述べる。これまでに紹介した論理ゲートも組み合わせ回路の例である。真理値表やブール論理式で定義された入出力間の関係を実装するような複数のゲートを使った回路を設計することを学ぶ。第3章では出力が現在と過去の両方の入力に依存する**順序回路**について述べる。過去の入力を覚えているレジスタはよく知られた順序回路エレメントである。レジスタと組み合わせ回路から作られる**有限状態マシン**（FSM）は、複雑なシステムを構築する強力で体系的な方法である。また、いかに速くシステムが動作できるかを分析するためディジタルシステムのタイミングについて学ぶ。第4章ではハードウェア記述言語（HDL）について述べる。HDLは古典的プログラミング言語と関連深いがソフトウェアでなくハードウェアを構築・シミュレートする目的のものである。今日の多くのディジタルシステムはHDLによって設計されている。2つの広く使われる言語としてSystemVerilogとVHDLがあり、本書の中で並行して説明している。第5章では加算器、乗算器、メモリのような他の組み合わせ回路や順序回路のビルディングブロックを学ぶ。

第6章ではコンピュータアーキテクチャに視点を移す。工業標準となったマイクロプロセッサで、ほとんどすべてのスマートフォンやタブレット、ピンボールマシンから車にわたる他の多くの機器やサーバにも使われている、ARMプロセッサについて述べる。ARMアーキテクチャはレジスタとアセンブリ言語の命令セットによって定義されている。ARMプロセッサのアセンブリ言語でプログラムを書くことを学ぶ。そうすれば、プロセッサとその本来の言葉で対話できるようになる。

第7章、第8章では、ディジタル論理回路とコンピュータアーキテクチャの橋渡しをする。第7章ではマイクロアーキテクチャを探求する。加算器やレジスタのようなプロセッサを構成するのに必要なビルディングブロックの配置を学ぶ。この章で、あなた自身のARMプロセッサを構成することを学ぶ。実際、異なる性能とコストのトレードオフを反映した3つのマイクロアーキテクチャを学ぶ。プロセッサの性能は指数的に増大し、データへの飽くことなき要求を満たすようなもっと洗練されたメモリシステムが要求されている。第8章では、メモリシステムのアーキテクチャの探求をする。第9章（Web 補遺にて利用可能、まえがき参照）コンピュータがモニタやBluetoothラジオ、モータなどの周辺デバイスと通信する方法を述べる。

演習問題

演習問題1.1 次のそれぞれの状況で使われそうな抽象化レベルを少なくとも3つ挙げて、簡潔に説明せよ。

(a) 細胞の働きを研究する生物学者

(b) 物質の構成を研究する化学者

演習問題1.2 階層化・モジュール化・規則化の技法が次のそれぞれの場合、どのように使われるだろうか。簡潔に説明せよ。

(a) 自動車の設計者

(b) 彼らの作業を管理する仕事

演習問題1.3 ベン・ビットディドル君が家を建てている。家を建てる時間と費用を節約するためにどのように階層化・モジュール化・規則化の原理が役立つか説明せよ。

演習問題1.4 範囲が0〜5 Vのアナログ電圧がある。これを±50 mVの精度で測定することができたとすると、最良で何ビットの情報が得られるか。

演習問題1.5 教室の壁にある古い時計の分針は壊れている。

(a) 時針を15分単位で読み取れるなら、この時計は時刻について何ビットの情報を知らせているといえるか。

(b) 午前か午後かを知ることができたら、時刻についての情報は何ビット増えるか。

演習問題1.6 バビロニア人は約4000年前に**60進**（基数が60）数の体系を開発した。1つの60進数の数字に何ビット分の情報が含まれるか。数4000_{10}を60進数ではどう書けばよいか。

演習問題1.7 16ビットでいくつの異なる数を表現できるか。

演習問題1.8 符号無の32ビット2進数で最大の値はいくらか。

演習問題1.9 16ビットの2進数で表現できる最大の値を次のそれぞれの形式について答えよ。

(a) 符号無2進数

(b) 2の補数表現の2進数

(c) 符号/絶対値表現の2進数

演習問題1.10 32ビットの2進数で表現できる最大の値を次のそれぞれの形式について答えよ。

(a) 符号無2進数

(b) 2の補数表現の2進数

(c) 符号/絶対値表現の2進数

演習問題1.11 次のそれぞれの表現で、最も小さい（最も負の）16ビット2進数はいくらか。

(a) 符号無2進数

(b) 2の補数の2進数

(c) 符号/絶対値表現での2進数

演習問題1.12 次のそれぞれの表現で、最も小さい（最も負の）32ビット2進数はいくらか。

(a) 符号無2進数

(b) 2の補数の2進数

(c) 符号/絶対値表現での2進数

演習問題1.13 次の符号無2進数を10進数へ変換せよ。変換経過を示せ。

(a) 1010_2

(b) 110110_2

(c) 11110000_2

(d) 0001100010100111_2

演習問題1.14　次の符号無2進数を10進数へ変換せよ。変換経過を示せ。

(a) 1110_2

(b) 100100_2

(c) 11110000_2

(d) 0001100010100111_2

演習問題1.15　演習問題1.13の各数を16進数へ変換せよ。

演習問題1.16　演習問題1.14の各数を16進数へ変換せよ。

演習問題1.17　次の16進数を10進数に変換せよ。変換経過を示せ。

(a) $A5_{16}$

(b) $3B_{16}$

(c) $FFFF_{16}$

(d) $D0000000_{16}$

演習問題1.18　次の16進数を10進数に変換せよ。変換経過を示せ。

(a) $4E_{16}$

(b) $7C_{16}$

(c) $ED3A_{16}$

(d) $403FB001_{16}$

演習問題1.19　演習問題1.17の各数を符号無2進数へ変換せよ。

演習問題1.20　演習問題1.18の各数を符号無2進数へ変換せよ。

演習問題1.21　次の2の補数表現の2進数を10進数へ変換せよ。

(a) 1010_2

(b) 110110_2

(c) 01110000_2

(d) 10011111_2

演習問題1.22　次の2の補数表現の2進数を10進数へ変換せよ。

(a) 1110_2

(b) 100011_2

(c) 01001110_2

(d) 10110101_2

演習問題1.23　各数が、2の補数でなく、符号/絶対値表現の2進数として演習問題1.21を繰り返せ。

演習問題1.24　各数が、2の補数でなく、符号/絶対値表現の2進数として演習問題1.22を繰り返せ。

演習問題1.25　次の10進数を符号無2進数へ変換せよ。

(a) 42_{10}

(b) 63_{10}

(c) 229_{10}

(d) 845_{10}

演習問題1.26　次の10進数を符号無2進数へ変換せよ。

(a) 14_{10}

(b) 52_{10}

(c) 339_{10}

(d) 711_{10}

演習問題1.27　16進数への変換として演習問題1.25を繰り返せ。

演習問題1.28　16進数への変換として演習問題1.26を繰り返せ。

演習問題1.29　次の10進数を8ビットの2の補数の2進数に変換した結果、またはもとの10進数が変換できる範囲外であるかを答えよ。

(a) 42_{10}

(b) -63_{10}

(c) 124_{10}

(d) -128_{10}

(e) 133_{10}

演習問題1.30　次の10進数を8ビットの2の補数の2進数に変換した結果、またはもとの10進数が変換できる範囲外であるかを答えよ。

(a) 24_{10}

(b) -59_{10}

(c) 128_{10}

(d) -150_{10}

(e) 127_{10}

演習問題1.31　8ビットの符号/絶対値表現への変換として演習問題1.29を繰り返せ。

演習問題1.32　8ビットの符号/絶対値表現への変換として演習問題1.30を繰り返せ。

演習問題1.33　次の4ビットの2の補数の2進数を8ビットの2の補数へ変換せよ。

(a) 0101_2

(b) 1010_2

演習問題1.34　次の4ビットの2の補数の2進数を8ビットの2の補数へ変換せよ。

(a) 0111_2

(b) 1001_2

演習問題1.35　各数が2の補数でなく符号無整数であるとして演習問題1.33を繰り返せ。

演習問題1.36　各数が2の補数でなく符号無整数であるとして演習問題1.34を繰り返せ。

演習問題1.37　基数8の体系を8進数という。演習問題1.25のそれぞれの数を8進数に変換せよ。

演習問題1.38　基数8の体系を8進数という。演習問題1.26のそれぞれの数を8進数に変換せよ。

演習問題1.39　次の8進数を2進数・16進数・10進数に変換せよ。

(a) 42_8

(b) 63_8

(c) 255_8

(d) 3047_8

演習問題1.40 次の8進数を2進数・16進数・10進数に変換せよ。

(a) 23_8

(b) 45_8

(c) 371_8

(d) 2560_8

演習問題1.41 5ビットの2の補数表現の数では、0より大きい数はいくつあるか。また0より小さい数はいくつあるか。符号/絶対値表現にすると、これらの答えはどのように違うか。

演習問題1.42 7ビットの2の補数表現の数では、0より大きい数はいくつあるか。また0より小さい数はいくつあるか。符号/絶対値表現にすると、これらの答えはどのように違うか。

演習問題1.43 32ビットのワードの中にバイトは何個あるか。また、そのワードにニブルは何個あるか。

演習問題1.44 64ビットのワードの中にバイトは何個あるか。

演習問題1.45 あるDSLモデムは768 kビット/秒で動作する。1分で何バイトを受信できるか。

演習問題1.46 USB 3.0 は 5 Gbits/秒でデータを伝送できる。1分間で何バイト送ることができるか。

演習問題1.47 ハードディスクの製造者は「メガバイト」（MB）を10^6バイトの意味で使い、「ギガバイト」（GB）を10^9バイトとして使う。50 GBのハードディスクには、実際は何GBの音楽データを格納できるか。

演習問題1.48 電卓を使わずに2^{31}の近似値を求めよ。

演習問題1.49 Pentium IIマイクロプロセッサのメモリは長方形のビット領域が28×29列の格子状に並んで構成されている。これで何ビットになるか電卓を使わず近似値を求めよ。

演習問題1.50 3ビットの符号無整数、2の補数、符号/絶対値表現の数について図1.11のような数直線を描きなさい。

演習問題1.51 2ビットの符号無整数、2の補数、符号/絶対値表現の数について図1.11のような数直線を描きなさい。

演習問題1.52 次の符号無2進数の加算を行い、得られた和は4ビットの結果として桁あふれするかを答えよ。

(a) $1001_2 + 0100_2$

(b) $1101_2 + 1011_2$

演習問題1.53 次の符号無2進数の加算を行い、得られた和は8ビットの結果として桁あふれするかを答えよ。

(a) $10011001_2 + 01000100_2$

(b) $11010010_2 + 10110110_2$

演習問題1.54 2進数が2の補数の形であるとして演習問題1.52を繰り返せ。

演習問題1.55 2進数が2の補数の形であるとして演習問題1.53を繰り返せ。

演習問題1.56 次の10進数を6ビットの2の補数に変換してから加算せよ。また、得られた和は6ビットの結果として桁あふれするかを答えよ。

(a) $16_{10} + 9_{10}$

(b) $27_{10} + 31_{10}$

(c) $-4_{10} + 19_{10}$

(d) $3_{10} + -32_{10}$

(e) $-16_{10} + -9_{10}$

(f) $-27_{10} + -31_{10}$

演習問題1.57 次の数を演習問題1.56 と同じように行え。

(a) $7_{10} + 13_{10}$

(b) $17_{10} + 25_{10}$

(c) $-26_{10} + 8_{10}$

(d) $31_{10} + -14_{10}$

(e) $-19_{10} + -22_{10}$

(f) $-2_{10} + -29_{10}$

演習問題1.58 次の符号無16進数の加算をせよ。結果が8ビット（2つの16進数字）から桁あふれを起すかについても答えよ。

(a) $7_{16} + 9_{16}$

(b) $13_{16} + 28_{16}$

(c) $AB_{16} + 3E_{16}$

(d) $8F_{16} + AD_{16}$

演習問題1.59 次の符号無16進数の加算をせよ。結果が8ビット（2つの16進数字）から桁あふれを起すかについても答えよ。

(a) $22_{16} + 8_{16}$

(b) $73_{16} + 2C_{16}$

(c) $7F_{16} + 7F_{16}$

(d) $C2_{16} + A4_{16}$

演習問題1.60 次の10進数を、5ビットの2の補数表現の2進数に変換して、引き算を行え。得られた差が5ビット結果から桁あふれするかも答えよ。

(a) $9_{10} - 7_{10}$

(b) $12_{10} - 15_{10}$

(c) $-6_{10} - 11_{10}$

(d) $4_{10} - -8_{10}$

演習問題1.61 次の10進数を、6ビットの2の補数表現の2進数に変換して、引き算を行え。得られた差が6ビット結果から桁あふれするかも答えよ。

(a) $18_{10} - 12_{10}$

(b) $30_{10} - 9_{10}$

(c) $-28_{10} - 3_{10}$

(d) $-16_{10} - 21_{10}$

演習問題1.62 バイアスBを持つバイアス付き（下駄履き）のNビット2進数では、正と負の数はもとの値にバイアスBを加えた値で表現される。例えば、バイアス15の5ビットの数では、0は01111に、1は10000のように表現される。バイアス付きの数の体系は第5章で議論する浮動小数点演算で使われることがある。バイアスが127_{10}であるようなバイアス付き8ビットの2進数について以下に答えよ。

(a) 2進数10000010_2はどのような10進数の値を表すか。

(b) 値0を表す2進数は何か。

(c) 最も小さい負の数の表現と値は何か。

(d) 最も大きい正の数の表現と値は何か。

演習問題1.63　3ビットでバイアス3が付いた数について図1.11のような数直線を描きなさい（バイアス付きの数の定義については演習問題1.62を参照）。

演習問題1.64　**2進コード化された10進数**（BCD）の体系では、4ビットで1つの10進数字（0から9）を表現する。例えば、371_{10}はBCDでは00110111になる。

(a) 289_{10}をBCDで書け。

(b) BCDの100101010001を10進数へ変換せよ。

(c) BCDの01101001を2進数へ変換せよ。

(d) なぜBCDは数を表現するのに有用な方式かを説明せよ。

演習問題1.65　BCDの体系に関連する次の問いに答えよ（BCDの定義については演習問題1.64を参照）。

(a) 371_{10}をBCDで書け。

(b) BCDの000110000111を10進数へ変換せよ。

(c) BCDの10010101を2進数へ変換せよ。

(d) 数の2進数表現と比較したとき、BCDの欠点を説明せよ

演習問題1.66　UFOがネブラスカのトウモロコシ畑の真中に墜落した。FBIがその残骸を調べたところ、宇宙人の数の体系で、325 + 42 = 411という等式の書いてある技術マニュアルを見つけた。もしこの式が正しいならば、宇宙人は何本の指を持っていると推定できるか。

演習問題1.67　ベン・ビットディドル君とアリッサ・P・ハッカー嬢が議論している。ベンが、ゼロより大きく6で割り切れる整数はすべて2進数で表現したとき1のビットがちょうど2個あるといい、アリッサはそうではなく、1であるビットは偶数個であると反論した。ベンとアリッサのどちらが正しいか、あるいは両方か、それともどちらとも正しくないか説明せよ。

演習問題1.68　ベン・ビットディドル君とアリッサ・P・ハッカー嬢が別の議論をしている。ベンは、ある数の2の補数を得るには1を引いた結果のすべてのビットを反転させればよいといった。アリッサは、そうではなく、その数を構成するビットを順に調べて、最下位ビットから開始して最初に1のビットが見つかったら以降のビットを反転させれば出来るといった。ベンとアリッサのどちらが正しいか、あるいは両方か、それともどちらとも正しくないか説明せよ。

演習問題1.69　2進数から10進数へ変換するプログラムを好きなプログラミング言語（C、Java、Perlなど）で書きなさい。符号無2進数を入力すると、その値を10進数で表示するようにせよ。

演習問題1.70　ユーザが基数を与え、任意の基数b_1での表現から他の基数b_2での表現への変換ができるように演習問題1.69を繰り返せ。16までの基数に対応するように、9より大きい数字にはアルファベットの文字を使う。まずb_1とb_2を入力し、次に基数b_1での数を入力するとプログラムはその数を基数b_2で表示するように作れ。

演習問題1.71　次の各項の論理回路記号、ブール論理式、真理値表を書きなさい。

(a) 3入力ORゲート

(b) 3入力XOR（排他的論理和）ゲート

(c) 4入力XNORゲート

演習問題1.72　次の各項の論理回路記号、ブール論理式、真理値表を書きなさい。

(a) 4入力ORゲート

(b) 3入力XNOR（排他的論理和）ゲート

(c) 5入力NANDゲート

演習問題1.73　多数決ゲートは、半数より多くの入力がTRUEであれば、TRUEを出力する。図1.41に示した3入力多数決ゲートの真理値表を完成せよ。

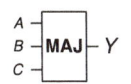

図1.41　3入力多数決ゲート

演習問題1.74　図1.42に示す3入力**AND-OR**（**AO**）ゲートは入力AとBの両方がTRUEであるか、または入力CがTRUEのとき、TRUEを出力する。このゲートの真理値表を完成せよ。

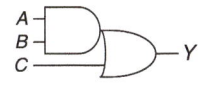

図1.42　3入力AND-ORゲート

演習問題1.75　図1.43に示す3入力**OR-AND-反転**（**OAI**）ゲートは、入力CがTRUEで、かつ入力AまたはBがTRUEであるときFALSEを出力し、それ以外の場合はTRUEを出力する。このゲートの真理値表を完成せよ。

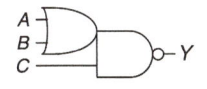

図1.43　3入力OR-AND-反転ゲート

演習問題1.76　2変数のブール（論理）関数には16個の異なる真理値表が存在する。それぞれの真理値表を列挙し、機能を説明する（OR、NANDなど）短い名前をそれぞれに添えよ。

演習問題1.77　N変数のブール関数には何個の異なる真理値表が存在し得るか。

演習問題1.78　図1.44に伝達特性を示した回路がインバータ（反転回路）として機能するように論理回路のレベルを設定することは可能か。もし可能なら、入力と出力のLOWとHIGHのレベル（V_{IL}、V_{OL}、V_{IH}、V_{OH}）と雑音余裕（NM_LとNM_H）はいくらになるか。もし可能でないなら理由を説明せよ。

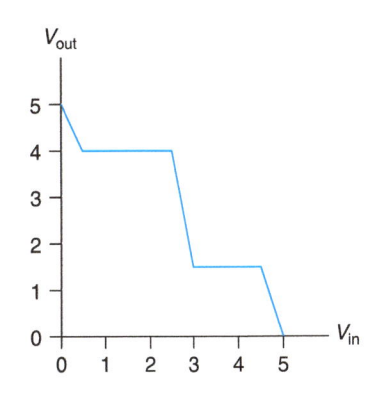

図1.44　DC伝達特性1

演習問題1.79 演習問題1.78を図1.45に示した伝達特性について繰り返せ。

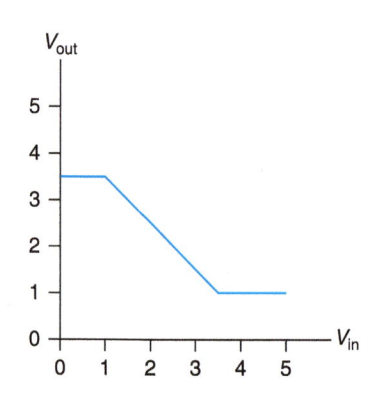

図1.45 DC伝達特性2

演習問題1.80 図1.46に伝達特性を示した回路がバッファとして機能するように論理回路のレベルを設定することは可能か。もし可能なら、入力と出力のLOWとHIGHのレベル（V_{IL}、V_{OL}、V_{IH}、V_{OH}）と雑音余裕（NM_LとNM_H）はいくらになるか。もし可能でないなら理由を説明せよ。

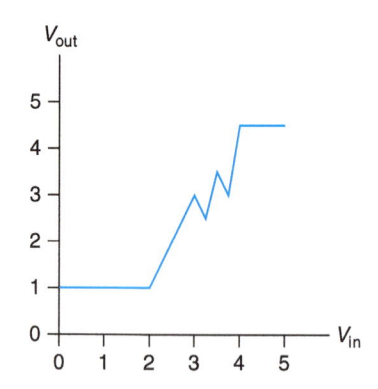

図1.46 DC伝達特性3

演習問題1.81 ベン・ビットディドル君は図1.47に示すような伝達特性を持つ回路を発明した。彼はそれをバッファに使いたいのだが、バッファとして使えるか。（答えが使える／使えないのどちらでも）その理由を述べよ。彼はこの回路を、LVCMOSとLVTTLの論理回路ファミリと互換性のあるものとして宣伝したい。ベンのバッファはこれらの論理回路ファミリから入力を正しく受け取ることができるか。その出力は正しくこれらの論理回路ファミリを駆動できるか。説明せよ。

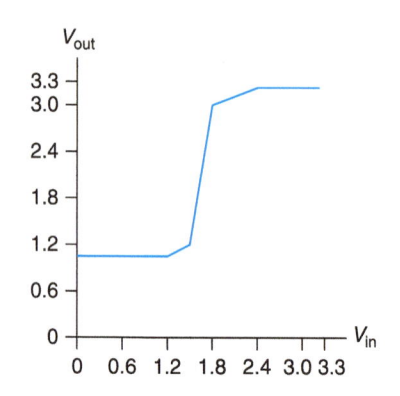

図1.47 ベンのバッファのDC伝達特性

演習問題1.82 暗い路地を歩いているとき、ベン・ビットディドル君は図1.48に示すような伝達特性を持つ2入力ゲートを発見した。入力がAとBで、出力はYである。

(a) 彼が見つけたのはどのような種類の論理回路のゲートか。

(b) この論理ゲートのHIGHレベル／LOWレベルの近似値はいくらか。

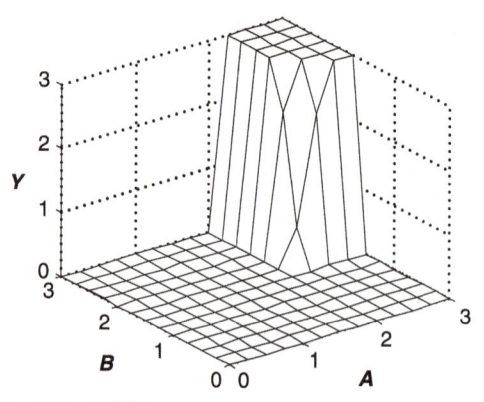

図1.48 2入力DC伝達特性

演習問題1.83 演習問題1.82を図1.49について繰り返せ。

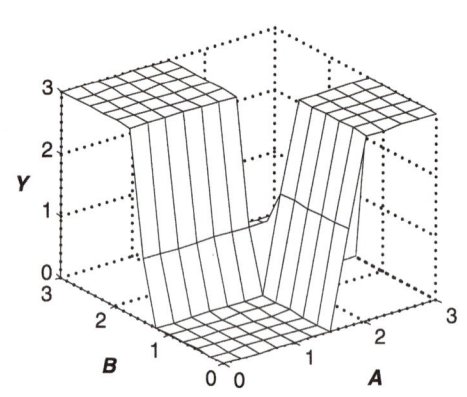

図1.49 2入力DC伝達特性

演習問題1.84 次に挙げるそれぞれのCMOSゲートをトランジスタレベルの回路として描きなさい。最小の数のトランジスタで済むようにせよ。

(a) 4入力NANDゲート

(b) 3入力OR-AND-反転ゲート（演習問題1.75を参考に）

(c) 3入力AND-ORゲート（演習問題1.74を参考に）

演習問題1.85 次に挙げるそれぞれのCMOSゲートをトランジスタレベルの回路として描きなさい。最小の数のトランジスタで済むようにせよ。

(a) 3入力NORゲート

(b) 3入力ANDゲート

(c) 2入力ORゲート

演習問題1.86 **少数決ゲート**は入力の半数未満がTRUEのときのみTRUEを出力する。そうでなければFALSEを出力する。3入力CMOS少数決ゲートをトランジスタレベルの回路として描きなさい。

演習問題1.87 図1.50の回路図のゲートで計算される論理関数の真理値表を書け。真理値表はAとBの2つの入力を持つようにせよ。この論理関数の名前は何か。

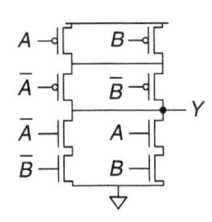

図1.50 謎の回路図1

演習問題1.88 図1.51の回路図のゲートで計算される論理関数の真理値表を書け。真理値表はAとBとCの3つの入力を持つようにせよ。

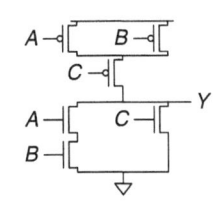

図1.51 謎の回路図2

演習問題1.89 疑似nMOSの論理ゲートのみを使って次に挙げる3入力ゲートを設計せよ。それぞれのゲートはA、B、Cの3つの入力を持つようにする。使用するトランジスタ数は最少にせよ。

（a）3入力NORゲート

（b）3入力NANDゲート

（c）3入力ANDゲート

演習問題1.90 抵抗トランジスタ論理回路（**RTL**）ではゲートの出力をLOWに引くためにnMOSトランジスタを使い、アースへのパスがどれもアクティブでないときに出力をHIGHに引くために弱い抵抗を使う。RTLでのNOTゲートを図1.52に示す。3入力のRTL NORゲートを描け。最少数のトランジスタで済むようにせよ。

図1.52 RTL NOTゲート

口頭試問

以下は、ディジタル設計の業界の面接試験で尋ねられるような質問である。

質問1.1 CMOS 4入力NORゲートをトランジスタレベルの回路で描きなさい。

質問1.2 王様は64個の金貨を税金として受け取った。しかし1個が偽であると疑う十分な理由があった。王様は偽の金貨を見分けるためにあなたをお召しになった。あなたはそれぞれの皿にいくつでも金貨を載せられる天秤が使える。本物より軽い偽の金貨を見つけるためには天秤を何回使う必要があるか。

質問1.3 教授・助手・ディジタル設計を学ぶ学生と陸上の新人選手の4人が、暗い夜にぐらぐらする橋を渡る必要があった。橋はとても揺れるので2人だけが同時に渡れる。このグループ全体でただ1つの懐中電灯がある。さらに、川幅はとても広く懐中電灯を投げて渡せない。そのため、誰かが懐中電灯を持って他の仲間のところに戻らないといけない。陸上競技の新人選手は橋を1分で渡れる。ディジタル設計を学ぶ学生は橋を2分で渡れる。助手は橋を5分で渡れる。教授はいつもぼうっとしていて、橋を10分かけて渡る。全員が橋を渡れる最短時間はいくらか。

2

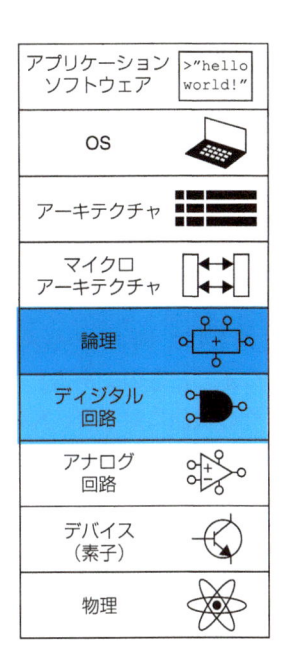

アプリケーション ソフトウェア	>"hello world!"
OS	
アーキテクチャ	
マイクロ アーキテクチャ	
論理	
ディジタル 回路	
アナログ 回路	
デバイス （素子）	
物理	

組み合わせ回路設計

2.1　はじめに

ディジタル電子**回路**において、回路は離散的な値を取る変数を処理する網状のものである。その回路は、図 2.1 に示すように、以下のものを含むブラックボックスであると見なすことができる。

▶　離散的な値を取る1つ以上の**入力端子**

▶　離散的な値を取る1つ以上の**出力端子**

▶　入力と出力の間の関係を示す**機能仕様**

▶　入力の変化に対する出力応答との間に生じる時間遅延を示す**タイミング仕様**

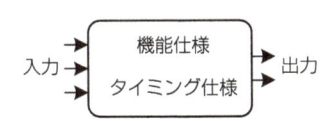

図2.1　入力、出力、内部仕様のあるブラックボックスとしての回路

ブラックボックスの中を覗いてみると、回路はノードとエレメントで構成されている。**エレメント**（素子）は入力や出力、およびそれに関する仕様を持つ回路そのものである。**ノード**とは、その電圧によって離散値を伝達する接続線のことである。ノードは**入力**と**出力**、あるいは**内部ノード**に分類できる。入力は外界から値を受け取り、出力は外界に値を受け渡す。入力でも出力でもない接続線を内部ノードと呼ぶ。図 2.2 では、3 つのエレメント、E1、E2 および E3 と 6 つの結線により、ある回路例を示している。ノード A、B、C は入力であり、Y と Z は出力となる。n1 は E1 と E3 との間の内部ノードとなるのである。

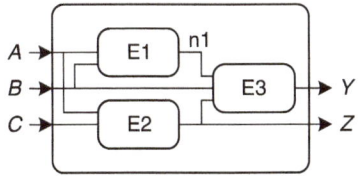

図2.2　エレメントとノード

ディジタル回路は、**組み合わせ回路**と**順序回路**に分類される。組み合わせ回路は、その出力が現時点の入力の値のみに依存する。言い換えると、出力は、現在の入力値のみ組み合わせて計算するのである。論理ゲートは組み合わせ回路である。順序回路は、その出力が現在の入力値と以前の入力値の両方に影響を受けるものである。別の見方をすると、出力が入力の時系列に依存するともいえる。組み合わせ回路は**記憶（メモリ）を持たない**。しかしながら、順序回路は**記憶を持つ**ことができる。この章では組み合わせ回路に焦点を当て、第 3 章で順序回路について詳しく述べる。

組み合わせ回路の機能仕様というのは、現在の入力値に関する出力値を表したものと考えられる。組み合わせ回路のタイミング仕様は、入力から出力までの遅延について、その上限、下限から成り立つ。それでは、この章では初めに機能仕様に集中し、後にタイミング仕様を考査しよう。

図 2.3 には、2 入力、1 出力の組み合わせ回路を示す。図の左側にあるのは入力 A と B であり、右側には出力 Y がある。箱の中の記号 CL は、その回路が単に組み合わせ回路のみを用いて実現されていることを示す。この例では、関数 F は OR として記述されており、$Y = F(A, B) = A + B$ となる。言い換える

と、出力 Y は、2つの入力 A と B の関数であり、すなわち、$Y = A \text{ OR } B$ ということになる。

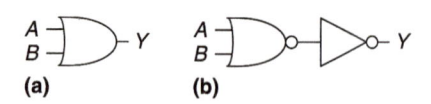

$$Y = F(A, B) = A + B$$

図2.3 組み合わせ回路

図 2.4 は、図 2.3 の組み合わせ回路の実際の実現例(実装)を2つ示したものである。本書を通じて繰り返し取り上げるが、1つの機能に対して、多くの実現例が存在する。自由に使えるビルディングブロック(構築要素)や、設計上の制約といった条件の下で、どの実現方法を用いればいいかを決めればよい。これらの制約には、実装面積、速度、消費電力、設計期間といったものが含まれる。

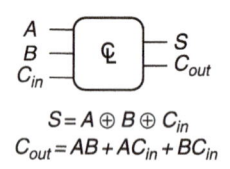

図2.4 OR回路の実現方法(2通り)

図 2.5 は、複数の出力を持つ組み合わせ回路を示す。この独特な組み合わせ回路は、**全加算器**と呼ばれ、5.2.1 節で再び取り上げる。2つの式は、入力 A、B、C_{in} に関する出力の関数 S と C_{out} を示している。

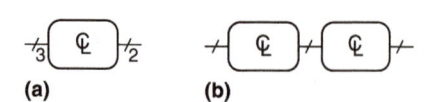

$$S = A \oplus B \oplus C_{in}$$
$$C_{out} = AB + AC_{in} + BC_{in}$$

図2.5 複数出力のある組み合わせ回路

簡単に描きやすいように、複数の信号線を束ねたものであるバスを示すために、単線上にスラッシュ(/)を付け加え、そのすぐ横に数を記すことにする。その数は何本の信号線でバスを構成しているかを明示するものである。例えば、2.6 (a)は、3 入力と 2 出力を持つ組み合わせ回路のブロックを表す。もし、そのビット数が重要でなかったり、前後の脈略から明白であるなら、スラッシュは数を付けずに描くこともある。図2.6 (b) は、2つの組み合わせ論理ブロックにおいて、あるブロックの任意のビット数の出力が、2つ目のブロックの入力として用いられる例を示している。

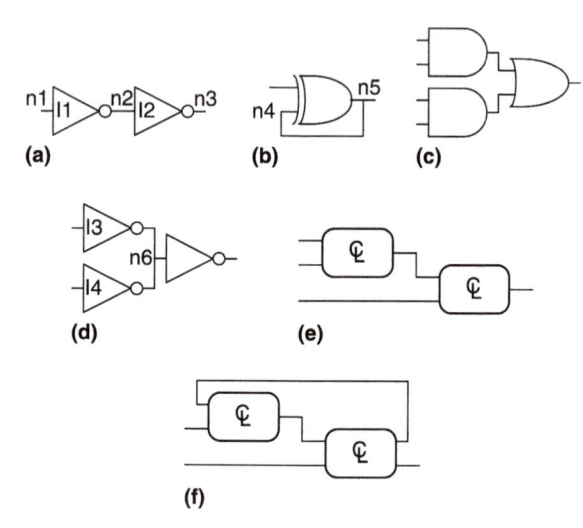

図2.6 複数の信号線にスラッシュを用いた記述方法

組み合わせ回路を構築する規則により、小さな組み合わせ回路のエレメントからいかにして大規模な組み合わせ回路を組み上げることができるかが分かる。すなわち、ある回路が以下となるように、その回路エレメントが相互に接続されたものであるのであれば、その回路は組み合わせ回路である。

▶ すべての回路エレメント自身が組み合わせ回路である場合

▶ その回路のすべてのノードが、その回路への入力として指定されたものか、あるいはある回路エレメントの1つの出力端子に厳密に接続しているかのいずれかである場合

▶ その回路が、巡回パスを含んでいない場合。すなわち、その回路にあるすべての経路(パス)は、最大でも一度しか、各回路ノードに到達しない場合

例題2.1 組み合わせ回路

組み合わせ回路の構築規則によると、図2.7において、どの回路が組み合わせ回路となるだろうか。

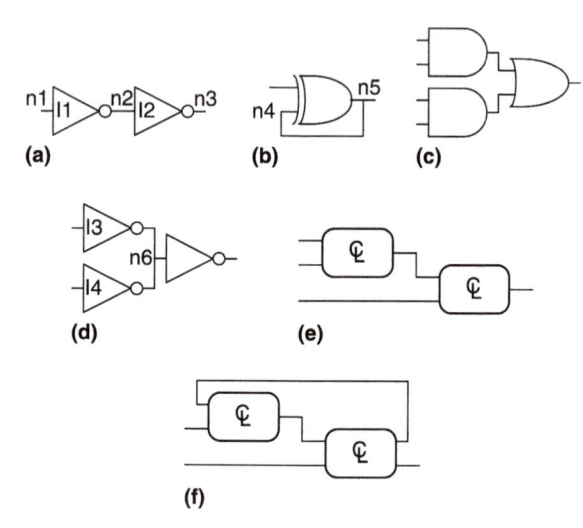

図2.7 例題の回路

解法:回路 (a) は組み合わせ回路である。この回路は2つの組み合わせ回路エレメント(インバータ I1 と I2)から構成される。n1、n2、n3の3つのノードがあり、n1はその回路への入力であり、そしてI1への入力となる。n2は内部ノードであり、I1の出力であるとともにI2への入力となっている。n3はその回路とI2の出力となっている。 (b) は巡回パスが存在するため、組み合わせ回路ではない。つまり、XORの出力が、その入力の1つに戻ってきている。そのため、n4で始まる巡回パスはXORを通過してn5に達し、そしてn4に戻っている。 (c) は組み合わせ回路である。 (d) はノードn6がI3とI4の両方の出力端子と接続しているため、組み合わせ回路ではない。 (e) は組み合わせ回路である。2つの組み合わせ回路を接続してより大きな組み合わせ回路を形成している。 (f) は、2つのエレメントを通じて巡回パスがあるので組み合わせ回路の構築規則に従ったものではない。そのエレメントの機能によって、組み合わせ回路であるかもしれないし、そうでないかもしれない。

組み合わせ回路の構築規則は十分条件ではあるが、厳密には必要条件ではない。出力が入力の現在の値のみに依存する場合に限り、この規則に従っていないある特定の回路は、組み合わせ回路となり得るのである。しかしながら、みょうちくりんな回路が組み合わせ回路となるかどうか決定することはさらに難しく、そのため組み合わせ回路を構築する方法としての組み合わせ回路構成に縛り付けられることとなってしまう。

マイクロプロセッサのような大規模な回路は非常に複雑なものとなる。そのため、その複雑さに対処するために第1章で述べた原則を用いよう。回路を、念入りに練られたインタフェースと内部機能を持つブラックボックスと見ることは、抽象化とモジュール化の適用である。小規模な回路エレメントからその回路を構築することは、階層化の適用である。組み合わせ回路の構築規則は、規格の適用である。

組み合わせ回路の機能仕様は通常、真理値表やブール論理式として表される。次節では、さまざまな真理値表からブール論理式を導き出す方法や、ブール論理式を簡単化するためにブール代数やカルノーマップをどのように用いるかを述べることにする。さらに、ブール論理式を論理ゲートを用いてどのように実現するか、また、これらの回路の動作速度をどのように分析するのかを示そう。

2.2 ブール論理式

ブール論理式は、TRUE（真）または FALSE（偽）となる変数を扱うため、ディジタル論理を記述するのに完全なものである。この節では、一般にブール論理式で用いられる用語を定義し、真理値表に示された論理（ロジック）機能を記述するためのブール論理式をどのように導くのかを示そう。

2.2.1 用語説明

ある変数 A の**補元**とは、その変数を反転させた $\overline{A}$ のことである。変数あるいはその補元は**リテラル**と呼ばれる。例えば、A や $\overline{A}$、B、$\overline{B}$ といったものはリテラルとなる。A を、その変数の**真形式**（true form）と呼び、$\overline{A}$ を**補形式**（complementary form）と呼ぶ。ここで、「真形式」は A が TRUE であることを意味しているのではなく、単にその上に線が引かれていないだけである。

1つあるいはそれ以上のリテラルの AND は、**積**（product）あるいは**項**（implicant）と呼ばれる。$\overline{A}B$、$A\overline{B}C$ や B はすべて、3変数のある機能を示した項である。**最小項**（minterm）とは、その関数への入力すべてを含む積のことである。$A\overline{B}\overline{C}$ は、3変数 A、B、C の関数に対して最小項となるが、$\overline{A}B$ は C を含んでいないため、最小項ではない。同様に1つあるいはそれ以上のリテラルの OR は、論理和と呼ばれる。**最大項**（maxterm）とは、その関数への入力すべてを含む論理和のことである。$A + \overline{B} + C$ は3変数 A、B、C の関数に対して最大項となる。

ブール論理式を紐解いていくときに、**演算の順序**は重要である。$Y = A + BC$ は、$Y = (A \text{ OR } B) \text{ AND } C$ と見るのか、それとも $Y = A \text{ OR } (B \text{ AND } C)$ を意味するのか、どちらだろうか。ブール論理式では、NOT が最も優先度が高く、続いて AND、そして OR と続く。普通の式において、加算の前に乗算を実行するのとちょうど同じである。したがって、この式は $Y = A \text{ OR } (B \text{ AND } C)$ と解釈されるのである。式(2.1)には、別の演算順序の例を示そう。

$$\overline{A}B + BC\overline{D} = ((\overline{A})B) + (BC(\overline{D})) \tag{2.1}$$

2.2.2 主加法標準形[†]

N 入力の真理値表には 2^N 個の行が含まれ、それぞれの行には入力が取り得る可能なものを表記する。真理値表の各行は、その行に対して TRUE となる最小項に関連したものとなる。図2.8 には、2入力 A と B に対する真理値表を示す。それぞれの行は、その対応する最小項を示す。例えば、$A = 0$、$B = 0$ であるとき、$\overline{A}\overline{B}$ が TRUE となるため、第1行に対する最小項は $\overline{A}\overline{B}$ である。その最小項は、一番上の行は最小項0である m_0 を示し、次の行は最小項1である m_1 といったように、0から始まる番号が付けられる。

A	B	Y	最小項	最小項の名前
0	0	0	$\overline{A}\,\overline{B}$	m_0
0	1	1	$\overline{A}\,B$	m_1
1	0	0	$A\,\overline{B}$	m_2
1	1	0	$A\,B$	m_3

図2.8 真理値表と最小項

出力 Y が TRUE となっている各最小項の論理和を取ることによって、どんな真理値表に対しても、そのブール論理式を求めることができる。例えば、図2.8 において、青色の円で囲まれた出力 Y が TRUE となっている行（最小項）が1つだけある。したがって、$Y = \overline{A}B$ が得られる。図2.9 は、出力が TRUE となっている行が複数ある真理値表である。円で囲まれた最小項の論理和を取ることで $Y = \overline{A}B + AB$ が得られる。

A	B	Y	最小項	最小項の名前
0	0	0	$\overline{A}\,\overline{B}$	m_0
0	1	1	$\overline{A}\,B$	m_1
1	0	0	$A\,\overline{B}$	m_2
1	1	1	$A\,B$	m_3

図2.9 TRUEとなる最小項が複数ある真理値表

> 標準形（canonical form）というのは、規準となる形式を表すにはまさにうってつけの言葉である。この言葉は友人らの心を動かしたり、強敵をびびらせたりするのにも使ったりする。

---

† （訳注）sum-of-products (canonical) form：積和標準形、加法正規形などの用語もあるがどれも同じ意味である。囲み記事にあるように、もし「標準」を強調したいなら、英語では"canon"（カノン、教会法、正典、規範、正規）に由来する"canonical"という言葉を加えて使う。

このように、積項（ANDにより結合された最小項）の論理和（OR）となっていることから、関数の**主加法標準形**と呼ばれる。$Y = B\overline{A} + BA$ のように、同じ関数に対してはいろいろな記述の仕方があるけれども、同一の真理値表に対するブール論理式の表現が常に同じになるように、真理値表に現れる順序で最小項を並べ替えることにする。

主加法標準形は総和を示す記号 Σ を用いる**シグマ記述**によっても示される。この記述により、図2.9の論理関数は以下のように示される。

$$F(A, B) = \Sigma(m_1, m_3) \quad \text{または} \quad F(A, B) = \Sigma(1, 3) \tag{2.2}$$

例題2.2　主加法標準形

ベン・ビットディドル君は、今ピクニックの真っ最中である。雨が降ったり、もしくは蟻がいたりすると、楽しくなくなってしまう。ベンがピクニックを楽しめる場合に限ってTRUEを出力する回路を設計せよ。

解法：まず、入力と出力を定義しよう。入力は A と R であり、それぞれ蟻が現れた場合と雨が降った場合を示す。蟻が現れれば A はTRUEとなり、蟻がいなければFALSEとなる。同様に、雨が降れば R はTRUEとなり、太陽がベン君に微笑むのであれば、R がFALSEとなる。出力を E とし、ベン君がピクニックを楽しめるかどうかを示す。ベン君がピクニックを楽しめたら E はTRUEとなり、つまらなければFALSEとなる。図2.10は、ベン君のピクニック体験の真理値表を示している。

A	R	E
0	0	1
0	1	0
1	0	0
1	1	0

図2.10　ベンの真理値表

主加法標準形を用いると、$E = \overline{A}\,\overline{R}$ または $E = \Sigma(0)$ といった式を得る。図2.11（a）に示すように、2つのインバータと2入力のANDゲートを1つ使ってこの式を回路化できる。1.5.5節から、この真理値表をNOR関数として捉えてもよく、$E = A$ NOR $R = \overline{(A + R)}$ として表すことができる。図2.11（b）はNOR関数を用いて実現したものである。2.3節では、2つの式、$\overline{A}\,\overline{R}$ と $\overline{A + R}$ は等しいものであることを示す。

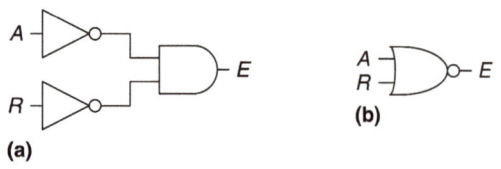

(a)　　　**(b)**

図2.11　ベンの回路

主加法標準形により、さまざまな数の変数に対するどのような真理値表でもブール論理式が得られる。図2.12には、3入力のランダムな真理値表を示す。この論理関数の主加法標準形は、以下の式となる。

$$Y = \overline{A}\,\overline{B}\,\overline{C} + A\overline{B}\,\overline{C} + A\overline{B}C \quad \text{または} \quad Y = \Sigma(0, 4, 5) \tag{2.3}$$

A	B	C	Y
0	0	0	1
0	0	1	0
0	1	0	0
0	1	1	0
1	0	0	1
1	0	1	1
1	1	0	0
1	1	1	0

図2.12　ランダムな3入力の真理値表

残念なことに、主加法標準形が必ずしも最も簡単な式を表しているわけではない。2.3節では、どのようにして、少ない項数で同じ関数を記述できるかを示そう。

2.2.3　主乗法標準形[†]

ブール関数を表す別の方法として、**主乗法標準形**がある。真理値表のそれぞれの行に対してFALSEとなる最大項を表したものである。例えば、2入力の真理値表の最初の行に対しては、$A = 0$、$B = 0$ のときに $(A + B)$ がFALSEとなるので、その最大項は $(A + B)$ である。どのような回路に対しても、その真理値表から、出力がFALSEとなる各最大項の論理積（AND）として直接ブール論理式を得ることができる。主乗法標準形は、総乗を示す記号 Π を用いる**パイ記述**によっても示される。

例題2.3　主乗法標準形

図2.13における真理値表に対して、主乗法標準形で式を求めよ。

A	B	Y	最大項	最大項の名前
0	0	0	$A + B$	M_0
0	1	1	$A + \overline{B}$	M_1
1	0	0	$\overline{A} + B$	M_2
1	1	1	$\overline{A} + \overline{B}$	M_3

図2.13　FALSEとなる最大項が複数ある真理値表

解法：真理値表から、出力がFALSEとなる行が2つある。したがって、関数は主乗法標準形では、$Y = (A + B)(\overline{A} + B)$、もしくはパイ記述を用いて $Y = \Pi(M_0, M_2)$ または $Y = \Pi(0, 2)$ と記述できる。どんな値でも0とのANDは0となるため、最初の最大項 $(A + B)$ は、$A = 0$、$B = 0$ に対しては、必ず $Y = 0$ となる。同様に、2つ目の最大項 $(\overline{A} + B)$ は $A = 1$、$B = 0$ に対して、$Y = 0$ となる。図2.13は図2.9と同じ真理値表であり、同じ関数は複数の形式で記述できるということを示している。

同様に、図2.10にあるベン君のピクニックに対するブール論理式は、出力 Y が0となっている3つの行を円で囲んで主乗法標準形で書くと、$E = (A + \overline{R})(\overline{A} + R)(\overline{A} + \overline{R})$ または $E = \Pi(1, 2, 3)$ が得られる。この式は主加法標準形で示した式 $E = \overline{A}\,\overline{R}$ よりもごちゃごちゃしているものであるが、この2つの式は論理的には全く同じものである。

真理値表で、出力が TRUE となっている行が少なければ、主加法標準形が最も式が短くなる。それに対して、真理値表で出力が FALSE となる行が少ししかなければ、主乗法標準形のほうが式は簡単になる。

---

†　（訳注）product-of-sums form：和積標準形、乗法正規形ともいう。

2.3 ブール代数

前節において、真理値表が与えられた場合、どのようにブール論理式を記述するかを学んだ。しかしながら、その式から必ずしも、最も単純な論理ゲートの集まりが得られるわけではない。数式を簡単化するために代数学を用いるのと同じように、ブール論理式を簡単化するために**ブール代数**を用いる。ブール代数における規則は、普通の代数学の規則と極めて類似したものではあるが、変数が0もしくは1という2つの値しか持たないため、ある場合においては単純なものとなる。

ブール代数は、正しいということが前提となっている公理の集合に基づいている。定義は証明できないというのと同じような意味合いで、公理もまた証明不能である。これらの公理から、ブール代数におけるすべての定理を証明してみよう。これらの定理には、極めて実用的な重要性がある。というのは、これらの定理から、論理をどのように簡単化し、その結果、規模の小さな、そして低コストな回路を作成できるようになる。

ブール代数の公理と定理は双対性の原則に従っている。記号0と1、そして演算子•（AND）と+（OR）をそれぞれ交換しても、式は正しくなる。式の双対を示すために（′）という記号を付加している。

2.3.1 公理

表2.1にブール代数の公理を示す。これらの5つの公理と、その双対表現から、ブール変数やNOT、AND、ORの意味が定義される。

表2.1 ブール代数の公理

	公理		双対表現	意味
A1	$B = 0$ if $B \neq 1$	A1′	$B = 1$ if $B \neq 0$	2進法の場合
A2	$\overline{0} = 1$	A2′	$\overline{1} = 0$	NOT
A3	$0 \cdot 0 = 0$	A3′	$1 + 1 = 1$	AND/OR
A4	$1 \cdot 1 = 1$	A4′	$0 + 0 = 0$	AND/OR
A5	$0 \cdot 1 = 1 \cdot 0 = 0$	A5′	$1 + 0 = 0 + 1 = 1$	AND/OR

公理A1は、ブール変数Bが1でないのであれば、その変数Bは0であるということを述べている。その公理には双対性があり、双対表現として、A1′は、ある変数が0でないのであれば、その変数は1であるということを示している。A1とA1′はともに、今取り組んでいるのが、0と1から成り立つブール論理、すなわち2進数の世界であるということを表しているのである。公理A2とA2′は、NOT演算を定義している。A3からA5はAND演算を、これらの双対表現であるA3′からA5′はOR演算を定義している。

2.3.2 1変数の定理

表2.2における定理T1からT5は、1つの変数を含む式を単純化する方法を示している。

表2.2 1変数のブール代数の定理

	定理		双対表現	定理名
T1	$B \cdot 1 = B$	T1′	$B + 0 = B$	同一則
T2	$B \cdot 0 = 0$	T2′	$B + 1 = 1$	ヌル元則
T3	$B \cdot B = B$	T3′	$B + B = B$	べき等則
T4			$\overline{\overline{B}} = B$	対合則
T5	$B \cdot \overline{B} = 0$	T5′	$B + \overline{B} = 1$	補元則

同一則T1は、どのようなブール変数Bに対しても、B AND $1 = B$となることを示している。その双対表現は、B OR $0 = B$である。図2.14に示すように、ハードウェア的には、T1は、もし2入力のANDゲートの1つの入力が常に1であるなら、ANDゲートを取り除き、それを変数入力（B）に接続した配線（ワイヤ）で置き換えることができることを意味している。同様に、T1′は、もし2入力のORゲートの1つの入力が常に0であるなら、ORゲートをBに接続したワイヤに取り替えることができることを意味している。一般に、ゲートにはコスト、消費電力、遅延が生じるため、ゲートをワイヤに取り替えることができればありがたい。

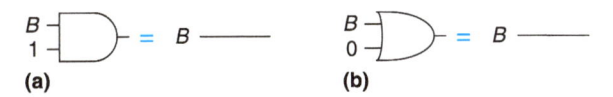

図2.14 同一則のハードウェア表現：（a）T1、（b）T1′

ヌル元則T2は、B AND 0は常に0に等しいと述べている。したがって、0とのANDは、もう一方の入力が何であっても、その値とは無関係に出力は0となるため、0はAND演算に対してはヌル元と呼ばれている。その双対表現として、B OR 1は常に1と等しくなるということを示している。したがって、1はOR演算に対してヌル元である。ハードウェア的には、図2.15に示すように、もしANDゲートの1つの入力が0であるなら、そのANDゲートをLOW（0）につながったワイヤに取り替えることができる。同様に、もしORゲートの1つの入力が1であるなら、ORゲートをHIGH（1）に接続されたワイヤに取り替えられる。

図2.15 ヌル元則のハードウェア表現：（a）T2、（b）T2′

> このヌル元則から、実際には真実である風変わりな奇妙な文言に行き着く。それは広告屋の手に渡ると特に危険な場合もある。「100万ドル当たります。外れれば、歯ブラシを郵送いたします！」（ほとんどの場合、歯ブラシが郵便で送られてくるのだが…）

べき等則T3とは、自身とのANDそれ自身となることを意味する。同じく、自身とのORもそれ自身と等しくなる。この定理名（べき等則=idempotency）はラテン語がもととなっている。つまり、同一を示す「idem」とべき乗を示す「potent」をくっつけたものである。この演算は、入力したものと同じ結

果が返ってくることを意味する。図 2.16 は、べき等則はゲートをワイヤに置き換えてもいいことを示している。

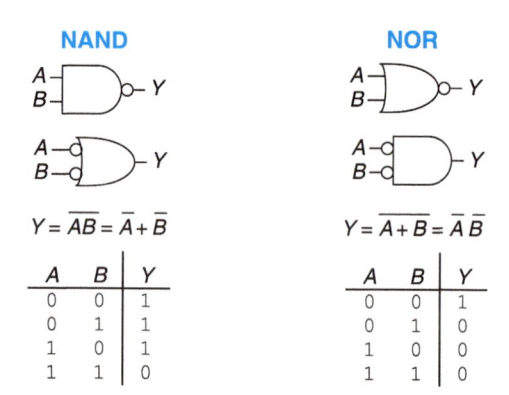

図2.16　べき等則のハードウェア表現：（a）T3、（b）T3′

対合則 T4 は変数を 2 回否定することでもとの変数に戻るという、ありがたいことを示している。ディジタル電子回路では、2 回否定すると肯定になるということである。図 2.17 に示すように、2 個のインバータをつなげると、論理的にお互いに打ち消し合って、論理的にワイヤと等しくなる。T4 の双対表現はそれ自身となる。

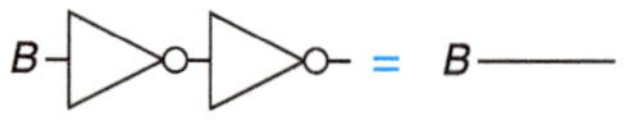

図2.17　対合則のハードウェア表現：T4

図 2.18 の**補元則** T5 は、変数とその否定との AND は 0 であることを示している。というのは、入力の一方は必ず 0 となるからである。さらに、双対性により、ある変数とその補元との OR は 1 となる。これも、入力の一方は必ず 1 となるからである。

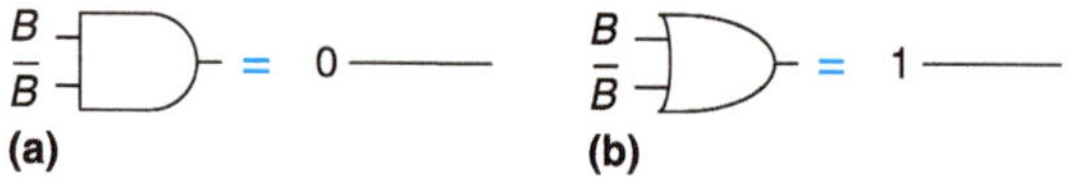

図2.18　補元則のハードウェア表現：（a）T5、（b）T5′

2.3.3　複数変数の定理

表 2.3 にある定理 T6 から T12 では、複数のブール変数を含むブール論理式をどのように簡単化するかが示されている。**交換則** T6 と**結合則** T7 は従来の代数でと同じように動作する。交換則によると、AND 関数や OR 関数の入力の**順序**は出力の値に影響を与えない。結合則によれば、入力をどのようにグループ化しても出力の値は変わらないことを示している。

分配則 T8 は、従来の代数と同じであるのだが、その双対表

現 T8′は違うものとなる。T8 によると、OR は AND を通じて分配され、T8′によると、AND は OR を通じて分配される。これまでの代数では、加算によって乗算は分配されていたが、$(B + C) \times (B + D) \neq B + (C \times D)$ といったように、乗算によって加算が分配されることはない。

T9 から T11 までの**吸収則**、**相殺則**、**一致則**によって、不必要な変数を取り除くことができる。ちょっと考えると、これらの定理が正しいということは納得できるだろう。

ド・モルガンの法則 T12 はディジタル設計においては極めて強力なものである。この定理は、項の論理積全体の補元は、それぞれの項の補元の論理和と等しくなるということを示している。同様に、すべての項の論理和全体の補元は、それぞれの項の補元の論理積を取ったものと等しくなる。

ド・モルガンの法則によれば、NAND ゲートは、入力を反転させた OR ゲートと等しくなる。同様に、NOR ゲートは、反転させた入力との AND と等しい。図 2.19 は、NAND と NOR ゲートに対する**等価なド・モルガンのゲート**を示している。それぞれの機能に示された 2 つの表現は**双対**と呼ばれる。これらは論理的に同等であり、そしてどのように入れ替えてもよい。

図2.19　ド・モルガンの等価なゲート

表2.3　複数変数のブール代数の定理

	定理		双対性	意味
T6	$B \bullet C = C \bullet B$	T6′	$B + C = C + B$	交換則
T7	$(B \bullet C) \bullet D = B \bullet (C \bullet D)$	T7′	$(B + C) + D = B + (C + D)$	結合則
T8	$(B \bullet C) + (B \bullet D) = B \bullet (C + D)$	T8′	$(B + C) \bullet (B + D) = B + (C \bullet D)$	分配則
T9	$B \bullet (B + C) = B$	T9′	$B + (B \bullet C) = B$	吸収則
T10	$(B \bullet C) + (B \bullet \bar{C}) = B$	T10′	$(B + C) \bullet (B + \bar{C}) = B$	相殺則
T11	$(B \bullet C) + (\bar{B} \bullet D) + (C \bullet D)$ $= B \bullet C + \bar{B} \bullet D$	T11′	$(B + C) \bullet (\bar{B} + D) \bullet (C + D)$ $= (B + C) \bullet (\bar{B} + D)$	一致則
T12	$\overline{B_0 \bullet B_1 \bullet B_2 \ldots} = (\bar{B_0} + \bar{B_1} + \bar{B_2} \ldots)$	T12′	$\overline{B_0 + B_1 + B_2 \ldots} = (\bar{B_0} \bullet \bar{B_1} \bullet \bar{B_2})$	ド・モルガンの法則

† （訳注）相殺則、一致則についてはブール代数の定理として含めない場合が多く、その用語についても定義されたものはほとんどない。

アウグストゥス・ド・モルガン（Augustus De Morgan）
　1871年没。インド生れの、イギリスの数学者。片方の目は失明していた。10歳のときに、父親を亡くし、16歳のときにケンブリッジ大学トリニティー・カレッジに入学し、22歳のとき、新たに設立されたロンドン大学の数学教授に任命された。論理学、代数学、パラドックスといった、数多くの数学的な課題に取り組んだ。月面にあるド・モルガン・クレータは彼の名にちなんだものである。彼の出生年に関する次のようなおもしろいクイズを出題したことは有名である。「私は西暦x^2年のときx歳だった。さて、xはどのような数になるだろうか。」

　反転を意味する丸は**バブル**と呼ばれる。直感的には、ゲートを通るときに、バブルを「押し出す」ことで、出力側で本体のゲートが AND から OR に、または OR から AND に形を変えるということになる。例えば、図 2.19 にある NAND ゲートは、AND 本体と出力にあるバブルからなる。バブルを左側に押し戻すことで、OR 本体の入力にバブルを付加したものに変わるのである。バブルを移動するための規則を以下に示そう。

　バブルを後方に（出力側から）、または前方に（入力側から）移動させた場合、ゲート本体は AND から OR に、または OR から AND に変化させること。

　出力側からバブルを入力側に移動させる場合、全入力にバブルを付加すること。

　ゲートの全入力にあるバブルを出力側に移動させる場合、その出力にバブルを付加すること。

　2.5.2 節では、バブルの移動が、回路の解析にどのように役立つかを説明する。

例題2.4　主乗法標準形の導出

　図2.20は、Yとその補元$\overline{Y}$のブール関数の真理値表を示している。ド・モルガンの定理を用いて、主加法標準形から、その主乗法標準形を導出せよ。

A	B	Y	$\overline{Y}$
0	0	0	1
0	1	0	1
1	0	1	0
1	1	1	0

図2.20　Yと$\overline{Y}$の真理値表

解法：図2.21は、$\overline{Y}$に含まれる最小項（円で囲まれている部分）を示している。

A	B	Y	$\overline{Y}$	最小項
0	0	0	1	$\overline{A}\,\overline{B}$
0	1	0	1	$\overline{A}\,B$
1	0	1	0	$A\,\overline{B}$
1	1	1	0	$A\,B$

図2.21　$\overline{Y}$の最小項を示す真理値表

　$\overline{Y}$の主加法標準形は以下の式で表される。

$$\overline{Y} = \overline{A}\,\overline{B} + \overline{A}\,B \tag{2.4}$$

左右双方の補元を取り、ド・モルガンの法則を2回適用すると、

以下の式を得る。

$$\overline{\overline{Y}} = Y = \overline{\overline{A}\,\overline{B} + \overline{A}\,B} = (\overline{\overline{A}\,\overline{B}})(\overline{\overline{A}\,B}) = (A + B)(A + \overline{B}) \tag{2.5}$$

2.3.4　隠された真実

　好奇心の強い読者は、定理が間違いないということをどうやって証明すればいいか、疑問に思わないだろうか。ブール代数では、有限個の変数による定理の証明は容易である。この変数すべてに、とり得る値をすべて当てはめて定理が正しいことを示せばいいのである。この方法は**完全導出**と呼ばれ、真理値表を用いて行うことができる。

例題2.5　一致則の証明

　表2.3から、完全導出を用いて一致則T11を証明せよ。

解法：B、C、Dについて8通りすべての組み合わせに対して、式の両辺をチェックを行う。図2.22の真理値表は、これらの組み合わせを示している。$BC + \overline{B}D + CD = BC + \overline{B}D$がすべての場合において成立するので、定理は証明されたことになる。

B	C	D	$BC+\overline{B}D+CD$	$BC+\overline{B}D$
0	0	0	0	0
0	0	1	1	1
0	1	0	0	0
0	1	1	1	1
1	0	0	0	0
1	0	1	0	0
1	1	0	1	1
1	1	1	1	1

図2.22　T11を証明する真理値表

2.3.5　ブール論理式の簡単化

　ブール代数の定理によって、ブール論理式を簡単化することができる。例えば、図 2.9 の真理値表から得られる主加法標準形 $Y = \overline{A}B + AB$ を考えてみよう。定理 T10 から、この式は $Y = B$ に簡単化できる。これは真理値表からも明らかなことではある。一般に、さらに複雑なブール論理式を簡単化するには、いくつかのステップが必要となる。

　主加法標準形のブール論理式を簡単化するための基本原則は、$PA + P\overline{A} = P$ といった関係式を用いて項を結合することである。ここで P は項であれば何でもよい。ブール論理式はどこまで簡単化できるだろうか。ブール論理式が最少数の項で構成されれば、その主加法標準形のブール論理式は**最小化**されたと定義する。もし項の数が同じであるブール論理式が複数あり得るのであれば、最も少ないリテラルを持つものが最小化されたものとなる。

　ある項が、さらに少ないリテラルで、その式において新たな項を結合して作ることができない場合、その項を**主要項**（prime implicant）と呼ぶ。最小論理式における項は、すべて主要項となるはずである。そうでなければ、結合してリテラルの数を削減できることになる。

例題2.6　論理式の最小化

　論理式(2.3)：$\overline{A}\,\overline{B}\,\overline{C} + A\overline{B}\,\overline{C} + A\overline{B}C$を最小化せよ。

解法：もとの論理式から始めて、表2.4に示すように、1ステップず

つ、ブール定理を当てはめていこう。

表2.4 論理式の簡単化

ステップ	論理式	適用定理
	$\overline{A}\overline{B}\overline{C} + A\overline{B}\overline{C} + A\overline{B}C$	
1	$\overline{B}\overline{C}(\overline{A} + A) + A\overline{B}C$	T8：分配則
2	$\overline{B}\overline{C}(1) + A\overline{B}C$	T5：補元則
3	$\overline{B}\overline{C} + A\overline{B}C$	T1：同一則

　さて、この時点では、論理式を完全に簡単化できているだろうか。じっくりと見てみよう。もとの論理式から、最小項$\overline{A}\overline{B}\overline{C}$と$A\overline{B}\overline{C}$では、変数$A$だけが異なっている。そこで、$\overline{B}\overline{C}$をくくり出すのに、この最小項を結合してみる。しかしながら、もとの論理式を見ると、後半の2つの最小項$A\overline{B}\overline{C}$と$A\overline{B}C$においても、同様にリテラルが1つ（$C$と$\overline{C}$）だけ異なっていることが分かる。そこで、同じ手順で、この2つを結合し、最小項$A\overline{B}$をくくり出すことができる。ここで、項$\overline{B}\overline{C}$と$A\overline{B}$は、最小項$A\overline{B}\overline{C}$を共同利用したことになるのである。

　ここで、最小項の2つのうち一方だけ簡単化しただけで済ましていいだろうか。それとも、両方簡単化できるだろうか。べき等則を用いると、項は、$B = B + B + B + B \dots$といったようにいくらでも複製できる。この原理を用いて、表2.5に示すように、もとの論理式は、完全に2つの主要項$\overline{B}\overline{C} + A\overline{B}$に簡単化できる。

表2.5 改良した論理式の簡単化

ステップ	論理式	適用定理
	$\overline{A}\overline{B}\overline{C} + A\overline{B}\overline{C} + A\overline{B}C$	
1	$\overline{A}\overline{B}\overline{C} + A\overline{B}\overline{C} + A\overline{B}\overline{C} + A\overline{B}C$	T3：べき等則
2	$\overline{B}\overline{C}(\overline{A} + A) + A\overline{B}(\overline{C} + C)$	T8：分配則
3	$\overline{B}\overline{C}(1) + A\overline{B}(1)$	T5：補元則
4	$\overline{B}\overline{C} + A\overline{B}$	T1：同一則

　やや直感とは反するが、例えば、AB を $ABC + AB\overline{C}$ に変換するといったように項を**拡張**するということは、論理式を最小にするためには、時に便利なものとなる。この操作によって、ある最小項を結合（共同利用）できるように何度も拡張することができる。

　このように、完全にブール代数の定理を用いて、ブール論理式を簡単化するには、いくたびかの試行錯誤が必要となることに気付くだろう。2.7節では、この手順をさらに容易にするカルノーマップと呼ばれる、機械的な方法について述べる。

　論理的に同等であるのに、なぜブール論理式を簡単化しようと格闘するのだろうか。簡単化することによって、物理的に実装すべき機能に用いるゲートの数を削減することができ、その結果として、回路規模が小さくて安価になり、そしておそらく高速に動作することになるのである。次節では、論理ゲートを用いてどのようにブール論理式を実現するべきかについて述べる。

> この教科書に付随する実験（まえがき参照）には、設計、シミュレーション、デジタル回路の動作検証のための**コンピュータ支援設計**（CAD: Computer Aided Design）ツールの使い方が示されている。

2.4　論理からゲートへ

　回路図（schematic）とは、回路エレメントとそれを接続するワイヤを示すディジタル回路を図で示したものである。例えば、図2.23の回路図は、以下の所望の論理式(2.3)の論理機能をハードウェアで実現したものとなる。

$$Y = \overline{A}\overline{B}\overline{C} + A\overline{B}\overline{C} + A\overline{B}C$$

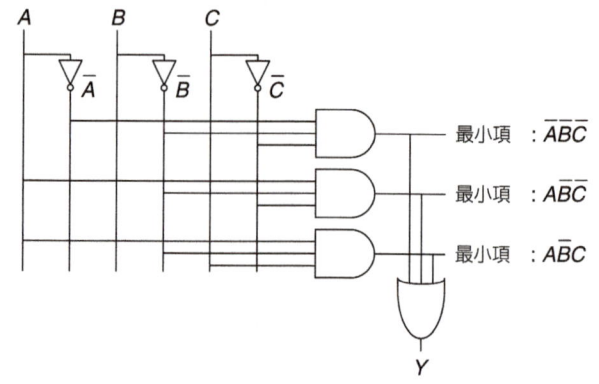

図2.23　$Y = \overline{A}\overline{B}\overline{C} + A\overline{B}\overline{C} + A\overline{B}C$ の回路図

　一貫した手順で回路図を描くことによって、回路が読みやすく、デバッグしやすくなるものである。一般には、以下の指針に従うことにしよう。

▶ 入力は回路図の左側（もしくは上側）にすること。

▶ 出力は回路図の右側（もしくは下側）にすること。

▶ 可能限り、ゲートは左側から右側へと流れるようにすること。

▶ あちこちで折れ曲がった線よりも、まっすぐな直線ワイヤのほうが良い（折れ曲がったワイヤは、その回路がどのようなものかを考える前に、精神的に疲れてしまう）。

▶ ワイヤは常にT字路の形でつなげること。

▶ ワイヤが交差するところにある点（・）は、ワイヤ間がつながっていることを示す。

▶ **点がない形で交差しているワイヤ間はつながっていない。**

　最後の3つの指針を図2.24に示す。

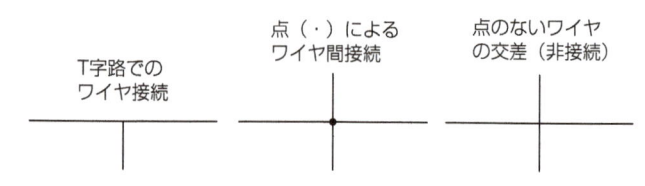

図2.24　ワイヤ接続

　主加法標準形で示された、さまざまなブール論理式は、図2.23のような形で整然とした形の回路図として描くことができる。まず、入力列に縦線を並べる。必要ならば、入力の補元が使えるようにインバータをその隣に並べておく。各最小項に対して、ANDゲートに入力する横線を描く。それから、各ANDゲートの出力に対してORゲートを描き、出力に対応するように最小項を接続する。この回路図の描き方は、インバ

ータ、AND ゲート、OR ゲートが機能的に配置されていることから、**PLA**（Programmable Logic Array）方式と呼ばれている。PLA 方式については、5.6 節で詳しく述べてある。

図2.25 には、例題 2.6 においてブール代数を用いて導出した、簡単化された論理式を実現したものを示している。簡単化された回路が、図 2.23 の回路よりもかなり少ないハードウェア量となっていることが分かる。また、簡単化した回路は、入力が少ないことから、高速に動作することになるだろう。

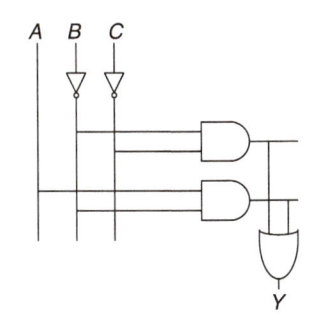

図2.25　$Y = \overline{B}\overline{C} + A\overline{B}$ の回路図

反転したゲートを利用することによって、（インバータ 1 つではあるが）さらにゲート数を減らすことができる。$\overline{B}\overline{C}$ は入力を反転させた AND ゲートとなっている。図 2.26 は、この最適化を施して、入力 C にあったインバータを取り除いた回路図である。ド・モルガンの法則によって、入力を反転させた AND ゲートは NOR ゲートと等しくなるということを思い出そう。実装技術にもよるが、最も少ないゲート数を用いたり、他の適したゲートを使うことで、さらにコストを抑えることができる。例えば、CMOS 実装では、AND や OR ゲートよりも、NAND や NOR ゲートのほうが望ましいことがある。

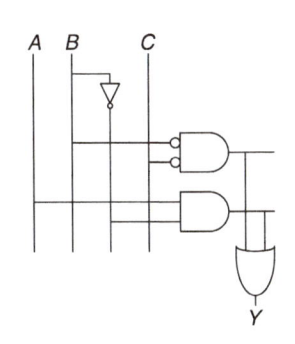

図2.26　ゲート数を減らした回路図

多数の出力を持つ回路は数多くあるが、それぞれの出力は、入力の各々のブール関数の処理を行っている。それぞれの出力ごとに各々真理値表を書くことになるが、同一の真理値表において、出力をすべて並べ、その出力をすべて 1 つの回路図で描くほうがお手軽である。

例題2.7　出力が複数ある回路

学部長、学科長、ティーチングアシスタント（TA）、あるいは寮長はそれぞれ、ひっきりなしに大学会館を利用していた。困ったことに、学部長と気難しい評議委員らの資金集め会議と寮のBTB[1]パーティがしょっちゅうダブルブッキングし、そのたびに揉めごとが起きていた。そこで、アリッサ・P・ハッカー嬢が、会議

室予約システムを設計するように召喚された。

そのシステムには、4入力 A_3、…、A_0 と、4出力 Y_3、…、Y_0 がある。これらの信号は $A_{3:0}$、$Y_{3:0}$ とも書ける。次の日に学生会館を利用したいときには、ユーザはシステムに入力を行う。そのシステムは、最も高い優先権を持つユーザに会館の利用許可を与え、その1つだけ出力を行う。そのシステム導入に対して資金を提供した学部長が最も高い優先権（3）を持つことになる。続いて学科長、TA、寮長と順に優先順位が下がっていく。

システム実現のために、その真理値表とブール論理式を示せ。さらに、この機能を実現する回路図を求めよ。

解法：この関数は4入力の**プライオリティ回路**と呼ばれる。その回路記号と真理値表を図2.27に示す。

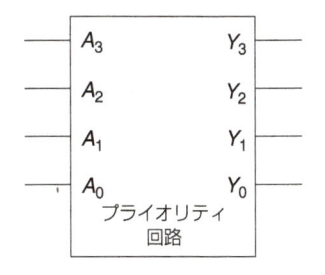

A_3	A_2	A_1	A_0	Y_3	Y_2	Y_1	Y_0
0	0	0	0	0	0	0	0
0	0	0	1	0	0	0	1
0	0	1	0	0	0	1	0
0	0	1	1	0	0	1	0
0	1	0	0	0	1	0	0
0	1	0	1	0	1	0	0
0	1	1	0	0	1	0	0
0	1	1	1	0	1	0	0
1	0	0	0	1	0	0	0
1	0	0	1	1	0	0	0
1	0	1	0	1	0	0	0
1	0	1	1	1	0	0	0
1	1	0	0	1	0	0	0
1	1	0	1	1	0	0	0
1	1	1	0	1	0	0	0
1	1	1	1	1	0	0	0

図2.27　プライオリティ回路

各出力は、主加法標準形で記述でき、ブール代数を用いてその論理式を簡単化できる。しかしながら、簡単化された論理式は、その機能を示す記述（および真理値表）をじっくり見ることだけでも明らかとなる。つまり、A_3 が1であれば、Y_3 は常にTRUEとなり、したがって、$Y_3 = A_3$ となる。Y_2 がTRUEとなるのは、A_2 が1で、A_3 が0のときとなり、したがって、$Y_2 = \overline{A_3}A_2$ を得る。Y_1 は、A_1 が1であるとともに、それより高い優先順位を持つ入力がいずれも0である場合にTRUEとなり、$Y_1 = \overline{A_3}\overline{A_2}A_1$ となる。そして、Y_0 がTRUEになるためには、A_0 が1であり、それ以外の入力がすべて0となるときであるため、$Y_0 = \overline{A_3}\overline{A_2}\overline{A_1}A_0$ を得る。回路図を図2.28（次ページ）に示す。設計経験を積めば、ちょっと見ただけで論理回路を実現することができる。仕様を明確にした上で、そこで述べられた文言を論理式に変換し、そしてその論理式を論理ゲートに換えていくようになれるのである。

1　暗い照明（Black light）、トゥインキーズ（Twinkies）、ビール（Beer）によるパーティ。トゥインキーズとはアメリカの代表的なおやつで、スポンジケーキのようなもの。

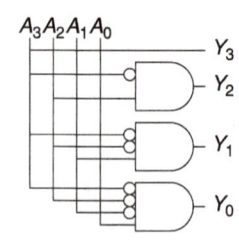

図2.28 プライオリティ回路の回路図

プライオリティ回路において A_3 が 1 ならば、その出力は、他の入力が何であっても**気にしなくていいこと（ドントケア）**に注意しよう。出力を気にしなくていい入力には、記号 X（ドントケア）で記述することにする。図 2.29 には、4 入力のプライオリティ回路の真理値表は、ドントケアを用いると、かなり小さなものになることが示されている。この真理値表から、X となっている入力を無視することによって、主加法標準形でブール論理式がさらに見やすくなる。ドントケアは、2.7.3 節にあるように、真理値表の出力にも用いることができる。

A_3	A_2	A_1	A_0	Y_3	Y_2	Y_1	Y_0
0	0	0	0	0	0	0	0
0	0	0	1	0	0	0	1
0	0	1	X	0	0	1	0
0	1	X	X	0	1	0	0
1	X	X	X	1	0	0	0

図2.29 ドントケア（X）を考慮したプライオリティ回路の真理値表

> Xという記号は、真理値表では「ドントケア（気にしない）」ということを意味し、ロジックシミュレーション（2.6.1節参照）では、「衝突」を意味する。前後の脈略から、その意味を混同しないようにしよう。このややこしさを回避するのに、Xの代わりに「D」あるいは「?」を使うといった場合もある。

2.5　マルチレベル組み合わせ回路

主加法標準形での論理は、AND ゲートに接続されたリテラルと、その AND ゲートが接続された OR ゲートから構成されることから、**2段階論理回路**（2 レベルロジック）と呼ばれる。実際に設計する場合においては、2 レベル以上の論理ゲートの回路を構築する場合が多い。こういったマルチレベルの組み合わせ回路は、逆に 2 段階論理回路よりも少量のハードウェアで実現できることもある。マルチレベル回路を分析して設計するときに、バブルを移動させることが特に有効となる。

2.5.1　ハードウェアの削減

2 段階論理回路を用いてハードウェアを構築するときに、論理関数が膨大なハードウェア量を必要とする場合がある。その顕著な例としては、多数の変数からなる XOR 関数である。例えば、これまで見てきた 2 レベルの手法を用いて、3 入力の XOR を構築することを考えよう。

N 入力 XOR では、入力が 1 となる個数が奇数であるときに、その出力が TRUE となることを思い出そう。図 2.30 には、3 入力の XOR に対する真理値表を示し、出力が TRUE となる行を円で囲んである。

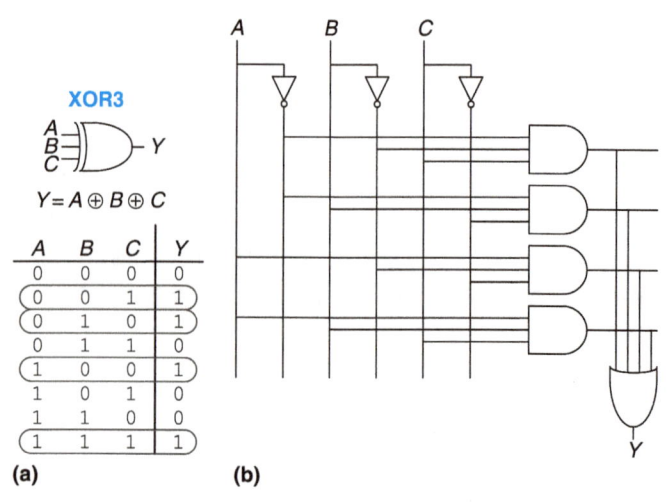

A	B	C	Y
0	0	0	0
0	0	1	1
0	1	0	1
0	1	1	0
1	0	0	1
1	0	1	0
1	1	0	0
1	1	1	1

(a)　　　　(b)

図2.30　3入力のXOR：（a）機能仕様、（b）2段階論理回路による実現

この真理値表から、論理式(2.6)に示す主加法標準形でのブール論理式が得られる。残念ながら、この論理式をこれ以上簡単化して項を削減する方法はない。

$$Y = \overline{A}\,\overline{B}C + \overline{A}B\overline{C} + A\overline{B}\,\overline{C} + ABC \tag{2.6}$$

一方、$A \oplus B \oplus C \oplus = (A \oplus B) \oplus C$ となる（本当かどうか疑わしいなら、完全導出によって自身でこれを証明してみること）。そのために、3 入力の XOR の入力は、図 2.31 に示すように、2 入力の XOR を縦列に接続することで構築できる。

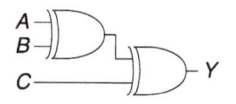

図2.31　2つの2入力XORを用いた3入力XOR

同様に、8 入力の XOR は、2 レベルの主加法標準形で実現するには、128 個の 8 入力 AND ゲートと、128 入力の OR ゲート 1 つが必要となる。それを改善した方法としては、図 2.32 に示すように、2 入力の XOR ゲートをツリー状に接続することである。

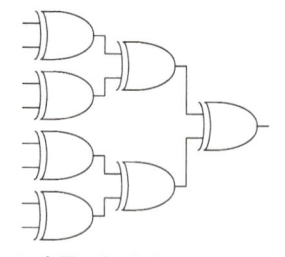

図2.32　7つの2入力XORを用いた8入力XOR

指定された論理を最高性能の多段階論理回路（マルチレベルロジック）で実装することは、簡単な手順ではない。さらに、「最高性能」というのは、最も少ないゲート数、最も高速、最も短い設計期間、最少のコスト、最少の電力消費量といったように、いろいろな意味を持っている。第5章では、あるテクノロジにおいて「最高性能」である回路が、必ずしも別のテクノロジでは最高ではないといったことが示されている。例えば、今まで AND や OR を用いてきたが、CMOS テクノロジでは、NAND や NOR のほうが効率が良いのである。少し経験を積

めば、たいていの回路は、じっくりと調べることで、優れたマルチレベル設計を作り出すことができるようになる。本書の以後の部分を通して、回路例に取り組むにつれて、この経験をさらに発展させることになる。今学習しているように、さまざまな設計パターンを探究して、そしてそのトレードオフについて考えることである。コンピュータ支援設計（CAD）ツールもまた、マルチレベル設計の広大な設計パターンから使えるものを見つけ出すのに役立ち、利用可能なビルディングブロックが与えられれば、与えられた制約の下で最適なものを得ることができるようになる。

2.5.2　バブルの移動

　1.7.6 節で述べたように、CMOS 回路は、AND や OR よりも、NAND や NOR のほうが適しているということを思い出そう。けれども、NAND と NOR を用いたマルチレベル回路をじっくりと調べることで論理式を読み切ることはかなり危ないものである。図 2.33 に、その動作機能をじっくり見ただけでは、すぐに明らかには判別できないようなマルチレベル回路を示す。

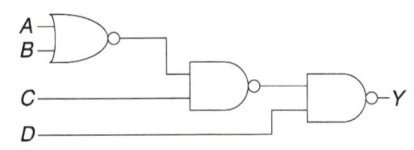

図2.33　NANDとNORを用いたマルチレベル回路

　回路を描き直すバブルの移動は、バブルが互いに打ち消し合って、その動作がより容易に判別できるようにするためである。2.3.3 節に示した原則にさらに追加して、バブルの移動の指針は以下のものとなる。

▶　回路の出力から出発して、入力方向に向かって適用させていくこと。

▶　最終出力段にあるバブルを入力方向に移動し、出力の補元（例えばY）ではなく、出力（$\overline{Y}$）の見地から論理式を読み取れるようにすること。

▶　出力から入力方向に向けて適用し、バブルが打ち消し合うようにゲートの形状を描き直すこと。もし対応するゲートの入力にバブルがあれば、そこにつながるゲートの出力にバブルが付くようにゲートを描き直すこと。対応するゲートの入力にバブルがなければ、そこにつながるゲートの出力にはバブルが付かないようにゲートを描き直すこと。

　図 2.34 は、バブル移動の指針によって、どのように図 2.33 を描き直すべきかを示している。

　出力 Y から始め、NAND ゲートの出力には取り除きたいバブルがある。図 2.34（a）に示したように入力を反転させた OR を用いることで出力のバブルを入力側に移動する。さらに左側に移り、一番右側にあるゲートは入力側にバブルがあり、それは真ん中にある NAND ゲートの出力にあるバブルと打ち消し合うことができる。そのため、図 2.34（b）に示すように、ゲートの変更は必要ない。真ん中のゲートは入力にバブルはなく、そこで図 2.34（c）に示すように、出力にバブル

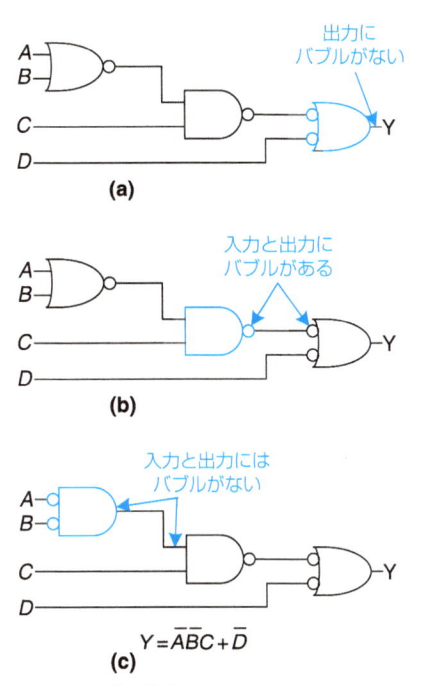

図2.34　回路におけるバブル移動

を持っていないために、一番左側のゲートの出力にバブルが付かないようにゲートの形を変える。ここで、この回路では入力側を除いて、すべてのバブルが打ち消し合うようになり、これでこの回路の動作は、$Y = \overline{ABC} + \overline{D}$ として、入力をそのまま もしくは反転させたものの AND と OR という形となり、じっくりとその動作を調べることで理解しやすくなった。

　最後に強調したいことは、図 2.35 は、論理的に図 2.34 の回路と等しいことである。間にあるノードの動作の意味は青色の字でラベル付けしてある。バブルが連続してつながれば打ち消し合うため、真ん中のゲートの出力にあるバブルと一番右側のゲートの入力にあるバブルは無視でき、図 2.35 にある論理的に等価な回路ができあがるのである。

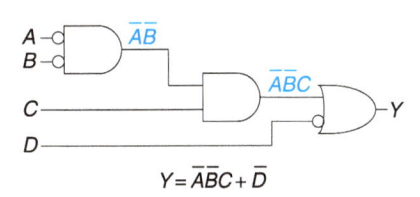

$$Y = \overline{ABC} + \overline{D}$$

図2.35　論理的に等価なバブルを移動した回路

例題2.8　CMOSロジックのバブル移動

　普通の設計では、ANDとORゲートについていろいろ考えるのだが、ここでは図2.36の回路をCMOSロジックで実装することを考えてみよう。つまり、NANDとNORゲートのほうを選択する。この回路を、バブルを移動させることによってNANDとNORとインバータを用いたものに変換せよ。

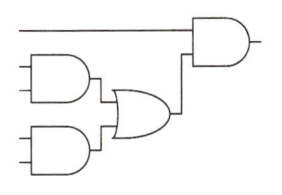

図2.36　ANDとORを用いた回路

解法：強引な解法例としては、図2.37に示すように、それぞれのANDゲートをNANDゲートとインバータで置き換え、ORゲートもNORゲートとインバータで置換するだけでよい。この回路には8つのゲートを必要とすることになる。ここで、インバータにおいてバブルは出力側ではなく入力側に付加していることに注意すること。これは、バブルがどのようにそれにつながるゲートと打ち消し合うことになるのかを強調するためである。

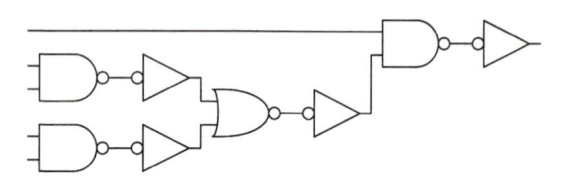

図2.37　NANDとNORを用いたへたな回路

さらに賢明な解答として、図2.38（a）に示すように、ゲートの動作を変えないで、ゲートの出力と次のゲートの入力にバブルが付加できないか考えてみよう。図2.38（b）に示すように、最終段のANDは、NANDとインバータに置き換えられる。この解答では、ゲートはたった5つで済むことになる。

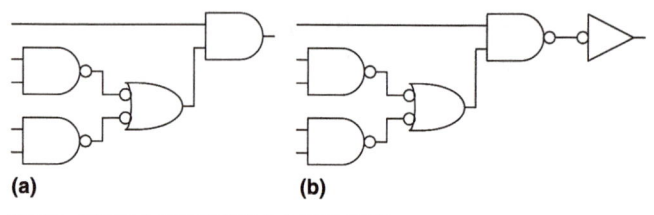

(a)　　　　　　　　　**(b)**

図2.38　NANDとNORを用いたより良い回路

2.6　XとZ、…はて？

ブール代数では、0と1に限定された値のみを扱ってきた。しかしながら、実際の回路では、それぞれXとZで表現する、不定値とハイインピーダンスを取り扱う。

2.6.1　不定値：X

記号Xは、回路の入力や出力が**未知**あるいは**許されない**値となっていることを示す。通常、同時に0と1の両方の値がドライブ（駆動）されたときに生じる。図2.39には、ノードYが両方からHIGHとLOWでドライブされた場合を示す。

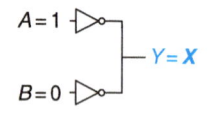

図2.39　衝突が生じている回路

この状況は**衝突**と呼ばれ、重大なエラーであり、絶対に避けなくてはならない。実際に衝突の生じたノード上の電圧を調べると、HIGHとLOWをドライブするゲートの強さによって、0とV_{DD}との間のある値を示す。こういった状況は頻繁には起こらないが、しかし常に生じてはならない、許されない領域である。衝突によって、かち合った（衝突した）ゲートの間で多大な電流が発生することとなり、その結果回路が高熱を発し、場合によっては破壊されてしまうこともある。

Xは、回路シミュレータにおいて初期化されていない値を示すために使われることもある。例えば、入力の値を指定し忘れていた場合など、回路シミュレータは問題ありということで、そのXという記号を用いて警告するのである。

2.4節で述べたように、ディジタル回路設計者は、真理値表で「気にしない」（ドントケア）ということを示すのにもXという記号を用いるが、この2つの意味を決して混同しないこと。Xが真理値表に記されているときは、その変数が真理値表ではそれほど重要でない（ので0でも1でもかまわないという）ことを示している。Xが回路上に現れたときは、回路内のノードが未知か、もしくは許されない値を示すことを意味する。

2.6.2　ハイインピーダンス：Z

記号Zは、あるノードがHIGHでもLOWでもない状態で出力されていることを示している。そのノードは、**ハイインピーダンス**や**フローティング状態**といったり、**High-Z**と表現したりする。よくある誤解として、フローティング状態もしくは出力されていないノードが論理値0であると勘違いしてしまうことがある。実際、フローティング状態のノードは、そのシステムの動作経過によっては0になるかもしれないし、ひょっとしたら1の場合もあったり、その間にある電圧値を取ったりすることもある。ノードの値が回路の動作に関連して、回路エレメントが、いずれ妥当な論理値を出力するのであれば、そのフローティング状態は必ずしも回路内でエラーを引き起こしてるということを意味しているのではない。

フローティング状態のノードは、ある回路の入力に結線し忘れたり、あるいは未接続の入力には論理値0が入力されているものと思い込んでしまったりすると簡単にできあがってしまう。フローティング入力は、そのときによって0から1の間で変化するので、こういったミスによって、フローティング部分を含む回路は予想不能な動作をすることになってしまう。実際、回路に触れるだけで、体から発する静電気によって、そういった変な動作が起こってしまう。これまでも、学生が指でチップを触ったりするときだけ、正しく動作するような回路を何度も見てきた。

トライステート[†]**バッファ**は、図2.40に示すように、HIGH（1）、LOW（0）、ハイインピーダンス（Z）という3つの出力状態を持つ。

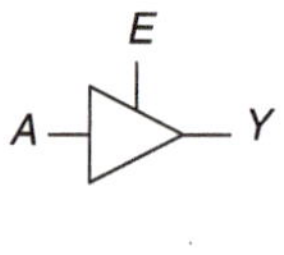

E	A	Y
0	0	Z
0	1	Z
1	0	0
1	1	1

図2.40　トライステートバッファ

---

† 　（訳注）スリーステートと呼ぶ場合もあり、同じものである。

トライステートバッファには、入力ピンA、出力ピンYとともに、**イネーブルピンE**がある。イネーブルピンがTRUEのときは、入力値をそのまま出力するという単なるバッファとして動作する。イネーブルピンがFALSEのときは、その出力はフローティング状態（Z）となる。

図2.40では、トライステートバッファは**アクティブHIGH**のイネーブルピンを持つ。すなわち、イネーブルピンがHIGH（1）のときは、そのバッファはイネーブル状態となる。図2.41には**アクティブLOW**のトライステートバッファを示し、イネーブルピンがLOW（0）になると、そのバッファはイネーブル状態になる。信号が**アクティブLOW**であることは、その入力線にバブルを描くことで分かる。慣習的に信号名の上に、$\overline{E}$といったように上線を引いたり、「b」や「bar」といった文字を信号名の後に付加して、「イービー」または「イーバー」とすることで、その信号がアクティブLOWであることを示す。

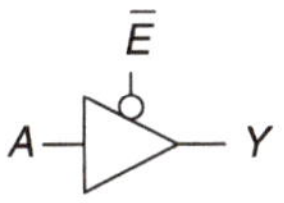

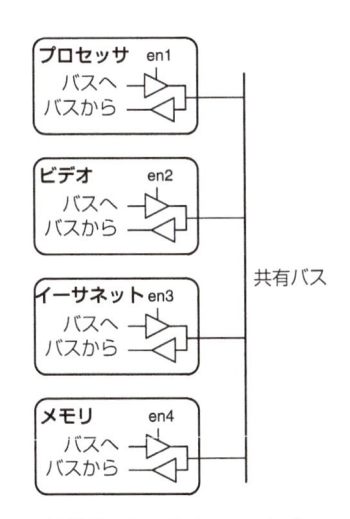

$\overline{E}$	A	Y
0	0	0
0	1	1
1	0	Z
1	1	Z

図2.41 アクティブLOWのあるトライステートバッファ

トライステートバッファは、通常は複数のチップを接続するバスで使われる。例えば、パーソナルコンピュータでは、マイクロプロセッサ、ビデオコントローラ、イーサネットコントローラは、すべてメモリシステムと通信する必要がある。それぞれのチップは、図2.42に示すように、トライステートバッファを用いて共有メモリバスに接続される。

プロセッサ en1
バスへ
バスから

ビデオ en2
バスへ
バスから

イーサネット en3
バスへ
バスから

共有バス

メモリ en4
バスへ
バスから

図2.42 複数のチップを接続したトライステートバスへ

ある時点で、バスに値を出力するためにイネーブル信号をドライブできるチップは1つだけである。他のチップはメモリと通信を行うチップとで衝突が生じないようにするために、出力はフローティング状態にしておかなければならない。共有バスからは、どのチップもいつでもデータを読み出すことができる。こういったトライステート共有バスはかつて一般的であった。しかしながら、最近のコンピュータでは、**1対1**

通信の速度がますます高速になり、チップは共有バスを用いず、他のチップと直接接続するようになってきている。

2.7 カルノーマップ

ブール代数を使ってブール論理式を簡単化するといった作業を行っていくとき注意深く追っていかないと、論理式を簡単化するどころではなく、場合によっては全く「別の」論理式に行き着くこともある。**カルノーマップ**（**K-マップ**、**カルノー図**とも呼ぶ）はブール論理式を簡単化するための方法であり、ベル研究所で通信エンジニアであったモーリス・カルノーによって1953年に考案された。カルノーマップは、4変数までの問題に対してうまく働く。さらに重要なこととして、カルノーマップは、ブール論理式にいろいろ手を加えるのに有効な手立てとなることである。

モーリス・カルノー（Maurice Karnaugh）、1924年～。1948年にニューヨーク・シティ・カレッジ（物理学士号）を卒業して、1952年にエール大学から物理学の学位（Ph.D）を授与される。
1952～1993年はベル研究所とIBMに勤務し、1980～1999年はニューヨークの科学技術大学にて、コンピュータサイエンス教授。

論理の最小化とは、最小項を結合することを意味するということを思い出そう。項Pと変数Aとその補元$\overline{A}$を含む2つの項が、$PA + P\overline{A} = P$のように結合してAを取り除くことができる。カルノーマップは、これらの項の結合を、項を碁盤上に置き、お互いの隣に配置することによって、目で追いやすくすることができるのである。

図2.43には、ある3入力の関数に対する真理値表とカルノーマップを示す。

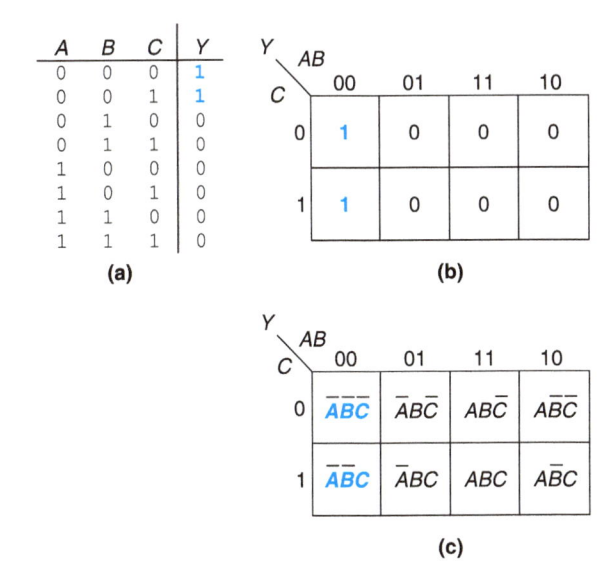

図2.43 3入力の関数：（a）真理値表、（b）カルノーマップ、（c）最小項を示すカルノーマップ

カルノーマップの一番上の行は、入力A、Bに対して、取り得る4つの値を並べる。左の列には、入力Cが取る2つの値を記述する。カルノーマップ上のそれぞれの箱形は、真理値表における行に対応しており、そしてその行に対する出力Yの

値が格納されている。例えば、左上隅の箱は真理値表において最初の行に対応しており、$ABC = 000$のときに、出力の値$Y = 1$であることを示しているのである。真理値表の各行と全く同じように、カルノーマップのそれぞれの箱は1つの最小項を表す。分かりやすく説明するために、図2.43（c）には、カルノーマップおけるそれぞれの箱が、どの最小項に対応しているかを示している。

それぞれの箱、すなわち最小項は、その隣にある箱とは、変数を1つ変えただけの異なったものとなっている。これは隣接した箱が、1変数を除いて、すべて同じリテラルを共有していることを意味し、一方の箱はそのリテラルの真形式で、もう一方の箱はそのリテラルの補形式で表されている。例えば、最小項$\overline{AB}\overline{C}$と$\overline{A}\overline{B}C$を表している箱は隣接していて、変数$C$の部分だけが異なっている。図の上側にある$A$と$B$の組み合わせの行が、00、01、11、10といったように、ちょっと変わった順序となっていることが分かるだろうか。この並びは**Gray**コードと呼ばれており、隣接した項において、変化している部分が一箇所だけであるという点で、普通の2進数の並び（00、01、10、11）とは違う。例えば、01:11は、Aだけが0から1に変化しているが、それに対して、01:10では、Aは0から1に、Bは1から0に変化している。したがって、2進の順序では、隣り合う箱では変化している変数が1つのみといった所望の特徴を作り出すことができないのである。

> **Gray**コード（米国特許2,632,058番）は、1953年にベル研究所研究者、**フランク・グレイ**（Frank Gray）によって特許が取得された。このコードは、アラインメント（連続性）エラーがたった1ビットで検出できるため、機械式エンコーダで特に有用である。
>
> Grayコードは、どのようなビット数に対しても一般化できる。例えば、3ビットのGrayコードのシーケンスは以下のようになる。
>
> 000, 001, 011, 010,
> 110, 111, 101, 100
>
> ルイス・キャロル（Lewis Carroll）は1879年に週刊誌 *Vanity Fair* に、これに関連するような以下のクイズを寄稿した。
>
> > 「この問題はとっても単純です。2つの単語があり、どちらも同じ文字数です。クイズというのは、その単語の間に違う単語をどんどん挿入していきますが、隣り合う単語は一文字だけが異なるというものです。それを繰り返し、最後の単語に到達するようにすることです。つまり、単語の一文字だけを取り換え、それによって次の単語ができ、それを繰り返して、最後の単語に持っていくのです。」
>
> 例えば、SHIPからDOCKへは、次のようにできます。
>
> SHIP, SLIP, SLOP,
> SLOT, SOOT, LOOT,
> LOOK, LOCK, DOCK.
>
> もっと短い手順で到達できるかどうか、探せますか。

カルノーマップの構造は「ぐるりと巻いた」形となっている。つまり、右端にある箱は、左端の箱とは異なる変数はAの1つだけということで、実際は隣り合っているのである。言い換えると、このマップを手に取って、ぐるりと巻いて円柱を作り、その円柱の端っこをつなげてトーラス形（ドーナッツ型のようなもの）にした上で、隣接した箱では異なる変数は1つだけであるということを保証することができるのである。

2.7.1　丸く囲む操作

図2.43にあるカルノーマップでは、論理式の中で左の列で、1で示されている$\overline{A}\overline{B}\overline{C}$と$\overline{A}\overline{B}C$の2つの最小項だけが存在している。カルノーマップから最小項を読み取るというのは、直接真理値表から主加法標準形で論理式を読み出すことと全く同じことである。以前に述べたように、ブール代数を用いることで、主加法標準形の論理式を以下のように最小にすることができる。

$$Y = \overline{A}\overline{B}\overline{C} + \overline{A}\overline{B}C = \overline{A}\overline{B}(\overline{C} + C) = \overline{A}\overline{B} \tag{2.7}$$

図2.44に示すように、カルノーマップを用いることで、隣接した箱で1になっている部分を丸く囲むことによって視覚的にこの簡単化ができるようになる。

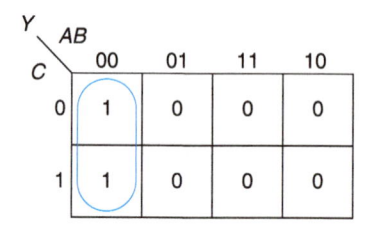

図2.44　カルノーマップによる最小化

それから、それぞれの囲んだ丸に対して、対応する項を記述するだけでよい。2.2節に示したように、項は1つもしくは複数のリテラルの積であった。その丸で囲んだ部分においては、その変数の「真形式と補形式」の部分は、その項から取り除かれる。この場合、変数Cが、その真形式（1）と補形式（0）が、その囲んだ丸に含まれており、その項に含める意味がなくなる。言い換えると、Cとは無関係に、$A = B = 0$であるときは、YはTRUEとなる。したがって、求める項は$\overline{A}\overline{B}$となる。このように、このカルノーマップは、ブール代数を用いて到達した答えと全く同じものに導いてくれるのである。

2.7.2　カルノーマップによる論理の最小化

カルノーマップによって、論理の最小化が、目で追うだけで行える簡単なものとなる。マップの中にある1になっているブロックを、できる限り少ない丸で四角く単に囲むだけである。それぞれの囲んだ丸は、できる限り大きく囲むようにし、それから、囲んだところから項を読み出せばよい。

もう少し定式化すると、ブール論理式において、主要項の数が最も少なく記述されるとき、その論理式は最小化されているということであった。カルノーマップにおいて丸で囲まれた各部分は項を表す。最も大きな丸は主要項となっている。

例えば、図2.44のカルノーマップでは、$\overline{A}\overline{B}\overline{C}$と$\overline{A}\overline{B}C$は項ではあるが、主要項ではない。$\overline{A}\overline{B}$のみが、このカルノーマップで主要項となる。カルノーマップから最小化された論理式を導き出すための規則は次のようになる。

▶ 1となっている部分すべてを囲むために必要な、最も少ない数の丸を使うこと。

▶ それぞれの丸で囲んだものにある箱は、すべてその中が1になっていること。

► それぞれの囲みは、長方形のブロックとなっており、そのブロックは縦、横方向が2のべき乗（すなわち1、2、もしくは4）となっていること。

► それぞれの囲みはできる限り大きくすること。

► 囲みが、カルノーマップの両端にまたがったものになるときもあることに注意せよ。

► カルノーマップで1となっている箱について、囲む数が少なくなるのであれば、何度でも囲む操作に使える。

例題2.9 カルノーマップを用いた3変数関数の最小化

図2.45に示したように、関数 $Y = F(A, B, C)$ をカルノーマップにしたものがある。このカルノーマップを用いて、この論理式を最小化せよ。

Y $\backslash$ AB				
C	00	01	11	10
0	1	0	1	1
1	1	0	0	1

図2.45 例題2.9のカルノーマップ

解法：図2.46に示すように、できる限り少ない数の丸を用いたカルノーマップで、1となっている部分を囲もう。このカルノーマップにおいて、それぞれの囲んだ部分は主要項を表しており、それぞれの囲みの寸法は2のべき乗（2×1や2×2）となっている。各サークルに対する主要項を、その囲みに存在する変数を真形式のみ、もしくはその補形式のみといった形で書き出すだけで導き出せる。

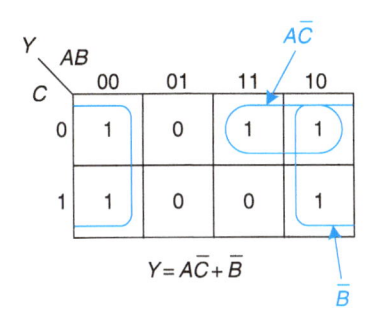

$$Y = A\overline{C} + \overline{B}$$

図2.46 例題2.9の解答

例えば、2×1の囲みに関して、その囲みにはBの真形式と補形式の両方が含まれており、したがって、その主要項にBを「含めない」ようにする。しかしながら、Aの真形式（A）とCの補形式（$\overline{C}$）だけはその囲みに含まれ、この2つの変数は主要項に含めて、$A\overline{C}$とする。同様に、2×2の囲みは、$B = 0$となっている箱をすべて囲むことになり、したがって主要項は$\overline{B}$となる。

右上隅の箱（最小項）は、主要項をできる限り大きくするために二度用いられているということが分かるだろうか。ブール代数による簡単化のところで示したように、これは項のサイズを小さくするのに、最小項を共有するというのと同じことである。また、4つの箱を囲む丸がカルノーマップの両端にまたがっているということに気付こう。

例題2.10 7セグメントのディスプレイデコーダ

7セグメントのディスプレイデコーダは、4ビットのデータ入力$D_{3:0}$を持ち、0から9までの数字を表示するための発光ダイオード（LED: light-emitting diode）を駆動する7つの出力を生成する。この7つの出力は、$a \sim g$、もしくは、$S_a \sim S_g$として、図2.47のように定義される。表示される数字は図2.48に示す。この出力に対する真理値表を作成し、出力S_aとS_bに対するブール論理式を、カルノーマップを用いて導け。ただし、認められていない入力値（10〜15）に対しては、何も表示しないものとする。

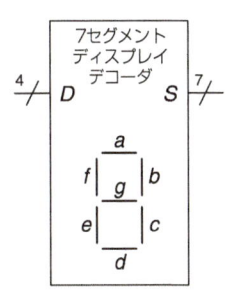

図2.47 7セグメントのディスプレイデコーダアイコン

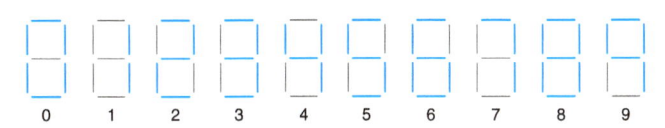

図2.48 7セグメントのディスプレイの表示数字

解法：真理値表を表2.6に示す。例えば、入力0000は、S_g以外すべての部分を点灯させることになる。

表2.6 7セグメントのディスプレイデコーダの真理値表

$D_{3:0}$	S_a	S_b	S_c	S_d	S_e	S_f	S_g
0000	1	1	1	1	1	1	0
0001	0	1	1	0	0	0	0
0010	1	1	0	1	1	0	1
0011	1	1	1	1	0	0	1
0100	0	1	1	0	0	1	1
0101	1	0	1	1	0	1	1
0110	1	0	1	1	1	1	1
0111	1	1	1	0	0	0	0
1000	1	1	1	1	1	1	1
1001	1	1	1	1	0	1	1
others	0	0	0	0	0	0	0

各7つの出力は、それぞれが4変数の独立した関数となる。出力S_aとS_bに対するカルノーマップを図2.49（次ページ）に示す。隣接した箱は、1つだけ変数の値が異なるということを思い出そう。つまり、行と列には、Grayコード00、01、11、10というラベル付けをすることになる。出力値を箱に「記入する」ときにも、この順序を間違わないようにしよう。

次に、主要項を丸で囲もう。1となっている部分すべてをカバーするように、また、そのとき囲む丸の数が一番少なくなるようにすること。「縦と横」の両端にまたがるような囲み方もあり、1となっている部分を複数回囲むこともある。図2.50（次ページ）に主要項と簡単化されたブール論理式を示す。

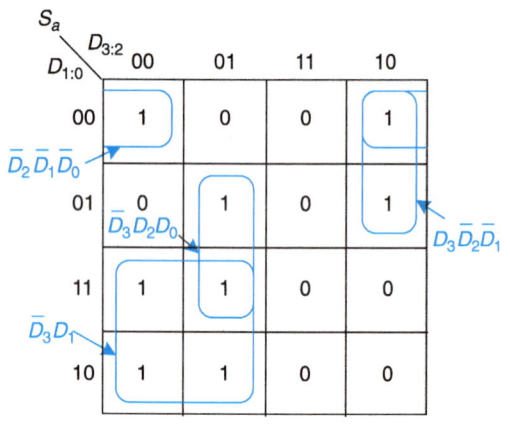

図2.49 S_aとS_bのカルノーマップ

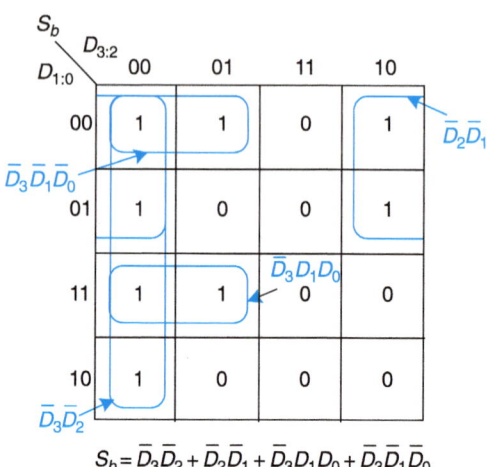

$$S_a = \overline{D}_3 D_1 + \overline{D}_3 D_2 D_0 + D_3 \overline{D}_2 \overline{D}_1 + \overline{D}_2 \overline{D}_1 \overline{D}_0$$

$$S_b = \overline{D}_3 \overline{D}_2 + \overline{D}_2 \overline{D}_1 + \overline{D}_3 D_1 D_0 + \overline{D}_3 \overline{D}_1 \overline{D}_0$$

図2.50 例題2.10のカルノーマップ

主要項の最少集合は必ずしも1つだけにはならないということに留意すること。例えば、S_aのカルノーマップにおける0000の項は1000の項とともに囲んで$\overline{D}_2 \overline{D}_1 \overline{D}_0$の最小項が作れる。別の囲み方として、0010の項と囲むことによって、$\overline{D}_3 \overline{D}_2 \overline{D}_0$の最小項を作ることもでき、この様子は図2.51の破線の丸で示されている。

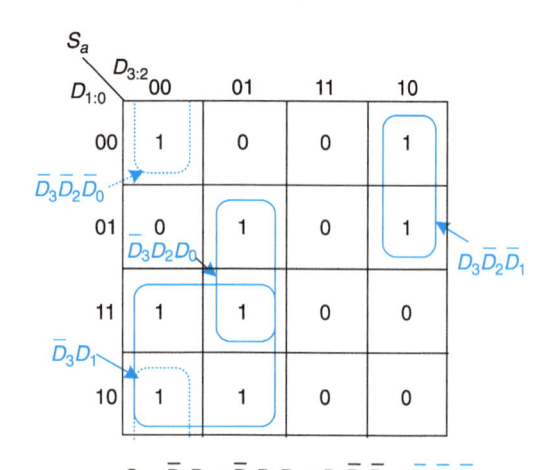

$$S_a = \overline{D}_3 D_1 + \overline{D}_3 D_2 D_0 + D_3 \overline{D}_2 \overline{D}_1 + \overline{D}_3 \overline{D}_2 \overline{D}_0$$

図2.51 S_aの、異なる主要項を示すもう1つのカルノーマップ

図2.52には、左上隅にある1を囲むのに非主要項を選んでしまったという、ありがちな間違いを示している。この最小項$\overline{D}_3 \overline{D}_2 \overline{D}_1 \overline{D}_0$は「最小ではない」主加法標準形の論理式となっている。前の2つの図で行ったように、できるだけ大きな丸となるように隣接した項のどれかで結合できたはずである。

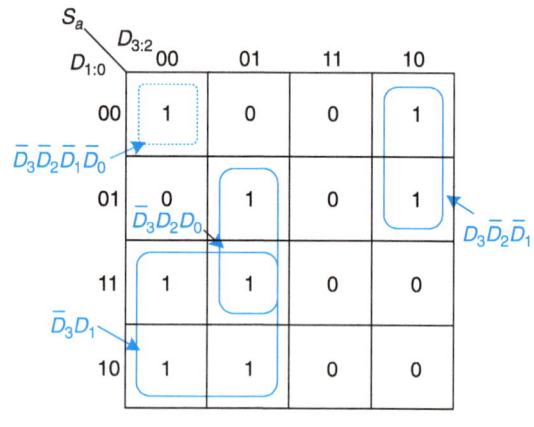

$$S_a = \overline{D}_3 D_1 + \overline{D}_3 D_2 D_0 + D_3 \overline{D}_2 \overline{D}_1 + \overline{D}_3 \overline{D}_2 \overline{D}_1 \overline{D}_0$$

図2.52 間違った非主要項を示すS_aのカルノーマップ

2.7.3 ドントケア

ある変数が出力に影響を与えないときには、真理値表の行の数を減らすよう、2.4節では、真理値表に「ドントケア」の項目を導入したことを思い出そう。そのドントケアは記号Xによって示され、その項目が0あるいは1のどちらであってもよいことを意味する。

ドントケアは、出力値がどうでもいい（1であろうと0となろうがかまわない）か、その入力の組み合わせがあり得ない

といった場合に、真理値表の出力側にも出現する[†]。このような出力は、設計者の判断で0にしたり1として扱うことで対処できる。

カルノーマップでは、Xによって、さらに論理の最小化ができるようになる。その囲む部分を大きくでき、数も少なくなるのであれば、X部分を含むように囲むようにするのである。しかし、囲む部分を減らすこともできず、大きくもできないのであれば、囲む必要はない。

例題2.11　ドントケアを用いた7セグメントのディスプレイデコーダ

認められていない入力10から15に対する出力について、気にする必要がない場合の例題2.10の問題をもう一度解け。

解法：図2.53には、ドントケアを意味するXを用いたカルノーマップを示す。ドントケアは0でも1でも取り得るので、1となっている部分を囲むのに、囲む丸ができるだけ少なく、そして大きく囲めるようにできるのであれば、ドントケアを含めて囲んでしまう。囲まれたドントケアは、1として扱われるのであり、囲まれなかったものは0として扱うことになる。4隅にあるS_aについての2×2の領域がどのように囲まれるか見てみよう。ドントケアを用いることによって、論理がさらに、十分といっていいほど簡単化されていることが分かる。

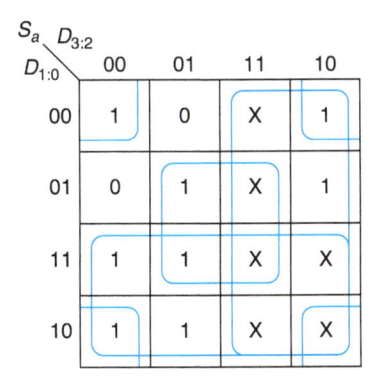

$$S_a = D_3 + D_2 D_0 + \bar{D}_2 \bar{D}_0 + D_1$$

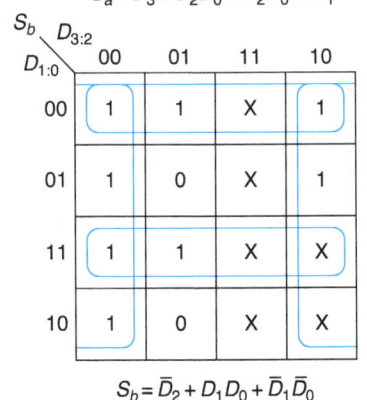

$$S_b = \bar{D}_2 + D_1 D_0 + \bar{D}_1 \bar{D}_0$$

図2.53　ドントケアを用いたカルノーマップによる解法

[†] （訳注）ドントケアはあくまでも1となっている箱を、できるだけ大きなブロックに含めるための補助として用いるものであり、ドントケアのみのブロックを囲む必要は全くなく、むしろ冗長な回路ができてしまう。

2.7.4　大規模問題に対して

ブール代数とカルノーマップを、論理を簡単化する2つの方法として示した。設計上目指す究極的なものは、ある特定の論理機能を実現する上において、それを低コストで実現する方法を見つけ出すことである。

近年のエンジニアリングの現場では、第4章で示してあるが、ロジックシンセサイザ（合成器）と呼ばれるアプリケーションプログラムが、論理関数を表現したものから、簡単化された回路を生成してくれる。大規模な問題に対しては、ロジックシンセサイザのほうが人間の手によるものより効率的ではある。ちょっとした問題に対しては、ちょっと経験を積んだ人がじっくりと検討することで求める回路を作り出すことができる。実用的な問題を解くのに、著者らは実際にカルノーマップを使うことはなかった。しかしながら、カルノーマップの基となる原理から得られる知見は貴重である。そしてカルノーマップは入社試験や資格試験といったものにしばしば出題されるのも事実である。

2.8　組み合わせ回路のビルディングブロック

組み合わせ回路は、さらに複雑なシステムを作るために、ビルディングブロックにまとめられることがある。このことは、ビルディングブロックの機能を強調するために不必要なゲートレベルの細かなことについては隠して、抽象化の原則に従って応用したものである。既にこういったビルディングブロックについては、全加算器（2.1節）、プライオリティ回路（2.4節）、7セグメントディスプレイデコーダ（2.7節）といった3種類を取り上げてきた。この節では、マルチプレクサとデコーダといった、よく利用されるビルディングブロックを2種類取り上げてみる。第5章では、さらに別の組み合わせビルディングブロックを取り上げることにする。

2.8.1　マルチプレクサ

マルチプレクサは、最もよく利用される組み合わせ回路の1つである。それは、選択信号の値に基づいて、いくつかの取り得る入力から出力を選択するものである。マルチプレクサは、親愛の情を込めて「mux」と呼ばれることもある。

2:1マルチプレクサ

図2.54には、2入力（D_0とD_1）、選択信号（S）、1出力（Y）を持つ2:1マルチプレクサの回路記号と真理値表を示す。

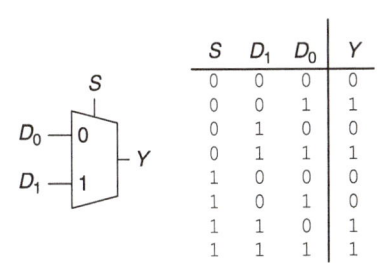

S	D_1	D_0	Y
0	0	0	0
0	0	1	1
0	1	0	0
0	1	1	1
1	0	0	0
1	0	1	0
1	1	0	1
1	1	1	1

図2.54　2:1マルチプレクサの回路記号と真理値表

このマルチプレクサは、$S = 0$ なら $Y = D_0$、$S = 1$ ならば $Y = D_1$ となるように、選択信号に基づいて、2つのデータ入力の中から1つを選択する。S は、マルチプレクサがどういったことを行うかをコントロールするため、**制御信号**と呼ぶこともある。

図2.55に示すように、2:1マルチプレクサは、主加法標準形の論理から構築することができる。このマルチプレクサに対するブール論理式は、カルノーマップを用いて導き出すこともできるし、$S = 1$、$D_0 = 1$ または、$S = 1$、$D_1 = 1$ ならば $Y = 1$ といったことをじっくり考えることで導出することもできる。

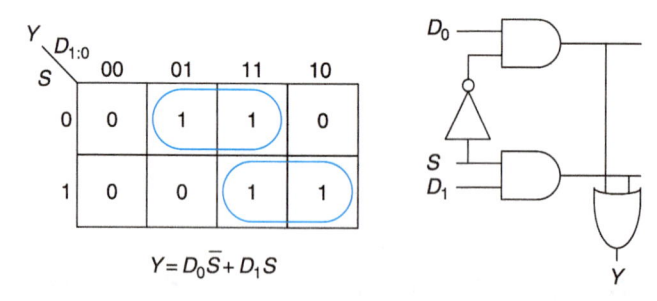

$$Y = D_0\bar{S} + D_1 S$$

図2.55　2段階論理回路を用いた2:1マルチプレクサの実現

別の方法として、図2.56に示すように、マルチプレクサはトライステートバッファを用いて実現することもできる。

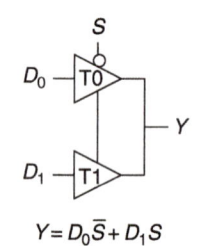

$$Y = D_0\bar{S} + D_1 S$$

図2.56　トライステートバッファを用いたマルチプレクサ

> 複数のゲート出力をショートさせることは、2.1節で示した組み合わせ回路における規則に違反することになる。けれども、出力の1つだけがドライブされるタイミングをしっかりと把握できているのであれば、この例外は許容される。

このトライステートバッファのイネーブル信号は、どのようなときにおいても、アクティブとなるバッファは1つだけとなるように、しっかりと設計されている。$S = 0$ のとき、トライステートバッファ T_0 がイネーブル状態になり、D_0 が Y に出力されるようになる。$S = 1$ のときは、トライステートバッファ T_1 は、D_1 が Y に出力されるようにイネーブル状態となる。

マルチプレクサの拡張

図2.57に示すように、4:1マルチプレクサは、4つのデータ入力と1つの出力を持つ。4つのデータ入力から選択するためには、2本の選択信号が必要となる。図2.58に示す4:1マルチプレクサは主加法標準形論理、トライステートバッファ、2:1マルチプレクサを用いて実現することができる。

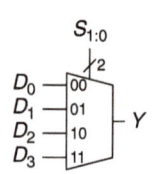

図2.57　4:1マルチプレクサ

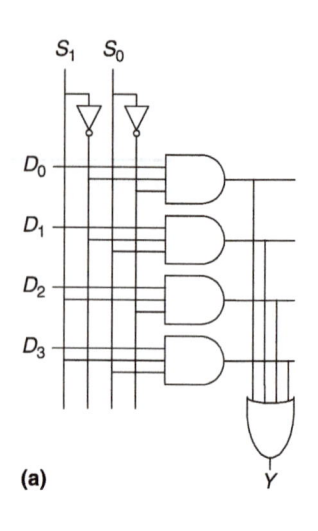

(a)

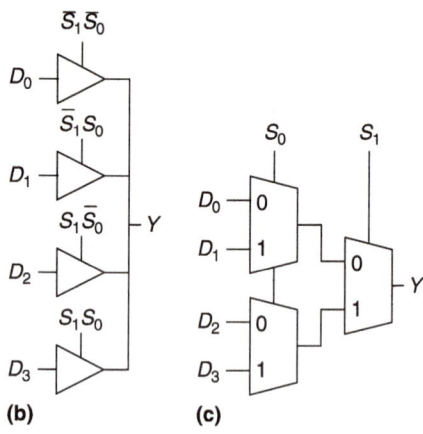

(b) **(c)**

図2.58　4:1マルチプレクサの実現：（a）2段階論理回路、（b）トライステートバッファ、（c）階層構造

トライステートを有効にする積項はANDゲートとインバータを用いて実現できる。これらは、2.8.2節で示すように、デコーダを用いても同様の機能を実現可能である。

図2.58に示した方法を拡張することによって、8:1や16:1といったマルチプレクサのような、多入力のマルチプレクサを実現することもできる。一般に、N:1マルチプレクサは、$\log_2 N$ 個の選択信号が必要となる。もう一度いうが、最も良い実装をどう選択するかは、ターゲットとなるテクノロジに依存する。

マルチプレクサの論理回路

マルチプレクサを、論理関数を実現するためのルックアップ表として用いることができる。図2.59には、4:1マルチプレクサを用いて2入力のANDゲートを実現したものを示す。入力 A と B は選択信号として動作する。マルチプレクサのデータ入力には、真理値表の行に対応して、0や1を接続する。一般に、0や1を適切なデータ入力に適用することによって、2^N 入力のマルチプレクサは、どのような N 入力の論理機能でも実

現できるように実装可能である。実際に、データ入力を変えることによって、このマルチプレクサは、異なった機能を実現できるように再構成できる。

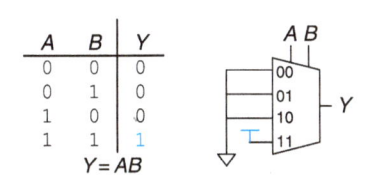

図2.59　4:1マルチプレクサによる2入力AND機能の実現

少し工夫を凝らしてみると、N入力の論理関数を実現するために、2^{N-1}入力のマルチプレクサを1つ用いるだけで、マルチプレクサのサイズを半分に削減できる。この方法は、マルチプレクサのデータ入力に、0や1とともに、リテラルの1つを供給することである。

この原理を示すために、図2.60に、2入力のANDと2入力XOR機能を2:1マルチプレクサを用いて実現する様子を示す。

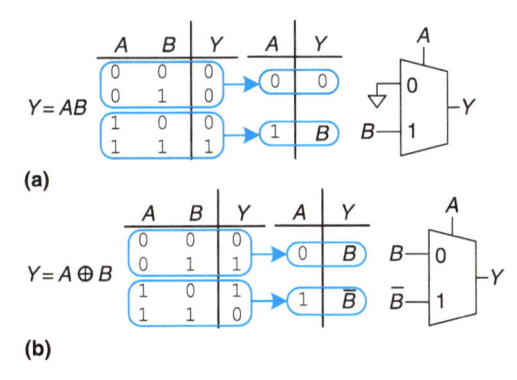

図2.60　入力をいろいろ変えたマルチプレクサによる論理回路

まず、通常の真理値表を見て、次に、右端の入力変数に関連する出力を表すことによって、この入力変数を削除するために行の対を結合する。例えば、ANDの場合では、Bの値とは無関係に$A = 0$のときは$Y = 0$となる。$A = 1$のときは、$B = 0$の場合$Y = 0$、$B = 1$の場合$Y = 1$となり、したがって$Y = B$となる。次に、その新たな、小さくなった真理値表に従って、マルチプレクサをルックアップ表として用いてみよう。

例題2.12　マルチプレクサを用いた論理回路

アリッサ・P・ハッカー嬢は、卒業するためには、$Y = A\overline{B} + \overline{B}\overline{C} + \overline{A}BC$という関数をシステムとして実現する必要があるが、自分の実験用具を見てみると、手元にあるのは8:1マルチプレクサだけしかない。さて、彼女はどうやってこの機能を実現すればいいのだろうか。

解法：図2.61には、アリッサが8:1マルチプレクサを用いて実現したものを示す。このマルチプレクサはルックアップ表として動作し、真理値表におけるそれぞれの行は、マルチプレクサの入力に対応している。

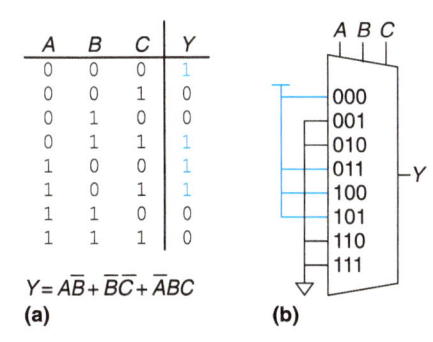

$$Y = A\overline{B} + \overline{B}\overline{C} + \overline{A}BC$$

図2.61　アリッサの回路：（a）真理値表、（b）8:1マルチプレクサによる実現

例題2.13　マルチプレクサを用いた論理回路（再び）

アリッサは最終発表会の前にもう一度自分で作った回路に電源を入れたところ、8:1マルチプレクサを壊してしまった（徹夜明けで、5ボルトを入れないといけないところを、20ボルトを間違って供給してしまったのである）。彼女は友人らに代わりのものをお願いしたところ、4:1マルチプレクサとインバータはなんとかしてもらった。アリッサは、これらの部品だけで、求める回路を構築することができるだろうか。

解法：アリッサは、出力をCに依存するように、真理値表を4つの行に減らした（彼女は、出力がAやBに依存するように真理値表の列を並べ替えるよう選択できたはずである）。図2.62には新たな設計を示す。

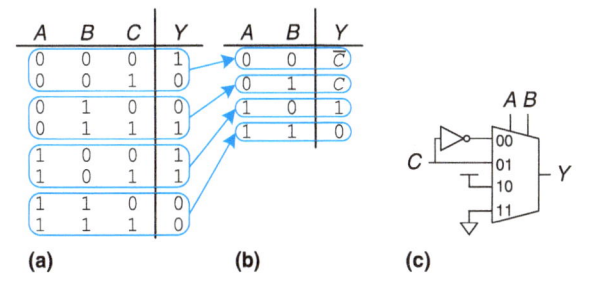

図2.62　アリッサの作り直した回路

2.8.2　デコーダ

デコーダはN入力と2^N出力を持ち、入力の組み合わせによって、出力の1つを有効にするものである。図2.63には、2:4デコーダを示す。$A_{1:0} = 00$であるとき、Y_0は1となり。$A_{1:0} = 01$であるとき、Y_1が1となるといったものである。その出力は、1つだけが、所定のときに「熱い」（HIGH）状態となるため、**ワンホット**（one-hot）と呼ばれる。

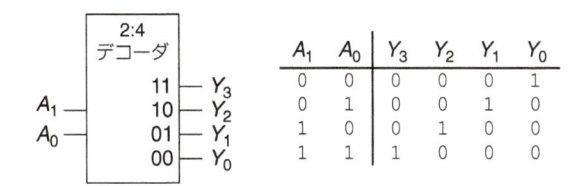

図2.63　2:4デコーダ

例題2.14 デコーダの実現

AND、OR、NOTゲートを用いて2:4デコーダを実現せよ。

解法：図2.64には、4つのANDゲートを用いて2:4デコーダを実現したものを示す。それぞれのゲートは、各入力の真形式、もしくはその補形式のどちらかに依存する。一般に、$N{:}2^N$デコーダは、入力の真形式や補形式の種々の組み合わせを入力とする2^N個のN入力ANDゲートを用いて作ることができる。デコーダのそれぞれの出力は、1つの最小項を表している。例えば、Y_0は、最小項$\overline{A_1}\,\overline{A_0}$を表している。他のディジタルビルディングブロックとともにデコーダを用いるときに、このことは役立つことになる。

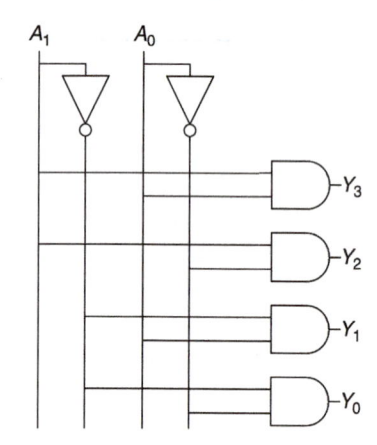

図2.64　2:4デコーダの実現

デコーダの論理回路

デコーダをORゲートと組み合わせることによって、さまざまな論理関数を実現できる。図2.65には、2:4デコーダと1つのORゲート用いた2入力のXNOR関数を示す。デコーダのそれぞれの出力は、最小項の1つを表すことになるので、この関数は、すべての最小項のORとして構築される。図2.65では、$Y = \overline{AB} + AB = \overline{A \oplus B}$となっている。

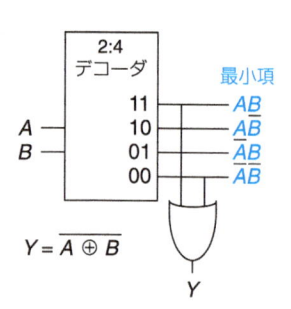

図2.65　デコーダを用いた論理関数

論理関数の実現にデコーダを用いるとき、真理値表の形や、あるいは主加法標準形でその関数を表現するのが最も平易な道である。真理値表の1となっているM個のN入力関数は、真理値表では、1となっている最小項すべてにつながっている$N{:}2^N$デコーダとM入力ORゲートを用いて構築することができる。この概念は、5.5.6節において、リードオンリーメモリ（ROM）を構築する場合に適用されることになる。

2.9　タイミング

これまでの節では、回路が（理想的には最も少ないゲート数で）動作するかどうかについて主に視点を当ててきた。しかしながら、経験豊かな回路設計者は誰でも、回路設計の克服すべき問題の1つはタイミング、つまり回路をいかに高速に動作させるかである、と証言するだろう。

入力の変化に応答して、出力がその値を変化させるのには、ある時間を要する。図2.66には、バッファにおける入力の変化と、それに続く出力の変化の間に生じる遅延を示す。

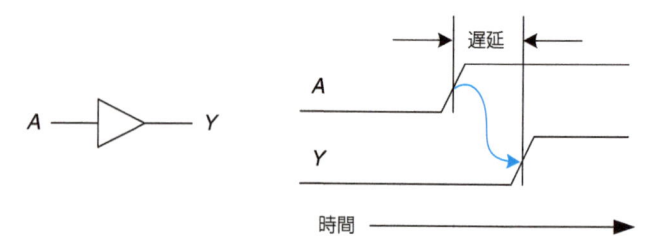

図2.66　回路遅延

この図では、入力が変化するときに、バッファ回路の応答の遷移を描写したタイミングチャートと呼ばれる図を用いている。LOWからHIGHへの遷移は、立ち上がりエッジと呼ばれる。同様に、（図には示していないが）HIGHからLOWへの遷移は立ち下がりエッジと呼ぶ。図の青色の矢印は、Yの立ち上がりエッジが、Aの立ち上がりエッジによって引き起こされたということを示している。ここでは、入力信号Aの「50%の地点」から、出力信号Yの50%の地点までを遅延として測定する。50%の地点というのは、信号が、LOWとHIGHの値に遷移するときの中間点（50%）であるということを意味している。

2.9.1　伝播遅延と誘起遅延

組み合わせ回路には、**伝播遅延**と**誘起遅延**[†]といった特性がある。伝播遅延t_{pd}は、入力が変化したときに出力、あるいは複数の出力が、その最終値に到達するまでの最大時間のことである。誘起遅延t_{cd}とは、入力が変化してから、出力がその値を変え始めようとするまでの最小時間を示す。

> 設計者が、回路の**遅延**に関していろいろ計算しようとするときに、設計状況からははっきりしないのであれば、その遅延は一般に最悪値（伝播遅延）について考えているものである。

次ページの図2.67には、バッファの伝播遅延と誘起遅延をそれぞれ青色と灰色で示してある。この図ではAが最初にHIGHであってもLOWであっても、一定の時間の後に指定さ

[†]　（訳注）「誘起遅延」（contamination delay）は、そのまま日本語にあてはめると「汚染遅延」ということになる。「contamination」という用語を最初に用いた人は不明であるが、おそらく、入力が変化してそれにより出力が変わる（汚される）というところから命名したのではないかと思われる。ここでは、入力の変化により出力の変化を誘起することから、誘起遅延とした。

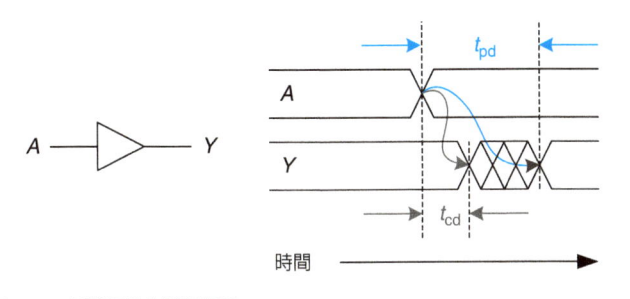

図2.67　伝播遅延と誘起遅延

れた別の状態に変化することを示している。注目すべき点は、変化するということだけであって、その値が何であるかは関係ない。図中の弧は、Aの状態が変化してt_{cd}時間の後にYが変化し始め、Yはt_{pd}時間内にその新たな値を確定するということを示している。

　回路における遅延の根本的な原因は、その回路におけるコンデンサへの充電時間と光の速度を含んだものである。t_{pd}とt_{cd}は、以下のように、いろいろな理由で異なる。

▶ 立ち上がるときや立ち下がるときに要する、さまざまな遅れがある。

▶ 複数の入力や出力。その中には速いものがあったり、遅いものがあったりするものがある。

▶ 動作が集中すると遅くなったり、そうでない場合は速くなったりする回路がある。

　t_{pd}とt_{cd}を計算するには、本書の範囲を超えた抽象レベルの低いレイヤ部分を追求していくことになる。しかしながら、半導体メーカは、通常それぞれのゲートに対する遅延を規定したデータシートを提供しているので、それを参照すればよい。

> 回路遅延の時間単位は、だいたいピコ秒（1ps = 10^{-12}秒）からナノ秒（1ns = 10^{-9}秒）といったものになる。この説明を読んでいる間に、何兆ピコ秒もの時間が経過しているのです。

　伝播遅延や誘起遅延は、前述の要因とともに、入力から出力までの経路（パス）によっても決まってくる。図2.68には、4入力の論理回路を示す。**クリティカルパス**は青色で示されており、入力AもしくはBから出力Yまでのパスである。

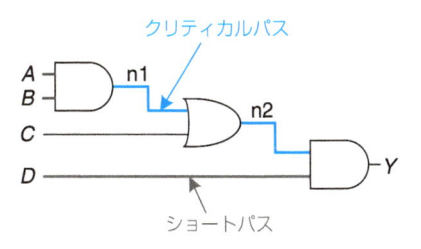

図2.68　ショートパスとクリティカルパス

　このパスは、入力が出力に至るまで3つのゲートを通ることになるため、最も長く、したがって最も時間がかかるパスとなる。このパスは、この回路の動作速度を制限することになるため、「クリティカル」なのである。回路において、灰色で表示した**ショートパス**は、入力Dから出力Yまでのものである。このショートパスは、入力が出力に至るまでの間にゲートを1つだけ通過するため、最も短く、そのために最も高速なパスとなる。

　組み合わせ回路の伝播遅延は、クリティカルパス上における各回路エレメントを通過するのに要する伝播遅延を足し合わせたものとなる。誘起遅延は、ショートパス上にある各回路エレメントを通過する組み合わせ遅延の合計となる。図2.69には、これらの遅延が示されており、以下の式で表される。

$$t_{pd} = 2t_{pd\_AND} + t_{pd\_OR} \tag{2.8}$$

$$t_{cd} = t_{cd\_AND} \tag{2.9}$$

> これまでの解析では配線遅延については無視してきたけれども、ディジタル回路は今では非常に高速となってきたため、長い配線による遅延はゲート遅延と同様に重要なものとなっている。配線における光の速度の遅れについては付録Aで述べている。

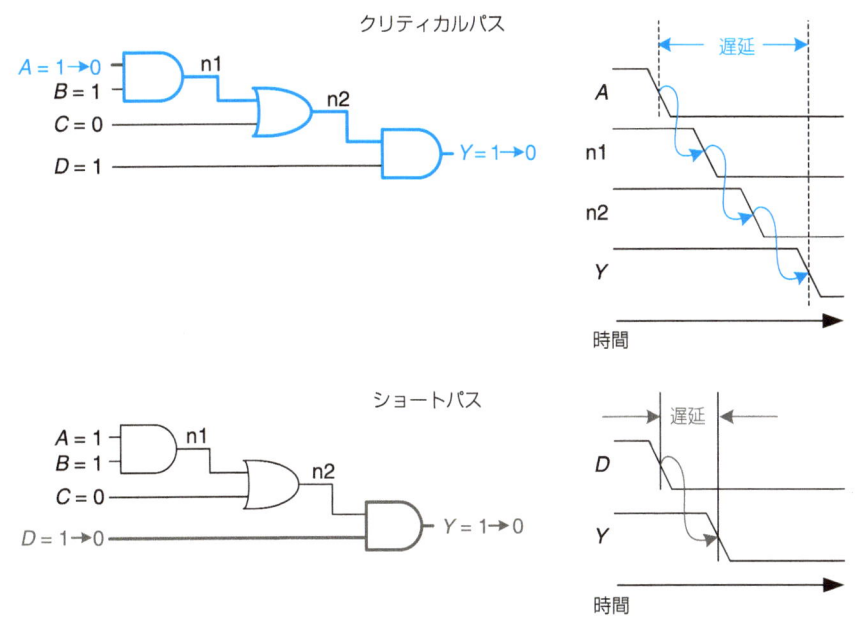

図2.69　クリティカルパスとショートパスの波形

例題2.15　遅延時間の求め方

　ベン・ビットディドル君は図2.70に示した回路の伝播遅延と誘起遅延を計算しなければならなかった。手元にあるデータブックによれば、それぞれのゲートの伝播遅延は100psで、誘起遅延については60psであった。

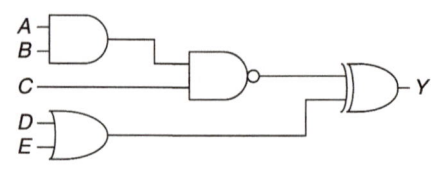

図2.70　ベンの回路

解法：ベンは、回路の中でクリティカルパスと最短ショートパスを見つけることから始めた。クリティカルパスは、図2.71において青色で示してあり、入力AやBから3つのゲートを通って出力Yに至るまでの経路となっている。したがって、t_{pd}はゲート1つの伝播遅延の3倍、すなわち300 psとなる。

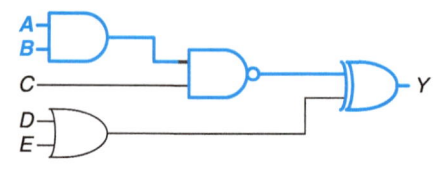

図2.71　ベンの回路におけるクリティカルパス

　最短ショートパスは、図2.72では灰色で示されており、入力C、DもしくはEから2つのゲートを通って出力Yに至るまでの経路である。この最短パスには、通過するゲートは2つだけであるため、t_{cd}は120 psとなる。

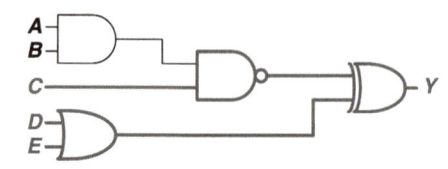

図2.72　ベンの回路における最短ショートパス

例題2.16　マルチプレクサのタイミング——コントロール依存なのかデータ依存か

　2.8.1節の図2.58に示した3つの4入力のマルチプレクサを設計する場合において、その最悪のタイミングを比較せよ。表2.7には、その構成エレメントの伝播遅延時間が示されている。それぞれ設計した回路は、どの部分がクリティカルパスになっているだろうか。タイミング解析をしてみて、この中でどの設計を選択するのがいいか、その理由を説明せよ。

表2.7　マルチプレクサ回路エレメントのタイミング仕様

ゲート	t_{pd}（ps）
NOT	30
2入力AND	60
3入力AND	80
4入力OR	90
トライステートバッファ（AからY）	50
トライステートバッファ（イネーブル信号からY）	35

解法：図2.73と図2.74に、設計した3種類のそれぞれの回路におけるクリティカルパスの中で、その1つを青色で示した。t_{pd_sy}は入力Sから出力Yに至るまでの伝播遅延を示しており、一方、t_{pd_dy}は入力Dから出力Yまでの伝播遅延となっている。t_{pd}は$\max(t_{pd\_sy}, t_{pd\_dy})$、つまりの2つの遅延の中の大きいほうである。

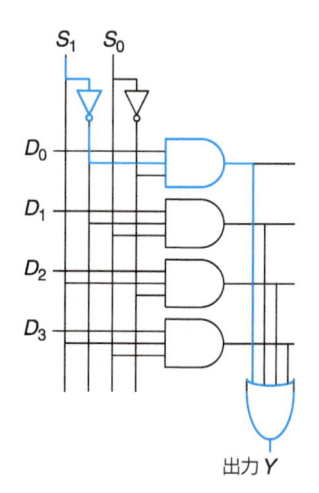

$t_{pd\_sy} = t_{pd\_INV} + t_{pd\_AND3} + t_{pd\_OR4}$
$= 30 \text{ ps} + 80 \text{ ps} + 90 \text{ ps}$
$= \mathbf{200\ ps}$
$t_{pd\_dy} = t_{pd\_AND3} + t_{pd\_OR4}$
$= \mathbf{170\ ps}$

(a)

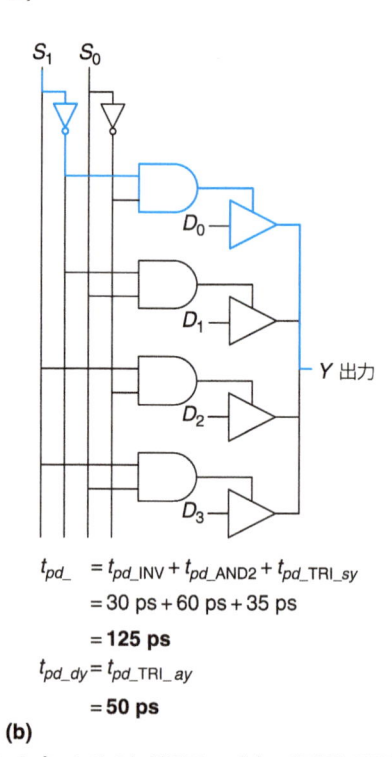

$t_{pd\_} = t_{pd\_INV} + t_{pd\_AND2} + t_{pd\_TRI\_sy}$
$= 30 \text{ ps} + 60 \text{ ps} + 35 \text{ ps}$
$= \mathbf{125\ ps}$
$t_{pd\_dy} = t_{pd\_TRI\_ay}$
$= \mathbf{50\ ps}$

(b)

図2.73　4:1マルチプレクサの伝播遅延：（a）2段階論理回路、（b）トライステートバッファ

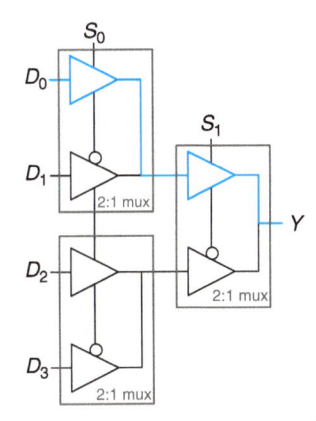

$$t_{pd\_s0y} = t_{pd\_TRI\_sy} + t_{pd\_TRI\_ay} = \textbf{85 ps}$$

$$t_{pd\_dy} = 2\,t_{pd\_TRI\_ay} = \textbf{100 ps}$$

図2.74 2:1マルチプレクサを階層的用いた4:1マルチプレクサの伝播遅延

図2.73に示した、2段階論理回路とトライステートバッファを用いた実装に対しては、ともにクリティカルパスは制御信号の1つSから出力Yまでの経路となり、$t_{pd} = t_{pd\_sy}$となる。これらの回路は、クリティカルパスが制御信号から出力までの経路であるため、コントロール依存と呼ぶ。制御信号において、さらに遅延がかさむことによって、その遅延は直接最悪ケースの遅延に加算されたものになる。図2.73（b）に示したDからYまでの遅延は、SからYまでの遅延125 psに比べて、たった50 psの遅れとなる。

図2.74には、2つの2:1マルチプレクサを用いて、4:1マルチプレクサを階層的に実装した回路を示す。クリティカルパスは、入力Dから出力までの経路となる。このクリティカルパスは、データ入力から出力までのものとなっているので、この回路はデータ依存（data critical）ということになり、$t_{pd} = t_{pd\_dy}$となる。

もしデータ入力がコントロール入力より以前に到達するのであれば、コントロールから出力への遅延が最短となるような設計（図2.74の階層的な設計）のほうが望ましい。同様に、もしコントロール入力がデータ入力よりも先に到達するのならば、データから出力への最短の遅延を持つ設計（図2.73（b）におけるトライステートバッファを用いた設計）のほうが優れた回路となる。

この場合、最良の選択は、その回路全体におけるクリティカルパスや入力到着時間だけでなく使用するパーツの電力や、コスト、さらには入手性といったものに依存する。

2.9.2 グリッチ

今まで、入力が1回遷移すると、出力が遷移を1回引き起こす場合について考えてきた。しかしながら、入力の一度の遷移によって、出力が「複数回」遷移するようなこともあり得る。これをグリッチもしくはハザードと呼ぶ。通常グリッチが問題となることはないが、そのグリッチが存在することを実感し、タイミングチャートを見るときには、それを識別できることは重要である。図2.75にはグリッチが存在する回路と、その回路のカルノーマップを示す。

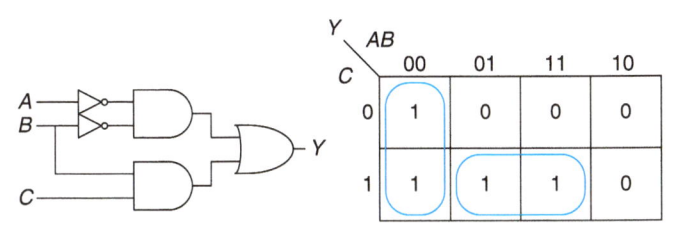

Y	AB			
C	00	01	11	10
0	1	0	0	0
1	1	1	1	0

図2.75 グリッチが生じる回路

> ハザードには、第7章にあるマイクロアーキテクチャに関連した別の意味がある。そこで、複数の出力の遷移に対しては、混乱を避けるためにグリッチという用語を用いる。

このブール論理式は、確かに最小なものとなっているが、$A=0$、$C=1$のときにBが1から0に変化するときに何が起こるか見てみよう。図2.76には、このときの動作が示されている。灰色で示したショートパスは、ANDとORの2つのゲートを通過する。青色で示したクリティカルパスは、インバータと、ANDとORの2段のゲートを通り抜ける。

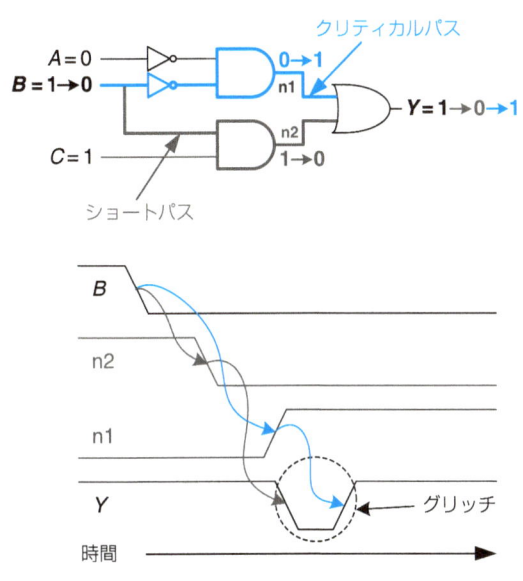

図2.76 グリッチが生じるタイミング

Bが1から0へ変化するとき、（クリティカルパスの上の）n1が立ち上がる前に、（ショートパス上の）n2は下がる。n1が立ち上がるまでは、ORゲートへの2つの入力は0であり、出力Yは0に落ちる。n1が最終的に立ち上がるときには、Yは1に戻る。図2.76にあるタイミングチャートに示すように、Yは1で始まり、1で終わるが、一瞬0となるグリッチが発生していることが分かる。

出力に依存してしまうまでに、伝播遅延が経過するのを待っていれば、グリッチはそれほど問題にはならない。というのは、出力は結局は正しい結果に落ち着くことになるからである。

どうしてもというのであれば、この実装にさらにゲートを追加することで、このグリッチが生じるのを回避することが可能である。これはカルノーマップに絡めて考えると、簡単に理解できるだろう。図2.77には、Bについて$ABC = 001$から$ABC = 011$へと入力が遷移することによって、ある主要項から別の主要項にどのように移動していくかが示されている。このカルノーマップは、2つの主要項が境界にまたがるような遷移により、グリッチが引き起こされる可能性があることを示している。

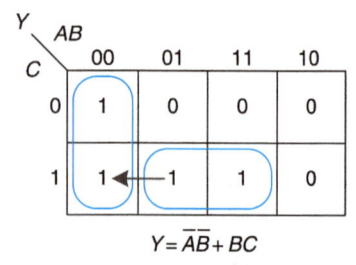

図2.77 項の境界にまたがる入力が変化する場合

図2.76のタイミングチャートから分かるように、もし主要項の1つを実現する回路が、他の主要項の回路がオンになる前にオフになるのであればグリッチが生じる。これを修正したければ、図2.78に示すように、この主要項の境界を「覆う」ようなもう1つの囲みを追加する必要がある。これは、一致則として理解でき、ここに追加された$\overline{A}C$という項は、一致項または冗長項と呼ぶ。

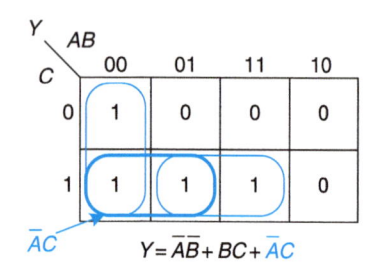

図2.78 グリッチを取り除くためのカルノーマップ

図2.79にはグリッチを取り除いた回路を示す。追加したANDゲートは青色で示した。ここでは、$A = 0$、$C = 1$のときにBが変化しても、青色で示したANDゲートが、Bが変化した間は1を出力しているため、出力にはグリッチが生じなくなっている。

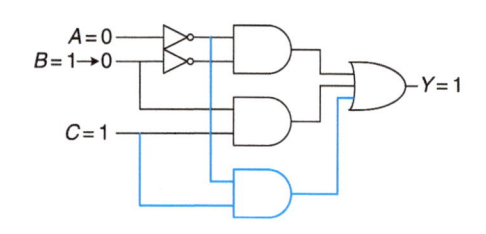

図2.79 グリッチを取り除いた回路

一般に、カルノーマップにおいて2つの主要項の間の境界にまたがっている変数が変化するときに、グリッチが起こり得る。これらの境界を覆うように、このカルノーマップ上に冗長項を加えることによって、グリッチを取り除くことができる。もちろん、この追加には余分のハードウェアコストがかかるが、仕方がない。

しかしながら、複数の入力が同時に変化した場合においても、同様にグリッチが生じることもある。こういったグリッチは、ハードウェアを追加しただけでは修正できない。手の込んだシステムでは、複数の入力が同時に（もしくはほとんど同時に）変化することは当たり前となっており、こういったグリッチはたいていの回路では、あって当然のもので

ある†。グリッチを取り除く方法を1つ示したけれども、議論すべき重要なことは、それをどう取り除くかということではなく、グリッチは存在するということである。シミュレータやオシロスコープを用いてそのタイミング波形を観測するときには、このことは特に重要である。

2.10 まとめ

ディジタル回路とは、離散値を示す入力と出力、その機能を示した仕様とタイミングを持つモジュールのことである。この章では、組み合わせ回路、その出力が入力の現在の値にだけに関係する回路について焦点を絞った。

組み合わせ回路の機能を、真理値表やブール論理式を用いて示すことができる。どのような真理値表に対するブール論理式も、主加法標準形あるいは主乗法標準形といった形で組織的に得ることができる。主加法標準形では、その関数は1つの項あるいは複数の項の論理和（OR）として記述される。項とはリテラルの論理積（AND）である。リテラルとは、入力変数の真形式、あるいはその補形式のことを示す。

ブール論理式は、ブール代数の規則に基づいて簡単化できる。特に、複数項の中のリテラルが、真形式と補形式の形で一箇所だけ異なっているような場合には、その項を結合することによって、$PA + P\overline{A} = P$といったように、最小の主加法標準形の形に簡単化できる。4つまでの変数の関数を最小化するための視覚的な手段としてカルノーマップがある。実際の設計では、通常、変数の少ない関数をじっくりと眺めるだけで簡単化することはできる。CADツールを用いると、もっと複雑な関数にも対応できる。こういった方法やツールについては、第4章で詳しく述べる。

論理ゲートを接続することにより、所望の機能を実現する組み合わせ回路を構築できる。どのような関数も主加法標準形で書けば、2段階論理回路を用いて構築できる。2段階論理回路では、NOTゲートは入力の補元を作り、ANDゲートは論理積を、そしてORゲートは論理和を構成する。実現する機能や利用可能なビルディングブロックによっては、さまざまな種類のゲート用いた多段階論理回路の効率的な実装ができることもある。例えばCMOS回路では、NOTゲートを付加しなくてもゲートをCMOSトランジスタから直接構築できるため、NANDやNORゲートを用いたほうが良いのである。NANDやNORゲートを用いるときは、バブルを移動することで、その論理をいろいろ変えることができる。

論理ゲートを組み合わせることで、マルチプレクサやデコーダ、プライオリティ回路といったさらに大規模な回路を作り出すことができる。マルチプレクサは、選択入力に基づいて、複数あるデータ入力の1つを選択する。デコーダとは、入力列に従って、出力の1つがHIGHになるようにする回路である。プライオリティ回路は、最も高い優先順位を持つ入力

---

† （訳注）つまり、グリッチがあっても、すぐに回路のバグとは判断せず、そのグリッチがあっても正しく動作する設計を志すようにすべきである。

を示す出力を作り出すものである。これらの回路は、組み合わせ回路によるビルディングブロック例である。第5章では、他の演算回路も含めて、さらに別のビルディングブロックを紹介している。これらのビルディングブロックは、第7章ではマイクロプロセッサを構築するために、さまざまな形で用いられている。

　組み合わせ回路のタイミング仕様は、回路全体の伝播遅延と誘起遅延から成り立つ。これらは、入力の変化によって出力が変化するまでの間の最長時間と最短時間を示している。回路の伝播遅延を計算するには、その回路のクリティカルパスを特定し、そのパス上にある各回路エレメントの伝播遅延を足し加えていくことで求められる。複雑な組み合わせ回路を実現するには、さまざまな方法があり、この実現方法においては、動作スピードやコストとの間でトレードオフを考慮しなければならない。

　次章では、出力の値が、入力の以前の値とともに、その出力の現在の値にも依存するという順序回路に話を移そう。言い換えると、順序回路は、過去の「記憶」を保持しているのである。

演習問題

演習問題2.1　図2.80にある真理値表のそれぞれの出力 Y に対して、主加法標準形でブール論理式を求めよ。

(a)

A	B	Y
0	0	1
0	1	0
1	0	1
1	1	1

(b)

A	B	C	Y
0	0	0	1
0	0	1	0
0	1	0	0
0	1	1	0
1	0	0	0
1	0	1	0
1	1	0	0
1	1	1	1

(c)

A	B	C	Y
0	0	0	1
0	0	1	0
0	1	0	1
0	1	1	0
1	0	0	1
1	0	1	1
1	1	0	0
1	1	1	1

(d)

A	B	C	D	Y
0	0	0	0	1
0	0	0	1	1
0	0	1	0	1
0	0	1	1	1
0	1	0	0	0
0	1	0	1	0
0	1	1	0	0
0	1	1	1	0
1	0	0	0	1
1	0	0	1	1
1	0	1	0	1
1	0	1	1	1
1	1	0	0	1
1	1	0	1	1
1	1	1	0	1
1	1	1	1	0

(e)

A	B	C	D	Y
0	0	0	0	1
0	0	0	1	0
0	0	1	0	0
0	0	1	1	1
0	1	0	0	0
0	1	0	1	1
0	1	1	0	1
0	1	1	1	0
1	0	0	0	0
1	0	0	1	1
1	0	1	0	0
1	0	1	1	0
1	1	0	0	1
1	1	0	1	0
1	1	1	0	0
1	1	1	1	1

図2.80　演習問題2.1と2.3の真理値表

演習問題2.2　図2.81にある真理値表のそれぞれの出力 Y に対して、主加法標準形でブール論理式を求めよ。

(a)

A	B	Y
0	0	0
0	1	1
1	0	1
1	1	1

(b)

A	B	C	Y
0	0	0	0
0	0	1	1
0	1	0	1
0	1	1	1
1	0	0	1
1	0	1	0
1	1	0	1
1	1	1	0

(c)

A	B	C	Y
0	0	0	0
0	0	1	1
0	1	0	0
0	1	1	0
1	0	0	0
1	0	1	0
1	1	0	1
1	1	1	1

(d)

A	B	C	D	Y
0	0	0	0	1
0	0	0	1	0
0	0	1	0	1
0	0	1	1	1
0	1	0	0	0
0	1	0	1	0
0	1	1	0	1
0	1	1	1	1
1	0	0	0	0
1	0	0	1	0
1	0	1	0	1
1	0	1	1	0
1	1	0	0	0
1	1	0	1	0
1	1	1	0	0
1	1	1	1	0

(e)

A	B	C	D	Y
0	0	0	0	0
0	0	0	1	0
0	0	1	0	0
0	0	1	1	1
0	1	0	0	0
0	1	0	1	0
0	1	1	0	1
0	1	1	1	1
1	0	0	0	0
1	0	0	1	1
1	0	1	0	1
1	0	1	1	1
1	1	0	0	0
1	1	0	1	0
1	1	1	0	0
1	1	1	1	0

図2.81　演習問題2.2と2.4の真理値表

演習問題2.3 図2.80にある真理値表のそれぞれの出力Yに対して、主乗法標準形でブール論理式を求めよ。

演習問題2.4 図2.81にある真理値表のそれぞれの出力Yに対して、主乗法標準形でブール論理式を求めよ。

演習問題2.5 演習問題2.1で得られたブール論理式を、それぞれ最小化せよ。

演習問題2.6 演習問題2.2で得られたブール論理式を、それぞれ最小化せよ。

演習問題2.7 演習問題2.5で得られた各関数を実現するそこそこ単純な組み合わせ回路を図示せよ。そこそこ単純であるというのは、ゲートの無駄はないが、同じ機能を実装した回路をすべてチェックするのに膨大な時間を浪費することはないといった程度のことを意味する。

演習問題2.8 演習問題2.6で得られた各関数を実現するそこそこ単純な組み合わせ回路を図示せよ。

演習問題2.9 NOTゲート、ANDゲート、ORゲートのみを用いて、演習問題2.7の回路を求めよ。

演習問題2.10 NOTゲート、ANDゲート、ORゲートのみを用いて、演習問題2.8の回路を求めよ。

演習問題2.11 NOTゲート、NANDゲート、NORゲートのみを用いて、演習問題2.7の回路を求めよ。

演習問題2.12 NOTゲート、NANDゲート、NORゲートのみを用いて、演習問題2.8の回路を求めよ。

演習問題2.13 ブール代数の定理を用いて、次のブール論理式を簡単化せよ。真理値表あるいはカルノーマップを用いて、それが正しいかどうか調べよ。

(a) $Y = AC + \overline{A}\,\overline{B}\,C$

(b) $Y = \overline{A}\overline{B} + \overline{A}B\overline{C} + \overline{(A + \overline{C})}$

(c) $Y = \overline{A}\,\overline{B}\,\overline{C}\,\overline{D} + A\overline{B}\,\overline{C} + A\overline{B}C\overline{D} + ABD + \overline{A}\,\overline{B}C\overline{D} + B\overline{C}D + \overline{A}$

演習問題2.14 ブール代数の定理を用いて、次のブール論理式を簡単化せよ。真理値表あるいはカルノーマップを用いて、それが正しいかどうか調べよ。

(a) $Y = \overline{A}BC + \overline{A}B\overline{C}$

(b) $Y = \overline{ABC} + A\overline{B}$

(c) $Y = ABC\overline{D} + A\overline{B}CD + \overline{(A + B + C + D)}$

演習問題2.15 演習問題2.13で求めた各関数を実現する、そこそこ単純な組み合わせ回路を図示せよ。

演習問題2.16 演習問題2.14で求めた各関数を実現する、そこそこ単純な組み合わせ回路を図示せよ。

演習問題2.17 次のブール論理式をそれぞれ簡単化せよ。その簡単化した論理式を実現する、そこそこ単純な組み合わせ回路を図示せよ。

(a) $Y = BC + \overline{A}\overline{B}\overline{C} + B\overline{C}$

(b) $Y = \overline{(A + \overline{A}B + \overline{A}\overline{B})} + \overline{(A + \overline{B})}$

(c) $Y = ABC + ABD + ABE + ACD + ACE + \overline{(A + D + E)}$
   $+ \overline{B}CD + \overline{B}CE + \overline{B}\overline{D}\overline{E} + \overline{C}\overline{D}E$

演習問題2.18 次のブール論理式をそれぞれ簡単化せよ。その簡単化した論理式を実現する、そこそこ単純な組み合わせ回路を図示せよ。

(a) $Y = \overline{A}BC + \overline{B}\overline{C} + BC$

(b) $Y = \overline{(A + B + C)}D + AD + B$

(c) $Y = ABCD + \overline{A}B\overline{C}D + \overline{(\overline{B} + D)}E$

演習問題2.19 40個以下（しかし、少なくとも1つ）の2入力ゲートを用いて構築できる30億～50億行を必要とするような真理値表の例を示せ。

演習問題2.20 組み合わせ回路ではあるが、巡回パスを持つ回路の例を示せ。

演習問題2.21 アリッサ・P・ハッカー嬢はどのようなブール関数でも、その関数の主要項をすべて論理和の形で、最小の主加法標準形で書くことができるといっている。ベン・ビットディドル君は、ある関数で、その最小の論理式が主要項すべてを含んでいるわけではないものがあるといっている。さて、アリッサがなぜ正しいか説明せよ。もしくはベンの主張の反例を示せ。

演習問題2.22 完全導出を用いて、次の定理が正しいことを証明せよ。その双対表現のほうについては、証明する必要はない。

(a) べき等則（T3）

(b) 分配則（T8）

(c) 相殺則（T10）

演習問題2.23 完全導出を用いて、3変数B_2, B_1, B_0に対するド・モルガンの法則（T12）を証明せよ。

演習問題2.24 図2.82の回路に対するブール論理式を求めよ。論理式を最小化する必要はない。

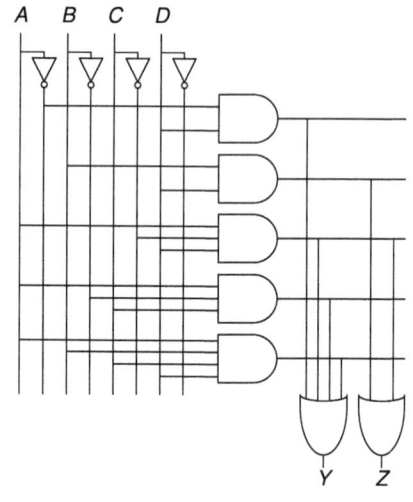

図2.82 回路図1

演習問題2.25 演習問題2.24で求めたブール論理式を最小化して、同じ機能を持つ改善した回路図を示せ。

演習問題2.26 ド・モルガンの法則による等価なゲートとバブル移動を用いて、じっくり調べることでブール論理式を求めやすくなるように、図2.83の回路を描き直せ。そのブール論理式を求めよ。

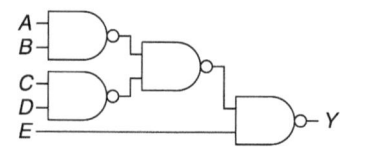

図2.83 回路図2

演習問題2.27 図2.84の回路に対して、演習問題2.26と同じように

求めよ。

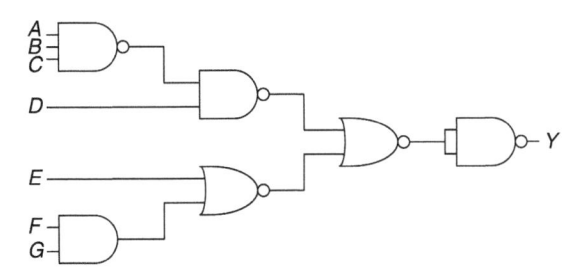

図2.84　回路図3

演習問題2.28　図2.85に示す関数に対する最小のブール論理式を求めよ。ドントケアを利用することを忘れないように。

A	B	C	D	Y
0	0	0	0	X
0	0	0	1	X
0	0	1	0	X
0	0	1	1	0
0	1	0	0	0
0	1	0	1	X
0	1	1	0	X
0	1	1	1	X
1	0	0	0	1
1	0	0	1	0
1	0	1	0	X
1	0	1	1	1
1	1	0	0	1
1	1	0	1	1
1	1	1	0	X
1	1	1	1	1

図2.85　演習問題2.28の真理値表

演習問題2.29　演習問題2.28で求めた関数に対する回路図を示せ。

演習問題2.30　演習問題2.29で求めた回路には、入力の1つが変化したときに、グリッチが発生する可能性はあるだろうか。もし生じないということであれば、その理由を説明せよ。もし生じるのであれば、そのグリッチを取り除くためにどのように回路を変更すればいいかを示せ。

演習問題2.31　図2.86に示す関数に対する最小のブール論理式を求めよ。ドントケアを利用することを忘れないように。

A	B	C	D	Y
0	0	0	0	0
0	0	0	1	1
0	0	1	0	X
0	0	1	1	X
0	1	0	0	0
0	1	0	1	X
0	1	1	0	X
0	1	1	1	X
1	0	0	0	1
1	0	0	1	0
1	0	1	0	1
1	0	1	1	0
1	1	0	0	0
1	1	0	1	1
1	1	1	0	X
1	1	1	1	1

図2.86　演習問題2.31の真理値表

演習問題2.32　演習問題2.31で求めた関数に対する回路図を示せ。

演習問題2.33　ベン・ビットディドル君は、蟻のいない晴れた日にピクニックをしたいと思っている。彼は、蟻とてんとう虫の出る日とともに、ハチドリがいるような日にもピクニックをしようと計画している。太陽（S）、蟻（A）、ハチドリ（H）、てんとう虫（L）に関して、ベンがピクニックができて楽しかった（E）ということを示すブール論理式を示せ。

演習問題2.34　S_cからS_gの部分からなる7セグメントのデコーダをすべて設計せよ（例題2.10参照）。

(a) 9より大きな入力には何も表示しない（ブランク（0）を出力する）ようにして、出力S_cからS_gまでのブール論理式を求めよ。

(b) 9より大きな入力にはドントケアとなるようにして、出力S_cからS_gまでのブール論理式を求めよ。

(c) (b) のそこそこシンプルなゲートレベルでの実現例を示せ。複数の出力で再利用できる部分については共有せよ。

演習問題2.35　ある回路には4つの入力と2つの出力がある。入力$A_{3:0}$は0から15までの数を表す。その入力した値が素数（0と1は素数ではなく、2、3、5などが素数となる）であるならば、出力PはTRUEとなる。入力値が3で割り切れるのであれば、出力DはTRUEとなる。それぞれの出力に対する簡単化されたブール論理式を求め、その回路を示せ。

演習問題2.36　プライオリティエンコーダには2^N個の入力がある。これは、入力ビットの中の1となっている最上位ビットをNビットの2進出力として出力し、入力列すべてが0であれば0を出力するものである。また、1となる入力がない場合にTRUEとなるよう出力NONEがある。$A_{7:0}$の8ビット入力と$Y_{2:0}$とNONEの2ビット出力を持つプライオリティエンコーダを設計せよ。例えば、入力が00100000の場合は、出力Yは101となり、出力NONEは0となる。それぞれの出力に対して、簡単化したブール論理式を求め、その回路図を示せ。

演習問題2.37　8ビット入力$A_{7:0}$を受信し、2つの3ビットの出力$Y_{2:0}$と$Z_{2:0}$を生成する改良したプライオリティエンコーダ（演習問題2.36参照）を設計せよ。出力Yは、入力ビットの中の1となっている最上位ビットを2進数で出力する。Zは、入力ビットの中で1となっている最上位から2番目のビットを示す。入力のすべてが0であれば、Yは0を出力する。入力の中で1となるビットが1つ以下であれば、Zは0を出力する。それぞれの出力に対する簡単化したブール論理式を求め、その回路図を示せ。

演習問題2.38　Mビット温度計コードがあり、数値kに対しては、最下位ビットの位置からk個の1が並び、それより上位の$M - k$個のビットには0が並ぶようなものである。この2進-温度計コードコンバータには、N個の入力と$2^N - 1$個の出力がある。これは、入力で指定した数値に対する$2^N - 1$ビットの温度計コードを生成するものである。例えば、入力が110であれば、出力は0111111となる。3:7 2進-温度計コードコンバータを設計せよ。それぞれの出力に対して簡単化したブール論理式を求めて、その回路図を示せ。

演習問題2.39　図2.87の回路によって実現される機能に対して、その最小となるブール論理式を求めよ。

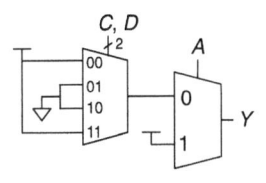

図2.87　マルチプレクサ回路1

演習問題2.40　図2.88の回路によって実現される機能に対して、その最小となるブール論理式を求めよ。

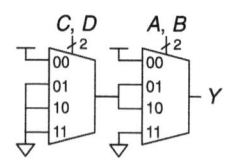

図2.88　マルチプレクサ回路2

演習問題2.41　図2.80（b）にある機能を以下のものを用いて実現せよ。

(a) 8:1マルチプレクサ

(b) 4:1マルチプレクサとインバータ1つ

(c) 2:1マルチプレクサと論理ゲート2つ

演習問題2.42　演習問題2.17（a）にある機能を以下のものを用いて実現せよ。

(a) 8:1マルチプレクサ

(b) ゲートを用いずに、4:1マルチプレクサのみ

(c) 2:1マルチプレクサにORゲート1つとインバータ1つ

演習問題2.43　図2.83の回路において、伝播遅延時間と誘起遅延時間を求めよ。表2.8に示したゲート遅延時間を用いること。

表2.8　演習問題2.43～2.47に用いるゲート遅延時間

ゲート	t_{pd} (ps)	t_{cd} (ps)
NOT	15	10
2入力NAND	20	15
3入力NAND	30	25
2入力NOR	30	25
3入力NOR	45	35
2入力AND	30	25
3入力AND	40	30
2入力OR	40	30
3入力OR	55	45
2入力XOR	60	40

演習問題2.44　図2.84の回路において、伝播遅延時間と誘起遅延時間を求めよ。表2.8に示したゲート遅延時間を用いること。

演習問題2.45　高速な3:8デコーダの回路図を示せ。表2.8で与えられたゲート遅延時間を想定すること（この表にあるゲートしか利用できないものとする）。そのデコーダが最短クリティカルパスを持つように設計し、そのパスがどれかを示せ。この場合の伝播遅延時間と誘起遅延時間を求めよ。

演習問題2.46　データ入力から出力まで最短遅延となる8:1マルチプレクサを設計せよ。表2.7にあるゲートはどれを用いてもよい。その回路図を示せ。この表のゲート遅延時間を用いて、この回路の遅延時間を求めよ。

演習問題2.47　演習問題2.35で得られた回路を、できる限り高速になるように設計し直せ。表2.8に示したゲートのみを用いること。設計し直した回路図を示し、そのクリティカルパスを示せ。この回路における伝播遅延時間と誘起遅延時間を求めよ。

演習問題2.48　演習問題2.36で得られたプライオリティエンコーダ回路を、できる限り高速になるように設計し直せ。表2.8で与えられたゲートはどれを用いてもよい。設計し直した回路図を示し、そのクリティカルパスを示せ。この回路における伝播遅延時間と誘起遅延時間を求めよ。

口頭試問

以下は、ディジタル設計の業界の面接試験で尋ねられるような質問である。

質問2.1　NANDゲートのみを用いて、2入力のXOR関数の回路図を示せ。ゲート数をどれだけ少なく実現できるだろうか。

質問2.2　何月かを数値（1～12）で与え、その月が31日あるかどうかを示す回路を設計せよ。与える月は4ビットの入力$A_{3:0}$によって指定するものとする。例えば、入力が0001であれば、その月は1月であり、入力が1100であれば12月となる。この回路の出力Yは、入力で指定した月が31日あるときにだけHIGHを出力する。簡単化した論理式を記述し、ゲート数が最少となるように回路図を描け。（ヒント：ドントケアが利用できるということを思い出そう。）

質問2.3　トライステートバッファとは何か。どのように使うか。そして、それを用いる理由を述べよ。

質問2.4　どのようなブール関数にも用いることができるのであれば、ゲートやゲートの集合は汎用となる。例えば、AND、OR、NOTの集合は汎用的である。

(a) ANDゲート自身は汎用的だろうか。その理由を説明せよ。

(b) ORとNOTゲートの集合は汎用的か。その理由も述べよ。

(c) NANDゲート自身は汎用的か。理由を述べよ。

質問2.5　回路の誘起遅延はなぜ伝播遅延より小さい（もしくは等しい）か、その理由を述べよ。

3

順序回路設計

アプリケーション
ソフトウェア ― >"hello world!"
OS
アーキテクチャ
マイクロ
アーキテクチャ
論理
ディジタル
回路
アナログ
回路
デバイス
（素子）
物理

3.1　はじめに

　前の章で、どのように組み合わせ回路を解析して設計すべきか示した。組み合わせ回路の出力は、現在の入力値にだけ依存するものであった。真理値表やブール論理式の形で仕様が与えられると、その仕様を満たすよう最適化した回路を作り出すことができる。

　この章では、**順序回路**の動作を解析して設計する。順序回路の出力は、現在の入力値と、以前に入力された値の両方に依存する。そのため、順序回路は記憶を持つことになる。順序回路が以前に入力された、ある特定の値を覚えているということは、すなわち、以前の入力値を、システムの**状態**（ステート）と呼ばれる小さめの情報に格納しておくのである。ディジタル順序回路の状態とは、その回路の将来の振る舞いを明白にするための過去の必要事項に関する情報すべてを含む、**状態変数**と呼ばれるビットの集合のことである。

　この章では、1ビット分の状態を保持する簡単な順序回路であるラッチとフリップフロップについて理解することから始めよう。一般に、順序回路の動作を解析するのは複雑である。設計を単純化するために、組み合わせ回路と、回路の状態を保持するフリップフロップ群から構成される同期式順序回路のみを構築できるように鍛錬を積むことにしよう。この章では、順序回路を設計するための簡単な方法である有限状態マシンについて述べる。最終的には、順序回路の動作速度を分析して、その速度を上げる方法として、並列性について議論する。

3.2　ラッチとフリップフロップ

　メモリの基本的なビルディングブロックは、2つのステーブル（安定）状態を持つことを意味する**バイステーブル**（双安定）なエレメントである。図3.1 (a) では、2つのインバータを対にしてループ状に接続したものから成り立つ、簡単なバイステーブルエレメントを示す。図3.1 (b) は、その対称性を強調して同じ回路を描き直したものである。インバータの出力が交差するように接続する。すると、I1の入力がI2の出力となり、またI2の入力はI1の出力となっているのである。この回路自体には入力は無いが、出力にはQと$\overline{Q}$の2つがある。この回路を解析するのは組み合わせ回路のときと勝手が違う。というのは、Qが$\overline{Q}$に依存し、かつ$\overline{Q}$がQの値に従ったりするというように、循環している（サイクリックとなっている）からである。

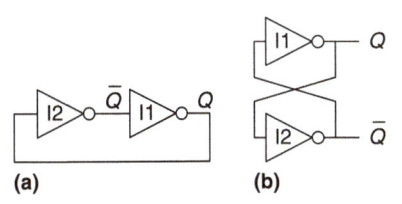

図3.1　たすき掛けした2つのインバータ

　Qが0となっている場合と、Qが1となっている2つのケースについて考えてみよう。それぞれのケースについて、その結果から何が生じるかを追っていくと、以下のようになる。

> 　一般に組み合わせ回路の出力にはYが使われるのと同じように、順序回路の出力には、広くQが使用される。

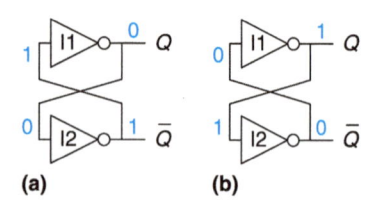

図3.2 たすき掛け接続されたインバータのバイステーブルとしての動作

▶ ケースI：$Q = 0$
図3.2（a）に示すように、I2は、その入力にQが出力するFALSEを受け取り、それがI2により反転されて$\overline{Q}$にはTRUEが出力されることになる。I1は、$\overline{Q}$が出力するTRUEを受け取り、反転してQにはFALSEを出力することになる。この動作は、もとの仮定である$Q = 0$と一貫しており、このケースはステーブル状態といえる。

▶ ケースII：$Q = 1$
図3.2（b）では、I2はその入力に1を受け取り、その出力$\overline{Q}$にFALSEを出力する。I1は、その入力にFALSEを受け取り、出力QにはTRUEを出力する。この場合もまたステーブル状態となる。

たすき掛けにつないだインバータには、$Q = 0$と$Q = 1$という、2つの安定状態があり、その回路はバイステーブル（双安定）であると呼ぶ。微妙な点は、この回路には、その両方の出力が0と1の間のほぼ中間地点にあるといった第三の状態があり得るということである。この状態をメタステーブル（不安定）状態と呼び、3.5.4節で議論することにする。

N個のステーブル状態を持つエレメントは、$\log_2 N$ビットの情報を伝達でき、したがってバイステーブルエレメントは1ビットの情報を保持できる。たすき掛けしたインバータの状態は、2値状態変数Qに保持される。そのQの値によって、その回路が将来どのように振る舞うかといったことを決めるのに必要な過去に関するすべてのことが示されているのである。具体的に示すと、$Q = 0$といった場合は、その状態は永久に0のままであり、$Q = 1$であれば、その1という状態も永遠に続く。この回路には、他にノード$\overline{Q}$があるが、Qの値が分かっているのであれば、$\overline{Q}$も既知のものとなり、$\overline{Q}$には新たな情報があるわけではない。一方、$\overline{Q}$も状態変数として選ぶこともできる。

順序回路に電源を投入したときは、最初の状態は未知で、通常は予想できない。その回路は、電源オンにするたびに、出力は異なったものになるかもしれない。

たすき掛けしたインバータは1ビットの情報を格納することができるが、ユーザがその状態をコントロールしたくても、入力を持っていないため、実用的ではない。しかしながら、ラッチとフリップフロップのような、他のバイステーブルエレメントには、状態変数の値をコントロールするための入力が備わっている。この節では、これらの回路について考える。

3.2.1 SRラッチ

最も単純な順序回路の1つにSRラッチがあり、これは図3.3に示すように、2つのNORゲートをたすき掛けして接続したもので構成されている。このラッチには2つの入力S、Rと2つの出力Q、$\overline{Q}$がある。SRラッチはたすき掛けしたインバータに類似しているが、その状態はSとR入力を用いてコントロールすることができ、出力Qをセットしたりリセットしたりできる。

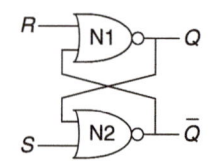

図3.3 SRラッチの回路図

よく分からない回路が出てきて、それを理解しようと思えば、まずは真理値表を作成するが、ここではその作業から始めよう。NORゲートの入力のどちらかがTRUEであるとき、その出力はFALSEを出力するということを頭に入れると、RとSには4通りの組み合わせがある。それぞれについて考えよう。

▶ ケースI：$R = 1, S = 0$
N1の入力の少なくとも1つ（R）はTRUEとなっているため、その出力QはFALSEとなる。N2の入力QとSはともにFALSEとなるので、N2の出力$\overline{Q}$はTRUEとなる。

▶ ケースII：$R = 0, S = 1$
N1には0と$\overline{Q}$が入力される。$\overline{Q}$の値がまだ分からないため、その出力Qは決まらない。N2には少なくとも1つTRUEの入力（S）があるため、その出力$\overline{Q}$にはFALSEが出力される。もう一度N1を見ると、その入力には両方ともFALSEが投入されることが分かり、そこでその出力QはTRUEとなる。

▶ ケースIII：$R = 1, S = 1$
N1とN2には、両方とも少なくとも1つのTRUEの入力（RもしくはS）があり、それぞれFALSEを出力する。したがって、Qと$\overline{Q}$はともにFALSEとなる。

▶ ケースIV：$R = 0, S = 0$
N1には0と$\overline{Q}$が入力される。$\overline{Q}$の値はまだ分からないため、その出力を決定することはできない。N2には0とQの両方が入力される。Qの値も分からないので、N2の出力も決めることはできない。さて、この状況は八方塞がりで、たすき掛けしたインバータと似ている。けれども、Qは、0あるいは1のどちらかの値にはなっている。したがって、この2つのケースそれぞれについて何が起こるかを調べてみればこの問題は解決できる。

　▶ ケースIVa：$Q = 0$
SとQがFALSEであるため、図3.4（a）に示すように、N2は$\overline{Q}$にTRUEを出力する。ここで、N1の入力の1つである$\overline{Q}$がTRUEとなっているため、その出力QはFALSEとなり、ここでの仮定と一致する。

▶ 　ケースIVb：$Q = 1$

　QがTRUEであるので、図3.4（b）に示したように、N2の出力$\overline{Q}$はFALSEとなる。ここで、N1の入力Rと$\overline{Q}$は両方ともFALSEとなっていて、その出力QはTRUEとなり、やはりここでの仮定そのものとなる。

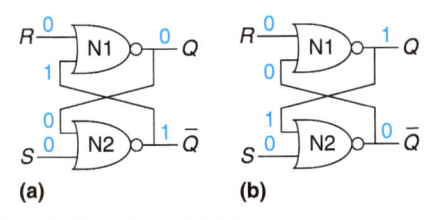

図3.4　SRラッチのバイステーブル状態

　以上を総合すると、ケースIVに行き着く前に、QにはQ_{prev}と呼ばれる、先行する既知の値が格納されているとする。Q_{prev}は0もしくは1のいずれかの値を取り、このシステムの状態を表す。RとSが0であるときは、Qはこの古い値Q_{prev}を記憶していることになり、$\overline{Q}$にはその否定$\overline{Q}_{prev}$が保持されることになる。この回路は記憶（メモリ）を持つことになる。

　図3.5にある真理値表は、ここに示した4つのケースをまとめたものである。

Case	S	R	Q	$\overline{Q}$
IV	0	0	Q_{prev}	$\overline{Q}_{prev}$
I	0	1	0	1
II	1	0	1	0
III	1	1	0	0

図3.5　SRラッチの真理値表

　入力SとRはセットとリセットを意味する。あるビットをセットするというのは、それをTRUEにすることである。あるビットをリセットするというのは、そのビットをFALSEにすることになる。出力Qと$\overline{Q}$は通常は相互に反対の値を取る。Rが有効になると、Qは0にリセットされ、$\overline{Q}$はその反対の値である1に変わる。Sが有効となると、Qは1にセットされ、$\overline{Q}$には逆の0が出力される。両方の入力がともに有効でなければ、Qはその古い値Q_{prev}を保持する。同時にSとR両方を有効にするということは、そのラッチがセットとリセットを同時に行ったということを意味するため、全く意味をなさないと考え、これはあってはならないものとする。出力が両方とも0になってしまうと、その回路は混乱して、おかしな動作をしてしまう[†]。

　SRラッチは、図3.6にあるような回路記号によって表される。この回路記号を用いることで、抽象的に扱うことができ、モジュール性が高まる。他の論理ゲートやトランジスタを用いるなど、SRラッチを組むにはいろいろな方法がある

が、図3.5にある真理値表と図3.6の回路記号で規定された論理を満たせば、どんな回路エレメントであってもSRラッチと呼ぶ。

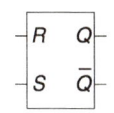

図3.6　SRラッチの回路記号

　たすき掛けしたインバータのように、SRラッチはQに格納される1ビットの状態を保持するバイステーブルエレメントである。しかしながら、その状態は入力SとRによってコントロールできる。Rが有効になると、状態は0にリセットされる。Sが有効となったときには、状態は1にセットされる。両方とも有効となっていないときは、状態は以前の値を保持することになる。入力の全履歴は、状態変数Qによって判明するということを理解しておこう。セットやリセットがどのようなパターンで過去に生じたとしても、SRラッチが将来どのように振る舞うのかを予測するためには、そのSRラッチが直前にセットされたかリセットされたかのどちらなのかといったことが必要となるのである。

3.2.2　Dラッチ

　SとR両方を同時に有効にすると奇妙な振る舞いをするため、SRラッチは扱いにくい。さらに、そのSとRの入力は、「どちら」を「どのタイミング」で有効にするかという問題も合わさってくる。入力のいずれか1つを有効にするようにすると、その状態がどのようになるかだけでなく、その状態をどのタイミングで確定させるかも決定できるようになる。何を入力するかという問題と、どのタイミングで出力するかといった問題を分けることで、回路設計はしやすくなる。図3.7（a）にある**Dラッチ**はこの問題に対する答えである。このラッチには2つの入力があり、**データ入力D**は次の状態がどうなるかをコントロールし、**クロック入力CLK**はいつ状態を変えるのかをコントロールする。

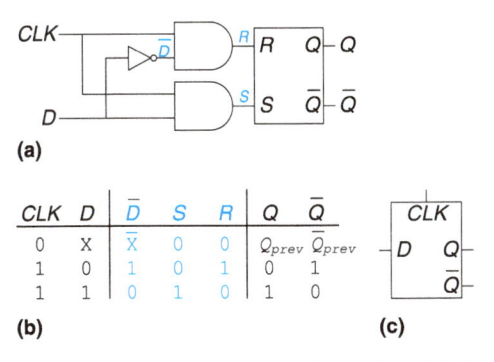

CLK	D	$\overline{D}$	S	R	Q	$\overline{Q}$
0	X	$\overline{X}$	0	0	Q_{prev}	$\overline{Q}_{prev}$
1	0	1	0	1	0	1
1	1	0	1	0	1	0

(b)　　　　　　　　　　　　　　　　　　**(c)**

図3.7　Dラッチ：（a）回路図、（b）真理値表、（c）回路記号

　もう一度図3.7（b）に示した真理値表を書くことによって、ラッチの動作を追ってみよう。便宜上、まず最初に内部ノード$\overline{D}$、S、Rについて考えてみることにする。もし$CLK = 0$であれば、Dの値にかかわらず、SとRはともにFALSEとなる。$CLK = 1$であれば、Dの値によって、一方のANDゲート

---

† 　（訳注）Qと$\overline{Q}$が必ず補元の関係になっているという前提でトライステート出力のイネーブル信号を制御する回路を組んだときに、その論理が崩れると、誤動作を起こしたり、場合によってはトライステートゲートを破損することにもなる。しかしながら、7474などのエッジトリガ方式のフリップフロップはこの禁止状態を使って早い者勝ち判定を高速に行ったりもする。

はTRUEとなり、もう一方はFALSEを出力する。SとRの値が与えられると、Qと$\overline{Q}$は図3.5を用いて決められる。$CLK = 0$であるときは、Qにはその古い値Q_{prev}が記憶されていることを確認しよう。$CLK = 1$のときは、$Q = D$となる。すべての場合において、$\overline{Q}$はQの否定となっており、論理的な整合性を保っている。Dラッチでは、同時にRとSが有効になったときのおかしな場合を回避している。

以上をまとめると、データがそのラッチを通過するタイミングを、クロックがコントロールしているということが分かる。$CLK = 1$のときは、ラッチは**透過状態**（トランスペアレント）となる。そのラッチがまるでバッファであるかのように、Dに入力されたデータがQに流れ出る。$CLK = 0$のときには、ラッチは不透明（オパーク）となる。そのラッチは新たなデータがQに流れ出るのをブロックし、Qには直前の値が保持される。そのため、Dラッチを、**トランスペアレントラッチ**（透過型ラッチ）あるいは**レベルセンシティブラッチ**と呼ぶこともある。図3.7 (c) には、Dラッチの回路記号を示す。

$CLK = 1$となっている間は、Dラッチはずっとその状態を更新し続ける。後ほどこの章において、ある特定の瞬間にのみ状態を更新するほうが有用である場合を示す。その例というのは、実は次の節で述べるDフリップフロップのことである。

> ラッチについては透過状態（トランスペアレント）であるとか、不透明（オパーク）であるといった言い方ではなく、ラッチが開いている（オープン）、閉じている（クローズ）といった表現をする場合もある。しかしながら、この言い回しはやや混乱を招くところがある。オープンというのは、ドアが開いているような意味で透過状態という意味なのだろうか。それとも、断線している（Open Circuit）場合のように、通れないということなのだろうか。

3.2.3　Dフリップフロップ

図3.8 (a) に示すように、**Dフリップフロップ**は、反転させたクロックによってコントロールする2つのDラッチを縦続（カスケード）接続することで構築できる。1つ目のラッチL1は**マスタ**と呼ばれ、2つ目のラッチL2は**スレーブ**と呼ぶ。この2つのラッチ間のノードをN1とする。Dフリップフロップの回路記号は、図3.8 (b) のように描く。$\overline{Q}$出力が必要でないときには、回路記号は図3.8 (c) のように、簡略化することもしばしばある。

$CLK = 0$のときは、マスタラッチは透過状態となり、スレーブではブロックされる。そのために、Dの値はそのままN1に伝播されることになる。$CLK = 1$になると、マスタはブロックされ、スレーブ側が透過状態となる。N1にあった値はQにそのまま伝播されるが、入力Dからの入力はN1とは切り離されていることになる。したがって、クロックが0から1に立ち上がる直前のDの値は、クロックの立ち上がった直後には、出力Qにコピーされることになる。それ以外のときは、DとQの間の経路をブロックするラッチが常に存在するため、Qには以前の値が保持されることになる。

すなわち、Dフリップフロップは「クロックの立ち上がりエッジの瞬間に、QにDの値をコピーして、それ以外のときにはその状態を記憶する」ことになる。このことをしっかりと頭に叩き込むよう、この定義を読み返すこと。というのは、ディジタル設計の初心者が、フリップフロップが何をするものかが分からなくなってしまい、問題となることがよくあるのである。クロックの立ち上がりエッジは、簡略化して単に**クロックエッジ**と呼ぶことがある。D入力には、次の状態が何になるかを指定する。クロックエッジは、その状態をいつ更新すべきかを指定する。

Dフリップフロップには、さらに**マスタ-スレーブフリップフロップ**、**エッジトリガフリップフロップ**、**ポジティブエッジトリガフリップフロップ**などがある。回路記号の中にある三角形は、そのクロック入力がエッジトリガであることを示している。不要な場合は、出力$\overline{Q}$は省略されることもある。

> **フリップフロップ**と**ラッチ**の明確な違いについては、いくぶんごっちゃになっている節があり、何度も話題が展開されてきた。製品として用いるフリップフロップは、一般に**エッジトリガ**である。言い換えると、フリップフロップは**クロック**入力のあるバイステーブル素子であるということになる。フリップフロップの状態が変化するのは、クロックが0から1に立ち上がるときのようなクロックエッジに反応するときだけである。クロックエッジトリガを持たないバイステーブル素子が、一般に**ラッチ**と呼ばれることになる。
>
> フリップフロップやラッチという用語自身は、それぞれ**Dフリップフロップ**や**Dラッチ**のことを意味する。というのは、この種類のものが一般に最もよく用いられているからである。

例題3.1　フリップフロップにおけるトランジスタ数

この節で述べたDフリップフロップを作るには、トランジスタがいくつ必要となるかを求めよ。

解法：NANDやNORゲートには4個のトランジスタを用いる。NOTゲートには2個のトランジスタが必要となる。ANDゲートはNANDとNOTから構築され、6個のトランジスタを使用する。SRラッチには2つのNORゲートを要し、したがって8個のトランジスタが要ることになる。Dラッチは、SRラッチと2つのANDゲート、NOTゲート1つで、合計22個のトランジスタを用いることになる。Dフリップフロップは、2つのDラッチとNOTゲートで構成され、したがって46個のトランジスタが必要となる。3.2.7節で、伝送ゲートを用いたもっと効率的なCMOS実装について述べる。

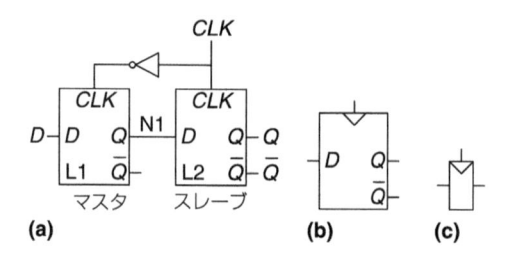

図3.8　Dフリップフロップ：(a) 回路図、(b) 回路記号、(c) 簡略記号

3.2.4 レジスタ

Nビットの**レジスタ**は、共通のCLK入力を持つN個のフリップフロップをまとめたものであり、したがって、そのレジスタにあるビットはすべて同時に更新される。レジスタは、順序回路において、多くの場合、必ずといっていいほど中心となるビルディングブロックである。図3.9には、入力$D_{3:0}$、出力$Q_{3:0}$を持つ4ビットレジスタの回路図とその回路記号を示してある。$D_{3:0}$と$Q_{3:0}$はともに4ビットのバスである。

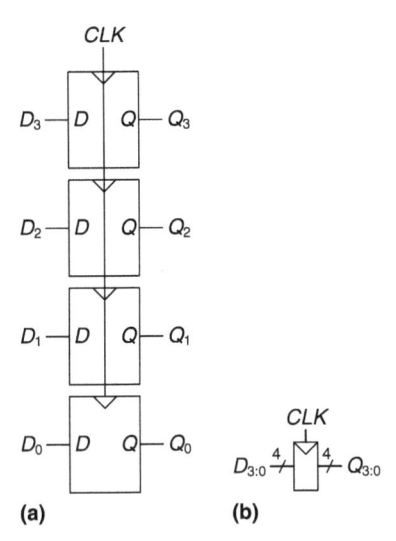

図3.9 4ビットレジスタ：(a) 回路図、(b) 回路記号

3.2.5 イネーブル付きフリップフロップ

イネーブル付きフリップフロップとは、クロックエッジ時にデータを読み込む（ロードする）かどうかを決定するための、**EN**もしくは**イネーブル**と呼ばれる入力を別に持つフリップフロップのことである。ENがTRUEのときは、イネーブル付きフリップフロップは、通常のDフリップフロップのように動作する。ENがFALSEであるときは、イネーブル付きフリップフロップはクロックを無視して、現在の状態を維持する。クロックエッジ時ごとではなく、所望のときにのみ新たな値を読み込みたいとき、イネーブル付きフリップフロップは有用である。

図3.10には、Dフリップフロップにゲートを付加して、イネーブル付きフリップフロップを構築する2種類の方法を示してある。

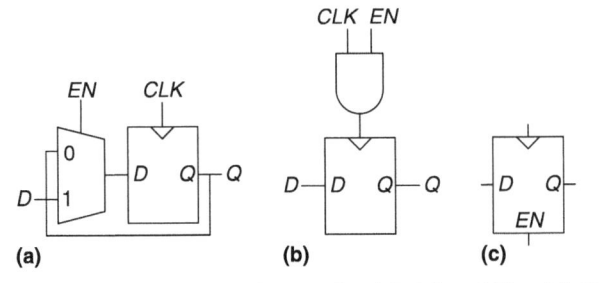

図3.10 イネーブル付きフリップフロップ：(a) (b) 回路図、(c) 回路記号

図3.10 (a) では、入力部のマルチプレクサは、ENがTRUEであれば、Dに値を渡すかどうかを選択する。ENがFALSEであれば、Qにある前の状態を再利用するよう選択する。図3.10 (b) には、クロックをENによってゲーティングした回路を示す。ENがTRUEであれば、通常通りフリップフロップへのCLK入力はHIGH、LOWを繰り返す形で投入される。ENがFALSEのときは、CLK入力もFALSEとなり、フリップフロップは以前の値を保持する。フリップフロップで**グリッチ**が生じない（不適切なときに切り替えない）ように、$CLK = 1$の間は、ENを変えてはいけないことに注意しよう。一般に、クロックに対してなんらかの論理回路を絡めることは好ましくない。クロックをゲーティングすることによって、そのクロックに遅延が生じ、3.5.3節にも示すように、タイミングエラーを起こす恐れがある。したがって、何が起こるかをしっかりと把握できていないのであれば、こういった使い方はしないようにすべきである。イネーブル付きフリップフロップの回路記号を図3.10 (c) に示す。

3.2.6 リセット機能付き（リセッタブル）フリップフロップ

リセット機能付きフリップフロップとは、**RESET**という入力ピンのあるフリップフロップである。$RESET$がFALSEのとき、リセット機能付きフリップフロップは通常のDフリップフロップとして動作する。$RESET$がTRUEになると、リセット機能付きフリップフロップはDを無視して、出力を0にリセットする。リセット機能付きフリップフロップは、システムに電源を投入したときに、フリップフロップを強制的に指定した状態（例えば0）にしたいときに便利なものである。

このようなフリップフロップには、**同期式**もしくは**非同期式**のリセットがある。同期式リセット機能付きフリップフロップは、CLKの立ち上がり時のみ、リセットされ、非同期式フリップフロップは、CLKとは無関係に、$RESET$がTRUEになった途端にリセットがかかる。

図3.11 (a) には、通常のDフリップフロップとANDゲートを用いて、同期式リセット機能付きフリップフロップの構成方法を示す。

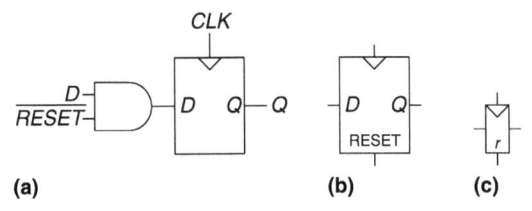

図3.11 同期式リセット機能付き（リセッタブル）フリップフロップ：(a) 回路図、(b) と (c) 回路記号

$\overline{RESET}$がFALSEのとき、ANDゲートによってフリップフロップの入力は強制的に0になる。$\overline{RESET}$がTRUEの場合は、ANDゲートはフリップフロップにDを通す。この例では、$\overline{RESET}$が1ではなく0であるとき、リセット信号はその機能を果たすことを意味する**アクティブLOW**の信号となる。この回路でアクティブHIGHリセット信号にしたければ、イン

バータを付け加える。図3.11の（b）と（c）にアクティブHIGHのリセットを持つリセット機能付きフリップフロップの回路記号を示す。

　非同期式リセット機能付きフリップフロップを作るには、フリップフロップの内部構造を変更する必要があり、これは演習問題3.10で知恵を絞るようにとっておこう。しかしながら、非同期式リセット機能付きフリップフロップは、標準部品として入手可能である。

　ご想像の通り、値を1に設定できるセット機能付き（プリセッタブル）フリップフロップもよく利用される。SETピンが有効になると、そのフリップフロップには1が読み込まれる（ロードされる）が、同様に同期式と非同期式のものがある。リセット機能付きとセット機能付きフリップフロップにもイネーブル入力がある場合もあり、これらを複数個束ねてNビットのレジスタを作ることもできる。

3.2.7 トランジスタレベルにおけるラッチとフリップフロップの設計*

　例題3.1では、ラッチとフリップフロップを論理ゲートから構築するには、多数のトランジスタが必要となることを示した。しかし、ラッチの基本的な動作というのは、スイッチのごとく、透過状態なのかブロックされるかである。1.7.7節で示したように、伝送ゲートを用いてCMOSスイッチを効率よく構築できたことを思い出そう。したがって、伝送ゲートを利用すれば、トランジスタ数を減らすことができるかもしれない。

　図3.12（a）に示すように、伝送ゲートを1つ用いて、コンパクトなDラッチを構築できる。

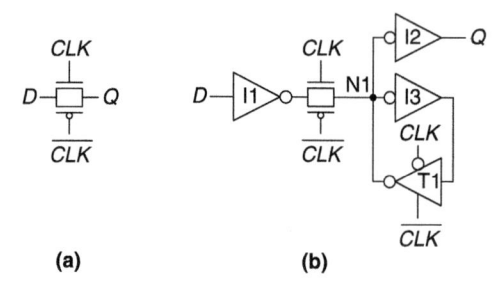

(a)　　　　　　　**(b)**

図3.12　Dラッチの回路図

　$CLK = 1$および$\overline{CLK} = 0$のとき、この伝送ゲートはONとなり、Dの値はQに流れて、このラッチは透過状態となる。$CLK = 0$かつ$\overline{CLK} = 1$では、伝送ゲートはOFFとなってQはDから切り離された状態となり、ラッチはブロックされる。このラッチは以下の2つの大きな問題を抱えることになる。

▶ **フローティング状態の出力ノード**：ラッチがブロックされているとき、Qの値はどのゲートにも保持されない。こういった場合、Qは**フローティングノード**、もしくは**ダイナミックノード**と呼ばれる。しばらく経つと、ノイズや電荷漏洩によりQの値は乱されることになる。

▶ **バッファの欠如**：バッファを付けないと、市販のチップでは故障を引き起こすことがある。たとえ$CLK = 0$であっても、マイナスの電圧までDを引き下げるようなスパイ

クノイズがあると、nMOSトランジスタがオンになってしまい、結果としてこのラッチは透過状態になる。同様に、$CLK = 0$のときであっても、V_{DD}を超えるスパイクノイズによって、pMOSトランジスタがオンになってしまうこともある。すると、この伝送ゲートは対称性を持つこととなり、入力Dに影響を及ぼすようなQの上にノイズが乗った形で、その伝送ゲートは反対方向にドライブされてしまうかもしれない。一般的に守るべきことは、伝送ゲートの入力や順序回路の状態ノードは、いずれもノイズであふれている外界に対しては、決してむき出しにならないようにすることである。

　図3.12（b）には、最近の商用チップに用いられている、12個のトランジスタを用いた頑強なDラッチを示す。この回路では、クロック駆動の伝送ゲートを基に構築されてはいるものの、入力と出力をバッファリングするために、インバータI1とI2が付加されている。このラッチの状態はノードN1上に保持される。インバータI3とトライステートバッファT1により、N1をスタティックノードに変えるフィードバック機構が備わる。$CLK = 0$の間に、わずかなノイズがN1の上に生じると、T1は有効な論理値に戻すようにN1をドライブする。

　図3.13には、$\overline{CLK}$とCLKによってコントロールされる、2つのスタティックラッチから構築されたDフリップフロップを示す。ここでは、中間にあった冗長なインバータは取り除かれており、このフリップフロップは、たった20個のトランジスタしか必要としない。

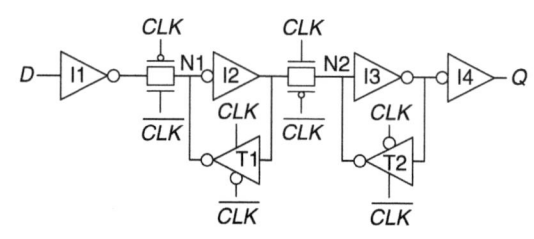

図3.13　Dフリップフロップの回路図

> この回路では、CLKと$\overline{CLK}$の両方が使用できると仮定している。もし$\overline{CLK}$がないのであれば、CLKを反転させるために、さらに2個のトランジスタが必要となってくる。

3.2.8 これまでのまとめ

　ラッチとフリップフロップは順序回路の基本的なビルディングブロックである。Dラッチはレベルセンシティブであり、それに対してDフリップフロップはエッジトリガであることを頭に入れておこう。Dラッチは、$CLK = 1$のときは透過状態となり、入力Dは出力Qにそのまま流れていくことになる。Dフリップフロップは、CLKの立ち上がりエッジ時に、QにDの値をコピーする。それ以外のときは、ラッチとフリップフロップは以前の状態を保持する。レジスタは、共通のCLK信号を共有するDフリップフロップを複数束ねたものである。

例題3.2 フリップフロップとラッチの比較

ベン・ビットディドル君は、図3.14に示すようなD入力とCLK入力を、DラッチとDフリップフロップに入力してみた。それぞれのデバイスの出力Qがどのようになるか、ベンに教えてあげなさい。

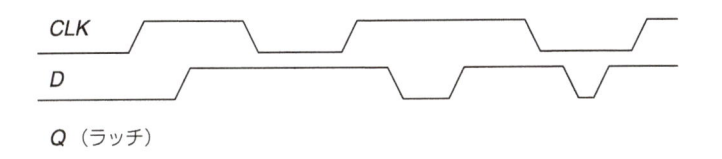

図3.14 例題の波形

解法：図3.15には、入力が変化して、それに応じてQがわずかに遅延すると想定した出力波形を示す。図の矢印は、出力の変化がどのように引き起こされるのかという要因を示している。Qの初期値は未知であり、0かもしれないし、1ということもあり、水平線をHIGHとLOWの両方に描いてそのことを示している。まず、ラッチについて考えよう。CLKの最初の立ち上がりエッジでは、D = 0であり、Qは間違いなく0になる。CLK = 1の間は、Dが変化するたびに、Qも同じように続く。CLK = 0の間にDが変化しても、それは無視される。次にフリップフロップについて考えると、CLKのそれぞれの立ち上がりエッジ時に、Dの値がQに現れる。それ以外のときには、Qがその状態を保持する。

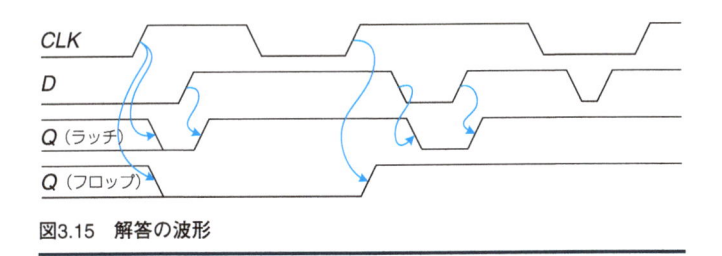

図3.15 解答の波形

3.3 同期式回路設計

一般に、組み合わせ回路でないものはすべて順序回路に含まれる。すなわち、その出力は、単に現在の入力を見ただけでは決定することはできないのである。順序回路には、ふざけているとしか考えられないようなものもあったりする。この節では、そのような妙な回路をいくつか取り上げてみることから始めよう。それから、同期式順序回路の概念と臨機応変な対応を導入することにする。同期式順序回路にいろいろ取り組むことで、順序回路システムを解析したり、設計したりするのに、簡単かつ機能的な方法を身に付けることができるようになる。

3.3.1 問題ありの怪しい回路

例題3.3 非安定回路

アリッサ・P・ハッカー嬢は、図3.16に示すような、3つのインバータをループ状に接続したわけの分からない回路を扱うはめになった。3番目のインバータの出力は最初のインバータに「戻って」入力されている。それぞれのインバータは、1 nsの伝播遅延時間を持つものとする。この回路によって、いったい何が起きるの

か、アリッサにいいところを見せよう。

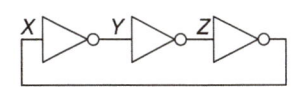

図3.16 3個のインバータによるループ回路

解法：ノードXの初期値は0であるとしよう。すると、Y = 1、Z = 0となり、したがってX = 1となるが、これはもとの仮定と一致しなくなってしまう。この回路には安定な状態はなく、**アンステーブル状態**もしくは**非安定状態**と呼ばれる。図3.17はこの回路の挙動を示す。Xが時間0において立ち上がると、Yは1 nsの時点で立ち下がることになり、Zは2 ns時点で立ち上がり、さらにXは3 ns時点において再び立ち下がることになる。さらにこれを繰り返し、Yは4 ns時点で立ち上がり、Zは5 ns時点で立ち下がり、そしてXは6 ns時点で再度立ち上がることになり、このパターンを永遠に繰り返す。それぞれのノードは、6 nsの周期（繰り返し時間）で0と1の間で振動する。この回路は**リングオシレータ（発振器）**と呼ばれる。

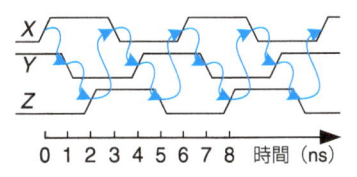

図3.17 リングオシレータの波形

リングオシレータの周期は、それぞれのインバータの持つ伝播遅延に依存する。この遅延は、このインバータの生産方法、電源電圧、温度といったものにも影響を受ける。そのために、リングオシレータの周期を正確に予測することは難しい。要するに、リングオシレータは、入力を持たず、周期的に変化する出力が1つある順序回路なのである。

例題3.4 レース状態

ベン・ビットディドル君は、新たなDラッチを設計し、その回路は図3.7の回路よりゲート数が少ないという点で優れているのだと威張っていた。ベンは2つの入力DとCLKと、そのラッチの以前の状態Q_{prev}から出力Qを求める真理値表を書いた。この真理値表に基づいて、ブール論理式を導いた。この論理式では、出力QをフィードバックすることでQ_{prev}が求められる。ベンが設計した回路を図3.18に示す。ベンのラッチは、それぞれのゲート遅延には依存せずに、正しく動作するだろうか。

CLK	D	Q_{prev}	Q
0	0	0	0
0	0	1	1
0	1	0	0
0	1	1	1
1	0	0	0
1	0	1	0
1	1	0	1
1	1	1	1

$$Q = CLK \cdot D + \overline{CLK} \cdot Q_{prev}$$

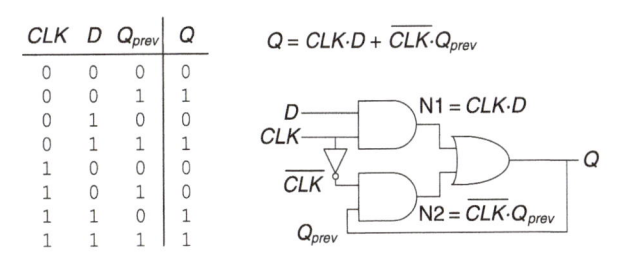

図3.18 改善した（?）Dラッチ

解法：この回路には、ある特定のゲートが他のゲートより遅いとき、誤作動を引き起こすといった**レース状態**があるということを図3.19に示している。

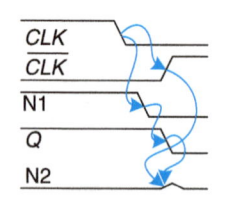

図3.19 レース状態を示すラッチの波形

$CLK = D = 1$であるとしよう。このラッチは透過状態となり、そして$Q = 1$となるようにDの値が通過する。ここで、CLKが立ち下がる。このラッチは、$Q = 1$を保持して、その以前の値を記憶しているはずである。しかしながら、CLKから$\overline{CLK}$へのインバータを通るときの遅延時間が、ANDやORゲートの遅延時間と比べ、かなり長いと仮定しよう。すると、$\overline{CLK}$が立ち上がる前に、ノードN1とQが両方とも立ち下がるかもしれない。このような場合、N2が立ち上がることはなく、Qは0のままとなってしまう。

これは出力が入力に直接フィードバックされる、非同期の回路設計の例である。非同期の回路は、その回路の挙動が論理ゲートを通過する2つのパス（経路）のどちらが速いかといったレース状態となるため、困り者である。ある回路実装では正しく動作するかもしれないが、一方、全く同一に見える回路を少し異なった遅延を持つゲートによって構築すると、動かないといったことが起こる。もしくは、遅延が全く同じであっても、ある特定の温度や電圧のときにだけ動くということもあるのである。こういった不具合を突き止めることは極めて難しいものなのである†。

3.3.2 同期式順序回路

前に示した2つの例は、巡回パス（サイクリックパス）と呼ばれるループを含んでおり、そこでは出力が入力に直接フィードバックしている。こういった回路は組み合わせ回路ではなく、順序回路である。組み合わせ回路には巡回パスやレース状態はない。組み合わせ回路に入力が入る場合には、出力は常に伝播遅延時間内に適正な値に安定する。しかしながら、巡回パスのある順序回路では、思ってもいないレース状態やアンステーブルな挙動を示す。こういった問題を持つ回路を分析するには相当な時間を要し、これまでも数多くの回路設計の達人でさえもミスをおかしてきたのである。

こういった問題を回避するために、レジスタをパスのどこかに挿入することによって、巡回パスを断ち切るという設計がある。これは、この回路を、組み合わせ回路とレジスタの集まりに変換したものである。このレジスタはシステムの状態を含んでいて、その状態はクロックエッジ時にのみ変化する。そこで、この状態はクロックに同期しているという言い方をする。もし、すべてのレジスタへの入力が次のクロックエッジより前に安定するように、クロックを十分に遅くすれば、すべてのレース状態はなくなる。常にフィードバックパスにおいてレジスタを使うという取り決めに従うことによって、同期式順序回路の形式的（フォーマル）な定義につながっていく。

回路は、入力端子、出力端子、その機能仕様とタイミング仕様によって定義されるということを思い出そう。順序回路は、個別の**状態**$\{S_0, S_1, ..., S_{k-1}\}$の有限集合を持つものである。**同期式順序回路**には、時系列を示すクロック入力があり、その立ち上がりエッジにおいて状態の遷移が起こる。システムの状態を、現在におけるものと、クロックエッジ時に遷移する次のものとに明確に区別するために、**現在の状態**と**次の状態**という用語をよく用いる。機能仕様とは、次の状態とともに、現在の状態と入力値との各組み合わせに対する各出力の値を詳しく示したものである。タイミング仕様とは、クロックの立ち上がりエッジから、出力が変わるまでの時間の上限値t_{pcq}と下限値t_{ccq}とともに、クロックの立ち上がりエッジに対して、そのエッジの前後に入力を安定させておく必要のある時間を示すセットアップタイムt_{setup}とホールドタイムt_{hold}から成り立つ。

ある順序回路が、相互に接続された回路エレメントから成り立ち、以下の条件を満たすのであれば、その回路は**同期式順序回路**であるということが分かる。

- ▶ すべての回路エレメントは、レジスタかもしくは組み合わせ回路となっていること
- ▶ 少なくとも1つの回路エレメントはレジスタであること
- ▶ すべてのレジスタには同じクロック信号が入力されること
- ▶ すべての巡回パスには少なくとも1つのレジスタを含んでいること

同期式ではない順序回路は**非同期式**と呼ばれる。

フリップフロップは最も単純な同期式順序回路である。それは、1つの入力D、1つのクロックCLK、1つの出力Q、および2つの状態$\{0, 1\}$を持つ。フリップフロップの機能仕様は、図3.20に示すように、次の状態がDであり、出力Qは現在の状態であるということを示す。

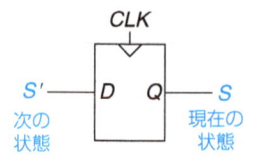

図3.20 フリップフロップの現在の状態と次の状態

---

† （訳注）再現性のないバグほど厄介なものはない。特に、微妙なタイミングや、熱などの動作環境に影響を受ける場合や、電源ラインのノイズに絡むものなど、どれほど睡眠時間を奪われたことか…。

現在の状態変数をS、次の状態変数をS'と記述することにする。この場合、Sの後にあるプライム記号（'）は、反転を意味するのではなく、次の状態を示す。順序回路のタイミングについては、3.5節で解析することにする。

同期式順序回路には、有限状態マシンとパイプラインと呼ばれる、2つの別々の共通特性がある。これらについては、この章の後半で説明する。

例題3.5　同期式順序回路

図3.21に示す回路で、同期式順序回路となっているのはどれか。

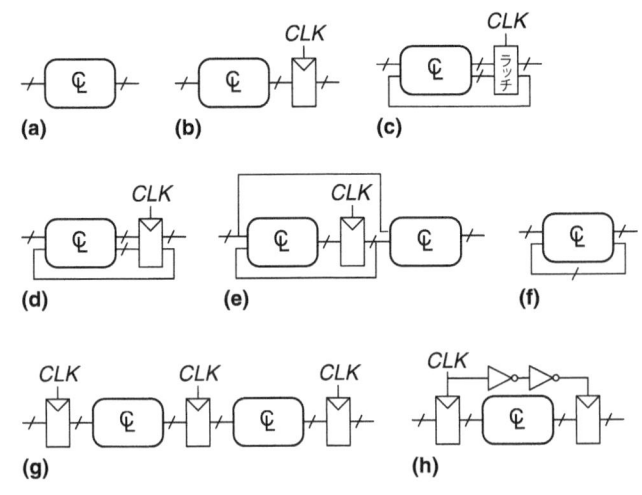

(a) **(b)** **(c)** **(d)** **(e)** **(f)** **(g)** **(h)**

図3.21　例題の回路

解法：回路（a）は順序回路ではなく組み合わせ回路である。その理由は、レジスタがないからである。（b）はフィードバックのない単純な順序回路である。（c）は組み合わせ回路でもなく、同期式順序回路のいずれでもない。なぜならば、レジスタや組み合わせ回路のどちらでもないラッチがあるからである。（d）と（e）は同期式順序回路である。これらは2種類の有限状態マシンの形であり、これについては3.4節で詳しく述べる。（f）は組み合わせ回路でも同期式順序回路でもない。理由は、組み合わせ回路の出力から同じ論理回路の入力に戻る経路に巡回パスがあり、そのパスにはレジスタがないからである。（g）はパイプラインの形をした同期式順序回路であり、3.6節で取り上げることにする。（h）は、厳密にいえば、同期式順序回路ではない。というのは、2番目のレジスタには、最初のレジスタとは異なる2個のインバータによって遅らせたクロック信号が入力されているからである。

3.3.3　同期式回路と非同期式回路

理論上、非同期式で設計を行うのは、システムのタイミングがクロック制御のレジスタによって制限されないので、同期式設計よりも一般的である。アナログ回路はどのような電圧でも用いることができるため、アナログ回路がディジタル回路よりも一般的であるのと同じように、非同期式回路は、どのような種類のフィードバックを使ってもいいので、同期式回路よりも一般的となる。しかしながら、ディジタル回路がアナログ回路よりも設計が容易であるのと同じように、同期式回路は、非同期式回路よりも設計しやすく、使いやすいということが分かるようになる。非同期式回路の研究が数十

年間続けられてはいるのだが、ほとんどすべてのディジタルシステムは、どうしても同期式になってしまっているのも事実である[†]。

もちろん、連続的な電圧を扱う現実世界とやり取りするには、アナログ回路が必要になるのと同じように、クロックの異なるシステム間で通信したり、任意の時間に入力したいといった場合には、しばしば非同期式回路が必要となる。さらに、非同期式回路の研究で、いろいろと興味深いことが分かったりして、同期式回路を改善できることもあるのである。

3.4　有限状態マシン

同期式順序回路は、図3.22で示すような形で描くことができる（後述するが、（a）Mooreマシン、（b）Mealyマシンの2種類ある）。

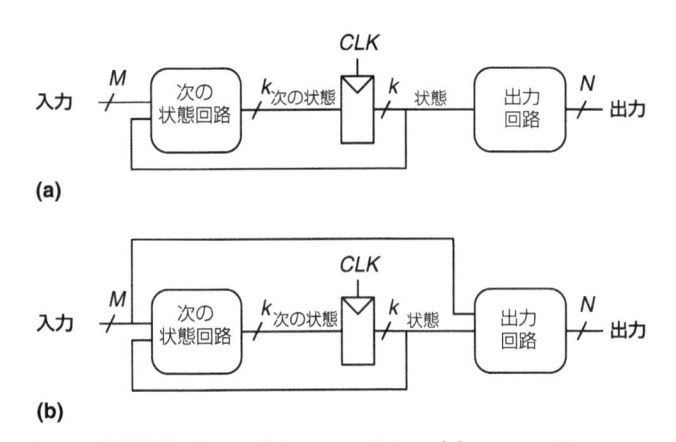

(a)

(b)

図3.22　有限状態マシン：（a）Mooreマシン、（b）Mealyマシン

このような形で記述したものを、**有限状態マシン**（Finite State Machine: FSM）と呼ぶ。この名前の由来は、k個のレジスタがある回路では、異なる有限個（2^k個）の状態の中から1つの状態を作り出すことができるというところからきている。有限状態マシンにはM個の入力と、N個の出力があり、kビットの状態を持つ。また、クロック入力を持ち、場合によってはリセット信号がある。有限状態マシンは、**次状態を示す回路**と**出力回路**の2つの組み合わせ回路ブロックと、状態を保持するレジスタから成る。各クロックエッジ時には、有限状態マシンは現在の状態と入力に基づいて得られる次の状態に進む。有限状態マシンには、一般的にその機能仕様によって区別される2種類の方式がある。**Moore**マシンでは、その出力はマシンの現在の状態のみにより決定される。**Mealy**マシンでは、出力は現在の状態と現在の入力の両方に依存する。有限状態マシンは、機能仕様が与えられると、同期式順序回路を機械的な方法で設計できるようになる。この方法については、この節の後半で、例題を用いて説明することにする。

---

† 　（訳注）「ディジタル1年、アナログ5年、高周波10年」という回路設計の格言もある。

MooreマシンとMealyマシンは、ベル研究所において、**オートマタ理論**を考案し、有限状態マシンを数学的に実証した、このマシンの開発者にちなんで名付けられた。
エドワード・ムーア（Edward F. Moore, 1925～2003年）（Intelの創設者ゴードン・ムーアと混同しないように）は、「Gedanken-experiments on Sequential Machines」という、非常に影響のあった論文を1956年に発表した。後にウィスコンシン大学で、数学科とコンピュータサイエンス科の教授となった。
ジョージ・ミーリー（George H. Mealy, 1927–2010年）は、1955年に「A Method of Synthesizing Sequential Circuits（順序回路の論理合成方法）」という論文を発表した。その後、IBM 704コンピュータ用にベル研究所初のオペレーティングシステムを実装した。後にハーバード大学に赴任した。

3.4.1 有限状態マシン（FSM）の設計例

有限状態マシンの設計例として、通行量の多いキャンパス内の交差点にある信号機用のコントローラを作成する問題について考えてみよう。工学部の学生たちは、アカデミック通りにある寮と研究室との間をぶらぶらと歩いている。彼らは、学生らが夢中になっている教科書にある有限状態マシンに関する部分を読み耽り、どこに向かっているか見ていなかったりする。フットボール選手が、ブラヴァドウ大通り沿いにある競技場と学生食堂の間をランニングしてきた。選手らもまた、前や後ろにボールをパスしながら、どこに走って行っているか、同じように見定めていなかったのである。この2つの道路の交差点では、今までに悲惨な衝突事故が既に何度か起こっており、学生部長はベン・ビットディドル君に、これ以上犠牲者を出さないよう、信号機を設置するように依頼した。

ベンは、有限状態マシンを用いてこの問題を解こうと決めた。彼はそれぞれアカデミック通りとブラヴァドウ大通りに、2つの通行センサT_A、T_Bを設置した。それぞれのセンサは、通りに学生がいればTRUEを示し、誰もいなければFALSEを示すものである。ベンは、さらに通行をコントロールするために、L_A、L_Bの2本の信号機を設置した。その信号機は、ディジタル入力に従って、青信号、黄信号、赤信号を示す。したがって、ベンの設計する有限状態マシンには2つの入力T_A、T_Bと、2つの出力L_A、L_Bがある。信号機とセンサを設置したその交差点を図3.23に示す。

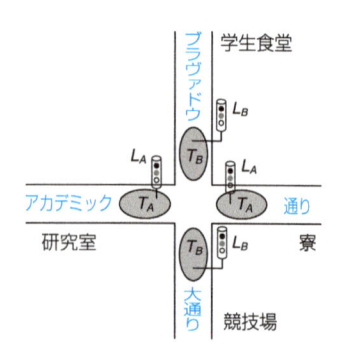

図3.23 キャンパスマップ

ベンの設計によると、5秒間隔でクロックを供給する。それぞれのクロックの瞬間（立ち上がりエッジ時）に、信号機は通行センサに基づいて変化するのである。操作する人が信号

機を作動させるときにコントローラを初期状態に設定できるように、リセットボタンも付けた。図3.24には、その有限状態マシンのブラックボックスの外観を示す。

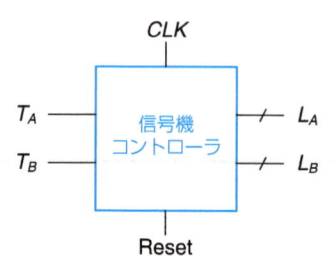

図3.24 有限状態マシンのブラックボックスの概要

ベンが次に行うステップは、図3.25に示す**状態遷移図**を描くことであり、これはシステムが取り得るすべての状態と、これらの状態の間の遷移を示すものである。

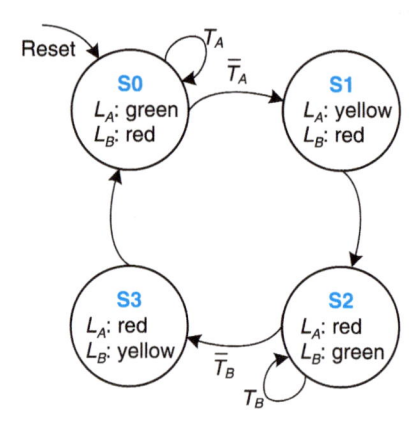

図3.25 状態遷移図

システムをリセットすると、アカデミック通りの信号機は青信号に、ブラヴァドウ大通りの信号機は赤信号になるようにする。5秒ごとに、コントローラは通行の様子を調べて、次に何をするべきか決める。アカデミック通りに通行者がいる限り、信号機は変化しない。誰もアカデミック通りを通っていないときには、アカデミック通り上の信号機は黄信号になり、その5秒後には赤信号となり、そしてブラヴァドウ大通りの信号機は青信号に変わる。同様に、通りに通行者がいれば、ブラヴァドウ大通りの信号機は青信号のままであり、いずれ黄信号になり、そして赤信号に変わる。

状態遷移図では、円形は状態を示し、弧は状態の間の遷移を表す。その遷移は、クロックの立ち上がりエッジ時に起こる。図ではクロックについては示す必要はない。というのは、同期式順序回路では常にクロックの立ち上がりが生じているからである。さらに、クロックは単にいつ遷移が起こるかをコントロールするだけであり、それに対して、状態遷移図では、どの遷移が起こるかを示すだけでよい。外からS0に入るResetとラベル付けされた弧は、リセット時に、そのときの状態とは無関係にシステムがS0状態に入ることを示している。ある状態から複数の弧が出ている場合は、その弧からどういった入力によってその遷移が引き起こされたかを示すために、その弧にラベルを付ける。例えば、状態S0にあると

き、T_AがTRUEであれば、システムはその状態のままであり、T_AがFALSEになると、S1に移ることになる。ある状態からの弧が1つしかないのであれば、その遷移は入力にかかわらず常に生じる。例えば、状態S1にあるとき、システムは常にS2に遷移する。特定の状態にある間に出力が持つ値は、その状態の中に示す。例えば、状態S2にある間は、L_Aは赤信号で、L_Bは青信号であることを示す。ベンは、それぞれの状態や入力に対して、次の状態S'がどうなるかを示す**状態遷移表**（表3.1）の形で状態遷移図を書き直してみた。この表では、次状態が特定の入力に依存しない場合には、ドントケア記号（X）を用いていることに注意すること。また、Resetが表から省略されていることに注意せよ。その代わりに、入力とは無関係に、リセット時には常に状態S0に遷移するリセット機能付きフリップフロップを用いることにする。

表3.1 状態遷移表

現在の状態	入力		次の状態
S	T_A	T_B	S'
S0	0	X	S1
S0	1	X	S0
S1	X	X	S2
S2	X	0	S3
S2	X	1	S2
S3	X	X	S0

状態に{S0, S1, S2, S3}という名前を付けている点や、出力に{red, yellow, green}とラベルを付けているという点で、この状態遷移図は抽象的なものである。実際の回路を構築するためには、これらの状態や出力は、**バイナリエンコーディング**（2進数のコード）を割り当てる必要がある。ベンは表3.2と表3.3に示す、単純なコードによる符号化を考えてみた。それぞれの状態と各出力には、$S_{1:0}$、$L_{A1:0}$と$L_{B1:0}$といった2ビットのコードを割り当てた。

表3.2 状態の符号化（エンコーディング）

状態	$S_{1:0}$のコード
S0	00
S1	01
S2	10
S3	11

表3.3 出力の符号化

出力	$L_{1:0}$のコード
green	00
yellow	01
red	10

> 状態はS0、S1といったように表す。添え字の形でS_0、S_1などと表すこともあり、添え字は状態ビットに関連している。

表3.4に示すように、ベンは、これらのバイナリエンコーディングを用いて状態遷移表を書き直した。書き直した状態遷移表は、次の状態回路を示す真理値表となっている。これは、現在の状態Sと入力の関数として次状態S'を定義している。

表3.4 バイナリエンコーディングを用いた状態遷移図現在の状態

現在の状態		入力		次の状態	
S_1	S_0	T_A	T_B	S'_1	S'_0
0	0	0	X	0	1
0	0	1	X	0	0
0	1	X	X	1	0
1	0	X	0	1	1
1	0	X	1	1	0
1	1	X	X	0	0

この表から、次状態に対して、以下のようなブール論理式を導き出すことは簡単である。

$$S'_1 = \bar{S}_1 S_0 + S_1 \bar{S}_0 \bar{T}_B + S_1 \bar{S}_0 T_B$$
$$S'_0 = \bar{S}_1 \bar{S}_0 \bar{T}_A + S_1 \bar{S}_0 T_B \tag{3.1}$$

この論理式はカルノーマップを用いて簡単化できるが、じっくりと検証するだけでもたやすく簡単化できる。例えば、S'_1の論理式にあるT_Bと$\bar{T}_B$の項は明らかに冗長で消える。したがって、S'_1はXOR関数に簡単化できる。これより、論理式(3.2)にある簡単化された**次状態の論理式**が得られる。

$$S'_1 = S_1 \oplus S_0$$
$$S'_0 = \bar{S}_1 \bar{S}_0 \bar{T}_A + S_1 \bar{S}_0 T_B \tag{3.2}$$

同様に、ベンは、それぞれの状態に対して、その状態のときに出力がどのようになるかを示す出力表（表3.5）を書いてみた。

表3.5 出力表

現在の状態		出力			
S_1	S_0	L_{A1}	L_{A0}	L_{B1}	L_{B0}
0	0	0	0	1	0
0	1	0	1	1	0
1	0	1	0	0	0
1	1	1	0	0	1

ここでも、この出力に対するブール論理式を見て簡単化するのは簡単なことである。例えば、L_{A1}がTRUEとなるのは、S_1がTRUEとなる行だけであることに注目する。

$$L_{A1} = S_1$$
$$L_{A0} = \bar{S}_1 S_0$$
$$L_{B1} = \bar{S}_1 \tag{3.3}$$
$$L_{B0} = S_1 S_0$$

最終的に、ベンは、図3.22（a）に示したMoore型の有限状態マシンを描いてみた。まず、図3.26（a）に示すように、2ビットの状態レジスタを描いた。

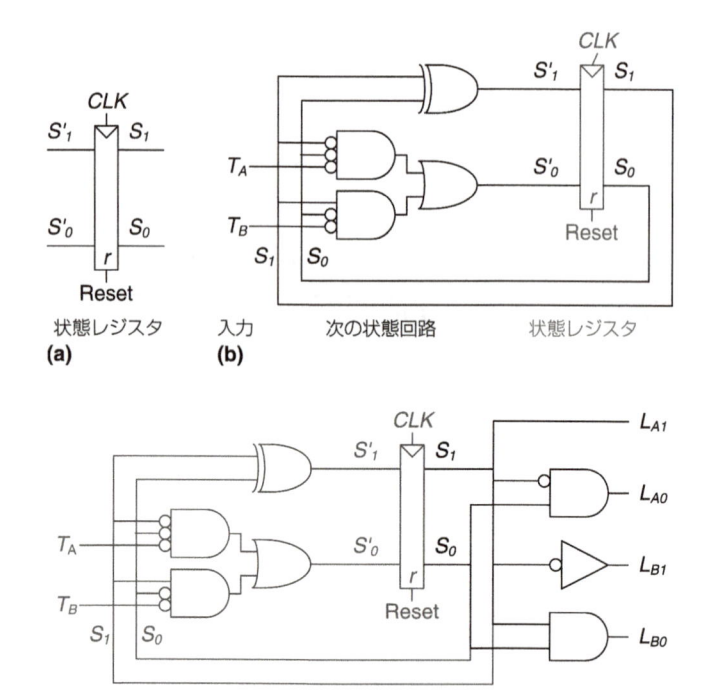

(a) 状態レジスタ

(b) 入力　次の状態回路　状態レジスタ

(c) 入力　次の状態回路　状態レジスタ　出力回路　出力

図3.26　信号機コントローラの有限状態マシンの回路図

矢印は、因果関係を示している。例えば、状態が変わると出力が変化し、入力を変えることによって次の状態が変化する。破線の縦棒は、状態が変化するときのCLKの立ち上がりエッジを示している。

　クロックは5秒周期なので、信号機が変化するのは5秒ごとに最大1回となる。有限状態マシンが最初にオンになると、クエスチョンマークで示すように、その状態は未知である。したがって、このシステムを既知の状態にするためにリセットを投入しなければならない。このタイミングチャートでは、Sはすぐに$S0$にリセットされ、非同期式のリセット機能付きフリップフロップが使われていることを示している。状態$S0$では、信号機L_Aは青信号であり、信号機L_Bは赤信号となっている。

> この回路では、入力にバブルのあるANDゲートを用いている。これらは、入力にインバータを用いたANDゲートを用いて構築できるし、また、入力にバブルを持たないようにするためには、NORゲートとインバータを用いても可能で、他のゲートの組み合わせでも構築できる。最も良い構成方法は、そのときの実装方法に依存する。

　それぞれのクロックエッジで、状態レジスタは、状態$S_{1:0}$になるように、次状態$S'_{1:0}$をコピーする。この状態レジスタには、有限状態マシンを初期化するために、同期式あるいは非同期式のリセット信号が入力される。それから、ベンは論理式(3.2)に基づいて、次の状態を導き出す回路を設計した。その式は、図3.26（b）に示すように、現在の状態とそのときの入力から次の状態を導出するものである。最終的に、ベンは論理式(3.3)に基づいて、出力回路を導き出した。そしてそれは、図3.26（c）に示すように、現在の状態から、その出力が得られる。

　図3.27には、状態間を遷移する信号機コントローラの動作を表すタイミングチャートを示す。図には、CLK、Reset、入力T_AとT_B、次状態S'、状態S、出力L_AとL_Bが示されている。

　この例では、通行人はアカデミック通りにすぐに到着することになっている。そのために、たとえ通行人がブラヴァドウ大通りにたどり着いても、コントローラは状態$S0$のままL_Aを青信号を保ち、通行人は待ち始める。15秒後に、アカデミック通り上の信号機は、誰もいなくなったと判断して、T_AはFALSEとなる。次のクロックエッジでは、コントローラは状態$S1$に遷移して、L_Aを黄信号にする。さらに5秒経つと、コントローラは$S2$に移り、L_Aは赤信号に、L_Bは青信号に変わる。ブラヴァドウ大通り上の人通りが完全に過ぎ去るまで、コントローラは状態$S2$で待つことになる。それから、状態$S3$に遷移し、L_Bを黄信号にする。その5秒後には、コントローラは状態$S0$に入り、L_Bを赤信号に、L_Aを青信号に変える。そして、このプロセスを繰り返す。

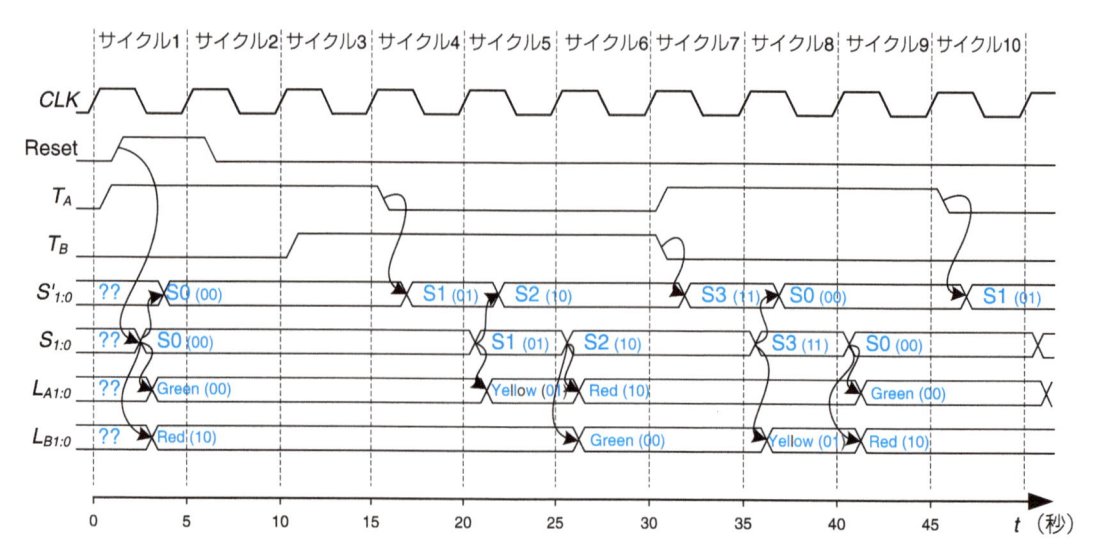

図3.27　信号機コントローラのタイミングチャート

ペンが頑張って設計したのに、学生らは信号機など全く気にせず、相変わらず激突事故を起こし続けていた。そこで、弱った学生部長は、寮の屋根から研究室の開いている窓めがけて、直接工学部の学生連中をまとめて放り投げ、その厄介な交差点を通らないようにするためのでっかいパチンコ（小石を飛ばすカタパルト）をペンとアリッサに設計するように頼んだのだった。けれども、そのシステムの設計については、別の教科書に譲ることにする。

3.4.2 状態の符号化（エンコーディング）

　前の例では、状態と出力の符号化は適当に行った。別の符号化を行うと、全く異なった回路になってしまうことになる。当然の疑問として、論理ゲート数が最も少なく、伝播遅延を最短にするような回路を導き出すには、どのようにして符号化を決定すればいいのかという問題が出てくる。残念ながら、あらゆる場合を試してみる以外には、最善の符号化方式を見つけ出す簡単な方法はなく、このことは、状態数が極めて多いときには見つけるのは不可能である。しかしながら、関連する状態や出力が数ビットを共有するように、じっくり考えて適切な符号化を選択することによって、こういった符号化ができる場合もあったりする。CADツールを利用することで、実現できそうな符号化の集合を検索し、その中から適したものを選択することができる。

　状態の符号化において、**バイナリエンコーディング**（Binary Encoding：2進符号化）か、**ワンホットエンコーディング**（One-Hot Encoding）のどちらを用いるかは重要な決定事項である。バイナリエンコーディングを用いると、前述の信号機コントローラの例で用いたように、それぞれの状態を2進数で表す。2のべき乗で数値を表すと、Kは$\log_2 K$ビットで表現できるため、K個の状態があるシステムでは、$\log_2 K$ビットだけでその状態を示すことができる。

　ワンホットエンコーディングでは、各状態に対して、それぞれ個々のビットを割り当てる。どのような場合でも、1ビットだけが「ホット」すなわちTRUEとなるため、ワンホットと呼ばれるのである。例えば、3つの状態のあるワンホットエンコーディングを用いた有限状態マシンでは、001、010、100といった状態を持つことになる。各状態のそれぞれのビットはフリップフロップに格納されるため、ワンホットエンコーディングではバイナリエンコーディングよりも多数のフリップフロップが必要となる。しかしながら、ワンホットエンコーディングを用いると、次状態回路や出力回路は単純にな

ることが多く、ゲート数が少なくて済む。最適な符号化方式を選択するには、有限状態マシンの仕様に依存することになる。

例題3.6　有限状態マシンの状態符号化

　N進カウンタ（divide-by-N counter）は出力が1つあり、入力はない。出力Yは、Nごとに1クロックサイクル分HIGHとなる。つまり、その出力はクロック周波数をNで割ったものとなる。3進カウンタにおける波形とその状態遷移図を図3.28に示す。このようなカウンタを設計した回路図を、バイナリエンコーディングとワンホットエンコーディングを用いて示せ。

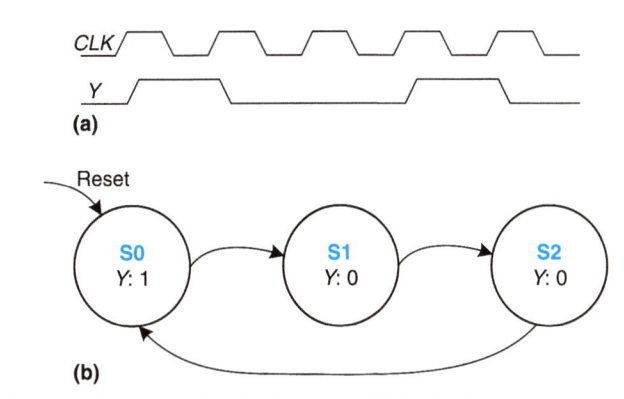

図3.28　3進カウンタ：（a）波形、（b）状態遷移図

解法：表3.6と表3.7には、符号化を行う前の抽象的な状態遷移表と出力表を示す。

表3.6　3進カウンタの状態遷移表

現在の状態	次の状態
S0	S1
S1	S2
S2	S0

表3.7　3進カウンタの出力表

現在の状態	出力
S0	1
S1	0
S2	0

　表3.8は、3つの状態に対するバイナリエンコーディングとワンホットエンコーディングを比較したものである。

表3.8　3進カウンタのバイナリエンコーディングとワンホットエンコーディング

状態	ワンホットエンコーディング			バイナリエンコーディング	
	S_2	S_1	S_0	S_1	S_0
S0	0	0	1	0	0
S1	0	1	0	0	1
S2	1	0	0	1	0

　バイナリエンコーディングは、その状態に2ビットを用いている。この符号化を用いると、状態遷移表は表3.9に示したものとなる。

表3.9 バイナリエンコーディングを用いた場合の状態遷移表

現在の状態		次の状態	
S_1	S_0	S'_1	S'_0
0	0	0	1
0	1	1	0
1	0	0	0

ここには入力がないことに注意しよう。つまり、次状態は現在の状態にのみ依存するのである。出力表については読者の演習問題としてとっておくことにする。次の状態と出力の論理式は以下のようになる。

$$S'_1 = \bar{S}_1 S_0$$
$$S'_0 = \bar{S}_1 \bar{S}_0 \tag{3.4}$$
$$Y = \bar{S}_1 \bar{S}_0 \tag{3.5}$$

ワンホットエンコーディングでは、状態に3ビットを用いる。この符号化に対する状態遷移表を表3.10に示し、出力表については、再度読者の演習問題として残しておく。

表3.10 ワンホットエンコーディングを用いた場合の状態遷移表

現在の状態			次の状態		
S_2	S_1	S_0	S'_2	S'_1	S'_0
0	0	1	0	1	0
0	1	0	1	0	0
1	0	0	0	0	1

次状態と出力の論理式は以下のようになる。

$$S'_2 = S_1$$
$$S'_1 = S_0$$
$$S'_0 = S_2 \tag{3.6}$$
$$Y = S_0 \tag{3.7}$$

図3.29には、この2つの符号化方式に基づいて設計した回路図をそれぞれ示す。バイナリエンコーディングで設計した場合に要するハードウェアは、YとS'_0に用いる同一のゲートを共有するように最適化できるということに注意しよう。同様に、ワンホットエンコーディングで設計したときには、リセット時に有限状態マシンをS0に初期化するために、セット機能（s）付きとリセット機能（r）付きフリップフロップの両方が必要になるということに注意しよう。最適に実装するためにはゲートとフリップフロップの相対的なコストに従って選択することであるが、この仕様例に対してはワンホットエンコーディングの設計のほうが望ましい。

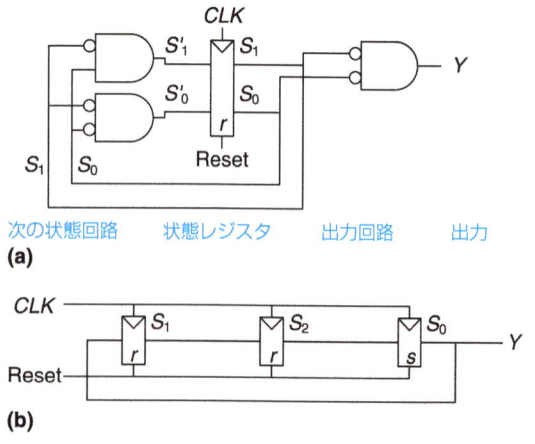

図3.29 3進カウンタ回路：(a) バイナリエンコーディング、(b) ワンホットエンコーディング

同類の符号化方式にワンコールドエンコーディング（One-Cold Encoding）もあり、これは、K個の状態がKビットで表され、その1つだけがFALSEとなるものである。

3.4.3 MooreマシンとMealyマシン

ここまでは、出力がシステムの状態にだけ依存するMooreマシンの例を示してきた。したがって、Mooreマシンの状態遷移図では、出力はラベル付けされた円形で示してきた。MealyマシンはMooreマシンとほとんど同じだが、出力は、現在の状態とともに、入力にも依存することを思い出そう。このため、Mealyマシンの状態遷移図では、出力は円形で示すのではなく、代わりに弧の上にラベル付けするようにする。図3.22（b）に示すように、出力を導き出す組み合わせ回路のブロックは、現在の状態と入力を用いるのである。

> 2つのタイプの有限状態マシンを比較すると、同じ問題でも、一般にMooreマシンのほうがMealyマシンよりも多くの状態を取るということは覚えておいたほうがいい。

例題3.7 Mooreマシン対Mealyマシン

アリッサ・P・ハッカー嬢は、有限状態マシン制御の頭脳を持つロボットカタツムリをペットとして飼っていた。そのカタツムリは1と0の並びが書かれた紙テープに沿って左から右へと這っていく。クロックサイクルごとに、そのカタツムリは次のビットに向かって這うのである。カタツムリが這って行った最後の2ビットが01であったとき、カタツムリはにっこりと微笑む。カタツムリがいつ微笑むかを処理できるように有限状態マシンを設計せよ。入力Aはカタツムリの底面にある触角が読み出す1ビットである。カタツムリが微笑するときに、出力YはTRUEとなる。Moore有限状態マシンとMealy有限状態マシンをそれぞれ設計して比較せよ。アリッサのカタツムリが0100110111というデータ列に沿って這って動くときに、それぞれのマシンのタイミングチャートを、入力、状態、出力を示すことで描け。

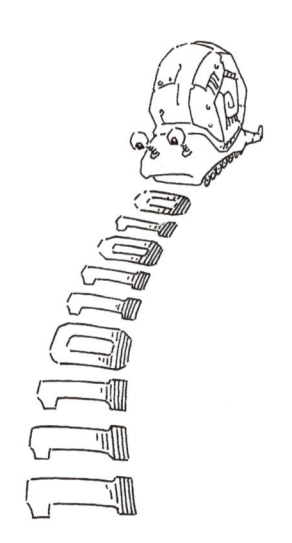

解法：図3.30（a）に示すように、Mooreマシンでは3つの状態が必要となる。状態遷移図が正しいことを確認せよ。特に、入力が0であるときなぜS2からS1までの弧が存在しているのかを考えてみること。

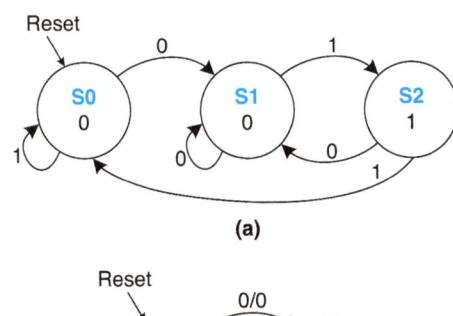

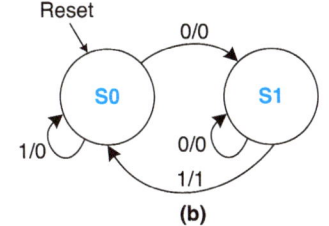

図3.30 有限状態マシン状態遷移図: (a) Mooreマシン、(b) Mealyマシン

比較対象となるMealyマシンは、図3.30 (b) に示すように、2つの状態だけで設計できる。各弧にはA/Yとラベルが付いている。Aはその遷移を引き起こす入力の値であり、Yは対応する出力を表す。

表3.11と表3.12に、Mooreマシンの状態遷移表と出力表を示す。Mooreマシンには、少なくとも2ビットの状態を必要とする。S0 = 00、S1 = 01、S2 = 10といったバイナリエンコーディングを用いることを考えよう。表3.13と表3.14には、この符号化方法を用いて、状態遷移表と出力表を書き直したものである。

表3.11 Mooreマシンの状態遷移表

現在の状態 S	入力 A	次の状態 S'
S0	0	S1
S0	1	S0
S1	0	S1
S1	1	S2
S2	0	S1
S2	1	S0

表3.12 Mooreマシンの出力表

現在の状態 S	出力 Y
S0	0
S1	0
S2	1

表3.13 状態符号化を付加したMooreマシンの状態遷移表

現在の状態 S_1	S_0	入力 A	次の状態 S'_1	S'_0
0	0	0	0	1
0	0	1	0	0
0	1	0	0	1
0	1	1	1	0
1	0	0	0	1
1	0	1	1	0

表3.14 状態符号化を付加したMooreマシンの出力表

現在の状態 S_1	S_0	出力 Y
0	0	0
0	1	0
1	0	1

これらの表から、じっくり考えて次状態の論理式と出力の論理式を導き出そう。11という状態が存在しないということを用いれば、これらの論理式をさらに簡単化できることに注意しよう。したがって、これに対応して、次の状態と出力が存在しない状態に対しては、ドントケア（表には示していない）とする。それでは、ドントケアを用いて、この論理式を最小化してみよう。

$$S'_1 = S_0 A \tag{3.8}$$
$$S'_0 = \overline{A}$$
$$Y = S_1 \tag{3.9}$$

表3.15には、Mealyマシンの状態遷移表と出力表を合わせて記述したものを示す。このMealyマシンでは、状態を表すのにたった1ビット用いるだけである。S0 = 0、S1 = 1という、バイナリエンコーディングを用いることにする。表3.16には、この符号化方法を用いて、状態遷移表と出力表を書き直したものを示す。

表3.15 Mealyマシンの状態遷移表と出力表

現在の状態 S	入力 A	次の状態 S'	出力 Y
S0	0	S1	0
S0	1	S0	0
S1	0	S1	0
S1	1	S0	1

表3.16 状態符号化を付加したMealyマシンの状態遷移表と出力表

現在の状態 S_0	入力 A	次の状態 S'_0	出力 Y
0	0	1	0
0	1	0	0
1	0	1	0
1	1	0	1

この表をじっくり眺めて考えると、次状態と出力についての論理式が以下のように得られる。

$$S'_0 = \overline{A} \tag{3.10}$$
$$Y = S_0 A \tag{3.11}$$

MooreマシンとMealyマシンの回路図を図3.31（次ページ）に示す。それぞれのマシンのタイミングチャートを図3.32に示す。2つのマシンは、個々の状態シーケンスに従うことになる。さらに、Mealyマシンは、状態が変わる前に、入力に応答するものであるため、Mealyマシンの出力のほうが早く変化することになる。もしMealyマシンの出力が、フリップフロップを通ることで遅れるのであれば、その出力はMooreマシンのものと一致することになる。どの有限状態マシンの設計方式を選択するかを決定するときには、その出力応答をいつ得たいのかを考えるようにする。

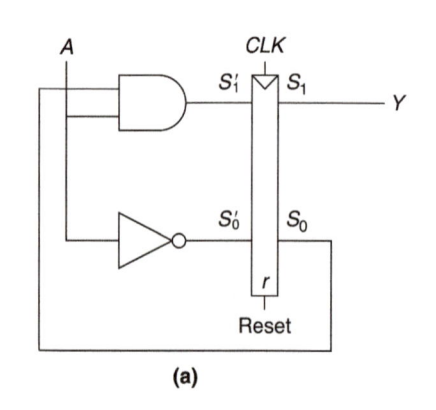 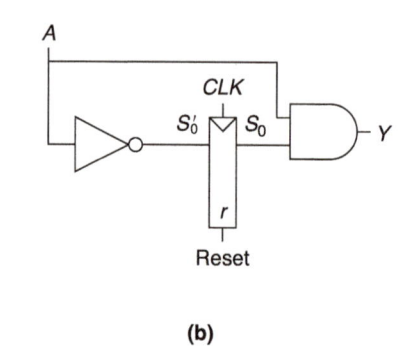

(a)　　　　　　　　　　　　　　　　　**(b)**

図3.31　有限状態マシンの回路図： (a) Mooreマシン、 (b) Mealyマシン

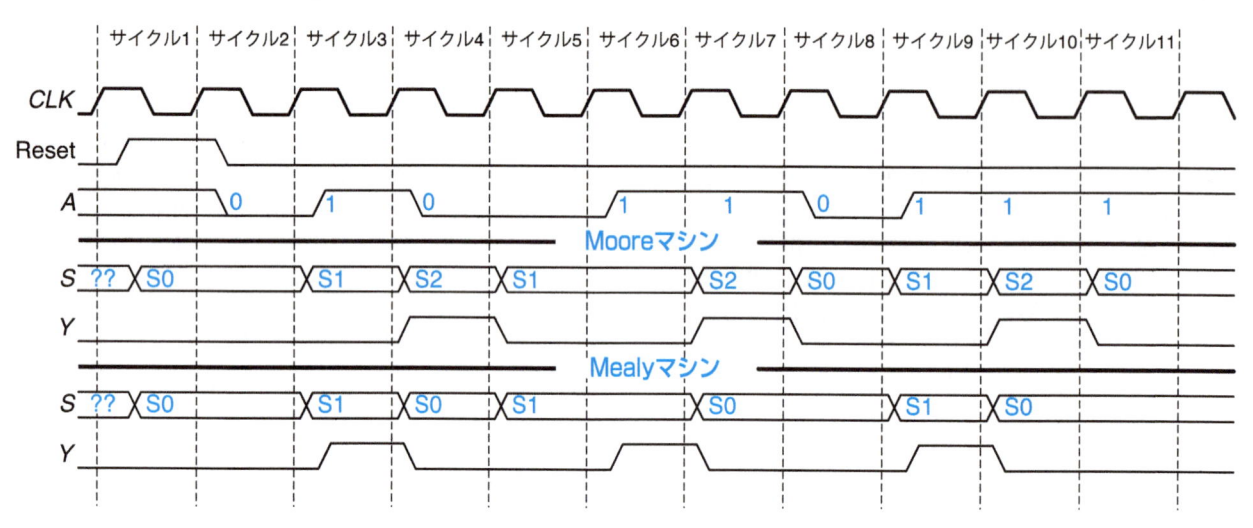

図3.32　MooreマシンとMealyマシンのタイミングチャート

3.4.4　有限状態マシンの切り分け

　ある有限状態マシンの出力が他のマシンの入力となるように、複雑な有限状態マシンを相互に作用し合う複数の単純な有限状態マシンに切り分けることができれば、複雑な有限状態マシンを設計するのが容易になる。階層的でモジュール性のあるこの手法を、有限状態マシンの**切り分け（ファクタリング）**と呼ぶ。

例題3.8　切り分けのない有限状態マシンと切り分けを施した有限状態マシン

　3.4.1節に示した信号機コントローラに修正を加え、観戦客とマーチバンドが、グループごとにかたまってフットボールの試合に向かって行進している間は、ブラヴァドウ大通りの信号機を青信号の状態に保持する、パレードモードを追加せよ。コントローラには、さらに2つの入力PとRが加わり、Pを少なくとも1サイクルの間有効にするとパレードモードになり、Rを少なくとも1サイクルの間有効にするとパレードモードは解除される。パレードモードのときコントローラは、L_Bが青信号に変わるまではこれまでのシーケンスを続け、パレードモードが終了するまでL_Bを青信号にしたままその状態を保つ。

　まず最初に、図3.33（a）に示すような、単一の有限状態マシン（FSM）で構成する場合、FSMに対する状態遷移図を描こう。それから、図3.33（b）に示すような、2つのFSMが相互に作用する場合の状態遷移図を描く。このMode FSMは、パレードモードにあるときは、出力Mを有効にする。Lights FSMはMと通行セン

サT_AとT_Bに基づいて信号機をコントロールする。

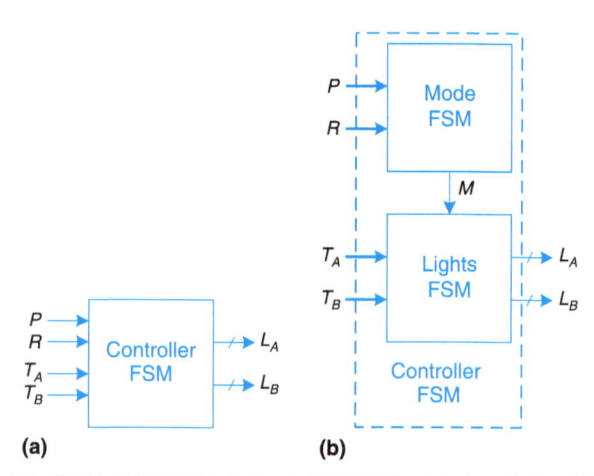

(a)　　　　　　　　　　　**(b)**

図3.33　修正した信号機コントローラの有限状態マシン： (a) 単一有限状態マシン、 (b) 切り分けた有限状態マシン

解法：図3.34（a）には、単一の有限状態マシンによる設計について示す。状態S0からS3は通常モード、状態S4からS7がパレードモードを取り扱う。図の前半部と後半部はほとんど同一のものであるが、パレードモードでは、この有限状態マシンはブラヴァドウ大通り上の信号を青信号のままにしてS6に留まる。入力PとRが、この前半部と後半部との間の遷移をコントロールする。この有限状態マシンは設計がごちゃごちゃしていて、長ったらしくなってしまっている。図3.34（b）に、切り分けを施した有限状態マシン設計を示す。Mode FSMは、信号機が通常モードか、ある

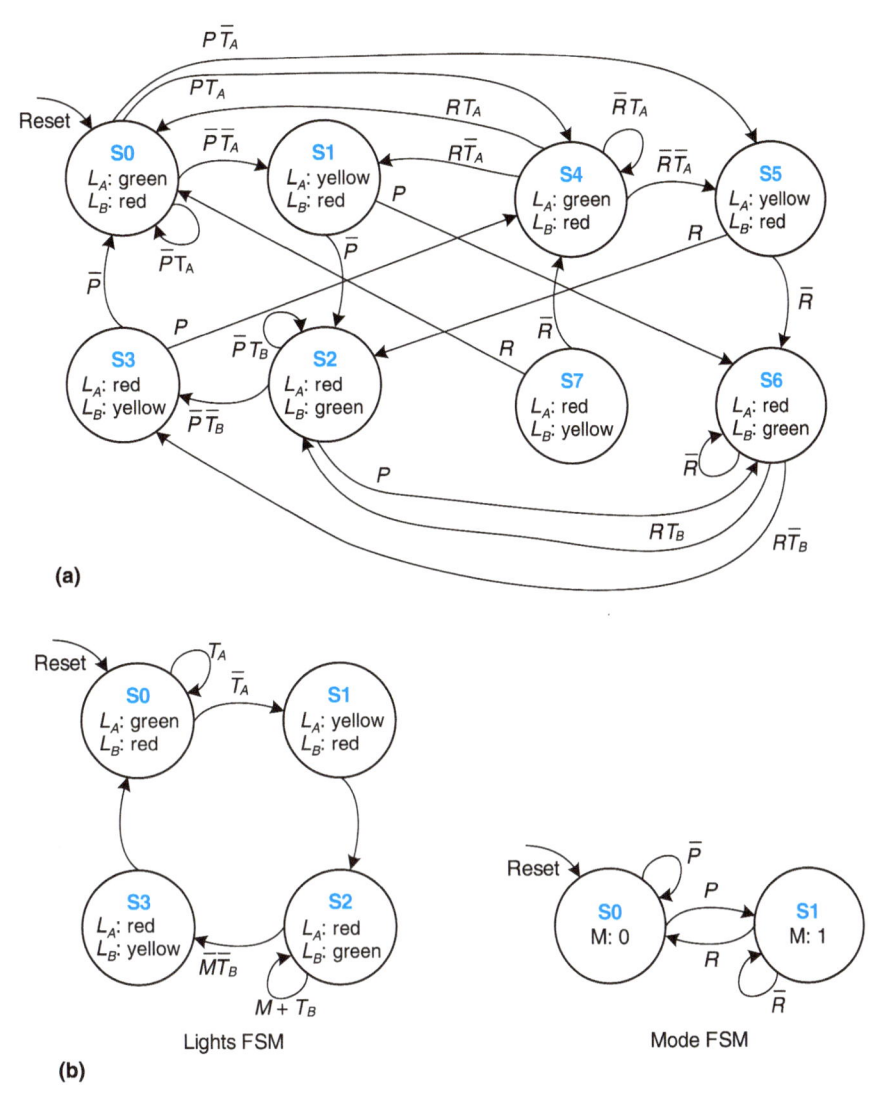

(a)

(b)

図3.34　状態遷移図：（a）切り分けなし、（b）切り分けあり

いはパレードモードにあるのかを記憶するために、2つの状態を持つ。Lights FSMは、MがTRUEである間はS2に留まるように修正が加えられている。

3.4.5　回路図から有限状態マシンの導出

　回路図から状態遷移図を導き出すには、ほぼ有限状態マシン設計の逆プロセスをたどることとなる。たとえば、不完全なドキュメントしかないプロジェクトや別の人のシステムをリバースエンジニアリングする状況になったときに、このプロセスは必要となる。

▶　回路図を見て、入力と出力、状態ビットを調べる
▶　次状態と出力の論理式を書いてみる
▶　次状態表と出力表を作成する
▶　取りえない状態を取り除いて、次の状態表を縮小する
▶　有効状態のビットの組み合わせに名前を割り当てる
▶　その状態名を用いて、次の状態表と出力表を書きなおす
▶　状態遷移図を描く
▶　その有限状態マシンが何を行うかを説明する

　最終段階においては、その有限状態マシンの全体の目的や機能を簡潔に述べるように気をつけること。その状態遷移図の各状態を単に言いかえるようなことにならないこと！

例題3.9　回路から有限状態マシンの導出

　アリッサ・P・ハッカー嬢は帰宅したところ、ドアロックのキー入力回路が取り換えられ、これまでの暗証番号が使えない状態だった。そこには図3.35にあるような回路図が描かれた説明書がテープで貼り付けられていた。アリッサはその回路が有限状態マシンであると思い、ドアを開けられるかどうか、状態遷移図をなんとかつきとめようと決心した。さて、どうしただろうか。

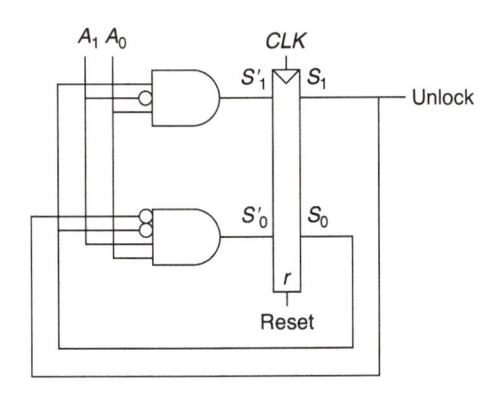

図3.35　例題3.9から求めた有限状態マシンの回路

解法： アリッサはまず回路を調べることから始めた。入力は$A_{1:0}$で、出力は$Unlock$だった。状態ビットは図3.35から名前が付いていた。出力は状態ビットだけで決められているので、これはどう

やらMooreマシンだ。回路から、アリッサは次状態の論理式と出力の論理式を以下のように直接書き出してみた。

$$S'_1 = S_0 \overline{A_1} A_0$$
$$S'_0 = \overline{S_1} \overline{S_0} A_1 A_0 \tag{3.12}$$
$$Unlock = S_1$$

次に、アリッサはこの論理式から、表3.17と表3.18にあるような次状態表と出力表を作成し、論理式(3.12)をもとに表中に対応するところに1を書き出してみた。他のところすべてに0を書いた。

表3.17　図3.35の回路による次の状態表

現在の状態		入力		次の状態	
S_1	S_0	A_1	A_0	S'_1	S'_0
0	0	0	0	0	0
0	0	0	1	0	0
0	0	1	0	0	0
0	0	1	1	0	1
0	1	0	0	0	0
0	1	0	1	1	0
0	1	1	0	0	0
0	1	1	1	0	0
1	0	0	0	0	0
1	0	0	1	0	0
1	0	1	0	0	0
1	0	1	1	0	0
1	1	0	0	0	0
1	1	0	1	1	0
1	1	1	0	0	0
1	1	1	1	0	0

表3.18　図3.35からの出力表

現在の状態		出力
S_1	S_0	（アンロック）
0	0	0
0	1	0
1	0	1
1	1	1

アリッサは、使わない状態を取り除いて、ドントケアを用いて行を結合し、表を小さくした。表3.17において$S_{1:0}$ = 11状態は次状態にはあり得ないので、現在の状態からこの行を削除した。$S_{1:0}$ = 10状態に対しては、入力には無関係に、次状態は常に$S_{1:0}$ = 00となるので、その入力にはドントケアを書き入れる。縮小した表を表3.19と表3.20に示す。

アリッサは、状態ビットの組み合わせに対し、$S_{1:0}$ = 00にはS0を、$S_{1:0}$ = 01にS1、$S_{1:0}$ = 10にはS2と状態名を割り当てた。表3.21と表3.22にはその前を用いた次状態表と出力表を示す。

アリッサは、表3.21と表3.22を用いて次ページ図3.36に示したような状態遷移図を描き出した。じっと見て調べ、その有限状態マシンは、$A_{1:0}$で示される入力値3の後に入力値1を検出したときにのみ、ドアは解錠する。ドアが再度ロックされた。アリッサはこのコードをキー入力し、するとドアは開いたのだった！うっしゃぁ！

表3.19　切り詰めた次の状態表

現在の状態		入力		次の状態	
S_1	S_0	A_1	A_0	S'_1	S'_0
0	0	0	0	0	0
0	0	0	1	0	0
0	0	1	0	0	0
0	0	1	1	0	1
0	1	0	0	0	0
0	1	0	1	1	0
0	1	1	0	0	0
0	1	1	1	0	0
1	0	X	X	0	0

表3.20　切り詰めた出力表

現在の状態		出力
S_1	S_0	（アンロック）
0	0	0
0	1	0
1	0	1

表3.21　記号の次の状態表

現在の状態	入力	次の状態
S	A_0	S'
S0	0	S0
S0	1	S0
S0	2	S0
S0	3	S1
S1	0	S0
S1	1	S2
S1	2	S0
S1	3	S0
S2	X	S0

表3.22　切り詰めた出力表

現在の状態	出力
S	（アンロック）
S0	0
S1	0
S2	1

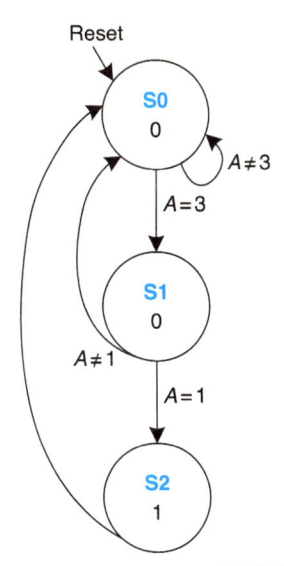

図3.36　例題3.9から求めた有限状態マシンの状態遷移図

3.4.6　有限状態マシンの復習

　有限状態マシンは、文書で示された仕様から、組織的に順序回路を設計する極めて強力な方法である。有限状態マシンを設計するためには、以下の手順を踏む。

▶　入力と出力をしっかりと把握する。
▶　状態遷移図を描く。
▶　Mooreマシンに対しては、
　　–状態遷移表を書く。
　　–出力表を書く。
▶　Mealyマシンに対しては、
　　–状態遷移表と出力表を合わせて書く。
▶　状態符号化方法を選択する。その選択はハードウェア設計に影響を与える。
▶　次の状態回路と出力回路に対するブール論理式を書く。
▶　回路図を描く。

　本書で対象とするような複雑なシステムを設計するには、有限状態マシンが何度も登場することになるであろう。

3.5　順序回路のタイミング

　フリップフロップは、クロックの立ち上がりエッジ時において、出力Qに入力Dの値がコピーされるということを思い出そう。このプロセスは、クロックエッジ時にDをサンプリングするという言い方をする。クロックの立ち上がりのとき、Dが0もしくは1でステーブル状態にあるのであれば、この挙動は明確に定義できる。しかしながら、もしDがクロックの立ち上がりと同時に変化しているといった場合にはどのようなことが起きるだろうか。

　この問題は、カメラで写真を撮影するときに直面する問題に類似している。一匹の蛙が水辺の睡蓮の葉から湖へ跳び込もうとしているところを写真に撮る場面を想像してみよう。

もし、跳び込む前に写真を撮ってしまうと、睡蓮の葉の上に単に蛙がいるだけの姿が写し出されるだけである。跳び込んでしまってから写真を撮ったとしたら、湖面上にさざなみの波紋しか写っていないことになる。けれども、もし蛙が跳びはねた瞬間のタイミングで、撮影できたとしたら、その蛙が睡蓮の葉から水面に向けて体を伸ばしているぼやけた姿をカメラに収めることができる。カメラには**露出時間**（アパチャータイム）という特性があり、鮮明な画像で撮り込むためには、撮る対象はその間は静止していなければならない。同様に、順序回路エレメントにも、フリップフロップが適切な値を出力できるよう、クロックエッジの前後に入力がステーブル状態でなければならない露出時間が存在する。

　順序回路エレメントにおけるその露出は、クロックエッジの前にある**セットアップタイム**と、後にある**ホールドタイム**によって定義される。静的な規格があり、その規格によって、禁止領域の外側にある論理値を使うように限定されるのと同じように、**動的な規格**によって、信号を変化させるのは露出時間の外側に限られるのである。この動的な規格を利用することによって、信号レベルを1と0の離散値として扱えるのと同じように、時間をクロックサイクルと呼ばれる離散的な単位で取り扱うことができるようになる。ある限定された時間の間、信号にグリッチが生じたり、激しく振動したりするかもしれない。動的な規格の下では、信号が安定した値に落ち着いた後の、クロックサイクルの最後にあるその最終値についてのみ気にすればいいことになる。したがって、ある瞬間t（tは実数）における信号Aの値$A(t)$という表現ではなく、n番目（nは整数）のクロックサイクルの終わりの時点における信号Aの値$A[n]$と書くことができるのである。

　クロック周期は、すべての信号が安定するのに十分長くなければならない。この周期によって、システムのスピードの上限が規定される。実際のシステムでは、クロック信号は全く同時にすべてのフリップフロップに到達するわけではない。クロックスキューと呼ばれるこの時間のずれによって、クロック周期を増加させる必要が出てくる。

　特に現実の世界とのインタフェースを取るときに、動的な規格を満足させることが不可能な場合があったりする。例えば、ボタンスイッチから入力を投入するといった回路を考えてみよう。クロックの立ち上がりエッジのタイミングで、猿がボタンを押したとする。これにより、メタステーブルと呼ばれる現象に陥ることになり、この状態では、フリップフロップは0と1の間にある値を捕らえることとなり、限られた時間内において適切な論理値に帰着することができない。こ

のような非同期入力に対する問題解決のためには、シンクロナイザを使うことになり、これを用いれば、認められていない値を生成する可能性は極めて小さくなる（が、その可能性はゼロではない）。

これから、この考え方をあらゆる角度から広げていこう。

3.5.1 動的な規格

これまで、順序回路の機能に関する仕様に焦点を合わせてきた。図3.37に示すように、フリップフロップや有限状態マシン（FSM）のような同期式順序回路にもタイミング仕様があるということを思い出そう。

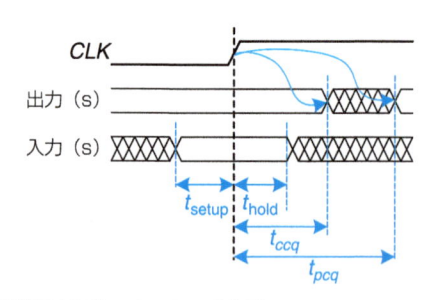

図3.37 同期型順序回路のタイミング仕様

クロックの立ち上がり時に、出力（もしくは出力群）は、クロックからQへの**誘起遅延時間**t_{ccq}の後に変化し始めるかもしれず、クロックからQへの**伝播遅延時間**t_{pcq}内に、最終的な値に確実に落ち着くことになる。これらの遅延時間は、それぞれ、回路を通じて最も早い、そして最も遅い遅延時間を表している。回路が正確にその入力をサンプリングできるようにするためには、その入力（あるいは入力群）は、クロックの立ち上がりエッジの直前までに、少なくとも**セットアップタイム**t_{setup}までに安定させておかなければならず、クロックの立ち上がりエッジの後に、少なくとも**ホールドタイム**t_{hold}の間、安定した状態を保たなければならない。このセットアップタイムとホールドタイムの合計時間を、その回路の**露出時間**と呼ぶ。というのは、その時間は入力を安定させておかなければならない全体の時間だからである。

この**動的な規格**というのは、同期式順序回路の入力が、クロックエッジの前後において、セットアップタイムとホールドタイムからなる露出時間の間に安定していなければならないということを宣言しているのである。この必要条件を課すことによって、この期間にフリップフロップが変化していなければ、フリップフロップが信号をサンプリングすることを保証してくれる。入力がサンプリングされる時点の入力の最終値についてだけ気にすればよいため、0や1といった論理値と同様に、信号を時間軸において離散的なものとして扱うことができる。

3.5.2 システムのタイミング

クロック周期あるいは**サイクルタイム**T_cは、繰り返されるクロック信号の立ち上がりエッジ間の時間のことである。その逆数$f_c = 1/T_c$はクロック周波数となる。他がすべて同じであれば、クロック周波数を増加すると、ディジタルシステム

が単位時間に実行できる仕事量も増えることになる。周波数にはヘルツ（Hz）もしくは毎秒のサイクル数という単位を用いて測られ、1メガヘルツ（MHz）= 10^6 Hz、1ギガヘルツ（GHz）= 10^9 ヘルツとなる。

> この30年間に、著者らの家庭でApple II+コンピュータを購入したときから、本書をまとめている現在までに、マイクロプロセッサのクロック周波数は1MHzから数GHzまで1000倍以上もの増加があった。この速度向上は、コンピュータが社会において革命的な変革をもたらすことになった1つの要因にもなっているのであろう。

図3.38（a）に、これから求めようとするクロック周波数を持つ同期式順序回路における一般的なパスを示す。

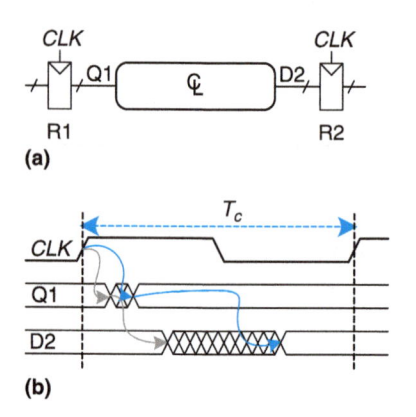

図3.38 レジスタ間のパスとタイミングチャート

クロックの立ち上がりエッジ時に、レジスタR1は、出力（または出力群）Q1を生成する。これらの信号は、レジスタR2への入力（あるいは入力群）D2を生成する組み合わせ回路のブロックに入る。図3.38（b）におけるタイミングチャートは、それぞれの出力信号が、その入力の変化後の誘起遅延の後に変わり始めるかもしれないということを示しており、その入力が安定した後に伝播遅延時間内に、最終的な値に落ち着くことを示している。灰色の矢印は、R1と組み合わせ回路を通過するときの誘起遅延を表し、青色の矢印はR1と組み合わせ回路を通るときの伝播遅延を表す。2番目のレジスタR2のセットアップタイムとホールドタイムに関するタイミング制約を分析してみよう。

セットアップタイム制約

図3.39は、青色の矢印によって示される、そのパスを通過する最大遅延のみを示すタイミングチャートである。

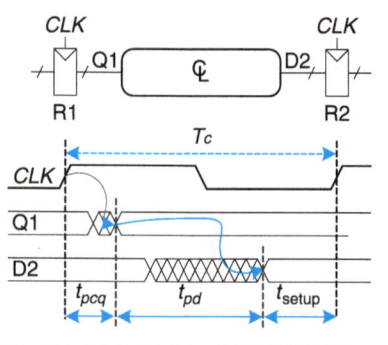

図3.39 セットアップタイム制約に対する最大遅延時間

R2のセットアップタイムを満たすためには、D2は、次のクロックの立ち上がりエッジより前に、遅くともそのセットアップより早く安定していなければならない。したがって、最小クロック周期として、以下の式が得られる。

$$T_c \geq t_{pcq} + t_{pd} + t_{\text{setup}} \tag{3.13}$$

商用機器の設計においては、クロック周期は、（競合する他社製品の動向を確かめつつ）技術部門やマーケティング部門の管理職から説明されることがよくある。さらに、フリップフロップのクロックからQへの伝播遅延t_{pcq}とセットアップタイムt_{setup}については、製造部門によって規定される。したがって、組み合わせ回路を通過するときの最大伝播遅延の問題を解決するために、式(3.13)を以下のように書き直すことになる。この最大伝播遅延は、設計者個人がコントロールできる通常唯一の変数なのである。

$$t_{pd} \leq T_c - (t_{pcq} + t_{\text{setup}}) \tag{3.14}$$

( )内の項$t_{pcq} + t_{\text{setup}}$は、**順次オーバーヘッド**と呼ばれる。理想的には、全体のサイクルタイムT_cは、組み合わせ回路内における処理時間（t_{pd}）に用いたい。しかしながら、フリップフロップの順次オーバーヘッドが、この時間に入り込んでくる。式(3.14)は、セットアップタイムに依存し、組み合わせ回路を通過する最大遅延を制限するため、**セットアップタイム制約**あるいは**最大遅延制約**と呼ばれる。

もし組み合わせ回路を通過するときの伝播遅延があまりにも大きいのであれば、R2が安定して、D2をサンプリングできるようになる時間までに、D2は、その最終的な値において安定していないかもしれない。そのため、R2は間違った結果をサンプリングするか、あるいは認められていない論理値、つまり禁止領域のレベルをサンプリングしようとする。このような場合、回路は誤作動することになる。クロック周期を長くしたり、あるいは伝播遅延が短くなるように組み合わせ回路の設計を変更することによって、この問題を解決することができる。

ホールドタイム制約

図3.38（a）におけるレジスタR2にも**ホールドタイム制約**がある。その入力D2は、クロックの立ち上がりエッジ後にある程度の時間t_{hold}の間、変化してはならない。図3.40によれば、D2は、クロックの立ち上がりエッジの直後から$t_{ccq} + t_{cd}$時間の後には変化してもよいことになっている。

したがって、以下の式が得られる。

$$t_{ccq} + t_{cd} \geq t_{\text{hold}} \tag{3.15}$$

もう一度述べるが、t_{ccq}とt_{hold}は通常設計者が自由に変更できるものではないフリップフロップの特性である。この式を変換し、組み合わせ回路を通過する折の最小誘起遅延に対して、以下の式が導出される。

$$t_{cd} \geq t_{\text{hold}} - t_{ccq} \tag{3.16}$$

組み合わせ回路を通過する最小遅延を限定することになるため、不等式(3.16)は**ホールドタイム制約**または**最小遅延制約**とも呼ばれる。

これまで、いろいろな論理エレメント（素子）を、タイミング問題を考えずに相互に接続できると仮定して議論してきた。特に、ホールドタイム問題など考えもせず、2つのフリップフロップを図3.41のように直接カスケード接続してもかまわないと思っていた。

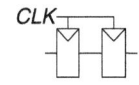

図3.41　フリップフロップのカスケード接続

このように接続した場合、フリップフロップの間には組み合わせ回路がないため、$t_{cd} = 0$となる。不等式(3.16)に代入すると以下の必要条件が得られる。

$$t_{\text{hold}} \leq t_{ccq} \tag{3.17}$$

別の言い方をすれば、信頼できるフリップフロップは、そのホールドタイムが誘起遅延時間よりも短くなければならない、ということを示している。なかには、$t_{\text{hold}} = 0$となるように設計されたフリップフロップもあり、こういった場合、不等式(3.17)は常に満たされる。特に言及しなければ、タイミング問題を考慮せず直接接続できるという仮定の下に、本書においてはホールドタイム制約について無視することにする。

しかしながら、ホールドタイム制約は極めて重要である。その制約をおかしてしまった場合、唯一の解決策は、回路を通過するときの誘起遅延を延ばすことであり、それには回路設計を根本から変更する必要がある。セットアップタイム制約とは異なり、クロック周期を調整することによって、修正することができないのである。集積回路内の設計を変更したり、その修正した設計内容を半導体に実装するには、今日の先進的な技術においても数か月を要し、何億円もの費用がかかり、したがって**ホールドタイム制約が守られていないこと**については、極めて真剣に受け止めなくてはならない。

これまでのまとめ

順序回路には、セットアップタイム制約とホールドタイム制約があり、これらはフリップフロップの間に存在する組み合わせ回路の最大遅延と最小遅延を規定するものである。組み合わせ回路を通過するときの最小遅延が0であるように、すなわちフリップフロップをカスケード接続してもいいように、最近のフリップフロップは設計されているものである。高いクロック周波数は必然的にクロック周期が短くなるということを意味するため、最大遅延制約によって、高速回路の

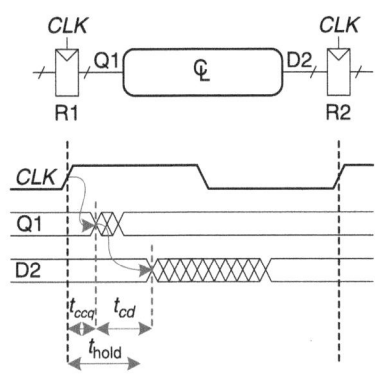

図3.40　ホールドタイム制約に対する最小遅延時間

クリティカルパスに並べるゲートの数が制限されることになる。

例題3.10　タイミング解析

　ベン・ビットディドル君は図3.42にある回路を設計した。ベンが使用した部品のデータシートによると、フリップフロップは、クロックからQへの誘起遅延が30 ps、伝播遅延が80 psとなっていた。このフリップフロップは、セットアップタイムが50 ps、ホールドタイムが60 psであった。それぞれの論理ゲートの伝播遅延が40psであり、誘起遅延は25 psである。ベンが、最大クロック周波数を決定しホールドタイム違反が生じるかどうか判断できるように、彼に助言せよ。このプロセスは**タイミング解析**と呼ばれる。

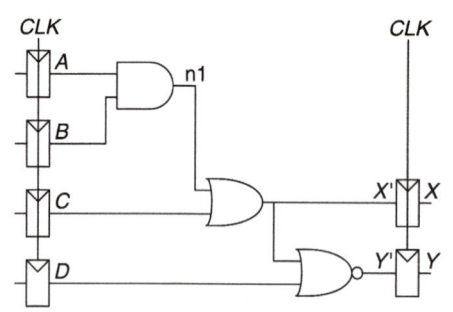

図3.42　タイミング解析のためのサンプル回路

解法：図3.43（a）は、信号がどのタイミングで変化するかを表す波形を示す。その入力AからDはレジスタ入力であり、そのためこれらはCLKの立ち上がり直後のみ変化する。

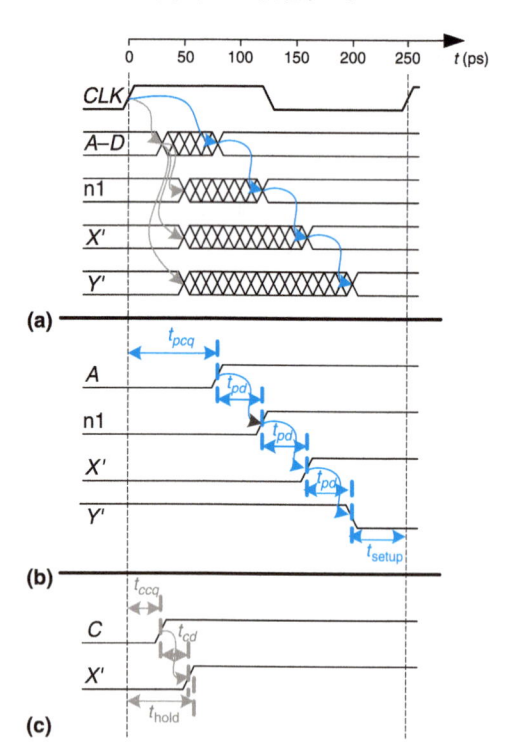

(a)

(b)

(c)

図3.43　タイミングチャート：（a）一般的な場合、（b）クリティカルパス、（c）ショートパス

　図3.43（b）に示すように、クリティカルパスが生じるのは、$B = 1$、$C = 0$、$D = 0$のときにAが0から1に立ち上がり、それによりn1が立ち上がることとなり、そしてX'が立ち上がり、その結果Y'が立ち下がる場合である。このパスは、3つのゲート遅延を伴う。このクリティカルパスに対しては、それぞれのゲートは、その伝播遅延全体を必要とすると仮定する。次のCLKの立ち上がりエッジまでに、Y'は安定している必要がある。したがって、最小サイク

ル時間は以下のようになる。

$$T_c \geq t_{pcq} + 3\,t_{pd} + t_{\text{setup}} = 80 + 3 \times 40 + 50 = 250 \text{ ps} \quad (3.18)$$

したがって、最大クロック周波数は$f_c = 1/T_c = 4$ GHzとなる。

　図3.43（c）に示すように、$A = 0$においてCが立ち上がるときに、X'が立ち上がる場合にショートパスが生じる。このショートパスに対しては、それぞれのゲートは、誘起遅延のみが経過した後に切り替わると仮定する。このパスでは、ゲート遅延は1つ分しか生じず、したがって、$t_{ccq} + t_{cd} = 30 + 25 = 55$ psの後に生じることになる。しかし、このフリップフロップには、60 psのホールドタイムがあり、これは、X'は、そのフリップフロップが確実にその値をサンプリングするには、CLKの立ち上がりエッジの後に60 psの間、安定した状態を保たなければならないことを意味していることを思い出そう。この場合、最初のCLKの立ち上がりエッジにおいては$X' = 0$であり、このフリップフロップには$X = 0$を捕らえてほしいのだが、X'は十分に長い間安定した状態を持続しなかったため、Xの実際の値は予測できなくなった。この回路は、ホールドタイム違反をおかしており、どのようなクロック周波数においても、思いもよらない動作を示すことになるのである。

例題3.11　ホールドタイム違反の修正

　図3.44に示すように、アリッサ・P・ハッカー嬢は、ショートパスの速度を減速させるために、バッファを加えることによって、ベンの回路を修正しようと提案してみた。このバッファは、他のゲートと同じ遅延が生じるものとする。最大クロック周波数を求め、ホールドタイム問題が生じるかどうか判断するようアリッサに助言せよ。

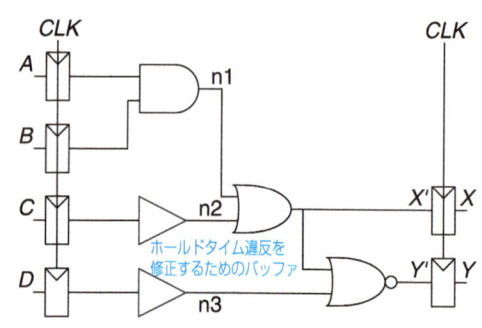

図3.44　ホールドタイム問題を修正した正しく動作する回路

解法：図3.45は、信号が変化するタイミングを表す波形を示したものである。AからYまでのクリティカルパスは、バッファを通過しないため、影響を受けない。そのため、最大クロック周波数は4 GHzのままとなる。しかしながら、ショートパスは、バッファの誘起遅延によって遅延が加えられることになる。そうすると、X'は$t_{ccq} + 2t_{cd} = 30 + 2 \times 25 = 80$ psまで変化しないことになる。これは60 psのホールドタイムが経過した後の変化となり、したがってこの回路はようやく正しく動作することになる。

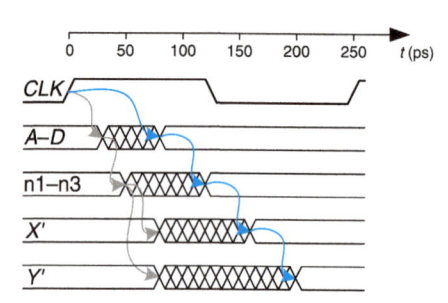

図3.45　ホールドタイム違反を修正するバッファを加えたタイミングチャート

　この例題では、ホールドタイム問題のポイントを示すために、異様に長いホールドタイムを想定した。ほとんどのフリップフロップでは、このような問題を回避するために$t_{hold} < t_{ccq}$となるように設計されている。しかしながら、Pentium 4のような高性能なマイクロプロセッサでは、フリップフロップの代わりに、パルスラッチと呼ばれるエレメントを用いている。このパルスラッチは、フリップフロップのように振る舞うが、クロックからQへの遅延が短く、長いホールドタイムを持っている。一般には、必ずではないが、バッファを追加しなくても通常はクリティカルパスを遅らせることなく、ホールドタイム問題を解決することができるものとなっている。

3.5.3　クロックスキュー*

　以前に解析したときは、クロックは完全に同時にすべてのレジスタに到達すると想定していた。実際はここで述べるように、なんらかのずれが生じる。このクロックエッジのずれはクロックスキューと呼ばれる。例えば、図3.46に示すように、クロック源からさまざまなレジスタにつながるワイヤの長さはまちまちであり、結果としてその遅延も異なってくる。ノイズによって遅延が異なってくる場合もある。3.2.5節で述べたクロックゲーティングによって、さらにクロックが遅れることにもなる。ゲートが絡むクロックがあったり、絡まないクロックがあったりすると、ゲートの絡んだクロックと、そうでないものとの間には、相当なスキューが生じる。図3.46では、2つのレジスタとクロックの間の配線には、見た目からもその経路の長さに違いがあり、$CLK2$は$CLK1$に比べて早く到達する。もしそのクロックが、別の配線により投入されるとすれば、$CLK1$が早くなることもある。タイミング解析を行うときには、その回路があらゆる状況の下で動作することを保証することができるように、最悪の事態を想定しなければならない。

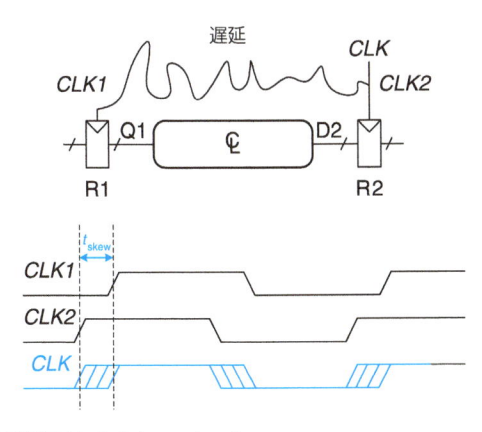

図3.46　配線遅延によるクロックスキュー

　図3.47は、図3.38の回路に対して、クロックスキューを加えたタイミングチャートを示したものである。クロック線（CLK）の太線の波形は、クロック信号がいずれかのレジスタに到達する中で、最も遅いタイミングを示しており、破線の波形は、そのクロックが、時間t_{skew}よりも早く到達することを示している。

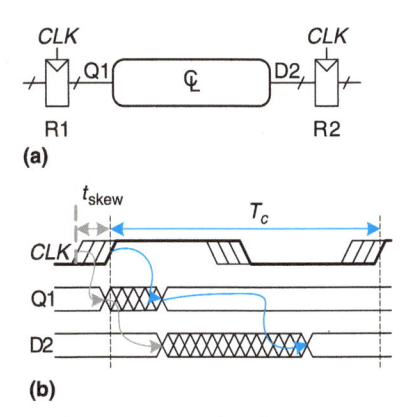

図3.47　クロックスキューのあるタイミングチャート

　まず、図3.48に示したセットアップタイム制約について考えてみよう。最悪のケースにおいては、R1は最も遅いスキューを持つクロックを受信し、R2は、最も早いスキューを持つクロックを受信することとなり、レジスタ間で伝播させるべきデータに対して、可能な限り最も短い時間のままにしてある。

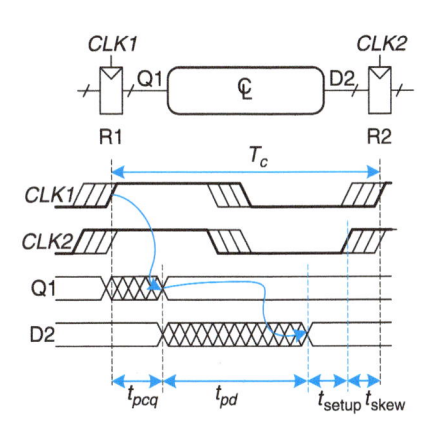

図3.48　クロックスキューのあるセットアップタイム制約

　このデータは、レジスタと組み合わせ回路を通過して伝播され、R2がサンプリングするまでに安定させておく必要がある。したがって、以下の不等式を得る。

$$T_c \geq t_{pcq} + t_{pd} + t_{setup} + t_{skew} \tag{3.19}$$

$$t_{pd} \leq T_c - (t_{pcq} + t_{setup} + t_{skew}) \tag{3.20}$$

次に図3.49に示すホールドタイム制約について考えてみよう。

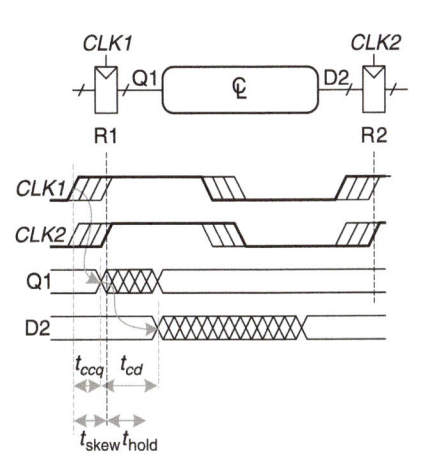

図3.49　クロックスキューのあるホールドタイム制約

最悪の場合というのは、R1は早いスキューのあるクロック$CLK1$を受信し、R2は遅れたスキューを持つクロック$CLK2$を受信する場合である。このデータは、レジスタと組み合わせ回路を速やかに通過するが、遅いほうのクロックの後に、そのホールドタイムまでには到達してはならない。そこで、以下の不等式を得る。

$$t_{ccq} + t_{cd} \geq t_{hold} + t_{skew} \tag{3.21}$$

$$t_{cd} \geq t_{hold} + t_{skew} - t_{ccq} \tag{3.22}$$

まとめると、クロックスキューによってセットアップタイムとホールドタイムの両方を事実上増加してしまうことになってしまう。そのスキューは、組み合わせ回路において回路動作に利用できる有効な時間が減ることとなり、順次オーバーヘッドがさらに加わることになってしまう。その上、組み合わせ回路を通過するのに要する最小遅延さえも増加してしまうことになる。たとえ$t_{hold} = 0$であったとしても、もし$t_{skew} > t_{ccq}$であるならば、フリップフロップをカスケード接続したものは、式(3.22)に反するものとなる。この深刻なホールドタイム違反を回避するためには、設計者は、あまりに大きなクロックスキューを認めないようにしなければならない。クロックスキューが相当大きいときには、ホールドタイム問題を回避するために、フリップフロップを、意図的に特に遅い（すなわち、t_{ccq}の大きい）ものとして設計する場合もある。

例題3.12　クロックスキューのある場合のタイミング解析

例題3.9について、そのシステムには、50psのクロックスキューがある場合を想定して、もう一度考えてみよ。

解法：クリティカルパスは同じように存在するが、クロックスキューの影響により、セットアップタイムが増加する。したがって、最小サイクルタイムは以下のようになる。

$$T_c \geq t_{pcq} + 3\,t_{pd} + t_{setup} + t_{skew}$$
$$= 80 + 3 \times 40 + 50 + 50 = 300\ \text{ps} \tag{3.23}$$

最大クロック周波数は$f_c = 1/T_c = 3.33\ \text{GHz}$となる。

ショートパスについては、変わらず55 psのままである。ホールドタイムは、このスキューの影響により増加してしまい、60 + 50 = 110 psとなり、これは、55 psよりもかなり大きなものとなる。したがって、この回路はホールドタイム制約をおかしてしまい、周波数をどう設定しても誤作動することになる。この回路は、もともとスキューがなくてもホールドタイム制約に違反していた。システム内のスキューにより、この違反がさらにひどいものになってしまった。

例題3.13　ホールドタイム違反の修正

例題3.11について、このシステムに50 psのクロックスキューがあるとして、もう一度考えてみよ。

解法：クリティカルパスには影響はなく、最大クロック周波数は3.33 GHzのままである。

ショートパスは80 psまで増えてしまう。これはまだ$t_{hold} + t_{skew} = $110 psより小さな値であり、この回路は、やはりそのホールドタイム制約に違反している。

この問題を解決するためには、さらにバッファを追加するようにする。バッファは、クリティカルパス上にも追加する必要があ

り、これによりクロック周波数が低下することになってしまう。他の方法は、短いホールドタイムの高速なフリップフロップを用いることである。

3.5.4　メタステーブル状態

前に述べたように、順序回路への入力が、特に外界から到着するときには、その入力が露出時間の間安定していることを常に保証できるというわけではない。図3.50に示すように、ボタンスイッチをフリップフロップの入力に接続している状況を考えよう。

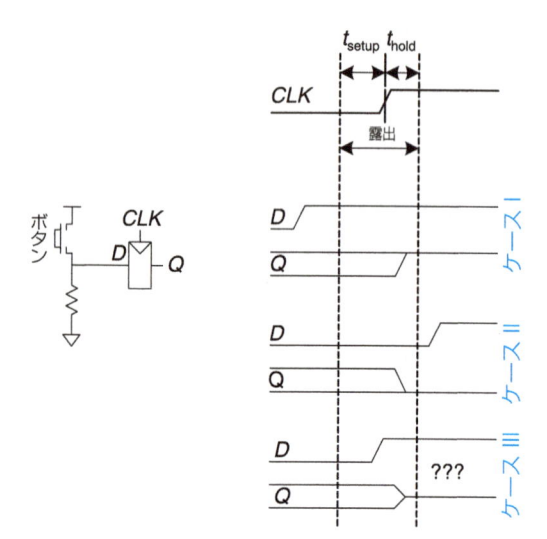

図3.50　露出時間の前後、およびその間に変化する入力

そのボタンが押されていないときは$D = 0$となり、ボタンが押されると$D = 1$となる。ある猿が、CLKの立ち上がりエッジに呼応して、ランダムなタイミングでボタンを押したりする状況を考えてみよう。CLKの立ち上がりエッジの後に出力Qがどうなるか知りたい。ケースIでは、ボタンがCLKよりもかなり前に押されたときは$Q = 1$となる。ケースIIでは、CLKからかなり遅れてボタンが押された場合で、$Q = 0$となる。しかし、ケースIIIにおいては、ボタンがCLK前のt_{setup}からCLK後のt_{hold}までの間のいずれかのタイミングで押されたとき、入力は動的な規格に違反し、そのため出力は不確定なものとなる。

メタステーブル状態

フリップフロップが、その露出時間の間に変化する入力をサンプリングするときには、その出力Qは、禁止領域である0とV_{DD}の間の電圧値を一瞬の間取ることになるかもしれない。これをメタステーブル状態と呼ぶ。結局は、そのフリップフロップは、0あるいは1の安定した状態（ステーブル状態）の出力に落ちつくことになる。しかしながら、安定した状態に帰着するのに要する時間（帰着時間、レゾリューション時間）は定まっていない。

図3.51に示すように、フリップフロップのメタステーブル状態は、2つの谷の間の山の頂上にあるボールに類似している。2つの谷はステーブル状態である。というのは、外乱が加わらない限り、谷にあるボールは、その場所でとどまること

になるからである。仮にボールが山の頂上で完全にバランスがとれているとしたらその場にとどまることになるので、その山の頂上をメタステーブルであると呼ぶことにする。しかし、完全なものは存在せず、このボールは、山の両側のどちらかに結局は転げ落ちていくことになるのである。この変化が生じるのに要する時間は、最初にそのボールがどのようにバランスをとっていたかに依存する。バイステーブル状態のあらゆるデバイスには、2つの安定した状態の間のメタステーブル状態が存在する。

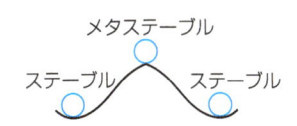

図3.51 ステーブル状態とメタステーブル状態

帰着時間

もしフリップフロップの入力が、クロックサイクルの間でランダムに変化するとすると、ステーブル状態に落ち着くのに要する帰着時間t_{res}もランダムな変数となる。もし入力が、露出時間の外側で変化したとすると、$t_{res} = t_{pcq}$となる。しかし、入力が露出時間の中で変化してしまったのであれば、帰着時間t_{res}はかなり長くなってしまうことになる。理論的な解析、および実験による分析によると（3.5.6節参照）、帰着時間t_{res}が任意の時間tを超える確率は、以下の式のようにtの指数関数的に減少することが示されている。

$$P\left(t_{res} > t\right) = \frac{T_0}{T_c} e^{-\frac{t}{\tau}} \tag{3.24}$$

ここで、T_cはクロック周期を示し、T_0とtはフリップフロップの特性を示す。この式は、tがt_{pcq}より十分に長い場合にのみ有効となる。

直感的に、T_0/T_cは、入力が不正な時間（すなわち、露出時間の間）に変化する確率を示しており、この確率はサイクルタイムT_cが大きくなればなるほど減少する。τは、フリップフロップがメタステーブル状態からどの程度速く抜け出ることができるかを示す時定数であり、これはフリップフロップにおいて、カスケード接続したゲートを通過するときの遅延時間に関係する。

まとめると、もしフリップフロップのようなバイステーブ

ルデバイスへの入力が、露出時間の間に変化したとすると、0あるいは1といったステーブル状態に落ち着く前に、出力は、しばらくの間メタステーブルな値を取る可能性がある。その落ち着くまでに要する時間は決まったものではない。というのは、有限時間tがどのような値であっても、その間にそのフリップフロップがまだメタステーブル状態であるという確率はゼロではないからである。しかしながら、tが増加するにつれて、この確率は指数関数的に減少する。したがって、t_{pcq}よりかなり長い十分な時間を待てば、非常に高い確率でこのフリップフロップは有効な論理値に帰着することになる。

3.5.5 シンクロナイザ

現実世界においては、ディジタルシステムに対して非同期に入力するということは避けられない。例えば、人間が行う入力は非同期である。なんら対処を考えずにこういった非同期入力を扱えば、システム内でメタステーブルな電圧値に陥ってしまい、再現性のないシステムの誤動作を引き起こし、それを突き止めてデバッグすることは極めて困難なものになってしまう。ディジタルシステム設計において求められるのは、非同期入力がある場合にでも、メタステーブルな電圧に陥る確率が十分に小さくなるように保証することである。ここでいう「十分に」というのは、利用する状況に依存する。携帯電話の場合は、たぶん10年に1回程度の誤動作ならば許してもらえる。というのも、もしその携帯電話が動かなくなったら、その電源を落として、また電源をオンにし直せばいいのである。しかしながら、医療機器の場合は、宇宙の存続期間（10^{10}年）において、1回誤動作するかしないかといったような信頼性を目指さなくてはならない。正しい論理値を保証するためには、非同期入力は、すべて**シンクロナイザ**を通すべきである。

シンクロナイザとは、図3.52に示すように、非同期入力Dとクロック信号CLKを受信する装置のことである。シンクロナイザは、限られた時間内に出力Qを生成し、その出力は、極めて高い確率で有効な論理値に落ち着く。Dが露出時間の間で安定していたのであれば、QはDと同じ値を取ることになる。Dが露出時間内に変化したとしても、QはHIGHまたはLOWの値を取るが、絶対にメタステーブル状態にはならない。

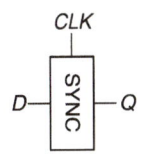

図3.52 シンクロナイザの回路記号

図3.53には、2つのフリップフロップを用いてシンクロナイザを構築する簡単な方法を示す。F1はCLKの立ち上がりエッジ時にDをサンプリングする。もしDがそのとき変化したとすると、その出力$D2$は一瞬メタステーブル状態となるかもしれない。もしクロック周期が十分に長いのであれば、$D2$は、高い確率で、その周期が終わるまでには有効な論理値に落ち着

くことになる。それからF2は、適切な出力Qを生成して、安定した状態であるD2をサンプリングすることになる。

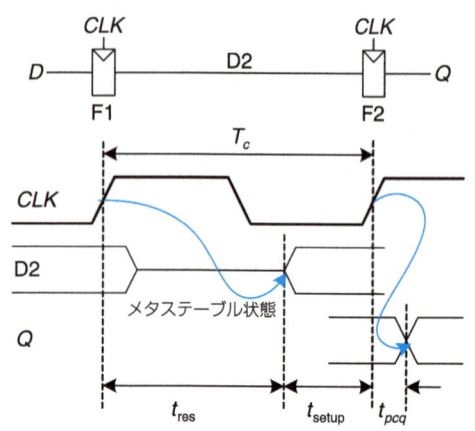

図3.53 単純なシンクロナイザ

シンクロナイザの出力Qがメタステーブル状態になった場合、シンクロナイザはフェイルした（機能しなかった）という。D2が、F2において安定しなければならないときまでに、有効な論理値に落ち着くことができなかった場合、すなわち、$t_{res} > T_c - t_{setup}$である場合に、このフェイル状況が生じるかもしれない。式(3.24)によれば、入力の変化がランダムに1回起きるときのフェイルする確率は、以下の式となる。

$$P\left(\text{フェイル}\right) = \frac{T_0}{T_c} e^{-\frac{T_c - t_{setup}}{\tau}} \tag{3.25}$$

フェイルする確率P(フェイル)は、Dが1回変化したときに出力Qがメタステーブル状態となる確率になる。もしDが毎秒1回変化するとすると、1秒ごとのフェイルの確率は、そのままP(フェイル)となる。しかしながら、もしDが毎秒N回変化すると、1秒ごとのフェイルの確率はN倍となり、以下のようになる。

$$P\left(\text{フェイル}\right)/\sec = N \frac{T_0}{T_c} e^{-\frac{T_c - t_{setup}}{\tau}} \tag{3.26}$$

システムの信頼性は、通常平均故障時間（MTBF）として計測される。その名前が示すように、MTBFは、システムが故障を起こす間隔時間の平均値である。これは、毎秒ごとにおけるシステムがフェイルする確率の逆数として以下のように得られる。

$$MTBF = \frac{1}{P\left(\text{フェイル}\right)/\sec} = \frac{T_c e^{\frac{T_c - t_{setup}}{\tau}}}{N T_0} \tag{3.27}$$

式(3.27)は、T_cの時間が長くなればなるほど、シンクロナイザの待ち時間も長くなり、MTBFは指数関数的に改善されることを示している。たいていのシステムにおいては、シンクロナイザの待ち時間が1クロックサイクルであっても、MTBFは安心できる値になる。例外的に高速システムでは、待ち時間にさらに多くのサイクル数を要することもある。

例題3.14 有限状態マシンの入力におけるシンクロナイザ

3.4.1節に示した信号機コントローラの有限状態マシンは、通行センサから非同期の入力を受け取る。このコントローラに対し

て、安定した入力を保証するためにシンクロナイザを使うことを想定しよう。人通りが平均して毎秒0.2回到着するものとする。シンクロナイザにおけるフリップフロップは次の特性を持つものとする：$\tau = 200$ ps、$T_0 = 150$ ps、$t_{setup} = 500$ ps。MTBFが1年を超えるためには、このシンクロナイザのクロック周期をどの程度としなければならないか。

解法：1年 $\approx \pi \times 10^7$秒とし、方程式(3.27)を解くことで以下の式を得る。

$$\pi \times 10^7 = \frac{T_c e^{\frac{T_c - 500 \times 10^{-12}}{200 \times 10^{-12}}}}{(0.2)\left(150 \times 10^{-12}\right)} \tag{3.28}$$

この方程式の解は一意に決まるものではない。しかしながら、カット&トライを繰り返すことで容易に解を得ることができる。表計算ソフトを用いて、T_cの値をいくつか試してみて、MTBFが1年となるT_cの値が見つかるまで、MTBFの計算を行ってみると、$T_c = 3.036$ nsといった解が得られる。

3.5.6 帰着時間の導出*

式(3.24)は回路理論、微分方程式、確率論の基本的な知識を用いて得ることができる。こういった式の導出に興味がなかったり、あるいは数学に通じていないのであれば、この節は読み飛ばしてもかまわない。

あるフリップフロップで、変化している入力をサンプリングし（メタステーブル状態を引き起こして）、その出力が、クロックエッジ後のある時間t内に有効な論理値に帰着しなければ、そのフリップフロップは、時間tの後にメタステーブル状態となる。概念的には、これは以下の式で示される。

$$P\left(t_{res} > t\right) = P\left(\text{変化する入力をサンプリング}\right) \times P\left(\text{未帰着}\right) \tag{3.29}$$

個々の項の確率を考えてみよう。図3.54に示すように、非同期入力信号はある時間t_{switch}内に0と1の間で切り替わる。

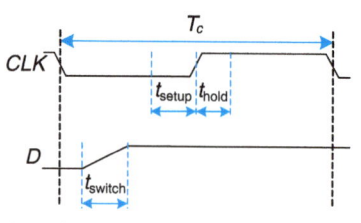

図3.54 入力タイミング

入力がクロックエッジの前後の露出時間の間に変化する確率は以下のようになる。

$$P\left(\text{変化する入力をサンプリング}\right) = \frac{t_{switch} + t_{setup} + t_{hold}}{T_c} \tag{3.30}$$

もしフリップフロップがメタステーブル状態に（すなわち、確率P(変化する入力をサンプリング)の下で）入ったとすると、そのメタステーブル状態から帰着するのに要する時間は、回路の内部の動作に依存する。この帰着時間により、そのフリップフロップは、時間tの後に、有効な論理値にまだ帰着していない確率P(未帰着)が決まる。この節では、この確率

を見積もるために、バイステーブルのデバイスの単純なモデルを解析することにする。

バイステーブルデバイスは、正帰還による記憶を利用する。図3.55（a）は、対となったインバータを用いて、このフィードバックを実装したものを示しており、この回路の挙動はたいていのバイステーブルエレメントに対しても当てはまる。

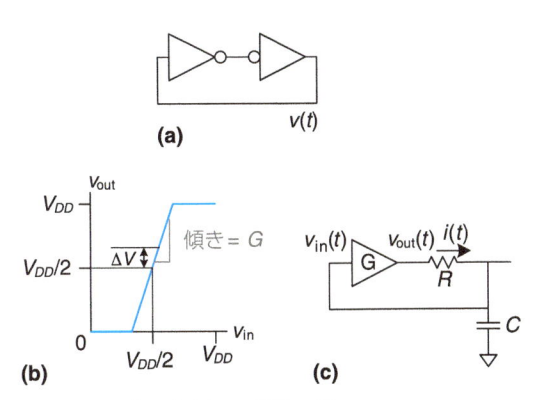

(a)

(b) **(c)**

図3.55 バイステーブルデバイスの回路モデル

インバータの対は、バッファのように振る舞う。図3.55（b）に示す対称的な傾きGの直流変換特性を持つものとして、このバッファをモデル化をしてみよう。このバッファは、有限の出力電流量だけを送り出すことができ、出力抵抗Rとしてこれをモデル化することができる。どのような回路にも、実際には充電することになる電気容量Cも存在する。抵抗を通じてコンデンサを充電することによって、バッファが直ちにスイッチングするのを阻止して、RC遅延が生じる。そのため、完全な回路モデルは図3.55（c）に示され、ここでは$v_{out}(t)$は、バイステーブルデバイスの状態を伝える重要な電圧となる。

この回路においてメタステーブル状態となるポイントは、$v_{out}(t) = v_{in}(t) = V_{DD}/2$であり、この回路が正確にそのポイントにおいて動き始めたのであれば、回路はノイズがない状態で、いつまでもその状態にとどまることになる。電圧は連続値を取る変数であるため、回路が正確にメタステーブルのポイントにおいて動き始める可能性は、ほとんどないくらい小さい。しかしながら、この回路はわずかなオフセットΔVに対して、$v_{out}(0) = V_{DD}/2 + \Delta V$では、時間0においてメタステーブル状態に近い状態になり始めるかもしれない。このような場合、結局正帰還は、$\Delta V > 0$であればV_{DD}に、そして$\Delta V < 0$であれば0に$v_{out}(t)$がドライブされることになる。V_{DD}や0に達するのに要する時間は、バイステーブルデバイスの帰着時間となる。

直流変換特性は非線形であるが、対象の領域であるメタステーブル状態の地点近くでは線形のように見える。特に、$v_{in}(t) = V_{DD}/2 + \Delta V/G$であれば、微小な$\Delta V$に対して、$v_{out}(t) = V_{DD}/2 + \Delta V$となる。抵抗を通じて流れる電流は、$i(t) = (v_{out}(t) - v_{in}(t))/R$となる。コンデンサは、$dv_{in}(t)/dt = i(t)/C$の速度で充電される。これらの事実をまとめると、出力電圧に対する以下の支配方程式が得られる。

$$\frac{dv_{out}(t)}{dt} = \frac{(G-1)}{RC}\left[v_{out}(t) - \frac{V_{DD}}{2}\right] \tag{3.31}$$

この式は、線形一階微分方程式である。これを、初期条件$v_{out}(0) = V_{DD}/2 + \Delta V$の下に解くと、以下の式が得られる。

$$v_{out}(t) = \frac{V_{DD}}{2} + \Delta V e^{\frac{(G-1)t}{RC}} \tag{3.32}$$

図3.56は、さまざまな起点における$v_{out}(t)$の曲線を描いたものである。

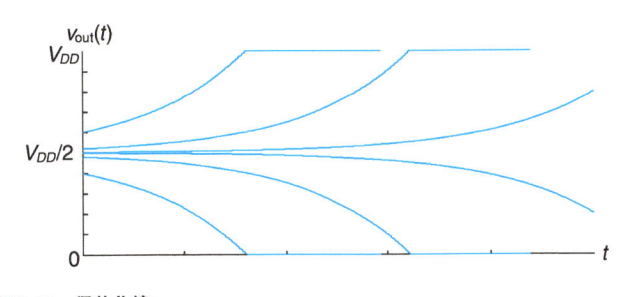

図3.56 帰着曲線

$v_{out}(t)$は、メタステーブル状態の地点$V_{DD}/2$から出発して、V_{DD}あるいは0において飽和するまで指数関数的に変動する。出力は、1あるいは0に結局は帰着する。これに要する時間は、メタステーブル状態の地点（$V_{DD}/2$）からの初期電圧オフセット（ΔV）に依存する。

$v_{out}(t_{res}) = V_{DD}$または$v_{out}(t_{res}) = 0$となるように、帰着時間$t_{res}$に対する方程式(3.31)を解くと、以下の式が得られる。

$$\left|\Delta V\right| e^{\frac{(G-1)t_{res}}{RC}} = \frac{V_{DD}}{2} \tag{3.33}$$

$$t_{res} = \frac{RC}{G-1}\ln\left(\frac{V_{DD}}{2|\Delta V|}\right) \tag{3.34}$$

まとめると、バイステーブルデバイスにおいて、出力がゆっくりと変化するほどの大きな抵抗あるいはコンデンサがあるならば、帰着時間は増加する。バイステーブルデバイスの利得（ゲイン）Gが大きければ、帰着時間は減少する。回路が、メタステーブル状態の地点（$\Delta V \to 0$）に近づいて行くにつれ、帰着時間は、対数的に増加する。

τを$RC/(G-1)$と定義する。ΔVに対する方程式(3.34)を解くと、所定の帰着時間t_{res}を求めるための初期オフセットΔV_{res}が以下のように得られる。

$$\Delta V_{res} = \frac{V_{DD}}{2} e^{-t_{res}/\tau} \tag{3.35}$$

バイステーブルデバイスが、入力が変化している間に、その入力をサンプリングすると想定しよう。電圧$v_{in}(0)$は、0とV_{DD}の間に一様に分布すると仮定して計測される。その出力が、時間t_{res}の後に適正な値に帰着しない場合の確率は、初期オフセットが十分に小さい確率に依存する。特に、v_{in}に関する初期オフセットが$\Delta V_{res}/G$よりも必ず小さくなるように、v_{out}に関する初期オフセットを、ΔV_{res}よりも小さくすべきである。そこで、十分に小さい初期オフセットを得るときに、

このバイステーブルデバイスが入力をサンプリングする確率は以下のようになる。

$$P(未帰着) = P\left(\left|v_{in}(0) - \frac{V_{DD}}{2}\right| < \frac{\Delta V_{res}}{G}\right) = \frac{2\Delta V_{res}}{GV_{DD}} \quad (3.36)$$

これらの式から、帰着時間がある時間tを超える確率は次の式によって得られる。

$$P(t_{res} > t) = \frac{t_{switch} + t_{setup} + t_{hold}}{GT_c} e^{-\frac{t}{\tau}} \quad (3.37)$$

式(3.37)は、式(3.24)において、$T_0 = (t_{switch} + t_{setup} + t_{hold})/G$、$\tau = RC/(G-1)$としたものである。まとめると、式(3.24)を導出し、T_0とτがどのようにバイステーブルデバイスの物理的特性に依存するか示したのである。

3.6　並列性

システムの動作速度は、システムを通過して移動する情報の遅延時間（レイテンシ）とスループットによって決まる。**トークン**を、出力群を生成するために処理される入力群として定義する。この用語は、データがその回路を通過している様子を視覚的に分かりやすくするために、地下鉄の代用貨幣（トークン）を回路図の上に置いて、動かしていくというところから名付けられたものである。システムの**遅延時間（レイテンシ）**は、1つのトークンが、そのシステムの出発点から到着点まで通過するのに要する時間である。**スループット**は、単位時間に生成できるトークンの数である。

例題3.15　クッキー料理のスループットとレイテンシ

ベン・ビットディドル君は、彼が設計した信号機コントローラの完成を祝おうと、ミルク＆クッキーパーティを催そうとしている。クッキーの生地を延ばして、トレイの上に並べるのには5分を要する。それから、クッキーをオーブンで焼き上げるのに15分かかる。クッキーが焼き上がると、次のトレイに取りかかる。クッキーをトレイで焼き上げる場合の、ベンのスループットとレイテンシはどのようになるか。

解法：この例題では、クッキーを焼くトレイがトークンとなる。レイテンシは、トレイごとに1/3時間（15分＋5分）である。スループットは、毎時3枚のトレイということになる。

お察しの通り、このスループットは同時にいくつかのトークンを処理することによって改善することができる。これは**並列性（パラレリズム）**と呼ばれ、空間的なものと時間的なものの2種類の形式に分けられる。**空間的並列性**を利用するには、複数のタスクを同時に処理できるように、同一ハードウェアを複数用いることになる。**時間的並列性**を利用するためには、流れ作業のように、タスクをいくつかの段階（ステージ）に分割することになる。複数のタスクは、ステージ中にばら撒かれる。それぞれのタスクは、すべてのステージを通過しなくてはならないが、別々のタスクは、随時各々のステージに存在し、複数のタスクはオーバーラップさせることができる。この時間的並列性は、一般に**パイプライン処理**と呼ばれる。空間的並列性を単に並列性と呼ぶこともあるが、あいまいな表現であるため、その呼び方は避けることにしよう。

例題3.16　クッキーを焼くときの並列性

ベン・ビットディドル君のパーティには、何百人もの友人がやってくるため、大急ぎでクッキーを焼く必要があった。ベンは、空間的並列性および時間的並列性を利用しようと考えた。

空間的並列性：ベンはアリッサ・P・ハッカー嬢に手伝ってもらうようお願いした。アリッサは自分のクッキー用トレイとオーブンを持っていた。

時間的並列性：ベンは、もう1つクッキー用トレイを入手した。オーブンには、一方のトレイを入れ、そのトレイでクッキーが焼き上がるのを待っている間に、もう一方のトレイの上でクッキーを延ばし始めるのだ。

空間的並列性を用いた場合のスループットとレイテンシはどうなるか。時間的並列性を利用した場合はどうか。この両方の並列性を用いるとどうなるか。

解法：ここでのレイテンシは、1つの作業を始めてから完遂するまでに要する時間となる。どのトレイに対しても、レイテンシは1/3時間である。まだクッキーが全くない状態から作業を開始したとすると、レイテンシは、ベンが、最初のクッキー用トレイで焼き上げるまでに要する時間となる。

この場合のスループットは、1時間ごとに焼き上がるクッキー用トレイの枚数となる。空間的並列性を用いて、ベンとアリッサは、それぞれ20分ごとに1枚ずつトレイを焼き上げることができる。したがって、スループットは、倍の毎時トレイ6枚となる。時間的並列性によって、ベンは15分ごとにオーブンに新しいトレイを入れ、スループットは毎時トレイ4枚となる。この様子を図3.57に示す。

もしベンとアリッサが両方の並列性を用いるなら、2人合わせて、毎時8枚のトレイを焼き上げることができるようになる。

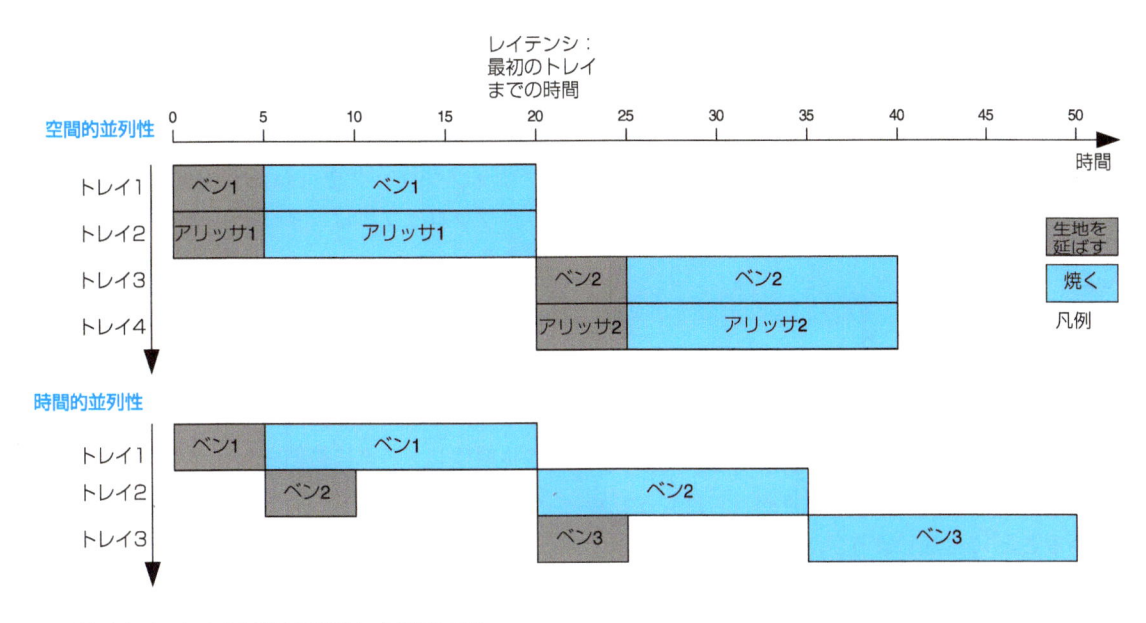

図3.57 クッキーを焼く台所における空間的並列性と時間的並列性

あるタスクのレイテンシLについて考えてみよう。並列性のないシステムにおいては、スループットは$1/L$となる。空間的並列性を持つシステムでは、N個のハードウェアを用いることで、スループットはN/Lとすることができる。時間的並列性を持つシステムでは、タスクは理想的にはN個の等しい長さのステップ（すなわちステージ）に分割される。このような場合、スループットは同様にN/Lとなり、ハードウェアは1つでよい。しかしながら、クッキーを焼く例で示したように、等しい長さのN個のステップを見いだすことは実際にはなかなか困難である。最も長いステップのレイテンシがL_1であるとすると、パイプラインのスループットは$1/L_1$になるのである。

パイプライン処理（時間的並列性）は、ハードウェアの複製を必要とせず、回路を高速化できるため、特に魅力的ではある。その代わりに、論理回路を高速なクロックで動作させるよう、短いステージに分けるために組み合わせ回路ブロックの間にレジスタを置くことになる。このレジスタは、あるパイプラインステージにあるトークンが、次のステージにあるトークンに追いついて、そのトークンと衝突してしまうのを防ぐためのものである。

図3.58には、パイプライン処理を用いない場合の回路例を示す。

この回路には、レジスタの間に4ブロックの回路が含まれている。クリティカルパスは、ブロック2、3、4を通過する部分である。このレジスタは、クロックからQへの伝播遅延が0.3 nsで、セットアップタイムは0.2 nsであるとしよう。したがって、サイクルタイムは、$T_c = 0.3 + 3 + 2 + 4 + 0.2 = 9.5$ nsとなる。この回路のレイテンシは9.5nsであり、スループットは、$1/9.5$ ns = 105 MHzとなる。

図3.59では、同じ回路で、ブロック3とブロック4の間にレジスタを加えることによって、2つのステージのパイプラインに分割したものを示す。最初のステージでは、$0.3 + 3 + 2 + 0.2 = 5.5$ nsの最小クロック周期となる。2番目のステージの最小クロック周期は、$0.3 + 4 + 0.2 = 4.5$ nsとなる。クロックは、すべてのステージが動作するように、遅い方に合わせなければならない。したがって、$T_c = 5.5$ nsとなる。レイテンシは2クロックサイクルとなり、したがって11 nsとなるため、スループットは$1/5.5$ ns = 182 MHzである。この例では、実際の回路において、2段ステージを持つパイプライン処理におけるスループットはほとんど2倍になり、レイテンシは少し増えることを示している。比較対象となる理想的なパイプライン処理においては、スループットはちょうど2倍になり、レイテンシのペナルティは全くない。理想との食い違いの原因は、1つはこの回路を正確に等分できないことであり、1つはレジスタを導入したことによるオーバーヘッドである。

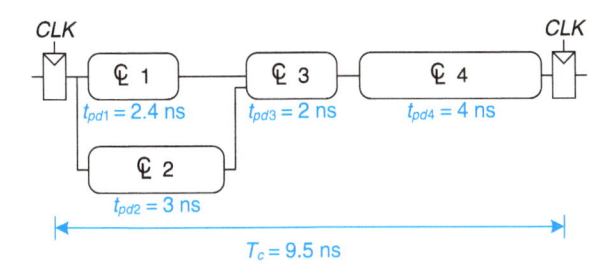

図3.58 パイプライン処理を行わない回路

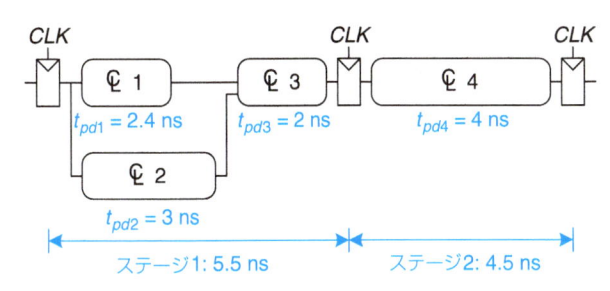

図3.59 2ステージパイプラインのある回路

図3.60には、同じ回路を3段ステージのパイプラインに分割したものを示す。

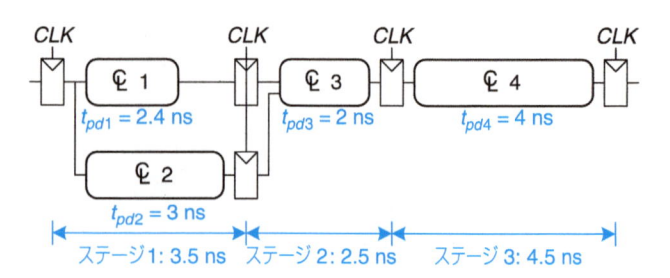

図3.60　3ステージパイプラインのある回路

最初のパイプラインステージの終端にあるブロック1とブロック2の結果を格納するために、レジスタがさらにもう2つ必要となっていることに注意しよう。このサイクルタイムは、3番目のステージによって、ここでは4.5 nsに抑えられることになる。レイテンシは3サイクル分の13.5 nsとなり、スループットは1/4.5 ns = 222 MHzである。このようにもう1段パイプラインステージを加えることにより、若干のレイテンシを犠牲にするものの、スループットが改善されていることが分かる。

これらのパイプライン技術は強力なものではあるが、あらゆる状況に適用できるわけではない。並列性の命綱は**依存性**である。もし現在のタスクが、そのタスクにおけるこれまでのステップの結果ではなく、先行するタスクの結果に依存するのであれば、先行タスクが完了するまでは、その現行タスクをスタートできない。例えば、もしベンが2つ目のトレイを準備し始める前に、最初のトレイで焼いたクッキーが美味しく焼けているか味見したいと考えたとすると、そこにはパイプライン処理や並列実行を損なう依存性が顔を出す。高性能ディジタルシステムを設計する場合において、並列性は最も重要な技術の1つである。第7章では、さらにパイプライン処理について述べることとし、依存性について扱った例題を示す。

3.7　まとめ

この章では、順序回路を解析し、その設計手法について述べた。現在の入力にだけ依存する組み合わせ回路とは対照的に、順序回路の出力は、現在の入力と、それ以前の入力の両方に依存する。言い換えると、順序回路は、過去の入力についての情報を記憶しているのである。この記憶したものは、回路の状態と呼ばれる。

> 出力が、未来の入力によって決定されるような回路を発明することができたなら、途方もない富を得ることになるに違いない！

順序回路を解析することは難しくもあり、いとも簡単におかしな設計をしてかしてしまう。そのため、小規模なビルディングブロックに制限して、慎重に設計することから始めた。この目標に沿って、最も重要なエレメントとして、ク

ロックと入力Dを受け取り、出力Qを生成するフリップフロップを取り上げた。フリップフロップは、クロックの立ち上がりエッジ時に、Dの値をQにコピーして、それ以外のときは、Qの以前の状態を記憶する。共通のクロックを共有するフリップフロップを束ねたものはレジスタと呼ばれる。フリップフロップには、リセットやイネーブル信号を持つものもある。

順序回路を構築するにはさまざまな方式があるが、設計の容易性から、同期式順序回路を用いた設計方法について学んだ。同期式順序回路は、クロック制御のレジスタによって区切られた組み合わせ回路のブロック群から構成される。回路の状態はレジスタに格納され、有効なクロックエッジのときにだけ更新される。

順序回路を設計する場合においては、有限状態マシンは強力な技術である。有限状態マシンを設計するには、まずそのマシンの入力と出力を規定して、その状態とその間の遷移を表す状態遷移図を描くことである。その状態に対して符号化方法を選択し、その状態遷移図を基に、現在の状態と入力から、次の状態と出力を決定する状態遷移表と出力表を作成する。これらの表から、次の状態と出力を求める組み合わせ回路を設計し、回路図を描く。

同期式順序回路には、クロックからQへの伝播遅延時間t_{pcq}と誘起遅延時間t_{ccq}、さらには、セットアップタイムt_{setup}とホールドタイムt_{hold}といったものを規定したタイミング仕様がある。正しく動作させるためには、入力は、クロックの立ち上がりエッジ前のセットアップタイムから始まり、クロックの立ち上がりエッジ後のホールドタイムまでに終わる露出時間の間ステーブル（安定）状態でなければならない。システムの最小サイクルタイムT_cは、組み合わせ回路を通過する伝播遅延時間t_{pd}に、レジスタの$t_{pcq} + t_{setup}$を加えたものと等しくなる。正しく動作させたいのであれば、レジスタと組み合わせ回路を通過するときの誘起遅延はt_{hold}より大きくなければならない。ホールドタイムはサイクル時間に影響するとよく誤解されるが、そうではない。

システム全体の性能は、レイテンシとスループットによって測られる。レイテンシとは、トークンが、始点から終点まで通過するのに要する時間である。スループットとは、システムが単位時間当たりに処理することのできるトークンの数である。並列性により、システムのスループットは改善される。

演習問題

演習問題3.1 図3.61に示した入力波形が与えられたときの、SRラッチの出力Qを描け。

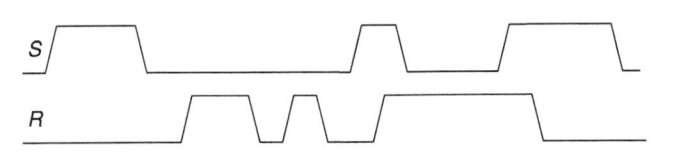

図3.61 演習問題3.1用のSRラッチの入力波形

演習問題3.2 図3.62に示した入力波形が与えられたときの、SRラッチの出力Qを描け。

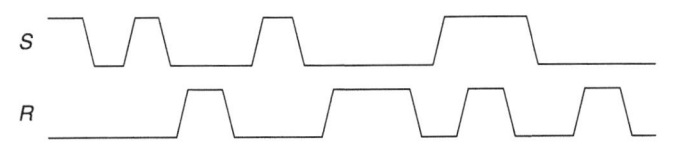

図3.62 演習問題3.2用のSRラッチの入力波形

演習問題3.3 図3.63に示した入力波形が与えられたときの、Dラッチの出力Qを描け。

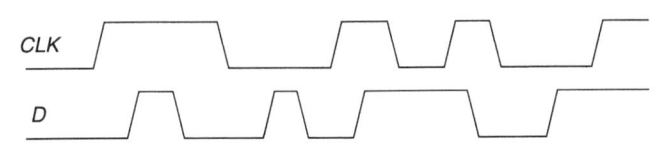

図3.63 演習問題3.3と演習問題3.5用のDラッチまたはDフリップフロップの入力波形

演習問題3.4 図3.64に示した入力波形が与えられたときの、Dラッチの出力Qを描け。

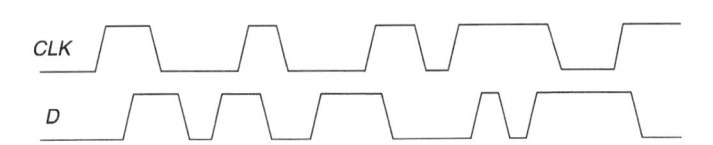

図3.64 演習問題3.4と演習問題3.6用のDラッチまたはDフリップフロップの入力波形

演習問題3.5 図3.63に示した入力波形が与えられたときの、Dフリップフロップの出力Qを描け。

演習問題3.6 図3.64に示した入力波形が与えられたときの、Dフリップフロップの出力Qを描け。

演習問題3.7 図3.65に示した回路は、組み合わせ回路か、あるいは順序回路かを述べよ。入力と出力との間にはどのような関係があるかを簡潔に説明せよ。この回路のことをどう呼べばよいか。

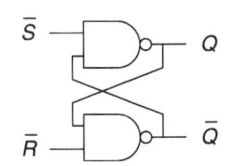

図3.65 謎の回路1

演習問題3.8 図3.66に示した回路は、組み合わせ回路か、あるいは順序回路かを述べよ。入力と出力との間にはどのような関係があるかを簡潔に説明せよ。この回路のことをどう呼べばよいか。

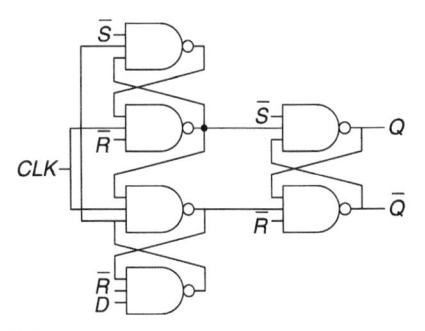

図3.66 謎の回路2

演習問題3.9 トグル（**T**）フリップフロップは、入力としてはクロックCLK 1つで、出力はQ 1つである。Qは、CLKの立ち上がりエッジごとに、前の値を反転させる動作を繰り返す。Dフリップフロップとインバータを用いて、Tフリップフロップの回路図を描け。

演習問題3.10 **JKフリップフロップ**は、クロックと2つの入力JとKを受け取る。クロックの立ち上がりエッジ時に、出力Qを更新する。JとKがともに0であるなら、Qがその以前の値を保持する。Jのみが1であれば、Qは1になる。Kだけ1であれば、Qは0になる。J、Kともに1である場合、Qは現在の状態を反転させる。

(a) Dフリップフロップと組み合わせ回路を用いてJKフリップフロップを構成せよ。

(b) JKフリップフロップと組み合わせ回路を用いてDフリップフロップを構成せよ。

(c) JKフリップフロップを用いTフリップフロップ（演習問題3.9参照）を構成せよ。

演習問題3.11 図3.67の回路は、**MullerのCエレメント**と呼ばれるものである。簡単な方法で、入力と出力との間にはどのような関係があるか説明せよ。

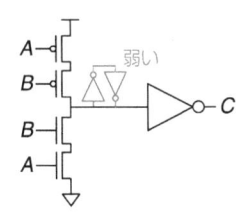

図3.67 MullerのCエレメント

演習問題3.12 論理ゲートを用いて非同期式リセット機能付きDラッチを設計せよ。

演習問題3.13 論理ゲートを用いて非同期式リセット機能付きDフリップフロップを設計せよ。

演習問題3.14 論理ゲートを用いて同期式セット機能付きDフリップフロップを設計せよ。

演習問題3.15 論理ゲートを用いて非同期式セット機能付きDフリップフロップを設計せよ。

演習問題3.16 N個のインバータをループ状に接続して、リングオシレータを構築するとする。それぞれのインバータの最小遅延時間はt_{cd}であり、最大遅延時間はt_{pd}である。Nが奇数であるとして、このオシレータが動作する周波数の範囲を決定せよ。

演習問題3.17 演習問題3.16において、なぜNが奇数でないといけないのかを説明せよ。

演習問題3.18 図3.68の回路の中で、同期式順序回路となるのはどれか。説明せよ。

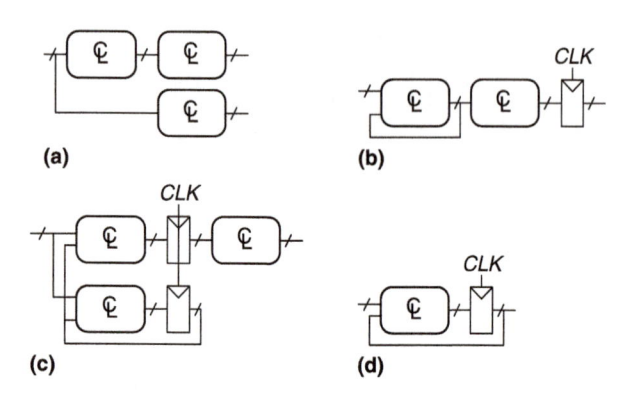

図3.68 対象回路

演習問題3.19 25階の建物のエレベータコントローラを設計しようとする。このコントローラには2つの入力*UP*と*DOWN*がある。これにより、エレベータが到達する階を示す出力を生成する。ただし、13階は存在しない。このコントローラの、状態を示す最小のビット数はいくつになるか。

演習問題3.20 ディジタル設計研究室で研究に勤しんでいる4人の学生の感情の状態を記録する有限状態マシンを設計したい。それぞれの学生の感情は、HAPPY（回路が動いた）とか、SAD（回路がぶっ飛んだ）とか、BUSY（回路にかかりきり）とか、CLUELESS（回路動作が意味不明）とか、もしくはASLEEP（回路基板の上に突っ伏している）といった状態がある。この有限状態マシンにはいくつの状態があるだろうか。その状態を表すには、最低何ビット必要となるか。

演習問題3.21 演習問題3.20の有限状態マシンを、複数の単純なマシンに、どのように構成分解すればよいか。それぞれの単純なマシンには、いくつの状態があるか。この構成分解によって設計した有限状態マシンに必要なビット数の最小合計数を求めよ。

演習問題3.22 図3.69に示した有限状態マシンは何をするものかを手短に述べよ。バイナリエンコーディングを用いて、この有限状態マシンに対する状態遷移表と出力表を完成せよ。次の状態と出力を示すブール論理式を求め、この有限状態マシンの回路図を描け。

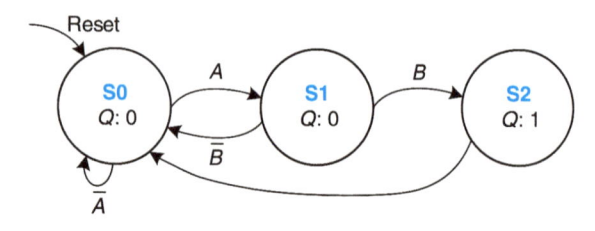

図3.69 状態遷移図1

演習問題3.23 図3.70に示した有限状態マシンは何をするものかを手短に述べよ。バイナリエンコーディングを用いて、この有限状態マシンに対する状態遷移表と出力表を完成せよ。次の状態と出力を示すブール論理式を求め、この有限状態マシンの回路図を描け。

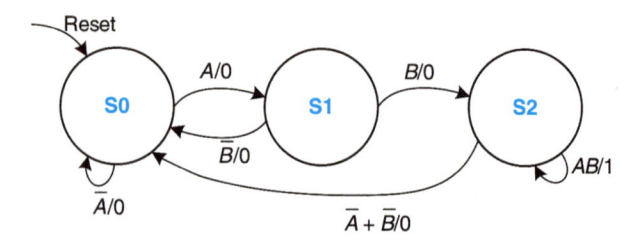

図3.70 状態遷移図2

演習問題3.24 アカデミック通りとブラヴァドウ大通りの交差点では、まだ衝突事故が起こっている。信号機Bが青信号になった途端に、フットボールチームが交差点に突進していくためである。彼らは、信号機Aが赤信号に変わる直前に、交差点の中で睡眠不足でへろへろになっている情報系専門の学生にぶつかってしまうのだ。いずれかの信号機が再び青信号に変わる前に、双方の信号機が5秒間赤信号になるように、3.4.1節で示した信号機コントローラを拡張せよ。改善したMooreマシンの状態遷移図、符号化方式、状態遷移表、出力表、次の状態と出力の論理式、さらにこの有限状態マシンの回路図を示せ。

演習問題3.25 3.4.3節に示したアリッサ・P・ハッカー嬢のカタツムリには、Mealyマシン制御の頭脳を持つ娘がいる。その娘は、ビットパターン1101あるいは1110の上を這うときには必ず微笑む。この可愛らしいカタツムリの状態遷移図を、できる限り少ない状態を用いて記述せよ。状態符号化を適切に選択して、その符号化方式を用いて、状態遷移表と出力表を1つの表にまとめよ。次の状態と出力を示す論理式を求め、この有限状態マシンの回路図を描け。

演習問題3.26 学科のラウンジに設置するジュースの自動販売機を設計するように要請があった。販売するジュースには、IEEEの学生支部から補助金があり、たった25セントで購入できる。この販売機は、5セント硬貨（ニッケル）、10セント硬貨（ダイム）、25セント硬貨（クォータ）を受け付けるものとする。購入に必要なコインが投入されれば、ジュースと超えた分のお釣りが販売機から出てくる。この販売機に対する有限状態マシンコントローラを設計せよ。この有限状態マシンの入力は、どのコインが投入されたかを示すニッケル（*N*）、ダイム（*D*）、クォータ（*Q*）となる。各サイクルごとにコインを1つずつ投入することにする。出力としては、ジュース販売（*Dispense*）、5セントのお釣（*ReturnNickel*）、10セントのお釣（*ReturnDime*）、20セントのお釣（*ReturnTwoDimes*）となる。この有限状態マシンは、25セントに達すると、*Dispense*と、適切なお釣を返金するのに必要な分のお釣りの額を示す信号（*ReturnNickel*、*ReturnDime*、*ReturnTwoDimes*）を出力する。それから、次のジュースの販売に備え、コインを受け入れる状態に戻る。

演習問題3.27 2進数の並びで、ある一箇所のビットのみが異なるGrayコードには便利な特性がある。表3.23に、0から7までの数値を表す3ビットのGrayコードを示す。入力はなく、3ビットの出力のある3ビット8剰余Grayコードカウンタの有限状態マシンを設計せよ（*N*剰余カウンタとは、0から$N-1$までをカウントし、それを繰り返すものである。例えば、時計の分や秒には、0から59までをカウントする60の剰余カウンタを用いている）。リセット時には、出力は000となる。クロックエッジごとに、出力は次のGrayコードに進むことになる。100に達すると、000から同じ流れを繰り返す。

表3.23　3ビットGrayコード

数	Grayコード		
0	0	0	0
1	0	0	1
2	0	1	1
3	0	1	0
4	1	1	0
5	1	1	1
6	1	0	1
7	1	0	0

演習問題3.28　演習問題3.27で求めた8剰余Grayコードカウンタに、UP入力を付け加え、UP/DOWNに対応したものに拡張せよ。UP = 1のときは、カウンタは次の数に進み、UP = 0のときには、前の数に戻るものとする。

演習問題3.29　あなたの勤める会社ディテクト・オ・ラマ社は、2つの入力AとBを取り、1出力Zを生成する有限状態マシンを設計したいと考えている。サイクルnにおける出力Z_nは、その時点の入力B_nの値に応じて、A_nと、その前の入力A_{n-1}との論理積（AND）、もしくは論理和（OR）のどちらかになる。

$$Z_n = A_n A_{n-1} \qquad B_n = 0のとき$$
$$Z_n = A_n + A_{n-1} \qquad B_n = 1のとき$$

(a)　図3.71に示した入力が与えられた場合のZの波形を描け。

(b)　この有限状態マシンはMooreマシンか、もしくはMealyマシンのどちらか。

(c)　この有限状態マシンを設計せよ。その状態遷移図、符号化を施した状態遷移表、次の状態と出力を示す論理式、および回路図を示せ。

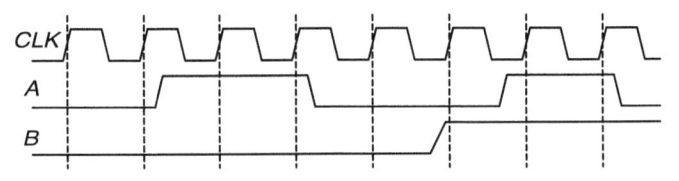

図3.71　有限状態マシンの入力波形

演習問題3.30　1入力A、2出力X、Yを持つ有限状態マシンを設計せよ。ここでXは、Aが最低3サイクル（連続する必要はない）1となるなら、1を出力する。Yは、Aが最低2サイクル連続して1となるなら1を出力するものとする。この状態遷移図、符号化を施した状態遷移表、次の状態と出力を示す論理式と有限状態マシンの回路図を描け。

演習問題3.31　図3.72に示した有限状態マシンを解析せよ。その状態遷移表と出力表を示し、状態遷移図を示せ。この有限状態マシンは何を行うものか手短に述べよ。

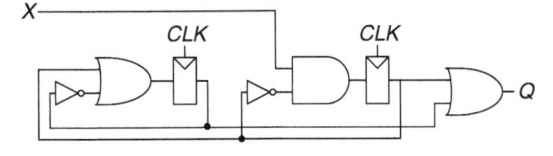

図3.72　有限状態マシンの回路図1

演習問題3.32　図3.73に示した有限状態マシンに対しても、演習問題3.31と同じ問いに答えよ。ここでsとrは、それぞれセットとリセットを表す入力である。

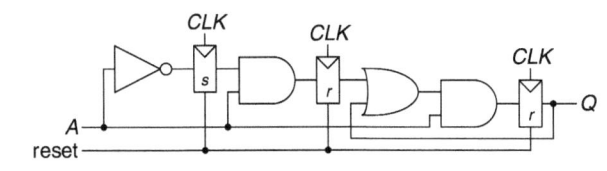

図3.73　有限状態マシンの回路図2

演習問題3.33　ベン・ビットディドル君は、図3.74のような、レジスタ入力の4入力XOR関数を処理する回路を設計した。各2入力XORゲートの伝播遅延は100 psであり、誘起遅延は55 psである。それぞれのフリップフロップにおけるセットアップタイムは60 psであり、ホールドタイムは20 psであるとし、クロックからQへの最大遅延は70 ps、クロックからQへの最小遅延は50 psであるとする。

(a)　クロックスキューがないものとすると、この回路の最大動作周波数はいくらか。

(b)　この回路を2GHzで動作させるためには、クロックスキューがどの程度であれば耐えられるか。

(c)　ホールドタイム違反が生じないようにするためには、クロックスキューがどの程度であれば耐えられるか。

(d)　アリッサ・P・ハッカー嬢は、レジスタの間の組み合わせ回路を見直せば、もっと高速に、さらにクロックスキューにも耐性のある回路が設計できると指摘している。アリッサが改善した回路においても、2入力XORを3個用いることになるが、そのゲートは異なった配置を行うものとなる。その回路とはいったいどのようなものか。クロックスキューがない場合、その最大周波数はどの程度になるか。ホールドタイム違反が生じないようにするためには、クロックスキューはどの程度まで耐えられるか。

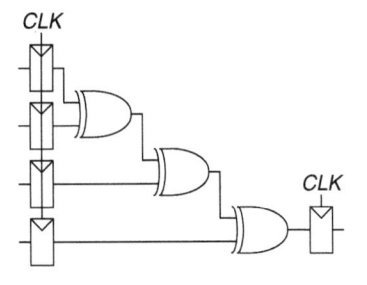

図3.74　レジスタ入力の4入力XOR回路

演習問題3.34　目がさめるほど高速な2ビットのRePentiumプロセッサにおける加算器を設計するとしよう。図3.75に示すように、この加算器は2個の全加算器から構成され、最初の加算器から出されるキャリ出力は、2番目の加算器へのキャリ入力となっている。

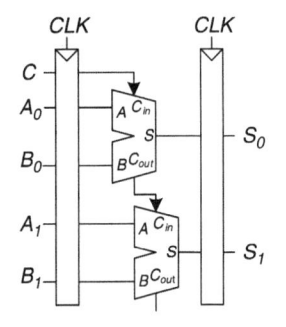

図3.75　2ビット加算器の回路図

この加算器は入力レジスタと出力レジスタを持ち、1クロックサイクル内に加算を完了しなければならない。それぞれの全加算器の伝播遅延は、以下のようになっている。C_{in}からC_{out}まで、および$Sum(S)$までは20 ps、入力AまたはBからC_{out}へは25 ps、そして、AまたはBからSまで30 psを要する。この加算器の誘起遅延については、C_{in}からいずれかの出力までは15 ps、AまたはBからいずれかの出力までは22 psを要する。それぞれのフリップフロップのセットアップタイムは30 ps、ホールドタイムは10 psとなっており、クロックからQへの伝播遅延は35 ps、クロックからQへの誘起遅延は21 psとなっている。

(a) クロックスキューがない場合、この回路の最大動作周波数を求めよ。

(b) この回路を8 GHzで動作させるためには、クロックスキューがどの程度であれば耐えられるか。

(c) ホールドタイム違反が生じないようにするためには、クロックスキューがどの程度であれば耐えられるか。

演習問題3.35 書き換え可能なフィールドプログラマブルゲートアレイ（Field Programmable Gate Array: FPGA）とは、組み合わせ回路を実現するのに、論理ゲートではなく、**構成可能ロジックブロック**（Configurable Logic Block: **CLB**）を用いるものである。Xilinx社のSpartan3 FPGAでは、各CLBに対して、伝播遅延と誘起遅延がそれぞれ0.61 nsと0.30 nsとなっている。CLBには、0.72 nsの伝播遅延と0.50 nsの誘起遅延があり、セットアップタイムとホールドタイムは、それぞれ0.53 nsと0 nsとなっている。

(a) 40 MHzで動作させる必要のあるシステムを構築する場合、2つのフリップフロップの間には、CLBをいくつ続けて接続することができるか。CLB間には、クロックスキューやワイヤを通過する遅延はないものと仮定せよ。

(b) フリップフロップ間のすべてのパスが、少なくともCLBを1つ通過すると想定しよう。ホールドタイム違反が生じないようにするためには、FPGAのクロックスキューをどの程度にすればよいか。

演習問題3.36 $t_{setup} = 50$ ps、$T_0 = 20$ ps、$\tau = 30$ psであるフリップフロップの対を用いて、シンクロナイザを構築する。このシンクロナイザは、毎秒10^8回変化する非同期入力をサンプリングする。100年間という平均故障時間（MTBF）を達成するためには、このシンクロナイザの最小クロック周波数をどのように設定すればよいか。

演習問題3.37 50年間というMTBFを持つ、非同期の入力を受け取るシンクロナイザを作りたい。このシステムは1GHzで稼動し、サンプリングするフリップフロップは、$\tau = 100$ ps、$T_0 = 110$ ps、$t_{setup} = 70$ psとなっている。このシンクロナイザは、毎秒平均0.5回（すなわち、2秒ごと）で、非同期の入力を受け取る。このMTBFを満たすには、誤動作する確率はどうなるかを求めよ。そのエラーの確率を得るために、サンプリングした入力信号を読み取るには何クロックサイクル待たなければならないか。

演習問題3.38 今廊下を歩いていると、反対方向から歩いてくる研究室仲間に出くわした。2人とも、それぞれの方向に向かって歩んでいたところ、このままではぶつかってしまう。そこで、こちらが道をあけ、横によけたところ、相手も通路を変えてしまい、元の木阿弥である。それから2人は少し立ち止まり、どちらかが道をあけてくれないかと考えた。この状況は、メタステーブル状態のポイントとしてモデル化することができ、シンクロナイザやフリップフロップに適用した場合と同じ考え方を当てはめることができる。自分自身と研究室仲間に対する数学的モデルを構築すること

を考えよ。思いがけなくメタステーブル状態に出くわしたところからスタートすること。t時間の後、まだこの状態にある確率は、$e^{-(t/\tau)}$であり、ここでτは応答速度を表す。今日は、睡眠不足で頭はぼーっとした状態であり、$\tau = 20$秒であるとする。

(a) このメタステーブル状態から脱却できる確率が99%となるまでには、どれほどの時間がかかるか（すなわち、どのようにすれば、お互いが道を譲り合って通り過ぎるようになれるか）。

(b) 今、眠いだけでなく、猛烈にお腹がすいている状態にある。実際、3分以内に学生食堂にたどり着けなければ、餓死してしまうほどである。研究室仲間の手によって、死体安置所にずるずる引きずられていく確率はどう見積もれるか。

演習問題3.39 $T_0 = 20$ ps、$\tau = 30$psであるフリップフロップを用いてシンクロナイザを実装した。しかし、ボスはMTBFを10倍増やす必要があるといってきた。そのためには、クロック周期をどの程度延ばす必要があるだろうか。

演習問題3.40 ベン・ビットディドル君は、図3.76にあるような、1サイクルでメタステーブル状態を取り除けるような、新たに改善したシンクロナイザを思いついたと喜んでいる。

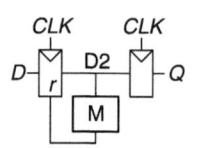

図3.76 「新しく改良した」シンクロナイザ

ボックスMにある回路は、アナログの「メタステーブル状態検知器」であり、入力電圧が、V_{IL}とV_{IH}の間の禁止領域にあれば出力にHIGHを出すものである。このメタステーブル状態検知器は、最初のフリップフロップが、メタステーブル状態の出力を$D2$において生成したかどうかを判断するためにチェックを行う。もし、メタステーブル状態となっているのであれば、非同期にこのフリップフロップをリセットし、適切な値0を$D2$に出力する。次に、2番目のフリップフロップが、$D2$をサンプリングし、常に有効な論理値をQに作り出すのである。アリッサ・P・ハッカー嬢は、この回路にはバグがあるとベンに忠告した。というのは、メタステーブル状態を削除するというのは、永久機関を創り出すのと同じくらい不可能なことだからである。さて、どちらが正しいだろうか。ベンがおかした誤りを示すか、もしくはアリッサがどのように間違っているかを説明せよ。

口頭試問

以下は、ディジタル設計の業界の面接試験で尋ねられるような質問である。

質問3.1 シリアル入力として01010をいつ受信したのかを検出することができる有限状態マシンの回路を示せ。

質問3.2 *Start*と*A*という2つの入力と、1つの出力*Q*を持つシリアル（一度に1ビットのみ）入力の2の補数有限状態マシンを設計せよ。LSB（最下位ビット）からスタートする任意の長さの2進数が入力*A*に投入されるとする。入力に対応する出力ビットが、同じサイクル時に*Q*に現れる。*Start*信号は、LSBが投入されるまでに1サイクルの間有効にすれば、この有限状態マシンを初期化することができる。

質問3.3 ラッチとフリップフロップの違いは何か。それぞれ、どのような状況において使用すべきか。

質問3.4 5ビットカウンタの有限状態マシンを設計せよ。

質問3.5 立ち上がりエッジ検知回路を設計せよ。これは、入力が$0 \rightarrow 1$と遷移した直後に、出力が1サイクルの間HIGHとなるものである。

質問3.6 パイプライン処理の概念について述べ、なぜそれが利用されているのかを説明せよ。

質問3.7 フリップフロップにおいて、ホールドタイムが負の値となるというのはどういうことを意味するのかを説明せよ。

質問3.8 図3.77に示したような信号*A*の波形が与えられたときに、信号*B*の波形を作り出す回路を設計せよ。

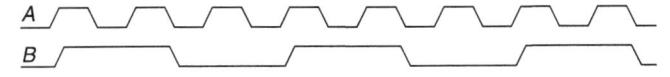

図3.77 信号波形

質問3.9 2つのレジスタの間にある論理回路ブロックについて考える。タイミング制約について説明せよ。レシーバ（2番目のフリップフロップ）のクロック入力にバッファを追加した場合、セットアップ制約は緩和されるだろうか。それとも厳しくなるのだろうか。

4

ハードウェア記述言語

4.1 はじめに

これまでは、ディジタル回路、すなわち組み合わせ回路と順序回路の設計を行うのに回路図レベルで行ってきた。要求された役目を果たす効率的な論理ゲート一式を見出すのは疲れる仕事で、間違いをおかしやすい。人手による真理値表やブール論理式の簡単化、人手による有限状態マシン（FSM）のゲートへの変換が要求されるからである。1990年代に、設計者たちは、自分たちがもっと抽象度の高いレベルで、単に論理機能だけを記述し、ゲートを生成して最適化する仕事は**コンピュータ支援設計（CAD）**ツールに任せた方がはるかに生産性が高いことが分かってきた。一般にその仕様のことを**ハードウェア記述言語**（hardware description language: **HDL**）と呼ぶ。2つの代表的なハードウェア記述言語は**SystemVerilog**と**VHDL**である。

SystemVerilogとVHDLは同様な原理に基づいて構成されているが、文法は異なる。本章でのこれらの言語についての議論は、欄を2つに割って、SystemVerilogを左、VHDLを右に並べて比較しながら行う。

この章を最初に読むときには、片方の言語に集中すればよい。片方を理解すれば、もう片方の習得は短期間で済む。以下の章では回路を回路図とHDLの両方の形で示す。もしあなたがこの章を飛ばし読みして、いずれのHDLについても理解していないとしても、コンピュータの構成原理を回路図で習得することができる。しかしながら、大多数の商用システムは回路図ではなくHDLを使って作られている。専門家としての人生において論理設計を行う必要が生じたときのために、いずれかのHDLを学ぶことをお勧めする。

4.1.1 モジュール

入力と出力があるハードウェアのブロックを**モジュール**と呼ぶ。ANDゲート、マルチプレクサそれにプライオリティ回路もすべてハードウェアモジュールの例である。モジュールの機能を記述する2つの一般的なスタイルは、**動作（振る舞い）**と**構造**である。動作モデルでは、モジュールが何をするかを記述する。構造モデルでは、モジュールをより単純な部品からどのように構成するか、つまり、階層的に記述する。HDL記述例4.1（次ページ）のSystemVerilogとVHDLのコードは、例題2.6のブール関数 $y = \overline{a}\,\overline{b}\,\overline{c} + a\overline{b}\,\overline{c} + a\overline{b}c$ を計算する動作記述である。両方の言語で、sillyfunctionという名前のモジュールには、a、b、cという3つの入力と、yという1つの出力がある。

お察しの通り、モジュールはモジュラリティの格好の適用例である。それは入力と出力から成るうまく定義されたインタフェースを持ち、特定の役目を果たす。それがちゃんと役目を果たすのであれば、それがどの方法で記述されたかは重要ではない。

4.1.2 言語の起源

大学では、最初の授業でどちらの言語を教えるかで、ほとんど真っ二つに流儀が分かれている。業界はSystemVerilogを使う方向に向かっているが、多くの企業はいまだにVHDLを使っており、多くの設計者は両方に通じる必要がある。SystemVerilogに比べてVHDLは冗長で仰々しいが、これはご想像通り言語を開発したのが、標準化委員会によるためである。

HDL記述例4.1 組み合わせ回路

SystemVerilog

```
module sillyfunction(input  logic a, b, c,
                     output logic y);

  assign y = ~a & ~b & ~c |
              a & ~b & ~c |
              a & ~b & c;

endmodule
```

SystemVerilogはモジュール名と入力と出力のリストで始める。assign文により組み合わせ回路を記述する。~はNOT、&はAND、|はORを示す。

入力、出力などのlogic信号はブール値（0か1）である。4.2.8節で議論するように浮いた値（フローティングの値）や未定義の値になることもある。

logic型は、SystemVerilogで導入された。これは、Verilogにおける長年に渡る混乱の元であったreg型を置き換えるものである。logicは複数ドライバによる信号以外はどこにでも使われる。複数のドライバによる信号はネット型（net）」と呼ばれ、4.7節で説明する。

VHDL

```
library IEEE; use IEEE.STD_LOGIC_1164.all;

entity sillyfunction is
  port(a, b, c: in  STD_LOGIC;
       y:        out STD_LOGIC);
end;

architecture synth of sillyfunction is
begin
  y <= (not a and not b and not c) or
       (a and not b and not c) or
       (a and not b and c);
end;
```

VHDLのコードは利用ライブラリの指定（library）、インスタンスの宣言部（entity）、アーキテクチャ本体（architecture）の3つの部分から成る。利用ライブラリの指定は4.7.2節で議論する。インスタンスの宣言はモジュール名と各々の入力、出力を列挙する。アーキテクチャ本体ではモジュールが何をするのかを記述する。

入力、出力などのVHDLの信号は型の宣言を必要とする。ディジタル信号はSTD_LOGIC型で宣言しなければならない。STD_LOGIC信号は値「0」か「1」あるいは4.2.8節に述べる浮いた値や未定義の値も同様に扱うことができる。STD_LOGIC型はIEEE.STD_LOGIC_1164ライブラリ中に定義されており、この記述により、このライブラリが使われる。。

VHDLはANDとORの演算子に適切なデフォルトの優先順位が付いていないため、ブール論理式は括弧でくくるべきである。

SystemVerilog

VerilogはGateway Design Automationにより1984年に論理シミュレーション専用言語として開発された。Gatewayは1989年にCadenceに買収され、Verilogは1990年にOpen Verilog Internationalの支配下で公開標準となった。言語は1995年にIEEE[1]標準となった。2005年に、変な記述を合理化し、システムのモデリングと検証がうまくできるように拡張された。これらの拡張は1つの言語標準として統合され、SystemVerilog（IEEE STD 1800-2009）と呼ばれる。SystemVerilogのファイルは、通常.svの拡張子を付ける。

---

1 電子および電子技術者協会（IEEE）は、多くの計算機関連の標準を担う専門家の協会である。例えば、Wi-Fi（802.11）、Ethernet（802.3）、そして浮動小数点数（754）（第5章を参照）はその成果である。

VHDL

VHDLはVHSIC Hardware Description Language（VHSICハードウェア記述言語）の略号であり、VHSICは米国防省のVery High Speed Integrated Circuits（超高速集積回路）計画の略号である。

VHDLはもともと1981年に国防省によってハードウェアの構造や機能を記述するために開発された。この起源を辿ると、プログラミング言語Adaに行き着く。この言語は当初、回路の文書化を目指していたが、まもなくシミュレーションや合成向きに改良された。IEEEは1987年にこれを標準化し、それ以来何度か更新した。この章は2008年版のVHDL標準（IEEE STD 1076-2008）に基づいている。これは様々な方法で言語を洗練している。本書を書いた際には、VHDL2008のすべてがCADツールでサポートされたわけではなかった。この章はSynplicity, Altera社のQuartus、ModelSimで解釈できる記述を使っている。VHDLファイル名は通常、.vhdの拡張子を付ける。

VHDL2008をModelSimで使うためには、modelsim.iniという設定ファイルにVHDL93=2008を指定すれば良い。

両方の言語はともにどんなハードウェアシステムでも記述できる能力があり、それぞれの癖がある。あなたの部署で既に使われているか、顧客が要望する言語を用いるのが良い。今日のほとんどのCADツールは2つの言語を混ぜて使うことができ、モジュールごとに異なる言語で記述することも可能である。

4.1.3 シミュレーションと合成

HDLを使う2つの大きな目的は、論理シミュレーションと論理合成である。シミュレーションでは、モジュールに入力を与え、モジュールが正しく動作するか出力をチェックする。合成では、モジュールの表現が論理ゲートに変換される。

シミュレーション

人間は常に間違いをおかす。ハードウェア設計での間違いをバグ（虫）という。ディジタルシステムからバグを除去す

「バグ」という語はコンピュータの発明以前に登場した。**トーマス・エディソン**は1878年に「小さな間違いや困難」のことを「バグ」と呼んだ。

最初のコンピュータのバグは、1947年のHarvard Mark II電子機械式計算機のリレーの間で捕まえられた蛾であった。これは**グレース・ホッパー**（Grace Hopper）によって発見された（p.193も参照）。彼女の記録には「虫が実際に見つかった最初の事例」というコメントと、本物の蛾が添えられていた。

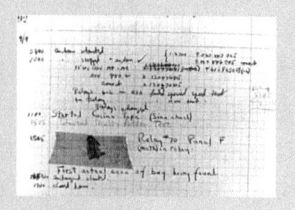

出典：アメリカ海軍歴史資料館のメモによる；photo No. NII 96566-KN

ることが重要であるのは明らかであるが、特に顧客がお金を払ったり、正しい動作に生命が依存している場合はなおさらである。出来上がったシステムを実験室でテストするのは時間がかかる。実験室でエラーのもとを発見することは、非常に困難である。というのは、チップに配線されている信号しか観察することができないからである。チップの中で起きていることを直接観察する方法は存在しない。システムが組み上げられた後にエラーを訂正することは、非常に高くつく。例えば、最先端の集積回路で間違いを訂正するには、100万ドル以上のコストと何か月もの時間がかかる。IntelのPentiumプロセッサにおける悪名高いFDIV（浮動小数点除算）のバグでは、Intelは出荷後にチップを回収する羽目になり、4.75億ドルのコストがかかった。論理シミュレーションはシステムを製作する前にシステムをテストするために重要である。

図4.1は、前述のsillyfunctionモジュールの波形シミュレーション[2]であり、モジュールが正しく動作していることを示している。yはブール論理式が規定しているように、aとbとcが000、100、101のいずれかであるときにTRUEになる。

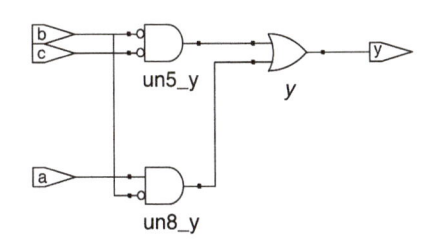

図4.1　シミュレーション波形

合　成

論理合成はHDLコードをハードウェアを記述するネットリストに変換する（例えば論理ゲートとそれらを接続する配線）。論理合成は必要ハードウェア量を削減する最適化を行う。ネットリストはテキストファイルであるかもしれないし、回路を見るのに都合がよい回路図として描かれるかもしれない。図4.2にsillyfunctionモジュール[3]を合成した結果を示す。3つの3入力のANDゲートがどのように2つの2入力のANDゲートに簡単化されるかは、2.6節でブール代数を使って示した通りである。

図4.2　合成回路

> 合成ツールは、合成したゲートのそれぞれにラベルを降る。図4.2ではun5_y、un8_y、yである。

2　シミュレーションにはModelSim PE Student Edition Version 10.3cを使っている。このシミュレータが選択された理由は、商用だが学生版はコード10,000行以内ならフリーで利用できるからである。

3　合成にはSynplicity社のSynplify Premierを使っている。このツールを選択した理由は、これがHDLからFPGA（Field Programmable Gate Array、5.6.2節を参照）を合成する最も進んだ商用のツールであり、大学では安価に入手できるからである。

HDLによる回路の記述はプログラミング言語のコードに似ている。しかしながら、HDLのコードはハードウェアの表現を意図していることに注意されたい。SystemVerilogやVHDLは多くの命令を備えた機能豊富な言語である。それらの命令のすべてがハードウェアに合成できるわけではない。例えば、シミュレーションの際に結果をスクリーンに印字する命令は、ハードウェアに変換されない。私たちの第一目的はハードウェアを構築することであるので、言語仕様の中でも**合成に関連する事項**に注目していくことにする。そのために、HDLのコードを**合成可能なモジュール**と**テストベンチ**に分割していく。ハードウェアは合成可能なモジュールで記述する。テストベンチはモジュールに入力を与えるコードと、出力結果が正しいことを検証するコードと、実際の出力と期待される出力の間の不一致を表示するコードから成る。テストベンチコードはシミュレーションのみを意図し、合成はされない。

初心者がおかす共通の間違いは、HDLをディジタルハードウェアを記述する手段ではなくコンピュータプログラムと考えてしまうことである。使っているHDLが合成してくるものの概略が分かっていなければ、たぶん結果に納得できないだろう。あなたは必要なものよりずっと多くのハードウェアを生成したり、正しくシミュレーションできてもハードウェアとして実装されないコードを書いてしまうかもしれない。そうではなくて、組み合わせ回路、レジスタ、それに有限状態マシンのブロックの形でシステムのことを考えよう。コードを書き始める前に、それらのブロックを紙に描き、どのように接続されるかを示そう。

経験からいえるのは、HDLを学ぶ最良の方法は例を使うことである。HDLには、多様なクラスの論理回路に対してそれを記述する決まった方法がある。それらはイディオムを呼ばれる。この章では皆さんに各々の型のブロックに対して正しいHDLのイディオムを書き、実働するシステムを作成するのにブロックをどのように接続すれば良いかを伝授する。ある種のハードウェアを記述する必要がある場合、類似した例を見てそれを目的に合わせて変更する。ここではHDLの文法のすべてを厳密に定義するようなことはしない。それは、そんなことをするのは死ぬほど退屈で、しかもHDLをハードウェア記述手段ではなく、プログラミング言語として考えるようになってしまうからである。IEEEのSystemVerilogやVHDLの仕様書や、多くの味も素っ気もない疲れるばかりの教科書には、そのすべての詳細が書かれている。特定の項目についてのさらなる情報が必要だと感じたとき、それらに当たるとよいだろう（巻末の参考文献を参照）。

4.2　組み合わせ回路

同期型順序回路を設計するのに、組み合わせ回路とレジスタを使うと習ったのを思い出そう。組み合わせ回路の出力は、現在の入力にのみ依存する。この節では、組み合わせ回路の動作モデルをHDLでどのように書くのかを説明する。

4.2.1　ビットごとの演算子

ビットごとの演算子は単一ビットの信号、または、複数ビットのバスとして働く。例えば、HDL記述例4.2のinvモジュールは、4つのインバータが4ビットのバスに接続されている様子を表している。

バスのエンディアンは純粋に任意である（その語源については6.2.2節のコラムを参照）。実際のところ、インバータのかたまりはビットの順番に無関係であるので、この例ではエンディアンは関係ない。エンディアンは1つのカラムの和が次のカラムに波及する加算のような演算子でのみ問題となる。首尾一貫して使われている限り、両方の順序を使うことができる。リトルエンディアン順のNビットのバスを表現するのに、SystemVerilogでは[N-1:0]となり、VHDLでは(N-1 downto 0)となる。

この章の各々のコード例に対して合成された回路図は、SystemVerilogコードをSynplify Premier合成ツールを用いて得ている。図4.3はinvモジュールが4つのインバータのかたまりを合成していることを示しており、y[3:0]というシンボルでラベルされたインバータで表現されている。インバータのかたまりは4ビットの入力と出力バスに接続している。同様の

ハードウェアが、合成されたVHDLコードから得られる。

HDL記述例4.3のgatesモジュールは、4ビットのバスに作用する例を示している。他の基本論理関数でも、同様である。

4.2.2　コメントと空白

gatesの例にコメントの形式を示す。SystemVerilogもVHDLも空白（つまり、スペースやタブ、改行）の用法については厳格ではない。とはいえ、適切にインデント付けや空白を用いると、簡単ではない設計が読みやすくなる。信号やモジュール名で大文字やアンダースコアを使う場合は、首尾一貫しているべきである。モジュール名や信号名は数字から始めてはならない。

4.2.3　リダクション演算子

リダクション（縮退）演算子とは、1つのバスに複数入力のゲートを繋ぐ場合などに用いる。HDL記述例4.4（p.98）は、a_7、a_6、...、a_0の8入力のANDゲートである。同様にリダクション演算子は、OR、XOR、NAND、NOR、XNORゲートにも適応可能である。複数入力のXORはパリティとして働き、奇数個の入力がTRUEのときにTRUEを返す（p.98）。

4.2.4　条件割り当て文

条件割り当ては条件と呼ばれる入力に従って、複数の選択肢の中から出力を選択する。HDL記述例4.5（p.98）は、条件割り当てを用いた2:1のマルチプレクサの例である。

HDL記述例4.6（p.99）は、HDL記述例4.5の2:1のマルチプレクサと同じ原理に基づく4:1のマルチプレクサである。

HDL記述例4.2　インバータ

SystemVerilog

```
module inv(input  logic [3:0] a,
           output logic [3:0] y);
  assign y = ~a;
endmodule
```

a[3:0]は4ビットのバスを表す。ビットを最上位から最下位まで順に並べると、a[3]、a[2]、a[1]、a[0]となる。これは最下位のビットに最小のビット番号が付されているので、リトルエンディアン順と呼ばれる。バスにa[4:1]という名前をつけても良く、この場合はa[4]が最上位である。あるいは、a[0:3]という表現を使っても良く、この場合は最上位から最下位の順で並べると、a[0]、a[1]、a[2]、a[3]となる。これはビッグエンディアン順と呼ばれる。

VHDL

```
library IEEE; use IEEE.STD_LOGIC_1164.all;

entity inv is
   port(a: in  STD_LOGIC_VECTOR(3 downto 0);
        y: out STD_LOGIC_VECTOR(3 downto 0));
end;

architecture synth of inv is
begin
  y <= not a;
end;
```

VHDLは STD_LOGIC_VECTOR を使って STD_LOGICのバスを表す。STD_LOGIC_VECTOR(3 downto 0)は、4ビットのバスを表す。最上位から最下位の順にビットを名レベルとa(3)、a(2)、a(1)、a(0)である。これは最下位のビットに最小のビット番号が付されているので、リトルエンディアン順と呼ばれる。バスにSTD_LOGIC_VECTOR(4 downto 1)とすることもでき、この場合はa(4)が最上位である。あるいは、STD_LOGIC_VECTOR(0 to 3)という表現を使っても良く、この場合は最上位から最下位の順で並べると、a(0)、a(1)、a(2)、a(3)となる。これはビッグエンディアン順と呼ばれる。

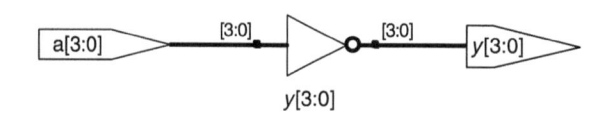

図4.3　invから生成された回路

HDL記述例4.3　論理ゲート

SystemVerilog

```
module gates(input  logic [3:0] a, b,
             output logic [3:0] y1, y2,
                                y3, y4, y5);

  /* five different two-input logic
     gates acting on 4-bit busses */
  assign y1 = a & b;    // AND
  assign y2 = a | b;    // OR
  assign y3 = a ^ b;    // XOR
  assign y4 = ~(a & b); // NAND
  assign y5 = ~(a | b); // NOR
endmodule
```

　-、^、|はSystemVerilogの演算子（オペレータ）の例であり、a、b、y1はオペランドである。a&bや~(a|b)など演算子とオペランドの組み合わせを式と呼ぶ。assign y4 = ~(a&b);などの完全な形の指示（コマンド）を文（ステートメント）と呼ぶ。

　assign out = in1 op in2;を**継続割り当て**（continuous assignment）文という。継続割り当て文はセミコロンで終わる。継続割り当て文の=の右辺の入力が変化すると、左辺の出力は随時再計算される。つまり、継続割り当て文で組み合わせ回路を記述する。

VHDL

```
library IEEE; use IEEE.STD_LOGIC_1164.all;

entity gates is
port(a, b: in  STD_LOGIC_VECTOR(3 downto 0);
     y1, y2, y3, y4,
     y5:   out STD_LOGIC_VECTOR(3 downto 0));
end;

architecture synth of gates is
begin
  -- five different two-input logic gates
  -- acting on 4-bit busses
  y1 <= a and b;
  y2 <= a or b;
  y3 <= a xor b;
  y4 <= a nand b;
  y5 <= a nor b;
end;
```

　not、xor、orはVHDLの演算子（オペレータ）の例であり、a、b、y1はオペランドである。a and b、a nor bなど演算子とオペランドの組み合わせを式と呼ぶ。y4 <= a nand b;などの完全な形の指示（コマンド）を文（ステートメント）と呼ぶ。

　out <= in1 op in2;を**並行信号割り当て**（concurrent signal assignment）文という。VHDLの割り当て文はセミコロンで終わる。並行信号割り当て文の<=の右辺の入力が変化すると、左辺の出力は随時再計算される。つまり、並行信号割り当て文で組み合わせ回路を記述する。

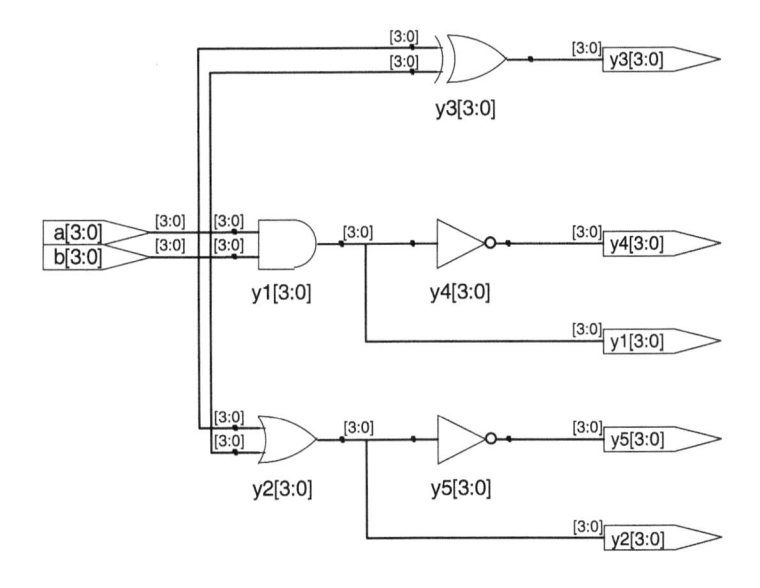

図4.4　gatesから合成された回路

SystemVerilog

　SystemVerilogのコメントはCあるいはJavaと同じである。コメントは/*で始まり、複数行に渡ることができ、*/で終わる。//で始まるコメントは、行末で終わる。

　SystemVerilogは大文字と小文字を区別する。y1とY1はSystemVerilogでは異なる信号である。とはいえ、大文字、小文字が違う複数の信号を使うのは混乱の元である。

VHDL

　--で始まるコメントは、行末で終わる。VHDLは大文字と小文字を区別しない。y1とY1はVHDLでは同じ信号である。とはいえ、そのファイルを読む他のツールは、大文字、小文字を区別するかもしれないので、大文字、小文字を意識しないで混ぜると酷いバグを出してしまうことになるだろう。

HDL記述例4.4 8入力AND

SystemVerilog	VHDL

SystemVerilog

```
module and8(input  logic [7:0] a,
            output logic y);

  assign y = &a;

  // &a is much easier to write than
  // assign y = a[7] & a[6] & a[5] & a[4] &
  //            a[3] & a[2] & a[1] & a[0];
endmodule
```

VHDL

```
library IEEE; use IEEE.STD_LOGIC_1164.all;

entity and8 is
  port(a: in  STD_LOGIC_VECTOR(7 downto 0);
       y: out STD_LOGIC);
end;

architecture synth of and8 is
begin
  y <= and a;
  -- and a is much easier to write than
  -- y <= a(7) and a(6) and a(5) and a(4) and
  -- a(3) and a(2) and a(1) and a(0);
end;
```

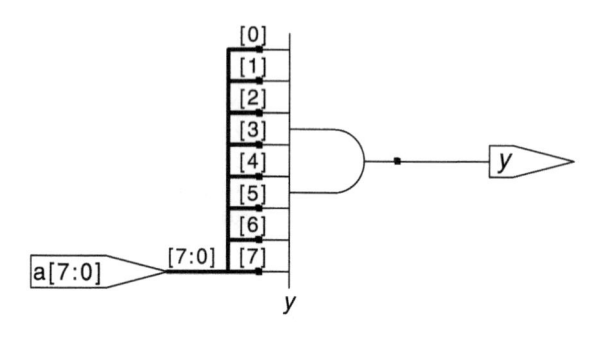

図4.5 and8から合成された回路

HDL記述例4.5 2:1マルチプレクサ

SystemVerilog

　条件演算子?:は、最初の式の値にしたがって、2番目か3番目の式を選択する。最初の式を条件と呼ぶ。条件が1ならば演算子は2番目の式を選択し、条件が0ならば演算子は3番目の式を選択する。

　?:は最初の入力に基づいて2つのうちの1つを選択するので、特にマルチプレクサを記述するのに便利である。以下のコードは、4ビットの入力と出力の2:1マルチプレクサを、条件演算子を使って表現する例である。

```
module mux2(input  logic [3:0] d0, d1,
            input  logic s,
            output logic [3:0] y);

  assign y =s ? d1 : d0;
endmodule
```

　sが1ならばy = d1で、sが0ならばy = d0である。
　?:は**3つ組み演算子**という。これはCやJavaなどのプログラミング言語でも同じ目的で使われる。

VHDL

　条件信号割り当ては、条件に応じて異なる演算を実施し、特にマルチプレクサを記述するのに便利である。例えば2:1のマルチプレクサでは2つの4ビット入力から1つを選択するのに、条件信号割り当てを使える。

```
library IEEE; use IEEE.STD_LOGIC_1164.all;

entity mux2 is
  port(d0, d1: in  STD_LOGIC_VECTOR(3 downto 0);
       s:  in  STD_LOGIC;
       y:  out STD_LOGIC_VECTOR(3 downto 0));
end;

architecture synth of mux2 is
begin
  y <= d1 when s else d0;
end;
```

　条件割り当てはsが1のときyをd1にし、そうでなければyをd0にする。注意したいのは、VHDLの2008年までの版ではwhen sではなくwhen s = '1'と書かなければならなかった。

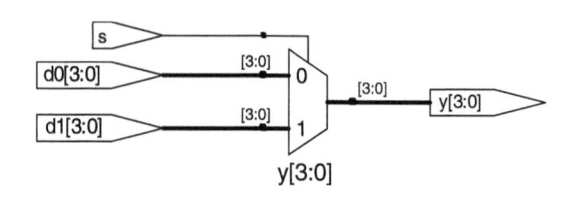

図4.6 mux2から合成された回路

HDL記述例4.6 4:1マルチプレクサ

SystemVerilog

4:1のマルチプレクサは入れ子になった条件演算子を使って4つのうちの1つを選ぶ。

```
module mux4(input  logic [3:0] d0, d1, d2, d3,
            input  logic [1:0] s,
            output logic [3:0] y);

  assign y = s[1] ? (s[0] ? d3 : d2)
                  : (s[0] ? d1 : d0);
endmodule
```

s[1]が1ならば、マルチプレクサは最初の式(s[0] ? d3:d2)を選択する。次に式はs[0]に応じてd3かd2を選択する（s[0]が1ならばy = d3になり、s[0]が0ならばy = d2となる）。s[1]が0ならば、マルチプレクサは単に2番目の式を出力するが、これはs[0]に応じてd1かd0になる。

VHDL

4:1のマルチプレクサは、条件信号割り当ての複数else句を用いて4つの入力のうちの1つを選択する。

```
library IEEE; use IEEE.STD_LOGIC_1164.all;

entity mux4 is
  port(d0, d1,
       d2, d3: in  STD_LOGIC_VECTOR(3 downto 0);
       s:      in  STD_LOGIC_VECTOR(1 downto 0);
       y:      out STD_LOGIC_VECTOR(3 downto 0));
end;

architecture synth1 of mux4 is
begin
  y <= d0 when s = "00" else
       d1 when s = "01" else
       d2 when s = "10" else
       d3;
end;
```

一方で、VHDLでは**選択的信号割り当て文**を使うことができ、これを使うと複数の可能性から1つの選択を簡潔に記述できる。これは、いくつかのプログラミング言語でswitch/case文を複数のif/else文の代わりに使うのに似ている。4:1マルチプレクサは、選択的信号割り当てを使って次のように書ける。

```
architecture synth2 of mux4 is
begin
  with s select y <=
    d0 when "00",
    d1 when "01",
    d2 when "10",
    d3 when others;
end;
```

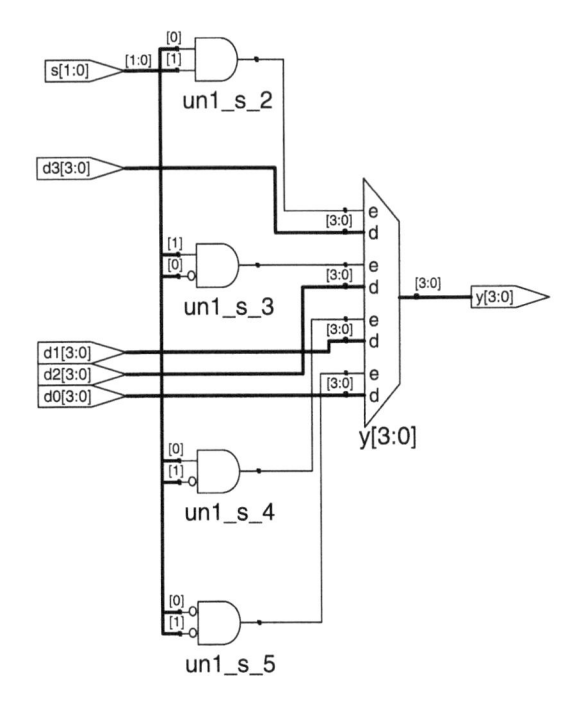

図4.7 mux4から合成された回路

図4.7はSynplify Premierによって合成された4:1マルチプレクサの回路図である。このソフトウェアでは、本書でこれまで見てきたものとは異なるマルチプレクサのシンボルを使っている。マルチプレクサには複数のデータ（d）と1つの出力をイネーブルにする（e）入力がある。1つのイネーブルがアサートされると、対応するデータが出力に通される。例えばs[1] = s[0] = 0のときは、一番下のANDゲートun1_s_5が1を出力し、マルチプレクサへの一番下の入力をイネーブルにし、d0[3:0]を選択するようになる。

4.2.5　内部変数

複雑な関数を中間段階に切り分けると便利なことが多い。例えば5.2.1節で詳説した全加算器は、次のような等式で定義される3入力2出力の回路である。

$$S = A \oplus B \oplus C_{in}$$
$$C_{out} = AB + AC_{in} + BC_{in}$$

(4.1)

次のような中間的な信号PとGを定義すると、

$$P = A \oplus B$$
$$G = AB$$

(4.2)

全加算器は次のように書くことができる。

$$S = P \oplus C_{in}$$
$$C_{out} = G + PC_{in}$$

(4.3)

これが正しいこと確かめたいなら、真理値表を作ってみよう。

PとGは、入力でも出力でもなくモジュールの内部でしか使われないので、**内部変数**と呼ばれる。これらはプログラミング言語のローカル（局所）変数と似ている。**HDL記述例**4.7は、内部変数がHDLの中でどのように使われるかを示している。

HDLの割り当て文（SystemVerilogでは**assign**、VHDLでは**<=**）は、並行的に行われる。これは、CやJavaなどの普通のプログラミング言語で文が書かれた順番に評価されるのとは違っている。普通のプログラミング言語では、文は逐次的に実行されるので、$S = P \oplus C_{in}$は$P = A \oplus B$の後に実行される。HDLでは順番は関係ない。ハードウェアと同じように、割り当て文のモジュール内における位置順に関係なく、HDLの割り当て文は入力、つまり右辺の信号が変化すると評価される。

HDL記述例4.7　全加算器

SystemVerilog

SystemVerilogにおいて内部変数は通常**logic**で宣言される。

```
module fulladder(input  logic a, b, cin,
                 output logic s, cout);

  logic p, g;

  assign p =a ^ b;
  assign g =a & b;

  assign s = p ^ cin;
  assign cout = g | (p & cin);
endmodule
```

VHDL

VHDLでは**p <= a xor b;**のような並行信号割り当て文によって値が定義される内部変数を表すのに**signal**が使われる。

```
library IEEE; use IEEE.STD_LOGIC_1164.all;

entity fulladder is
  port(a, b, cin:  in STD_LOGIC;
       s,    cout: out STD_LOGIC);
end;

architecture synth of fulladder is
  signal p, g: STD_LOGIC;
begin
  p <= a xor b;
  g <= a and b;

  s <= p xor cin;
  cout <= g or (p and cin);
end;
```

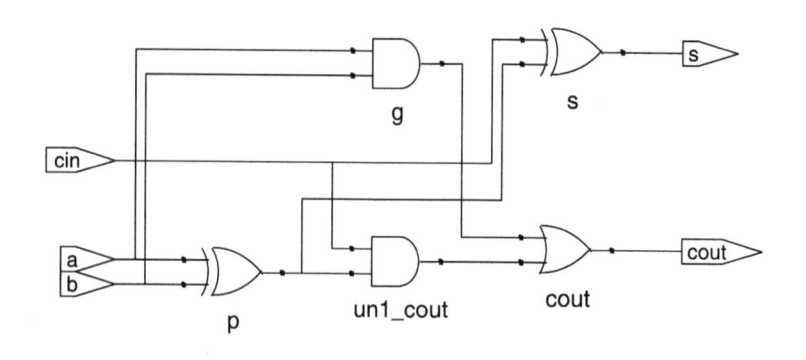

図4.8　**fulladder**から合成された回路

4.2.6 優先順位

HDL記述例4.7のcoutの計算では、$C_{out} = G + (P \cdot C_{in})$を計算するのに、$C_{out} = (G + P) \cdot C_{in}$ではなく、演算子の順序を括弧で括って陽に指定した。括弧で括らないとすると、言語には既定の演算子順位が定義されている。HDL記述例4.8は、各々の言語での演算子の優先順位を高い方から低い方へ順に並べた表である。表は、第5章で定義する算術演算子とシフ

ト演算子と比較演算子を含んでいる。

4.2.7 数

数は、2進数、8進数、10進数、16進数（それぞれ基数2、8、10、16）で指定可能である。サイズすなわちビット数をオプションで与えることができる。この場合、このサイズに到達するまで、0を上位に付けていく。数字中のアンダースコア

HDL記述例4.8　演算子の優先順位

SystemVerilog

表4.1　SystemVerilogの演算子優先順位

	演算子	意味
最	~	NOT
も	*、/、%	MUL、DIV、MOD
高	+、-	PLUS、MINUS
い	<<、>>	論理左／右シフト
	<<<、>>>	算術左／右シフト
最	<、<=、>、>=	大小比較
も	==、!=	相等比較
最	&、~&	AND、NAND
も	^、~^	XOR、XNOR
低	|、~|	OR、NOR
い	?:	条件

　SystemVerilogの演算子の優先順位は他のプログラミング言語における優先順位に近い。特にANDはORより優先順位が高い。この優先順位を利用すると括弧を省略することができる。

```
assign cout = g | p & cin;
```

VHDL

表4.2　VHDLの演算子優先順位

	演算子	意味
最	not	NOT
も	*、/、mod、rem	MUL、DIV、MOD、REM
高	+、-、	PLUS、MINUS、
い	rol、ror、 srl、sll、	回転、 論理シフト
最	<、<=、>、>=	大小比較
も	=、/=	相等比較
低	and、or、nand、 nor、xor、xnor	論理演算
い		

　期待した通り、VHDLでは乗算は加算より優先順位が高い。しかしSystemVerilogと違って、すべての論理演算子（and、orなど）の優先順位は等しい。これはブール代数で期待されるのとも違っている。このため、括弧で括らないと、cout <= g or p and cinは左から右へ解釈され、cout <= (g or p) and cinとなってしまう。

HDL記述例4.9　数

SystemVerilog

　定数を示すフォーマットは、N'Bvalueで、Nはビット幅、Bは基数を表す文字、valueが値である。例えば9'h25は9ビットの数で値は$25_{16} = 37_{10} = 000100101_2$となる。SystemVerilogは、'bで2進表記、'oで8進表記、'dで10進表記、'hで16進表記を表す。基数を省略するとデフォルトの10進表記と見なされる。

　サイズが与えられないと、使われる式のビット幅が想定される。サイズが一杯に達するまで、数の先頭に0が詰められる。例えばwが6ビットのバスならば、assign w = 'b11は、wを000011にする。サイズを明示的に書くのは良い習慣である。例外は'0と'1でSystemVerilogのイディオムでは、それぞれバスのすべてのビットが0、1となる。

表4.3　SystemVerilogの数

数	ビット数	基数	値	格納されるもの
3'b101	3	2	5	101
'b11	?	2	3	000...0011
8'b11	8	2	3	00000011
8'b1010_1011	8	2	171	10101011
3'd6	3	10	6	110
6'o42	6	8	34	100010
8'hAB	8	16	171	10101011
42	?	10	42	00...0101010

VHDL

　VHDLのSTD_LOGICの数は2進表記で、一重引用符で括られる。例えば'0'と'1'は論理0と1を表す。STD_LOGIC_VECTORで宣言された定数のフォーマットはNB"value"であり、Nはビット幅、Bは基数を表す文字、valueは数である。例えば9X"25"は9ビットの数で値は$25_{16} = 37_{10} = 000100101_2$となる。VHDL 2008では2進数に対してB、8進数に対してO、10進数に対してD、16進数に対してXが使える。

　基数を省略するとデフォルトの2進数と見なされる。サイズが与えられないと値の表現に相当するサイズの数が想定される。2011年10月の版では、SynopsysのSynplify Premierはサイズの指定をまだ受け付けない。

　others =>'0'とothers =>'1'は全ビット0、1をそれぞれ表すVHDLのイディオムである。

表4.4　VHDLの数

数	ビット数	基数	値	格納されるもの
3B"101"	3	2	5	101
B"11"	2	2	3	11
8B"11"	8	2	3	00000011
8B"1010_1011"	8	2	171	10101011
3D"6"	3	10	6	110
6O"42"	6	8	34	100010
8X"AB"	8	16	171	10101011
"101"	3	2	5	101
B"101"	3	2	5	101

は無視されるので、長い数を読みやすいかたまりに区切るのに使うと良い。前ページのHDL記述例4.9は、各々の言語で数がどのように書かれるかを説明している。

4.2.8 ZとX

HDLではzを浮いた値を表すのに使う。zは、イネーブル端子が0のとき出力をフロートにするトライステートバッファを表現するのに特に便利である。2.6.2節を思い出そう。バスはいくつかのトライステートバッファのうち、イネーブルにしたただ1つによりドライブされる。HDL記述例4.10はトライステートバッファのイディオムである。バッファがイネーブルならば、出力は入力と同じになる。バッファがディスエーブルならば、出力にはフローティング値（z）が割り当てられる。

同様に、HDLはxを正しくない論理レベルを表すのに使う。バスで2つのイネーブルになったトライステートバッファ（あるいは他のゲート）によって同時に0と1にドライブされたとしたら、結果は衝突していることを表すxとなる。すべてのバスをドライブしているトライステートバッファが同時にOFFであると、バスはフロートになり、zと表される。

シミュレーションの開始地点で、フリップフロップの出力のような状態ノードは、予測できない状態に初期化される（SystemVerilogではx、VHDLではu）。これは使う前にフリップフロップをリセットするのを忘れたことによるエラーを追跡するのに役に立つ。

ゲートがフローティングの入力を受け、出力値を正しく決定できない場合、xを出力として生成する。同様にして間違っていたり未初期化の入力を受けた場合、xを出力として

HDL記述例4.10　トライステートバッファ

SystemVerilog

```
module tristate(input  logic [3:0] a,
                input  logic en,
                output tri [3:0] y);

  assign y = en ? a : 4'bz;
endmodule
```

yはlogicでなくtriで宣言されることに注意。logic信号は単一のドライバの信号のみで利用可能である。トライステートバスは、複数のドライバを使うので、netとして宣言される。SystemVerilogにはtriとtriregの2種類がある。ドライバが1つもアクティブでなければtriは浮いた状態（z）になるが、triregはそれまでの値を保持する。入力、出力に型が指定されていなければ、triとして仮定される。あるモジュールのtri出力は他のモジュールのlogic入力として使うことができる。4.7節では複数ドライバについてさらに議論する。

VHDL

```
library IEEE; use IEEE.STD_LOGIC_1164.all;

entity tristate is
  port(a:  in  STD_LOGIC_VECTOR(3 downto 0);
       en: in  STD_LOGIC;
       y:  out STD_LOGIC_VECTOR(3 downto 0));
end;

architecture synth of tristate is
begin
  y <= a when en else "ZZZZ";
end;
```

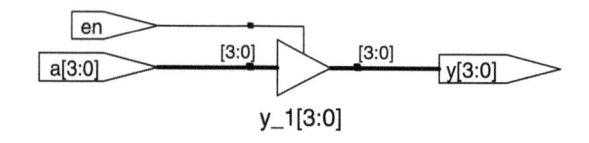

y_1[3:0]

図4.9　tristateから合成された回路

HDL記述例4.11　未定義やフローティングの入力を持つ真理値表

SystemVerilog

SystemVerilogの信号の値は0、1、z、xのどれかである。SystemVerilogでは定数がzかxで始まると、先頭に（0の代わりに）zかxが詰められ、必要な長さいっぱいになるようにする。

表4.5は、4つの値の可能な組み合わせのすべてについての、ANDゲートの真理値表である。ゲートはいくつかの入力が不定であっても、出力を決定できることに注意されたい。例えば、ANDゲートは片方の入力が0であれば出力は0となるので0&zは0を返す。それ以外の場合、SystemVerilogでは、浮いた値や不定な値が入力されるとxが出力される。

VHDL

VHDL_STD_LOGICは、'0'、'1'、'z'、'x'、'u'のどれかである。
表4.6は、5つの信号値についてのANDゲートの真理値表である。ゲートはいくつかの入力が未知であっても、出力を決定できることに注意されたい。例えば、入力の一方が'0'であるとANDゲートの出力は常に0であるので、'0' and 'z'は'0'を返す。そうでない場合、VHDLでは、浮いた値や不定の入力に対しては不定を出力しxを表示する。未初期化の値が入力されると未初期化を出力し'u'を表示する。

表4.5　SystemVerilogにおけるzやxを考慮したANDゲートの真理値表

&		A			
		0	1	z	x
	0	0	0	0	0
B	1	0	1	x	x
	z	0	x	x	x
	x	0	x	x	x

表4.6　VHDLにおけるzやxやuを考慮したANDゲートの真理値表

AND		A				
		0	1	z	x	u
	0	0	0	0	0	0
	1	0	1	x	x	u
B	z	0	x	x	x	u
	x	0	x	x	x	u
	u	0	u	u	u	u

生成する。前ページのHDL記述例4.11は、SystemVerilogやVHDLがこれらの値に対してどのように対応するかを示している。

シミュレーションでxやuの値が出てくるということは、ほとんどの場合バグや悪いコーディング習慣があるということを意味する。合成された回路では、これらの状況は、ゲート入力が浮いていたり、未初期化の状態や衝突に対応する。xやuは回路ではランダムに0か1と解釈され、予想不能な動作を引き起こす。

4.2.9 ビット連接

バスの一部を操作したり、信号どうしを連接してバスを構成する必要がよくある。これらの操作はまとめて**ビット連接**と呼ばれる。HDL記述例4.12では、yはビット連接演算子を用いて9ビットの値$c_2 c_1 d_0 d_0 d_0 c_0 101$を与えられている。

4.2.10 遅延

HDLでは、文に任意の単位の遅延（ディレイ）を関連付けられる。これは、（意味のある遅延を指定しているなら）シミュレーションで回路がどのぐらいの速度で動作するかを予想したり、デバッグの際にも原因と結果を理解するのに役立つ（シミュレーション結果ですべての信号が同時に変化するとしたら、悪い出力元を突き止めるにはちょっとした技術が要る）。遅延は合成の際には無視される。シンセサイザ（合成器）によって生み出されるゲートの遅延は、そのt_{pd}とt_{cd}の仕様に依存し、HDLのコードの中の数値には依存しない。

HDL記述例4.13では、もともとのHDL記述例4.1の$y = \overline{a}\overline{b}\overline{c} + a\overline{b}\overline{c} + a\overline{b}c$に遅延を付加している。この例ではインバータには1 ns、3入力ANDゲートには2 ns、3入力ORゲートには4 nsの遅延があると仮定している。次ページの図4.10はシミュレーションの波形で、入力から7 nsの時間差がある。シミュレーションでは、yの初期値は未知であることに注意されたい。

HDL記述例4.12　ビット連接

SystemVerilog
```
assign y = {c[2:1], {3{d[0]}}, c[0], 3'b101};
```

{}演算子はバスを連結する。{3{d[0]}}はd[0]の3つのコピーである。

3ビットの定数3'b101を、バスの名前bと混同してはならない。定数に3ビットの長さを指定するのは重要である点に注意されたい。そうでなければ、yの中ほどに0から始まる不定の数が表れてしまう。

yが9ビットより幅が広い場合、最上位ビットの方にゼロが置かれる。

VHDL
```
y <=(c(2 downto 1), d(0), d(0), d(0), c(0), 3B"101");
```

集合化演算子()を使ってバスを連結する。yは9ビットのSTD_LOGIC_VECTORでなければならない。

もう1つの例はVHDLにおける集合化の威力を示したものである。次の集合化コマンドを使ってzは8ビットのSTD_LOGIC_VECTORで10010110という値が与えられる。

```
z <= ("10", 4 => '1', 2 downto 1 =>'1', others =>'0')
```

"10"は最初の2ビットとなる。ビット4、2、1に1が置かれ、その他は0になる。

HDL記述例4.13　遅延付き論理ゲート

SystemVerilog
```
`timescale 1ns/1ps

module example(input  logic a, b, c,
               output logic y);

  logic ab, bb, cb, n1, n2, n3;

  assign #1 {ab, bb, cb} = ~{a, b, c};
  assign #2 n1 = ab & bb & cb;
  assign #2 n2 =a & bb & cb;
  assign #2 n3 =a & bb & c;
  assign #4 y = n1 | n2 | n3;
endmodule
```

SystemVerilogファイルはそれぞれの単位時間の値を示すtimescaleディレクティブを指定できる。この文は`timescale unit/precisionのフォーマットである。このファイルでは、単位は1 nsでシミュレーションの時間精度が1 psである。timescaleディレクティブが与えられないと、デフォルトの単位時間と時間精度（通常両方1ns）が利用される。SystemVerilogにおいて#記号は遅延時間（単位時間数）を示すのに使われる。これはassign文と、4.5.4節で議論するノンブロッキング割り当て（<=）、ブロッキング割り当て（=）に同じように付けることができる。

VHDL
```
library IEEE; use IEEE.STD_LOGIC_1164.all;

entity example is
  port(a, b, c: in  STD_LOGIC;
       y:       out STD_LOGIC);
end;


architecture synth of example is
  signal ab, bb, cb, n1, n2, n3: STD_LOGIC;
begin
  ab <= not a after 1 ns;
  bb <= not b after 1 ns;
  cb <= not c after 1 ns;
  n1 <= ab and bb and cb after 2 ns;
  n2 <= a and bb and cb after 2 ns;
  n3 <= a and bb and c after 2 ns;
  y <= n1 or n2 or n3 after 4 ns;
end;
```

VHDLでは、遅延をつけるのにはafter句を使う。この場合、単位はナノ秒で表記されている。

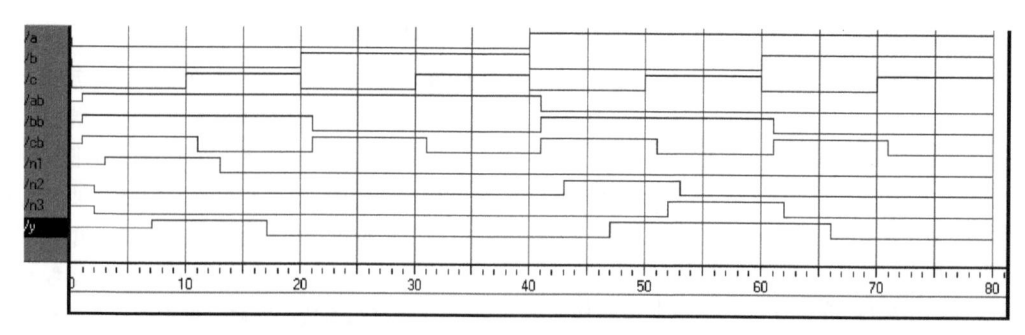

図4.10 遅延のあるシミュレーション波形の例（ModelSimシミュレータより）

HDL記述例4.14　4:1マルチプレクサの構造モデル

SystemVerilog

```
module mux4(input logic [3:0] d0, d1, d2, d3,
            input logic [1:0] s,
            output logic [3:0] y);

  logic [3:0] low, high;

  mux2 lowmux(d0, d1, s[0], low);
  mux2 highmux(d2, d3, s[0], high);
  mux2 finalmux(low, high, s[1], y);
endmodule
```

　3つのmux2のインスタンスはlowmux、highmux、finalmuxという名前である。mux2モジュールはSystemVerilogコードのどこかに定義されなければならない。HDL記述例4.5、4.15、または4.34を参照のこと

VHDL

```
library IEEE; use IEEE.STD_LOGIC_1164.all;

entity mux4 is
  port(d0, d1,
       d2, d3: in STD_LOGIC_VECTOR(3 downto 0);
       s: in STD_LOGIC_VECTOR(1 downto 0);
       y: out STD_LOGIC_VECTOR(3 downto 0));
end;

architecture struct of mux4 is
  component mux2
    port(d0,
         d1: in STD_LOGIC_VECTOR(3 downto 0);
         s: in STD_LOGIC;
         y: out STD_LOGIC_VECTOR(3 downto 0));
  end component;
  signal low, high: STD_LOGIC_VECTOR(3 downto 0);
begin
  lowmux: mux2 port map(d0, d1, s(0), low);
  highmux: mux2 port map(d2, d3, s(0), high);
  finalmux: mux2 port map(low, high, s(1), y);
end;
```

　アーキテクチャは、最初にmux2ポートをcomponent宣言文で宣言する。これにより、VHDLツールは、使いたいコンポーネントが、どこか他に宣言されたもう1つのentity文と同じポートを持っているかをチェックしてくれ、entityを変更したのにinstanceを変更していないことによるエラーを防いでくれる。

　mux4のアーキテクチャは、4.2節の動作記述の名前がsynthであるのに対して、structという名前になっているのに注意されたい。VHDLでは、同じentityに対して複数のアーキテクチャ（実装）を設けることが可能で、これは名前で区別する。名前自体はCADツールにとっては重要ではないが、structとsynthという付け方は一般的である。合成可能なVHDLコードは多くの場合、それぞれのentityに対して1つのアーキテクチャしか持たない。このため、複数のアーキテクチャが定義されていた場合、どちらのアーキテクチャを使うように構成するかを指定するVHDLの構文については議論しないことにする。

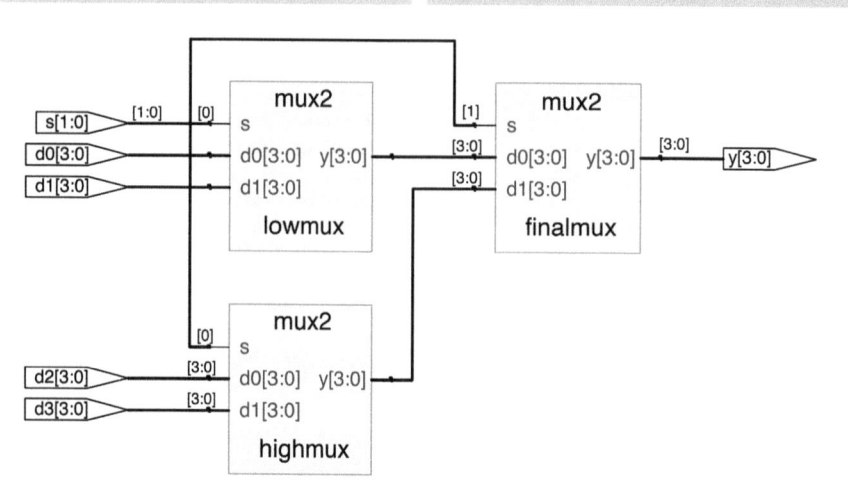

図4.11　mux4から合成された回路

4.3 構造モデル化

これまでの節では、入力と出力の関係の視点からモジュールを記述することで、**動作モデル化**について見てきた。この節では、どのようにしてより単純なモジュールを組み合わせてモジュールを構成していくのかということを見ていき、**構造モデル化**について学ぶ。

例えば前ページのHDL記述例4.14は、3つの2:1マルチプレクサから4:1マルチプレクサを組み立てる方法を示している。2:1マルチプレクサのコピーは**インスタンス**と呼ばれる。同じモジュールの複数のインスタンスは、lowmuxとhighmuxとfinalmuxという個別の名前で識別される。これは規則化の例であり、2:1マルチプレクサは多くの場面で使われる。

HDL記述例4.15は構造モデル化を使って、2:1のマルチプレクサをトライステートバッファのペアから構成している。とはいえ、トライステートの出力で論理を作るのは推奨されない。

次ページのHDL記述例4.16はモジュールがどのようにバスの一部にアクセスするかを示している。8ビット幅の2:1マルチプレクサは、既に定義されている2つの4ビットの2:1マルチプレクサを使って構成され、バイトの下位と上位のニブルとして働く。

一般に、複雑なシステムは**階層的**に設計される。全体的なシステムは、その主要な部品をインスタンス化することで、構造的に記述される。各々の部品はその構成部品から構造的に記述され…、と十分動作的に記述可能な程度にまで部品が単純になるまで、再帰的に分割していく。1つのモジュールで構造記述と動作記述を混ぜるのを避ける（最低、可能な限り減らす）ことは、良い設計スタイルである。

HDL記述例4.15　2:1マルチプレクサの構造モデル

SystemVerilog

```
module mux2(input  logic [3:0] d0, d1,
            input  logic s,
            output tri [3:0] y);
  tristate t0(d0, ~s, y);
  tristate t1(d1, s, y);
endmodule
```

SystemVerilogでは、~sなどの式をインスタンスのポートリストに書いても良い。どのような複雑な式を書くこともできるが、コードが読みにくくなるので推奨されない。

VHDL

```
library IEEE; use IEEE.STD_LOGIC_1164.all;

entity mux2 is
  port(d0, d1: in  STD_LOGIC_VECTOR(3 downto 0);
       s:      in  STD_LOGIC;
       y:      out STD_LOGIC_VECTOR(3 downto 0));
end;

architecture struct of mux2 is
  component tristate
    port(a: in STD_LOGIC_VECTOR(3 downto 0);
         en: in STD_LOGIC;
         y: out STD_LOGIC_VECTOR(3 downto 0));
  end component;
  signal sbar: STD_LOGIC;
begin
  sbar <= not s;
  t0: tristate port map(d0, sbar, y);
  t1: tristate port map(d1, s, y);
end;
```

VHDLでは、not sなどの式はインスタンスのポートマップに書いてはいけない。このためsbarを別の信号として定義しなければならない。

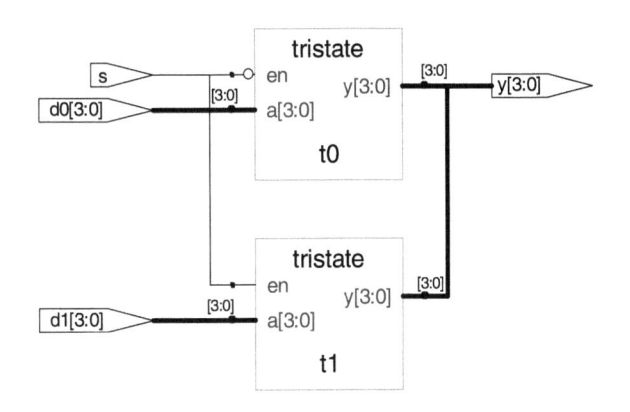

図4.12　mux2から合成された回路

HDL記述例4.16 バスの一部へのアクセス

SystemVerilog

```
module mux2_8(input  logic [7:0] d0, d1,
              input  logic s,
              output logic [7:0] y);

  mux2 lsbmux(d0[3:0], d1[3:0], s, y[3:0]);
  mux2 msbmux(d0[7:4], d1[7:4], s, y[7:4]);
endmodule
```

VHDL

```
library IEEE; use IEEE.STD_LOGIC_1164.all;

entity mux2_8 is
  port(d0, d1: in STD_LOGIC_VECTOR(7 downto 0);
       s:      in  STD_LOGIC;
       y:      out STD_LOGIC_VECTOR(7 downto 0));
end;

architecture struct of mux2_8 is
  component mux2
    port(d0, d1: in  STD_LOGIC_VECTOR(3 downto 0);
         s:      in  STD_LOGIC;
         y:      out STD_LOGIC_VECTOR(3 downto 0));
  end component;
begin
  lsbmux: mux2
    port map(d0(3 downto 0), d1(3 downto 0),
             s, y(3 downto 0));
  msbmux: mux2
    port map(d0(7 downto 4), d1(7 downto 4),
             s, y(7 downto 4));
end;
```

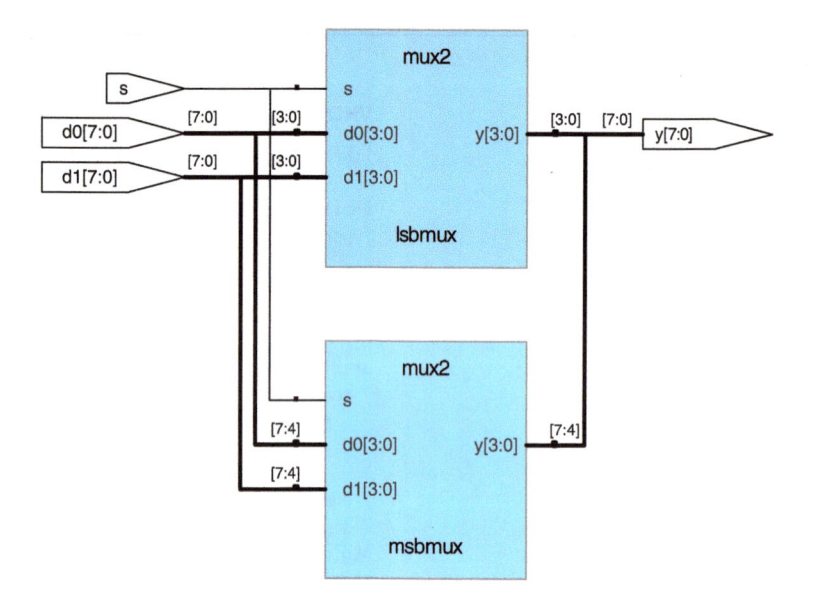

図4.13 mux2_8から合成された回路

4.4 順序回路

HDLシンセサイザはある種のイディオムを認識し、対応する順序回路に変換する。これ以外のコーディングスタイルだとシミュレーションは正しくできるかもしれないが、あからさまな間違いや微妙な間違いがある回路を合成してしまう。この節では、レジスタやラッチを記述する正しいイディオムを見ていく。

4.4.1 レジスタ

現在、ほとんどの商用システムはレジスタから構成され、ポジティブエッジでトリガされるDフリップフロップを使っている。HDL記述例4.17は、このようなフリップフロップのためのイディオムである。

SystemVerilogのalways文やVHDLのprocess文を使うと、センシティビティリストの中で明示的に変化を起こす事象が起きるまでは、信号の古い値が保持される。したがってこれらのコードは、適切なセンシティビティリストとともに用いて、メモリ付きの順序回路を記述するのに使われる。例えば、フリップフロップでは、clkだけでセンシティビティリストを構成している。フリップフロップでは、clkに立ち上がりエッジが入力されるまで、たとえdの値がその間に変化したとしても、古い値をqに保持する。

対照的に、SystemVerilogの継続割り当て文（assign）とVHDLの並行信号割り当て文（<=）では、右辺の入力が変化したときには随時再評価される。したがって、これらは組み合わせ回路を記述するのに必要である。

HDL記述例4.17　レジスタ

SystemVerilog

```
module flop(input  logic       clk,
            input  logic [3:0] d,
            output logic [3:0] q);
  always_ff @(posedge clk)
    q <= d;
endmodule
```

一般的にSystemVerilogのalways構文は以下の形で書く。

```
always @(sensitivity list)
  statement;
```

この文は、センシティビビティリストに書かれているイベントが起きたときに実行される。この例では、q <= d（qがdをゲットすると読む）が実行される。すなわちフリップフロップはクロックの立ち上がりエッジでdをqにコピーし、それ以外の場合はqの以前の状態を覚えておく。

<=はノンブロッキング割り当てと呼ばれる。ここでは普通の=記号と同じに考えよう。微妙な点については4.5.4節で議論する。always構文の中では、<=はassignの代わりに使われる。

引き続く節で見るようにalways構文は、センシティビティリストと文によって、フリップフロップ、ラッチ、組み合わせ回路のどれにでも使うことができる。この柔軟性により、誤ったハードウェアがうっかり生成されやすい。SystemVerilogはalways_ff、always_latch、always_combを導入し、良くあるエラーのリスクを減らした。always_ffはalwaysと同様に働くが、フリップフロップを明示的に意味し、ツールはこれにより他のものが意味されているときはワーニングを発生することができる。

VHDL

```
library IEEE; use IEEE.STD_LOGIC_1164.all;

entity flop is
  port(clk: in  STD_LOGIC;
       d:   in  STD_LOGIC_VECTOR(3 downto 0);
       q:   out STD_LOGIC_VECTOR(3 downto 0));
end;

architecture synth of flop is
begin
  process(clk) begin
    if rising_edge(clk) then
      q <= d;
    end if;
  end process;
end;
```

VHDLのprocessは以下の形式で書く。

```
process(sensitivity list) begin
  statement;
end process;
```

文は、sensitivity listの変数のどれが変化しても実行される。この例ではif文はclkの立ち上がりエッジで行われたかどうかをチェックする。もしそうならば、q <= d（qがdをゲットすると読む）が実行される。すなわち、フリップフロップはdをqにクロックの立ち上がりでコピーし、その他の場合は、qの以前の状態を保持する。

フリップフロップを書くVHDLのもう1つのイディオムは、

```
process(clk) begin
  if clk'event and clk = '1' then
    q <= d;
  end if;
end process;
```

rising_edge(clk)はclk'event and clk = '1'と同義である。

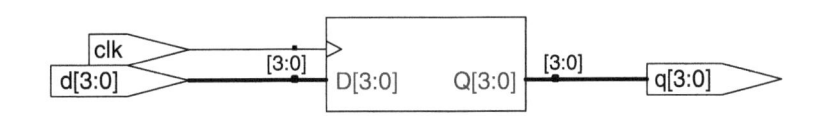

図4.14　flopから合成された回路

4.4.2 リセット可能なレジスタ

シミュレーションが開始されたり回路に電源が投入された後は、フリップフロップあるいはレジスタの出力は不定で、これはSystemVerilogならx、VHDLならuとなる。一般に、プリセット可能なレジスタを使って電源投入時にシステムが予想可能な状態になるようにすることが良い設計習慣であ

HDL記述例4.18　リセット付きレジスタ

SystemVerilog

```
module flopr(input  logic       clk,
             input  logic       reset,
             input  logic [3:0] d,
             output logic [3:0] q);

  // 非同期リセット
  always_ff @(posedge clk, posedge reset)
    if (reset) q <= 4'b0;
    else q <= d;
endmodule

module flopr(input  logic       clk,
             input  logic       reset,
             input  logic [3:0] d,
             output logic [3:0] q);

  // 同期リセット
  always_ff @(posedge clk)
    if (reset) q <= 4'b0;
    else       q <= d;
endmodule
```

always構文のセンシティビティリスト中の複数の信号は、コンマかorで区切る。センシティビティリスト中のposedge resetは、非同期リセット付きフリップフロップを意味し、同期リセットではないことに注意されたい。すなわち、非同期リセット付きフリップフロップはresetの立ち上がりエッジで即座に反応するが、同期リセット付きは、クロックの立ち上がりエッジに際してresetに対して応答する。

2つのモジュールは同じ名前floprを持っているので、設計中にはどちらか1つしか入れてはならない。

VHDL

```
library IEEE; use IEEE.STD_LOGIC_1164.all;

entity flopr is
  port(clk, reset: in  STD_LOGIC;
       d:          in  STD_LOGIC_VECTOR(3 downto 0);
       q:          out STD_LOGIC_VECTOR(3 downto 0));
end;

architecture asynchronous of flopr is
begin
  process(clk, reset) begin
    if reset then
      q <= "0000";
    elsif rising_edge(clk) then
      q <= d;
    end if;
  end process;
end;

library IEEE; use IEEE.STD_LOGIC_1164.all;

entity flopr is
  port(clk, reset: in  STD_LOGIC;
       d:          in  STD_LOGIC_VECTOR(3 downto 0);
       q:          out STD_LOGIC_VECTOR(3 downto 0));
end;

architecture synchronous of flopr is
begin
  process(clk) begin
    if rising_edge(clk) then
      if reset then q <= "0000";
      else q <= d;
      end if;
    end if;
  end process;
end;
```

processのセンシティビティリスト中の複数の信号はコンマで区切って並べる。センシティビティリスト中にresetがある場合、非同期リセット付きフリップフロップを意味し、同期リセット付きではないことに注意されたい。すなわち、非同期リセット付きフリップフロップはresetの立ち上がりエッジで即座に反応するが、同期リセット付きは、クロックの立ち上がりエッジに際してresetに対して応答する。

VHDLシミュレーションではフリップフロップの状態は'u'に初期化されていることを思い出されたい。

先に述べた通り、アーキテクチャ（例えばasynchronousやsynchronous）の名前はVHDLツールでは意味を持たないが、人がコードを読む場合に役に立つかもしれない。両方のアーキテクチャでentity floprを記述しているので、設計中にはどちらか1つしか入れることはできない。

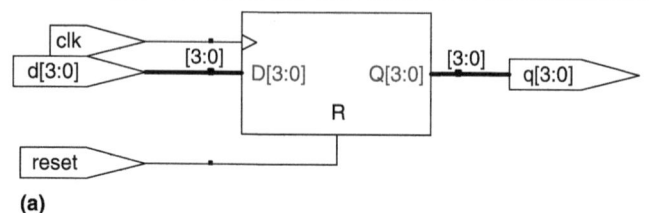

(a)

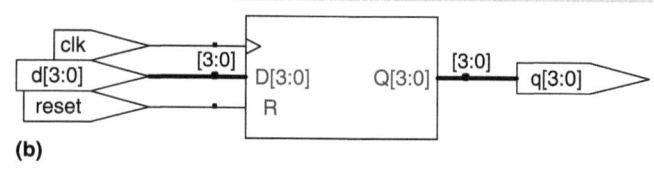

(b)

図4.15　floprから合成された回路図　(a) 非同期型リセット、(b) 同期型リセット

る。リセットは非同期に与えることも、同期的に与えることも可能である。非同期なリセットは直ちに発生可能なのに対して、同期リセットはクロックの次の立ち上がりエッジにのみ出力をクリアすることを思い出されたい。HDL記述例4.18は、非同期リセットと同期リセットの両方のフリップフロップの例である。

回路図で同期リセットと非同期リセットを区別するのは、困難かもしれない。Synplify Premierで合成された回路図は、非同期リセットをフリップフロップの下部に配置し、同期リセットを左に配置している。

4.4.3 イネーブル付きレジスタ

イネーブル付きレジスタはイネーブルがアサートされたときだけにクロックに反応する。HDL記述例4.19は、resetもenもFALSEである場合に古い値を保持し続ける非同期リセット可能なイネーブル付きレジスタである。

4.4.4 複数のレジスタ

単一のalwaysやprocess文でハードウェアの複数の部分を記述するのに使うことができる。例えば3.5.5節のシンクロナイザを、図4.17に示すような2つのフリップフロップを数珠繋ぎにしたもので構成する。HDL記述例4.20（次ページ）はシンクロナイザの記述例である。clkの立ち上がりのエッジでdは

n1にコピーされると同時に、n1はqにコピーされる。

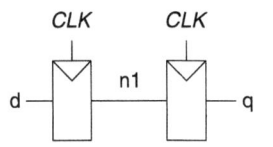

図4.17　シンクロナイザの回路図

4.4.5 ラッチ

3.2.2節で習ったDラッチは、クロックがHIGHのときは透過で、データが入力から出力に流れるというものであった。ラッチはクロックがLOWのときは不透過で、古い値を保持している。HDL記述例4.21（p.110）にDラッチのイディオムを示す。

すべての合成ツールがラッチをうまく取り扱えるわけではない。使っているツールがラッチをサポートしているのか分からなかったり、また使う妥当な理由がない限り、ラッチの使用を避け、代わりにエッジトリガのフリップフロップを使おう。さらに、使っているHDLが意図しないラッチを合成しないように注意を払う。注意しないと変なものを合成されてしまう。多くの合成ツールはラッチを生成するときに警告を発する。それが期待したものでない場合は、使っているHDL

HDL記述例4.19　リセット可能なイネーブル付きレジスタ

SystemVerilog

```
module flopenr(input  logic       clk,
               input  logic       reset,
               input  logic       en,
               input  logic [3:0] d,
               output logic [3:0] q);

  // asynchronous reset
  always_ff @(posedge clk, posedge reset)
    if      (reset) q <= 4'b0;
    else if (en)    q <= d;
endmodule
```

VHDL

```
library IEEE; use IEEE.STD_LOGIC_1164.all;

entity flopenr is
  port(clk,
       reset,
       en: in  STD_LOGIC;
       d:  in  STD_LOGIC_VECTOR(3 downto 0);
       q:  out STD_LOGIC_VECTOR(3 downto 0));
end;

architecture asynchronous of flopenr is
-- asynchronous reset
begin
  process(clk, reset) begin
    if reset then
      q <= "0000";
    elsif rising_edge(clk) then
      if en then
        q <= d;
      end if;
    end if;
  end process;
end;
```

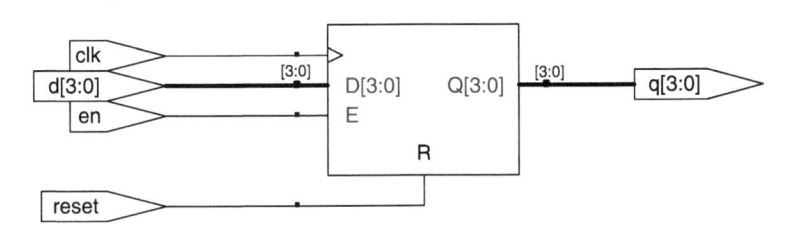

図4.16　flopenrから合成された回路

HDL記述例4.20　シンクロナイザ

SystemVerilog

```
module sync(input  logic clk,
            input  logic d,
            output logic q);

  logic n1;
  always_ff @(posedge clk)
    begin
      n1 <= d; // nonblocking
      q <= n1; // nonblocking
    end
endmodule
```

複数の文がalways構文に表れるため、begin/end構造体が必要になる。これはCやJavaの{}と同じ役割をする。begin/endはfloprの例では必要がない。これはif/else節が単一の文しか含まないからである。

VHDL

```
library IEEE; use IEEE.STD_LOGIC_1164.all;

entity sync is
  port(clk: in  STD_LOGIC;
       d:   in  STD_LOGIC;
       q:   out STD_LOGIC);
end;

architecture good of sync is
  signal n1: STD_LOGIC;
begin
  process(clk) begin
    if rising_edge(clk) then
      n1 <= d;
      q <= n1;
    end if;
  end process;
end;
```

n1はsignalとして宣言しなければならない。これはこのモジュールの内部信号であるためだ。

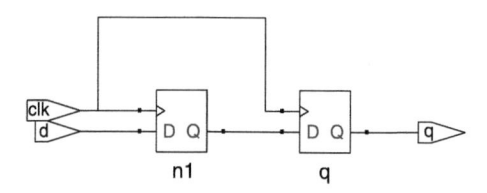

図4.18　syncから合成された回路

HDL記述例4.21　Dラッチ

SystemVerilog

```
module latch(input  logic clk,
             input  logic [3:0] d,
             output logic [3:0] q);
  always_latch
    if (clk) q <= d;
endmodule
```

always_latchはalways@(clk,d)と同じで、SystemVerilogでラッチを書くときのイディオムとしてお奨めである。clkとdの変化は常に評価される。clkがHIGHのとき、dはqへそのまま流れる。すなわちこれは正のレベルに反応するラッチである。それ以外では、qは以前の値を保持する。SystemVerilogはalways_latchブロックがラッチの意味にならない場合はワーニングを発生することができる。

VHDL

```
library IEEE; use IEEE.STD_LOGIC_1164.all;

entity latch is
  port(clk: in  STD_LOGIC;
       d:   in  STD_LOGIC_VECTOR(3 downto 0);
       q:   out STD_LOGIC_VECTOR(3 downto 0));
end;

architecture synth of latch is
begin
  process(clk, d) begin
    if clk = '1' then
        q <= d;
    end if;
  end process;
end;
```

センシティビティリストの中には、clkとdが入っている。このため、processはclkかdが変化するときはいつでも評価する。clkがHIGHのときdはqへそのまま流れる。

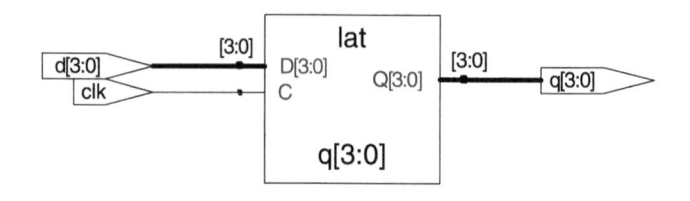

図4.19　latchから合成された回路

のバグを突き止めよう。そして、あなたが、ラッチを意図して生成しているのかどうかを分かっていない場合、あなたは多分HDLをプログラム言語のように使っていると思われる。この場合は、より大きな問題が潜んでいるだろう。

4.5 組み合わせ回路再考

4.2節では、組み合わせ回路を記述するのに割り当て文を使った。SystemVerilogのalways文やVHDLのprocess文は、新しい状態が指定されない限りは古い状態を覚えているので、順序回路を記述するのに使われる。とはいえ、センシティビティリストがすべての入力の変化に反応するように書かれており、本体が出力の値を入力のすべての組み合わせに対して規定していれば、組み合わせ回路の記述にalways文やprocess文を用いることができる。HDL記述例4.22は、4つのインバータのかたまりを記述するのにalways文やprocess文を使っている例である（図4.3の合成された回路を参照）。

HDLでは、always文やprocess文の中で**ブロッキング割り当て**と、**ノンブロッキング割り当て**の両方を使うことができる。ブロッキング割り当てのグループは、通常のプログラミング言語で期待するように、コードに出現する順番で評価されるが、ノンブロッキング割り当てでは並行に評価される。つまり、左辺の信号のいずれかが更新される前に、すべての文が評価される。

HDL記述例4.23（次ページ）では、sとcoutを計算するのに使う中間的な信号pとgを用いて全加算器を定義している。

これは図4.8と同じ回路を生成しているが、割り当て文の箇所でalways文、あるいはprocess文を用いている。

これら2つの例は、always文やprocess文を用いて組み合わせ回路を構成する例としては魅力がない。というのは、HDL記述例4.2と4.7の割り当て文を使った等価なアプローチよりも行数が嵩んでいるからである。しかしながら、caseとif文は複雑な組み合わせ回路を構成するには便利である。case文とif文はalways文やprocess文の中に置かなくてはならない。これらについては次の節で見ていく。

4.5.1 case文

always文やprocess文を組み合わせ回路に使うより良い例として、always文やcase文の中に置かなくてはならないcase文の利点を享受できる、7セグメントディスプレイデコーダが挙げられる。

例題2.10で指摘したように、組み合わせ回路の大きなブロックを設計する過程は、退屈で間違いを起こしやすい。HDLはうまくできていて、高いレベルの抽象化で機能を記述することができ、機能からゲートを自動的に合成する。HDL記述例4.24（p.112）では、真理値表に基づいて7セグメントディスプレイデコーダを記述するのにcase文を使っている（7セグメントディスプレイデコーダに関する例題2.10の記述を参照）。case文は入力の値に依存して、異なる動作を行う。すべての入力の可能な組み合わせが定義されている場合、case文は組み合わせ回路だと判断する。さもなくば未定義の場合は出力は古い値を保持するので、順序回路だと判断

HDL記述例4.22 always/processを使ったインバータ

SystemVerilog

```
module inv(input  logic [3:0] a,
           output logic [3:0] y);

  always_comb
    y = ~a;
endmodule
```

always_combはalways文の中の<=か=の右辺の信号が変化したときはいつでも、文を再評価する。この場合はalways@(a)と同じであるが、always文中の信号名の変更や追加時のミスを防ぐことができる点で優れている。always文中のコードが組み合わせ回路でなければSystemVerilogはワーニングを発生する。always_combはalways@(*)と同じであるが、SystemVerilogではこちらが推奨される。

always文中の=は**ブロッキング割り当て**であり、<=のノンブロッキング割り当てではない。SystemVerilogでは、組み合わせ回路に対してブロッキング割り当てを使い、順序回路に対してノンブロッキング割り当てを使うのが良い習慣である。これは4.5.4節でもっと詳しく議論する。

VHDL

```
library IEEE; use IEEE.STD_LOGIC_1164.all;

entity inv is
  port(a: in  STD_LOGIC_VECTOR(3 downto 0);
       y: out STD_LOGIC_VECTOR(3 downto 0));
end;

architecture proc of inv is
begin
  process(all) begin
    y <= not a;
  end process;
end;
```

process(all)は、processの中の信号が変わったときにいつでもprocessの中の文を再評価する。この場合、process(a)と同じだが、process文中の信号名の変更や追加時のミスを防ぐことができる点で優れている。

VHDLにおいて、begin～end process文はprocessが1つの割り当てのみを含む場合でも必要である。

SystemVerilog

SystemVerilogでは、always構文中で=はブロッキング割り当て文で、<=はノンブロッキング割り当て文（並行信号割り当て文とも呼ばれる）。

両方共、assign文の継続割り当て文と混乱してはならない。継続割り当て文はalways文の外で用いられなければならず、評価は並列に行われる。

VHDL

VHDLのprocess構文中で、:=は、ブロッキング割り当て文であり、<=はノンブロッキング割り当て文（並行信号代入文とも呼ばれる）。

ノンブロッキング割り当ては、出力かsignalに対して行われる。ブロッキング割り当ては、process構文中でvariableで宣言された変数に対して行われる（HDL記述例4.23参照）。<=は、process構文の外でも使うことができ、並列に評価される。

HDL記述例4.23 always/processを用いた全加算器

SystemVerilog

```systemverilog
module fulladder(input logic a, b, cin,
                 output logic s, cout);
  logic p, g;
  always_comb
    begin
      p = a ^ b;          // blocking
      g = a & b;          // blocking

      s = p ^ cin;        // blocking
      cout = g | (p & cin); // blocking
    end
endmodule
```

この場合、always@(a,b,cin)はalways_combと同じである。とはいえ、always_combはセンシティビティリストに信号を書き忘れるという良くあるミスを防ぐことができる点で優れている。

4.5.4節に議論する理由により、組み合わせ回路にはブロッキング割り当てを使うのがベストである。この例はブロッキング割り当てを使い、最初にp、次にg、そしてs、最後にcoutを計算している。

VHDL

```vhdl
library IEEE; use IEEE.STD_LOGIC_1164.all;

entity fulladder is
  port(a, b, cin: in STD_LOGIC;
       s, cout:   out STD_LOGIC);
end;

architecture synth of fulladder is
begin
  process(all)
    variable p, g: STD_LOGIC;
  begin
    p := a xor b; -- blocking
    g := a and b; -- blocking
    s <= p xor cin;
    cout <= g or (p and cin);
  end process;
end;
```

この場合process(a,b,cin)は、process(all)と同じである。とはいえ、process(all)は、センシティビティリストに信号を書き忘れるという良くあるミスを防ぐことができる点で優れている。

4.5.4節で議論する理由により、組み合わせ回路の中間変数にはブロッキング割り当てを使うのがベストである。この例はブロッキング割り当てを使い、pとgを計算している。このため、これに依存関係を持つsとcoutを計算するときは新しい値になっている。

pとgは、ブロッキング割り当て（:=）の左辺に表れるので、これはsignalではなくvariableで宣言しなければならない。variable宣言は変数が使われるprocess中でbeginの前に行わなければならない。

HDL記述例4.24 7セグメントディスプレイデコーダ

SystemVerilog

```systemverilog
module sevenseg(input logic [3:0] data,
                output logic [6:0] segments);
  always_comb
    case(data)
    //                abc_defg
    0: segments = 7'b111_1110;
    1: segments = 7'b011_0000;
    2: segments = 7'b110_1101;
    3: segments = 7'b111_1001;
    4: segments = 7'b011_0011;
    5: segments = 7'b101_1011;
    6: segments = 7'b101_1111;
    7: segments = 7'b111_0000;
    8: segments = 7'b111_1111;
    9: segments = 7'b111_0011;
    default: segments = 7'b000_0000;
    endcase
endmodule
```

case文はdataの値をチェックする。dataが0ならばコロンの後の動作を実行し、segmentsを111110にする。case文は同様に他のdataの値を9までチェックする（defaultの基数を利用していることに注目されたい。基数は10である）

default節は、明示して列挙せずにすべての場合について出力を定義して組み合わせ回路であることを保証するために便利な方法である。

SystemVerilogではcase文はalways文の中にだけしか書くことができない。

VHDL

```vhdl
library IEEE; use IEEE.STD_LOGIC_1164.all;

entity seven_seg_decoder is
  port(data:  in  STD_LOGIC_VECTOR(3 downto 0);
       segments: out STD_LOGIC_VECTOR(6 downto 0));
end;

architecture synth of seven_seg_decoder is
begin
  process(all) begin
    case data is
      --                    abcdefg
      when X"0" => segments <= "1111110";
      when X"1" => segments <= "0110000";
      when X"2" => segments <= "1101101";
      when X"3" => segments <= "1111001";
      when X"4" => segments <= "0110011";
      when X"5" => segments <= "1011011";
      when X"6" => segments <= "1011111";
      when X"7" => segments <= "1110000";
      when X"8" => segments <= "1111111";
      when X"9" => segments <= "1110011";
      when others => segments <= "0000000";
    end case;
  end process;
end;
```

case文はdataの値をチェックする。dataが0ならば=>の後の動作を実行し、segmentsを1111110にする。case文は同様に他のdataの値を9までチェックする（16進数を示すXの利用法に注目されたい）。

others節は、明示して列挙せずにすべての場合について出力を定義して組み合わせ回路であることを保証するために便利な方法である。

SystemVerilogと違って、VHDLには選択的信号割り当て文（HDL記述例4.6参照）がある。このため、process文を使って組み合わせ回路を書く理由に乏しい。

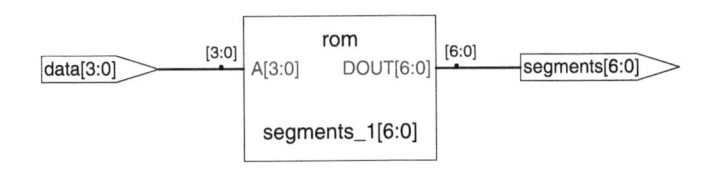

図4.20 sevensegから合成された回路

HDL記述例4.25 3:8デコーダ

SystemVerilog

```systemverilog
module decoder3_8(input  logic [2:0] a,
                  output logic [7:0] y);
  always_comb
    case(a)
      3'b000: y = 8'b00000001;
      3'b001: y = 8'b00000010;
      3'b010: y = 8'b00000100;
      3'b011: y = 8'b00001000;
      3'b100: y = 8'b00010000;
      3'b101: y = 8'b00100000;
      3'b110: y = 8'b01000000;
      3'b111: y = 8'b10000000;
      default: y = 8'bxxxxxxxx;
    endcase
endmodule
```

この場合、すべての可能な入力の組み合わせが定義されているので、default文は論理合成に絶対に必要というわけではない。しかし、シミュレーションでは入力のうちの1つがxかzになる場合の用心になる。

VHDL

```vhdl
library IEEE; use IEEE.STD_LOGIC_1164.all;

entity decoder3_8 is
  port(a: in  STD_LOGIC_VECTOR(2 downto 0);
       y: out STD_LOGIC_VECTOR(7 downto 0));
end;

architecture synth of decoder3_8 is
begin
  process(all) begin
    case a is
      when "000" => y <= "00000001";
      when "001" => y <= "00000010";
      when "010" => y <= "00000100";
      when "011" => y <= "00001000";
      when "100" => y <= "00010000";
      when "101" => y <= "00100000";
      when "110" => y <= "01000000";
      when "111" => y <= "10000000";
      when others => y <= "XXXXXXXX";
    end case;
  end process;
end;
```

この場合、すべての可能な入力の組み合わせが定義されているので、others節は論理合成に絶対に必要というわけではない。しかし、シミュレーションでは入力のうちの1つがx、z、uになる場合の用心になる。

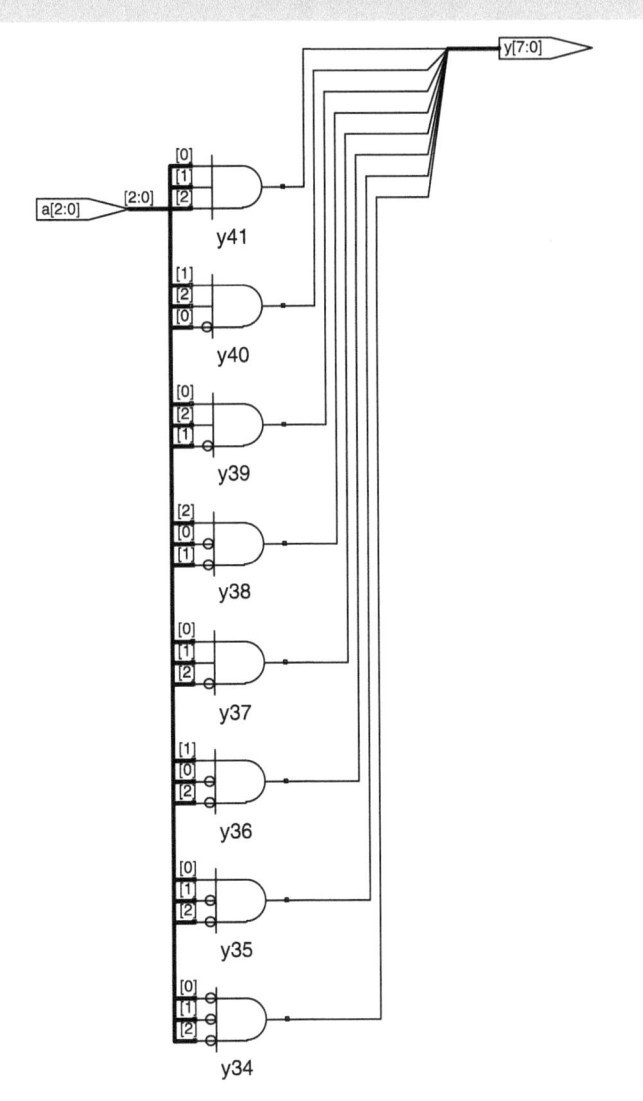

図4.21 decoder3_8から合成された回路

する。

Synplify Premierは、7セグメントディスプレイデコーダに対して、16種類の入力の各々に7つの出力が対応している**読み出し専用メモリ（ROM）**を合成する。ROMについては5.5.6節で議論する。

case文の中にdefault節やothers節がないと、dataが10〜15の間の値の場合は、デコーダは1つ前の値を覚えているということになる。これはハードウェアとしてはおかしな動作である。

通常のデコーダも、一般的にはcase文で書かれている。前ページのHDL記述例4.25は3:8デコーダを記述している。

4.5.2 if文

always文やprocess文はif文を含むこともできる。if文の後には、else文が続いてもよい。すべての可能な入力の組み合わせに対して手当てされているならば、文を組み合わせ回路だと認識し、そうでなければ（4.5.5節のラッチのような）順序回路を生成する。HDL記述例4.26は、2.4節で定義したプライオリティ回路を記述するのにif文を使っている。TRUEである最上位の入力に対応する出力をTRUEにする、N入力のプライオリティ回路を思い出そう。

HDL記述例4.26　優先回路

SystemVerilog

```systemverilog
module priorityckt(input  logic [3:0] a,
                   output logic [3:0] y);
  always_comb
    if (a[3]) y = 4'b1000;
      else if (a[2]) y = 4'b0100;
      else if (a[1]) y = 4'b0010;
      else if (a[0]) y = 4'b0001;
    else y = 4'b0000;
endmodule
```

SystemVerilogではif文はalways文中にのみ書くことができる。

VHDL

```vhdl
library IEEE; use IEEE.STD_LOGIC_1164.all;

entity priorityckt is
  port(a: in  STD_LOGIC_VECTOR(3 downto 0);
       y: out STD_LOGIC_VECTOR(3 downto 0));
end;

architecture synth of priorityckt is
begin
  process(all) begin
    if    a(3) then y <= "1000";
      elsif a(2) then y <= "0100";
      elsif a(1) then y <= "0010";
      elsif a(0) then y <= "0001";
      else            y <= "0000";
    end if;
  end process;
end;
```

SystemVerilogと違ってVHDLには選択的信号割り当て文（HDL記述例4.6参照）がある。これはif文に似ていて、processの外に書くことができる。このため、process文を使って組み合わせ回路を書く理由に乏しい。

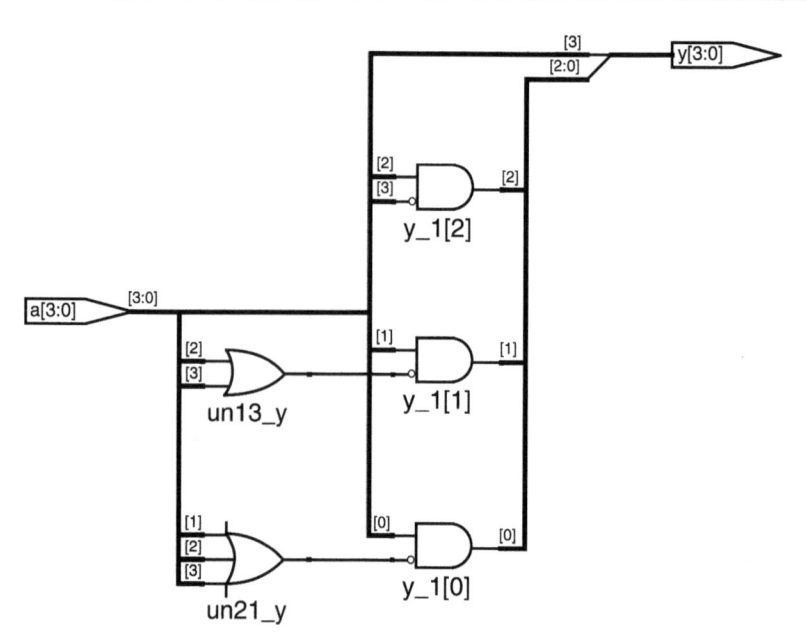

図4.22　priorityckt から合成された回路

4.5.3 ドントケアを含む真理値表

2.7.3節で見てきた通り、真理値表は、簡単化をもっと行うためにドントケアを含む場合がある。HDL記述例4.27は、ドントケアを含む優先順序回路の書き方を示す。Synplify Premierは、このモジュールを図4.23に示すように、図4.22の優先順位回路とやや違った回路に合成する。とはいえ、この回路は論理的には等価である。

4.5.4 ブロッキング割り当てとノンブロッキング割り当て

次ページのガイドラインで、いつどのようにそれぞれのタイプの割り当てを使うのかを解説する。このガイドラインに従わないと、シミュレーションでは動くように見えるが、正しくないハードウェアを合成してしまうコードを書くおそれがある。この節のオプションのリマインダは、ガイドラインの背後の原理について説明したものである。

組み合わせ回路*

HDL記述例4.23の全加算器は、ブロッキング割り当てを用いて正しく構成されている。この節では、ノンブロッキング割り当てが使われたとして、どのように動作し、ブロッキング割り当てに比べてどう違うかを見ていく。

aとbとcinはすべて最初0で、したがってpとgとsとcoutは0であるとする。あるときにaが1に変化し、always文やprocess文をトリガする。4つのブロッキング割り当てがこの順番で評価される（VHDLのコードでは、sとcoutは並行して割り当てられる）。ブロッキング割り当てであるので、sとcoutが計算される前に、pとgは新しい値を獲得することに注意しよう。pとgの新しい値を使ってsとcoutを計算することを望んでいるので、これは重要である。

HDL記述例4.27　ドントケアを使ったプライオリティ回路

SystemVerilog

```
module priority_casez(input  logic [3:0] a,
                      output logic [3:0] y);
  always_comb
    casez(a)
      4'b1???: y = 4'b1000;
      4'b01??: y = 4'b0100;
      4'b001?: y = 4'b0010;
      4'b0001: y = 4'b0001;
      default: y = 4'b0000;
    endcase
endmodule
```

casez文はcase文に似ているが、?をドントケアとして認識する点が違っている。

VHDL

```
library IEEE; use IEEE.STD_LOGIC_1164.all;

entity priority_casez is
  port(a: in  STD_LOGIC_VECTOR(3 downto 0);
       y: out STD_LOGIC_VECTOR(3 downto 0));
end;

architecture dontcare of priority_casez is
begin
  process(all) begin
    case? a is
      when "1---" => y <= "1000";
      when "01--" => y <= "0100";
      when "001-" => y <= "0010";
      when "0001"=> y <= "0001";
      when others=> y <= "0000";
    end case?;
  end process;
end;
```

case?文はcase文に似ているが、-をドントケアとして認識する点が違っている。

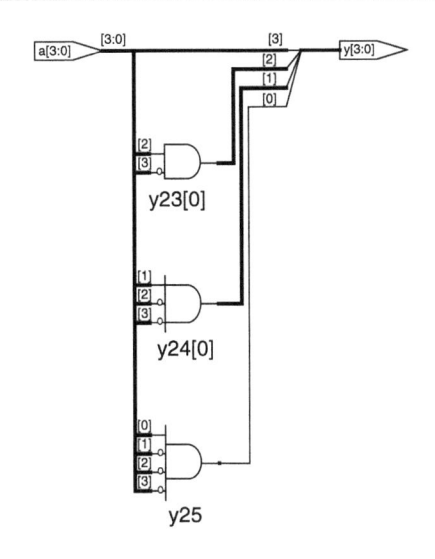

図4.23　priority_casezから合成された回路

ブロッキング割り当てとノンブロッキング割り当てのガイドライン

SystemVerilog	VHDL
1. 同期型順序回路を構成するには、常に`always_ff @(posedge clk)`とノンブロッキング割り当てを使うべし。	1. 同期型順序回路を構成する場合には、`process(clk)`とノンブロッキング割り当てを使うべし。

```
always_ff @(posedge clk)
  begin
    n1 <= d; // ノンブロッキング割り当て
    q <= n1; // ノンブロッキング割り当て
  end
```

```
process(clk) begin
  if rising_edge(clk) then
    n1 <= d; -- ノンブロッキング割り当て
    q <= n1; -- ノンブロッキング割り当て
  end if;
end process;
```

2. 単純な組み合わせ回路を構成するときには、継続割り当てを使うべし。

```
assign y = s ? d1 : d0;
```

2. 単純な組み合わせ回路を構成する場合は並行割り当てを`process`の外で使うべし。

```
y <= d0 when s = '0' else d1;
```

3. `always`文を使うと記述が楽になる複雑な組み合わせ回路を構成するときには、`always_comb`とブロッキング割り当てを使うべし。

```
always_comb
  begin
    p = a ^ b; // ブロッキング割り当て
    g = a & b; // ブロッキング割り当て
    s = p ^ cin;
    cout = g | (p & cin);
  end
```

3. `process`を使うと記述が楽になる複雑な組み合わせ回路を構成する場合は、`process(all)`を使うべし。内部変数についてはブロッキング割り当てを使うべし。

```
process(all)
  variable p, g: STD_LOGIC;
begin
  p := a xor b; -- ブロッキング割り当て
  g := a and b; -- ブロッキング割り当て
  s <= p xor cin;
  cout <= g or (p and cin);
end process;
```

4. 同じ信号に対する割り当てを、複数の`always`文や継続割り当て文で行うべからず。

4. 同じ変数に対するの複数の割り当てを、複数の`process`文や並行割り当て文の中で使うべからず。

---

1. $p \leftarrow 1 \oplus 0 = 1$
2. $g \leftarrow 1 \bullet 0 = 0$
3. $s \leftarrow 1 \oplus 0 = 1$
4. $cout \leftarrow 0 + 1 \bullet 0 = 0$

　対照的にHDL記述例4.28は、ノンブロッキング割り当ての使用例である。

　bもcinも0である一方で、0から1へ立ち上がる同じケース*a*

について考えよう。4つのノンブロッキング割り当ては並行して評価される。

$$p \leftarrow 1 \oplus 0 = 1 \qquad g \leftarrow 1 \bullet 0 = 0$$
$$s \leftarrow 0 \oplus 0 = 0 \qquad cout \leftarrow 0 + 0 \bullet 0 = 0$$

　sはpと並行して計算され、それゆえpの新しい値ではなく古い値が使われることを見て取ろう。したがってsは1になるのではなく0のままである。しかしながらpは0から1に変化す

HDL記述例4.28　ノンブロッキング割り当てを用いた全加算器

SystemVerilog	VHDL

```
// nonblocking assignments (not recommended)
module fulladder(input  logic a, b, cin,
                 output logic s, cout);
  logic p, g;

  always_comb
    begin
      p <= a ^ b; // nonblocking
      g <= a & b; // nonblocking
      s <= p ^ cin;
      cout <= g | (p & cin);
    end
endmodule
```

```
-- nonblocking assignments (not recommended)
library IEEE; use IEEE.STD_LOGIC_1164.all;

entity fulladder is
  port(a, b, cin: in STD_LOGIC;
       s, cout:   out STD_LOGIC);
end;

architecture nonblocking of fulladder is
  signal p, g: STD_LOGIC;
begin
  process(all) begin
    p <= a xor b; -- nonblocking
    g <= a and b; -- nonblocking
    s <= p xor cin;
    cout <= g or (p and cin);
  end process;
end;
```

　`process`文内で`p`と`g`はノンブロッキング割り当ての左辺に現れるため、`variable`でなく`signal`で宣言しなければならない。`signal`宣言は`process`ではなく、`architecture`内の`begin`の前に置かなければならない。

SystemVerilog

HDL記述例4.28の**always**文のセンシティビティリストが**always_comb**ではなく、**always @(a,b,cin)**と書かれていたなら、pやgが変化しても文は再評価されないだろう。前出の例では、sは1ではなく0のままであるので、正しくない。

VHDL

HDL記述例4.28の**process**文のセンシティビティリストが**process(all)**ではなく、**process(a,b,cin)**と書かれていたら、pやgが変化しても文は再評価されないだろう。前出の例では、sは1ではなく0のままであるので、正しくない。

る。この変化により**always**文や**process**文がトリガされ、次回には次のように評価される。

$$p \leftarrow 1 \oplus 0 = 1 \quad g \leftarrow 1 \bullet 0 = 0$$
$$s \leftarrow 1 \oplus 0 = 1 \quad cout \leftarrow 0 + 1 \bullet 0 = 0$$

この時点でpは既に1であり、sは正しく1に変化する。このノンブロッキング割り当ては結果的に正しい答えになるが、**always**文や**process**文は2回評価される。このためにシミュレーションは遅くなるが、同じハードウェアを合成する。

組み合わせ回路を構成するにあたってのノンブロッキング割り当てのもう1つの問題点は、中間変数をセンシティビティリストに含めるのを忘れた場合に、HDLが間違った結果を生成する点にある。

さらに悪いのは、ある種の合成ツールは、間違ったセンシティビティリストのために正しくないシミュレーション結果になるにもかかわらず、正しいハードウェアを合成してしまうことがある。このためにシミュレーション結果とハードウェアの動作が一致しなくなる。

順序回路*

HDL記述例4.20のシンクロナイザは、ノンブロッキング割

り当てを使って正しく構成されている。クロックの立ち上がりエッジで、n1がqにコピーされるのと同時にdはn1にコピーされるので、コードは正しく2つのレジスタを記述している。例えば、最初d = 0、n1 = 1、q = 0であると仮定する。クロックの立ち上がりのエッジで、次の2つの割り当てが並行して実施され、クロックのエッジの後でn1 = 0かつq = 1となる。

$$n1 \leftarrow d = 0 \quad q \leftarrow n1 = 1$$

HDL記述例4.29は、同じモジュールをブロッキング割り当てを使って記述している。clkの立ち上がりエッジでdはn1にコピーされる。n1の新しい値がqにコピーされると、dはn1にもqにも正しく現れなくなる。割り当てはクロックのエッジの後でq = n1 = 0となるように互い違いに行われる。

1. $n1 \leftarrow d = 0$
2. $q \leftarrow n1 = 0$

n1はモジュールの外には見えず、qの動作には影響を与えないので、シンセサイザ（合成系）は図4.24に示すようにこれを完全に消し去ってしまう。

この例が教示することは、順序回路を構成する場合は、ノンブロッキング割り当てを**always**文や**process**文の中で排他的に使えるということである。割り当ての順序を反対にする

HDL記述例4.29　ブロッキング割り当てを使う、間違ったシンクロナイザ

SystemVerilog

```
// ブロッキング割り当てを使う、間違ったシンクロナイザの実装

module syncbad(input logic clk,
               input logic d,
               output logic q);

  logic n1;

  always_ff @(posedge clk)
    begin
      n1 = d; // blocking
      q = n1; // blocking
    end
endmodule
```

VHDL

```
-- ブロッキング割り当てを使う、間違ったシンクロナイザの実装

library IEEE; use IEEE.STD_LOGIC_1164.all;

entity syncbad is
  port(clk: in  STD_LOGIC;
       d:   in  STD_LOGIC;
       q:   out STD_LOGIC);
end;

architecture bad of syncbad is
begin
  process(clk)
    variable n1: STD_LOGIC;
  begin
    if rising_edge(clk) then
      n1 := d; -- blocking
      q <= n1;
    end if;
  end process;
end;
```

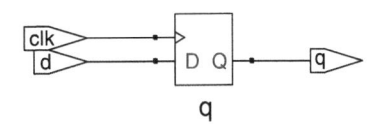

図4.24 syncbadから合成された回路

といった技を使えば、ブロッキング割り当てを使って正しく動くようにできるが、ブロッキング割り当てを使っても何も優れた点はなく、意図しない動作を招くという危険性をはらむだけである。ある種の順序回路では、順序をどんなに工夫しても、ブロッキング割り当てを使うとうまく働かない。

4.6 有限状態マシン

有限状態マシン（FSM）は、図3.22に示すように、状態レジスタと、現在の状態と入力を与えられてそれぞれ次の状態と出力を計算する2つの組み合わせ回路のブロックから成る。状態マシンのHDL記述は、状態レジスタ、次の状態の論理回路、および出力の論理回路の3つの部分のモデルに分割される。

HDL記述例4.30は3.4.2節の3進カウンタFSMを記述したもので、FSMを初期化する非同期リセットが与えられている。状態レジスタには、フリップフロップの通常のイディオムを使っている。次の状態と出力の論理回路のブロックは組み合わせ回路である。

Synplify Premier論理合成ツールは、そのままのブロック図と状態マシンに対する状態遷移図を生成するので、HDLの

HDL記述例4.30　3進有限状態マシン

SystemVerilog

```
module divideby3FSM(input  logic clk,
                    input  logic reset,
                    output logic y);
  typedef enum logic [1:0] {S0, S1, S2} statetype;
  statetype state, nextstate;

  // 状態レジスタ
  always_ff @(posedge clk, posedge reset)
    if (reset) state <= S0;
  else state <= nextstate;

  // 次の状態の論理回路
  always_comb
    case (state)
      S0:      nextstate = S1;
      S1:      nextstate = S2;
      S2:      nextstate = S0;
      default: nextstate = S0;
    endcase

  // 出力の論理回路
  assign y = (state== S0);
endmodule
```

typedef文は、3つの可能性S0、S1、S2を持つ2ビットのlogic値であるstatetypeを定義し、stateとnextstateをstatetype型の信号として定義している。

列挙のエンコーディングはデフォルトでは数字の順でS0 = 00、S1 = 01、S2 = 10となる。エンコードはユーザによって明示的に指定できる。とはいえ、合成ツールはこれを1つの提案と見做し、要求事項とは考えない。例えば下のコード片は3ビットのワンホット値をエンコードしている。

```
typedef enum logic [2:0] {S0 = 3'b001, S1 = 3'b010, S2 = 3'b100}
statetype;
```

状態遷移図を定義するcase文の使い方に注目されたい。次の状態を計算する論理回路は組み合わせ回路なので、状態2'b11は決して出現することはないのだが、defaultは必要である。

出力yはstateがS0のときに1になる。**等値比較**a == bはaとbが等しいときに1になる。**不等比較**a != bはこの反対でaがbと等しくないときに1になる。

VHDL

```
library IEEE; use IEEE.STD_LOGIC_1164.all;

entity divideby3FSM is
  port(clk, reset: in STD_LOGIC;
       y:          out STD_LOGIC);
end;

architecture synth of divideby3FSM is
  type statetype is (S0, S1, S2);
  signal state, nextstate: statetype;
begin
  -- 状態レジスタ
  process(clk, reset) begin
    if reset then state <= S0;
    elsif rising_edge(clk) then
      state <= nextstate;
    end if;
  end process;

  -- 次の状態の論理回路
  nextstate <= S1 when state = S0 else
               S2 when state = S1 else
               S0;

  -- 出力の論理回路
  y <= '1' when state = S0 else '0';
end;
```

この例では新しい列挙型データ型statetypeを定義している。これは3つの可能性S0、S1、S2を持ち、stateとnextstateはこのstatetype型の信号である。状態エンコーディングの代わりに列挙型を使うことによりVHDLは合成系に様々な状態エンコードの中からベストのものを選ばせている。

出力yはstateがS0のときに1になる。不等比較は/=を使う。stateがS0以外のときに1を出すようにするには、比較をstate /= S0に変えればよい。

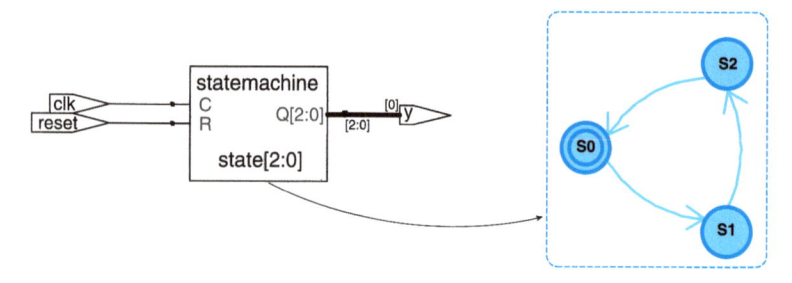

図4.25　divideby3fsmから合成された回路

コードでFSMを正しく記述するように注意を払う。3進カウンタFSMに対する図4.25の状態遷移図は、図3.28（b）の遷移図と似ている。二重の円はS0がリセット状態であることを表している。3進カウンタFSMのゲートレベルの実装は、3.4.2節に示した通りである。

> この合成ツールは、SystemVerilogのコードで示した2-bitエンコーディングの代わりに3bitエンコーディング（Q[2:0]）を使っていることに注意されたい。

状態は2進数の値で表現されるのではなく、列挙型データで名前を付けてある点に注意されたい。これはコードを読みやすく、変更しやすくする。何かの理由で状態S0とS1での出力をHIGHにしたいとしたら、次のように出力の論理回路を変更する。

SystemVerilog

```
// 出力の論理回路
assign y = (state== S0 | state== S1);
```

VHDL

```
-- 出力の論理回路
y <= '1' when (state = S0 or state = S1) else '0';
```

次の2つの例は3.4.3節のカタツムリパターン認識器のFSMの記述である。このコードはcaseとif文を使って、入力とともに現在の状態によって決まる次の状態の出力論理をうまく扱う方法を示している。Moore型とMealy型の両方を示す。Moore型（HDL記述例4.31）では、出力は現在の状態だけに依存する。一方、次ページのMealy型（HDL記述例4.32）では、出力は現在の状態と入力の両方に依存する。

HDL記述例4.31　パターン認識用Moore FSM

SystemVerilog

```
module patternMoore(input  logic clk,
                    input  logic reset,
                    input  logic a,
                    output logic y);

  typedef enum logic [1:0] {S0, S1, S2} statetype;
  statetype state, nextstate;

  // 状態レジスタ
  always_ff @(posedge clk, posedge reset)
    if (reset) state <= S0;
    else state <= nextstate;

  // 次の状態の論理回路
  always_comb
    case (state)
      S0: if (a) nextstate = S0;
          else nextstate = S1;
      S1: if (a) nextstate = S2;
          else nextstate = S1;
      S2: if (a) nextstate = S0;
          else nextstate = S1;
      default: nextstate = S0;
    endcase

  // 出力の論理回路
  assign y = (state==S2);
endmodule
```

ノンブロッキング割り当て（<=）が順序回路の状態レジスタの記述に使われ、ブロッキング割り当て（=）が次の状態を作る組み合わせ回路に使われている点に注目されたい。

VHDL

```
library IEEE; use IEEE.STD_LOGIC_1164.all;

entity patternMoore is
  port(clk, reset: in STD_LOGIC;
       a:          in STD_LOGIC;
       y:          out STD_LOGIC);
end;

architecture synth of patternMoore is
  type statetype is (S0, S1, S2);
  signal state, nextstate: statetype;
begin
  -- 状態レジスタ
  process(clk, reset) begin
    if reset then state <= S0;
    elsif rising_edge(clk) then state <= nextstate;
    end if;
  end process;

  -- 次の状態の論理回路
  process(all) begin
    case state is
      when S0 =>
        if a then nextstate <= S0;
        else nextstate <= S1;
        end if;
      when S1 =>
        if a then nextstate <= S2;
        else nextstate <= S1;
        end if;
      when S2 =>
        if a then nextstate <= S0;
        else nextstate <= S1;
        end if;
      when others =>
              nextstate <= S0;
    end case;
  end process;

  -- 出力の論理回路
  y <= '1' when state = S2 else '0';
end;
```

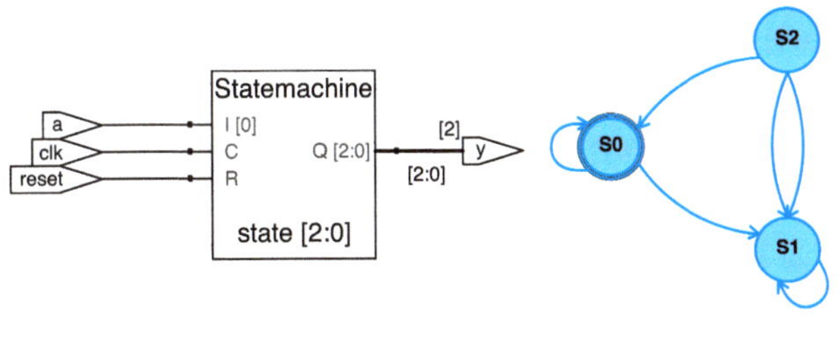

図4.26　patternMooreから合成された回路

HDL記述例4.32　Mealy FSMによるパターン認識器

SystemVerilog

```systemverilog
module patternMealy(input  logic clk,
                    input  logic reset,
                    input  logic a,
                    output logic y);

  typedef enum logic {S0, S1} statetype;
  statetype state, nextstate;

  // 状態レジスタ
  always_ff @(posedge clk, posedge reset)
    if (reset) state <= S0;
    else state <= nextstate;

  // 次の状態の論理回路
  always_comb
    case (state)
      S0: if (a) nextstate = S0;
          else    nextstate = S1;
      S1: if (a) nextstate = S0;
          else    nextstate = S1;
      default:    nextstate = S0;
    endcase

  // 出力の論理回路
  assign y = (a & state==S1);
endmodule
```

VHDL

```vhdl
library IEEE; use IEEE.STD_LOGIC_1164.all;

entity patternMealy is
  port(clk, reset: in  STD_LOGIC;
       a:          in  STD_LOGIC;
       y:          out STD_LOGIC);
end;

architecture synth of patternMealy is
  type statetype is (S0, S1);
  signal state, nextstate: statetype;
begin
  -- 状態レジスタ
  process(clk, reset) begin
    if reset then state              <= S0;
    elsif rising_edge(clk) then state <= nextstate;
    end if;
  end process;

  -- 次の状態の論理回路
  process(all) begin
    case state is
      when S0 =>
        if a then nextstate <= S0;
        else      nextstate <= S1;
        end if;
      when S1 =>
        if a then nextstate <= S0;
        else      nextstate <= S1;
        end if;
      when others =>
                nextstate <= S0;
    end case;
  end process;

  -- 出力の論理回路
  y <= '1' when (a = '1' and state = S1) else '0';
end;
```

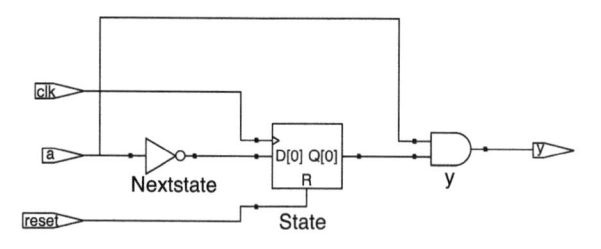

図4.27　patternMealyから合成された回路

4.7　データ型*

　この節では、SystemVerilogとVHDLの型についての微妙なところをさらに深く探ってみる。

4.7.1　SystemVerilog

　SystemVerilogの前の版であるVerilogは、regとwireという2つの型を使っていた。名前とは裏腹に、reg信号は、レジスタと関連する場合もあるがそうでない場合もある。これはこの言語を学ぶ上で大変な混乱の元となった。SystemVerilogはlogic型を導入してこの混乱を取り除いた。本書ではこのlogic型を主として使っている。この節では、

昔のVerilogコードを読む必要がある人のために、regとwire型を説明する。

　Verilogでは、信号がalways文中の、<=か=の左辺に表れる場合、regとして宣言されていなければならない。それ以外ではwireとして宣言される。それゆえ、reg信号は、センシティビティリストとalways構文によって、フリップフロップ、ラッチ、組み合わせ回路のどの出力にも成り得る。

　入力、出力ポートは、明示的にregと宣言しなければ、デフォルトでwire型である。clkとdはデフォルトでwireあり、qはalways構文中で<=の左辺に表れるため、明示的に宣言されたreg型である。

```
module flop(input                 clk,
            input      [3:0] d,
            output reg [3:0] q);

   always @(posedge clk)
     q <= d;
endmodule
```

SystemVerilogは、logic型を導入している。logicはreg と同義語だが、ユーザがこれが実際にフリップフロップであるという誤解を避けることができる。さらに、SystemVerilogは、assign文の制約と階層ポートのインスタンス化のルールを緩和している。このため、logicは、今まではwireを使わなければならなかったalways構文の外でも使える。すなわち、ほとんどすべてのSystemVerilog信号はlogicとなり得る。例外は複数のドライバのある信号（例えばトライステートバス）で、HDL記述例4.10で記述されたようにnetで宣言されなければならない。SystemVerilogはlogic信号が複数のドライバに何かの拍子に繋がってしまったとき、x値を出すのではなく、エラーメッセージを出すことができる。

ネットの最も共通した型は、wireあるいはtriである。この2つの型は同義語だが、従来はwireは単一のドライバが存在するとき使われ、triは複数のドライバが存在するときに使われた。SystemVerilogではlogicが単一のドライバの信号の場合に使われるために、wireは時代遅れとなってしまっている。

triネットは、1つあるいはそれ以上のドライバにより単一の値によって駆動される場合、その値となる。駆動されない場合、電気的に浮いた値（z）になる。複数のドライバにより、違った値（0、1、あるいはx）により駆動されると、衝突（x）となる。

駆動されていないか、複数の供給源により駆動されている場合の問題を解決する別のネット型が存在する。これらの型は滅多に使われない。しかし、triネットが通常使われる場合（すなわち複数のドライバを持つ信号である場合）のほとんどを置き換えることができる。これを表4.7に示す。

表4.7　ネット上での値

ネットの型	ドライバがない場合	複数ドライバによる衝突
tri	z	x
trireg	それ以前の値	x
triand	z	0（ひとつでも0になれば）
trior	z	1（ひとつでも1になれば）
tri0	0	x
tri1	1	x

4.7.2 VHDL

SystemVerilogとは異なり、VHDLには厳格なデータ型のシステムがあり、ユーザが間違いを起こさないようになっているが、場合によっては気が利かないことがある。

基本的には重要にもかかわらず、STD_LOGIC型はVHDLに作りつけられていない。その代わりに、IEEE.STD_LOGIC_1164ライブラリの一部となっている。したがって今まで示したような、ライブラリ指定の文をソースファイルに書かなくてはならない。

さらに、IEEE.STD_LOGIC_1164では加算や比較、シフト、整数への変換といったSTD_LOGIC_VECTORのデータに対する基本演算が欠けている。これらは、VHDL 2008標準のIEEE.NUMERIC_STD_UNSIGNEDライブラリでようやく加えられた。

VHDLには、trueとfalseという2つの値しかないBOOLEAN型がある。BOOLEAN値は、比較（s = '0'といった同値比較）で返され、whenのような条件文で使われる。BOOLEANのtrueの値はSTD_LOGIC '1'と等価で、BOOLEANのfalseの値はSTD_LOGIC '0'を意味すると思いたくなるが、この2つの型はVHDL 2008では交換可能ではなかった。例えば、昔のVHDLコードでは

```
y <= d1 when (s = '1') else d0;
```

と書かなければならなかった。

VHDL 2008では、when文を自動的にSTD_LOGICからBOOLEANに変換するので、単に以下のように書けば良い。

```
y <= d1 when s else d0;
```

しかし、VHDL 2008でさえ、まだ

```
q <= (state = S2);
```

ではなく、

```
q <= '1' when (state = S2) else '0';
```

と書かなければならない。これは、(state=S2)はBOOLEANを返すが、これは直接STD_LOGIC信号であるyに割り付けることはできないからだ。

信号はBOOLEANであると宣言できない一方で、比較は自動的にBOOLEANとなり、比較文で使われる。同様にVHDLにはINTEGER型があり、正と負の整数を表す。INTEGER型は少なくとも$-(2^{31} - 1)$から$2^{31} - 1$の範囲である。

整数値はバスの指標（インデックス）として使われる。例えば

```
y <= a(3) and a(2) and a(1) and a(0);
```

という文では、0、1、2、3は整数で信号のビットを指すインデックス（指標）として使われる。STD_LOGICやSTD_LOGIC_VECTORを使ったバスの信号は、直接指定できない。その代わりに、信号をINTEGERに変換しなければならない。これは、下の8:1マルチプレクサで示されており、3ビットの指標を使ってベクタから1ビットを選択している。TO_INTEGER関数はIEEE.NUMERIC_STD_UNSIGNEDライブラリで定義されており、STD_LOGIC_VECTORからINTEGERへ、正（符号無）の

値について変換を行う。

```
library IEEE;
use IEEE.STD_LOGIC_1164.all;
use IEEE.NUMERIC_STD_UNSIGNED.all;

entity mux8 is
  port(d: in  STD_LOGIC_VECTOR(7 downto 0);
       s: in  STD_LOGIC_VECTOR(2 downto 0);
       y: out STD_LOGIC);
end;

architecture synth of mux8 is
begin
 y <= d(TO_INTEGER(s));
end;
```

VHDLは出力（out）ポートについても厳格で、出力のためにしか使えない。例えば次のコードの2入力と3入力の複合ANDゲートでは、vは出力でwを計算するためにも使われるので、VHDLでは誤りである。

```
library IEEE; use IEEE.STD_LOGIC_1164.all;

entity and23 is
  port(a, b, c: in  STD_LOGIC;
       v, w:    out STD_LOGIC);
end;

architecture synth of and23 is
begin
  v <= a and b;
  w <= v and c;
end;
```

VHDLは、この問題を解決するのに、bufferという特別なポート型を定義している。bufferポートに接続された信号は、出力として振る舞うが、モジュール内で使うこともできる。修正されたentityの定義を右段に示す。Verilogや SystemVerilogにはこの制限はなく、バッファポートを必要と

しない。VHDL 2008は、この制約をなくし、出力（out）ポートから読み出しを行えるようにしている。しかし、この変更はSynplify CADツールでは本書が出た時点まではサポートされていない。

```
entity and23 is
  port(a, b, c: in STD_LOGIC;
       v: buffer   STD_LOGIC;
       w: out      STD_LOGIC);
end;
```

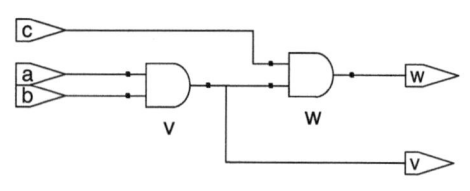

図4.28　and23から合成された回路

加算、減算、ブール代数などのほとんどの演算は、数が符号付でも符号無でも同じである。とはいえ、大小比較、乗算、算術右シフトは符号付の2の補数の数と符号無の2進数とでは違った動作をする。これらの演算については第5章で述べる。HDL記述例4.33は符号付整数を表現する信号を記述する方法を示している。

4.8　パラメータ化モジュール*

これまで見てきたモジュールでは、入力と出力の幅は固定であった。例えば2:1のマルチプレクサでは、4ビットと8ビットの幅のモジュールを別個に定義していた。HDLでは、パラメータ化モジュールを使うことで、可変ビット幅を扱うことができる。HDL記述例4.34では、デフォルトの幅が8のパラメータ化された2:1マルチプレクサを宣言し、これを使って8ビットと12ビットの4:1マルチプレクサを作っている。

HDL記述例4.33　（a）符号無乗算器　（b）符号付乗算器

SystemVerilog

```
// 4.33(a): unsigned multiplier
module multiplier(input logic [3:0] a, b,
                  output logic [7:0] y);

  assign y =a * b;
endmodule

// 4.33(b): signed multiplier
module multiplier(input  logic signed [3:0] a, b,
                  output logic signed [7:0] y);
  assign y =a * b;
endmodule
```

SystemVerilogでは、信号はデフォルトで符号無と考える。signed修正子を付けた（すなわち、logic signed [3:0] a）信号は符号付として取り扱われる。

VHDL

```
-- 4.33(a): unsigned multiplier
library IEEE; use IEEE.STD_LOGIC_1164.all;
use IEEE.NUMERIC_STD_UNSIGNED.all;

entity multiplier is
  port(a, b: in  STD_LOGIC_VECTOR(3 downto 0);
       y:    out STD_LOGIC_VECTOR(7 downto 0));
end;

architecture synth of multiplier is
begin
  y <= a * b;
end;
```

VHDLで算術演算、比較演算を行うためには、NUMERIC_STD_UNSIGNEDライブラリをSTD_LOGIC_VECTOR信号に対して使う。このデータは符号無と解釈される。

```
use IEEE.NUMERIC_STD_UNSIGNED.all;
```

VHDLは、IEEE.NUMERIC_STDライブラリ中のUNSIGNEDとSIGNEDデータ型を定義できるが、この型変換はこの章の範囲を越えている。

HDL記述例4.34 パラメータ化されたN ビット2:1マルチプレクサ

SystemVerilog

```systemverilog
module mux2
  #(parameter width = 8)
   (input  logic [width-1:0] d0, d1,
    input  logic s,
    output logic [width-1:0] y);

    assign y = s ? d1 : d0;
endmodule
```

SystemVerilogでは#(parameter)文を入力、出力の前に置いてパラメータを定義することができる。parameter文はこの場合widthに対してデフォルトの値(8)を持つ。入力、出力のビット数はパラメータによって決まる。

```systemverilog
module mux4_8(input  logic [7:0] d0, d1, d2, d3,
             input  logic [1:0] s,
             output logic [7:0] y);

  logic [7:0] low, hi;

  mux2 lowmux(d0, d1, s[0], low);
  mux2 himux(d2, d3, s[0], hi);
  mux2 outmux(low, hi, s[1], y);
endmodule
```

8ビットの4:1マルチプレクサでは、3つの2:1マルチプレクサをデフォルト値を使ってインスタンス化している。

これに対して12ビットの4:1マルチプレクサmux4_12は、下に示すようにインスタンス名の前に#()を付けてデフォルトのwidthを上書きする必要がある。

```systemverilog
module mux4_12(input  logic [11:0] d0, d1, d2, d3,
              input  logic [1:0] s,
              output logic [11:0] y);

  logic [11:0] low, hi;

  mux2 #(12) lowmux(d0, d1, s[0], low);
  mux2 #(12) himux(d2, d3, s[0], hi);
  mux2 #(12) outmux(low, hi, s[1], y);
endmodule
```

遅延を示す#記号と、パラメータを定義あるいは上書きする#(...)を混同しないこと。

VHDL

```vhdl
library IEEE; use IEEE.STD_LOGIC_1164.all;

entity mux2 is
  generic(width: integer := 8);
  port(d0,
    d1: in  STD_LOGIC_VECTOR(width-1 downto 0);
    s:  in  STD_LOGIC;
    y:  out STD_LOGIC_VECTOR(width-1 downto 0));
end;

architecture synth of mux2 is
begin
  y <= d1 when s else d0;
end;
```

generic文はwidthに対してデフォルト値の(8)を指定している。この値は整数でなければならない。

```vhdl
library IEEE; use IEEE.STD_LOGIC_1164.all;

entity mux4_8 is
  port(d0, d1, d2,
       d3: in  STD_LOGIC_VECTOR(7 downto 0);
       s:  in  STD_LOGIC_VECTOR(1 downto 0);
       y:  out STD_LOGIC_VECTOR(7 downto 0));
end;

architecture struct of mux4_8 is
  component mux2
    generic(width: integer := 8);
      port(d0,
           d1: in  STD_LOGIC_VECTOR(width-1 downto 0);
           s:  in  STD_LOGIC;
           y:  out STD_LOGIC_VECTOR(width-1 downto 0));
  end component;
  signal low, hi: STD_LOGIC_VECTOR(7 downto 0);
begin
  lowmux: mux2 port map(d0, d1, s(0), low);
  himux: mux2 port map(d2, d3, s(0), hi);
  outmux: mux2 port map(low, hi, s(1), y);
end;
```

8ビットの4:1マルチプレクサmux4_8は3つの2:1マルチプレクサを、デフォルト値を使ってインスタンス化している。

一方、12ビットの4:1マルチプレクサmux4_12は、下に示すようにgeneric mapを使ってデフォルトを上書きする必要がある。

```vhdl
lowmux: mux2 generic map(12)
             port map(d0, d1, s(0), low);
himux:  mux2 generic map(12)
             port map(d2, d3, s(0), hi);
outmux: mux2 generic map(12)
             port map(low, hi, s(1), y);
```

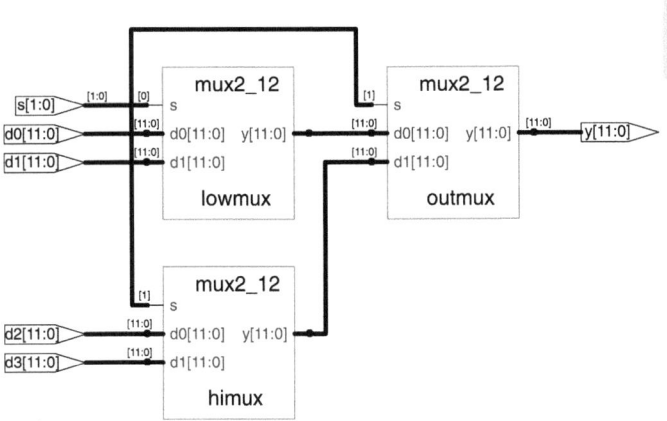

図4.29 mux4_12から合成された回路

HDL記述例4.35はデコーダで、より好ましいパラメータ化モジュールの例である。大きなN:2^{N}デコーダをcase文で定義するのは手間がかかるが、単純に対応する出力ビットに1を設定するパラメータ化されたコードを使うと簡単である。特に、デコーダではブロッキング割り当てを使ってすべてのビットを0にした後に、対応するビットを1に変えている。

HDLはgenerate文を提供していて、パラメータの値に応じた可変個数のハードウェアを生み出すことができるように

なっている。generateではforループとif文を使うことができ、生み出すハードウェアの個数と種類を決定できる。HDL記述例4.36は、generate文を使って、2入力のANDゲートを縦続（カスケード）接続にして、N入力のANDを作り出す方法を例示している。

generate文を使うときは注意しなければならないことがある。それは、generate文を使うと意図しない大規模なハードウェアを簡単に作り出してしまうことである。

HDL記述例4.35　パラメータ化されたN:2^{N}デコーダ

SystemVerilog

```
module decoder
  #(parameter N = 3)
  (input  logic [N-1:0] a,
   output logic [2**N-1:0] y);

  always_comb
    begin
      y = 0;
      y[a] = 1;
  end
endmodule
```

2**N は2^{N}を表す。

VHDL

```
library IEEE; use IEEE.STD_LOGIC_1164.all;
use IEEE.NUMERIC_STD_UNSIGNED.all;

entity decoder is
  generic(N: integer := 3);
  port(a: in  STD_LOGIC_VECTOR(N-1 downto 0);
       y: out STD_LOGIC_VECTOR(2**N-1 downto 0));
end;

architecture synth of decoder is
begin
  process(all)
  begin
    y <= (OTHERS => '0');
    y(TO_INTEGER(a)) <= '1';
  end process;
end;
```

2**N は2^{N}を表す。

HDL記述例4.36　パラメータ化されたN入力のANDゲート

SystemVerilog

```
module andN
  #(parameter width = 8)
  (input  logic [width-1:0] a,
   output logic y);

  genvar i;
  logic [width-1:0] x;

  generate
    assign x[0] = a[0];
    for(i=1; i<width; i=i+1) begin: forloop
      assign x[i] = a[i] & x[i-1];
    end

  endgenerate

  assign y = x[width-1];
endmodule
```

for文はi = 1, 2, …, width-1までループして多くの連続したANDゲートを生成する。generate forループ中のbeginには:と任意のラベル（ここではforloop）を続けなければならない。

VHDL

```
library IEEE; use IEEE.STD_LOGIC_1164.all;

entity andN is
  generic(width: integer := 8);
  port(a: in  STD_LOGIC_VECTOR(width-1 downto 0);
       y: out STD_LOGIC);
end;

architecture synth of andN is
  signal x: STD_LOGIC_VECTOR(width-1 downto 0);
begin
  x(0) <= a(0);
  gen: for i in 1 to width-1 generate
    x(i) <= a(i) and x(i-1);
  end generate;
  y <= x(width-1);
end;
```

generate loop変数iは宣言しなくて良い。

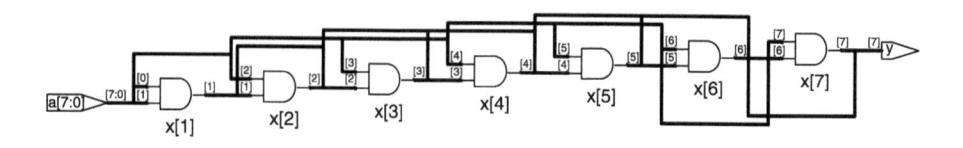

図4.30　andNから合成された回路

4.9 テストベンチ

テストベンチはテスト中デバイス（Device Under Test: **DUT**）と呼ばれる別のモジュールをテストするために使われるモジュールである。テストベンチはDUTに対して入力を与える文と、（理想的には）生成される出力が正しいことを点検する文から成る。入力と望まれる出力のパターンは、**テストベクタ**と呼ばれる。

> あるツールでは、テストされるべきモジュールのことを**UUT**（unit under test）と呼んでいる。

$y = \overline{a}\,\overline{b}\,\overline{c} + a\overline{b}\,\overline{c} + a\overline{b}c$を計算する4.1.1節のsillyfunctionのテストを考える。これは単純なモジュールで、可能な場合の組み合わせ8種類をすべて与えることで、全数テストを行うことができる。

HDL記述例4.37は単純なテストベンチの例である。ここではDUTをインスタンス化し、入力を与えている。適切な順番で入力を与えるのに、ブロッキング割り当てと遅延を使っている。ユーザはシミュレーションの結果を見て、正しい出力が生成されているかどうかを調べて検証しなければならない。テストベンチは他のHDLモジュールと同様にシミュレー

トされるが、合成可能ではない。

出力が正しいことを検査することは、退屈で間違いやすい。さらに、頭の中の設計が新鮮であるうちは出力が正しいと判断するのは容易だが、小さな変更を加えて数週間後にテストする必要が出た場合、出力が正しいと判断するのは面倒だ。好ましいアプローチは、次ページのHDL記述例4.38に示すように自己チェックテストベンチを書くことである。

各々のテストベクタを書くことは、特に多数のテストベクタが必要である場合に退屈である。多少ましな手段は、テストベクタを別のファイルに置くことである。テストベンチは単にテストベクタをファイルから読み、DUTに対して入力テストベクタを与え、DUTの出力の値と出力テストベクタが一致することを検査し、テストベクタのファイルの中身が尽きるまで繰り返すだけである。

HDL記述例4.39（次ページ）はそのようなテストベンチの例である。テストベンチはセンシティビティリストのないalways文やprocess文を使ってクロックを発生し、連続的に再評価されるようにする。シミュレーション開始時に、テストベクタをテストベクタファイルから読み出し、2サイクルの間resetパルスを発生する。組み合わせ回路をテストするに

HDL記述例4.37 テストベンチ

SystemVerilog

```
module testbench1();
  logic a, b, c, y;

  // instantiate device under test
  sillyfunction dut(a, b, c, y);
  // apply inputs one at a time
  initial begin
    a = 0; b = 0; c = 0; #10;
    c = 1;            #10;
    b = 1; c = 0;     #10;
    c = 1;            #10;
    a = 1; b = 0; c = 0; #10;
    c = 1;            #10;
    b = 1; c = 0;     #10;
    c = 1;            #10;
  end
endmodule
```

initial文はシミュレーションの始めにその本体を1回実行する。この場合、最初に入力パターン000を割り当て、10単位時間待つ。それから001を割り当て10単位時間待つ。これを繰り返して、可能な8つの入力をすべて割り当てる。initial文はシミュレーションのテストベンチにのみ使われるべきであり、実際のハードウェアの合成を意図してはいない。ハードウェアは電源がONになったときに特定のステップのシーケンスを実行する魔法のようなことはできない。

VHDL

```
library IEEE; use IEEE.STD_LOGIC_1164.all;

entity testbench1 is -- no inputs or outputs
end;

architecture sim of testbench1 is
  component sillyfunction
    port(a, b, c: in  STD_LOGIC;
         y:       out STD_LOGIC);
  end component;
  signal a, b, c, y: STD_LOGIC;
begin
  -- instantiate device under test
  dut: sillyfunction port map(a, b, c, y);
  -- apply inputs one at a time
  process begin
    a <= '0'; b <= '0'; c <= '0'; wait for 10 ns;
    c <= '1';                     wait for 10 ns;
    b <= '1'; c <= '0';           wait for 10 ns;
    c <= '1';                     wait for 10 ns;
    a <= '1'; b <= '0'; c <= '0'; wait for 10 ns;
    c <= '1';                     wait for 10 ns;
    b <= '1'; c <= '0';           wait for 10 ns;
    c <= '1';                     wait for 10 ns;
    wait; -- wait forever
  end process;
end;
```

process文は入力パターン000を最初に割り当て、次に10 ns待つ。それから001を割り当て10 ns待つ、これを可能な8つの入力すべてを割り当てるまで繰り返す。

最後にprocessは無限の待ち状態になる。そうでなければ、このprocessは、最初に戻ってテストベクタのパターンを繰り返し割り当ててしまう。

HDL記述例4.38 自己チェックテストベンチ

SystemVerilog

```systemverilog
module testbench2();
  logic a, b, c, y;

  // テストするデバイスをインスタンス化
  sillyfunction dut(a, b, c, y);

  // 入力は一度に一つずつ与え、
  // 結果をチェックする
  initial begin
    a = 0; b = 0; c = 0; #10;
    assert (y === 1) else $error("000 failed.");
    c = 1; #10;
    assert (y === 0) else $error("001 failed.");
    b = 1; c = 0; #10;
    assert (y === 0) else $error("010 failed.");
    c = 1; #10;
    assert (y === 0) else $error("011 failed.");
    a = 1; b = 0; c = 0; #10;
    assert (y === 1) else $error("100 failed.");
    c = 1; #10;
    assert (y === 1) else $error("101 failed.");
    b = 1; c = 0; #10;
    assert (y === 0) else $error("110 failed.");
    c = 1; #10;
    assert (y === 0) else $error("111 failed.");
  end
endmodule
```

SystemVerilogのassert文は指定した条件が真かどうかをチェックする。そうでなければelse文を実行する。else文中の$errorシステムタスクはこのアサーションが失敗したことを示すエラーメッセージをプリントする。

SystemVerilogでは==または!=を使った比較は、x, zの値を取らない信号間で有効である。テストベンチでは===と!==演算子がそれぞれ等値比較、不等比較に用いられるが、それはこの演算子が、オペランドがxやzであっても正しく働くからである。

VHDL

```vhdl
library IEEE; use IEEE.STD_LOGIC_1164.all;

entity testbench2 is -- 入出力は設けない
end;

architecture sim of testbench2 is
  component sillyfunction
    port(a, b, c: in  STD_LOGIC;
         y:      out STD_LOGIC);
  end component;
  signal a, b, c, y: STD_LOGIC;
begin
  -- テストするデバイスをインスタンス化
  dut: sillyfunction port map(a, b, c, y);
  -- 入力は一度に一つずつ与
  -- 結果をチェックする
  process begin
    a <= '0'; b <= '0'; c <= '0'; wait for 10 ns;
      assert y = '1' report "000 failed.";
    c <= '1'; wait for 10 ns;
      assert y = '0' report "001 failed.";
    b <= '1'; c <= '0'; wait for 10 ns;
      assert y = '0' report "010 failed.";
    c <= '1'; wait for 10 ns;
      assert y = '0' report "011 failed.";
    a <= '1'; b <= '0'; c <= '0'; wait for 10 ns;
      assert y = '1' report "100 failed.";
    c <= '1'; wait for 10 ns;
      assert y = '1' report "101 failed.";
    b <= '1'; c <= '0'; wait for 10 ns;
      assert y = '0' report "110 failed.";
    c <= '1'; wait for 10 ns;
      assert y = '0' report "111 failed.";
    wait; -- wait forever
  end process;
end;
```

assert文は条件をチェックして、条件が満足されない場合にreport節のメッセージをプリントする。assertはシミュレーションだけで意味を持ち、合成はできない。

HDL記述例4.39 テストベクタファイル付きテストベンチ

SystemVerilog

```systemverilog
module testbench3();
  logic        clk, reset;
  logic        a, b, c, y, yexpected;
  logic [31:0] vectornum, errors;
  logic [3:0]  testvectors[10000:0];
  // テストするデバイスをインスタンス化
  sillyfunction dut(a, b, c, y);

  // クロックの生成
  always
    begin
      clk = 1; #5; clk = 0; #5;
    end

  // テスト開始時、ベクタを読み込み、
  // リセットパルスを与える
  initial
    begin
      $readmemb("example.tv", testvectors);
      vectornum = 0; errors = 0;
```

次ページ左欄に続く

VHDL

```vhdl
library IEEE; use IEEE.STD_LOGIC_1164.all;
use IEEE.STD_LOGIC_TEXTIO.ALL; use STD.TEXTIO.all;

entity testbench3 is -- 入出力は設けない
end;

architecture sim of testbench3 is
  component sillyfunction
    port(a, b, c: in  STD_LOGIC;
         y:      out STD_LOGIC);
  end component;
  signal a, b, c, y: STD_LOGIC;
  signal y_expected: STD_LOGIC;
  signal clk, reset: STD_LOGIC;
begin
  -- テストするデバイスをインスタンス化
  dut: sillyfunction port map(a, b, c, y);
```

次ページ右欄に続く

```verilog
      reset = 1; #27; reset = 0;
    end

  // クロックの立ち上がりエッジでテストベクタを与える
  always @(posedge clk)
    begin
      #1; {a, b, c, yexpected} = testvectors[vectornum];
    end

  // クロックの立下りエッジで結果をチェック
  always @(negedge clk)
    if (~reset) begin // skip during reset
      if (y ! == yexpected) begin // check result
        $display("Error: inputs = %b", {a, b, c});
        $display(" outputs = %b (%b expected)", y,
                 yexpected);
        errors = errors + 1;
      end
      vectornum = vectornum + 1;
      if (testvectors[vectornum] === 4'bx) begin
        $display("%d tests completed with %d errors",
                 vectornum, errors);
        $finish;
      end
    end
endmodule
```

$readmembは2進数のファイルからtestvectors配列に読み込みを行う。$readmemhは同様な操作を16進数のファイルから行う。

コードの次のブロックはクロックの立ち上がりのエッジから1単位時間待つ（クロックとデータが同時に変化することによる混乱を避けるため）、それから3つの入力（a、b、c）と出力期待値（yexpected）を現在のテストベクタの4ビットに基づいてセットする。

テストベンチは生成された出力yと出力期待値yexpectedを比較してこれが照合しなければエラーをプリントする。%b、%dはそれぞれの値を2進数で表示するか10進数で表示するかを指定する。$displayはシステムタスクでシミュレータのウインドウへのプリントを行う。例えば$display("%b %b", y, yexpected);は2つの値yとyexpectedを2進数で表示する。%hは16進数で表示する。

この手順はtestvector配列に有効なテストベクタがなくなるまで繰り返す。$finishはシミュレーションを終了させる。

このSystemVerilogモジュールは10,001テストベクタまでをサポートしているが、このファイルでは8つのベクタを実行した後で終了する。

```vhdl
-- クロックを生成
process begin
  clk <= '1'; wait for 5 ns;
  clk <= '0'; wait for 5 ns;
end process;

-- テストを実行，パルスをリセット
process begin
  reset <= '1'; wait for 27 ns; reset <= '0';
  wait;
end process;

-- テストを実行
process is
  file tv: text;
  variable L: line;
  variable vector_in: std_logic_vector(2 downto 0);
  variable dummy: character;
  variable vector_out: std_logic;
  variable vectornum: integer := 0;
  variable errors: integer := 0;
begin
  FILE_OPEN(tv, "example.tv", READ_MODE);
  while not endfile(tv) loop

    -- 立ち上がりエッジでベクタを変更
    wait until rising_edge(clk);

    -- テストベクタの次の行を読み，それぞれの部分に分割
    readline(tv, L);
    read(L, vector_in);
    read(L, dummy); -- skip over underscore
    read(L, vector_out);
    (a, b, c) <= vector_in(2 downto 0) after 1 ns;
    y_expected <= vector_out after 1 ns;

    -- 立下りエッジで結果をチェック
    wait until falling_edge(clk);

    if y /= y_expected then
      report "Error: y = " & std_logic'image(y);
      errors := errors + 1;
    end if;

    vectornum := vectornum + 1;
  end loop;

  -- シミュレーションの最後で結果をまとめる
  if (errors = 0) then
    report "NO ERRORS -- " &
           integer'image(vectornum) &
           " tests completed successfully."
           severity failure;

  else
    report integer'image(vectornum) &
           " tests completed, errors =" &
           integer'image(errors)
           severity failure;

  end if;
end process;
end;
```

このVHDLコードは、この章の範囲を越えるファイル読み出しコマンドを使っている。しかし、VHDLの自己チェックテストベンチがどのようなものであるかは、見て取れるだろう。

はクロックとリセットは必要ないが、順序回路のDUTをテストするには重要であるため含めて、ここに含んでいる。example.tvは、入力と、期待される出力を2進数で示したテキストファイルである。

```
000_1
001_0
010_0
011_0
100_1
101_1
110_0
111_0
```

　新しい入力はクロックの立ち上がりのエッジで与えられ、出力はクロックの立ち下がりのエッジで検査される。エラーが起きると、その度にそれが報告される。シミュレーションの終わりでは、テストベンチは与えたテストベクタの数と検出されたエラーの数を印字する。

　HDL記述例4.39のテストベンチは、このような単純な回路に対しては過剰品質である。しかしながら、example.tvファイルを変更することで、複雑な回路のテスト向けに容易に修正可能である。新しいDUTをインスタンス化し、入力をセットし出力を検査するようにコードの数行を変更する。

4.10　まとめ

　ハードウェア記述言語（HDL）は、現代のディジタル回路設計者にとっては極めて重要なツールである。いったんSystemVerilogまたはVHDLを身に付ければ、完全な設計図を描かなくてはならない場合に比べて、より速くディジタルシステムを設計することができる。回路図面の疲れる書き換えではなくコードを差し替えるだけで変更が可能なので、デバッグのサイクルも短くなる。しかしながら、コードが意図するハードウェアの発想自体が良くなければ、HDLを使ってもデバッグのサイクルは長くなってしまう可能性がある。

　HDLはシミュレーションにも合成にも使うことができる。論理シミュレーションは、ハードウェアを作る前に計算機上でシステムをテストする強力な方法である。シミュレータを使うと、ハードウェアを物理的に観察するのでは不可能なシステム内部の信号の値を点検できる。論理合成はHDLのコードをディジタル論理回路に変換する。

　HDLで書くにあたって念頭に置くべき最も重要な事項は、記述している対象がコンピュータプログラムではなく、本物のハードウェアであるということである。最もよくある初心者の間違いは、作りたいと考えるハードウェアについての考慮がないHDLのコードを書いてしまうことである。意図するハードウェアが何であるか分からなければ、所望のものを得ることはまずないだろう。そのような場合はシステムのブロック図をスケッチし、どの個所が組み合わせ回路であるか、その個所が順序回路あるいは有限状態マシンであるか等を特定することから始められるであろう。そして必要なハードウェアに対応する正しいイディオムを使いながら、各々の部位のHDLのコードを書く。

演習問題

　以下の演習問題は、あなたが好きなHDLを使って解いてよい。シミュレータを使えるなら、設計をテストせよ。波形を印刷し、設計システムが機能していることを波形が示している理由を説明せよ。シンセサイザも使えるなら、コードから合成し、生成された回路図を印刷し、期待した通りになっていることを説明せよ。

演習問題4.1　「演習問題4.1のHDL記述」のコードによる回路の回路図を描け。そしてゲート数が最小になるように回路を簡単化せよ。

演習問題4.2　「演習問題4.2のHDL記述」のコードによる回路の回路図を描け。そしてゲート数が最小になるように回路を簡単化せよ。

演習問題4.3　4入力のXOR関数を計算するHDLモジュールを書け。入力は$a_{3:0}$、出力はy。

演習問題4.4　演習問題4.3の自己点検型テストベンチを書け。16のテストケースのすべてを尽くすテストベクタを作れ。回路をシミュレートし、ちゃんと動くことを示せ。テストベクタファイルに間違いを挿入し、テストベンチが不一致を報告するのを示せ。

演習問題4.5　minorityと呼ばれるHDLモジュールを書け。これは3つの入力a、b、cを受け、1つの出力yを生成する。少なくとも2つの入力がFALSEならyはTRUEになるようにする。

演習問題4.6　16進7セグメントディスプレイ用デコーダのHDLモジュールを書け。これは0~9と同様にA、B、C、D、E、Fを数字として扱うものとする。

演習問題4.7　演習問題4.6用の自己点検テストベンチを書け。16のすべての場合を尽くすテストベクタを作れ。回路をシミュレートし、ちゃんと動くことを示せ。テストベクタに間違いを挿入し、テストベンチが不一致を報告するのを示せ。

演習問題4.8　mux8という名前の8:1マルチプレクサのモジュールを書け。入力は$s_{2:0}$、d0、d1、d2、d3、d4、d5、d6、d7、出力はyとする。

演習問題4.9　マルチプレクサの論理回路を使って論理関数y = $a\bar{b}$ + $\bar{b}c$ + $\bar{a}bc$を計算する構造モジュールを書け。演習問題4.8の8:1マルチプレクサを使え。

演習問題4.10　4:1マルチプレクサを使って演習問題4.9を解け。必要なだけNOTゲートを使ってよい。

演習問題4.11　4.5.4節で、順序が正しければブロッキング割り当てを使ってもシンクロナイザを正しく記述できると指摘した。割り当て文の順序にかかわらず、ブロッキング割り当てを使うと正しく記述できない順序回路の単純な例を考えよ。

演習問題**4.1**の**HDL**記述

SystemVerilog

```
module exercise1(input  logic a, b, c,
                 output logic y, z);

  assign y = a & b & c | a & b & ~c | a & ~b & c;
  assign z = a & b | ~a & ~b;
endmodule
```

VHDL

```
library IEEE; use IEEE.STD_LOGIC_1164.all;

entity exercise1 is
  port(a, b, c: in  STD_LOGIC;
       y, z:    out STD_LOGIC);
end;

architecture synth of exercise1 is
begin
  y <= (a and b and c) or (a and b and not c) or
       (a and not b and c);
  z <= (a and b) or (not a and not b);
end;
```

演習問題**4.2**の**HDL**記述

SystemVerilog

```
module exercise2(input  logic [3:0] a,
                 output logic [1:0] y);

  always_comb
    if      (a[0]) y = 2'b11;
    else if (a[1]) y = 2'b10;
    else if (a[2]) y = 2'b01;
    else if (a[3]) y = 2'b00;
    else           y = a[1:0];
endmodule
```

VHDL

```
library IEEE; use IEEE.STD_LOGIC_1164.all;

entity exercise2 is
  port(a: in  STD_LOGIC_VECTOR(3 downto 0);
       y: out STD_LOGIC_VECTOR(1 downto 0));
end;

architecture synth of exercise2 is
begin
  process(all) begin
    if      a(0) then y <= "11";
    elsif a(1) then y <= "10";
    elsif a(2) then y <= "01";
    elsif a(3) then y <= "00";
    else            y <= a(1 downto 0);
    end if;
  end process;
end;
```

演習問題4.12 8入力のプライオリティエンコーダのHDLモジュールを書け。

演習問題4.13 2:4デコーダのHDLモジュールを書け。

演習問題4.14 演習問題4.13の2:4デコーダのインスタンスを3つと、3入力ANDゲートの集合を用いて、6:64デコーダのHDLモジュールを書け。

演習問題4.15 演習問題2.13のブール式をHDLモジュールを用いて書け。

演習問題4.16 演習問題2.26の回路を実装するHDLモジュールを書け。

演習問題4.17 演習問題2.27の論理関数を実装するHDLモジュールを書け。

演習問題4.18 演習問題2.28の関数を実装するHDLモジュールを書け。ドントケアの場合をどう処理するかに注意せよ。

演習問題4.19 演習問題2.35の機能を実装するHDLモジュールを書け。

演習問題4.20 演習問題2.36のプライオリティエンコーダを実装するHDLモジュールを書け。

演習問題4.21 演習問題2.37の修正プライオリティエンコーダを実装するHDLモジュールを書け。

演習問題4.22 演習問題2.38の「2進→温度計」コード変換器を実装するHDLモジュールを書け。

演習問題4.23 質問2.2の「月の日数」関数を実装するHDLモジュールを書け。

演習問題4.24 「演習問題4.24のHDL記述」のコードに記述されるFSMの状態遷移図を描け。

演習問題4.25 「演習問題4.25のHDL記述」のコードに記述されるFSMの状態遷移図を描け。これと本質的に等価なFSMは、いくつかのマイクロプロセッサの分岐予測器で使われている。

演習問題4.26 SRラッチのHDLモジュールを書け。

演習問題4.27 JKフリップフロップのHDLモジュールを書け。JKフリップフロップは入力としてclk、J、Kが、出力としてQがあ

演習問題**4.24**のHDL記述

SystemVerilog

```systemverilog
module fsm2(input  logic clk, reset,
           input  logic a, b,
           output logic y);
  logic [1:0] state, nextstate;

  parameter S0 = 2'b00;
  parameter S1 = 2'b01;
  parameter S2 = 2'b10;
  parameter S3 = 2'b11;

  always_ff @(posedge clk, posedge reset)
    if (reset) state <= S0;
      else     state <= nextstate;

  always_comb
    case (state)
      S0: if (a ^ b) nextstate = S1;
          else       nextstate = S0;
      S1: if (a & b) nextstate = S2;
          else       nextstate = S0;
      S2: if (a | b) nextstate = S3;
          else       nextstate = S0;
      S3: if (a | b) nextstate = S3;
          else       nextstate = S0;
    endcase

  assign y = (state== S1) | (state== S2);
endmodule
```

VHDL

```vhdl
library IEEE; use IEEE.STD_LOGIC_1164.all;

entity fsm2 is
  port(clk, reset: in  STD_LOGIC;
       a, b:       in  STD_LOGIC;
       y:          out STD_LOGIC);
end;

architecture synth of fsm2 is
  type statetype is (S0, S1, S2, S3);
  signal state, nextstate: statetype;
begin
  process(clk, reset) begin
    if reset then state <= S0;
    elsif rising_edge(clk) then
      state <= nextstate;
    end if;
  end process;

  process(all) begin
    case state is
      when S0 => if (a xor b) then
                    nextstate <= S1;
                 else nextstate <= S0;
                 end if;
      when S1 => if (a and b) then
                    nextstate <= S2;
                 else nextstate <= S0;
                 end if;
      when S2 => if (a or b) then
                    nextstate <= S3;
                 else nextstate <= S0;
                 end if;
      when S3 => if (a or b) then
                    nextstate <= S3;
                 else nextstate <= S0;
                 end if;
    end case;
  end process;

  y <= '1' when ((state = S1) or (state = S2))
       else '0';
end;
```

演習問題4.25のHDL記述

SystemVerilog

```
module fsm1(input  logic clk, reset,
            input  logic taken, back,
            output logic predicttaken);

  logic [4:0] state, nextstate;

  parameter S0 = 5'b00001;
  parameter SI = 5'b00010;
  parameter S2 = 5'b00100;
  parameter S3 = 5'b01000;
  parameter S4 = 5'b10000;

  always_ff @(posedge clk, posedge reset)
    if (reset) state <= S2;
  else         state <= nextstate;

  always_comb
    case (state)
      S0: if (taken) nextstate = S1;
          else       nextstate = S0;
      S1: if (taken) nextstate = S2;
          else       nextstate = S0;
      S2: if (taken) nextstate = S3;
          else       nextstate = S1;
      S3: if (taken) nextstate = S4;
          else       nextstate = S2;
      S4: if (taken) nextstate = S4;
          else       nextstate = S3;
      default:       nextstate = S2;
    endcase

  assign predicttaken = (state == S4) |
                        (state == S3) |
                        (state == S2 && back);
endmodule
```

VHDL

```
library IEEE; use IEEE.STD_LOGIC_1164. all;

entity fsm1 is
  port(clk, reset:  in  STD_LOGIC;
       taken, back: in  STD_LOGIC;
       predicttaken: out STD_LOGIC);
end;

architecture synth of fsm1 is
  type statetype is (S0, S1, S2, S3, S4);
  signal state, nextstate: statetype;
begin
  process(clk, reset) begin
    if reset then state <= S2;
    elsif rising_edge(clk) then
      state <= nextstate;
    end if;
  end process;

process(all) begin
    case state is
      when S0 => if taken then
                   nextstate <= S1;
                 else nextstate <= S0;
                 end if;
      when S1 => if taken then
                   nextstate => S2;
                 else nextstate <= S0;
                 end if;
      when S2 => if taken then
                   nextstate <= S3;
                 else nextstate <= S1;
                 end if;
      when S3 => if taken then
                   nextstate <= S4;
                 else nextstate <= S2;
                 end if;
      when S4 => if taken then
                   nextstate <= S4;
                 else nextstate <= S3;
                 end if;
      when others =>  nextstate <= S2;
    end case;
  end process;

  -- 出力の論理回路
  predicttaken <= '1' when
                ((state = S4) or (state = S3) or
                 (state = S2 and back = '1'))
  else '0';
end;
```

る。$J = K = 0$なら、*clk*の立ち上がりのエッジで*Q*は以前の状態を保持する。*clk*の立ち上がりのエッジで、$J = 1$ならば*Q*に1をセットし、$K = 1$ならば*Q*に0をセットし、$J = K = 1$ならば*Q*の値を反転させる。

演習問題4.28 図3.18のラッチのHDLモジュールを書け。ラッチのゲートには、1つの割り当て文を使え。各ゲートの遅延は1単位時間か1nsとせよ。ラッチをシミュレートし、正しく動作することを示せ。そしてインバータの遅延を大きくせよ。競合状態のためにラッチの動作がおかしくならないためには、どれだけの遅延が必要か。

演習問題4.29 3.4.1節の交通信号コントローラのHDLモジュールを書け。

演習問題4.30 例題3.8のパレードモード対応版の交通信号コントローラのHDLモジュールを書け。モジュール名はcontroller、mode、lightsとし、各々の入力と出力は図3.33 (b) のようにせよ。

演習問題4.31 図3.42の回路を記述するHDLモジュールを書け。

演習問題4.32 演習問題3.22の図3.69の状態遷移図に示すFSMをHDLモジュールとして書け。

演習問題4.33 演習問題3.23の図3.70の状態遷移図に示すFSMをHDLモジュールとして書け。

演習問題4.34 演習問題3.24の交通信号コントローラの改良版をHDLモジュールとして書け。

演習問題4.35　演習問題3.25のカタツムリの娘（下位要素）の HDLモジュールを書け。

演習問題4.36　演習問題3.26のソーダ配給マシンのHDLモジュールを書け。

演習問題4.37　演習問題3.27のGrayコードカウンタのHDLモジュールを書け。

演習問題4.38　演習問題3.28のアップ／ダウンGrayコードカウンタのHDLモジュールを書け。

演習問題4.39　演習問題3.29のFSMのHDLモジュールを書け。

演習問題4.40　演習問題3.30のFSMのHDLモジュールを書け。

演習問題4.41　質問3.2の直列型2の補数器のHDLモジュールを書け。

演習問題4.42　演習問題3.31の回路のHDLモジュールを書け。

演習問題4.43　演習問題3.32の回路のHDLモジュールを書け。

演習問題4.44　演習問題3.33の回路のHDLモジュールを書け。

演習問題4.45　演習問題3.34の回路のHDLモジュールを書け。 4.2.5節の全加算器のモジュールを使ってもよい

SystemVerilogの演習問題

以下の演習問題はSystemVerilog専用のものである。

演習問題4.46　SystemVerilogで信号をtriと宣言することはどういうことか。

演習問題4.47　HDL記述例4.29のsyncbadモジュールを書き直せ。ノンブロッキング割り当てを使え。ただし、2つのフリップフロップの正しいシンクロナイザを生成するようにコードを変更せよ。

演習問題4.48　次の2つのSystemVerilogモジュールについて考える。両者は同じ役目を果たすのか。各々に対応するハードウェアを描け。

```
module code1(input  logic clk, a, b, c,
             output logic y);
  logic x;

  always_ff @(posedge clk) begin
    x <= a & b;
    y <= x | c;
  end
endmodule

module code2 (input  logic a, b, c, clk,
              output logic y);
  logic x;
  always_ff @(posedge clk) begin
    y <= x | c;
    x <= a & b;
  end
endmodule
```

演習問題4.49　演習問題4.48の各々の割り当てで<=が=に置き換えられたら、両者は同じ機能になるか。

演習問題4.50　以下のSystemVerilogモジュールは、著者が見かけた、学生が実験室でおかした間違いである。間違いを指摘し、どう直せばよいかを答えよ。

(a)
```
module latch(input  logic       clk,
             input  logic [3:0] d,
             output reg   [3:0] q);

  always @(clk)
    if (clk) q <= d;
endmodule
```

(b)
```
module gates(input  logic [3:0] a, b,
             output logic [3:0] y1, y2, y3, y4, y5);

  always @(a)
    begin
      y1 = a & b;
      y2 = a | b;
      y3 = a ^ b;
      y4 = ~(a & b);
      y5 = ~(a | b);
    end
endmodule
```

(c)
```
module mux2(input  logic [3:0] d0, d1,
            input  logic       s,
            output logic [3:0] y);

  always @(posedge s)
    if (s) y <= d1;
    else   y <= d0;
endmodule
```

(d)
```
module twoflops(input  logic clk,
                input  logic d0, d1,
                output logic q0, q1);

  always @(posedge clk)
    q1 = d1;
    q0 = d0;
endmodule
```

(e)
```
module FSM(input  logic clk,
           input  logic a,
           output logic out1, out2);

  logic state; // 次の状態論理とレジスタ（順序回路）

  always_ff @(posedge clk)
    if (state == 0) begin
      if (a) state  <= 1;
    end else begin
      if (~a) state <= 0;
    end

  always_comb // 出力論理（組み合わせ回路）
    if (state == 0) out1 = 1;
    else            out2 = 1;
endmodule
```

(f)
```
module priority(input  logic [3:0] a,
                output logic [3:0] y);

  always_comb
    if (a[3]) y = 4' b1000;
    else if (a[2]) y = 4' b0100;
    else if (a[1]) y = 4' b0010;
    else if (a[0]) y = 4' b0001;
endmodule
```

```
(g)  module divideby3FSM(input  logic clk,
                         input  logic reset,
                         output logic out);

       logic [1:0] state, nextstate;

       parameter  S0 = 2'b00;
       parameter  S1 = 2'b01;
       parameter  S2 = 2'b10;
       // 状態レジスタ
       always_ff @(posedge clk, posedge reset)
         if (reset) state <= S0;
         else       state <= nextstate;

       // 次の状態論理
       always @(state)
         case (state)
           S0: nextstate = S1;
           S1: nextstate = S2;
           S2: nextstate = S0;
         endcase

       // 出力論理
       assign out = (state == S2);
     endmodule

(h)  module mux2tri(input  logic [3:0] d0, d1,
     input  logic s,
     output tri [3:0] y);
     tristate t0(d0, s, y);
     tristate t1(d1, s, y);
     endmodule

(i)  module floprsen(input  logic       clk,
                     input  logic       reset,
                     input  logic       set,
                     input  logic [3:0] d,
                     output logic [3:0] q);

       always_ff @(posedge clk, posedge reset)
         if (reset) q <= 0;
         else       q <= d;
       always @(set)
         if (set) q <= 1;
     endmodule

(j)  module and3(input  logic a, b, c,
                 output logic y);

       logic tmp;

       always @(a, b, c)
       begin
         tmp <= a & b;
         y <= tmp & c;
       end
     endmodule
```

VHDLの演習問題

以下の演習問題はVHDL専用のものである。

演習問題4.51 VHDLでは、簡単に

```
q <= (state = S0);
```

と書くのではなく、なぜ以下のように書かなければならないか。

```
q <= '1' when state = S0 else '0';
```

演習問題4.52 以下のVHDLモジュールには誤りがある。簡単にするためにarchitectureだけを示した。library節やentity宣言は正しいとする。間違いを説明し、どう直したらよいか答えよ。

```
(a)  architecture synth of latch is
     begin
       process(clk) begin
         if clk = '1' then q <= d;
         end if;
       end process;
     end;

(b)  architecture proc of gates is
     begin
       process(a) begin
         Y1 <= a and b;
         y2 <= a or b;
         y3 <= a xor b;
         y4 <= a nand b;
         y5 <= a nor b;
       end process;
     end;

(c)  architecture synth of flop is
     begin
       process(clk)
         if rising_edge(clk) then
           q <= d;
     end;

(d)  architecture synth of priority is
     begin
       process(all) begin
         if    a(3) then y <= '1000';
         elsif a(2) then y <= '0100';
         elsif a(1) then y <= '0010';
         elsif a(0) then y <= '0001';
         end if;
       end process;
     end;

(e)  architecture synth of divideby3FSM is
       type statetype is (S0, S1, S2);
       signal state, nextstate: statetype;
     begin
       process(clk, reset) begin
         if reset then state <= S0;
         elsif rising_edge(clk) then
           state <= nextstate;
         end if;
       end process;

       process(state) begin
         case state is
           when S0 => nextstate <= S1;
           when S1 => nextstate <= S2;
           when S2 => nextstate <= S0;
         end case;
       end process;

       q <= '1' when state = S0 else '0';
     end;

(f)  architecture struct of mux2 is
       component tristate
         port(a:  in STD_LOGIC_VECTOR(3 downto 0);
              en: in STD_LOGIC;
              y:  out STD_LOGIC_VECTOR(3 downto 0));
       end component;
```

```
  begin
    t0: tristate port map(d0, s, y);
    t1: tristate port map(d1, s, y);
  end;
```

```
(g) architecture asynchronous of floprs is
    begin
      process(clk, reset) begin
        if reset then
          q <= '0';
        elsif rising_edge(clk) then
          q <= d;
        end if;
      end process;

      process(set) begin
        if set then
          q <= '1';
        end if;
      end process;
    end;
```

口頭試問

以下は、ディジタル設計の業界の面接試験で尋ねられるような質問である。

質問4.1　dataという32ビットのバスをselという別の信号で開閉し、32ビットのresultを出力するHDLコードの概略を書け。selがTRUEならresult = data、そうでなければresultはすべて0とする。

質問4.2　SystemVerilogでのブロッキング割り当てとノンブロッキング割り当ての違いを説明し、例を示せ。

質問4.3　次のSystemVerilogの文は何をするものか。

```
result = | (data[15:0] & 16'hC820);
```

5

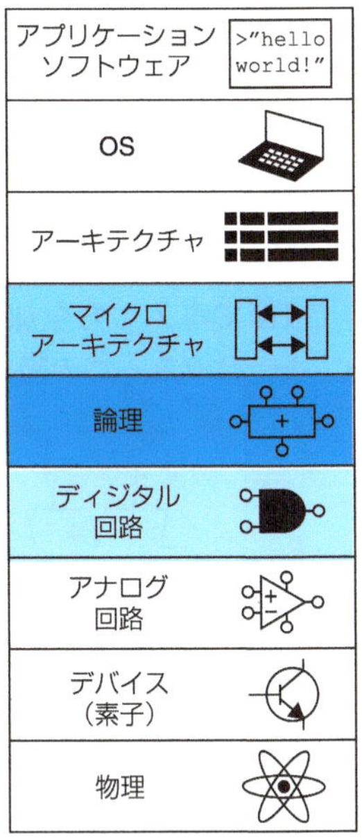

ディジタルビルディングブロック

アプリケーション
ソフトウェア　>"hello world!"

OS

アーキテクチャ

マイクロ
アーキテクチャ

論理

ディジタル
回路

アナログ
回路

デバイス
（素子）

物理

5.1　はじめに

　ここまでのところでは、組み合わせ回路と順序回路を、ブール代数、回路図、HDLを用いて設計することを学んだ。この章ではより手の込んだ組み合わせ回路と順序回路のビルディングブロック、すなわちディジタルシステムで使う**算術演算回路、カウンタ、シフトレジスタ、メモリアレイ、論理アレイ**といったブロックを紹介する。これらのビルディングブロックは、それ自体役に立つものだが、階層構造、モジュール構造、規則的な構造を使った設計方針を論証するものでもある。これらのビルディングブロックは、論理ゲート、マルチプレクサ、デコーダなどの簡単な部品から階層的に構成されている。それぞれのビルディングブロックは、明快に定義された入出力を持ち、中身の実装法が重要でない場合はブラックボックスとして扱うことができる。また、それぞれのビルディングブロックは規則的な構造を持っており、違ったサイズに容易に拡張することができる。第7章でマイクロプロセッサを作るのにこのビルディングブロックを多数用いる。

5.2　算術演算回路

　算術演算回路はコンピュータの中心となるビルディングブロックである。コンピュータとディジタル論理回路には、加算、減算、比較、シフト、乗算、除算などの多くの算術機能がある。この節では、これらすべての演算をハードウェアとして実装する手法について述べる。

5.2.1　加　算

　加算は、ディジタルシステムで最も一般的な演算の1つである。最初に2つの1ビットの2進数を加える方法を考えよう。それからNビットの2進数に拡張する。加算器は、動作速度と複雑さの間のトレードオフについて示す良い例になっている。

半加算器

　1ビットの半加算器を作ることから始める。図5.1に示すように、半加算器は2つの入力AとBを加算し、SとC_{out}の2つを出力する。SはAとBの和である。AとBがともに1ならばSは2になるが、1ビットの2進数では表すことができない。その代わりに隣の列に示す桁上げ出力C_{out}を用いて表す。半加算器はXORゲート1つとANDゲート1つで作ることができる。

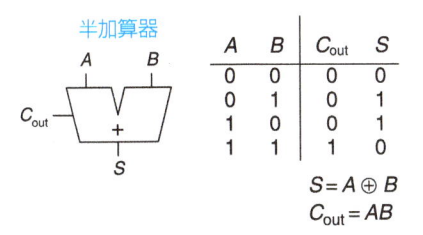

半加算器

		A	B	C_{out}	S
		0	0	0	0
		0	1	0	1
		1	0	0	1
		1	1	1	0

$$S = A \oplus B$$
$$C_{out} = AB$$

図5.1　1ビット半加算器

```
      1
   0001
 +0101
 ─────
   0110
```

図5.2　キャリビット

　多桁の加算器で、C_{out}は加算されるか、最上位のビットとして**繰り上がる**（桁上がり、キャリ）。例えば図5.2において青色

で表されるキャリビットは、最初の1ビットの加算の最初の桁のC_{out}出力であり、2桁目の入力1ビットC_{in}となる。しかし、半加算器には、前の桁のC_{out}を受け付けるC_{in}入力がない。次に紹介する全加算器はこの問題を解決するものである。

全加算器

2.1節で導入した**全加算器**は、図5.3に示す通りキャリ入力C_{in}を受け取る。この図はSとC_{out}の出力の式も示す。

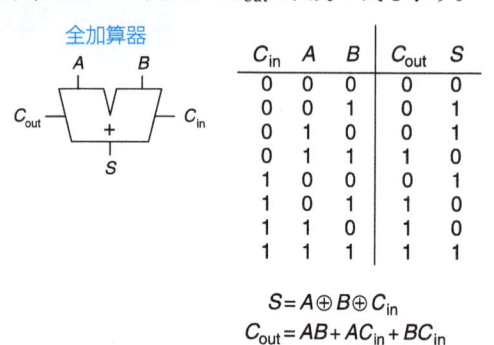

C_{in}	A	B	C_{out}	S
0	0	0	0	0
0	0	1	0	1
0	1	0	0	1
0	1	1	1	0
1	0	0	0	1
1	0	1	1	0
1	1	0	1	0
1	1	1	1	1

$$S = A \oplus B \oplus C_{in}$$
$$C_{out} = AB + AC_{in} + BC_{in}$$

図5.3 1ビット全加算器

桁上げ伝播加算器（CPA）

Nビット加算器は、2つのNビットの入力AとBとキャリ入力C_{in}を足して、Nビットの出力SとキャリC_{out}を生成する。これを通常、**桁上げ伝播加算器**（Carry Propagate Adder: **CPA**）と呼ぶ。これは1ビットのキャリ出力が次のビットに伝わることから来ている。CPAの記号を図5.4に示す。これはA、BとSが単一のビットではなくてバスであることを除けば全加算器と同じである。一般的なCPAの実装方式が3つある。順次桁上げ加算器、桁上げ先見加算器、プリフィックス加算器である。

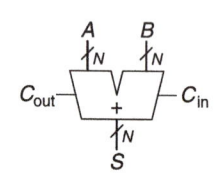

図5.4 桁上げ伝播加算器

順次桁上げ加算器

NビットのCPAを作る最も単純な方法はN個の全加算器を数珠繋ぎにすることである。図5.5に示す通り、ある段のC_{out}を次の段のC_{in}に接続し32ビットの加算を行う。これが**順次桁上げ加算器**（ripple-carry adder）であり、モジュール性と規則性の好例である。すなわち全加算器モジュールが多数回再利用されて、大きなシステムを作っている。

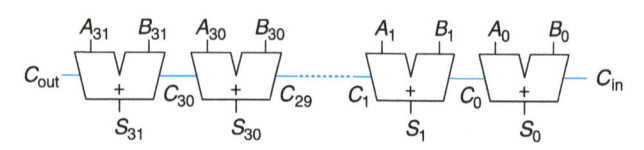

図5.5 32ビット順次桁上げ加算器

順次桁上げ加算器には、Nが大きいと遅いという欠点がある。S_{31}はC_{30}に依存し、C_{30}はC_{29}に、C_{29}はC_{28}に、と続いてC_{in}に至る。この様子を図5.5の点線で示す。キャリの波（リプ

ル）がキャリ線の連鎖を伝わっていくわけだ。この加算器の遅延t_{ripple}は、式(5.1)に示す通り、t_{FA}を全加算器の遅延とすると、このビット数分になる。

$$t_{ripple} = N t_{FA} \tag{5.1}$$

> 回路図では通常、信号は左から右に流れる。算術演算回路では、このルールを破るが、これはキャリが右から左に（下位の桁から上位の桁へ）伝播するからである。

桁上げ先見加算器（CLA）

大規模な順次桁上げ加算器が遅い本質的な理由は、桁上げ信号が加算器のすべてのビットに伝播しなければならないことである。CPAのもう1つのタイプである**桁上げ先見加算器**（Carry-Lookahead Adder: **CLA**）は、加算器をブロックに分割し、桁上げが分かったらすぐに、ブロック外にそれが伝播するかどうかを判定する回路を持つ。すなわち、ブロック内のすべての加算器に波が伝わっていくのを待つのではなく、ブロックをまたがって**先見**する。例えば、32ビット加算器では8個の4ビットブロックに分割する。

> 年を重ねるに連れ、人は計算を行うのに多くの装置を使うようになった。幼児は指で数える（大人の中にもこっそり数えている人もいる）。中国人とバビロニア人は、紀元前2400年にはそろばんを発明した。計算尺は1630年に発明され、1970年代に科学技術用の電卓が普及するまで使われた。コンピュータとディジタル電卓は今日どこにでもある。次はいったいどうなるのだろうか。

桁上げ先見加算器では**生成**（G）信号および**伝播**（P）信号を、桁あるいはブロックが桁上げを出力する状況を示すのに使う。加算器のi番目の桁は、それが桁上げ入力と関係なしに桁上げを出力する場合、桁上げを**生成**するという。A_iとB_iがともに1ならば、加算器のi番目の桁が桁上げC_iを生成することが保証される。したがって、i番目の桁の生成信号G_iは$G_i = A_i B_i$で計算できる。一方、ある桁は、桁上げ入力が存在するときにキャリ出力を生成する場合、桁上げを**伝播**するという。i番目の桁は、桁上げ入力C_{i-1}が、A_iとB_iのどちらかが1のときに伝播する。このため$P_i = A_i + B_i$となる。この定義を用いると、加算器の特定の桁に対するキャリの論理を以下のように書き換えることができる。加算器のi番目の桁は、「桁上げを生成する」すなわちG_iを出力するか、「桁上げを伝播する」すなわち$P_i C_{i-1}$の場合に、桁上げ出力C_iを出力する。式にすると以下のようになる。

$$C_i = A_i B_i + (A_i + B_i)C_{i-1} = G_i + P_i C_{i-1} \tag{5.2}$$

生成と伝播の定義を、複数のビットブロックに拡張する。

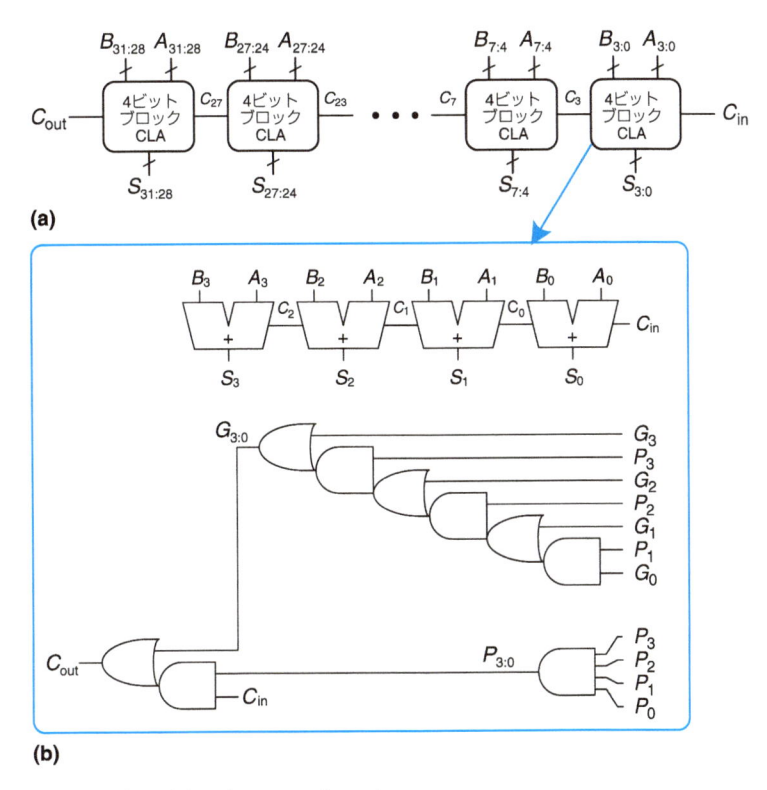

図5.6 （a）32ビット桁上げ先見加算器（CLA）、（b）4ビットCLAブロック

ブロックは、桁上げ入力と関係なしに桁上げを出すときに**生成**するという。また、ブロックは桁上げ入力が存在するときに桁上げを生成する場合、桁上げを**伝播**するという。i桁からj桁までの間のブロックにおける生成信号、伝播信号を、それぞれ$G_{i:j}$と$P_{i:j}$とする。

ブロックは、最上位桁が桁上げを発生するか、最上位桁が桁上げを伝播し、その前の桁が桁上げを生成する場合、キャリを生成する。これがどんどん続いていく。例えば、3桁目から0桁目にわたるブロックにおける「生成」の論理式は以下のようになる。

$$G_{3:0} = G_3 + P_3(G_2 + P_2(G_1 + P_1G_0)) \tag{5.3}$$

ブロックは、その中のすべての桁が桁上げを伝播するときに、桁上げを伝播する。例えば、3桁目から0桁目にわたるブロックの「伝播」の論理式は以下のようになる。

$$P_{3:0} = P_3P_2P_1P_0 \tag{5.4}$$

ブロックの生成信号と伝播信号を用いると、そのブロックの桁上げ出力C_iを、そのブロックへの桁上げ入力C_{j-1}を使って高速に計算できる。

$$C_i = G_{i:j} + P_{i:j}C_{j-1} \tag{5.5}$$

図5.6（a）は4ビットのブロックから作った32ビットの桁上げ先見加算器を示す。

それぞれのブロックは、図5.6（b）に示すように4ビットの順次桁上げ加算器と、桁上げ入力が与えられた際に、キャリ出力を求めるルックアヘッド（先見）ロジックを持っている。ANDとORゲートを使って、単一ビットについての生成信号と伝播信号G_iとP_iを、A_iとB_iから作ってやるが、この部分については、図を簡単にするために省略してある。桁上げ先見加算器もまた、モジュール性と規則性が見られる。

CLAブロックのすべてで、単一ビットの和とブロックの生成信号と伝播信号を同時に生成する。クリティカルパスは、最初のCLAブロックのG_0と$G_{3:0}$を計算するところから始まる。それからC_{in}はそれぞれのブロックでAND/ORゲートを通して直接C_{out}まで進む。大きな加算器では、これは、加算器のすべてのビットに対して波が伝わるのを待つよりもずっと速い。最後のブロックのクリティカルパスは、小さな順次桁上げ加算器となっている。このため、Nビットの加算器をkビットのブロックに分ける場合、遅延は以下のようになる。

$$t_{CLA} = t_{pg} + t_{pg\_block} + \left(\frac{N}{k} - 1\right)t_{AND\_OR} + kt_{FA} \tag{5.6}$$

ここで、t_{pg}はP_iとG_iを作るための個々のゲートの生成／伝播遅延（単一ANDまたはORゲート）、t_{pg_block}はkビットブロックの生成／伝播信号$P_{i:j}$と$G_{i:j}$を作る遅延、t_{AND_OR}は、kビットのCLAブロックのAND/OR論理を通ってC_{in}からC_{out}へ通じる遅延を示す。$N > 16$ならば、通常、桁上げ先見加算器は順次桁上げ加算器よりずっと速い。しかし、加算器の遅延はやはりNに比例して増加する。

例題5.1 順次桁上げ加算器と桁上げ先見加算器の遅延

32ビットの順次桁上げ加算器と4ビットのブロックを用いた32ビットの桁上げ先見加算器を比較せよ。2入力ゲートの遅延を100 ps、全加算器1つの遅延を300 psと仮定せよ。

解法：式(5.1)によると、32ビットの順次桁上げ加算器の遅延は$32 × 300$ ps $= 9.6$ ns。

CLAは$t_{pg} = 100$ps、$t_{pg\_block} = 6 × 100$ ps $= 600$ ps、$t_{AND\_OR} = 2 × 100$ ps $= 200$ psとなる。式(5.6)によると、伝播遅延時間は、4ビットのブロックを用いた32ビット桁上げ先見加算器では、100 ps $+$ 600 ps $+ (32/4 - 1) × 200$ ps $= (4 × 300$ ps$) = 3.3$ nsとなる。これは順次桁上げ加算器のおよそ3倍速い。

プリフィックス加算器*

プリフィックス加算器は、桁上げ先見加算器がさらに速く加算を行えるように「生成」と「伝播」の論理を拡張したものである。最初、GとPをそれぞれの桁で演算し、4つのブロック、8つのブロック、16のブロックへと、すべての桁が決まるまで繰り返す。和は、これらの生成信号から計算される。

言い換えると、プリフィックス加算器の作戦は、すべての桁のキャリ入力C_{i-1}をできるだけ速く計算し、和を以下のように計算する。

$$S_i = (A_i \oplus B_i) \oplus C_{i-1} \tag{5.7}$$

桁$i = -1$からC_{in}を決めてやる。すなわち、$G_{-1} = C_{in}$、$P_{-1} = 0$となる。次に$C_{i-1} = G_{i-1:-1}$となる。これは、$i-1$から-1までのブロックが桁上げを出力する場合は、桁$i-1$の桁上げ出力が生じるからである。桁上げは、$i-1$桁が発生するか、それ以前の桁から伝播されたかのどちらかである。このために、式(5.7)を以下のように書き換える。

$$S_i = (A_i \oplus B_i) \oplus G_{i-1:-1} \tag{5.8}$$

これからの主な課題はすべてのブロックの生成信号$G_{-1:-1}$、$G_{0:-1}$, $G_{1:-1}$, $G_{2:-1}$, ..., $G_{N-2:-1}$をいかに高速に計算するか、である。この信号に加え、$P_{-1:-1}$, $P_{0:-1}$, $P_{1:-1}$, $P_{2:-1}$, ..., $P_{N-2:-1}$を**プリフィックス**と呼ぶ。

> 初期のコンピュータは順次桁上げ加算器を使った。これは、かつては構成デバイスが高価であり、順次桁上げ加算器が最もハードウェア量が小さいからである。実際には、現在のすべてのPCが、クリティカルパス上の加算にはプリフィックス加算器を使っている。これは、今やトランジスタは安価あり、最も問題になるのはスピードであるからだ。

図5.7は、$N = 16$ビットのプリフィックス加算器を示す。

この加算器は、それぞれの桁のA_iとB_iからANDとORゲートを使ってP_iとG_iを**前処理**するところから始める。それから$\log_2 N = 4$段の黒いセルを使ってプリフィックス$G_{i:j}$と$P_{i:j}$を作る。黒いセルは、$i:k$の範囲を上位部分から、$k-1:j$の範囲を下位部分から入力する。そして、この2つをまとめて、範囲$i:j$全体にわたる生成および伝播信号を以下の式に従って、計算する。

$$G_{i:j} = G_{i:k} + P_{i:k}G_{k-1:j} \tag{5.9}$$
$$P_{i:j} = P_{i:k}P_{k-1:j} \tag{5.10}$$

言い換えると、$i:j$にわたるブロックは、上位部分がキャリを生成する場合、あるいは上位部分が下位部分の生成したキャリを伝播する場合にキャリを生成する。このブロックは、上位部分と下位部分の両方の部分がキャリを伝播するときに、キャリを伝播する。最後にプリフィックス加算器は、式(5.8)を用いて和を求める。

まとめると、プリフィックス加算器は、加算器に入力する桁に対する遅延を、直線的ではなく対数的増加で済ませる。この速度は、特に32ビットを超える場合に顕著であるが、単純な桁上げ先見加算器に比べて、ハードウェアが大きくなり高価になる。黒いセルからなるネットワークを**プリフィックスツリー**と呼ぶ。

プリフィックスツリーを用いて、計算時間を、入力数に対して対数的に増えるようにすることは、一般原則として使える強力なテクニックである。多少の工夫により、これは他の多くの種類の回路に適用することができる（たとえば、演習

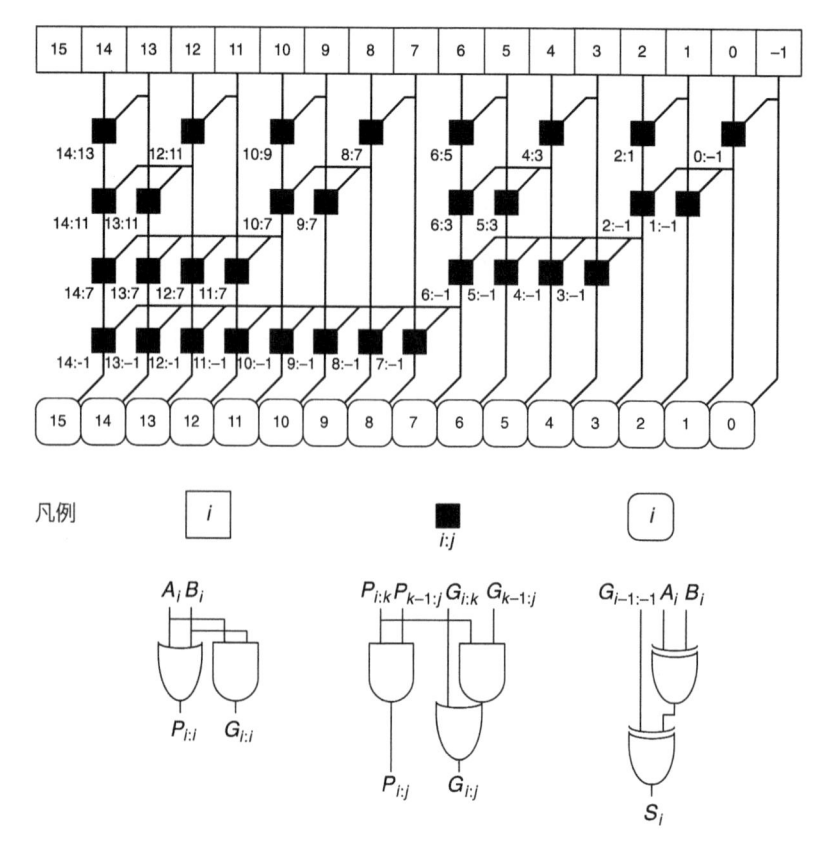

図5.7　16ビットプリフィックス加算器

問題5.7参照）。

Nビットプリフィックス加算器のクリティカルパスは、P_iとG_iの前計算部と、それに続くすべてのプリフィックス$G_{i-1:-1}$を求める黒いプリフィックスセル$\log_2 N$ステージを経て、最下部のXORゲートを通ってS_iに至る。数学的にはNビットのプリフィックス加算器の遅延は、以下のようになる。

$$t_{PA} = t_{pg} + \log_2 N(t_{pg\_prefix}) + t_{XOR} \tag{5.11}$$

ここで、t_{pg_prefix}は黒いプリフィックスセルの遅延である。

例題5.2　プリフィックス加算器の遅延

32ビットのプリフィックス加算器の遅延を計算せよ。それぞれの2入力のゲートの遅延を100 psと仮定する。

解法：それぞれの黒いプリフィックスセルの伝播遅延t_{pg_prefix}は200 ps（すなわち2つのゲート分の遅延）である。このため、式(5.11)を用いると、32ビットのプリフィックス加算器の伝播遅延は、100 ps + $\log_2 32 \times 200$ ps + 100 ps = 1.2 nsとなり、桁上げ先見加算器の3倍、順次桁上げ加算器の8倍速い。実際は、この差はこれほど大きくはならないとはいえ、プリフィックス加算器は、これ以外の方式に比べて本質的に高速である。

まとめ

この節では、半加算器、全加算器および3種類の桁上げ伝播加算器、順次桁上げ加算器、桁上げ先見加算器、プリフィックス加算器を紹介した。高速な加算器は、より多くのハードウェアを必要とし、このため高価で消費電力が大きくなる。設計に適した加算器を選ぶ際には、このトレードオフを考える必要がある。

CPAを表現するのにハードウェア記述言語では+演算子を使う。最近の合成ツールは、多くの可能な実装方式の中から、速度の要求を満足するものの中で最も安価な（最も面積の小さい）設計を選ぶ。これにより設計者の仕事は非常に単純になる。**HDL記述例**5.1は、キャリ入出力付きのCPAのHDL記述例を示す。

5.2.2　減算器

1.4.6節を思い起こすと、減算は、正の数に2の補数表現を使った負の数を足すことで実現できる。このため減算は非常に簡単である。すなわち、2つ目の入力の数の符号を反転し、それから足せばよい。2の補数表現で符号を反転するためには、すべての桁を反転し、1を足せばよい。

$Y = A - B$を計算するためには、まずBについて2の補数を作る。Bのビットを反転して$\overline{B}$を作り、これに1を足す。すなわち$-B = \overline{B} + 1$である。これにAを足すことで、$Y = A + \overline{B} + 1 = A - B$を得る。この和は$C_{in} = 1$として、$A + \overline{B}$を計算することにより、1つのCPAで得ることができる。

図5.9は減算器の記号と$Y = A - B$を計算する中身のハードウェアを示す。次ページの**HDL記述例**5.2は減算器を表している。

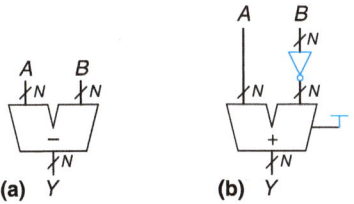

図5.9　減算器：（a）記号、（b）実装法

HDL記述例5.1　加算器

SystemVerilog

```systemverilog
module adder #(parameter N = 8)
              (input  logic [N-1:0] a, b,
               input  logic         cin,
               output logic [N-1:0] s,
               output logic         cout);

  assign {cout, s} = a + b + cin;
endmodule
```

VHDL

```vhdl
library IEEE; use IEEE.STD_LOGIC_1164.ALL;
use IEEE.NUMERIC_STD_UNSIGNED.ALL;

entity adder is
  generic(N: integer := 8);
  port(a, b: in  STD_LOGIC_VECTOR(N-1 downto 0);
       cin:  in  STD_LOGIC;
       s:    out STD_LOGIC_VECTOR(N-1 downto 0);
       cout: out STD_LOGIC);
end;

architecture synth of adder is
  signal result: STD_LOGIC_VECTOR(N downto 0);
begin
  result <= ("0" & a) + ("0" & b) + cin;
  s      <= result(N-1 downto 0);
  cout   <= result(N);
end;
```

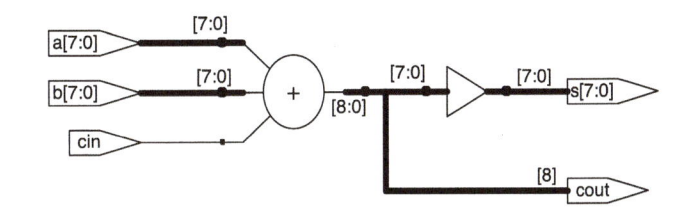

図5.8　加算器の合成結果

HDL記述例5.2　減算器

SystemVerilog

```
module subtractor #(parameter N = 8)
                   (input  logic [N-1:0] a, b,
                    output logic [N-1:0] y);

  assign y = a - b;
endmodule
```

VHDL

```
library IEEE; use IEEE.STD_LOGIC_1164.ALL;
use IEEE.NUMERIC_STD_UNSIGNED.ALL;

entity subtractor is
  generic(N: integer := 8);
  port(a, b: in  STD_LOGIC_VECTOR(N-1 downto 0);
       y:    out STD_LOGIC_VECTOR(N-1 downto 0));
end;

architecture synth of subtractor is
begin
  y <= a - b;
end;
```

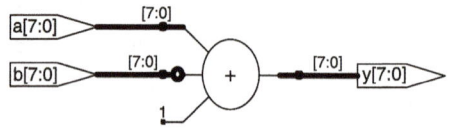

図5.10　減算器の合成結果

5.2.3　比較器

　比較器は、2つの2進数が等しいか、あるいは1つが他より大きいか小さいかを判定する。比較器には2つのNビットの2進数A、Bを入力する。一般的に2つのタイプがある。

　等値比較器は、AがBと等しいかどうか（$A == B$）を示す信号を生成する。**大小比較器**は、AとBの値の関係を示す1つあるいはそれ以上の出力を持つ。

　等値比較器は、ハードウェアの中でも単純なものである。図5.11は4ビットの等値比較器の記号と実装法を示す。これは、まず、AとBの対応するそれぞれの桁が等しいかどうかを、XNORゲートを使って判定する。すべての桁が等しければ2つの数は等しいことになる。

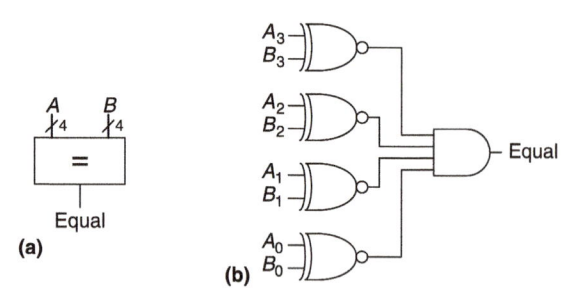

図5.11　4ビット等値比較器：（a）記号、（b）実装法

　大小比較器は、多くの場合は、図5.12に示すように、$A - B$を計算し、結果の符号ビット（最上位桁）を見る。結果が負（つまり符号ビットが1）ならばAはBよりも小さく、そうでなければAはBより大きいか等しい。ただし、オーバーフロー（桁あふれ）時には機能が正しくなくなる。演習問題5.9と5.10はこの限界とどのように修正すれば良いかを示す。

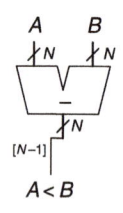

図5.12　符号付Nビット大小比較器

　次ページのHDL記述例5.3は、符号無整数に対するさまざまな比較操作の使い方を示す。

5.2.4　ALU

　算術/論理演算部（Arithmetic/Logical Unit: **ALU**）は、さまざまな算術演算と論理演算を1つのユニットにまとめたものである。例えば、典型的なALUは、加算、減算、大小比較、AND、OR演算を実行する。ALUは、多くのコンピュータシステムの心臓部を作るのに使われる。

　図5.14は、Nビット入出力を持つNビットALUを示す。

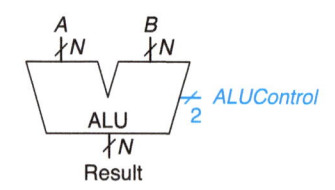

図5.14　ALUの記号

　ALUは、どの演算を実行するかを示す制御信号Fを持つ。本書では制御信号は、データと区別するため青色で表すことにする。表5.1は、ALUが実行できる典型的な演算を示す。

HDL記述例5.3　比較器

SystemVerilog

```
module comparator #(parameter N = 8)
                   (input  logic [N-1:0] a, b,
                    output logic eq, neq, lt, lte, gt, gte);

  assign eq = (a == b);
  assign neq = (a != b);
  assign lt = (a < b);
  assign lte = (a <= b);
  assign gt = (a > b);
  assign gte = (a >= b);
endmodule
```

VHDL

```
library IEEE; use IEEE.STD_LOGIC_1164.ALL;

entity comparators is
  generic(N: integer : = 8);
  port(a, b: in STD_LOGIC_VECTOR(N-1 downto 0);
       eq, neq, lt, lte, gt, gte: out STD_LOGIC);
end;

architecture synth of comparator is
begin
  eq  <= '1' when (a = b)  else '0';
  neq <= '1' when (a /= b) else '0';
  lt  <= '1' when (a < b)  else '0';
  lte <= '1' when (a <= b) else '0';
  gt  <= '1' when (a > b)  else '0';
  gte <= '1' when (a >= b) else '0';
end;
```

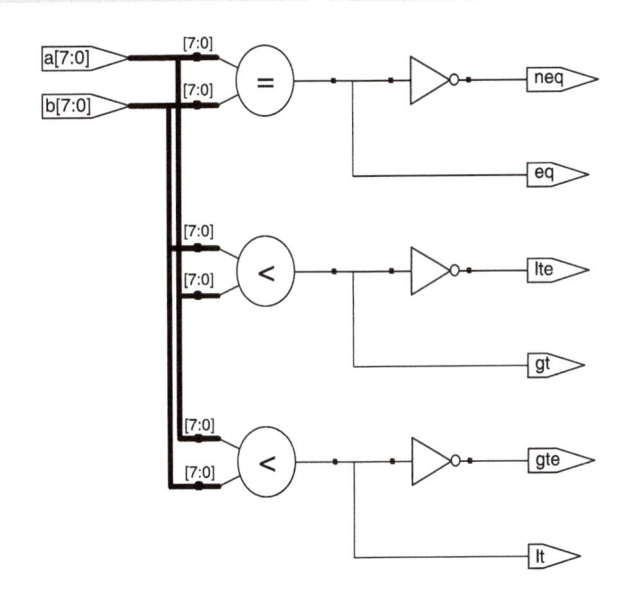

図5.13　比較器の合成結果

表5.1　ALU演算

$ALUControl_{1:0}$	機能
00	加算
01	減算
10	論理積
11	論理和

　図5.15は、ALUの実現方式を示す。ALUはNビット加算器とN個の2入力ANDとORゲートからできている。入力Bにインバータとマルチプレクサを装備しており、$ALUControl_0$がアサートされると入力を反転する。4:1のマルチプレクサにより$ALUControl$に基づき所望の機能を選択する。

　もっと詳細に見ていくと、$ALUControl = 00$のとき、出力マルチプレクサは$A + B$を選ぶ。$ALUControl = 01$のとき、ALUは$A - B$を計算する（5.2.2節を思い出そう。2の補数演算では、$\overline{B} + 1 = -B$である。$ALUControl_0$が1のとき、加算器はAと$\overline{B}$を入力し、桁上げ入力をアサートする。結果として減算を実行することになる。すなわち$A + \overline{B} + 1 = A - B$である）。$ALUControl = $

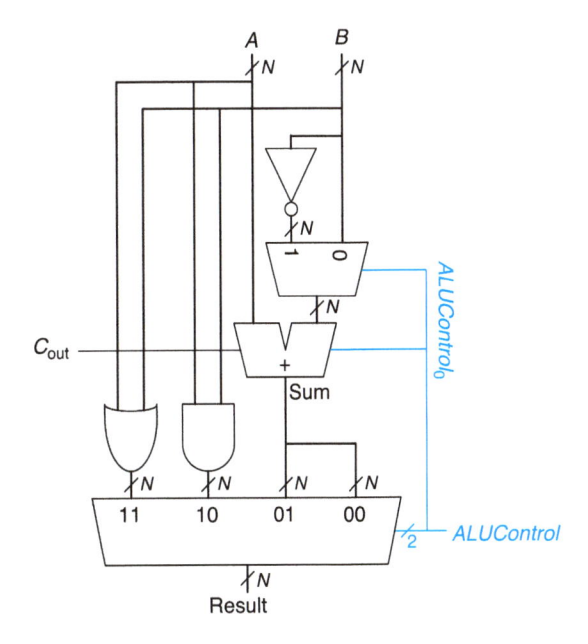

図5.15　NビットALU

10のとき、ALUは*A* AND *B*を実行し、*ALUControl* = 11のとき、ALUは*A* OR *B*を実行する。

ALUの中には、**フラグ**と呼ばれる追加出力を生成するものもある。これはALU出力についての情報を示している。図5.16は、4ビット*ALUFlags*出力を持つALUの記号である。

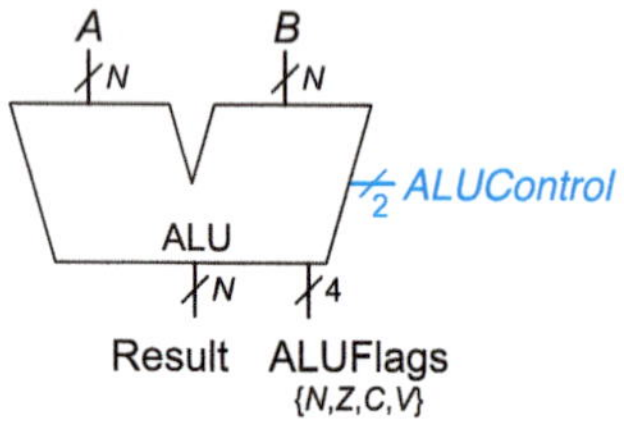

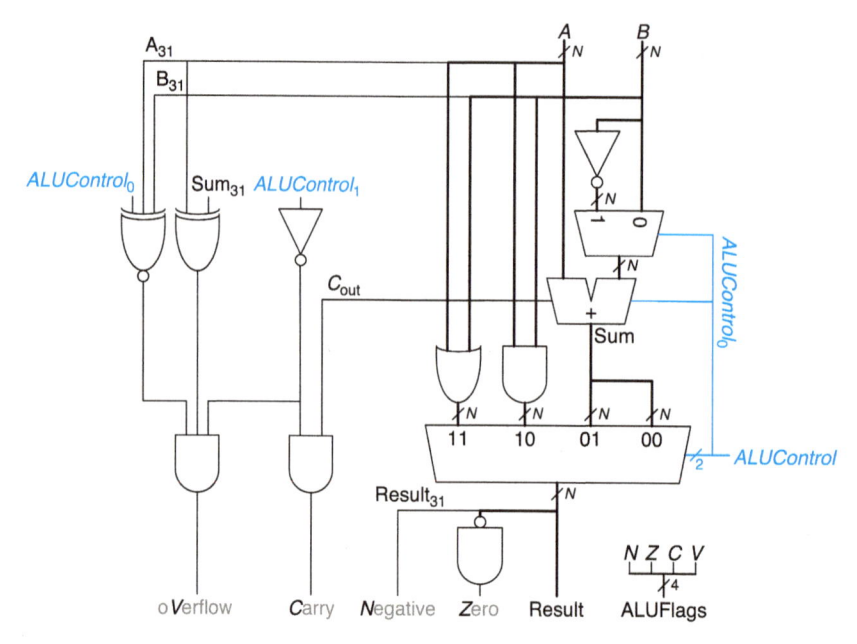

図5.16　出力フラグ付きALUの記号

図5.17中の回路図に示すように*ALUFlag*出力は*N*、*Z*、*C*、*V*フラグから成り、それぞれ順に「ALU出力が負になった」、「ゼロになった」、「加算器が桁上げを出力した」、「加算器がオーバーフローを出力した」ことを示す。2の補数では、負の数では最上位桁が1になり、それ以外では0になることを思い出そう。すなわち、*N*フラグはALU出力の最上位の$Result_{31}$に接続されている。*Z*フラグは、*Result*のすべてが0になるとアサートされる。これは、図5.17に示すように*N*ビットNORゲートにより検出される。*C*フラグは、加算器が桁上げ出力を発生し、かつ、ALUが加算または減算（$ALUControl_1 = 0$）を実行しているときにアサートされる。

図5.17の左側に示すように、オーバーフローの検出は、ややトリッキーである。1.4.6節を見てオーバーフローが、2つの同じ符号の数の加算が違った符号の結果を生成した場合に発生することを思い出そう。このため、*V*は以下の条件のすべてが真になったときにアサートされる。①ALUが加算か減算を行い（$ALUControl_1 = 0$）、②*A*と*Sum*が異なる符号で（これはXORゲートおよびXNORゲートで検出）、③*A*と*B*が同じ符号で加算器が加算を実行（$ALUControl_0 = 0$）したか、あるい

はと*A*と*B*が異なった符号で加算器が減算を実行（$ALUControl_0 = 1$）した場合。3入力のANDゲートが3つの条件すべてが真になったことを検出し*V*をアサートする。

フラグ出力付き*N*ビットALUのHDLは演習問題5.11と5.12にとっておく。ここでの基本的なALUには、XORあるいは等値比較など、他の演算をサポートするいろいろな拡張が考えられる。

5.2.5　シフタとローテータ

シフタとローテータは、ビットを移動し、2のべき乗の乗算または除算を行う。名前で分かるようにシフタは2進数を指定した桁数分だけ左右にシフトする。一般的に使われるシフタには次のような種類がある。

▶ **論理シフタ**：数を左（LSL）または右（LSR）にシフトして空いた場所を0で埋める。

　例：11001 LSR 2 = 00110；　11001 LSL 2 = 00100

▶ **算術シフタ**：論理シフタと同じだが、右シフトに関して、上位の桁をもとの最上位桁（msb）のコピーで埋める。これは、符号付の数を乗除算する際に便利である（5.2.6、5.2.7節を参照）。算術左シフト（ASL）は論理左シフト（LSL）と同じである。

　例：11001 ASR 2 = 11110；　11001 ASL 2 = 00100

▶ **ローテータ**：数を回転させる。すなわち、シフトさせてはみ出た部分のビットで、空いた場所を埋める。

　例：11001 ROR 2 = 01110；　11001 ROL 2 = 00111

*N*ビットのシフタは、*N*個の*N*:1マルチプレクサで作ることができる。入力は、$\log_2 N$ビットの選択信号に従って0から*N* − 1ビットまでシフトされる。次ページの図5.18は、4ビットシフタのハードウェアと記号を示す。演算子<<、>>、>>>は、通常左シフト、右シフト、算術右シフトを表す。2ビットのシフト数、$shamt_{1:0}$の値によって、出力*Y*には入力*A*の0から3ビットシフトした値が出力される。すべてのシフタについて

図5.17　出力フラグ付き*N*ビットALU

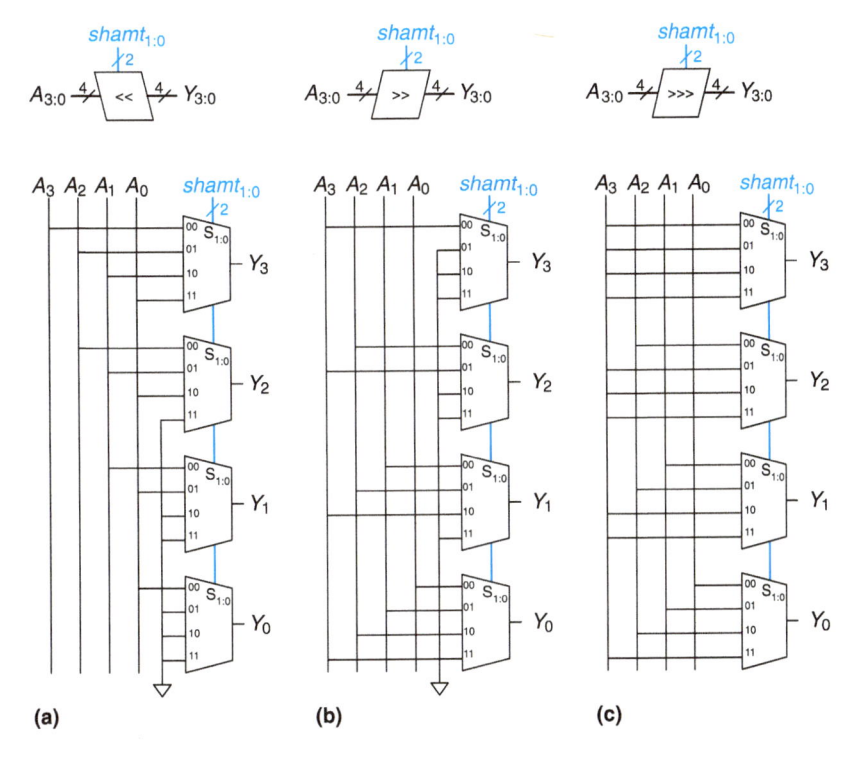

図5.18　4ビットシフタ：（a）左シフト、（b）論理右シフト、（c）算術右シフト

$shamt_{1:0} = 00$のとき$Y = A$となる。ローテータの設計については演習問題5.18で述べる。左シフトは乗算の特殊な場合に当たる。Nビットの左シフトは、2^Nの数を掛けたことに相当する。例えば、$000011_2 << 4 = 110000_2$で、$3_{10} \times 2^4 = 48_{10}$と同じことになる。

　算術シフトは、割り算の特殊な場合である。Nビットの算術右シフトは、2^Nで割ることになる。例えば、$11100_2 >>> 2 = 11111_2$となり、$-4_{10}/2^2 = -1_{10}$に相当する。

5.2.6　乗　算*

　符号無2進数の乗算はそれぞれの桁が0か1かだけである点を除き、10進数と同じである。図5.19は、10進数と2進数の乗算を比較して示す。ともに部分積を、乗数の1桁と被乗数のすべての桁を掛けて作る。シフトされた**部分積**を足して答が得られる。

```
     230        非乗数        0101
  ×   42        乗数       ×  0111
     460        部分積        0101
  + 920                      0101
    9660                     0101
                           + 0000
                  結果       0100011

  230 × 42 = 9660          5 × 7 = 35
     (a)                      (b)
```

図5.19　乗算：（a）10進数、（b）2進数

　一般的に、$N \times N$の乗算器は2つのNビット数を掛けて、$2N$ビットの結果を計算する。2進数の乗算における部分積は、被乗数そのものか、全桁が0になる。1ビットの2進数の掛け算はAND操作と同じであり、このためANDゲートは部分積を作るのに用いられる。

　符号付と符号無の乗算は違っている。例えば、0xFE × 0xFDを考えよう。これらの8ビットの数が符号付整数ならば、−2と−3を表すことになり、16ビットの積は0x0006になる。この2つの数が符号無整数ならば16ビットの積は0xFB06になる。どちらの場合も下位8ビットは0x06になる点に注意されたい。

　図5.20は4 × 4乗算器の記号、機能、実現法を示す。

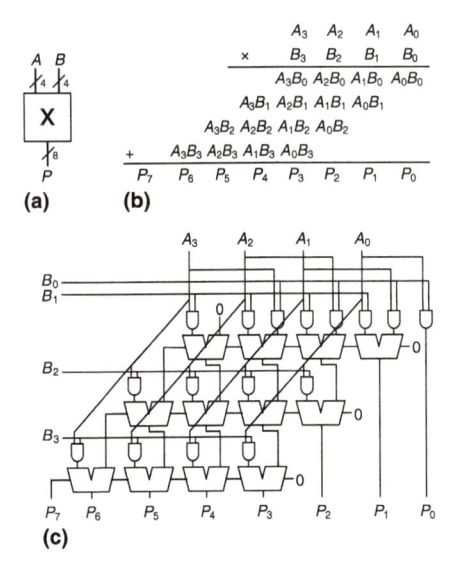

図5.20　4 × 4乗算器：（a）記号、（b）機能、（c）実装法

　乗算器は被乗算数Aと乗数Bを入力し、積Pを生成する。図5.20（b）に、部分積が作られる様子を示す。各部分積は、乗数の各ビット（B_3、B_2、B_1、B_0）と被乗数のビット（A_3、A_2、A_1、A_0）のANDを取る。Nビットの対象に対してN個の部分積と、1ビット加算器の$N-1$段分が割り当てられる。例

えば、4 × 4の乗算器では、部分積の最初の行はB_0 AND (A_3, A_2, A_1, A_0)である。この部分積は、2番目の部分積B_1 AND (A_3, A_2, A_1, A_0)をシフトしたものに加算される。引き続く行のANDゲートと加算器も、残りの部分積のANDと加算を行っていく。

符号付と符号無の乗算器のHDLはHDL記述例4.33に示した。加算器同様、さまざまな速度とコストのトレードオフを持った乗算器の設計が数多く存在する。合成ツールは与えられたタイミング制約に対して最も適切な設計を選んでくれる。

積和演算は、2つの数を掛けて、これに3つ目の数（多くの場合は積算する値）を加える演算である。この演算は**MAC**（積和）とも呼ばれ、フーリエ変換など、積和を必要とする**ディジタル信号処理（DSP）**アルゴリズムでよく用いられる。

5.2.7 除 算*

2進数の除算は、正規化された符号無整数の$[0, 2^{N-1}]$の範囲に対する以下のアルゴリズムにより計算される。

```
R'=0
for i = N-1 to 0
  R = {R'<<1, Ai}
  D = R-B
  if D < 0 then Qi = 0, R' = R // R<B
  else          Qi = 1, R' = D // R≥B
R = R'
```

この**部分剰余**Rは0に初期化し（$R' = 0$）、被除数Aの最上位ビットはRの最下位ビット（$R = \{R' << 1, A_i\}$）になる。除数Bは部分剰余から繰り返し引き算され、ぴったり収まるかどうかが判断される。差Dが負（つまりDの符号ビットが1）の場合、商のビットQ_iは0となり、差は捨てられる。そうでなければQ_iは1となり、部分剰余を差と入れ替える。両方の場合について、次に部分剰余は2倍（1桁分左シフト）されAの最上位から2番目のビットがRの最下位ビットになる。この操作が繰り返される。結果は、式$A/B = Q + R/B$を満足する。

図5.21は、4ビット配列除算器の構成を示す。この除算器はA/Bを計算し、商Qと剰余Rを生成する。凡例には記号と配列除算器のそれぞれのブロックの構成を示す。各行は除算アルゴリズムの一反復を実行する。詳しく説明すると、まず各行は$D = R - B$を計算する（$R + \bar{B} + 1 = R - B$）。信号NはDが負であることを示す。このため、ある行のマルチプレクサが選んだ行は、Dの最上位ビットを受取り、差が負になるときに1となる。商（Q_i）はDが負で0となり、そうでなければ1となる。マルチプレクサは、差が負のときは、Rを次の行に送り、そうでなければDを送る。引き続く行は、新しい部分剰余を左に1ビットシフトし、Aの最上位2ビット目にくっつける。そしてこの処理を繰り返す。

Nビットアレイ除算器の遅延の大きさはN^2に比例する。これは、キャリがすべてのNステージに対して波状に伝わってから符号が決まり、マルチプレクサがRまたはDを選択するからである。これはすべてのN行で繰り返される。除算は、

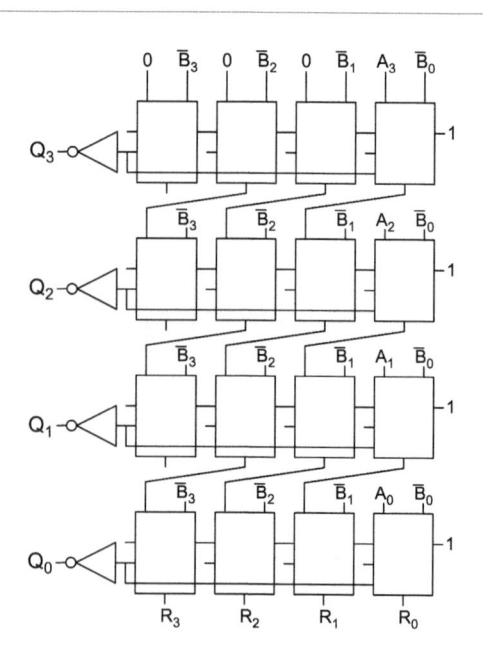

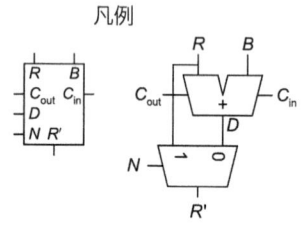

凡例

図5.21 配列除算器

ハードウェアで実行すると、遅く、高価につく演算であり、このため可能な限り利用頻度を減らすことが望ましい。

5.2.8 さらなる知識のための文献

コンピュータの算術は、一冊分の教科書になり得る。Ercegovac & Lang: & *Digital Arithmetic*は全領域を概観する場合に優れている。Weste & Harris: *CMOS VLSI Design*は、算術演算のための高性能な回路設計について示している。

5.3 数の表現法

コンピュータの演算には、整数と小数がある。ここまでは、第1.4節に紹介した符号付あるいは符号無の整数しか取り扱ってこなかった。この節では、有理数を表現することが可能な、固定および浮動小数点数の表現法を示す。固定小数点数は、10進数と似ており、ビットの一部が整数部で残りが小数部である。浮動小数点数は、科学技術の指数表記に似ており、仮数部と指数部から成る。

5.3.1 固定小数点表現法

固定小数点記法は、通常の10進数の小数における小数点に相当する**2進小数点**が、整数と小数の間に隠れている。例えば、図5.22（a）は整数が4ビット、小数が4ビットの固定小数点数を示している。図5.22（b）では隠れた2進小数点を示し、図5.22（c）ではこれに相当する10進小数を示している。整数ビットの部分を**上位ワード**、小数ビットの部分を**下位ワード**と呼ぶ。

(a) 01101100

(b) 0110.1100

(c) $2^2 + 2^1 + 2^{-1} + 2^{-2} = 6.75$

図5.22　6.75の、4ビット**整数部**、4ビット**小数部**を持つ固定小数点数記法

　符号付固定小数点数は、2の補数表現と、符号/絶対値表現のどちらでも利用することができる。図5.23は、両方の記法による、整数4ビット、小数4ビットを使った固定小数点数で、−2.375を表している。本来隠れている2進小数点を青色で示している。符号/絶対値表現では、最上位の桁は符号を表すのに用いている。2の補数表現は、絶対値の各ビットを反転させて、最下位の桁（最も右の桁）に1を加えて作る。この場合、最下位の桁は、2^{-4}の位となる。

(a) 0010.0110

(b) 1010.0110

(c) 1101.1010

図5.23　−2.375の固定小数点数記法：（a）絶対値、（b）符号と絶対値、（c）2の補数

　すべての2進数表現と同じく、固定小数点数はただのビットの集合である。この数を解釈する人たちが合意して使わない限り、2進小数点の存在を知る方法はない。

例題5.3　固定小数点数を使った算術演算

0.75 + −0.625を固定小数点数を使って計算せよ。

解法：まず0.625の2番目の桁を固定小数の2進表現に変換する。$0.625 \geq -2^{-1}$なので2^{-1}桁が1となり、0.625 − 0.5 = 0.125が残る。$0.125 < 2^{-2}$なので、2^{-2}桁は0である。$0.125 \geq 2^{-3}$なので、2^{-3}桁は1で、0.125 − 0.125 = 0で残りはない。このため、2^{-4}桁は0となる。まとめて書くと$0.625_{10} = 0000.1010_2$となる。

　加算が正しく働くように、符号付の数については2の補数を使うことにしよう。図5.24は、−0.625を2の補数の固定小数点数に変換する方法を示す。

```
    0000.1010    2進の絶対値
    1111.0101    1の補数
  +        1    1足す
    1111.0110    2の補数
```

図5.24　固定小数点数の2の補数変換

　図5.25は、固定小数加算を、比較用の10進数表現とともに示す。図5.25（a）の2進数の固定小数点加算ではみ出した最上位の1は、8ビットの結果から捨てられることに注意されたい。

```
    0000.1100          0.75
  + 1111.0110       + (−0.625)
   10000.0010          0.125
      (a)                (b)
```

図5.25　加算：（a）2進固定小数点数、（b）対応する10進数

> 　固定小数点数は、精度が要求されるが広い範囲ではない銀行や金融アプリケーションで一般的に用いられる。
> 　ディジタル信号処理（DSP）アプリケーションも固定小数点数を使う。これは、浮動小数点数に比べて計算が高速で、消費電力が小さいからだ。

5.3.2　浮動小数点表現法*

　浮動小数点数は、科学技術の指数の表現法と類似している。整数と小数部が決まった桁数であるという限界に対して抜け道を見つけることで、非常に大きい数や非常に小さい数を表現することができるようにする。科学技術の指数表現と同じく、図5.26に示すように浮動小数点数は、**符号**、**仮数**（M）、**基数**（B）、**指数**（E）を持つ。例えば、4.1×10^3は4100の10進での科学技術的指数表現である。この場合、仮数は、基数10で4.1となる、指数は3である。小数点は、最上位桁のすぐ右に**移動（フロート）**する。浮動小数点数は、基数2で仮数も2進数を使う。32ビットは、1ビットの符号、8ビットの指数、23ビットの仮数に使われる。

$$\pm M \times B^E$$

図5.26　浮動小数点数

> 　浮動小数点数を表すために理に適った方法がたくさんあるのは明らかである。長年の間、コンピュータ製造者は、互換性のない浮動小数フォーマットを使ってきた。この結果、あるコンピュータの結果は直接他のコンピュータでは使えない。
> 　IEEEは、IEEE 754浮動小数点標準を1985年に決定し、浮動小数点数を定義した。この浮動小数点フォーマットは現在いたるところで使われており、この節で議論する。

例題5.4　32ビット浮動小数点数

10進数の228を浮動小数点数で表せ。

解法：まず10進数を2進数に変換する。$228_{10} = 11100100_2 = 1.11001_2 \times 2^7$となる。図5.27は、32ビットの割り当てを示すが、これは後に効率を上げるために変更する。符号は正（0）、指数は7を示し、残りの23ビットは仮数に相当する。

1 bit	8 bits	23 bits
0	00000111	111 0010 0000 0000 0000 0000
符号	指数部	仮数部

図5.27　32ビット浮動小数点数その1

　2進数の浮動小数点数は、仮数の最初のビットは（2進数の一番左）は常に1なので、これは格納する必要はない。これは**暗黙の最初の1**と呼ばれる。図5.28は、$228_{10} = 11100100_2 \times 2^0 = 1.11001_2 \times 2^7$に対する、変更された浮動小数点数表現を示す。小数部分のみが格納されているのが分かる。これにより、さらに1ビットがデータの表現に使えるようになる。

1 bit	8 bits	23 bits
0	00000111	110 0100 0000 0000 0000 0000
符号	指数部	小数部

図5.28　32ビット浮動小数点数その2

最後にもう1つ指数フィールドに変更を加える。指数は正と負の値を取る必要がある。このため、浮動小数点は**下駄履き**（バイアス）指数を用いる。これは、もともとの指数に固定した値の下駄を加えるもので、32ビットの浮動小数点数では127を使う。例えば、指数7の下駄履き指数は7 + 127 = 134 = 10000110_2となる。指数が−4ならば、下駄履き指数は−4 + 127 = 123 = 01111011_2となる。図5.29は$1.11001^2 \times 2^7$を最上位の1を省略し、指数に下駄を履かせる方法134（7 + 127）で表現したものである。この記法はIEEE 754浮動小数標準に適合する。

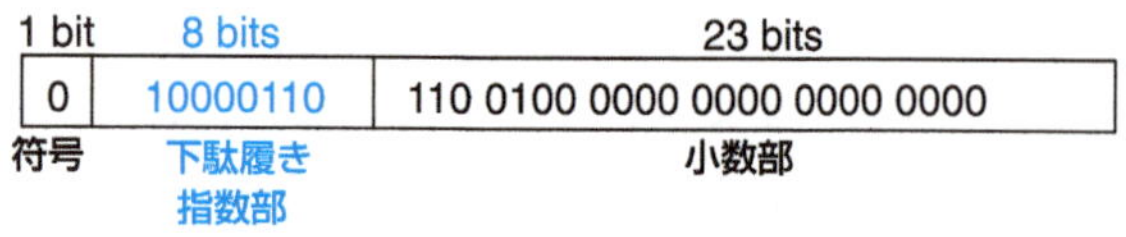

1 bit	8 bits	23 bits
0	10000110	110 0100 0000 0000 0000 0000
符号	下駄履き指数部	小数部

図5.29　IEEE 754の浮動小数点数記法

> 浮動小数点数は、例えば1.7のように数によっては正確に表すことができないものもある。しかし、1.7と電卓に打ち込んだときには、1.69999...ではなく、正確に1.7と出てくる。このために電卓や金銭計算のアプリケーションでは、**2進化10進数（BCD）**あるいは10進数の指数を使っている。BCD数は、10進数のそれぞれの桁を0から9までの4ビットで符号化する。例えば、BCDの整数部4ビット、小数部4ビットの固定小数点数で1.7を表すと、0001.0111となる。もちろん、タダでうまく行くわけがない。コストは算術演算ハードウェアが複雑になることと、符号化において無駄が生じる（A〜Fは使われない）ことにより性能が犠牲になることである。このため、計算重視のアプリケーションでは浮動小数点数がずっと高速である。

特殊な場合：0、±∞、NaN

IEEE浮動小数点標準は0、∞、不正な結果など特殊な数に対する表現を持っている。例えば、最上位の1の省略を行ったことにより0の表現に問題が生じる。そこで指数がすべて0またはすべて1の特殊コードをこれらの特殊な場合用にとっておく。表5.2は、0、±∞、NaNの浮動小数点表記を示す。符号/絶対値数同様、浮動小数は正と負の両方の0を持つ。NaNは存在しない数、例えば$\sqrt{-1}$やlog2 (−5)などのために使う。

表5.2　IEEE754浮動小数点記法による0、±∞、NaNの表現

数	符号	指数部	小数部
0	X	00000000	00000000000000000000000
∞	0	11111111	00000000000000000000000
−∞	1	11111111	00000000000000000000000
NaN	X	11111111	非ゼロ

単精度、倍精度フォーマット

ここまでは、32ビット浮動小数点数を扱ってきた。このフォーマットは、**単精度、シングル、フロート**（float）などと呼ばれる。IEEE754標準は、高い精度と大きな範囲を持つ64ビットの**倍精度**（**double**とも呼ぶ）数を定義している。表5.3は、それぞれのフォーマットのフィールドで使う数を示す。

表5.3　単精度、倍精度浮動小数点フォーマット

フォーマット	全ビット	符号部ビット	仮数部ビット	小数部ビット
単精度	32	1	8	23
倍精度	64	1	11	52

先に示した特殊な場合を除くと、通常の単精度数は、$\pm 1.175494 \times 10^{-38}$から$\pm 3.402824 \times 10^{38}$の範囲にわたり、10進数で7桁分の精度を持っている（これは$2^{-24} \approx 10^{-7}$であるからだ）。同様に、通常の倍精度数は、$\pm 2.22507385850720 \times 10^{-308}$から$\pm 1.79769313486232 \times 10^{308}$の範囲にわたり、10進数で15桁分の精度を持っている。

丸　め

算術演算の結果が、許容された精度の範囲外になると、近い数に丸めなければならない。丸めのモードは以下の4つである。①小さい方、②大きい方、③0に向かって、④近い方。特に指定しない場合の丸めのモードは近いほうとなる。近いほうに丸めるモードでは、2つの数が同じくらい近ければ、仮数の最下位の桁が0のほうが選ばれる。

数は仮数部が表現できないほど大きくなると**オーバーフロー**することを思い出してほしい。同様に数は表現できないほど小さくなると**アンダーフロー**（下位桁あふれ）する。近いほうに丸めるモードの場合、オーバーフローは±∞に丸められ、アンダーフローは0に丸められる。

浮動小数点加算

浮動小数点数の加算は、2の補数の加算ほど簡単ではない。符号が同じ場合、浮動小数点数の加算は以下のように行われる。

1. 指数と小数部分のビットを取り出す。
2. 小数部の最上位に1を補って仮数を作る。
3. 指数部を比較する。
4. 小さいほうの仮数を必要に応じてシフトする。
5. 仮数同士を加算する。
6. 仮数部を正規化し、必要があれば指数を調節する。
7. 結果を丸める
8. 指数部と小数部を浮動小数点数のフォーマットに組み立てる。

図5.30は、7.875（1.11111×2^2）と0.1875（1.1×2^{-3}）の浮動小数点加算の様子を示す。結果は8.0625（1.0000001×2^3）となる。ステップ1と2で、小数部と指数部を取り出し、最上位の1を補った後、指数部を比較するのに大きなほうから小さいほうを引く。ステップ4の結果として、小さいほうの数を小数点に合わせて右にシフトして調整した数を得る。この調整した数同士を加算する。和の仮数部は2.0以上になるため、結果を右に1ビットシフトして正規化し、その分指数部を1増やす。この例では、結果は正確であり、丸めが必要ない。結果は、仮数部の最上位の1を削除し、符号ビットを付けて浮動小数点記法にして格納する。

> 浮動小数演算は、高速化するために通常ハードウェアで実行される。このハードウェアは**浮動小数ユニット（FPU）**と呼ばれ、**中央処理装置（CPU）**とは別個のものとなっている。Pentium FPUの**浮動小数除算（FDIV）**の悪名高いバグにより、Intelは、リコールにより欠陥チップを交換するのに、4億7500万ドルを要した。バグは単純にルックアップ表が正しくロードされなかったために起きた。

浮動小数点数

| 0 | 10000001 | 111 1100 0000 0000 0000 0000 |
| 0 | 01111100 | 100 0000 0000 0000 0000 0000 |

	指数部	小数部
ステップ1	10000001	111 1100 0000 0000 0000 0000
	01111100	100 0000 0000 0000 0000 0000
ステップ2	10000001	1.111 1100 0000 0000 0000 0000
	01111100	1.100 0000 0000 0000 0000 0000
ステップ3	10000001	1.111 1100 0000 0000 0000 0000
−	01111100	1.100 0000 0000 0000 0000 0000
	101（シフト数）	
ステップ4	10000001	1.111 1100 0000 0000 0000 0000
	10000001	0.000 0110 0000 0000 0000 0000 00000
ステップ5	10000001	1.111 1100 0000 0000 0000 0000
+	10000001	0.000 0110 0000 0000 0000 0000
		10.000 0010 0000 0000 0000 0000
ステップ6	10000001	10.000 0010 0000 0000 0000 0000 >> 1
+	1	
	10000010	1.000 0001 0000 0000 0000 0000

ステップ7 （丸めは不要）

| ステップ8 | 0 | 10000010 | 000 0001 0000 0000 0000 0000 |

図5.30 浮動小数点加算

5.4 順序回路のビルディングブロック

この節ではカウンタやシフトレジスタなどの順序回路のビルディングブロックを見ていく。

5.4.1 カウンタ

図5.31に示すNビットの2進数カウンタは、順序回路の算術回路でクロックとリセット入力とNビット出力Qを持っている。リセットは、出力を0に初期化する。カウンタは2^Nにわたるすべての組み合わせに対して、2進数の順番でクロックの立ち上がりエッジで数を増やしていく。

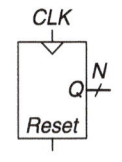

図5.31 カウンタの記号

図5.32は、Nビットカウンタを加算器とリセット付きレジスタで作る方法を示す。それぞれのサイクルでカウンタは、1足した結果をリセット付きレジスタに格納する。

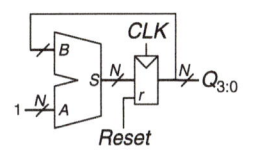

図5.32 Nビットカウンタ

HDL記述例5.4は非同期リセット付き2進カウンタを示す。

アップダウンカウンタなどの他のタイプのカウンタは、演習問題5.47から5.50で見ていくことにする。

HDL記述例5.4 カウンタ

SystemVerilog

```
module counter #(parameter N = 8)
              (input  logic clk,
               input  logic reset,
               output logic [N-1:0] q);

  always_ff @(posedge clk, posedge reset)
    if (reset) q <= 0;
    else       q <= q + 1;
endmodule
```

VHDL

```
library IEEE; use IEEE.STD_LOGIC_1164.ALL;
use IEEE.NUMERIC_STD_UNSIGNED.ALL;

entity counter is
  generic(N: integer := 8);
  port(clk, reset: in  STD_LOGIC;
       q:              out STD_LOGIC_VECTOR(N-1 downto 0));
end;

architecture synth of counter is
begin
  process(clk, reset) begin
    if reset then               q <= (OTHERS => '0');
    elsif rising_edge(clk) then q <= q + '1';
    end if;
  end process;
end;
```

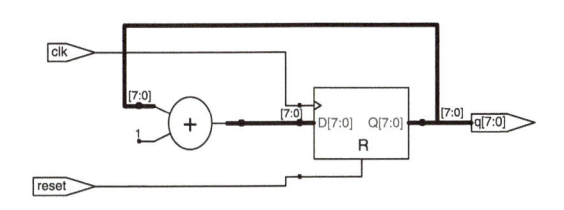

図5.33 カウンタの合成結果

5.4.2 シフトレジスタ

シフトレジスタは、図5.34に示す通り、クロック、直列（シリアル）入力S_{in}、直列出力S_{out}、Nビットの並列（パラレル）出力$Q_{N-1:0}$を持つ。クロックの立ち上がりエッジごとに、新しいビットがS_{in}からシフト入力され、引き続くすべての中身が前方にシフトされる。シフトレジスタの最後のビットはS_{out}に出力される。シフトレジスタは直列-並列変換器として見ることができる。入力はS_{in}より直列に（一度に1ビットずつ）行われる。Nサイクル後に、過去のN入力がQから並列に表れる。

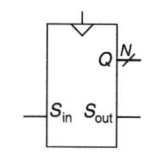

図5.34　シフトレジスタの記号

> シフトレジスタと5.2.5節のシフタとを混乱しないこと。シフトレジスタはクロックの各エッジで新しいビットを入力してシフトして行く。シフタはクロックを持たない組み合わせ論理ブロックで、指定された数分入力をシフトする。

シフトレジスタは、図5.35に示す通り、N個の直列に接続

されたフリップフロップで構成される。すべてのフリップフロップを初期化するリセット信号も持つものもある。

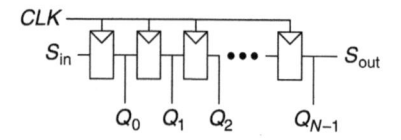

図5.35　シフトレジスタの構成図

関連する回路で並列-直列変換器がある。これは、Nビットを並列にロードし、1サイクルに1ビット、シフトして出力する。シフトレジスタは、直列-直列変換、並列-直列変換の両方の動作を行えるように変更することができる。このためには、並列入力$D_{N-1:0}$と制御信号$Load$を図5.36に示すように付け加える。

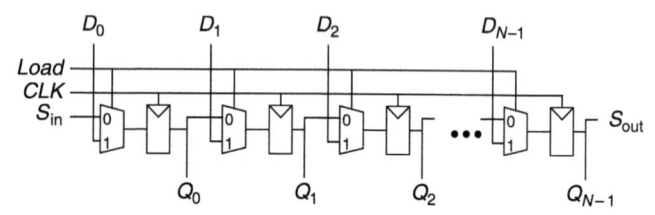

図5.36　並列ロード付きシフトレジスタ

HDL記述例5.5　並列ロード付きシフトレジスタ

SystemVerilog

```systemverilog
module shiftreg #(parameter N = 8)
                (input  logic clk,
                 input  logic reset, load,
                 input  logic sin,
                 input  logic [N-1:0] d,
                 output logic [N-1:0] q,
                 output logic sout);

  always_ff @(posedge clk, posedge reset)
    if (reset)      q <= 0;
    else if (load)  q <= d;
    else            q <= {q[N-2:0], sin};

  assign sout = q[N-1];
endmodule
```

VHDL

```vhdl
library IEEE; use IEEE.STD_LOGIC_1164.ALL;

entity shiftreg is
  generic(N: integer := 8);
  port(clk, reset: in STD_LOGIC;
       load, sin:  in  STD_LOGIC;
       d:          in  STD_LOGIC_VECTOR(N-1 downto 0);
       q:          out STD_LOGIC_VECTOR(N-1 downto 0);
       sout:       out STD_LOGIC);
end;

architecture synth of shiftreg is
begin
  process(clk, reset) begin
    if reset = '1' then q <= (OTHERS => '0');
    elsif rising_edge(clk) then
      if load then   q <= d;
      else           q <= q(N-2 downto 0) & sin;
      end if;
    end if;
  end process;

  sout <= q(N-1);
end;
```

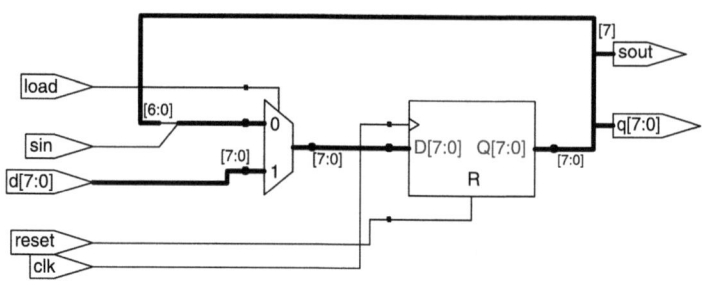

図5.37　shiftregの合成結果

*Load*が有効になったとき、フリップフロップには*D*入力から並列に値がロードされる。そうでなければシフトレジスタは通常通りにシフトする。前ページのHDL記述例5.5に、このようなシフトレジスタを示す。

スキャンチェーン*

シフトレジスタは、スキャンチェーンと呼ばれる技術による順序回路のテストにしばしば用いられる。組み合わせ回路のテストはテストベクタと呼ばれる既知の入力を与え、期待値と結果を比較すればよいので、比較的素直である。しかし順序回路をテストするのはもっと難しい。これは、順序回路が状態を持っているからだ。既知の初期状態から始めた場合、望んだ状態に回路を持ってくるには、テストベクタを多数のサイクルにわたって与える必要があるかもしれない。例えば、0から1つずつ進む、最上位が32ビットのカウンタをテストするには、リセットしてから2^{31}（約20億）のクロックパルスを与える必要がある。

この問題を解決するため、設計者は、マシンの状態のすべてを直接制御して観察できるようにしたい。このために、テストモードを設け、すべてのフリップフロップの値が読み出せ、また、所望の値をロードできるようにする。たいていのシステムでは、個々のフリップフロップに対して個別のピンを専用に設けるには、フリップフロップの数が多すぎる。そこで、その代わりにシステムのすべてのフリップフロップを1つのシフトレジスタの形に接続する。これをスキャンチェーンと呼ぶ。通常の動作ではフリップフロップはその*D*入力からデータをロードし、スキャンチェーンは無視される。テストモードでは、フリップフロップは直列にその内容をシフトしてS_{out}から出力し、また、新しい内容をS_{in}から入力する。ロードのためのマルチプレクサは、通常フリップフロップに内蔵されており、これをスキャン付きフリップフロップと呼ぶ。図5.38に、スキャン付きフリップフロップの記号と、*N*ビットのスキャン付きレジスタを作る方法を示す。

例えば、32ビットカウンタは、011111...111をテストモードでシフト入力し、通常モードで1サイクルカウントアップし、結果をシフト出力して、100000...000であることを確認する。これは32 + 1 + 32 = 65サイクルで可能である。

5.5 メモリアレイ

前の章ではデータを操作する算術論理回路と順序回路を紹介した。ディジタルシステムは、これらの回路で生成し、あるいは利用するデータを格納するメモリ（記憶）が必要である。レジスタはフリップフロップから構成され、小容量のデータを記憶する一種のメモリである。この節では大規模なデータを効率良く格納するメモリアレイを紹介する。

この節は、すべてのメモリアレイで共通に持つ特徴を概観することから始める。それから、3つのタイプのメモリアレイ、すなわちダイナミックRAM（DRAM）、スタティックRAM（SRAM）、読み出し専用メモリ（ROM）を紹介する。それぞれのメモリは、データを格納する方式が異なる。この節では面積と遅延のトレードオフを議論し、データを格納するだけでなく論理機能を実行するのに使う方法を示す。最後にメモリアレイのHDL記述を示す。

5.5.1 概観

図5.39に、メモリアレイの一般的な記号を示す。メモリはメモリセルの2次元アレイで構成されている。メモリはアレイの行のうちの1つの内容を読み書きする。この行は、アドレス（番地）によって特定される。読み書きされる値はデータと呼ばれる。*N*ビットのアドレスと*M*ビットのデータのアレイは2^Nの行と*M*個の列を持つ。それぞれの行のデータはワードと呼ばれる。すなわち、アレイは2^N個の*M*ビットワードを持っている。

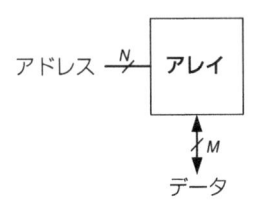

図5.39　一般的なメモリアレイの記号

図5.40に、2つのアドレスビットと3つのデータビットを持つメモリアレイを示す。2つのアドレスビットは、4つの行（データワード）の1つを指定する。それぞれのデータワードは3ビットの幅である。図5.40（b）に、メモリアレイの内容の例を示す。

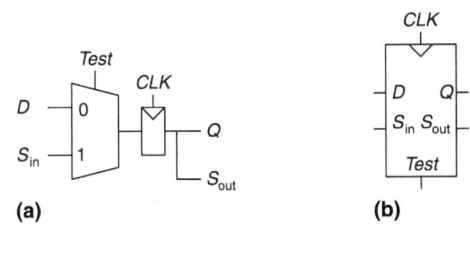

(c)

図5.38　スキャン付きフリップフロップ：
（a）回路図、（b）記号、（c）*N*ビットスキャン付きレジスタ

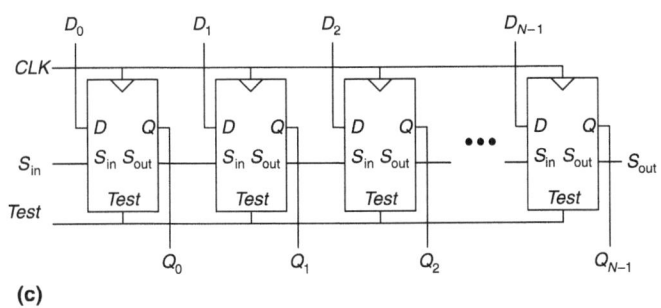

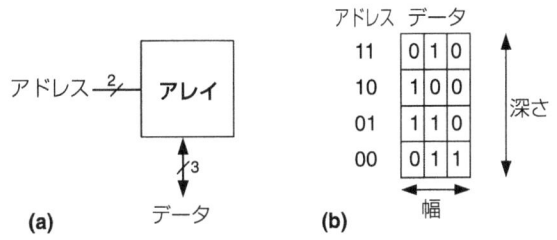

図5.40　4×3メモリアレイ：（a）記号、（b）論理機能

アレイの**深さ**は行の数であり、**幅**は列の数であり、ワードサイズとも呼ばれる。アレイのサイズは「深さ×幅」で与えられる。図5.40は4ワード×3ビットのアレイ、あるいは単に4×3アレイである。図5.41に1024ワード×32ビットのアレイを示す。このアレイの全サイズは、32キロビット（Kb）である。

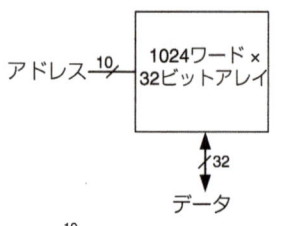

図5.41　32Kbアレイ：深さ2^{10}＝1024ワード、幅32ビット

ビットセル

メモリアレイは、それぞれが1ビットのデータを保持する**ビットセル**のアレイで構成されている。図5.42はそれぞれのビットセルが、**ワードライン**と**ビットライン**に接続されている様子を表している。

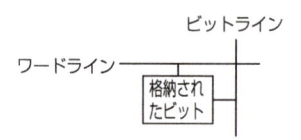

図5.42　ビットセル

アドレスビットの組み合わせにより、メモリは、ワードラインを1つだけ有効にし、その行のビットセルを活性化する。ワードラインがHIGHレベルになると、格納されたビットはビットラインとデータをやり取りする。そうでなければ、ビットラインはビットセルから切り離される。ビットを格納する回路はメモリの型によって異なる。

ビットセルを読むため、ビットラインは最初は浮いたまま（Z）にする。それから、ワードラインをONにし、格納された値に応じてビットラインを0または1に駆動する。ビットセルに書き込むには、ビットラインを設定する値を強く駆動する。それからワードラインをONにして、ビットラインを格納するビットに接続する。強力に駆動されたビットラインは、ビットセルの中身を上回る力で、所定の値をビットセルに書き込む。

構　成

図5.43に、4×3のメモリアレイの内部構造を示す。もちろん実際のメモリはもっとずっと大きいが、大きなアレイの動作は小さなアレイから類推できる。この例ではアレイは図5.40（b）のデータを格納している。

メモリを読み出す間、ワードラインは有効になっている。そして対応するビットセルの行は、ビットラインをHIGHまたはLOWレベルに駆動する。メモリを書き込む間、まずビットラインはHIGHまたはLOWレベルに駆動され、それからワードラインが有効にされ、ビットラインの値はビットセルの行に書き込まれる。例えば、アドレス10を読む場合、ビットラインは浮いたままであり、デコーダはワードライン2を有効にし、ビットセルの行100に格納されているデータがデータビットラインから読み出される。アドレス11に値001を書き込む場合、ビットラインに値001をのせる。それからワードライン3を有効にして新しい値（001）をビットセルに格納する。

メモリポート

すべてのメモリは1つまたはそれ以上の**ポート**を持っている。それぞれのポートは1つのメモリアドレスに対して読み、書き、またはその両方を行う。今までの例はすべて単一ポートメモリであった。

マルチポートメモリは、いくつかのアドレスを同時にアクセスすることができる。次ページの図5.44は、2つの読み出しポートと1つの書き込みポートを持った3ポートメモリを示す。ポート1はデータをアドレス$A1$から読み出して、このデータを$RD1$に出力する。ポート2はアドレス$A2$からデータ

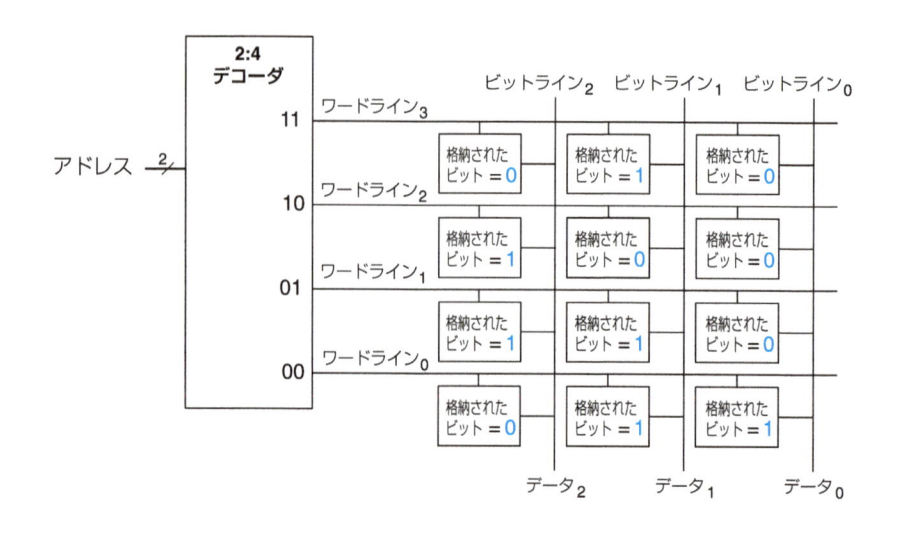

図5.43　4×3メモリアレイ

を読み出し*RD2*に出力する。ポート3は、データを書き込み
データ入力*WD3*からアドレス*A3*に、書き込みイネーブル*WE3*
が有効な場合に、クロックの立ち上がりエッジで書き込む。

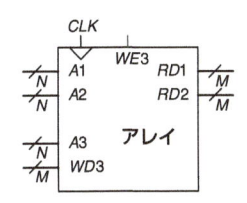

図5.44　3ポートメモリ

メモリのタイプ

　メモリアレイはそのサイズ（深さ×幅）、ポートの数と種類
で特定される。すべてのメモリアレイは、ビットセルのアレ
イでデータを格納するが、どのようにビットを格納するかは
異なっている。

　メモリは、それがビットセル中にどのようにデータを格納
するかによって分類される。最も大きな分類は**読み書きメモ
リ**（Random Access Memory: **RAM**）と**読み出し専用メモリ**
（Read Only Memory: **ROM**）である。RAMは**揮発性**であ
る。すなわち、電源が切れるとデータが失われる。ROMは**不
揮発性**である。すなわち、電源を切ってもデータをそのまま
保持する。

　RAMとROMの名前は歴史的な理由で決まってしまって、
もともとの意味は関係なくなっている。RAMが「ランダム」
アクセスメモリと呼ばれるのは、すべてのデータワードが他
と同じ遅延でアクセスされるからだ。テープレコーダなどの
シーケンシャルアクセスメモリでは、近くのデータは遠くの
データ（例えばテープの一番遠くの端にあるもの）よりも速
くアクセスできる。ROMが「Read Only」メモリと呼ばれる
のは、歴史的には、読めるだけで書けなかったからである。
この名前はまぎらわしい。というのもROMだってランダムア
クセスされるからである。さらに悪いことに、最近のROMは
読めるのと同様に書き込むことができる！覚えておくべき重
要な違いは、RAMは揮発性でROMは不揮発性であること
だ。

　RAMの主要な2つのタイプは、**ダイナミックRAM**
（**DRAM**）と**スタティックRAM**（**SRAM**）である。ダイナ
ミックRAMは、データを電荷としてコンデンサに蓄える。一
方、スタティックRAMは、8の字状に接続したインバータの
ペアによってデータを蓄える。ROMには、データを書き込ん
だり消去したりする方法が違うたくさんの種類がある。これ
らのさまざまな種類のメモリを続く節で議論しよう。

5.5.2　ダイナミックRAM

　ダイナミックRAM（DRAM、「ディーラム」と発音する）
は、コンデンサが充電されているかどうかによってビットを
記憶する。図5.45に、DRAMビットセルの1ビット分を示す。
このビットの値は、コンデンサに格納される。nMOSトラン
ジスタはスイッチとして働き、コンデンサをビットラインに
接続したり、切り離したりする。ワードラインが有効になる

と、nMOSトランジスタはONになり、格納されたビットの値
はビットラインとの間でやり取りされる。

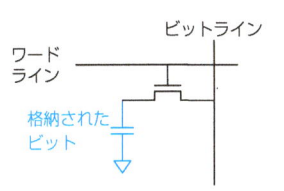

図5.45　DRAMのビットセル

　図5.46（a）に示す通り、コンデンサがV_{DD}で充電されてい
れば、1が格納されている。GNDに放電されていると（図
5.46（b））格納されたビットは0である。コンデンサは**ダイナ
ミック**（動的）なノードである。これは、V_{DD}やGNDに接続
されたトランジスタによって能動的にHIGHレベルやLOWレ
ベルに駆動されるわけではないからだ。

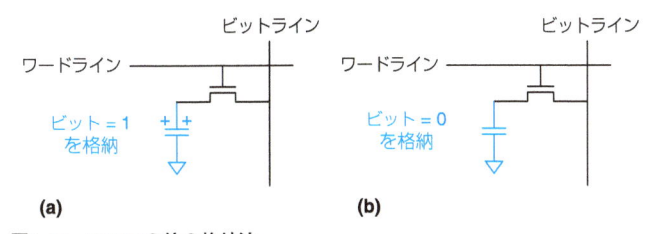

図5.46　DRAMの値の格納法

　読み出し時には、データの値は、コンデンサからビットラ
インに転送される。書き込み時には、データの値は、ビット
ラインからコンデンサに転送される。読み出すことは、コン
デンサが保持している値を破壊することになるので、データ
ワードは、読み出しの直後に再格納（再書き込み）されなけ
ればならない。DRAMを読まないときでも、内容は2、3ミリ
秒ごとにリフレッシュ（読んでから再書き込み）しなければ
ならない。これはコンデンサの中の電荷がだんだん漏れ出て
しまうからである。

ロバート・デナード（Robert Dennard）1932年
　1966年にIBMでDRAMを発明。多くは、このアイディアがうまく働くか
懐疑的であったが、1970年代の半ば以降、DRAMは事実上すべてのコン
ピュータで使われている。彼はIBMに赴任するまでクリエイティブな仕事
はほとんどしていなかったと語っている。IBMに赴任したとき、彼は特許
専用のノートを渡され、「あなたのアイディアのすべてをここに書いてく
れ」と言われた。1965年以降、彼は半導体とマイクロエレクトロニクスに
関する特許を35件取得した。（写真はIBMの許可による）

5.5.3 スタティックRAM

スタティックRAM（SRAM、「エスラム」と読む）は書き込んだビットをリフレッシュしないため、**スタティック**（静的）である。図5.47にSRAMのビットセルを示す。

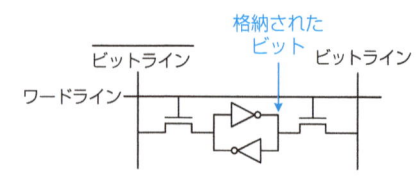

図5.47　SRAMのビットセル

データビットは3.2節に述べた8の字状に接続したインバータに格納されている。それぞれのセルはビットライン出力およびその反転出力を持つ。ワードラインが有効になったとき、両方のnMOSトランジスタがONになり、データの値がビットラインとの間でやり取りされる。DRAMと違って、格納されたビットをノイズが乱したとしても、8の字状のインバータは値を保持する。

5.5.4　面積と遅延

フリップフロップ、SRAM、DRAMはすべて揮発性メモリであるが、それぞれは、さまざまな面積と遅延の性質を持つ。表5.4はこれらの3つの揮発性メモリを比較したものである。

表5.4　揮発性メモリの比較

メモリのタイプ	ビットセル当たりのトランジスタ数	遅延
フリップフロップ	〜20	高速
SRAM	6	そこそこ
DRAM	1	遅い

フリップフロップに格納されたデータビットはその出力からじかに見ることができる。しかし、フリップフロップは少なくとも作るのに20トランジスタほど要する。一般的にあるデバイスのトランジスタが多ければそれが要求する面積、消費電力、コストは大きくなる。DRAMの遅延はSRAMの遅延よりも大きくなる。これは、ビットラインがトランジスタで能動的に駆動されないからである。DRAMは、コンデンサからビットラインに電荷が（比較的）ゆっくり移動するのを待たなければならない。さらにDRAMはまたSRAMよりスループットが低い。これは、読み出し後、および定期的にデータをリフレッシュしなければならないためである。

同期DRAM（SDRAM）と**ダブルデータレート**（DDR）SDRAMなどのDRAMテクノロジは、この問題を克服するために発達した。SDRAMはパイプラインメモリアクセスを行うためにクロックを使っている。特にDDR SDRAMは単にDDRと呼ばれ、データをアクセスするためにクロックの立ち上がりエッジと立下りエッジの両方を使って、与えられたクロックスピードに対してスループットを倍にしている。DDRは、2000年に最初に標準化され、100から200MHｚで動作し

た。後の標準のDDR2、DDR3、DDR4ではクロックスピードが上がり、2015年には1GHｚを越えるスピードになっている。

メモリ遅延とスループットは、メモリサイズにも依存する。他の条件がすべて同じならば、大きいメモリは小さいメモリよりも遅くなる傾向にある。ある特定の設計について最善のメモリのタイプは、速度、コスト、消費電力の制約によって決まる。

5.5.5　レジスタファイル

ディジタルシステムは、途中結果を格納するためにたくさんのレジスタを用いる。このレジスタのグループは**レジスタファイル**と呼ばれ、通常、小さなマルチポートSRAMアレイによって実装される。これは、フリップフロップのアレイを作るよりもコンパクトになるからだ。

図5.48は、16個の32ビットレジスタが入った3ポートレジスタファイルを示す。これは、図5.43と類似した3ポートメモリから作られている。このレジスタファイルは2つの読み出しポート（$A1/RD1$と$A2/RD2$）および1つの書き込みポート（$A3/WD3$）を持っている。5ビットのアドレス、$A1$、$A2$、$A3$によりそれぞれすべての$2^5 = 32$レジスタのアクセスが可能である。すなわち、2つのレジスタの読み出しと1つのレジスタの書き込みが同時に可能である。

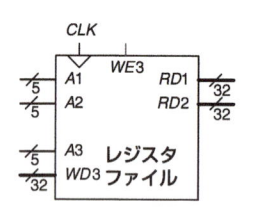

図5.48　読み出しポート2つ、書き込みポートを1つ装備した、16 × 32レジスタファイル

5.5.6　読み出し専用メモリ

読み出し専用メモリ（ROM）は、トランジスタが存在するかどうかでビットを記憶する。図5.49は、単純なROMのビットセルを示す。

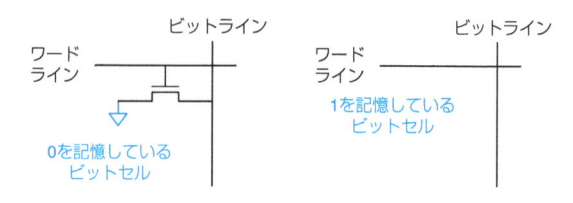

図5.49　ROMビットセルによる0と1の記憶

このセルを読むため、ビットラインは弱くHIGHレベルにプルアップしてある。ここで、ワードラインをONにする。トランジスタが存在すれば、ビットラインをLOWレベルに引っ張る。存在しなければ、ビットラインはHIGHレベルのままである。ROMのビットセルは組み合わせ回路であり、電源を切ったとしても、忘れるべき状態は存在しない。

ROMの内容は、**格子点記法**（ドットノーテーション）で表現できる。図5.50は、4ワード×3ビットのROMが図5.40に示

す内容のデータを持っている場合の格子点記法である。行（ワードライン）と列（ビットライン）の交わったところに、点が付いた場合、データビットが1になる。例えば、一番上のワードラインは点を1つデータ$_1$に持つため、アドレス11に格納されているデータワードは010である。

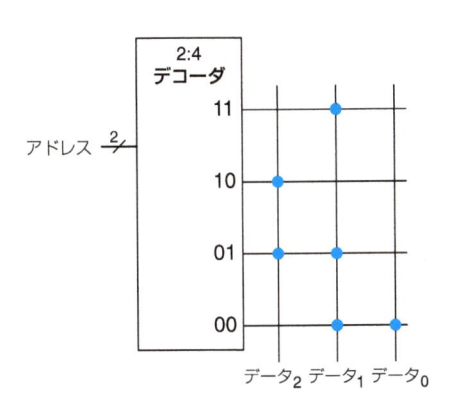

図5.50　4×3 ROM：格子点記法

概念的にはROMはANDゲートのグループとそれに続くORゲートのグループで構成することができる。ANDゲートは可能なすべての積項、つまりデコーダを作る。図5.51は図5.50のROMをデコーダとORゲートで作ったものである。

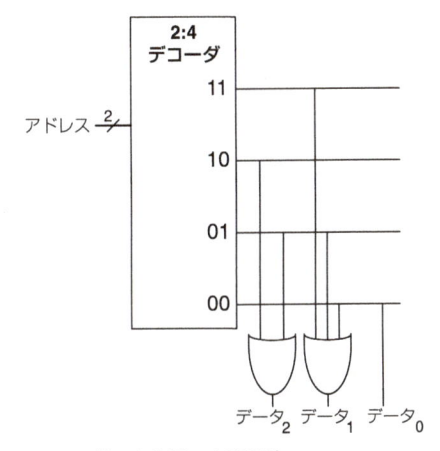

図5.51　4×3 ROMのゲートを用いた実装法

点が1つだけあるデータのビット、この場合はデータ$_0$にはORゲートは必要ない。このROMの表記法は、ROMが任意の2レベル論理関数を実現する方法を示している点で興味深い。実際はROMはサイズとコストを減らすために、論理ゲートではなく、トランジスタで構成する。5.6.3節では、トランジスタレベルでの実装法をもっと深く探る。

図5.49に示すROMのビットセルの中身は、それぞれのビットセルにトランジスタが存在するかどうかで製造時に決まる。**プログラマブルROM**（**PROM**、「プロム†」と発音する）は、すべてのビットセルにトランジスタを置き、そのトランジスタとグランドとの間を接続したり切り離したりする方法を設ける。

$\dagger$　（訳注）原文では"pronounce like the dance"である。米国では卒業記念大ダンスパーティを"promenade"、略して"prom"と呼ぶがこれに発音が近いということだろう。

プログラマブルROMは、後に示すデバイスプログラマでプログラムする。デバイスプログラマはコンピュータに接続し、ROMの型とプログラムするデータの値を指定する。下に示すデバイスプログラマは、ヒューズを飛ばしたり、ROMのフローティングゲートに電荷を注入したりする。このため、プログラミングすることを「ROMを焼く」と呼ぶことがある。

図5.52は、**ヒューズプログラマブルROM**のビットセルを示す。ユーザは、選んだ場所に高い電圧を掛けてヒューズを飛ばすことでROMをプログラムする。ヒューズが存在すれば、トランジスタはGNDに接続され、セルは0を保持する。ヒューズが切れていれば、トランジスタはグランドから切り離されており、セルは1を保持する。これはワンタイムプログラマブルROMとも呼ばれる。というのはヒューズは一度飛ばしたら復活させることはできないからである。

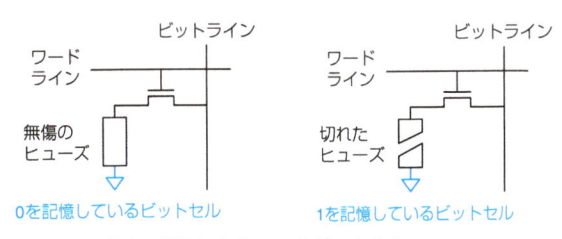

図5.52　ヒューズプログラム方式ROMのビットセル

再プログラム可能なROMは、トランジスタとグランドの間の接続と切り離しを切り替え可能にする。**消去可能なPROM**（**EPROM**、「イープロム」と発音する）は、nMOSトランジスタとヒューズの代わりに**フローティングゲートトランジスタ**を使う。フローティングゲートは、物理的にはどのワイヤにもくっついていない。高い電圧がかかると、電子がフローティングゲートにトンネル効果で絶縁体を通り抜けて注入され、トランジスタをオンにしてビットラインとワードライン（デコーダ出力）を接続する。EPROMが強い紫外線に30分間ほどさらされると、電子はフローティングゲートから飛び出し、トランジスタはオフとなる。この動作をそれぞれ**プログラミング**と**消去**と呼ぶ。**電子的に消去可能なPROM**（**EEPROM**、「イーイープロム」あるいは「ダブルイープロム」と発音する）と**フラッシュメモリ**は同様の方法を使うが、チップ内にプログラムと消去の回路を含んでおり、紫外線は必要なくなる。EEPROMビットセルは、個別に消去可能である。フラッシュメモリでは、大きなビットのブロック単位で消去し、このため必要な消去回路が少なく、安価である。2015年には、フラッシュメモリの価格は、GB当たり0.35

ドルを下回り、毎年30%から40%下がっている。フラッシュはカメラや音楽プレーヤーなどのバッテリ電源の携帯システムで大きなデータを保存するのに非常に普及した方法となっている。

　まとめると、最近のROMは実際は読み出し専用ではなく、プログラム（書き込み）可能である。RAMとROMの違いは、ROMは書き込むのに長い時間がかかるが、不揮発である所にある。

フラッシュメモリは、Universal Serial Bus (USB)コネクタに内蔵され、ファイルの共有手段として、フロッピーディスクやCDを置き換えた。これは、フラッシュのコストが非常な勢いで落ちたためである。

舛岡富士雄、1944年
　東北大学で博士号に取得。1971年から1994年まで東芝でメモリと高速回路の開発に従事。1970年代の後半、フラッシュメモリを夜間と週末の非正規プロジェクトで発明。フラッシュの名前は、メモリの消去の過程がカメラのフラッシュを連想されることから来ている。東芝はこのアイディアを商品化するのが遅れ、1988年にIntelが最初に商品化した。フラッシュは年間250億ドルの市場に成長し、舛岡博士は東北大学に移り、3次元トランジスタの開発に従事している。

5.5.7　メモリアレイを用いた論理回路

　メモリは元々データの格納に用いるのだが、メモリアレイは組み合わせ回路を作ることもできる。例えば、図5.50のROMのデータ$_2$出力は2つのアドレス入力のXORである。同様にデータ$_0$は2つの入力のNANDである。2^Nワード×Mビットのメモリは任意のN入力M出力の組み合わせ回路として働く。例えば図5.50のROMは2入力に対する3つの関数として働く。

　論理機能として利用するメモリアレイは、**ルックアップ表**（**LUT**）と呼ぶ。次ページ図5.53は4ワード×1ビットのメモリで、$Y = AB$の関数として働くLUTとして用いることができ

HDL記述例5.6　RAM

SystemVerilog

```systemverilog
module ram #(parameter N = 6, M = 32)
          (input  logic clk,
           input  logic we,
           input  logic [N-1:0] adr,
           input  logic [M-1:0] din,
           output logic [M-1:0] dout);

  logic [M-1:0] mem [2**N-1:0];

  always_ff @(posedge clk)
    if (we) mem [adr] <= din;

  assign dout = mem[adr];
endmodule
```

VHDL

```vhdl
library IEEE; use IEEE.STD_LOGIC_1164.ALL;
use IEEE.NUMERIC_STD_UNSIGNED.ALL;

entity ram_array is
  generic(N: integer := 6; M: integer := 32);
    port(clk,
         we:  in  STD_LOGIC;
         adr: in  STD_LOGIC_VECTOR(N-1 downto 0);
         din: in  STD_LOGIC_VECTOR(M-1 downto 0);
         dout: out STD_LOGIC_VECTOR(M-1 downto 0));
end;

architecture synth of ram_array is
  type mem_array is array ((2**N-1) downto 0)
      of STD_LOGIC_VECTOR (M-1 downto 0);
  signal mem: mem_array;
begin
  process(clk) begin
    if rising_edge(clk) then
      if we then mem(TO_INTEGER(adr)) <= din;
      end if;
    end if;
  end process;

  dout <= mem(TO_INTEGER(adr));
end;
```

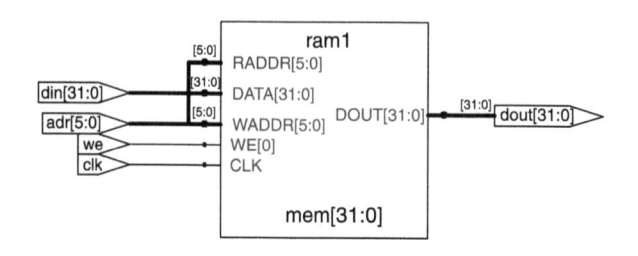

図5.54　RAMの合成結果

る。つまりメモリを論理関数として使うことで、与えられた入力の組み合わせ（アドレス）に対して、対応する出力の値を読み出すことができる。それぞれのアドレスは真理値表の行に相当し、データビットは出力値に相当する。

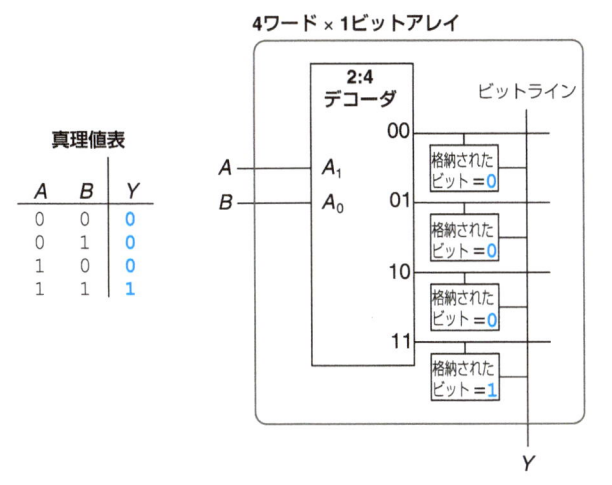

図5.53 ルックアップ表として用いる4ワード×1ビットメモリアレイ

5.5.8 メモリの**HDL記述**

前ページのHDL記述例5.6は、2^Nワード×MビットRAMである。RAMは同期書き込みイネーブルを持っている。言い換えると、書き込みは、ライトイネーブル**we**が有効なときに、クロックの立ち上がりエッジで実行される。読み出しは即座に行われる。電源が最初に入ったとき、RAMの値は不定になる。

HDL記述例5.7は4ワード×3ビットのROMである。ROMの内容はHDLの**case**文で表される。この記述例のように小さいROMはアレイではなく、論理ゲートとして合成されるだろう。HDL記述例4.24で示す7セグメントデコーダのHDLをROMとして合成すると、図4.20のようになる。

5.6 ロジックアレイ

メモリと同様、ゲートも規則的なアレイによって構成される。接続がプログラマブルならば、ロジックアレイはユーザが特別な方法で線をつながなくても任意の関数の機能を果たすような構成を設定することができる。規則的な構造は設計を短縮する。ロジックアレイは大量生産されるので、安価である。ユーザは、ソフトウェアツールで、設計したロジックをこのようなアレイにマップすることができる。多くのロジックアレイは再構成可能（リコンフィギャラブル）でもある。すなわちハードウェアを取り替えなくても設計を変更できる。再構成可能なことは、開発中には便利であるが、出荷後にも役に立つ。これはシステムが新しい構成データをダウンロードするだけでアップグレードすることができるためだ。

この節は2つのタイプのロジックアレイ、「プログラマブルロジックアレイ（PLA）」と「フィールドプログラマブルゲートアレイ（FPGA）」を紹介する。PLAは古い技術であり、組み合わせ回路の機能のみを実現する。FPGAは組み合わせ回路と順序回路の両方を実現する。

5.6.1 プログラマブルロジックアレイ

プログラマブルロジックアレイ（**PLA**）は2レベルの組み合わせ回路の主加法標準形で実装する。PLAは図5.55に示すようにANDアレイとこれに引き続くORアレイから構成される。入力（TRUEの値と反転した値）でANDアレイを駆動して積項を作り、これをORして出力を作る。$M \times N \times P$ビットのPLAはM入力、N積項、P出力を持つ。

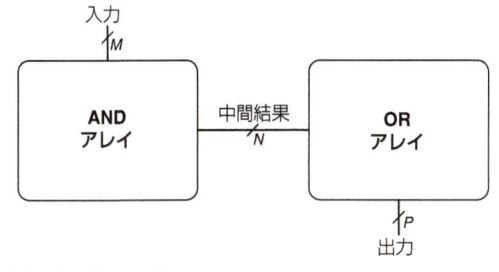

図5.55 $M \times N \times P$ビットPLA

HDL記述例5.7　ROM

SystemVerilog

```systemverilog
module rom(input  logic [1:0] adr,
           output logic [2:0] dout);

  always_comb
    case(adr)
      2'b00: dout = 3'b011;
      2'b01: dout = 3'b110;
      2'b10: dout = 3'b100;
      2'b11: dout = 3'b010;
    endcase
endmodule
```

VHDL

```vhdl
library IEEE; use IEEE.STD_LOGIC_1164.all;

entity rom is
  port(adr:  in  STD_LOGIC_VECTOR(1 downto 0);
       dout: out STD_LOGIC_VECTOR(2 downto 0));
end;

architecture synth of rom is
begin
  process(all) begin
    case adr is
      when "00" => dout <= "011";
      when "01" => dout <= "110";
      when "10" => dout <= "100";
      when "11" => dout <= "010";
    end case;
  end process;
end;
```

図5.56は、関数$X = \overline{A}BC + AB\overline{C}$と$Y = A\overline{B}$を作る$3 \times 3 \times 2$ビットのPLAの格子点記法を示す。ANDアレイのそれぞれの行は1つの積項を作る。ANDアレイのそれぞれの行上の点は、どの入力が積項を作るかを示す。図5.56中のANDアレイの3つの積項、$\overline{A}BC$、$AB\overline{C}$、$A\overline{B}$を形成する。ORアレイの点は、どの積項が出力関数で使われるかを示す。

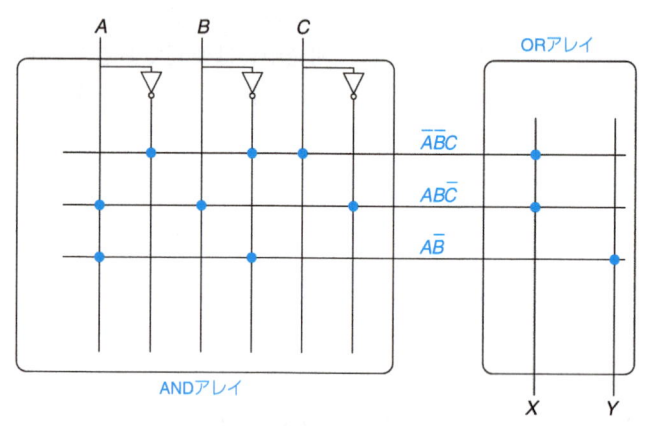

図5.56　3×3×2ビットPLA：格子点記法

図5.57は、PLAが2段階論理回路を形成する方法を示す。これに代わるもう1つの実装法を5.6.3節に示す。

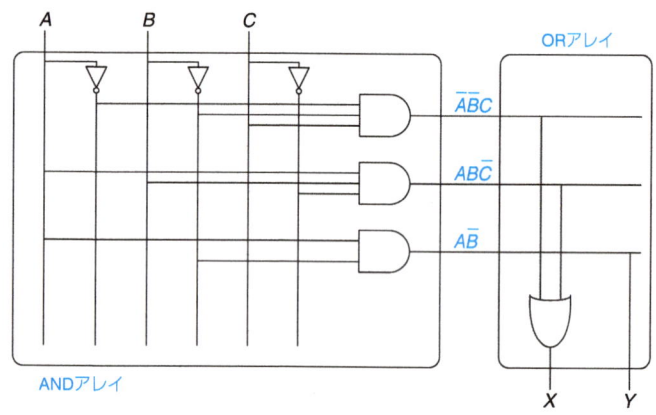

図5.57　2段階論理回路を用いた3×3×2ビットPLA

ROMはPLAの特殊な場合と考えられる。2^Mワード$\times N$ビットROMは単純に$M \times 2^M \times N$ビットのPLAである。デコーダは、2^Mすべての積項を生成するANDプレーンとして振る舞う。関数が、2^M積項すべてを使う必要がなければPLAはROMより小さくできる。例えば、図5.56、図5.57に示すように、8ワード×2ビットROMと、3×3×2ビットPLAは同じ機能を果たす。

シンプルプログラマブルロジックデバイス（SPLD） は強化したPLAであり、レジスタや他のさまざまな機能を基本のAND/ORプレーンに取り付けている。しかし、SPLDとPLAはそのほとんどが、もっと柔軟で大きなシステムを作るために効率が良いFPGAに取って代わられている

5.6.2 FPGA

フィールドプログラマブルゲートアレイ（FPGA） は、再構成可能なゲートのアレイである。ユーザは、ソフトウェアのプログラミングツールを使って、HDLからでも回路図からでもその設計をFPGA上に実装することができる。FPGAは

PLAに比べ、いくつかの理由でより強力かつ柔軟である。PLAが2段階論理回路を実装できるだけなのに、FPGAは複数の論理関数を実装できる。最近のFPGAは組み込み乗算器、高速I/O、アナログ-ディジタル変換器などのデータ変換器、大規模なRAMアレイ、プロセッサなど役に立つ機能を統合している。

FPGAは、自動車、医療機器、MP3プレイヤーなどのメディアデバイスを含む数多くの製品の頭脳である。例えば、メルセデスベンツS-Classシリーズは、XilinxのFPGAやPLDを1ダース以上装備しており、エンターテイメントからナビゲーション、走行制御システムまで広い範囲で使われている。FPGAは、すばやく市場に投入でき、デバッグや設計工程の後になって機能を追加するのが容易である。

FPGAは構成可能な**ロジックエレメント（LE）**、あるいは**構成可能ロジックブロック（CLB）** のアレイでできている。それぞれのLEは組み合わせ回路、順序回路機能の両方に構成可能である。図5.58はFPGAの一般的なブロックダイアグラムを示す。LEは、チップ外とのインタフェース用の**入出力エレメント（IOE）** に取り囲まれている。IOEは、LEの入出力をチップパッケージのピンに繋ぐことができる。LEは他のLEやIOEと、プログラム可能なルーチングチャネルを介して繋ぐことができる。

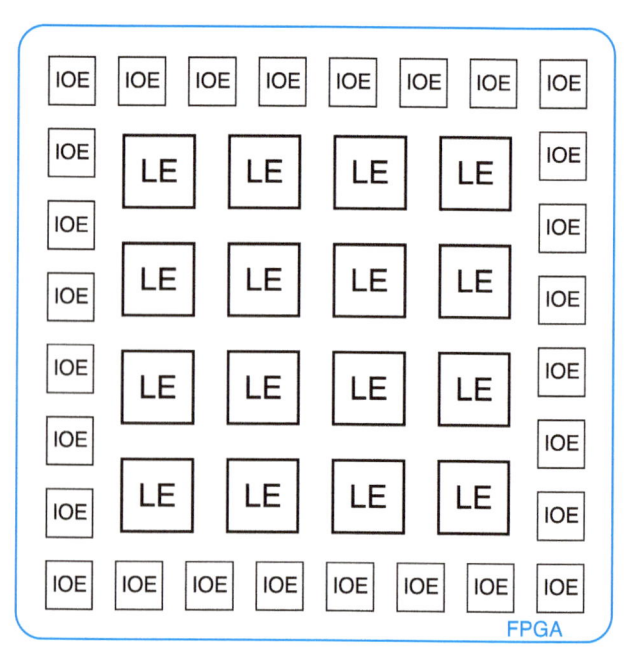

図5.58　FPGAの一般的なレイアウト

FPGAをリードする二大メーカーはAltera CorpとXilinx Inc.である。次ページの図5.59は、2009年に発売されたAlteraのCyclone IV FPGAのLE一個を示したものである。LEの鍵と

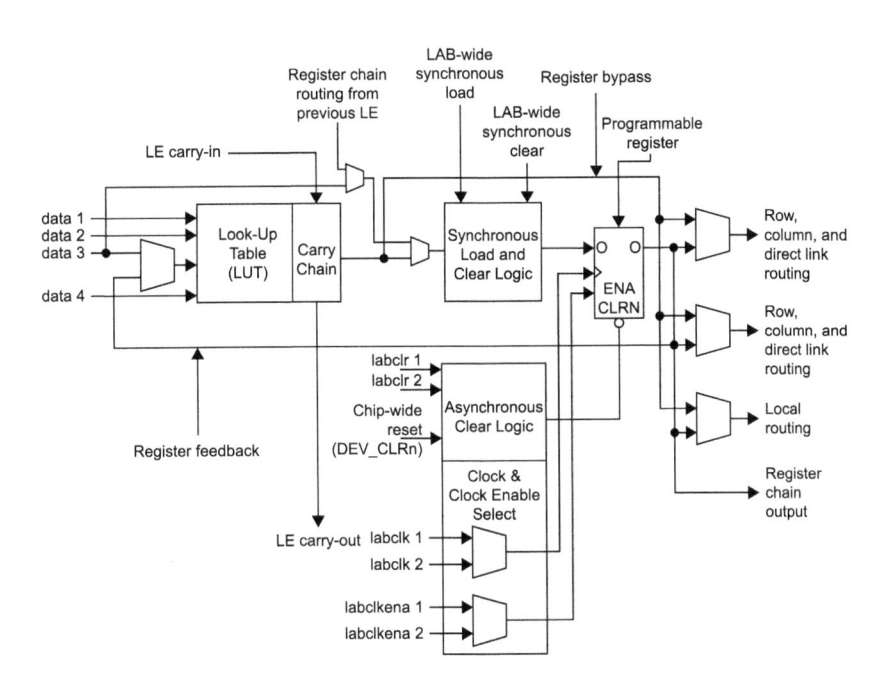

図5.59 Cyclone IV Logic Element（LE）
（許諾を得てAltera Cyclone™ IV Handbook © 2010 Altera Corporationより掲載）

なる要素は4入力のルックアップ表（LUT）と1ビットのレジスタである。LEはLEを介して信号を送ることのできる再構成可能なマルチプレクサも持っている。

FPGAは、ルックアップ表の中身とマルチプレクサの選択信号を設定することで、再構成を行う。Cyclone IV LEは4入力LUT1個とフリップフロップ1個を持つ。ルックアップ表に適切な値をロードすることで、LUTは4変数までの任意の論理関数を実現するように再構成される。FPGAは、再構成により、LEを経由してマルチプレクサが隣のLEやIOEに対してデータを送る方法も決めてやる。

例えば、マルチプレクサの構成によって、LUTは1つの入力については、data 3から受け取ることもできるし、LE自身のレジスタの出力から受け取ることもできる。他の3つの入力は、常にdata 1、data 2、data 4から送られる。data 1〜4入力は、LEに対する外部からの設定に応じて、IOEまたは他のLEの出力から送られる。LUT出力は、組み合わせ関数の場合は、LEの出力に直接送られ、レジスタを使う場合にはフリップフロップに送られる。

フリップフロップの入力はそのLUT出力から、data 3入力あるいは前段のLEのレジスタ出力から送られる。追加のハードウェアとして、桁上げチェーンを用いた加算のサポート、ルーチング用のマルチプレクサ、フリップフロップのイネーブルとリセットがある。AlteraはLEを16個まとめて**ロジックアレイブロック**（**LAB**）を作り、LAB内のLE間のローカルな接続網を持たせている。

まとめるとCyclone IV LEは、4つの変数を含む組み合わせ回路とレジスタ機能を実現できる。他のFPGAはやや違った構成を持っているが、同じ一般法則が適用される。例えばXilinx 7シリーズFPGAは、4入力のLUTの代わりに6入力のLUTを使っている。

FPGAをプログラムするために、設計者は、まず回路図やHDL記述で設計を行う。次にこの設計をFPGA用に論理合成する。合成ツールは、LUT、マルチプレクサ、ルーチングチャネルが、要求された機能を果たすために、どのように構成されるかを決める。それから、この構成情報がFPGAにダウンロードされる。

Cyclone IV FPGAは、その構成情報をSRAMに格納するので、再プログラムするのは簡単である。FPGAのSRAMの内容は、研究室のコンピュータからダウンロードするのかもしれないし、システムが立ち上がった際にEEPROMチップからダウンロードするのかもしれない。製造元の中にはFPGAの中に直接EEPROMを入れてしまうところもあるし、一回だけプログラム可能なヒューズを使ってFPGAの構成を決めるところもある。

例5.5　LEを使って作る論理回路

1つあるいは複数のCyclone IV LEを再構成して、以下の論理関数を実現する方法を示せ。　(a) $X = \overline{A}BC + AB\overline{C}$ および $Y = A\overline{B}$、(b) $Y = JKLMPQR$、(c) バイナリ状態エンコードを行う3進カウンタ（図3.29 (a) 参照）。複数のLE間の接続を示しなさい。

解法： (a) 2つのLEを構成する。次ページの図5.60に示すように、1つのLUTは X を計算し、もう1つは Y を計算する。最初のLEは data 1、data 2、data 3 にそれぞれ A、B、C を入れる（この接続はルーチングチャネルにより設定される）。data 4はドントケアだが何かに接続しなければならない。そこで0に接続する。2番目のLEについて、入力 data 1 と data 2 に A と B を入れ、他のLUT入力はドントケアなので0に接続する。最後のマルチプレクサをLUTからの組み合わせ出力を選択するように設定し、X と Y を生成する。一般に、単一のLEはこの方法で4入力変数までの任意の機能を実現できる。

(b) 最初のLEのLUTを再構成し、$X = JKLM$ を計算し、2つ目のLEのLUTで $Y = XPQR$ を計算する。最後のマルチプレクサでそれ

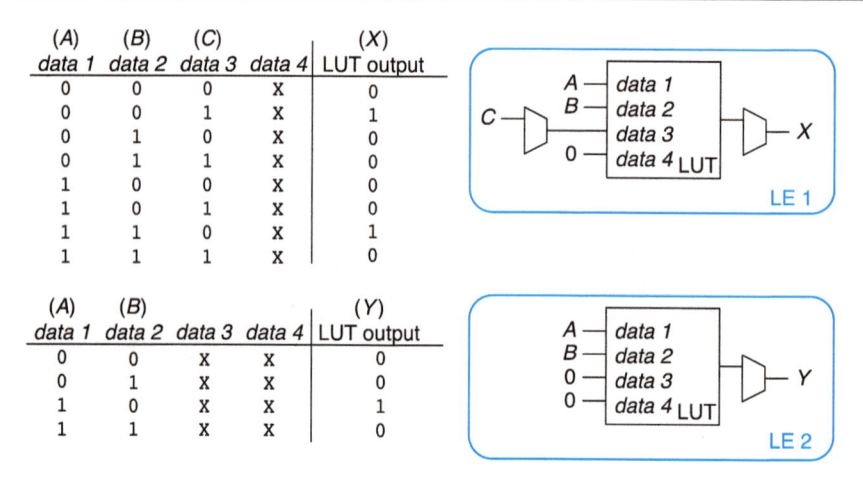

(A) data 1	(B) data 2	(C) data 3	data 4	(X) LUT output
0	0	0	X	0
0	0	1	X	1
0	1	0	X	0
0	1	1	X	0
1	0	0	X	0
1	0	1	X	0
1	1	0	X	1
1	1	1	X	0

(A) data 1	(B) data 2	data 3	data 4	(Y) LUT output
0	0	X	X	0
0	1	X	X	0
1	0	X	X	1
1	1	X	X	0

図5.60　LEによる4入力までの2つの論理機能の実現

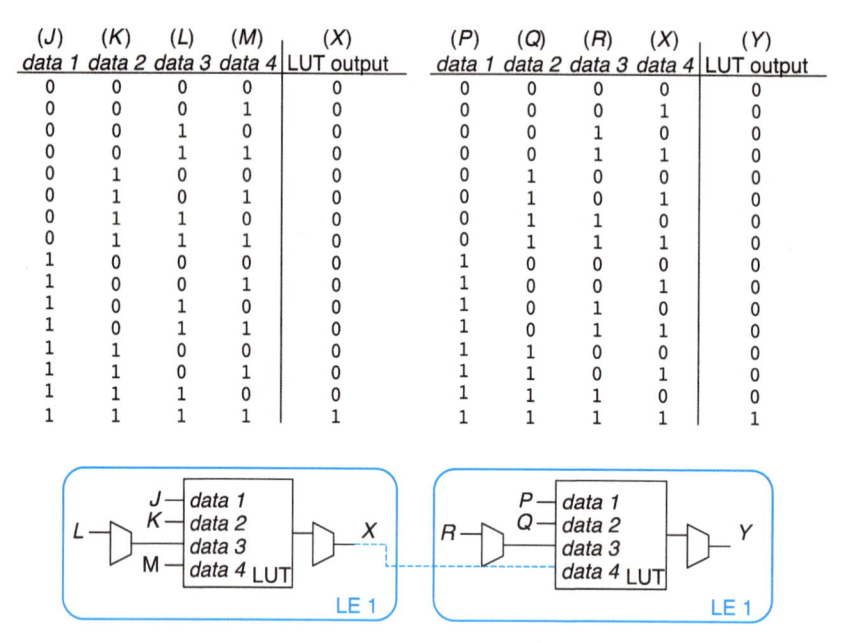

(J) data 1	(K) data 2	(L) data 3	(M) data 4	(X) LUT output
0	0	0	0	0
0	0	0	1	0
0	0	1	0	0
0	0	1	1	0
0	1	0	0	0
0	1	0	1	0
0	1	1	0	0
0	1	1	1	0
1	0	0	0	0
1	0	0	1	0
1	0	1	0	0
1	0	1	1	0
1	1	0	0	0
1	1	0	1	0
1	1	1	0	0
1	1	1	1	1

(P) data 1	(Q) data 2	(R) data 3	(X) data 4	(Y) LUT output
0	0	0	0	0
0	0	0	1	0
0	0	1	0	0
0	0	1	1	0
0	1	0	0	0
0	1	0	1	0
0	1	1	0	0
0	1	1	1	0
1	0	0	0	0
1	0	0	1	0
1	0	1	0	0
1	0	1	1	0
1	1	0	0	0
1	1	0	1	0
1	1	1	0	0
1	1	1	1	1

図5.61　LEによる4入力以上の1つの論理機能の実現

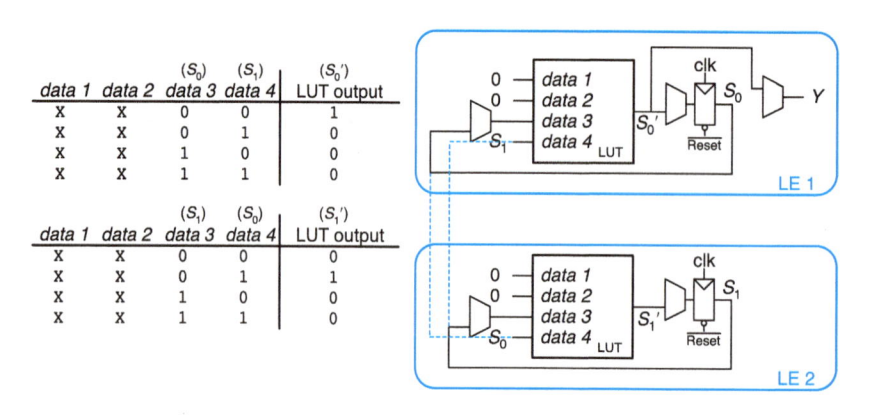

data 1	data 2	(S_0) data 3	(S_1) data 4	(S_0') LUT output
X	X	0	0	1
X	X	0	1	0
X	X	1	0	0
X	X	1	1	0

data 1	data 2	(S_1) data 3	(S_0) data 4	(S_1') LUT output
X	X	0	0	0
X	X	0	1	1
X	X	1	0	0
X	X	1	1	0

図5.62　LEによる2ビットの状態のFSMの構成

ぞれのLEから組み合わせ出力XとYを選択するように設定する。この構成を図5.61に示す。LE間のルーチングチャネルは、LE 1の出力とLE 2の入力を接続しており、青色の点線で示す。一般に、LEのグループ1でN入力の変数の関数をこの方法で計算できる。

　(c)　FSMは2ビットの状態（$S_{1:0}$）と1つの出力（Y）を持つ。次の状態は現在の状態の2ビットによって決まる。2つのLEを使って図5.62に示すように現在の状態から次の状態を計算する。2つのフ

リップフロップを、それぞれのLEから1つずつ使ってこの状態を保持する。フリップフロップはリセット入力を持っており、これは外部Reset信号に接続できる。レジスタを接続した出力は、マルチプレクサを使ってdata 3と、青色の点線で示されたLE間のルーチングチャネルでLUT入力に繋がれる。一般的に、もう1つのLEは、出力Yを計算するのに必要かもしれない。とはいえ、$Y = S'_0$の場合は、YはLE1から来ることがあり得る。このため、FSM全体が2つ

のLEに収まる。一般的にFSMは、それぞれのLEから1つの状態を作る。そして単一LUTに収まるには複雑すぎる場合、もっと多くのLEを使って出力または次の状態論理を作る。

例題5.6 LEの遅延

アリッサ P.ハッカー嬢は、200 MHzで動く必要のある有限状態マシンを作っている。彼女は、以下の仕様のCyclone IV FPGAを使う。LE当たりt_{LE} = 381 ps、t_{setup} = 76 ps、すべてのフリップフロップについてt_{pcq} = 199 ps。LE間の配線遅延は246 ps。フリップフロップのホールドタイムは0とする。彼女が設計に使うことのできるLEの最大数はいくつか。

解法：アリッサは、式(3.13)を使って論理回路の最大伝搬遅延$t_{pd} \leq T_c - (t_{pcq} + t_{setup})$を求めることができる。

すなわちt_{pd} = 5 ns − (0.199 ns + 0.076 ns)、このためt_{pd}は4.725 nsとなる。それぞれのLEの遅延プラスLE間の配線遅延、すなわち$t_{LE+wire}$は381ps+246 ps = 627 psとなる。LEの最大数Nは$Nt_{LE+wire} \leq$ 4.725 ns。すなわちN = 7となる。

5.6.3 アレイの実装*

ROMやPLAはサイズとコストを小さくするため、通常、疑似nMOSまたはダイナミック回路（1.7.8節を参照）を一般的な論理ゲートの代わりに用いる。

> ROMやPLAの多くは疑似nMOS回路の代わりにダイナミック回路を使っている。ダイナミックゲートは、短い時間だけpMOSトランジスタをONにし、pMOSがOFFで結果が必要ない場合の電力を節約する。この面で、ダイナミック回路と、疑似nMOSメモリアレイは設計と動作において類似している。

図5.63（a）は、$X = A \oplus B$、$Y = \overline{A} + B$、$Z = \overline{AB}$の論理機能を実行する4 × 3ビットROMの格子点記法を示す。これらは図5.50と同じ機能であるが、アドレス入力がA、Bに、データ出力がX、Y、Zに名前が変わっている。疑似nMOSによる実装法を図5.63（b）に示す。それぞれのデコーダ出力のそれぞれの行がnMOSトランジスタのゲート端子に接続されている。疑似nMOS回路では、プルダウン（nMOS）ネットワークによってGNDに接続されていなければ、弱いpMOSトランジスタがHIGHレベルを出力する。

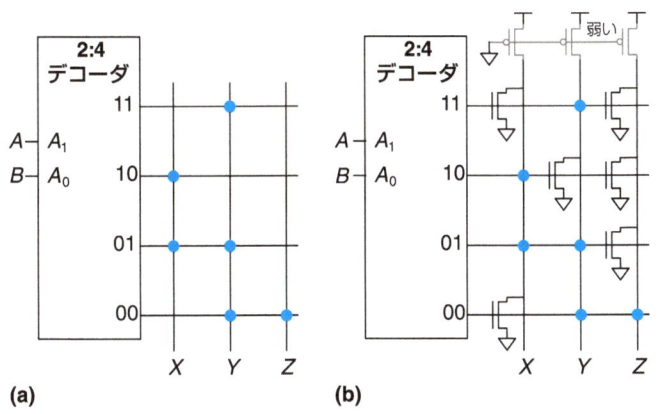

図5.63　ROMの実装：（a）格子点記法、（b）疑似nMOS回路

プルダウントランジスタは、点の打っていないすべての交点に配置されている。図5.63（a）の格子点記法図上の点は、比較を楽にするため図5.63（b）でも薄く見えるように残してある。弱いプルアップトランジスタは、プルダウントランジスタがないところでは、それぞれのワードラインをHIGHレベルにする。例えば、AB = 11の場合、11ワードラインはHIGHレベルであり、XとZのトランジスタがONになるので、出力はLOWレベルとなる。Y出力はトランジスタの接続されていない11ワードラインであるので、Yは弱くプルアップされてHIGHレベルになる。

PLAも疑似nMOS回路を使って構成できる。図5.64に図5.56のPLAの実装を示す。

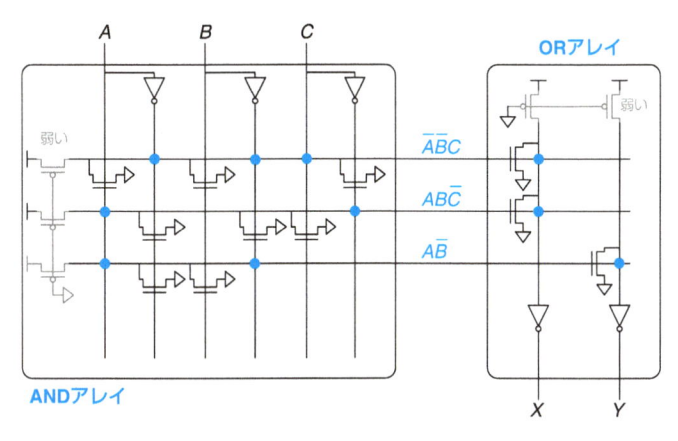

図5.64　疑似nMOS回路を用いた3 × 3 × 2ビットPLA

プルダウン（nMOS）トランジスタは、ANDアレイの点の付いた入力以外の所に配置され、ORアレイでは点の付いた入力に配置される。ORアレイの列は、出力ビットに送られる前にインバータを通す。ここでも、楽に比較できるように、図5.56の格子点記法の点を、図5.64にも残しておく。

5.7　まとめ

この章は、多くのディジタルシステムで利用されるディジタルビルディングブロックを紹介した。加算器、減算器、比較器、シフタ、乗算器、除算器などの算術演算回路、カウンタ、シフトレジスタなどの順序回路、メモリと論理アレイなどである。この章では、固定小数点数、浮動小数点数の表現も探った。第7章で、マイクロプロセッサを作るのに、これまでのビルディングブロックを利用する。

加算器は多くの算術演算回路の基本となる。半加算器は2つの1ビット入力A、Bを足して和と桁上げを出力する。全加算器は半加算器を拡張して、桁上げ入力を受け入れるようにする。N個の全加算器を数珠繋ぎにして、2つのNビットの数を足す桁上げ伝播加算器（CPA）を構成することができる。このタイプのCPAは順次桁上げ加算器と呼ぶ。これは、桁上げがすべての加算器を通して波のように伝わっていくからである。より速いCPAは、先見またはプリフィックス技術を使って構成できる。減算器は、2つ目の入力を負の数に変換

して最初の数に足すことで行う。大小比較器は、1つの数を
もう一方から引き算し、結果の符号によってその関係を決め
る。乗算器はANDゲートで部分和を作り、これらを全加算器
で加える。除算器は、除数を繰り返し剰余から引いていき、
符号の変化を検出して商のビットを決めていく。カウンタは
加算器とレジスタを使って数を増やしていく。

　有理数は、固定小数点数あるいは浮動小数点数で表現でき
る。固定小数点数は10進数と似ており、浮動小数点数は科学
技術の指数表現と似ている。固定小数点数は、通常の算術演
算回路を使うが、浮動小数点数は、より手の込んだハード
ウェアを使って、符号、指数、仮数を抽出して処理する必要
がある。

　大規模なメモリは、ワードのアレイで作られる。これらの
メモリは読み出しと書き込みの片方あるいは両方を行う1つ以
上のポートを持つ。SRAMとDRAMなどの揮発性のメモリ
は、電源を切ると内容が消える。SRAMはDRAMより高速だ
がより多くのトランジスタを必要とする。レジスタファイル
は、小規模なマルチポートSRAMアレイである。不揮発性メ
モリはROMと呼ばれ、その状態をずっと保ち続ける。その名
前とは裏腹に、最近のROMの多くは書き込むことができる。

　アレイは論理回路を構成する規則的な方法でもある。メモ
リアレイは、組み合わせ論理機能を実現するルックアップ表
として使うことができる。PLAは構成設定可能なANDとOR
のアレイを接続した構成を持ち、組み合わせ回路のみを実現
する。FPGAは多くの小さなルックアップ表とレジスタから
構成され、組み合わせ回路と順序回路を構成することができ
る。ルックアップ表の内容とそれらの間の接続を設定するこ
とによって任意の論理機能回路が実現できる。最近のFPGA
は再プログラムが簡単で、非常に高機能なディジタルシステ
ムを安価に実装できる。このため、教育用だけではなく、中
規模あるいは小規模生産の商品に広く使われている。

演習問題

演習問題5.1　以下のタイプの64ビットの加算器の遅延時間はどう
なるか。2入力のゲートの遅延がすべて150 psで、全加算器の遅延
が450 psであると仮定する。

(a) 順次桁上げ加算器

(b) 4ビットブロックを用いた桁上げ先見加算器

(c) プリフィックス加算器

演習問題5.2　64ビットの順次桁上げ加算器および64ビットの桁上
げ先見加算器（4ビットブロック）の2種類の加算器を設計せよ。2
入力ゲートのみを用いよ。2入力ゲートはすべて1.5 μm^2、遅延
50 ps、ゲート全体の電気容量は20 fFである。スタティック電力は
無視できると仮定せよ。

(a) 加算器の面積、遅延、電力を設計せよ（100 MHzかつ1.2 V
　　での動作時）。

(b) 電力、面積、遅延のトレードオフを議論せよ。

演習問題5.3　設計者は、桁上げ先見加算器ではなく、順次桁上げ
加算器を用いることがあるが、その理由を説明せよ。

演習問題5.4　図5.7の16ビットプリフィックス加算器をHDLで設
計せよ。その機能が正しく動作していることをシミュレーション
とテストで確かめよ。

演習問題5.5　図5.7に示すプリフィックスネットワークは、プリ
フィックスを計算するのに黒いセルを用いている。ブロック間を
伝播する信号の一部は、実際には必要ない。ビット$i:k$と$k-1:j$のG
とPを入力し、$G_{i:j}$のみ生成して、$P_{i:j}$を出力しない「灰色のセル」
を設計せよ。プリフィックスネットワークを書き直し、黒いセル
を可能な限り灰色のセルに置き換えよ。

演習問題5.6　図5.7に示すプリフィックスネットワークは、すべて
のプリフィックスを対数時間で計算する唯一の方法というわけで
はない。**Kogge-Stone**ネットワークは、黒いセルを違った形で接
続して、同じ機能を実行するもう1つの一般的なプリフィックス
ネットワークである。Kogge-Stone加算器を調べ、図5.7のような
Kogge-Stone加算器中の黒いセルの接続を示す回路図を描け。

演習問題5.7　N入力のプライオリティエンコーダは、N入力に優
先順位を付け、$\log_2 N$の出力にエンコードする（演習問題2.36参
照）。

(a) 遅延がNの対数で増加するN入力プライオリティエンコーダ
　　を設計せよ。設計の概略図を描き、それぞれの回路エレメン
　　トの遅延を使って回路の遅延を求めよ。

(b) HDLで設計を記述せよ。機能が正しいことをシミュレーショ
　　ンとテストによって確かめよ。

演習問題5.8　32ビット数について以下の比較を行う比較器を設計
し、その回路図を描け。

(a) 等しくない

(b) より大きいか等しい

(c) より小さい

演習問題5.9　図5.12に示す符号付整数比較器について、

(a) 2つの4ビット符号付整数AとBについて4ビット符号付整数比
　　較器が正しく$A < B$を出力する例を示せ。

(b) 2つの4ビット符号付整数AとBについて4ビット符号付整数比
　　較器が誤って$A < B$を出力する例を示せ。

(c) 一般的にNビット符号付整数比較器が間違うのはどのような時か。

演習問題5.10 図5.12のNビット符号付整数比較器がすべてのNビット符号付整数AとBについて正しく$A < B$を出力できるように改造せよ。

演習問題5.11 図5.15に示す32ビットALUを、好きなHDLを用いて設計せよ。トップレベルモジュールは動作記述でも構造記述でもよい。

演習問題5.12 図5.17に示す32ビットALUを、好きなHDLを用いて設計せよ。トップレベルモジュールは動作記述でも構造記述でもよい。

演習問題5.13 演習問題5.11の32ビットALUをテストするテストベンチを書け。それを使ってこのALUをテストせよ。必要なテストベクタのファイルを用いよ。ALUの機能が正しいことが、かなり疑い深い人も確信させられるように、トラブルの起きそうなケースを十分含むようにテストせよ。

演習問題5.14 演習問題5.13を演習問題5.12のALUについて繰り返せ。

演習問題5.15 2つの符号無整数AとBを比較する符号無の比較ユニットを設計せよ。ユニットの入力は、図5.16のALUが減算$A - B$を行った際のフラグ信号（N、Z、C、V）である。ユニットの出力はHS、LS、HI、LOであり、それぞれAがBより、大きいか等しい（HS）、小さいか等しい（LS）、大きい（HI）、小さい（LO）を示す。N、Z、C、Vに対するHS、LS、HI、LOの最適化された式を書け。HS、LS、HI、LOの回路を描け。

演習問題5.16 2つの符号付整数AとBを比較する符号付の比較ユニットを設計せよ。ユニットの入力は、図5.16のALUが減算$A - B$を行った際のフラグ信号（N、Z、C、V）である。ユニットの出力はGE、LE、GT、LTであり、それぞれAがBより、大きいか等しい（GE）、小さいか等しい（LE）、大きい（GT）、小さい（LT）を示す。

(a) N、Z、C、Vに対するGE、LE、GT、LTの最適化された式を書け。

(b) GE、LE、GT、LTの回路を描け。

演習問題5.17 32ビット入力を、常に左に2ビットシフトするシフタを設計せよ。入力と出力の両方は32ビットである。設計を文章で説明するとともに、概略図を描け。

演習問題5.18 左右に4ビットをローテーションするローテータを設計せよ。設計の概略図を描き、好きなHDLでその設計を実装せよ。

演習問題5.19 2:1マルチプレクサを24個用いて、8ビットの左シフタを設計せよ。このシフタは8ビット入力を扱い、3ビットのシフト制御入力$shamt_{2:0}$を持ち、8ビット出力Yを作る。概略図を描け。

演習問題5.20 Nビットシフタあるいはローテータを$N\log_2 N$ 2:1マルチプレクサで構成する方法を説明せよ。

演習問題5.21 図5.65の漏斗型（フューネル）シフタは、Nビットのシフトまたは回転演算が可能である。シフトにおいて、2Nビット入力をkビット右にシフトする。出力Yは、結果の下位N桁のビットを使う。入力の上位N桁をBと呼び、下位N桁をCと呼ぶ。B、C、kを適切に選ぶことにより、漏斗型シフタは、多様なシフト、回転が可能になる。以下の機能についてA、$shamt$、Nをどうすれば良いかを説明せよ。

(a) Aの$shamt$桁の論理右シフト

(b) Aの$shamt$桁の算術右シフト

(c) Aの$shamt$桁の左シフト

(d) Aの$shamt$桁の右回転

(e) Aの$shamt$桁の左回転

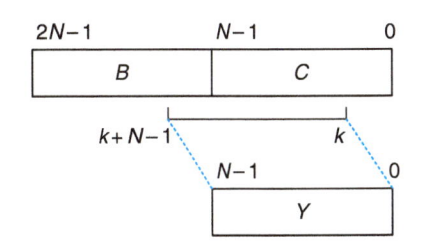

図5.65 漏斗型シフタ

演習問題5.22 図5.20に示す4×4の乗算器のクリティカルパスを見つけよ。ただし、ANDゲートの遅延をt_{AND}、全加算器の遅延をt_{FA}とせよ。同じ方法で作られた$N \times N$の乗算器の遅延はどのようになるか。

演習問題5.23 図5.21に示す4×4の除算器のクリティカルパスを見つけよ。ただし、2:1のmux遅延を（t_{MUX}）、加算遅延（t_{FA}）、インバータの遅延（t_{INV}）とせよ。同じ方法で作られた$N \times N$の除算器の遅延はどのようになるか。

演習問題5.24 2の補数を扱う乗算器を設計せよ。

演習問題5.25 符号拡張ユニットは、2の補数をMビットからNビット（$N > M$）に、入力の最上位桁を出力の上位桁にコピーすることにより拡張する（1.4.6節参照）。Mビット入力Aを入れて、Mビット出力Yから出す。4ビット入力を8ビット出力に符号拡張する回路の概観を描け。また、この設計をHDLで記述せよ。

演習問題5.26 ゼロ拡張ユニットは、符号無整数をMからNビット（$N > M$）に出力の上位桁に0を埋めることにより拡張する。4ビット入力を8ビット出力にゼロ拡張する回路の概観を描け。また、この設計をHDLで記述せよ。

演習問題5.27 $111001.000_2 / 001100.000_2$を小学校で習った標準的な2進数の割り算の方法で計算せよ。途中結果も示せ。

演習問題5.28 次の数の表現法で表現できる数の範囲はどうなるか。

(a) 24ビットの符号無固定小数点数で、整数部が12ビットで小数部が12ビットのもの。

(b) 24ビットの符号と絶対値の固定小数点数で、12ビットの整数部と12ビットの小数部。

(c) 24ビットの2の補数の固定小数点数で、12ビットの整数部と12ビットの小数部。

演習問題5.29 以下の10進数を、16ビット符号および絶対値フォーマットの固定小数で表せ。整数部8ビット、小数部8ビットとせよ。答は16進数で表現せよ。

(a) –13.5625

(b) 42.3125

(c) –17.15625

演習問題5.30 以下の10進数を、12ビットの符号および絶対値フォーマットの固定小数で表せ。整数部6ビット、小数部6ビットとせよ。答は16進数で表現せよ。

(a) –30.5

(b) 16.25

(c) −8.078125

演習問題5.31　演習問題5.29の10進数を16ビットの固定小数点2の補数フォーマットで、8ビット整数部と8ビットの小数部で表せ。答は16進数で表現せよ。

演習問題5.32　演習問題5.30の10進数を12ビットの固定小数点2の補数フォーマットで、6ビット整数部と6ビットの小数部で表せ。答は16進数で表現せよ。

演習問題5.33　演習問題5.29の10進数をIEEE 754単精度浮動小数点フォーマットで表せ。答は16進数で表現せよ。

演習問題5.34　演習問題5.30の10進数をIEEE 754単精度浮動小数点フォーマットで表せ。答は16進数で表現せよ。

演習問題5.35　以下の2の補数表現の固定小数点数を10進数に変換せよ。変換の役に立つように、本来表示しない小数点も明示せよ。

(a) 0101.1000

(b) 1111.1111

(c) 1000.0000

演習問題5.36　演習問題5.35を以下の2の補数表現の固定小数点数について行え。

(a) 011101.10101

(b) 100110.11010

(c) 101000.00100

演習問題5.37　2つの浮動小数点数を足すとき、小さいほうの指数部をシフトする。なぜこうするのか。文章で説明し、その説明を証拠立てる例を示せ。

演習問題5.38　以下のIEEE 754単精度浮動小数点数を加算せよ。

(a) C0123456 + 81C564B7

(b) D0B10301 + D1B43203

(c) 5EF10324 + 5E039020

演習問題5.39　以下のIEEE754単精度浮動小数点数を加算せよ。

(a) C0D20004 + 72407020

(b) C0D20004 + 40DC0004

(c) (5FBE4000 + 3FF80000) + DFDE4000

　　（直感に反する結果が出るのはなぜか。説明せよ）

演習問題5.40　5.3.2節の浮動小数点加算の手順を拡張し、正だけでなく負の加算もできるようにせよ。

演習問題5.41　IEEE 754単精度浮動小数点数について以下の問いに答えよ。

(a) IEEE 754単精度浮動小数点フォーマットで表現できる数はいくつか。±∞とNaNは数えなくてよい。

(b) ±∞とNaNを表現しなければ、あといくつ数を表現できたであろうか。

(c) なぜ±∞とNaNで特殊表現が可能か説明せよ。

演習問題5.42　10進数245と0.0625について以下の問いに答えよ。

(a) 単精度の浮動小数点数で2つの数を書け。答は16進数で示せ。

(b) (a) で用いた2つの32ビット数の仮数部の比較を行え。すなわち、2つの32ビット数を2の補数表現に変換し、比較せよ。整数比較は正しい答を与えるだろうか。

(c) 新しい単精度浮動小数点記法を作ろうと考えた。すべてはIEEE 754単精度浮動小数点標準と同じだが、指数部に下駄履き表現ではなく、2の補数表現を使う。問題が対象とする2つの数をこの新しい記法で表現せよ。答は16進数で示せ。

(d) 整数比較は (c) の新しい浮動小数点表現法でうまく働くか。

(e) 浮動小数点数で整数比較を行うのが便利なのはなぜか。

演習問題5.43　好きなHDLで、単精度浮動小数点加算器を設計せよ。HDLで設計をコーディングする前に、設計の概略を図に示せ。疑い深い人でもこの加算器の機能が正しいことが納得できるように、シミュレーションおよびテストせよ。正の数だけを考え、ゼロ方向に丸めて（切り捨て）よい。表5.2に示す特殊ケースについては無視してよい。

演習問題5.44　この問題では、32ビット乗算器の設計を行う。この乗算器は2つの32ビット浮動小数点数を入力し、32ビット浮動小数点数を出力する。正の数のみを考え、ゼロ方向に丸めて（切り捨て）よい。表5.2に示す特殊ケースについては無視してよい。

(a) 32ビット浮動小数点乗算を実行する手順を示せ。

(b) 32ビット浮動小数点乗算器の概略図を描け。

(c) HDLで32ビット浮動小数点数を設計せよ。疑い深い人でも、この乗算器の機能が正しいことが納得できるように、シミュレーションおよびテストを行え。

演習問題5.45　この問題では、32ビットプリフィックス加算器の設計を行う。

(a) 設計の概略図を示せ。

(b) HDLで32ビットプリフィックス加算器を設計せよ。この加算器が正しく機能していることをシミュレーションとテストで確認せよ。

(c) (a) で設計した32ビットプリフィックス加算器の遅延はどうなるか。2入力ゲート1つの遅延を100 psとする。

(d) 32ビットプリフィックス加算器をパイプライン化せよ。設計の概略図を描け。このパイプラインプリフィックス加算器はどの程度速く走るか。順次オーバーヘッド（$t_{pcq} + t_{setup}$）を80psと仮定して良い。出来る限り高速になるように設計せよ。

(e) HDLを用いてパイプライン化された32ビットプリフィックス加算器を設計せよ。

演習問題5.46　インクリメンタは、Nビットの数に1を足す回路である。半加算器を用いて8ビットのインクリメンタを作れ。

演習問題5.47　32ビットの同期アップダウンカウンタを作れ。入力は$Reset$とUpで、$Reset$が1だと出力はすべて0になる。そうでなければ$Up = 1$のときカウンタがアップし、$Up = 0$のときカウンタはカウントダウンする。

演習問題5.48　各クロックのエッジで、4を加算する32ビットのカウンタを設計せよ。カウンタはリセットとクロック入力を持っている。リセットするとカウンタの出力はすべて0になる。

演習問題5.49　演習問題5.48のカウンタを改造し、各クロックのエッジで、4を加えるか、32ビットの新しい数Dをロードするようにせよ。$Load = 1$のときに、カウンタに新しい値Dをロードするようにせよ。

演習問題5.50　NビットのJohnsonカウンタはリセット信号付きN

ビットシフトレジスタから構成される。シフトレジスタの出力（S_{out}）を反転して、入力（S_{in}）にフィードバックさせる。カウンタをリセットすると、すべてのビットは0にクリアされる。

(a) 4ビットのJohnsonカウンタの出力$Q_{3:0}$のシーケンスをリセット直後から示せ。

(b) NビットのJohnsonカウンタがそのシーケンスを繰り返すまで何クロックかかるか。説明せよ。

(c) 5ビットのJohnsonカウンタ、10個のANDゲート、インバータ（NOTゲート）を用いて、10進カウンタを設計せよ。10進カウンタは、クロック、リセット、10個のワンホット出力$Y_{9:0}$を持つ。カウンタがリセットされるとY_0が有効になる。引き続く各サイクルで、次の出力が有効になっていく。10クロック後、カウンタは同じ動作を繰り返す。この10進カウンタの概略図を描け。

(d) Johnsonカウンタの通常のカウンタに対する利点は何か。

演習問題5.51 図5.38に示すような4ビットのスキャン可能なフリップフロップを、HDLで記述せよ。そのHDLモジュールの機能が正しいことをシミュレーションによりテストして確認せよ。

演習問題5.52 英語は、冗長性を十分持っているので、不完全な伝聞ゲームでも訂正することができる。2進データもエラー訂正を可能にする冗長表現で転送する。例えば、0は00000にコード化し、1は11111にコード化する。この値は、ノイズの多いチャネルを介して送られ、最大2ビット反転する可能性がある。受信器は、5ビット中に0が3つ以上あれば0、1が3つ以上あれば1としてもとのデータを回復できる。

(a) 00、01、10、11を、5ビットのビット情報で、すべての1ビットエラーを訂正できるようにコード化せよ。ヒント：00000と11111で00と11をコード化するとうまく行かない。

(b) 00、01、10、11に対する5ビットのエンコードされたデータを受信してデコードする回路を設計せよ。

(c) 別の5ビットエンコード法に変更したいと思ったとしよう。違ったハードウェアを使わないで符号化を簡単に変更するために、どのように設計を実装すべきか。

演習問題5.53 フラッシュEEPROMは、単にフラッシュROMと呼ばれ、家電に革命をもたらした最近の発明である。どのようにフラッシュメモリが動作するかを調査し、説明せよ。フローティングゲートの構成図を用いよ。どのようにメモリのビットがプログラムされるかを示せ。参考とした文献を適切に示すこと。

演習問題5.54 地球外生命体探索プロジェクトチームは、カリフォルニア、モノ湖の湖底にエイリアンを発見した。プロジェクトでは、このエイリアンを計測した特徴に基づいて、それが発生した可能性のある惑星を特定する回路が必要になった。NASAのプローブで検出可能な特徴としては、緑色の度合い、茶色の度合い、粘着性、いぼ状であるかどうかである。宇宙生物学者との慎重な議論の結果、以下の結論が得られた。

▶ その異生物は、次の特徴を持つならば火星出身の可能性がある。緑かつ粘着性。あるいは、いぼ状かつ茶色で粘着性。

▶ その異生物は、次の特徴を持つならば金星出身の可能性がある。いぼ状で、茶色で粘着性。あるいは緑色で、いぼ状でなく、粘着性でもない。

▶ その異性物は、次の特徴を持つならば木星出身の可能性がある。茶色でなく、粘着性でもない。あるいは、緑色で粘着性。

厳密に1つに特定できない点に注意されたい。例えば、緑と茶色のまだらで粘着性だが、いぼ状でないものは、火星からなのか木星からなのか分からない。

(a) エイリアンを特定する$4 \times 4 \times 3$のPLAをプログラムせよ。格子点記法を利用せよ。

(b) エイリアンを特定する16×3 ROMをプログラムせよ。格子点記法を利用せよ。

(c) この設計をHDLで実装せよ。

演習問題5.55 単純な16×3 ROMを利用して以下の機能を実装せよ。ROMの中身を表現するのに格子点記法を利用せよ。

(a) $X = AB + B\bar{C}D + \bar{A}\bar{B}$

(b) $Y = AB + BD$

(c) $Z = A + B + C + D$

演習問題5.56 演習問題5.55の機能を$4 \times 8 \times 3$のPLAを用いて実装せよ。格子点記法を利用せよ。

演習問題5.57 以下の組み合わせ回路をプログラムすることが可能なROMのサイズを特定せよ。これらの機能の実現にROMを使うのは良い選択なのだろうか。なぜそうなのか、あるいはそうでないのか説明せよ。

(a) C_{in}とC_{out}を持つ16ビットの加減算器

(b) 8×8乗算器

(c) 16ビットプライオリティエンコーダ（演習問題2.36参照）

演習問題5.58 次ページの図5.66に示すROM回路を想定する。それぞれの行について、列Iの回路は、列IIの回路のROMを適切にプログラムすることで、置き換えることができるか。

演習問題5.59 以下の機能のそれぞれを実行するためにCyclone IV FPGA LEsはいくつ必要か。機能を実行するためにどのように1つあるいはそれ以上のLEを再構成するかを示せ。論理合成をせず、シミュレーションだけでよい。

(a) 演習問題2.13（c）の組み合わせ回路

(b) 演習問題2.17（c）の組み合わせ回路

(c) 演習問題2.24の2出力関数

(d) 演習問題2.35の関数

(g) 4入力プライオリティエンコーダ（演習問題2.36参照）

演習問題5.60 演習問題5.59を以下の論理機能に対して行え。

(a) 8入力プライオリティエンコーダ（演習問題2.36参照）

(b) 3:8デコーダ

(c) 4ビット桁上げ伝搬加算器（桁上げ入力出力なし）

(d) 演習問題3.22のFSM

(e) 演習問題3.27のGrayコードカウンタ

演習問題5.61 図5.59に示すCyclone IV LEを考える。データシートによると、次ページの表5.5のタイミング仕様である。

(a) 図3.26に示すFSMを実装するCyclone IV LEの最小数はいくつか。

(b) クロックスキューを考えない場合、FSMが確実に動作する最大のクロック周波数はいくらか。

(c) 3 nsのクロックスキューがある場合、FSMが確実に動作する最大のクロック周波数はいくらか。

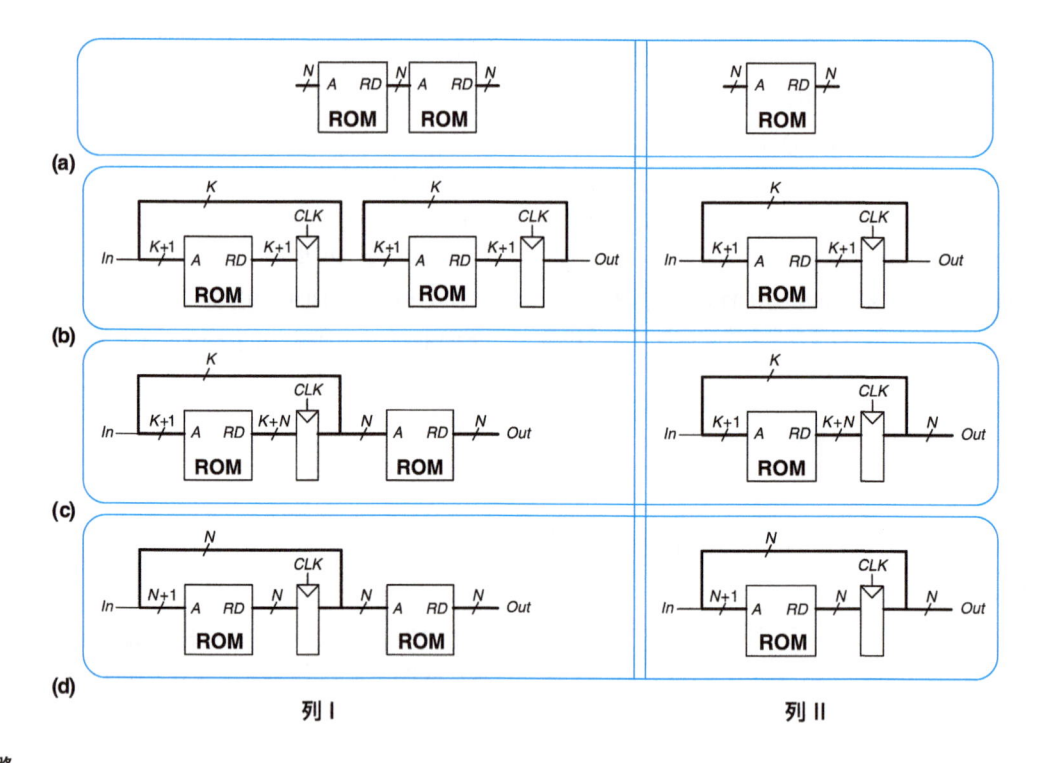

列 I　　　　　　　　　　　　　列 II

図5.66　ROM回路

表5.5　Cyclone IVのタイミング

名前	値（ps）
t_{pcq}, t_{ccq}	199
t_{setup}	76
t_{hold}	0
t_{pd}（LE当たり）	381
t_{wire}（LE間）	246
t_{skew}	0

演習問題5.62　演習問題5.61を図3.31（b）のFSMに対して行え。

演習問題5.63　FPGAを使って、カラーセンサとモータの付いたM&Mキャンディの分類器を作りたい。この分類器は、赤いキャンディを1つの容器に、緑のキャンディをもう1つの容器に入れる。設計は、Cyclone IV FPGAを使って実装する。データシートによるとこのFPGAは表5.5に示すタイミング特性を持つ。FSMを100MHzで動作させたい。クリティカルパス上のLEの最大数はいくつになるか。このFSMが動作する最大速度はどうなるか。

口頭試問

以下は、ディジタル設計の業界の面接試験で尋ねられるような質問である。

質問5.1　2つの符号無のNビット数の掛け算の結果であり得る最大数はどうなるか。

質問5.2　2進化10進数（BCD）表現は、10進数のそれぞれの桁を表すのに4ビットを使う。例えば、42_{10}は、01000010_{BCD}となる。なぜプロセッサはBCD表現を使うことがあるのかを言葉で説明せよ。

質問5.3　2つの8ビットの符号無BCD数（質問5.2を参照）を加算するハードウェアを設計せよ。設計の概略図を描き、BCD加算器のHDLモジュールを書け。A、B、C_{in}を入力し、SとC_{out}を出力する。C_{in}とC_{out}は1ビットの桁送り信号、A、B、Sは8ビットのBCD数である。

6

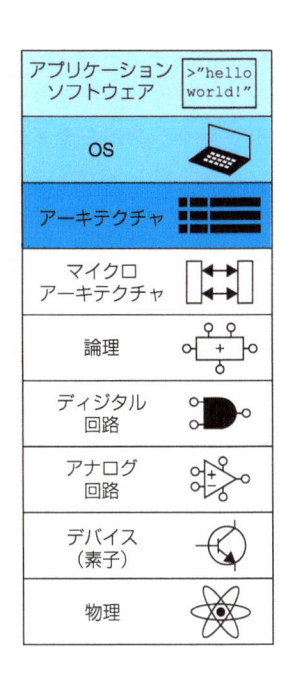

アーキテクチャ

6.1　はじめに

前の章では、ディジタル回路設計の基本とビルディングブロックを紹介した。この章では、いくつかの抽象を一足飛びに越えて、コンピュータの**アーキテクチャ**を定義する。アーキテクチャはコンピュータに対するプログラマの視点であり、命令セット（言語）とオペランドの場所（レジスタとメモリ）で定義される。ARM、x86、MIPS、SPARC、そしてPowerPCといった、多くの異なるアーキテクチャが存在する。

何でもコンピュータアーキテクチャを理解する最初の一歩は、その言語を学ぶことである。コンピュータの言語の単語は、**命令**と呼ばれる。コンピュータの語彙は、**命令セット**と呼ばれる。コンピュータで稼動するすべてのプログラムは、同じ命令セットを使っている。文書処理や表計算といった複雑なソフトウェアの応用であっても、アプリケーションプログラムは、加算、減算、そして分岐といった単純な命令列に適宜翻訳される。コンピュータの命令では、実施する演算と、使うオペランドを指定する。オペランドはメモリから来る場合や、レジスタから来るか場合、あるいは命令自体からくる場合もある。

コンピュータハードウェアは1と0しか理解しないので、命令を**機械語**（マシンランゲージ）と呼ばれる形式に符号化される。人間の言語を符号化するのに我々が文字を使うのと同様に、コンピュータは機械語を符号化するのに2進数を使う。ARMアーキテクチャは、命令を32ビットの語として表現する。マイクロプロセッサは機械語の命令を読んで実行する

ディジタルシステムである。しかしながら人間にとっては、機械語を読むのは退屈であるので、命令を**アセンブリ言語**と呼ばれる記号の形の命令で表現する。

命令セットは、違ったアーキテクチャのものは、異なる言語というよりは、異なる方言というほうが相応しい。ほとんどのアーキテクチャでは、加算、減算、それに分岐のような基本命令を定義しており、これらはメモリやレジスタに作用する。1つ命令セットを習得してしまえば、他のアーキテクチャを容易に習得できる。

あるコンピュータアーキテクチャは、その下層のハードウェアの実装を定義していない。1つのアーキテクチャに対して、しばしば多くのハードウェア実装が存在する。例えば、IntelとAdvanced Micro Devices（AMD）は両者とも、同じx86アーキテクチャに属する多様なマイクロプロセッサを販売している。それらでは同じプログラムを稼動できるが、下層のハードウェアは異なり、性能と価格、それに電力のトレードオフがある。あるマイクロプロセッサは高性能サーバに最適化されている一方で、別のはラップトップコンピュータでのバッテリの持ちに最適化されている。レジスタやメモリ、ALU、それにマイクロプロセッサを構成する他のビルディングブロックの固有の配置が、第7章の題材にもなっているように、マイクロアーキテクチャと呼ばれるマイクロプロセッサの形を形成している。しばしば1つのアーキテクチャに対して、多くの異なるマイクロアーキテクチャが存在する。

本書では、**ARMアーキテクチャ**を紹介する。このアーキテクチャは、Acorn Computer Groupによって1980年代に最初に開発された。ここからARMとして知られるAdvanced RISC

Machines Ltd.がスピンオフした。100億個を越えるARMプロセッサが毎年販売されている。このアーキテクチャは、ピンボールマシンからカメラやロボット、自動車、そしてラックマウントサーバに至るまであらゆる場面で使われている。ARMはプロセッサを直接売るのではなく、プロセッサを製造する他の会社に、大規模なシステム-オン-チップのプロセッサ部分としてライセンスを売るという点で、通常的ではない。例えば、Samsung、Altera、Apple、そしてQualcommは、みなARMプロセッサを製造しており、ARMから購入したマイクロアーキテクチャを用いるか、ARMのライセンスの下で自社開発したマイクロアーキテクチャを用いている。この教科書でARMに注目したのは、これが商業的にリーダーであり、変ったところが少なくてアーキテクチャがクリーンであるからだ。最初はアセンブリ言語の命令、オペランドの位置、それに分岐やループ、配列操作、あるいは関数呼び出しといった共通のプログラミング構成を紹介する。そして、どのようにしてアセンブリ言語が機械語に翻訳されるのかということと、プログラムがメモリにロードされ実行されるのかを詳しく述べる。

> 本書で詳述する「ARMアーキテクチャ」は、ARM第4版（ARMv4）で、命令セットの中枢を成している。6.7節で、第5　8版のアーキテクチャの特徴をまとめて説明する。オンラインで入手可能な *ARM Architecture Reference Manual* はアーキテクチャの公式な定義である。

この章を通して、David PattersonとJohn Hennessyの教科書 *Computer Organization and Design* の中にある明確に分離した以下の4つの原則を用いて、ARMアーキテクチャの存在理由を考察する。

1. 規則性は単純性を支援する
2. 共通の場合を速くせよ
3. 小さいと速い
4. 良い設計は良い妥協を必要とする

6.2　アセンブリ言語

アセンブリ言語は、コンピュータ生来の言語を、人間が読み易くしたものである。アセンブリ言語の命令の各々では、命令が実施する演算や操作の対象となるオペランドを指定する。ここでは単純な算術命令を紹介し、どのようにこれらの操作がアセンブリ言語で記述されるかを示す。そして、ARM命令のオペランド、すなわち、レジスタ、メモリ、そして定数を定義する。

この章では、読者がCやC++、Javaといった高水準プログラミング言語に慣れていると仮定する（これらの言語はこの章のほとんどの例では実質的に同じであるが、ここではCを用いる）。付録Cで、ほとんど、あるいは全くプログラミングの経験がない読者へのC言語の紹介を行う。

> 本章では、例題アセンブリコードのコンパイルやアセンブル、それにシミュレーションを行うのに、Keil社のARM Microcontroller Development Kit（MDK-ARM）を用いる。MDK-ARMは、完全なARMコンパイラがついたフリーの開発ツールである。本書のコンパニオンサイト（冒頭を参照）の実験では、このツールのインストールからプログラム記述、コンパイル、シミュレーション、それにデバッグを、Cやアセンブリ言語でどう行うかが書いてある。

6.2.1　はじめに

コンピュータが行う共通の操作は加算である。**コード例6.1** は、bとcを加算し結果をaに書くコードを示している。コードの左は高水準言語（CやC++、Javaの文法を使っている）のコードを、右にはそれをARMアセンブリに書き直したものを示している。Cプログラムの終わりがセミコロンであることに注意されたい。

コード例6.1　加算

高水準言語のコード	ARMのアセンブリコード
`a = b + c;`	`ADD a, b, c`

アセンブリ命令の最初の部分、ADDは、ニモニックと呼ばれ、どんな操作を行うかを示している。操作はソースオペランドbとcに対して行われ、結果はディスティネーションオペランドのaに書かれる。

> ニモニック（mnemonic）は覚えるという意味のギリシア語の単語μιμνΕσκεστηαιに由来している。アセンブリ言語のニモニックは、同じ演算を表す機械語の0と1のパターンよりも覚えやすい。

コード例6.2 は、加算に似た減算を示している。命令フォーマットは、操作を示すSUBが異なるのを除いて、ADD命令と同じである。この首尾一貫した命令フォーマットは、設計原則の最初の項の例である。

コード例6.2　減算

高水準言語のコード	ARMのアセンブリコード
`a = b - c;`	`SUB a, b, c`

設計原則1：規則性は単純さを支援する

オペランド数が一定である命令がこの場合で、2つのソースと1つのディスティネーションは、符号化とハードウェアによる扱いを容易にする。より複雑な高レベルなコードは、**コード例6.3** に示すように複数のARM命令列に翻訳される。

コード例6.3　より複雑なコード

高水準言語のコード	ARMのアセンブリコード

`a = b + c - d; // 1行コメント`
`        /* 複数行`
`        コメント */`
	`ADD t, b, c ; t = b + c`
	`SUB a, t, d ; a = t - d`

高水準言語の例では、1行のコメントは、//から始まり、行の終わりまで続く。複数行のコメントは、/*から始まり、*/まで続く。ARMのアセンブリ言語で使えるのは1行コメントだけで、セミコロン（;）で始まり、行の終わりまで続く。

コード例6.3のアセンブリ言語プログラムは、中間値を格納するのに、一次変数tが必要である。より複雑な操作を行うのに複数のアセンブリ言語命令を使うことは、コンピュータアーキテクチャの2番目の設計原則の例である：

設計原則2：共通の場合を速くせよ

ARM命令セットは、単純で共通に使われる命令群のみを搭載することで、共通の場合を速くしている。命令の解読（デコード）に必要なハードウェアとオペランドが単純で小さく高速になるように、命令数を小さく保っている。したがって、ARMは縮小命令セットコンピュータ（**RISC**）アーキテクチャである。Intelのx86アーキテクチャのように、多くの複雑な命令を有するアーキテクチャは、**複雑命令セットコンピュータ**（**CISC**）アーキテクチャである。例えば、x86は文字列（文字のつらなり）をメモリの部位から別の部位に移動する「文字列移動」命令を備える。このような操作は、RISCマシンでは、多くのたぶん数百の単純な命令を必要とする。しかしながら、CISCアーキテクチャで複雑な命令を実装するには、ハードウェアのコストは増し、単純な命令を遅くする。

RISCアーキテクチャは、命令の集合を小さく保つことで、ハードウェアの複雑さと必要な命令の符号化を最小限にしている。例えば、64個の単純な命令から成る命令セットは、$\log_2 64 = 6$ビットが命令の符号化に必要である。256個の複雑な命令から成る命令セットは、$\log_2 256 = 8$ビットが命令ごとに符号化のために必要になる。CISCマシンでは、複雑な命令は稀にしか使われず、たとえ単純なものでも、すべての命令にオーバヘッドを課している。

6.2.2　オペランド：レジスタ、メモリ、定数

命令はオペランドを操作する。コード例6.1では、変数a、b、cはすべてオペランドである。しかしコンピュータは、変数名ではなく、1と0の連なりに対して操作する。命令は、2進データを取り出すのに、物理的な場所を必要とする。オペランドは、レジスタやメモリに格納でき、あるいは、定数として命令自身に格納されることもある。コンピュータは、オペランドを格納するのに、いろいろな場所を使い、速度やデータ容量について最適化する。定数や、レジスタに格納されたオペランドは高速にアクセス可能だが、少しの量しか保持できない。さらなるデータは、メモリにアクセスせねばならず、これは大規模だが遅い。ARM（ARMv8より前）は、32ビットアーキテクチャと呼ばれるが、それはオペランドが32ビットのデータであるからだ。

> ARM Version 8アーキテクチャは、64ビットに拡張されたが、本書では32ビット版に注目する。

レジスタ

速く実行するために、命令のオペランドは素早くアクセスできなければならない。しかし、メモリに格納されたオペランドは、取り出すのに長い時間がかかる。したがって、ほとんどのアーキテクチャは、共通に使われるオペランドを保持する少数のレジスタを規定している。ARMアーキテクチャは、**レジスタセット**あるいは**レジスタファイル**と呼ばれる16個のレジスタを用いている。レジスタは、少ないほど速くアクセスできる。これは3つ目の設計原則を導く：

設計原則3：小さいと速い

机の上の少数の関係する書籍から情報を見つけ出す方が、図書館の書架から情報を見つけるよりもずっと速い。同様に、狭いレジスタファイルからデータを読み出す方が、広いメモリから読み出すよりも速い。通常レジスタファイルは、小規模なSRAMのアレイから構成されている（5.5.3節を参照）。

コード例6.4は、レジスタオペランドを使うADD命令を示している。ARMのレジスタ名の先頭には、文字「R」がついている。変数a, b, c, ...は、R0, R1, R2, ...に置かれている。R1は「レジスタ1」「レジスタR1」と呼ぶ。この命令は、R1（b）とR2（c）の32ビットの値を足して、32ビットの結果をR0（a）に書く。

コード例6.4　レジスタオペランド

高水準言語のコード	ARMのアセンブリコード
`a = b + c;`	`; R0 = a, R1 = b, R2 = c` `  ADD R0, R1, R2       ; a = b + c`

コード例6.5は、レジスタR4を、b + cの中間値を格納するのに使っているARMアセンブリコードである：

コード例6.5　一時レジスタ

高水準言語のコード	ARMのアセンブリコード

`a = b + c – d;`	`; R0 = a, R1 = b, R2 = c, R3 = d; R4 = t`
	`  ADD R4, R1, R2  ; t = b + c`
	`  SUB R0, R4, R3  ; a = t – d`

例題6.1　高水準言語コードからアセンブリ言語への翻訳

以下の高水準言語コードをアセンブリ言語に翻訳せよ。変数a～cはレジスタR0～R2に、f～jはR3～R7にそれぞれ格納すると仮定する。

```
a = b - c;
f = (g + h) - (i + j);
```

解法：プログラムは4つのアセンブリ言語命令を使う。

```
; ARM assembly code
; R0 = a, R1 = b, R2 = c,
; R3 = f, R4 = g, R5 = h, R6 = i, R7 = j
  SUB R0, R1, R2    ; a  = b - c
  ADD R8, R4, R5    ; R8 = g + h
  ADD R9, R6, R7    ; R9 = i + j
  SUB R3, R8, R9    ; f  = (g + h) - (i + j)
```

レジスタセット

表6.1は、16個のARMレジスタのそれぞれの名前と用途を示している。R0 R12は、変数を格納するために使われ、R0 R3はさらに手続き呼び出しの際に特別な用途で使われる。R13 R15は、それぞれSP、LP、PCと呼ばれ、後にこの章で用途を詳述する。

表6.1 ARMレジスタセット

名前	用途
R0	引数/戻り値/一時変数
R1–R3	引数/一時変数s
R4–R11	保存変数
R12	一時変数
R13（SP))	スタックポインタ
R14（LR）	リンクレジスタ
R15（PC）	プログラムカウンタ

定数／直値

レジスタ操作に加えて、ARM命令は**定数**あるいは**直値**（**即値、イミディエートオペランド**ともいう）を使うことができる。これらの定数が「直」「即」と呼ばれるのは、それらの値を命令から直ちに取り出すことができ、レジスタやメモリのアクセスを必要としなからである。コード例6.6では、ADD命令が直値をレジスタに足している。アセンブリコードでは、直値の先頭には記号#がついており、10進か16進で書かれる。ARMアセンブリ言語の16進の定数は、C言語と同様に0xから始まる。直値は符号無の8から12ビットの値で、6.4節で詳述する特別な符号化が施される。

コード例6.6　直値オペランド

高水準言語のコード	ARMのアセンブリコード

`a = a + 4;`
`b = a – 12;`
	`; R7 = a, R8 = b`
	`  ADD R7, R7, #4    ; a = a + 4`
	`  SUB R8, R7, #0xC  ; b = a - 12`

移動命令（MOV）は、レジスタの値を初期化するのに便利である。コード例6.7は、変数iとxをそれぞれ0と4080に初期化している。MOVはさらにレジスタをソースオペランドとして使える。例えば、MOV R1, R7は、レジスタR7の内容をR1に複写する。

コード例6.7　直値を使って値を初期化する

高水準言語のコード	ARMのアセンブリコード

`i = 0;`
`x = 4080;`
	`; R4 = i, R5 = x`
	`  MOV R4, #0       ; i = 0`
	`  MOV R5, #0xFF0   ; x = 4080`

メモリ

レジスタがオペランドの唯一の格納スペースであるなら、15変数を越えない簡単なプログラムに制限される。しかしながら、データはメモリに格納されている。レジスタファイルは狭くて速いが、メモリは広くてより遅い。この理由により、頻繁に使われる変数は、レジスタに格納される。ARMアーキテクチャでは、命令は排他的にレジスタを操作し、メモリに格納されたデータは、使う前にレジスタに移動しなければならない。メモリとレジスタを組み合わせて使うことにより、プログラムは大量のデータへかなり速くアクセス可能である。5.5節にあるように、メモリはワードの配列として構成されていることを思い出そう。ARMアーキテクチャは32ビットのメモリアドレスと32ビットのデータワードを用いている。

ARMは**バイト単位でアドレス（番地）指定可能**なメモリを採用している。つまり図6.1（a）のように、メモリのバイトの各々にユニークなアドレスがついている。1つの32ビットのワードは、4つの8ビットのバイトから成り、したがってワードのアドレスは、4の倍数である。最上位バイト（MSB）は左側で、最下位バイト（LSB）は右側である。図6.1（b）の32ビットのワードアドレスもデータ値も16進で与えられている。例えば、データワード0xF2F1AC07がメモリの4番地に格納されている。慣習により、メモリは低メモリアドレスが下になり、高メモリアドレスが上になるように描かれる。

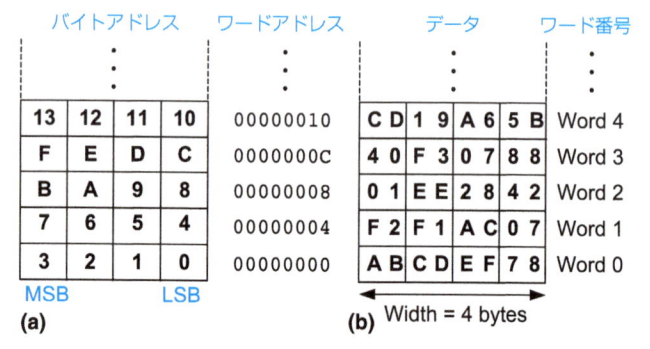

図6.1 ARMのバイトアドレス指定可能なメモリ： （a）バイトアドレス指定、（b）データ

ARMでは、ワードのデータをメモリからレジスタに読み込むのに、ロードレジスタ命令LDRが用意している。次ページのコード例6.8は、メモリワード2を*a*（R7）に読み込んでいる。C言語では、括弧の中の数は**インデックス**かワード番号であり、これについては6.3.6節でさらに議論する。LDR命令は、**ベースレジスタ**（R5）と**オフセット**（8）を使って、メモリアドレスを指定する。ワードのデータが4バイトであることを思い出そう。1番目のアドレスは4であり、2番目のアドレスは8、…となる。ワードアドレスはワード番号の4倍である。メモリアドレスはベースレジスタ（R5）の中身にオフセットを足した値になる。ARMは、6.3.6節で議論するように、メモリアクセスにいくつかのモードを提供している。

コード例6.8 メモリの読み込み

高水準言語のコード	ARMのアセンブリコード

```
a = mem[2];
```

```
; R7 = a
 MOV R5, #0      ; base address = 0
 LDR R7, [R5, #8]  ; R7 <= data at memory address (R5+8)
```

コード例6.9 メモリの書き出し

高水準言語のコード	ARMのアセンブリコード

```
mem[5] = 42;
```

```
MOV R1, #0       ; base address = 0
MOV R9, #42
STR R9, [R1, #0x14]  ; value stored at memory address (R1+20) = 42
```

ベースアドレス（つまりインデックス0）からの読みは、アセンブリコードでオフセットを書く必要がない特別なケースである。例えばR5に保持したベースアドレスからのメモリ読み出しは、LDR R3, [R5]と書く。

ARMv4はLDRやSTRではワード整列したアドレスを必要とする。つまり、ワードのアドレスは4で割り切れなければならない。ARMv6以降は、この整列の制限は、ARMのシステムコントロールレジスタのビットをセットすると取り除かれるが、非整列のロードは通常は性能が下がる。x86のようなアーキテクチャでは、ワード非整列なデータの読み書きが可能であるが、MIPS等では単純化のために厳しく整列が要求される。もちろん、（6.3.6節で議論する）バイトのロードやストアのLDRBやSTRBのバイトアドレスは、整列している必要はない。

コード例6.8でロードレジスタ命令LDRが実行されると、R7は値0x01EE2842を保持することになり、これは図6.1のメモリアドレス8に格納されている。

ARMでは、ワードのデータをレジスタからメモリに書き込むのに、**ストアレジスタ命令STR**が用意されている。**コード例6.9**では、レジスタR9の値42を、メモリワード5に書いている。

図6.2に示すように、バイトでアドレス指定可能なメモリは、ビッグエンディアンかリトルエンディアンの方式を構成する。両者とも、32ビットのワードの最上位バイト（MSB）は左で、最下位バイト（LSB）は右にある。ワードアドレスは両者ともに同じで、同じ4バイトを参照する。ワードの中のアドレスだけが異なる。ビッグエンディアンのマシンでは、バイトは大きい方（最上位）の端が0番目になる。リトルエンディアンのマシンでは、バイトは小さい方（最下位）の端が0番目になる。

ビッグエンディアンとリトルエンディアンという用語は、1726年に初版がIsaac Bickerstaffのペンネームで出版されたジョナサン・スイフトの『ガリバー旅行記』に由来している。この物語では、小人の王様が市民（Little Endian）に対して卵を小さい方から割ることを要求した。Big Endianは反対勢力で、卵を大きい方から割った。

これらの用語はダニー・コーヘン（Danny Cohen）が1980年のエープリルフールに公表した論文「On Holy Wars and a Plea for Peace」（USC/ISI IEN 137）で、最初にコンピュータアーキテクチャに対して使われている（写真はIEEDS大学図書館のBrotherron Collectionの好意による）

IBMのPowerPC（以前のMacintoshコンピュータの中に入っていた）はビッグエンディアンのアドレッシング（番地指定）を用いている。Intelのx86アーキテクチャ（PCの中に入っている）はリトルエンディアンのアドレッシングを用いている。ARMはリトルエンディアンが得意だが、いくつかの版では両方のデータアドレッシングを支援していて、データのロードやストアを両方の方式で行うことができる。エンディアンの選択は完全に任意だが、ビッグエンディアンとリトルエンディアンの計算機でデータを共有する際にひと悶着起きる。この教科書の例でバイト順序が問題になる際は、リトルエンディアン形式を用いる。

6.3 プログラミング

CやJavaのようなソフトウェア言語は、アセンブリ言語よりも高い抽象度でプログラムを記述できるので、高水準（プログラミング）言語と呼ばれる。多くの高水準言語は、算術・論理演算、条件実行、if/else文、forやwhileループ、配列指定、そして関数呼び出し等の、共通のソフトウェア構文を備えている。付録CにC言語のさらなる構文の例を示す。この節では、高水準の構文をいかにしてARMアセンブリコードに変換するかを見ていく。

ビッグエンディアン　　**リトルエンディアン**

バイトアドレス				ワードアドレス	バイトアドレス			
⋮				⋮	⋮			
C	D	E	F	C	F	E	D	C
8	9	A	B	8	B	A	9	8
4	5	6	7	4	7	6	5	4
0	1	2	3	0	3	2	1	0
MSB			LSB		MSB			LSB

図6.2 ビッグエンディアンとリトルエンディアン

6.3.1 データ処理命令

ARMアーキテクチャでは、多様なデータ処理命令（他のアーキテクチャでは、しばしば論理・算術命令と呼ばれる）を定義している。ここでは、高水準構文を実現するのに必須である、これらの命令を紹介する。付録BにARM命令の一覧を掲載した。

論理命令

ARMは、ANDやORR（OR）、EOR（XOR）、BIC（ビットクリア）命令を含む**論理演算**を備えている。これらは2つのソースの間にビットごとの演算を施し、結果をディスティネーションレジスタに書き込む。最初のソースは常にレジスタであり、2番目のソースは直値か別のレジスタとなる。もう1つの論理演算 MVN（MoVeとNot）は、ビットごとの否定演算を2番目のソース（直値かレジスタ）に施し、結果をディスティネーションレジスタに書き込む。図6.3は、これらの演算を0x46A1F1B7と0xFFFF0000の2つの値に施した場合を示している。この図は、命令を実行した後の、ディスティネーションレジスタに格納される値を示している。

ソースレジスタ

R1	0100 0110	1010 0001	1111 0001	1011 0111
R2	1111 1111	1111 1111	0000 0000	0000 0000

アセンブリコード		結果			
AND R3, R1, R2	R3	0100 0110	1010 0001	0000 0000	0000 0000
ORR R4, R1, R2	R4	1111 1111	1111 1111	1111 0001	1011 0111
EOR R5, R1, R2	R5	1011 1001	0101 1110	1111 0001	1011 0111
BIC R6, R1, R2	R6	0000 0000	0000 0000	1111 0001	1011 0111
MVN R7, R2	R7	0000 0000	0000 0000	1111 1111	1111 1111

図6.3　論理演算

ビットクリア（BIC）命令は、ビットをマスクする（つまり、不要なビットを0にする）のに便利だ。BIC R6, R1, R2は、R1 AND NOT R2を計算する。言い換えれば**BIC**は、R2で立っているビットをクリアする。この場合、R1の上位の2バイトがクリア、言い換えれば**マスク**され、マスクされていない下位2バイトの0xF1B7がR6に置かれる。レジスタの任意のビットの組み合わせをマスクすることができる。

ORR命令は、2つのレジスタからビットフィールドを束ねるのに便利だ。例えば、0x347A0000 ORR 0x000072FC = 0x347A72FCである。

シフト命令

シフト命令は、端の値を落としながら、レジスタの値を左右にシフトする。回転命令は、レジスタの値を右に最大31ビット回転させる。シフトも回転も一般にシフト演算と呼ばれる。ARMには、LSL（論理左シフト）、LSR（論理右シフト）、ASR（算術右シフト）、そしてROR（右回転）がシフト演算として備わっている。ROL命令が存在しないのは、左の回転は右の回転を補数の量だけ行えばよいからである。

5.2.5節で議論した通り、左シフトは常に最下位ビットに0を詰め込む。しかしながら右シフトには、論理（0を最上位ビットに詰める）か、算術（符号ビットを最上位ビットに詰め戻す）がある。シフトの量は、直値かレジスタで指定できる。

図6.4は、LSL、LSR、ASR、RORで、直値でシフトする場合のアセンブリコードと結果のレジスタの値を示している。Nビットの左シフトは、2^Nの乗算と等価である。同様に、Nビットの算術右シフトは、5.2.5節で議論したように、2^Nによる除算と等価である。論理シフトは、ビットフィールドを抽出したり並べるのに使う。

ソースレジスタ

R5	1111 1111	0001 1100	0001 0000	1110 0111

アセンブリコード		結果			
LSL R0, R5, #7	R0	1000 1110	0000 1000	0111 0011	1000 0000
LSR R1, R5, #17	R1	0000 0000	0000 0000	0111 1111	1000 1110
ASR R2, R5, #3	R2	1111 1111	1110 0011	1000 0010	0001 1100
ROR R3, R5, #21	R3	1110 0000	1000 0111	0011 1111	1111 1000

図6.4　直値でシフト量を指定するシフト命令

図6.5は、シフト量がレジスタR6に保持されている場合のシフト演算の、アセンブリコードと結果のレジスタの値を示している。この命令は、**シフト数レジスタ指定**アドレッシングモードを使っていて、1番目のソースレジスタ（R8）が2番目のソースレジスタ（R6）の中のレジスタ値（20）だけシフトされる。

ソースレジスタ

R8	0000 1000	0001 1100	0001 0110	1110 0111
R6	0000 0000	0000 0000	0000 0000	0001 0100

アセンブリコード		結果			
LSL R4, R8, R6	R4	0110 1110	0111 0000	0000 0000	0000 0000
ROR R5, R8, R6	R5	1100 0001	0110 1110	0111 0000	1000 0001

図6.5　レジスタでシフト量を指定するシフト命令

乗算命令

乗算は他の算術演算とは少し異なる。2つの32ビットの数を乗算すると、64ビットの積が求まる。ARMアーキテクチャでは、32ビットの結果と、64ビットの結果を返す2種類の**乗算命令**を提供している。乗算（MUL）は、2つの32ビットの数を乗算して、32ビットの結果を得る。MUL R1, R2, R3は、R2の値とR3の値を乗算して、積の下位32ビットをR1に置く。つまり、積の上位32ビットは捨てられる。この命令は、結果が32ビットに収まる小さい数の乗算に便利だ。UMULL（符号無ロング乗算）と、SMULL（符号付ロング乗算）は、2つの32ビットの数を乗算して、64ビットの積を得る。例えば、UMULL R1, R2, R3, R4 は、R3とR4の符号無で乗算し、積の下位32ビットはR1に置き、上位32ビットはR2に置く。

これらの命令には積和の変種がある。MLAやSMLAL、UMLALは、積を32ビットか64ビットの中間合計に足し込む。これらの命令は、積と加算を繰り返す、行列の積や信号処理といったアプリケーションの算術演算性能を加速する。

6.3.2 条件フラグ

プログラムが、同じ順序を毎回実行するだけならば、つまらないだろう。ARM命令では、演算結果の負、ゼロ、その他を**条件フラグ**（コンディションフラグ）に反映させるか否かを、任意に指示できるようになっている。続く命令は、条件フラグの状態に応じて、「条件的」に実行する。ARMの条件フラグは、**状態フラグ**（ステータスフラグ）とも呼ばれ、表6.2のように、負（Negative, N）、ゼロ（Zwro, Z）、キャリ（Carry, C）、そして桁あふれ（oVerflow, V）から成る。

表6.2 条件フラグ

フラグ	意味	説明
N	Negative	命令の結果が負、つまり結果のビット31が1
Z	Zero	命令の結果がゼロ
C	Carry	命令がキャリアウトを引き起こす
V	oVerflow	命令がオーバーフローを引き起こす

これらのフラグは、ALU（5.2.4節を参照）によって設定され、図6.6のように、32ビットの**カレントプログラムステータスレジスタ**（**CPSR**）の上位4ビットに保持される。

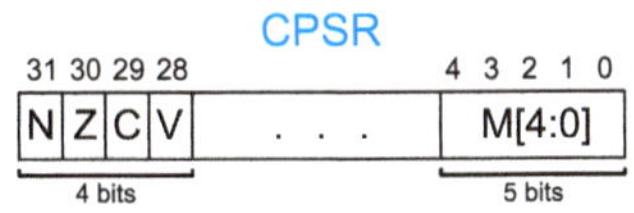

図6.6 カレントプログラムステータスレジスタ（CPSR）

> CPSRの最下位5ビットはモードビットであり、6.6.3節で説明する。

状態フラグを設定する最も一般的な方法は、比較（CMP）命令を使うことで、これは1番目のソースオペランドから2番目を引き算し、結果に基づいて条件フラグをセットする。例えば、2つの数が等しいなら、結果はゼロになり、Zフラグがセットされる。オペランドが符号無の値で、1番目が2番目よりも大きいか同じならば、引き算は借り下げ（キャリアウト）を生成せず、それが反転されてCフラグがセットされる。

> 2つの値を比較する別の有用な命令は、CMN、TST、そしてTEQであり、それぞれでは結果に基づいて条件フラグの更新を行い、結果を捨てる。CMN（負の比較）は1番目のソースと、2番目のソースを負にしたものを加算する。6.4節で見るように、ARMの命令は正の直値しか符号化できないので、CMN R2, #20をCMP R2, #-20の代わりに使う。TST（テスト）はソースオペランドどうしのANDを取る。この命令は、レジスタがゼロか非ゼロかを判定する場合に有用である。例えばTST R2, #0xFFは、R2の下のバイトが0である場合にZフラグをセットする。TEQ（同値の検査）は、ソースどうしのXORを行うことで同じ値であることを検査する。したがって、二者が同じ値の場合はZフラグがセットされ、異なる場合はNフラグがセットされる。

続く命令は、フラグの状態に応じて、条件的に実行される。**命令ニモニック**の後に条件が続き、これが実行される条件を示す。表6.3に、4ビットの条件フィールド（cond）、条件ニモニック、名前、そして条件フラグの命令実行後の結果（CondEx）を示す。例えば、プログラムがCMP R4, R5を実行し、ADDEQ R1, R2, R3を実行するとする。比較命令はR4とR5が等しいならZフラグをセットし、ADDEQ命令はZフラグが

セットされている場合に限り実行される。condフィールドは、6.4節の機械語の符号化で使われる。

表6.3 条件ニモニック

cond	ニモニック	呼び名	条件の式
0000	EQ	等しい	Z
0001	NE	等しくない	$\overline{Z}$
0010	CS/HS	キャリセット／符号無で以上	C
0011	CC/LO	キャリクリア／符号無で未満	$\overline{C}$
0100	MI	マイナス／負	N
0101	PL	プラス／正かゼロ	$\overline{N}$
0110	VS	あふれ／オーバーフローセット	V
0111	VC	あふれ無／オーバーフロークリア	$\overline{V}$
1000	HI	符号無で大きい	$\overline{Z}C$
1001	LS	符号無で以下	$Z\ \mathrm{OR}\ \overline{C}$
1010	GE	符号付で以上	$\overline{N\oplus V}$
1011	LT	符号付で未満	$N\oplus V$
1100	GT	符号付で大きい	$\overline{Z(N\oplus V)}$
1101	LE	符号付で以下	$Z\ \mathrm{OR}\ (N\oplus V)$
1110	AL (or none)	常に／無条件	無視される（ここは例外）

> 条件ニモニックは、同じ比較でも符号付と符号無では異なる。例えば、ARMは「以上」（grater than or equal）の比較に対して、2つの形式を提供している。HS（CS）を符号無の数のために用い、GEを符号付の数のために用いる。符号無の数の場合は、$A \geq B$のとき$A - B$はキャリアウト（C）になる。符号付の数の場合は、$A \geq B$のときは$A - B$はNとVが両方とも0か1になる。図6.7は、説明を簡単にするために4ビットの数を使って、HSとGEの比較を2つの例を示している。

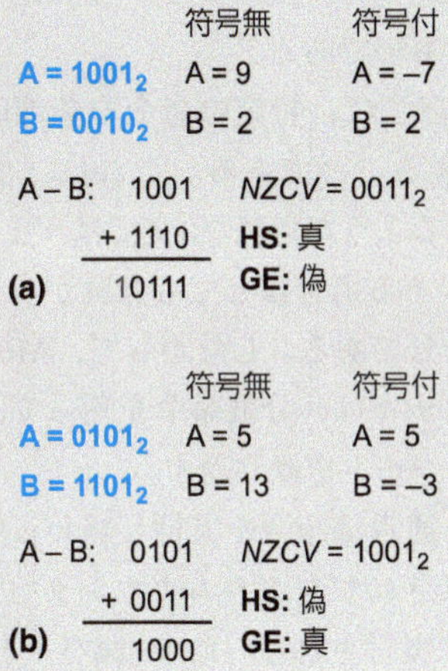

図6.7 符号付と符号無の比較：HSとGE

他のデータ処理命令は、命令ニモニックの後に「S」が続く場合、条件フラグをセットする。例えば、SUBS R2, R3, R7は、R3からR7を引き、結果をR2に置き、条件フラグをセットする。付録Bの表B.5は、各々の命令でどの条件フラグが影響を受けるかをまとめたものである。すべてのデータ処理命令は、結果がゼロか、あるいはそれぞれ結果の最上位ビットがセットされているかに応じて、NとZフラグに影響を与える。さらに、ADDSとSUBSはVとCにも影響し、シフト命令はCに影響する。

コード例6.10は、条件的に実行される命令を示したものである。最初の命令CMP R2, R3は、無条件に実行され、条件

フラグをセットする。残りの命令は、条件フラグの値に応じて、条件的に実行される。R2とR3には、それぞれ0x80000000と0x00000001という値が入っていると仮定する。R2 − R3 = 0x80000000 − 0x00000001 = 0x80000000 + 0xFFFFFFFF = 0x7FFFFFFFで、借り下げなし（C = 1）になる。2つのソースが逆の符号を持ち、結果の符号が1番目のソースの符号と異なるので、結果はオーバーフロー（V = 1）になる。残りのフラグ（NとZ）は0となる。ANDHSは、C = 1なので、実行される。EORLTは、N = 0かつV = 1なので実行される（表6.3を参照）。お察しの通り、R2 ≥ R3（符号無）なのでANDHSは実行され、R2 ≤ R3（符号付）なのでEORLTも実行される。R2 − R3がゼロでない（R2 ≠ R3）のでADDEQは実行されず、負ではないのでORRMIも実行されない。

コード例6.10　条件的に実行される命令

```
ARMのアセンブリコード

  CMP    R2, R3
  ADDEQ  R4, R5, #78
  ANDHS  R7, R8, R9
  ORRMI  R10, R11, R12
  EORLT  R12, R7, R10
```

6.3.3　分　岐

コンピュータが電卓に比べて優れているのは、判断機能を備えている点だ。コンピュータは入力に応じて、異なる仕事を行う。例えば、if/else文、switch/case文、whileループ、それにforループはすべて何らかのテストに応じて、条件的にコードを実行するものである。

判断する1つの方法は、特定の命令を条件的実行によってなかったことにすることである。これは、少数の命令がなかったことにされるような単純なif文ではうまくいくが、中にたくさんの命令がある場合はとても無駄が多く、さらにループのためには不十分である。したがって、ARMやその他ほとんどのアーキテクチャは、**分岐命令**を使って、コードの一部を飛び越したり、コードを繰り返す。

プログラムは、通常は命令を実行し終わって次の命令を実行しようとするときにプログラムカウンタ（PC）を4ずつ増しながら、順番に実行される（命令は4バイトで、ARMはバイトアドレスのアーキテクチャであることを思い出そう）。分岐命令はプログラムカウンタを変更する。ARMは2つのタイプの分岐を有する：単純な**分岐**（B）と、**分岐結合**（branch and link: BL）。BLは関数呼び出しで使われ、6.3.7節で議論する。他のARM命令と同様に、分岐も無条件か条件的に実行される。ある種のアーキテクチャでは、分岐はジャンプと呼ばれる。

コード例6.11は、分岐命令Bを使った無条件分岐を示している。コードがB TARGETに達すると、分岐が成立する。つまり、実行される次の命令は、TARGETというラベルの直後のSUB命令である。

コード例6.11　無条件分岐

```
ARMのアセンブリコード

  ADD R1, R2, #17    ; R1 = R2 + 17
  B TARGET           ; branch to TARGET
  ORR R1, R1, R3     ; not executed
  AND R3, R1, #0xFF  ; not executed

TARGET
  SUB R1, R1, #78    ; R1 = R1 - 78
```

アセンブリコードでは、プログラム中の命令の場所を示すラベルを使う。アセンブリコードが機械語に翻訳されると、これらのラベルは命令アドレスに翻訳される（6.4.3節を参照）。ARMのアセンブリ言語のラベルは、命令ニモニックのような予約語であってはならない。ほとんどのプログラマは、ラベルが目立つように、命令は字下げ（インデント）するが、ラベルにはしない。ARMのコンパイラはこの要求を満たす。つまり、ラベルは字下げせず、命令の前には空白を置く。GCCを含むいくつかのコンパイラは、ラベルの後ろのコロンを必要とする。

分岐命令は、表6.3に列挙した条件ニモニックに基づいて、条件的に実行可能である。

コード例6.12は、等値（Z = 1）に依存するBEQの使い方を示している。コードがBEQ命令に達すると、Zフラグは0（つまり、R0 ≠ R1）であり、分岐は成立しない。つまり、次に実行される命令はORR命令となる。

コード例6.12　条件付き分岐

```
ARMのアセンブリコード

  MOV R0, #4      ; R0 = 4
  ADD R1, R0, R0  ; R1 = R0 + R0 = 8
  CMP R0, R1      ; R0-R1 = -4に基づいて. NZCV = 1000
  BEQ THERE       ; 分岐不成立 (Z != 1)
  ORR R1, R1, #1  ; R1 = R1 OR 1 = 9
THERE
  ADD R1, R1, #78 ; R1 = R1 + 78 = 87
```

6.3.4　条件文

ifやif/else、それにswitch/case文は、高水準言語で共通に使われる条件文である。これらは、1つ以上の文から成るコードのブロックを条件的に実行する。この節では、これらの高レベルの構文を、ARMのアセンブリ言語に翻訳する手法を示していく。

if文

if文は、コードのかたまりifブロックを、条件が合致するときにのみ実行する。次ページの**コード例6.13**は、if文がどのようにARMアセンブリコードに翻訳されるかを示している。

if文のアセンブリコードは、高レベルのコードの条件とは逆の条件をテストする。コード例6.13では、高水準コードはapples == orangesをテストしている。アセンブリコードは、条件が成立しなければ、ifブロックを飛ばすように、apples != orangesをBNEを使ってテストしている。さもな

コード例6.13　if文

高水準言語のコード

```
if (apples == oranges)
  f = i + 1;


  f = f - i;
```

ARMのアセンブリコード

```
; R0 = apples, R1 = oranges, R2 = f, R3 = i
  CMP R0, R1      ; apples == oranges ?
  BNE L1          ; 等しくなければブロックを飛び越す
  ADD R2, R3, #1  ; if block: f = i + 1
L1
  SUB R2, R2, R3  ; f = f - i
```

コード例6.14　if/else文

高水準言語のコード

```
if (apples == oranges)
  f = i + 1;


else
  f = f - i;
```

ARMのアセンブリコード

```
; R0 = apples, R1 = oranges, R2 = f, R3 = i
  CMP R0, R1      ; apples == oranges?
  BNE L1          ; 等しくなければブロックを飛び越す
  ADD R2, R3, #1  ; if block: f = i + 1
  B L2            ; skip else block
L1
  SUB R2, R2, R3  ; else block: f = f - i
L2
```

くば、apples == orangesであるので、分岐は成立せず、if
ブロックが実行される。

> 高水準コードでは、「!=」は不等号の比較を、そして「==」は等号の比
> 較を表すことを思い出して欲しい。

　命令は条件的に実行できるので、コード例6.13のARMのア
センブリコードは、次に示すように、よりコンパクトに書き
直すことができる。

```
CMP   R0, R1     ; apples == oranges ?
ADDEQ R2, R3, #1 ; 等しいので(Z=1), f = i + 1
SUB   R2, R2, R3 ; f = f - i
```

　条件実行に対するこの解は、命令が1つ少ないので、より短
く速い。さらに言えば、7.5.3節で見るように、条件実行は常
に高速であるのに対して、分岐は時には余計な遅延を生じ
る。この例は、ARMアーキテクチャの条件実行の威力を示し
ている。一般に、コードのブロックが1命令である場合は、そ
の命令を分岐を飛び越す分岐を用いるよりも、条件実行を用
いるほうが速い。ブロックが長いほど、実行されない命令を
フェッチ（取得）するのに浪費する時間を回避できるので、
分岐が有用になる。

if/else文

　if/else文は、2つのコードのうちの1つを、条件に応じて実
行する。if文の条件が合致すると、**ifブロック**が実行される。
さもなくば、**elseブロック**が実行される。**コード例**6.14は、
if/else文の例である。

　if文と同様に、if/elseのアセンブリコードは、高水準コー
ドとは逆の条件をテストする。コード例6.14において、高水
準コードはapples == orangesをテストし、アセンブリコー
ドはapples != orangesをテストする。逆の条件が真である
なら、BNEはifブロックを飛び越え、elseブロックを実行す

る。さもなくば、ifブロックを実行し、最後に無条件分岐
（B）を実行してelseブロックを飛び越える。

　繰り返すが、どの命令でも条件的に実行可能で、ifブロッ
クの中の命令は条件フラグを変更しないので、コード例6.14
のARMアセンブリコードは、以下のように簡潔に書き直せ
る。

```
CMP   R0, R1     ; apples == oranges?
ADDEQ R2, R3, #1 ; 等しいので(Z=1), f = i + 1
SUBNE R2, R2, R3 ; 等しくないので(Z=0), f = f - i
```

switch/case文

　switch/case文は、条件に応じていくつかのコードブロック
のうちの1つを実行する。条件が合致しなければ、**default**ブ
ロックが実行される。case文は、if/elseが「連なったもの」
と等価である。次ページの**コード例**6.15は、同じ働きをする2
つの高水準コード、ATM（現金自動預け払い機）において、
押されたボタンに応じて、20ドル、50ドル、あるいは100ドル
のどの金額を引き出すかを計算する。右側のARMアセンブリ
は、高水準コードと等価である。

6.3.5　ループにする

　ループは、条件に応じてコードのブロックを繰り返し実行
する。whileループとforループは、高水準言語に共通の構文
である。ここでは、条件分岐を利用しながら、それらをどの
ようにしてARMのアセンブリ言語に翻訳するかを示す。

whileループ

　whileループでは、条件が成立しなくなるまでコードのブ
ロックを繰り返し実行する。次ページの**コード例**6.16のwhile
ループは、$2^x = 128$を満たすxの値を決定する。ループは、
pow = 128になるまで、7回繰り返す。

　if/else文と同様に、whileループのアセンブリコードは、高

コード例6.15　switch/case文

高水準言語のコード	ARMのアセンブリコード
```switch (button) { case 1: amt = 20; break; case 2: amt = 50; break; case 3: amt = 100; break; default: amt = 0; } // if/else文を使った同等なコード if (button == 1) amt = 20; else if (button == 2) amt = 50; else if (button == 3) amt = 100; else amt = 0;```	```; R0 = button, R1 = amt CMP R0, #1 ; is button 1 ? MOVEQ R1, #20 ; amt = 20 if button is 1 BEQ DONE ; break CMP R0, #2 ; is button 2 ? MOVEQ R1, #50 ; amt = 50 if button is 2 BEQ DONE ; break CMP R0, #3 ; is button 3? MOVEQ R1, #100 ; amt = 100 if button is 3 BEQ DONE ; break MOV R1, #0 ; default amt = 0 DONE```

コード例6.16　whileループ

高水準言語のコード	ARMのアセンブリコード
```int pow = 1; int x = 0; while (pow != 128) { pow = pow * 2; x = x + 1; }```	```; R0 = pow, R1 = x MOV R0, #1 ; pow = 1 MOV R1, #0 ; x = 0 WHILE CMP R0, #128 ; pow != 128 ? BEQ DONE ; pow == 128ならループ脱出 LSL R0, R0, #1 ; pow = pow * 2 ADD R1, R1, #1 ; x = x + 1 B WHILE ; ループを繰り返す DONE```

水準コードとは反対の条件をテストする。反対の条件が真であれば（この場合R0 == 128）、whileループは終了する。さもなくば（R0 ≠ 128）、分岐は成立せず、ループ本体が実行される。

コード例6.16において、whileループはpowと128を比較し、等しければループから脱出する。さもなくば、powを（左シフトを使って）2倍し、xをインクリメントし、分岐でwhileループの先頭に戻る。

forループ

whileループの前に変数を初期化し、変数をループの条件で検査し、変数をwhileループで変更することは多い。forループは、初期化、条件の検査、それに変更を一箇所で行う便利な簡略記法である。forループの形式は次の通りである。

```
for (初期化; 条件; ループ操作)
文
```

初期化コードは、forループが始まる前に実行される。条件は、ループの始まりでテストされる。条件が合致すれば、ループを抜け出す。ループ操作は、ループ繰り返しの終わりで実行される。

> Cのintデータ型は2の補数表現の整数のデータ語を表す。ARMは32ビットの語を用いているので、intは$[-2^{31}, 2^{31} - 1]$の範囲の数を表す。

コード例6.17は、0〜9の数を足すものである。この場合、ループ変数はiであるが、0に初期化され、ループの繰り返しごとにインクリメントされる。forループはiが10未満である間実行される。この例は、相対比較の例も示していることに

コード例6.17　forループ

高水準言語のコード	ARMのアセンブリコード
```int i; int sum = 0; for (i = 0; i < 10; i = i + 1) { sum = sum + i; }```	```; R0 = i, R1 = sum MOV R1, #0 ; sum = 0 MOV R0, #0 ; i = 0 ループの初期化 FOR CMP R0, #10 ; i < 10 ? check condition BGE DONE ; i >= 10 ならループ脱出 ADD R1, R1, R0 ; sum = sum + i ループ本体 ADD R0, R0, #1 ; i = i + 1 ループ更新 B FOR ; ループを繰り返す DONE```

コード例6.18　for ループを使って配列にアクセスする

高水準言語のコード	ARMのアセンブリコード

```
int i;
int scores[200];
...

for (i = 0; i < 200; i = i + 1)

  scores[i] = scores[i] + 10;
```

```
; R0 = 配列のベースアドレス, R1 = i
; 初期化コード ...
  MOV R0, #0x14000000  ; R0 = ベースアドレス
  MOV R1, #0           ; i = 0
LOOP
  CMP R1, #200         ; i < 200?
  BGE L3               ; i >= 200 ならループ脱出
  LSL R2, R1, #2       ; R2 = i * 4
  LDR R3, [R0, R2]     ; R3 = scores[i]
  ADD R3, R3, #10      ; R3 = scores[i] + 10
  STR R3, [R0, R2]     ; scores[i] = scores[i] + 10
  ADD R1, R1, #1       ;  i = i + 1
  B   LOOP             ; ループ繰り返し
L3
```

注意されたい。ループでは継続のために < の条件を調べるが、アセンブリコードは逆の条件 ≥ をループから脱出するために調べる。

　ループは、メモリに格納された同質で大量のデータにアクセスするのに特に便利だが、これについては次で議論する。

6.3.6　メモリ

　記憶やアクセスを容易にするために、同質なデータは**配列**（アレイ）にグループ化してまとめておける。配列は、メモリの連続するデータアドレスに、その中身を格納しておくものである。配列の要素の各々は、インデックスと呼ばれる数によって識別される。配列の要素の数は、配列の長さという。

　図6.8は、メモリに格納された200要素の点数の配列である。**コード例6.18**は、各々の点数に10点を足す、成績水増しアルゴリズムである。点数の配列を初期化するコードは示さない。配列へのインデックスは、定数ではなく変数（i）であり、ベースアドレスに足す前に4倍している。

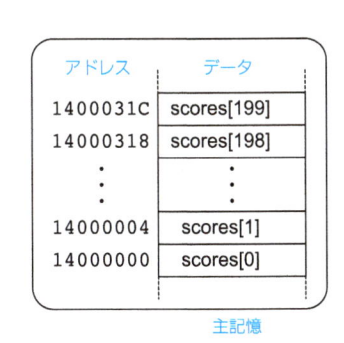

アドレス	データ
1400031C	scores[199]
14000318	scores[198]
⋮	⋮
14000004	scores[1]
14000000	scores[0]

主記憶

図6.8　ベースアドレス0x14000000から始まるメモリ内のsocres[200]

　ARMは、インデックスをスケーリング（乗算）し、ベースアドレスに足し、メモリからロードするのを1命令で済み、コード例6.18のLSLやLDRの命令列の代わりに、次の1命令で済む。

```
LDR R3, [R0, R1, LSL #2]
```

これは、R1をスケーリング（左に2ビットシフト）し、ベースアドレス（R0）に足す。したがって、メモリアドレスはR0 + (R1 × 4)である。

　インデックスレジスタのスケーリングに加えて、ARMではオフセットやプレインデックス、ポストインデックスのアドレス指定を提供し、配列アクセスや関数呼び出しのコードの密度や効率を高めている。表6.4はインデックスモードと、それぞれの例である。各々の場合において、ベースレジスタはR1で、オフセットはR2である。オフセットは、–R2と書くと引き算になる、オフセットは、0　4095の範囲の直値であり、加算されたり（例：#20）、減算されたり（例：–#20）する。

表6.4　ARMインデックスモード

モード	ARMアセンブリ	アドレス	ベースレジスタ
オフセット	LDR R0, [R1, R2]	R1 + R2	変化せず
プレインデックス	LDR R0, [R1, R2]!	R1 + R2	R1 = R1 + R2
ポストインデックス	LDR R0, [R1], R2	R1	R1 = R1 + R2

　オフセットアドレス指定は、アドレスはベースレジスタ±オフセットとなり、ベースレジスタは変更されない。**プレインデックスアドレス指定**は、アドレスはベースレジスタ±オフセットとなり、ベースレジスタはこの新しいアドレスに変更される。**ポストインデックスアドレス指定**は、アドレスはベースレジスタのみとなり、メモリにアクセスした後に、ベースレジスタはベースレジスタ±オフセットに変更される。これまでオフセットインデクシングモードの例をたくさん見てきた。次ページの**コード例6.19**は、コード例6.18のループをポストインデックスを使って書き直したもので、iをインクリメントするADDが削除されている。

バイトと文字

　値域が[–128, 127]の数は、ワードではなく1バイトに格納可能である。英語のキーボードの文字数は256よりもずっと少ないので、英語の文字はしばしばバイトで表現される。C言語はchar型でバイトや文字を表現する。

　Javaのような他のプログラミング言語は、異なる文字の符号化を用いていて、多くは有名なUnicodeである。Unicodeは文字を表すのに16ビットを用いており、アクセントやウムラウト、アジアの言語をカバーしている。より詳細については、**www.unicode.org**を参照されたい。

コード例6.19　ポストインデックスを使うforループ

高水準言語のコード

```
int i;
int scores[200];
...

for (i = 0; i < 200; i = i + 1)

    scores[i] = scores[i] + 10;
```

ARMのアセンブリコード

```
; R0 = 配列のベースアドレス
; 初期化コード ...
  MOV R0, #0x14000000    ; R0 = ベースアドレス
  ADD R1, R0, #800       ; R1 = ベースアドレス + (200*4)
LOOP
  CMP R0, R1             ; 配列の最後に達したか?
  BGE L3                 ; yesならループ脱出
  LDR R2, [R0]           ; R2 = scores[i]
  ADD R2, R2, #10        ; R2 = scores[i] + 10
  STR R2, [R0], #4       ; scores[i] = scores[i] + 10
                         ; then R0 = R0 + 4
  B    LOOP              ; ループ繰り返し
L3
```

　草創期のコンピュータでは、バイトと英文字の標準的な対応付けが欠けていたので、コンピュータ間でテキストを交換するのが困難であった。1963年に、米国規格協会が**ASCII**（American Standard Code for Information Interchange）を公表し、テキスト文字にユニークにバイト値を割り当てた。表6.5は、印字可能な文字の符号化を示している。ASCIIは16進で与えられている。小文字と大文字は0x20（32）の差がある。

表6.5　ASCII符号化

#	文字	#	文字	#	文字	#	文字	#	文字	#	文字
20	space	30	0	40	@	50	P	60	`	70	p
21	!	31	1	41	A	51	Q	61	a	71	q
22	"	32	2	42	B	52	R	62	b	72	r
23	#	33	3	43	C	53	S	63	c	73	s
24	$	34	4	44	D	54	T	64	d	74	t
25	%	35	5	45	E	55	U	65	e	75	u
26	&	36	6	46	F	56	V	66	f	76	v
27	'	37	7	47	G	57	W	67	g	77	w
28	(	38	8	48	H	58	X	68	h	78	x
29	)	39	9	49	I	59	Y	69	i	79	y
2A	*	3A	:	4A	J	5A	Z	6A	j	7A	z
2B	+	3B	;	4B	K	5B	[	6B	k	7B	{
2C	,	3C	<	4C	L	5C	\	6C	l	7C	|
2D	-	3D	=	4D	M	5D	]	6D	m	7D	}
2E	.	3E	>	4E	N	5E	^	6E	n	7E	~
2F	/	3F	?	4F	O	5F	_	6F	o		

　ASCIIコードの開発は古い時代の文字符号化にさかのぼることができる。1838年には既に点（・）とダッシュ（―）の連なりを使って文字を表現するモールスコードが使われていた。例えば文字A、B、C、Dはそれぞれ、―、―・・・、―・―・、―・・と表現する。点とダッシュの数は文字によって異なった。効率化のためによく使われる文字には短いコードが使われた。

　1874年にJean-Maurice-Emile Baudotは、Baudotコードと呼ばれる5ビットのコードを発明した。例えば文字A、B、C、Dにはそれぞれ00011、11001、01110、01001が割り当てられていた。しかしながら32通りの符号化しかできないこの5ビットのコードでは英文字のすべてを表現するには不十分だったが、8ビットなら充分であった。かくして電気通信が広く行き渡るにつれ、8ビットのASCII符号化が標準となった。

　ARMはバイトのロード（**LDRB**）、符号付バイトのロード（**LDRSB**）、そしてバイトのストア（**STRB**）を提供して、メモリにバイト単位でアクセスできるようになっている。LDRBは

バイトをゼロ拡張し、一方LDRSBはバイトを符号拡張して、32ビットのレジスタ全体を満たすようになっている。STRBは32ビットレジスタの最下位1バイトを、メモリ中の指定されたバイトアドレスに格納する。これらをすべて例示した図6.9では、ベースアドレスR4の値は0である。LDRSBはこのバイトをR2にロードし、バイトを上位24ビットに符号拡張してレジスタに格納する。STRBはR3の下位バイト（0x9B）をメモリの3番地のバイトにストアし、元々入っていた0xF7を0x9Bで置き換える。R3の上位バイトは無視される。

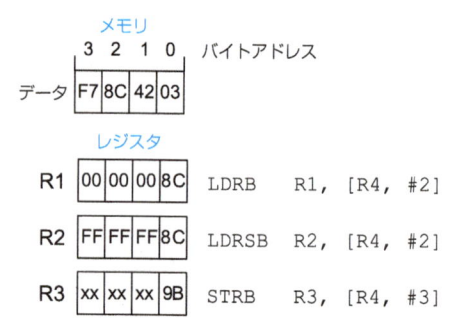

図6.9　バイトのロードとストア命令

> LDRH、LDRSH、およびSTRHも同様だが、16ビット半ワードでアクセスする。

　文字の連なりは**文字列**と呼ばれる。文字列の長さは可変で、プログラミング言語は、文字列の長さと終端を決定する方法を提供していなければならない。C言語では、ナル文字（0x00）で文字列の終わりを表している。例えば次の図6.10は、文字列"Hello!"（0x48 65 6C 6C 6F 21 00）がメモリに格納されている様子である。文字列の長さは7バイトで、0x1522FFF0から0x1522FFF6に渡っている。文字列の最初の文字（H = 0x48）は、最も小さいアドレス（0x1522FFF0）に格納されている。

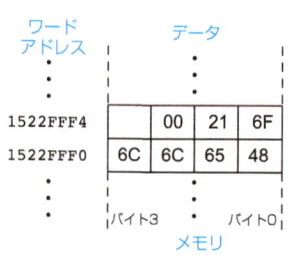

図6.10　メモリ内の文字列"Hello!"

例題6.2　LDRBとSTRBを使って文字配列にアクセスする

次の高水準コードは、10要素の文字の配列を、要素の各々から32を引いて、小文字から大文字に変換するものである。これをARMのアセンブリ言語に変換せよ。この場合、配列要素間のアドレスの変位は1バイトずつで、4バイトではないことを思い出して欲しい。R0には既に文字配列のベースアドレスが入っているものと仮定せよ。

```
// 高水準言語コード
// chararray[10]が宣言され、int i;より先に初期化される

for (i = 0; i < 10; i = i + 1)
  chararray[i] = chararray[i] - 32;
```

解法:

```
; ARM assembly code
; R0 = chararrayのベースアドレス（先に初期化）, R1 = i
      MOV  R1, #0        ; i = 0
LOOP CMP  R1, #10        ; i < 10 ?
      BGE  DONE          ; if (i >=10), exit loop
      LDRB R2, [R0, R1]  ; R2=mem[R0+R1]=chararray[i]
      SUB  R2, R2, #32   ; R2=chararray[i] - 32
      STRB R2, [R0, R1]  ; chararray[i] = R2
      ADD  R1, R1, #1    ; i = i + 1
      B    LOOP          ; repeat loop
DONE
```

6.3.7　関数呼び出し

高水準言語は関数（**手続き**とか**サブルーチン**とも呼ばれる）が備わっており、共通のコードを再利用したり、プログラムのモジュラリティや可読性を高めたりしている。関数には**引数**と呼ばれる入力と、**戻り値**と呼ばれる出力がある、関数は戻り値を計算し、意図しない副作用は起こさない。

ある関数が別の関数を呼び出すと、呼び出した関数（**呼び出し側**、caller）と呼び出された関数（**呼び出され側**、callee）は、引数と戻り値をどこに置くかということについて、合意している必要がある。ARMの規約では、呼び出し側は関数を呼び出す前に、4つまでの引数をR0 R3のレジスタに置き、呼び出され側は終了の前に戻り値をレジスタR0に置くようになっている。この規約に従って、仮に呼び出し側と呼び出され側が異なる人が書いたとしても、両方の関数で引数と戻り値の置き場所を示し合わせることができる。

呼び出され側は、呼び出し側の振る舞いに干渉してはならない。これは、呼び出され側は終了後にどこに戻るかを知っていなければならず、呼び出し側が必要とするレジスタやメモリを上書きしてはならない。呼び出し側は、分岐結合命令（BL: branch and link）を用いて、呼び出し側に飛ぶ前に、戻りアドレスをリンクレジスタLRに格納する。呼び出され側は、呼び出し側が依存するアーキテクチャ状態やメモリに上書きしてはならない。呼び出され側は、特に**退避レジスタ**（R4 R11およびLR）と**スタック**、それに一時変数用に使用中のメモリを、そのままにしておかねばならない。

この節では、どのように関数の呼び出しと戻りを行うかを示す。つまり、関数が入力引数と戻り値にどうやってアクセスし、一時変数を格納するのにスタックがどのように使われるかを示す。

関数呼び出しと戻り

ARMは分岐結合命令（BL）を用いて関数呼び出しを行い、リンクレジスタをPCに移動（MOV PC, LR）して関数から戻る。**コード例6.20**は、main関数がsimple関数を呼び出す様子を示している。mainが呼び出し側で、simpleが呼び出され側である。simple関数は、引数なしで呼び出され、何も戻り値を生成しない。つまり、simpleは単に呼び出し側に戻るだけである。コード例6.20では、命令が置かれているアドレスは、各々のARM命令の左側に16進で書いてある。

BLとMOV PC, LRは、関数呼び出しと戻りのための、2つの基本命令である。BLには2つの働きがある：次の命令（BLの後の命令）の戻りアドレスをリンクレジスタ（LR）に格納し、飛び先の命令に分岐する。

> PCとLRには、それぞれR15とR14という別名がある。ARMは、PCがレジスタセットの一部であるという点で普通でないのが、関数からの戻りはMOV命令で済んでしまう。多くの命令セットはPCを特別なレジスタと位置づけ、関数からの戻りでは、特別なリターン命令かジャンプ命令を使うようになっている。
>
> 今日では、ARMのコンパイラは関数からの戻りでは**BX LR**を使う。分岐と交換命令BXは、分岐に似ているが、標準ARM命令セットと6.7.1節で詳述するThumb命令セットの間の移行も可能である。この章では、Thumbも**BX**命令も使わず、ARMv4の**MOV PC, LR**を使う。
>
> 第7章で分かるように、PCを通常のレジスタとして扱うと、プロセッサの実装が複雑になる。

コード例6.20では、main関数はsimple関数を分岐結合命令（BL）を実行して呼び出している。BLはラベルSIMPLEに分岐し、0x00008024をLRに格納する。simple関数は、MOV PC,

コード例6.20　簡単な関数呼び出し

高水準言語のコード	ARMのアセンブリコード

```
int main() {

  simple();
  ...
}

// void means the function returns no value
void simple() {
  return;
}
```

```
0x00008000 MAIN    ...
...                 ...
0x00008020          BL SIMPLE    ; 関数SIMPLEを呼び出し
...



0x0000902C SIMPLE MOV PC, LR   ; 戻り
```

LR命令を実行して、直ちに戻る。そして、main関数はこのアドレス（0x00008024）から実行して、続きを行う。

入力引数と戻り値

コード例6.20のsimple関数は、呼び出し側関数（main）から入力を受け取らず、出力も返さない。ARMの規約では、関数はR0　R3を引数の入力に使い、R0を戻り値に使う。**コード例6.21**は、diffofsumsが4つの引数と共に呼び出され、1つの結果を返す。resultはローカル変数で、ここではR4に保持することを選択する。

> コード例6.21にはちょっとした間違いがある。コード例6.22　6.25は、このプログラムの改良版である。

ARMの規約に従い、呼び出し関数のmainは、左の引数から右の引数を順番に、入力レジスタR0　R3に置いている。呼び出され側関数のdiffofsumsは、戻り値を戻しレジスタR0に格納している。関数が4つよりも多い個数の引数で呼び出す場合は、次で議論するように、追加入力引数はスタックに置く。

スタック

スタックは関数内で情報を退避するのに使われるメモリである。スタックはプロセッサが作業スペースをさらに必要とするに従って伸び（もっと多くメモリを使う）、プロセッサがもはやそこに格納した変数を必要としなくなったら畳む（使うメモリを減らす）。関数がどのようにスタックを使い一時変数を格納するかを説明する前に、スタックがどう動くのかを説明する。

スタックは後入れ先出し（LIFO）の待ち行列である。重ねた皿のように、スタックに最後にプッシュした（押し込んだ）アイテム（頂上の皿）を、最初にポップする（取り出す）アイテムになる。関数は各々、ローカル変数を格納するためにスタックに場所を確保するが、戻る前にそれを開放してはならない。**スタックの先頭**は最も最近確保された場所である。皿のスタックは宇宙に向かって成長するが、ARMのス

タックはメモリの下位アドレスに向かって成長する。スタックは、プログラムがさらに作業領域を必要とすると、低メモリアドレスに向かって伸びる。

図6.11はスタックを図示したものである。**スタックポインタSP**（R13）は通常のARMレジスタであるが、規約ではスタックの先端を指す（ポインタはメモリアドレスの空想上の名前である）。SPは（アドレスを与えて）データを指す。例えば図6.11（a）では、スタックポインタSPはアドレス値0xBEFFFAE8を持ち、データ値0xAB000001を指す。

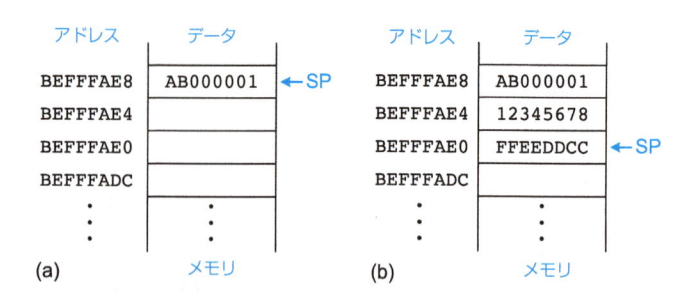

図6.11　スタックの様子。（a）拡張前、（b）2ワード拡張後

> スタックは通常、先頭が最も小さいアドレスとなり、低メモリアドレスに向かって成長するように、メモリに逆さまにして置かれるが、これは**下向きスタック**と呼ばれる。ARMでは、高メモリアドレスに向かって成長する**上向きスタック**を使うことも可能である。スタックポインタは通常、一番高いところにあるスタックの要素を指すが、これは**満（フル）スタック**と呼ばれる。ARMでは、スタックの上端の要素の1つ先を指す**空（エンプティ）スタック**を使うことも可能である。ARMの**アプリケーション-バイナリーインタフェース**（ABI）は、異なるコンパイラが生成したライブラリも使えるように、関数が変数を渡したりスタックの使う作法を定義している。このABIでは、**下向きの満スタック**を規定していて、この章ではこれに則っている。

スタックポインタ（SP）は、上位アドレスから始まり、必要に応じて拡張するために減らされる。図6.11（b）は、一時記憶としてさらに2ワードを使えるように、スタックが拡張される様子を示している。そのためにSPは8減らされて、0xBEFFFAE0になった。2つの追加データ、0x12345678と0xFFEEDDCCはスタック上に一時的に格納される。

コード例6.21　入力引数と戻り値を持つ関数呼び出し

高水準言語のコード	ARMのアセンブリコード

```
int main() {
  int y;
  ...
  y = diffofsums(2, 3, 4, 5);
  ...
}

int diffofsums(int f, int g, int h, int i) {
  int result;

  result = (f + g) - (h + i);
  return result;
}
```

```
; R4 = y
MAIN
  ...
  MOV R0, #2       ; argument 0 = 2
  MOV R1, #3       ; argument 1 = 3
  MOV R2, #4       ; argument 2 = 4
  MOV R3, #5       ; argument 3 = 5
  BL  DIFFOFSUMS   ; 関数呼び出し
  MOV R4, R0       ; y = 戻り値
  ...

; R4 = result
DIFFOFSUMS
  ADD R8, R0, R1   ; R8 = f + g
  ADD R9, R2, R3   ; R9 = h + i
  SUB R4, R8, R9   ; result = (f + g) - (h + i)
  MOV R0, R4       ; 戻り値をR0に
  MOV PC, LR       ; 呼び出し側に戻る
```

スタックの重要な用途の1つは、関数で使われるレジスタの退避と復帰である。関数は戻り値を計算するのに意図しない副作用をもたらしてはいけないということを思い出して欲しい。特に、戻り値を運ぶR0を除いて、関数はレジスタを変更してはならない。コード例6.21のdiffofsums関数は、R4とR8、R9を変更するので、このルールに反している。mainがdiffofsumsを呼び出す前にこれらのレジスタを使っていたら、関数呼び出しでこれらは壊されるであろう。

この問題を解決するために、関数がレジスタを変更する前に、関数はレジスタをスタックに退避し、戻る前にスタックから復帰させる。具体的には、関数は次の手順を踏む：

1. 1つ以上のレジスタの値を格納する場所をスタックに確保する。
2. スタックにレジスタの値をストアする。
3. レジスタを使って、関数を実行する。
4. スタックからレジスタの元の値を復帰させる。
5. スタックに確保した場所を開放する。

コード例6.22はdiffofsumsの改良版で、R4、R8、R9を退避し復帰させている。

コード例6.22 レジスタをスタックに退避する関数

ARMのアセンブリコード

```
;R4 = result
DIFFOFSUMS
  SUB  SP, SP, #12   ; make space on stack for 3 registers
  STR  R9, [SP, #8]  ; save R9 on stack
  STR  R8, [SP, #4]  ; save R8 on stack
  STR  R4, [SP]      ; save R4 on stack

  ADD  R8, R0, R1    ; R8 = f + g
  ADD  R9, R2, R3    ; R9 = h + i
  SUB  R4, R8, R9    ; result = (f + g) - (h + i)
  MOV  R0, R4        ; put return value in R0

  LDR  R4, [SP]      ; restore R4 from stack
  LDR  R8, [SP, #4]  ; restore R8 from stack
  LDR  R9, [SP, #8]  ; restore R9 from stack
  ADD  SP, SP, #12   ; deallocate stack space

  MOV  PC, LR        ; return to caller
```

図6.12は、コード例6.22のdiffofsums関数を呼び出す前、実行中、そして呼び出し後のスタックの様子を表している。スタックは0xBEF0F0FCから始まっている。diffofsumsは、スタックポインタSPを12減らして、3ワードの場所をスタックに作成する。そして、R4とR8、R9の値を新たに確保した場所にストアする。関数の残りの部分を実行している間、これら3つのレジスタの値が変更される。関数の終わりで、diffofsumsは3つのレジスタの値をスタックから復帰させ、スタックの場所を開放し、呼び出し側に戻る。関数から戻ったときに、R0は結果を保持するが、他には副作用を与えない、つまり、R4とR8、R9、SPの値は関数を呼び出す前と同じである。

関数が自分自身で確保するスタックの場所は、**スタックフレーム**という。siddofsumsのスタックフレームは、深さ3ワードである。モジュラリティの原則によると、関数は自分自身のスタックフレームにのみアクセスし、他の関数のものには手出しするなということになる。

複数のレジスタのロードとストア

スタックにレジスタを退避したり復帰させたりするのは、ARMがSTM（Store Multiple）とLDM（Load Multiple）命令を用意するほど共通の操作である。**コード例6.23**は、diffofsumsをこれらの命令を使って書き直したものである。スタックは前の例と全く同じ情報を保持するが、コードはだいぶ短くなる。

コード例6.23 複数のレジスタのロードとストア

ARMのアセンブリコード

```
; R4 = result
DIFFOFSUMS
  STMFD SP!, {R4, R8, R9}  ; R4/8/9を減少スタックにプッシュ

  ADD   R8, R0, R1         ; R8 = f + g
  ADD   R9, R2, R3         ; R9 = h + i
  SUB   R4, R8, R9         ; result = (f + g) - (h + i)
  MOV   R0, R4             ; 戻り値をR0に置く

  LDMFD SP!, {R4, R8, R9}  ; R4/8/9を減少スタックからポップ
  MOV   PC, LR             ; 呼び出し側に戻る
```

LDMとSTMには4つの味付け（FD、ED、FA、EA）があり、これらはFull/Empty（充/空）、Descending/Ascending（下降/上昇）スタックの組み合わせに対応している。命令のSP!は、データをスタックポインタに相対的にストアし、ストア

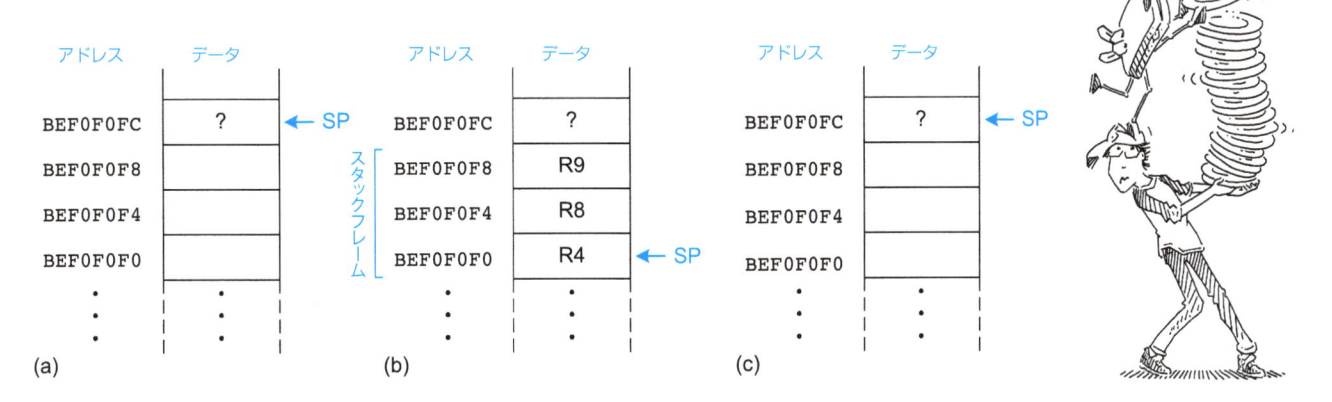

図6.12 diffofsums関数の（a）実行前、（b）実行中、ⓒ実行後のスタックの様子

の後にスタックポインタを更新することを意味する。PUSHは
STMFD SP!, {regs}と、POPはLDMFD SP!, {regs}とそれぞ
れ同義であり、規約に従ったアドレスが下降成長し、スタッ
クポインタが最後にストアしたデータを指すタイプのスタック
と同じやり方でレジスタを退避するので、これが好ましい。

保存レジスタ

　コード例6.22と例6.23は使われるレジスタ（R4とR8、R9）
をすべて退避し復帰させる必要があると仮定している。呼び
出し側関数がこれらのレジスタを使わない場合、これらの退
避と復帰は無駄になる。この無駄を避けるために、ARMはレ
ジスタを保存レジスタと非保存レジスタに分類している。保
存レジスタは、R4　R11で、非保存レジスタは、R0　R3と
R12である。SPとLR（R13とR14）はもちろん保存されなけれ
ばならない、関数は、保存レジスタを使う場合は、すべて退
避／復帰しなければならないが、非保存レジスタは自由に変
更できる。

　コード例6.24は、R4のみをスタックに退避するように、
diffofsumsをさらに改良したもので、上述のPUSHとPOPとい
う同義語を使っている。このコードでは、非保存の引数レジ
スタR1とR3を再利用して、引数が必要なくなった時点から、
中間合計の記録に使うようになっている。

コード例6.24　保存レジスタ数を減らす

ARMのアセンブリコード

```
; R4 = result
DIFFOFSUMS
    PUSH {R4}           ; R4をスタックに退避
    ADD  R1, R0, R1     ; R1 = f + g
    ADD  R3, R2, R3     ; R3 = h + i
    SUB  R4, R1, R3     ; result = (f + g) - (h + i)
    MOV  R0, R4         ; 戻り値をR0に
    POP  {R4}           ; R4をスタックから復帰
    MOV  PC, LR         ; 呼び出し側に戻る
```

　PUSH（とPOP）は、番号が小さい方から大きい方の順番で、番号が小
さいレジスタは低メモリアドレスの方で、番号が大きいレジスタは高メモ
リアドレスの方に置くようにして、
　アセンブリ言語で列挙した順番に関係なく、レジスタをスタックに退避
（から復帰）する。例えば、PUSH {R8, R1, R3}は、R1を最も低いアドレ
スのメモリに、そしてR3、最後にR8の順番で、スタックにストアする。

　関数が別の関数を呼ぶとき、前者を呼び出し側、後者を呼
び出され側と呼ぶことを思い出して欲しい。呼び出され側
は、保存レジスタを使いたい場合は、すべて保存／復帰しな
ければならない。呼び出され側は、非保存レジスタを変更し
てもよい。したがって、呼び出し側が生きているデータを非
保存レジスタに置く場合、呼び出し側は、それらの非保存レ
ジスタを関数呼び出し前に退避し、後で復帰させる必要があ
る。この理由により、保存レジスタは**呼び出され側退避**
（callee-save）とも呼ばれ、非保存レジスタは**呼び出し側退
避**（caller-save）とも呼ばれる。

　表6.6は、どのレジスタを保存するかをまとめている。一般
にR4　R11は、関数内のローカル変数を保持するのに使わ

れ、したがって退避する。関数はどこに戻ればよいのかを
知っている必要があるので、LRは退避しなければならない。

表6.6　保存されるレジスタと保存されないレジスタ

保存される	保存されない
保存レジスタ：R4–R11	一時レジスタ：R12
スタックポインタ：SP (R13)	引数レジスタ：R0–R3
戻り番地：LR (R14)	カレントプログラムステータスレジスタ
スタックポインタより上	スタックポインタより下

　R0　R3とR12は一時的な結果を保持するのに使われる。一
時的な結果の計算は、通常、関数呼び出しが行われる前に完
了するので保存不要で、呼び出し側が退避する必要があるこ
とは稀である。

　R0　R3は、関数呼び出しの途上でしばしば上書きされる。
したがって、呼び出し側が関数呼び出しの後で引数の値に依
存している場合、これらを退避しなければならない。R0は、
呼び出され側がこのレジスタを使って結果を戻すので、退避
するべきではない。カレントプログラムステータスレジスタ
（CPSR）は、条件フラグを保持しているが、関数呼び出し
を跨いで保存されない。

　レジスタの保存と非保存の規約は、アーキテクチャ自身ではなく、ARM
アーキテクチャの手続き呼び出し基準の一部で、別の基準も存在する。

　スタックポインタより上のスタックは、呼び出され側がSP
よりも上のメモリアドレスに書かない限りは、自動的に保存
される。この作法により、他の関数のスタックフレームを変
更しない。スタックポインタ自身は、呼び出され側が関数か
ら戻る前に、開始時にSPから差し引いたのと同じだけ足し戻
すことによって自分のスタックフレームを開放するので、保
存される。

　賢い読者や最適化コンパイラは、ローカル変数resultは、
他に使われることなしに直ちに返されることに気づくかもし
れない。すると、このローカル変数を削除して、単に返しレ
ジスタR0にストアすることができる。これはR4のプッシュと
ポップ、およびR4からR0へのresultの移動を省くことにな
る。このようにさらに最適化されたdiffofsumsをコード例
6.25に示す。

コード例6.25　最適化されたdiffofsums関数呼び出し

ARMのアセンブリコード

```
DIFFOFSUMS
    ADD  R1, R0, R1     ; R1 = f + g
    ADD  R3, R2, R3     ; R3 = h + i
    SUB  R0, R1, R3     ; return (f + g) - (h + i)
    MOV  PC, LR         ; return to caller
```

ノンリーフ関数呼び出し

　他を呼び出さない関数は、リーフ（葉）関数と呼ばれ、
diffofsumsはその一例である。他の関数を呼び出す関数
は、ノンリーフ（非葉）関数と呼ばれる。これまで議論した

ように、ノンリーフ関数は、他の関数を呼び出す前に非保存レジスタをスタックに退避し、あとでそれを復帰させる必要があるかもしれないので、少し複雑である。

呼び出し側退避ルール：関数呼び出しの前に、呼び出し側は非保存レジスタ（R0 R3とR12）で呼び出し後に使うものを退避しなければならない。そして呼び出しの後に、これらのレジスタを使う前に復帰させなければならない。

呼び出され側ルール：呼び出され側が保存レジスタ（R4 R11とLR）を壊すまえに、それらを保存しなければならない。そして戻る前に、それらを復帰させなければならない。

> ノンリーフ関数は、**BL**を使って別の関数を呼び出すと、LRを上書きする。したがって、ノンリーフ関数は、常にLRをスタックに退避し、呼び出し側に戻る前に復帰させなければならない。

コード例6.26で、ノンリーフ関数f1とリーフ関数f2で、必要なレジスタすべての退避と保存の例を示す。f1はそれぞれiをR4に、xをR5に置いていると仮定する。f2はrをR4においている。f1は保存レジスタR4とR5とLRを使っているので、呼び出され側ルールに従って、それらを最初にスタックにプッシュする。f1は、この計算では他のレジスタは保存する必要はないので、R12を使って中間値(a - b)を保持している。f1は、f2を呼び出す前に、R0とR1は非保存レジスタなのでf2が変更するかもしれず、f1は呼び出し後にこれらを使うので、これらをスタックにプッシュする。しかしながら、R12も非保存レジスタでf2が上書きする可能性があるが、f1はR12をもう必要としないので、保存しない。f1はR0で引数を渡し、関数呼び出しを行い、R0の結果を利用する。f1はR0とR1を必要とするので、これらを復帰させる。f1が終了するとき、R0に戻り値を置き、保存レジスタR4とR5、LRを復帰させる。f2は呼び出され側ルールに従って、R4を退避し復帰させる。

> 注意深く観察すると、f2はR1を変更しないので、f1はこれを退避したり復帰させたりする必要がない。しかしながらコンパイラは、どの非保存レジスタが関数呼び出しで怖されるかを、つねに単純な判定で特定することはできない。したがって、単純なコンパイラでは、呼び出し側は関数の呼び出しを通して、非保存レジスタの退避と復帰が必要である。

> 最適化コンパイラは、f2がリーフ関数で、rを非保存レジスタに置けることを見抜き、R4の退避と復帰を避けることができる。

次ページの図6.13は、f1の実行の間のスタックの様子を示している。スタックポインタは、最初は0xBEF7FF0Cから始まっている。

再帰関数呼び出し

再帰関数は、自分自身を呼び出すノンリーフ関数である。再帰関数は、呼び出し側と呼び出され側の両方の振る舞いをし、保存レジスタと非保存レジスタの両方を保存しなければならない。例えば、階乗関数は再帰関数として記述できる。$factrial(n) = n \times (n-1) \times (n-2) \times \ldots \times 2 \times 1$であることを思い出されたい。階乗関数は、次ページの**コード例6.27**のように、再帰的に$factrial(n) = n \times factrial(n-1)$と書き直すことができる。$factrial(1)$は単純に1である。便宜上、プログラムは

コード例6.26 ノンリーフ関数呼び出し

高水準言語のコード

```
int f1(int a, int b) {
  int i, x;

  x = (a + b)*(a - b);
  for (i=0; i<a; i++)
    x = x + f2(b+i);
  return x;
}


int f2(int p) {
  int r;

  r = p + 5;
  return r + p;
}
```

ARMのアセンブリコード

```
; R0 = a, R1 = b, R4 = i, R5 = x
F1
    PUSH  {R4, R5, LR}   ; f1で使われる保存レジスタを退避
    ADD   R5, R0, R1     ; x = (a + b)
    SUB   R12, R0, R1    ; temp = (a - b)
    MUL   R5, R5, R12    ; x = x * temp = (a + b) * (a - b)
    MOV   R4, #0         ; i = 0
FOR
    CMP   R4, R0         ; i < a?
    BGE   RETURN         ; noならループ脱出
    PUSH  {R0, R1}       ; 非保存レジスタを退避
    ADD   R0, R1, R4     ; 引数はb + i
    BL    F2             ; call f2(b+i)
    ADD   R5, R5, R0     ; x = x + f2(b+i)
    POP   {R0, R1}       ; 非保存レジスタを復帰
    ADD   R4, R4, #1     ; i++
    B     FOR            ; ループを繰り返す
RETURN
    MOV   R0, R5         ; 戻り値はx
    POP   {R4, R5, LR}   ; 保存レジスタを復帰
    MOV   PC, LR         ; f1から戻る


; R0 = p, R4 = r
F2
    PUSH  {R4}           ; f2で使われる保存レジスタを退避
    ADD   R4, R0, 5      ; r = p + 5
    ADD   R0, R4, R0     ; 戻り値はr + p
    POP   {R4}           ; 保存レジスタを復帰
    MOV   PC, LR         ; f2から戻る
```

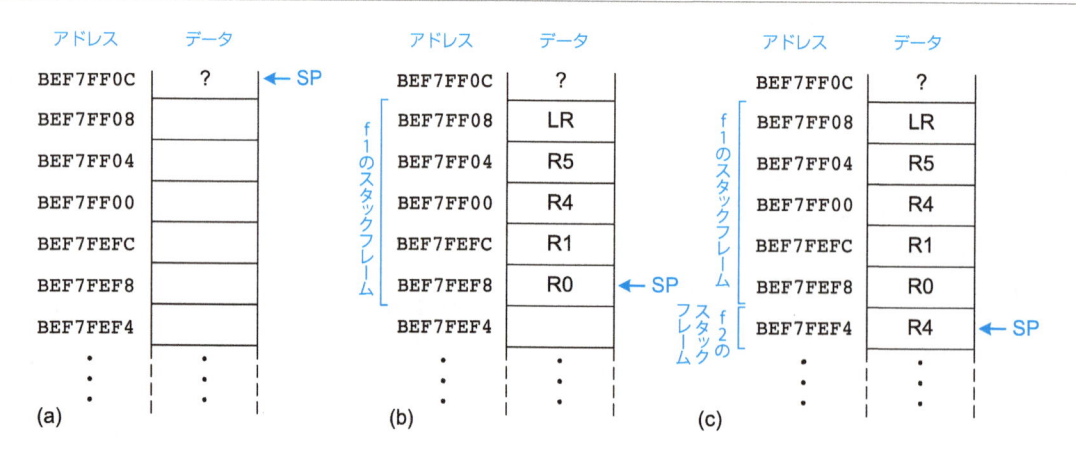

図6.13　スタックの様子。（a）関数呼び出し前、（b）f1を実行中、（c）f2を実行中

コード例6.27　factrial関数呼び出し

高水準言語のコード

```
int factorial(int n) {
  if (n <= 1)
  return 1;

  else
    return (n * factorial(n - 1));
}
```

ARMのアセンブリコード

```
0x8500  FACTORIAL  PUSH  {R0, LR}      ; push n and LR on stack
0x8504             CMP   R0, #1        ; R0 <= 1?
0x8508             BGT   ELSE          ; no: branch to else
0x850C             MOV   R0, #1        ; otherwise, return 1
0x8510             ADD   SP, SP, #8    ; restore SP
0x8514             MOV   PC, LR        ; return
0x8518  ELSE       SUB   R0, R0, #1    ; n = n - 1
0x851C             BL    FACTORIAL     ; recursive call
0x8520             POP   {R1, LR}      ; pop n (into R1) and LR
0x8524             MUL   R0, R1, R0    ; R0 = n * factorial(n - 1)
0x8528             MOV   PC, LR        ; return
```

アドレス0x8500から始まっているとする。

　呼び出され側退避ルールに従って、factrialはノンリーフ関数であり、LRを退避しなければならない。呼び出し側退避ルールに従って、factrialは自身と呼び出した後にnの値を必要とするので、R0を退避しなければならない。したがってfactrialは、最初にLRとR0の両方をスタックにプッシュする。そして、n≦1かどうかををチェックし、そうならば戻り値1をR0に置き、スタックポインタを元に戻し、呼び出し側に戻る。n＞1ならば、factrialは再帰的にfactrial(n - 1)を呼び出す。そして、nとリンクレジスタLRの値をスタックから復帰させ、乗算を実行し、結果を返す。関数は賢いことにR1にnを復帰させているが、これは戻り値を上書きしないためである。乗算命令（MUL R0, R1, R0）は、n（R1）と戻

り値（R0）を掛けて、結果をR0に置く。

　図6.14はfactrial(3)を実行したときのスタックを示している。図6.14（a）のように、SPは最初は0xBEFF0FF0を指していると図示している。関数は、n（R0）とLRを退避するために、2ワードのスタックフレームをつくる。最初の呼び出しでは、図6.14（b）に示すように、factrialはR0（n = 3を保持）を0xBEFF0FE8に、LRを0xBEFF0FECに退避する。関数はnを2に変更し、LRが0x8520を保持したまま、再帰的にfactrial(2)を呼び出す。2回目の呼び出しでは、R0（n = 2を保持）を0xBEFF0FE0に、LRを0xBEFF0FE4に退避する。このとき、LRの中は0x8520であることが分かっている。関数はnを1に変更して、再帰的にfactrial(1)を呼び出す。3回目の呼び出しで、factrialは値1をR0に置いて返し、2回目の

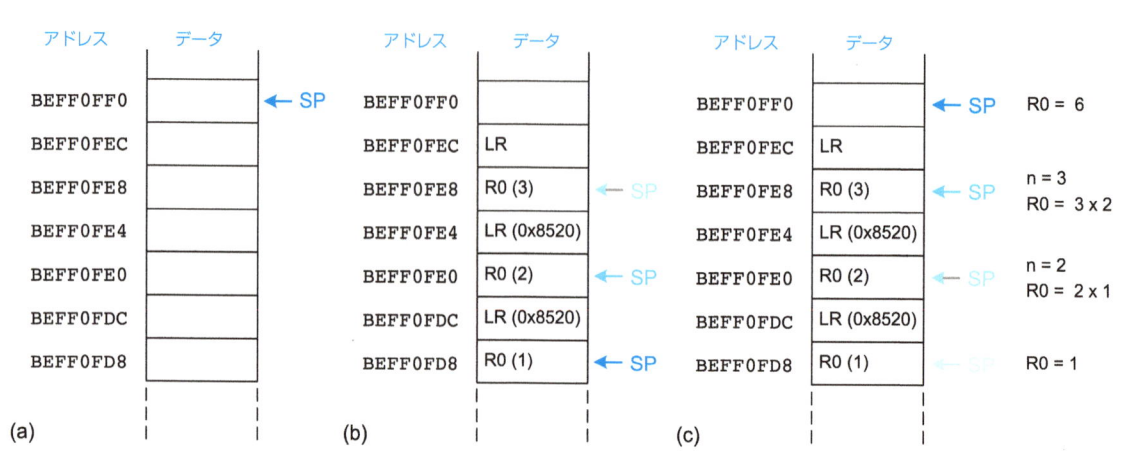

図6.14　n = 3でのfactrialの関数呼び出しにおけるスタックの様子。（a）実行前、（b）実行中、（c）実行後

呼び出しに戻る前にスタックフレームを開放する。2回目の呼び出しは、n = 2を（R1に）復帰させ、LRに0x8520を復帰させ（なんと常に同じ値）、スタックフレームを開放し、R0 = 2 × 1 = 2を最初の呼び出しに返す。最初の呼び出しは、n = 3を（R1に）復帰させ、呼び出し側のアドレスをLRに復帰させ、スタックフレームを開放し、R0 = 3 × 2 = 6を返す。図6.14（c）は、再帰的に呼ばれた関数から戻っていく様子を示している。factrialが呼び出し側に戻るとき、スタックポインタは元の位置（0xBEFF0FF0）であり、ポインタの上部の内容は変更されておらず、保存レジスタは元の値を保っている。R0は戻り値6を保持している。

> 明確にするために、常に手続き呼び出しの開始時にレジスタを退避することにする。最適化コンパイラは、n ≤ 1の場合にR0とLRを退避する必要がなく、レジスタのプッシュは関数のELSEの箇所でのみ必要であることを見抜く。

追加引数とローカル変数

関数では4個を越える引数の入力が許されており、また、保存レジスタに保持できるよりも多くのローカル変数を使うかもしれない。この情報をストアするのに、スタックが使われる。ARMの規約では、関数が4つを越える引数を取るときは、通常は最初の4つは引数レジスタを通して渡す。レジスタに収まり切りない引数は、SPのちょうど上のスタック領域を使って渡す。呼び出し側は、あふれた引数を置く場所のためにスタックを拡張する。図6.15（a）は、4つを越える引数の関数を呼び出す際の、呼び出し側のスタックを表している。

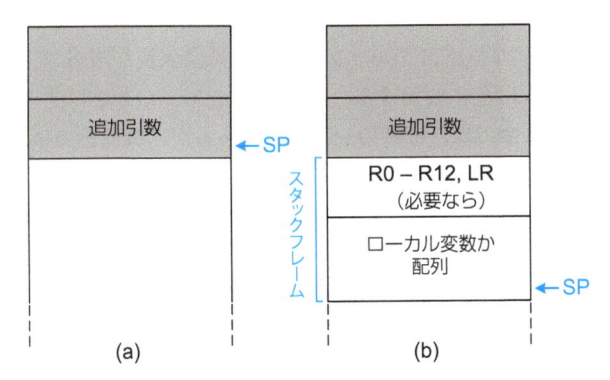

図6.15 スタックの使われ方 （a）関数呼び出し前、（b）関数呼び出し後

関数は、ローカル変数や配列も宣言できる。ローカル変数は、関数内で宣言され、関数の中からのみアクセス可能である。ローカル変数はR4 R11に格納されるが、ローカル変数が多い場合は、関数のスタックフレームに格納することも可能である。特に、ローカル配列はスタックに格納される。

図6.15（b）は、呼び出され側のスタックフレームの構成を示している。スタックフレームは、一時レジスタと（後で関数呼び出しを行うので退避しておく必要があれば）リンクレジスタ、それに関数が変更する保存レジスタを保持する。呼び出され側が4つ以上の引数を取るときは、呼び出し側のスタックフレームを参照する。引数レジスタからあふれた引数入力へのアクセスは、関数が自分以外の関数のスタックフレームを参照する例外の1つである。

6.4 機械語

アセンブリ言語は、人間が読むのには便利であるが、ディジタル回路は1と0しか理解できない。したがって、アセンブリ言語で記述されたプログラムは、ニモニックから1と0だけから成る**機械語**（マシンランゲージ）と呼ばれる表現に翻訳される。この節では、ARMの機械語と、アセンブリ言語と機械語の間の退屈な変換プロセスを詳しく見ていく。

ARMは32ビットの命令を使っている。繰り返すが、規則性は単純性を支援し、最も規則性が高い選択は、すべての命令を、メモリに格納されたワードとして符号化することである。たとえいくらかの命令が32ビットの符号化を必要としないとしても、可変長命令は複雑性を増す。単純性は単一の命令フォーマットを推進するが、これは非常に制限的である。しかしながら、この問題は我々を最後の設計原則に導く：

設計原則4：良い設計は良い妥協を必要とする

ARMの妥協は、3つの主要な命令フォーマットを定義したことである。すなわち、**データ処理**、**メモリ**、そして**分岐**。フォーマットを少なくしたことで、命令セットの拡張性を維持しながらも、命令間の規則性により解読器（デコーダ）のハードウェアが単純になった。データ処理命令には、1番目のソースのレジスタ、2番目のソースの直値かシフト指定可能なレジスタ、そしてディスティネーションレジスタがある。データ処理命令のフォーマットで、2番目のソースにはいくつかのバリエーションがある。メモリ命令には、3つのオペランドがある：ベースレジスタ、直値かオプションでシフトされたレジスタのオフセット、そしてLDRではディスティネーションになり、STRではもう1つのソースになるレジスタ。分岐命令は、24ビットの直値の分岐オフセット。この節では、これらのARM命令フォーマットについて議論し、どのように2進数に符号化するかを見ていく。付録Bに、ARMv4のすべての命令の速見表を掲載した。

6.4.1 データ処理命令

データ処理命令は、最も共通である、最初のソースオペランドはレジスタである。2番目のソースオペランドは、直値かオプションでシフト指定されたレジスタである。3番目のレジスタは、ディスティネーションである、図6.16に、データ処理命令のフォーマットを示す。32ビットの命令は、次の6つのフィールドから成る：*cond*、*op*、*funct*、*Rn*、*Rd*、*Src*2。

データ処理

31:28	27:26	25:20	19:16	15:12	11:0
cond	op	funct	Rn	Rd	Src2
4ビット	2ビット	6ビット	4ビット	4ビット	12ビット

図6.16 データ処理命令のフォーマット

命令が実行する操作は、左側の3つのフィールドに符号化されている。*op*（オペコードとかオペレーションコードとも呼ばれる）、*funct*つまり機能コード、そして*cond*は6.3.2節で詳述したフラグに基づく条件実行をエンコードしたものであ

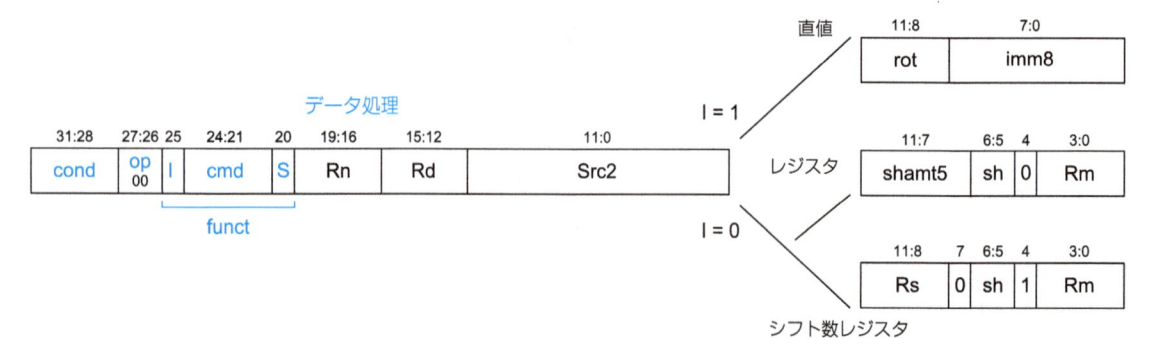

図6.17 データ処理命令におけるfunctフィールドとSrc2のバリエーション

る。cond = 1110$_2$は無条件に実行する命令であることを思い出してほしい。opが00$_2$であると、データ処理命令となる。

オペランドは、RnとRd、Src2の3つの中に符号化される。Rnは1番目のソースを指定するレジスタで、Src2は2番目のソースで、Rdはディスティネーションレジスタである。

> Rdは"register destination"つまり「行き先レジスタ」を短くしたものである。RnとRmは直感的ではないが、1番目と2番目のソースを意味する。

図6.17に、データ処理命令におけるfunctフィールドとSrc2の3つのバリエーションを示す。

functは、I、cmd、Sの3つ部分に分かれる。Iビットが1であると、Src2は直値になる。Sビットが1であると、命令実行の結果により条件フラグが変化する。例えば、SUBS R1, R9, #11ではS = 1になる。cmdによって、表B.1に示すように、データ処理命令を区別する。例えば、cmdが4（0100$_2$）であるとADDとなり、2（0010$_2$）であるとSUBになる。Src2、つまり2番目のソースオペランドのバリエーションは、次の3つが可能である。①直値、②任意で定数シフト（shamt5）されるレジスタ、③他のレジスタ（Rs）で指定しただけシフトされるレジスタ（Rm）。②と③の符号化のために、shで後述表6.8に示すようなシフトのタイプを指定する。

データ処理命令には、風変わりな直値の表現がある。その中には、8ビットの符号無直値であるimm8や、4ビット回転のrotが含まれる。imm8は、32ビットの定数を作るために、2 × rotだけ右回転される。表6.7は、8ビットの直値0xFFに対する、回転と32ビットの定数の結果の例である。

表6.7 imm8 = 0xFFに対する直値の回転と32ビットの結果の定数

回転	32ビット定数
0000	0000 0000 0000 0000 0000 0000 1111 1111
0001	1100 0000 0000 0000 0000 0000 0011 1111
0010	1111 0000 0000 0000 0000 0000 0000 1111
...	
1111	0000 0000 0000 0000 0000 0011 1111 1100

> 直値に複数の符号化が可能であるなら、rotの値が最小になる表現が使われる。例えば、#12は(rot, imm8) = (0000, 00001100)として表現され、(0001, 00110000)ではない。

このやり方は、小さい数の任意の2のべき乗倍を含む、多くの便利な定数を表現できるので、有益である。6.6.1節では、任意の32ビットの定数を生成する方法を詳説している。

図6.18は、Src2がレジスタである場合の、ADDとSUBの機械語を示している。

アセンブリコード / フィールド値

	31:28	27:26 25	24:21	20	19:16	15:12	11:7	6:5	4	3:0
ADD R5, R6, R7 (0xE0865007)	1110$_2$	00$_2$ 0	0100$_2$	0	6	5	0	0	0	7
SUB R8, R9, R10 (0xE049800A)	1110$_2$	00$_2$ 0	0010$_2$	0	9	8	0	0	0	10
	cond	op I	cmd	S	Rn	Rd	shamt5	sh		Rm

機械語コード

31:28	27:26 25	24:21	20	19:16	15:12	11:7	6:5	4	3:0
1110	00 0	0100	0	0110	0101	00000	00	0	0111
1110	00 0	0010	0	1001	1000	00000	00	0	1010
cond	op I	cmd	S	Rn	Rd	shamt5	sh		Rm

図6.18 3つのオペランドがすべてレジスタであるデータ処理命令

アセンブリから機械語へ変換する最も容易な方法は、各々のフィールドを書き出して、2進に変換することである。ビットを4つのブロックにグループ化し、機械語表現が最もコンパクトになる16進に変換する。ディスティネーションはアセンブリ言語命令では、最初のレジスタであるが、機械語では2番目のレジスタフィールド（Rd）であることに注意しよう。RnとTmはそれぞれ1番目と2番目のソースオペランドである。例えば、アセンブリ命令 ADD R5, R6, R7では、Rn = 6、Rd = 5、Rm = 7になる。

図6.19は、直値と2レジスタオペランドでの、ADDとSUBの機械語を示している。

アセンブリコード / フィールド値

	31:28	27:26 25	24:21	20	19:16	15:12	11:8	7:0
ADD R0, R1, #42 (0xE281002A)	1110$_2$	00$_2$ 1	0100$_2$	0	1	0	0	42
SUB R2, R3, #0xFF0 (0xE2432EFF)	1110$_2$	00$_2$ 1	0010$_2$	0	3	2	14	255
	cond	op I	cmd	S	Rn	Rd	rot	imm8

機械語コード

31:28	27:26 25	24:21	20	19:16	15:12	11:8	7:0
1110	00 1	0100	0	0001	0000	0000	00101010
1110	00 1	0010	0	0011	0010	1110	11111111
cond	op I	cmd	S	Rn	Rd	rot	imm8

図6.19 2つ目のオペランドが直値であるデータ処理命令

繰り返すが、ディスティネーションはアセンブリ言語命令では、最初のレジスタであるが、機械語命令では2番目のレジスタフィールド（Rd）である。ADD命令（42）の直値は、8ビットに符号化でき、回転は不要である（imm8 = 42、rot =

0）。しかしながら、SUB R2, R3, 0xFF0の直値は、*imm8*の8ビットでは直接には符号化できない。その代わりに、*imm8*を255（0xFF）とし、28ビット右に回転（*rot* = 14）する。28ビットの右回転は、32 – 28 = 4ビットの左回転と等価であることを思い出そう。

シフトもデータ処理命令である。6.3.1節で述べたように、シフト量は5ビットの直値かレジスタを使うように符号化できる。図6.20は、直値でシフト量を指定する、論理左シフト（LSL）と右回転（ROR）の機械語コードを示している。

アセンブリコード／フィールド値

	31:28	27:26 25	24:21	20	19:16	15:12	11:7	6:5	4	3:0
LSL R0, R9, #7 (0xE1A00389)	1110_2	00_2 0	1101_2	0	0	0	7	00_2	0	9
ROR R3, R5, #21 (0xE1A03AE5)	1110_2	00_2 0	1101_2	0	0	3	21	11_2	0	5
	cond	op I	cmd	S	Rn	Rd	shamt5	sh		Rm

機械語コード

31:28	27:26 25	24:21	20	19:16	15:12	11:7	6:5	4	3:0
1110	00 0	1101	0	0000	0000	00111	00	0	1001
1110	00 0	1101	0	0000	0011	10101	11	0	0101
cond	op I	cmd	S	Rn	Rd	shamt5	sh		Rm

図6.20　シフト量指定が直値であるシフト命令

*cmd*フィールドはシフト命令の13（1101_2）で、シフトフィールド（*sh*）には、表6.8に示すように、実行するシフトの種類を符号化して入れる。*Rm*（つまりR5）は32ビットのシフトされるデータを保持し、*shamt5*はシフトするビット数を与える。シフトの結果は*Rd*に置かれる。*Rn*は使われず、0にする。

表6.8　shフィールドの符号化

命令	sh	演算
LSL	00_2	論理左シフト
LSR	01_2	論理右シフト
ASR	10_2	算術右シフト
ROR	11_2	右回転

図6.21は、*Rs*（R6とR12）の最下位8ビットでシフト量を指定するように符号化された、LSRとASRの機械語である。*cmd*は13（1101_2）で、*sh*はシフトのタイプを符号化していて、*Rm*はシフトされる値を保持し、シフトした結果は*Rd*に格納される。この命令は、レジスタで**シフト数レジスタ指定アドレッシングモード**を使っており、レジスタ（*Rm*）は2番目のレジスタ（*Rs*）に保持されている量だけシフトされる。*Rs*の最下位8ビットが使われるので、*Rm*を最高で255ビットまでシフトできる。例えば、*Rs*の値が0xF001001Cなら、シフト量は0x1C（28）になる。論理シフトが31ビット以上なら、最後まですべてのビットがオフになり、全ビット0を生成できる。回転は循環的で、50ビットの回転は、18ビットの回転と等価である。

アセンブリコード／フィールド値

	31:28	27:26 25	24:21	20	19:16	15:12	11:8	7	6:5 4	3:0
LSR R4, R8, R6 (0xE1A04638)	1110_2	00_2 0	1101_2	0	0	4	6	0	01_2 1	8
ASR R5, R1, R12 (0xE1A05C51)	1110_2	00_2 0	1101_2	0	0	5	12	0	10_2 1	1
	cond	op I	cmd	S	Rn	Rd	Rs		sh	Rm

機械語コード

31:28	27:26 25	24:21	20	19:16	15:12	11:8	7	6:5 4	3:0
1110	00 0	1101	0	0000	0100	0110	0	01 1	1000
1110	00 0	1101	0	0000	0101	1100	0	10 1	0001
cond	op I	cmd	S	Rn	Rd	Rs		sh	Rm

図6.21　シフト量指定がレジスタであるシフト命令

6.4.2　メモリ命令

メモリ命令は、データ処理命令に似たフォーマットを使う。つまり、図6.22に示すように*cond*、*op*、*funct*、*Rn*、*Rd*、そして*Src2*の全部で6つのフィールドから成る。

しかしながら、メモリ命令では*op*は01_2になり、*funct*フィールドの符号化が異なり、また*Src2*には2つのバリエーションがある。*Rn*はベースレジスタで、*Src2*はオフセットを保持し、*Rd*はロードではディスティネーションレジスタになり、ストアではソースレジスタになる。オフセットは12ビットの符号無直値（*imm12*）か、オプションで定数（*shamt5*）で指定したビット数だけシフトされるレジスタ（*Rm*）となる。*funct*は $\bar{I}$、*P*、*U*、*B*、*W*、*L*の6つの制御ビットから成る。表6.9のように、$\bar{I}$ビット（直値）と*U*ビット（加算）は、それぞれ、オフセットが直値なのかレジスタなのかと、オフセットを足すのか引くのかを決める。*P*ビット（プレインデックス）と*W*ビット（書き戻し）は、表6.10のインデックスモードを指定する。*L*ビット（ロード）と*B*ビット（バイト）は、次ページ表6.11に従って、メモリ参照の種類を指定する。

表6.9　メモリ命令のオフセット制御ビット

ビット	意味 $\bar{I}$	U
0	*Src2*の直値オフセット	ベースからオフセットを引く
1	*Src2*のレジスタオフセット	ベースにオフセットを足す

表6.10　メモリ命令のインデックス制御ビット

P	W	インデックスモード
0	0	ポストインデックス
0	1	サポート外
1	0	オフセット
1	1	プレインデックス

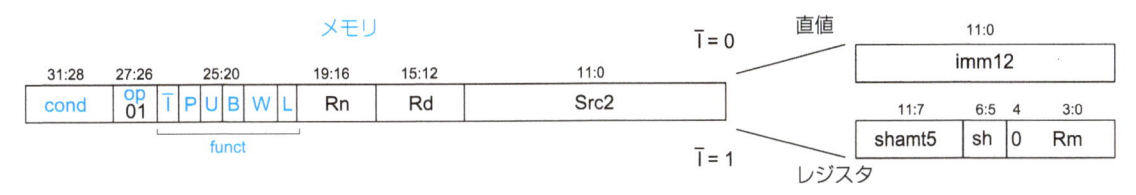

図6.22　メモリ命令のフォーマット（LDR、STR、LDRB、STRB）

表6.11 メモリ命令のメモリ参照制御ビット

L	B	命令
0	0	STR
0	1	STRB
1	0	LDR
1	1	LDRB

例題6.3 メモリ命令を機械語へ翻訳する

次のアセンブリ言語の文を機械語に変換せよ。

STR R11, [R5], #-26

解法：**STR**はメモリ命令なので、opは01_2である。この命令はポストインデックスを使っており、表6.10を見ると$P = 0$かつ$W = 0$である。直値のオフセットがベースから引かれるので、$\bar{I} = 0$かつ$U = 0$である。図6.23に各々のフィールドの値と機械語を示す。結果的に、機械語命令は0xE405B01Aである。

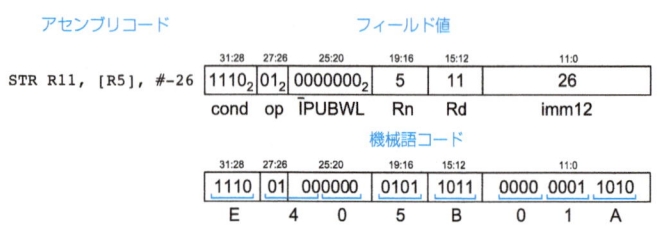

図6.23 例題6.3のメモリ命令の機械語コード

> ポストインデックスモードとは直感的に反対であることに注意。

6.4.3 分岐命令

分岐命令は、図6.24に示すように、24ビットの符号付直値のオペランド$imm24$を1つ取る。

31:28	27:26	25:24	23:0
	分岐		
cond	op 10	1L	imm24

funct

図6.24 分岐命令のフォーマット

データ処理命令やメモリ命令と同様に、分岐命令は4ビットの条件フィールドと、2ビットのopフィールド（値は10_2）から成る。$funct$フィールドは2ビットだけである。$funct$の上のビットは、分岐ではいつも1である。$funct$の下のビットLは分岐命令のタイプを示し、1なら**BL**で、0なら**B**である。残りの24ビットのフィールド$imm24$は2の補数表現で、$PC + 8$番地に対する相対値で命令アドレスを指定する。

コード例6.28は、未満なら分岐（branch if less than）という**BLT**命令の用例で、図6.25はその命令の機械語を示す。**分岐先アドレス（BTA）**は、分岐が成立したときに実行する次の命令のアドレスである。図6.25の**BLT**命令のBTAは0x80B4であり、これがラベルTHEREに対応する命令アドレスである。

コード例6.28 分岐先アドレスの計算

ARMのアセンブリコード

```
0x80A0              BLT  THERE
0x80A4              ADD  R0, R1, R2
0x80A8              SUB  R0, R0, R9
0x80AC              ADD  SP, SP, #8
0x80B0              MOV  PC, LR
0x80B4    THERE     SUB  R0, R0, #1
0x80B8              ADD R3, R3, #0x5
```

アセンブリコード／フィールド値

	31:28	27:26	25:24	23:0
BLT THERE (0xBA000003)	1011_2	10_2	10_2	3
	cond	op funct		imm24

機械語コード

31:28	27:26	25:24	23:0
1011	10	10	0000 0000 0000 0000 0000 0011
cond	op funct		imm24

図6.25 BLT命令（未満なら分岐）の機械語コード

24ビットの直値フィールドは、BTAと$PC + 8$（分岐の2命令あと）の間の命令数になる。この場合、**BLT**の直値フィールド（$imm24$）は3であり、その理由はBTA（0x80B4）は$PC + 8$（0x80A8）の3命令あとであるからだ。

プロセッサはBTAを計算するのに、24ビットの直値を符号拡張し、左に2ビットシフトし（ワードをバイトに変換）、$PC + 8$に加算する。

6.4.4 アドレス指定モード

この節では、オペランドのアドレスを指定するのに使われるモードをまとめる。ARMには4つの主要モード、つまりレジスタ、直値、ベース、そしてPC相対の各アドレス指定がある。他のほとんどのアーキテクチャは、同様なアドレス指定モードを備えていて、上記のアドレス指定を理解すると、別のアセンブリ言語を学ぶのが楽になる。レジスタとベースアドレス指定には、以下に述べるいくつかの副モードがある。最初の3つのモード（レジスタ、直値、そしてベースアドレス指定）は、オペランドの読み書きのモードを定義している。最後のモード（PC相対アドレス指定）は、プログラムカウンタ（PC）への書き込みのモードを定義している。次ページの表6.12に各々のアドレス指定モードの概略と用例をまとめてある。

例題6.4 PC相対アドレス指定のために直値フィールドを計算する

直値フィールドを計算し、以下のアセンブリプログラムの分岐命令のための機械語コードを示せ。

```
0x8040 TEST LDRB R5, [R0, R3]
0x8044 STRB R5, [R1, R3]
0x8048 ADD R3, R3, #1
0x8044 MOV PC, LR
0x8050 BL TEST
0x8054 LDR R3, [R1], #4
0x8058 SUB R4, R3, #9
```

解法：図6.26は、分岐結合（BL）命令の機械語の例であり、$PC + 8$（0x8058）の6命令後ろが飛び先（0x8040）であるので、直値フィールドは–6である。

表6.12　ARMのオペランドのアドレスモード

オペランドのアドレスモード	例	説明
レジスタ		
レジスタのみ	ADD R3, R2, R1	R3 ← R2 + R1
直値でシフトされたレジスタ	SUB R4, R5, R9, LSR #2	R4 ← R5 − (R9 >> 2)
レジスタでシフトされたレジスタ	ORR R0, R10, R2, ROR R7	R0 ← R10 | (R2 ROR R7)
直値	SUB R3, R2, #25	R3 ← R2 − 25
直値		
直値オフセット	STR R6, [R11, #77]	mem[R11+77] ← R6
レジスタオフセット	LDR R12, [R1, −R5]	R12 ← mem[R1 − R5]
直値でシフトされたレジスタオフセット	LDR R8, [R9, R2, LSL #2]	R8 ← mem[R9 + (R2 << 2)]
PC相対	B LABEL1	LABEL1への分岐

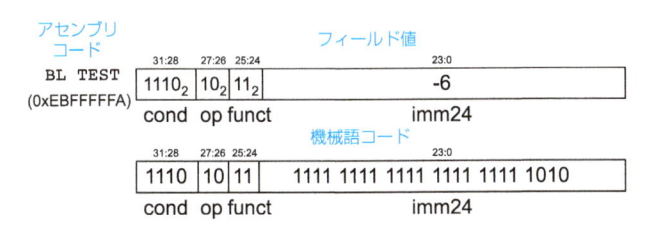

図6.26　BL命令の機械語コード

> レジスタとベースアドレスモードで2番目のソースオペランドがシフトできるという点で、ARMはRISCアーキテクチャの中でも変則的である。このためにはハードウェアの実装において、ALUに直列にシフタを入れる必要があるが、一般的な例題でコードの長さをかなり短くすることができる。例えば、データ要素が32ビットである配列では、インデックスを左に2ビットシフトして配列へのバイトオフセットを計算しなければならない。任意のタイプのシフトが可能であるが、左シフトが最も一般的である。

　データ処理命令は、レジスタか直値を使い、1番目のソースオペランドはレジスタで、2番目はレジスタか直値である。ARMは2番目のレジスタを、直値か3番目のレジスタで指定した量だけシフトできる。メモリ命令では、ベースアドレス指定を使用し、レジスタからくるベースアドレスと、これに直値のオフセットか、レジスタまたは直値でシフトしたレジスタを足してアドレスを指定する。分岐は、PC相対アドレス指定を使い、分岐先アドレスはオフセットを$PC + 8$に足して指定する。

6.4.5　機械語の解釈

　機械語を解釈するには、32ビットの命令語の各々のフィールドを復号しなければならない。異なる命令は、異なるフォーマットになるが、すべてのフォーマットは4ビットの条件フィールドと、2ビットのopから始まる。解読を始めるのに最適なのはopだ。opが00_2であれば、命令はデータ処理命令で、01_2ならメモリ命令、10_2なら分岐命令である。これに基づいて、残りのフィールドが解釈できる。

例題6.5　アセンブリ言語から機械語へ翻訳する

　次のアセンブリ言語の文を機械語に翻訳せよ。

```
0xE0475001
0xE5949010
```

解法：まず、各々の命令を2進に直し、図6.27に示すようにビット27:26のopを見る、opフィールドが00_2か01_2ならば、それぞれデータ処理命令とメモリ命令であると分かる。次に、各々の$funct$フィールドを見る。

　データ処理命令でcmdフィールドが2（0010_2）でIビット（ビット25）が0なら、レジスタ$Src2$の**SUB**命令で、Rdが5、Rnが7、Rmが1である

　メモリ命令の$funct$フィールドは011001_2である。$B = 0$で$L = 1$なので、これは**LDR**命令である。$P = 1$で$W = 0$なので、オフセットアドレッシングである。$\bar{I} = 0$なので、オフセットは直値、$U = 1$なので、オフセットは加算になる。したがってこの命令は、ロードレジスタで、直値のオフセットがベースレジスタに加算される。Rdは9、Rnは4、そして$imm12$は16である。図6.27はこれら2つの機械語命令に対応するアセンブリコードである。

6.4.6　プログラム格納方式の威力

　機械語で書かれたプログラムは、命令を表現する32ビットの数の列である。他の2進数と同じように、これらの命令もメモリに格納される。これは**プログラム格納**（ストアドプログラム、プログラム内蔵）方式と呼ばれ、コンピュータがこれほど強力になった理由である。異なるプログラムを稼動させ

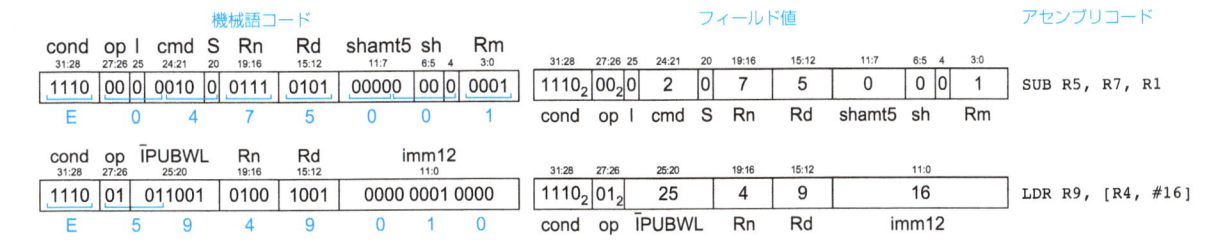

図6.27　機械語コードからアセンブリコードへの変換

るのに、ハードウェアを再構成したり書き直すための多くの時間を必要とせず、単にメモリに新しいプログラムを書くだけである。専用のハードウェアとは対照的に、プログラム格納方式は汎用計算装置を提供する。この方式により、コンピュータは電卓からワードプロセッサ、ビデオプレーヤーに至るまでのプログラムを、単に格納するプログラムを変えるだけで対応できる。

プログラム格納方式の命令は、メモリから復活、言い換えれば**フェッチ**（取得）され、プロセッサによって実行される。大規模で複雑なプログラムでさえ、単にメモリ読み出しと命令実行の列に過ぎない。

図6.28は、どのように機械命令がメモリに格納されるかを示している。ARMプログラムでは、通常は命令は低いアドレス、この場合は0x00008000に格納される。ARMのメモリがバイトアドレス指定で、32ビット（4バイト）の命令のアドレスは、1ではなく4ずつ先に進むことを思い出されたい。

アセンブリコード	機械語コード
MOV R1, #100	0xE3A01064
MOV R2, #69	0xE3A02045
CMP R1, R2	0xE1510002
STRHS R3, [R1, #0x24]	0x25813024

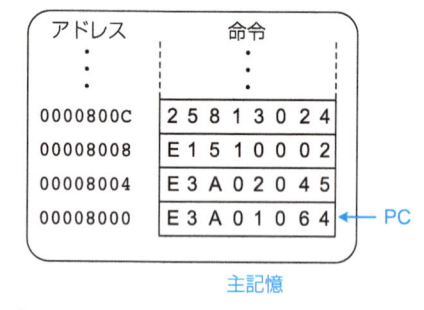

格納されたプログラム

アドレス	命令
⋮	⋮
0000800C	2 5 8 1 3 0 2 4
00008008	E 1 5 1 0 0 0 2
00008004	E 3 A 0 2 0 4 5
00008000	E 3 A 0 1 0 6 4 ← PC

主記憶

図6.28　プログラム格納方式

格納されたプログラムを走らせる、つまり実行するには、プロセッサは命令をメモリから順番にフェッチする。フェッチされた命令は、論理回路によって解読され、実行される。現在の命令のアドレスは、**プログラムカウンタ**（**PC**）と呼ばれる32ビットのレジスタ（実はR15）で管理する。歴史的な理由で、PCからは、現在の命令のアドレス＋8が読み出せる。

図6.28のコードを実行するのに、PCはアドレス0x00008000に初期化される。プロセッサは命令を、そのアドレスのメモリから取得し、命令0xE3A01064（MOV R1, #100）を実行する。プロセッサはPCを4インクリメントして0x00008004にして、その命令をフェッチして実行する、…を繰り返す。

マイクロプロセッサの**アーキテクチャ状態**は、プログラムの状態を保持するものである。ARMの場合は、アーキテクチャ状態には、レジスタファイルとステータスレジスタが含まれる。オペレーティングシステム（OS）がプログラム実行中にアーキテクチャ状態を退避するなら、プログラムに割り込み、何か他のことを行い、プログラムを正しく継続実行できるように状態を復帰させ、あたかも割り込みがなかったように見

せかけることができる。アーキテクチャ状態は第7章でマイクロプロセッサを構築する際に、とても重要である。

エイダ・ラブレース（Ada Lovelace）、1815〜1852年。世界最初のコンピュータプログラムを書いた女性。このプログラムはチャールズ・バベッジの解析機械を使って、ベルヌーイ数を計算したものだ。彼女は詩人バイロン卿の娘である。

6.5 ライト、カメラ、アクション：コンパイル、アセンブル、ローディング*

これまでは、短い高水準コード片を、アセンブリと機械語コードにコンパイル（翻訳）する方法を示してきた。この節では、完全な高水準プログラムをコンパイルしてアセンブルし、実行に備えてメモリに読み込むまでがどのように行われるのかを説明する。まず、コード、データ、それにスタックメモリのレイアウトを定義する**メモリマップ**を、ARMの例を使って紹介する。

図6.29は、高水準言語のプログラムを機械語にコンパイルし、そのプログラムの実行を開始するのに必要な手順を示している。

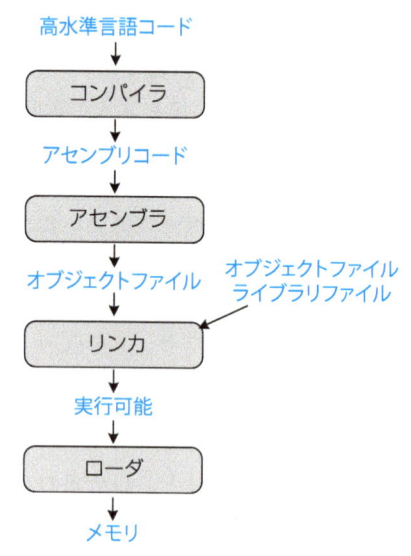

高水準言語コード

コンパイラ

アセンブリコード

アセンブラ

オブジェクトファイル　　オブジェクトファイル
　　　　　　　　　　　　ライブラリファイル

リンカ

実行可能

ローダ

メモリ

図6.29　プログラムの翻訳から実行に至る手順

最初に、**コンパイラ**が高水準コードをアセンブリコードにコンパイルする。**アセンブラ**はアセンブリコードを機械語に変換し、オブジェクトファイルに格納する。**リンカ**は機械語コードとライブラリや他のオブジェクトファイルからのコードを結合し、実行可能なプログラム全体を構成する。実際、ほとんどのコンパイラ（翻訳系）は、コンパイル、アセンブル、リンクまでの3つの段階をすべて行う。最後に、**ローダ**がプログラムをメモリに読み込み、実行を開始する。以降この

節では、単純なプログラムを例にとって、これらの段階を辿ってみよう。

6.5.1 メモリマップ

32ビットアドレスであるので、ARMのアドレス空間は、2^{32}バイト（4GB）の範囲を有している。ワードアドレスは、4の倍数で、0から0xFFFFFFFCの範囲である。図6.30はメモリマップの例である。ARMアーキテクチャは、アドレス空間を次の5つの部分に分割している。すなわち、①テキストセグメント、②大域データセグメント、③動的データセグメント、④例外ハンドラ セグメント、および⑤オペレーティングシステム（OS）、入出力（I/O）セグメント。以降この節では、各々のセグメントについて説明していく。

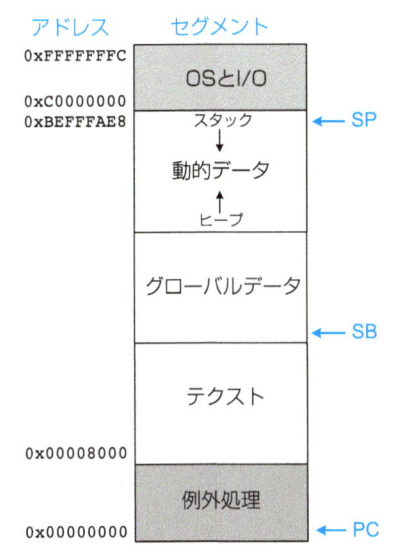

図6.30　ARMのメモリマップの例

> ここに示すのはARMのメモリマップの例だが、ARM自体はもっと柔軟に対応できる。通常は、例外ベクタテーブルは0x0に、そしてメモリマップトI/Oは高アドレスに置かれるが、ユーザはそこにテキスト（コードと定数データ）やスタックやグローバルデータを置くことができる。さらに、歴史的な理由もあって、ほとんどのARMのシステムでは4GBよりも少ないメモリしか積んでいない。

テキストセグメント

テキストセグメントには、機械語プログラムを格納する。ARMはこれを読み専用（リードオンリー、RO）セグメントとも呼ぶ。コードに加えて、リテラル（定数）や読み出し専用のデータも格納する。

大域データセグメント

大域データセグメントは、（ローカル変数とは異なり）プログラムのすべての関数からアクセス可能であるグローバル変数を格納する。グローバル変数は、プログラムが実行を開始する前に、メモリに確保される。ARMでは、これを読み書き（リードライト、R/W）セグメントとも呼ぶ。グローバル変数は、通常、大域セグメントの開始点を指す静的ベースレジスタを使ってアクセスされる。ARMは規約的にR9を静的ベースポインタ（Static Base Pointer: SB）として使っている。

動的データセグメント

動的データセグメントは、スタックとヒープを保持する。このセグメントのデータは、実行開始時には不定であるが、プログラムの実行中に動的に確保されたり開放される。

プログラムの実行開始時に、オペレーティングシステムはスタックポインタ（SP）スタックの最上位を指すように初期化する。図のように、スタックは通常下位（アドレスが小さくなるほう）に成長する。スタックには、一時記憶と配列のようなレジスタには入らないローカル変数を置く。6.3.7節で議論するように、関数はスタックをレジスタの退避と復帰のために使う。スタックフレームは、後入れ先出し順でアクセスされる。

ヒープは、実行時にプログラムによって確保されるデータである。Cでのメモリ確保は、malloc関数によって行われ、C++やJavaではnewを使ってメモリの確保が行われる。タンスの中の山積みになった服のように、ヒープのデータは任意の順序で確保され、使われ、開放される。ヒープは、通常、動的データセグメントの底から上位に向かって成長する。

スタックとヒープが衝突して重なったら、プログラムのデータは壊れてしまうだろう。メモリアロケータは、これが絶対に起きないように、動的データを確保するスペースが足りなくなったら、「メモリを使い果たした」というエラーに帰着するようになっている。

例外ハンドラ、OS、そしてI/Oセグメント

ARMのメモリマップの最も低位の部分は、アドレス0x0（6.6.3節）から始まり、例外ベクタテーブルや例外ハンドラのために予約済みである。メモリマップの最も高位の部分は、オペレーティングシステムやメモリマップトI/O（9.2節）のために予約済みである。

6.5.2 コンパイル

コンパイラは高水準コードをアセンブリ言語にコンパイルする。この節の例はGCC基づいている。GCCは一般的で広く使われている、フリーのコンパイラで、シングルボードコンピュータのRaspberry Pi（9.3節）で稼動する。次ページのコード例6.29は、3つのグローバル変数と2つの関数から成る単純な高水準プログラムで、右側はGCCで生成したアセンブリコードである。

グレース・ホッパー（Grace Hopper）、1906〜1992年。エール大学を数学のPh.Dを取得して卒業した。レミントン・ランド社で働いている間に最初のコンパイラを開発し、COBOL言語の開発に寄与した。海軍将校として、World War II Victory MedalやNational Defence Service Medal等の多くの賞を与えられた。

コード例6.29 高水準言語プログラムをコンパイルする

高水準言語のコード

```c
int f, g, y; // global variables

int sum(int a, int b) {
  return (a + b);
}

int main(void)
{
  f = 2;
  g = 3;
  y = sum(f, g);
  return y;
}
```

ARMのアセンブリコード

```
    .text
    .global  sum
    .type    sum, %function
sum:
    add      r0, r0, r1
    bx       lr
    .global  main
    .type    main, %function
main:
    push     {r3, lr}
    mov      r0, #2
    ldr      r3, .L3
    str      r0, [r3, #0]
    mov      r1, #3
    ldr      r3, .L3+4
    str      r1, [r3, #0]
    bl       sum
    ldr      r3, .L3+8
    str      r0, [r3, #0]
    pop      {r3, pc}
.L3:
    .word    f
    .word    g
    .word    y
```

> コード例6.29では、グローバル変数をアクセスするのに2つの命令を使っている。1つ目は変数の**アドレス**のロードで、2つ目は変数への読み書きである。グローバル変数のアドレスは、ラベル.L3から始まるコードの後の部分に置かれている。**LDR R3, .L3**はgのアドレスをR3にロードし、**STR R1, [R3, #0]**はgに書いている。以下は同様である。6.6.1節では、このアセンブリコードの構成をさらに詳しく見ていく。

prog.cという名前のC言語のプログラムを、GCCでコンパイル、アセンブル、そしてリンクするには、次のコマンドを使う。

```
gcc -01 -g prog.c .o prog
```

このコマンド呼び出しは、progという名前の実行形式ファイルを生成する。-01オプションは、コンパイラに極度に効率が悪いコードを生成しない基本最適化を行うように指示するものである。-gオプションは、デバッグ情報を出力ファイル中に埋め込むようにコンパイラに指示している。

途中の段階を見たい場合は、GCCの-Sオプションを使い、アセンブルとリンクを行わないように指示する。

```
gcc -01 -S prog.c -o prog.s
```

出力のprog.sは少しかさばるので、我々が興味をもつ部分のみをコード例6.29に示してある。GCCの出力は、小文字で、個々では紹介しないアセンブラ命令が含まれている。sumがMOV PC, LR命令ではなく、BX命令を使って戻っていることに注目してほしい。さらに、GCCは、R3が保存レジスタではないにも関わらず、退避したり復帰させていることにも注目してほしい。グローバル変数のアドレスは、ラベル.L3.から始まる場所に格納される。

6.5.3 アセンブル

アセンブラは、アセンブリ言語のコードを、機械語のオブジェクトファイルに変換する。GCCは、prog.sやprog.cから以下のコマンドライン指令を用いて、オブジェクト生成できる。

```
gcc -c prog.s -o prog.o
```

または

```
gcc -01 -g -c prog.c -o prog.o
```

アセンブラは、アセンブリコードを2つのパスを経て処理する。1回目のパスでは、アセンブラは命令アドレスを割り当て、ラベルやグローバル変数の名前のようなシンボルをすべて見つけ出す。名前とシンボルのアドレスは、記号表（シンボルテーブル）で登録・管理する。2回目のパスでは、アセンブラは機械語を生成する。ラベルに対するアドレスは、記号表を参照して得る。機械語と記号表は、オブジェクトファイルの中に格納される。

オブジェクトファイルは、objdumpコマンドを用いて逆アセンブルを施し、機械語コードと共にアセンブリ言語のコードも見ることができる。そのコードが -gオプションと共にコンパイルされたものなら、**逆アセンブラ（ディスアセンブラ）**は、対応するC言語のコードも行単位で表示する。

```
objdump -S prog.o
```

以下は.textセクションの逆アセンブル結果である。

```
00000000 <sum>:
int sum(int a, int b) {
  return (a + b);
}
 0: e0800001  add r0, r0, r1
 4: e12fff1e  bx lr

00000008 <main>:

int f, g, y; // グローバル変数

int sum(int a, int b);

int main(void) {
 8: e92d4008  push {r3, lr}
    f = 2;
 c: e3a00002  mov r0, #2
10: e59f301c  ldr  r3, [pc, #28] ; 34 <main+0x2c>
14: e5830000  str  r0, [r3]
    g = 3;
18: e3a01003  mov r1, #3
1c: e59f3014  ldr  r3, [pc, #20] ; 38 <main+0x30>
20: e5831000  str  r1, [r3]
    y = sum(f,g);
24: ebffffe  bl  0 <sum>
28: e59f300c  ldr  r3, [pc, #12] ; 3c <main+0x34>
2c: e5830000  str  r0, [r3]
return y;
}
30: e8bd8008  pop {r3, pc}
..
```

> 6.4.6節を思い出すと、PCの読み出しは、現在実行中の命令のアドレス+8になる。LDR R3, [PC, #28]は、fのアドレスをロードすることになり、この値はこの命令のアドレスから、(PC + 8) + 28 = (**0x10** + **0x8**) + **0x1C** = **0x34**となる。.

objdumpコマンドに-tオプションを与えて使うと、記号表も見ることができる。以下に興味ある部分を示す。関数sumが、アドレス0から始まり、サイズが8バイトであることが分かる。関数mainは、アドレス8から始まり、サイズは0x38である。グローバル変数のシンボルf、g、hが列挙され、各々4バイトであることは分かるが、割り当てられた番地は未だ分からない。

```
objdump -t prog.o

SYMBOL TABLE:
00000000 l d .text 00000000 .text
00000000 l d .data 00000000 .data
00000000 g F .text 00000008 sum
00000008 g F .text 00000038 main
00000004   O *COM* 00000004 f
00000004   O *COM* 00000004 g
00000004   O *COM* 00000004 y
```

6.5.4 リンク

　大規模なプログラムのほとんどは、1つ以上のファイルから構成されている。プログラマがそのうちの1つを変更する場合、他のファイルを再びコンパイルしたりアセンブルするのは不毛である。特に、プログラムはしばしばライブラリの中

の関数を呼び出すが、ライブラリファイルはほぼ変更されることはない。高水準コードが変更されないなら、対応するオブジェクトファイルも更新される必要はない。さらにプログラムには、通常は、スタックやヒープその他を初期化する、ある種のスタートアップ（立ち上げ）コードが入っており、関数mainを呼び出す前に実行する。

　リンカの仕事は、オブジェクトファイルとスタートアップコードを束ねて、**実行形式**と呼ばれる機械語のファイルを生成することである。リンカはオブジェクトファイルの中のデータと命令の位置決め（リロケート)を行い、グローバル変数にアドレスを与え、各々が重なり合わないようにする。リンカは記号表の情報を使い、コードを新しいラベルやグローバル変数のアドレスに基づいて調整する。GCCを用いてオブジェクトファイルを束ねるには、以下のようにする。

```
gcc prog.o -o prog
```

実行形式も以下のようにして逆アセンブルできる。

```
objdump -S -t prog
```

　スタートアップコードは長ったらしいが、我々のプログラム自体は、テキストセグメントはアドレス0x8390から始まり、グローバルセグメントは0x10570から始まるように割り当てられている。アセンブラ指令の.wordが、グローバル変数f、g、yのアドレスを定義していることに注意して欲しい。

```
00008390 <sum>:

int sum(int a, int b) {
 return (a + b);
}
 8390: e0800001  add r0, r0, r1
 8394: e12fff1e  bx lr

00008398 <main>:

int f, g, y; // グローバル変数

int sum(int a, int b);

int main(void) {
 8398: e92d4008  push {r3, lr}
    f = 2;
 839c: e3a00002  mov r0, #2
 83a0: e59f301c  ldr  r3, [pc, #28] ; 83c4 <main+0x2c>
 83a4: e5830000  str  r0, [r3]
    g = 3;
 83a8: e3a01003  mov r1, #3
 83ac: e59f3014  ldr  r3, [pc, #20] ; 83c8 <main+0x30>
 83b0: e5831000  str  r1, [r3]
    y = sum(f,g);
 83b4: ebffff5  bl 8390 <sum>
 83b8: e59f300c  ldr  r3, [pc, #12] ; 83cc <main+0x34>
 83bc: e5830000  str  r0, [r3]
    return y;
}
 83c0: e8bd8008  pop {r3, pc}
 83c4: 00010570  .word 0x00010570
```

```
83c8:  00010574    .word 0x00010574
83cc:  00010578    .word 0x00010578
```

> 実行形式の中の命令LDR R3, [PC, #28] は、(PC + 8) + 28 = (0x83A0 + 0x8) + 0x1C = 0x83C4からの読み出しとなる。このアドレスには、値0x10570が入っていて、グローバル変数fの場所になる。

実行形式は、関数やグローバル変数の位置決め後に更新された記号表も含んでいる。

```
SYMBOL TABLE:
000082e4 l  d  .text 00000000   .text
00010564 l  d  .data 00000000   .data
00008390 g  F  .text 00000008   sum
00008398 g  F  .text 00000038   main
00010570 g  O  .bss  00000004   f
00010574 g  O  .bss  00000004   g
00010578 g  O  .bss  00000004   y
```

6.5.5 ローディング

オペレーティングシステムは、2次記憶（通常はハードディスク）から実行形式ファイルを読み出し、その中のテキストセグメントをメモリのテキストセグメントに読み込むことで、プログラムをロードする。オペレーティングシステムは実行を開始するのに、プログラムの先頭に飛び込む（ジャンプする）。図6.31は、プログラム実行開始時のメモリマップを示している。

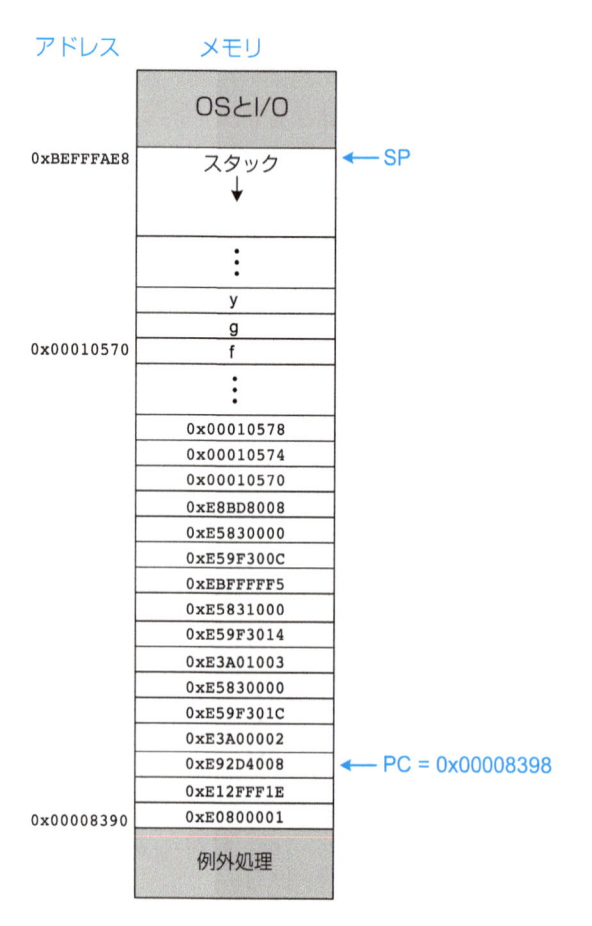

図6.31 メモリにロードされた実行形式

6.6 こまごまとした話題*

この節では、本章の他の部分の範疇ではカバーしきれない、こまごましたこと、具体的には、32ビットリテラルのロード、NOP、そして例外について議論する。

6.6.1 リテラルのロード

多くのプログラムは、定数やアドレスのような32ビットのリテラルを必要とする。MOVは12ビットのソースしか扱えないので、LDR命令を使って、テキストセグメントのリテラルプールからロードする。ARMのアセンブラは、次の形式のロードを受け付ける。

```
LDR Rd, =literal
LDR Rd, =label
```

最初のロードでは、literalで指定された32ビットの定数をロードし、2番目のロードでは、変数のアドレスや、labelで指定されたプログラム中のポインタをロードする。両者とも、ロードされる値はリテラルプールに格納されている。リテラルプールはテキストセグメントに設けられたリテラルを格納する場所である。リテラルプールはLDR命令から4096バイト未満の場所にある必要があり、ロードはLDR Rd, [PC, #offset_to_literal]になる。プログラムは、リテラルを命令だと思って実行してしまわないように、リテラルプールの周辺を分岐でバイパスするように気をつけなければならない。

コード例6.30は、リテラルのローディングを示している。

コード例6.30 リテラルプールを作った大きな直値

高水準言語のコード	ARMのアセンブリコード
`int a = 0x2B9056F;`	`; R1 = a` `  LDR R1, =0x2B9056F`

図6.32に示す通り、LDR命令はアドレス0x8110にあり、リテラルは0x815Cにある。PCを読み出すと、現在の実行アドレスよりも8だけ先を指していることを思い出すと、LDRの実行で読み出されるPCは0x8118となる。したがって、LDRはオフセット0x44を使い、リテラルプールからLDR R1, [PC, #0x44]として目的の値を引く。

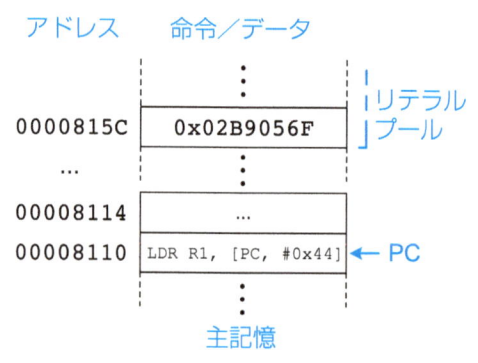

図6.32 リテラルプールの例

6.6.2 NOP

NOPは"no operation"から来たニモニックで、「のっぷ」と発音し、何もしない疑似命令である。アセンブラはこれを、MOV R0, R0（0xE1A00000）に変換する。NOPは、わずかな遅延を作ったり、命令の整列の際に有用である。

> 疑似命令は、実際の命令セットの一部ではなく、命令の略記か、プログラマやコンパイラがよく使う命令のかたまりである。アセンブラは疑似命令を1以上の実際の命令に置き換える。

6.6.3 例 外

例外は、指定されたアドレスに分岐する、スケジュールされていない関数呼び出しのようなものだ。例外を引き起こすのは、ハードウェアかソフトウェアである。例えば、ユーザがキーボードを打鍵すると、プロセッサはそのことを知らされる。プロセッサは現在実行している最中の仕事を止め、どのキーが押されているかを特定し、それを将来のために保存し、実行していたプログラムに復帰する。キーボードのような入出力（I/O）によって発動されるハードウェア例外は、割り込みと呼ばれている。その代わりに、プログラムが未定義命令のようなエラーに出くわすかもしれない。プログラムは、オペレーティングシステム（OS）の中のコードに分岐し、未実装の命令をエミュレートするか、問題を起こしたプログラムを実行停止にすることで対処する。ソフトウェア例外は、場合によってはトラップとも呼ばれる。トラップの中でも特に重要なものは、システムコールで、これはプログラムが高い特権レベルで稼動しているOSの機能を呼び出すものである。他の例外の要因としては、リセットや存在しないメモリへのアクセスがある。

他の関数呼び出しと同様に、例外も戻りアドレスを退避し、それを働かせるためのアドレスにジャンプし、終了したら痕跡を消し、例外が発生する直前に実行していた場所に戻らなければならない。例外ではベクタテーブルを用いて例外ハンドラに飛び、バンク化されたレジスタを用いて、動いているプログラムのレジスタを壊さないように、主要なレジスタの別のコピーを維持する。例外はプログラムの特権レベルを変更し、例外ハンドラがメモリの保護された部分にアクセスできるようにする。

実行モードと特権レベル

ARMプロセッサは、異なる特権レベルのいくつかの実行モードで稼動できる。異なるモードによって、例外はそのハンドラを状態を壊すことなしに実行できる。例えば、プロセッサが特権モードでオペレーティングシステムのコードを実行している間に割り込みが発生し、割り込みが不正なメモリアドレスをアクセスしようとしたら、アボート例外が発生する。例外ハンドラはそれに対応して、特権コードに復帰する。モードは図6.6のカレントプログラムステータスレジスタ（CPSR）の最下位の5ビットで設定する。表6.13に実行モードとえその符号化を示す。ユーザモードは、特権モードPL0で稼動し、このモードでは、オペレーティングシステムの

コードのようなメモリの中でアクセス保護された部分にアクセスできない。他のモードは特権モードPL1で稼動し、このモードではすべてのシステムの資源にアクセスできる。特権レベルは、バグを含んでいたり間違えているユーザのコードが、他のプログラムを破壊したり、システムをクラッシュさせたり悪さしないようにするのに重要である。

表6.13 ARM実行モード

モード	$CPSR_{4:0}$
ユーザ	10000
スーパーバイザ	10011
停止	10111
未定義	11011
割り込み（IRQ）	10010
高速割り込み（FIQ）	10001

例外ベクタテーブル

例外が発生するとプロセッサは、例外ベクタテーブルに例外の要因に依存したオフセットを加えた場所に分岐する。表6.14に、通常はメモリのアドレス0x00000000から始まるベクタテーブルの内容を示す。例えば割り込みが発生すると、プロセッサはアドレス0x00000018に分岐する。同様に電源が投入されると、プロセッサはアドレス0x00000000に分岐する。例外ベクタの各々には、例外ハンドラに飛ぶ分岐命令を入れておき、飛び先で例外の対応をして、抜けるかユーザのコードに戻る。

表6.14 例外ベクタテーブル

例外	アドレス	モード
リセット	0x00	スーパーバイザ
未定義命令	0x04	未定義
スーパーバイザ呼び出し	0x08	スーパーバイザ
プリフェッチアボート（命令フェッチエラー）	0x0C	アボート
データアボート（データのロードかストアのエラー）	0x10	アボート
予約	0x14	N/A
割り込み	0x18	IRQ
高速割り込み	0x1C	FIQ

> ARMはハイベクタモードを備えていて、例外ベクタテーブルを0xFFFF0000番地から始めるようにできる。例えば、システムは0x00000000番地にあるROMのベクタテーブルを使ってブートし、OSが0xFFFF0000にあるRAMのベクタテーブルに値を設定し、システムをハイベクタモードにするかもしれない。

バンク化されたレジスタ

例外がPCを変える前に、LRに戻りアドレスを退避して、例外ハンドラがどこに戻るべきかが分かるようにしておかねばならない。しかしながら、プログラムがLRの値を後で使うであろうから、ハンドラはそこに既にある値を壊さないように注意しなければならない。したがって、プロセッサは異な

るレジスタのバンクを使って、各例外モードの間にLRを使えるようにしている。同様に、例外ハンドラは状態レジスタの各ビットを壊さないようにしなければならない。したがって、複数のSPSR（saved program status register）から成るバンクに、例外処理中のCPSRのコピーするようになっている。

プログラムがスタックを操作している間に例外が起きると、フレームは不安定な状態（例えば、データがスタックに書かれたが、スタックポインタはスタックの先頭を指していない）に陥るかもしれない。したがって、各々の実行モードでは、自分自身のスタックを使い、バンクに入れられたSPのコピーはスタックの先頭を指すようになっている。各々の実行モード用にメモリが予約されていて、バンク化されたスタックポインタを起動時に初期化する必要がある。

例外ハンドラが最初にしなければならない事項は、ハンドラが変更する可能性があるすべてのレジスタを、スタックにプッシュすることである。これには少し時間がかかる。ARMは高速割り込み実行モードFIQを備えていて、これではR8R12も同時にバンク化されている。したがって例外ハンドラは、これらのレジスタを退避することなしに、直ちに処理を開始できる。

例外処理

例外モードや例外ベクタ、バンク化されたレジスタを紹介したので、例外の間に何が起きるのかを定義ができる。例外を検出すると、プロセッサは：

1. CPSRをバンク化されたSPSRにストアする。
2. 例外モードと特権レベルを、例外のタイプに基づいてセットする。
3. CPSRの割り込みマスクビットをセットし、例外ハンドラが割り込まれないようにする。
4. 戻り番地をバンク化されたLRにストアする。
5. 例外の種類に応じたベクタテーブルの例外ベクタへ分岐する。

そして、プロセッサは例外ベクタテーブルの命令を実行し、通常は例外ハンドラに分岐する。通常ハンドラは、他のレジスタをスタックにプッシュし、例外の手当てを行い、レジスタをポップしてレジスタを復帰させる。例外ハンドラは、以下の事後整理を行うMOVの変種のMOVS PC, LR命令を実行して戻る。

1. バンク化されたSPSRをCPSRにコピーし、状態レジスタを復帰させる。
2. バンク化されたLRをPCにコピーし（ある種の例外では調整されることもある）、例外が発生したプログラムに戻る。
3. 実行モードと特権レベルを復帰させる。

例外に関連する命令

プログラムは低い特権レベルで稼動している一方で、オペレーティングシステムはより高い特権レベルを有する。きちんとした制御の下でレベルを推移させるために、プログラムは引数をレジスタに置き、スーパーバイザコール（SVC）命令を発行する。この命令は例外を発生し、特権レベルを引き上げる。OSは引数を確認し、要求された働きをこなし、プログラムに戻る。

OSやPL1で稼動するその他コードは、MRS命令（汎用レジスタから特別レジスタへの移動）やMSR命令（特別レジスタから汎用レジスタへの移動）を使ういくつかの実行モードのために、バンク化されたレジスタにアクセス可能である。例えばブート時に、OSはこれらの命令を使い、例外ハンドラ用のスタックを初期化する。

起動

起動時は、プロセッサはリセットベクタにジャンプし、ブートローダのコードの実行をスーパーバイザモードで実行する。ブートローダは通常、メモリシステムを初期設定し、スタックポインタを初期化し、そしてOSをディスクから読み込む。そして、OSのもっと長いブート手順を開始する。OSは最終的には、プログラムをロードし、特権がないユーザモードに移行し、プログラムの開始点にジャンプする。

6.7　ARMアーキテクチャの進化

最初のARM1プロセッサの使命は、英国のAcorn Computerで1985年に開発され、当時の多くのパーソナルコンピュータで使われていた6502マイクロプロセッサを使用していたBBC Microコンピュータをアップグレードすることにあった。同年内にARM2が続き、これはAcorn Archimedes Computerに搭載された。ARMは**Acorn RISC Machine**の略である。この製品は、第2版のARM命令セット（ARMv2）を実装していた。アドレスバスは26ビットしかなく、32ビットのPC（プログラムカウンタ）の上位6ビットは、ステータスビットを保持するのに使われていた。そのアーキテクチャは、データ処理、ほとんどのロードとストア、分岐、そして乗算を備えていた。

ARMはまもなく拡張され、アドレスバスが32ビットになり、ステータスビットは、専用のカレントプログラムステータスレジスタ（CPSR）に移動した。ARMv4が1993年に導入され、半ワードのロードとストアと、それぞれ符号付と符号無の半ワードとバイトのロードが備わった。これは現代的なARM命令セットの中核であり、この章で我々が取り扱っているものである。

> ARMv7では、CPSRはアプリケーションプログラムステータスレジスタ（APSR）と呼ばれる。

ARM命令セットは、次節で詳説するように、多くの拡張が行われてきた。最も成功した1995年のARM7TDMIプロセッサは、そのARMv4Tの命令セットの中に命令密度を高めるために、16ビットの**Thumb命令セット**を備えていた。ARMv5TEにはディジタル信号処理（DSP）とオプションで浮動小数点命令が加わった。ARMv6は、マルチメディア命令と改良型Thumb命令セットを加えた。ARMv7は、浮動小数点と、Advanced SIMDと名前を変えたマルチメディア命令セットを

改良した。ARMv8は、全く新しい64ビットアーキテクチャを導入した。多様なシステムプログラミング向け命令が、アーキテクチャが進化する度に導入されてきた。

6.7.1 Thumb命令セット

Thumb命令は16ビット長で、より高いコード密度を達成している。Thumbは通常のARM命令と同一だが、一般に以下のような制限が課せられている：

▲ 下の8個のレジスタしかアクセスできない
▲ ソースとディスティネーションで同じにレジスタを再利用
▲ より短い値
▲ 条件実行がない
▲ 常にステータスフラグ（条件フラグ）が変化

ARM命令のほとんどにはThumbと等価である。命令が非力なので、同じプログラムを書くのに多くの命令が必要になる。しかしながら命令長が半分なので、全体としてThumbコードのサイズは、ARMの等価なものの65%で済む。Thumb命令セットは、サイズや記憶のコストを減らすだけなく、安価で16ビットバスを命令メモリに使え、命令を取得するのに費やされる電力も減る。

ARMプロセッサには、命令セット状態レジスタISETSTATEが備わっていて、その中のTビットでプロセッサがノーマルモード（T=0）か、Thumbモード（T=1）を表している。このモードは、どのように命令が取得され解釈されるのかを決定する。分岐命令のBXやBLXを使うと、Tビットを切り替わり、それぞれThumbモードに入ったり出たりできる。

Thumb命令の符号化は、16ビットの半ワードに有用な情報を詰め込んでいるので、ARMの命令よりも複雑で不規則である。図6.33に通常のThumb命令の符号化を示す。上位ビットは命令のタイプを示す。データ処理命令は、通常は2つのレジスタを指定し、そのうちの1つは第1ソースとディスティネーションである。そして、データ処理命令は条件フラグを更新する。加算、減算、そしてシフト値を指定できる。条件分岐は4ビットの条件コードと短いオフセットを指定する。無条件分岐ではもっと長いオフセットが使える。BX命令は、4ビットのレジスタを取って、リンクレジスタLRをアクセスできるようになっている。LDR, STR, ADD, それにSUBでは特別な形式が定義されていて、スタックポインタSPに（関数呼び出しの際にスタックフレームにアクセスするために）相対的に作用するようになっている。別のLDRの特別な形式としては、（リテラルプールにアクセスするために）PCに相対的にロードするものがある。ADDとMOVは、16個のレジスタのすべてにアクセスできるようにアクセスを必要とし、22ビットで飛び先を指定する。BLは常に2つの半ワードを使う。

不規則なThumb命令セットの符号化。可変長命令（1または2半ワード）は、短い命令語にたくさんの情報を詰め込まねばならない16ビットプロセッサの特性である。不規則性は命令の解読（デコード）を複雑にする。

ARMはその後もThumb命令セットを改良し、32ビットのThumb-2命令を追加して、共通の操作の性能を加速し、どんなプログラムでもThumbモードで書けるようにした。プロセッサがThumb-2命令を識別するには、命令の最上位ビットが11101, 11110、あるいは11111であることを確かめ、命令の残りが入っている2番目の半ワードをフェッチする。Cortex-Mシリーズのプロセッサでは、Thumb状態と排他的に動作する。

6.7.2 DSP命令

ディジタルシグナルプロセッサ（DSP）は、高速フーリエ変換（FFT）や有限／無限インパルス応答（FIR/IIR）フィルタといった信号処理アルゴリズムを効率的に扱うために設計されている。一般的なアプリケーションとしては、音声や映

15 ... 0	符号化	命令
0 0 0 0 0	funct / Rm / Rdn	<funct>S Rdn, Rdn, Rm (data-processing)
0 0 0	ASR LSR / imm5 / Rm / Rd	LSLS/LSRS/ASRS Rd, Rm, #imm5
0 0 0 1 1 SUB	imm3 / Rm / Rd	ADDS/SUBS Rd, Rm, #imm3
0 0 1 SUB	Rdn / imm8	ADDS/SUBS Rdn, Rdn, #imm8
0 1 0 0 0 1 0 0	Rdn[3] / Rm / Rdn[2:0]	ADD Rdn, Rdn, Rm
1 0 1 1 0 0 0 0 SUB	imm7	ADD/SUB SP, SP, #imm7
0 0 1 0 1	Rn / imm8	CMP Rn, #imm8
0 0 1 0 0	Rd / imm8	MOV Rd, #imm8
0 1 0 0 0 1 1 0	Rdn[3] / Rm / Rdn[2:0]	MOV Rdn, Rm
0 1 0 0 0 1 1 1 L	Rm / 0 0 0	BX/BLX Rm
1 1 0 1	cond / imm8	B<cond> imm8
1 1 1 0 0	imm11	B imm11
0 1 0 1	L B H / Rm / Rn / Rd	STR(B/H)/LDR(B/H) Rd, [Rn, Rm]
0 1 1 0	L / imm5 / Rn / Rd	STR/LDR Rd, [Rn, #imm5]
1 0 0 1	L / Rd / imm8	STR/LDR Rd, [SP, #imm8]
0 1 0 0 1	Rd / imm8	LDR Rd, [PC, #imm8]
1 1 1 1 0	imm22[21:11] / 1 1 1 1 / imm22[10:0]	BL imm22

図6.33 Thumb命令の符号化の例

像のエンコードやデコード、モータ制御、そして音声認識が挙げられる。ARM はそのためにDSP命令を備えている。DSP命令には、乗算、加算、そして積和（MAC）、つまり部分和への加算（sum = sum + src1 × src2）が含まれる。MACは、通常命令セットとDSP命令セットの違いを際立たせている。しかしながら、MACは部分和を保持する別のレジスタを必要とする。

最も一般的なDSPアルゴリズムである高速フーリエ変換（FFT）は、複雑で性能重視である。コンピュータアーキテクチャのDSP命令は、特に16ビットの小数型データを行うことを意図して設計されている。

基本的な乗算命令は、付録Bに列挙してあるように、ARMv4の一部である。ARMv5TEは、飽和算術命令とパックド命令で小数と小数点数の冗談を備え、DSPアルゴリズムを支援している。

DSP命令は、アナログディジタルコンバータによるセンサから読まれた標本値であるshort（16ビット）のデータを表現で動作することが多い。しかし、途中結果はより大きな値（例えば32ビットや64ビット）になるが、オーバーフロー（桁あふれ）を防ぐために飽和させる。飽和する算術計算では、正の最大より値が大きくなると正の最大値として、負の最小値より値が小さくなると負の最小値として扱われる。例えば32ビットの算術計算では、結果が $2^{31}-1$ よりも大きくなると $2^{31}-1$ に飽和させ、結果が -2^{31} よりも小さくなると -2^{31} に飽和させる。DSPのデータ型を表6.15に示す。2の補数表現の数は、1つの符号ビットを有するように表示される。16ビット、32ビット、64ビットの型はそれぞれ半精度、単精度、倍精度という。単精度浮動小数点数や倍精度浮動小数点数を混乱しないで欲しい。効率のために、2つの半精度の数は1つの32ビットの語に詰められる。

飽和算術演算は、DSPアルゴリズムで適切に精度を落とす方法として重要である。一般には、単精度の算術演算で、ほとんどの入力を扱うのに十分であるが、病的な場合には単精度の範囲をあふれてしまう。あふれは不意という符号の変化を招き、音声のクリック音や、ビデオの変な色のピクセルといった劇的な問題に繋がることがある。飽和演算はこれを回避できるが、性能が低下し、一般の場合は消費電力が増加する。飽和算術演算は、最大値と最小値であふれを頭打ちにし、これらの値は通常本来の値に近く、小さい不正確さで済む。

整数型には、最上位ビットの符号ビットに応じて、符号付き符号無しという味付けがある。小数型（Q15とQ31）は、符号付きの小数を表す。例えばQ31は、$[-1, 1 - 2^{-31}]$ の範囲を 2^{-31} 刻みで連続的に表現する。これらの型は、標準のC言語では定義されていないが、ライブラリでは支援できている。Q31は切り捨て丸めでQ15に変換できる。切り捨てては、Q15の結果はちょうど上半分を経る。丸めでは、Q31の値に0x00008000を足して、切り捨てる。計算が多くの段階を経る場合は、小さい丸めの誤差が複数集まって大きな丸めの誤差になることを回避できるので、丸めが有用である。

ARM は状態レジスタにQフラグを追加して、DSP命令でのオーバーフローや飽和の発生を検知できるようにしている。精度が問題になるアプリケーションでは、プログラムは計算の前にQフラグをクリアし、計算を単精度で行い、後でQフラグを検査する。Qフラグがセットされていたら、オーバーフローが起きたので、必要なら繰り返し計算を倍精度で行う。

加算と減算は使っている型に関係なく同等に行える。しかし乗算は型に依存する。例えば16ビットの数では、0xFFFFという数は符号無しのshortでは65535であり、符号付きshortでは−1であり、Q15では -2^{-15} になる。したがって、0xFFFF × 0xFFFF は各々の表現で全く異なる値になる（それぞれ4,294,836,225、1、そして 2^{-30}）。これは符号付きと符号無しでは異なる命令であるからだ。

Q15の数Aは、$a \in [-2^{15}, 2^{15} - 1]$ の符号付き16ビットの数として解釈すると、$a \times 2^{-15}$ と見ることができる。したがって、2つのQ15の積は、

$$A \times B = a \times b \times 2^{-30} = 2 \times a \times b \times 2^{-31}$$

これは、2つのQ15の数の乗算でQ31の結果を得られ、通常の符号付き乗算で結果を2倍すればよいことを意味している。必要なら、積は切り捨て丸めて、Q15の形式に戻せる。

乗算命令や積和命令の豊富な品揃えを、次ページの表6.16にまとめてある。MACは、RdHi, RdLo, Rn, Rmnの最大4つのレジスタを必要とする。倍精度では、RdHiとRdLoはそれぞれ最上位と最下位の32ビットを保持する。例えば、UMLAL RdLo, RdHi, Rn, Rmは、{RdHi, RdLo} = {RdHi, RdLo} + Rn × Rm を計算する。半精度乗算には、||内の味付けがあり、オペランドをワードの上半分、下半分のどちらから選ぶかを選択する。さらに、双対形式も用意されていて、上半分と下半分の単精度積が得られる。MACには、半精度入力があり、単精度積算器（SMLA*, SMLAW*, SMUAD, SMUSD, SMLAD, SMLSD）は積算器がオーバーフローした場合にQフラグをセットする。最上位ワード（MSW）積算も、Rサフィックスが命令の後ろにつくと、切り捨てではなく丸めになる。

DSP命令には、飽和加算（QADD）や飽和減算（QSUB）もあり、32ビットで、結果をオーバーフローではなく飽和させる。さらに、QDADDとQDSUBもあり、これは2番目のオペランドを足したり引いたりする前に1番目のオペランドに2倍作用させて、結果を飽和させるものであり、この変種は小数の

表6.15 DSPデータ型

型	符号ビット	整数ビット	機能ビット
short	1	15	0
unsigned short	0	16	0
long	1	31	0
unsigned long	0	32	0
long long	1	63	0
unsigned long long	0	64	0
Q15	1	0	15
Q31	1	0	31

表6.16 乗算と積和命令

命令	機能	説明
通常32ビット乗算は、符号付にも符号無でも有効		
MUL	32 = 32 × 32	乗算
MLA	32 = 32 + 32 × 32	積和
MLS	32 = 32 – 32 × 32	積差
unsigned long long = unsigned long × unsigned long		
UMULL	64 = 32 × 32	ロング符号無乗算
UMLAL	64 = 64 + 32 × 32	ロング符号無積和
UMAAL	64 = 32 + 32 × 32 + 32	ロング符号無積和和
long long = long × long		
SMULL	64 = 32 × 32	ロング符号付乗算
SMLAL	64 = 64 + 32 × 32	ロング符号付積和
パック化算術演算short × short		
SMUL{BB/BT/TB/TT}	32 = 16 × 16	符号付乗算 {ボトム/トップ}
SMLA{BB/BT/TB/TT}	32 = 32 + 16 × 16	符号付積和 {ボトム/トップ}
SMLAL{BB/BT/TB/TT}	64 = 64 + 16 × 16	ロング符号付積和 {ボトム/トップ}
小数乗算 （Q31 / Q15）		
SMULW{B/T}	32 = (32 × 16) >> 16	符号付乗算ワード-半ワード {ボトム/トップ}
SMLAW{B/T}	32 = 32 + (32 × 16) >> 16	符号付成和ワード-半ワード {ボトム/トップ}
SMMUL{R}	32 = (32 × 32) >> 32	符号付MSW乗算 {丸め}
SMMLA{R}	32 = 32 + (32 × 32) >> 32	符号付MSW積和 {丸め}
SMMLS{R}	32 = 32 – (32 × 32) >> 32	符号付MSW積差 {丸め}
longまたはlong long = short × short + short × short		
SMUAD	32 = 16 × 16 + 16 × 16	符号付双対積和
SMUSD	32 = 16 × 16 – 16 × 16	符号付双対積差
SMLAD	32 = 32 + 16 × 16 + 16 × 16	符号付積和双対
SMLSD	32 = 32 + 16 × 16 – 16 × 16	符号付積差双対
SMLALD	64 = 64 + 16 × 16 + 16 × 16	ロング符号付積和双対
SMLSLD	64 = 64 + 16 × 16 – 16 × 16	ロング符号付積差双対

MACにもある。これらでは、飽和が発生したときにはQフラグをセットする。

　最後に、DSP命令にはLDRDとSTRDがあり、メモリの64ビットのダブルワードに、偶数/奇数のレジスタのペアをそれぞれロード/ストアする。これらの命令は、倍精度の値をメモリとレジスタ間でやり取りする効率を高める。

　次ページの表6.17はDSP命令を使って、いろいろな型のデータに対して、乗算や積和をどのように行うかをまとめている。例では、半ワードのデータはレジスタの下半分に置かれ、上半分はゼロであることを仮定している。データが上半分にある場合は、SMULのT指定を使う。結果はR2に置かれる、倍精度の場合は{R3,R2}に置かれる。小数（Q15/Q31）の演算では、–1 × –1を計算する場合は、飽和加算を使ってオーバーフローを防ぎながら、結果を倍にする。

6.7.3 浮動小数点命令

　浮動小数点は、DSPで好まれる固定小数点数よりも柔軟かつプログラミングが容易で、グラフィックスや科学技術計算、制御アルゴリズムで広く使われている。浮動小数点の算術演算は、通常のデータ処理命令を組み合わせても実現できるが、浮動小数点専用の命令とハードウェアを使うと、より高速に、少ない電力で実現できる。

　ARMv5命令セットには、オプションで浮動小数点命令を備える、これらの命令は、通常のレジスタとは別に用意された最低で16個の64ビット倍精度レジスタをアクセスする。これらのレジスタは、32ビットの単精度レジスタのペアとしても扱える。レジスタには、倍精度としてはD0 D15という名前が、単精度としてはS0 S31という名前がついている。例えば、VADD.F32 S2, S0, S1とVADD.F64 D2, D0, D1は、それぞれ単精度と倍精度の浮動小数点加算を行う。次ページの表6.18に列挙した浮動小数点命令には、.F32や.F64というサフィックスがついて、単精度と倍精度のどちらの浮動小数点数を扱うのかを指定する。

表6.17　いろいろなデータ型に対する乗算と積和のコード

1番目のオペランド (R0)	2番目のオペランド (R1)	積 (R3/R2)	乗算	積和
short	short	short	SMULBB R2, R0, R1 LDR R3, =0x0000FFFF AND R2, R3, R2	SMLABB R2, R0, R1 LDR R3, =0x0000FFFF AND R2, R3, R2
short	short	long	SMULBB R2, R0, R1	SMLABB R2, R0, R1, R2

short	short	long long	MOV R2, #0
			MOV R3, #0
			SMLALBB R2, R3, R0, R1
				MLALBB R2, R3, R0, R1

long	short	long	SMULWB R2, R0, R1	SMLAWB R2, R0, R1, R2
long	long	long	MUL R2, R0, R1	MLA R2, R0, R1, R2
long	long	long long	SMULL R2, R3, R0, R1	SMLAL R2, R3, R0, R1

unsigned short	unsigned short	unsigned short	MUL R2, R0, R1
			LDR R3, =0x0000FFFF
			AND R2, R3, R2
				MLA R2, R0, R1, R2
				LDR R3, =0x0000FFFF
				AND R2, R3, R2

unsigned short	unsigned short	unsigned long	MUL R2, R0, R1	MLA R2, R0, R1, R2
unsigned long	unsigned short	unsigned long	MUL R2, R0, R1	MLA R2, R0, R1, R2
unsigned long	unsigned long	unsigned long	MUL R2, R0, R1	MLA R2, R0, R1, R2
unsigned long	unsigned long	unsigned long long	UMULL R2, R3, R0, R1	UMLAL R2, R3, R0, R1
Q15	Q15	Q15	SMULBB R2, R0, R1 QADD R2, R2, R2 LSR R2, R2, #16	SMLABB R2, R0, R1, R2 SSAT R2, 16, R2
Q15	Q15	Q31	SMULBB R2, R0, R1 QADD R2, R2, R2	SMULBB R3, R0, R1 QDADD R2, R2, R3
Q31	Q15	Q31	SMULWB R2, R0, R1 QADD R2, R2, R2	SMULWB R3, R0, R1 QDADD R2, R2, R3
Q31	Q31	Q31	SMMUL R2, R0, R1 QADD R2, R2, R2	SMMUL R3, R0, R1 QDADD R2, R2, R3

表6.18　ARM浮動小数点命令

命令	機能
VABS Rd, Rm	Rd = |Rm|
VADD Rd, Rn, Rm	Rd = Rn + Rm
VCMP Rd, Rm	比較し浮動小数点ステータスフラグを更新
VCVT Rd, Rm	intとfloatの間の変換
VDIV Rd, Rn, Rm	Rd = Rn / Rm
VMLA Rd, Rn, Rm	Rd = Rd + Rn * Rm
VMLS Rd, Rn, Rm	Rd = Rd − Rn * Rm
VMOV Rd, Rm or #const	Rd = Rm or constant
VMUL Rd, Rn, Rm	Rd = Rn * Rm
VNEG Rd, Rm	Rd = −Rm
VNMLA Rd, Rn, Rm	Rd = −(Rd + Rn * Rm)
VNMLS Rd, Rn, Rm	Rd = −(Rd − Rn * Rm)
VNMUL Rd, Rn, Rm	Rd = −Rn * Rm
VSQRT Rd, Rm	Rd = sqrt(Rm)
VSUB Rd, Rn, Rm	Rd = Rn − Rm

　MRCとMCR命令は、通常のレジスタと浮動小数点コプロセッサレジスタの間のデータの転送に使われる。

　ARMは浮動小数点の状態・制御レジスタ（**FPSCR**）を定義している。通常の状態レジスタと同様に、浮動小数点演算向けの*N*、*Z*、*C*、そして*V*フラグを備えている。さらに、丸めモードや例外、そしてオーバーフロー（桁あふれ）、アンダーフロー（下位桁あふれ）、ゼロ除算といった特殊条件を指定する。VMRSとVMSR命令で、通常レジスタとFPSCRの間の情報のやり取りを行う。

6.7.4　電力低減とセキュリティ命令

　バッテリを電源として動く機器は、スリープモードの間のほとんどの時間は省電力で動く。ARMv6Kでは、そのような省電力向けの命令を導入した。WFI（wait for interrupt）命令を使うと、プロセッサは割り込みが発生するまで省電力状態になる。システムでは、（スクリーンへのタッチ等の）ユーザイベントや、周期タイマーが割り込みの発生源となる。WFE（wait for event）命令はWFIに似ているが、別のプロセッサに起されるまでスリープに入っているという、マルチプロセッサシステム向けのものである（7.7.8節を参照）。割り込みか、別のプロセッサがSEV命令を使ってイベントを送ってくると目覚める。

　ARMv7では、例外ハンドラを改良して、仮想化やセキュリティを支援するようになった。**仮想化**では、複数のオペレーティングシステムが、同じプロセッサで互いの存在が見えない状態で平行して稼動し、ハイパーバイザがオペレーティングシステムを切り替える。ハイパーバイザは特権レベルPL2で稼動する。ハイパーバイザはハイパーバイザトラップ例外で呼び出される。プロセッサは**セキュリティ拡張**使って、入り口を狭めたり、メモリのセキュアな部位へのアクセスを制

限して、セキュアな状態を定める。アタッカーがオペレーティングシステムを騙そうとしても、セキュアカーネルは改ざんに対抗する。例えば、セキュアカーネルは盗まれた電話を無効にしたり、著作権物を複製させないディジタル著作権管理の強制に使われる。

6.7.5 SIMD命令

SIMD（シムディーと発音）という用語は、**単一命令複数データ**（single instruction multiple data）の略で、1つの命令が複数のデータに並列に作用するものである。SIMDの典型的な応用は、たくさんの短いデータ長の演算をいっぺんに実施するグラフィックス処理のようなものである。SIMDは**パック化算術演算**とも呼ばれる。

短いデータ長は、しばしばグラフィックス処理に現れる。例えば、ディジタル写真のピクセルは、赤、緑、青の要素にそれぞれ8ビットずつを割り当てて格納されているかもしれない。32ビット全体を使って、3つの要素を個別に処理すると、上位の24ビットが無駄になるだろう。さらに、隣り合う16ピクセル分の要素が128ビットのクワッドワードに詰め込まれている場合、処理は16倍速くなる可能性がある。同様に、3次元グラフィックス空間の座標は、一般に32ビットの（単精度）浮動小数点で表現されている。これらの座標4つは、1つの128ビットクワッドワードに詰め合わせ可能である。

たいていの現代的なアーキテクチャは、複数の狭いオペランドを詰め合わせて幅広いSIMDレジスタに格納するSIMD算術演算を提供している。例えば、ARMv7 Advanced SIMD命令は、浮動小数点レジスタ流用してペア化し、8個の128ビットクワッドワードレジスタQ0 Q7として用いる。8ビットか16ビット、32ビット、64ビットのデータを複数詰め合わせて、それぞれが整数か浮動小数点値として使う。命令には、.I8、.I16、.I32、.I64、.F32、.F64のいずれかのサフィックスをつけて、レジスタがどう扱われるかを指定する。

図6.34は、ベクタ加算命令VADD.I8 D2, D1, D0が8個の8ビット整数のペアを、64ビットのダブルワードに詰め込んでいる様子を示している。同様に、VADD.I32 Q2, Q1, Q0は4つの32ビット整数のペアを128ビットのクワッドワードに詰め込んで加算し、VADD.F32, D2, D1, D0は2つの32ビット単精度浮動小数点数を64ビットのダブルワードに詰め込んで加算している。パック化算術の実行では、ALUを変更してキャリを切断し、小さいデータ要素の間でキャリが伝播しないようにする。例えば、$a_0 + b_0$のキャリ出力は、$a_1 + b_1$の結果には影響を及ぼさない。

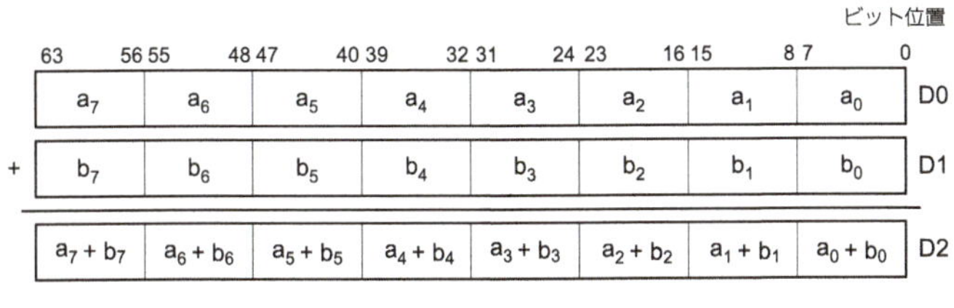

ビット位置

63	56 55	48 47	40 39	32 31	24 23	16 15	8 7	0	
a_7	a_6	a_5	a_4	a_3	a_2	a_1	a_0		D0
+ b_7	b_6	b_5	b_4	b_3	b_2	b_1	b_0		D1
$a_7 + b_7$	$a_6 + b_6$	$a_5 + b_5$	$a_4 + b_4$	$a_3 + b_3$	$a_2 + b_2$	$a_1 + b_1$	$a_0 + b_0$		D2

図6.34 パック化算術演算の例（8並列の8ビット加算）

Advanced SIMD命令はVから始まり、以下の範疇に分類される。

▶ 浮動小数点も含む基本算術演算
▶ インタリーブと逆インタリーブを含む、複数の要素のロードとストア
▶ ビットごとの論理演算
▶ 比較
▶ 多様なシフト、飽和あり/無しの加算や減算
▶ 多様な乗算と積和
▶ その他命令

ARMv6では、通常の32ビットレジスタで動作する、より制限されたSIMD命令を定義していて、8ビットと16ビットの加算と減算、そしてバイトや半バイトを、ワードに効率的に詰め合わせたり解いたりする命令等がある。これらの命令は、DSPのコードの16ビットのデータを扱うときに便利である。

6.7.6 64ビットアーキテクチャ

32ビットアーキテクチャでは、プログラムが最大2^{32}バイト= 4GBのメモリを直接アクセスできる。大規模なサーバ機は64ビットのアーキテクチャに移行していて、これだとさらに多くのメモリにアクセス可能である。パーソナルコンピュータや、少し遅れてモバイルデバイスもそれに続いている。64ビットアーキテクチャは、よりたくさんの情報を1つの命令で移動できるので、32ビットアーキテクチャよりも速い場合がある。

多くのアーキテクチャは、汎用レジスタを単に32ビットから64ビットに拡張したが、ARMv8では奇異なところを洗練させながら、新しい命令セットを導入した。旧版の命令セットでは、汎用レジスタの数が複雑なプログラムには不足しており、レジスタとメモリの間のコスト高の移動をせざるを得なかった。PCをR15、SPをR13とすることも、プロセッサの実装を複雑にしており、さらにプログラムはしばしば値0のレジスタを必要とする。

ARMv8の命令は依然32ビット長のままで、命令セットはARMv7に非常に似ているが、いくつかの問題が一掃された。ARMv8では、レジスタファイルは31個の64ビットレジスタに拡張され（X0 X30と呼ばれる）、PCとSPはもはや汎用レジスタの一部ではなくなった。X30はリンクレジスタとして機能する。X31が無いことに注意しよう。代りに0に配線されたゼロレジスタ（ZR）になった。データ処理命令は、32ビットの値でも64ビットの値でも動作する一方で、ロードとストアは常に64ビットアドレスを使う。ソースとディスティネーションのレジスタを指定する場所を作るために、条件フィールドがほとんどの命令から撤去された。しかしながら、分岐は条件付きのままである。ARMv8は例外ハンドリングを合理化し、Advanced SIMDレジスタを倍化し、AESやSHA暗号化の命令を加えた。命令の符号化は複雑になり、簡潔に説明できなくなった。

リセット時に、ARMv8プロセッサは64ビットモードで起動する。システムレジスタのビットをセットし例外を呼び出す

と、プロセッサは32ビットモードに降格する。例外から戻ると、64ビットモードに戻る。

6.8 別の視点：**x86アーキテクチャ**

現在ほとんどすべてのパーソナルコンピュータが、x86アーキテクチャのマイクロプロセッサを使っている。x86はIA-32とも呼ばれる32ビットのアーキテクチャで、元々はIntelによって開発された。AMDもx86互換のマイクロプロセッサを販売している。

x86アーキテクチャの長くて複雑な歴史は、Inteが16ビットの8086マイクロプロセッサを公表したときに遡る。IBMは8086とその従兄弟の8088を選択し、IBM最初のパーソナルコンピュータに使った。1985年にIntelは32ビットの80386マイクロプロセッサを導入したが、これは8086の上位互換性を有し、初期のPCのために開発されたソフトウェアを稼動できた。80386と互換性があるプロセッサアーキテクチャはx86プロセッサと呼ばれる。Pentium、Core、そしてAthlonプロセッサは、すべて有名なx86プロセッサである。

IntelやAMDのグループは、長い間に渡って老朽化したアーキテクチャに追加で命令や機能を詰め込んできた。その結果として、x86はARMのようには洗練されていない。しかしながらソフトウェアの互換性は、技術的な洗練性よりもずっと重要で、結果、x86が20年以上に渡って事実上のPC標準であり続けている。1億以上のx86プロセッサが毎年販売されている。このような巨大なマーケットがあるので、50億ドル以上を研究開発に投入し、プロセッサの改良を続けているのだ。

x86は複雑命令セットコンピュータ（Complex Instruction Set Computer: **CISC**）アーキテクチャの一例である。ARMのようなRISCアーキテクチャとは対照的に、CISCの命令は個々が高機能である。通常、CISCアーキテクチャのプログラムは、少ない命令で済む。命令の符号化は、現在よりもRAMがずっと高価だった時代にメモリを節約すべく、プログラムがコンパクトになるように選択されていて、命令は可変長で多くは32ビットよりも小さくなる。命令が複雑だと、解読（デコード）がより難しくなり、実行が遅くなることとのトレードオフになる。

この節では、x86アーキテクチャを紹介する。その目的は、x86アセンブリ言語プログラマの養成ではなく、x86とARMで似ているところと異なるところを示すことにある。x86がどのように動作するのかを考えるのは興味深い。しかしながら、本書の残りの部分の理解の役には立たない。x86とARMの最大の違いを、表6.19に示す。

6.8.1 x86のレジスタ

8086マイクロプロセッサでは、16ビットレジスタを8個使え、それらの一部は上半分と下半分を独立にアクセス可能であった。32ビットの80386が導入されると、レジスタは32ビットに拡張され、これらは、EAX、ECX、EDX、EBX、ESP、EBP、ESI、そしてEDIと呼ばれた。後方互換性のために、下位16ビットといくつの下位8ビットの部分も図6.35のように利用できる。

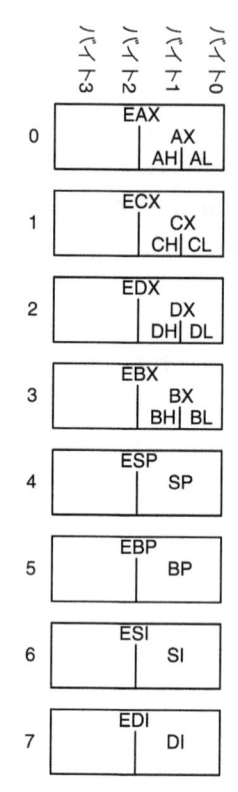

図6.35　x86のレジスタ

8個のレジスタは、ほとんど、しかし不完全に汎用である。いくつかの命令では、一部のレジスタを使えない。命令によっては必ず結果を特定のレジスタにストアするものもある。ARMのSPのように、ESPは通常スタックポインタとして予約されている。

x86のプログラムカウンタは**EIP**（extended instruction pointer、**拡張命令ポインタ**）と呼ばれている。ARMのPCと同様に、現在の命令から次の命令に進むか、分岐や関数呼び出し命令で変更される。

6.8.2 x86のオペランド

ARM命令では、常にレジスタか直値が演算の対象である。明示的なロードとストア命令が、メモリとレジスタの間のデータの移動で必要である。対照的にx86では、命令はレジスタか直値かメモリの値が演算の対象となり、そのおかげで場合によってはレジスタ数が少ないことをカバーできる。

ARM命令は一般に、2つのソースと1つのディスティネーションで、計3つのオペランドを指定する。x86命令は2つのオペランドしか指定しない。1番目はソースで、2番目はソースとディスティネーションを兼ねる。したがって、x86命令は常に2つのソースのうちの1つを演算結果で上書きする。次ページの表6.20は、x86におけるオペランドの場所の組み合わせを示す。メモリからメモリ以外のすべての組み合わせが可能である。

ARMと同様に、x86は32ビットのバイトアドレス指定可能なメモリ空間を有している。しかしながら、x86にはもっと多

表6.20　オペランドの場所

ソース/ディスティネーション	ソース	例の意味	
レジスタ	レジスタ	add EAX, EBX	EAX <- EAX + EBX
レジスタ	直値	add EAX, 42	EAX <- EAX + 42
レジスタ	メモリ	add EAX, [20]	EAX <- EAX + Mem[20]
メモリ	レジスタ	add [20], EAX	Mem[20] <- Mem[20] + EAX
メモリ	直値	add [20], 42	Mem[20] <- Mem[20] + 42

表6.21　メモリ指定モード

例	意味	注釈
add EAX, [20]	EAX <- EAX + Mem[20]	変位
add EAX, [ESP]	EAX <- EAX + Mem[ESP]	ベースアドレス
add EAX, [EDX+40]	EAX <- EAX + Mem[EDX+40]	ベース＋変位
add EAX, [60+EDI*4]	EAX <- EAX + Mem[60+EDI*4]	変位＋スケール化インデックス
add EAX, [EDX+80+EDI*2]	EAX <- EAX + Mem[EDX+80+EDI*2]	ベース＋変位＋スケール化インデックス

様なメモリ指定モードが備わっている。メモリ番地は、ベースレジスタと変位（ディスプレースメント）、それにスケールさせたインデックスレジスタを組み合わせて指定する。表6.21に、これらの組み合わせを示す。変位は、8ビットか16ビット、32ビットの値を利用できる。インデックスレジスタに掛けるスケールには、1、2、4、または8を利用できる。ベース＋変位モードは、ARMのロードやストアの際のベースアドレス指定モードと同等である。ARMと同様に、x86もスケール化インデックスモードを提供している。x86のスケール化インデックスモードでは、要素のサイズが2バイトか4バイトか8バイトの配列や構造体をアクセスするのに、アドレスを生成する命令の順番の問題を抱えることなく、楽な方法を提供している。

ARMは常にワードは32ビットとして振る舞うが、x86命令では8ビットや16ビット、32ビットのデータの取り扱いが可能である。表6.22にそのバリエーションを示す。

表6.22　8、16、または32ビットデータでの命令の振る舞い

例	意味	データサイズ
add AH, BL	AH <- AH + BL	8ビット
add AX, -1	AX <- AX + 0xFFFF	16ビット
add EAX, EDX	EAX <- EAX + EDX	32ビット

6.8.3　ステータスフラグ

多くのCISCアーキテクチャと同様に、x86は**条件フラグ**（**状態フラグ**とも呼ばれる）を使って、分岐と、キャリの伝播やオーバーフローの追跡に使っている。x86は**EFLAGS**という32ビットのレジスタを使う。

> ARMの条件フラグの使い方は、他のRISCとは毛色が違う。

EFLAGSレジスタのいくつかのビットを表6.23に示す。他のビットはオペレーティングシステムで使われる。

表6.23　いくつかのEFLAGSの例

名前	意味
CF（キャリフラグ）	最後の算術演算で生成された繰り上がり。符号無算術演算におけるオーバーフローを示す。多倍精度算術演算でのワード間のキャリの伝播にも使う。
ZF（ゼロフラグ）	最後の演算結果がゼロ
SF（符号フラグ）	最後の演算結果が負（msb = 1）
OF（オーバーフローフラグ）	2の補数の算術演算のあふれ

x86のアーキテクチャ的な状態には、8つのレジスタやEPIと同様にEFLAGSも含まれる。

6.8.4　x86の命令

x86はARMよりも多くの命令を備える。次ページの表6.24に、汎用の命令を示す。x86では、さらに浮動小数点の算術や、長ワードにパックされた複数の短形式データ要素への演算も備えている。Dはディスティネーション（レジスタかメモリ）であることを示し、Sはソース（レジスタかメモリ、または直値）であることを示す。

いくつかの命令は、常に特定のレジスタに作用する。例えば、32ビット×32ビットの乗算のソースの1つは常にEAXであり、64ビットの結果はEDXとEAXにストアされる。LOOPは常にループカウンタとしてECXを使う。PUSH、POP、CALL、それにRETはスタックポインタESPを使う。

条件ジャンプは、フラグを検査し、適切な条件であれば分岐する。条件には多くの味付けがある。例えば、JZはゼロフラグ（ZF）が1であるときにジャンプする。JNZはゼロフラグが0であるときにジャンプする。ARMと同様に、ジャンプは比較命令（CMP）のような命令に続いて実行される。表6.25は、いくつかの条件ジャンプと、先立つ比較命令がセットしたフラグにどう依存するかを列挙してある。

表6.24 x86命令からの抜粋

命令	意味	機能
ADD/SUB	加算/減算	D = D + S / D = D - S
ADDC	キャリ付き加算	D = D + S + CF
INC/DEC	インクリメント/デクリメント	D = D + 1 / D = D - 1
CMP	比較	D - Sの結果に従ってフラグを変化させる
NEG	負の数	D = - D
AND/OR/XOR	論理AND/OR/XOR	D = D op S
NOT	ビットごとの否定	$D = \overline{D}$
IMUL/MUL	符号付/符号無乗算	EDX:EAX = EAX × D
IDIV/DIV	符号付/符号無除算	EDX:EAX/D AX = 商; EDX = 剰余
SAR/SHR	算術/論理右シフト	D = D >>> S / D = D >> S
SAL/SHL	左シフト	D = D << S
ROR/ROL	右/左回転	DをSビット回転
RCR/RCL	右/左回転（含キャリ）	CFとDを Sビット回転
BT	ビットテスト	CF = D[S] （DのS番目のビット）
BTR/BTS	ビットテストとクリア/セット	CF = D[S]; D[S] = 0 / 1
TEST	マスクしたビットでフラグをセット	D AND Sの結果をフラグに反映
MOV	移動	D = S
PUSH	スタックにプッシュ	ESP = ESP -4; Mem[ESP] = S
POP	スタックからポップ	D = MEM[ESP]; ESP = ESP + 4
CLC, STC	キャリフラグのクリア/セット	CF = 0 / 1
JMP	無条件ジャンプ	相対ジャンプ：EIP = EIP + S 無条件ジャンプ：IP = S
Jcc	条件ジャンプ	if (flag) EIP = EIP + S
LOOP	ループ	ECX = ECX -1 if (ECX ≠ 0) EIP = EIP + imm
CALL	関数呼び出し	ESP = ESP -4; MEM[ESP] = EIP; EIP = S
RET	関数からの戻り	EIP = MEM[ESP]; ESP = ESP + 4

表6.25 いくつかの分岐条件の例

命令	意味	CMP D, S後の機能
JZ/JE	ZF = 1の場合にジャンプ	D = Sであればジャンプ
JNZ/JNE	ZF = 0の場合にジャンプ	D ≠ Sであればジャンプ
JGE	SF = OFの場合にジャンプ	D ≧ Sであればジャンプ
JG	SF = OFかつZF = 0の場合にジャンプ	D > Sであればジャンプ
JLE	SF ≠ OFまたはZF = 1の場合にジャンプ	D ≦ Sであればジャンプ
JL	SF ≠ OFの場合にジャンプ	D < Sであればジャンプ
JC/JB	CF = 1の場合にジャンプ	
JNC	CF = 0の場合にジャンプ	
JO	OF = 1の場合にジャンプ	
JNO	OF = 0の場合にジャンプ	
JS	SF = 1の場合にジャンプ	
JNS	SF = 0の場合にジャンプ	

6.8.5 x86命令の符号化

x86命令の符号化は乱雑で、25年のこまごました変更の履歴である。ARMv4の命令が32ビットの単一形式であるのとは違って、x86命令は次ページの図6.36[1]に示すように、1から15バイトと多様である。オペコードは1か2、3バイトで、*ModR/M*、*SIB*、*Displacement*（変位）、そして*Immediate*（直値）の4つのフィールドが任意で続く。*ModR/M*はアドレス指定モードを指定する。SIBはアドレス指定モードに依存して、スケール、インデックス、そしてベースレジスタを指定する。*Displacement*はアドレス指定モードに依存して、1か2、4バイトの変位を指定する。*Immediate*は1、2、または4倍の定数で、直値をソースオペランドとして使う命令で使う。さらに命令は、最大4つまでのバイト長のプレフィックスが前について、命令の振る舞いを修飾する。

---

1 オプションのフィールドをすべて使えば、17バイトの命令を構成することが可能。しかしながら、x86では合法的な命令として15バイトの制限をつけている。

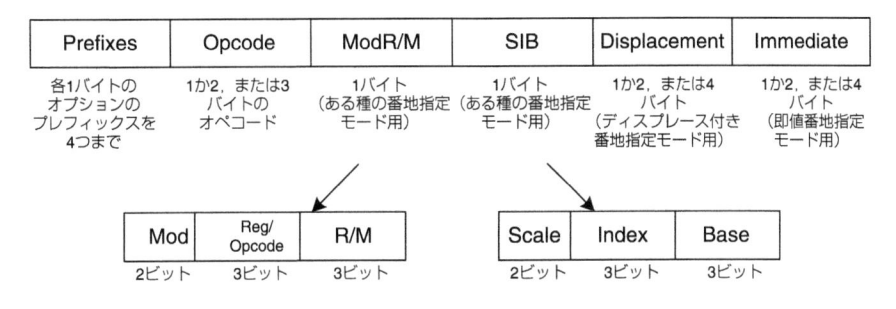

図6.36　x86命令の符号化

*ModR/M*バイトは、2ビットの*Mod*と3ビットの*R/M*フィールドで、オペランドの1つのアドレス指定モードを指定する。オペランドは、8つのレジスタの1つから取るか、24のメモリアドレス指定モードの1つで指定する。作為的な符号化のために、あるアドレス指定モードでは、ESPとEBPレジスタをベースレジスタあるいはインデックスレジスタとして使うことができない。*Reg*フィールドは他のオペランドとして使われるレジスタを指定する。2番目のオペランドを必要としない命令では、*Reg*フィールドはオペコードを指定する更なる3ビットとして使われる。

スケール化インデックスレジスタを使うアドレス指定モードでは、*SIB*バイトでインデックスレジスタとスケール（1、2、4、8）を指定する。ベースとインデックスの両方が使われる場合は、*SIB*バイトはベースレジスタも指定する。

ARMは*cond*、*op*、そして*funct*フィールドで完全に命令を指定でき、x86は可変長のビットで異なる命令を指定する。x86ではよく使われる命令ほど短いビット数で済むようにして、命令の平均長が短くなるようにしている。いくつかの命令は、複数のオペコードに符号化される。例えは、add AL imm8は8ビットの直値をALに加算するが、1バイトのオペコードと続く1バイトの直値で表現される。Aレジスタ（ALかAXかEAX）は**アキュムレータ**とも呼ばれる。一方で、add D, imm8も8ビットの直値を任意の*ディスティネーションD*（メモリかレジスタ）に加算し、1バイトの オペコード0x80の後に、*D*を指定する1バイト以上、そして1バイトの直値が続く。ディスティネーションがアキュムレータの場合、多くの命令には短い符号化が存在する。

元々の8086では、オペコードは命令が8ビットと16ビットのどちらで演算を行うかを指定していた。80386で32ビットのオペランドが導入されると、32ビットの形を指定するのに新しいオペコードを用意できなかった。その代わりに、同じオペコードを16ビットと32ビットの両方の形に使うようにした。OSが設定する**コードセグメント記述子**の追加ビットで、プロセッサがどっちの形を使うのかを指定する。ビットが0にセットされていると、8086のプログラムへの後方互換性としてデフォルトで16ビットのオペランドになり、これが1に設定されていると、デフォルトで32ビットのオペランドになる。さらに、プログラマは*Prefix*で特定の命令でオペランドの形を指定できる。プレフィックス0x66がオペコードの前に来ると、オペランドはもう片方のサイズ（32ビットモードでは16

ビット、16ビットモードでは32ビット）になる。

6.8.6　他のx86の特異なところ

80286では**セグメンテーション**を導入して、最大64KBの長さのセグメントにメモリを分割するようにした。OSがセグメンテーションを有効にすると、アドレスはセグメントの先頭からの相対値になる。プロセッサはアドレスがセグメントの終わりを飛び出していないかを検査し、エラーを発生し、プログラムが自分のセグメントの外のメモリをアクセスしないようにする。セグメンテーションは、プログラマから嫌われ、最近のWindowsオペレーティングシステムでは使われていない。

> IntelとHewlett-Packardは1990年代に協同で、IA-64と呼ばれる新しい64ビットアーキテクチャを開発した。IA-64はx86の雑多な歴史とは決別して、まっさらから開発され、コンピュータアーキテクチャの20年に渡る研究成果を使っており、64ビットのアドレス空間を提供していた。しかしながら、IA-64は市場的な成功には至っていない。多くのコンピュータはx86の64ビット拡張を使った、広大なアドレス空間を必要としている。

x86は文字列操作命令を備えていて、バイトやワードの列全体を扱える。操作には移動や比較、そして特定値の検索が含まれる。現代的なプロセッサでは通常、これらの命令は、単純な命令を連ねるより遅いので、搭載は避けられている。

前に述べた通り、プレフィックス0x66を使って16ビットと32ビットのオペランドサイズを選択する。他のプレフィックスの中には、バスをロック（マルチプロセッサシステムで共有変数に対するアクセスをコントロール）するもの、分岐が成立か不成立かを予言するもの、文字列移動の間の命令を繰り返すものがある。

どんなアーキテクチャでも終焉の元は、メモリの容量を越えることである。32ビットのアドレスでx86は4GBのメモリにアクセスできる。これは1985年の当時に最大のコンピュータが搭載できるよりもはるかに大きかったが、2000年台初頭には足かせになってしまった。2003年に、AMDはアドレス空間とレジスタのサイズを64ビットに拡張する[†]AMD64と呼ばれる拡張を行った。AMD64は、OSは広いアドレス空間を有効に使いながら、32ビットのプログラムを変更なしで動かす互換モードを備えていた。2004年に、Intelはこの64ビット拡張に追従してExtended Memory 64Technology（EM64T）と改名した。64ビットのアドレス空間では、コンピュータは16エ

---

† （訳注）レジスタ数も16に拡張された。

クサバイトのメモリをアクセスできる。

数奇なx86アーキテクチャの詳細は、x86アーキテクチャソフトウェア開発者マニュアルに詳しく、これはIntelのWebサイトから取得可能である。

6.8.7 総体的に見ると

この節では、ARM RISCアーキテクチャとx86 CISCアーキテクチャの違いのいくつかを俯瞰する。x86の複雑な命令は、複数の単純なARM命令と等価で、命令はメモリの使用が最小限になるように符号化されているので、プログラムが短くて済む傾向がある。しかしながら、x86アーキテクチャは歳を積み重ねたごちゃ混ぜであり、もはや無用なのに古いプログラムとの互換性のために残されたものである。レジスタの数は少なく、命令は解読（デコード）するのが難しく、単純に言えば命令セットが難しい。これらすべての欠点にもかかわらず、ソフトウェアの互換性はとても重要で、巨大な市場が高速なx86マイクロプロセッサを構築する努力を正当化しているので、確立したx86はパーソナルコンピュータの支配的なコンピュータアーキテクチャである。

> ARMは、条件フラグやシフト付きレジスタオペランド等の導入で、単純な命令とコード密度のバランスという問題に一石を投じた。これらの特徴のおかげで、ARMのコードは他のRISCアーキテクチャに比べてコンパクトになった。

6.9 まとめ

コンピュータに指令を与えるには、その言葉を話さなくてはならない。コンピュータアーキテクチャは、プロセッサにどのように指令を与えるかを定義している。今日、多くの異なるコンピュータアーキテクチャが商業的に普及しているが、1つを理解すれば、他を学ぶのはもっと簡単である。新しいアーキテクチャにアプローチするのに、以下を問いかけよう。

▶ データワードの長さは？
▶ レジスタは？
▶ メモリの構成は？
▶ 命令は？

ARMは、32ビットのデータを取り扱うので、32ビットアーキテクチャである。ARMアーキテクチャは16個のレジスタを有し、その内訳は15の汎用レジスタとPCである。原則的には、どのようなコードにおいても、汎用レジスタはどれでも使える。しかしながら規約によって、特定のレジスタは特別な目的で使うようになっていて、プログラミングを容易にし、別のプログラマが書いた関数と容易に話が通じるようになっている。例えば、R14（リンクレジスタ、LR）はBL命令の後に戻り番地を保持し、R0 R3は関数への引数を保持するようになっている。ARMはバイトアドレス指定可能な32ビットアドレスのメモリシステムを有する。命令は32ビット長で、効率的なアクセスのためにワードで整列されている。この章では、共通に使われるARMの命令について議論した。

コンピュータアーキテクチャを定義することの意味は、特定のアーキテクチャ向けに書かれたプログラムを、そのアーキテクチャの他の異なる実装で実行できるということである。例えば、1993年のIntelのPentiumプロセッサ向けに書かれたプログラムは、一般に（そしてもっと高速に）2015年のIntel XeonやAMD Phenomプロセッサで実行できる。

本書の冒頭で、我々は回路と論理レベルの抽象化を学んだ。この章では、一飛びにアーキテクチャレベルを扱った。次の章では、マイクロアーキテクチャ、つまりプロセッサアーキテクチャを実装するディジタル構成要素の計画的な配置について学ぶ。マイクロアーキテクチャは、ハードウェア工学とソフトウェア工学の橋渡しであり、工学の中でも最もエキサイティングな話題の1つであると信じる。あなたは、自分自身のマイクロプロセッサを構築する術を学ぶのだ。

演習問題

演習問題6.1　次のアーキテクチャ設計の原則の各々に関して、ARMアーキテクチャから3つずつ例を挙げよ。①規則性は単純性を支援する、②共通の場合を早くせよ、③小さいと速い、④良い設計は良い妥協を必要とする。挙げた例の各々がどのように原則を満たすのかを説明せよ。

演習問題6.2　ARMアーキテクチャは16個の32ビットレジスタから成るレジスタセットを有している。レジスタセットなしのコンピュータアーキテクチャは設計可能であるか。もし可能であるなら、命令セットを含むアーキテクチャを簡潔に説明せよ。ARMアーキテクチャと比較してこのアーキテクチャの利点と欠点を説明せよ。

演習問題6.3　32ビットのワードが、バイトアドレス指定可能なメモリの42番目のワードにストアされている。

(a) 42番目のワードのバイトアドレスは？

(b) 42番目のワードはバイトアドレスのどの範囲に跨っているか。

(c) 0xFF223344という数が42番目のワードにビッグエンディアンとリトルエンディアンでストアされているとして、各々のバイトのデータ値とバイトアドレスの対応が分かるようにラベルをつけよ。

演習問題6.4　演習問題6.3をメモリの15番目のワードにストアされている場合について繰り返せ。

演習問題6.5　次のARMプログラムでどうして、ビッグエンディアンとリトルエンディアンを判別できるのか、理由を答えよ。

```
MOV  R0, #100
LDR  R1, =0xABCD876   ; R1 = 0xABCD876
STR  R1, [R0]
LDRB R2, [R0, #1]
```

演習問題6.6　次の文字列をASCII符号を用いて書け。最終的な答えは16進を用いよ。

(a) SOS

(b) Cool

(c) boo!

演習問題6.7　演習問題6.6を次の文字列で繰り返せ。

(a) howdy

(b) lions

(c) To the rescue!

演習問題6.8　演習問題6.6の文字列が、リトルエンディアンの計算機のバイトアドレス指定可能なメモリのアドレス0x0001050Cにストアされているとする。各々のバイトについてメモリアドレスを書け。

演習問題6.9　演習問題6.8を演習問題6.7の文字列について繰り返せ。

演習問題6.10　次のARMアセンブリコードを機械語に変換せよ。命令は16進で書け。

```
MOV R10, #63488
LSL R9,  R6, #7
STR R4,  [R11, R8]
ASR R6,  R7, R3
```

演習問題6.11　演習問題6.10を次のARMアセンブリコードについて繰り返せ。

```
ADD R8, R0, R1
LDR R11, [R3, #4]
SUB R5, R7, #0x58
LSL R3, R2, #14
```

演習問題6.12　*Src2*が直値であるデータ処理命令について考える。

(a) 演習問題6.10のどの命令がこの形式になるか。

(b) (a) の命令の12ビットの直値フィールド（*imm12*）を書き、32ビットの直値として書け。

演習問題6.13　演習問題6.12を演習問題6.11の命令について繰り返せ。

演習問題6.14　次のプログラムを、機械語からARMのアセンブリ言語に変換せよ。左の数はメモリ上の命令のアドレスで、右の数がそのアドレスに置かれた命令である。コンパイルされてアセンブリ言語のルーチンになった高水準言語のプログラムを、リバースエンジニアリングして書け。そのプログラムが何をするものかを答えよ。R0とR1は入力で、最初は正の数aとbが入っている。プログラムの終わりでは、R0は出力である。

```
0x00008008 0xE3A02000
0x0000800C 0xE1A03001
0x00008010 0xE1510000
0x00008014 0x8A000002
0x00008018 0xE2822001
0x0000801C 0xE0811003
0x00008020 0xEAFFFFFA
0x00008024 0xE1A00002
```

演習問題6.15　演習問題6.14を次の機械語について繰り返せ。R0とR1は入力で、R0には32ビットの数が、R1には32要素の文字（char）の配列のアドレスが入っている。

```
0x00008104 0xE3A0201F
0x00008108 0xE1A03230
0x0000810C 0xE2033001
0x00008110 0xE4C13001
0x00008114 0xE2522001
0x00008118 0x5AFFFFFA
0x0000811C 0xE1A0F00E
```

演習問題6.16　ARM命令セットにはNOR命令は含まれていない。その理由は、同じ機能が存在する命令を使って実現できるからである。R0 = R1 NOR R2と同じことをする短いアセンブリコード片を書け。なるべく少ない命令数で済ませよ。

演習問題6.17　ARM命令セットにはNAND命令は含まれていない。その理由は、同じ機能が存在する命令を使って実現できるからである。R0 = R1 NAND R2と同じことをする短いアセンブリコード断片を書け。なるべく少ない命令数で済ませよ。

演習問題6.18　次の高水準コード片について考える。（符号付）整数gとhがそれぞれR0とR1に置かれていると仮定する。

(i)
```
if (g >= h)
    g = g + h;
else
    g = g ? h;
```

(ii)
```
if (g < h)
    h = h + 1;
```

```
else
    h = h * 2;
```

(a) 条件付き実行が分岐命令のみで可能だと仮定して、ARMアセンブリ言語のコードを書け。なるべく少ない命令で済ませよ（パラメータの範囲内で）。

(b) 条件付き実行がすべての命令で可能だと仮定して、ARMアセンブリ言語のコードを書け。なるべく少ない命令で済ませよ。

(c) （a）と（b）の各々のコードのコード密度（つまり命令数）を比較し、利点と欠点を議論せよ。

演習問題6.19 演習問題6.18を次のコード片について繰り返せ。

(i)
```
if (g > h)
    g = g + 1;
else
    h = h ? 1;
```

(ii)
```
if (g <= h)
    g = 0;
else
    h = 0;
```

演習問題6.20 次の高水準コード片について考える。array1とarray2のベースアドレスは、それぞれR1とR2に入っていて、使う前にarray2は初期化されていると仮定する。

```
int i;
int array1[100];
int array2[100];
..
for (i=0; i<100; i=i+1)
    array1[i] = array2[i];
```

(a) ARMアセンブリ言語のコードを、プリインデックス、ポストインデックス、スケール化レジスタを使わないで書け。（制限の範囲内で）なるべく少ない命令数で済ませよ。

(b) ARMアセンブリ言語のコードを、プリインデックス、ポストインデックス、スケール化レジスタを使えるとして書け。なるべく少ない命令数で済ませよ。

(c) （a）と（b）でコード密度（つまり命令数）を比較せよ。利点と欠点を議論せよ。

演習問題6.21 演習問題6.20を次の高水準コード片について繰り返せ。tempは使われる前に初期化済みで、R3にはtempのベースアドレスが入っていると仮定せよ。

```
int i;
int temp[100];
..
for (i=0; i<100; i=i+1)
    temp[i] = temp[i] * 128;
```

演習問題6.22 次の2つのコード片について考える。R1にはiが、R0には配列valsのベースアドレスが入っていると仮定せよ。

(i)
```
int i;
int vals[200];
for (i=0; i < 200; i=i+1)
    vals[i] = i;
```

(ii)
```
int i;
int vals[200];
```

```
for (i=199; i >= 0; i = i-1)
    vals[i] = i;
```

(a) これらのコードは等価か。

(b) 各々のコード片をARMのアセンブリ言語で書け。なるべく少ない命令数で済ませよ。

(c) 2つの利点と欠点について議論せよ。

演習問題6.23 演習問題6.22を次の高水準コード片について繰り返せ。R1にはiが、R0には配列numsのベースアドレスが入っていて、配列は使う前に初期化されていると仮定せよ。

(i)
```
int i;
int nums[10];
..
for (i=0; i < 10; i=i+1)
    nums[i] = nums[i]/2;
```

(ii)
```
int i;
int nums[10];
..
for (i=9; i >= 0; i = i-1)
    nums[i] = nums[i]/2;
```

演習問題6.24 関数int find42(int array[], int size)の高水準言語コードを書け。sizeはarrayの要素の数で、arrayはarrayのベースアドレスである。関数はarrayの要素で値42を持つ最初のインデックスを返す。arrayに42の要素がなければ、–1を返す。

演習問題6.25 高水準言語の関数のstrcpyは、文字列srcを文字列dstにコピーするものである。

```
// C code
void strcpy(char dst[], char src[]) {
    int i = 0;
    do {
        dst[i] = src[i];
    } while (src[i++]);
}
```

(a) strcpy関数をARMのアセンブリコードで実装せよ。iのためにR4を使え。

(b) strcpyの関数呼び出しの前、実行中、後のスタックフレームを図示せよ。strcpyを呼び出す前は、SP = 0xBEFFF000であると仮定せよ。

演習問題6.26 演習問題6.24の高水準言語の関数を、ARMアセンブリコードに変換せよ。

演習問題6.27 以下のARMアセンブリコードについて考える。func1、func2、およびfunc3はノンリーフ関数で、func4はリーフ関数である。各々の関数のコードは示さないが、コメントでどのレジスタが各々の関数の中で使われているかが分かる。

```
0x00091000 func1 ..  ; func1 uses R4-R10
0x00091020 BL func2
...
0x00091100 func2 ..  ; func2 uses R0-R5
0x0009117C BL func3
...
0x00091400 func3 ..  ; func3 uses R3, R7-R9
0x00091704 BL func4
...
0x00093008 func4 ..  ; func4 uses R11-R12
0x00093118 MOV PC, LR
```

(a) 各々の関数では、何ワードのスタックフレームになるか。

(b) func4が呼ばれた後のスタックフレームを図示せよ。どのレジスタがスタックのどの位置にストアされるかを明確にし、各々のスタックフレームを明確に仕切れ。可能な限り値を示せ。

演習問題6.28 フィボナッチ数列の各値は、その2つ前の値の和である。表6.26は、数列fib(n)の最初の数個の値である。

表6.26 フィボナッチ数列

n	1	2	3	4	5	6	7	8	9	10	11	...
fib(n)	1	1	2	3	5	8	13	21	34	55	89	...

(a) $n = 0$と$n = -1$の場合の$fib(n)$の値は？

(b) 高水準言語で正の数nに対するフィボナッチ数を返す、fibという名前の関数を書け。ヒント：ループを使いたくなるかもしれない。コードにはコメントを付けよ。

(c) (b)の高水準言語の関数をARMのアセンブリコードに変換せよ。コードの各々の行に、それが何をしているかを示すコメントを付けよ。KeilのMDK-ARMシミュレータを使って$fib(9)$のコードについてテストせよ。

演習問題6.29 コード例6.27について考える。この練習問題では、$factrial(n)$が入力引数 $n = 5$で呼ばれると仮定する。

(a) $factrial$が呼び出した関数に帰るときのR0の値は？

(b) アドレス0x8500と0x8520の命令を、それぞれPUSH {R0, R1}とPOP {R1, R2}に置き換えたとする。プログラムの結末は以下のいずれになるか。

①無限ループに入るが、クラッシュはしない。

②（スタックが成長するか、動的データセグメントを越えて縮むか、PCがプログラムの外にジャンプするかで）クラッシュする。

③プログラムがループに戻るときに、R0に正しくない値を生成する（ならば、その値は？）。

④削除された行にも関わらず正しく動作する。

(c) (b)を次の命令の変更で繰り返せ。

(i) アドレス0x8500と0x8520の命令を、それぞれPUSH {R3, LR}とPOP {R3, LR}に置き換える場合。

(i) アドレス0x8500と0x8520の命令を、それぞれPUSH {LR}とPOP {LR}に置き換える場合。

(iii) アドレス0x8510の命令を削除した場合。

演習問題6.30 ベン・ビットティドル君は非負のbに対して、関数$f(a, b) = 2a + 3b$を計算しようとしている。彼は極端に走って、関数呼び出しと再帰を使い、次の高水準コードの関数をfとgを作り出した。

```
// 関数fとgの高水準コード
int f(int a, int b) {
  int j;

  j = a;

  return j + a + g(b);
}
int g(int x) {
  int k;
```

```
  k = 3;

  if (x == 0) return 0;
  else return k + g(x ? l);
}
```

ベンは2つの関数を次のようなアセンブリ言語の関数に変換した。彼は関数を書き、関数呼び出し f(5, 3)についてテストした。

```
; ARMのアセンブリコード
; f: R0 = a, R1 = b, R4 = j;
; g: R0 = x, R4 = k
0x00008000  test  MOV R0, #5     ; a = 5
0x00008004        MOV R1, #3     ; b = 3
0x00008008        BL f           ; f(5, 3)を呼び出す
0x0000800C  loop  B loop         ; loopを永久に呼び出す
0x00008010  f PUSH {R1,R0,LR,R4} ; レジスタをスタックに退避
0x00008014        MOV R4, R0     ; j = a
0x00008018        MOV R0, R1     ; bをgの引数として置く
0x0000801C        BL g           ; g (b) を呼び出す
0x00008020        MOV R2, R0     ; R2に戻り値を置く
0x00008024        POP {R1,R0}    ; 呼び出し後にaとbを復帰させる
0x00008028        ADD R0, R2, R0 ; R0 = g(b) + a
0x0000802C        ADD R0, R0, R4 ; R0 = (g(b) + a) + j
0x00008030        POP {R4,LR}    ; R4, LRを復帰させる
0x00008034        MOV PC, LR     ; 戻る
0x00008038  g PUSH {R4,LR}       ; レジスタをスタックに退避
0x0000803C        MOV R4, #3     ; k = 3
0x00008040        CMP R0, #0     ; x == 0?
0x00008044        BNE else       ; 等しくなければ分岐
0x00008048        MOV R0, #0     ; 等しければ戻り値 = 0
0x0000804C        B done         ; 後始末
0x00008050  else SUB R0, R0, #1  ; x = x - 1
0x00008054        BL g           ; call g(x - 1)
0x00008058        ADD R0, R0, R4 ; R0 = g(x - 1) + k
0x0000805C  done POP {R4,LR};    スタックから R0,R4,LRを
                                 ; 復帰させる
0x00008060        MOV PC, LR     ; 戻る
```

図6.14のようなスタックの説明図を描くと、次の問いの答えを考えるのに便利であろう。

(a) テストでプログラムをスタートさせると、プログラムがloopに達した時点でR0の値はどうなるか。彼のプログラムは正しく$2a + 3b$を計算できるか。

(b) ベンはアドレス0x00008010と0x00008030の命令をそれぞれPUSH {R1, R0, R4}とPOP {R4}に変更する。プログラムはどうなるか。

①無限ループに入るがクラッシュはしない

②（スタックが成長するか、動的データセグメントを越えて縮むか、PCがプログラムの外にジャンプするかで）クラッシュする。

③プログラムがループに戻るときに、R0に正しくない値を生成する（ならば、その値は？）。

④削除された行にも関わらず正しく動作する。

(c) (b)を次のような命令の変更で繰り返せ。ラベルは変更されず、命令だけが変更される。

(i) アドレス0x00008010と0x00008024の命令を、それぞれPUSH {R1, LR, R4}とPOP {R1}に置き換える場合。

(ii) アドレス0x00008010と0x00008024の命令を、それぞれPUSH {R0, LR, R4}とPOP {R0}に置き換える場合。

(iii) アドレス0x00008010と0x00008030の命令を、それぞれ

PUSH {R1,R0,LR}とPOP {LR}に置き換える場合。

(iv) アドレス0x00008010と0x00008024と0x00008030の命令を削除する場合。

(v) アドレス0x00008038と0x0000805Cの命令を、それぞれPUSH {R4}とPOP {R4}に置き換える場合。

(vi) アドレス0x00008038と0x0000805Cの命令を、それぞれPUSH {LR} POP {LR}に置き換える場合。

(vii) アドレス0x00008038と0x0000805Cの命令を、削除する場合。

演習問題6.31 次の分岐命令を機械語に変換せよ。左の数が命令が置かれているアドレスであるとする。

```
(a)  0x0000A000        BEQ
     LOOP0x0000A004    ...
     0x0000A008        ...
     0x0000A00C LOOP   ...

(b)  0x00801000        BGE DONE
     ..
     0x00802040 DONE   ...

(c)  0x0000B10C BACK   ...
     ...              ...
     0x0000D000        BHI BACK

(d)  0x00103000        BL  FUNC
     ..               ...

     0x0011147C FUNC   ...

(e)  0x00008004 L1     ...
     ...              ...
     0x0000F00C        B L1
```

演習問題6.32 次のARMアセンブリ言語片について考える。左の数が命令が置かれているアドレスであるとする。

```
0x000A0028 FUNC1   MOV R4, R1
0x000A002C         ADD R5, R3, R5, LSR #2
0x000A0030         SUB R4, R0, R3, ROR R4
0x000A0034         BL  FUNC2
... .              ...
0x000A0038 FUNC2   LDR R2, [R0, #4]
0x000A003C         STR R2, [R1, -R2]
0x000A0040         CMP R3, #0
0x000A0044         BNE ELSE
0x000A0048         MOV PC, LR
0x000A004C ELSE    SUB R3, R3, #1
0x000A0050         B   FUNC2
```

(a) 命令列を機械語コードに変換せよ。機械コードは16進で書け。

(b) 各々の行で使われているアドレス指定モードを示せ。

演習問題6.33 次のC言語コードの断片について考える。

```
// C code
void setArray(int num) {
  int i;
  int array[10];

  for (i = 0; i < 10; i = i + 1)
    array[i] = compare(num, i);
}
int compare(int a, int b) {
```

```
  if (sub(a, b) >= 0)
    return 1;
  else
    return 0;
}
int sub(int a, int b) {
  return a ? b;
}
```

(a) C言語のコードをARMのアセンブリ言語で実現せよ。R4を変数iを保持するのに使え。スタックポインタを正しく使え。arrayはsetArray関数のスタックにストアされている（6.3.7節の最後を参照せよ）

(b) setArrayが最初に呼び出される関数であると仮定せよ。setArrayを呼び出す前と実行中の各々の関数呼び出しのスタックの様子を図示せよ。スタックにストアされたレジスタ名と変数名を示し、SPの位置を示し、スタックフレームの境目を明確にせよ。

(c) スタックにLRをストアするのを忘れたら、コードはどのようになるか。

演習問題6.34 次の高水準関数について考える。

```
// C言語のコード
int f(int n, int k) {
  int b;

  b = k + 2;
  if (n == 0) b = 10;
  else b = b + (n * n) + f(n ? 1, k + 1);
  return b * k;
}
```

(a) 高水準関数fをARMアセンブリ言語に翻訳せよ。特に、関数呼び出しをまたいだレジスタの退避と復帰を正しく行い、ARMの保存レジスタの規約の利用に注意せよ。コードにはきちんとコメントを付けよ。ARMのMUL命令を使っても良い。関数はアドレス0x00008100から始まる。ローカル変数bはR4に保持すること。

(b) (a)でf(2, 4)の場合を、手で実行せよ。図6.14のようにスタックを図解し、fが呼ばれたときSPは0xBFF00100であると仮定せよ。スタックの各々の場所にストアするレジスタ名とデータの値を明記し、スタックポインタ（SP）の値を追え。各々のスタックフレームは明確に仕切れ。実行中のR0、R1、R4の値を追跡すると便利である。fはR4 = 0xABCDでLR = 0x00008010で呼び出されると仮定せよ。R0の最終的な値はいくつか。

演習問題6.35 前方分岐の最悪の場合の例（つまり、最も大きいアドレスへの分岐）を示せ。最悪の場合は、遠すぎて分岐できない場合である。命令と命令アドレスを示せ。

演習問題6.36 次の問題は、分岐命令Bの限界を確かめるものである。解は分岐命令に対する相対命令数で示せ。

(a) 最悪の場合、Bは最遠でどれだけ前（つまり大きいアドレス）に分岐できるか（最悪の場合は分岐命令が遠すぎて分岐できない）。必要なら言葉と例を使え。

(b) 最良の場合、Bは最遠でどれだけ前に分岐できるか（最良の場合は分岐命令が最も遠くに分岐できる）。必要なら言葉と例を使え。

(c) 最悪の場合、Bは最遠でどれだけ後ろ（小さいアドレス）に

（d）最良の場合、Bは最遠でどれだけ後ろ（小さいアドレス）に分岐できるか。

演習問題6.37 大きい直値フィールド*imm24*をBやBLで使えると、なぜ有利なのかを説明せよ。

演習問題6.38 最初の命令から32M命令のところに分岐するアセンブリコードを書け。1M命令は2^{20}命令 = 1,048,576命令である。コードはアドレス0x00008000から始まっていると仮定せよ。最小限の命令数で済ませよ。

演習問題6.39 10個の32ビット整数がリトルエンディアン形式で格納されているものを受け取って、これをビッグエンディアン形式に変換する高水準コードの関数を書け。高水準コードを書いたら、これをARMのアセンブリコードに変換せよ。コードにはコメントを付し、最小限の命令に収めよ。

演習問題6.40 2つの文字列string1とstring2について考える。

（a）2つの文字列を連結するconcatという名前の高水準コードの関数を書け。void concat(char string1[], char string2[], char stringconcat[]);関数は値を返さず、string1とstring2を連結して結果をsttingconcatに置く。文字配列stringconcatは連結された文字列を収容するのに十分大きいと仮定しても良い。

（b）（a）の関数をARMアセンブリ言語に変換せよ。

演習問題6.41 R0とR1に入っている2つの正の単精度浮動小数点数を足すARMアセンブリプログラムを書け。ARMの浮動小数点命令を使ってはいけない。特別目的（0、NAN、その他）のために予約されている符号化や、あふれ（オーバーフロー）や下位桁あふれ（アンダーフロー）について考慮する必要はない。コードのテストにはKeilのMDK-ARMシミュレータを使え（巻頭のKeil MDK-ARMシミュレータのインストール法を参照せよ）。R0とR1にテスト用の値を手動で入れよ。作成したコードがちゃんと動くことを示して、コードの信頼性を示せ。

演習問題6.42 次のARMプログラムについて考える。命令はメモリアドレス0x00008400から始まっていて、L1はアドレス0x00009024であるとする。

```
; ARMアセンブリコード
MAIN
  PUSH {LR}
  LDR  R2, =L1  ; これはPC相対ロードに変換される
  LDR  R0, [R2]
  LDR  R1, [R2, #4]
  BL   DIFF
  POP  {LR}
  MOV  PC, LR
DIFF
  SUB  R0, R0, R1
  MOV  PC, LR
  ...
L1
```

（a）最初に、各アセンブリ命令のアドレスを示せ

（b）記号表、つまり、アドレスとラベルの一覧表を書け。

（c）すべての命令を機械語に変換せよ。

（d）テキストセグメントとデータセグメントの大きさは？

（e）図6.31のようなメモリマップを描いて、どこにデータと命令が格納されているかを示せ。

演習問題6.43 演習問題6.42を次のARMコードに対して繰り返せ。命令はメモリアドレス0x00008534から始まっていて、L2はメモリアドレス0x00009305にあると仮定せよ。

```
; ARM assembly code
MAIN
  PUSH {R4,LR}
  MOV  R4, #15
  LDR  R3, =L2   ; これはPC相対ロードに変換される
  STR  R4, [R3]
  MOV  R1, #27
  STR  R1, [R3, #4]
  LDR  R0, [R3]
  BL   GREATER
  POP  {R4,LR}
  MOV  PC, LR
GREATER
  CMP  R0, R1
  MOV  R0, #0
  MOVGT R0, #1
  MOV  PC, LR
  ...
L2
```

演習問題6.44 コード密度を高める（つまりプログラム中の命令数を減らす）2つのARM命令に名前をつけよ。各々について例をあげ、同等なARMアセンブリコードをその命令を使わないで示せ。

演習問題6.45 条件実行の利点と欠点を説明せよ。

口頭試問

以下は、ディジタル設計の業界の面接試験で尋ねられるような質問である（しかし、アセンブリ言語は特定していない）。

質問6.1 2つのレジスタR0とR1を交換するARMのアセンブリコードを書け。他のレジスタは使ってはいけない。

質問6.2 正と負の値が入った配列を与えられているとする。配列の部分集合であって、合計が最大になるものを見つけるARMのアセンブリコードを書け。配列のベースアドレスと配列の要素の個数はそれぞれR0とR1に入っていると仮定せよ。作成するプログラムでは、配列の部分集合の開始場所をR2に入れよ。なるべく速く動作するプログラムを書け。

質問6.3 C言語で文字列を保持する配列が与えられているとする。文字列は文になっている。文の単語の順番を逆にして、新しい文を配列に書き戻すアルゴリズムを設計せよ。アルゴリズムをARMアセンブリコードで実装せよ。

質問6.4 32ビットの数の中の1の個数を数えるアルゴリズムを設計せよ。このアルゴリズムをARMのアセンブリ言語で実装せよ。

質問6.5 レジスタの中のビットの順番をひっ繰り返すARMアセンブリコードを書け。問題のレジスタはR3であると仮定せよ。

質問6.6 R2とR3を足したらオーバーフローが起きるかどうかを検査する、ARMのアセンブリコードを書け。なるべく少ない命令数で済ませよ。

質問6.7 与えられた文字列が回文（palindrome）かどうかを検査するアルゴリズムを設計せよ（回文とは頭から読んでも尻から読んでも同じ語のこと。例えば、単語"wow"と"racecar"は回文である）。アルゴリズムをARMのアセンブリコードで実装せよ。

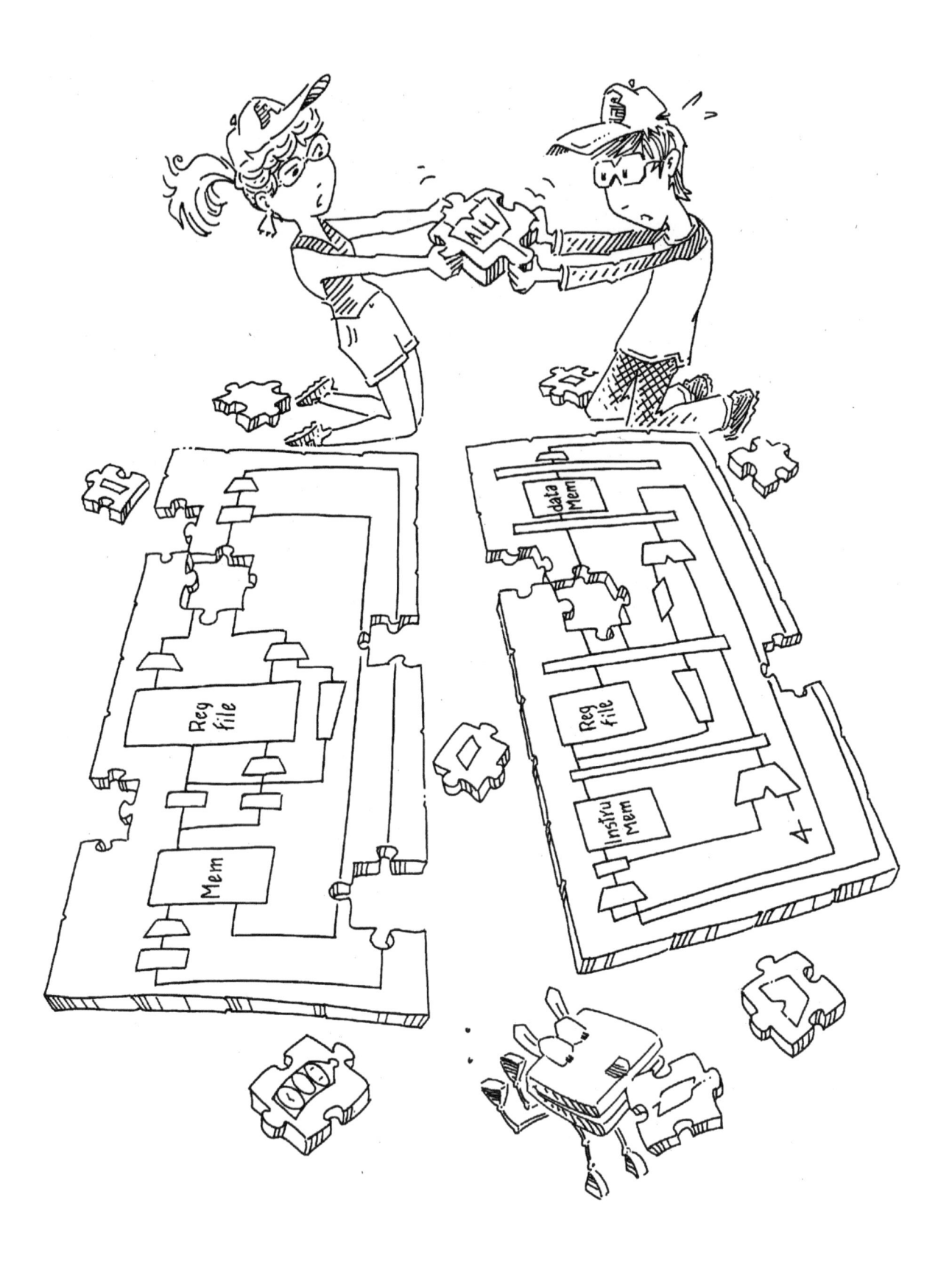

7

マイクロアーキテクチャ

7.1　はじめに

　この節では、マイクロプロセッサの部品を組み立てる方法を学ぼう。実際、3つの違った版があって、それぞれ性能、コスト、複雑さについて違ったトレードオフを持っているので混乱するかもしれない。

　初心者にとって、マイクロプロセッサを作ることは黒魔術のように見えるかもしれない。しかし、それは実際にはどちらかというとまっすぐな道を行けばよく、この点で、読者諸君は必要なものをすべて学んでしまっている。具体的には、与えられた機能とタイミング仕様を満足する組み合わせ回路と順次回路の設計を行うことができる。算術論理回路とメモリについて良く分かっている。さらに、プログラマから見たARMプロセッサ、つまりレジスタ、命令、メモリについても修得済みである。

　この節では、論理回路とアーキテクチャを結び付ける**マイクロアーキテクチャ**について紹介する。マイクロアーキテクチャとは、レジスタ、ALU、有限状態マシン（Finite State Machine: FSM）、メモリ、その他アーキテクチャを実装するのに必要な論理回路のビルディングブロックを、特定のやり方で配置したものである。ARMなどの1つの特定のアーキテクチャに対して、違ったマイクロアーキテクチャがたくさんあるかもしれず、これらは、性能、コスト、複雑性について違ったトレードオフを持っている。同じプログラムが走るのだが、その内部設計は広い範囲で違っている。この章では、このトレードオフを説明するために、違ったマイクロアーキテクチャを3つ設計する。

7.1.1　アーキテクチャの状態と命令セット

　コンピュータアーキテクチャは命令セットとアーキテクチャ状態から定義されることを思い出そう。ARMプロセッサの**アーキテクチャ状態**は、16個の32ビットレジスタとステータスレジスタにより決まる。すべてのARMマイクロアーキテクチャはこの状態のすべてを保持しなければならない。プロセッサは、現在のアーキテクチャ状態に基づき、特定のデータのセットを使って、特定の命令を実行し、新しいアーキテクチャ状態を生成する。ある種のマイクロアーキテクチャは、これに加えて非**アーキテクチャ状態**を持たせて、論理を簡単にしたり、性能を改善したりする。これについては、出てきた所で指摘していくことにしよう。

　マイクロアーキテクチャの理解を簡単にするために、ARM命令セットのサブセットを考える。ここでは、以下の命令を取り扱うことにする

▶　データ処理命令：ADD、SUB、ORR（レジスタ、直値（イミディエート）アドレッシングモード、シフトは付けない）

▶　メモリ命令：LDR、STR（正の直値オフセット付き）

▶　分岐命令：B

　この命令を選んだ理由は、これだけ備えれば、十分に面白いプログラムを書くことができるからである。これらの命令をどのように実装するかを理解できさえすれば、ハードウェアを拡張して他の命令を扱えるようにすることができる。

7.1.2　設計の工程

　まず、マイクロアーキテクチャを、互いに接続されている2

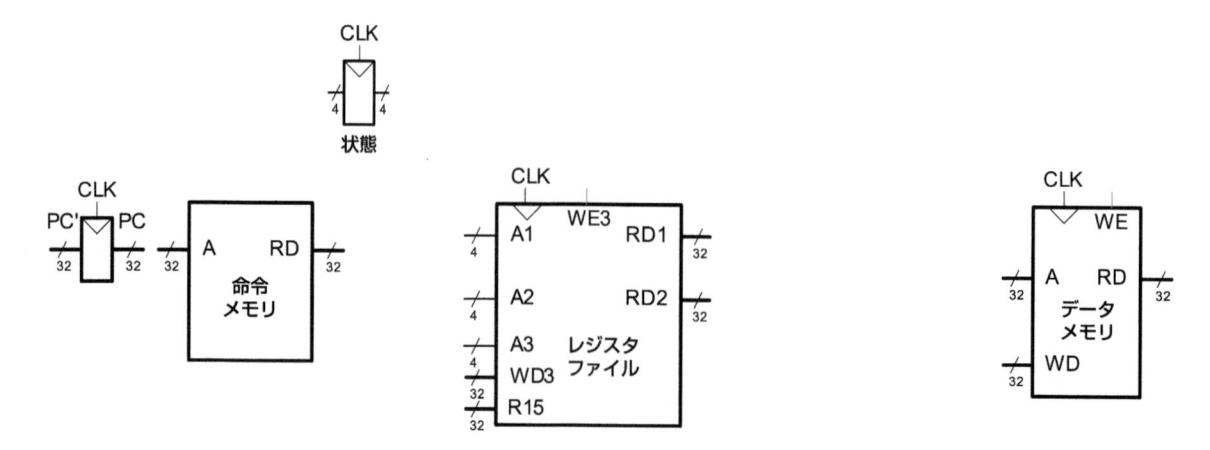

図7.1 ARMプロセッサの状態要素

つの部分に分けよう。**データパス**と**制御部**である。データパスはデータのワードを演算処理し、メモリ、レジスタ、ALU、マルチプレクサなどの構造から成る。ここでは32ビットARMアーキテクチャを実装するので、32ビットのデータパスを使う。制御部は、現在の命令をデータパスから受け取り、この命令をどのように実行するのかをデータパスに指示する。具体的には、マルチプレクサの選択信号、レジスタのイネーブル信号、メモリ書き込み信号を生成して、データパスの動作を制御する。

複雑なシステムを設計するのに良い方法は、状態要素を含んでいるハードウェアから始めることだ。ここで、状態要素とは、メモリとアーキテクチャ状態（プログラムカウンタ、レジスタ、ステータスレジスタ）である。次に状態要素の間に、組み合わせ回路のブロックを加えて、現在の状態を基に新しい状態を生成する。命令はメモリの一部から読み出され、ロード、ストア命令により、メモリの別の部分に対してデータの読み書きが行われる。そこで、全体のメモリを2つの小さなメモリに分け、片方は命令を保持し、もう片方はデータを保持すると便利なことが多い。図7.1は、5つの状態要素、プログラムカウンタ、レジスタファイル、ステータスレジスタ、命令メモリ、データメモリのブロック図を示している。

図7.1では、太い線を使って32ビットのデータパスを表している。中くらいの太さの線は、レジスタを示す4ビットのアドレスバスなどの細いバスを示す。青色の線は、レジスタファイルのライトイネーブルなどの制御信号である。図がバス幅の表記によってごちゃごちゃするのを避けるため、この表記法をこの章を通して用いることにする。また、状態要素は、スタートアップ時に確定した状態にするためにリセット入力を持っている。しかし、図がごちゃごちゃすることを避けるため、このリセットも描かないことにする。

プログラムカウンタ（**PC**）は論理的にはレジスタファイルの一部だが、普通のレジスタファイルの演算と無関係に、毎クロック読み書きされるので、32ビットの独立したレジスタとして作るのが自然である。この出力PCは、現在の命令のアドレスを示している。この入力となるPC'は、次の命令のアドレスを示す。

PCをレジスタファイルの一部にすると、システム設計が複雑になり、この複雑さは、ゲート数と消費電力を増やしてしまう。他のほとんどのアーキテクチャは、PCを、分岐命令以外のデータ処理では更新されない特殊なレジスタとして扱っている。6.7.6節に述べた通り、ARMの64ビットARMv8アーキテクチャでは、PCをレジスタファイルから分離した特殊なレジスタにしている。

命令メモリは単一の読み出しポート[1]を持つ。これは32ビットの命令アドレス入力Aを持ち、このアドレスに従って32ビットデータ（つまり命令）を読み出し、データ出力RDに出力する。

32ビットのレジスタ15個からなるレジスタファイルは、レジスタR0～R14を保持し、PCを受け取ってR15に保存するための追加入力を持つ。読み出しポートに対して4ビットのアドレス入力A1とA2を持ち、それぞれ$2^4 = 16$個のレジスタをソースオペランドとして指定する。読み出した32ビットレジスタの値を読み出しレジスタポート$RD1$、$RD2$にそれぞれ出力する。書き込みポートは4ビットのアドレス入力A3、32ビットの書き込み入力WD3、書き込みイネーブル入力WE3およびクロックを持つ。R15を読み出すと、$PC + 8$の値が読み出され、R15への書き込みは、PCの更新のための特別に扱わなければならない。これは、PCがこのレジスタファイルから分離されているためである。

データメモリは、読み書きポートを1つ持つ。WEがアサートされていれば、アドレスAに従ってデータWDをクロックの立ち上がりエッジで書き込む。このライトイネーブルが0ならば、アドレスAを読み出してRDに出力する。

---

1 命令メモリをROMとして扱うのは単純化のしすぎである。実際のプロセッサの多くでは命令メモリは、OSが新しいプログラムをメモリにロードできるように書き込み可能にしておかなければならない。7.4節に紹介するマルチサイクルマイクロアーキテクチャは、命令とデータの統合メモリを持ち、命令とデータの両方を読み書き可能にしている点でより現実的である。

命令メモリ、レジスタファイル、データメモリは、読み出しに関して**組み合わせ回路的**に動作する。すなわち、アドレスが変わると、新しいデータが、*RD*に一定の伝搬遅延の後に現れ、クロックは関係しない。書き込みの際にだけクロックの立ち上がりエッジで書き込む。この方式ではシステムの状態はクロックのエッジでのみ変化する。アドレス、データ、書き込みイネーブルは、クロックエッジの少し前で値が決まっていなければならず、クロックエッジのあとはホールドタイムを満たすまでは安定でなければならない。

状態要素は、クロックの立ち上がりエッジのみで変化するため、全体として同期式順序回路となる。マイクロプロセッサは、クロックの入った状態要素と組み合わせ回路でできており、これ自体も同期式順序回路と見ることができる。あるいは、より簡単で互いに相互作用する状態マシンの集合と見ることもできる。

7.1.3 マイクロアーキテクチャ

この節では、ARMアーキテクチャの3つのマイクロアーキテクチャ：単一サイクル、マルチサイクル、パイプラインを作っていく。これらでは、状態要素を接続する方法と、非アーキテクチャ状態の総計が違っている。

単一サイクルマイクロアーキテクチャは、すべての命令を1サイクルで実行する。これは、説明が簡単で制御部も単純である。処理を1サイクルで終了するため、非アーキテクチャ状態を必要としない。しかし、サイクル時間は最も遅い命令によって決まってしまい、プロセッサは命令、データメモリを別々に持たなければならないので、一般には現実的ではない。

マルチサイクルマイクロアーキテクチャは、命令を、もっと短いサイクルの連続で実行する。単純な命令のサイクル数は、複雑なものよりも少なくなる。さらに、マルチサイクルマイクロアーキテクチャは、加算器やメモリなどの高価なハードウェアを再利用することで、ハードウェアコストを下げることができる。例えば、加算器は1つの命令を実行する中で、違ったサイクルで様々な目的に使うことができる。

マルチサイクルアーキテクチャでは、これを実現するのに、非アーキテクチャレジスタをいくつか付け加え、中間結果を格納している。マルチサイクルプロセッサは一度に1つしか命令を実行せず、それぞれの命令を複数クロックサイクルで実行する。マルチサイクルプロセッサは、メモリを1つしか必要とせず、これをあるサイクルでは命令をフェッチするため、別のサイクルではデータの読み書きをするためにアクセスする。このため、マルチサイクルプロセッサは、かつてコストの安いシステムで使われた。

古典的なマルチサイクルプロセッサの例としては、1941年のMIT Whirlwind, IBM system/360, Digital Equipment Corporationの VAX、Apple IIの6502、IBM PCで使われた8088などが上げられる。8051、68HC11、PIC16シリーズなどのマルチサイクルマイクロアーキテクチャは、家電、おもちゃ、携帯用IT機器に使われる安価なマイクロコントローラで使われている。

Intelプロセッサは1989年に80486が開発されて以来、パイプライン化されている。すべてのRISCマイクロプロセッサもパイプライン化されている。ARMプロセッサは1985年の元々のARM1からパイプライン化されている。パイプライン化されたARM Cortex-M0は、12000論理ゲートしか用いていない。これは最近の半導体中では非常に小さくて顕微鏡でないと見ることができず、製造コストは1ペニーを下回る。メモリや周辺機器と組み合わせても、Freescale Kinetisなどの商用のCortex-M0チップは、50セントを下回る。すなわちパイプライン化プロセッサは、遅い兄弟であるマルチサイクルを、最もコストに敏感なアプリケーションにおいても、駆逐してしまっている。

パイプラインマイクロアーキテクチャは、単一サイクルマイクロアーキテクチャをパイプライン化したもの、すなわち、同時にいくつかの命令を実行し、性能を大きく改善するものである。パイプライン化は、同時に実行する命令間の依存性に対処するために論理を付け加える必要がある。また、非アーキテクチャ状態であるパイプラインレジスタが必要である。パイプラインプロセッサは、命令とデータを同じサイクルで扱う。このため、分離した命令キャッシュとデータキャッシュを使っている。これについては第8章で議論する。付け加えた論理回路とレジスタは得られる性能に対して十分引き合うため、今日のすべての商用高性能プロセッサはパイプライン処理を使っている。

この3つのマイクロアーキテクチャのトレードオフの詳細について探っていこう。この章の最後に、最近の高性能マイクロプロセッサで、さらに高い性能を達成するのに使われる技術を簡単に紹介する。

7.2 性能解析

前述の通り、1つのプロセッサアーキテクチャには、違ったコストと性能のトレードオフを持つたくさんのマイクロアーキテクチャがあり得る。正確なコストは、必要とされるハードウェア総量と実装するテクノロジによって決まるが、一般にはゲート数とメモリが多くなれば、その分お金がたくさんかかる。

この節では性能評価の基本を述べる。コンピュータシステムの性能を測る方法はたくさんあり、マーケティング部門は、評価手法を選ぶ上で、現実世界の性能と相関するかどうかに関わらず、自分たちのコンピュータが最も速く見える方法を選ぶことで悪名が高い。例えば、マイクロプロセッサメーカーは、クロック周波数とコア数で製品を宣伝することが良くある。しかし、これはプロセッサによっては1クロックサイクルでもっと多くの仕事を行うため、プログラムによって性能が違ってくるという複雑さをごまかしてしまっている。消費者はどうすればよいのだろうか。

性能を測るごまかしの効かない唯一の方法は、関心を寄せるプログラムの実行時間を測ることである。プログラムを最も速く走らせることのできるコンピュータが最も高い性能を持っていると言える。次に良い方法は、走らせようと計画しているのと似ているプログラムを集めてその実行時間の総計を測ることだ。これは、まだプログラムを書いていないか、

そのプログラムを測ってくれる人が居ない場合に必要となろう。このようなプログラムの集合をベンチマークと呼び、これらのプログラムの実行時間は、プロセッサ性能の指標として一般に公開されている。

> 3つの良く用いられるベンチマークとして、Dhrystone、CoreMark、SPECがある。最初の2つは**合成ベンチマーク**で、プログラムの重要な共通部分をまとめている。Dhrystoneは1984年に開発され、そのコードは実際に使われるプログラムをうまく表していないにも関わらず、組み込みプロセッサに良く用いられている。CoreMarkはDhrystoneの改良版で、乗算器と加算器をテストする行列乗算、メモリシステムをテストするリンクトリスト、分岐の論理回路をテストする状態マシン、プロセッサ実行の多くの部分を占める巡回冗長チェックを含んでいる。両方のベンチマーク共に、サイズは16KBより少なく、命令キャッシュを圧迫することはない。
>
> Standard Performance Evaluation CorporationによるSPEC CINT2006ベンチマークは、h264ref（ビデオ圧縮）、sjeng（チェスのAI）、hmmer（プロテインシーケンスの解析）、gcc（Cコンパイラ）などの実際のプログラムからできている。このベンチマークは、CPU全体に対して、多くのプログラムと同じような負荷を掛けることから、高性能プロセッサに広く用いられる。

式(7.1)は、あるプログラムの秒で測った実行時間を与える。

$$実行時間 = (命令数) \times (命令当たりのサイクル数)$$
$$\times (サイクル当たりの秒数) \tag{7.1}$$

あるプログラムの中の命令数は、プロセッサアーキテクチャに依存する。ある種のアーキテクチャは複雑な命令を持っており、命令当たりの仕事が多い。すなわち、プログラム中の命令数は少なくなる。

とはいえ、このような複雑な命令は、ハードウェアで実行すると遅くなってしまうことが良くある。命令数は、プログラマの腕によっても大きく違う。この節では、ARMプロセッサで既知のプログラムを実行することを想定する。このことで、それぞれのプログラムの命令数は固定となり、マイクロアーキテクチャとは関係なくなる。**命令当たりのサイクル数**（cycles per instruction: **CPI**）は、1つの命令が平均的に実行するのに必要なクロックサイクルの数である。これは**スループット**（サイクル当たりの**命令数**、**IPC**）の逆数となる。マイクロアーキテクチャごとにCPIは異なったものになる。この章では、CPIに影響を与えない理想のメモリを想定する。第8章で、プロセッサが時にはメモリを待たねばならず、このため、CPIが増えてしまうことを見ていこう。

サイクル当たりの秒数がクロック周期 T_c である。クロック周期は、プロセッサの論理回路のクリティカルパスで決まる。マイクロアーキテクチャごとにクロック周期は異なる。

論理回路の回路設計は共にクロック周期に大きく影響を与える。例えば、桁上げ先見加算器は、順次桁上げ加算器よりも速い。プロセス技術の発達により歴史的に、トランジスタの速度は4〜6年ごとに2倍になってきた。このため今日のマイクロプロセッサは、マイクロアーキテクチャと論理が変わらなくても10年前より速くなっているだろう。

マイクロアーキテクトの課題は、コストと消費電力どちらかまたはその両方における制約を満足しながら実行時間を最小にする設計を選ぶことである。マイクロアーキテクチャにおける決定は、CPIと T_c の両方に影響を与え、論理と回路設計に影響を受けるために、最善の選択を行うためには、注意深い解析が必要になる。

コンピュータの性能に影響を及ぼす要因は他にもたくさんある。例えば、ハードディスク、メモリ、グラフィックシステム、ネットワーク接続が、プロセッサの性能をおかしなものとする制約要素になる可能性がある。世界最速のマイクロプロセッサは、ダイアルアップ接続したInternetのネットサーフィンの助けにはならない。しかし、これらその他の要因は、この本の範囲を越えている。

7.3 単一サイクルプロセッサ

最初に、1クロックサイクルで命令を実行するマイクロアーキテクチャを設計する。図7.1に示す状態要素を、組み合わせ回路で接続し、様々な命令を実行できるデータパスを作ることから始めよう。制御信号は、特定の命令のどれが、ある決まった時間にデータパスで実行されるかを決定する。制御部は、現在の命令に基づき、適切な制御信号を生成する組み合わせ回路である。締めくくりに、この単一サイクルプロセッサの性能を解析する。

7.3.1 単一サイクルデータパス

この節では、図7.1に示す状態要素に1つずつ部品を加えていくことで、シングルサイクルデータパスを少しずつ作っていく。新しい接続は黒（新しい制御信号は青色）で示し、既に学んだハードウェアは灰色で示す。状態を保持するレジスタはコントローラの一部であるので、データパスに注目するときは省略する。

プログラムカウンタは実行する命令のアドレスを保持している。最初のステップは、命令メモリから命令を読み出すことである。図7.2はPCがそのまま命令メモリのアドレス入力

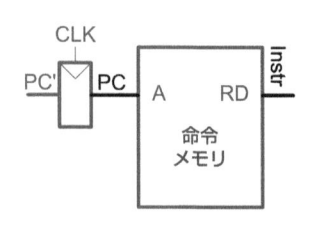
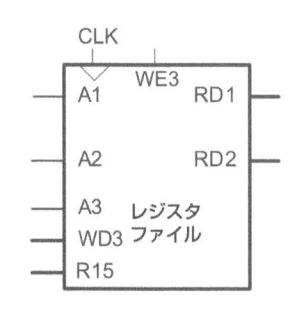
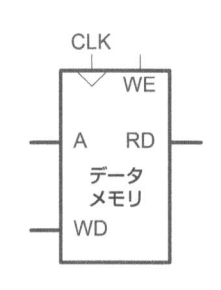

図7.2 メモリからの命令フェッチ

に接続されている様子を示す。命令メモリから読み出された、あるいはフェッチされた32ビットの命令に*Instr*というラベルを付ける。

プロセッサの動作はフェッチされた命令の種類によって決まる。最初に正の直値オフセットを持つLDR命令用の接続を作ってやろう。それから、他の命令を扱うためにデータパスを一般化する方法を考えよう。

LDR

LDR命令用の次のステップは、ベースアドレスを含むソースレジスタを読み出すことだ。このレジスタは命令の*Rn*フィールド、$Instr_{19:16}$で指定されている。図7.3に示すように、命令中のこれに対応するビットをレジスタファイルポートの片方A1のアドレス入力に繋ぐ。レジスタファイルから読み出されたレジスタの値は*RD1*に出力される。

LDR命令はオフセットも必要である。オフセットは命令の直値フィールド$Instr_{11:0}$に格納されている。これは符号無の値なので、図7.4に示すように32ビットにゼロ拡張しなければならない。この32ビットの値を*ExtImm*と呼ぶ。ゼロ拡張とは単に拡張する上の桁に0を詰めることで、$ImmExt_{31:12} = 0$にし、$ImmExt_{11:0} = Instr_{11:0}$にする。

プロセッサはベースアドレスとオフセットを加算し、メモリを読み出すアドレスを求めなければならない。図7.5では、ALUにこの加算をやらせている。ALUは2つのオペランド*SrcA*と*SrcB*を入力する。*SrcA*にはレジスタファイルからの値、*SrcB*には拡張された直値を与える。ALUは5.2.4節で紹介したように、様々な演算を実行することができる。2ビットの*ALUControl*信号でこの演算を指定する。ALUは32ビットの*ALUResult*を生成する。LDR命令に対しては、加算をさせるた

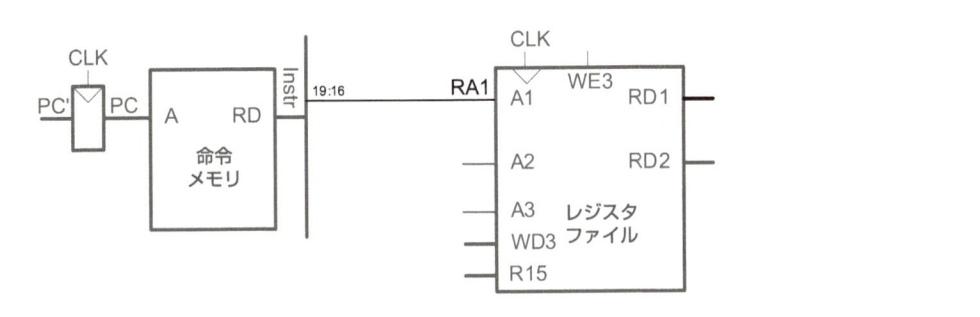

図7.3　レジスタファイルからのソースオペランドの読み出し

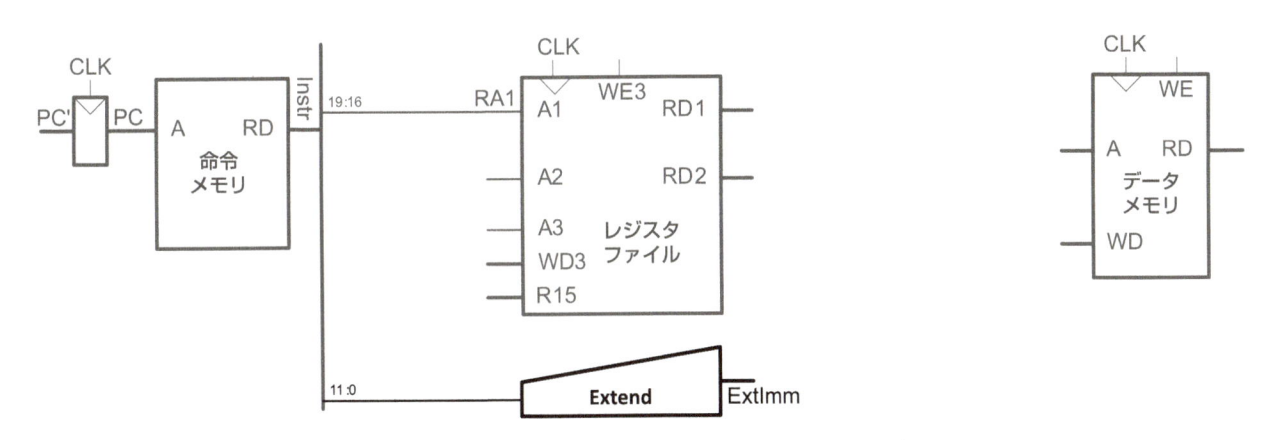

図7.4　直値のゼロ拡張

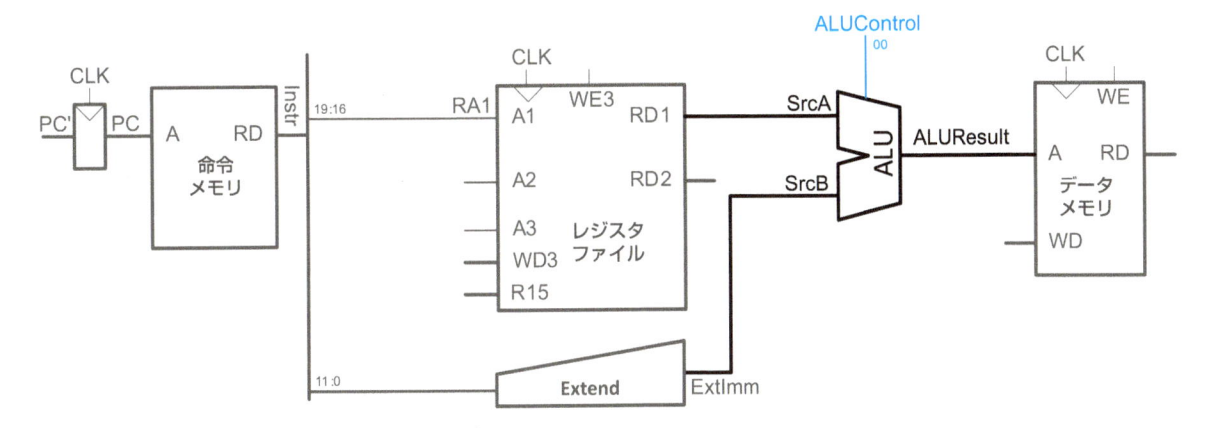

図7.5　メモリアドレスの計算

めに*ALUControl*を00にしなければならない。*ALUResult*は図7.5に示すように、データメモリを読み出すアドレスとして送られる。

データメモリから読み出されたデータは、*ReadData*バスに置かれ、図7.6に示すようにサイクルの最後にディスティネーションレジスタに書き戻される。レジスタファイルのポート3は書き込みポートである。LDR命令ではディスティネーションレジスタは、*Rd*フィールド、すなわち*Instr*$_{15:12}$に指定される。これをレジスタファイルのポート3書き込みデータ入力*WD3*に接続する。*RegWrite*という制御信号がポート3の書き込みイネーブル信号WE3に接続されており、LDR命令のときにはアサートされ、データの値がレジスタファイルに書き込まれる。書き込みはこのサイクルの終わりのクロック立ち上がりエッジで行われる。

命令が実行されている間、プロセッサは次の命令のアドレス*PC'*を計算しなければならない。命令は32ビット（4バイト）なので、次の命令は*PC* + 4になる。図7.7は*PC*を4増やすのに加算器を使っている。この新しいアドレスは、クロックの次の立ち上がりエッジでプログラムカウンタに書き込まれる。これで、ベースまたはディスティネーションレジスタがR15である特殊ケースを除いた場合のLDR命令のデータパスが出来上がった。

6.4.6節で紹介したように、ARMアーキテクチャではレジス

タR15を読み出すと、*PC* + 8が返ってくることを思い出そう。このため、PCをさらに増やすためにもう1つ加算器が必要になり、この加算結果をレジスタファイルのR15ポートに渡してやる。同様に、レジスタR15に書き込むとPCが更新される。このため、*PC*は、*PCPlus4*ではなく、命令の実行結果（*ReadData*）から持ってくる可能性があるので、マルチプレクサでこの2つの可能性を選ぶ。*PCSrc*制御信号が0のときは*PCPlus4*が選ばれ、1のときは*ReadData*が選ばれる。このPC関連の部分を次ページの図7.8で強調して示す。

STR

次に、STR命令を取り扱えるようにデータパスを拡張しよう。LDR同様、STRもベースアドレスをレジスタファイルのポート1から読み、直値をゼロ拡張する。ALUでベースアドレスを直値に加算してメモリアドレスを求める。これらのすべての操作は既にデータパスには装備されている。

STR命令は、2つ目のレジスタもレジスタファイルから読み、これをデータメモリに書き込む。図7.9にこのための新しい接続を示す。レジスタは、*Rd*フィールド、*Instr*$_{15:12}$で指定され、これをレジスタファイルのA2ポートに繋ぐ。レジスタの値は*RD2*ポートから読み出され、これをデータメモリの書き込みデータ（*WD*）ポートに接続する。データメモリの書き込みイネーブルWEは*MemWrite*により制御する。STR命令では、*MemWrite* = 1にしてメモリをデータに書き込み、

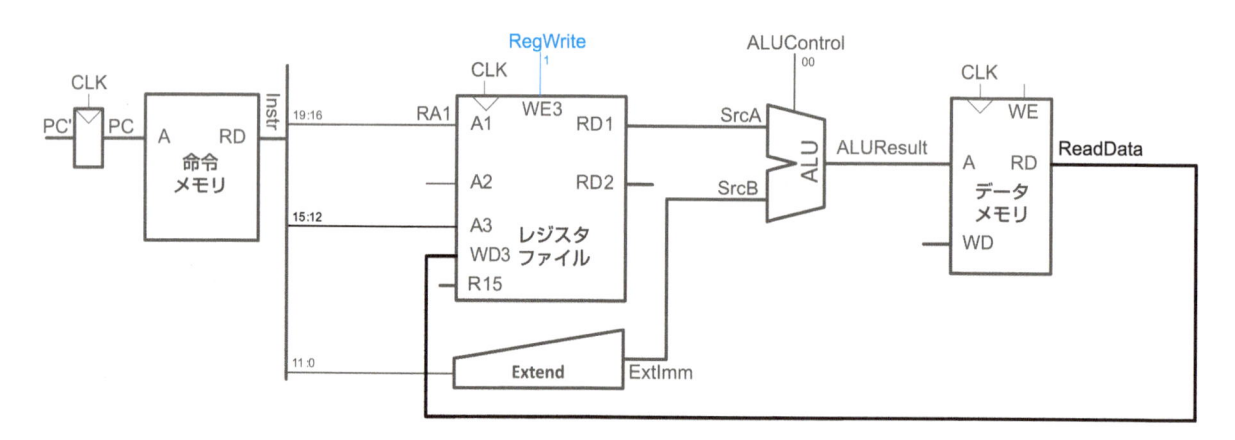

図7.6　レジスタファイルへの書き戻し

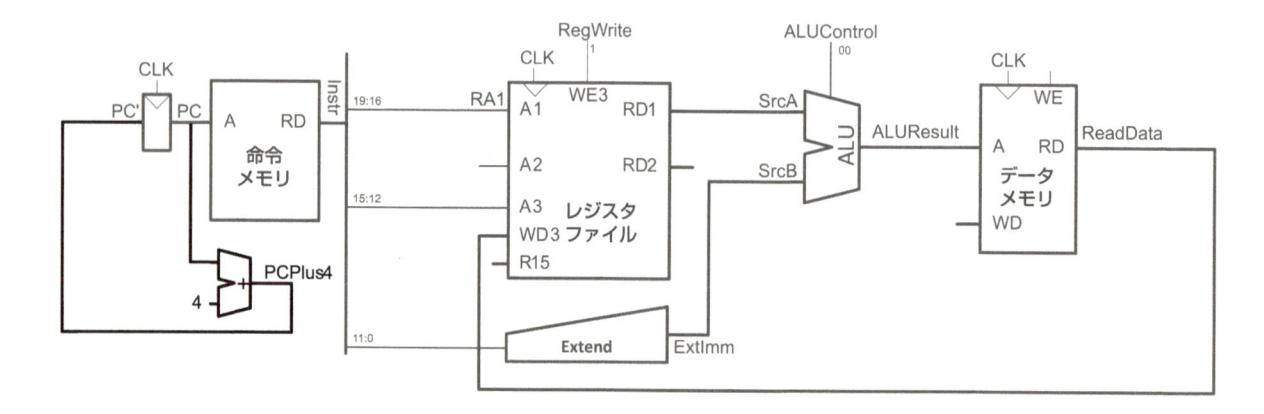

図7.7　プログラムカウンタのカウントアップ

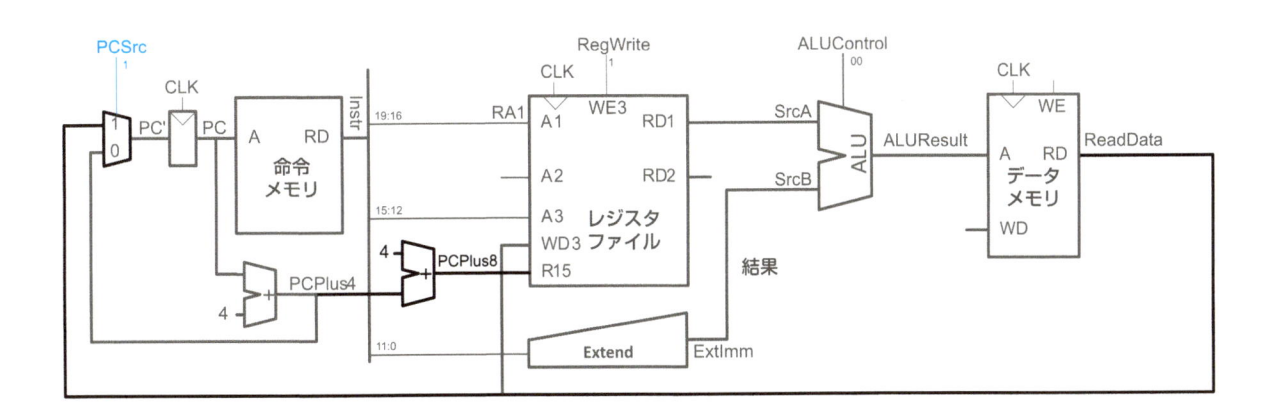

図7.8 プログラムカウンタのR15としての読み書き

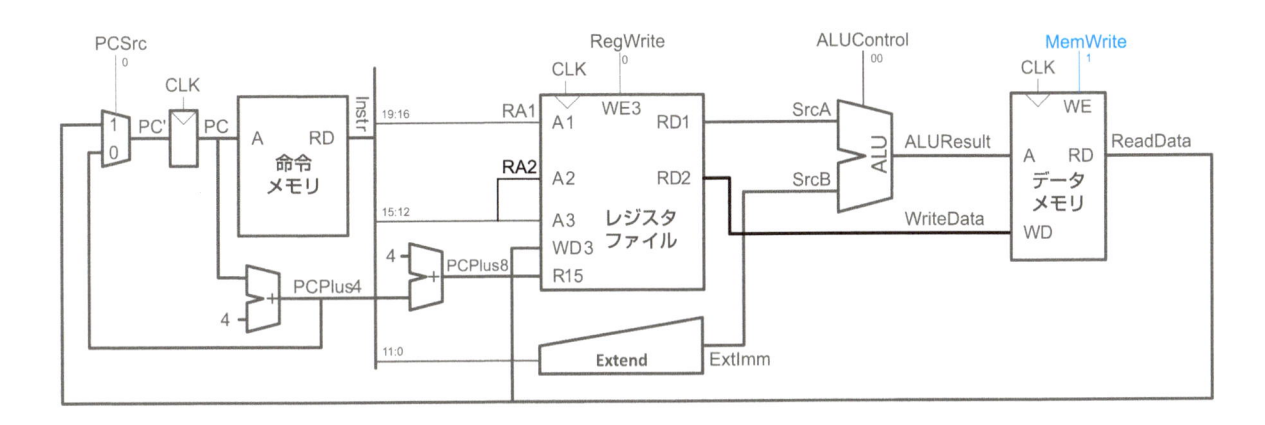

図7.9 STR命令のためのメモリへのデータ書き込み

ALUControl = 00でベースアドレスとオフセットを加算し、*RegWrite* = 0にする。これはレジスタファイルには何も書き込んではいけないからだ。データはデータメモリから読み出され続けていることに注意しよう。しかし、この*ReadData*は*RegWrite* = 0であるので無視される。

直値アドレッシングのデータ処理命令

次に、このデータパスをデータ処理命令ADD、SUB、AND、ORRの直値アドレスモードを扱えるように拡張しよう。これらの命令はレジスタファイルからソースレジスタを読み、命令の下位ビットの直値との間でなんらかのALU命令を実行し、結果を3つめのレジスタに書き戻す。違うのはALU命令

の指定だけである。そこで、これらすべては同じハードウェア構成で、*ALUControl*信号だけを違うようにして取り扱う。5.24節に示したように*ALUControl*は、00でADD、01でSUB、10でAND、11でORRになる。ALUはさらに4つのフラグ、*ALUFlags*$_{3:0}$（**Z**ero、**N**egative、**C**arry、o**V**erflow）を生成し、これらの信号をコントローラに送り返す。

図7.10に、直値を相手にするデータ処理命令を取り扱うようにデータパスを拡張した様子を示す。LDR同様、データパスは1番目のALUソースをレジスタファイルのポート1から読み、*Instr*の下位ビットの直値を拡張する。しかしデータ処理命令は12ビットの直値ではなく、8ビットの直値しか持たない。そこで、Extendブロック用に*ImmSrc*制御信号を用意す

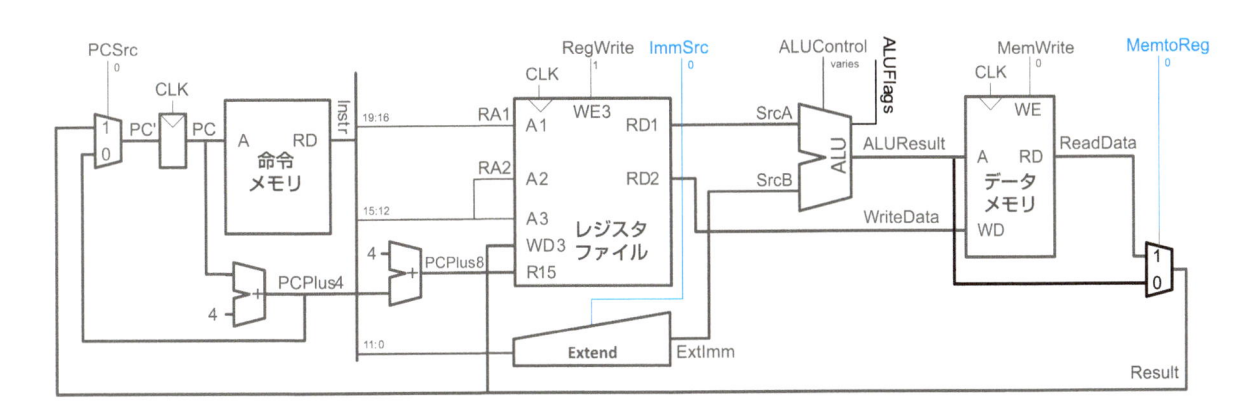

図7.10 直値アドレッシング付きデータ処理命令のためのデータパスの拡張

る。これが0ならば*ExtImm*は*Instr*$_{7:0}$をデータ処理用に拡張する。1のとき*ExtImm*は*Instr*$_{11:0}$のゼロ拡張となり、LDRやSTRで利用する。

LDRでは、レジスタファイルにデータメモリからのデータを書き込んだ。しかし、データ処理命令は、*ALUResult*をレジスタファイルに書き込む。このため、マルチプレクサをもう1つ付けて、*ReadData*と*ALUResult*からどちらかを選べるようにする。この出力を*Result*と呼ぼう。マルチプレクサはもう1つの新しい信号*MemtoReg*によって制御される。*MemtoReg*はデータ処理命令では0にして、*Result*を*ALUResult*から選ぶ。LDRでは1にして*ReadData*を選ぶ。STRではレジスタファイルに書き込みを行わないため、*MemtoReg*の値は気にしない。

レジスタアドレッシング付きデータ処理命令

レジスタアドレッシング付きデータ処理命令は、2つ目のソースは直値ではなく、*Instr*$_{3:0}$で指定される*Rm*になる。すなわち、レジスタファイルの入力とALUにマルチプレクサを付けて、2つ目のソースレジスタを選択できるようにしてやらなければならない。この様子を図7.11に示す。

*RegSrc*制御信号に基づき、STRでは*Rd*フィールド（*Instr*$_{15:12}$）、レジスタアドレッシング付きデータ処理命令では*Rm*フィールド（*Instr*3:0）を選んで*RA2*に入れる。同様に*ALUSrc*制御信号を使って、ALUの2つ目のソースとして、直値付き命令ならば*ExtImm*を、レジスタアドレッシング付きデータ処理命令ならばレジスタファイルからの値を選ぶ。

B

最後に、図7.12に示すように、データパスを拡張してB命令を取り扱えるようにしよう。分岐命令は24ビットの直値と*PC* + 8を加算し、結果をPCに書き戻す。直値は4倍して符号拡張する。このため、Extend論理にはもう1つモードが必要になる。*ImmSrc*には2ビットを加え、表7.1に示すような符号化を行う。

表7.1　ImmSrcのエンコード

ImmSrc	ExtImm	解説
00	{24 0s} *Instr*$_{7:0}$	データ処理用8ビット符号無直値
01	{20 0s} *Instr*$_{11:0}$	LDR/STR用の12ビット直値
10	{6 *Instr*$_{23}$} *Instr*$_{23:0}$ 00	B命令用の4倍された24ビット符号付直値

PC + 8はレジスタファイルの第一ポートから読み出される。このためマルチプレクサがR15を*RA1*の入力として選ぶために必要となる。このマルチプレクサは、*RegSrc*のもう1つのビットでコントロールされ、Bでのみ15になり、その他の命令では*Instr*$_{19:16}$を入れる。

分岐命令では、*MemtoReg*を0にし、*PCSrc*を1にして新しいPCを*ALUResult*から選ぶ。

これで、単一サイクルプロセッサのデータパスが出来上がった。設計それ自体だけでなく、状態要素を明らかにし、それらの間を繋ぐ組み合わせ回路をシステマチックに加えていくという設計工程も紹介した。次の節では、このデータパスの演算に指令を与える制御信号を作っていく方法を考える。

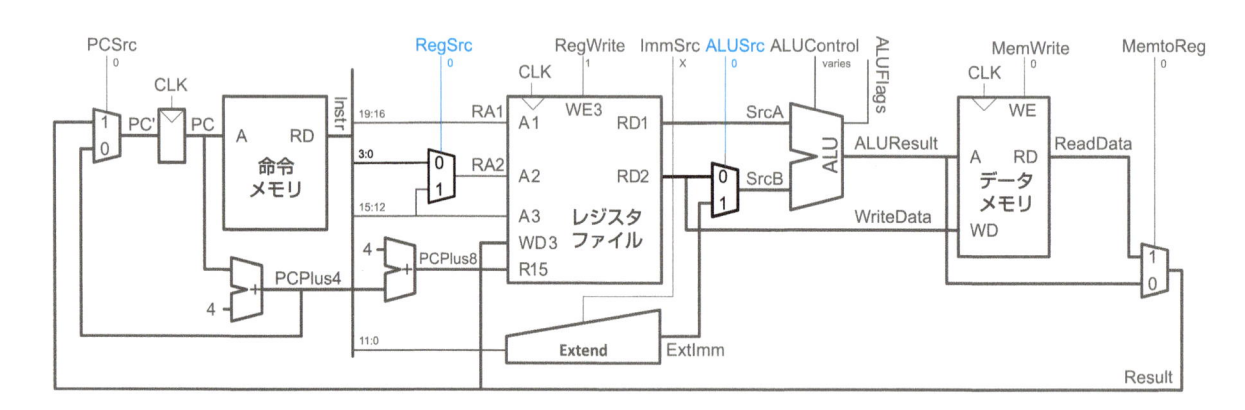

図7.11　レジスタアドレッシング付きデータ処理命令のためのデータパスの拡張

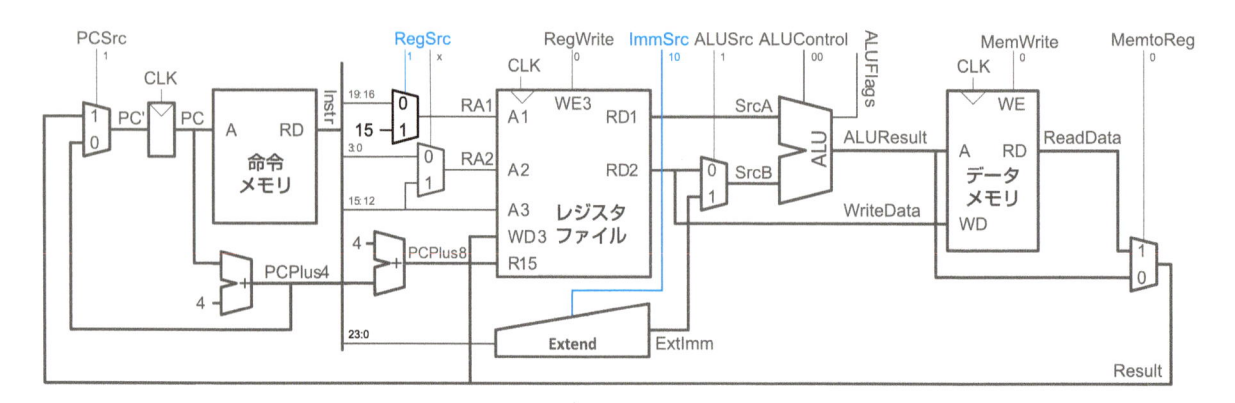

図7.12　B命令用に修正したデータパス

7.3.2　単一サイクルの制御

　制御部は、制御信号を命令の*cond*、*op*、*funct*（*Instr*$_{31:28}$、*Instr*$_{27:26}$、*Instr*$_{25:20}$）およびフラグ、ディスティネーションレジスタがPCかどうかの情報から作る。コントローラは、現在の状態フラグを持ち、これを適切に更新する操作も行う。図7.13は、データパスに制御ユニットを取り付けた単一サイクルプロセッサの全体を示す。

　次ページの図7.14はコントローラの詳細な構成図を示す。コントローラは、2つの主要な部分、*Instr*に基づき制御信号を生成するデコーダと、条件の論理回路に分けられる。条件の論理回路は、状態フラグを管理し、命令が条件実行されるときだけ、アーキテクチャ状態を更新する。デコーダは、図7.14（b）に示すように、制御信号のほとんどを生成するメインデコーダと、*Funct*フィールドを使ってデータ処理命令の型を決めるALUデコーダ、PCが分岐により更新されるかどうか、R15に書き込みを行うかどうかを決めるPCの論理回路から構成される。

　メインデコーダの動作は表7.2の真理値表で与えられる。メインデコーダでは、命令の型がデータ処理レジスタ、データ処理直値、STR、LDR、Bのうちどれなのかを判別する。そして、適当なデータパスの制御信号を生成する。さらに、*MemtoReg*、*ALUSrc*$_{1:0}$、*ImmSrc*$_{1:0}$、*RegSrc*$_{1:0}$を直接データパスに送る。

　とはいえ、書き込みイネーブル信号*MemW*と*RegW*を、データパスの信号*MemWrite*と*RegWrite*とするためには、条件の論理回路を通る必要がある。この書き込みイネーブルは、条件が満足されないときには、条件の論理回路により無効に（0にリセット）される。メインデコーダは、*Branch*と*ALUOp*信号も発生する。この信号は、命令がそれぞれBかデータ処理であるかを示すため、コントローラ内で使われる。メインデコーダの論理回路は、組み合わせ回路の設計手法のどれでも好きなものを使って真理値表から作れば良い。

　ALUデコーダの動作は次ページの表7.3で与えられる。データ処理命令では、ALUデコーダは命令の型（ADD、SUB、AND、ORR）に基づき*ALUControl*を選ぶ。さらに、*FlagW*をアサートし、Sビットがセットされているときに状態フラグを更新する。ADDとSUBはすべてのフラグを更新するが、ANDとORRはNとZフラグだけを更新する。このため、*FlagW*は2ビット必要である。*FlagW*$_1$はNとZ（*Flags*$_{3:2}$）を更新し、*FlagW*$_0$はCとV（*Flags*$_{1:0}$）を更新する。*FlagW*$_{1:0}$は、条件の論理回路により、条件が満足されない（*CondEx* = 0）場合には無効化される。

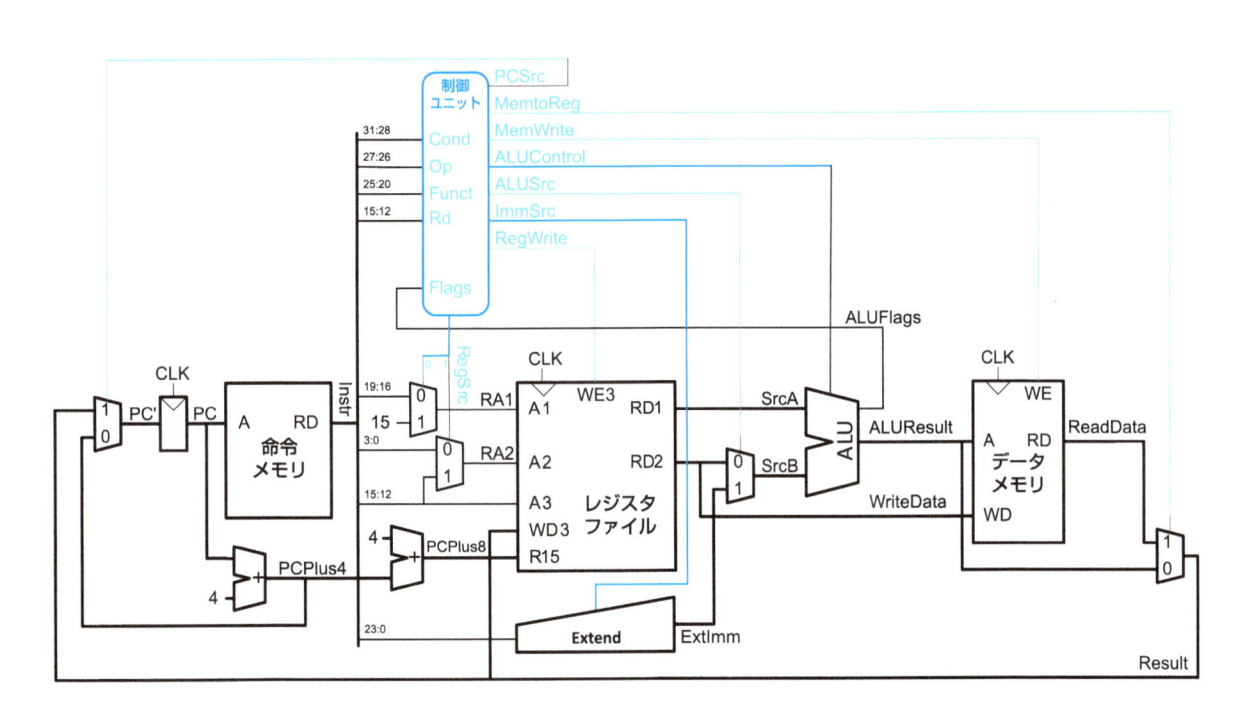

図7.13　単一サイクルプロセッサの完全版

表7.2　主デコーダの真理値表

Op	Funct$_5$	Funct$_0$	Type		Branch	MemtoReg	MemW	ALUSrc	ImmSrc	RegW	RegSrc	ALUOp
00	0	X	DP Reg		0	0	0	0	XX	1	00	1
00	1	X	DP Imm		0	0	0	1	00	1	X0	1
01	X	0	STR		0	X	1	1	01	0	10	0
01	X	1	LDR		0	1	0	1	01	1	X0	0
10	X	X	B		1	0	0	1	10	0	X1	0

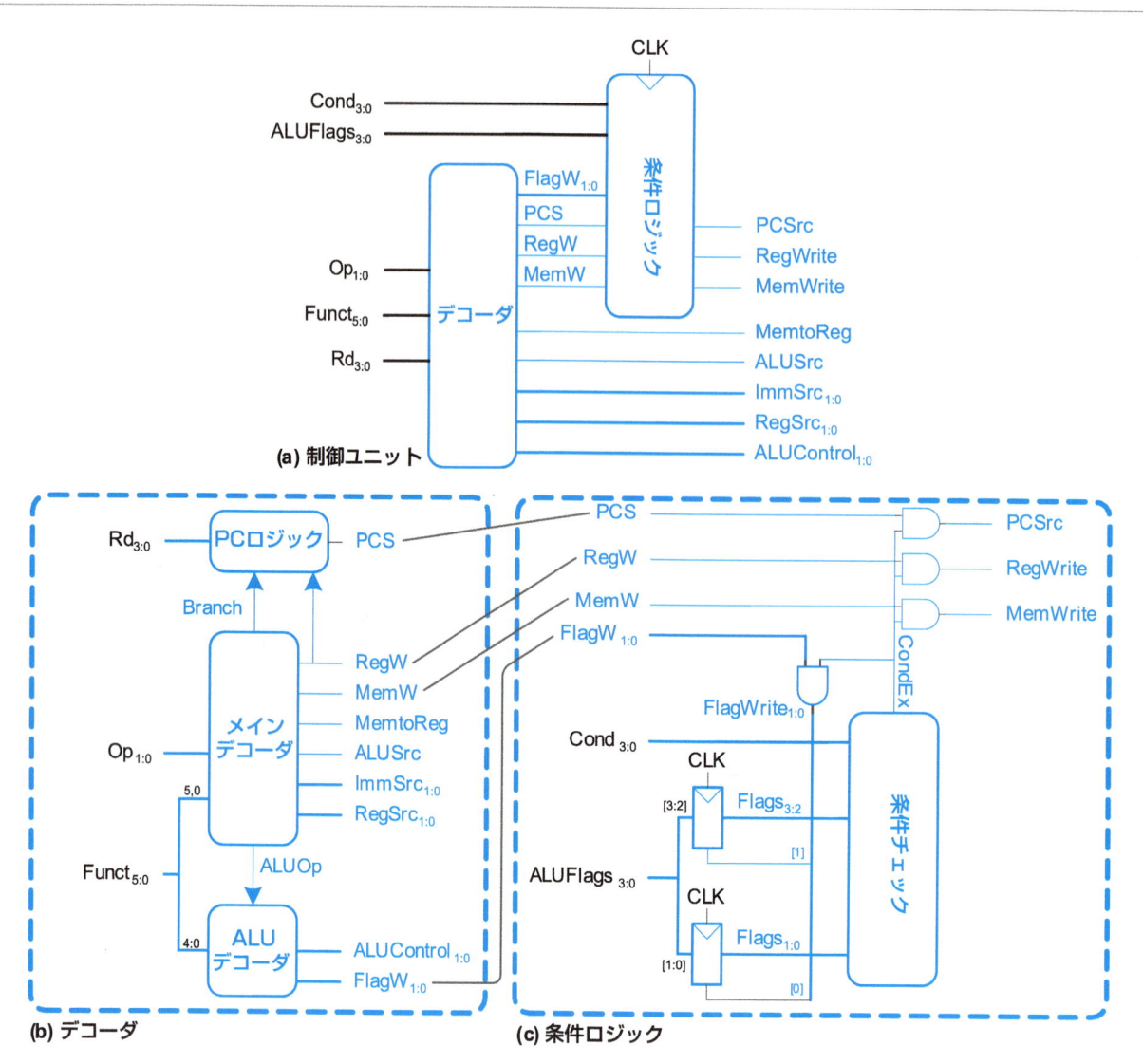

図7.14 単一サイクル制御ユニット

表7.3 ALUデコーダの真理値表

ALUOp	Funct$_{4:1}$ (cmd)	Funct$_0$ (S)	演算の型	ALUControl$_{1:0}$	FlagW$_{1:0}$
0	X	X	Not DP	00 (Add)	00
1	0100	0	ADD	00 (Add)	00
		1			11
	0010	0	SUB	01 (Sub)	00
		1			11
	0000	0	AND	10 (And)	00
		1			10
	1100	0	ORR	11 (Or)	00
		1			10

PC論理回路は、命令がR15に書き込みを行うか、命令が分岐でPCを更新するかをチェックする。この論理式は、

$$PCS = ((Rd == 15) \& RegW) \mid Branch$$

PCSは、PCSrcとしてデータパスに送られる前に、条件の論理回路により無効にされるかもしれない。

図7.14 (c) に示す条件の論理回路は、命令が実行されるかどうか (CondEx) をcondフィールドとN、Z、C、およびVフ

ラグ (Flags$_{3:0}$) の現在の値に基いて決める。この様子を表6.3に示した。命令が実行されない場合、書き込みイネーブルとPCSrcは強制的に0になり、その命令はアーキテクチャ状態を変更しない。

条件の論理回路は、FlagWがALUデコーダによってアサートされ、命令実行の条件が満足されている (CondEx = 1) とき、一部あるいは全部のフラグをALUFlagsに基づき更新する。

例題7.1 単一サイクルプロセッサの動作

ORR命令をレジスタアドレッシングモードで実行しているときの、制御信号の値と、それによって動くデータパスの部分を示せ。

解法：図7.15は、制御信号とORR命令が実行される際のデータの流れを示す。PCはこの命令を保持しているメモリの場所を示し、命令メモリから命令が読み出される。

レジスタファイルとALUを通る主なデータの流れを太い青色の線で示す。レジスタファイルは、Instr$_{19:16}$とInstr$_{3:0}$で指定された2つのソースオペランドを読み出す。このため、RegSrcは00でなければならない。SrcBはレジスタファイルの2番目の部分から (ExtImmではなく) 来なければならない。このためALUSrcは0でなければならない。ALUはビット単位のOR命令を実行する。この

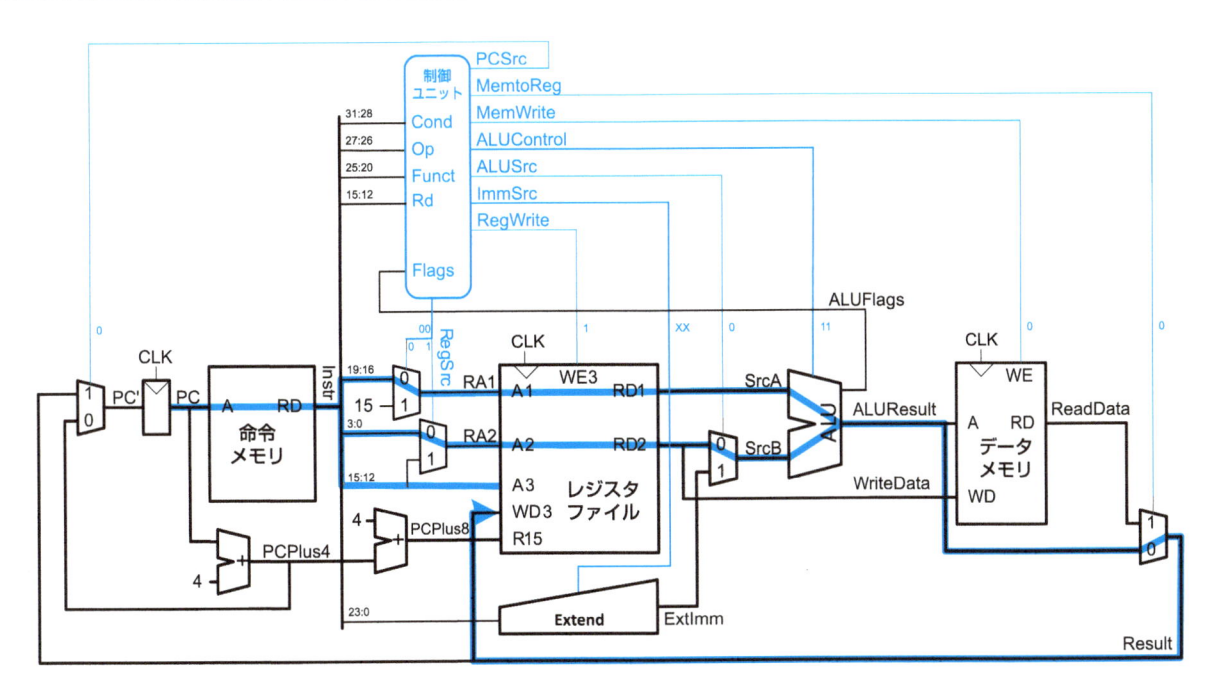

図7.15 ORR命令実行中の制御信号とデータの流

ため$ALUControl$は11でなければならない。結果はALUから来る。このため$MemtoReg$は0にする。結果はレジスタファイルに書き込まれる。このため、$RegWrite$を1にする。この命令はメモリには書き込まないので、$MemWrite$は0である。

$PCPlus4$によるPCの更新は太い灰色の線で示す。$PCSrc$を0にしてカウントアップしたPCを選ぶ。

データは強調されていないパスにも流れていることに注意されたい。しかし、この命令にとっては、このデータの値は重要ではない。例えば、直値は拡張され、データはメモリから読み出される。しかし、これらの値はシステムの次の状態に影響しない。

7.3.3 さらに多くの命令

今までにARMの命令セットの限定されたサブセットを考えてきた。この節では、比較（CMP）命令を装備し、第2ソースがシフトされたレジスタである場合を考えよう。これらの例により、新しい命令を取り扱う方針を紹介しよう。これで、それなりの努力をすれば、単一サイクルプロセッサをARMの全命令を取り扱うように拡張することができるようになる。ある種の命令は単にデコーダを拡張するだけで装備することができるが、命令によっては、データパスに新しいハードウェアが必要であることも見て行こう。

例題7.2 CMP命令

比較命令CMPは、$SrcB$を$SrcA$から引いて、フラグをセットするが、差をレジスタに書き込まない。データパスは、既にこの仕事を行うことができるようになっている。CMPを装備するために必要な変更をコントローラに対して行え。

解法：$NoWrite$と呼ぶ新しい制御信号を導入し、CMPの実行中Rdを書き込むことを止めさせよう（この信号はTSTなどレジスタに書き込みを行わない他の命令にも役に立つ）。ALUデコーダをこの信号を生成するために拡張し、$RegWrite$論理が、これを受け付けるようにする。これを次ページの図7.16で、青色により強調して示す。

拡張されたALUデコーダの真理値表を表7.4に示す。新しい命令と信号はここでも強調されている。

表7.4 CMP命令用に付け加えたALUデコーダの真理値表

$ALUOp$	$Funct_{4:1}$ (cmd)	$Funct_0$ (S)	備考	$ALUControl_{1:0}$	$FlagW_{1:0}$	NoWrite
0	X	X	Not DP	00	00	0
1	0100	0	ADD	00	00	0
		1			11	0
	0010	0	SUB	01	00	0
		1			11	0
	0000	0	AND	10	00	0
		1			10	0
	1100	0	ORR	11	00	0
		1			10	0
	1010	**1**	**CMP**	**01**	**11**	**1**

例題7.3 拡張アドレッシングモード：定数シフト付きレジスタ

今までのところ、レジスタアドレッシング付きデータ処理命令は、第2ソースレジスタをシフトしなかった。この単一サイクルプロセッサを、直値によるシフトを装備するように拡張せよ。

解法：ALUの手前にシフタを挿入しよう。次ページ図7.17は拡張されたデータパスを示す。このシフタでは、$Instr_{11:7}$でシフトするビット数を指定し、$Instr_{6:5}$でシフトの種類を指定する。

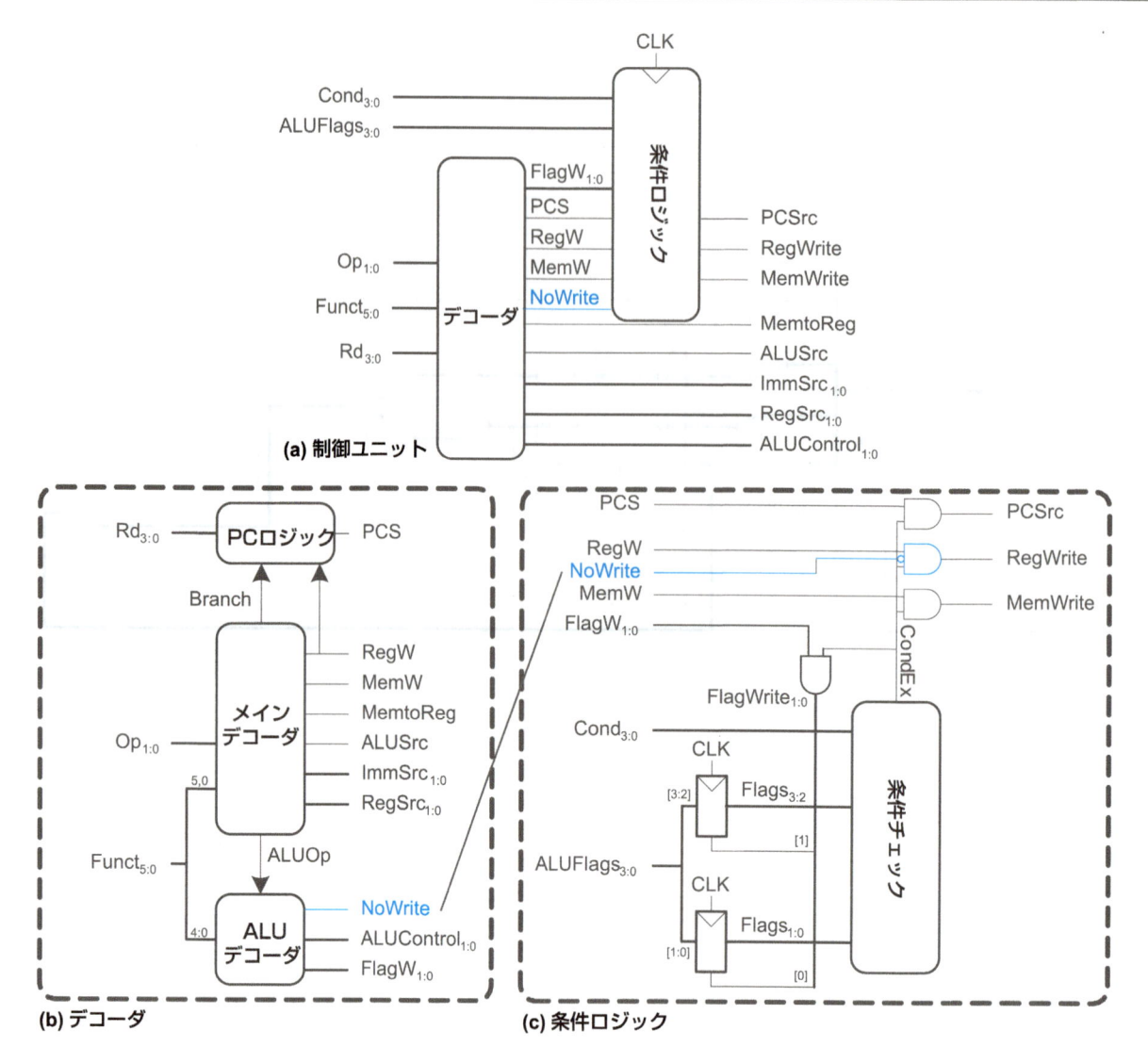

図7.16　CMP命令のためのコントローラの拡張

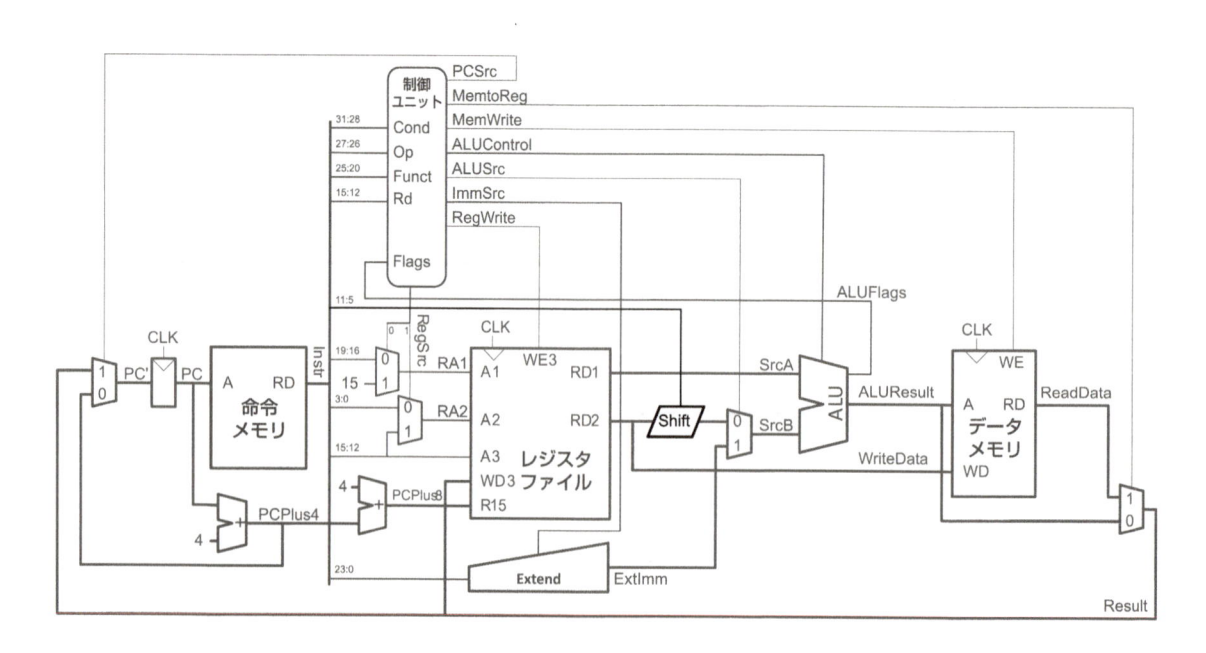

図7.17　定数シフト付きレジスタアドレッシング用のデータパスの拡張

7.3.4 性能解析

単一サイクルプロセッサのすべての命令は1クロックで終了する。すなわちCPIは1である。図7.18にLDR命令のクリティカルパスを太い青色の線で示す。これはPCが新しいアドレスをクロックの立ち上がりエッジで設定するところから始まる。命令メモリから新しい命令が読み出される。メインデコーダが$RegSrc_0$を計算し、これが$Instr_{19:16}$を$RA1$として選択するのに使われ、このレジスタがレジスタファイルの$SrcA$として読み出される。レジスタファイルを読んでいる間、直値フィールドはゼロ拡張され、$ALUSrc$マルチプレクサから$SrcB$として選択される。ALUは$SrcA$と$SrcB$を足して実効アドレスを求める。データメモリがこのアドレスを読み出す。$MemtoReg$マルチプレクサが$ReadData$を選択する。最後に$Result$は、クロックの次の立ち上がりの前に、正しく書き込まれるように確定しなくければならない。ここでサイクル時間は、

$$T_{c1} = t_{pcq\_PC} + t_{mem} + t_{dec}$$
$$+ \max[t_{mux} + t_{RFread}, t_{ext} + t_{mux}] \quad (7.2)$$
$$+ t_{ALU} + t_{mem} + t_{mux} + t_{RFsetup}$$

引き続くプロセッサ設計と区別するため、ここではT_{c1}という表記を行う。多くの実装テクノロジで、ALU、メモリ、レジスタファイルは他の組み合わせブロックよりも遅い。このためサイクル時間は

$$T_{c1} = t_{pcq\_PC} + 2t_{mem} + t_{dec} + t_{RFread} + t_{ALU} + 2t_{mux} + t_{RFsetup} \quad (7.3)$$

となる。

このそれぞれの時間の具体的な値は、実装テクノロジによって決まる。

他の命令のクリティカルパスはもっと短い。例えばデータ処理命令は、データメモリをアクセスする必要がない。とはいえ、我々が用いる同期式順序回路では、クロック周期は一定で、最も遅い命令でも十分動作するように長くしておかなければならない。

例題7.4　単一サイクルプロセッサの性能

ベン・ビッドディドル君は、単一サイクルプロセッサを16 nm CMOS製造プロセスで作ろうとしている。ロジックエレメントの遅延は表7.5のようになる。1000億命令を実行するプログラムの実行時間を求めて彼を助けてあげよう。

表7.5　回路エレメントの遅延

エレメント	パラメータ	遅延（ps）
レジスタ clk-to-Q	t_{pcq}	40
セットアップ時間	t_{setup}	50
マルチプレクサ	t_{mux}	25
ALU	t_{ALU}	120
デコーダ	t_{dec}	70
メモリ読み出し	t_{mem}	200
レジスタファイル読み出し	t_{RFread}	100
レジスタファイルセットアップ時間	$t_{RFsetup}$	60

解法：式(7.3)によると、単一サイクルプロセッサのサイクル時間は、$T_{c1} = 40 + 2 \times (200) + 70 + 100 + 120 + 2 \times (25) + 60 = 840$ ps。式(7.1)によると、全実行時間は$T_1 = (100 \times 10^9$命令$) \times (1$サイクル$/$命令$) \times (840 \times 10^{-12}$秒$/$サイクル$) = 84$秒である。

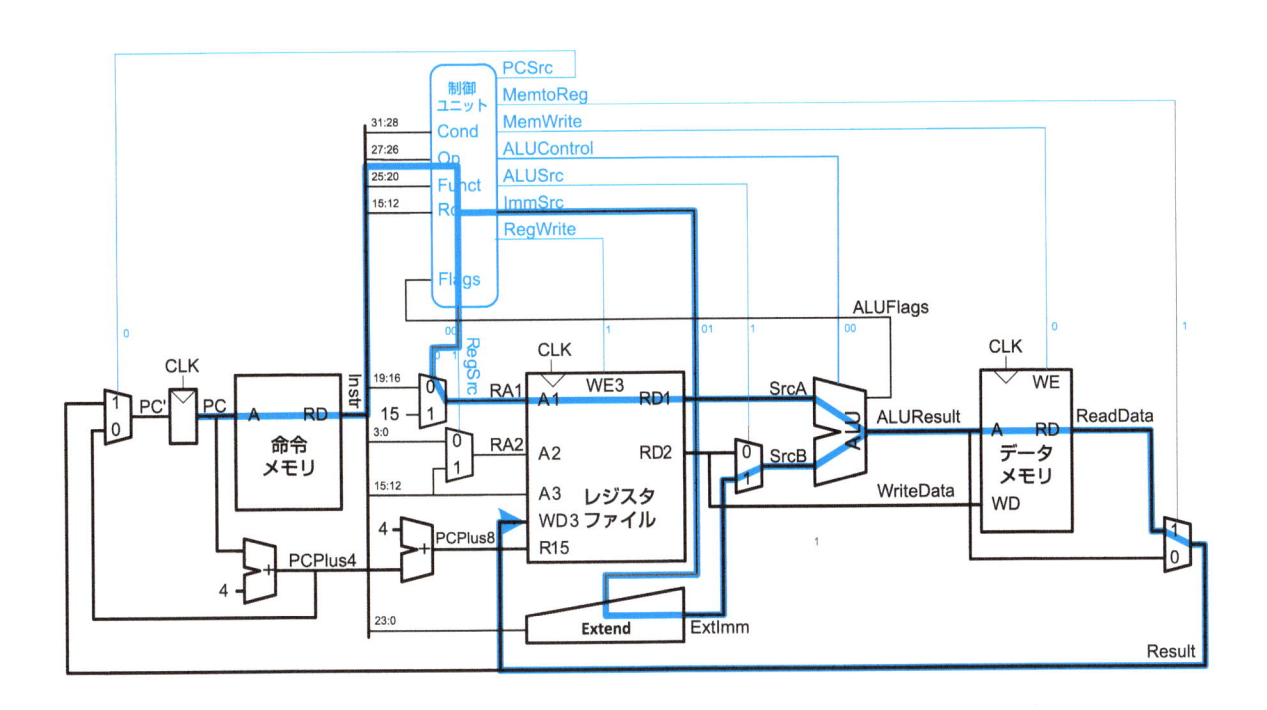

図7.18　LDRのクリティカルパス

7.4 マルチサイクルプロセッサ

単一サイクルプロセッサは3つの弱点を持っている。まず命令とデータに独立したメモリを持っている。多くのプロセッサでは単一の外部メモリに命令とデータの両方を入れておくのが普通だ。次に、クロックサイクルは、多くの命令はもっと速く実行できるのに、最も遅い命令（LDR）を装備するのに十分な長さが必要だ。最後に3つの加算器（ALUに1つ、PC論理に2つ）が必要だ。加算器は、高速動作が必要な場合には比較的高価な回路である。

マルチサイクルプロセッサは、1つの命令を複数の短いステップに分解することで、この弱点を解決する。それぞれの短いステップで、プロセッサはメモリやレジスタファイルを読み書きし、ALUを使うことができる。命令は最初のステップで読み出され、データは後のステップで読み書きされる。このため、プロセッサは単一のメモリを両方に対して用いることができる。命令が違えば、違ったステップ数にすることができ、簡単な命令は複雑なものよりも早く終えることができる。また、プロセッサは単一の加算器だけが必要で、これを違ったステップで違った目的に再利用する。

マルチサイクルプロセッサを、単一サイクルプロセッサで使ったのと同じ工程で以下のように作っていく。まず、アーキテクチャ状態要素とメモリを組み合わせ回路で接続してデータパスを作る。しかし、今回は、ステップ間の中間結果を格納するため非アーキテクチャ状態を付け加える。それからコントローラを設計する。コントローラは単一命令の実行中に違ったステップで違った信号を発生する。このため、組み合わせ回路ではなく、有限状態マシンとなる。最後にマルチサイクルプロセッサの性能を解析し、単一サイクルプロセッサと比較する。

7.4.1 マルチサイクルデータパス

図7.19に示すメモリとプロセッサのアーキテクチャ状態から再び始めることにしよう。単一サイクル設計で、我々は命令メモリとデータメモリを分離した。これは、命令メモリを読み出し、データメモリに読み書きするすべてを1つのサイクルで行う必要があったからだ。ここでは、命令とデータの両方に使う統合メモリを用いる。これはより現実的で、命令をあるサイクルで読み出し、別のサイクルでデータを読み書きすることができる。PCとレジスタファイルには変更はない。単一サイクルプロセッサと同じく、各命令の各ステップを扱うために、構成要素を付け加えながら、少しずつデータパスを作っていくことにしよう。

PCは実行する命令のアドレスを保持している。最初のステップでは、命令メモリから命令を読み出す。図7.20ではPCが単にメモリの入力に接続されている。読み出された命令は新しい非アーキテクチャ状態である命令レジスタ（IR）に格納され、後のサイクルで使うことができる。IRには*IRWrite*というイネーブル信号を入力する。これをアサートすると、IRに新しい命令がロードされる。

LDR

単一サイクルプロセッサで行ったように、LDR命令のデータパス構築を行おう。LDR命令をフェッチした後、次のステップはベースアドレスの入ったソースレジスタを読み出すことだ。レジスタは*Rn*フィールド、*Instr*$_{19:16}$で指定されている。命令中のこのビットは、次ページの図7.21に示すようにレジスタファイルの*A1*アドレス入力に繋がっている。レジス

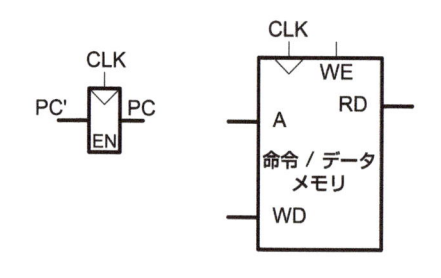

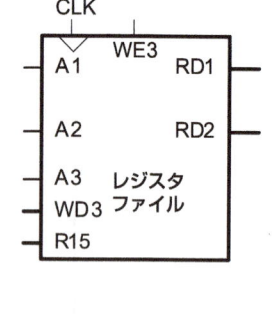

図7.19 命令/データメモリを統合した状態要素

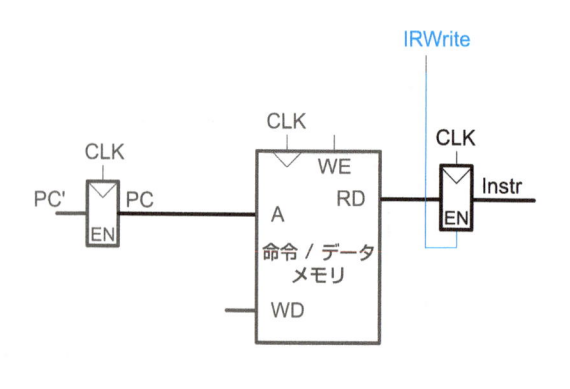

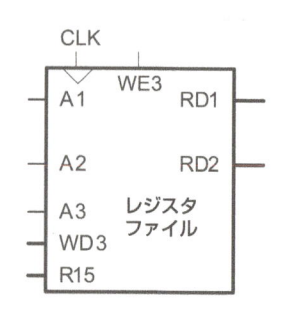

図7.20 メモリからの命令フェッチ

タファイルはレジスタを読んで$RD1$に出力する。この値はもう1つの非アーキテクチャレジスタAに格納される。

LDR命令には12ビットのオフセットも必要であり、これは命令の直値フィールド$Instr_{11:0}$に当たり、これは図7.21に示すように32ビットにゼロ拡張される。単一サイクルプロセッサと同様に、Extendブロックは$ImmSrc$制御信号の指定により、様々な命令に応じて8、12、24ビットの直値を拡張する。32ビットに拡張された直値を$ExtImm$と呼ぶ。統一を取るために$ExtImm$をもう1つの非アーキテクチャレジスタに格納することもできる。とはいえ、$ExtImm$は$Instr$から組み合わせ論理で生成されるので、現在の命令が処理中は変化しない。このため、定数値を保存する専用のレジスタは必要ない。

ロードのアドレスはベースアドレスとオフセットの和である。図7.22に示すようにこの計算にはALUを使う。$ALU\text{-}Control$を00にして、加算を行う。$ALUResult$は非アーキテクチャレジスタ$ALUOut$にしまっておく。

次のステップでは、計算したアドレスに従ってメモリからデータをロードする。メモリの前にマルチプレクサを付けてメモリアドレスAdrを、$AdrSrc$信号によって、PCと$ALUOut$から選んで出力する。この様子を図7.23に示す。メモリからのデータは、もう1つの非アーキテクチャレジスタ$Data$に格納する。アドレスマルチプレクサによってLDR命令中のメモリの再利用が可能になっていることに注意されたい。最初のステップでは、命令フェッチのためにアドレスとしてはPCが与

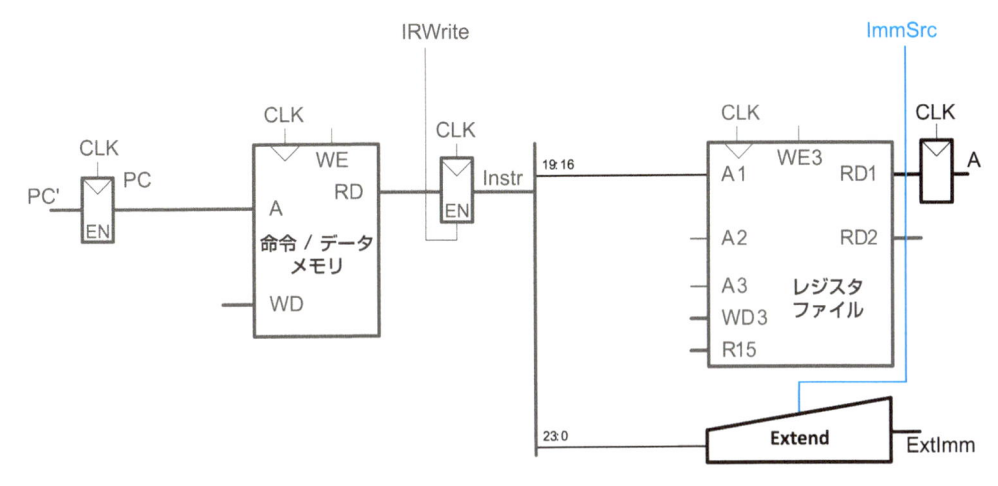

図7.21 1つのソースをレジスタファイルから読み、2番目のソースを直値フィールドから拡張

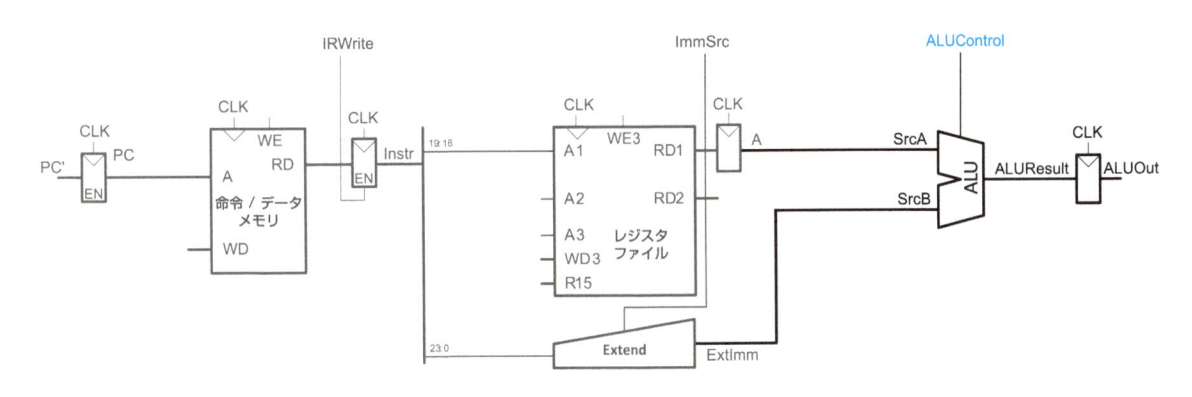

図7.22 ベースアドレスをオフセットに加算

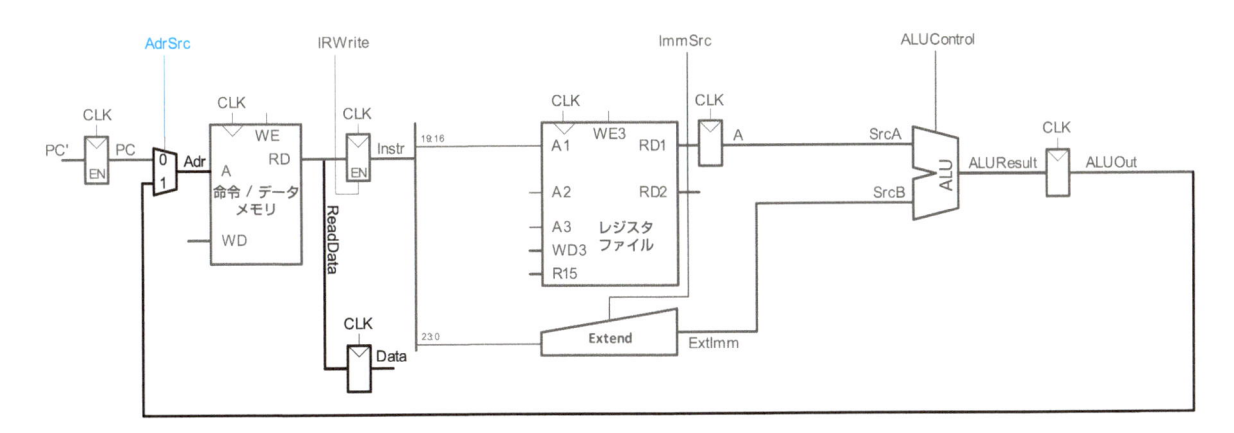

図7.23 メモリからのデータのロード

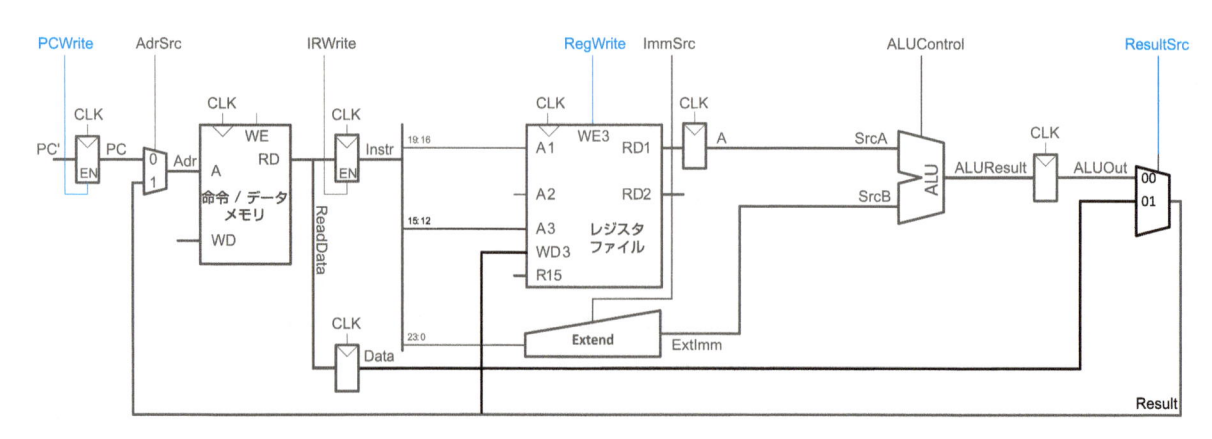

図7.24　レジスタファイルへのデータ書き戻し

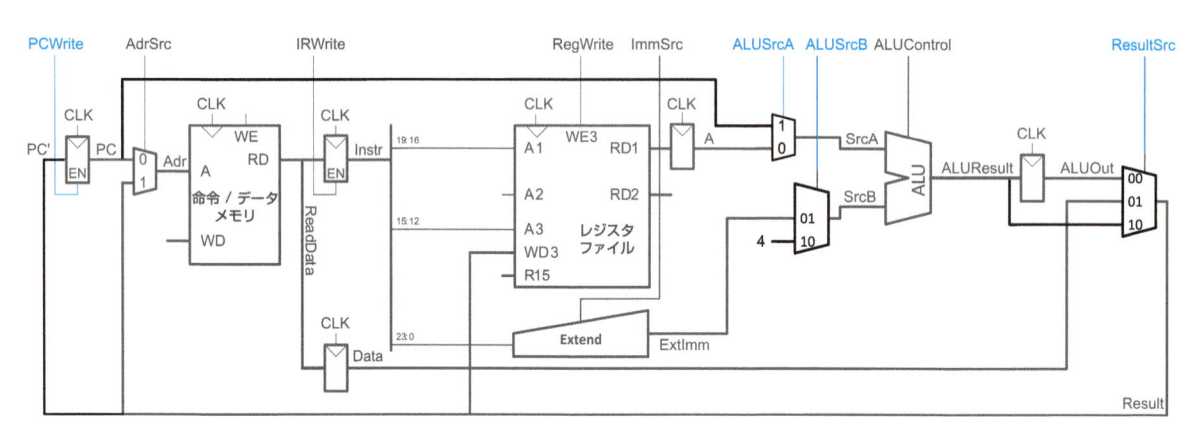

図7.25　PCを4カウントアップ

えられた。後のステップで、アドレスには*ALUOut*を与えてデータをロードした。このため、*AdrSrc*は違ったステップ間で違った値にならなければならない。7.4.2節で、FSMコントローラを作って、この制御信号のシーケンスを生成しよう。

最後に、図7.24に示すように、データがレジスタファイルに書き戻される。ディスティネーションレジスタは命令の*Rd*フィールド*Instr*$_{15:12}$で指定される。結果は*Data*レジスタの出力を使う。*Data*レジスタを、WD3書き込みポートに直接繋ぐ代わりに、マルチプレクサをつけて*ALUOut*とのどちらかが、レジスタファイルの書き込みポートの*Result*に対し値を送るかを選択できるようにする。他の命令は、ALUの結果を書き込むので、これがきっと役に立つ。*RegWrite*信号を1にしてレジスタファイルを更新することを示す。

これらのすべてが起きている間、プロセッサは、プログラムカウンタを元の*PC*に4を足さなければならない。単一サイクルプロセッサでは、独立した加算器が必要だった。マルチサイクルプロセッサでは、フェッチステップで利用していないALUを使うことができる。このために、図7.25に示すように、ALU入力に*PC*と定数4を選ぶソースマルチプレクサをつけなければならない。マルチプレクサは*ALUSrcA*により制御され、*PC*またはレジスタ*A*を選択して*SrcA*とする。もう1つのマルチプレクサは4か、*ExtImm*を選択して、*SrcB*とする。PCを更新するためには、ALUは*SrcA*（PC）に*SrcB*（4）を加え、結果をプログラムカウンタに書き込む必要がある。*ResultSrc*マルチプレクサは*ALUOut*ではなく*ALUResult*からこ

の加算結果を取り出す。これには3つ目の入力が必要である。*PCWrite*制御信号は、PCを特定のサイクルでのみ書き込むようにイネーブルを制御する。

ここで、ARMアーキテクチャの風変わりな点、すなわちR15を読むと*PC* + 8が読み出され、R15に書き込むとPCが更新されるという問題に直面する。最初にR15の読み出しを考えよう。*PC* + 4はフェッチステップで計算され、この答えはPCレジスタで利用可能である。すなわち、第2ステップ中、ALUを使って更新された*PC*に4を足すことで*PC* + 8を得ることができる。*ALUResult*が*Result*として選択され、レジスタのR15入力に送られる。次ページの図7.26は、この新しい接続を加えたLDRデータパスの完全版である。このようにして、R15の読み出しも第2ステップで行い、*PC* + 8を生成し、レジスタファイルの読み出しデータ出力に置く。R15への書き込みには、レジスタファイルではなく、PCレジスタへの書き込みが必要である。したがって、ここで、この命令の最後のステップで*Result*は、（レジスタファイルではなく）PCレジスタに引き回さなければならず、（*RegWrite*ではなく）*PCWrite*をアサートしなければならない。データパスはこれに適応しているので、変更は必要ない。

STR

次に、データパスを拡張し、STR命令を取り扱えるようにしよう。LDR同様STRはベースレジスタをレジスタファイルのポート1から読み出し、直値を拡張する。ALUはベースアドレスと直値を加算してメモリアドレスを求める。これらのす

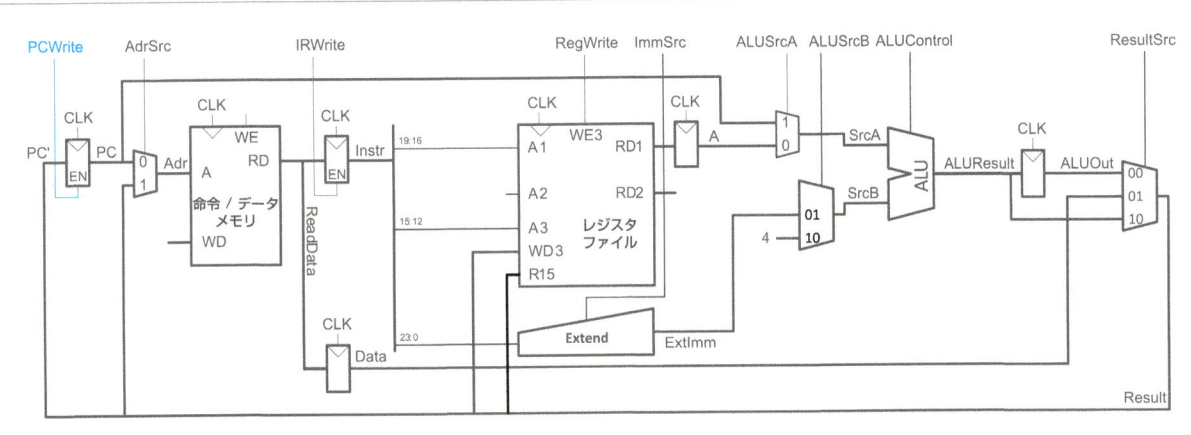

図7.26　R15読み書きの取り扱い

べての機能は既に現在のデータパスのハードウェアが装備している。

　STRの唯一の新機能はレジスタファイルから第2レジスタを読み出し、メモリに書き込むことである。この様子を図7.27に示す。レジスタは命令のRdフィールド、$Instr_{15:12}$で指定され、レジスタファイルの第2ポートに接続される。レジスタが読み出されると、非アーキテクチャレジスタ$WriteData$に格納される。次のステップで、これはデータメモリに書き込みを行うため、書き込みデータポート（WD）に送られる。メモリは書き込みが起きるかどうかを示す$MemWrite$制御信号を受け取る。

直値アドレッシングデータ処理命令

　直値アドレッシングデータ処理命令は、最初のソースRnを読み出し、2つ目のソースを8ビットの直値から拡張する。こ

の2つのソースに対して演算が行われ、レジスタファイルに対して結果が書き戻される。データパスは、このステップに必要なすべての接続を含んでいる。ALUは、$ALUControl$信号を用いてデータ処理命令のどれを実行するのか決めてやる。$ALUFlags$はコントローラに送り返され、$Status$レジスタを更新する。

レジスタアドレッシング付きデータ処理命令

　レジスタアドレッシング付きデータ処理命令は、第2ソースをレジスタファイルから選ぶ。レジスタはRmフィールド$Instr_{3:0}$で指定されている。このため、このフィールドをレジスタファイルのRA2として選択するためにマルチプレクサを付け加える。レジスタファイルから値を受け取るため、$SrcB$マルチプレクサも付け加える。この様子を図7.28に示す。これ以外は、直

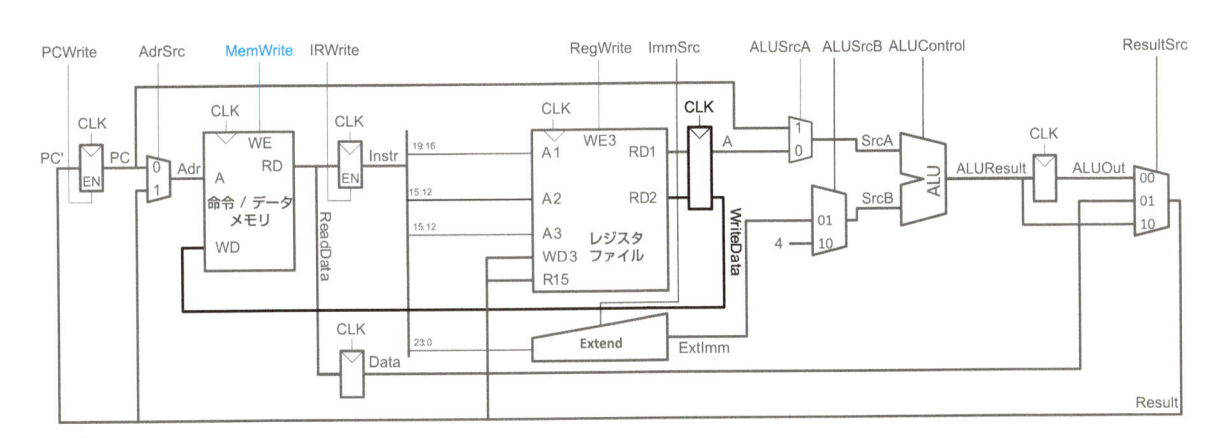

図7.27　STR命令のためのデータパスの強化

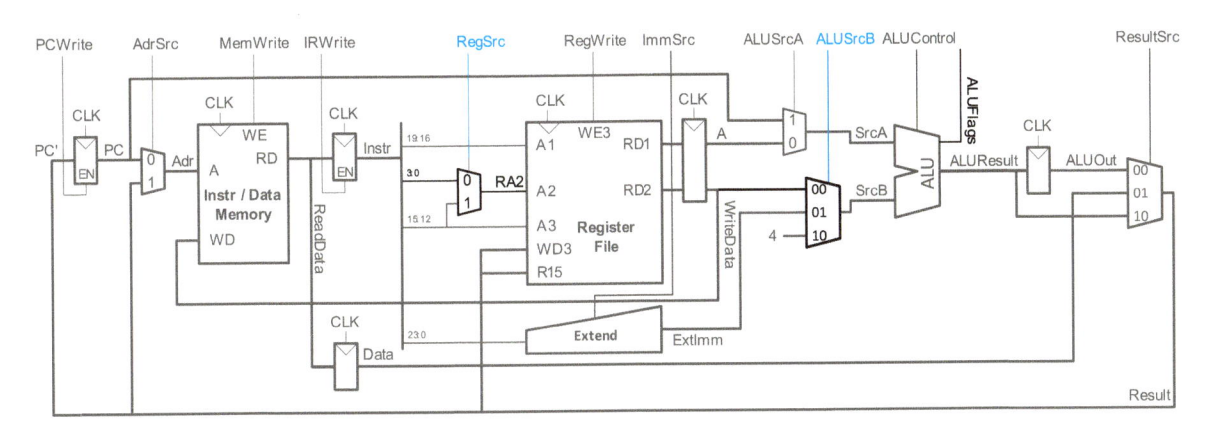

図7.28　レジスタアドレッシング付きデータ処理命令のためのデータパスの強化

値アドレッシングデータ処理命令と同じ振る舞いをする。

B

分岐命令は$PC + 8$と24ビット直値を読み出し、加算し、結果をPCに加える。6.4.6節を思い出そう。R15を読むと$PC + 8$が読み出される。このため、R15をレジスタファイルの$RA1$として選択できるように、マルチプレクサを1つ付け加える。この様子を図7.29に示す。加算を行い、PCに書き込むための残りのハードウェアは既にデータパスに備えてある。

これでマルチサイクルのデータパスの設計が出来上がった。設計工程は単一サイクルプロセッサのハードウェアと良く似ており、それぞれの命令を取り扱うために状態要素間にシステマチックにハードウェアを接続していった。主な違いは命令が複数のステップで実行されることだ。非アーキテクチャレジスタを付け加えて、それぞれのステップの結果を格納した。この方法により、メモリを命令とデータで共有し、ALUを何回か再利用することで、ハードウェアコストを減らすことができた。次の節ではFSMコントローラを作って、

データパスに対して各命令の各ステップで適切な制御信号のシーケンスを配ってやろう。

7.4.2 マルチサイクル制御

単一サイクルプロセッサと同様、制御ユニットは制御信号を、命令の*cond*、*op*、*funct*フィールド（$Instr_{31:28}$, $Instr_{27:26}$, $Instr_{25:20}$）、フラグ、ディスティネーションレジスタがPCであるかどうかという情報を元に生成する。コントローラは現在の状態フラグを持ちこれらを適当に更新してやる。図7.30はデータパスに制御ユニットを付けたマルチサイクルプロセッサの全体を示す。データパスは黒、制御ユニットは青色で示す。

単一サイクルプロセッサ同様、次ページの図7.31（a）に示すように制御信号はデコーダと制御用論理回路ブロックに分かれる。さらにデコーダは図7.31（b）に示すように分解される。単一サイクルプロセッサでは組み合わせ回路でできていたメインデコーダは、マルチサイクルプロセッサでは、適切なサイクルで制御信号のシーケンスを発生するためにメイン

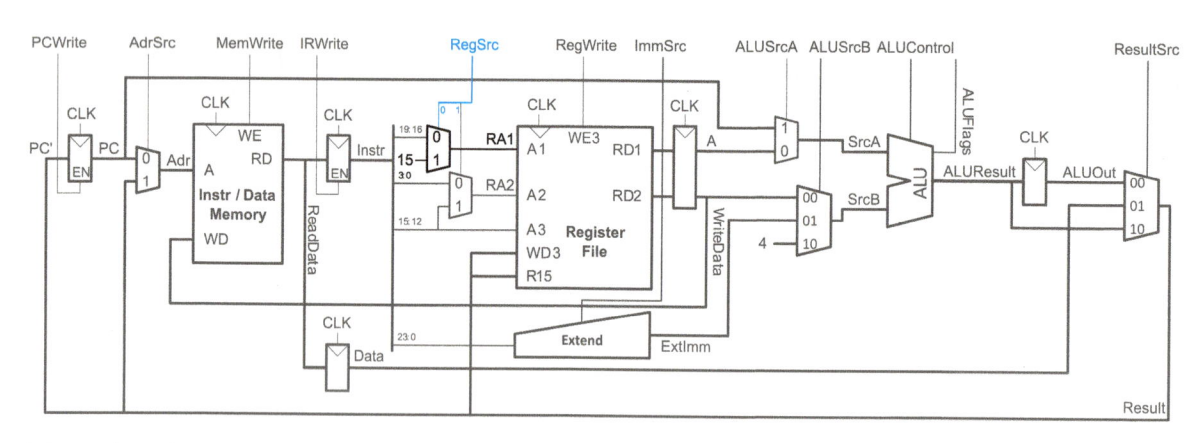

図7.29 B命令用のデータパスの強化

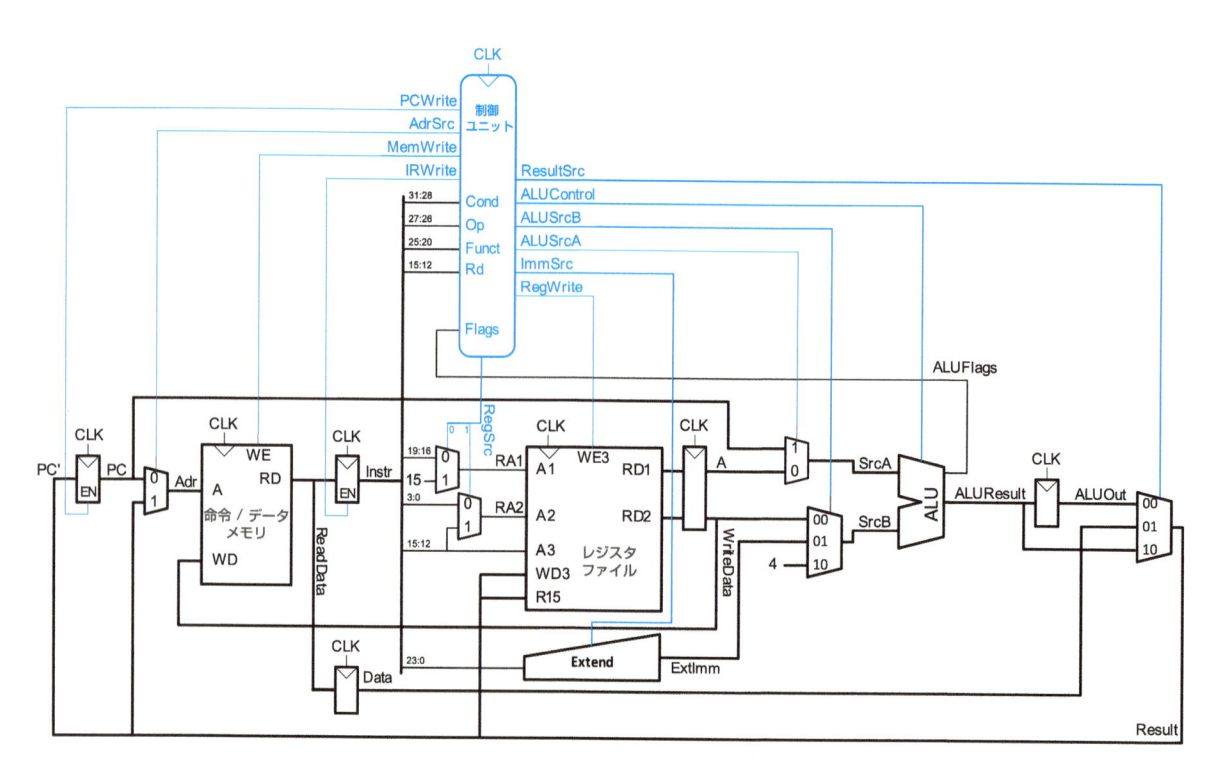

図7.30 マルチサイクルプロセッサ完全版

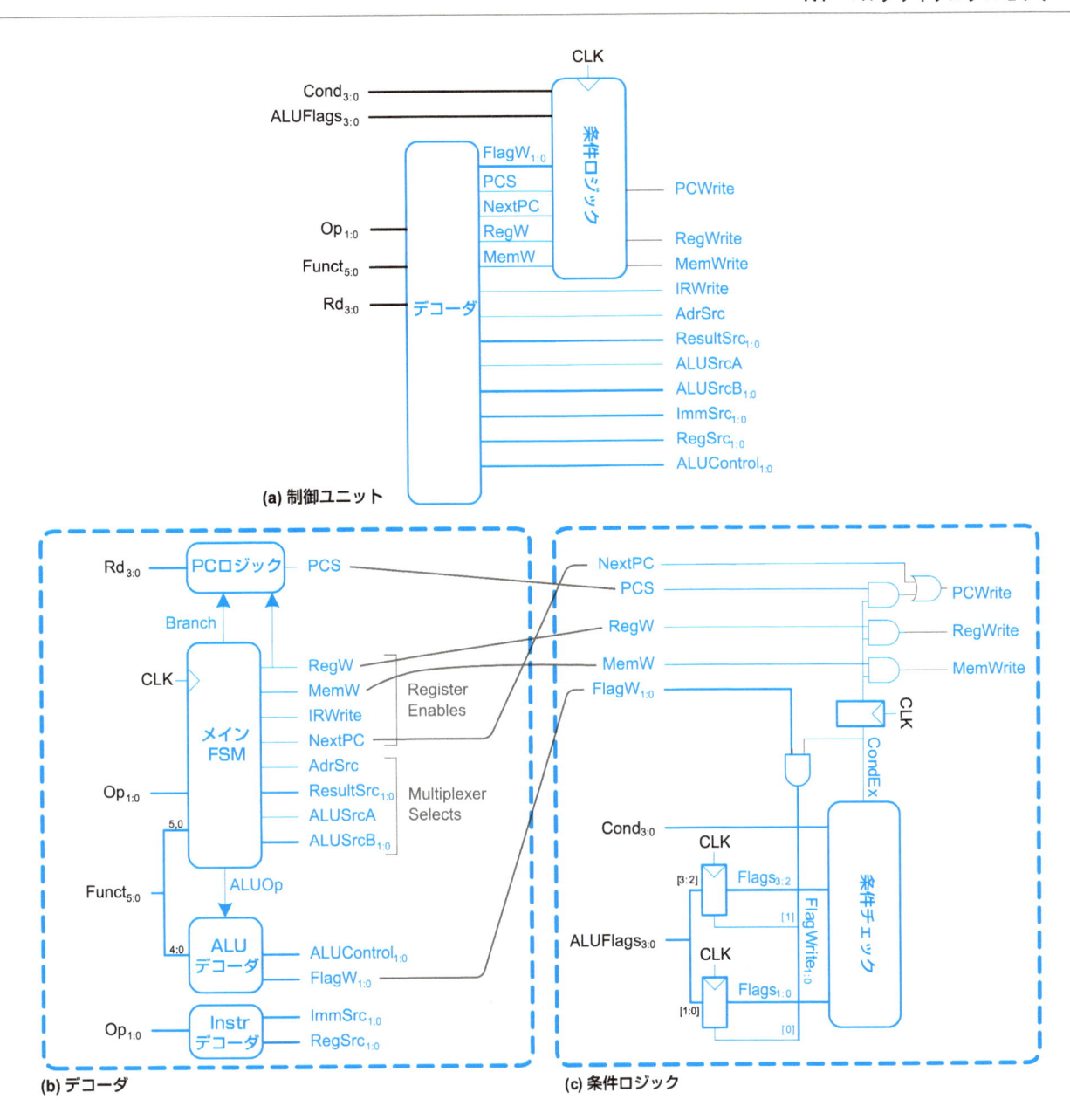

図7.31 マルチサイクル制御ユニット

FSMに置き換える。メインFSMはMooreマシンとして設計し、出力が現在の状態で唯1つの状態になるようにする。とはいえ、状態マシンを設計しているうちに*ImmSrc*と*RegSrc*は現在の状態ではなく、*Op*の関数となり、このためこれらの信号を作るために小さな命令デコーダを使う。この様子を表7.6に示す。

表7.6 RegSrc、ImmSrc用のInstrデコーダの論理

命令	*Op*	*Funct5*	*Funct0*	*RegSrc1*	*RegSrc0*	*ImmSrc1:0*
LDR	01	X	1	X	0	01
STR	01	X	0	1	0	01
DP直値	00	1	X	X	0	00
DPレジスタ	00	0	X	0	0	00
B	10	X	X	X	1	10

ALUデコーダとPCの論理回路は単一サイクルプロセッサと同じである。*NextPC*信号を付けて、*PC* + 4を計算したときに

これをPCに強制的に書き込むようにする。さらに、*CondEx*を*PCWrite*、*RegWrite*、*MemWrite*を出す前に1サイクル遅らせ、更新された条件フラグは命令の終わりまで見えないようにする。この節の残りでは、メインFSMの状態遷移図を作っていく。

メインFSMはデータパスのマルチプレクサ選択信号、レジスタイネーブル、メモリ書き込みイネーブルを生成する。以下の状態遷移図では、読みやすくするために、関連した制御信号のみを書き記す。選択信号は、この値に意味があるときにだけ記述し、それ以外はドントケアである。イネーブル信号（*RegW*、*MemW*、*IRWrite*、*NextPC*）は、アサートするときだけ示す。その他の場合は0である。

すべての命令の最初のステップでは、PCに格納されているアドレスにしたがって命令をメモリから読み出し、次の命令用にPCをカウントアップする。このFSMでは、リセット時にこのFetch状態に入る。制御信号は次ページの図7.32に示すようになる。

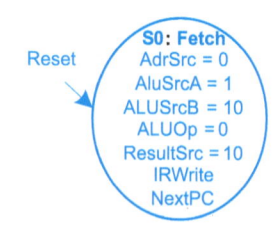

図7.32　フェッチ

このステップでのデータの流れを図7.33に示す。命令フェッチは青色で強調し、PCカウントアップは灰色で強調している。メモリを読むために*AdrSrc* = 0にして、アドレスがPCから与えられるようにする。*IRWrite*をアサートして命令を命令レジスタ*IR*に書き込む。

この間、PCは次の命令を指すように4増やさなければならない。ALUは他の用途には使っていないので、プロセッサは、命令をフェッチするのと同時に、これを使って*PC* + 4を計算することができる。*ALUSrcA* = 1にし、*SrcA*がPCから来るようにする。*ALUSrcB* = 10にし、*SrcB*を定数4にする。*ALUOp* = 0であり、*ALUControl* = 00となり、ALUは加算を行う。PCを*PC* + 4に更新するため、*ResultSrc* = 10とし、*ALUResult*を選び、*PCWrite*をイネーブルにするために*NextPC* = 1にする。

2番目のステップは、レジスタファイルまたは直値、あるいはこの両方を読み出し、命令をデコードする。レジスタと直値は*RegSrc*と*ImmSrc*を元に選択する。これはInstrデコーダが*Instr*を元に制御する。$RegSrc_0$を1にして分岐の場合に*PC* + 8を*SrcA*として読み出す。$RegSrc_1$を1にしてStore命令用に格納する値を*SrcB*に読み出す。*ImmSrc*は、データ処理命令ならば00にして8ビットの直値を選び、ロード、ストア命令ならば01にして12ビットの直値を選び、分岐命令用には10にして24

ビットの直値を選ぶ。

マルチサイクルFSMはMooreマシンであり、出力は現在の状態だけで決まるので、FSMは直接*Instr*から選択信号を生成することができない。FSMをMealyマシンで作れば状態だけでなく*Instr*に依存した出力を生成することができた。しかし、これは混乱を招くだろう。その代わりに最も簡単な方法を選ぶ。すなわち表7.6に示した*Instr*に対する組み合わせ回路を作ってやって選ぶ。ドントケアを利用することで*Instr*デコーダの論理回路は以下のように簡単化される。

$$RegSrc_1 = (Op == 01)$$
$$RegSrc_0 = (Op == 10)$$
$$ImmSrc_{1:0} = Op$$

この間、ALUを再利用して、FetchステップでカウントアップされたPCにさらに4を足して*PC* + 8を得る。制御信号は*PC*を最初のALU入力として選択し（*ALUSrcA* = 1）、4を2つ目の入力（*ALUSrc* = 10）に選び、加算を行う（*ALUOp* = 0）。和は*Result*（*ResultSrc* = 10）として選択され、レジスタファイルのR15入力に送られ、これにより、R15を読み出すと*PC* + 8が読めるようになる。FSMデコードステップを図7.34に示し、データの流れは次ページの図7.35に示す。ここではR15の計算とレジスタファイルの読み出しが強調されている。

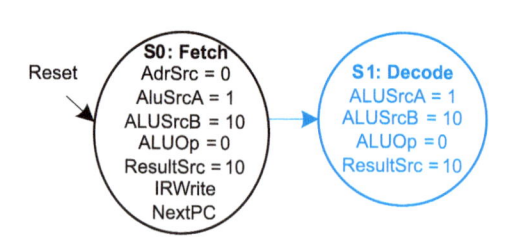

図7.34　デコード

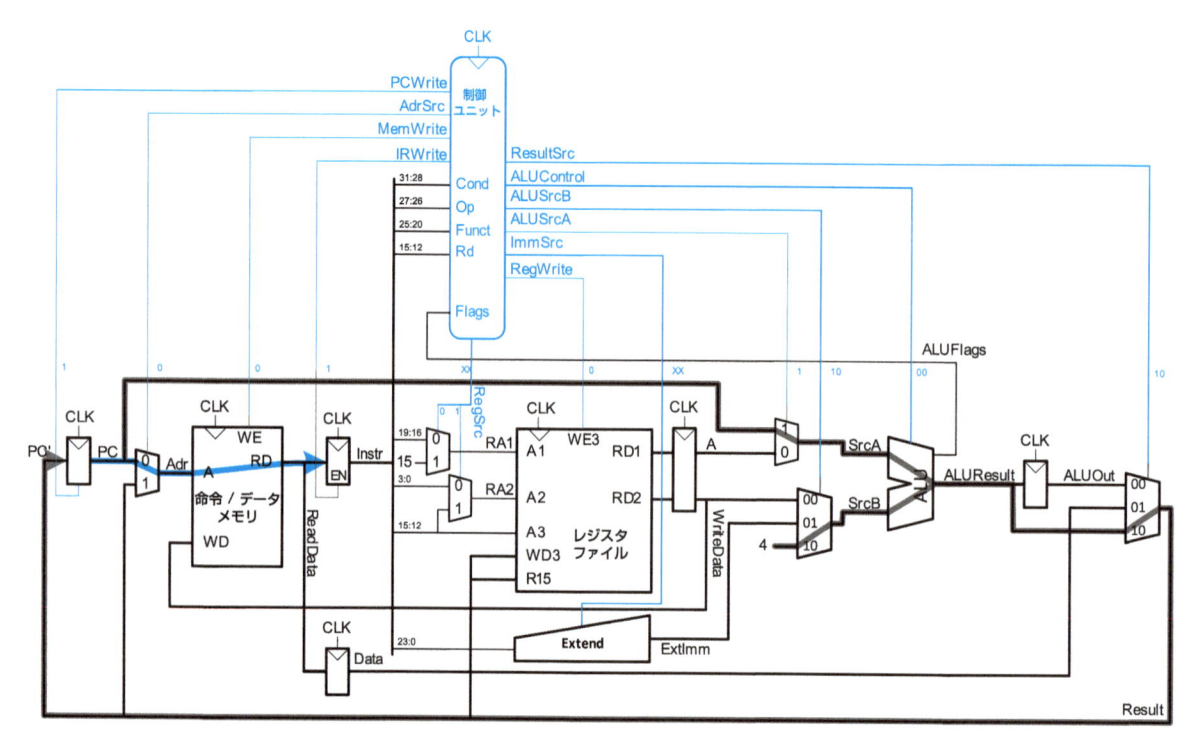

図7.33　フェッチステップ中のデータの流れ

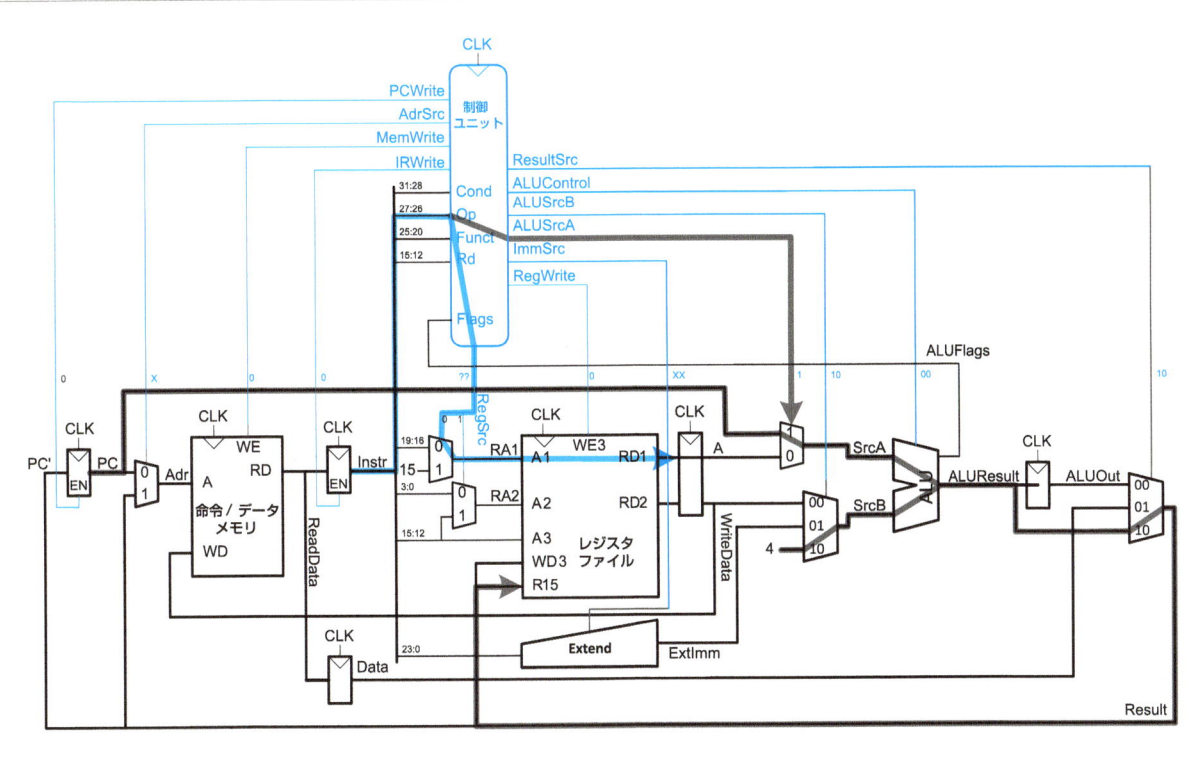

図7.35 デコードステップ中のデータの流れ

さて、FSMは、デコードステップから*Op*と*Funct*によって、複数の状態のうちのどれかに進むことができるようになった。命令がメモリのロードかストア（LDRかSTR、*Op* = 01）ならばマルチサイクルプロセッサは、ベースアドレスとゼロ拡張したオフセットを足してアドレスを計算する。

*ALUSrcA*を0にしてベースアドレスをレジスタファイルから選び、*ALUSrcB* = 01にして*ExtImm*を選択する。*ALUOp* = 0にしてALUに加算をさせる。実効アドレスは*ALUOut*レジスタに格納されて次のステップで使われる。FSMの*MemAdr*状態を図7.36に示し、次ページの図7.37にデータの流れを強調して示す。

命令がLDR（$Funct_0 = 1$）ならば、マルチサイクルプロセッサは次に読み出しデータをレジスタファイルに書き込まなければならない。この2つのステップを図7.38に示す。メモリから読み出すため、*ResultSrc* = 00で*AdrSrc* = 1にし、ちょうど計算して*ALUOut*に入れておいたメモリアドレスを選択する。このメモリのアドレスが読み出され、MemRead状態中に*Data*レジスタに格納される。

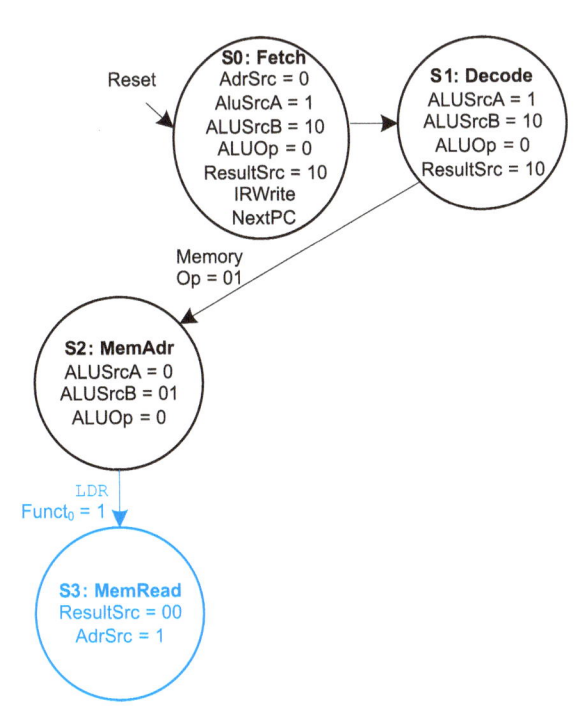

図7.36 メモリアドレスの計算

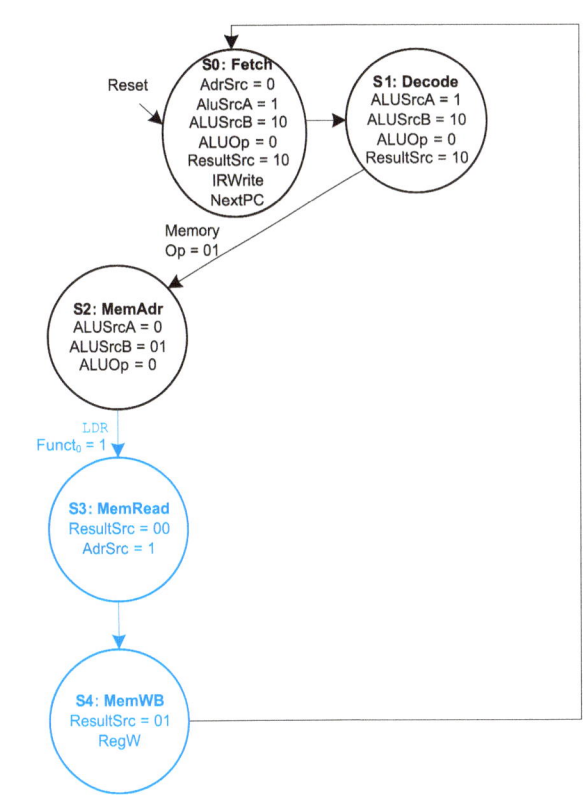

図7.38 メモリ読み出し

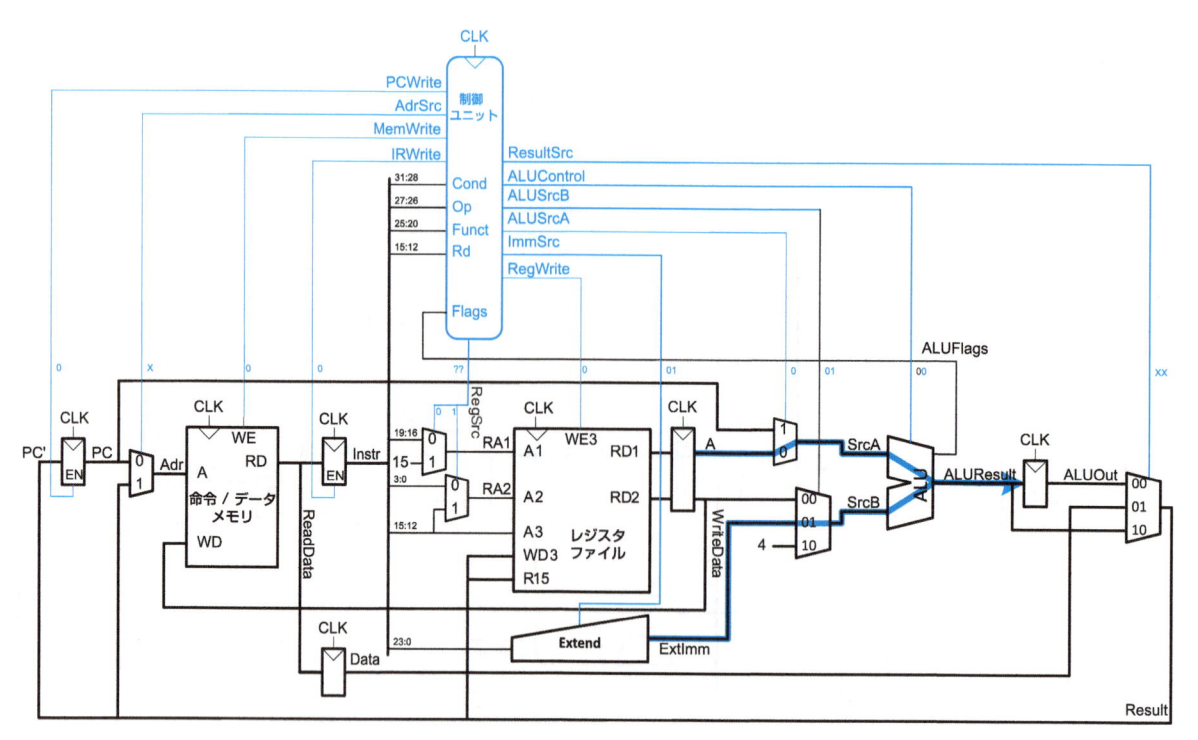

図7.37 メモリアドレス計算中のデータの流れ

次に、メモリライトバックステップ$MemWB$で、$Data$はレジスタファイルに書き込まれる。$ResultSrc = 01$にして$Result$を$Data$から選び、$RegW$をアサートしてレジスタファイルに書き込む。これでLDR命令はできあがりである。最後にFSMはフェッチ状態に戻って次の命令をスタートする。ここと引き続くステップでは、データの流れは自分で書いてみよう。$MemAdr$状態において、命令がSTR（$Funct0 = 0$）の場合は、レジスタファイルの第2ポートから読み出されたデータを、単にメモリに書き込めばよい。これを行う$MemWrite$状態では$ResultSrc = 00$で$AdrSrc = 1$にして、$MemAdr$状態でアドレスを計算し、$ALUOut$に保存されたアドレスを選択する。$MemW$をアサートしてメモリに書き込みを行う。再びFSMはFetch状態に戻る。この状態を図7.39に示す。

データ処理命令（$Op = 00$）のために、マルチサイクルプロセッサは、ALUを用いて結果を計算し、それをレジスタファイルに書き込む。最初のソースは常にレジスタ（$ALUSrcA = 0$）である。$ALUOp = 1$とし、ALUデコーダが、当該命令に対して適切な$ALUControl$をcmd（$Funct_{4:1}$）に基づいて選ぶようにする。2つ目のソースは、レジスタ命令ではレジスタファイルから送られる（$ALUSrcB = 00$）が、直値命令ならば$ExtImm$から送られる（$ALUSrcB = 01$）。このようにFSMは2つの可能性に対応するために、ExecuteRとExecuteI状態が必要になる。どちらの場合でも、データ処理命令はALU Write-back状態（$ALUWB$）がその後に来る。これにより$ALUOut$によって結果を選び、レジスタファイル（$RegW = 1$）に書き込む。このすべての状態を次ページの図7.40に示す。

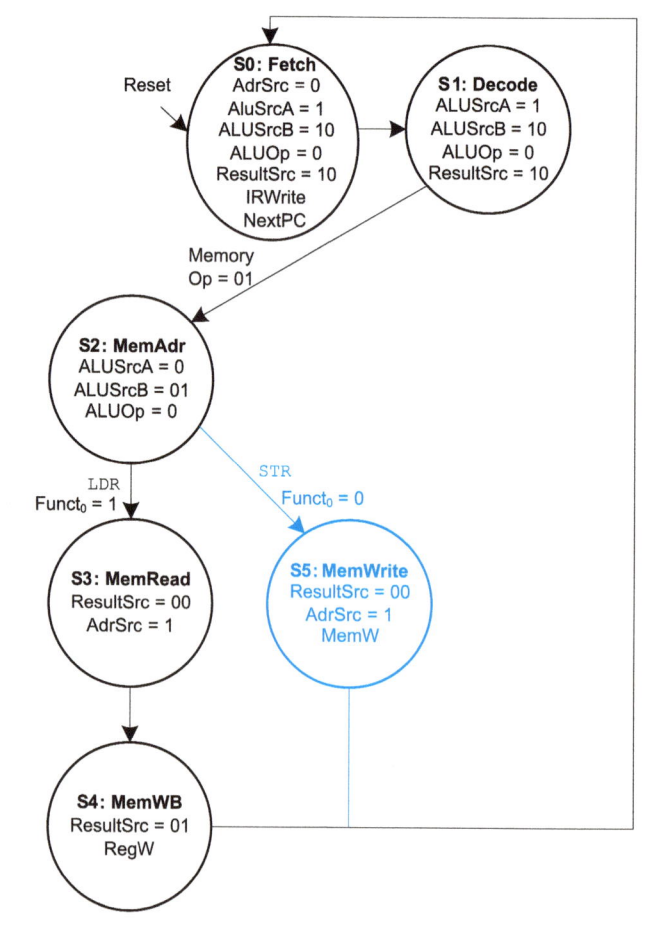

図7.39 メモリ書き込み

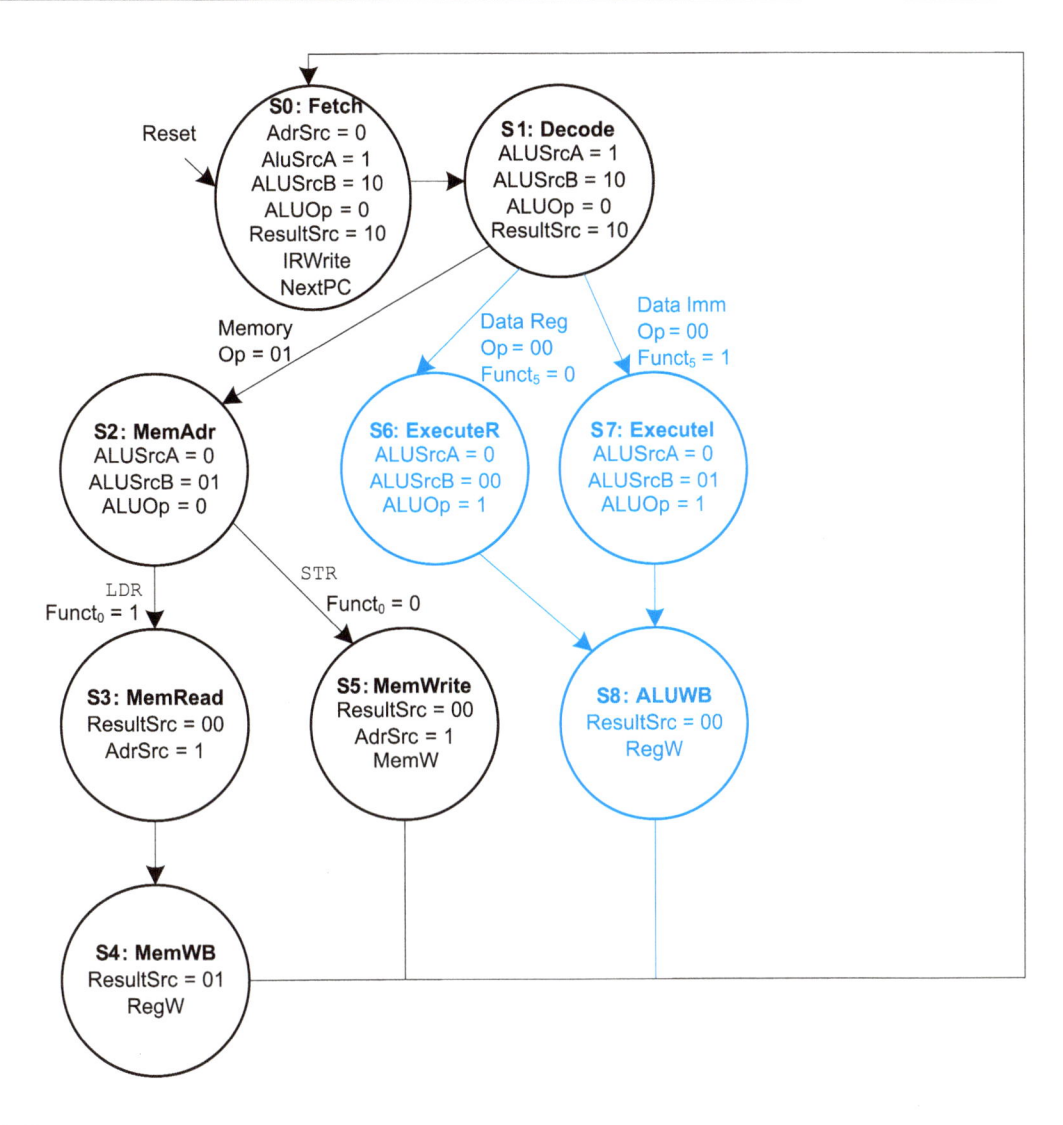

図7.40 データ処理

分岐命令では、プロセッサは分岐先アドレス（*PC* + 8 + オフセット）を計算し、これを*PC*に書き込まなければならない。Decode状態で*PC* + 8は既に計算されており、レジスタファイルから*RD1*へ読み出される。そこで、分岐状態の間に、コントローラは*ALUSrcA* = 0にして*R15*（*PC* + 8）を選び、*ALUSrcB* = 01で*ExtImm*を選び、*ALUOP* = 0として加算を行う。*Result*マルチプレクサは*ALUResult*（*ResultSrc* = 10）を選ぶ。PCに結果を書き込むため、*Branch*信号がアサートされる。

このステップをまとめた次ページの図7.41は、マルチサイクルプロセッサ用のメインFSMの状態遷移図完全版を示している。各状態の機能は図の下にまとめられている。この図をハードウェアに変換するのは、第3章のテクニックを使ってそのまま実装できるが大変な仕事である。それよりも、FSMをHDLで記述し、第4章のテクニックを使って論理合成した方がいい。

7.4.3 性能解析

ある命令の実行時間は、必要なサイクルの数とサイクル時間によって決まる。単一サイクルプロセッサはすべての命令を1サイクルで実行したが、マルチサイクルプロセッサは、命令ごとにサイクル数が違っている。とはいえ、マルチサイクルプロセッサは、1サイクルでやる仕事は少なく、サイクル時間は短い。

マルチサイクルプロセッサは分岐に3サイクル、データ処理命令とストアには4サイクル、ロードには5サイクルかかる。CPIは、それぞれの命令が使われる相対的な割合に依存する。

例題7.5 マルチサイクルCPI

SPECINT 2000ベンチマークは約25%がロード、10%がストア、13%が分岐、52%がデータ処理命令であった[2]。このベンチマークの平均CPIを求めよ。

解法：平均CPIはそれぞれの命令のCPIにそれが用いられた割合を掛けた総和によって求められる。このベンチマークでは平均CPI = (0.13) × (3) + (0.52 + 0.10) × (4) + (0.25) × (5) = 4.12となる。これは、すべての命令に同じ時間が必要と考えた場合の最悪のCPIである5より良い。

---

2 データはPatterson and Hennessy, *Computer Organization and Design*, 4th Edition, Morgan Kaufmann, 2011より転載。

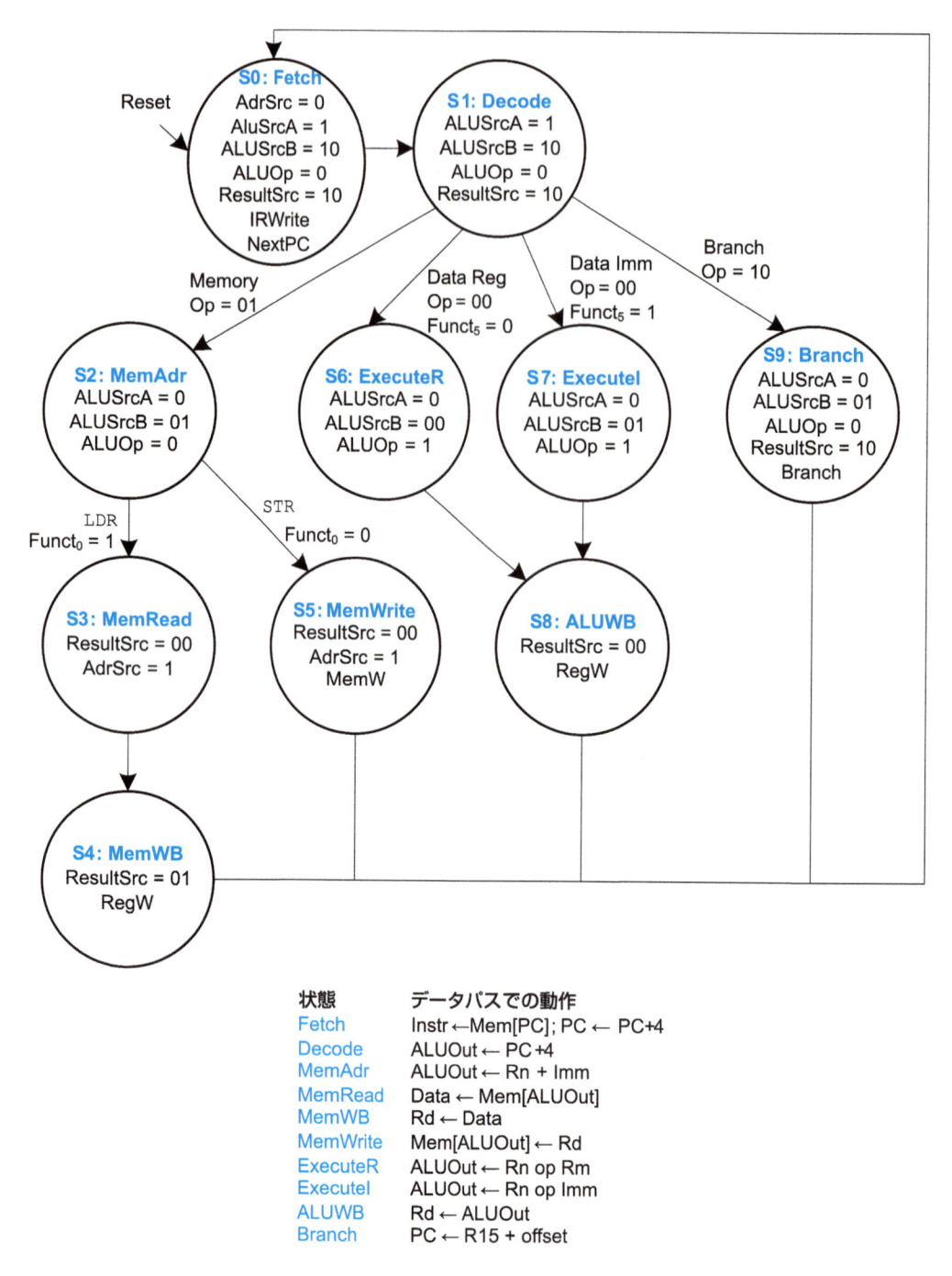

状態　　　　データパスでの動作
Fetch　　　Instr ←Mem[PC]; PC ← PC+4
Decode　　ALUOut ← PC+4
MemAdr　　ALUOut ← Rn + Imm
MemRead　Data ← Mem[ALUOut]
MemWB　　Rd ← Data
MemWrite　Mem[ALUOut] ← Rd
ExecuteR　ALUOut ← Rn op Rm
ExecuteI　ALUOut ← Rn op Imm
ALUWB　　Rd ← ALUOut
Branch　　PC ← R15 + offset

図7.41　マルチサイクル制御FSMの完全版

それぞれのサイクルが、1つのALU操作か、メモリアクセスか、レジスタファイルアクセスを含むようにマルチサイクルプロセッサを設計したことを思い出そう。レジスタファイルはメモリより高速で、メモリへの書き込みはメモリの読み出しより速いと仮定しよう。データパスの検討により2つのクリティカルパス候補がサイクル時間を制約する可能性があることが分かっている。

1. PCから始まり、$SrcA$マルチプレクサ、ALU、$Result$マルチプレクサからレジスタファイルのR15ポートを通ってAレジスタに至るまで。

2. $ALUOut$から始まり、$Result$とAdrマルチプレクサを介してメモリを読み出しデータレジスタに至るまで

$$T_{c2} = t_{pcq} + 2t_{mux} + \max[t_{ALU} + t_{mux}, t_{mem}] + t_{setup} \qquad (7.4)$$

これらの時間の数値は利用する実装テクノロジに依存して決まる。

例題7.6　プロセッサ性能の比較

ベン・ビットディドル君は、マルチサイクルプロセッサがシングルサイクルプロセッサよりも速くなるのではないかと思っている。両方の設計で、16 nm CMOS製造プロセスを使おうと思っており、この遅延は表7.5に示されている。SPECINT2000ベンチマーク（例7.5参照）の1000億命令を実行したときのそれぞれのプロセッサの実行時間を比較して、彼を助けてやって欲しい。

解法：式(7.4)により、マルチサイクルプロセッサのサイクル時間は$T_{c2} = 40 + 2 \times (25) + 200 + 50 = 340$ psである。例7.5で計算した4.12をCPIとして用いると、全体の実行時間は$T_2 = (100 \times 10^9$命令$) \times (4.12$サイクル/命令$) \times (340 \times 10^{-12}$秒/サイクル$) = 140$秒にな

る。例7.4によると、単一サイクルプロセッサの実行時間は84秒である。

マルチサイクルプロセッサを作った元々の動機は、すべての命令が最も遅い命令の時間で実行されるのを避けようとすることであった。不幸にして、この例は、マルチサイクルプロセッサが、単一サイクルプロセッサよりも、想定したCPIと回路要素の遅延の下では遅いという結果を示している。

根本的な問題は、最も遅い命令LDRを5ステップに分けた際に、マルチサイクルプロセッサのサイクル時間が5分の1近くには改善されていない点である。これは、まずすべてのステップが正確には同じ長さではないことがある。次に、順序回路を作るために必要な、レジスタのクロックからQまでの遅延時間とセットアップ時間のオーバーヘッドの90 psが、命令当たり1回でなく、すべてのステップでかかってしまうことによる。ある計算が他よりも速いということを利用するには、その差が大きくない限り難しい。これは技術者の一般原則である。

単一サイクルプロセッサに比べてマルチサイクルプロセッサは安価である可能性が高い。これは、命令とデータを1つのメモリで共用できることと、2つの加算器が必要ないことによる。とはいえ、5つの非アーキテクチャ的レジスタと追加のマルチプレクサが必要になる。

7.5 パイプラインプロセッサ

3.6節に紹介したパイプライン処理は、ディジタルシステムのスループットを改善する強力な方法である。パイプラインプロセッサは、単一サイクルプロセッサを5つのパイプラインステージに分解して設計する。すなわち、5つの命令を同時にそれぞれのステージで実行できる。それぞれのステージは全体の論理回路の5分の1であるため、クロック周波数はほぼ5倍高速になる。すなわち、理論上それぞれの命令のレイテンシは変わらないが、スループットは5倍良くなる。マイクロプロセッサは1秒間に何百万、何十億の命令を実行するので、

スループットはレイテンシよりも重要である。パイプライン処理には、いくらかオーバーヘッドがある。このため、スループットは理想的なものほどは高くならない。しかし、それでもパイプライン処理は、小さなコストで大きな利益を与えてくれるため、最近の高性能プロセッサはすべてがパイプライン化されている。

メモリとレジスタファイルの読み書きとALUの利用はプロセッサ中の最大の遅延要因である。5つのパイプラインステージを選ぶに当たって、それぞれのステージがこの遅いステップを1つだけ含むようにした。すなわち、この5ステージを **Fetch**（フェッチ）、**Decode**（デコード）、**Execute**（実行）、**Memory**（メモリ）、**Writeback**（書き戻し）と呼ぶことにする。これはLDRを実行するときにマルチサイクルプロセッサが用いる5つのステップと似ている。Fetchステージにおいてプロセッサは命令を命令メモリから読み出す。Decodeステージで、プロセッサはソースオペランドをレジスタファイルから読み出し、命令をデコードして制御信号を発生する。Executeステージで、プロセッサはALUで計算を行う。Memoryステージで、プロセッサはデータメモリを読み書きする。最後にWritebackステージで、プロセッサは、必要に応じて結果をレジスタファイルに書き戻す。

図7.42は単一サイクルとパイプラインを比較したタイミング図である。横軸は時間で縦軸に命令を示す。この図は論理要素の遅延を表7.5に基づいて考えているが、マルチプレクサとレジスタの遅延は無視している。シングルサイクルプロセッサ（図7.42（a））では、最初の命令はメモリを時間0で読み、次にオペランドをレジスタファイルから読み、ALUで必要な計算を実行する。最後にデータメモリが必要に応じてアクセスされ、結果がレジスタファイルに書き戻されるのに680 psかかる。2番目の命令の実行は最初が終わってから始まる。このためこの設計では単一サイクルプロセッサの命令当

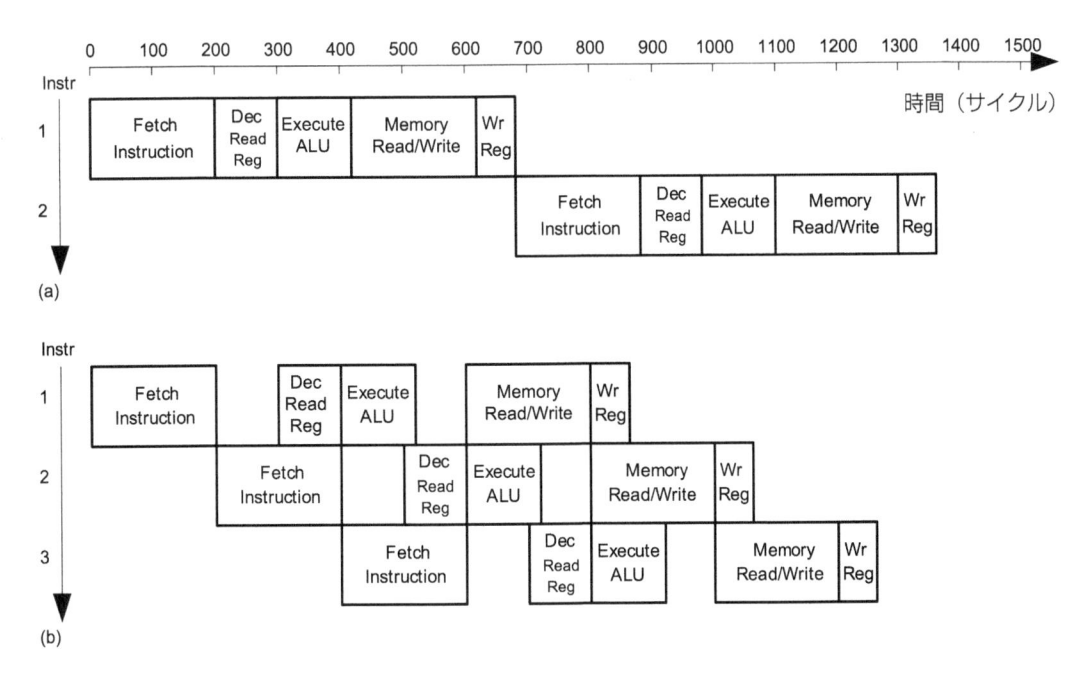

図7.42 タイミング図 （a）単一サイクルプロセッサ、（b）パイプラインプロセッサ

たりのレイテンシは200 + 100 + 120 + 200 + 60 = 680 psとなり、スループットは、680 ps当たり1命令（1秒当たり14.7億命令）である。

パイプラインプロセッサ（図7.42（b））では、パイプラインステージの長さは最も長いステージにおけるメモリアクセス（FetchもしくはMemoryステージ）により200 psになる。時間0で最初の命令がメモリからフェッチされる。200 psで、最初の命令はDecodeステージに入り、2つ目の命令がフェッチされる。400 psで最初の命令が実行され、2番目の命令がDecodeステージに入り、3番目の命令がフェッチされる。以下同様ですべての命令が実行される。命令のレイテンシは5 × 200 = 1000 psである。スループットは200 ps当たり1命令（1秒あたり50億命令）である。ステージは完全に等しい論理回路の段数で各ステージに振り分けられていないため、パイプラインプロセッサのレイテンシは単一サイクルプロセッサよりも長い。同様に、スループットも5段パイプラインなのに単一サイクルプロセッサの5倍にはなっていない。それでもスループットの向上という利点は重要である。

図7.43は、それぞれのステージを図的に表現したパイプライン実行の概観である。それぞれのパイプラインステージは、その主要な構成要素、命令メモリ（IM）、レジスタファイル（RF）読み出し、ALU実行、データメモリ（DM）、レジスタファイル書き戻しで示し、パイプラインを通した命令の流れを表している。一行を通して読むと、ある命令が、それぞれのステージをどのクロックサイクルで実行するかが分かる。例えばSUB命令はサイクル3でフェッチされ、サイクル5で実行される。列方向に読むと、それぞれのパイプラインステージが特定のサイクルで何をやっているのかが分かる。例えば、サイクル6でORR命令は命令メモリからフェッチされ、R1がレジスタファイルから読み出され、ALUはR12 AND R13を計算しており、データメモリはアイドルで、レジスタファイルの書き戻しでは、R3に加算結果が書き込まれている。影のついたステージはこれがいつ用いられるかを示す。例えば、データメモリは、LDRによりサイクル4で、STRによ

りサイクル8で使われる。命令メモリとALUは毎サイクル使われる。レジスタファイルは、STRを除くすべての命令で書き込まれる。パイプラインプロセッサにおいて、レジスタファイルは1つのサイクルの最初の半分で書き込まれ、残りの部分で読み出される。この様子は影によって表されている。この方法でデータの書き込みと読み出しが1クロックサイクルで可能になる。

パイプラインシステムにおける主な課題は、ハザードの取り扱いである。これは、1つの命令の結果を、その命令の実行が終わらないうちに、引き続く命令が必要とする場合に起きる。例えば、図7.43のADDがR10ではなくR2を使う場合、このR2はADDが読むときにLDRによってまだ書き込まれていないことから、ハザードを生じてしまう。パイプリライン化されたデータパスと制御を設計した後に、この節では、ハザードを解決する方法として、フォワーディング、ストール、フラッシュを紹介する。最後にハザードの影響とステージ分割のオーバーヘッドを考慮しながら性能解析を再び行うことにする。

7.5.1 パイプラインのデータパス

パイプラインのデータパスは、単一サイクルのデータパスをパイプラインレジスタで5つのステージに分割することで作る。

次ページの図7.44（a）は単一サイクルデータパスをパイプラインレジスタのスペースを残して引き伸ばして書いたものである。図7.44（b）は、このデータパスに4つのパイプラインレジスタを挿入して5つのステージに分割したパイプラインのデータパスである。ステージとその境界は青色で示す。信号は後付け文字（F、DE、M、W）で、それが属するステージを示す。

レジスタファイルは、Decodeステージで読み出し、Writebackステージで書き込まれる点で特殊である。これはDecodeステージに描いてあるが、書き込みアドレスとデータはWritebackステージから送られる。このフィードバックは7.5.3節で示すパイプラインハザードを引き起こす。パイプライン

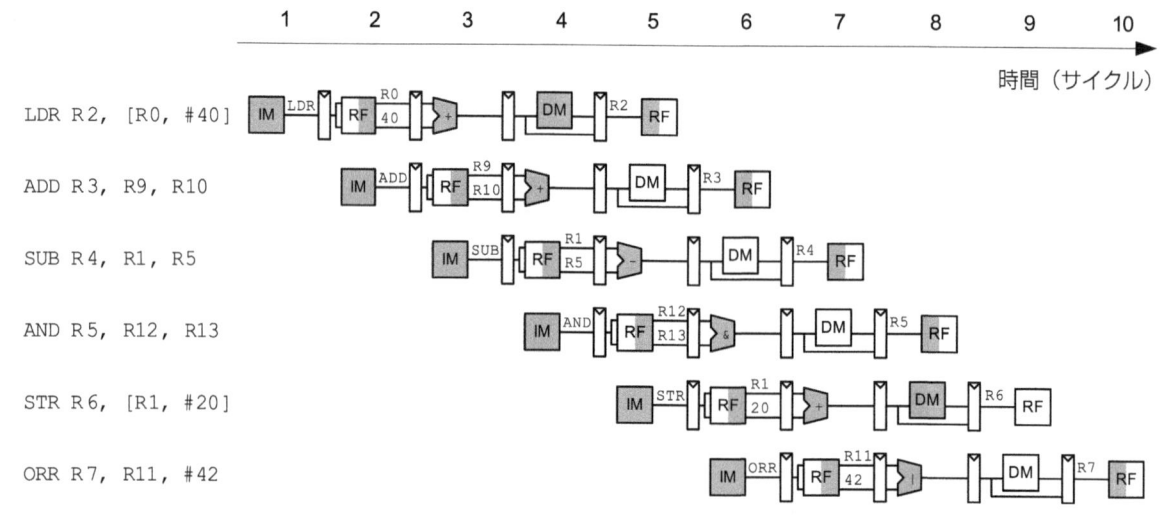

図7.43　動作中のパイプラインの概略

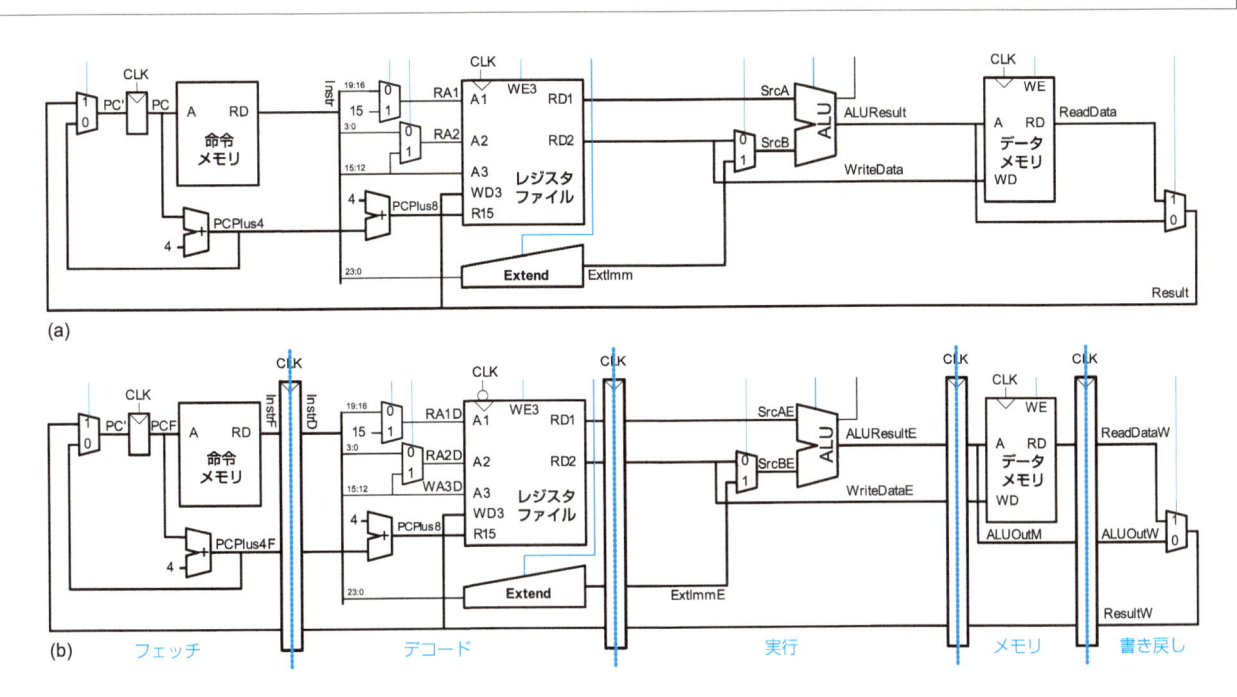

図7.44 データパス。(a) 単一サイクル、(b) パイプライン

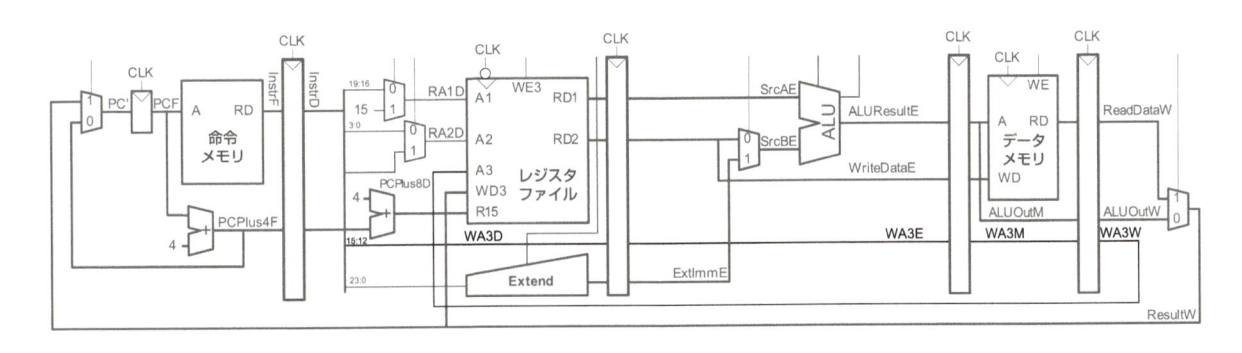

図7.45 パイプラインデータパスの修正版

プロセッサのレジスタは、CLKの立下りエッジで書き込み、サイクルの前半分で書き込んだ結果が、後ろ半分で後続の命令により読み出すことができるようにしている。

パイプライン処理において微妙だが重要な問題は、特定の命令に関連したすべての信号が一緒にパイプラインを進んでいかなければいけない点である。図7.44（b）はこの問題に関連したエラーがある。あなたには見つけることができるだろうか。

このエラーは、レジスタファイルの書き込み論理についてのもので、Writebackステージで実行されるものである。データの値はWritebackステージの信号であるResultWに現れる。しかし、InstrD$_{15:12}$（またはWA3D）に表されている書き込みアドレスは、Decodeステージの信号線である。図7.43のパイプライン構成図のサイクル5で、LDR命令の結果が、R2ではなく、R5に誤って書き込まれてしまう。

図7.45は、修正したデータパスを示す。修正部分は黒で示している。WA3信号は、Execute、Memory、Writebackステージを通るようにパイプライン化されており、命令の残りの信号と同期して進んでいく。WA3WとResultWは、Writebackステージで一緒にレジスタファイルにフィードバックさ

れる。

目ざとい読者は、PC′論理にも問題があることに気づくかもしれない。なぜならこれはFetchの信号かWritebackステージの信号のどちらかで（PCPlus4FまたはResultW）更新されている可能性があるからだ。この制御ハザードは7.5.3節で修正することにしよう。

次ページの図7.46は、PC周辺論理の32ビット加算器とレジスタを省略する最適化の方法を示している。図7.45を見るとそれぞれの時間でプログラムカウンタがカウントアップされている。PCPlus4Fは、PCとFetch-Decodeステージ間のパイプラインレジスタとに同時に書き込む。さらに、引き続くサイクルで、この値は2つのレジスタで再び4が加えられる。したがってFetchステージの命令用のPCPlus4Fは、Decodeステージの命令用のPCPlus8Dと論理的に同じである。この信号をパイプラインレジスタの先に送れば、2つ目の加算器を省略できる[3]。

3　この単純化は、PCがPCPlus4Fでなく、ResutlWによって書き込まれる場合に問題が起きる可能性がある。しかし、これは7.5.3節でパイプラインフラッシュを使うことで、取り扱うことが可能であり、PCPlus8Dは関係なくなり、パイプラインは正しく動作する。

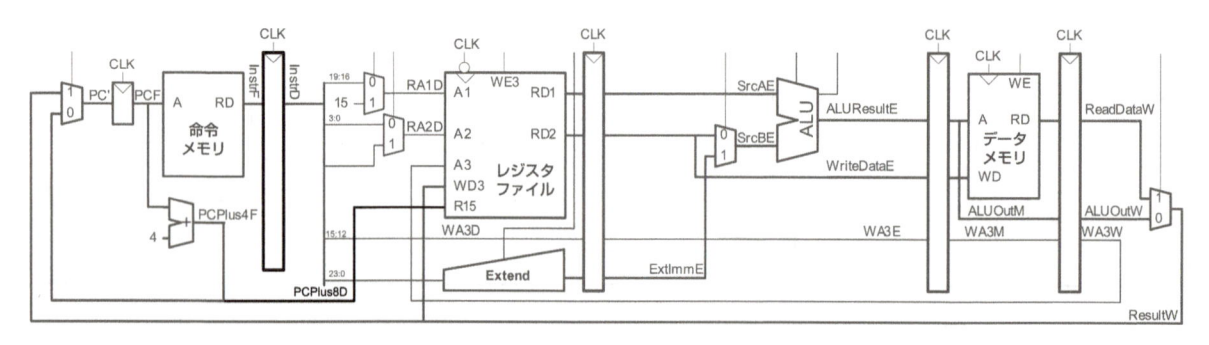

図7.46 最適化でレジスタと加算器を省いたPC周辺論理回路

7.5.2 パイプラインの制御

パイプラインプロセッサは、単一サイクルプロセッサと同じ制御信号を使っており、したがって同じ制御ユニットを使う。制御ユニットは、Decodeステージで命令のOpとFunctフィールドをチェックし、7.3.2節で示したように制御信号を生成する。

この制御信号は、命令と同期して進むように、データと共にパイプライン化される。制御部は、Rdフィールドをチェックし、R15（PC）への書き込みを取り扱う。制御部を付けた全体のパイプラインプロセッサを図7.47に示す。RegWriteは、レジスタファイルにフィードバックされる前に、Writebackステージまでパイプラインを進まなければならない。これは図7.45中でWA3をパイプライン化したのと同様である。

7.5.3 ハザード

パイプラインシステムでは、複数の命令が同時に取り扱われる。片方の命令が、まだ終わっていない片方に「依存」するとき、ハザードが生じる。

レジスタファイルは、同じサイクルで読み書き可能である。書き込みはサイクルの前半分で行われ、同じサイクルの後ろ半分で読み出すのでハザードは起きない。

次ページ図7.48は、1つの命令がレジスタ（R1）に書きこみ、引き続く命令がこれを読み出す場合にハザードが起きる様子を示している。これはリードアフターライト（**RAW**）ハザードと呼ばれる。ADD命令はサイクル5の前半で結果をR1に書き込む。しかし、AND命令はサイクル3でR1を読み出すが、これは間違った値である。ORR命令はサイクル4でR1を読み出すが、これもまた間違った値である。SUB命令は、サイクル5の後ろ半分でR1を読み出すが、これはサイクル5の前半に書き込みが行われるため、正しい値である。

これより後の命令は正しいR1を読むことができる。この図はハザードがこのパイプラインで、ある命令がレジスタに書き込むとき、引き続き2つの命令がこのレジスタを読む場合に両方でハザードが起きることを示している。これを扱う特別の手段がなければ、パイプラインは間違った結果を計算してしまう。

ソフトウェアで解決することはできる。プログラマかコンパイラがNOP命令をADDとAND命令の間に挿入し、次ページ図7.49に示すように依存する命令が結果（R1）を読み出すまで待たせてやれば良い。このようなソフトウェアインターロックは、プログラミングを複雑にすると共に性能を落としてしまうため、とても理想的な解決法とはいえない。

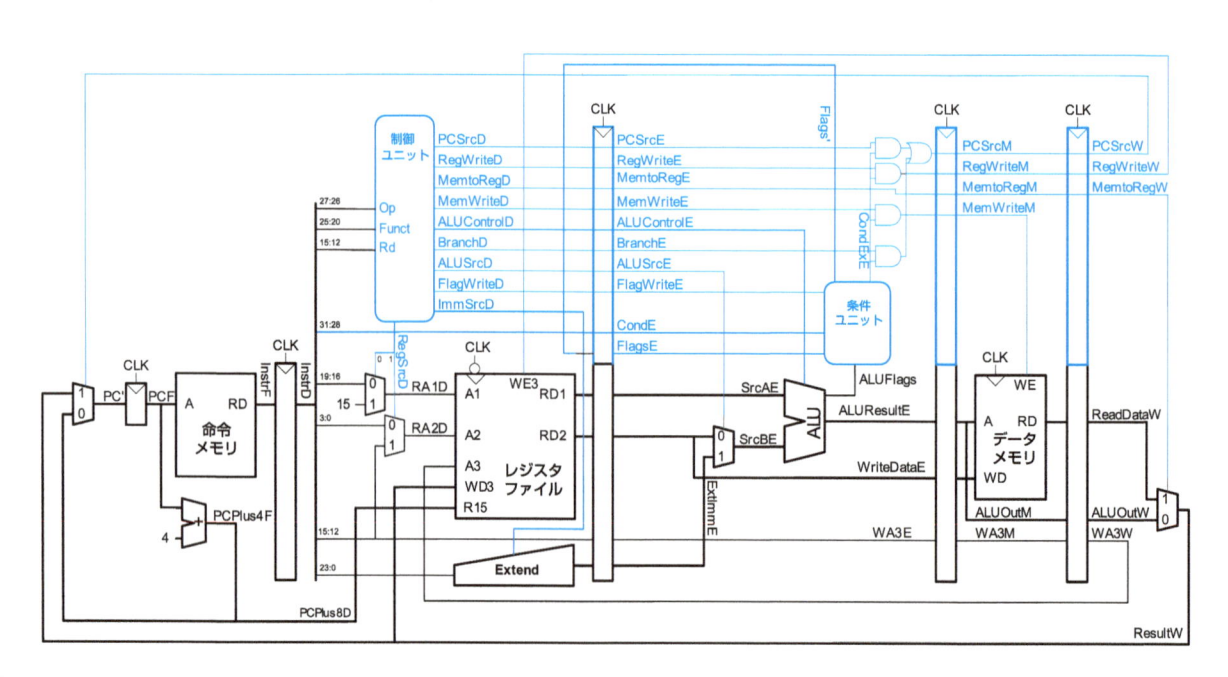

図7.47 制御付きパイプラインプロセッサ

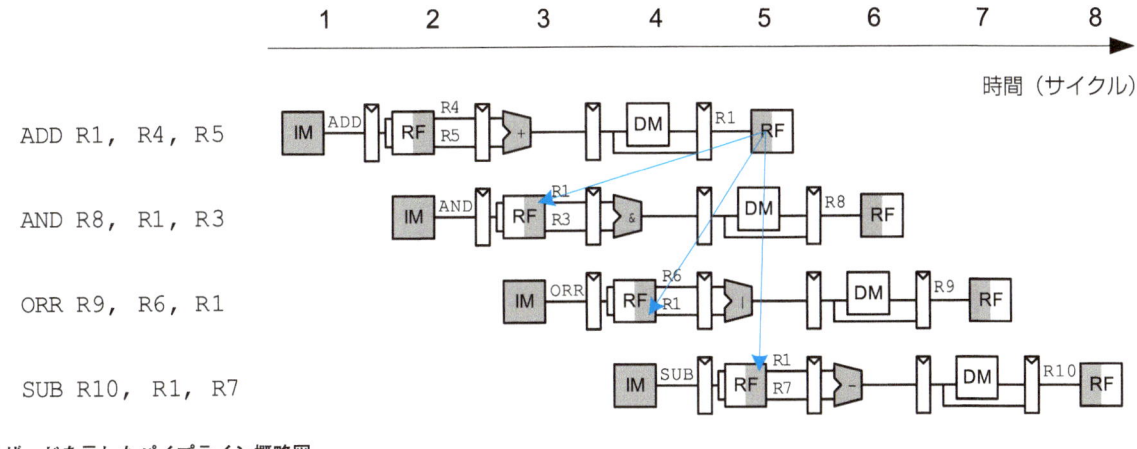

図7.48　ハザードを示したパイプライン概略図

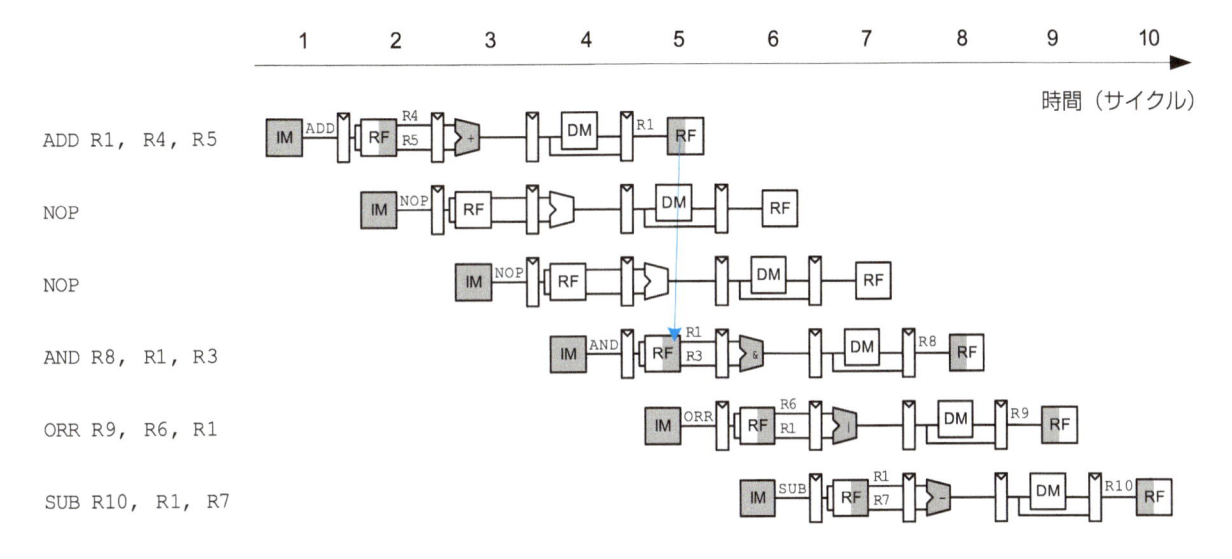

図7.49　NOPを用いてのデータハザードの解消

図7.48を良く見ると、**ADD**命令の結果は、サイクル3でALUにより計算されており、**AND**命令により、ALUがこれをサイクル4で使うことができる。原則的に、この結果を1つの命令から次の命令に横流し（フォワード）してやることで、これがレジスタファイルに表れるのを待つことでパイプラインを遅らせることなしに、RAWハザードを解決できる。

この節の後の方で見ていくように、後続命令が結果を使う前に、その結果が生成されるための時間を稼ぐように、パイプラインをストールさせなければならないかもしれない。いずれの場合も、何らかの手段でハザードを解決し、パイプライン化しても正しくプログラムを実行できるようにしなければならない。

ハザードはデータハザードと制御ハザードに分類される。**データハザード**は、前の命令が書き込まないうちに、レジスタを読もうとする場合に生じる。**制御ハザード**は、どの命令をフェッチするかが、フェッチを実行するまでに決まらない場合に生じる。この節の残りで、データハザードを検出してこれを適切に処理するハザードユニットをパイプラインプロセッサに付ける拡張を行う。これによりプロセッサは正しくプログラムを実行できる。

フォワーディングによるデータハザードの解決

データハザードの一部は、結果をMemoryあるいはWritebackステージから、Executeステージの依存している命令に対してフォワーディング（バイパッシングとも呼ぶ）することにより解決できる。このためには、オペランドをレジスタファイルから取って来るのか、MemoryあるいはWritebackステージから取って来るのかを選ぶマルチプレクサをALUの前に付け加える必要がある。次ページ図7.50にこの方針を示す。サイクル4で、R1をMemoryステージのADD命令から、これに依存しているExecuteステージのAND命令に対してフォワードする。サイクル5ではR1を、WritebackステージのAND命令から、これに依存しているExecuteステージのORR命令にフォワーディングする。

フォワーディングが必要になるのは、Executeステージのソースレジスタが、MemoryあるいはWritebackステージのディスティネーションレジスタと一致した場合である。図7.51は、フォワーディングを装備するようにパイプラインプロセッサを修正したものである。**ハザードユニット**と2つの**フォワーディング用マルチプレクサ**を付け足している。ハザードユニットは、データパスから4つの一致信号（図7.51で

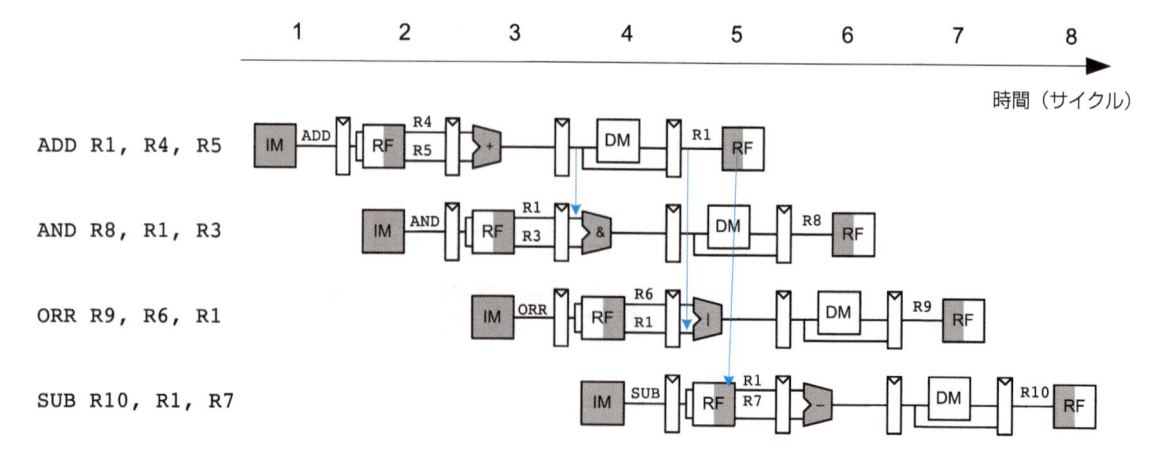

図7.50 フォワーディングを示したパイプライン概略図

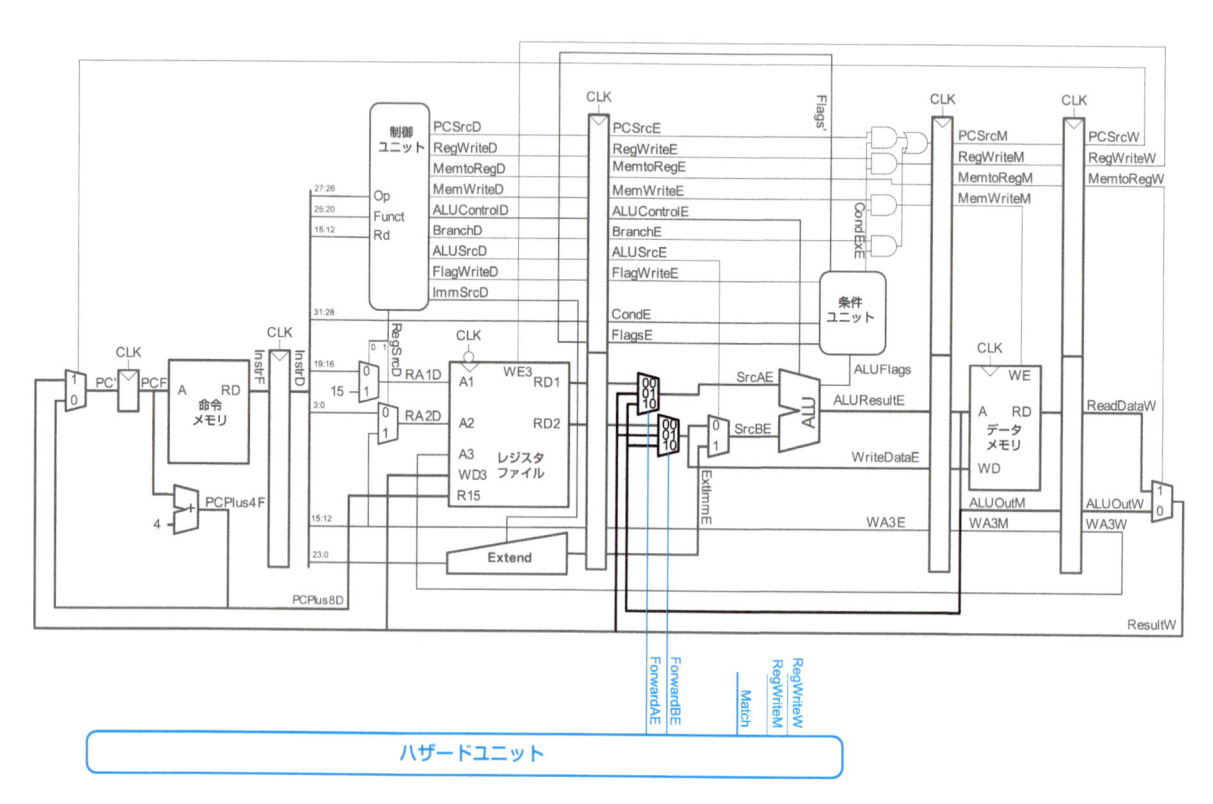

図7.51 ハザード解決のためのフォワーディング付きのパイプラインプロセッサ

はMatchを頭に付けて示す）を受け取る。これは、ExecuteステージのソースレジスタとMemoryおよびExecuteステージのディスティネーションレジスタが一致したかどうかを示す。

```
Match_1E_M = (RA1E == WA3M)
Match_1E_W = (RA1E == WA3W)
Match_2E_M = (RA2E == WA3M)
Match_2E_W = (RA2E == WA3W)
```

ハザードユニットは、MemoryおよびWritebackステージからRegWrite信号を受け取る。これは、ディスティネーションレジスタが実際に書き込まれるかどうかを知るために使われる（例えばSTRやB命令はレジスタファイルに結果を書き込まない。このため、この結果をフォワードする必要はない）。この信号は**名前が同じならば接続されている**ことに注意されたい。すなわち、最上部の制御信号から最下部のハザードユ

ニットに長い線を引いて図をごちゃごちゃさせる代わりに、接続される制御信号名のラベルが付いた短い引き出し線により接続を示す。Match信号論理とRA1EとRA2E用のパイプラインレジスタも、ごちゃごちゃしないようにするために外に出したままにする。

ハザードユニットは、フォワード用のマルチプレクサの制御信号を作り、レジスタファイルからか、MemoryまたはWritebackステージ（ALUOutまたはResultW）からかを選んでやる。MemoryとWritebackステージの両方が一致するディスティネーションレジスタを含む場合はMemoryステージが優先権を持つ。これは、より最近に実行した命令を持っているためである。まとめると*SrcAE*のフォワーディング論理は以下に与えられる。*SrcBE*（*ForwardBE*）は、*Match_2E*をチェックすること以外は同じである。

```
if        (Match_1E_M • RegWriteM) ForwardAE = 10;
                              // SrcAE = ALUOutM
else if (Match_1E_W • RegWriteW) ForwardAE = 01;
                              // SrcAE = ResultW
else                             ForwardAE = 00;
                              // SrcAE from regfile
```

ストールによるデータハザードの解決

フォワーディングは、結果がExecuteステージの命令で計算される場合にはRAWデータハザードを十分に解決できる方法である。これは、結果をフォワーディングする対象が、次の命令でExecuteステージ内にあるからだ。不幸なことに、LDR命令は、データの読み出しがMemoryステージの最後まで終わらない。このため、結果をExecuteステージ内にある次の命令にフォワードできるはずがない。

LDRは、依存する命令が結果を2サイクル後でないと使えないことから、**2サイクルのレイテンシ**があると言う。図7.52に、この問題を示す。LDR命令はサイクル4の終わりにメモリから結果を受け取る。しかしAND命令はサイクル4の最初にこのデータをソースオペランドとして必要としている。フォワーディングではこのハザードを解決することはできない。

代わりとなる解決法は、パイプラインを**ストール**し、演算をデータが利用可能になるまで待たせることである。図7.53はDecodeステージで、依存している命令（AND）をストールさせている様子を示す。ANDはDecodeステージにサイクル3で入り、サイクル4の間、そこでストールする。引き続く命令

（ORR）は、Decodeステージが一杯であるため、同じようにこの2つのサイクルではFetchステージに留まらなければならない。

サイクル5で、結果は、Writebackステージ中のLDRから、Executeステージ内のANDにフォワードすることができる。同様に、サイクル5ではORR命令のソースR1は、レジスタファイルから直接読み出されるので、フォワーディングの必要はない。

Executeステージはサイクル4では使われないことに注意されたい。同様に、Memoryステージはサイクル5で、Writebackステージはサイクル6では使われない。このパイプラインを伝わって行く使われないステージは、**泡（バブル）**と呼ばれ、NOP命令と同じように振る舞う。バブルはExecuteステージの制御信号を、デコードがストールしている間中ゼロにすることにより実現される。これによりバブルは動作を何も行わず、アーキテクチャ状態が変わることもない。

まとめると、ステージのストールは、パイプラインレジスタを停止し、その内容が変わらないようにすることにより実現する。ステージがストールする場合、引き続く命令がなくならないように、それより前のすべてのステージはストールしなければならない。ストールしたステージの直後のパイプラインレジスタはクリア（フラッシュ）され、不確定な情報が先に進むのを防がなければならない。ストールは性能を低下させるので、必要なときにだけ使うべきである。

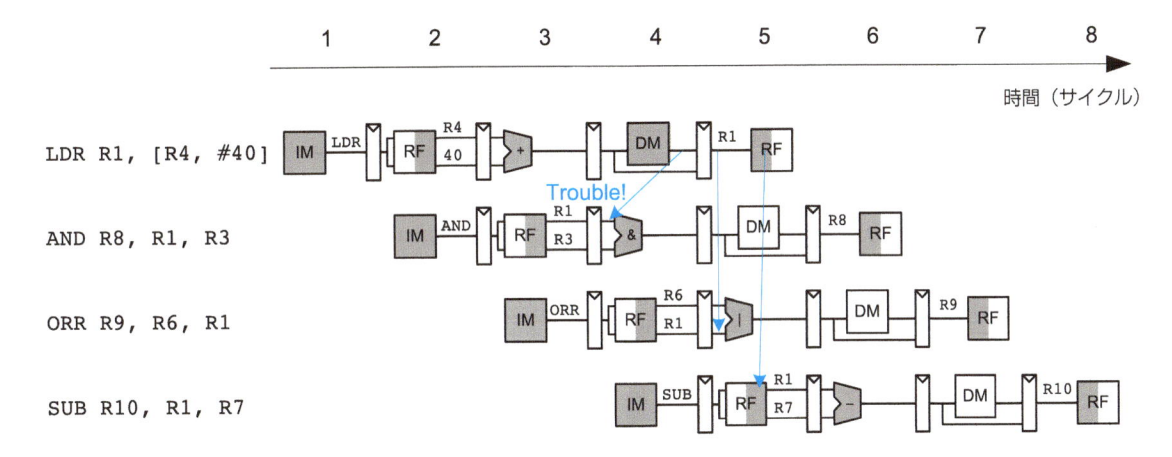

図7.52 LDRにより生じるフォワーディングの問題を示すパイプライン概略図

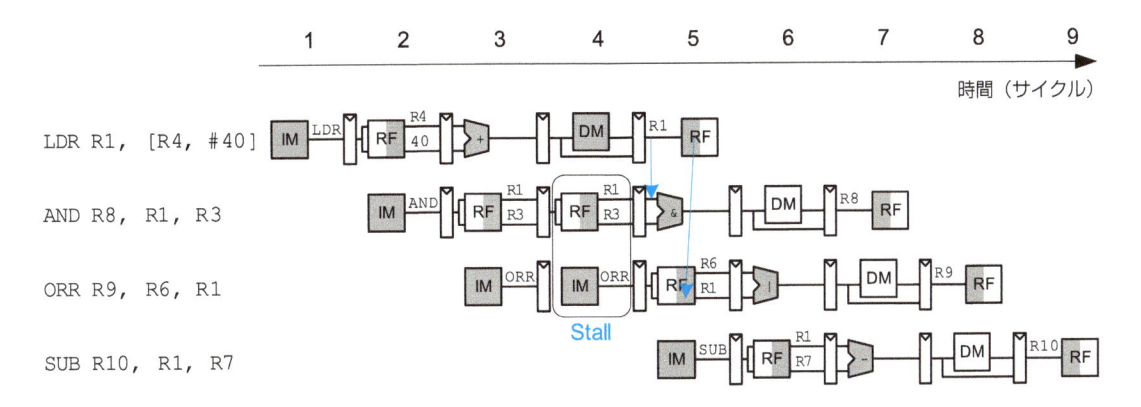

図7.53 ハザードを解消するストールを示すパイプライン概略図

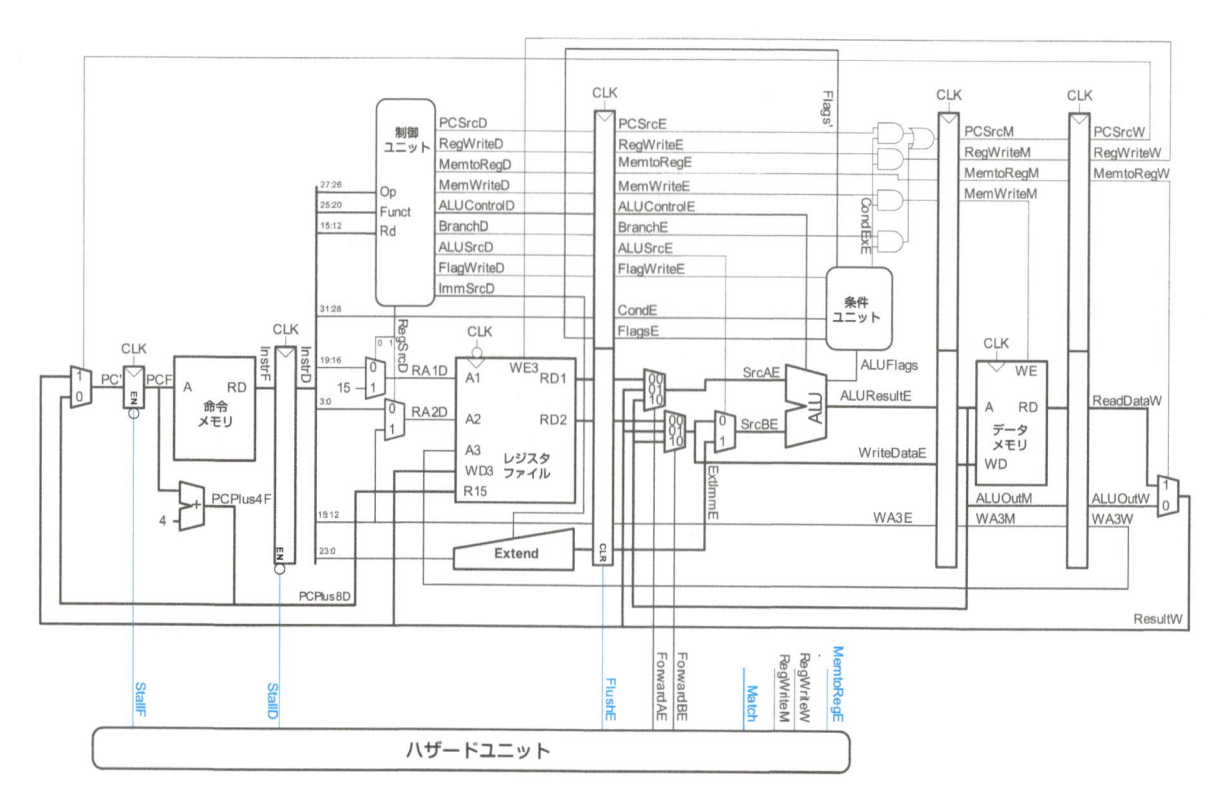

図7.54　LDRデータハザードをストールで解消するパイプラインプロセッサ

　図7.54はLDRのデータ依存性を解決するために、パイプラインプロセッサにストールを付け加えるように改造したものである。ハザードユニットは、Executeステージの命令をチェックする。それがLDR命令で、ディスティネーションレジスタ（*WA3E*）がDecodeステージ中の命令のソースオペランド（*RA1D*または*RA2D*）と一致すると、その命令は、ソースオペランドが利用可能になるまでDecodeステージ内でストールしなければならない。

　ストールはデコードのパイプラインレジスタにイネーブル入力（*EN*）を付け加え、実行パイプラインレジスタに同期リセット/クリア（*CRL*）入力を付け加えて実現する。LDRストールが起こると、*StallD*と*StallF*がアサートされ、DecodeとFetchステージのパイプラインレジスタは元の値を保持する。*FlushE*もアサートされ、Executeステージのパイプラインレジスタの内容をクリアし、バブルを導入する。

　LDR命令の際に*MemtoReg*信号がアサートされる。このためストールとフラッシュを生成する論理は以下のようになる。

```
Match_12D_E = (RA1D == WA3E) + (RA2D == WA3E)
LDRstall    = Match_12D_E • MemtoRegE
StallF = StallD = FlushE = LDRstall
```

制御ハザードの解決

　B命令は制御ハザードを引き起こす。これは、分岐の判断が、次の命令をフェッチするときまでにできないことにより、パイプラインプロセッサが、次にどの命令をフェッチすればよいか分からなくなるため起きる。R15（PC）への書き込みは同様の制御ハザードを引き起こす。

　制御ハザードに対応する方法の1つは、分岐の判断が行われるまで（すなわち*PCSrcW*が生成されるまで）、パイプラインをストールすることである。この判断はWritebackステージで行われるので、パイプラインはすべての分岐で4サイクルストールしなければならない。これが頻繁に起きると酷い性能低下となってしまう。

　代替案としては、分岐が成立するかどうかを予測して、これに基づいて命令を実行し始めることである。分岐の判定が利用可能になれば、プロセッサは予測が間違っていた場合の命令を廃棄することができる。これまでのパイプライン（図7.54）において、プロセッサは、分岐が成立しないと予測し、*PCSrcW*がアサートされて次の*PC*として*ResultW*を選ぶまで、単純にプログラムを順番に実行し続ける。分岐が成立する場合、分岐に引き続く4つの命令は、対応するパイプラインレジスタをクリアすることで、フラッシュ（廃棄）される。これらの無駄な命令サイクルは、**分岐予測ミスペナルティ**と呼ばれる。

　次ページ図7.55は、分岐がアドレス0x20からアドレス0x64に飛ぶ場合に、この方法が行われる様子を示す。PCはサイクル5まで書き込まれない。この時点でアドレス0x24、0x28、0x2C、0x30のAND、ORR、2つのSUB命令はフェッチされてしまっている。これらの命令はフラッシュされ、サイクル6において、アドレス0x64からADD命令がフェッチされる。この方法により若干の改善があるが、分岐が成立したときにフラッシュされる多数の命令により、依然として性能は低下する。

　分岐の判定がもっと前に行われれば、分岐予測ミスペナルティを減らすことができるはずだ。分岐判定は、Executeステージで目的アドレスが計算され*CondEx*が確定する際に行わ

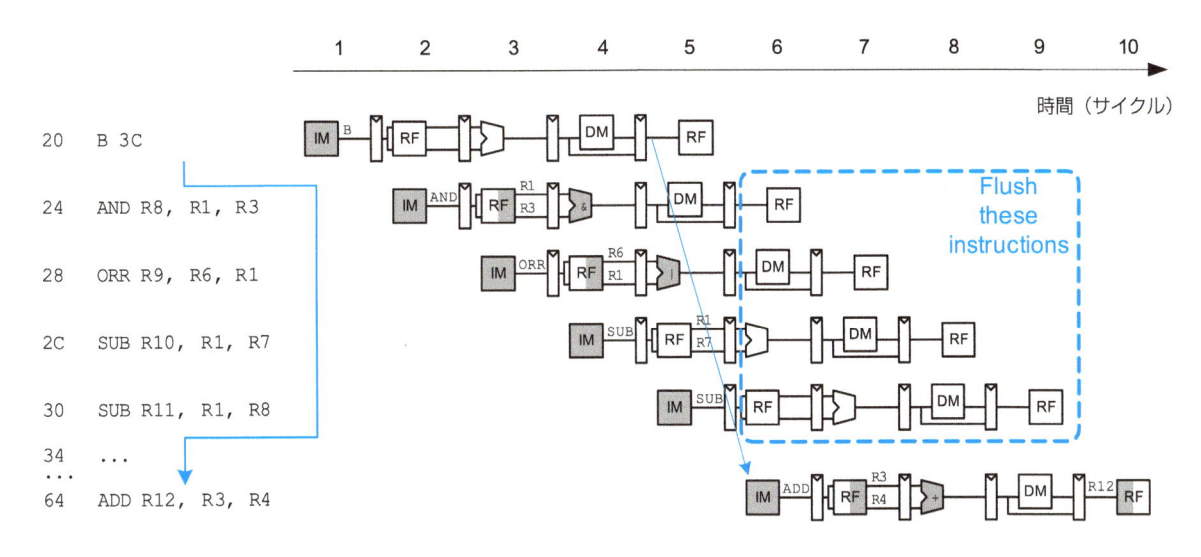

図7.55 分岐が成立した際のフラッシュを示すパイプライン概略図

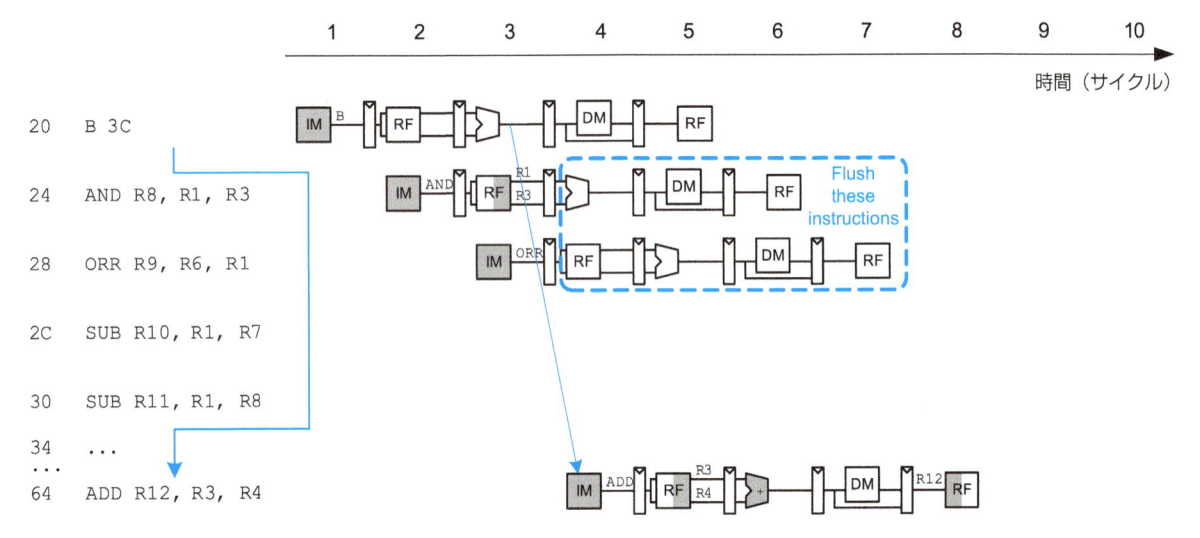

図7.56 早めの分岐判断を示すパイプライン概略図

れる。図7.56はサイクル3において早期に分岐判定が行われるパイプライン動作を示す。サイクル4でANDとORR命令がフラッシュされ、ADD命令がフェッチされる。これで分岐予測ミスペナルティは4ではなくて2命令まで減っている。

次ページ図7.57は、分岐の判定を早い段階に移動して制御ハザードを取り扱うように改造したパイプラインプロセッサを示す。分岐マルチプレクサがPCレジスタの前に取り付けられ、分岐の行き先をALUResultEから取り出す。このマルチプレクサを制御するBranchTakenE信号は、条件が満足された分岐命令に対してアサートされる。PCSrcWは、PCに書き込むときだけにアサートされ、これは依然としてWritebackステージで発生する。

では最後に分岐とPC書き込みを扱うストールとフラッシュ信号を生成しよう。パイプラインプロセッサ設計では、この条件がやや複雑であることからこの部分をさぼってしまうのが普通である。分岐が成立すると、引き続く2つの命令は、DecodeとExecuteステージ間のパイプラインレジスタからフラッシュされなければならない。

このパイプラインでPCに書き込みを行うとき、パイプラインは書き込みが終わるまでストールしなければならない。これは、Fetchステージをストールして実現する。あるステージをストールすると、命令が繰り返し行われてしまうことを避けるため、次をフラッシュしなければならないことを思い出そう。このような場合を取り扱う論理回路をここに示す。PCWrPendingは、（Decode、ExecuteあるいはMemoryステージにおいて）PC書き込みが実行中にアサートされる。この時間Fetchステージはストールし、Decodeステージはフラッシュする。PC書き込みがWritebackステージに達した（PCSrcWがアサートされた）とき、StallFは書き込みを行うためにリリースされるが、FlushDは引き続きアサートされ、Fetchステージの不必要な命令が先に進まないようにする。

```
PCWrPendingF = PCSrcD + PCSrcE + PCSrcM;
StallD = LDRstall;
StallF = LDRstall + PCWrPendingF;
FlushE = LDRstall + BranchTakenE;
FlushD = PCWrPendingF + PCSrcW + BranchTakenE;
```

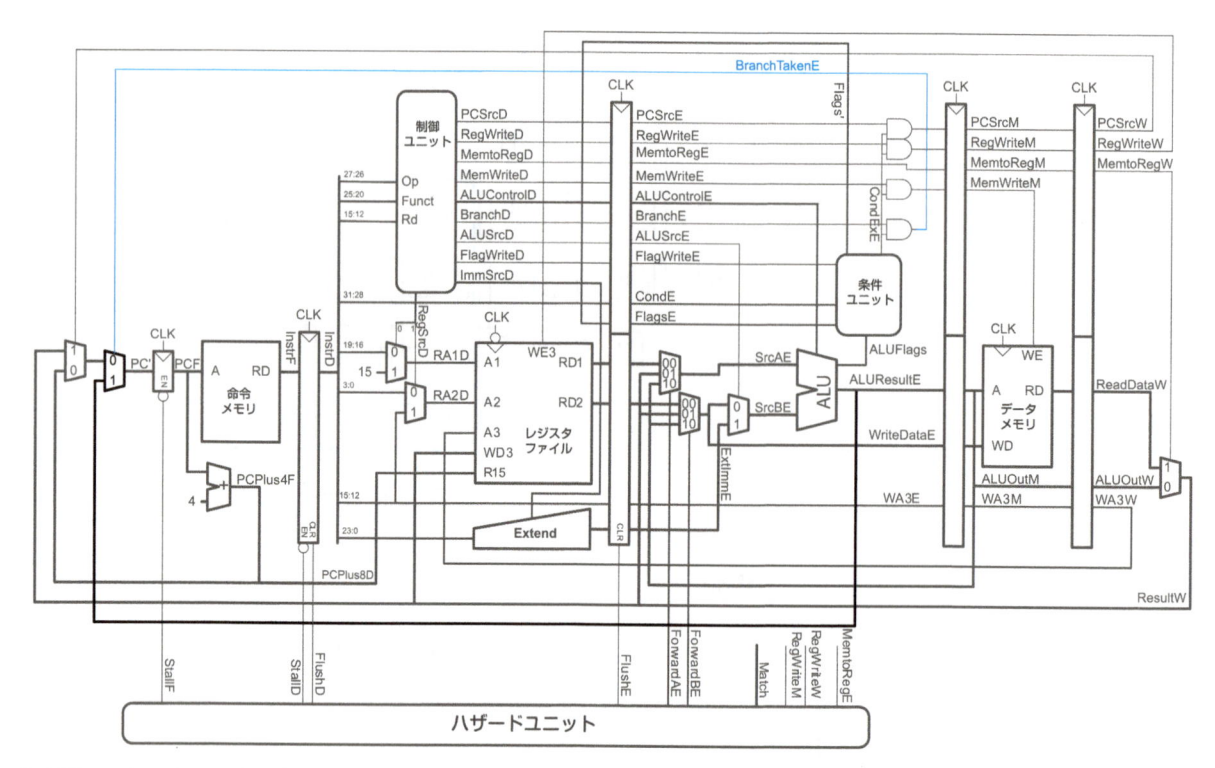

図7.57　分岐制御ハザードを扱うパイプラインプロセッサ

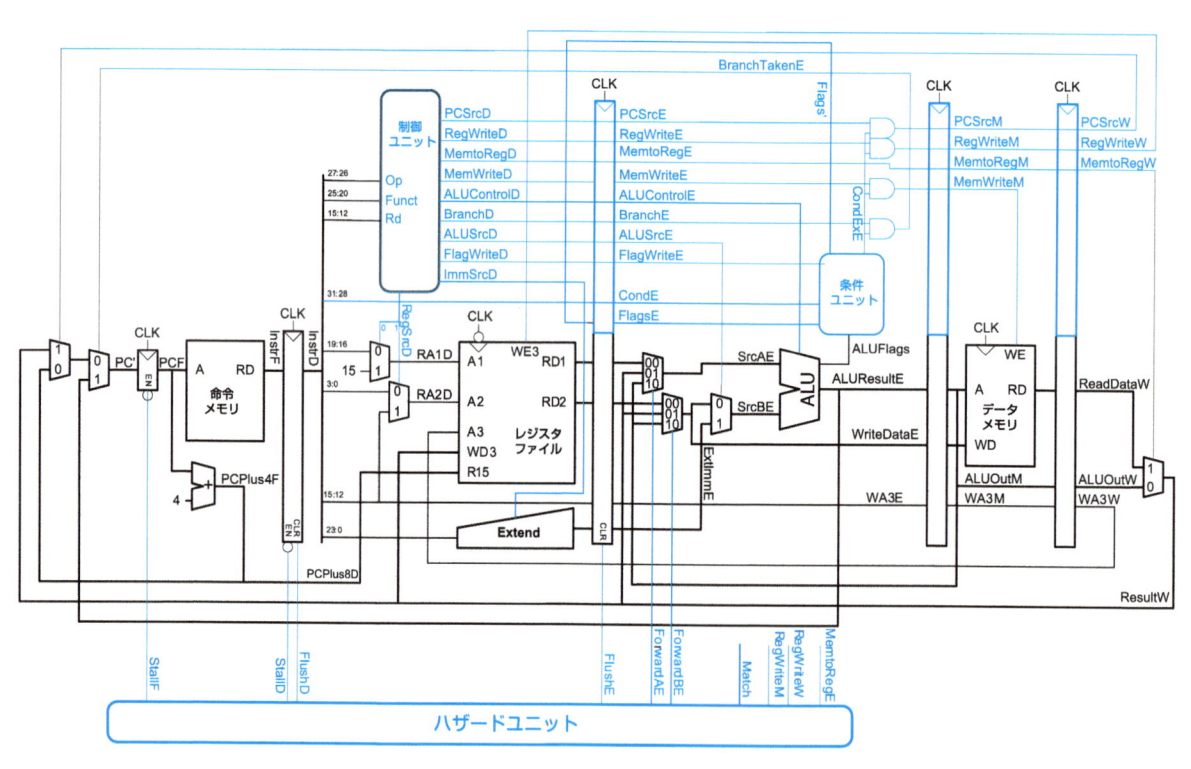

図7.58　ハザード回避の完全版パイプラインプロセッサ

> 　ごちゃごちゃするのを避けるため、*PCSrcD*、*PCSrcE*、*PCSrcM*のハザードユニットとの接続とデータパスからの*BranchTakenE*は図7.57と図7.58からは省略してある。

分岐は非常に良く実行されるので、2サイクルの予測ミスペナルティでも性能に影響する。もう少しがんばれば、ペナルティは多くの分岐で1サイクルにまで減らすことができる。飛び先アドレスは、Decodeステージで*PCBranchD* = *PCPlus8D*

+ *ExtImmD*で計算できる。*BranchTakenD*も、1つ前の命令で生成される*ALUFlagsE*に基づいてDecodeステージで生成できる。このフラグが遅れて到着する場合は、この方法はサイクル時間を増やしてしまうかもしれない。この変更については読者への演習問題（演習問題7.36）として残しておく。

ハザードのまとめ

まとめると、RAWデータハザードは、ある命令が、結果がレジスタファイルにまだ書き込まれていない命令に依存することから生じる。データハザードは、結果が十分早く計算される場合は、フォワーディングにより解決される。そうでなければ結果が利用可能になるまでパイプラインをストールする必要がある。

制御ハザードは、どの命令をフェッチするかの決定が次の命令をフェッチすべき時間までに行われない場合に生じる。制御ハザードはどちらの命令がフェッチされるかを予測し、予測が後に間違っていたと判明した場合にパイプラインをフラッシュするか、決定が行われるまでパイプラインをストールさせることで解決する。

決定を出来る限り早めに行うことで、予測ミスでフラッシュされる命令数を最小化できる。パイプラインプロセッサを設計する上での課題の1つは、すべての可能な命令同士の間の相互作用を理解することと、存在するかもしれないすべてのハザードを見つけ出すことである。このことはもうお分かりいただけたと思う。前ページ図7.58に、すべてのハザードを解決した完全なパイプラインプロセッサを示す。

7.5.4 性能解析

パイプラインプロセッサは、新しい命令が各サイクルに発行されることから、理想的にはCPIが1になる。とはいえ、ストールやフラッシュがサイクルを無駄に使うので、CPIは若干高めになり、実行されるプログラムによって異なる。

例題7.7 パイプラインプロセッサのCPI

例題7.5で用いたSPECINT2000ベンチマークは、約25%がロード、10%がストア、13%が分岐、52%がデータ処理命令であった。ロードのうちの40%について、直後にこの結果を使う命令が続き、ストールを要求すると仮定する。また、分岐のうち50%が成立（予測ミス）し、フラッシュが必要であるとする。他のハザードは無視できる。このパイプラインプロセッサの平均CPIを計算せよ。

解法：平均CPIは、それぞれの命令のCPIにその命令が使われる時間的な割合を掛けたものの総和で求められる。ロード命令は依存性がなければ1クロックサイクルかかり、依存性によりプロセッサがストールしなければならないときは2クロックサイクルかかる。このため、CPIは、$(0.6) \times (1) + (0.4) \times (2) = 1.4$となる。分岐は予測が当たれば1クロックサイクルかかり、そうでなければ3クロックサイクルかかる。このため、CPIは$(0.5) \times (1) + (0.5) \times (3) = 2.0$となる。他のすべての命令はCPIが1である。このベンチマークでは平均CPI $= (0.25) \times (1.4) + (0.1) \times (1) + (0.13) \times (2.0) + (0.52) \times (1) = 1.23$となる。

サイクル時間は、図7.58に示した5つのパイプラインステージのそれぞれのクリティカルパスを考えて決めることができる。書き戻しの最初の半分のサイクルでレジスタファイルに書き込み、次の半分でデコードが読み出しを行うことを思い出そう。このため、DecodeとWritebackステージのサイクル時間は、半分のサイクルで必要なことをやらなければならないため、2倍必要になる。

$$T_{c3} = \max \begin{cases} t_{pcq} + t_{mem} + t_{setup} & \text{Fetch} \\ 2\left(t_{RFread} + t_{setup}\right) & \text{Decode} \\ t_{pcq} + 2t_{mux} + t_{ALU} + t_{setup} & \text{Execute} \\ t_{pcq} + t_{mem} + t_{setup} & \text{Memory} \\ 2\left(t_{pcq} + t_{mux} + t_{RFsetup}\right) & \text{Writeback} \end{cases} \tag{7.5}$$

例題7.8 プロセッサ性能の比較

ベン・ビッドディドル君は、パイプラインプロセッサの性能を、例題7.6で考えた単一サイクルプロセッサ、マルチサイクルプロセッサの性能と比較したい。論理回路の遅延は表7.5に与えられている。ベンは、それぞれのプロセッサがSPECINT2000ベンチマークの1000億命令を実行する時間を比較する。

解法：式(7.5)によると、パイプラインプロセッサのサイクル時間は、$T_{c3} = \max [40 + 200 + 50, 2 \times (100 + 50), 40 + 2 \times (25) + 120 + 50, 40 + 200 + 50, 2 \times (40 + 25 + 60)] = 300$ psとなる。式(7.1)によると全体の実行時間は$T_3 = (100 \times 10^9$命令$) \times (1.23$サイクル$/$命令$) \times (300 \times 10^{-12}$秒$/$サイクル$) = 36.9$秒となる。これを単一サイクルプロセッサの84秒、マルチサイクルプロセッサの140秒と比べよう。

パイプラインプロセッサは本質的に他よりも高速である。とはいえ、単一サイクルプロセッサにおけるこの利点は、5段パイプラインで期待できる5倍からは、ほど遠い。パイプラインハザードはCPIに対して若干のペナルティを与える。もっと大きいのは、すべてのパイプラインステージで必要なレジスタに対するシーケンシングのオーバーヘッド（clkからQとセットアップ時間）である。シーケンシングのオーバーヘッドは、パイプライン化で達成することが期待できる利益を限定してしまう。パイプラインプロセッサは単一サイクルプロセッサと同等のハードウェア要求量がある。しかし、それに加えて32ビットパイプラインレジスタが8つ、マルチプレクサ、もっと小さいパイプラインレジスタ、ハザード解消のための制御論理回路が必要である。

7.6 HDL記述*

この節では、この章で議論した命令を装備した単一サイクルプロセッサのHDLコードを示す。このコードはそこそこ複雑なシステムの設計演習としてちょうど良い。マルチサイクルプロセッサとパイプラインプロセッサのHDLコードは演習問題7.25と7.40に譲る。

この節では、命令とデータメモリはデータパスから分離され、アドレス、データバスによって接続される。実際、ほとんどのプロセッサは、分離したキャッシュから命令とデータを読み出す。とはいえ、リテラルプール（数値データを管理するための場所）を扱うために、より完全なプロセッサにおいては、命令メモリからもデータを読む必要があった。第8章ではキャッシュと主記憶の相互作用を含めて、メモリシステムをもう一度検討しよう。

プロセッサは、データパスとコントローラからできている。また、コントローラは、デコーダと条件の論理回路からできている。図7.59は単一サイクルプロセッサが外部メモリに接続されている場合のブロックダイアグラムを示す。

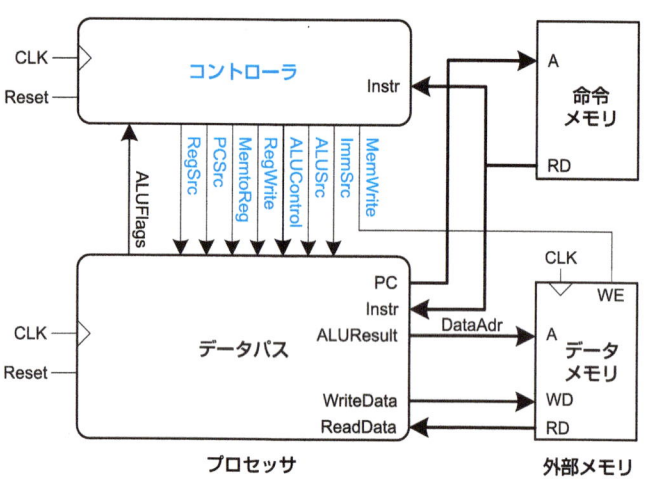

図7.59 外部メモリをつけた単一サイクルプロセッサ

HDLコードはいくつかの部分に分けられる。7.6.1節は単一サイクルプロセッサのデータパスとコントローラのHDLを示す。7.6.2節は、どのマイクロアーキテクチャでも使う、レジスタやマルチプレクサなどの汎用ビルディングブロックを示す。7.6.3節ではテストベンチと外部メモリを導入する。HDLはこの本のWebサイトから電子的に入手できる（序参照）

7.6.1 単一サイクルプロセッサ

単一サイクルプロセッサの主なモジュールは以下のHDL記述例7.1〜7.5で記述される。

7.6.2 汎用ビルディングブロック

この節では、レジスタファイル、加算器、フリップフロップ、2:1マルチプレクサなどどのようなディジタルシステムでも役に立つ汎用ビルディングブロックを示す（HDL記述例7.6〜7.11）。ただし、ALUのHDLは、演習問題5.11と5.12とする。

7.6.3 テストベンチ

テストベンチで、プログラムをメモリ中にロードする。図7.60のプログラムは、すべての命令が正しく機能するときだけに正しい結果がでる。これを実行することで、すべての命令を検査する。このプログラムは、正しく走った場合アドレス100に値7を書き込む。しかし、ハードウェアにバグがあれば、これが行われないだろう。これはアドホックテストの一例である。

機械語は、memfile.datという16進数のファイルに格納されており、シミュレーション中にテストベンチによってロードされる。このファイルは命令の機械語が1行に1命令分書いてある。テストベンチであるトップレベルARMモジュールと外部メモリのHDLコードは、以下のHDL記述例7.12〜7.15で示してある。この例ではメモリはそれぞれ64ワードを格納する。

ADDR		PROGRAM	; COMMENTS	BINARY MACHINE CODE	HEX CODE
00	MAIN	SUB R0, R15, R15	; R0 = 0	1110 000 0010 0 1111 0000 0000 0000 1111	E04F000F
04		ADD R2, R0, #5	; R2 = 5	1110 001 0100 0 0000 0010 0000 0000 0101	E2802005
08		ADD R3, R0, #12	; R3 = 12	1110 001 0100 0 0000 0011 0000 0000 1100	E280300C
0C		SUB R7, R3, #9	; R7 = 3	1110 001 0010 0 0011 0111 0000 0000 1001	E2437009
10		ORR R4, R7, R2	; R4 = 3 OR 5 = 7	1110 000 1100 0 0111 0100 0000 0000 0010	E1874002
14		AND R5, R3, R4	; R5 = 12 AND 7 = 4	1110 000 0000 0 0011 0101 0000 0000 0100	E0035004
18		ADD R5, R5, R4	; R5 = 4 + 7 = 11	1110 000 0100 0 0101 0101 0000 0000 0100	E0855004
1C		SUBS R8, R5, R7	; R8 = 11 - 3 = 8, set Flags	1110 000 0010 1 0101 1000 0000 0000 0111	E0558007
20		BEQ END	; shouldn't be taken	0000 1010 0000 0000 0000 0000 0000 1100	0A00000C
24		SUBS R8, R3, R4	; R8 = 12 - 7 = 5	1110 000 0010 1 0011 1000 0000 0000 0100	E0538004
28		BGE AROUND	; should be taken	1010 1010 0000 0000 0000 0000 0000 0000	AA000000
2C		ADD R5, R0, #0	; should be skipped	1110 001 0100 0 0000 0101 0000 0000 0000	E2805000
30	AROUND	SUBS R8, R7, R2	; R8 = 3 - 5 = -2, set Flags	1110 000 0010 1 0111 1000 0000 0000 0010	E0578002
34		ADDLT R7, R5, #1	; R7 = 11 + 1 = 12	1011 001 0100 0 0101 0111 0000 0000 0001	B2857001
38		SUB R7, R7, R2	; R7 = 12 - 5 = 7	1110 000 0010 0 0111 0111 0000 0000 0010	E0477002
3C		STR R7, [R3, #84]	; mem[12+84] = 7	1110 010 1100 0 0011 0111 0000 0101 0100	E5837054
40		LDR R2, [R0, #96]	; R2 = mem[96] = 7	1110 010 1100 1 0000 0010 0000 0110 0000	E5902060
44		ADD R15, R15, R0	; PC = PC+8 (skips next)	1110 000 0100 0 1111 1111 0000 0000 0000	E08FF000
48		ADD R2, R0, #14	; shouldn't happen	1110 001 0100 0 0000 0010 0000 0000 1110	E280200E
4C		B END	; always taken	1110 1010 0000 0000 0000 0000 0000 0001	EA000001
50		ADD R2, R0, #13	; shouldn't happen	1110 001 0100 0 0000 0010 0000 0000 1101	E280200D
54		ADD R2, R0, #10	; shouldn't happen	1110 001 0100 0 0000 0010 0000 0000 1010	E280200A
58	END	STR R2, [R0, #100]	; mem[100] = 7	1110 010 1100 0 0000 0010 0000 0101 0100	E5802064

図7.60 テストプログラムのアセンブリコードと機械語

7.6.1 単一サイクルプロセッサ

HDL記述例7.1 単一サイクルプロセッサ

SystemVerilog

```systemverilog
module arm(input  logic clk, reset,
           output logic [31:0] PC,
           input  logic [31:0] Instr,
           output logic MemWrite,
           output logic [31:0] ALUResult, WriteData,
           input  logic [31:0] ReadData);

  logic [3:0] ALUFlags;
  logic       RegWrite,
              ALUSrc, MemtoReg, PCSrc;
  logic [1:0] RegSrc, ImmSrc, ALUControl;

  controller c(clk, reset, Instr[31:12], ALUFlags,
               RegSrc, RegWrite, ImmSrc,
               ALUSrc, ALUControl,
               MemWrite, MemtoReg, PCSrc);
  datapath dp(clk, reset,
              RegSrc, RegWrite, ImmSrc,
              ALUSrc, ALUControl,
              MemtoReg, PCSrc,
              ALUFlags, PC, Instr,
              ALUResult, WriteData, ReadData);
endmodule
```

VHDL

```vhdl
library IEEE; use IEEE.STD_LOGIC_1164.all;
entity arm is -- single cycle processor
  port(clk, reset: in STD_LOGIC;
       PC: out STD_LOGIC_VECTOR(31 downto 0);
       Instr: in STD_LOGIC_VECTOR(31 downto 0);
       MemWrite: out STD_LOGIC;
       ALUResult, WriteData: out STD_LOGIC_VECTOR(31 downto 0);
       ReadData: in STD_LOGIC_VECTOR(31 downto 0));
end;

architecture struct of arm is
  component controller
  port(clk, reset: in STD_LOGIC;
       Instr:      in  STD_LOGIC_VECTOR(31 downto 12);
       ALUFlags:   in  STD_LOGIC_VECTOR(3 downto 0);
       RegSrc:     out STD_LOGIC_VECTOR(1 downto 0);
       RegWrite:   out STD_LOGIC;
       ImmSrc:     out STD_LOGIC_VECTOR(1 downto 0);
       ALUSrc:     out STD_LOGIC;
       ALUControl: out STD_LOGIC_VECTOR(1 downto 0);
       MemWrite:   out STD_LOGIC;
       MemtoReg:   out STD_LOGIC;
       PCSrc:      out STD_LOGIC);
  end component;
  component datapath
    port(clk, reset: in          STD_LOGIC;
      RegSrc:        in          STD_LOGIC_VECTOR(1 downto 0);
      RegWrite:      in          STD_LOGIC;
      ImmSrc:        in          STD_LOGIC_VECTOR(1 downto 0);
      ALUSrc:        in          STD_LOGIC;
      ALUControl:    in          STD_LOGIC_VECTOR(1 downto 0);
      MemtoReg:      in          STD_LOGIC;
      PCSrc:         in          STD_LOGIC;
      ALUFlags:      out         STD_LOGIC_VECTOR(3 downto 0);
      PC:            buffer      STD_LOGIC_VECTOR(31 downto 0);
      Instr:         in          STD_LOGIC_VECTOR(31 downto 0);
      ALUResult, WriteData:buffer STD_LOGIC_VECTOR(31 downto 0);
      ReadData:      in          STD_LOGIC_VECTOR(31 downto 0));
    end component;
    signal RegWrite, ALUSrc, MemtoReg, PCSrc: STD_LOGIC;
    signal RegSrc, ImmSrc, ALUControl: STD_LOGIC_VECTOR
                                    (1 downto 0);
    signal ALUFlags: STD_LOGIC_VECTOR(3 downto 0);
begin
  cont: controller port map(clk, reset, Instr(31 downto 12),
                       ALUFlags, RegSrc, RegWrite,
                       ImmSrc, ALUSrc, ALUControl,
                       MemWrite, MemtoReg, PCSrc);
  dp: datapath port map(clk, reset, RegSrc, RegWrite, ImmSrc,
                   ALUSrc, ALUControl, MemtoReg, PCSrc,
                   ALUFlags, PC, Instr, ALUResult,
                   WriteData, ReadData);
end;
```

HDL記述例7.2 コントローラ

SystemVerilog

```
module controller(input  logic         clk, reset,
                  input  logic [31:12] Instr,
                  input  logic [3:0]   ALUFlags,
                  output logic [1:0]   RegSrc,
                  output logic         RegWrite,
                  output logic [1:0]   ImmSrc,
                  output logic         ALUSrc,
                  output logic [1:0]   ALUControl,
                  output logic         MemWrite, MemtoReg,
                  output logic         PCSrc);
  logic [1:0] FlagW;
  logic       PCS, RegW, MemW;

  decoder dec(Instr[27:26], Instr[25:20], Instr[15:12],
              FlagW, PCS, RegW, MemW,
              MemtoReg, ALUSrc, ImmSrc, RegSrc, ALUControl);
  condlogic cl(clk, reset, Instr[31:28], ALUFlags,
               FlagW, PCS, RegW, MemW,
               PCSrc, RegWrite, MemWrite);
endmodule
```

VHDL

```
library IEEE; use IEEE.STD_LOGIC_1164.all;
entity controller is -- single cycle control
  port(clk, reset:        in  STD_LOGIC;
       Instr:             in  STD_LOGIC_VECTOR(31 downto 12);
       ALUFlags:          in  STD_LOGIC_VECTOR(3 downto 0);
       RegSrc:            out STD_LOGIC_VECTOR(1 downto 0);
       RegWrite:          out STD_LOGIC;
       ImmSrc:            out STD_LOGIC_VECTOR(1 downto 0);
       ALUSrc:            out STD_LOGIC;
       ALUControl:        out STD_LOGIC_VECTOR(1 downto 0);
       MemWrite:          out STD_LOGIC;
       MemtoReg:          out STD_LOGIC;
       PCSrc:             out STD_LOGIC);
end;

architecture struct of controller is
  component decoder
    port(Op:              in  STD_LOGIC_VECTOR(1 downto 0);
         Funct:           in  STD_LOGIC_VECTOR(5 downto 0);
         Rd:              in  STD_LOGIC_VECTOR(3 downto 0);
         FlagW:           out STD_LOGIC_VECTOR(1 downto 0);
         PCS, RegW, MemW: out STD_LOGIC;
         MemtoReg, ALUSrc: out STD_LOGIC;
         ImmSrc, RegSrc:  out STD_LOGIC_VECTOR(1 downto 0);
         ALUControl:      out STD_LOGIC_VECTOR(1 downto 0));
  end component;
  component condlogic
    port(clk, reset:      in  STD_LOGIC;
         Cond:            in  STD_LOGIC_VECTOR(3 downto 0);
         ALUFlags:        in  STD_LOGIC_VECTOR(3 downto 0);
         FlagW:           in  STD_LOGIC_VECTOR(1 downto 0);
         PCS, RegW, MemW: in  STD_LOGIC;
         PCSrc, RegWrite: out STD_LOGIC;
         MemWrite:        out STD_LOGIC);
  end component;
  signal FlagW: STD_LOGIC_VECTOR(1 downto 0);
  signal PCS, RegW, MemW: STD_LOGIC;
begin
  dec: decoder port map(Instr(27 downto 26), Instr(25 downto 20),
                        Instr(15 downto 12), FlagW, PCS,
                        RegW, MemW, MemtoReg, ALUSrc, ImmSrc,
                        RegSrc, ALUControl);
  cl: condlogic port map(clk, reset, Instr(31 downto 28),
                         ALUFlags, FlagW, PCS, RegW, MemW,
                         PCSrc, RegWrite, MemWrite);
end;
```

HDL記述例7.3 デコーダ

| SystemVerilog | VHDL |

SystemVerilog

```systemverilog
module decoder(input  logic [1:0] Op,
               input  logic [5:0] Funct,
               input  logic [3:0] Rd,
               output logic [1:0] FlagW,
               output logic       PCS, RegW, MemW,
               output logic       MemtoReg, ALUSrc,
               output logic [1:0] ImmSrc, RegSrc, ALUControl);

  logic [9:0] controls;
  logic       Branch, ALUOp;

  // Main Decoder
  always_comb
    casex(Op)
                          // Data-processing immediate
      2'b00: if (Funct[5]) controls = 10'b0000101001;
                          // Data-processing register
             else         controls = 10'b0000001001;
                          // LDR
      2'b01: if (Funct[0]) controls = 10'b0001111000;
                          // STR
             else         controls = 10'b1001110100;
                          // B
      2'b10:              controls = 10'b0110100010;
                          // Unimplemented
      default: controls = 10'bx;
    endcase

  assign {RegSrc, ImmSrc, ALUSrc, MemtoReg,
    RegW, MemW, Branch, ALUOp} = controls;

  // ALU Decoder
  always_comb
  if (ALUOp) begin // which DP Instr?
    case(Funct[4:1])
      4'b0100: ALUControl = 2'b00;  // ADD
      4'b0010: ALUControl = 2'b01;  // SUB
      4'b0000: ALUControl = 2'b10;  // AND
      4'b1100: ALUControl = 2'b11;  // ORR
      default: ALUControl = 2'bx;   // unimplemented
    endcase

    // update flags if S bit is set (C & V only for arith)
    FlagW[1]     = Funct[0];
    FlagW[0]     = Funct[0] &
      (ALUControl == 2'b00 | ALUControl == 2'b01);
  end else begin
    ALUControl = 2'b00;  // add for non-DP instructions
    FlagW = 2'b00;       // don't update Flags
  end

  // PC Logic
  assign PCS = ((Rd == 4'b1111) & RegW) | Branch;
endmodule
```

VHDL

```vhdl
library IEEE; use IEEE.STD_LOGIC_1164.all;
entity decoder is -- main control decoder
  port(Op:                in  STD_LOGIC_VECTOR(1 downto 0);
       Funct:             in  STD_LOGIC_VECTOR(5 downto 0);
       Rd:                in  STD_LOGIC_VECTOR(3 downto 0);
       FlagW:             out STD_LOGIC_VECTOR(1 downto 0);
       PCS, RegW, MemW:   out STD_LOGIC;
       MemtoReg, ALUSrc:  out STD_LOGIC;
       ImmSrc, RegSrc:    out STD_LOGIC_VECTOR(1 downto 0);
       ALUControl:        out STD_LOGIC_VECTOR(1 downto 0));
end;
architecture behave of decoder is
  signal controls:       STD_LOGIC_VECTOR(9 downto 0);
  signal ALUOp, Branch:  STD_LOGIC;
  signal op2:            STD_LOGIC_VECTOR(3 downto 0);
begin
  op2 <= (Op, Funct(5), Funct(0));
  process(all) begin -- Main Decoder
    case? (op2) is
      when "000-" => controls <= "0000001001";
      when "001-" => controls <= "0000101001";
      when "01-0" => controls <= "1001110100";
      when "01-1" => controls <= "0001111000";
      when "10--" => controls <= "0110100010";
      when others => controls <= "----------";
    end case?;
  end process;

  (RegSrc, ImmSrc, ALUSrc, MemtoReg, RegW, MemW,
  Branch, ALUOp) <= controls;

  process(all) begin -- ALU Decoder
  if (ALUOp) then
    case Funct(4 downto 1) is
      when "0100" => ALUControl <= "00"; -- ADD
      when "0010" => ALUControl <= "01"; -- SUB
      when "0000" => ALUControl <= "10"; -- AND
      when "1100" => ALUControl <= "11"; -- ORR
      when others => ALUControl <= "--"; -- unimplemented
    end case;
    FlagW(1) <= Funct(0);
    FlagW(0) <= Funct(0) and (not ALUControl(1));
  else
    ALUControl <= "00";
    FlagW      <= "00";
  end if;
  end process;

  PCS <= ((and Rd) and RegW) or Branch;
end;
```

HDL記述例7.4　条件の論理回路

SystemVerilog

```systemverilog
module condlogic(input  logic        clk, reset,
                 input  logic [3:0]  Cond,
                 input  logic [3:0]  ALUFlags,
                 input  logic [1:0]  FlagW,
                 input  logic        PCS, RegW, MemW,
                 output logic        PCSrc, RegWrite,
                 MemWrite);

  logic [1:0] FlagWrite;
  logic [3:0] Flags;
  logic CondEx;

  flopenr #(2)flagreg1(clk, reset, FlagWrite[1],
                       ALUFlags[3:2], Flags[3:2]);
  flopenr #(2)flagreg0(clk, reset, FlagWrite[0],
                       ALUFlags[1:0], Flags[1:0]);

  // write controls are conditional
  condcheck cc(Cond, Flags, CondEx);
  assign FlagWrite = FlagW & {2{CondEx}};
  assign RegWrite  = RegW  & CondEx;
  assign MemWrite  = MemW  & CondEx;
  assign PCSrc     = PCS   & CondEx;
endmodule

module condcheck(input  logic [3:0]  Cond,
                 input  logic [3:0]  Flags,
                 output logic        CondEx);

  logic neg, zero, carry, overflow, ge;

  assign {neg, zero, carry, overflow} = Flags;
  assign ge = (neg == overflow);

  always_comb
    case(Cond)
      4'b0000: CondEx = zero;            // EQ
      4'b0001: CondEx = ~zero;           // NE
      4'b0010: CondEx = carry;           // CS
      4'b0011: CondEx = ~carry;          // CC
      4'b0100: CondEx = neg;             // MI
      4'b0101: CondEx = ~neg;            // PL
      4'b0110: CondEx = overflow;        // VS
      4'b0111: CondEx = ~overflow;       // VC
      4'b1000: CondEx = carry & ~zero;   // HI
      4'b1001: CondEx = ~(carry & ~zero); // LS
      4'b1010: CondEx = ge;              // GE
      4'b1011: CondEx = ~ge;             // LT
      4'b1100: CondEx = ~zero & ge;      // GT
      4'b1101: CondEx = ~(~zero & ge);   // LE
      4'b1110: CondEx = 1'b1;            // Always
      default: CondEx = 1'bx;            // undefined
    endcase
endmodule
```

VHDL

```vhdl
library IEEE; use IEEE.STD_LOGIC_1164.all;
entity condlogic is -- Conditional logic
  port(clk, reset:      in  STD_LOGIC;
       Cond:            in  STD_LOGIC_VECTOR(3 downto 0);
       ALUFlags:        in  STD_LOGIC_VECTOR(3 downto 0);
       FlagW:           in  STD_LOGIC_VECTOR(1 downto 0);
       PCS, RegW, MemW: in  STD_LOGIC;
       PCSrc, RegWrite: out STD_LOGIC;
       MemWrite:        out STD_LOGIC);
end;

architecture behave of condlogic is
  component condcheck
  port(Cond:   in  STD_LOGIC_VECTOR(3 downto 0);
       Flags:  in  STD_LOGIC_VECTOR(3 downto 0);
       CondEx: out STD_LOGIC);
  end component;
  component flopenr generic(width: integer);
  port(clk, reset, en: in STD_LOGIC;
       d:   in  STD_LOGIC_VECTOR (width-1 downto 0);
       q:   out STD_LOGIC_VECTOR (width-1 downto 0));
  end component;
  signal FlagWrite: STD_LOGIC_VECTOR(1 downto 0);
  signal Flags:     STD_LOGIC_VECTOR(3 downto 0);
  signal CondEx:    STD_LOGIC;
begin
  flagreg1: flopenr generic map(2)
    port map(clk, reset, FlagWrite(1),
             ALUFlags(3 downto 2), Flags(3 downto 2));
  flagreg0: flopenr generic map(2)
    port map(clk, reset, FlagWrite(0),
             ALUFlags(1 downto 0), Flags(1 downto 0));
  cc: condcheck port map(Cond, Flags, CondEx);

  FlagWrite <= FlagW and (CondEx, CondEx);
  RegWrite  <= RegW  and CondEx;
  MemWrite  <= MemW  and CondEx;
  PCSrc     <= PCS   and CondEx;
end;

library IEEE; use IEEE.STD_LOGIC_1164.all;
entity condcheck is
  port(Cond:   in  STD_LOGIC_VECTOR(3 downto 0);
       Flags:  in  STD_LOGIC_VECTOR(3 downto 0);
       CondEx: out STD_LOGIC);
end;

architecture behave of condcheck is
  signal neg, zero, carry, overflow, ge: STD_LOGIC;
begin
  (neg, zero, carry, overflow) <= Flags;
  ge <= (neg xnor overflow);

  process(all) begin -- Condition checking
    case Cond is
      when "0000" => CondEx <= zero;
      when "0001" => CondEx <= not zero;
      when "0010" => CondEx <= carry;
      when "0011" => CondEx <= not carry;
      when "0100" => CondEx <= neg;
      when "0101" => CondEx <= not neg;
      when "0110" => CondEx <= overflow;
      when "0111" => CondEx <= not overflow;
      when "1000" => CondEx <= carry and (not zero);
      when "1001" => CondEx <= not(carry and (not zero));
      when "1010" => CondEx <= ge;
      when "1011" => CondEx <= not ge;
      when "1100" => CondEx <= (not zero) and ge;
      when "1101" => CondEx <= not ((not zero) and ge);
      when "1110" => CondEx <= '1';
      when others => CondEx <= '-';
    end case;
  end process;
end;
```

HDL記述例7.5 データパス

SystemVerilog

```systemverilog
module datapath(input  logic        clk, reset,
                input  logic [1:0]  RegSrc,
                input  logic        RegWrite,
                input  logic [1:0]  ImmSrc,
                input  logic        ALUSrc,
                input  logic [1:0]  ALUControl,
                input  logic        MemtoReg,
                input  logic        PCSrc,
                output logic [3:0]  ALUFlags,
                output logic [31:0] PC,
                input  logic [31:0] Instr,
                output logic [31:0] ALUResult, WriteData,
                input  logic [31:0] ReadData);

  logic [31:0] PCNext, PCPlus4, PCPlus8;
  logic [31:0] ExtImm, SrcA, SrcB, Result;
  logic [3:0]  RA1, RA2;

  // next PC logic
  mux2 #(32) pcmux(PCPlus4, Result, PCSrc, PCNext);
  flopr #(32) pcreg(clk, reset, PCNext, PC);
  adder #(32) pcadd1(PC, 32'b100, PCPlus4);
  adder #(32) pcadd2(PCPlus4, 32'b100, PCPlus8);

  // register file logic
  mux2 #(4)  ra1mux(Instr[19:16], 4'b1111, RegSrc[0], RA1);
  mux2 #(4)  ra2mux(Instr[3:0], Instr[15:12], RegSrc[1], RA2);
  regfile    rf(clk, RegWrite, RA1, RA2,
               Instr[15:12], Result, PCPlus8,
               SrcA, WriteData);
  mux2 #(32) resmux(ALUResult, ReadData, MemtoReg, Result);
  extend     ext(Instr[23:0], ImmSrc, ExtImm);

  // ALU logic
  mux2 #(32) srcbmux(WriteData, ExtImm, ALUSrc, SrcB);
  alu        alu(SrcA, SrcB, ALUControl, ALUResult, ALUFlags);
endmodule
```

VHDL

```vhdl
library IEEE; use IEEE.STD_LOGIC_1164.all;
entity datapath is
  port(clk, reset:        in     STD_LOGIC;
       RegSrc:            in     STD_LOGIC_VECTOR(1 downto 0);
       RegWrite:          in     STD_LOGIC;
       ImmSrc:            in     STD_LOGIC_VECTOR(1 downto 0);
       ALUSrc:            in     STD_LOGIC;
       ALUControl:        in     STD_LOGIC_VECTOR(1 downto 0);
       MemtoReg:          in     STD_LOGIC;
       PCSrc:             in     STD_LOGIC;
       ALUFlags:          out    STD_LOGIC_VECTOR(3 downto 0);
       PC:                buffer STD_LOGIC_VECTOR(31 downto 0);
       Instr:             in     STD_LOGIC_VECTOR(31 downto 0);
       ALUResult, WriteData:buffer STD_LOGIC_VECTOR(31 downto 0);
       ReadData:          in     STD_LOGIC_VECTOR(31 downto 0));
end;

architecture struct of datapath is
  component alu
    port(a, b:       in     STD_LOGIC_VECTOR(31 downto 0);
         ALUControl: in     STD_LOGIC_VECTOR(1 downto 0);
         Result:     buffer STD_LOGIC_VECTOR(31 downto 0);
         ALUFlags:   out    STD_LOGIC_VECTOR(3 downto 0));
  end component;
  component regfile
    port(clk:           in STD_LOGIC;
         we3:           in STD_LOGIC;
         ra1, ra2, w:   in STD_LOGIC_VECTOR(3 downto 0);
         wd3, r15:      in STD_LOGIC_VECTOR(31 downto 0);
         rd1, rd2:      out STD_LOGIC_VECTOR(31 downto 0));
  end component;
  component adder
    port(a, b: in STD_LOGIC_VECTOR(31 downto 0);
         y:    out STD_LOGIC_VECTOR(31 downto 0));
  end component;
  component extend
    port(Instr:  in STD_LOGIC_VECTOR(23 downto 0);
         ImmSrc: in STD_LOGIC_VECTOR(1 downto 0);
         ExtImm: out STD_LOGIC_VECTOR(31 downto 0));
  end component;
  component flopr generic(width: integer);
    port(clk, reset: in STD_LOGIC;
         d:          in STD_LOGIC_VECTOR(width-1 downto 0);
         q:          out STD_LOGIC_VECTOR(width-1 downto 0));
  end component;
  component mux2 generic(width: integer);
    port(d0, d1: in STD_LOGIC_VECTOR(width-1 downto 0);
         s:      in STD_LOGIC;
         y:      out STD_LOGIC_VECTOR(width-1 downto 0));
  end component;
  signal PCNext, PCPlus4,
         PCPlus8:       STD_LOGIC_VECTOR(31 downto 0);
  signal ExtImm, Result: STD_LOGIC_VECTOR(31 downto 0);
  signal SrcA, SrcB:    STD_LOGIC_VECTOR(31 downto 0);
  signal RA1, RA2:      STD_LOGIC_VECTOR(3 downto 0);
begin
  -- next PC logic
  pcmux: mux2 generic map(32)
    port map(PCPlus4, Result, PCSrc, PCNext);
  pcreg: flopr generic map(32) port map(clk, reset, PCNext, PC);
  pcadd1: adder port map(PC, X"00000004", PCPlus4);
  pcadd2: adder port map(PCPlus4, X"00000004", PCPlus8);

  -- register file logic
  ra1mux: mux2 generic map (4)
```

```
        port map(Instr(19 downto 16), "1111", RegSrc(0), RA1);
ra2mux: mux2 generic map (4) port map(Instr(3 downto 0),
                          Instr(15 downto 12), RegSrc(1), RA2);
rf: regfile port map(clk, RegWrite, RA1, RA2,
                     Instr(15 downto 12), Result,
                     PCPlus8, SrcA, WriteData);
resmux: mux2 generic map(32)
   port map(ALUResult, ReadData, MemtoReg, Result);
ext: extend port map(Instr(23 downto 0), ImmSrc, ExtImm);

-- ALU logic
srcbmux: mux2 generic map(32)
   port map(WriteData, ExtImm, ALUSrc, SrcB);
i_alu: alu port map(SrcA, SrcB, ALUControl, ALUResult,
                    ALUFlags);
end;
```

7.6.2 汎用ビルディングブロック

HDL記述例7.6 レジスタファイル

SystemVerilog

```systemverilog
module regfile(input  logic clk,
               input  logic we3,
               input  logic [3:0] ra1, ra2, wa3,
               input  logic [31:0] wd3, r15,
               output logic [31:0] rd1, rd2);

   logic [31:0] rf[14:0];

   // three ported register file
   // read two ports combinationally
   // write third port on rising edge of clock
   // register 15 reads PC + 8 instead

   always_ff @(posedge clk)
     if (we3) rf[wa3] <= wd3;

   assign rd1 = (ra1 == 4'b1111) ? r15 : rf[ra1];
   assign rd2 = (ra2 == 4'b1111) ? r15 : rf[ra2];
endmodule
```

VHDL

```vhdl
library IEEE; use IEEE.STD_LOGIC_1164.all;
use IEEE.NUMERIC_STD_UNSIGNED.all;
entity regfile is -- three-port register file
  port(clk:           in  STD_LOGIC;
       we3:           in  STD_LOGIC;
       ra1, ra2, wa3: in  STD_LOGIC_VECTOR(3 downto 0);
       wd3, r15:      in  STD_LOGIC_VECTOR(31 downto 0);
       rd1, rd2:      out STD_LOGIC_VECTOR(31 downto 0));
end;

architecture behave of regfile is
  type ramtype is array (31 downto 0) of
    STD_LOGIC_VECTOR(31 downto 0);
  signal mem: ramtype;
begin
  process(clk) begin
  if rising_edge(clk) then
    if we3 = '1' then mem(to_integer(wa3)) <= wd3;
    end if;
  end if;
  end process;
  process(all) begin
    if (to_integer(ra1) = 15) then rd1 <= r15;
    else rd1 <= mem(to_integer(ra1));
    end if;
    if (to_integer(ra2) = 15) then rd2 <= r15;
    else rd2 <= mem(to_integer(ra2));
    end if;
  end process;
end;
```

HDL記述例7.7 加算器

SystemVerilog

```
module adder #(parameter WIDTH = 8)
              (input  logic [WIDTH-1:0] a, b,
               output logic [WIDTH-1:0] y);
  assign y = a + b;
endmodule
```

VHDL

```
library IEEE; use IEEE.STD_LOGIC_1164.all;
use IEEE.NUMERIC_STD_UNSIGNED.all;
entity adder is -- adder
  port(a, b: in  STD_LOGIC_VECTOR(31 downto 0);
       y:   out STD_LOGIC_VECTOR(31 downto 0));
end;

architecture behave of adder is
begin
  y <= a + b;
end;
```

HDL記述例7.8 直値の拡張

SystemVerilog

```
module extend(input  logic [23:0] Instr,
              input  logic [1:0]  ImmSrc,
              output logic [31:0] ExtImm);

  always_comb
    case(ImmSrc)
              // 8-bit unsigned immediate
      2'b00: ExtImm = {24'b0, Instr[7:0]};
              // 12-bit unsigned immediate
      2'b01: ExtImm = {20'b0, Instr[11:0]};
              // 24-bit two's complement shifted branch
      2'b10: ExtImm = {{6{Instr[23]}}, Instr[23:0], 2'b00};
      default: ExtImm = 32'bx; // undefined
    endcase
endmodule
```

VHDL

```
library IEEE; use IEEE.STD_LOGIC_1164.all;
entity extend is
  port(Instr:  in  STD_LOGIC_VECTOR(23 downto 0);
       ImmSrc: in  STD_LOGIC_VECTOR(1 downto 0);
       ExtImm: out STD_LOGIC_VECTOR(31 downto 0));
end;

architecture behave of extend is
begin
  process(all) begin
    case ImmSrc is
      when "00" => ExtImm <= (X"000000", Instr(7 downto 0));
      when "01" => ExtImm <= (X"00000", Instr(11 downto 0));
      when "10" => ExtImm <= (Instr(23), Instr(23),
                             Instr(23), Instr(23),
                             Instr(23), Instr(23),
                             Instr(23 downto 0), "00");
      when others => ExtImm <= X"--------";
    end case;
  end process;
end;
```

HDL記述例7.9 リセット付きフリップフロップ

SystemVerilog

```
module flopr #(parameter WIDTH = 8)
              (input logic clk, reset,
               input logic [WIDTH-1:0] d,
               output logic [WIDTH-1:0] q);

  always_ff @(posedge clk, posedge reset)
    if (reset) q <= 0;
    else q <= d;
endmodule
```

VHDL

```
library IEEE; use IEEE.STD_LOGIC_1164.all;
entity flopr is -- flip-flop with synchronous reset
  generic(width: integer);
  port(clk, reset: in  STD_LOGIC;
       d:          in  STD_LOGIC_VECTOR(width-1 downto 0);
       q:          out STD_LOGIC_VECTOR(width-1 downto 0));
end;

architecture asynchronous of flopr is
begin
  process(clk, reset) begin
    if reset then q <= (others => '0');
    elsif rising_edge(clk) then
      q <= d;
    end if;
  end process;
end;
```

HDL記述例7.10　リセット、イネーブル付きフリップフロップ

SystemVerilog	VHDL
| ```
module flopenr #(parameter WIDTH = 8)
              (input  logic           clk, reset, en,
               input  logic [WIDTH-1:0] d,
               output logic [WIDTH-1:0] q);

  always_ff @(posedge clk, posedge reset)
    if (reset)   q <= 0;
    else if (en) q <= d;
endmodule
``` | ```
library IEEE; use IEEE.STD_LOGIC_1164.all;
entity flopenr is -- flip-flop with enable and synchronous reset
  generic(width: integer);
  port(clk, reset, en: in  STD_LOGIC;
       d:              in  STD_LOGIC_VECTOR(width-1 downto 0);
       q:              out STD_LOGIC_VECTOR(width-1 downto 0));
end;

architecture asynchronous of flopenr is
begin
  process(clk, reset) begin
    if reset then q <= (others => '0');
    elsif rising_edge(clk) then
      if en then
        q <= d;
      end if;
    end if;
  end process;
end;
``` |

HDL記述例7.11　2:1マルチプレクサ

SystemVerilog	VHDL
| ```
module mux2 #(parameter WIDTH = 8)
             (input logic [WIDTH-1:0] d0, d1,
              input logic s,
              output logic [WIDTH-1:0] y);

  assign y = s ? d1 : d0;
endmodule
``` | ```
library IEEE; use IEEE.STD_LOGIC_1164.all;
entity mux2 is -- two-input multiplexer
  generic(width: integer);
  port(d0, d1: in STD_LOGIC_VECTOR(width-1 downto 0);
       s: in STD_LOGIC;
       y: out STD_LOGIC_VECTOR(width-1 downto 0));
  end;

architecture behave of mux2 is
begin
  y <= d1 when s else d0;
end;
``` |

7.6.3 テストベンチ

HDL記述例7.12 テストベンチ

SystemVerilog

```systemverilog
module testbench();
  logic        clk;
  logic        reset;
  logic [31:0] WriteData, DataAdr;
  logic        MemWrite;

  // instantiate device to be tested
  top dut(clk, reset, WriteData, DataAdr, MemWrite);

  // initialize test
  initial
  begin
    reset <= 1; # 22; reset <= 0;
  end

  // generate clock to sequence tests
  always
  begin
    clk <= 1; # 5; clk <= 0; # 5;
  end

  // check that 7 gets written to address 0x64
  // at end of program
  always @(negedge clk)
  begin
    if(MemWrite) begin
      if(DataAdr === 100 & WriteData === 7) begin
        $display("Simulation succeeded");
        $stop;
      end else if (DataAdr !== 96) begin
        $display("Simulation failed");
        $stop;
      end
    end
  end
endmodule
```

VHDL

```vhdl
library IEEE;
use IEEE.STD_LOGIC_1164.all; use IEEE.NUMERIC_STD_UNSIGNED.all;
entity testbench is
end;

architecture test of testbench is
  component top
    port(clk, reset:          in  STD_LOGIC;
         WriteData, DataAadr: out STD_LOGIC_VECTOR(31 downto 0);
         MemWrite:            out STD_LOGIC);
  end component;
  signal WriteData, DataAdr:   STD_LOGIC_VECTOR(31 downto 0);
  signal clk, reset, MemWrite: STD_LOGIC;
begin
  -- instantiate device to be tested
  dut: top port map(clk, reset, WriteData, DataAdr, MemWrite);

  -- generate clock with 10 ns period
  process begin
    clk <= '1';
    wait for 5 ns;
    clk <= '0';
    wait for 5 ns;
  end process;

  -- generate reset for first two clock cycles
  process begin
    reset <= '1';
    wait for 22 ns;
    reset <= '0';
    wait;
  end process;

  -- check that 7 gets written to address 0x64
  -- at end of program
  process (clk) begin
    if (clk'event and clk = '0' and MemWrite = '1') then
      if (to_integer(DataAdr) = 100 and
          to_integer(WriteData) = 7) then
        report "NO ERRORS: Simulation succeeded" severity
          failure;
      elsif (DataAdr /= 96) then
        report "Simulation failed" severity failure;
      end if;
    end if;
  end process;
end;
```

HDL記述例7.13 トップレベルモジュール

SystemVerilog

```systemverilog
module top(input  logic        clk, reset,
           output logic [31:0] WriteData, DataAdr,
           output logic        MemWrite);
  logic [31:0]                 PC, Instr, ReadData;

  // instantiate processor and memories
  arm arm(clk, reset, PC, Instr, MemWrite, DataAdr,
          WriteData, ReadData);
  imem imem(PC, Instr);
  dmem dmem(clk, MemWrite, DataAdr, WriteData, ReadData);
endmodule
```

VHDL

```vhdl
library IEEE;
use IEEE.STD_LOGIC_1164.all; use IEEE.NUMERIC_STD_UNSIGNED.all;
entity top is -- top-level design for testing
  port(clk, reset:          in     STD_LOGIC;
       WriteData, DataAdr: buffer STD_LOGIC_VECTOR(31 downto 0);
       MemWrite:           buffer STD_LOGIC);
end;

architecture test of top is
  component arm
    port(clk, reset:           in  STD_LOGIC;
         PC:                    out STD_LOGIC_VECTOR(31 downto 0);
         Instr:                 in  STD_LOGIC_VECTOR(31 downto 0);
         MemWrite:              out STD_LOGIC;
         ALUResult, WriteData: out STD_LOGIC_VECTOR(31 downto 0);
         ReadData:              in  STD_LOGIC_VECTOR(31 downto 0));
  end component;
  component imem
  port(a:  in  STD_LOGIC_VECTOR(31 downto 0);
       rd: out STD_LOGIC_VECTOR(31 downto 0));
  end component;
  component dmem
  port(clk, we: in  STD_LOGIC;
       a, wd:   in  STD_LOGIC_VECTOR(31 downto 0);
       rd:      out STD_LOGIC_VECTOR(31 downto 0));
  end component;
  signal PC, Instr,
         ReadData: STD_LOGIC_VECTOR(31 downto 0);
begin
  -- instantiate processor and memories
  i_arm: arm port map(clk, reset, PC, Instr, MemWrite, DataAdr,
                      WriteData, ReadData);
  i_imem: imem port map(PC, Instr);
  i_dmem: dmem port map(clk, MemWrite, DataAdr,
                        WriteData, ReadData);
end;
```

HDL記述例7.14　データメモリ

SystemVerilog

```
module dmem(input logic clk, we,
            input logic [31:0] a, wd,
            output logic [31:0] rd);

  logic [31:0] RAM[63:0];

  assign rd = RAM[a[31:2]]; // word aligned

  always_ff @(posedge clk)
    if (we) RAM[a[31:2]] <= wd;
endmodule
```

VHDL

```
library IEEE;
use IEEE.STD_LOGIC_1164.all; use STD.TEXTIO.all;
use IEEE.NUMERIC_STD_UNSIGNED.all;
entity dmem is -- data memory
  port(clk, we: in  STD_LOGIC;
       a, wd:   in  STD_LOGIC_VECTOR(31 downto 0);
       rd:      out STD_LOGIC_VECTOR(31 downto 0));
end;

architecture behave of dmem is
begin
  process is
    type ramtype is array (63 downto 0) of
                    STD_LOGIC_VECTOR(31 downto 0);
    variable mem: ramtype;
  begin -- read or write memory
    loop
      if clk'event and clk = '1' then
        if (we = '1') then
          mem(to_integer(a(7 downto 2))) := wd;
        end if;
      end if;
      rd <= mem(to_integer(a(7 downto 2)));
      wait on clk, a;
    end loop;
  end process;
end;
```

HDL記述例7.15 命令メモリ

SystemVerilog

```systemverilog
module imem(input  logic [31:0] a,
            output logic [31:0] rd);

  logic [31:0] RAM[63:0];

  initial
    $readmemh("memfile.dat",RAM);

  assign rd = RAM[a[31:2]]; // word aligned
endmodule
```

VHDL

```vhdl
library IEEE;
use IEEE.STD_LOGIC_1164.all; use STD.TEXTIO.all;
use IEEE.NUMERIC_STD_UNSIGNED.all;
entity imem is -- instruction memory
  port(a:  in  STD_LOGIC_VECTOR(31 downto 0);
       rd: out STD_LOGIC_VECTOR(31 downto 0));
end;
architecture behave of imem is -- instruction memory
begin
  process is
    file mem_file: TEXT;
    variable L: line;
    variable ch: character;
    variable i, index, result: integer;
    type ramtype is array (63 downto 0) of
                    STD_LOGIC_VECTOR(31 downto 0);
    variable mem: ramtype;
  begin
    -- initialize memory from file
    for i in 0 to 63 loop -- set all contents low
      mem(i) := (others => '0');
    end loop;
    index := 0;
    FILE_OPEN(mem_file, "memfile.dat", READ_MODE);
    while not endfile(mem_file) loop
      readline(mem_file, L);
      result := 0;
      for i in 1 to 8 loop
        read(L, ch);
        if '0' <= ch and ch <= '9' then
          result := character'pos(ch) - character'pos('0');
        elsif 'a' <= ch and ch <= 'f' then
          result :=character'pos(ch) - character'pos('a') + 10;
        elsif 'A' <= ch and ch <= 'F' then
          result :=character'pos(ch) - character'pos('A') + 10;
        else report "Formaterror on line " & integer'image(index)
          severity error;
        end if;
        mem(index)(35-i*4 downto 32-i*4) :=
          to_std_logic_vector(result,4);
      end loop;
      index := index + 1;
    end loop;

    -- read memory
    loop
      rd <= mem(to_integer(a(7 downto 2)));
      wait on a;
    end loop;
  end process;
end;
```

7.7 進んだマイクロアーキテクチャ*

　高性能マイクロプロセッサは、プログラムを高速に走らせるために様々なテクニックを使っている。プログラムを走らせるのに必要な時間は、クロックの周期と命令当たりのクロックサイクル数（CPI）に比例することを思い出そう。すなわち性能を向上させるためには、クロックをスピードアップするかCPIを減らしたい。この節では実際のスピードアップ手法について調査する。実装の詳細は極めて複雑なので、我々は概念に集中する。もし詳しく理解しようと思ったら、Hennessy & Patterson: *Computer Architecture: A Quantitative Approach*は参考文献の決定版である。

　半導体製造技術は着実にトランジスタサイズを減らしてきた。小さなトランジスタは速く、通常、消費電力も小さい。すなわち、マイクロアーキテクチャが変化しなくてもゲートが速くなるのでクロック周波数が増加する。しかも小さなトランジスタは、1つのチップ上に数多く載せることができる。マイクロアーキテクチャ設計者は、増えたトランジスタを使って、より複雑なプロセッサ、より多くのプロセッサを1つのチップに載せることができる。

　不幸なことに、電力はトランジスタの数が増え、動作速度が上がると増えてしまう（1.8節参照）。電力消費は現在、重要な考慮事項である。マイクロプロセッサ設計者は、チップの速度、電力、コストのトレードオフを考えなければならない。それは何十億というトランジスタを使い、かつて人類が構築した最も複雑なシステムのうちの1つであることから、とても挑戦的な課題となっている。

> 1990年代後半から2000年代前半、マイクロプロセッサはクロック周波数（$1/T_c$）でセールスされた。これによりマイクロプロセッサは、クロック周波数を最大化するため、たとえ全体の性能に対する効果が疑問であっても、非常に深いパイプライン（Pentium 4では20〜31ステージ）を用いるようになった。電力はクロック周波数に比例し、パイプラインレジスタの数によっても増加する。現在は、電力に対する配慮が重要になり、パイプラインの深さは減る傾向にある。

7.7.1 深いパイプライン

　製造技術の高度化に伴い、クロックをスピードアップするもっとも簡単な方法はパイプラインをより多くのステージに分割することである。それぞれのステージの論理回路は減るので、速く走ることができる。この節では古典的な5段パイプラインを取り扱うが、現在は10〜20段構成が普通に用いられている。

　パイプラインステージの最大数は、パイプラインハザード、シーケンシングオーバーヘッド、コストによって制限される。長いパイプラインは、より多くの依存関係を招く。ある程度の依存関係はフォワーディングで解決できるが、ストールを要求するものもあり、これはCPIを増加させてしまう。各ステージの間のパイプラインレジスタは、セットアップ時間と、*clk*からQまでの遅延（クロックスキューも含め）などのシーケンシングオーバーヘッドをもたらす。このシーケンシングオーバーヘッドにより、パイプラインステージを増やすことによる効果は、数が増えるほど小さくなる。最後に、ステージを増やすと、その分パイプラインレジスタとハザードを取り扱うハードウェアが必要で、コストが増える。

例題7.9

　パイプラインプロセッサを、単一サイクルプロセッサをNステージに切ることで設計しよう。単一サイクルプロセッサは組み合わせ回路の論理回路により740 psの遅延時間がある。レジスタのシーケンシングオーバーヘッドは90 psである。組み合わせ回路の遅延がどのようなステージ数でも自由に分割でき、パイプラインハザード用論理回路が遅延を増加させないとする。例7.7の5段パイプラインのCPIは1.23である。分岐の予測ミスと他のパイプラインハザードにより、ステージを付け加えると、1つにつきCPIが0.1増加する。プロセッサがプログラムをできるだけ速く実行するためには、パイプラインステージ数をどのようにすれば良いか。

解法: Nステージのパイプラインのサイクル時間は、$T_c = 740/N + 90$となる。CPIは$1.23 + 0.1(N - 5)$となる。命令ごとの時間あるいは命令実行時間は、サイクル時間とCPIの積である。図7.61はステージ数に対するサイクル時間と命令実行時間を示す。命令実行時間は、$N = 8$で最小の279 psになる。この最小時間は5段パイプラインで達成した命令実行時間である293 psよりも若干良くなっている。

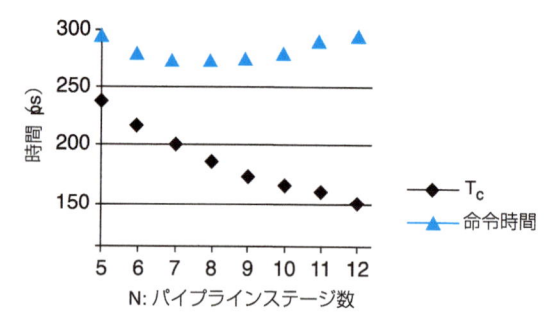

図7.61 パイプラインステージ数に対するサイクル時間と命令時間

7.7.2 マイクロ命令

　我々の設計方針「規則性は単純性に通じる」「共通のケースを高速にせよ」を思い出そう。

　MIPSなどの純粋なRISC（縮小命令セットコンピュータ）アーキテクチャは、単純な命令しかもっていない。これらは、3ポートレジスタファイル、単一のALU、単一のデータメモリアクセスなど、この章で作ってきた単純で高速なデータパスで実行することができる。CISC（複雑な命令セットのコンピュータ）アーキテクチャは通常もっと多くのレジスタ、多くの加算、1回以上のメモリアクセスを必要とする命令を持っている。例えばx86命令のADD [ESP], [EDX + 80 + EDI*2]は、3つのレジスタを読み、ベース、ディスプレースメント、スケール化インデックスを加算し、2つのメモリ読み出しを行い、これらの値を加算して、結果をメモリに書き戻す。これらの機能のすべてを一度に実行するマイクロプロセッサでは、もっと普通で単純な命令が不必要に遅くなってしまうだろう。

　コンピュータアーキテクトは、単純なデータパスで実行可能な単純な**マイクロ命令**（**micro-ops**または**μ ops**とも呼ばれ

る）のセットを定義することで、共通の場合を高速化している。例えば、我々がARM基本命令に近いµopsを定義し、仮のレジスタT1、T2を、中間結果の格納のために用意すると、このx86命令は7つのµopsになる。

```
ADD T1, [EDX + 80] ; T1 <- EDX + 80
LSL T2, EDI, 2     ; T2 <- EDI*2
ADD T1, T2, T2     ; T1 <- EDX + 80 + EDI*2
LDR T1, [T1]       ; T1 <- MEM[EDX + 80 + EDI*2]
LDR T2, [ESP]      ; T2 <- MEM[ESP]
ADD T1, T2, T1     ; T1 <- MEM[ESP]
                   ;        + MEM[EDX + 80 + EDI*2]
STR T1, [ESP]      ; MEM[ESP] <- MEM[ESP] +
                   ;              MEM[EDX + 80 + EDI*2]
```

多くのARM命令は単純だが、いくつかの命令は、同様に複数のmicro-opsに分解することができる。例えばポストインデックスアドレス付きのロード（LDR R1, [R2], #4）はレジスタファイルの2つ目の書き込みポートを使う。レジスタシフト付きレジスタアドレッシング（ORR R3, R4, R3, LSL R6）は、レジスタファイルの3つ目の読み出しポートを必要とする。

大きな5ポートレジスタファイルを使う代わりに、ARMデータパスはこのような複雑な命令を単純な命令の組み合わせにデコードすることができる。

Complex Op	Micro-opのシーケンス
LDR R1, [R2], #4	LDR R1, [R2]
	ADD R2, R2, #4
ORR R3, R4, R5 LSL R6	LSL T1, R5, R6
	ORR R3, R4, T1

プログラマはこの単純な命令を直接書いてプログラムを高速に走らせることができるかもしれないが、単一の複雑な命令は、単純な命令のペアよりもメモリ消費が少ない。命令を外部メモリから読み出すことは大きな消費電力を要するので、複雑な命令は電力を削減することもできる。ARM命令セットが非常な成功を収めた理由の一部は、MIPSなどの純粋なRISC命令セットと比べて、コード密度を改善することができ、x86などのCISC命令セットに比べて効率的にデコードが可能というアーキテクトの選択によるものであろう。

> マイクロアーキテクトは、ハードウェアで複雑な命令を直接実装するか、Micro-opのシーケンスに分割するかを判断する。これはこの節の後の方に示す他のオプションと同じような判断になる。これらの選択により、性能 電力 コストのデザインスペースの違った点に導かれることになる。

7.7.3 分岐予測

理想のパイプラインプロセッサのCPIは1.0になる。分岐予測ミスペナルティは、CPIを増やす主な要因になる。すなわち、分岐予測ミスペナルティは、予測ミスした分岐命令の後のすべての命令をフラッシュしなければならないので大きなものになる。この問題に対処するため、多くのパイプラインプロセッサはどの分岐が成立するかを推定する**分岐予測回路**を使っている。7.5.3節のパイプラインは単純に分岐が不成立と予測していることを思い出そう。

分岐の中には、プログラムがループの最後に到着し、後方に分岐してループを繰り返す（例えばforループやwhileループ）ものがある。ループは多くの回数実行される傾向にあるので、これらの後方分岐は通常成立する。最も単純な分岐予測では分岐の方向を見て、後方分岐は成立と予測する。これは、プログラムの履歴に依存しないことから、**静的分岐予測**と呼ばれる。

前方分岐は、特定のプログラムについてもっと知識がないと予測することが難しい。このため、多くのプロセッサは**動的分岐予測回路**を持っている。これは分岐が成立するかどうかを推測するためにプログラムの履歴を使う。動的分岐予測回路は、プロセッサが最近実行した数百（数千）分岐命令の表を持っている。この表は**分岐先（ブランチターゲット）**バッファと呼ばれ、分岐の飛び先とその分岐が成立したかどうかの履歴を持つ。

動的分岐予測回路を見ていくために、以下のコード例6.17のループを考えよう。ループは10回繰り返し、ループから出るためのBGEは最後の反復時にのみ成立する。

```
    MOV R1, #0
    MOV R0, #0
FOR
    CMP R0, #10
    BGE DONE
    ADD R1, R1, R0
    ADD R0, R0, #1
    B   FOR
DONE
```

1ビット動的分岐予測回路は、分岐が最後に成立したかどうかを覚えておき、次回も同じことが起こるであろうと予測する。これは最後の分岐が成立して分岐の外に飛び出るまでは正しい。

残念なことに、ループがもう一度実行されると、分岐予測回路は最後の分岐が成立したことを覚えている。このため、これはもう一度ループが走ったときの一回目に、分岐が成立するだろうという誤った予測を行う。まとめると、1ビット分岐予測回路はループの最初と最後で予測ミスをする。

2ビット動的分岐予測回路は、この問題を次ページ図7.62に示すように4つの状態：「強く成立」「弱く成立」「弱く不成立」「強く不成立」を持たせることでこの問題を解決する。ループが繰り返しているときは、強く不成立状態に入っていて、分岐は次回不成立だろうと予測する。これはループの最後の分岐までは正しい。最後の分岐は成立し、予測器は「弱く不成立」の状態に遷移する。ループが再び走ったときの最初で、分岐予測器は、分岐が成立しないだろうという正しい予測をし、「強く不成立」状態に戻る。まとめると、2ビット分岐予測器は、ループの最後にだけ予測ミスを起こす。

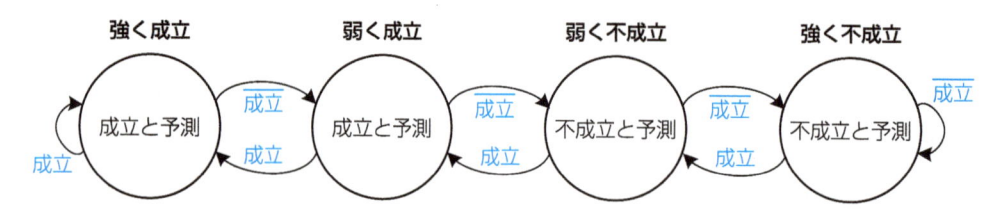

図7.62 2ビット分岐予測器の状態遷移図

分岐予測器はパイプラインのFetchステージで動作し、どの命令が次のサイクルに実行されるかを決める。分岐が成立すると予測したとき、プロセッサは次の命令を、分岐行き先バッファに格納されている分岐の行き先から取って来る。

ご想像の通り、分岐予測器は予測の精度を上げるため、プログラムのもっと多くの履歴を追跡して使うことができる。優れた分岐予測器は典型的なプログラムにおいて90%以上の精度を達成する。

7.7.4 スーパースカラプロセッサ

スーパースカラプロセッサはデータパスハードウェアを複数を持ち、複数の命令を同時に実行する。図7.63は、サイクル当たり2つの命令をフェッチして実行する2命令同時発行（2-way）スーパースカラプロセッサのブロック図である。このデータパスは2つの命令を同時に命令メモリから読み出す。4つのソースオペランドを読み出す6ポートレジスタファイルを持っており、各サイクルで2つの結果を書き込むことが

できる。2つの命令を同時に実行するために、2つのALUと2ポートのデータメモリを持っている。

> **スカラ**プロセッサは、一度に1つのデータを扱う。**ベクタ**プロセッサは、単一の命令で複数のデータを扱う。**スーパースカラ**プロセッサは複数の命令を一度に扱うが、それぞれは1つのデータを演算する。
>
> 今まで設計してきたARMのパイプラインプロセッサはスカラプロセッサである。ベクタプロセッサはスーパーコンピュータでは1980年代、1990年代に一般的に使われていた。これは、科学技術計算で一般的な長いデータのベクタを効率的に扱うことができ、現在は**グラフィックプロセッシングユニット**（GPU）でよく用いられている。最近の高性能マイクロプロセッサはスーパースカラ型である。これは、ベクタを処理するよりも複数の独立の命令を発行する方が、柔軟性が高いことによる。
>
> とはいえ、最近のプロセッサは、マルチメディアやグラフィクスのアプリケーションで一般的な、短いデータのベクタを取り扱うハードウェアを持っている。これらは**単一命令複数データ**（SIMD）ユニットと呼ばれ、6.7.5節で取り扱う。

図7.64は2命令同時発行スーパースカラプロセッサが2つの命令をそれぞれのサイクルで実行する様子を示したパイプライン図である。このプログラムではプロセッサのCPIは0.5と

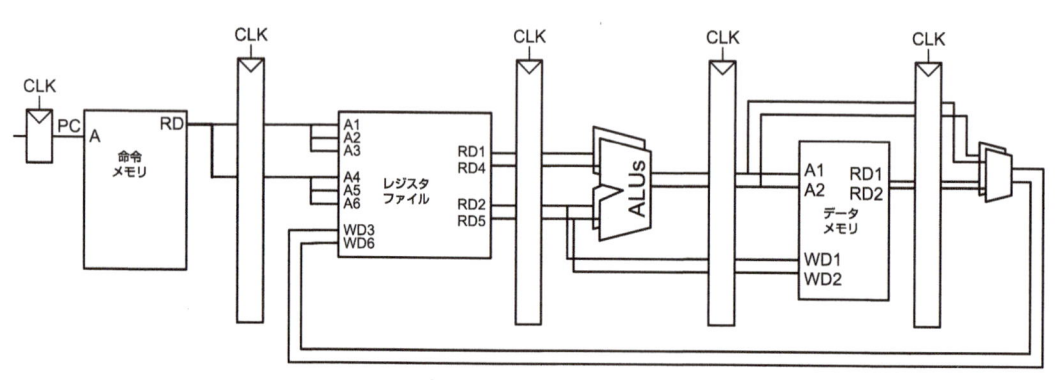

図7.63 スーパースカラのデータパス

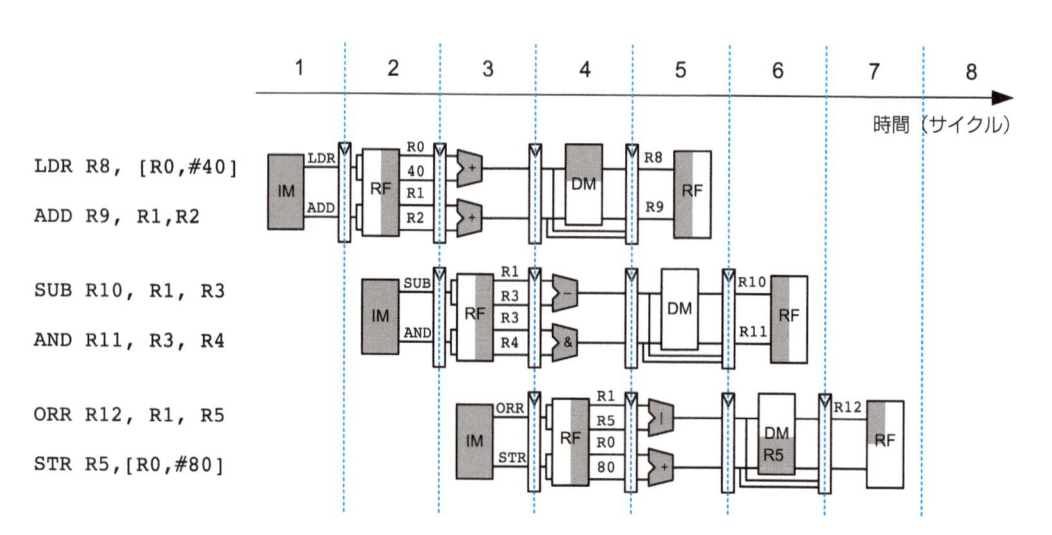

図7.64 動作中のスーパースカラパイプラインの概略図

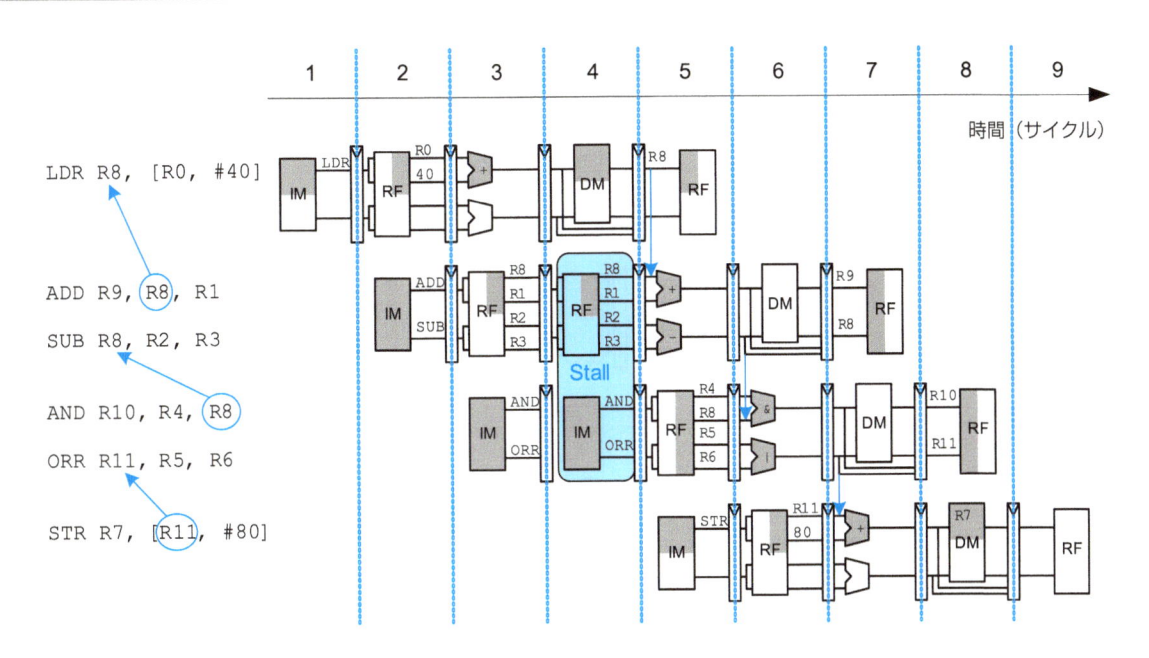

図7.65 データ依存性のあるプログラム

なる。設計者は通常、CPIの逆数である**サイクル当たりの命令**を**IPC**と呼ぶ。このプロセッサは、このプログラムではIPCが2である。

多くの命令を同時に実行するのは、依存性があるために難しい。例えば、図7.65はデータ依存性があるプログラムが走っている様子を示したパイプライン図である。コードの依存性は青色（角丸長方形）で示す。ADD命令はR8に依存しており、これはLDR命令で値が入る。このため、LDRと同時に発行することはできない。ADD命令はLDRがR8をサイクル5でフォワードすることができるまで、もう1サイクルストールする。他の依存性（R8によるSUBとANDの依存性、R11によるORRとSTRの依存性）は、あるサイクルで生成した結果を次で使うようにフォワーディングすることで取り扱うことができる。このプログラムは6命令を発行するために5サイクルかかる。つまりIPCは1.2である。

並列性は時間的、空間的な形で利用できることを思い出そう。パイプラインは時間的な並列処理の例である。多数の演算ユニットは空間的な並列処理のケースである。スーパースカラプロセッサは両方の並列処理の形を利用して、ここで取り上げた単一サイクルやマルチサイクルプロセッサをはるかに越える性能をしぼり出す。

商用プロセッサには、3命令、4命令、あるいは6命令同時発行スーパースカラがある。これらはデータハザード同様、分岐などの制御ハザードを取り扱う必要がある。残念なことに、実際のプログラムにはたくさんの依存性があるので、広いスーパースカラプロセッサで、その実行ユニットのすべてを利用することは稀である。さらに多数の実行ユニットと複雑なフォワーディングネットワークは多くの回路と電力を必要とする。

7.7.5 アウトオブオーダプロセッサ

依存性の問題を取り扱うため、アウトオブオーダプロセッサはたくさんの命令を先読みし、依存性のない命令を、可能

な限り早く**発行**し、あるいは実行開始する。命令は、プログラムが意図した結果を作り出すように依存性が守られる限り、プログラマが書いた順番と違った順番で発行することができる。

図7.65と同じプログラムを、2命令同時発行アウトオブオーダプロセッサで走らせることを考えよう。プロセッサは依存性がきちんと観測できる限り、サイクル当たり2つまでの命令をどこでも発行できる。次ページ図7.66はデータ依存性とプロセッサの動作を示す。依存性はRAWとWARに分類されるがこれはすぐ後に議論する。発行される命令の制約は以下の通りになる。

▶ サイクル1
  —LDR命令が発行される
  —ADD、SUB、AND命令はR8を介してLDR命令に依存している。したがってこれらは発行されない。それでもORR命令は依存していないので、発行される。

▶ サイクル2
  —LDR命令と依存した命令の間は2サイクル遅延があることを思い出そう。このため、R8の依存によりADDはまだ発行できない。SUBはR8に書き込む。このため、ADDがR8から間違った値を受け取ってしまうので、ADDの前に発行できない。ANDはSUBと依存性がある
  —STR命令だけが発行される。

▶ サイクル3
  —サイクル3でR8が利用可能になる。このためADDが発行される。SUBも同時に発行される。これはADDがR8を使うまで書き込めなかったからである。

▶ サイクル4
  —ANDが発行される。R8はSUBからANDにフォワーディングされる。

アウトオブオーダプロセッサは4つのサイクルで6つの命令を発行する。すなわちIPCは1.5になる。

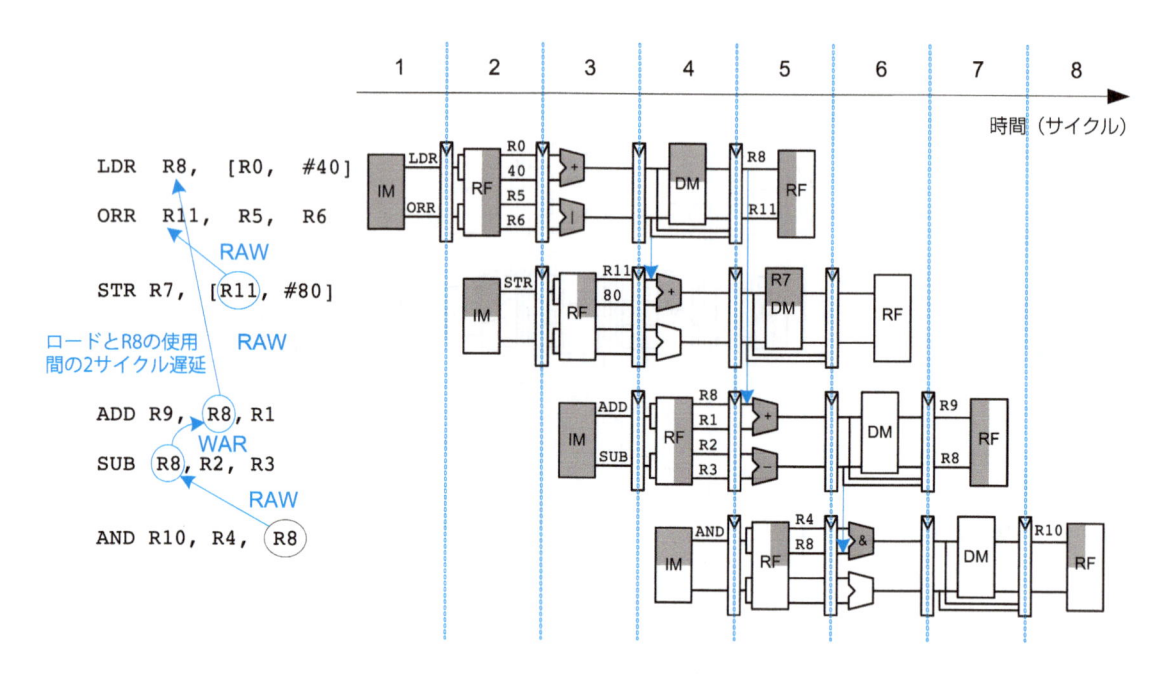

図7.66　依存性付きプログラムのアウトオブオーダ実行

LDRからR8を介してのADDへの依存性は**RAW**（read after write）ハザードである。ADDはLDRが書き込んだ後にR8を読まなければならない。これはパイプラインプロセッサで取り扱ったおなじみの依存性の型である。これは、無限に多くの実行ユニットが利用可能であるとしても、プログラムが走ることのできるスピードを制約する隠れた原因となる。同様にSTRへのORRからR11を介した依存性、ANDへのSUBからのR8を介した依存性はRAW依存性である。

SUBへのADDからのR8を介しての依存性は**WAR**（write after read）ハザードあるいは**逆依存**と呼ぶ。ADDがプログラム本来の順番に従って正しい値を受け取ることができるように、SUBはADDがR8を読む前に書いてはならない。WARハザードは単純なパイプラインでは生じないが、アウトオブオーダプロセッサでは、依存している命令（この場合はSUB）が早めに移動されすぎることで、生じる可能性がある。

WARハザードはプログラムの動作においては本質的なものではない。これは、プログラマが2つの関係ない命令で同じレジスタを使ってしまったことの副作用にすぎない。SUB命令がR8ではなくてR12に書いたとすれば、依存性は消滅し、SUBはADDより前に発行されただろう。ARMアーキテクチャは16しかレジスタを持たないので、時にプログラマはレジスタの再利用をせざるを得ず、他のすべてのレジスタが使用中であるという理由でハザードを発生してしまう。

3番目のタイプのハザードはプログラム中では見られないもので、**WAW**（write after write）ハザードあるいは**出力依存**と呼ばれる。WAWハザードはある命令が、引き続く命令が既に書いてしまったレジスタに書き込みを行おうとする場合に起きる。このハザードの結果、レジスタに誤った値が書き込まれることとなる。例えば以下のコードでLDRとADDは両方共R8に書き込む。R8の最後の値はプログラムの順番によるとADD命令からでなければならない。アウトオブオーダプロセッ

サがADDを先に実行しようとするとWAWハザードが起きてしまう。

```
LDR R8, [R3]
ADD R8, R1, R2
```

WAWハザードも本質的ではない。これはプログラマが2つの関係ない命令に同じディスティネーションレジスタを使ったことの副作用に過ぎない。ADD命令が最初に発行されたとすれば、LDRをR8に書かずに捨ててしまうことでWAWハザードを除去することができる。これをLDRの**スカッシング**（押しつぶし）と呼ぶ[4]。

アウトオブオーダプロセッサは、発行を待っている命令を追跡できる表を用いる。この表は**スコアボード**と呼ばれ、依存性に関する情報を保持している。表のサイズにより、発行を考慮する対象になる命令の数が決まる。それぞれのサイクルでプロセッサはこの表を検査し、依存性と利用可能な実行ユニットの数（例えばALUやメモリポート）の制限の中で、できる限り多くの命令を発行する。

命令レベル並列性（ILP: instruction level parallelism）は、特定のプログラムとマイクロアーキテクチャで同時に実行できる命令の数である。理論的研究によると完全な分岐予測器と膨大な実行ユニットの数を持ったアウトオブオーダマイクロアーキテクチャでは極めて大きくできる。とはいえ、実際のプロセッサでは、6命令同時発行のアウトオブオーダ実行のデータパスであっても、2または3より大きなILPを達成することは稀である。

4　LDRがなぜ発行されるのか不思議に思うかもしれない。理由はアウトオブオーダプロセッサが、プログラムが元々の順番で発行されたら起きたであろう同じ例外がすべて、元と同じ順番で起きることを保証しているためである。LDRはData Abort例外を発生する可能性があり、この例外をチェックするため、例え結果を捨てることができるにせよ発行されなければならないのだ。

7.7.6 レジスタリネーミング

アウトオブオーダプロセッサはWAR、WAWハザードを除去するためレジスタリネーミングと呼ばれる手法を用いる。レジスタリネーミングは、プロセッサに非アーキテクチャ要素のリネーミングレジスタをいくつか付け加える。例えば、あるプロセッサは20個のリネーミングレジスタT0〜T19を持つとする。プログラマはこのレジスタを直接使うことはできない。これはアーキテクチャの一部ではないからである。とはいえ、プロセッサは、ハザードを取り除くためにこれを自由に使うことができる。

例えば、先の節の中で、WARハザードはSUBとADD命令の間で、R8の再利用により起きた。アウトオブオーダープロセッサはSUB命令用にR8をT0にリネームできる。このようにすると、SUBはすぐに実行できる。これは、T0がADD命令に依存しないからである。このプロセッサは、どのレジスタがリネームされたかを示す表を持っており、引き続く依存した命令において一貫性があるようにレジスタをリネームできる。この例では、R8はAND命令中でT0にリネームされる。これはSUBの結果を参照するからだ。

図7.67は図7.65と同じプログラムがレジスタリネーミング付きアウトオブオーダプロセッサで実行された様子を示す。R8はSUBとANDではT0にリネームされ、WARハザードを除去する。命令を発行する制約は、

▶ サイクル1
　—LDR命令を発行。
　—ADD命令はLDRにR8を介して依存している。このため、これはまだ発行できない。とはいえ、SUB命令は、ここではディスティネーションがT0にリネームされているので、依存性がなくなっている。このため、SUB命令も発行される。
▶ サイクル2
　—LDR命令とこれに依存する命令の間には2サイクルのレイテンシがあることを思い出そう。このため、ADDはR8依存性のために発行できない。

　—AND命令はSUB命令に依存している。このため発行可能になる。T0はSUBからANDにフォワードされる。
　—ORR命令は依存性がない。したがってこれも発行できる。
▶ サイクル3
　—サイクル3においてR8は利用可能になる、このためADDが発行される。
　—R11も利用可能である。このためSTRが発行される。
レジスタリネーミング付きアウトオブオーダプロセッサは3サイクルで6つの命令を発行する。すなわちIPCは2となる。

7.7.7 マルチスレッディング

実際のプログラムのILPはなり低いため、スーパースカラやアウトオブオーダプロセッサにもっとユニットを付け加えると、数が増えるほど見返りが小さくなる。もう1つの問題は、第8章で議論するもので、メモリがプロセッサよりもずっと遅いことである。多くのロードやストアアクセスは、キャッシュと呼ばれる小さく、高速なメモリをアクセスする。とはいえ、命令やデータがキャッシュ中で利用可能でないときに、この情報を主記憶から取って来る間、プロセッサは100を越えるサイクルの間ストールする可能性がある。マルチスレッディングは、プログラムのILPが低いか、プログラムがメモリを待ってストールする場合でも、プロセッサがたくさんのユニットを有効利用しつづけることの助けとなる手法である。

マルチスレッディングを説明するため、いくつか新しい用語を定義する必要がある。コンピュータで走っているプログラムをプロセスと呼ぶ。コンピュータは複数のプロセスを同時に走らせることができる。例えば、1つのPCでWebサーフィンし、ウィルスチェックをしながら音楽を聞くことができる。それぞれのプロセスは、1つあるいはそれ以上のスレッドで構成される。このスレッドも同時に走ることができる。例えばワードプロセッサは、1つのスレッドでユーザのタイピングを取り扱い、2つ目のスレッドでユーザの打ち込んだドキュメントのスペルチェックをし、3つ目のスレッドではその

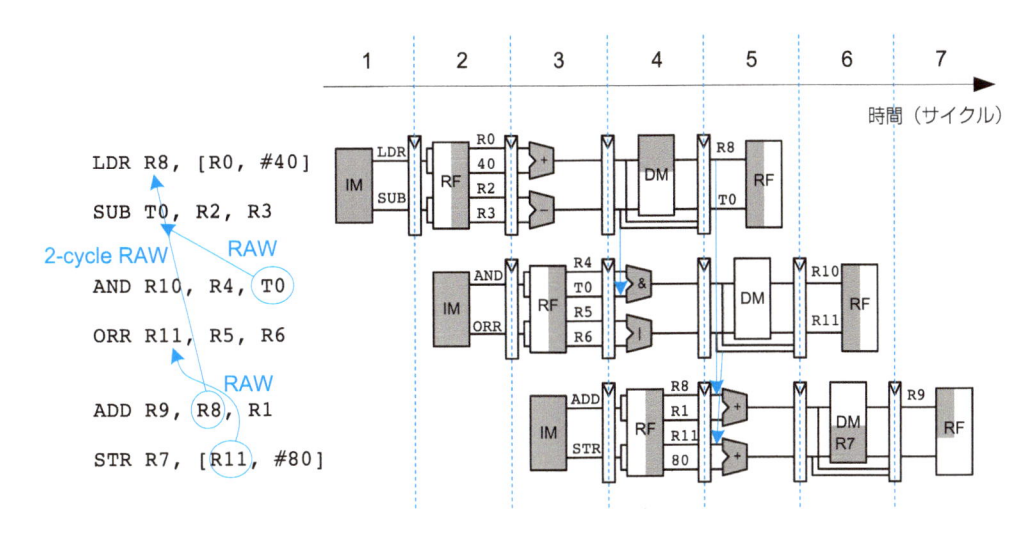

図7.67　プログラムのレジスタリネーミングを用いたアウトオブオーダ実行

ドキュメントをプリントすることができる。このことで、ユーザは例えば、タイプをするのにプリントが終わるのを待つ必要がない。あるプロセスが、同時実行可能な複数のスレッドに分割できる度合いが、**スレッドレベル並列性**（TLP: thread level parallelism）である。

従来のプロセッサでは、スレッドは、同時実行されるように見せかけているだけであり、実際にはプロセッサ上でOSの制御の基で順番に走った。1つのスレッドが終わると、OSはアーキテクチャ的な状態を退避し、次のスレッドのアーキテクチャ的な状態をロードして実行を開始する。この手続きを**コンテキスト切り替え**と呼ぶ。プロセッサがすべてのスレッドを十分高速にスイッチすれば、ユーザからはすべてのスレッドが同時に走っているように見える。

マルチスレッドプロセッサは1つ以上のアーキテクチャ状態のコピーを持っており、1つ以上のスレッドを一度に実行することができる。例えばプロセッサが4つのプログラムカウンタと64個のレジスタを持つように拡張すれば、一度に4つのスレッドを利用可能にできるかもしれない。1つのスレッドがストールし、主記憶からのデータを待っている間に、プロセッサは、遅延なしにもう1つのコンテキストへと切り替えることができる。これはプログラムカウンタとレジスタが既に利用可能であるからだ。さらに、1つのスレッドが、スーパースカラ設計において、すべての実行ユニットを働かせるのに十分な並列性を持っていない場合、もう1つのスレッドが使っていないユニットで命令を発行できる。

マルチスレッディングは、ILPを増やすことはないので、それぞれのスレッドの性能を改善するわけではない。それでも、複数のスレッドが、単一のスレッドの実行では使われなかったであろうプロセッサ資源を利用することができることから、プロセッサ全体のスループットを改善する。マルチスレッディングを実装することは比較的安価である。これは、PCとレジスタファイルを複製するだけで、実行ユニットやメモリは複製しないからである。

7.7.8 マルチプロセッサ

[本節はMatthew Watkinsの協力による]

最近のプロセッサでは膨大な数のトランジスタを利用することができる。これらを使ってパイプラインの深さを増やしたり、スーパースカラプロセッサの実行ユニットを付け足してもほとんど性能を改善せずに電力を浪費してしまう。2005年ごろから、コンピュータアーキテクトは、同一チップ上に複数のプロセッサのコピーを持たせるようになった。このコピーは**コア**と呼ばれる。

マルチプロセッサシステムは複数のプロセッサとプロセッサ間のデータ交換手法からできている。良く使われるマルチプロセッサのクラスを3つ上げると、**シンメトリック**（対称型あるいは**ホモジーニアス**）マルチプロセッサ、**ヘテロジーニアスマルチプロセッサ**、および**クラスタ**である。

シンメトリックマルチプロセッサ

シンメトリックマルチプロセッサでは、2つあるいはもっと多くの、同一構造のプロセッサが単一のメインメモリを共有している。マルチプロセッサは別のチップにあっても、同じチップ上の複数のコアからできていても良い。

マルチプロセッサは同時にたくさんのスレッドを走らせるのに使っても良いし、特定のスレッドを高速に走らせても良い。多くのスレッドを同時に走らせるのは簡単である。スレッドはプロセッサ内で単純に分割できるからだ。残念なことに、典型的なPCユーザはたいてい少数のスレッドしか走らせる必要がない。特定のスレッドを高速に走らせるのはもっと大変である。プログラマはそのスレッドを複数のスレッドに分割し、それぞれのプロセッサで実行できるようにしなければならない。これは、複数のプロセッサが互いに通信する必要がある場合に、大変になる。コンピュータ設計者とプログラマにとって大きな課題は、多くのプロセッサコアを効果的に使うことである。

シンメトリックマルチプロセッサは数多くの利点を持っている。プロセッサを1つ設計すれば、後は性能を上げるために複数回コピーすればよいので、設計が比較的単純である。シンメトリックマルチプロセッサの実行コードのプログラミングも、比較的単純である。これはどのプログラムもシステムの任意のプロセッサで走らせることができ、ほとんど同じ性能を達成するからだ。

ヘテロジーニアスマルチプロセッサ

残念なことに、同一のコアをいくつも付け加えても、性能向上を続けられる保証はない。2015年くらいから、商用のコンピュータアプリケーションは多くの時間には少数のスレッドを使い、典型的な消費者は同時に計算するアプリケーションを2つくらい使うことが分かった。これはデュアルコアあるいはクアッドコアシステムを有効利用するには十分であるが、プログラムがずっと大きな並列性を利用しない限りは、この点を越えてコア数を増やすことは、数を増やすほど見返りが小さくなる。他の点としては、汎用プロセッサは平均性能を良くするように設計されており、一般的には与えられた動作に対して最も電力効率の良い構成ではない。このエネルギー効率の悪さは携帯電話など電力制約が厳しいシステムではとりわけ重要である。

ヘテロジーニアスマルチプロセッサは、違ったコアや専用化されたハードウェアを単一のシステムに組み込むことでこの問題を解決しようと狙っている。それぞれのアプリケーションはこれらの資源をそのアプリケーションが最高の性能、あるいは最高の電力性能比を実現できるように利用する。今日、トランジスタは十分多数使えるので、すべてのアプリケーションがすべてのハードウェアを使わないであろうという点は、さほど考慮しなくてよくなった。ヘテロジーニアスシステムは複数の形態をとり得る。ヘテロジーニアスシステムは違った電力、性能、面積トレードオフを持つ違ったマイクロアーキテクチャのコアを組み込むことができる。

ヘテロジーニアス方式のうちARMによって一般的になったのは**big.LITTLE**というエネルギー効率の良いコアと高性能な

コアの両方を組み込んだシステムである。LITTLEコアはCortex-A53のような単一命令発行か、2命令発行のインオーダプロセッサであり、エネルギー効率が良く、普段実行するタスクを取り扱う。bigコアはCortex-A57やもっと複雑なスーパースカラのアウトオブオーダコアで負荷が高い際に高い性能を提供する。

もう1つのヘテロジーニアス方式はアクセラレータである。これは特別なタイプのタスクに対して性能やエネルギー効率が最適化されている特殊目的ハードウェアのことだ。例えば、モバイル用のシステムオンチップ（SoC）は、現在、グラフィックス処理、ビデオ、ワイヤレスコミュニケーション、リアルタイムタスク、暗号化などの専用アクセラレータを持っている。これらのアクセラレータは同じ仕事を汎用プロセッサで実行するのに比べて10から100倍効率が高い。信号処理用プロセッサは別のクラスのアクセラレータである。これらのプロセッサは数学的演算に特化したタスクに最適化された特殊な命令セットを持つ。

ヘテロジーニアスシステムには欠点がないわけではない。違った不均一な要素の設計と、違ったリソースをいつどのように利用するかを決める追加のプログラミング上の苦労の、2つの複雑性が付け加わる。シンメトリックとヘテロジーニアスシステムは共に最近のシステムに使われている。シンメトリックマルチプロセッサは、多数のスレッドレベル並列性が利用可能な巨大なデータセンターなどの状況に向いている。ヘテロジーニアスシステムはもっと多様なケースや特殊目的の負荷に向いている。

知的地球外生命体の信号を探す科学者は、世界で最大のクラスタ化されたマルチプロセッサを使って、電波望遠鏡のデータを解析し、他の太陽系の生命の信号であるかもしれないパターンを探す。1999年以降稼働しているこのクラスタは、世界中の約6百万のボランティアのパーソナルコンピュータからできている。

クラスタのコンピュータの1つがアイドル状態になると、中央サーバからデータの一部をとってきて、それを解析し、結果をサーバに戻す。あなたはあなたのコンピュータのアイドル時間を、setiathome.berkeley.eduを訪ねることにより、クラスタのためのボランティア活動に使うことができる。

クラスタ

クラスタ化されたマルチプロセッサでは、それぞれのプロセッサが自分のローカルメモリシステムを持つ。あるタイプのクラスタは、ネットワークで繋がれたパーソナルコンピュータのグループで、大きな問題を協力して解くためのソフトウェアが走る。タイプの違ったクラスタの中で、非常に重要になってきているのはデータセンターである。このタイプは、コンピュータとディスクのラックがネットワークで接続されており、電源と冷却装置を共有している。多くのインターネット企業、Google、Apple、Facebookが世界中の何百万というユーザをサポートするため、データセンターの急激な開発を推し進めている。

7.8 現実世界の側面：ARMマイクロアーキテクチャの進化*

この節では、その元祖が登場した1985年以来のARMアーキテクチャとマイクロアーキテクチャの発達を辿る。表7.7は特記事項をまとめたもので、この30年でアーキテクチャ改訂が8回行われ、IPCが10倍、周波数が250倍になっていることがまとめられている。周波数、面積、電力は製造プロセス、目標、スケジュール、設計チームの能力によって変化する。代表的な周波数は、その製品が導入されたときの製造プロセスに基づいている。すなわち周波数が上がったのはマイクロアーキテクチャよりはトランジスタによっている。サイズはトランジスタのプロセスサイズにより正規化されており、キャッシュサイズや他の要素によって広く変動する。

次ページ図7.68は、ARM1プロセッサのダイ写真である。これは3段パイプライン、25000トランジスタ構成である。注

表7.7 ARMプロセッサの進歩

マイクロアーキテクチャ	年	アーキテクチャ	パイプラインの深さ	DMIPS/MHz	代表的周波数（MHz）	L1キャッシュ	大きさの相対値
ARM1	1985	v1	3	0.33	8	N/A	0.1
ARM6	1992	v3	3	0.65	30	4 KB unified	0.6
ARM7	1994	v4T	3	0.9	100	0–8 KB unified	1
ARM9E	1999	v5TE	5	1.1	300	0–16 KB I+D	3
ARM11	2002	v6	8	1.25	700	4–64 KB I+D	30
Cortex-A9	2009	v7	8	2.5	1000	16–64 KB I+D	100
Cortex-A7	2011	v7	8	1.9	1500	8–64 KB I+D	40
Cortex-A15	2011	v7	15	3.5	2000	32 KB I+D	240
Cortex-M0+	2012	v7M	2	0.93	60–250	None	0.3
Cortex-A53	2012	v8	8	2.3	1500	8–64 KB I+D	50
Cortex-A57	2012	v8	15	4.1	2000	48 KB I+32 KB D	300

性能測定にはDMIPS（Dhrystone millions of instructions per second）を使っている。

意深く見ていくと、32ビットのデータパスが下部にあること
が分かる。レジスタファイルが左、ALUが右に配置されてい
る。一番左がプログラムカウンタで、最下位2ビットが0に繋
がっている。さらに上位6ビットが違っており、これは状態
ビットして使われているためである。上位6ビットが違ってい
るのがご確認いただける。コントローラはデータパスの上部
に置かれている。長方形のブロックのいくつかは、PLAで制
御の論理回路を実装している。長方形の端はI/Oパッドであ
り、細い金のワイヤが写真の外に向かっているのが見える。

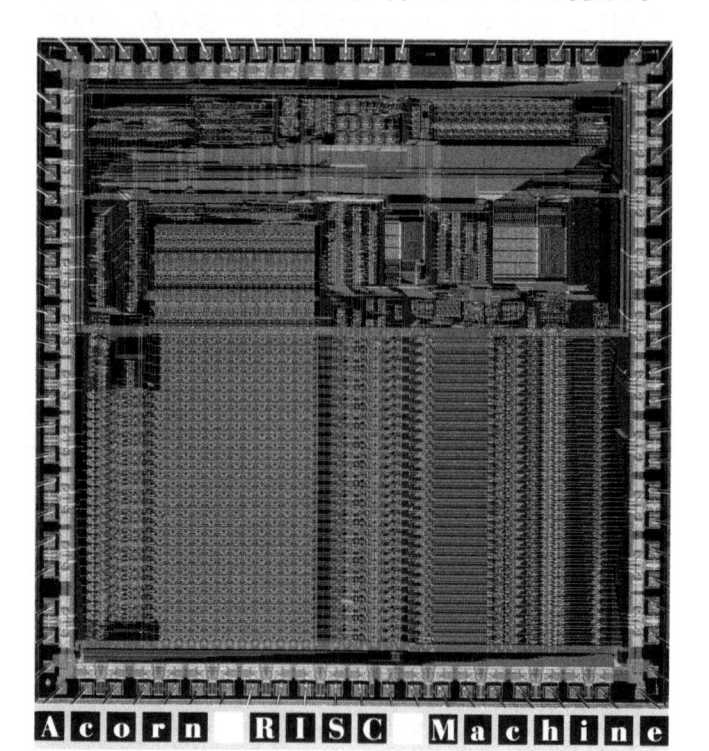

図7.68　ARM1のダイ写真（ARMの許可を得て転載。©1998 ARM Ltd.）

　1990年、Acornはプロセッサ設計チームをスピンオフし、
新しい会社を設立した。これがAdvanced RISC Machines
（後のARM Holdings）で、ARMv3アーキテクチャをライセ
ンスし始めた。ARMv3アーキテクチャはPCから状態ビット
をCurrent Program Status Registerに移動し、PCを32ビット
に拡張した。AppleはARMの主な株式を購入し、Newton コ
ンピュータでARM 610を利用した。これは世界初のPersonal
Digital Assistant（PDA）であり、最初の手書き認識商用ア
プリケーションを使っていた。Newtonは時代に先んじてお
り、もっと成功したPDAや後のスマートフォン、タブレット
の基礎を築いた。

　ARMは1994年にARM7シリーズ、特にARM7TDMIで目覚
しい成功を収めた。これは引き続く15年間にわたって最も広
く用いられた組み込みシステムのRISCプロセッサとなった。
ARM7TDMIはARMv4T命令セットを使っており、コード密
度を高めるためのThumb命令セットを導入し、ハーフワー
ド、符号付バイトロード、ストア命令を定義した。TDMIは
Thumb、JTAG Debug、Fast Multiply、In-Circuit Debugの
頭文字を取っている。

ソフィー・ウィルソンとスティーブ・フューバーは協力してARM1を設
計した。

　ソフィー・ウィルソン（Sophie Wilson、1957年〜）はイギリスのヨー
クシャに生まれ、コンピュータ科学をケンブリッジ大学で研究した。OSを
設計し、AcornコンピュータのBBC Basicインタープリタを書いた。
ARM1を共同設計し、引き続きARM7を設計した。1999年までに、
Firepath SIMD信号処理プロセッサを設計し、新しい会社にスピンオフし
た。この会社は2001年にBroadcomに買収された。現在、Broadcom
Corporationのシニアディレクタで、Royal Society、Royal Acadmey of
Engineering,British Computer Society, Women's Engineering Society
のフェローである。
　（写真は許可を得て転載。。Sophie Wilson©）

　スチーブ・フューバー（Steve Furber、1953年〜）は、英国マンチェス
ターで生まれ、ケンブリッジ大学で流体動力学のPh.Dを取得した。Acorn
Computerに就職し、BBC MicroとARM1マイクロプロセッサを共同設計
した。1990年、マンチェスター大学の教員になり、非同期計算とニューロ
システムを主に研究している。
　（写真は許可を得て写真を転載。2012年マンチェスター大学©）

　当時の重要な進歩としては、様々なデバッグ機能が付加さ
れ、プログラマがハードウェアのコードを書き、単純なケー
ブルでPCからデバッグできるようになったことである。
ARM7は、Fetch、Decode、Executeステージの単純な3段パ
イプラインを持っていた。プロセッサは命令とデータの統合
キャッシュを持っていた。パイプラインプロセッサのキャッ
シュは毎クロックサイクル命令をフェッチすることで通常忙
しい。このため、ARM7のメモリ命令では、Executeステージ
をストールさせて、キャッシュにデータをアクセスするため
の時間を作る。次ページの図7.69はこのプロセッサのブロッ
ク図である。

　ARMは、チップを直接製造するのではなく、プロセッサを
他の会社にライセンスし、その会社の大きなシステムオン
チップ（SoC）に、プロセッサが組み込まれるようにした。
顧客はプロセッサをハードマクロ（チップに直接使える効率
が高いが柔軟性の低いレイアウト）またはソフトマクロ（顧
客が論理合成できるVerilogのコード）の形で買うことができ
た。ARM7は、携帯電話、Apple iPod、Lego Mindstorms
NXT、任天堂のゲームマシン、自動車など膨大な数の製品に
使われた。これ以来、ほとんどすべての携帯電話はARMプロ
セッサを使って作られるようになった。

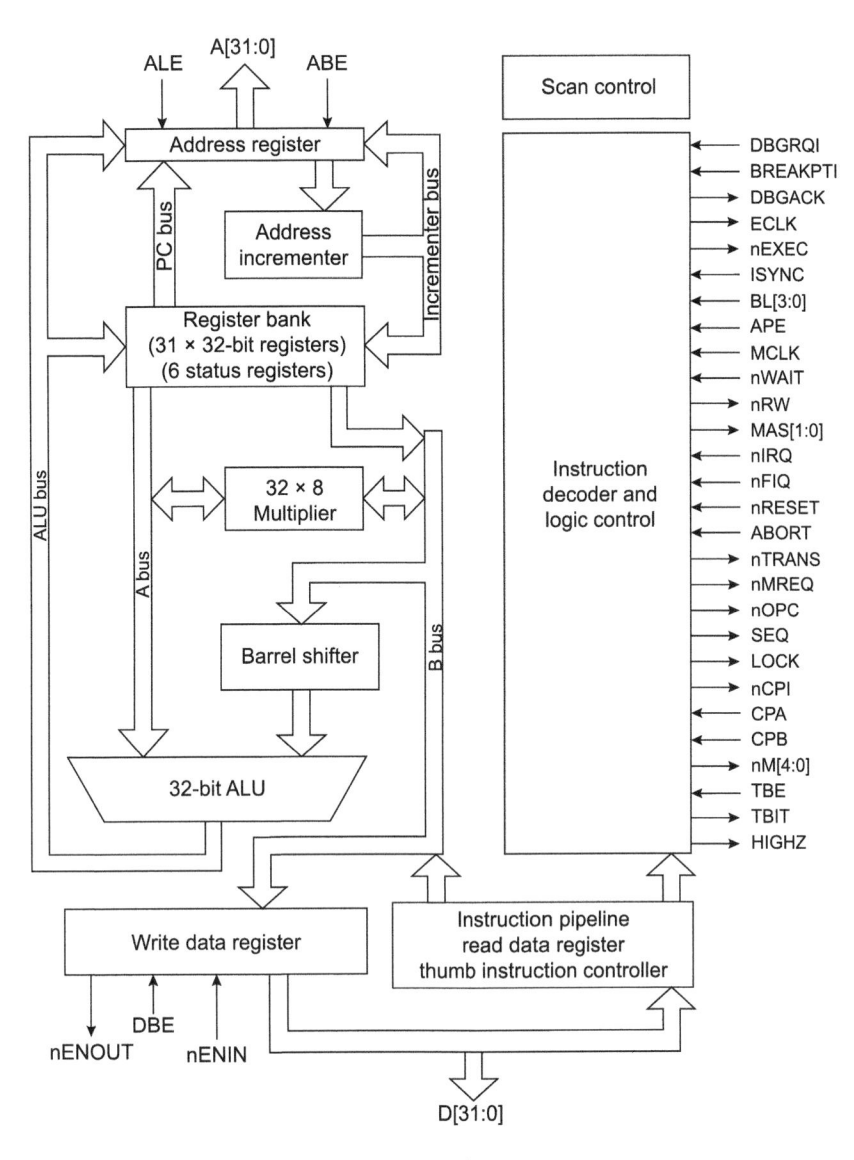

図7.69　ARM7ブロックダイアグラム（ARMから許可得て転載。©1998 ARM Ltd.）

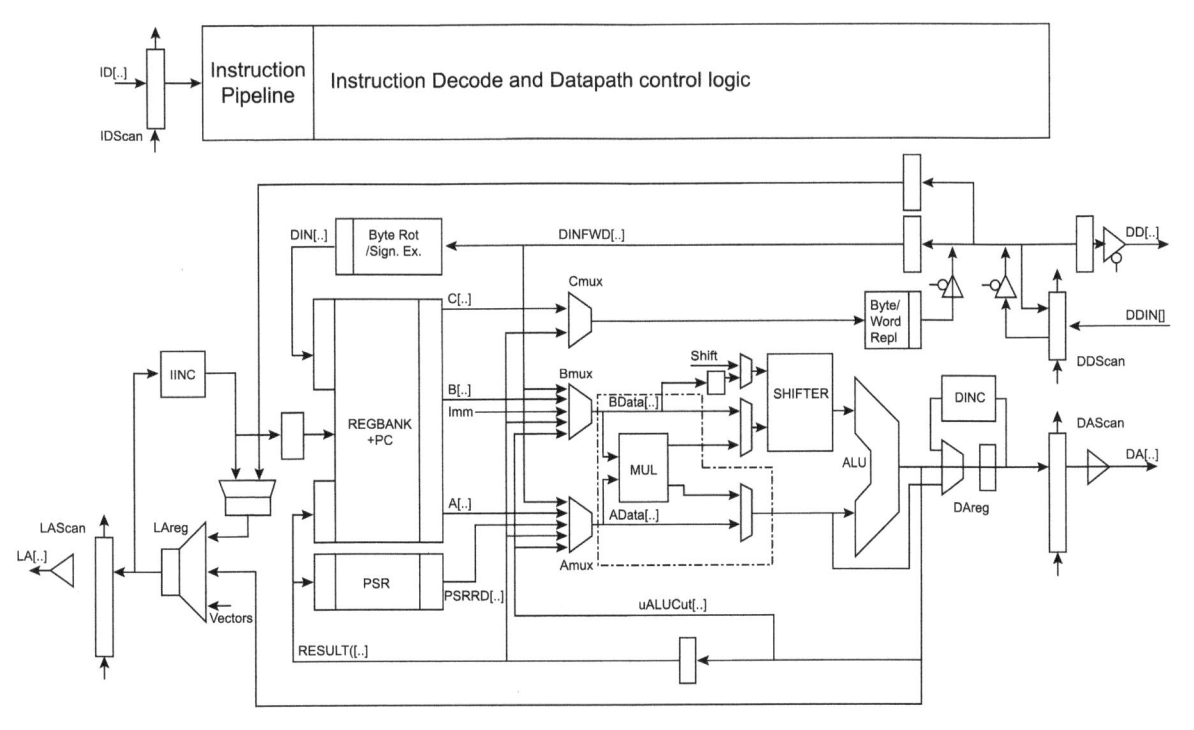

図7.70　ARM9ブロックダイアグラム（ARM9TDMI テクニカルマニュアルから許可得て転載。©1999 ARM Ltd.）

ARM9E製品ラインは、ARM7の改造版で、この章で述べたものと類似した5段パイプライン、命令、データの分離キャッシュ、新しいThumb命令を持っていた。さらにARMv5TEアーキテクチャは信号処理命令を持っている。

前ページの図7.70はARM9のブロック図で、我々がこの章で見てきたのと同じ構成要素を数多く使っており、これに乗算器、シフタが加わっている。IA/ID/DA/DD信号は、メモリシステムへの命令、データアドレス、データバスであり、IAregはPCのことである。次の世代のARM11はパイプラインをさらに8ステージに拡張し、周波数を上げている。さらに、Thumb2とSIMD命令を定義している。

ARMv7命令セットにはAdvanced SIMD命令が加わっている。これはダブルワード、クアッドワードのレジスタで実行される。v7-M variantというThumb命令だけをサポートするものも定義している。ARMはCortex-AとCortex-Mプロセッサファミリを導入した。

Cortex-Aファミリは高性能プロセッサで、現在ほとんどすべてのスマートフォンやタブレットで使われている。例えば、Cortex-M0+は、2ステージパイプラインで、12,000ゲートしか使ってない。A-シリーズのプロセッサではこれが100,000くらいである。

これは単独のチップでは1ドルを切るコストで、大きなSoCに組み込まれたときは1ペニーを下回る。消費電力は概ね3μW/MHzである。時計用バッテリによって駆動するプロセッサは10MHzで約1年間動作することが可能である。

ハイエンドのARMv7プロセッサは、携帯電話とタブレットの市場を獲得した。Cortex-A9はモバイルフォーンに広く使われ、デュアルコアのSoCの一部として使われる。このSoCは、2つのCortex-A9プロセッサ、グラフィックアクセラレータ、電話用のモデム、他の周辺機器を内蔵している。図7.71はCortex-A9のブロックダイアグラムを示す。このプロセッサ

は各サイクルで2つの命令をデコードし、レジスタリネーミングを行い、アウトオブオーダ実行ユニットに対して命令を発行する。

モバイルデバイスにとって、エネルギー効率と性能は両方とも重要だ。このため、ARMはbig.LITTLEアーキテクチャを推奨している。これは、ピーク負荷用に高性能の「大きい」コア数個と、通常処理を扱うエネルギー効率の高い「小さい」コアの組み合わせからできている。例えば、Galaxy S5フォーンのSamsung Exynos 5 Octaは、2.1 GHzで走る4つのCortex-A15の大きいコアと、最大1.5 GHzで走る4つのCortex-A7の小さいコアからできている。次ページ図7.72にコアの2つのタイプのパイプライン図を示す。

Cortex-A7は各サイクルで1つのメモリ命令とそれ以外の命令をデコードし、発行するインオーダプロセッサである。Cortex-A15は、もっとずっと複雑なアウトオブオーダプロセッサであり、各サイクルで最大3命令をデコードできる。複雑な動作に対応し、クロック速度を上げるために、パイプラインは、ほぼ倍の長さになっている。このため、長い分岐予測ミスペナルティを補うために、正確な分岐予測器が必要である。Cortex-A15は、Cortex-A7の約2.5倍の性能があるが、6倍の電力を消費する。スマートフォンは、チップがオーバーヒートして性能を制限されなければ、基本的には大きなコアだけで走ることができる。

ARMv8アーキテクチャは、64ビットアーキテクチャへと拡張されている。ARM Cortex-A53とA57はCortex-A7とA15にそれぞれ類似したパイプライン構成だが、レジスタとデータパスがARMv8を扱うために64ビットになっている。64ビットアーキテクチャは、Appleが2013年に、iPhoneとiPadに独自の実装を導入したことで普及した。

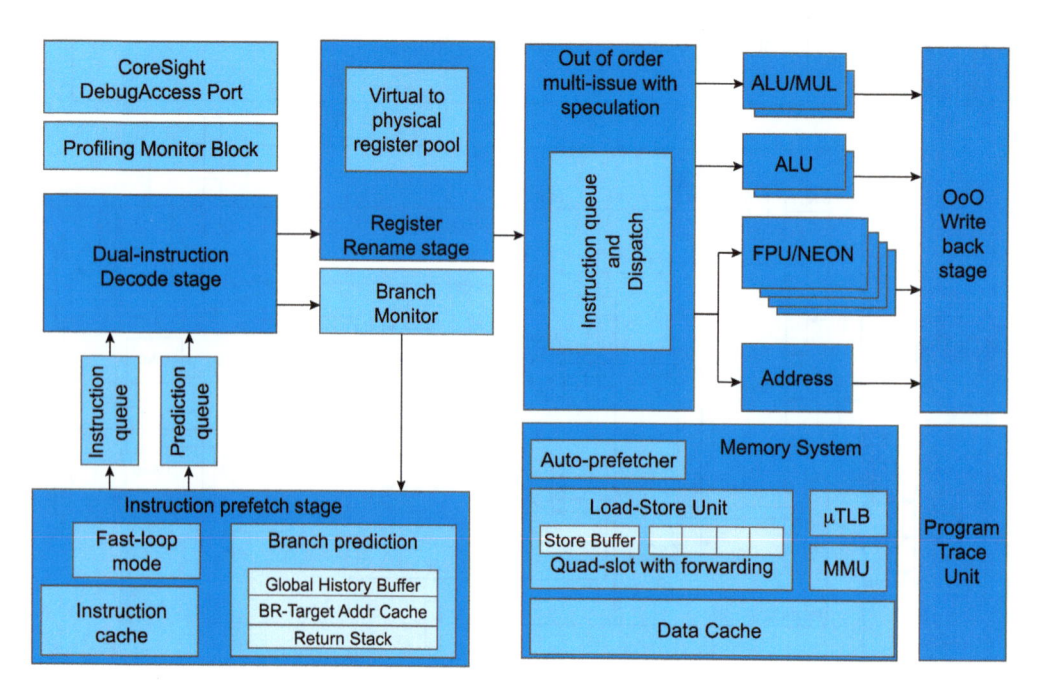

図7.71　Cortex-A9のブロック図（この図は著者らのオリジナルでありARMが保証したわけではない）

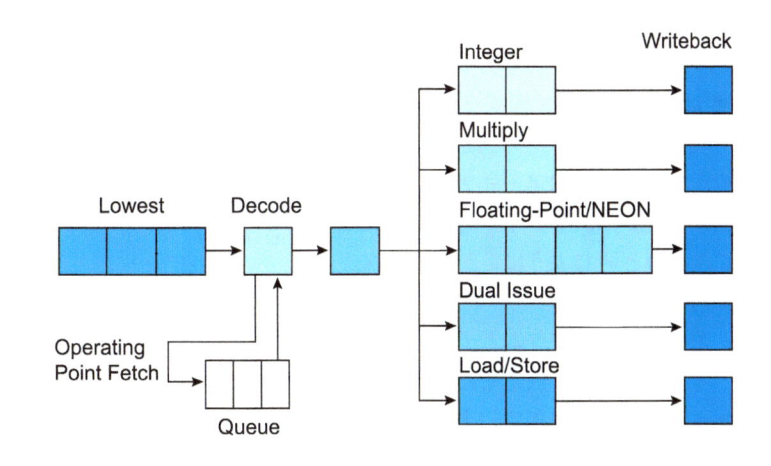

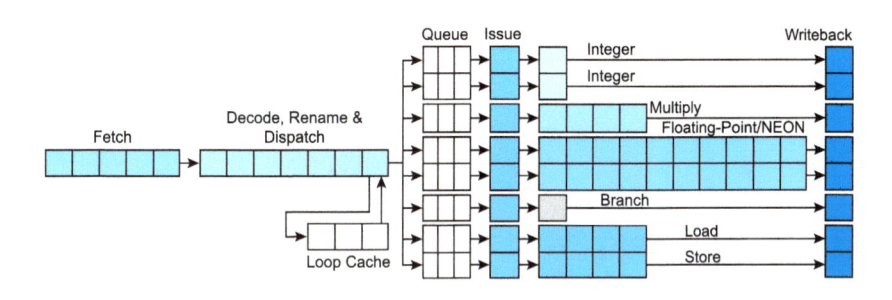

図7.72　Cortex-A7とA-15のブロック図（この図は著者らのオリジナルでありARMが保証したわけではない）

7.9 まとめ

　この章は、違った性能とコストのトレードオフを持つ3つのプロセッサ実装法を示した。このトピックは魔法のように見える、マイクロプロセッサのような複雑に見えるデバイスが半ページの図に収まるくらい単純になるものなのか。さらに、入門者には神秘的に見えた内部動作は、実際にはまずまず素直なものである。

　マイクロアーキテクチャは、これまでこのテキストで紹介したほとんどすべてのトピックと関連する。マイクロプロセッサというパズルの組み立てには、今までの章に紹介した方針を用いている。組み合わせ回路と順序回路設計（第2章と第3章に紹介）、ビルディングブロックの多くの応用例（第5章に紹介）、ARMアーキテクチャ（第6章に紹介）の実装などである。マイクロアーキテクチャは数ページに渡るHDLにより記述したが、これは第4章のテクニックを使っている。

　マイクロアーキテクチャは、複雑性を管理するテクニックを頻繁に使っている。マイクロアーキテクチャは、論理回路とアーキテクチャとの接点となり、ディジタル設計とコンピュータアーキテクチャという本書の要点に当たる。構成要素の配置を簡潔に示すために、ブロックダイヤグラムとHDLを使っている。

　マイクロアーキテクチャは規則性とモジュール性を利用している。ALU、メモリ、マルチプレクサ、レジスタなどの一般的なビルディングブロックのライブラリを再利用している。階層は様々な方法で使われている。マイクロアーキテクチャはデータパスとコントロールユニットに分かれる。それ

ぞれのユニットは、ゲートから成る論理回路ブロックで構成することができ、これは最初の5つの章で示したテクニックを使ってトランジスタから構成される。

　この章ではARMプロセッサの単一サイクル、マルチサイクル、パイプラインマイクロアーキテクチャを比較した。3つのマイクロアーキテクチャのすべては同一のARM命令セットのサブセットを実装しており、同一のアーキテクチャ状態を持っている。単一サイクルプロセッサはもっとも単純で、そのCPIは1である。

　マルチサイクルプロセッサは、命令によって違った短いステップで命令を実行する。このため、加算器数個を使うことなく、ALUの再利用で済ます。マルチサイクル設計は原理的には高速にすることができる。これはすべての命令が同一の長さでなくて済むからである。実際には、最も遅いステップに制限されることと、それぞれのステップのシーケンス化のためのオーバーヘッドにより、多くの場合は、遅くなってしまう。

　パイプラインプロセッサは単一サイクルプロセッサを比較的高速な5つのパイプラインステージに分割して構成する。ステージ間にはパイプラインレジスタを付け、5つの命令が同時に実行できるようにする。CPIは通常1になるが、ハザードによりストールやフラッシュを強いられ、このためCPIが若干増加する。ハザードの解決には追加のハードウェアと設計の複雑化のコストがかかる。クロック周期は理想的には単一サイクルプロセッサの5分の1に短くなる。実際は、最も遅いステージにより制限されることと、ステージ間のシーケンス化

のオーバーヘッドにより、それほどは短くはならない。それでもパイプラインは本質的に性能の点で有利である。今日、すべての高性能プロセッサはパイプライン構成を用いている。

　この章のマイクロアーキテクチャはARMアーキテクチャのサブセットを実装したものであるが、より多くの命令を持たせるためには、今まで見てきたのと同じように、データパスとコントローラを拡張すれば良い。

　この章の最大の制約は、高速かつプログラムとデータ全体を格納するのに十分大きい理想的メモリを仮定したことである。実際は、大きく高速なメモリは高価すぎて使えない。次の章では、小さく高速なメモリに最も良く使う情報を持たせて、より遅いメモリに情報の残りを持たせることで、大きく高速なメモリのもたらす恩恵のうちのほとんどを実現する方法を紹介する。

演習問題

演習問題7.1　単一サイクルARMプロセッサにおいて、以下の制御信号が0に固着する故障、すなわち信号が、設計者の意図とは関係なく常に0になる故障を発生したとする。どの命令が誤動作するか。またそれはなぜか。

(a) *RegW*

(b) *ALUOp*

(c) *MemW*

演習問題7.2　演習問題7.1を、信号が1に固着する故障を起こしたと仮定し行え。

演習問題7.3　単一サイクルARMプロセッサを、下の命令の1つを装備するように改造せよ。命令の定義は付録Bを参照のこと。図7.13に対するデータパスの変更点を示せ。新しい制御信号には名前を付けよ。そして表7.2、表7.3に示すメインデコーダとALUデコーダの変更点を示せ。他の変更が必要ならばそれも示せ。

(a) TST

(b) LSL

(c) CMN

(d) ADC

演習問題7.4　以下のARM命令に対して演習問題7.3と同様に変更点を示せ。

(a) EOR

(b) LSR

(c) TEQ

(d) RSB

演習問題7.5　ARMはポストインデックス付きLDRを持っている。これは、ロードを終了した後で、ベースレジスタを更新する命令である。LDR Rd, [Rn], Rmは以下の2つの命令と等価である。

```
LDR Rd, [Rn]
ADD Rn, Rn, Rm
```

ポストインデックス付きLDRについて演習問題7.3同様に変更点を示せ。レジスタファイルを変更しないでこの命令を付け加えることは可能だろうか。

演習問題7.6　ARMはプリインデックス付きLDR命令を持っている。この命令はロードを実行する前にベースレジスタを更新する。LDR Rd, [Rn, Rm]!は以下の2つの命令と等価である。

```
ADD Rn, Rn, Rm
LDR Rd, [Rn]
```

プリインデックス付きLDRについて演習問題7.3同様に変更点を示せ。レジスタファイルを変更しないでこの命令を付け加えることは可能だろうか。

演習問題7.7　あなたの友人は、回路設計の名手である。友人は単一サイクルARMプロセッサをずっと速くするため、その1つのユニットを半分の遅延になるように再設計せよという指示を受けた。表7.5の遅延を用いた場合、どのユニットを再設計すれば、全体のプロセッサのスピードアップを最大にできるか、そして改造されたマシンのサイクル時間はどの程度改善されるか。

演習問題7.8　表7.5に示した遅延の下で考える。ベン・ビットディ

ドル君はALU遅延を20 ps短縮するプリフィックス加算器を設計した。他のエレメントの遅延が同じ場合、単一サイクルARMプロセッサの新しいサイクル時間を求め、1,000億命令のベンチマークを実行するのにどの程度時間がかかるかを求めよ。

演習問題7.9 7.6.1節の単一ARMプロセッサのHDLコードを変更して、演習問題7.3で示す新しい命令を取り扱えるようにせよ。7.6.3節のテストベンチを改造して、新しい命令がテストできるようにせよ。

演習問題7.10 演習問題7.4に示した新しい命令に対して演習問題7.9と同様な変更を行え。

演習問題7.11 マルチサイクルARMプロセッサの以下の制御信号が0に固着する故障、すなわち信号が設計者の意図とは関係なく常に0になる故障を発生したとする。どの命令が誤動作するか。またそれはなぜか。

(a) $RegSrc_1$

(b) $AdrSrc$

(c) $NextPC$

演習問題7.12 信号が1に固着する故障を起こしたとして、演習問題7.11を解け

演習問題7.13 マルチサイクルARMプロセッサを下の命令の1つを装備するように改造せよ。命令の定義は付録Bを参照のこと。図7.30に対するデータパスの変更を示せ。新しい制御信号には名前を付けよ。図7.41に対するコントローラ用FSMの変更を示せ。他の変更が必要ならばそれも示せ。

(a) ASR

(b) TST

(c) SBC

(d) ROR

演習問題7.14 演習問題7.13を以下のARM命令に関して行え。

(a) BL

(b) LDR（正あるいは負の直値オフセット）

(c) LDRB（正の直値オフセットのみ）

(d) BIC

演習問題7.15 演習問題7.4をマルチサイクルARMプロセッサについて行え。マルチサイクルデータパスとコントローラ用FSMの変更点を示せ。レジスタファイルを変更することなしに、この命令を付け加えることができるか。

演習問題7.16 演習問題7.6をマルチサイクルARMプロセッサについて行え。マルチサイクルデータパスとコントローラ用FSMの変更点を示せ。レジスタファイルを変更することなしに、この命令を付け加えることができるか。

演習問題7.17 演習問題7.7をマルチサイクルARMプロセッサに対して行え。例7.5の命令ミックスを仮定せよ。

演習問題7.18 演習問題7.8をマルチサイクルARMプロセッサに対して行え。例7.5の命令ミックスを仮定せよ。

演習問題7.19 あなたの友人は、回路設計の名手である。友人はマルチサイクルARMプロセッサをずっと高速にするため、その1つのユニットを再設計せよという指示を受けた。表7.5の遅延を用いた場合、どのユニットを再設計すれば、全体のプロセッサのスピードアップを最大にできるか。どの程度速くすればよいか（必要以上に高速にすることは友人の労力の無駄になる）。そして改造

されたマシンのサイクル時間はどの程度改善されるか。

演習問題7.20 ゴリアテ社は、3ポートレジスタファイルの特許を持っていると主張している。ゴリアテ社と法廷で争うことを避けるため、ベン・ビットディドル君は、読み書き可能なポートを1つだけ持つ新しいレジスタファイルを設計した（命令メモリとデータメモリをくっつけたものに似ている）。この新しいレジスタファイルを用いたARMのマルチサイクルデータパスと制御回路を設計せよ。

演習問題7.21 マルチサイクルARMプロセッサが表7.5で示す部品の遅延を持っているとする。アリッサ・P・ハッカー嬢は40%消費電力が少ない代わりに遅延が2倍になるレジスタファイルを設計した。マルチサイクルプロセッサの設計について、この遅いが消費電力低いレジスタファイルに変更したほうがよいか。

演習問題7.22 演習問題7.20で設計し直したマルチサイクルARMプロセッサのCPIはいくつになるか。例題7.5の命令ミックスを利用せよ。

演習問題7.23 マルチサイクルARMプロセッサで以下のプログラムを走らせるのに何クロックを要するか。このプログラムのCPIはどれほどか。

```
        MOV R0, #5          ; result = 5
        MOV R1, #0          ; R1 = 0
L1
        CMP R0, R1
        BEQ DONE            ; if result > 0, loop
        SUB R0, R0, #1      ; result = result-1
        B   L1
DONE
```

演習問題7.24 以下のプログラムに対して演習問題7.23を行え。

```
        MOV R0, #0          ; i = 0
        MOV R1, #0          ; sum = 0
        MOV R2, #10         ; R2 = 10
LOOP
        CMP R2, R0          ; R2 == R0?
        BEQ L2
        ADD R1, R1, R0      ; sum = sum + i
        ADD R0, R0, #1      ; increment i
        B
        LOOP
L2
```

演習問題7.25 マルチサイクルARMプロセッサのHDLコードを書け。このプロセッサは、以下のトップレベルモジュールに関して互換性がなければならない。memモジュールは命令とデータの両方を保持するものを用いよ。7.6.3節に示すテストベンチを用いてこのプロセッサをテストせよ。

```
module top(input logic  clk, reset,
           output logic [31:0] WriteData, Adr,
           output logic  MemWrite);

   logic [31:0] ReadData;

   // instantiate processor and shared memory
   arm arm(clk, reset, MemWrite, Adr,
           WriteData, ReadData);
   mem mem(clk, MemWrite, Adr, WriteData, ReadData);
endmodule

module mem(input logic  clk, we,
```

```
          input logic [31:0] a, wd,
          output logic [31:0] rd);

   logic [31:0] RAM[63:0];
   initial
     $readmemh( "memfile.dat" ,RAM);
   assign rd = RAM[a[31:2]]; // word aligned

   always_ff @(posedge clk)
     if (we) RAM[a[31:2]] <= wd;
endmodule
```

演習問題7.26 演習問題7.25のマルチサイクルARMプロセッサの
HDLコードを拡張し、演習問題7.14の新しい命令を取り扱えるよ
うに拡張せよ。テストベンチを新しい命令をテストできるように
拡張せよ。

演習問題7.27 演習問題7.26と同じことを、演習問題7.13に示す新
しい命令に対して行え。

演習問題7.28 パイプラインARMプロセッサで以下のプログラム
を走らせた。5サイクル目で、どのレジスタが書き込まれ、どれが
読み込まれるか。

```
MOV R1, #42
SUB R0, R1, #5
LDR R3, [R0, #18]
STR R4, [R1, #63]
ORR R2, R0, R3
```

演習問題7.29 演習問題7.28と同じことを以下のARMコードに対
して行え。

```
ADD R0, R4, R5
SUB R1, R6, R7
AND R2, R0, R1
ORR R3, R2, R5
LSL R4, R2, R3
```

演習問題7.30 図7.53と同様の図を用いて、以下の命令をパイプ
ラインARMプロセッサで実行するのに必要なフォワーディングと
ストールを示せ。

```
ADD R0, R4, R9
SUB R0, R0, R2
LDR R1, [R0, #60]
AND R2, R1, R0
```

演習問題7.31 以下の命令について演習問題7.30と同じことを行
え。

```
ADD R0, R11, R5
LDR R2, [R1, #45]
SUB R5, R0, R2
AND R5, R2, R5
```

演習問題7.32 パイプラインARMプロセッサが、演習問題7.24の
プログラムのすべての命令を発行するのに必要なサイクル数はい
くつか。このプログラムでのCPIはどうなるか。

演習問題7.33 演習問題7.32と同じことを演習問題7.23の命令で行
え。

演習問題7.34 パイプラインARMプロセッサを拡張し、EOR命令
を取り扱えるようにせよ。

演習問題7.35 パイプラインプロセッサをCMN命令が取り扱える
ように拡張する方法を説明せよ。

演習問題7.36 7.5.3節では、パイプラインプロセッサの性能が、
分岐がExecuteステージではなく、Decodeステージで行われれば良
くなるという指摘をした。図7.58のパイプラインプロセッサを
Decodeステージで分岐を扱うのにどのように変更すれば良いか示
せ。ストール、フラッシュ、フォワーディング信号をどのように変
更すればよいか。例題7.7と例題7.8をもう一度行い、新しいCPI、
サイクル時間、プログラムを実行する全体の時間を求めよ。

演習問題7.37 あなたの友人は、回路設計の名手である。友人は
パイプラインARMプロセッサをずっと高速にするため、その1つの
ユニットを再設計せよという指示を受けた。表7.5の遅延を用いた
場合、どのユニットを再設計すれば、全体のプロセッサのスピー
ドアップを最大にできるか。どの程度速くすればよいか（必要以
上に高速にすることは友人の労力の無駄になる）。そして改造され
たマシンのサイクル時間はどの程度改善されるか。

演習問題7.28 表7.5の遅延を想定する。ALUが20%早くなったと
して、パイプラインARMプロセッサのサイクル時間はどのように
変わるか。ALUが20%遅くなったらどうなるか。

演習問題7.39 ARMパイプラインプロセッサが、シーケンス化の
オーバーヘッドを含めてそれぞれ400 psの10ステージに分割された
とする。例題7.7の命令ミックスを仮定する。ロードの50%が、そ
の後にその結果を利用する命令を伴うとし、この場合には6クロッ
クのストールが生じるとする。30%の分岐が予測ミスすると仮定
する。分岐命令の飛び先アドレスは、2番目のステージの終わりま
で計算できない。SPECINT2000ベンチマークを10ステージパイプ
ラインプロセッサで1000億命令実行した場合の平均CPIと実行時間
を求めよ。

演習問題7.40 パイプラインARMプロセッサのHDLコードを書
け。このプロセッサはHDL例7.13のトップレベルモジュールと互
換性のあること。この章で示した7つの命令、すなわちADD、SUB、
AND、ORR(レジスタと直値アドレッシングモードだがシフトなし)、
LDR、STR(正の直値オフセット付き)、Bを装備していること。設計
はHDL例7.12のテストベンチでテストせよ。

演習問題7.41 パイプラインARMプロセッサ用に、図7.58で示す
ハザードユニットを設計せよ。設計にはHDLを使うこと。論理合
成ツールがHDLから生成するであろうハードウェアの概略を描
け。

口頭試問

以下は、ディジタル設計の業界の面接試験で尋ねられるような質問である。

質問7.1 パイプラインマイクロプロセッサの利点を説明せよ。

質問7.2 パイプラインステージを付け加えることでプロセッサが速くなるとしたら、なぜプロセッサは、100段のパイプラインステージを持たないのだろうか。

質問7.3 マイクロプロセッサのハザードについて述べ、これを解決する方法について説明せよ。それぞれの方法の利点と欠点は何か。

質問7.4 スーパースカラプロセッサの概念を述べ、その利点と欠点を説明せよ。

8

メモリシステム

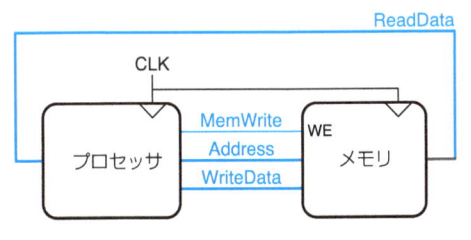

8.1　はじめに

　コンピュータシステムの性能は、プロセッサのマイクロアーキテクチャと同じく、メモリシステムによって決まる。7章では、単一クロックサイクルでアクセスすることができる理想のメモリを想定した。しかし、これはメモリが非常に小さいか、あるいはプロセッサが非常に遅いときのみ成立する。初期のプロセッサは比較的遅かったため、メモリはこれに追いつくことができた。しかし、プロセッサの速度はメモリよりも早いテンポで向上した。現在、DRAMメモリはプロセッサの10から100倍遅い。プロセッサとDRAMメモリ速度の格差の拡大は、プロセッサと同じくらい速いメモリを近似するメモリシステムに変化していった。この章の前半では、メモリシステムについて調査し、スピード、容量、コストのトレードオフを考える。

　プロセッサとメモリシステムのデータ交換は**メモリインタフェース**を介して行われる。図8.1に、マルチサイクルARMプロセッサで用いられた単純なメモリインタフェースを示す。プロセッサはアドレスを*Address*バスによりメモリシステムに送る。読み出し時には*MemWrite*を0にし、メモリシステムは*ReadData*バスを使ってデータを返す。書き込み時には、プロセッサは*MemWrite*を1にして、*WriteData*バスにデータを送る。

　メモリシステム設計の主な課題を、本書では図書館にたとえて説明する。図書館は棚に多くの本をしまっている。あなたが、夢の意味に関する期末レポートを書いているとしよう。あなたは図書館[1]に行き、フロイトの『夢解釈』を本棚か

図8.1　メモリインタフェース

ら取り出し、あなたのパーティションに持って行く。これをざっと読んだ後、これを棚に返して、ユングの『無意識の心理学』を取り出す。それからあなたは『夢解釈』の別の部分を引用したくなって棚に行き、それからフロイトの『エゴとイド』を取りに棚に行く。これをやっていると、あなたはすぐにパーティションと棚との行き来に疲れてしまうだろう。あなたが賢ければ、本を取ったり返したりせずに、パーティションに取っておくことで、時間を節約できる。さらに、フロイトの本を取り出したとき、同じ棚から彼のほかの本もいくつか引っ張り出しておくこともできる。

　このたとえは、6.2.1節に紹介した原則「一般の場合を速くする」を繰り返しているともいえる。最近使った本や将来使いそうな本をパーティションに取っておくことで、時間のかかる棚までの移動の回数を減らすことができる。あなたは特に**時間的局所性、空間的局所性**を利用することができる。時

1　図書館の利用が、インターネットの普及によって大学の学生の間では落ち目になっていることは分かっている。しかし、図書館が電子的に利用可能でない、紙に書かれた人間の知識の膨大な宝を埋蔵しているということも信じている。図書館での勉強のやり方が、Webサーチに完全に置き換わることがないよう願っている。

間的局所性は、あなたが最近本を利用したら、それをすぐまた使う可能性が高いことを指す。空間的局所性は、あなたが特定の本を使うとき、同じ棚にある他の本にも興味を持つことが多いということを意味する。

図書館自体、この局所性の原則を用いることで、共通の場合を高速化している。図書館は世界の本すべてを格納することのできるスペースも資金もない。その代わりに、図書館は、あまり使われない本を地下の貯蔵庫に入れておく。また、近くの図書館と図書貸借契約を結んで、実際に持っているよりも多くの本を提供できるようにしているかもしれない。

まとめると、階層的なストレージを持つことで、巨大な収集物と高速なアクセスの両方の利点を実現している。最もよく使う本はあなたのパーティションに置く。より多くのコレクションは本棚にある。さらに大きなコレクションは、地下や他の図書館から、特定の手続きで取り出すことができる。同様に、メモリシステムは、大きなデータの集積を持ちつつ、共通に使うデータの大部分を高速にアクセスするために、記憶の階層を使っている。

この階層を作るためのメモリサブシステムは5.5節で紹介した。コンピュータメモリは、基本的にはダイナミックRAM（DRAM）とスタティックRAM（SRAM）で作られている。

コンピュータメモリシステムは高速で大きく安いのが理想である。実際は、単一のメモリはこの3つの特徴のうち2つしか持たない。つまり、遅いか、小さいか、高価である。しかし、コンピュータシステムは、高速で小さく安いメモリと、遅くて大きくて安いメモリを組み合わせて、理想に近いところを実現する。高速なメモリに、最も共通して使うデータと命令を蓄えることで、メモリは平均的には高速に見える。大きなメモリは、残りのデータと命令を蓄えるため、全体の容量は大きい。2つの安価なメモリを組み合わせることは、単一の大きくて高速なメモリを使うよりも、ずっと安くて済む。この方針は、容量を大きくし、速度を上げるという点で、記憶階層全体に拡張されて使われる。

コンピュータのメモリは、一般的にDRAMチップから構成される。2015年、典型的なPCは4 GBから8 GBのDRAM主記憶を持ち、DRAMのコストはギガバイト（GB）当たりおよそ7ドルである。DRAMの価格はこれまでの30年間、年間およそ25%下がり、メモリ容量はほぼ同じ割合で増加した。このため、PC内のメモリのコストの合計は、だいたい一定であった。不幸なことに、図8.2に示す通り、DRAMの速度は年間およそ7%しか改善されず、これに対してプロセッサの性能は、25%から50%の割合で増加した。このグラフ上の点は、1980年のメモリとプロセッサの速度を基準としている。1980年にメモリとプロセッサを同じく1とすると、性能差は増大を続け、メモリはひどく立ち遅れてしまっている[2]。

1970年代から1980年代初頭くらいまでは、DRAMはプロセッサに追従していくことができた。しかし、今は痛ましいほど遅くなっている。DRAMのアクセス時間はプロセッサのサイクル時間に比べて1桁から2桁ほど長い（DRAMが数10ナノ秒に対してプロセッサは1ナノ秒未満である）。

この傾向に対処するため、コンピュータは最もよく用いる命令とデータをキャッシュと呼ばれる小さくて高速なメモリ

---

2 最近の単一プロセッサの性能は、図8.2の2005年〜2010年が示すようにほとんど一定であるが、マルチコアシステムにおけるコアの増加（グラフには載っていない）は、プロセッサとメモリ性能のギャップを悪化させただけである。

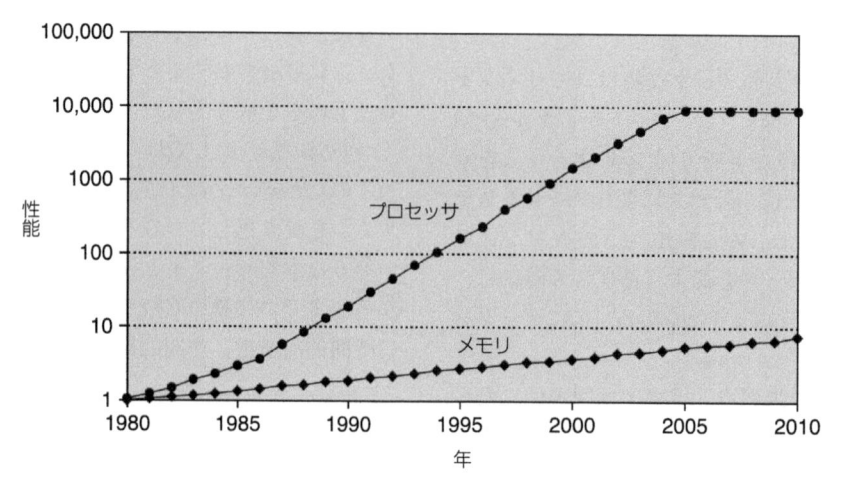

図8.2 プロセッサとメモリ性能の乖離
（Hennessy & Patterson: *Computer Architecture: A Quantitative Approach*, 5th edition, Morgan Kaufmann, 2012より許可を受けて改変）

に格納しておく。キャッシュは、通常、プロセッサと同じチップ上のSRAMを使って構成する。キャッシュの速度はプロセッサの速度と同じ位である。これは、SRAMは本来DRAMよりも速いし、オンチップメモリはチップ間の信号伝達の遅延を避けることができるためだ。2015年には、オンチップSRAMの価格はGB当たり5000ドルであるが、キャッシュは比較的小さい（数キロバイトから数メガバイト）ので、全体としてのコストは低い。キャッシュは命令とデータの両方を蓄えることができるが、私たちはその中身を一般化して「データ」と呼ぶことにする。

プロセッサがキャッシュ上に存在するデータを要求すると、結果は直ちに帰ってくる。これをキャッシュが**ヒット**したという。そうでなければ、プロセッサは、データを主記憶（DRAM）から取ってこなければならない。これをキャッシュ**ミス**と呼ぶ。キャッシュヒットがほとんどならば、プロセッサが遅い主記憶を待つ必要はめったになくなり、平均アクセス時間は短くなる。

記憶の階層の第3のレベルは、ハードディスクまたはハードドライブである。図書館が本棚に納まらない本に対して地下貯蔵庫を使っているのと同じく、コンピュータシステムは主記憶に収まらないデータに対してハードディスクを使っている。2015年、ハードディスクドライブ（HHD）のコストは1GB当たり0.05ドルを下回り、アクセス時間はおよそ5m秒である。ハードディスクのコストは年率60%下がるが、アクセス時間はわずかしか改善されない。フラッシュメモリ技術でできているSSD（Solid State Drives）は、HDDに代わって少しずつ一般的になっている。SSDは20年間に渡ってニッチ市場で使われてきたが、2007年には主要なマーケットに導入された。SSDは、HDDの機械的な故障からは解放されているが、コストは10倍近く0.4ドル/GBである。

ハードドライブは、主記憶が実際に持つよりも大きな容量を持っているように見せかけるのに用いる。これがすなわち仮想メモリである。地下貯蔵庫にある本と同じく、仮想メモリ上にあるデータは、アクセスするのに時間がかかる。主記憶は物理メモリとも呼ばれ、仮想メモリのサブセットである。このため、主記憶は、ハードドライブからよく使うデータを持ってくるキャッシュとして見ることができる。

図8.3は、この章の以降で取り上げるコンピュータシステムの記憶階層をまとめる。

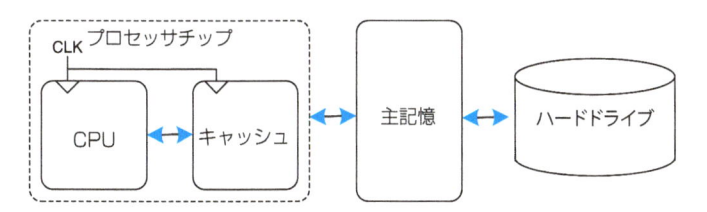

図8.3　典型的な記憶階層

プロセッサは最初に、同じチップ内にある小さいが高速なキャッシュ内でデータを探す。もしキャッシュ上にデータが

なければ、プロセッサは主記憶を見る。データが両方に存在しなかったら、プロセッサは巨大ではあるが遅いハードディスクの仮想メモリから取ってくる。図8.4に記憶階層の容量とスピードのトレードオフを示し、2015年の技術における典型的なコスト、アクセス時間、およびバンド幅を示す。アクセス時間が減るにつれ速度は増す。

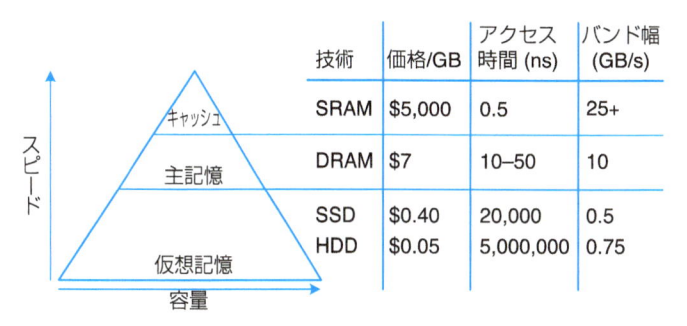

技術	価格/GB	アクセス時間 (ns)	バンド幅 (GB/s)
SRAM	$5,000	0.5	25+
DRAM	$7	10–50	10
SSD	$0.40	20,000	0.5
HDD	$0.05	5,000,000	0.75

図8.4　記憶階層の部品、2015年における典型的な性能

8.2節はメモリシステム性能の解析を導入し、8.3節はキャッシュの構成をいくつか示し、8.4節は仮想メモリシステムを掘り下げる。

8.2　メモリシステム性能の解析

設計者（コンピュータの販売元）は、さまざまな選択肢について、コストの点で有利なトレードオフを選ぶために、メモリシステムの性能を定量的に測る方法を求めている。メモリシステムの性能指標は、**ミス率**または**ヒット率**および**平均メモリアクセス時間**である。ミス率とヒット率は、以下のように計算される。

$$\text{ミス率} = \frac{\text{ミスの数}}{\text{全メモリアクセス数}} = 1 - \text{ヒット率}$$

$$\text{ヒット率} = \frac{\text{ヒットの数}}{\text{全メモリアクセス数}} = 1 - \text{ミス率}$$

(8.1)

例題8.1　キャッシュ性能の計算

プログラム中に2000個のデータアクセス命令（ロードまたはストア）が含まれており、1250個の要求されたデータ値がキャッシュ中に見つかったとする。残りの750個のデータは、主記憶かディスクからプロセッサに供給される。ミス率とヒット率はどうなるか。

解法：ミス率は、750 / 2000 = 0.375 = 37.5%。ヒット率は1250/2000 = 0.625 = 1 − 0.375 = 62.5%である。

平均メモリアクセス時間（Average Memory Access Time: **AMAT**）は、プロセッサがロードあるいはストア命令ごとに、平均的に待たなければならない時間である。図8.3の典型的なコンピュータシステムでは、プロセッサは、最初にデータをキャッシュ内で探す。キャッシュがミスしたら、プロセッサは、主記憶を見に行く。主記憶がミスしたら、プロセッサはディスク上の仮想メモリにアクセスする。このた

め、AMATは以下のように計算される。

$$\text{AMAT} = t_{cache} + MR_{cache}(t_{MM} + MR_{MM}t_{VM}) \quad (8.2)$$

ここで、t_{cache}、t_{MM}、t_{VM}はそれぞれキャッシュ、主記憶、仮想メモリのアクセス時間であり、MR_{cache}とMR_{MM}は、それぞれキャッシュと主記憶のミス率である。

例題8.2 平均メモリアクセス時間の計算

あるコンピュータシステムが、キャッシュと主記憶の2レベルの階層を持っているとする。表8.1に示すアクセス時間とミス率が与えられた場合、平均メモリアクセス時間はどのようになるか。

表8.1 アクセス時間とミス率

メモリのレベル	アクセス時間（サイクル数）	ミス率
キャッシュ	1	10%
主記憶	100	0%

解法：平均メモリアクセス時間は1 + 0.1 × 100 = 11サイクルとなる

例題8.3 アクセス時間の改善

11サイクルの平均メモリアクセス時間は、プロセッサが実際にデータを利用する1サイクルに対して10サイクルの待ち時間を費やすことを意味する。表8.1のアクセス時間で平均メモリアクセス時間を1.5サイクルに改善するためには、キャッシュのミス率がどのようになる必要があるか。

解法：ミス率をmとすると、平均アクセス時間は1 + 100mとなる。時間を1.5に設定し、mについて解くと、キャッシュミス率は0.5%となる。

注意しておくと、「性能改善」は言葉の響きほど上手くは働かない。例えばメモリシステムを10倍高速にすることは、コンピュータのプログラムを10倍速くすることに必ずしもつながらない。プログラム性能の50%がロードやストアによるとしても、メモリシステムが10倍改善されてもプログラムの性能を1.8倍しか良くしない。この一般的な原理を**アムダールの法則**と呼ぶ。すなわち、サブシステムの性能を上げることに費やす努力が報われるのは、そのサブシステムが全体の性能に大きな割合を占めるときに限られる。

ジーン・アムダール (Gene Amdahl), 1922年〜
1965年に発表されたアムダールの法則で有名。大学院で、自由時間にコンピュータ設計を始めた。この副業で理論物理の博士号を1952年に取得した。修了後すぐにIBMに就職し、後に3つの会社を渡り歩いた。この中には1970年のAmdahl Corporationも含まれている。

8.3 キャッシュ

キャッシュはよく用いるメモリのデータを蓄える。キャッシュが蓄えることのできるデータ数を容量Cで表す。キャッシュの容量は、主記憶より小さいので、コンピュータシステムの設計者は、主記憶のどの部分をキャッシュ上に置くかを選ばなければならない。

プロセッサはデータアクセスをしようとするとき、キャッシュをまずチェックする。キャッシュがヒットすれば、データはすぐ使える。キャッシュがミスすれば、プロセッサは主記憶からデータを取ってきて、将来の利用のためにキャッシュ上に置いておく。新しいデータを蓄えるため、キャッシュは古いデータを置き換えなければならない。この節では、次の問いに答えることによりキャッシュの設計における以下の事項に解答を与える。①キャッシュ上にどのデータを持つか。②データをどうやって見つけるか。③キャッシュがいっぱいのとき、新しいデータのために、どのデータを入れ替えて隙間を作るか。

> キャッシュ：大事なものを隠したりしまっておいたりする見えないところ。
> – Merriam Webster Online Dictionary. 2015. www.merriam-webster.com

以下の節を読むとき、多くのアプリケーションでこれらの質問に答える原動力は、あらゆるところに潜む空間的、時間的局所性であることを心に留めておいていただきたい。キャッシュは空間的、時間的局所性をどのデータが次に必要なのかを予想するために使う。プログラムがデータをランダムな順番にアクセスすると、キャッシュの恩恵はなくなってしまう。

次節で説明するように、キャッシュはその容量（C）、セットの数（S）、ブロックサイズ（b）、ブロックの数（B）、ウェイ数（N）によって特徴付けられる。

私たちは特にデータキャッシュからの読み出しについて焦点を当てるが、同様の方針は命令キャッシュにも適用できる。キャッシュに対する書き込みも同様であるが、これは8.3.4節でさらに議論する。

8.3.1 キャッシュ中にどのようなデータを格納するか？

理想のキャッシュは、プロセッサが必要とするすべてのデータを予測し、主記憶からあらかじめ取ってきてミス率を0とする。とはいえ完全な精度で未来を予測するのは不可能なので、キャッシュは過去のメモリアクセスのパターンからどのデータが必要かを予測しなければならない。キャッシュは、低いミス率を達成するために、特に時間的、空間的な局所性を利用する。

時間的局所性とは、プロセッサが、最近アクセスしたデータのかたまりをまたすぐにアクセスする可能性が高いことである。このため、プロセッサがキャッシュに存在しないデータに対してロード、ストアを発行した際、データを主記憶か

らキャッシュにコピーしておけば、そのデータについてのさらなる要求はキャッシュでヒットする。

空間的局所性は、プロセッサが、あるデータのかたまりをアクセスする際、そのデータの近くのメモリの場所がアクセスされる可能性が高いことである。このため、キャッシュがメモリから1ワードを取ってくるときに、隣接したいくつかのワードを取ってくるのが良い。このワードのグループをキャッシュブロックあるいはキャッシュラインと呼ぶ。キャッシュブロックのワード数bをブロックサイズと呼ぶ。容量Cのキャッシュは、$B = C/b$ブロックを保持することになる。

時間的空間的局所性の原則は、実際のプログラムで実証されている。あるプログラムで変数を使うと、同じ変数を再び使う可能性が高く、時間的局所性につながる。ある配列の1つの要素が利用されると、同じ配列の他の要素もまた利用される可能性が高く、空間的局所性につながる。

8.3.2 データをどのように見つけるか？

キャッシュはS個のセットから構成され、それぞれは1つまたはそれ以上のブロックを保持する。主記憶のデータアドレスとキャッシュ内のデータの格納場所の間の関係を、マッピングと呼ぶ。それぞれのメモリアドレスは、正確にキャッシュの1つのセットに割り付けられる（マップされる）。アドレスビットの一部は、どのキャッシュのセットがデータを保持しているかを決めるのに使う。あるセットが1つ以上のブロックを持っている場合、データはセットの中のどれかのブロックに格納される。

キャッシュは、セットの中のブロック数に基づいて分類される。ダイレクトマップキャッシュにおいて、それぞれのセットは1つのブロックを保持する。そしてキャッシュは$S = B$セットを持つ。このため、特定の主記憶アドレスは、キャッシュの特定のブロックに割り付けられる。N-ウェイ・セットアソシアティブキャッシュにおいては、それぞれのセットがN個のブロックを持っている。アドレスにより$S = B/N$セットの中から1つのセットを選ぶ。しかしデータはN個のブロックのうちどこに格納してもよい。フルアソシアティブキャッシュは、$S = 1$セットしか持っていない。データはセットの中のBブロックのどこに格納してもよい。すなわち、フルアソシアティブキャッシュは、B-ウェイ・セットアソシアティブキャッシュのことである。

キャッシュの構成を説明するため、私たちは32ビットアドレスと32ビットデータを持つARMメモリシステムを想定する。メモリはバイト単位でアドレスされ、各ワードは4バイトなので、メモリは2^{30}ワードがワード境界に並ぶことになる。私たちは単純にするため、8ワードの容量（C）を持つキャッシュを解析する。1ワードブロックサイズ（b）から始め、後で大きなブロックに一般化しよう。

ダイレクトマップキャッシュ

ダイレクトマップキャッシュは、それぞれのセットに1ブロックを格納する。このため、$S = B$セットで構成される。メモリアドレスをキャッシュにマッピングする方法を理解するため、キャッシュ同様、bワードブロックに分かれている主記憶を想定する。主記憶のブロック0のアドレスは、キャッシュのセット0に割り付けられる。主記憶のブロック1のアドレスは、キャッシュのセット1に割り付けられ、以下同様に主記憶のブロック$B-1$は、キャッシュのブロック$B-1$に割り付けられる。キャッシュにもうブロックの入る余地がなければ、マッピングはもとに戻って、主記憶のブロックBはキャッシュのブロック0に割り付けられる。

このダイレクトマップ方式を8セットの容量で1ワードのブロックサイズに適用した様子を図8.5に示す。キャッシュは8セットを持ち、それぞれが1ワードのブロックを格納する。ワードは境界にぴったり並んでいるので、アドレスの最小桁2ビットは常に00である。次の$\log_2 8 = 3$ビットは、メモリアドレスがマップされたセットを示す。このため、アドレス0x00000004, 0x00000024, ..., 0xFFFFFFE4のデータは、青色

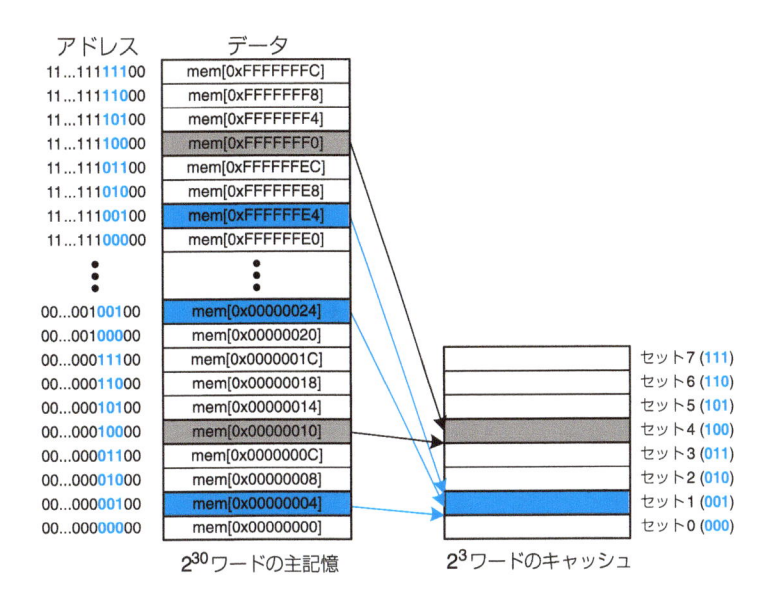

図8.5　主記憶のダイレクトマップ

で示すようにすべてセット1に割り付けられる。同じく、アドレス0x00000010, ..., 0xFFFFFFF0はすべてセット4に割り付けられ、以下も同様である。それぞれの主記憶のアドレスはキャッシュ中のただ1つのセットに割り付けられる。

例題8.4 キャッシュフィールド

図8.5に示したキャッシュでアドレス0x00000014のワードはどのキャッシュのセットに割り付けられるか。同じセットに割り付ける他のアドレスも示せ。

解法：ワードは境界にぴったり並んでいるので、アドレスの最小桁2ビット分は00である。次の3ビットは101であるため、このワードはセット5に割り付けられる。アドレス0x34, 0x54, 0x74, ..., 0xFFFFFFF4は同じセットにマップされる。

多くのアドレスが単一のセットに割り付けられるので、キャッシュはそれぞれのセットに実際にどのアドレスのデータが格納されているかを保持する必要がある。アドレスの下のほうのビットは、どのセットがデータを格納しているかを示す。残りの上位のビットは**タグ**と呼ばれ、多くの可能なアドレスのうちのどれがそのセットに格納されているかを示す。

例題8.4では、32ビットアドレスの最下位2ビットは**バイトオフセット**と呼ばれる。これは、ワードの中のバイトを示すからである。次の3ビットは**セットビット**と呼ばれる。これは、アドレスがマップされるセットを示すからである（一般的には、セットビット数は$\log_2 S$となる）。残りの27ビットのタグは、与えられたキャッシュセットにどのメモリアドレスのデータが格納されているかを示す。図8.6は、アドレス0xFFFFFFE4のキャッシュフィールドを示す。これはセット1にマップし、タグがすべて1の場合である。

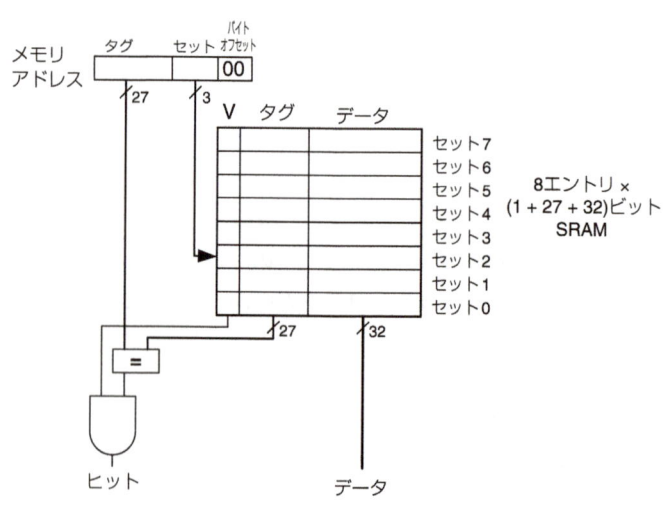

図8.7 8セットのダイレクトマップ

キャッシュは、8エントリのSRAMから構成されている。各エントリあるいはセットは、32ビットのデータ、27ビットのタグ、1ビットの有効ビットを持っている。キャッシュは32ビットのアドレスを使ってアクセスする。最下位の2ビット、バイトオフセットビットは、ワードアクセスでは無視される。次の3ビット、すなわちセットビットは、キャッシュのエントリまたはセットを示すのに用いる。ロード命令は、指定されたエントリをキャッシュから読み出し、タグと有効ビットをチェックする。タグとアドレス最上位27ビットが等しく、有効ビットが1の場合、キャッシュはヒットし、データがプロセッサに返される。そうでなければ、メモリシステムは主記憶からデータを取ってこなければならない。

例題8.6 ダイレクトマップキャッシュの時間的局所性

ループは、アプリケーションにおいて、時間的、空間的局所性の両方が生ずるもととなる。図8.7の8エントリのキャッシュを用い、次のARMアセンブリコードの無意味なループを実行した後のキャッシュの内容を示せ。キャッシュは、最初は空であると仮定せよ。ミス率はどうなるか。

```
        MOV R0, #5
        MOV R1, #0
LOOP    CMP R0, #0
        BEQ DONE
        LDR R2, [R1, #4]
        LDR R3, [R1, #12]
        LDR R4, [R1, #8]
        SUB R0, R0, #1
        B   LOOP
DONE
```

（図8.6のキャッシュフィールド説明）

メモリ アドレス
| 111 | ... | 111 | 001 | 00 |
タグ（FFFFFF）　セット（E）　バイトオフセット（4）

図8.6 0xFFFFFFE4を図8.5のキャッシュに割り付けた際のキャッシュフィールド

例題8.5 キャッシュフィールド

1024（2^{10}）セットを持ち1ワードのブロックサイズのダイレクトマップキャッシュに対するセットとタグビットの数を求めよ。アドレスサイズは32ビットである

解法：2^{10}のセットを持つキャッシュのためには$\log_2 2^{10} = 10$個のセットビットが必要である。アドレスの最下位2ビットはバイトオフセットで、残りの32 – 10 – 2 = 20ビットがタグを形成する。

コンピュータが最初に立ち上がったときなど、キャッシュ上にデータが全く存在しない場合がある。そこで、キャッシュはそのセットが意味のあるデータを持っているかどうかを示す有効ビットを使う。有効ビットが0であれば、中身は意味のないデータである。

図8.7は、図8.5のダイレクトマップキャッシュのハードウェアを示す。

解法：プログラムは5回繰り返すループを含んでいる。それぞれの反復は3つのメモリアクセス（ロード）を含み、結果として計15回のメモリアクセスを行う。ループ実行の最初の回では、キャッシュは空で、データは主記憶の0x4、0xC、0x8から取り込まれ（フェッチされ）、キャッシュのそれぞれ1、3、2セットに格納される。しかし、次の4回のループを実行する場合、データはキャッシュ中に見つかる。図8.8は、メモリアドレス0x4を最後に要求している際のキャッシュの様子を示す。上位27ビットのアドレスが0なので、タグはすべて0である。ミス率は3/15 = 20%となる。

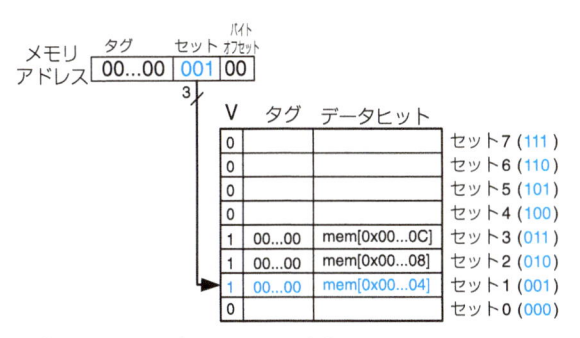

図8.8 ダイレクトマップキャッシュの中身

最近のアクセスアドレスの2つが、同じキャッシュブロックに割り付けられると、競合（コンフリクト）が発生し、新しくアクセスしたアドレスが、以前のアドレスをブロックから追い出す。ダイレクトマップキャッシュはそれぞれのセットに1つしかキャッシュを割り付けられない。次の例題8.7は競合を説明するものである。

例題8.7 キャッシュブロックの競合

図8.7に示す8ワードのダイレクトマップキャッシュで、以下のループを実行した場合、ミス率はどうなるか。

```
        MOV R0, #5
        MOV R1, #0
LOOP    CMP R0, #0
        BEQ DONE
        LDR R2, [R1, #0x4]
        LDR R3, [R1, #0x24]
        SUB R0, R0, #1
        B LOOP
DONE
```

解法：メモリアドレス0x4と0x24は両方ともセット1に割り付けられる。ループの最初の実行でアドレス0x4のデータはキャッシュのセット1にロードされる。それからアドレス0x24のデータがセット1にロードされ、アドレス0x4のデータを追い出す。ループの2回目の実行で、このパターンは繰り返し、キャッシュはアドレス0x4のデータを再取り込みし、アドレス0x24のデータを追い出す。2つのアドレスは競合し、ミス率は100%となる。

複数ウェイのセットアソシアティブキャッシュ

N-ウェイ・セットアソシアティブキャッシュは、それぞれのセットにNブロックを持ち、マッピングされたデータが見つかるようにすることで、競合を減らす。それぞれのメモリアドレスは、特定のセットに割り付けられるが、セットの中のNブロックの中のどこに割り付けても良い。このため、ダイレクトマップキャッシュの別名は1-ウェイ・セットアソシアティブキャッシュである。Nは**ウェイ数（連想度）** とも呼ばれる。

図8.9は、$C = 8$ワード、$N = 2$ウェイのセットアソシアティブキャッシュを示す。キャッシュはいまや8ではなく、$S = 4$セットしか持たない。このため、セットを選択するには3ビットではなく$\log_2 4 = 2$ビットのみ必要である。タグは27から28ビットに増加する。それぞれのセットは2ウェイあるいは連想度2である。それぞれのウェイは1データブロックと有効ビットとタグビットを持つ。キャッシュは両方のウェイからブロックを読み、タグと有効ビットをチェックしヒットかどうかを判定する。どちらかのウェイがヒットすれば、そのウェイからマルチプレクサがデータを選ぶ。

セットアソシアティブキャッシュは、一般的には同じ容量のダイレクトマップキャッシュよりも、競合が少ないことからミス率が低い。しかし、セットアソシアティブキャッシュは、マルチプレクサと比較器を付けたことで遅くなりいくらか高価になる。また、すべてのウェイがいっぱいのとき、どのウェイを入れ替えるのかという問いが浮かぶ。これは8.3.3節で取り扱おう。多くの商用システムはセットアソシアティブキャッシュを使っている。

例題8.8 セットアソシアティブキャッシュのミス率

図8.9に示す8ワード2-ウェイ・セットアソシアティブキャッシュを用いて例題8.7を繰り返せ。

解法：アドレス0x4、0x24両方のメモリアクセスはセット1に割り付けられる。しかし、キャッシュは2ウェイを持っているため、両方のアドレスのデータを格納できる。ループの最初の反復で、空のキャッシュは両方のアドレスをミスし、図8.10に示すようにセッ

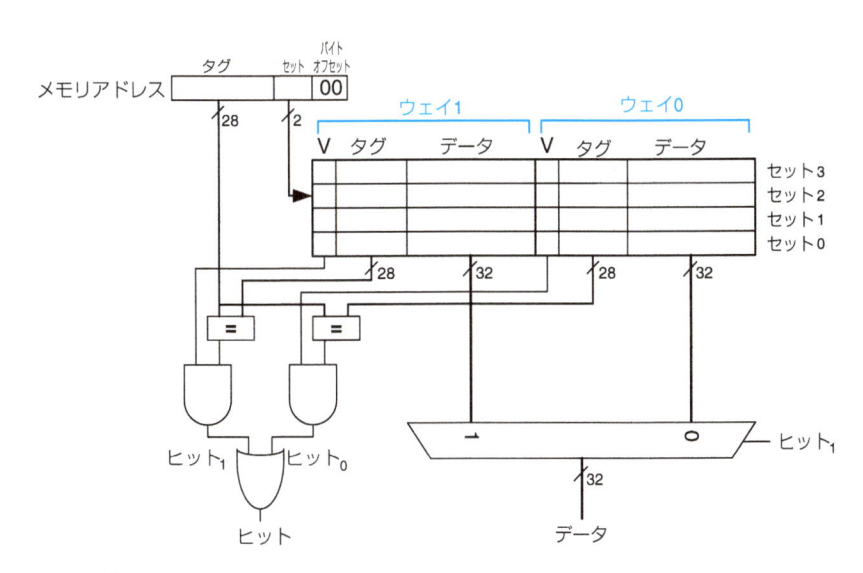

図8.9 2-ウェイ・セットアソシアティブキャッシュ

ト1の2ウェイの両方にデータを入れる。次の4回の反復でキャッシュはヒットする。このため、ミス率は2/10 = 20%となる。例題8.7の同じサイズのダイレクトマップキャッシュではミス率は100%であったことを思い出そう。

	ウェイ1			ウェイ0		
V	タグ	データ	V	タグ	データ	
0			0			セット3
0			0			セット2
1	00...00	mem[0x00...24]	1	00...10	mem[0x00...04]	セット1
0			0			セット0

図8.10　2-ウェイ・セットアソシアティブキャッシュの中身

フルアソシアティブキャッシュ

フルアソシアティブキャッシュは、Bウェイで、Bがブロック数となる単一セットのキャッシュである。メモリアドレスは、ブロックをこのウェイのどこにでもマップできる。フルアソシアティブキャッシュは、1セットのB-ウェイ・セットアソシアティブキャッシュのことである。

図8.11は8ブロックのフルアソシアティブキャッシュのSRAMアレイを示す。データの要求があると、8個のタグ比較（示していない）が行われるため、データはどのブロックにでも入ることができる。同様に、8:1マルチプレクサにより、ヒットが起きたデータを選ぶ。フルアソシアティブキャッシュは、容量が同じならば競合ミスは最も少ない。しかし、タグ比較を付け加えるため、最も大きなハードウェアとなる。比較器が巨大になるため、比較的小容量のキャッシュに適している。

ブロックサイズ

以前の例は、ブロックサイズが1ワードなので、時間的局所性だけを利用したといえる。空間的局所性を利用するために、キャッシュはいくつかの連続したワードを持つ大きなブロックを利用する。

ブロックサイズが1より大きいことの利点は、ミスが起きて1ワードをキャッシュに持ってきたとき、連続したワードを取って来ることができることである。このため、後続のアクセスが空間的な局所性によりヒットしやすくなる。しかし、大きなブロックサイズにするということはキャッシュサイズが固定の場合、ブロック数が少なくなる。これは競合ミスが多くなることを意味する。それ以上に、主記憶から1ワード以上を取ってくるため、ミスの後、ミスしたブロックを取ってくるのに時間がかかる。ミスしたブロックをキャッシュに取ってくるのに必要な時間をミスペナルティと呼ぶ。ブロックの連続したワードが後でアクセスされなかったら、取ってきたことは無駄となる。それにもかかわらず、大きなブロックサイズは実際のプログラムの多くで効果がある。

図8.12は、$b = 4$ワードのブロックサイズの$C = 8$のダイレクトマップキャッシュを示す。キャッシュはいまや$B = C/b = 2$ブロックしか持たない。ダイレクトマップキャッシュはそれぞれのセットに1ブロックを持つので、このキャッシュは、2セットから構成される。このため、$\log_2 2 = 1$ビットを、セットを選択するのに使う。ブロック中のワードを選択するのにマルチプレクサが必要である。このマルチプレクサは、アドレスの$\log_2 4 = 2$ビットのブロックオフセットによって制御される。ブロック全体に対して1つのタグが必要である。これは、ブロック内のワードは連続したアドレスが付いているからである。

次ページ図8.13は、図8.12のダイレクトマップキャッシュに、アドレス0x8000009Cがマップされる際のキャッシュフィールドを示す。バイトオフセットはワードアクセスでは常に0である。次の$\log_2 b = 2$ビットのブロックオフセットは、ブロック内のワードを示す。次のビットはセットを示す。残りの27ビットはタグである。このため、ワード0x8000009Cはセット1にマップされ、キャッシュ中のワード3となる。大き

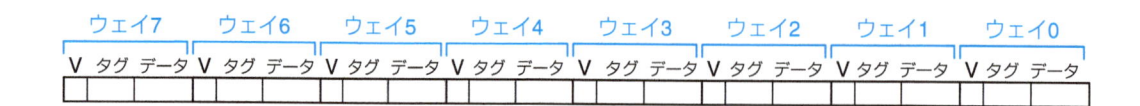

図8.11　8ブロックのフルアソシアティブキャッシュ

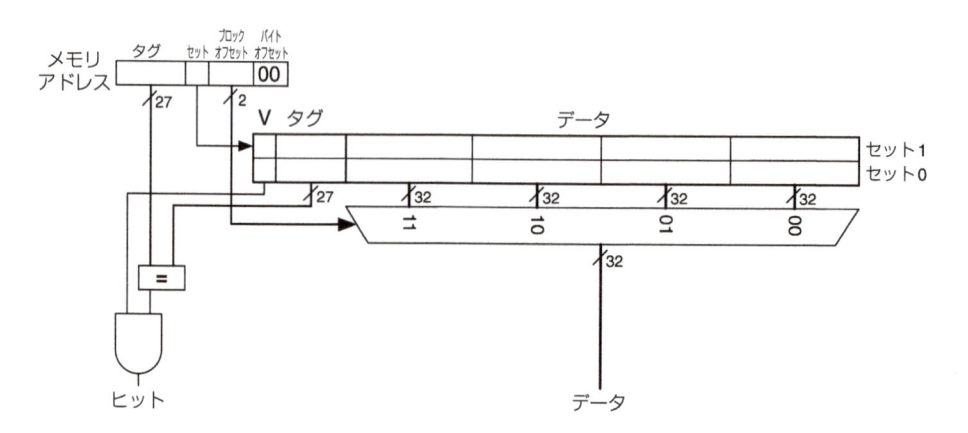

図8.12　2つのセットと4ワードのブロックサイズを持つダイレクトマップキャッシュ

なブロックを使って空間的局所性を利用するという方針は、アソシアティブキャッシュにも適用される。

図8.13 アドレス0x8000009Cを図8.12のキャッシュに割り付けたときのキャッシュフィールド

例題8.9 ダイレクトマップキャッシュの空間局所性

4ワードブロックサイズの8ワードのダイレクトマップキャッシュで、例題8.6を再び解いてみよ。

解法：下図の図8.14は最初のメモリアクセス後のキャッシュの中身を示す。ループの最初の反復でキャッシュはミスし、主記憶のアドレス0x4にアクセスする。このアクセスはアドレス0x0から0xCまでのデータをキャッシュブロックに持ってくる。すべての連続したアクセス（アドレス0xCに示す）はキャッシュ内でヒットする。このためミス率は1/15 = 6.67%となる。

まとめの実例

キャッシュは2次元アレイとして構成される。行はセット、列はウェイである。アレイのそれぞれのエントリは、データブロックと関連する有効ビットとタグビットから成る。キャッシュは以下の3つによって特徴付けられる。

▶ 容量C
▶ ブロックサイズb（およびブロック数$B = C/b$）
▶ 1つのセット内のブロック数（N）

表8.2は、さまざまなキャッシュの構成をまとめる。メモリのそれぞれのアドレスは、1つのセットに割り付けられるが、ウェイのどこに格納されてもよい。通常、キャッシュの容量、ウェイ数、セットサイズ、ブロックサイズは2のべき乗で構成される。このため、キャッシュのフィールド（タグ、セット、ブロックオフセットビット）は、アドレスビットの一部となる。

表8.2 キャッシュ構成

構成	ウェイ数（N）	セット数（S）
ダイレクトマップ	1	B
セットアソシアティブ	$1 < N < B$	B/N
フルアソシアティブ	B	1

ウェイ数Nを大きくすると、通常、競合に起因するミスが減る。しかしセット数が大きくなるとタグの比較器がたくさ

ん必要になる。ブロックサイズbを大きくすると、空間的な局所性が利用でき、ミス率が小さくなる。しかし、キャッシュのサイズが固定されている場合は、セットの数が少なくなり、競合を起こしやすい。また、ミスペナルティが大きくなる。

8.3.3 どのデータを置き換えるか？

ダイレクトマップキャッシュでは、それぞれのアドレスを単一のブロックとセットに割り付ける。新しいデータをロードしなければならない際にセットがいっぱいである場合、そのセットのブロックが新しいデータと入れ替えられる。セットアソシアティブとフルアソシアティブキャッシュでは、キャッシュセットがいっぱいである場合、どのブロックを追い出すかを決める必要がある。時間的局所性の原則によると、最近一番使われていないブロックは、すぐに再びアクセスされることがありそうもなく、これを追い出しの対象として選ぶことが最善である。このため、多くのアソシアティブキャッシュは、最近一番使われていないものを追い出す**LRU**（Least Recently Used）方式を使っている。

2-ウェイ・セットアソシアティブキャッシュでは、利用ビットUがセット内のどちらかのウェイが最近利用されていないかを示す。各ウェイが利用されるごとに、Uは別のほうを示すように設定される。2ウェイ以上のセットアソシアティブキャッシュでは、最近一番使われていないセットを追跡するのは複雑になる。この問題を簡単にするため、ウェイを2つのグループに分けて、Uは**最近使われていないグループ**を示すようにすることがよくある。置き換え時に、新しいブロックはグループ内のブロックをランダムに入れ替える。この方式は**疑似LRU**と呼ばれ、実用的には十分うまく働く。

例題8.10 LRU置き換え

8ワード2-ウェイ・セットアソシアティブキャッシュにおいて、以下のコードを実行した後の様子を示せ。LRU置き換え、1ワードブロックサイズを仮定し、最初はキャッシュが空であるとせよ。

```
MOV R0, #0
LDR R1, [R0, #4]
LDR R2, [R0, #0x24]
LDR R3, [R0, #0x54]
```

解法：次ページの図8.15（a）に示すように最初の2つの命令で、メモリアドレス0x4と0x24がキャッシュのセット1に格納される。利用ビット$U = 0$により、ウェイ0のデータが最近用いられていないことになる。次のメモリアドレスは、アドレス0x54に対するもので、これもセット1にマップされており、図8.15（b）に示すように

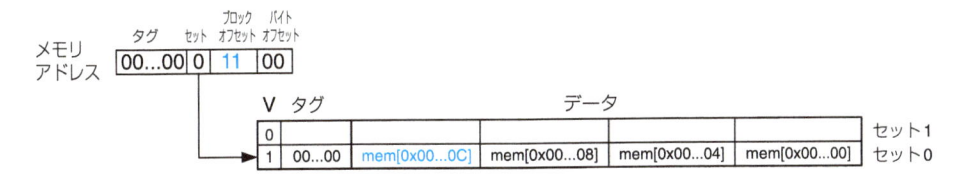

図8.14 ブロックサイズ（b）が4ワードのキャッシュの中身

最近使われていないウェイ0を置き換える。利用ビットUは、ウェイ1が最近使われていないことを示すために1となる。

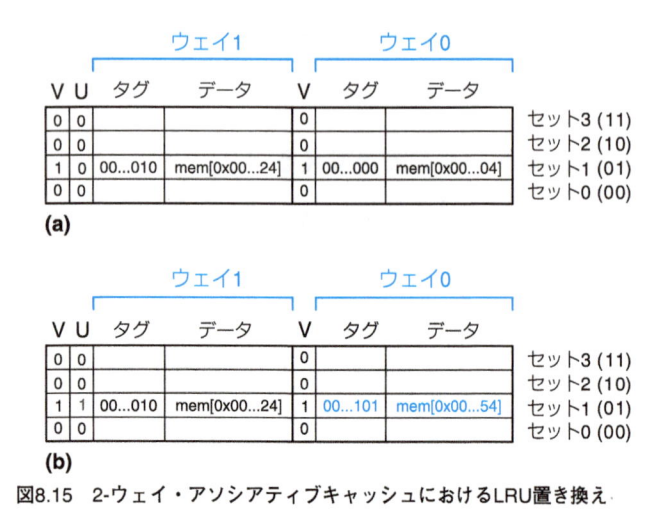

(a)

(b)

図8.15 2-ウェイ・アソシアティブキャッシュにおけるLRU置き換え

8.3.4 先進的なキャッシュ設計*

最近のシステムは、メモリアクセス時間を減らすため、複数レベルのキャッシュを利用する。この節は、2レベルキャッシュシステムの性能を探り、ブロックサイズ、ウェイ数、キャッシュ容量がどのようにミス率に影響するかを見ていく。また、この節では、キャッシュがライトスルーまたはライトバック方式を使って、どのようにストアあるいは書き込みを扱うかを示す。

複数レベルキャッシュ

大きなキャッシュは、アクセスしようとするデータを保持している可能性が高く、このためミス率が低くなりやすい点が有利である。しかし、大きなキャッシュは小さなキャッシュより遅くなりやすい。最近のシステムは少なくとも図8.16に示す2レベルキャッシュを用いることが多い。

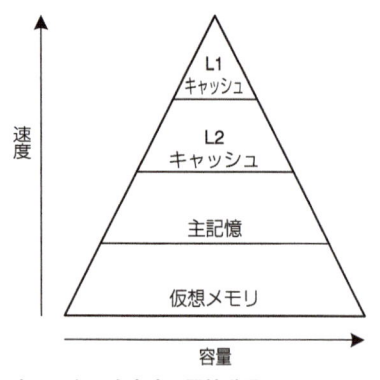

図8.16 2レベルキャッシュを有する記憶階層

最初のレベル（L1）のキャッシュは1または2サイクルのアクセス時間で動けるほど小さくできている。2番目のレベル（L2）のキャッシュは、やはりSRAMで作られているが、L1キャッシュより大きく、このため遅い。プロセッサは、最初にL1キャッシュにデータを探しに行く。L1キャッシュがミスすればプロセッサはL2キャッシュを探す。L2キャッシュがミスすると、プロセッサは、主記憶からデータを取ってくる。最近のシステムは、主記憶のアクセスが大変遅いため、もっ

と多くのレベルのキャッシュを付け加えるものが多い。

例題8.11　L2キャッシュを持つシステム

図8.16のシステムでL1キャッシュ、L2キャッシュ、主記憶のアクセス時間がそれぞれ1、10、100サイクルであるとする。L1とL2のミス率がそれぞれ5%と20%である。すなわち、L1キャッシュのアクセスの5%がミスし、さらにその中の20%がL2キャッシュをミスする。平均メモリアクセス時間（AMAT）はどうなるか。

解法：各メモリアクセスはL1キャッシュをチェックする。L1キャッシュがミスするとき（5%の場合）、プロセッサはL2キャッシュをチェックする。L2キャッシュがミスするとき（20%の場合）、プロセッサは主記憶からデータを取ってくる。式(8.2)を用いると、メモリアクセス時間を以下のように計算することができる。

1サイクル + 0.05 × [10サイクル + 0.2 ×（100サイクル）]

= 2.5サイクル

L2ミス率は、L1キャッシュをミスした「厄介な」メモリアクセスだけが来るため、高くなってしまう。すべてのアクセスが直接L2キャッシュに対するものであれば、L2ミス率はおよそ1%となるだろう。

ミス率を減らす

キャッシュミスは容量、ブロックサイズ、ウェイ数を変えて減らすことができる。ミス率を減らす第一歩は、ミスの原因を理解することである。ミスは、初期化（必須）、容量、競合に分類される。あるキャッシュブロックに対する最初の要求は、**初期化（必須）ミス**と呼ばれる。キャッシュの設計がどうあろうとそのブロックは読み出さなければならない。**容量ミス**はキャッシュが現在利用するデータをすべて格納するには小さすぎるときに生じる。**競合ミス**は、複数のアクセスが同じセットにマップされ、まだ必要とされるブロックを追い出す際に生じる。

キャッシュパラメータを変えることは、1つまたは複数のタイプのキャッシュミスに影響を与える。例えば、キャッシュの容量を大きくすると、競合ミスと容量ミスを減らすことができるが、初期化ミスには関係ない。一方、ブロックサイズを大きくすると（空間的な局所性により）初期化ミスが減るが、実際には（より多くのアドレスが同じセットにマップされ競合を引き起こすかもしれないから）競合ミスを「増やす」かもしれない。

メモリシステムは相当複雑であるため、性能を評価する最善の方法は、キャッシュのパラメータを変えてベンチマークを動かすことである。次ページ図8.17は、SPEC2000ベンチマークで、さまざまなウェイ数に対してキャッシュサイズを変えてミス率をプロットしたものである。このベンチマークでは、初期化ミスは小さく、x軸近くの黒い領域で表される。期待した通り、キャッシュのサイズが大きくなれば容量ミスは減る。ウェイ数を大きくすることは、特に小さいキャッシュでは、曲線の上のほうに示される競合ミスが減る。ウェイ数を4から8にしてもミス率は少ししか減少しない。

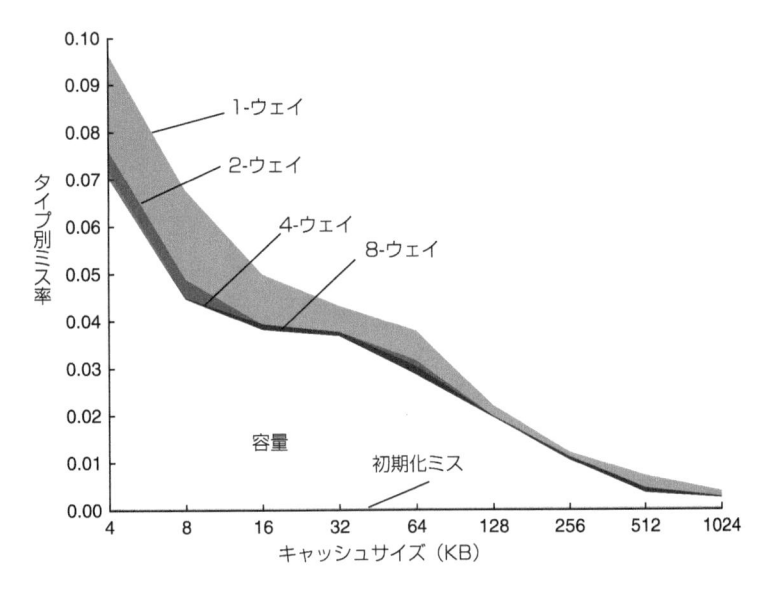

図8.17 SPEC2000ベンチマークによるキャッシュミス率とウェイ数
（Hennessy & Patterson: *Computer Architecture: A Quantitative Approach*, 5th edition, Morgan Kaufmann, 2012より許可を受けて改変）

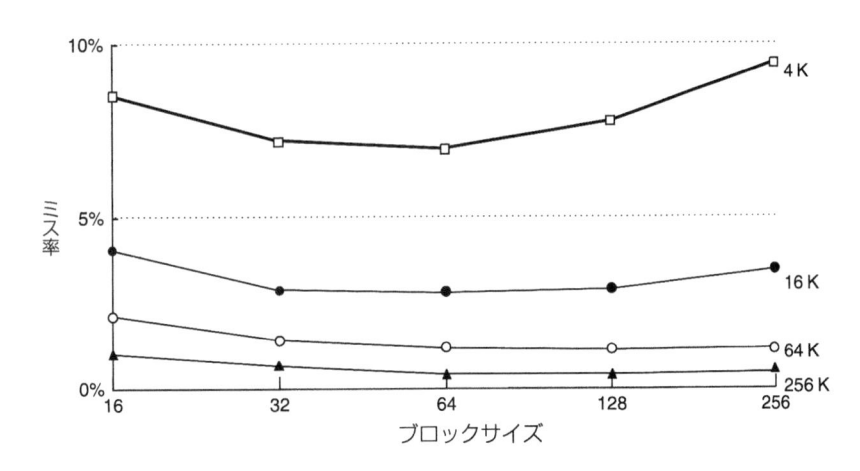

図8.18 SPEC2000ベンチマークによるミス率対ブロックサイズとキャッシュサイズ
（Hennessy & Patterson: *Computer Architecture: A Quantitative Approach*, 5th edition, Morgan Kaufmann, 2012より許可を受けて改変）

先に述べたように、ミス率は、ブロックサイズを大きくして空間的局所性を利用しても減らすことができる。しかし、ブロックサイズが大きくなると、一定のサイズのキャッシュにおけるセット数は減少し、これによって競合の可能性が大きくなる。図8.18は、ミス率とブロックサイズの関係を、さまざまなキャッシュの容量に対して示す。4 KBなどの小さなキャッシュでは、ブロックサイズが64バイトより大きくなると、競合ミスにより、ミス率が「増加」してしまう。大きなキャッシュにおいてはブロックサイズを大きくしてもミス率は変化しなくなる。しかし、大きなブロックサイズは、ミスペナルティが大きくなる（すなわち、1回のミスによってミスしたブロックを主記憶から持ってくるのに要する時間を増やす）ので、実行時間を増やしてしまう可能性がある。

書き込み方式

これより以前の節は、メモリの読み出しに焦点を当てていた。メモリのストアまたは書き込みは、ロードと同様の手続きに従う。メモリのストアに際して、プロセッサはキャッシュをチェックする。キャッシュがミスすれば、そのキャッシュブロックを主記憶から取ってきて、そのブロックの中の該当するワードに書き込む。キャッシュがヒットすれば、そのワードを単純にそのキャッシュブロックに書き込む。

キャッシュはライトスルーとライトバックのどちらかに分類される。ライトスルーキャッシュでは、データはキャッシュブロックと同時に主記憶にも書き込まれる。ライトバックキャッシュでは、それぞれのキャッシュブロックに**ダーティビットD**を付加する。Dが1ならば、キャッシュブロックは書き込み済みで、0ならばそうでない。ダーティなキャッシュブロックは、それがキャッシュから追い出されるときに、主記憶に書き戻される。ライトスルーキャッシュはダーティビットを必要としないが、通常は、主記憶への書き込み要求がライトバックキャッシュよりも多くなる。最近のキャッシュは、主記憶のアクセス時間が大変長いことから、通常はライトバックを使っている。

例題8.12 ライトスルー対ライトバック

1ブロック4ワードのサイズのキャッシュを想定する。下のコードの要求するメモリアクセスは、それぞれの書き込み方式：ライトスルーとライトバックにおいてどのようになるか。

```
MOV R5, #0
STR R1, [R5]
STR R2, [R5, #12]
STR R3, [R5, #8]
STR R4, [R5, #4]
```

解法：4つのストア命令はすべて同じキャッシュブロックに書き込みを行う。ライトスルーキャッシュを用いると、それぞれのストア命令は主記憶に1ワードを書き込み、メモリ書き込みが4回となる。ライトバック方式はダーティキャッシュブロックが追い出される際に、1回だけ主記憶アクセスが必要となる。

8.3.5 ARMキャッシュの進歩*

表8.3は、1985年から2012年までのARMプロセッサのキャッシュ構成の進歩を辿っている。大きな流れは、マルチレベルキャッシュの導入、キャッシュ容量の大型化、L1キャッシュでの命令とデータの分離である。この傾向は、CPUの動作周波数と主記憶の速度の格差の拡大と、トランジスタのコストの低下が主な要因になっている。CPUとメモリの速度差の拡大は、主記憶がボトルネックになることを避けるためにミス率を下げる必要がある。また、トランジスタのコストの低下によりキャッシュのサイズを大きくすることができる。

表8.3 ARMキャッシュの進歩

年	CPU	MHz	L1キャッシュ	L2キャッシュ
1985	ARM1	8	なし	なし
1992	ARM6	30	4 KB統合型	なし
1994	ARM7	100	8 KB統合型	なし
1999	ARM9E	300	0〜128 KB, I/D	なし
2002	ARM11	700	4〜64 KB, I/D	0〜128 KB, off-chip
2009	Cortex-A9	1000	16〜64 KB, I/D	0〜8 MB
2011	Cortex-A7	1500	32 KB, I/D	0〜4 MB
2011	Cortex-A15	2000	32 KB, I/D	0〜4 MB
2012	Cortex-M0+	60〜250	なし	なし
2012	Cortex-A53	1500	8〜64 KB, I/D	128 KB〜2 MB
2012	Cortex-A57	2000	48 KB I / 32 KB D	512 KB〜2 MB

8.4 仮想メモリ

最近のコンピュータのほとんどでは、ハードディスク（ハードドライブとも呼ばれる）が記憶階層の最も低いレベルである（図8.4参照）。大きく高速で安い理想のメモリと比べると、ハードディスクは大きくて安いが、ひどく遅い。ディスクは、コスト性能比に優れた主記憶（DRAM）が提供できるものに比べても、ずっと大きな容量を持つことが可能である。しかし、メモリアクセスの無視できない部分がディ

スクによって占められるとしたら、性能は壊滅的になる。PCで多くのプログラムを一度に動かし過ぎた場合、このような状況が生じる。

図8.19は、ケースの蓋を取った**ハードディスク**を示す。名前が示すように、ハードディスクは、1つまたは複数の**プラッター**とも呼ばれる固定ディスクを持ち、そのそれぞれに対して、細長い三角形のアームが用意され、その先には**読み/書き用のヘッド**が付いている。ヘッドはディスクの所定の場所に移動し、ディスクの回転とともに直下の磁気データを読み書きする。ヘッドは、ディスク上の正しい位置に移動するため、数ミリ秒のシークが必要である。これは、人の体感では短いが、プロセッサに比べると100万倍遅い。

図8.19 ハードディスク

ハードディスクドライブは徐々にSSDに置き換えられつつある。これは、SSDの方が読み出しが一桁速い（図8.4参照）ことと、機械的故障の心配がないことによる。

ハードディスクを記憶階層に加えるのは、膨大な安価なメモリがあるように見せ、それでも大多数のアクセスが高速で行える技術にある。128 MBしかDRAMを持たないコンピュータでも、ハードディスクを使えば、実質上、例えば2 GBのメモリを持っているようにすることができる。大きいほうの2 GBを**仮想メモリ**と呼び、小さいほうの128 MBを**物理メモリ**と呼ぶ。「物理メモリ」という言葉はこの節では主記憶を指すものとして使うことにする。

> 32ビットアドレスのコンピュータは、最大2^{32}バイト = 4 GBのメモリをアクセスできる。64ビットコンピュータは、もっと大きなメモリをアクセスでき、これが64ビットへの移行の動機となっている。

プログラムは仮想メモリのどの場所でもアクセスできる。ということは、仮想メモリにアクセスするためのアドレスである**仮想アドレス**が必要になる。物理メモリは、最近アクセスした仮想メモリのサブセットを持つ。すなわち、物理メモリは仮想メモリのキャッシュとして働く。このため、大多数のアクセスは物理メモリにヒットし、DRAMの速度で行われるが、プログラムはより大きな仮想メモリの容量を享受できる。

仮想メモリシステムは、8.3節に述べたキャッシュと同じ原理に対して、違った用語を使う。表8.4に類似の用語をまとめてある。

表8.4 キャッシュと仮想メモリの用語の対応

キャッシュ	仮想メモリ
ブロック	ページ
ブロックサイズ	ページサイズ
ブロックオフセット	ページオフセット
ミス	ページフォールト
タグ	仮想ページ番号

仮想メモリは、多くの場合は4 KBである**仮想ページ**に分割される。物理メモリは同じ大きさの**物理ページ**に分割されることが多い。仮想ページは、物理メモリ（DRAM）上にあっても良いし、ディスク上にあっても良い。例えば図8.20は物理メモリより大きな仮想メモリを示す。それぞれの四角形はページを示している。仮想ページのあるものは物理メモリ上に存在し、あるものはディスク上に存在する。仮想アドレスから物理アドレスを決める手続きを**アドレス変換**と呼ぶ。プロセッサが物理メモリ上に存在しない仮想メモリにアクセスしようとすると、**ページフォールト**が起き、OSがハードディスクから物理メモリにページを持ってくる。

競合によるページフォールトを防ぐため、仮想ページと物理ページのマッピングはフルアソシアティブキャッシュと同じく自由にできるようにする。今までのフルアソシアティブキャッシュの中で、それぞれのキャッシュブロックは、タグと、上位アドレスビットを比較する比較器を持ち、要求がブロックにヒットするかどうかをチェックした。仮想メモリシステムも同じく、それぞれの仮想ページを物理ページに割り付けるため、タグと上位仮想アドレスビットを照合する比較器が必要である。

現実的な仮想メモリシステムは、大変多くの物理ページを持っているので、それぞれのページに比較器を持つと極めて高価になる。その代わりに、仮想メモリシステムは、アドレス変換を行うためにページ表（Page Table）を用いる。ページ表は、それぞれの仮想ページのエントリを持ち、アドレス変換を行う。ページ表は、各仮想ページに対してエントリを持ち、物理メモリのどこにそれがあるのか、あるいはそれが

ディスク上にあるのかを保持する。各ロードまたはストア命令は、まずページ表アクセスが必要で、それから物理メモリのアドレスのアクセスを行う。ページ表アクセスにより、プログラムが利用する仮想アドレスを物理アドレスに変換する。それから、その物理アドレスを使ってデータを読み書きする。

ページ表は、通常、非常に大きいので物理メモリに置く。このため、それぞれのロードまたはストアには、ページ表アクセスとデータアクセスの2回の物理メモリへのアクセスが必要となる。アドレス変換を高速化するため、最近用いられたページ表エントリをキャッシュするTLB（Translation Look-aside Buffer、アドレス変換バッファ）が用いられる。この節の残りは、アドレス変換、ページ表、TLBについて詳述する。

8.4.1 アドレス変換

仮想メモリを持つシステムでは、プログラムは仮想アドレスを使うので、巨大なメモリにアクセスすることができる。コンピュータは、仮想アドレスを変換して、物理メモリ上にアドレスを見つけるか、あるいはページフォールトを起こしてデータをハードディスクから取って来なければならない。

仮想メモリと物理メモリがページに分割されていることを思い出してもらいたい。仮想アドレスあるいは物理アドレスの上位ビットは**ページ番号**である。下位ビットは、ページ内のワードを特定し、これを**ページオフセット**と呼ぶ。

次ページの図8.21に2 GBの仮想メモリと128 MBの物理メモリが4 KBのページに分割されている様子を示す。ARMは32ビットのアドレスに適合している。2 GB = 2^{31}バイトの仮想メモリでは、31ビットの仮想アドレスのみが用いられ、32ビット目は常に0である。同様に、128 MB = 2^{27}バイトの物理アドレスが用いられ、上位5ビットは常に0である。

ページサイズは、4 KB = 2^{12}バイトなので$2^{31}/2^{12} = 2^{19}$の仮想ページと$2^{27}/2^{12} = 2^{15}$の物理ページがあることになる。すなわち仮想と物理ページ番号は19ビットと15ビットである。物理メモリは任意の時点で、仮想メモリの1/16しか持っていない。残りの仮想ページはディスク上にある。

図8.21では、仮想ページ5が物理ページ1にマッピングされている。仮想ページ0x7FFFは物理ページ0x7FFEにマップされている、等々、以下同様。例えば仮想アドレス0x53F8（仮

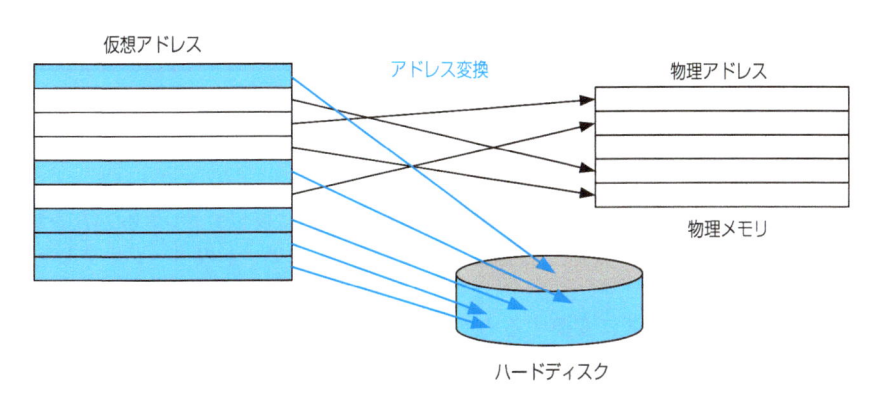

仮想アドレス　　アドレス変換　　物理アドレス

物理メモリ

ハードディスク

図8.20　仮想メモリのページと物理メモリのページ

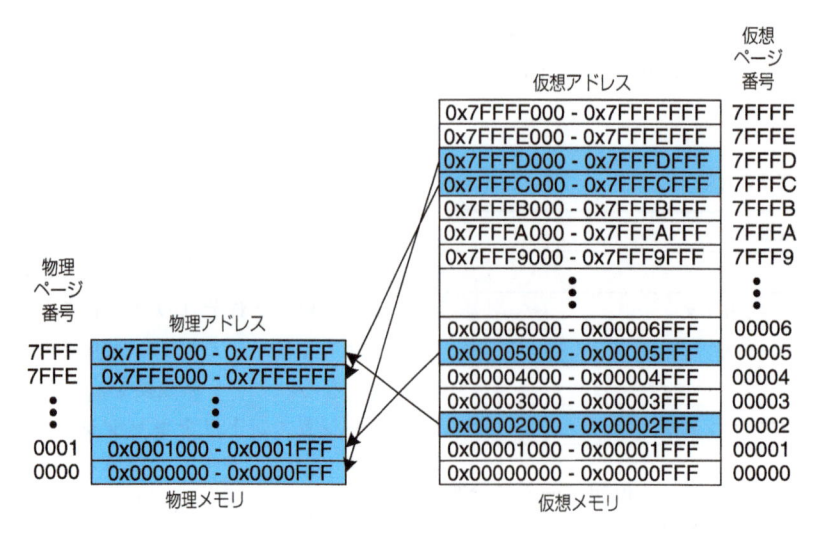

図8.21　物理ページと仮想ページ

想ページ5中のオフセット0x3F8）が物理アドレス0x13F8に
マップされる（オフセットは物理ページ1中のオフセット
0x3F8）。仮想アドレスと物理アドレスの下位12ビットは同じ
（0x3F8）で、仮想ページあるいは物理ページ内のオフセッ
トを指定する。ページ番号部分だけ仮想アドレスから物理ア
ドレスを変換する必要がある。

　図8.22は、仮想アドレスから物理アドレスへの変換を解説
している。下位12ビットはページオフセットを示し、変換の
必要はない。上位19ビットは**仮想ページ番号（VPN）**であ
り、これが15ビットの**物理ページ番号（PPN）**に変換され
る。次の2つの節ではページ表とTLBを使ってアドレス変換を
行う方法について述べる。

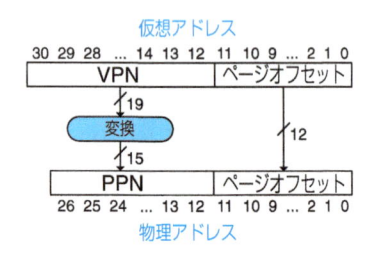

図8.22　仮想アドレスから物理アドレスへの変換

例題8.13　仮想アドレスから物理アドレスへの変換

　図8.21に示す仮想メモリを用いて、仮想アドレス0x247Cの物理
アドレスを見つけよ。

解法：12ビットのページオフセット（0x47C）は変換する必要がな
い。仮想アドレスの残りの19ビットは、仮想ページ番号となる。
すなわち、仮想アドレス0x247Cは仮想ページ0x2番となる。図8.21
中では、仮想ページ0x2は物理ページ0x7FFFにマップされてい
る。このため、仮想アドレス0x247Cは物理アドレス0x7FFF47Cに
マップされることになる。

8.4.2　ページ表

　プロセッサは、仮想アドレスを物理アドレスに変換するの
にページ表を用いる。ページ表はそれぞれの仮想ページに対
してエントリを持っていることを思い出してほしい。このエ

ントリは仮想ページ番号と有効ビットを持っている。有効
ビットが1ならば仮想ページはエントリ中に記述された物理
ページにマップされる。そうでなければ、仮想ページはディ
スク上にあることになる。

　ページ表は非常に大きいので、物理メモリに置かれる。こ
れが図8.23に示す連続した配列に格納されていると仮定す
る。このページ表は図8.21に示したメモリシステムのマッピ
ング情報を保持している。ページ表は、物理ページ番号
（VPN）により参照される。例えば、エントリ5は、仮想
ページ5であり、物理ページ1にマップされる。エントリ6は無
効（V = 0）であり、仮想ページ6はディスク上にある。

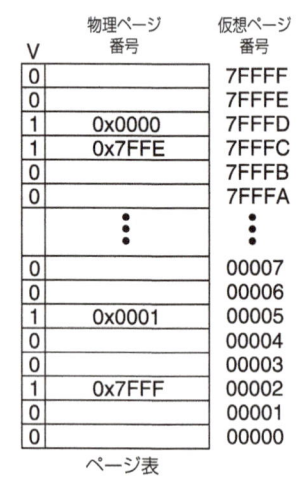

図8.23　図8.21のためのアドレス変換

例題8.14　ページ表を用いたアドレス変換

　図8.23に示すページ表上で、仮想アドレス0x247Cの物理アドレ
スを見つけよ。

解法：図8.24に仮想アドレス0x247Cを物理アドレスに変換する様
子を示す。12ビットのページオフセットは、変換する必要はな
い。仮想アドレスの残りの19ビットは仮想ページ番号0x2であり、
ページ表のインデックスとなる。ページ表は仮想ページ0x2を物理
ページ0x7FFFにマップする。このため、仮想アドレス0x247Cは物
理アドレス0x7FFF47Cにマップされる。下位12ビットは物理アド

レスと仮想アドレスで同じである。

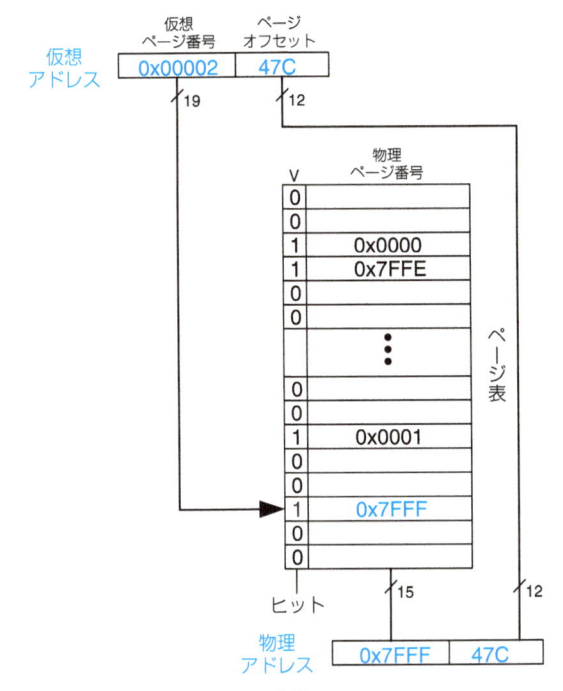

図8.24 ページ表を用いたアドレス変換

ページ表は、OSが認識できれば物理メモリのどこにおいてもよい。プロセッサは、**ページ表レジスタ**と呼ぶ専用レジスタを持っており、ここにページ表の物理メモリ上のベースアドレスを保持している。

ロードまたはストアを実行するために、プロセッサはまず仮想アドレスを物理アドレスに変換し、物理アドレス上でデータにアクセスする。プロセッサは仮想ページ番号を仮想アドレスから取り出し、ページ表レジスタの内容に加え、ページ表エントリの物理アドレスを見つける。次に、プロセッサは、物理メモリからページ表エントリを読み出し、物理ページ番号を得る。エントリが有効であれば、物理ページ番号とページオフセットをくっつけて物理アドレスを生成する。最後に、物理アドレスでデータの読み書きをする。ページ表は、物理メモリ上に格納されるため、ロードやストア1回

につき、物理メモリへのアクセスを2回行うことになる。

8.4.3 アドレス変換バッファ

仮想メモリは、ページ表読み出しがそれぞれのロードとストアについて必要であるならば、性能に大きな影響を与えてしまう。つまり、ロードとストアの遅延が2倍になってしまう。幸いにして、ページ表アクセスは強い時間的局所性を持っている。データアクセスの時間的局所性と空間的局所性、およびページサイズが大きいということは、多数の連続したロードとストアが同じページを参照しやすいということを意味する。それゆえ、プロセッサが最後のページ表エントリを覚えていれば、たぶん、ページ表を再読み出ししなくてもよい。一般的には、プロセッサは、最近読んだいくつかのページ表エントリを**アドレス変換バッファ**（Translation Lookaside Buffer: **TLB**）と呼ぶ小規模なキャッシュ上に保持しておくことができる。プロセッサは、物理メモリ上のページ表アクセスを行う前に、TLB上を横目でながめ（lookaside）、変換が可能かどうかを調べる。実際のプログラムでは大部分のアクセスがTLBにヒットし、時間のかかる物理メモリ上からのページ表読み出しを避けることができる。

TLBはフルアソシアティブキャッシュで構成されており、16から512エントリを保持している。それぞれのTLBは仮想ページ番号と対応する物理ページ番号を持つ。TLBは仮想ページ番号でアクセスする。TLBがヒットすれば対応する物理ページ番号を返す。そうでなければプロセッサは、物理メモリ上のページ表を読まなければならない。TLBは1サイクル以内でアクセスできる程度に小さくなければならない。TLBは、大部分のロードとストア命令で、要求されるメモリアクセスの数を2から1へ減らす。

例題8.15 TLBを用いたアドレス変換の実行

図8.21の仮想メモリシステムを想定しよう。2つのエントリを持つTLBを使いなさい。そうでないと、仮想アドレス0x247Cと0x5FB0を物理アドレスに変換するのにページ表アクセスが必要と

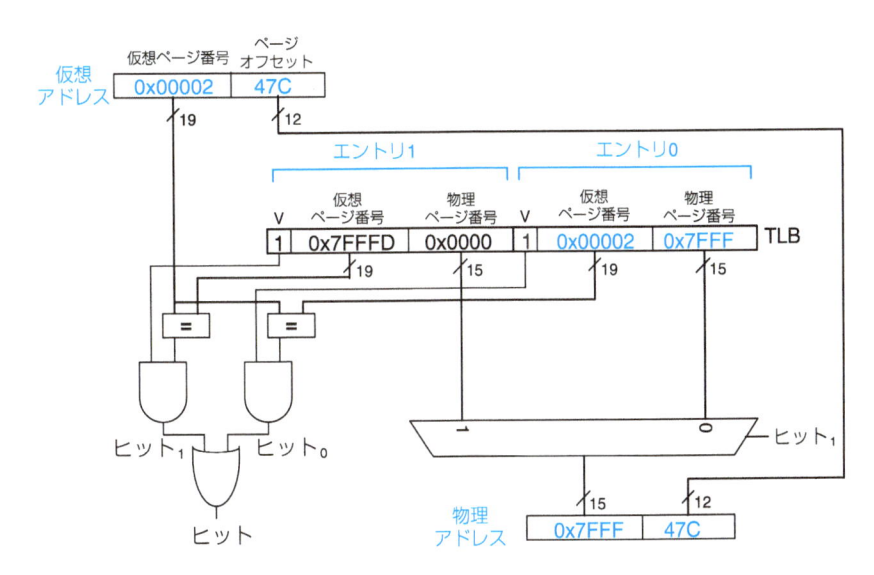

図8.25 2エントリのTLBを用いたアドレス変換

なってしまう。この理由を説明せよ。TLBは現在仮想ページ2から0x7FFFDの有効な変換を保持している。

解法：図8.25は2エントリのTLBが仮想アドレス0x247Cの要求に対処する様子を示す。TLBは仮想ページ番号2を入力アドレスから取り出し、それぞれのエントリの仮想ページ番号と比較する。エントリ0がこれに照合し、有効であるので、この要求はヒットしたことが分かる。物理アドレスへの変換は、照合したエントリの物理ページ番号0x7FFFを得て、仮想アドレスのページオフセットをくっつける。いつも通り、ページオフセットは変換しない。

仮想アドレス0x5FB0に対する要求はTLBをミスする。このため要求は変換を行うためにページ表に送られる。

8.4.4 記憶保護

この節のここまでは、仮想メモリを高速で安価で巨大なメモリを装備するために使うことに焦点を当てた。仮想メモリを利用する理由で、それと同じくらい重要なことは、現在走っている複数のプログラム間の保護を行うことである。

たぶんご存知の通り、最近のコンピュータでは、すべてのプログラムが物理メモリ上に同時に存在しながら、複数のプログラムまたは**プロセス**を同時に走らせる。ちゃんと設計されたコンピュータシステムでは、プログラムは互いにあるものが他のものを破壊したりハイジャックしたりしないように保護をする必要がある。特に、あるプログラムは他のプログラムのメモリ領域を許可なしにアクセスすることはできない。これが**記憶保護**である。

仮想メモリシステムは、記憶保護をそれぞれのプログラムが独自の仮想アドレス空間を持つことで実現している。それぞれのプログラムは、**仮想アドレス空間**上で欲しいだけの量のメモリを使うことができる。しかし、仮想アドレス空間は一時にその一部のみが物理メモリ上に存在する。それぞれのプログラムは、その仮想アドレス空間の全体を、他のプログラムが物理的に割り付けられている場所を気にしないで使うことができる。しかし、あるプログラムは、ページ表に登録された物理ページだけにしかアクセスできない。この方法で、プログラムは他のプログラムの物理ページを、誤りや悪意でアクセスすることができなくなっている。すなわち、ページ表中に物理アドレスが存在しないためである。複数のプログラムが共通の命令またはデータにアクセスする場合もある。OSは、それぞれのページ表エントリに制御ビットを付けることにより、ある特定のプログラム、時にはすべてのプログラムが、共有物理ページに書き込むことができるかどうかを示す。

8.4.5 置き換え方式*

仮想メモリシステムは、ライトバックと疑似LRU置き換え方式を用いている。ライトスルー方式は、すべての物理メモリに対する書き込みがディスクへ書き込みを行うため、実用的ではない。書き込み命令がプロセッサのスピードでなく、ディスクのスピードで行われることになってしまう（ナノ秒でなくミリ秒）。ライトバック方式では、物理ページは物理メモリから追い出されるときのみディスクに書き戻される。物理ページをディスクに書き戻し、違った仮想ページを読み込むことを**ページング**と呼ぶ。このため、仮想メモリシステムで用いるディスク領域を**スワップ領域**と呼ぶ。プロセッサは、ページフォールトが起きた際、最近最もアクセスされていないページの1つをスワップ（ページアウト）し、足りない仮想ページと入れ替える。この置き換え方式を実現するため、それぞれのページ表エントリは、2つの追加の状態ビット、ダーティビットDと利用ビットUを持っている。

ダーティビットは、物理ページがディスクから読み出されてはじめて、ストア命令がそれを変更した際1になる。物理ページがページアウトされたとき、それがディスクに書き込まれるのはダーティビットが1のときだけでよい。そうでない時は、ディスク上にはもうそのページをそのままの形であることになる。

利用ビットは物理ページが最近アクセスされた場合1となる。キャッシュシステムと同様、厳密なLRUは現実的ではないくらい複雑になる。その代わりにOSは定期的にページ表のすべての利用ビットをクリアすることで疑似的なLRU置き換えを実現する。あるページがアクセスされれば利用ビットが1になる。ページフォールトが起きたとき、OSは利用ビットが0のものを探し、それを物理メモリからページアウトする。最も最近用いられていないページを置き換えるのではなく、最近用いられていないページのうちの1つを置き換えればよい。

8.4.6 マルチレベルページ表*

ページ表は大量の物理メモリを占有する。例えば、先の例（8.4.1節）で用いた2 GBの仮想メモリで4 KBのページを持つ場合、ページ表は2^{19}のエントリを持つことになる。それぞれのエントリが4バイトならば、ページ表は$2^{19} \times 2^2$ バイト = 2^{21}バイト = 2 MBとなる。

物理メモリを大事に使うために、ページ表は複数のレベル（多くは2）に分割される。最初のレベルのページ表は常時物理メモリに格納される。これは、小さな2次レベルページ表群がどの仮想メモリに格納されるかを指し示す。2次レベルページ表は実際の変換のため、仮想ページの一定の範囲を保存する。特定の範囲の変換があまり頻繁に行われてない場合、対応する2次ページ表はハードディスクにページアウトされる。このため、物理メモリを浪費しない。

2次レベルページ表中で仮想ページ番号は、次ページの図8.26に示す**ページ表番号**と**ページ表オフセット**の2つの部分に分割される。ページ表番号は、1次レベルのページ表を参照するのに使うが、このページ表は物理メモリ上に存在するはずだ。1次レベルページ表のエントリは2次レベルページ表のベースアドレスを保持するか、Vを0にすることで、それがディスクから持ってこなければならないかどうかを示す。ページ表オフセットにより2次レベルページ表を参照する。仮想アドレスの残り12ビットは、ページサイズ2^{12} = 4 KBに対するページオフセットで以前と同様に使う。

図8.26において19ビットの仮想ページ番号は、9ビットと10ビットのところで、参照に使うページ表番号とページ表オフセットにそれぞれ分割される。このため、1次レベルページ表

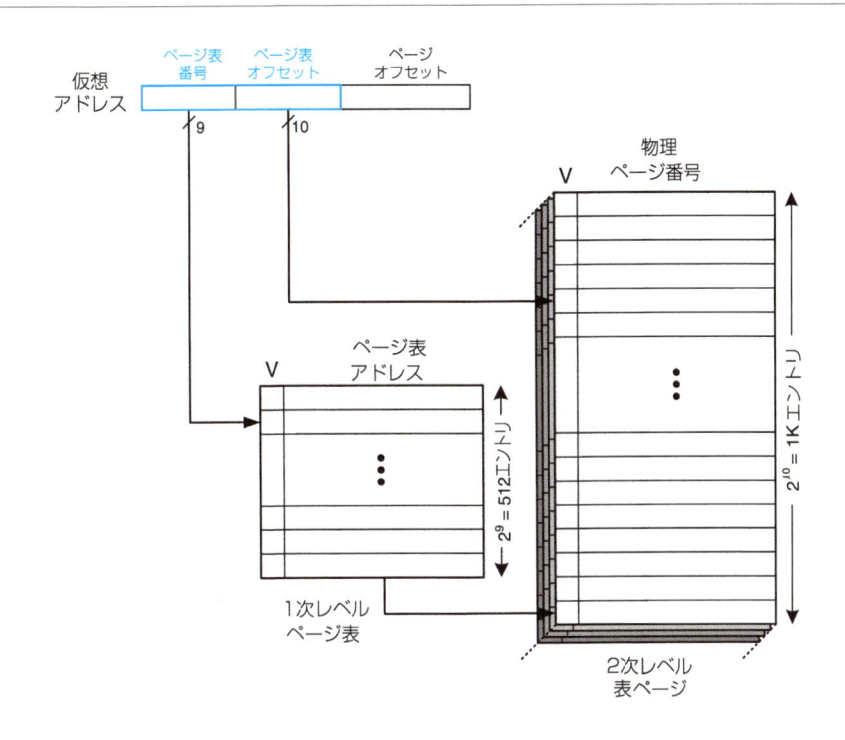

図8.26 階層ページ表

は、$2^9 = 512$エントリを持つ。512個の2次ページ表は、それぞれ$2^{10} = 1$Kエントリを持つ。それぞれの1次および2次レベルページ表のエントリが32ビット（4バイト）の場合に、2次レベルページ表が一時期に1つだけ主記憶に存在するとすれば、階層ページ表は、$(512 × 4$バイト$) + 2 × (1$K $× 4$バイト$) = 10$ KB主記憶を占有するにすぎない。2次レベルページ表は、全体のページ表である2MBのうち必要な部分のみを物理メモリに格納すればよい。2次レベルページ表の欠点は、TLBがミスしたときにもう1回のメモリアクセスが必要な点である。

例題8.16 マルチレベル表を用いたアドレス変換

図8.27は、図8.26に示す2次レベルページ表の中身の例を示す。2次レベルページ表の1つだけについて中身を示す。この2次レベルページ表を使った場合、仮想アドレス0x003FEFB0に対するアクセスで何が起きるかを示せ。

解法：いつもと同じく、仮想ページ番号は変換する必要がある。仮想アドレスの上位9ビットは0x0であり、これがページ番号で1次レベルページ表の参照に用いられる。1次レベルページ表のエントリ0を見ると、2次レベルページ表がメモリ中に存在することと（$V = 1$）、その物理アドレスが0x2375000であることが分かる。

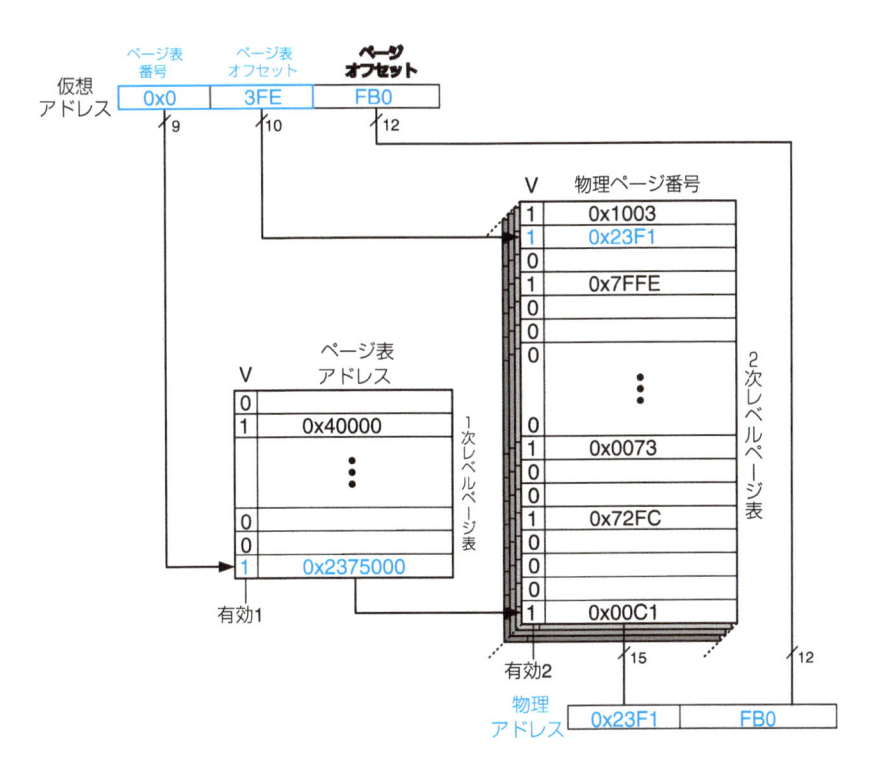

図8.27 2次レベルページ表を用いたアドレス変換

　仮想アドレスの次の10ビットは0x3FEであり、ページ表オフセットとして、2次レベルページ表を参照するのに使う。図中でエントリ0は2次レベルページ表の一番下で、エントリ0x3FFが一番上になる。2次レベルページ表のエントリ0x3FEは仮想ページが物理メモリ上に存在することと（V = 1）、物理ページ番号が0x23F1であることを示す。物理ページ番号とページオフセットをくっつけて物理ページアドレス0x23F1FB0を得る。

8.5　まとめ

　メモリシステムの構成はコンピュータ性能を決定する大きな要因である。DRAM、SRAM、ハードディスクなど違ったメモリ技術には、それぞれの容量、速度、コスト間のトレードオフがある。この章では、大きく高速で安価な理想のメモリを実現するために記憶階層技術を使っているキャッシュと仮想メモリを紹介した。主記憶は通常、プロセッサよりもずっと遅いDRAMを使って構成する。キャッシュは、共通に使うデータを高速なSRAMに置くことでアクセス時間を短縮する。仮想メモリは、主記憶に格納できないデータをハードディスクを使って格納することで、メモリ容量を拡大する。キャッシュと仮想メモリは、コンピュータシステムの複雑さとハードウェア量を増やしてしまうが、通常は、そのコストを上回る恩恵がある。最近のすべてのパーソナルコンピュータは、キャッシュと仮想メモリを使っている。

エピローグ

　この章で、ともに歩んできたディジタルシステム王国の旅は終わりを迎えた。私たちは本書が技術的な知識とともに、芸術の美とスリルを伝えることができたら良いと願っている。あなたは、組み合わせ回路と順序回路を、回路図とハードウェア記述言語を使って学んできた。マルチプレクサ、ALU、メモリなどのもっと大きなビルディングブロックにも詳しくなっただろう。コンピュータは、ディジタルシステムの最も魅力的なアプリケーションである。あなたは、ARMプロセッサを、機械語に対応するアセンブリ言語でプログラムする方法を学び、ディジタルビルディングブロックを使ってプロセッサとメモリシステムを構築する方法を学んだ。本書全体を通して、抽象化、規格化、階層化、モジュール化、および規則化の適用例を見ることができる。このようなテクニックを使って、私たちは部品を組み立ててマイクロプロセッサの内部動作を作っていくことができた。携帯電話からディジタルテレビ、火星探査機、医療画像システムに至るまで、私たちの世界はますますディジタルワールドになっている。

　一世紀半前にチャールズ・バベッジが、悪魔と契約して、同じような旅に出たとしたら、どうなっただろう。彼は単に機械的な精度で数値的な表を計算することを求めただけだった。今日のディジタルシステムは昔のSFの世界である。ディック・トレーシーは彼の腕時計型通信機でiTunesを聞いたかもしれない。ジュール・ベルヌは、地上位置測定用の衛星群を宇宙に打ち上げただろう。ヒポクラテスは、脳の高精度ディジタル画像を使って病気を治すことができたかもしれない。しかし同時に、ジョージ・オーウェルのユビキタス政府による監視の悪夢は日ごとに現実に近くなっている。ハッカーと政府は、産業インフラや金融ネットワークに対する宣戦布告のないサイバー戦争に明け暮れている。ならずものたちの組織は、冷戦時代に爆弾をシミュレートするのに部屋1つを占めたスーパーコンピュータよりも強力なラップトップコンピュータを使って核兵器を開発している。マイクロプロセッサ革命は加速を続けている。次なる数十年に来る変革は過去を上回るだろう。あなたは、今、私たちの未来を形作るであろうこれらの新しいシステムを設計して作っていくツールを身に付けた。あなたの新しい力は、奥深い責任を伴っている。筆者らは、あなたがこれを楽しみのためやお金持ちになるためだけに使うのではなく、人類の幸福のために使うことを望んでいる。

演習問題

演習問題8.1 日常的な活動における時間的あるいは空間的な局所性が現れる例を1ページ以内で説明せよ。それぞれの局所性のタイプについて2つの動作例を具体的にリストアップせよ。

演習問題8.2 コンピュータの短いアプリケーションについて、時間的あるいは空間的な局所性のどちらかあるいは両方が現れる例を1パラグラフ以内で具体的に説明せよ。

演習問題8.3 16ワードの容量、4ワードのブロックサイズのダイレクトマップキャッシュが、LRU置き換えを用いた同じ大きさとブロックサイズを持つフルアソシアティブキャッシュを性能面で上回るアドレスシーケンスを作れ。

演習問題8.4 演習問題8.3と同じ条件で、フルアソシアティブキャッシュがダイレクトマップキャッシュを上回るアドレスシーケンスを作れ。

演習問題8.5 以下のキャッシュパラメータを大きくし、それ以外のパラメータは同じままとした際のトレードオフを説明せよ。

(a) ブロックサイズ

(b) ウェイ数

(c) キャッシュサイズ

演習問題8.6 2-ウェイ・セットアソシアティブキャッシュのミス率は、同じ容量とブロックサイズを持つダイレクトマップキャッシュと比べて、 (a) 常に性能が良い、 (b) 通常は性能が良い、 (c) 時によっては性能が良い、 (d) 常に悪い、のどれかを説明せよ。

演習問題8.7 以下の文はキャッシュのミス率について述べている。それぞれの文が正しいか誤りかを識別し、その理由を簡単に示せ。文が誤りのときは、反例を示せ。

(a) 2-ウェイ・セットアソシアティブキャッシュは、同じ容量とブロックサイズのダイレクトマップキャッシュに比べて、常にミス率が低い。

(b) 16 KBのダイレクトマップキャッシュは、8 KBのダイレクトマップキャッシュと、ブロックサイズが同じ場合に、常にミス率が低い。

(c) 32バイトのブロックサイズの命令キャッシュは、同じ総容量とウェイ数を持つならば、8バイトのブロックサイズの命令キャッシュに比べて通常ミス率が低い。

演習問題8.8 あるキャッシュが次のパラメータを持っている。b：ワード単位のブロックサイズ、S：セット数、N：ウェイ数、A：アドレスビット数。

(a) 上記で示したパラメータを用いると、キャッシュ容量Cはどのようになるか。

(b) 上記で示したパラメータを用いて、タグ中に格納するビット総数を示せ。

(c) ブロックサイズがbで容量がCのフルアソシアティブキャッシュで、SとNはどのようになるか。

(d) ブロックサイズがbで容量がCのフルアソシアティブキャッシュで、Sはどのようになるか。

演習問題8.9 16ワードのキャッシュが演習問題8.8で示すパラメータを持つとする。次のLDRアドレス（16進表示）が反復実行される場合を考える。

40 44 48 4C 70 74 78 7C 80 84 88 8C 90 94 98 9C 0 4 8 C 10 14 18 1 20

アソシアティブキャッシュでは置き換え方針にLRUを用いるとして、以下のキャッシュに上のシーケンスが実行された場合の実効ミス率を求めよ。スタートアップの効果（すなわち初期化ミス）は無視すること。

(a) ダイレクトマップキャッシュ、$S = 16$、$b = 1$ワード

(b) フルアソシアティブキャッシュ、$N = 16$、$b = 1$ワード

(c) 2-ウェイ・セットアソシアティブキャッシュ、$S = 8$、$b = 1$ワード

(d) ダイレクトマップキャッシュ、$S = 8$、$b = 2$ワード

演習問題8.10 演習8.9を下のLDRアドレスのシーケンス（16進数で表示）とキャッシュ構成で繰り返せ。キャッシュの容量は同様に16ワードと仮定する。

74 A0 78 38C AC 84 88 8C 7C 34 38 13C 388 18C

(a) ダイレクトマップキャッシュで、$b = 1$ワード

(b) フルアソシアティブキャッシュで、$b = 2$ワード

(c) 2-ウェイセットアソシアティブキャッシュで、$b = 2$ワード

(d) ダイレクトマップキャッシュで、$b = 4$ワード

演習問題8.11 次のデータアクセスパターンを想定せよ。パターンは1回だけ実行される。

$$0x0、0x8、0x10、0x18、0x20、0x28$$

(a) 容量が1 KBでブロックサイズが8バイト（2ワード）のダイレクトマップキャッシュを使っている場合、キャッシュのセット数はいくつか。

(b) (a) と同じキャッシュ容量とブロックサイズを持つ場合、与えられたアクセスパターンに対してダイレクトマップキャッシュのミス率は、どのようになるか。

(c) 与えられたアクセスパターンについて、以下のうちミス率を減らすのに有効なのはどれか（キャッシュ容量は同じままとする）。○で囲め。

   (i) ウェイ数を2へ大きくする。

   (ii) ブロックサイズを16バイトにする。

   (iii) (i) と (ii) のどちらかを行う。

   (iv) (i) も (ii) も行わない。

演習問題8.12 ARMプロセッサ用の命令キャッシュを作っている。全体の容量は、$4C = 2^{c+2}$バイトである。ウェイ数は、$N = 2^n$-ウェイ・セットアソシアティブ（$N \geq 8$）、ブロックサイズ$b = 2^{b'}$バイト（$b \geq 8$）である。これらのパラメータに関する以下の質問に答えよ。

(a) ブロック中のワードを指定するのに使うアドレスのビットはどれか。

(b) キャッシュ中のセットを指定するのに使うアドレスのビットはどれか。

(c) それぞれのタグのビット数はどうなるか。

(d) 全体のキャッシュ中のタグビットはいくつか。

演習問題8.13 以下のパラメータのキャッシュを想定する。N（ウェイ数）= 2、b（ブロックサイズ）= 2ワード、W（ワードサイズ）= 32ビット、C（キャッシュサイズ）= 32 Kワード、A（アドレスサイズ）= 32ビット。ワードアドレスだけを考えればよい。

(a) アドレスのタグ、セット、ブロック、オフセット、バイトオ

フセットビットを示せ。

(b) キャッシュタグの全ビットサイズはどうなるか。

(c) それぞれのキャッシュブロックが有効ビット（V）とダーティビット（D）があるとする。データ、タグ、ステータスビットを含むそれぞれのキャッシュセットのサイズはどうなるか。

(d) 図8.28のビルディングブロックと少数の2入力論理ゲートを使ってキャッシュを設計せよ。キャッシュデザインは、タグ記憶、データ記憶、アドレス比較、データ出力選択そのほか関連があると考える部分のすべてを含め、リードのことだけを考えればよい。マルチプレクサと比較器のブロックはどのようなサイズ（それぞれnまたはp）であってもよいが、SRAMブロックは16K×4ビットでなければならない。ブロックダイヤグラムが適切なラベルを使っていることを確認せよ。読み出しのみのキャッシュを設計すればよい。

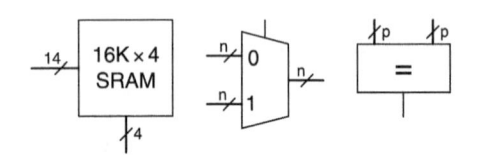

図8.28 ビルディングブロック

演習問題8.14 あなたは腕時計に新しいページャーとWebブラウザを付けた新しいInternetスタートアップを組み込んだ。図8.29に示すマルチレベルキャッシュ方式を持つ組み込みプロセッサを利用している。

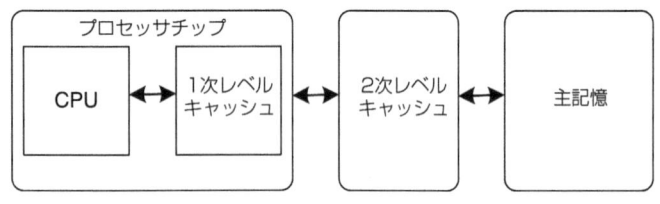

図8.29 コンピュータシステム

このプロセッサは小規模なオンチップキャッシュに大きなオフチップ2次レベルキャッシュを使っている（腕時計の重さは約3ポンドだがネットサーフィンに使える）。このプロセッサは32ビット物理アドレスを使っており、ワード境界に従ってデータにアクセスする。キャッシュは表8.5に示す仕様である。DRAMはアクセス時間t_mで512 MBのサイズである。

表8.5 メモリの仕様

仕様	オンチップキャッシュ	オフチップキャッシュ
構成	4-ウェイ・セットアソシアティブ	ダイレクトマップ
ヒット率	A	B
アクセス時間	t_a	t_b
ブロックサイズ	16バイト	16バイト
ブロック数	512	256K

(a) メモリのワードに対してオンチップキャッシュおよび2次レベルキャッシュでのアドレスの総数はどのようになるか。

(b) オンチップキャッシュ、2次レベルキャッシュのそれぞれのタグのサイズは何ビットになるか。

(c) 平均メモリ読み出しアクセス時間の式を示せ。キャッシュは

順番にアクセスされるとせよ。

(d) 組み込まれる特定のプログラムについてオンチップキャッシュのヒット率は85%であり、2次レベルキャッシュは90%であった。しかし、オンチップキャッシュを使わないと、2次レベルキャッシュのヒット率は98.5%に上がる。この挙動について概略を説明せよ。

演習問題8.15 この章では、複数ウェイのキャッシュについてLRU置き換え方式を示した。その他に、あまり一般的ではないが、FIFO（先入れ先出し）置き換え方式とランダム置き換え方式がある。FIFO置き換え方式では最も長く滞在したブロックを、最近アクセスされたかどうかにかかわらず追い出す。ランダム置き換え方式はランダムに追い出すブロックを選ぶ。

(a) これらの置き換え方式のそれぞれの利点と欠点を示せ。

(b) FIFOがLRUよりもうまく働くデータアクセスパターンを示せ。

演習問題8.16 主記憶の直後に、命令とデータの分離型キャッシュを持つ階層記憶システムを持つコンピュータを作っている。図7.30で示した1 GHzで走るARMマルチサイクルプロセッサを使う。

(a) 命令キャッシュは完全（つまりいつもヒットする）だが、データキャッシュは5%のミス率があると仮定する。キャッシュミス1回について主記憶のアクセスにより、プロセッサは、60 nsストールし、通常の命令を再開する。キャッシュミスを考えに入れると、平均メモリアクセス時間はどうなるか。

(b) 理想的でないメモリシステムを想定した場合、ワードに対するロードおよびストア命令に要求される平均CPI（Clock cycles Per Instruction）はどうなるか。

(c) 例題7.7のベンチマークアプリケーションを想定する。これは、25%のロード、10%のストア、11%の分岐、2%のジャンプ、52%のR形式命令を含んでいる。理想的でないメモリシステムを考慮すると、このベンチマークの平均CPIはどのようになるか。

(d) 命令キャッシュは理想的ではなく、7%のミス率があると想定する。このベンチマークについて（c）の平均CPIはどうなるか。命令とデータキャッシュミスの両方を考慮せよ。

演習問題8.17 演習問題8.16を次のパラメータで繰り返せ。

(a) 命令キャッシュは完全（つまりいつもヒットする）だが、データキャッシュは15%のミス率があると仮定する。キャッシュミス1回について主記憶のアクセスにより、プロセッサは、200 nsストールし、通常の命令を再開する。キャッシュミスを考えに入れると、平均メモリアクセス時間はどうなるか。

(b) 理想的でないメモリシステムを想定した場合、ワードに対するロードおよびストア命令に要求される平均CPI（Clock cycles Per Instruction）はどうなるか。

(c) 例題7.7のベンチマークアプリケーションを想定する。これは、25%のロード、10%のストア、11%の分岐、2%のジャンプ、52%のR形式命令を含んでいる3。理想的でないメモリシステムを考慮すると、このベンチマークの平均CPIはどのようになるか。

(d) 命令キャッシュは理想的ではなく、10%のミス率があると想定する。このベンチマークについて（c）の平均CPIはどうな

るか。命令とデータキャッシュミスの両方を考慮せよ。

演習問題8.18 コンピュータが64ビットの仮想アドレスを使う場合、どの程度の大きさの仮想メモリにアクセスできるか。ちなみに、2^{40}バイト＝1テラバイトであり、2^{50}バイト＝1ペタバイト、2^{60}バイト＝1エクサバイトである。

演習問題8.19 あるスーパーコンピュータ設計者は100万ドルをDRAMに使い、同じ値段をハードディスクの仮想メモリに使うことに決めた。図8.4の価格表を使うと、どの程度の物理メモリと仮想メモリを持つことになるか。このメモリのアクセスに物理アドレスと仮想アドレスに何ビット使うか。

演習問題8.20 全体で2^{32}バイトをアドレスすることのできる仮想メモリシステムを考える。ハードディスクの空間は無限であるが、半導体（物理）メモリは8 MBに制限されている。仮想ページと物理ページは両方とも4 KBであるとする。

(a) 物理アドレスは何ビットか。

(b) システムの仮想ページの最大数はいくつか。

(c) システムの物理ページ数はいくつか。

(d) 仮想ページ番号と物理ページ番号はそれぞれ何ビット分か。

(e) 仮想ページを物理ページにマップする際にダイレクトマップ法を使おうと考えた。マッピングは仮想ページ番号の小さいほうの桁を物理ページ番号を決めるのに使う。物理ページのそれぞれにはいくつの仮想ページが割り付けられるか。なぜこのダイレクトマップは良くない方法なのだろうか。

(f) 仮想アドレスを物理アドレスに変換する、(e) よりも柔軟かつダイナミックな方法が要求されるのは明らかである。マッピング（仮想ページ番号から物理ページ番号への変換）を格納するページ表を使うことを考える。ページ表が持つエントリの和はいくつか。

(g) 物理ページ番号に加え、各ページ表のエントリが状態情報を有効（V）、ダーティビット（D）の形で持つとする。それぞれのページ表エントリは何バイト長になるか（バイトの整数倍になるように切り上げよ）。

(h) ページ表の概略図を示せ。ページ表の全サイズは何バイトか。

演習問題8.21 全体で2^{50}バイトをアドレスできる仮想メモリシステムを考える。ハードドライブ空間は無限であるが、半導体（物理）メモリは2 GBに制限されている。仮想ページと物理ページは4 KBのサイズであるとする。

(a) 物理アドレスの大きさは何ビットか。

(b) システムの仮想ページの最大数はいくつか。

(c) システムの物理ページはいくつか。

(d) 仮想ページ数と物理ページ数は何ビットか。

(e) ページテーブルが持つテーブルエントリはいくつか。

(f) 物理ページ数に加え、それぞれのページテーブルエントリは有効ビット（V）、ダーティビット（D）の状態情報をいくつか持つとする。それぞれのページテーブルエントリは何バイト長か（バイトの整数に丸めよ）

(g) ページテーブルの配置図をスケッチせよ。ページテーブルの全体サイズは何バイトか。

演習問題8.22 演習問題8.20の仮想メモリシステムをTLBを使って高速化することにした。表8.6で示す仕様であるとする。

表8.6 メモリの仕様

メモリユニット	アクセス時間（クロック数）	ミス率
TLB	1	0.05%
キャッシュ	1	2%
主記憶	100	0.0003%
ハードディスク	1,000,000	0%

TLBとキャッシュミス率は要求されたエントリが存在しないことがどの程度あるかを示す。主記憶のミス率はページフォールトがどの程度起きるかを示す。

(a) TLBを付ける前と後の両方での平均メモリアクセス時間はどうなるか。ページ表は常に物理メモリ中に存在し、データキャッシュには載らないと仮定せよ。

(b) TLBが64エントリを持つ場合、TLBの大きさは何ビットか。またキャッシュエントリの有効ビットはどうか。理由を明確に示すこと。

(c) TLBの概略図を描け。すべてのフィールドと次元をきちんとラベル付けせよ。

(d) (c) のTLBに用いるSRAMのサイズはどうなるか。深さ×幅で示せ。

演習問題8.23 演習問題8.21の仮想メモリシステムを128エントリのTLBを使って高速化することにした。

(a) TLBの大きさはどれほどか（ビット）。データ（物理ページ数）、タグ（仮想ページ数）、各エントリの有効ビットを示せ。分かりやすく書くこと。

(b) TLBをスケッチせよ。すべてのフィールドと欄を明確にラベル付けせよ。

(c) (b) に描かれたTLBを作るにはどのようなサイズのSRAMが必要か。深さ×幅で示すこと。

演習問題8.24 7.4節で示すARMマルチサイクルプロセッサが仮想メモリシステムを使う場合を考える。

(a) マルチサイクルプロセッサの構成図にTLBを加えよ。

(b) プロセッサの性能にTLBがどのように影響するかを示せ。

演習問題8.25 設計している仮想メモリシステムは、専用ハードウェア（SRAMと付属論理回路）を使った単一レベルページ表である。25ビットの仮想アドレスに22ビットの物理アドレス、2^{16} B（64 KB）のページを持つ。それぞれのページ表エントリは、物理ページ番号、有効ビット（V）、ダーティビット（D）を持つ。

(a) ページ表のサイズは何ビットか。

(b) OSチームはページサイズを64 KBから16 KBに小さくしようと提案した。しかし、あなたのチームのハードウェア技術者は、ハードウェアコストが大きくなる点から反対した。この反論について説明せよ。

(c) ページ表は、プロセッサチップにオンチップキャッシュとともに集積される予定である。オンチップキャッシュは物理（仮想でない）アドレスのみを扱う。あるメモリアクセスに対して、ページ表アクセスと、オンチップキャッシュの任意のセットのアクセスを同時に行うことができるか。キャッシュセットとページ表エントリの同時アクセスに必要な関係を示せ。

(d) あるメモリアクセスに対して、オンチップキャッシュのタグ変換をページ表アクセスと同時に行うことができるか。簡単

に説明せよ。

演習問題8.26 仮想メモリシステムがアプリケーションの書き方に影響を与えるシナリオを示せ。ページサイズと物理メモリサイズがアプリケーションの性能に影響を与える様子を含めて議論すること。

演習問題8.23 32ビットの仮想アドレスを使っているパソコン（PC）がある。

(a) それぞれのプログラムが用いる仮想メモリ空間の最大値はどうなるか。

(b) PCのハードディスクのサイズが性能に影響を与える様子を示せ。

(c) PCの物理メモリのサイズが性能に影響を与える様子を示せ。

口頭試問

以下の質問は口頭試問で使うためのものである。

質問8.1 ダイレクトマップ、セットアソシアティブ、フルアソシアティブキャッシュの違いを説明せよ。それぞれのキャッシュについて、あるキャッシュタイプが他の2つよりもうまくいくアプリケーションを示せ。

質問8.2 仮想メモリシステムがどのように動くかを説明せよ。

質問8.3 仮想メモリシステムの利点と欠点を説明せよ。

質問8.4 キャッシュの性能がメモリシステムの仮想ページサイズにどのように影響するかを説明せよ。

質問8.5 メモリマップトI/Oのアドレスはキャッシュできるか。その理由も説明せよ。

9

I/Oシステム

アプリケーション
ソフトウェア >"hello world!"

OS

アーキテクチャ

マイクロ
アーキテクチャ

論理

ディジタル
回路

アナログ
回路

デバイス
（素子）

物理

9.1 はじめに

I/O（入出力）システムは、コンピュータを周辺機器と呼ばれる外部のデバイスと接続するのに使われる。通常のパーソナルコンピュータの装置としてはキーボード、モニタ、プリンタ、そして無線ネットワークが挙げられる。組み込みシステムでは、トースターの電熱線、人形の音声合成器、エンジンの燃料噴射装置、人工衛星の太陽光パネルの位置決めモータ等、数え切れない。プロセッサは、メモリをアクセスするのと同様に、アドレスとデータバスを通してI/Oデバイスにアクセスする。

この章では、I/Oデバイスの具体例を見ていこう。9.2節では、I/Oデバイスをプロセッサに接続し、プログラムからアクセスする際の基本原理を学ぶ。9.3節では、ARMベースの

Raspberry Piシングルボードコンピュータを使って、汎用I/OやシリアルI/O、それにアナログI/Oといった、ボード上の周辺機器の使いこなしを示しながら、組み込みシステムにおけるI/Oを見ていく。9.4節では、文字表示LCD（液晶表示器）やVGAモニタ、Bluetooth、無線、そしてモータといった一般的なデバイスとの接続の例を見る。9.5節では、バスインタフェースについて詳説し、よく使われるAHB-Liteバスの例を示す。9.6節では、PCにおける一般的なI/Oシステムを調査する。

9.2 メモリマップトI/O

6.5.1節でアドレス空間の一部が、メモリではなくI/Oデバイス専用になっていたのを思い出して欲しい。例えば、物理

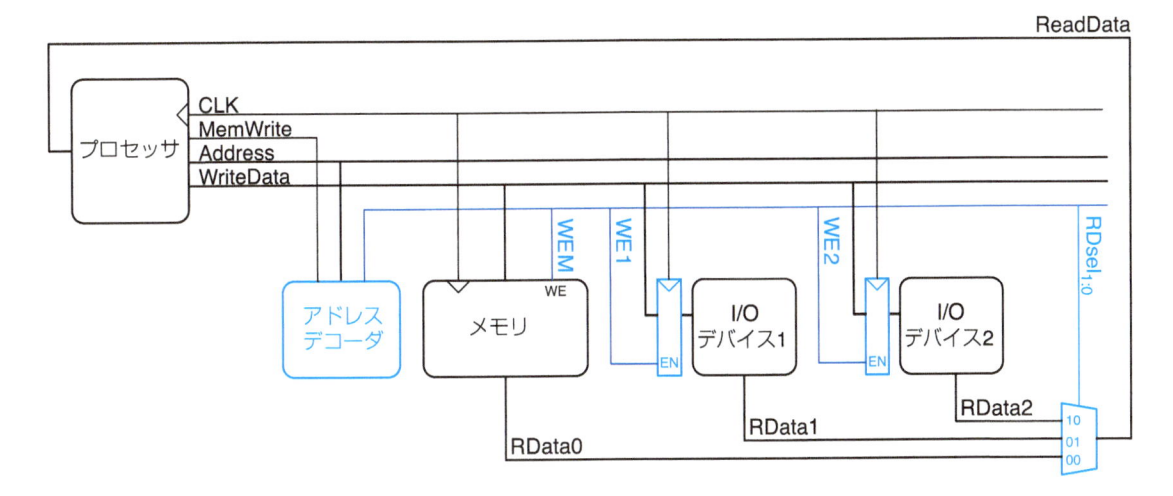

図9.1 メモリマップトI/Oをサポートするハードウェア

アドレスの0x20000000から0x20ffffffがI/O用だと仮定する。I/Oデバイスの各々は、この範囲の1つ以上のメモリアドレスに割り当てられている。特定のアドレスへのストアで、データをデバイスに送る。ロードは、デバイスからのデータの受け取りになる。このようにしてI/Oデバイスと通信する方法は、**メモリマップトI/O**と呼ばれる。

メモリマップトI/Oを用いたシステムでは、ロードとストアでメモリもI/Oデバイスもアクセスできる。前ページの図9.1は、メモリマップトI/Oのデバイス2つで必要な、ハードウェアを示している。アドレスデコーダがプロセッサがどのデバイスと通信するかを決定する。ここでは、AddressとMemWrite信号を使って他のハードウェアへの制御信号を生成している。ReadDataマルチプレクサは、メモリと各種I/Oデバイスからの信号を選択している。Write-enableのレジスタは、I/Oデバイスに書かれた値を保持する。

例題9.1　I/Oデバイスとの通信

図9.1のI/Oデバイス1は、メモリアドレス0x20001000に割り当てられている。値7をI/Oデバイス1に書き、I/Oデバイス1の出力から値を読むARMのアセンブリコードを示せ。

解法：次のアセンブリコードは、値7をI/Oデバイス1に書く。

```
        MOV R1, #7
        LDR R2, = ioadr
        STR R1, [R2]
ioadr DCD 0x20001000
```

アドレスでコーダは、アドレスが0x20001000でMemWriteが真なので、WE1をアサートする。WriteDataバスの値の7がI/Oデバイスの入力ピン1の入力に接続されたレジスタに書く。I/Oデバイス1から読むには、プロセッサは次のアセンブリコードを実行する。

```
LDR R1, [R2]
```

アドレスでデコーダは、アドレスが0x20001000でありMemWriteが偽であることを検知するので、RDsel_{1:0}を01にする。I/Oデバイス1の出力は、マルチプレクサを通してReadDataバスに渡され、プロセッサ内でR1にロードされる。

I/Oデバイスに関連付けられたアドレスは、図9.1にあるようなI/Oデバイスの物理的なレジスタに対応しているので、しばしばI/Oレジスタと呼ばれる。

I/Oデバイスと通信するソフトウェアのことを**デバイスドライバ**という。プリンタやその他I/Oデバイスのためのデバイスドライバをダウンロードしてインストールしたことがあると思う。デバイスドライバを書くには、アドレスやメモリにマップされたI/Oレジスタの振る舞いといったI/Oデバイスのハードウェアに関する知識が身についている必要がある。デバイスドライバ以外のプログラムは、デバイスドライバ内の機能を呼び出して、低レベルなデバイスのハードウェアを理解していなくても、デバイスにアクセスすることができる。

9.3　組み込みI/Oシステム

組み込みシステムは、プロセッサを使って、物理的な環境をコントロールするやりとりを行う。組み込みシステムは、マイクロプロセッサと使いやすい周辺デバイス（ペリフェラル）、例えば汎用ディジタル・アナログI/O端子やシリアルポート、タイマー、を組み合わせたデバイスであるマイクロコントローラ（MicroController Unit、MCU）を使って構築される。マイクロコントローラは、1つのチップの中に必要な構成要素のほとんどを集積することで、一般に安価でシステムのコストとスペースを最小化するように設計されている。ほとんどが10セント硬貨よりも小さく軽くできていて、数ミリワットの電力で済む。マイクロコントローラは、処理データのサイズで分類される。8ビットのマイクロコントローラは最も小さく安価であるが、32ビットのマイクロコントローラはよりたくさんのメモリと高い性能を提供する。

ここでは具体性を重視して、現実の組み込みシステムのI/Oを例にとって話を進めていく。我々はRaspberry Piという一般的で安価なボードに焦点をしぼる。このボードには、Broadcom社のBCM2835というシステムオンチップ（SoC）を搭載していて、ARMv6命令セットを実装した700MHzの

図9.2　Raspbery PiモデルB+

ARM1176JZ-Fプロセッサを使っている。以降の節では、原則としてPiの上で稼動する特定の例に沿って説明する。すべての例は2014年版のNOOBS Raspbian Linux Piを稼働するPiの上でテストされている。

前ページの図9.2はRaspberry Pi Model B+ボードの写真であり、35ドルで販売されているクレジットカードのサイズだが、完全なLinuxのコンピュータを構成している。Piは最大で1Aの5Vの電力をUSB電源から供給する。512MBのオンボードのRAMとメモリ用SDカードのソケットを備え、後者にはオペレーティングシステムとユーザファイルを格納する。映像出力と音声出力、マウスやキーボード用のUSBポート、そしてEthernetポート（ローカルエリアネットワーク）を備えている。さらに40本の汎用I/O（GPIO）ピンを搭載しており、これが本章の主題である。

BCM2835 SoCは通常の安価なマイクロコントローラに比べて多くの能力を備えているが、汎用I/Oはたいして変わらない。この章はRaspberry PiのBCM2835の詳しい説明とメモリマップI/Oの説明から始める。本章ではそれ以降は組み込みシステムでは汎用ディジタルI/OとアナログI/O、それにシリアルI/Oをどのようにして行うのかを説明する。タイマーは精密な時間間隔を生成したり計測するのに、同様によく使われる。

> 有名なx86を含むいくつかのアーキテクチャでは、I/Oデバイスとやり取りするのに、メモリマップI/Oの代わりに特別な命令を使う。こういった命令は次のような形になっていて、デバイス1とデバイス2は周辺デバイスに割り振られたユニークなIDである。
>
> ```
> LDRIO R1, デバイス1
> STRIO R2, デバイス2
> ```
>
> この形式のI/Oデバイスとのやりとりは、**プログラムドI/O**という。

> 2014年にはおよそ19兆ドルのマイクロコントローラが販売され、予想では2020年に市場は27兆ドルに達する。マイクロコントローラの平均価格は1ドル未満で、8ビットマイクロコントローラがSoC（system-on-chip）に集積されると1円未満になる。マイクロコントローラはユビキタス（どこにでもあり）で見えないが、2010年の時点で家の中には150個、自動車の中には50個が存在している。8051は古典的な8ビットのマイクロコントローラで元々はIntelが1980年に開発したが、現在ではたくさんの製造業者が販売している。Microchip社のPIC16シリーズとPIC18シリーズは8ビットのマーケットリーダーである。Atmel社のAVRシリーズのマイクロコントローラは、Arduinoプラットホームの頭脳としてホビーイストの間で人気がある。32ビットマイクロコントローラでは、ルネサスがマーケット全体をリードし、他の大手としては、FreescaleやSamsung、Texas Instruments、Infineon等がある。今日、ARMプロセッサはほとんどの携帯電話やタブレットで使われ、マルチコアのアプリケーションプロセッサやグラフィック処理ユニット、そして広範囲なI/Oを内包しながら、SoCの一部として使われている。

> Raspberry Piは英国で設立されたRaspberry Piという非営利組織によって、計算機科学教育を推進するために、2011-2012年に開発された。ARMは安価なスマートホンの頭脳としてしっかり作りこまれているので、Piは広く使われ、2014年までに300万台が売れた。この名前には、Apple、Apricot、そしてTangerine等の初期のホームコンピュータへのオマージュが込められている。PiはPythonからひねり出されていて、これは教育でしばしば使われるプログラミング言語である。ドキュメントや購入情報については**raspberrypi.org**を参照されたい。

Eben Upton（1978-）はRaspberry Piの設計者で、Raspberry Pi財団を設立した。彼は、Broadcom社にチップ設計者として就職する前に、学士とPh.Dをケンブリッジ大学で取得した。

（写真はEben Upton©の承諾を得て掲載）

9.3.1 BCM2835 System-on-Chip

BCM2835 SoCはBroadcomが携帯デバイスや他のマルチメディアアプリケーション向けに開発した、強力だが安価なチップである。このSoCは**アプリケーションプロセッサ**として知られるARMマイクロプロセッサと、グラフィクス・ビデオ・カメラ向けのVideoCoreプロセッサ、そして多くの周辺I/Oを備えている。BCM2835はプラスチックの下に小さな半

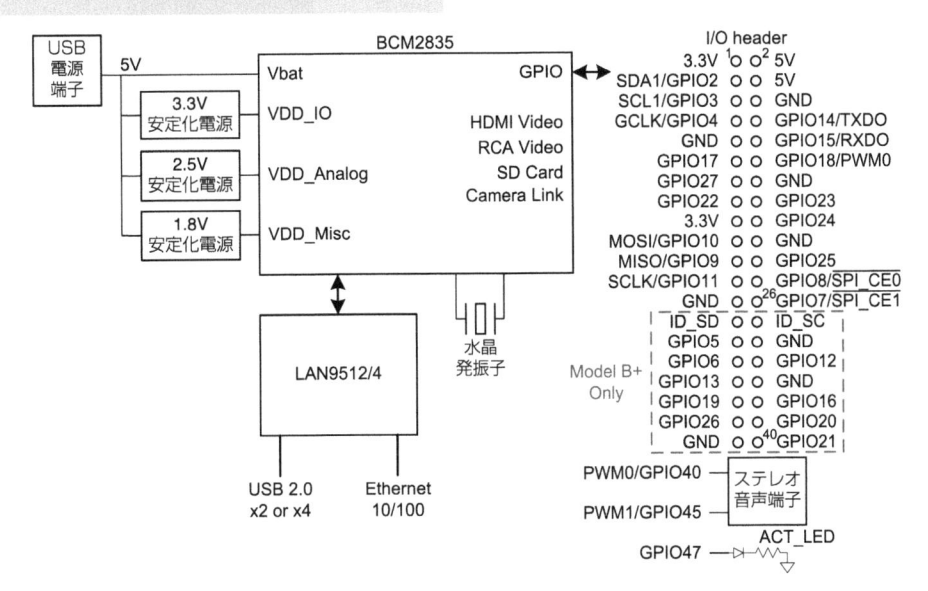

図9.3 Raspberry PiのI/O周辺回路

田のボールがついたボールグリッドアレイに封入されていて、プリント基板の銅箔のパッドに正確に置いて加熱する組み立てロボットによる半田付け向けになっている。Broadcomは完全なデータシートを公開していないが、Raspberry Piのサイトから概略のデータシートは入手可能で、ARMプロセッサからどうやって周辺デバイスにアクセスするかを知ることはできる。データシートには、本章を簡潔にするために省いた多くの機能やI/Oレジスタの詳細が説明されている。

www.raspberrypi.org/documentation/hardware/

前ページの図9.3はRaspberry Piのモデルボードの簡略化した設計図である。ボードは5Vの電力をUSB電源から取得し、レギュレータが3.3Vと2.5Vと1.8Vに降圧して、I/O、アナログ、その他の機能向けに提供する。BCM2835はスイッチングレギュレータを内蔵しており、これが省電力SoCとしての可変低電圧を生成する。BCM2835はUSB/Ethernetコントローラに接続され≠、さらに映像の直接出力を有する。また、54本の設定可能なI/O信号を有するが、スペースの理由でユーザは図に記載したものだけが端子ピンから利用可能である。端子にはあまり電力を食わない小規模デバイスの便利のために、3.3Vと5Vとグランドを用意しているが、それぞれ50mAと330mAしか取れない。モデルBとB+は似ているが、B+ではI/Oが増強されていて、26ピンから40ピンに、USBポートも2ポートから4ポートになっている。Adafruit Pi Cobblerを含む多くのケーブルが入手可能で、端子ピンをブレッドボードに接続できる。

Raspberry PiではSDカードをフラッシュメモリディスクとして使っている。SDカードには通常、予め8GBのSDカードに入るRaspbian Linuxが通常入っている。PiにHDMIモニタやUSB接続のマウスやキーボードをつなげば、一人前のコンピュータとして動かすことができ、Ethernetのケーブルを通して他のコンピュータとも接続できる。

> Raspberry Piは本書を読んでいる間にも日々進化を続けていて、より進んだプロセッサや異なる組み込みI/Oを搭載した新しいモデルが入手可能かもしれない。とはいえ同じ原則が適用されていて、この原則は別のマイクロコントローラにも適用されている。新モデルでも同じタイプの周辺I/Oが利用できると期待してよい。周辺デバイスとチップのピン、それにボードのピンとの対応を知るには、データシートを参照する必要があるが、これは各々の周辺に対応したメモリマップトI/Oのアドレスと同様である。周辺デバイスを初期化するにはコンフィグレーションレジスタにアクセスし、周辺デバイスにアクセスするにはデータレジスタを読み書きする。

> 本書が印刷所にいる間に、Raspberry Pi財団は、Coretex-A7プロセッサを4コア搭載したBCM2836 SoCを使い、1GBのRAMを搭載したRaspberry Pi 2 Model Bをリリースした。Pi 2はB+よりも6倍高速であるが、本章で説明するB+と同じI/Oを備えている。周辺デバイスのベースアドレスは0x20000000から0x30000000に移動した。両方のモデルで使える更新されたEasyPIOが、この教科書のWebサイトに掲載される。

> 注意：I/Oコネクタの配列はRaspberry Piボードの版によって変更されている。

> 注意：5Vを3.3VのI/OにつなぐとI/O、ひいてはRaspberry Pi全体を壊してしまうだろう。I/Oピンを電圧計につなぐときには、間違えて5Vピン

や近くのピンとくっつかないようにすべし。I/O端子のピン1は図9.3に記載してある。接続の時は、それが正しくつながれていて、180度逆になっていないことを確かめよ。このミスは間違って Piをダメにする簡単な間違えなのだ。

> EasyPIOとこの章のコード例は、以下の教科書のWebサイトから取得できる。http://booksite.elsevier.com/WiringPi driverとドキュメントはwiringpi.comにある。

9.3.2 デバイスドライバ

プログラマはメモリマップトI/Oレジスタを直接読み書きしてもI/Oデバイスを操作できる。しかしながら、メモリマップトI/Oをアクセスする関数を呼び出す方がプログラミング習慣としては好ましい。これらの関数はデバイスドライバと呼ばれる。デバイスドライバを使うメリットは次の通りである。

▶ あいまいなメモリアドレスのビットフィールドに書くよりも、明確な名前がついた関数なので、デバイスドライバを呼ぶ方がわかりやすい。

▶ I/Oデバイスの働きについて深く知っている人がデバイスドライバを書いて、普通のユーザはその詳細を知らなくても関数を呼び出す、という体制を採れる。

▶ デバイスドライバを変更しなければならないだけで、メモリマッピングやI/Oデバイスが異なる別のプロセッサにプログラムを容易に移植できる。

▶ デバイスドライバがオペレーティングシステムの一部であるなら、OSはシステムで稼働している複数のプログラムの間で物理デバイスをアクセスする制御を行うことができ、（ユーザがパスワードをWebブラウザに打ち込んでいる間でも、悪意のプログラムがキーボードを盗み見れないといった）セキュリティを管理できる。

この節ではEasyPIOという単純なデバイスドライバを開発し、BCM2835のデバイスに触ることで、デバイスドライバの覆いの中で何が起きているかを理解する。普通のユーザはPiのオープンソースのI/OライブラリであるWiringPiを使うだろう。WiringPiの関数は、EasyPIOのとは似ているがぴったり同じではない。

BCM2835のメモリマップトI/Oは、0x20000000 0x20FFFFFFの物理アドレスに配置されている。周辺デバイスが使っている物理ベースアドレスの一覧を次ページの表9.1に示す。周辺デバイスには、固有のベースアドレスから始まる複数のI/Oレジスタがある。例えば0x20200034を読むと、GPIO（汎用目的I/O）のピン31:0の値が返ってくる。周辺デバイスについては、後の節で深く議論する。

Raspberry Piは通常仮想記憶を使うLinuxオペレーティングシステムを稼働するが、このメモリマップトI/Oはさらに複雑である。プログラムでのロードとストアは、物理アドレスではなく仮想アドレスを参照するので、プログラムはメモリマップトI/Oにすぐにはアクセスできない。プログラムは代わりに、先ずオペレーティングシステムに対して、触りたい物理アドレスを、プログラムの仮想アドレス空間への写像を

つくる（マップする）ように依頼する。例9.2のEasyPIOの pioInit関数は、この作業を行っている。コードの中では、C言語の高度なポインタ操作を使っている。一般原理は/dev/memを開くことだが、これはLinuxで物理メモリにアクセスする方法である。

表9.1　メモリマップトI/Oのアドレス

Physical Base	Address Peripheral
0x20003000	System Timer
0x2000B200	Interrupts
0x2000B400	ARM Timer
0x20200000	GPIO
0x20201000	UART0
0x20203000	PCM Audio
0x20204000	SPI0
0x20205000	I2C Master #1
0x2020C000	PWM
0x20214000	I2C Slave
0x20215000	miniUART1, SPI1, SPI2
0x20300000	SD Card Controller
0x20804000	I2C Master #2
0x20805000	I2C Master #3

mmap関数を使って、GPIOのレジスタの先頭である物理アドレス0x20200000に、ポインタgpioをセットする。ポインタはvolatileと宣言されていて、メモリマップトI/Oの値は自分で勝手に変化するかもしれないということをコンパイラに伝え、プログラムがプロセッサのレジスタ上の古い値に頼らないで常にI/Oレジスタの値を直接読みに行くようにする。GPLEV0はGPIOの13ワード後ろのI/Oレジスタにアクセスする、例えば0x20200034にあるなら、ここにはGPIO 31:0の値がある。この例では、実際のEasyPIOライブラリにあるようなエラー検査を省いている。次の小節では、I/Oデバイスにアクセスするためのさらなるレジスタと関数を定義する。

例題9.2　メモリマップトI/Oの初期化

```c
#include <sys/mman.h>
#define BCM2835_PERI_BASE 0x20000000
#define GPIO_BASE (BCM2835_PERI_BASE + 0x200000)
volatile unsigned int *gpio; //Pointer to base of gpio
#define GPLEV0 (* (volatile unsigned int *) (gpio +
13))
#define BLOCK_SIZE (4*1024)

void pioInit(){
  int mem_fd;
  void *reg_map;

// /dev/memはLinuxではメモリにアクセスするための疑似ドライバ
  mem_fd = open("/dev/mem", O_RDWR|O_SYNC);
  reg_map = mmap(
    NULL,        // ローカルなマッピング位置のアドレス
                 // (NULL = ドントケア)
    BLOCK_SIZE,  // 4KBのマップされたメモリブロック
    PROT_READ|PROT_WRITE,  // マップされたメモリへの
                 // 読み書きを許可
    MAP_SHARED,  // このメモリへの非排他的なアクセス
    mem_fd,      // /dev/mem へマップ
    GPIO_BASE);  // GPIOへのオフセット

  gpio = (volatile unsigned *)reg_map;
  close(mem_fd);
}
```

9.3.3　汎用ディジタルI/O

汎用ディジタルI/O（GPIO）ピンを使って、ディジタル信号を読んだり書いたりする。例えば、図9.4にGPIOのピンに3つの発光ダイオード（LED）と3つのスイッチをつなぐ様子を示す。LEDは1に駆動したときに点灯し、0のときは消灯するように配線してある。電流制限抵抗がLEDと直列に配線してあり、輝度を決めGPIOの電流の限界を超えないようになっている。スイッチは閉じたときに1を、開いたときは0になるように配線してある。この回路図では、ピン名は対応する端子のピン番号に対応させてある。

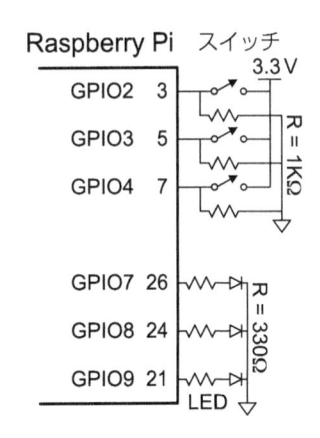

図9.4　GPIOのピンへのLEDとスイッチの接続

最小限でも、GPIOは入力ピンの値を読んだり、出力ピンの値を書いたり、ピンの方向を設定するのに、レジスタを必要する。多くの組み込みシステムでは、GPIOピンは1つ以上の特定目的周辺デバイスと共用になっていて、別のコンフィグレーションレジスタを用いてピンが汎用か特定目的かを決めるようになっている。さらにプロセッサは、入力ピンに立ち上がりや立下りのエッジが発生すると割り込みを発生するが、その条件はコンフィグレーションレジスタで指定する。

> ビット操作の話では、「セット」は1を書くこと、「クリア」は0を書くことを意味する。

BCM2835には54本のGPIOが備わっていることを思い出されたい。それらはGPFSELとGPLEV、GPSET、それにGPCLRレジスタで制御する。図9.5はこれらのGPIOレジスタのメモリマップである。GPFSEL5...0で、各々のピンが汎用入力、出力、あるいは特定目的I/Oのいずれで使われるのかを決める。これらの機能設定レジスタは、表9.2に示すように、各ピンにつき3ビットを使い、32ビットのレジスタで10本の

GPIOを制御し、6つのGPFSELレジスタが54本のGPIOを制御するのに必要である。例えばGPIO13はGPFSEL1[11:9]で設定される。設定のしかたを表9.3にまとめる。多くのピンは次の小節で解説する複数の特定目的機能を有し、ALT0が最もよく使われる。GPLEV1...0を読むとピンの値が返る。例えばGPIO14はGPLEV0[14]として読め、GPIO34はGPLEV1[2]として読める。ピンには直接書くことができなくて、代わりにGPSET1...0かGPCLR1...0の対応するビットを有効にしてハイかローにする。例えばGPIO14はGPSET0[14]に1と書くと1になり、GPCLR0[14]に1を書くと0になる。

BCM2835のデータシートには、各GPIOの論理レベルと出力電流の供給能力の規定が書いてない。しかしながら、ユーザは実験的にそれらを特定し、1つのI/Oから16mA以上を流してはならず、I/O全体では50mA以上を流してはいけないことが判っている。したがってGPIOのピンは小さいLEDを駆動することはできるが、モータは駄目である。I/Oは一般には他の3.3Vのと互換性があるが、5Vには耐えられない。

> BCM2835のGPIOへのアクセスは通常は複雑である。いくつかのマイクロコントローラは各々のピンが入力か出力かを設定するレジスタを有し、もう1つのレジスタでピンに読み書きする。

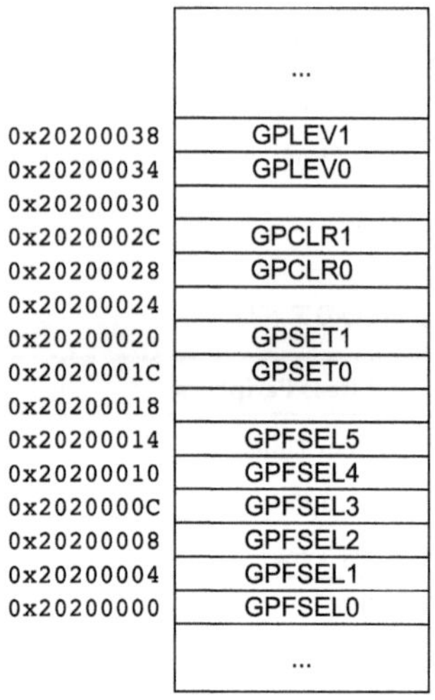

例題9.3 スイッチとLEDとGPIOの接続

pinMode関数とdigitalRead関数、そしてdigitalWrite関数でそれぞれ、ピンの方向の設定、ピンの読み、ピンへの書きをするようにEasyPIOを拡張せよ。これらの関数を使って、図9.4のハードウェアで3つのスイッチを読み、対応するLEDを点灯するC言語のプログラムを書け。

解法：EasyPIOに追加するコードを以下に示す。I/Oを制御するのに複数のレジスタを使うので、関数はどのレジスタにアクセスし、どのビットオフセットをレジスタ内で使うのかを計算する。関数pinModeは、指定された部分に、指定された機能をはめ込む。digitalWriteは指定された値が1か0によってGPSETかGPCLRを選択して、GPIOの指定された個所に1か0を書く。digitalReadは指定されたピンの値を引っ張り出し、他をマスクする。

```c
#define GPFSEL ((volatile unsigned int *) (gpio + 0))
#define GPSET ((volatile unsigned int *) (gpio + 7))
#define GPCLR ((volatile unsigned int *) (gpio + 10))
#define GPLEV ((volatile unsigned int *) (gpio + 13))
#define INPUT 0
#define OUTPUT 1
...
void pinMode(int pin, int function) {
  int reg = pin/10;
  int offset = (pin%10)*3;
  GPFSEL[reg] & = ~((0b111 & ~function) << offset);
  GPFSEL[reg] | = ((0b111 & function) << offset);
}

void digitalWrite(int pin, int val) {
  int reg = pin / 32;
  int offset = pin % 32;
  if (val) GPSET[reg] = 1 << offset;
  else GPCLR[reg] = 1 << offset;
}
```

	...
0x20200038	GPLEV1
0x20200034	GPLEV0
0x20200030	
0x2020002C	GPCLR1
0x20200028	GPCLR0
0x20200024	
0x20200020	GPSET1
0x2020001C	GPSET0
0x20200018	
0x20200014	GPFSEL5
0x20200010	GPFSEL4
0x2020000C	GPFSEL3
0x20200008	GPFSEL2
0x20200004	GPFSEL1
0x20200000	GPFSEL0
	...

図9.5　GPIOのメモリマップ

表9.2　GPFSELからGPIOへのマッピング

	GPFSEL0	GPFSEL1	GPFSEL2	GPFSEL3	GPFSEL4	GPFSEL5
[2:0]	GPIO0	GPIO10	GPIO20	GPIO30	GPIO40	GPIO50
[5:3]	GPIO1	GPIO11	GPIO21	GPIO31	GPIO41	GPIO51
[8:6]	GPIO2	GPIO12	GPIO22	GPIO32	GPIO42	GPIO52
[11:9]	GPIO3	GPIO13	GPIO23	GPIO33	GPIO43	GPIO53
[14:12]	GPIO4	GPIO14	GPIO24	GPIO34	GPIO44	
[17:15]	GPIO5	GPIO15	GPIO25	GPIO35	GPIO45	
[20:18]	GPIO6	GPIO16	GPIO26	GPIO36	GPIO46	
[23:21]	GPIO7	GPIO17	GPIO27	GPIO37	GPIO47	
[26:24]	GPIO8	GPIO18	GPIO28	GPIO38	GPIO48	
[29:27]	GPIO9	GPIO19	GPIO29	GPIO39	GPIO49	

表9.3 GPFSELの設定

GPFSEL	Pin Function
000	Input
001	Output
010	ALT5
011	ALT4
100	ALT0
101	ALT1
110	ALT2
111	ALT3

```c
int digitalRead(int pin) {
  int reg = pin / 32;
  int offset = pin % 32;

  return (GPLEV[reg] >> offset) & 0x00000001;
}
```

スイッチを読み、対応するLEDに書くプログラムを以下に示す。GPIOへのアクセスを初期化し、ピン2　4をスイッチ入力、ピン7　9をLED出力としてセットする。そしてスイッチを読み出しその値を対応するLEDに書き込むことを繰り返す。

```
#include "EasyPIO.h"

void main(void) {
  pioInit();
  // GPIOの4:2を入力にセット
  pinMode(2, INPUT);
  pinMode(3, INPUT);
  pinMode(4, INPUT);

  // GPIOの9:7を出力にセット
  pinMode(7, OUTPUT);
  pinMode(8, OUTPUT);
  pinMode(9, OUTPUT);

  while (1) { // スイッチを読み出して対応するLEDに書き込む
    digitalWrite(7, digitalRead(2));
    digitalWrite(8, digitalRead(3));
    digitalWrite(9, digitalRead(4));
  }
}
```

プログラムのファイルにはdip2led.cという名前をつけ、同じディレクトリにEasyPIO.hを置くと、Raspberry Piのコマンドラインで次のコマンドを使ってプログラムをコンパイルして走らせることができる。gccがCコンパイラである。プログラムが保護されたI/Oメモリにアクセスできるように、sudoが必要である。動いているプログラムを止めるには、Ctrl-Cを押す。

```
gcc dip2led.c .o dip2led
sudo ./dip2led
```

> セキュリティの理由により、Linuxはメモリマップトハードウェアに対するアクセスをスーパーユーザにしか与えていない。プログラムをスーパーユーザとして動かすには、Linuxのコマンドの前にsudoと打つ。次の節にその例を示す。

9.3.4 シリアルI/O

マイクロコントローラが利用可能なるGPIOの数より多くのビットを送る必要がある場合、メッセージを複数のより小さい通信単位に分割しなければならない。メッセージを複数の各ステップで、1ビットでも複数のビットでも送ることができる。前者はシリアル（直列）I/Oと呼ばれ、後者はパラレル（並列）I/Oという。シリアルI/Oは少ない信号線で済み、多くのアプリケーションには十分な速度であるので、一般的に使われる。実際にシリアルI/Oには多くの標準規格が確立していて、マイクロコントローラがそれぞれの規格の専用ハードウェアを備えており、簡単にデータを送ることができる。この節ではSerial Peripheral Interface（SPI）とUniversal Asynchronous Receiver/Trans mitter（UART、非同期通信）という標準シリアルインタフェースを紹介する。

よく使われるシリアル規格として他には、Inter-Integrated Circuit（I²C）、Universal Serial Bus（USB）、そしてEthernetがある。I²C（「アイスクエアシー」と発音）はクロックと双方向データのピンから成る2線式のインタフェースで、SPIと似たやり方を使っている。USBとEthernetはより複雑で高性能な規格であり、それぞれ9.6.1節と9.6.4節で詳説する。Raspberry Piではこれら5つの規格をすべてサポートしている。

> SPIは常にデータを両方の方向で送る。システムが片方向の通信だけを必要としている場合、不要なデータを無視する。例えばマスターがスレーブにデータを送りたいだけである場合、スレーブから受信したデータを無視できる。マスターがスレーブからのデータを受信するだけである場合は、マスタはSPI通信をトリガためのに適当なデータを載せるが、スレーブ側はそれを無視する。SPIのクロックはマスタがデータを送る時のみトグルされる。

9.3.4.1 Serial Peripheral Interface（SPI）

SPI（「エスピーアイ」と発音）は、比較的高速で単純な使いやすい同期式シリアルプロトコルである。物理インタフェースは3つのピン、つまりシリアルクロック（SCK）、マスタアウトスレーブイン（MOSIあるいはSDOともいう）、マスタインスレーブアウト（MISOあるいはSDIともいう）から成る。SPIは図9.6(a)に示すようにマスタデバイスとスレーブデバイスを接続する。マスタがクロックを生成する。SCKに一連のクロックパルスを送ることで通信を起動する。データをスレーブに送る場合は、データをMOSIに置き、最上位ビットから開始する。スレーブは同時にデータをMISOに置いて応答する。図9.6(b)は8ビットのデータを送るSPIの波形を

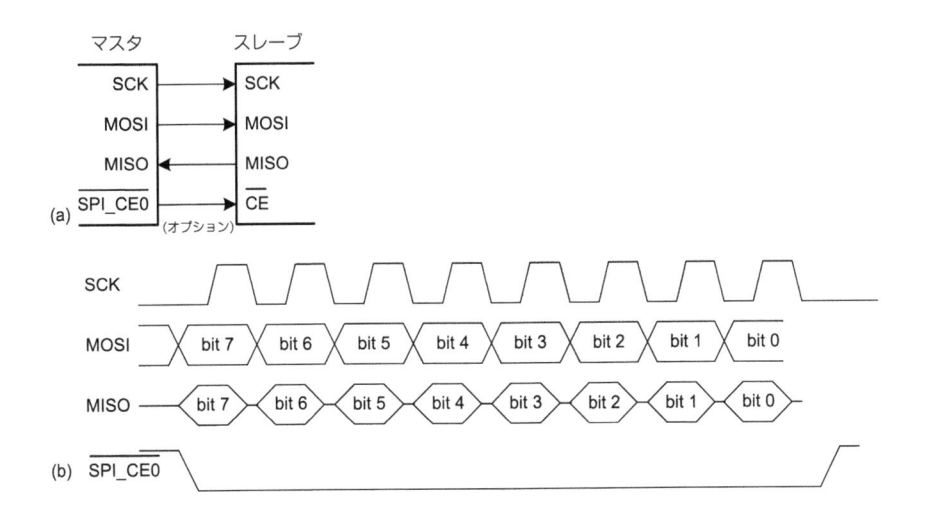

図9.6 SPIの接続と波形

示す。ビットはSCKの立下りのエッジで変化し、立ち上がりでサンプルするようにその間は安定である。SPIインタフェースはアクティブ・ローのチップ選択（セレクト）信号をレシーバ（スレーブ）に送り、データをやりとりすることを知らせる。

BCM2835は2つのSPIマスタポートと1つのスレーブポートを有する。この節ではSPIマスタポート0について詳説するが、これはRaspberry PiのGPIOのピン11:9から取り出すことができる。これらのピンをGPIOではなくSPIとして使うには、対応するGPFSELをALT0に設定しなければならない。Piはその後にポートを設定する。PiがSPIに書くと、そのデータはスレーブに直列的に送られる。同時にデータは接続されたスレーブから受信され、Piは転送が完了した後にそれを読むことができる。

```
                    ...
0x20204008        SPI0CLK
0x20204004        SPI0FIFO
0x20204000        SPI0CS
                    ...
```

図9.7　SPIマスタポート0用レジスタ

SPIマスタポート0には、図9.7のメモリマップに示した3つのレジスタが関連づけられている。SPI0CSは制御レジスタで、SPIを活性化したり、クロックの極性等の属性を設定する。SPI0CSの中のいくつかのビットの名前と機能で、この節の説明に関係するものを表9.4に列挙する。すべてのリセット時の規定値は0である。チップ選択や割り込み等の機能のほとんどは、この節では使われないが、データシートには記載されている。バイトを受け取ったり送る際には、SPI0FIFOに読み書きする。SPIクロック周波数は、250MHzの周辺クロックをSPI0CLKレジスタで指定される2のべき乗で分周して設定する。したがって、SPIのクロック周波数をまとめると表9.5のようになる。

> 周波数が非常に高い場合（ブレッドボードで1MHz以上、非終端の回路で10MHz）は、反射やクロストーク等の信号伝送的な問題のために、SPIは信頼性が落ちてしまう。

表9.4　SPI0CSレジスタのビッド割り当て

Bit	Name	Function	Meaning for 0	Meaning for 1
16	DONE	Transfer Done	Transfer in progress	Transfer complete
7	TA	Transfer Active	SPI disabled	SPI enabled
3	CPOL	Clock Polarity	Clock idles low	Clock idles high
2	CPHA	Clock Phase	First SCK transition at middle of data bit	First SCK transition at beginning of data bit

表9.5　SPI0CLK周波数

SPI0 CLK	SPI Frequency (kHz)
2	125000
4	62500
8	31250
16	15625
32	7812
64	3906
128	1953
256	976
512	488
1024	244
2048	122

例題9.4　SPIを通したバイトの送受

Raspberry PiのマスタとFPGAのスレーブをSPIで接続して通信するシステムを設計せよ。インタフェースの回路図のスケッチを描け。Piの文字'A'を送り、文字を受け取るC言語のコードを書け。FPGAで稼働するSPIスレーブのHDLのコードを書け。データを受け取るだけならば、どのようにスレーブを単純化できるか？

解法：SPIマスタポート0を使ったデバイス間の接続を図9.8に示す。ピン番号は部品のデータシートから得たものである（例えば図9.3）。図には物理的な接続と論理的な接続を両方示すために、ピン番号と信号名の両方を示している。SPIを活性化すると、これらのピンはGPIOとしては使えなくなる。

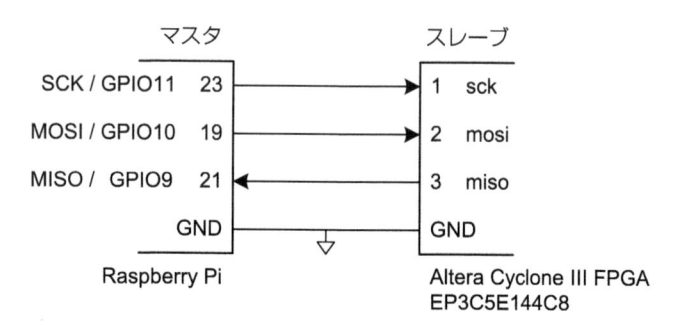

図9.8　PiとFPGA間のSPI接続

EasyPIO.hの次のコードは、SPIの初期化と文字の送信と受信に使う。メモリマップを整え、レジスタアドレスをGPIOの時と同様にして定義するコードはここに再掲しない。

```c
void spiInit(int freq, int settings) {
  pinMode(8, ALT0);        // CE0b
  pinMode(9, ALT0);        // MISO
  pinMode(10, ALT0);       // MOSI
  pinMode(11, ALT0);       // SCLK

  SPI0CLK = 250000000/freq; // SPIのクロック分周器を希望の値にする

  SPI0CS = settings;
  SPI0CSbits.TA = 1;       // SPIを活性化
}

char spiSendReceive(char send){
  SPI0FIFO = send;         // スレーブにデータを送信
  while (!SPI0CSbits.DONE); // SPIが完了するまで待つ
return SPI0FIFO;           // データを受信する
}
```

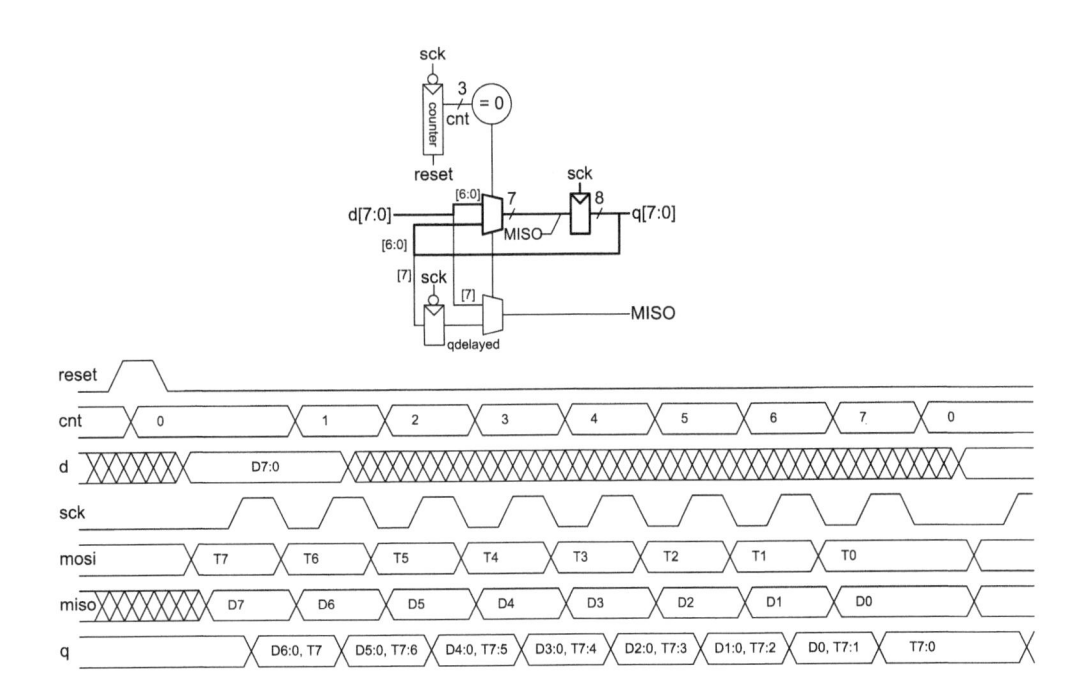

図9.9 SPIスレーブの回路とタイミング

次のC言語コードは、SPIを初期化して文字を送受信するものである。SPIのクロックを244kHzにセットする。

```
#include "EasyPIO.h"

void main(void) {
char received;

  pioInit();
  spiInit(244000, 0);    // SPIを初期化:
                         // 規定値のクロック244kHz
  received = spiSendReceive('A'); // 文字'A'を送信し
                                  // バイトを受信
}
```

FPGAのためのHDLのコードを以下に示す。図9.9にブロック図とタイミングを示す。FPGAはシフトレジスタを使い、マスタから受信するビットとマスタに送信するビットを保持する。リセットや各8サイクルの後のsckの最初の立ち上がりのエッジで、mosiの新しいのバイトをシフトインし、misoにシフトアウトする。マスタが次の立ち上がりエッジでサンプルするように、misoをsckの立下りのエッジまで遅延させる。8サイクルが終わると、受信したバイトがqに入っている。

```
module spi_slave(input logic sck,      // マスタから
                 input logic mosi,     // マスタから
                 output logic miso,    // マスタへ
                 input logic reset,    // システムリセット
                 input logic [7:0] d,  // 送信データ
                 output logic [7:0] q); // 受信データ

  logic [2:0] cnt;
  logic qdelayed;

// バイトがすべて送られたことを追跡する3ビットのカウンタ
always_ff @(negedge sck, posedge reset)
  if (reset) cnt = 0;
  else cnt = cnt + 3'b1;
  // ローダブルシフトレジスタ
```

```
// 最初にdをロードし, mosiを各々のステップで最下位にシフトする
always_ff @(posedge sck)
  q <= (cnt == 0) ? {d[6:0], mosi} : {q[6:0], mosi};

// misoをsckの立下りのエッジに合わせる
// 最初にdをロードする
always_ff @(negedge sck)
  qdelayed = q[7];
  assign miso = (cnt == 0) ? d[7] : qdelayed;
endmodule
```

スレーブに必要なのがマスタからのデータの受信だけであるなら、次のHDLのコードのように単純なシフトレジスタに簡単化できる。

```
module spi_slave_receive_only
    (input logic sck,       //マスタから
     input logic mosi,      //マスタから
     output logic [7:0] q); //受信データ
  always_ff @(posedge sck)
    q <= {q[6:0], sdi};     // シフトレジスタ
endmodule
```

SPIポートは、多様なシリアルデバイスと通信できるように設定可能である。残念ながら間違えてポート設定すると、誤ったデータ通信を行ってしまう可能性がある。異なるタイミングを期待するデバイスと通信するには、設定ビットの変更が必要な場合がある。CPOL = 1だとSCKは反転され、SPHA = 1だとクロックのトグルはデータに比べて半サイクル前になる。これらのモードを次ページの図9.10に示す。異なるSPI製品が異なる名前とこれらのオプションで設定される極性で使われている可能性があることを知っておいてほしい。通信がうまくいかない場合は、SCKとMOSI、MISOをオシロスコープで観察すると救われることがある。

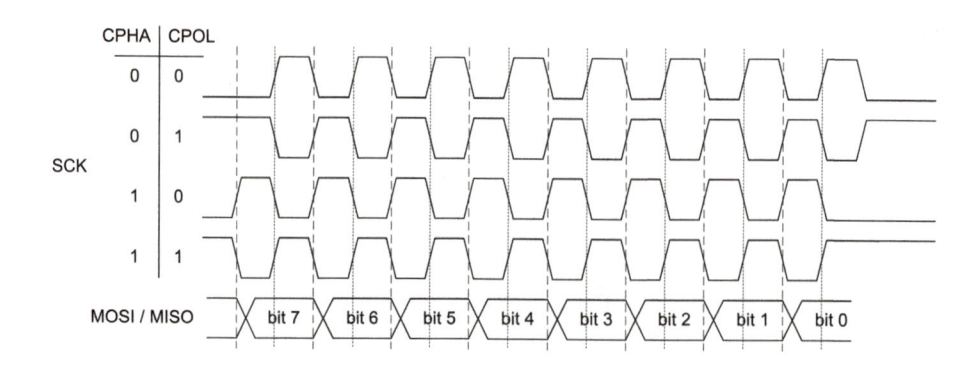

図9.10 SPのクロックとデータのタイミングの設定

9.3.4.2 Universal Asynchronous Receiver/ Transmitter （UART、非同期通信）

UART（「ユアート」と発音する）は、2つのシステム間でクロックを使わないで通信を行うシリアルI/O周辺デバイスである。その代わりに、システム間では事前に利用するデータの流量を示し合わせておいて、自身でローカルにクロックを生成しなければならない。クロックが同期していないので、非同期ということになる。このシステムではクロックには周波数の小さな誤差があり、互いの位相も不明であるが、UARTでは信頼性がある非同期通信を行える。UARTはRS-232CやRS-485等のプロトコルとして使われる。例えば古いコンピュータのシリアルポートはRS-232C規格を使っていて、これは1969年に米電子工業会（Electronics Industries Associations、EIA）が導入した。この規格はメインフレームコンピュータ等との接続を念頭に置いたData Terminal Equipment（**DTE**）と、モデム等との接続のData Communication Equipment（**DCE**）から成る。SPIに比べるとUARTは低速で間違った設定をしがちであるが、この規格は今日現在でも重要である。

図9.11(a)は非同期シリアル接続を示している。DTEはTXラインを用いてDCEにデータを送信し、反対にRXラインを用いて受信する。図9.11(b)は9600ボーのデータ流量で文字を送るこれらのラインの様子を表している。ラインは論理 '1' のときにアイドル（待ち状態）であり、使われていないことを示す。文字を送る時は、最初にスタートビット（0）、続いて7または8ビットのデータ、オプションでパリティビット、そして1または2ビットのストップビット（1）を送る。UARTは適切な時点で、アイドル状態で立下りの変化を検出して通信を追跡（ロックオン）し始める。ASCII文字を送るには7ビットで十分であるが、任意のバイトデータを運ぶために、通常は8ビットを使う。

オプションのパリティビットを使って、システムは通信中にビットが壊れたか否かを検出することが可能である。パリティは**偶数**か**奇数**を設定でき、偶数パリティはデータ中とパリティの1の個数の総和が偶数であることを意味する。言い換えれば、パリティビットは全データビットのXORということになる。受信側は1の個数が偶数であることを検査し、そうでなければエラーということになる。奇数パリティはその逆である。

> ボーレートは信号の流量を与えるもので、1秒当たりの記号の数として測られるが、ビットレートは1秒当たりのビットとして与えられる。この教科書で議論している信号は2レベルであり、各記号はビットを表している。しかしながら多レベルの信号を使うと複数のビットを送ることができる。例えば4レベルの信号は1記号で2ビットを送る。この場合、ビット流量はボーレートの2倍である。SPIのような単純なシステムでは、1シンボルは1ビットでボーレートとビットレートは一致する。UARTや他の信号方式は、データに加えて余計なビットが必要である。例えば2レベル信号で、スタートビットとストップビットを8ビットの各々に加えボーレートが9600だとすると、ビットレートは(9600 記号/秒)×(8ビット/10記号) = 7680 ビット/秒 = 960文字/秒 になる。

> 1950年代から1970年代にかけて、自身のことをフォンフリーク呼んでいた草創期のハッカーは、電話会社のスイッチに口笛でうまく音程を与えて操るやり方を習得していた。2600Hzの音はCap'n Crunchというシリアル菓子のオマケのおもちゃの笛（図9.12）で作り出すことができ、これをうまく使ってタダで長距離や海外電話をかけていた。

図9.12 Cap'n Crunchのオマケの笛（Evrim Senによる写真。転載許可済）

通常使われるのは、8ビットのデータ、パリティなし、1ストップビットで、全体で10記号で8ビットの文字情報を送るという形式である。したがって、例えば9600ボーは9600記号/秒、あるいは960文字/秒ということになる。両方のシステムは、適切なボーレートとデータのビット数、パリティ、そしてストップビット数で設定されていて、さもなくばデータは壊れてしまう。特に技術に明るくないユーザにとっては困った話で、パーソナルコンピュータでUniversal Serial Bus（USB）がUARTに取って代わった理由の1つである。

通常のボーレートは、300、1200、2400、9600、14400、

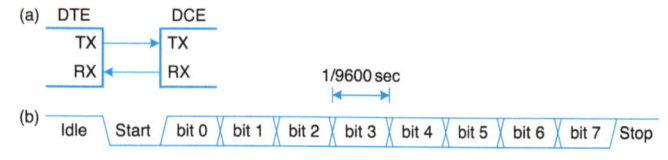

図9.11 非同期シリアル接続

19200、38400、57600、そして115200のいずれかである。1970年代から1980年代のモデムは、電話回線に音程の列を送ってデータを送っていたので、低いボーレートが使われた。最近のシステムでは、9600と115200がよく使われるボーレートである。9600が大したことはなく、115200が最も高速な標準レートであるが、これでも最近のシリアルI/Oの標準からするとまだ遅い。

> ハンドシェークは2つのシステム間でのネゴシエーションのことである。通常1つのシステムが送る準備あるいは受け取る準備ができていると信号を送ると、片方のシステムがその要求を受理する。

RS-232C規格はいくつかの付加的な信号を定義している。Request to Send（RTS）とClear to Send（CTS）信号はハードウェアハンドシェークで使われる。これらは2つのモードのうちのいずれかで使われる。**フローコントロールモード**では、DTEがDCEからのデータの受け取り準備が整うと、RTSを0でクリアする。同様にして、DCEはDTEからのデータの受け取り準備が整うと、CTSを0でクリアする。いくつかのデータシートは、信号に上線をつけてアクティブローであることを表している。古い**シンプレックスモード**では、DTEがRTSを0でクリアするのは送信準備が整った場合である。DCEはCTSをクリアして、転送を受信する準備が整ったと返事をする。

いくつかのシステム、特に電話回線を通して接続されているものは、Data Terminal Ready（DTR）とData Carrier Detect（DCD）、Data Set Ready（DSR）、そしてRing Indicator（RI）を使って、機器が回線につながっていることを知らせる。

もともとの規格では、太い25ピンのDB-25コネクタを推奨しているが、PCは図9.13(a)にピン配列を示した効率化した9ピンのDE-9コネクタを使っている。ケーブルは図9.13(b)のようにストレートで接続してある。しかしながら2つのDTEを直接接続する場合は、図9.13(c)のようなナルモデムケーブルを使って、RXとTX、それにハンドシェーク線を交換する必要があるかもれない。さらに腹が立つのは、オスのコネクタとメスのコネクタがあるということである。つまり、ケーブルの大きな箱があって、2つのシステムをRS-232Cで接続するにはそれなりの量のあてずっぽうを必要とするので、繰り返すがUSBに移行している。幸運なことに組み込みシステムでは通常は、GND、TX、RX、そして必要ならRTSとCTSから成る単純化した3線か5線の接続を使っている。

RS-232Cは電気的に0を3 15Vで表し、1を–3 –15Vで表していて、これを**バイポーラ信号**と呼ぶ。トランシーバはUARTのディジタル論理レベルをRS-232Cで期待される正と負のレベルへの変換の他に、ユーザが抜き差しする際の静電破壊からのシリアルポートの保護対策も兼ねている。MAX3232Eは3.3Vと5Vの両方のディジタル論理レベルに対応した一般的なトランシーバである。これには外付けのコンデンサを使って±5Vを低電圧の単一電圧電源からつくるチャージポンプを内蔵している。いくつかのシリアル周辺デバイス

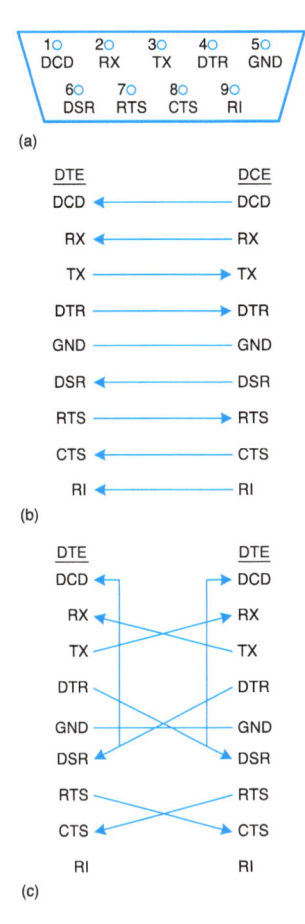

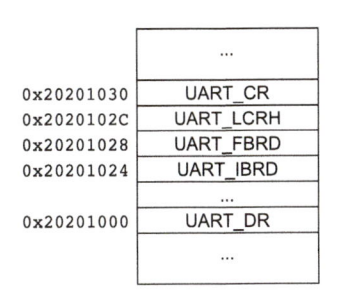

図9.13　DE-9のオスのケーブル：(a)ピン配置、(b)標準的な接続、(c)ナルモデム接続

は組み込みシステムを意図していて、トランシーバを省いて0として0Vを、1として3.3か5Vを使うようになっている。これについてはデータシートを参照せよ。

BCM2835は2つのUART、UART0とUART1を搭載している。片方はピン14と15を使って通信を行うように設定可能だが、UART0の方が機能が豊富で、ここではこれを取り上げる。これらのピンをGPIOではなくUART0として使うには、GPFSELをALT0に設定しなければならない。SPIの時と同様に、Piは最初にポートの設定を行う。SPIとは異なり、送信を行わなくても受信でき、逆もそうなので、読み出しと書き込みは独立に行える。UART0のレジスタを図9.14に示す。

	...
0x20201030	UART_CR
0x2020102C	UART_LCRH
0x20201028	UART_FBRD
0x20201024	UART_IBRD
	...
0x20201000	UART_DR
	...

図9.14　UART0レジスタ

UARTを設定するには、まずボーレートをセットする。UARTは内蔵の3MHzのクロックを希望するボーレートの16倍の周波数になるように分周しなければならない。したがって、正しい分周比、BRDは以下のようになる。

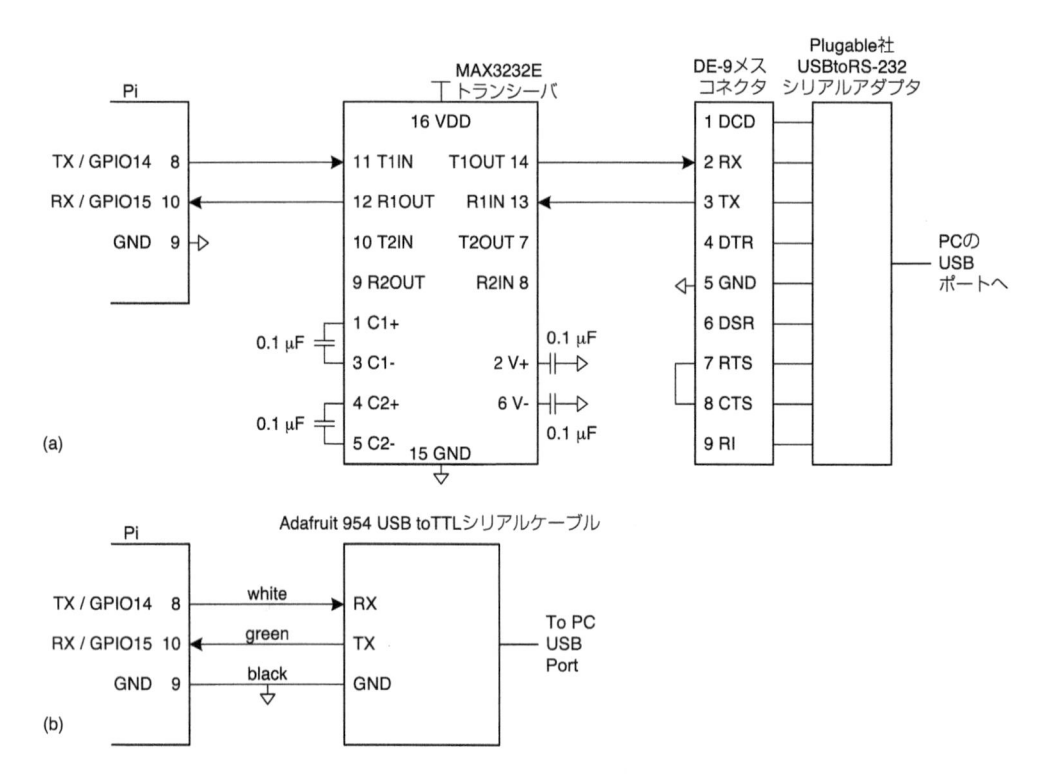

図9.15 Raspberry PiとPCのシリアル接続　(a) Plugable社のケーブル、(b) Adafruit社のケーブル

BRD = 3000000 / (16×baud rate)

BRDはUART_IBRDの16ビットの整数部分とUART_FBRDの6ビットの小数部分で表し、BRD = IBRD + FBRD/64である。表9.6によく使うボーレート[1]の設定を示す。

表9.6　BRDの設定

設定したいボーレート	UART_IBRD	UART_FBRD	実際のボーレート	誤差（%）
300	625	0	300	0
1200	156	16	1200	0
2400	78	8	2400	0
9600	19	34	9600	0
19200	9	49	19200	0
38400	4	56	38461	0.16
57600	3	16	57692	0.16
115200	1	40	115384	0.16

次にデータのビット数やストップビット、それにパリティビットの仕様をライン制御レジスタUART_LCRHにセットする。規定値では、UARTは1ストップビット、パリティなし、奇妙なことに1語5ビットのみの送受信である。したがって1語を8ビットで扱うには、UART_LCRHのWLENフィールド（ビット6:5）に3をセットしなければならない。最後に制御レジスタUART_CRのビット0（UARTEN）をUARTをオンにしてUARTを活性化する。

データレジスタUART_DRとフレーミングレジスタUART_FRを使ってデータの送信と受信を行う。データを送信するには、送信器がビジーでなくなったことを調べるのにUART_FRのビット7（TXFE）が1になるまで待ち、データをUART_DRに書く。データを受信するには、受信器にデータ入っているのを調べるのにUART_FRのビット4（RXFE）が0になるまで待ち、UART_DRからバイトを読む。

例題9.5　PCとのシリアル通信

115200ボー、8ビット、1ストップビット、パリティなしでシリアルポートを使って、PCと通信をするRaspberry Piの回路図とC言語プログラムを開発せよ。PCではPuTTY[2]等のコンソールプログラムを稼働させ、シリアルポートを読んだり書いたりする。プログラムはユーザに文字列を打ち込むように促し、彼女が打ち込んだものをユーザに示す。

解法：図9.15(a)はレベル変換と配線を例示している基本回路図である。シリアルポートを有するPCは今となっては殆どないので、Plugable Technologies社のPlugable USB to RS-232 DB9 Serial Adapterを使う。次ページの図9.16のcomは、PCへシリアル接続を提供する。アダプタのメスのDE-9コネクタの信号をトランシーバに送り、これがRS-232CのバイポーラのレベルをPiの3.3Vレベルに変換する。PiもPCもDTEなので、TXピンとRXピンは回路でクロス接続しなければならない。PiのRTS／CTSのハンドシェイクは使わず、DE-9コネクタのRTSとCTSはPCが自分でハンドシェイクするように折り返す。図9.15(b)はAdafruit 954 USB to TTL シリアルケーブルを使うというもっと簡単なやり方を示している。このケーブルは3.3Vレベルに直接互換性があり、メスの端子はRaspberry Piのオスの端子に直接接続できる。

1　ボーレートで3MHzを割ってもきれいな値は得られず、周波数に誤差を生じる。UARTは本質的に非同期なので、この誤差が十分小さい場合は実用になる。

2　PuTTYはwww.putty.orgから自由にダウンロードできる。

図9.16 Plugable USB to RS-232 DB9シリアルアダプタ（転載許可済（Plugable Technologies® 2102））

シリアル接続で使えるようにPuTTYを設定するには、**Connection type**をSerialにして、**Speed**を115200にする。**Serial line**をオペレーティングシステムがUSBアダプタに割り当てたCOMポートにセットする。Windowsでは、これはデバイスマネージャを見れば判る。例えばこれがCOM3だとしよう。**Connection Serial**タブでflow controlをNONEかRTS/CTSに設定する。TerminalタブでLocal EchoをForce Onにして、打ち込んだ文字がターミナルで表示されるようにする。

> オペレーティングシステムはシリアルポートにログインプロンプトを表示することに注意されたい。両方がポートを使うときは、OSとあなたのプログラムの間で面白いやりとりを見れるかもしれない。

EasyPIO.hのシリアルポートドライバのコードを以下に示す。ターミナルプログラムのエンターキーは、復改（キャリッジリターン）文字に対応し、C言語では'\r'、ASCIIコードの0x0Dになる。表示で次の行の最初に行くには、'\n' と '\r'（改行、ニューライン）と復改の文字を送る。関数uartInitはUARTを上記のように設定する。同様にしてsetCharSerialとputCharSerialはUARTの準備が整うまで待ち、データレジスタをアクセスしてバイトのそれぞれ書きと読みを行う。

```c
void uartInit(int baud) {
  uint fb = 12000000/baud; // 3MHz UARTクロック

  pinMode(14, ALT0);        // TX
  pinMode(15, ALT0);        // RX
  UART_IBRD = fb >> 6;      // BRDの6ビットの小数部と
                            // 16ビットの整数部
  UART_FBRD = fb & 63;
  UART_LCRHbits.WLEN = 3;   // 8ビットデータ, 1ストップ,
                            // パリティなし, FIFOなし,
                            // フロー制御なし
  UART_CRbits.UARTEN = 1;   // UARTを活性化
}

char getCharSerial(void) {
  while (UART_FRbits.RXFE); // データの用意が
                            // できるまで待つ
  return UART_DRbits.DATA;  // シリアルポートから
                            // の文字を返す
}

void putCharSerial(char c) {
  while (!UART_FRbits.TXFE); // 送信可能になるまで待つ
  UART_DRbits.DATA = c;      // 文字をシリアルポートに送る
}
```

関数mainは、コンソールから関数putStrSerialとgetStrSerialを使ってコンソールへの表示とコンソールからの読み込みを行う。

```c
#include "EasyPIO.h"

#define MAX_STR_LEN 80

void getStrSerial(char *str) {
  int i = 0;
  do {          // 文字列全体を読む
    str[i] = getCharSerial(); // 復改
  } while ((str[i++] != '\r') &&
           (i < MAX_STR_LEN)); // 復改を期待
  str[i-1] = 0;                // ナル終端文字列
}

void putStrSerial(char *str) {
  int i = 0;
  while (str[i] != 0) {  // 文字列全体について繰り返す
    putCharSerial(str[i++ ]); // 各々の文字を送る
  }
}

int main(void) {
  char str[MAX_STR_LEN];
  pioInit();
  uartInit(115200);             // ボーレートでUARTを初期化

  while (1) {
    putStrSerial("Please type something: \r\n");
    getStrSerial(str);
    putStrSerial("You typed: ");
    putStrSerial(str);
    putStrSerial("\r\n");
  }
}
```

PCのシリアルポートを使うC言語の通信プログラムは、シリアルポートドライバライブラリがオペレーティングシステム間で標準化されていないので、少し困ってしまう。PythonやMatlab、LabVIEWのような別のプログラミング環境なら、苦痛なしでシリアル通信を行える。

9.3.5 タイマー

組み込みシステムでは時間計測は共通する必要事項である。例えば電子レンジには、日時を調べたり、調理時間を測るのにタイマーが必要である。あるいは調理皿を回転させるモータにパルスを与えたり、1秒間にマイクロ波を当てる時間を調節してパワーを制御する場合も必要だ。

BCM2835は1マイクロ秒毎（つまり1MHzで）インクリメントされる64ビットのフリーランニングカウンタであるシステムタイマーと、4つの32ビットタイマーコンペアチャンネルを備える。次ページの図9.17は、システムタイマーのメモリマップである。SYS_TIMER_CLOとSYS_TIMER_CHIは64ビットカウンタの下位と上位の32ビットの値である。任意のコンペアチャンネルがSYS_TIMER_CLOにマッチすると、対応するSYS_TIMER_CSの下位4ビットのマッチビット（M0 M3）がセットされる。マッチビットは1をSYS_TIMER_CSの対応するビットに書くことでクリアする。これは直観に反するが、他のマッチビットを不用意にクリアしてしまうのを防

いでいる。特定のマイクロ秒を測り取るには、CLOにその値を加算して、それをC1に書き、SYS_TIMER_CS.M1をクリアし、SYS_TIMER_ CS.M1がセットされるのを待つ。

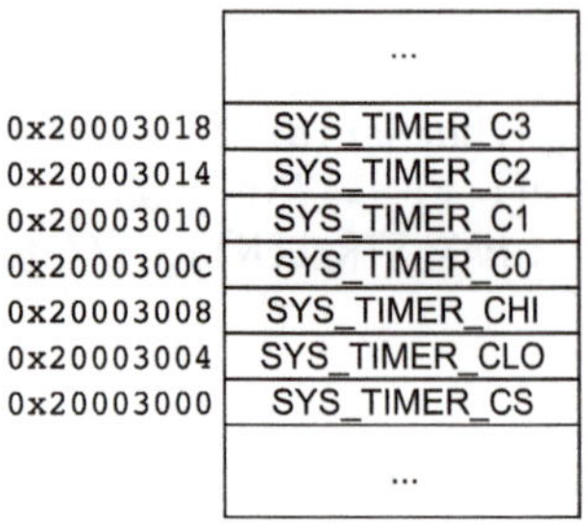

	...
0x20003018	SYS_TIMER_C3
0x20003014	SYS_TIMER_C2
0x20003010	SYS_TIMER_C1
0x2000300C	SYS_TIMER_C0
0x20003008	SYS_TIMER_CHI
0x20003004	SYS_TIMER_CLO
0x20003000	SYS_TIMER_CS
	...

図9.17　システムタイマーのレジスタ

> グラフィック処理ユニットとオペレーティングシステムは、channel 0、2、3を使うかもしれないので、ユーザのコードではSYSTEM_TIMER_C1を調べるべきだ。

残念なことに、Linuxはマルチタスキングオペレーティングシステムであり、プロセス間のスイッチを警告なしに行う。もしプログラムがタイマーのマッチを待っていて、ほかのプロセスが実行を開始したら、プログラムは誤った量の時間を測りとるだろう。これを避けるために、プログラムは際どいタイミングループの間は割り込みを禁止し、Linuxがプロセスを切り替えないようにする。際どいところを終えたら、割り込みを許可に戻すことをお忘れなく。EasyPIOは関数noInterruptsとinterruptsを定義していて、それぞれ割り込みを禁止にしたり許可にする。割り込みを禁止している間は、Piはプロセスを切り替えず、ユーザがCtrl-Cを押してプログラムを殺す（kill）ことができなくなる。もしあなたのプログラムがハングしたら、電源を切って、Piをリブートさせてリカバーさせる必要がある。

例題9.6　LEDの点滅

Raspberry PiのステータスLEDを1秒間に5回の割合で、4秒間に渡って点滅させるプログラムを書け。

解法：EasyPIOの関数delayMicrosは、タイマーコンペアチャンネル1を使って、指定された数のマイクロ秒だけ遅延を作る。

```
void delayMicros(int micros) {
  SYS_TIMER_C1 = SYS_TIMER_CLO + micros;
                        // Set the compare register
  SYS_TIMER_CSbits.M1 = 1;   // Reset match flag to 0
  while (SYS_TIMER_CSbits.M1 == 0);
                        // Wait until match flag is set
}

void delayMillis(int millis) {
  delayMicros(millis*1000);   // 1msは1000マイクロ秒
}
```

GPIO47はPi B+のアクティビティLEDを駆動している。プログラムはこのピンを出力にセットし、割り込みを禁止する。そしてLEDを消灯と点灯を、200ms（5Hz）の繰り返しレートでdigitalWriteを繰り返す。プログラムは、最後に割り込みを許可にする。

```
#include "EasyPIO.h"

void main(void) {
  int i;

  pioInit();

  pinMode(47, OUTPUT);       // ステータスLEDを出力として
  noInterrupts();            // 割り込み禁止

  for (i = 0; i<20; i ++) {
    delayMillis(150);
    digitalWrite(47, 0);   // LEDを消灯
    delayMillis(50);
    digitalWrite(47, 1);   // LEDを点灯
  }
interrupts();              // 割り込みを再度許可
```

9.3.6　アナログI/O

実世界はアナログの場所だ。多くの組み込みシステムは、世界とのやりとりを行うのに、アナログ入力と出力を必要としている。アナログ信号を量子化してディジタル値にするためにアナログディジタル変換器（ADC）を使い、その逆を行うためにディジタルアナログ変換器（DAC）を使う。図9.18はこれらのコンポーネントの記号である。これらの変換器はその解像度とダイナミックレンジ（識別可能な信号の範囲）、サンプリングレート、精度で性格付けされる。例えばあるADCが12ビットの解像度で、V_{ref}^-からV_{ref}^+の範囲が0　5Vであり、サンプリングレートf_s = 44kHzで、精度が±最下位3ビット（3lsb）であるとする。サンプリングレートは別の言い方では1秒当たりのサンプル数（sps）とも言い、1sps = 1Hzとなる。アナログ入力の電圧$V_{in}(t)$とディジタル標本値$X[n = t/f_s]$の関係は、

$$X[n] = 2^N \frac{V_{in}(t) - V_{ref^-}}{V_{ref^+} - V_{ref^-}}$$

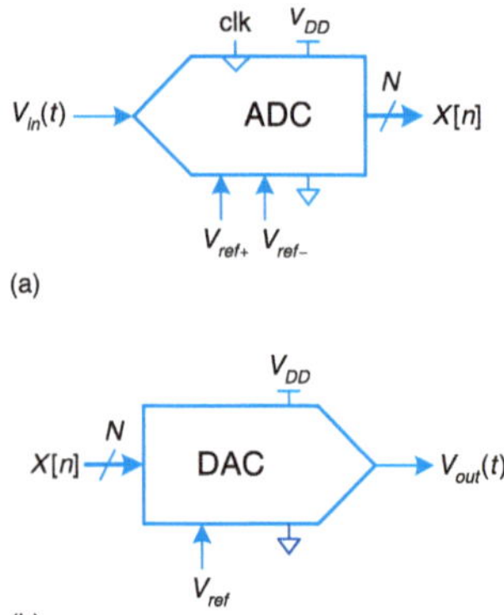

(a)

(b)

図9.18　ADCとDACの記号

例えば入力電圧2.5V（フルスケールの半分）は、3lsbまでの不正確さで出力の$100000000000_2 = 800_{16}$に対応する。

同様にしてDACは$N = 16$ビットの解像度でフルスケールの出力範囲はV_{ref} = 2.56Vだとすると次の出力を生成する。

$$V_{out}(t) = \frac{X[n]}{2^N} V_{ref}$$

多くのマイクロコントローラは、まあまあの性能のADCを備えている。高い性能（例えば16ビットの解像度や1MHzを超えるサンプリングレート）を望むなら、マイクロコントローラに外付けのADCを接続する必要があることが多い。DACを備えたマイクロコントローラはほとんどなく、外付けのチップが使われるかもしれない。しかしながらマイクロコントローラは、パルス幅変調（PWM）という技法を使ってアナログ出力を生成できることが多い。

9.3.6.1 D/A変換

BCM2835はコンポジットビデオ（複合映像）出力のために特化したDACを内蔵しているが、これは汎用のコンバータではない。この節では外付けDACを使ったD/A変換について詳説し、Raspberry Piをパラレルポートやシリアルポートを使って他のチップとインタフェースする例を示す。次の節では同じ結果をパルス幅変調を用いて実現する。

DACにはNビットのディジタル入力をN本のパラレルインタフェースから取得するものがある一方で、SPI等のシリアルインタフェースから取得するものもある。また、正と負の電源を必要とするDACがあれば、単一電源で動作するものもある。電圧の範囲を柔軟に設定できるものがある一方で、特定の電圧を必要とするものがある。入力ロジック電圧はディジタル信号源と同じでなければならない。DACの中にはディジタル入力に比例する電圧出力を得られるものがある一方で、電流出力のものもあり、電流を望む電圧範囲に変換するにはオペアンプが必要かもしれない。

この節ではAnalog Devices社の AD558 8ビットパラレルDACとLinear Technology社の LTC1257 12ビットシリアルDACを取り扱う。両者とも電圧出力を生成し、5〜15Vの単一電源で動作し、VIH = 2.4Vであるので3.3VのI/Oと互換性がある。また、DIPパッケージであるのでブレッドボードでの利用が容易で、使いやすい。AD558は0〜2.56Vの範囲の電圧を発生し、消費電力は75mWで、16ピンのパッケージで、1μsのセットリング時間で出力レートは1Mサンプル/秒である。データシートはanalog.comから入手できる。LTC1257は0〜2.048Vの範囲の電圧を発生し、消費電力は2mW未満で、8ピンのパッケージで、6μsのセットリング時間である。SPIは最高で1.4MHzで動作する。データシートはlinear.comから入手できる。

例題9.7　外付けDACを使ったアナログ出力

Raspberry PiとAD558、LTC1257を使って、サイン波と三角波を発生する単純な信号発生器の回路を描き、ソフトウェアを書け。

解法：回路図を図9.19に示す。AD558をPiにつなぐのに、GPIO 14、15、17、18、22、23、24、それに25を使う。**Vout Sense**と**Vout Select**を**Vout**に接続して、出力範囲を2.56Vフルスケールにする。LTC1257をPiにつなぐのにSPI0を使う。DACは両者とも5Vの電源で、0.1μFのデカップリングコンデンサを使って電源の雑音を減らす。アクティブローの$\overline{CE}$（chip enable）と$\overline{LOAD}$の信号は、次のディジタル入力を変換せよという指示である。これらは新しい入力をロードする際にはハイに駆動する。

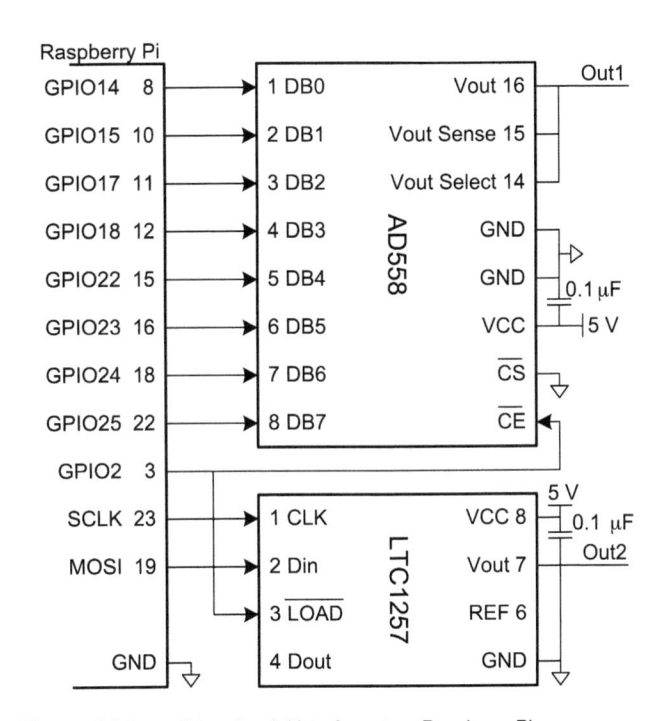

図9.19 DAC parallel and serial interfaces to a Raspberry Pi

以下にプログラムを示す。pinsModeとdigitalWritesはpinModeとdigitalWriteに似ているが、ピンの束に対する操作である点が異なる。プログラムは8本のパラレルポートのピンを出力に設定し、GPIO2を$\overline{CE}$と$\overline{LOAD}$を駆動する出力に設定する。さらにSPIを1.4MHzに設定する。initWaveTablesはサイン波と三角波の標本値で初期化する。サイン波は12ビットのスケールとし、三角波は8ビットのスケールとする。波の1周期を64点に切るが、この値は周波数の精度とのトレードオフになる。genWavesはこの標本値を繰り返し巡る。このとき、割り込みを禁止し、プロセスの切り替えと波形の乱れを防ぐ。標本値の各々についてDACへのCEとLOAD信号をディセーブルにし、新しい標本値をパラレルポートとシリアルポートから送り、DACを再びイネーブルにし、タイマーが次のサンプルを送るタイミングを知らせるまで待つ。spiSendReceiver16は2バイトを送るが、LTC1257では最後の12ビットのみが有効である。1000Hz（64Kサンプル/秒）より少し高い最大周波数は、関数genWaveで各々の点を送る際の時間で決まり、SPIの伝送がその主な構成要素である。

```c
#include "EasyPIO.h"
#include <math.h>                // sin関数を使うのに必要

#define NUMPTS 64
int sine[NUMPTS], triangle[NUMPTS];
int parallelPins[8] = {14,15,17,18,22,23,24,25};

void initWaveTables(void) {
  int i;
  for (i = 0; i<NUMPTS; i ++) {
    sine[i] = 2047*(sin(2*3.14159*i/NUMPTS) + 1);
                          // 12ビットでスケール
    if (i<NUMPTS/2) triangle[i] = i*511/NUMPTS;
                          // 8ビットでスケール
    else triangle[i] = 510-i*511/NUMPTS;
  }
}

void genWaves(int freq) {
  int i, j;
  int microPeriod = 1000000/(NUMPTS*freq);
  noInterrupts();  // タイミングを正確にするために割り込み禁止
```

```
for (i = 0; i<2000; i ++ ) {
  for (j = 0; j<NUMPTS; j ++) {
    SYS_TIMER_C1 = SYS_TIMER_CLO + microPeriod;
                        // 標本の間の時間
    SYS_TIMER_CSbits.M1 = 1; // タイマーマッチをクリア
    digitalWrite(2,1);       // 入力を変える間はロードしない
    spiSendReceive16(sine[j]);
    digitalWrites(parallelPins, 8, triangle[j]);
    digitalWrite(2,0);       // 新しい点をDACにロード
    while (!SYS_TIMER_CSbits.M1); // タイマーがマッチす
                                  // るまで待つ
  }
}
interrupts();
}

void main(void) {
  pioInit();
  pinsMode(parallelPins, 8, OUTPUT); // AD558に接続され
                                     // ているピンを出力に
  pinMode(2, OUTPUT);   // ピン2をLOADとCEを制御する出力に
  spiInit(1400000, 0); // 1.4MHzのSPIクロック. 規定値
  initWaveTables();
  genWaves(1000);
}
```

9.3.6.2　パルス幅変調

　ディジタルシステムがアナログ出力を生成するもう1つの方法は、**パルス幅変調**（PWM）を使うことで、これは周期的な出力の一部の期間をハイにして、残りの期間をローにする。図9.20に示すように、デューティー比はパルスがハイである期間に対応する。例えば出力が0Vから3.3Vまで振れ、デューティー比が25%であるなら、平均量は0.25 × 3.3 = 0.825 Vになる。ローパスフィルタをPWM信号にかませることで、変動をなくし、信号は期待した平均値になる。したがってPWMはパルスレートが意図する出力周波数に比べて十分高い場合は、アナログ出力を発生する効率的な方法である。

デューティー比 = パルス幅 / 周期

図9.20　パルス幅変調（PWM）信号

　BCM2835は2つの出力を同時に発生できるPWMコントローラを有している。PWM0はGPIO18ピンの機能ALT5として利用可能で、一方、PWM出力は両方ともステレオ音声端子から取り出すことができる。図9.21はPWMユニットと関連するクロックマネージャのメモリマップである。

0x2020C014	...
0x2020C010	PWM_DAT1
	PWM_RNG1
0x2020C000	...
	PWM_CTL
0x201010A4	...
0x201010A0	CM_PWMDIV
	CM_PWMCTL
	...

図9.21　PWMとクロックマネージャのレジスタ

　PWM_CTLレジスタを使ってパルス幅変調を活性化する。ビット0（PWEN1）は出力を有効にする。ビット7（MSEN1: markspace enable）は、出力を期間中はハイにし、残りはローにしている図9.20のような形のパルス幅変調を発生するためにはセットしておく。

　PWM信号はBCM2835のクロックマネージャが生成するPWMクロックから引き出す。PWM_RNG1とPWM_DAT1レジスタには、それぞれ波形全体のクロック数とハイの期間のクロック数を指定して、パルス周期とデューティー比を制御する。例えば、クロックマネージャが25MHzのクロックを生成し、PWM_RNG1=1000とPWM_DAT1=300を設定すると、PWM出力は（25MHz / 1000）= 25kHzで、デューティー比は300 / 1000 = 30%となる。

　クロックマネージャはCM_PWMCTLで設定し、周波数はCM_PWMDIVレジスタを使って設定する。表9.7はCM_PWMCTLレジスタのビットフィールドをまとめている。PWMクロックの最大周波数は25MHzである。これはPiでは以下のように、500MHzのPLLDクロックから得られる。

▶　CM_PWMCTL：PASSWDに0x5Aを、KILLに1を書いて、クロックジェネレータを停止させる。

▶　CM_PWMCLT：クロックが停止したことを確認するためにBUSYがクリアされるのを待つ。

▶　CM_PWMCTL：PASSWDに0x5Aを、MASHに1を、そしてSRCに6を書いて、PLLDに音声雑音整形不要を選択する。

▶　CM_PWMDIV：PADDWDに0x5Aを、23:12に20を書いて、PLLDで500MHzを20で分周して25MHzに落とす

▶　CM_PWMCTL：PASSWDに0x5Aを、ENABに1を書いて、クロックジェネレータを再起動させる。

▶　CM_PWMCTL：Wクロック発生中を示すBUSYがセットされるのを待つ。

> CM_PWMレジスタはBCM2835のデータシート中では文書化されていない。これに関する情報は、G.J. van Looの "BCM2835 Audio & PWM Clocks" をインターネットから探してほしい。

表9.7　CM_PWMCTLレジスタのビット割り当て

ビット	名前	説明
31:24	PASSWD	書き込み時には 5Aでなければならない
10:9	MASH	音声雑音整形
7	BUSY	クロック発生器動作中
5	KILL	1を書いてクロック発生器停止
4	ENAB	1を書いてクロック発生器始動
3:0	SRC	クロック発生源選択

例題9.8　**PWM**によるアナログ出力

　関数analogWrite(val)を書いて、PWMと外部RCフィルタでアナログ電圧出力を生成せよ。関数が受け付ける入力は、0（0Vの出力）から255（3.3Vのフル出力）とせよ。

解法：PWM0を使って78.125kHzの信号をGPIO18に生成する。図

9.22のローパスフィルタの遮断周波数は、次のようになり、高域が除去され平均値が通過する。

$$f_c = \frac{1}{2\pi RC} = 1{:}6 \text{ kHz}$$

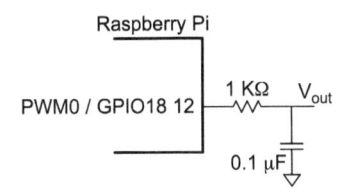

図9.22 PWMとローパスフィルタを使ったアナログ出力r

EasyPIOのPWM関数を以下に示す。pwmInitはGPIO18のPWMモジュールを上記の通りに初期化する。serPWMはPWM出力の周波数とデューティー比を設定する。デューティー比は0（常にオフ） 1（常にオン）の間である。関数analogWriteはデューティー比を255のフルスケールに基づいて設定する。

```
// PLLDの規定値は500[MHz]
#define PLL_FREQUENCY 500000000
// PWMの最大クロックは25[MHz]
#define CM_FREQUENCY 25000000
#define PLL_CLOCK_DIVISOR (PLL_FREQUENCY /
CM_FREQUENCY)

void pwmInit() {
  pinMode(18, ALT5);

  // 25MHzのPWMクロックを生成するようにクロックマネージャを
  // 設定する.
  // クロックマネージャに関する文書はデータシートから省かれているが,
  // "BCM2835 Audio and PWM Clocks" by G.J. van Loo
  // 6 Feb 2013に記載されている.
  // PWMの最大動作周波数は25MHzである.
  // クロックマネージャのレジスタに書くには,同時に「パスワード」5A
  // を先頭ビットに書いて,事故による書き込みのリスクを減らしている.

  CM_PWMCTL = 0; // PWMを変更する前に停止
  CM_PWMCTL = PWM_CLK_PASSWORD|0x20; // クロックジェネ
                             //  レータを停止
  while (CM_PWMCTLbits.BUSY);     // クロックジェネレータが
                             //  停止するのを待つ
  CM_PWMCTL = PWM_CLK_PASSWORD|0x206;
                     // Src = unfiltered 500 MHz CLKD
  CM_PWMDIV = PWM_CLK_PASSWORD|(PLL_CLOCK_DIVISOR
                     << 12);     // 25 MHz
  CM_PWMCTL = CM_PWMCTL|PWM_CLK_PASSWORD|0x10;
                     // PWMクロックを活性化
  while (!CM_PWMCTLbits.BUSY);  // クロックジェネレータの
                     //  開始を待つ
  PWM_CTLbits.MSEN1 = 1; // チャンネル1をマーク／スペース
                     //  モードで使う
  PWM_CTLbits.PWEN1 = 1; // PWMを活性化
}

void setPWM(float freq, float duty) {
  PWM_RNG1 = (int)(CM_FREQUENCY / freq);
  PWM_DAT1 = (int)(duty * (CM_FREQUENCY / freq));
}

void analogWrite(int val) {
  setPWM(78125, val/255.0);
}
```

関数mainは、その半分のスケール（1.65 V）を出力するようにセットして、PWMをテストしている。

```
#include "EasyPIO.h"

void main(void) {
  pioInit();
  pwmInit();
  analogWrite(128);
}
```

9.3.6.3 A/D変換

BCM2835には作り付けのADCがないので、この節では外付けDACに似た外付けコンバータを使ったA/D変換を説明する。

例題9.9　外付けADCを用いたアナログ入力

I10ビットのA/D変換機であるMCP3002をRaspberry PiにSPIを用いて接続し、入力の値を表示する。フルスケール電圧は3.3Vに設定する。データシートをWebから探し、完全な動作説明書を入手する。

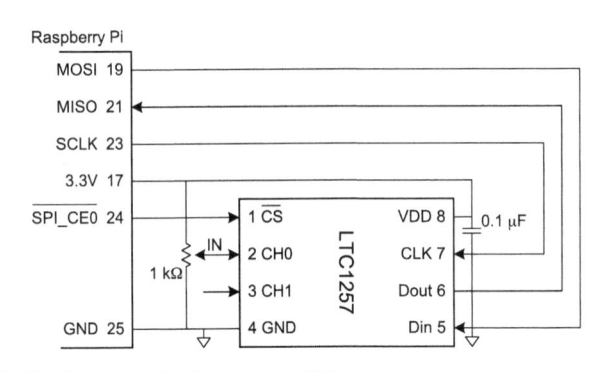

図9.23 Analog input using external ADC

解法：図9.23に接続の回路図を示す。MCP3002はVDDをフルスケール電圧として用い、3.3 5.5Vの電源を受け付けるので、ここでは3.3Vを選択する。このADCは2つの入力チャンネルを有するが、ここではチャンネル0に可変抵抗器を接続して、つまみの回転で0 3.3Vの入力電圧を調整できるようにする。PiのコードはSPIを初期化し、読み取っては標本値を表示することを繰り返す。データシートによると、Raspberry Piは16ビットの値0x6000をSPIを通して送ってCH0の値を読んでから返ってきた16ビットの結果の下位10ビットを10ビットの結果として受け取る。変換機はさらにチップセレクトの信号が必要で、慣習に従ってSPIのチップイネーブルを与える。

```
#include "EasyPIO.h"

void main(void) {
  int sample;

  pioInit();
  spiInit(200000, 0); // 200kHzのSPIクロック. 規定値

  while (1){
    sample = spiSendReceive16(0x6000);
    printf("Read %d\n", sample);
  }
}
```

9.3.7　割り込み

これまでは、UARTへのデータの到着やタイマーの比較値への到達等のイベントが発生を、プログラムが繰り返し検査するポーリングに頼ってきた。これはプロセッサの能力の無駄遣いであり、平行して複数のイベントが発生するのを待つ間に、意味のある仕事をするようなプログラムを書くのが困難になる。

ほとんどのマイクロコントローラは**割り込み**をサポートしている。あるイベントが発生すると、マイクロコントローラは本来のプログラムの実行を停止し、割り込みに対応する割り込みハンドラに飛び（ジャンプし）、本来のプログラムが実行を中断した場所に何事も無かったかのように戻る。

Raspberry Piは通常Linuxで稼動していて、割り込みがプログラムに着手する前に割り込みを横取りする。したがって現状では、割り込みベースのプログラムを書くのは単純には行かないので、この教科書はPiでの例を示さない。

9.4　その他のマイクロコントローラ周辺デバイス

マイクロコントローラは頻繁に他の外部周辺デバイスに接続する。この節では、液晶文字表示器（LCD）、VGAモニタ、Bluetooth無線接続、そしてモータ制御といっら、よくある例を多岐に渡り説明する。USBやEthernetを含む標準通信インタフェースについては、9.6.1節と9.6.4節で詳説する。

9.4.1　文字表示LCD

文字表示LCDは1行から数行のテキストを表示できる小さな液晶表示器で、キャッシュレジスタやレーザプリンタ、ファックスのようなちょっとした量の情報を表示する必要がある装置のフロントパネルでよく使われる。文字表示LCDは、パラレル、RS-232C、SPI等を使って、マイクロコントローラと容易にインタフェースできる。Crystalfontz America社は、8列×1行から40列4行のサイズ、色やバックライト、3.3Vと5Vの動作電圧、日照下の視認性等といった多様な仕様の選択肢がある文字表示LCDを販売している。この社のLCDは少量購入なら20ドルだが、大量購入なら5ドル以下になる。

この節ではRaspberry Piを文字表示LCDに8ビットのパラレルインタフェースを使ってインタフェースする例を示す。インタフェースは日立製作所が開発した業界標準のHD44780 LCDコントローラと互換性がある。図9.24に示すのは、Crystalfontz社のCFAH2002ATMI-JT 20 × 2パラレルLCDである。

図9.25はPiに8ビットのパラレルインタフェースを用いて、LCDを接続した様子である。論理回路は5Vで動作するが、Piからの3.3Vの入力とは互換性がある。LCDのコントラストは可変抵抗器を使って作った2番目の電圧で制御するが、通常最も視認性が良いのは4.2　4.8Vである。LCDは3つの制御信号、すなわちRS（1はデータ、0は命令）、R/$\overline{\text{W}}$（1は読み出

図9.24　CFAH2002A-TMI 20×2文字表示LCD（掲載許可済（Crystalfontz America© 2012 ））

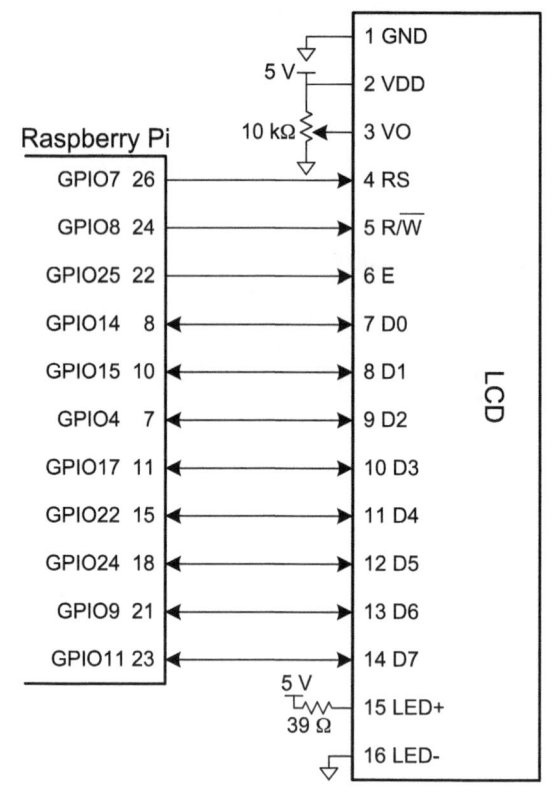

図9.25パラレルインタフェースを用いてLCDに接続

し、0は書き込み）、そしてE（最低250nSはハイにして次のバイトの準備ができているときにLCDを有効にする）を受け取る。命令が「読み」のとき、ビット7はビジーフラグで、1であればビジー、0であればLCDは別の命令を受け付け可能という意味である。LCDを初期化するのに、Piは次ページの表9.8に示した一連の命令をLCDに書く必要がある。命令を書くには、RS = 0かつR/$\overline{\text{W}}$ = 0にして、8本のデータ線に値を載せて、Eにパルスを与える。各々の命令の送信が終わると、規定時間だけ（あるいはビジーフラグがクリアされるまで）待つ必要がある。

そしてテキストをLCDに書くには、Piは文字のASCIIキャラクタ列を送る。文字を送った後は、ビジービットがクリアされるまで待つ必要がある。表示器のクリアは0x01、左上のホームポジションに戻るには0x02をコマンドとして送る。

表9.8 LCD初期化の手順

書く値	目的	待ち（μs）
(VDDを与える)	デバイスをオンにする	15000
0x30	8ビットモードにセット	4100
0x30	8ビットモードに再セット	100
0x30	8ビットモードに再々セット	ビジーがクリアされるまで
0x3C	2ラインで5×8のフォント	ビジーがクリアされるまで
0x08	ディスプレイをオフに	ビジーがクリアされるまで
0x01	ディスプレイをクリア	1530
0x06	エントリモードにして後の カーソルをインクリメント	ビジーがクリアされるまで
0x0C	カーソルなしでディスプレ イをオンに	

例題9.10 LCDの制御

"I love LCDs" と文字表示LCDに表示するプログラムを書け。

解法：次のプログラムは表示器を初期化し文字を送ることで、"I love LCDs" と表示器に書く。

```
#include "EasyPIO.h"

int LCD_IO_Pins[] = {14, 15, 4, 17, 22, 24, 9, 11};

typedef enum {INSTR, DATA} mode;
#define RS 7
#define RW 8
#define E 25

char lcdRead(mode md) {
  char c;
  pinsMode(LCD_IO_Pins, 8, INPUT);
  digitalWrite(RS,(md == DATA));  // 命令/データのモード
                                  // をセット
  digitalWrite(RW, 1);            // 読み出しモード
  digitalWrite(E, 1);             // Eにパルスを送る
  delayMicros(10);                // LCDの反応を待つ
  c = digitalReads(LCD_IO_Pins, 8); // パラレルポートから
                                  // バイトを読む
  digitalWrite(E, 0);             // Eをオフに
  delayMicros(10);
  return c;
}

void lcdBusyWait(void) {
  char state;
  do {
    state = lcdRead(INSTR);
  } while (state & 0x80);
}

void lcdWrite(char val, mode md) {
  pinsMode(LCD_IO_Pins, 8, OUTPUT);
  digitalWrite(RS, (md == DATA));
          // 命令／データをセット. OUTPUT = 1, INPUT = 0
  digitalWrite(RW, 0);
          // R/Wピンを書き込み（つまり0）に
  digitalWrites(LCD_IO_Pins, 8, val);
          // 文字をパラレルポートに書く
  digitalWrite(E, 1); delayMicros(10); // Eにパルスを送る
  digitalWrite(E, 0); delayMicros(10);
}
```

```
void lcdClear(void) {
  lcdWrite(0x01, INSTR); delayMicros(1530);
}

void lcdPrintString(char* str) {
  while (*str != 0) {
    lcdWrite(*str, DATA); lcdBusyWait();
    str++;
  }
}

void lcdInit(void) {
  pinMode(RS, OUTPUT); pinMode(RW, OUTPUT);
pinMode(E,OUTPUT);
  // 初期化ルーチンを送る
  delayMicros(15000);
  lcdWrite(0x30, INSTR); delayMicros(4100);
  lcdWrite(0x30, INSTR); delayMicros(100);
  lcdWrite(0x30, INSTR); lcdBusyWait();
  lcdWrite(0x3C, INSTR); lcdBusyWait();
  lcdWrite(0x08, INSTR); lcdBusyWait();
  lcdClear();
  lcdWrite(0x06, INSTR); lcdBusyWait();
  lcdWrite(0x0C, INSTR); lcdBusyWait();
}

void main(void) {
  pioInit();
  lcdInit();
  lcdPrintString("I love LCDs!");
}
```

9.4.2 VGAモニタ

　表示器のより柔軟な選択肢は、コンピュータのモニタを駆動することである。Raspberry Piは備え付けのHDMIと複合映像出力を有する。この節ではVGAモニタをFPGAから直接駆動する低レベルな事項の詳細を説明する。

　Video Graphics Array（VGA）モニタ規格は、IBM PS/2コンピュータのために1987年に導入された。これは、640×480ピクセルの解像度を**陰極線管**（CRT）に表示し、カラー情報をアナログ電圧で15ピンコネクタを通して送っていた。現在のLCDモニタはさらに高い解像度であるが、VGA規格との後方互換性が維持されている。

　陰極線管では電子銃がスクリーンを左から右に走査しながら蛍光物質を誘起させて像を提示する。カラーCRTでは、赤、緑、青の3つの燐光体と3つの異なる電子銃を使っている。各電子銃の強さは、各々ピクセルの色の輝度に対応する。各走査線の終わりでは、**水平ブランク期間**の間電子銃はオフにされ、次の線の先頭に戻る。すべての走査線が終わると、電子銃は**垂直ブランク期間**の間再度オフにされ、左上の隅に戻る。このプロセスを1秒間に60〜75回繰り返し、蛍光体をリフレッシュして視覚的に安定な画像の幻影を作り出す。液晶ディスプレイではこの電子銃は不要だが、VGAインタフェースのタイミングが互換性のために用いられている。

　640×480ピクセルのVGAモニタは、リフレッシュレートは59.94Hz、ピクセルクロックは25.175MHzで動作しているので、ピクセルの幅は39.72nSである。スクリーン全体は525本

の水平走査線の各々が800ピクセルで構成されているが、480本の走査線の各々の640ピクセルが実際には画像の表示に使われていて、残りはブランクである。走査線はバックポーチから始まり、これはスクリーンの左端のブランクである。次に640ピクセルが続き、その後にスクリーンの右端のブランクに対応するフロントポーチのブランクが続き、水平同期（Hsync）のパルスによって電子銃が左端に帰る。

図9.26(a)は、有効なピクセルから始まる走査線の3つのポジションのタイミングを示している。走査線全体の長さは31.778μsである。垂直方向では、スクリーンは上端のバックポーチから始まり、480本の有効な走査線が続き、下端に対応するフロントポーチと垂直同期（Vsync）が続いて次のフレームを開始するために上端に戻る。フレームは毎秒60回更新される。

図9.26(b)に垂直のタイミングを示す。ここでは時間の単位がピクセルクロックではなく走査線であることに注意されたい。解像度が高まるとピクセルクロックが速くなり、2048 × 1536でリフレッシュレートが85Hzの388MHzが上限である。例えば1024 × 768でリフレッシュレートが60Hzだと、ピクセルクロックは65MHzになる。

水平タイミングでは、16クロックのフロントポーチと96クロックのhsyncパルス、それに48クロックのバックポーチになる。垂直タイミングでは、11ラインのフロントポーチと2ラインのvsyncパルス、それに32ラインのバックポーチになる。

図9.27はカード側のメスコネクタのピン配列である。ピクセルの情報はR（赤）、G（緑）、B（青）の3つのアナログ電位で送られる。各々の電圧の範囲は0〜0.7Vで、電位が高いほど輝度が高くなり、フロントポーチとバックポーチの間は電位は0にする。ビデオ信号は高速の信号を実時間で発生しなければならないので、マイクロコントローラには難しいが、FPGAなら容易である。単純な白黒での表示なら、ディジタル出力を分圧して0か0.7Vで3つの色のピンをまとめて駆動す

ればよい。一方でカラーモニタで表示するには、3つの独立なD/A変換器を内蔵したビデオDACを使って、3つのカラーのピンのそれぞれを駆動する。次ページの図9.28はFPGAが、3つの8ビットD/A変換器を内蔵するビデオDACであるADV7125を駆動している様子である。DACは8ビットのR、G、BをFPGAから受け取る。DACはさらにHSYNCとVSYNCがアサートされるとアクティブローで駆動されるSYNC_b信号を受け取る。ビデオDACは3つの出力電流を生成して赤と緑と青のアナログ線を駆動するが、通常これらの線はビデオDAC側とモニタ側の両方で平行に75Ωで終端される。R_{SET}抵抗でカラーのフルレンジに対応する出力電流のスケールを決める。クロックレートは解像度とリフレッシュレートに依存するが、高速選別品のADV7125JSTZ330は330MHzまで使える。

例題9.11　VGAモニタディスプレイ

図9.28の回路を使ってVGAモニタにテキストと緑の箱を表示するHDLのコードを書け。

解法：コードはシステムのクロック周波数が40MHzで、FPGAのフェーズロックドループ（PLL）を使って25.175MHzのVGAクロックを生成すると仮定する。PLLの設定はFPGAによって異なる。Cyclone IIIの場合は周波数はAlteraのメガファンクションウィザードで指定する。代わりにVGAクロックは信号発生器から直接与えることも可能である。

VGAコントローラはスクリーンの列と行をカウントし、HsyncとVsync信号を適当なところで生成する。さらに座標が640 × 480の範囲外であるときローにアサートするblank_b信号を生成する。

ビデオ生成器は赤、緑、青のカラーの値を現在のピクセルの場所(x, y)に基づいて作り出す。(0, 0)は上左の隅である。生成器は文字の集合を緑の長方形に沿ってスクリーン上に描く。文字生成器は8 × 8ピクセルの文字を描き、80 × 60文字のスクリーンサイズになる。文字生成器は6列8行で符号化された文字をROMから表引きする。残りの2列はブランクにする。ROMファイルの最も左の列が最上位ビットなので、ビットの並びをSystemVerilogのコードで

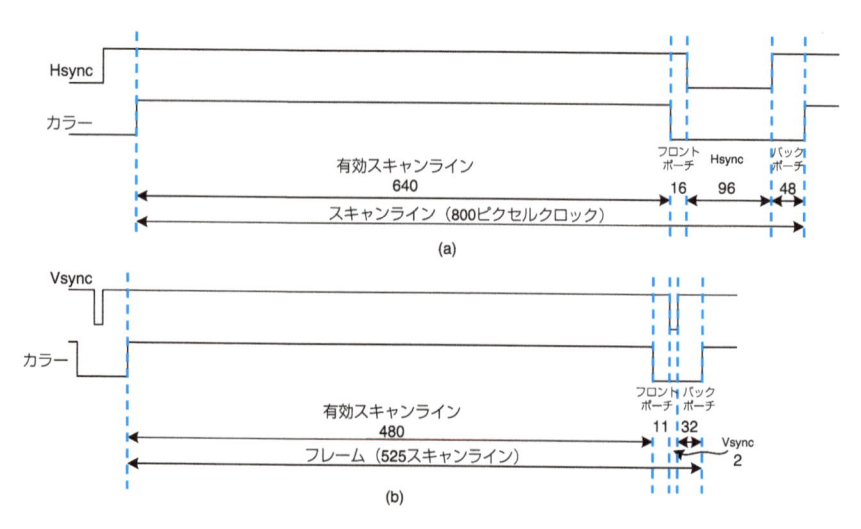

図9.26　VGAのタイミング　(a) 水平、(b) 垂直

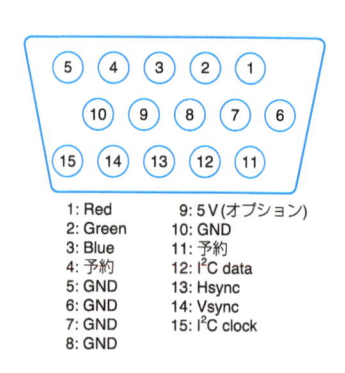

1: Red
2: Green
3: Blue
4: 予約
5: GND
6: GND
7: GND
8: GND
9: 5V（オプション）
10: GND
11: 予約
12: I²C data
13: Hsync
14: Vsync
15: I²C clock

図9.27　VGAコネクタのピン配列

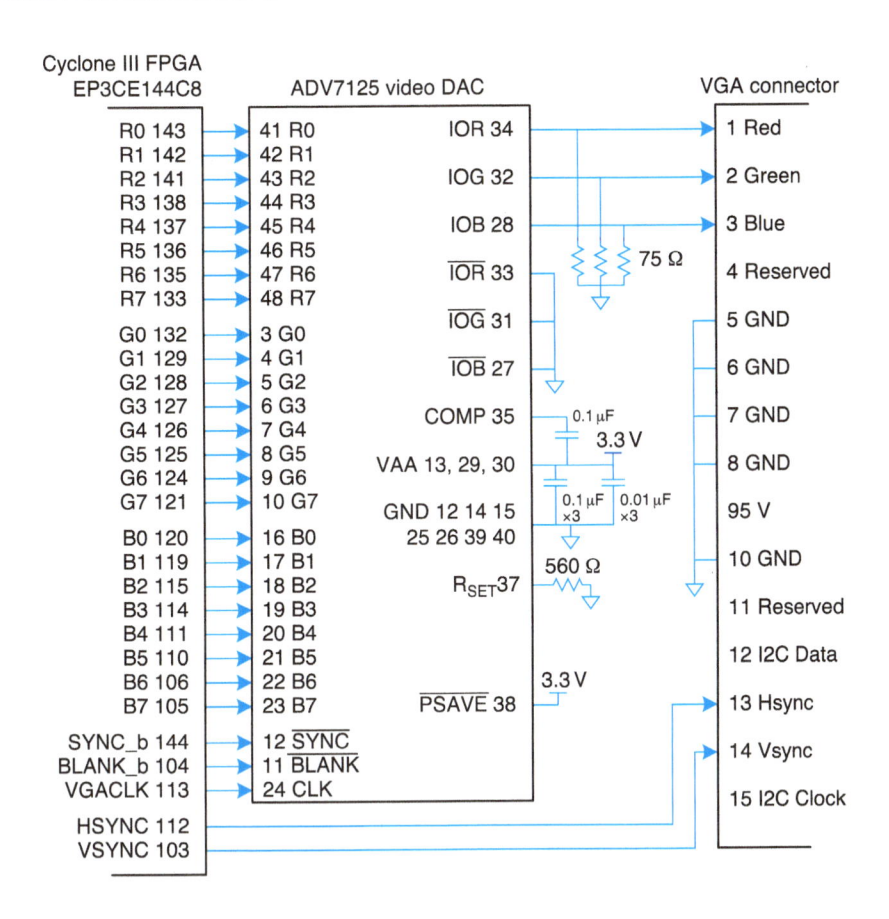

図9.28　ビデオDACを用いて、FPGAでVGAモニタを駆動する

逆にし、*x*座標が一番小さいところにそれを描くようにする。

図9.29はこのプログラムを動かしている最中のVGAモニタである。文字の行は赤と青を交互に変えている。緑の箱は画像のオーバレイ部分である。

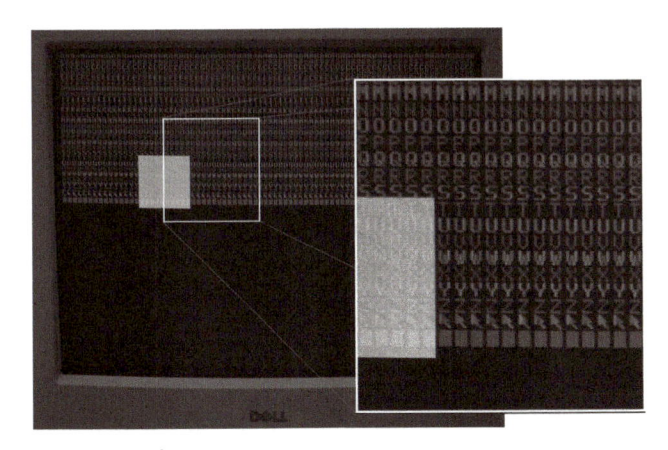

図9.29　VGA出力

<u>vga.sv</u>
```
module vga
  (input logic clk,
   utput logic vgaclk,     // 25.175 MHz VGA clock
   output logic hsync, vsync,
   output logic sync_b, blank_b, // To monitor & DAC
   output logic [7:0] r, g, b);  // To video DAC

  logic [9:0] x, y;

  // 25.175MHzのVGAピクセルクロックを生成するようにをPLLを使う
```

```
  // 25.175MHzのクロック周期=39.772ns
  // スクリーンは幅800クロック, 高さ525.しかし
  // 640×480しか使わない
  // HSync = 1/(39.772 ns *800) = 31.470 kHz
  // Vsync = 31.474 kHz / 525 = 59.94 Hz
  // (約60Hzのリフレッシュレート)
  pll vgapll(.inclk0(clk), .c0(vgaclk));

  // モニタのタイミング信号を生成
  vgaController vgaCont(vgaclk, hsync, vsync, sync_b,
blank_b, x, y);

  // ピクセルの色を決めるユーザ定義のモジュール
  videoGen videoGen(x, y, r, g, b);
endmodule

module vgaController #(parameter
    HACTIVE = 10'd640,
    HFP     = 10'd16,
    HSYN    = 10'd96,
    HBP     = 10'd48,
    HMAX    = HACTIVE + HFP + HSYN + HBP,
    VBP     = 10'd32,
    VACTIVE = 10'd480,
    VFP     = 10'd11,
    VSYN    = 10'd2,
    VMAX    = VACTIVE + VFP + VSYN + VBP)
  (input logic vgaclk,
   output logic hsync, vsync, sync_b, blank_b,
   output logic [9:0] x, y);
  // 水平位置と垂直位置のカウンタ
  always @(posedge vgaclk) begin
    x++;
```

```
    if (x == HMAX) begin
      x = 0;
      y++;
    if (y == VMAX) y = 0;
    end
  end

  // 同期信号の計算 (アクティブロー)
  assign hsync = ~(hcnt >= HACTIVE + HFP & hcnt <
                               HACTIVE + HFP + HSYN);
  assign vsync = ~(vcnt >= VACTIVE + VFP & vcnt <
                               VACTIVE + VFP + VSYN);
  assign sync_b = hsync & vsync;
  // 予定した表示領域の外は出力を黒にする
  assign blank_b = (hcnt < HACTIVE) &
                    (vcnt < VACTIVE);
endmodule

module videoGen(input logic [9:0] x, y,
                output logic [7:0] r, g, b);
  logic pixel, inrect;

  // 与えられたyの位置に対してディスプレイに表示する文字を選択
  // そして文字ROMからピクセルの値を表引きし, それを赤と青に表示.
  // かつ, 緑の長方形を描く.
  chargenrom chargenromb(y[8:3] + 8'd65,
                    x[2:0], y[2:0], pixel);
  rectgen rectgen(x, y, 10'd120, 10'd150, 10'd200,
                10'd230, inrect);
  assign {r, b} = (y[3]==0) ? {{8{pixel}},8'h00} :
                          {8'h00,{8{pixel}}};
  assign g = inrect ? 8'hFF : 8'h00;
endmodule

module chargenrom(input logic [7:0] ch,
                  input logic [2:0] xoff, yoff,
                  output logic pixel);
  logic [5:0] charrom[2047:0]; // 文字生成ROM
  logic [7:0] line;            // ROMから読んだライン

  // ROMをテキストファイルの文字で初期化
  initial
    $readmemb("charrom.txt", charrom);

  // 文字のラインを探すROMへのインデックス
  assign line = charrom[yoff + {ch-65, 3'b000}];
        // 65を引く. というのはAはエントリ0なので.
        // ビットの順番を逆にする
  assign pixel = line[3'd7-xoff];
endmodule

module rectgen(input logic [9:0] x, y, left, top,
               right, bot, output logic inrect);
  assign inrect = (x > = left & x < right &
                   y > = top & y < bot);
endmodule

charrom.txt
// A ASCII 65
011100
100010
100010
111110
100010
100010
100010
000000
//B ASCII 66
111100
```

```
100010
100010
111100
100010
100010
111100
000000
//C ASCII 67
011100
100010
100000
100000
100000
100010
011100
000000
...
```

9.4.3 Bluetooth無線通信

Wi-FiやZigBee、Bluetoothといった無線通信規格がたくさん存在する。無線通信規格は精巧で、洗練された集積回路を必要とするが、モジュールの集積が進むと複雑さが解消され、ユーザに無線通信の単純なインタフェースを提供している。これらのモジュールの1つはBlueSMiRFで、これはシリアルケーブルの代わりに容易に使えるBluetooth無線インタフェースである。

Bluetoothは元々はEricsson社によって1994年に開発された規格で、低消費電力で送信機の電力レベルに依存するが、5 100メートルの距離でもそれなりの通信速度が得られる。Bluetoothはイヤピースを携帯電話につないだり、キーボードをコンピュータにつなぐ場合に良く使われる。赤外線通信リンクと異なり、Bluetoothはデバイス間の直接の見通しを必要としない。

> Bluetoothは10世紀に戦国状態のデンマークを統一した君主Harald Bluetoothの名に由来する。この無線規格は、たくさんの競合する無線プロトコルのを統一したという点では成功した。

Bluetoothは2.4GHzの免許不要な産業科学医療（ISM）バンドで動作する。79の電波チャンネルが1MHzの間隔で2402MHzから配置されている。同じ電波帯域で動作している無線ルータ等の他のデバイスとの定常的な干渉を防ぐために、擬似ランダムパターンでチャンネルホッピングを行っている。次ページの表9.9に示すように、Bluetoothの送信機には3つの電力レベルのクラスがあり、到達範囲と消費電力と規定している。基本レートモードでは、GFSK（Gaussian filtered frequency shift keying）を使って1Mビット/秒で動作する。通常のFSKではf_cをチャンネルの中央周波数、f_dを最低115kHzのオフセットとして、ビットを各々$f_c \pm f_d$の送信周波数で運ぶ。ビット間の周波数の急峻な変化は余計な帯域を要するので、GFSKでは周波数の変化を滑らかにしてスペクトラムの良好な利用を行う。次ページの図9.30は0と1の並びを2402MHzのチャンネルでFSKとGFSKを使って送信する様子である。

表9.9 Bluetoothのクラス

クラス	送信電力（mW）	到達範囲（m）
1	100	100
2	2.5	10
3	1	5

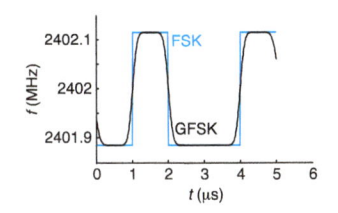

図9.30 FSKとGFSKの波形

図9.31(a)に示すBlueSMiRF Silverモジュールは、Bluetoothクラス2無線、モデム、およびシリアルインタフェースによるスモールカードへのインタフェース回路を備えていて、PCに接続したBluetooh USBドングル等の他のBluetoothデバイスと通信できる。したがって図9.15に示すような、ケーブルなしでのPiとPCとのシリアル接続が可能になる。無線接続でも有線接続と同じソフトウェアで動くという互換性がある。

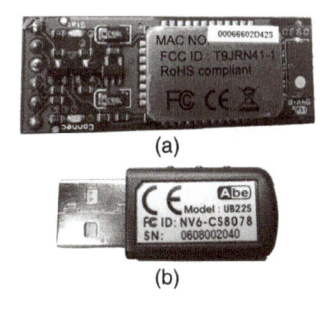

図9.31 BlueSMiRFモジュールとUSBドングル

図9.32はこの接続のための回路図である。BlueSMiRFのTXピンとRXピンをそれぞれPiのRXピンとTXピンに接続する。RTSピンとCTSピンはBlueSMiRFが自身でシェークハンドするように折り返す。

BlueSMiRFの規定値では、115.2kボー、8ビットデータ、1ストップビット、パリティとフロー制御なしである。3.3Vの

ディジタル論理レベルで動作するので、3.3Vデバイスと接続する際は、RS-232Cトランシーバは不要である。

インタフェースを使うにはUSBのBlurtoothドングルをPCに挿入し、PiとBlueSMiRFの電源を入れる。すると、Blue-SMiRFの赤いSTATランプが点灯して接続待ちであることを知らせる。PCのBluetoothのアイコンを開き、Bluetoothデバイスを追加するウイザードを使ってBlueSMiRFとのペアリングを行う。BlueSMiRFの規定値のパスキーは1234である。どのCOMポートがドングルに割り当てられたかを調べてメモしておく。するとシリアルケーブルでつないだのと同じように通信を行える。ドングルは通常9600ボーで動作するので、これに従ってPuTTYを設定する。

9.4.4 モータ制御

もう1つのマイクロコントローラの応用は、モータのようなアクチュエータを駆動することである。この節では3つのタイプのモータつまり、DCモータ、サーボモータ、そしてステッピングモータについて説明する。**DCモータ**の駆動電流は大きいので、**H-ブリッジ**のような強力なドライバをマイクロコントローラとモータの間にはさむ必要がある。ユーザがモータの現在の位置を知るには、**ロータリーエンコーダ**も必要になる。**サーボモータ**はパルス幅変調を受けて、限られた範囲の角度で位置決めする。このインタフェースは非常に簡単だが、それほど力がなく連続した回転には向かない。**ステッピングモータ**はパルス列を受けて、その各々がモータをステップと呼ばれる決められた角度に回転させる。ステッピングモータは高価で、H-ブリッジを使って高電流で駆動する必要があるが、位置決めを精密に行える。

モータが消費する電力はかなり大きく、電源にディジタル論理回路の動作を阻害するほど大きな突発電流を発生させる。この問題を軽減する1つの方法は、モータとディジタル論理回路の電源やバッテリを別系統にすることである。

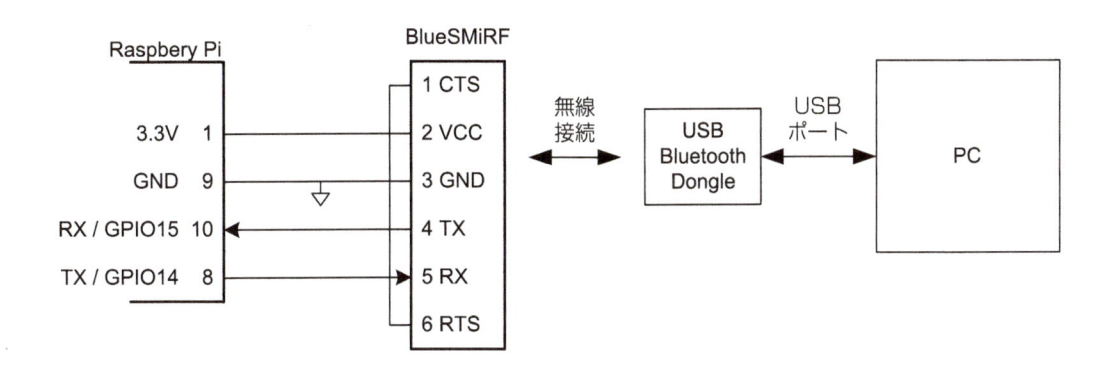

図9.32 BlueSMiRF Raspberry PiとPCの接続

9.4.4.1 DCモータ

図9.33はブラシ付DCモータの構造である。モータは2端子のデバイスである。モータには固定子（ステータ）と呼ばれる永久固定磁石と、軸に接続された**回転子（ロータ）**あるいは**電機子（アーマチャ）**と呼ばれる回転する電磁石が入っている。回転子の先端には**交換子（コミュテータ）**と呼ばれる分割された金属の輪がついている。電気端子（入力端子）につながった金属のブラシが交換子を撫で、回転子の電磁石に電流を発生させる。すると回転子に誘導磁界が発生し、固定子の次回と揃うように回転する。回転子が磁界が揃うように回転すると、ブラシは交換子の逆の側に触るようになり、電流と回転子の磁界が逆転し、連続して回転する。

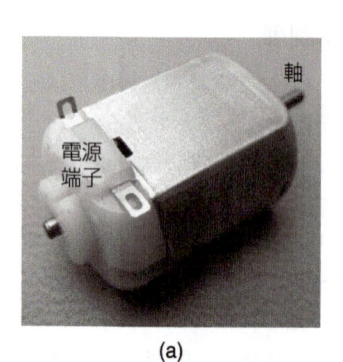

(a)

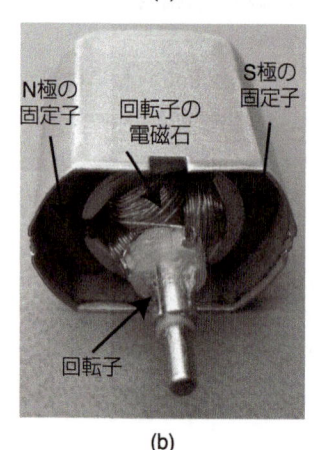

(b)

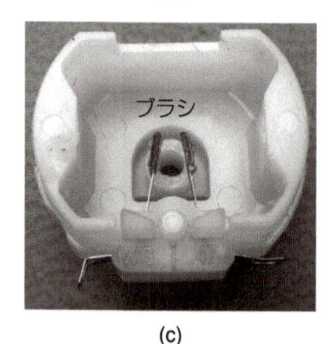

(c)

図9.33　DCモータ

DCモータは低いトルクで1分間に数千回転する。多くのシステムはギアボックスをつけて適切なレベルまでスピードを減らし、トルクを増す。手元のモータに付属するギアボックスを見てみよう。Pittman社は多様で高品質なDCモータと付属品を製造している一方で、安価なおもちゃのモータはホビーイストに人気がある。

DCモータにはかなりの電流と電圧を食うので、電源の供給

は深刻な問題である。電流はモータが両方の方向に回転できるように、反転できるようにすべきだ。多くのマイクロコントローラは、DCモータを直接駆動できるほど電流を多く取り出せない。その代わりに、図9.34(a)に示すH-ブリッジを使う。この中には概念的には4つの電子的に制御されるスイッチが入っているように見える。スイッチAとDが閉じると電流は左から右にモータを通って流れ、モータはある方向に回転する。スイッチBとCが閉じると電流は右から左にモータを通って流れ、モータはさっきとは逆方向に回転する。スイッチAとC、またはBとDを閉じると、モータを通る電流は強制的に0になり、モータに積極的にブレーキをかけることになる。どのスイッチも閉じないと、モータは惰力で（回転した後に）停止する。H-ブリッジのスイッチはパワートランジスタである。H-ブリッジにはスイッチの制御を便利にするディジタル論理回路が入っている。

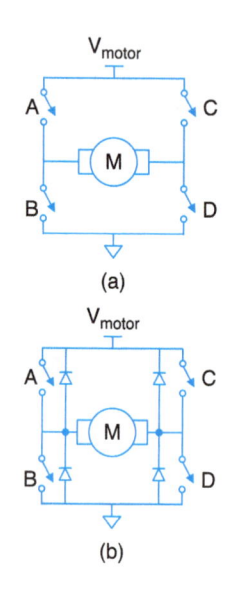

図9.34　H-ブリッジ

モータの電流は突然変化すると、モータが高い電圧のスパイク状の逆起電力を発生し、パワートランジスタを破壊することがある。したがって多くのH-ブリッジには、図9-34(b)に示すように、スイッチと平行に保護ダイオードが入っている。逆起電力が発生して、端子のいずれかがVmotorよりも高い電圧かグランドよりも低い電圧になると、ダイオードがオンになり、電圧を安全なレベルに頭切りする。H-ブリッジはかなりの電力を消費する可能性があるので、冷却のために放熱器が必要かもしれない。

例題9.12　自律移動体

Raspberry Piがロボットカーの2つの動力モータを制御するシステムを設計せよ。モータドライバを初期化し、移動体を前進、後退、左折か右折、そして停止させるライブラリ関数を書け。モータのスピードを制御するのにPWMを使え。

解法：図9.35はTexas Instruments社の SN754410 デュアル H-ブリッジを通してPiからDCモータのペアを制御するものである。H-ブリッジは5Vの論理回路電源V_{CC1}と4.5　36Vのモータ用電源V_{CC2}

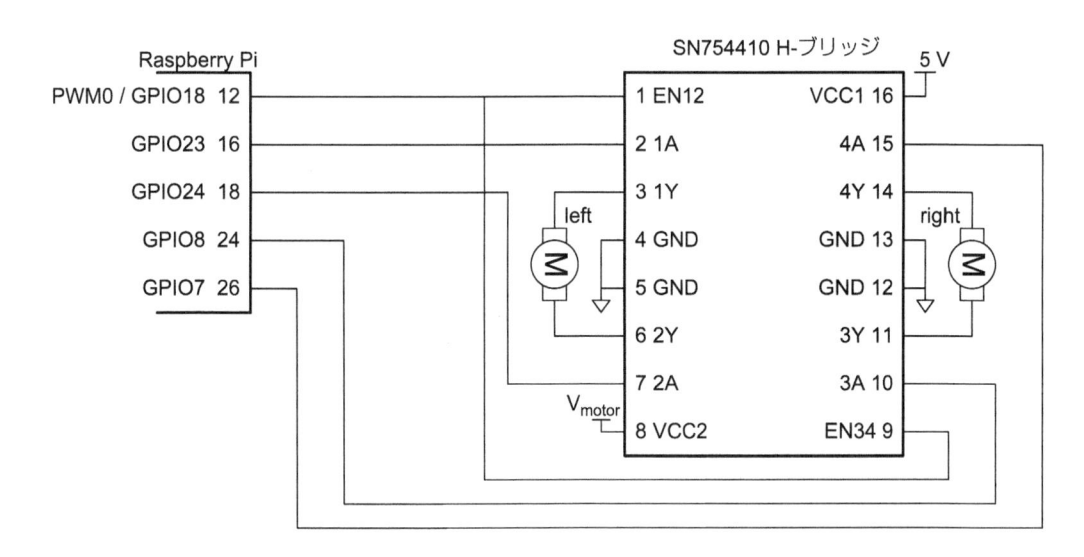

図9.35　H-ブリッジを用いたモータ制御

を必要としている。H-ブリッジのVIHは2Vで、Piの3.3V I/Oと互換性がある。V_{motor}は別のバッテリーから取るべきで、Piの5Vの電源ではほとんどのモータを駆動できないし、Piが壊れてしまう。

表9.10　H-ブリッジの制御

EN12	1A	2A	モータ
0	X	X	惰力停止
1	0	0	ブレーキ
1	0	1	逆転
1	1	0	正転
1	1	1	ブレーキ

　表9.10はH-ブリッジへの入力とモータの制御機能である。マイクロコントローラはイネーブル信号（EN12）をPWM信号で駆動して、モータのスピードを制御する。Piは他の4つのピンを駆動して、モータの回転方向を制御する。PWMは約5kHzで動作するようにし、デューティー比を0%から100%まで変化させる。PWM周波数はモータの帯域よりも高いので、滑らかに制御できる。デューティー比とモータの速度の関係は直線的ではなく、あるデューティー比以下ではモータはうんともすんとも言わない。

```
#include "EasyPIO.h"

// モータの定数
#define MOTOR_1A 23
#define MOTOR_2A 24
#define MOTOR_3A 8
#define MOTOR_4A 7

void setSpeed(float dutycycle) {   // pwmInit()を先ず
  setPWM(5000, dutycycle);         // 呼び出す
}

void setMotorLeft(int dir) {       // dir==1なら正転,
  digitalWrite(MOTOR_1A, dir);     // dir==0なら逆転
  digitalWrite(MOTOR_2A, !dir);
}

void setMotorRight(int dir) {      // dir==1なら正転,
  digitalWrite(MOTOR_3A, dir);     // dir==0なら逆転
  digitalWrite(MOTOR_4A, !dir);
}
```

```
void forward(void) {               // 両方のモータを
  setMotorLeft(1); setMotorRight(1); // 正転に
}

void backward(void) {
  setMotorLeft(0); setMotorRight(0); // 両方のモータを
                                     // 逆転に
}

void left(void) {
  setMotorLeft(0); setMotorRight(1); // 左を逆転, 右を正転
}

void right(void) {
  setMotorLeft(1); setMotorRight(0); // 右を逆転, 左を正転
}

void halt(void) { // 両方のモータをオフに
  digitalWrite(MOTOR_1A, 0);
  digitalWrite(MOTOR_2A, 0);
  digitalWrite(MOTOR_3A, 0);
  digitalWrite(MOTOR_4A, 0);
}

void initMotors(void) {
  pinMode(MOTOR_1A, OUTPUT);
  pinMode(MOTOR_2A, OUTPUT);
  pinMode(MOTOR_3A, OUTPUT);
  pinMode(MOTOR_4A, OUTPUT);
  halt();          // モータが回転しないようにする
  pwmInit();       // PWMを停止
  setSpeed(0.75);  // 半速の規定値
}

main(void) {
  pioInit();
  initMotors();
  forward(); delayMillis(5000);
  backward(); delayMillis(5000);
  left(); delayMillis(5000);
  right(); delayMillis(5000);
  halt();
}
```

先の例ではモータの位置を測定する方法が無かった。2つの
モータは正確に同質ではないので、ロボットはコースを逸脱
することになる。この問題を解決するには、システムによっ
てはロータリーエンコーダを追加する。図9.36はモータの軸に
溝がついた円盤をつけたものである。LEDと光センサを円盤
をはさんで対向して置く。LEDの前をギャップ通るたびに、
ロータリーエンコーダがパルスを発生する。マイクロコント
ローラはパルスをカウントして、軸が回った角度を知る。2つ
目のLEDとセンサのペアを溝の半分の間隔分離して配置する
と、この改良型ロータリーエンコーダは図9.36(b)のように角
度だけでなく軸がどっちの方向に回ったかも知ることができ
る。場合によっては、もう1つの穴を設けて、軸のインデック
ス位置にあることを検出できるようにすることもある。

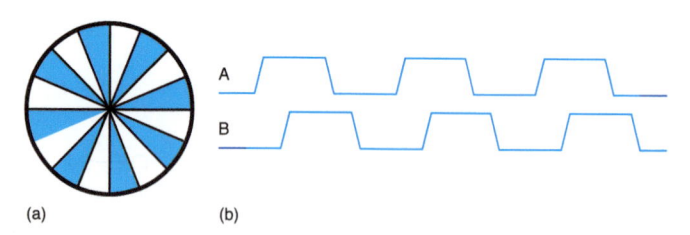

図9.36　ロータリーエンコーダ：(a) 円盤、(b) 90度ずれた出力

9.4.4.2 サーボモータ

サーボモータはギアボックスとロータリーエンコーダ、そ
れに利用を容易にするための制御用論理回路を内蔵したDC
モータである。回転角には制限があり、通常は180°である。
図9.37は中のギアを見るために上蓋を取ったサーボモータで
ある。サーボモータは電源（通常5V）、グランド、それに制
御入力から成る3ピンのインタフェースを有する。制御入力は
通常50Hzのパルス幅変調の信号である。サーボモータの制御
ロジックは、入力のデューティー比で決められた位置に、軸
を駆動する。サーボモータのロータリーエンコーダは通常は
回転式の可変抵抗器で、軸の位置対応した電圧を発生する。

図9.37　SG90サーボモータ

回転角が180°である通常のサーボモータは、パルス幅0.5ms
で軸を0°に、1.5msで90°に、2.5msで180°に駆動する。例えば
図9.38は1.5msのパルス幅の制御信号である。サーボモータを
範囲外に駆動すると、機械的な限界で止まるか故障の原因と
なる。サーボモータの電力は制御ピンではなく電源ピンから
来ているので、H-ブリッジを必要とせずに、マイクロコント
ローラに直接接続できる。サーボモータは小型で軽くて便利
なので、遠隔操作の飛行機や小さいロボットで使われてい

る。ちゃんとしたデータシートがあるサーボモータを探すの
は難しい。通常は赤い線は電源で、黒か茶色の線はグランド
である。

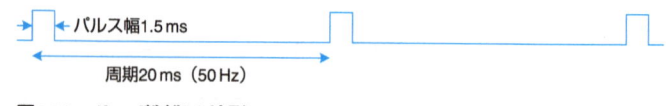

図9.38　サーボ制御の波形

例題9.13　サーボモータ

Raspberry Piがサーボモータを望む角度に駆動するシステムを設
計せよ。

解法：図9.39はSG90サーボモータへの接続図で、サーボモータの
ケーブルの配線の色も書き込んである。サーボは4.0〜7.2Vの電圧
で動作する。大きい力を引き出すには0.5A程度が流れるが、負荷
が軽ければRaspberry Piの電源から直接引き出しても良い。1つの
線でPWM信号を送り、これの論理レベルは5Vでも3.3Vでも良
い。コードはPWM生成を設定し、指定された角度に対する正しい
デューティー比を計算する。サーボを順に0°、90°、180°にするの
を繰り返す。

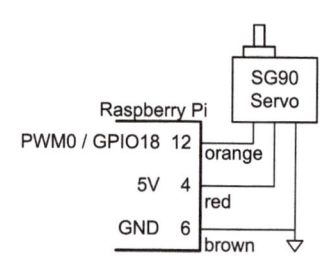

図9.39　サーボモータの制御

```
#include "EasyPIO.h"
void setServo(float angle) {
  setPWM(50.0, 0.025 + (0.1 * (angle / 180)));
}

void main(void) {
  pioInit();
  pwmInit();
  while (1) {
    setServo(0.0);     // 左
    delayMillis(1000);
    setServo(90.0);    // 中央
    delayMillis(1000);
    setServo(180.0);   // 右
    delayMillis(1000);
  }
}
```

普通のサーボを連続回転するサーボに転換することも可能
である。注意深く分解して、機械的な限界を決めている部品
を外し、可変抵抗器を固定電圧の分圧器にすればよい。多く
のWebサイトで、特定のサーボに対する詳細な手順を説明し
ている。PWMは位置ではなく速度の制御になり、1.5msが停
止、2.5msが全速前進、0.5msが全速後退になる。連続回転
サーボは単純なDCモータにH-ブリッジとギアボックスを組
み合わせたものよりももっと便利で安価である。

9.4.4.3 ステッピングモータ

ステッピングモータは、入力先を変えながらパルスを与えることで不連続なステップで進むものである。ステップの大きさは通常数°で、正確な位置決めと連続回転が可能である。一般に小さいステッピングモータには、**相**と呼ばれる2組のコイルがバイポーラかユニポーラな方法で接続されている。**バイポーラモータ**はサイズの割により強力でより安価であるが、H-ブリッジドライバを必要とする。一方でユニポーラモータは単純にトランジスタをスイッチとして使うことができる。ここでは効率的なバイポーラステッピングモータに注目する。

図9.40(a)は90°のステップサイズの2相バイポーラモータを単純化したものである。回転子は永久磁石で片方がN極、他方がS極になっている。固定子は2つの相を発生する2組のコイルの電磁石である。したがって2相のバイポーラモータには4つの端子がある。図9.40(b)は2つのコイルをインダクタとして模式化したステッピングモータの記号である。実際のモータは出力ステップサイズを小さくし、トルクを増すために歯車を加えて

いる。

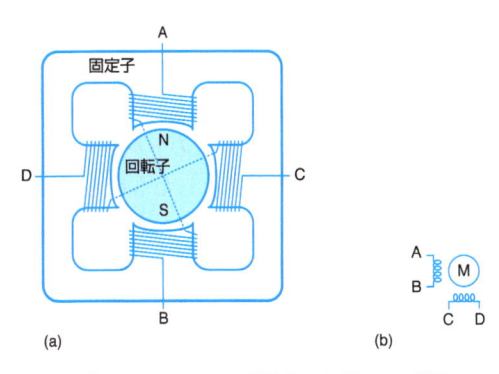

図9.40 2相バイポーラモータ： (a) 単純化した図、(b) 記号

図9.41は3種類の2相バイポーラモータの駆動手順を示している。図9.41(a)は**波形駆動**を図示したもので、コイルをAB-CD-BA-DCの順で励磁する。BAは巻線ABに逆方向の電流で励磁することを意味することに注意されたい。これがバイポーラという名前の由来である。回転子は各々のステップで90°回転する。図9.41(b)は**2相（フルステップ）駆動**を図示した

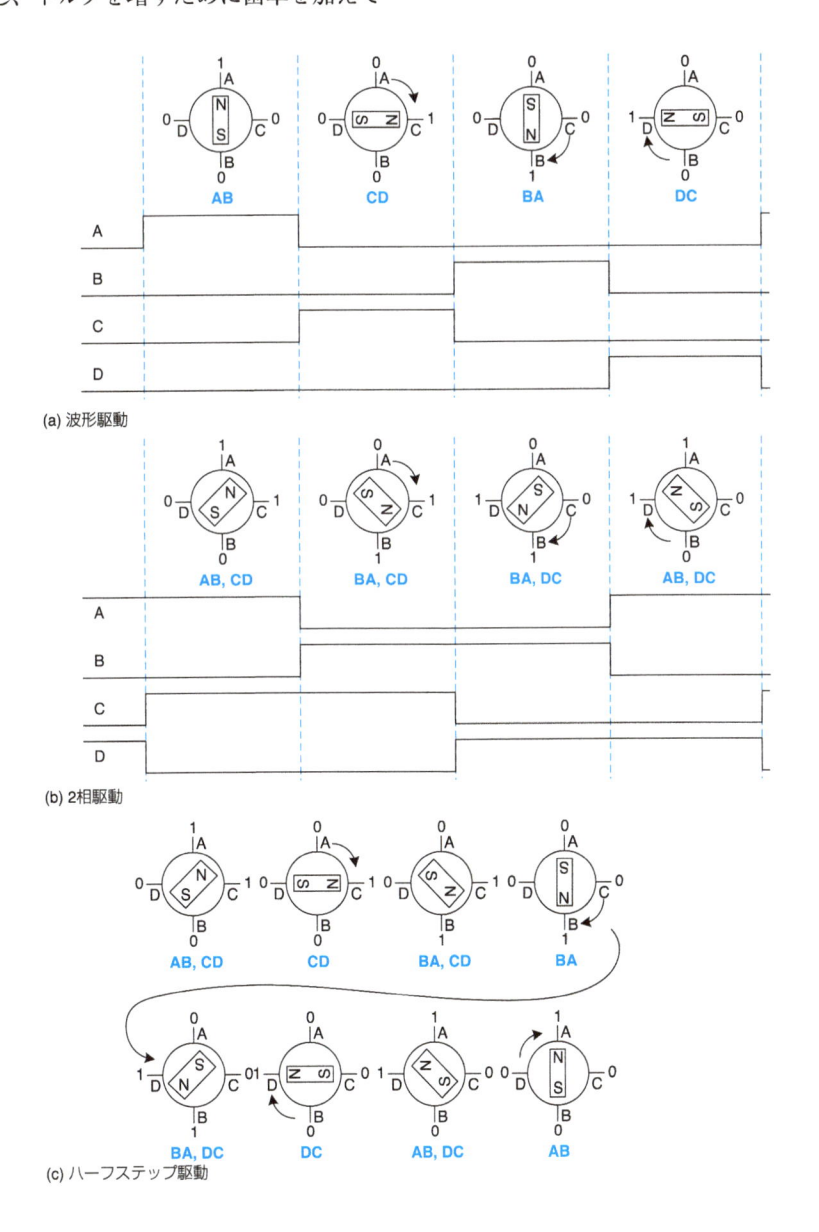

(a) 波形駆動

(b) 2相駆動

(c) ハーフステップ駆動

図9.41 バイポーラモータの駆動法

もので、(AB, CD) – (BA, CD) – (BA, DC) – (AB, DC)のパターンになる。(AB, CD)はコイルABとCDを同時に励磁することを意味する。回転子はステップ毎にやはり90°回転するが、2つの極位置の間でその半分の位置に揃う。この方式は同時に両方のコイルにパワーを与えるので、最大のトルクを発揮する。図9.41(c)は**ハーフステップ駆動**を図示したもので、(AB, CD) – CD – (BA,CD) – BA – (BA, DC) – DC – (AB, DC) – ABの順で励磁する。回転子は半ステップ毎に45°ずつ回転する。パターンが進むレートでモータのスピードが決まる。モータの回転方向を逆にするには、同じ駆動手順を逆に辿る。

実際のモータでは回転子には多くの極があり、ステップ間の角度をもっと小さくしている。例えば図9.42はAIRPAX社のLB82773-M1バイポーラステッピングモータで、ステップ角は7.5°である。モータは5Vで動作し、コイルには0.8Aが流れる。

図9.42　AIRPAX LB82773-M1バイポーラステッピングモータ

モータのトルクはコイルの電流に比例する。この電流は与える電圧とインダクタンスLとコイルの抵抗Rで決まる。最も簡単な駆動法は**直接電圧駆動**、あるいは**L/R駆動**と呼ばれ、コイルに直接電圧Vを与えるものである。図9.43(a)に示すように、電流は$I = V/R$まで上昇し、時定数はL/Rである。この駆動方式は低速回転向きであるが、高速回転では図9.43(b)に示すように電流がフルレベルに上昇するのに時間が足りず、トルクが低下する。

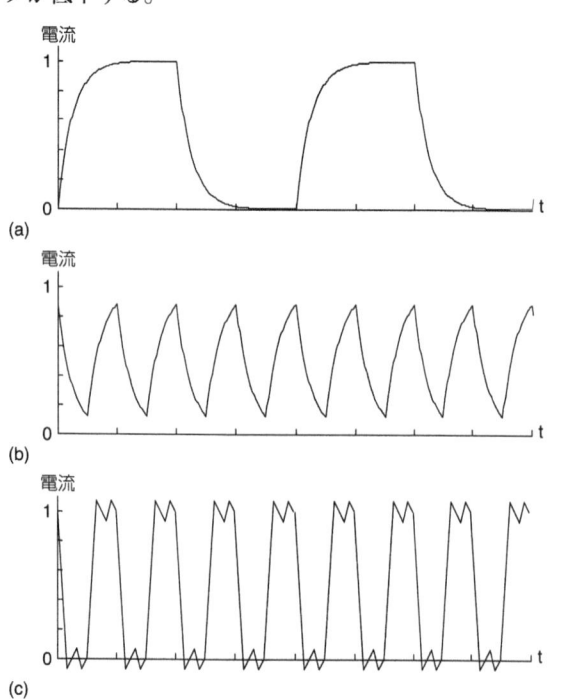

図9.43　バイポーラモータの直接電圧駆動の電流：(a) 低速回転、(b) 高速回転、(c) チョッパ制御付きの高速回転

ステッピングモータを駆動するのにより効率的な方法は、高い電圧でパルス幅変調を用いることである。高電圧にすると電流がフル電流に達する時間を短くして切断する（PWM）ことができ、モータに対する過負荷を避けられる。望むレベルを維持するには、電圧を変調する、つまり**切り刻む**。これは**チョッパ制御**による**定電流駆動**で、図9.43(c)のようになる。コントローラでは、モータと直列に挿入した低抵抗を用いて電圧降下を計測し、H-ブリッジのイネーブル信号を使って電流が設定したレベルに達したらカットオフするようにする。原理的にはマイクロコントローラが正しい波形を生成しなければならないが、ステッピングモータコントローラを使うほうが簡便である。ST Microelectronics社のL297を選択すると話が簡単で、特に電流検出ピンと最大2Aを駆動できるデュアルH-ブリッジL298との組合せが便利である。残念なことにDIPパッケージのL298は用意されていないので、ブレッドボードでの利用は難しい。ST社のアプリケーションノートAN460とAN470はステッピングモータの設計についての有用な参考文献である。

例題9.14　バイポーラステッピングモータの直接波形駆動

AIRPAX社のバイポーラステッピングモータを指定された速度と方向で直接波形駆動を使って駆動するシステムを設計せよ。

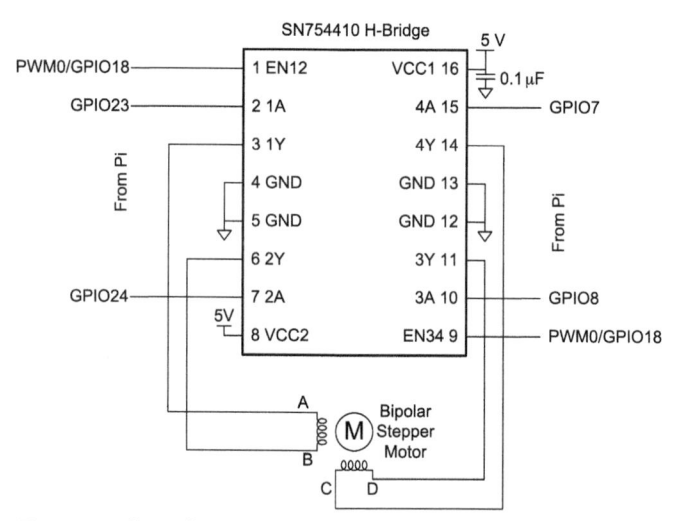

図9.44　H−ブリッジを用いたバイポーラモータの直接駆動

解法：図9.44はバイポーラステッピングモータを、DCモータの時と同じインタフェースでH-ブリッジで直接駆動するものである。VCC2には十分な電圧を与える。電流がモータの要求を満たさないと、回転数が増すにつれて、モータはステップを飛ばすようになる。

```
#include "EasyPIO.h"

#define STEPSIZE 7.5
#define SECS_PER_MIN 60
#define MICROS_PER_SEC 1000000
#define DEG_PER_REV 360

int stepperPins[] = {18, 8, 7, 23, 24};
int curStepState;   // ステッピングモータの現在の位置を追跡

void stepperInit(void) {
  pinsMode(stepperPins, 5, OUTPUT);
```

```
    curStepState = 0;
}

void stepperSpin(int dir, int steps, float rpm) {
    int sequence[4] = {0b00011, 0b01001, 0b00101,
                       0b10001}; //{2A, 1A, 4A, 3A, EN}
    int step = 0;
    unsigned int microsPerStep = (SECS_PER_MIN *
                       MICROS_PER_SEC *
                       STEPSIZE) /
                       (rpm * DEG_PER_REV);
    for (step = 0; step < steps; step++) {
        digitalWrites(stepperPins, 5,
                      sequence[curStepState]);
        if (dir == 0) curStepState = (curStepState + 1) %
                                      4;
        else curStepState = (curStepState + 3) % 4;
        delayMicros(microsPerStep);
    }
}

void main(void) {
    pioInit();
    stepperInit();
    stepperSpin(1, 12000, 120); // 120rpmで60回転
}
```

9.5 バスインタフェース

バスインタフェースはプロセッサとメモリや周辺デバイス を接続するものである。一般にバスインタフェースはリード やライト要求をバスに対して開始する1つ以上の**バスマスタ** と、要求に反応する1つ以上の**スレーブ**をサポートする。通常 はプロセッサはマスタで、メモリや周辺デバイスはスレーブ である。

Advanced Microcontroller Bus Architecture（AMBA）は 公開されたチップ上のコンポーネントを接続するバスインタ フェース規格である。1996年にARMによって導入され、複数 の版を通して性能と機能が増強され、組み込みマイクロコン トローラの業界標準になった。**Advanced High-performance Bus**（AHB）はAMBA規格の1つである。AHB-LiteはAHBの 単純化版で、単一のバスマスタをサポートする。この節では AHB-Liteを詳説して、標準バスにインタフェースするメモリ や周辺デバイスをどのようにして設計するのかを示す。

> AHBはポイント-ツー-ポイントのリードバスの例で、古いバスアーキテク チャがスレーブがバスをアクセスするのにトライステートドライバを使って いた単一の共有データバスを使っていたのとは対照的である。各スレーブ との間をポイント-ツー-ポイント接続とリードマルチプレクサをつかうこと で、高速動作を達成し、また、他のドライバをオフにする前に1つのスレー ブがオンになる時の消費電力の低減も達成している。

9.5.1 AHB-Lite

図9.45はAHB-Liteバスでプロセッサ（バスマスタ）と、 RAMやROMに2つの周辺デバイス（スレーブ）を接続してい る様子を単純化して示したものである。名前は変わっている が、図9.1のものととても似ていることに注目されたい。マス タは同期クロック（HCLK）をすべてのスレーブに与え、 HRESETnをローにアサートしてスレーブをリセットする。マ スタはアドレスを送る。最上位ビットを使ってアドレスデ コーダがHSEL信号をつくり、アクセスするスレーブを選択 し、スレーブは下のビットを使ってメモリ位置やレジスタを 決定する。

マスタはライトのときHWDATAを送る。スレーブは自分 のHRDATAに読み出しデータを載せ、マルチプレクサで選択 したスレーブのデータを選ぶ。マスタは32ビットのアドレス を1つのサイクルで送り、次のサイクルでライトやリードを行 う。ライトかリードは**トランスファ**と呼ばれる。ライトでは マスタはHWRITEをハイにし、書き込みの32ビットの HWDATAを送る。リードではマスタがHWRITEをローにす ると、スレーブは反応して32ビットのHRDATAを送る。マス タが次のトランスファのアドレスを現在のデータの読み書き のトランスファの最中に送れるようにして、トランスファを オーバーラップさせることができる。次ページの図9.46はラ イトの直後にリードが行われる場合のバスのタイミングを図 示したものである。データがアドレスの1つ後のサイクルに遅 れ、2つのトランスファが部分的にオーバーラップしているの を観察しよう。

この例では、バストランスファは一度に32ビットの単一 ワードで、スレーブは1クロックサイクルで反応すると仮定し ている。AHB-Liteは、トランスファのサイズ（8〜1024ビッ ト）を指定し、4〜16要素のバーストトランスファを行うため の追加の信号を定義している。マスタはトランスファと保

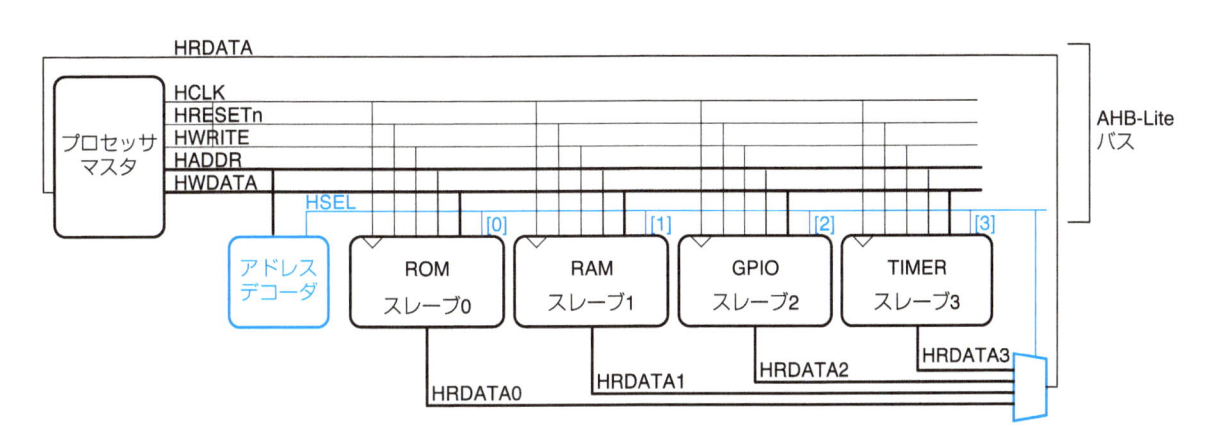

図9.45 AHB-Liteバス

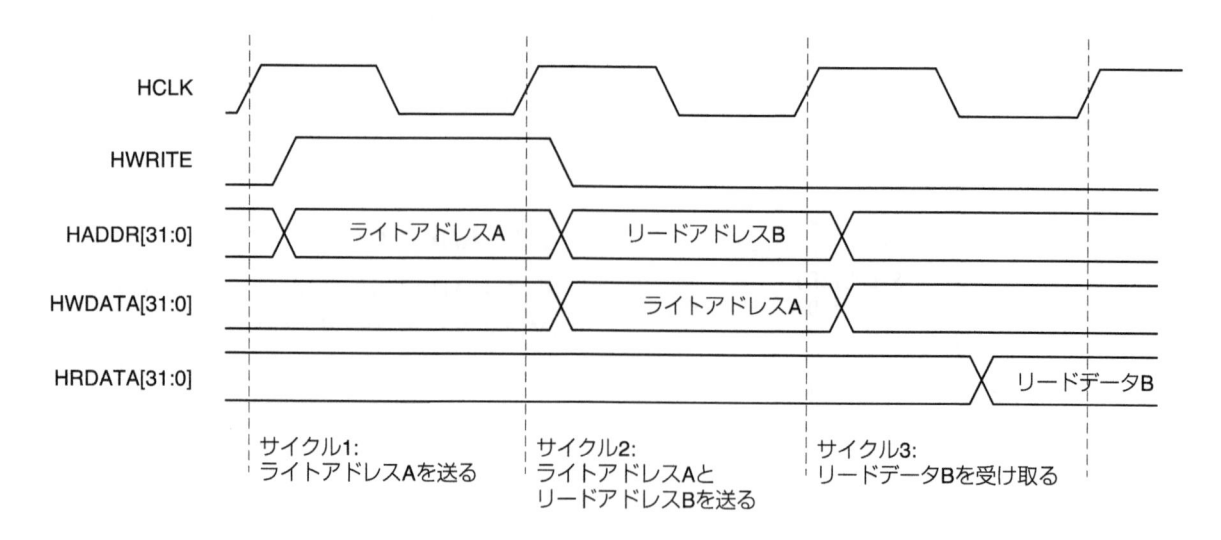

図9.46 AHB-Liteトランスファタイミング

護、それにバスロックのタイプを指定できる。スレーブは
HREADYをデアサートして、反応までに複数のクロックが必
要であることを表明でき、HRESPをアサートしてエラーを表
明できるようになっている。興味ある読者は、オンラインで
入手できる**AMBA3 AHB-Lite**プロトコル仕様を参照された
い。

9.5.2 メモリと周辺デバイスのインタフェースの例

この節はRAMやROM、GPIO、それにタイマーAHB-Lite
バスを使ってプロセッサに接続する様子を説明する。次々
ページの図9.47は、図9.45のシステムで128KBのRAMと64KB
のROMである場合のメモリマップである。GPIOは32本の

I/Oピンを制御する。32ビットのGPIO_DIRレジスタは、各
ピンが出力（1）か入力（0）かを制御する。32ビットの
GPIO_PORTレジスタは、出力する値を書き込んだり、ピン
の値を読み込んだりするのに使う。タイマーモジュールは、
9.3.5節で説明したBCM2835のものに似ていて、HCLKの周波
数で動く64ビットのカウンタ（TIMER_CHI:TIMERCLO）、4
つの32ビットコンペアチャンネル（TIMER_C3:0）と、マッ
チレジスタ（TIMER_CS）が入っている。

HDL例9.1はシステムのSystemVerilogのコードである。デ
コーダはメモリマップに基づいている。メモリと周辺デバイ
スはバスにインタフェースする。不要な信号は省いていて、
例えばROMはライトを無視している。GPIOモジュールは32

HDL記述例9.1

```
module ahb_lite(input logic          HCLK,
                input logic          HRESETn,
                input logic   [31:0] HADDR,
                input logic          HWRITE,
                input logic   [31:0] HWDATA,
                output logic  [31:0] HRDATA,
                inout tri     [31:0] pins);

  logic [3:0]  HSEL;
  logic [31:0] HRDATA0, HRDATA1, HRDATA2, HRDATA3;
  logic [31:0] pins_dir, pins_out, pins_in;
  logic [31:0] HADDRDEL;
  logic HWRITEDEL;

  // アドレスとライト信号を遅延させてデータを時間を合わせる
  flop #(32) adrreg(HCLK, HADDR, HADDRDEL);
  flop #(1)  writereg(HCLK, HWRITE, HWRITEDEL);

  // メモリマップのデコード
  ahb_decoder dec(HADDRDEL, HSEL);
  ahb_mux mux(HSEL, HRDATA0, HRDATA1, HRDATA2, HRDATA3,
              HRDATA);

  // メモリと周辺デバイス
  ahb_rom rom (HCLK, HSEL[0], HADDRDEL[15:2], HRDATA0);
  ahb_ram ram (HCLK, HSEL[1], HADDRDEL[16:2], HWRITEDEL,
               HWDATA, HRDATA1);
```

```
  ahb_gpio gpio (HCLK, HRESETn, HSEL[2], HADDRDEL[2],
                 HWRITEDEL, HWDATA, HRDATA2, pins);
  ahb_timer timer(HCLK, HRESETn, HSEL[3], HADDRDEL[4:2],
                  HWRITEDEL, HWDATA, HRDATA3);
endmodule

module ahb_decoder(input logic [31:0] HADDR,
                   output logic [3:0] HSEL);

  // アドレスの最上位ビットに基づいてデコード
  assign HSEL[0]=(HADDR[31:16]
                ==16'h0000); // 64KBのROMは0x00000000
                                          0x0000FFFF
  assign HSEL[1]=(HADDR[31:17]
                ==15'h0001); // 128KBのRAMは0x00020000
                                          0x003FFFFF
  assign HSEL[2]=(HADDR[31:4]
                ==28'h2020000); // GPIOは0x20200000
                                          0x20200007
  assign HSEL[3]=(HADDR[31:8]
                ==24'h200030); // タイマーは0x20003000
                                          0x2000301B
endmodule

module ahb_mux(input logic [3:0] HSEL,
               input logic [31:0] HRDATA0, HRDATA1, HRDATA2,
               HRDATA3,
```

```
                     output logic [31:0] HRDATA);
   always_comb
     casez(HSEL)
       4'b???1: HRDATA <= HRDATA0;
       4'b??10: HRDATA <= HRDATA1;
       4'b?100: HRDATA <= HRDATA2;
       4'b1000: HRDATA <= HRDATA3;
     endcase
endmodule

module ahb_ram(input logic        HCLK,
               input logic        HSEL,
               input logic [16:2] HADDR,
               input logic        HWRITE,
               input logic [31:0] HWDATA,
               output logic [31:0] HRDATA);
  logic [31:0] ram[32767:0]; // 128KBのRAMは32K×32ビットとして構成

  assign HRDATA = ram[HADDR]; // *** アドレスが正しいか検査

  always_ff @(posedge HCLK)
    if (HWRITE & HSEL) ram[HADDR] <= HWDATA;
endmodule

module ahb_rom(input logic        HCLK,
               input logic        HSEL,
               input logic [16:2] HADDR,
               output logic [31:0] HRDATA);
  logic [31:0] rom[16383:0]; // 64KBのROMは16K×32ビットとして構成

  // *** ROMをディスクのファイルからロード
  assign HRDATA = rom[HADDR]; // *** アドレスが正しいか検査
endmodule

module ahb_gpio(input logic        HCLK,
                input logic        HRESETn,
                input logic        HSEL,
                input logic [2]    HADDR,
                input logic        HWRITE,
                input logic [31:0] HWDATA,
                output logic [31:0] HRDATA,
                output logic [31:0] pin_dir,
                output logic [31:0] pin_out,
                input logic [31:0] pin_in);

  logic [31:0] gpio[1:0]; // GPIOレジスタ

  // 選択されたレジスタにライト

  always_ff @(posedge HCLK or negedge HRESETn)
    if (~HRESETn) begin
      gpio[0] <= 32'b0; // GPIO_PORT
      gpio[1] <= 32'b0; // GPIO_DIR
    end else if (HWRITE & HSEL)
      gpio[HADDR] <= HWDATA;

  // 選択されたレジスタをリード
  assign HRDATA = HADDR ? gpio[1] : pin_in;

  // 値と方向をI/Oデバイスに送る
  assign pin_out = gpio[0];
  assign pin_dir = gpio[1];
endmodule

module ahb_timer(input logic        HCLK,
                 input logic        HRESETn,
                 input logic        HSEL,
                 input logic [4:2]  HADDR,
                 input logic        HWRITE,
                 input logic [31:0] HWDATA,
                 output logic [31:0] HRDATA);
```

```
  logic [31:0] timers[6:0]; // タイマーレジスタ
  logic [31:0] chi, clo; // 次のカウンタの値
  logic [3:0] match, clr; // カウンタがマッチしたかを決定
compare reg

  // 選択されたレジスタにライトし，タイマーとマッチを更新
  always_ff @(posedge HCLK or negedge HRESETn)
    if (~HRESETn) begin
      timers[0] <= 32'b0; // TIMER_CS
      timers[1] <= 32'b0; // TIMER_CLO
      timers[2] <= 32'b0; // TIMER_CHI
      timers[3] <= 32'b0; // TIMER_C0
      timers[4] <= 32'b0; // TIMER_C1
      timers[5] <= 32'b0; // TIMER_C2
      timers[6] <= 32'b0; // TIMER_C3
    end else begin
      timers[0] <= {28'b0, match};
      timers[1] <= (HWRITE & HSEL & HADDR == 3'b000) ?
                    HWDATA : clo
      timers[2] <= (HWRITE & HSEL & HADDR == 3'b000) ?
                    HWDATA : chi;
      if (HWRITE & HSEL & HADDR == 3'b011) timers[3] <= HWDATA;
      if (HWRITE & HSEL & HADDR == 3'b100) timers[4] <= HWDATA;
      if (HWRITE & HSEL & HADDR == 3'b101) timers[5] <= HWDATA;
      if (HWRITE & HSEL & HADDR == 3'b110) timers[6] <= HWDATA;
    end

  // 選択されたレジスタをリード
  assign HRDATA = timers[HADDR];

  // TIMER_CHIとTIMER_CLOの64ビットのカウンタペアをインクリメント
  assign {chi, clo} = {timers[2], timers[1]} + 1;

  // マッチを生成：カウンタがマッチしたときマッチビットをセット
compare register
  // マッチのポジションに1がかかれたときにビットをクリア
register
  assign clr = (HWRITE & HSEL & HADDR == 3'b000 & HWDATA[3:0]);
  assign match[0] = ~clr[0] & (timers[0][0] |
                              (timers[1] == timers[3]));
  assign match[1] = ~clr[1] & (timers[0][1] |
                              (timers[1] == timers[4]));
  assign match[2] = ~clr[2] & (timers[0][2] |
                              (timers[1] == timers[5]));
  assign match[3] = ~clr[3] & (timers[0][3] |
                              (timers[1] == timers[6]));
endmodule

module gpio_pins(input logic [31:0] pin_dir, // 1で出力，0で入力
                 input logic [31:0] pin_out, // ドライブする値
on outputs
                 output logic [31:0] pin_in, // 読み出しの値
from pins
                 inout tri [31:0] pin); // トライステートピン
  // 個々のピンのトライステート制御

  // SystemVerilogにはトライステートをビット毎に制御するうまい手立てがない
  genvar i;
  generate
  for (i = 0; i<32; i = i + 1) begin: pinloop
    assign pin[i] = pin_dir[i] ? pin_out[i] : 1'bz;
  end
  endgenerate

  assign pin_in = pin;
endmodule
```

本のI/Oピンに接続し、これらは出力としても入力としても振る舞う。

	...
0x20200004	GPIO_DIR
0x20200000	GPIO_PORT
	...
0x20003018	TIMER_C3
0x20003014	TIMER_C2
0x20003010	TIMER_C1
0x2000300C	TIMER_C0
0x20003008	TIMER_CHI
0x20003004	TIMER_CLO
0x20003000	TIMER_CS
0x00040000	...
	128 KB RAM
0x00020000	
	...
0x00010000	
	64 KB ROM
0x00000000	

図9.47　システムのメモリマップ

9.6 PCのI/Oシステム

　パーソナルコンピュータ（PC）は多様なI/Oプロトコルを使ってメモリやディスク、ネットワーク、内部拡張カード、そして外部デバイス等を利用している。これらのI/O規格は、とても高性能で、ユーザが容易にデバイスを追加できるように進化してきた。これらの代償として、I/Oプロトコルが複雑になった。この節ではPCの中で使われている主要なI/O規格を探検し、自前のディジタル回路やその他の外部ハードウェアをPCに接続する方法を検討する。

　図9.48はCore i5またはi7プロセッサのPCマザーボードである。プロセッサは金メッキされた1156個の電源やグランドを含む電極のパッケージ（LGA1156）に納められていて、メモリやI/Oデバイスに接続されている。マザーボードにはDRAMメモリモジュールのスロット、多様なI/Oデバイスコネクタ、それに、電源コネクタや電圧レギュレータとコンデンサが載っている。ペアのDRAMモジュールはDDR3インタフェースで接続されている。キーボードやWebカメラ等はUSBで接続する。グラフィクスカード等の高性能な拡張カードはPCI Express x16スロットで接続し、低性能なカードはPCI Express x1や旧式のPCIカードスロットで使う。PCをネットワークに接続するにはEthernetジャックを使う。ハードディスクはSATAポートで接続する。以降この節では、これらの各I/O規格の概略を見ていこう。

図9.48　Gigabyte GA-H55MS2Vマザーボード

　PCのI/Oの規格の進歩の1つは、高速なシリアル接続が開発されたことである。最近までI/Oのほとんどが幅広のデータバスとクロック信号から成るパラレル接続で成立していた。データレートが増加するにつれて、バスにおける信号線間の遅延の違いが、バスの動作速度の律速になってきた。さらに、複数のデバイスに接続するバスでは、反射や異なる負荷に対するフライトタイムのばらつき等の伝送路の問題に苛まれる。ポイント-ツー-ポイントのシリアル接続はこれらの問題の多くを解消する。データは通常は差動ペアラインで伝送する。両方のワイヤーに影響する外部ノイズは問題にはならない。伝送ラインを正しく終端するのは容易で、反射は少ない（A.8節の伝送線路の箇所をみよ）。明示的なクロックは送らず、代わりに受信側がデータ伝送のタイミングを監視してクロックを再生する。高速なシリアル接続の設計は専門的な課題だが、良くできた接続は銅線を使って10Gb/s以上を達成していて、光ファイバならもっと高速である。

9.6.1 USB

　1990年代の半ばまでPCに周辺機器を加えるにはそれなりの技術的な知識を必要とした。拡張カードを装着するにはケースを開け、ジャンパーを正しくセットし、デバイスドライバを手動でインストールしなければならなかった。RS-232Cデバイスを装着するには、正しいケーブルを選択し、ボーレートやデータ長、パリティ、それにストップビットを正しく設定する必要があった。Intel、IBM、Microsoft等によって開発されたユニバーサルシリアルバス（USB）は、ケーブルとソフトウェアのコンフィグレーション手順を標準化し、周辺機器の接続を大いに単純化した。数十億のUSB周辺機器が毎年販売されている。

　USB 1.0は1996年にリリースされた。5V、GND、データを運ぶ差動ペアから成る4線の単純なケーブルを使用していた。ケーブルは逆、あるいは上下逆に挿せないようになっていて、12Mb/sの伝送速度で動作する。デバイスはUSBポートから500mAを取り出せるので、キーボードやマウス等の周辺機器はバッテリーや別の電源ケーブルからではなく、ポートか

ら電源を取ることができた。

　USB 2.0は2000年にリリースされ、差動配線をもっと高速に使うことで伝送速度を480Mb/sに向上させた。より高速な接続により、USBはウェブカムや外付けハードディスクを実用的に接続できるようになった。コンピュータ間でファイルのやりとりを行う手段として、USBインタフェースのフラッシュメモリスティックがフロッピディスクに置き換わった。

　USB 3.0は2008年にリリースされ、さらに伝送速度が向上して5Gb/sになった。同じ形態のコネクタを使っているが、ケーブルの電線の本数が増し、これらはとても速い速度で動作し、高性能なハードディスクの接続にも向いている。同時にUSBにはバッテリー充電の仕様が付け加わり、モバイルデバイスの充電のスピードアップのために、ポート経由の電源供給能力が高まった。

　ユーザにとって単純化した反面、ハードウェアとソフトウェアの実装は複雑である。USBインタフェースをゼロから構築することは大仕事である。単純なデバイスドライバを書くことさえもかなり複雑である。

9.6.2　PCIとPCI Express

　Peripheral Component Interconnect（PCI）バスはIntelによって開発された拡張バス規格で、1994年に広まった。増設シリアルやUSBポート、ネットワークインタフェース、サウンドカード、モデム、ディスクコントローラ、それにビデオカード等を追加するのに使われた。33MHzで動作する32ビットのパラレルバスで、133MB/sの帯域幅を得た。PCI拡張カードへの要求は次第に低くなった。EthernetやSATA等の標準的なポートは、現在ではマザーボードに統合されている。かつて拡張カードとして搭載された多くのデバイスが、現在では高速なUSB 2.0やUSB 3.0で接続可能である。ビデオカードが要求する帯域幅は、PCIが提供可能なよりもずっと高いところにある。

　現在のマザーボードにも、少数のPCIスロットが搭載していることがよくあるが、ビデオカード等の高速なデバイスは現在は**PCI Express**（PCIe）で接続する。PCI Expressスロットには1つ以上の高速シリアルリンクのレーンを供している。PCIe 3.0では、各レーンは8 Gb/sまでの伝送速度で動作する。ほとんどのマザーボードは、x16スロットを利用可能で、これは16レーンで16GB/sの帯域幅があり、ビデオカード等のデータ転送の化け物のデバイスがこの恩恵に与っている。

9.6.3　DDR3メモリ

　DRAMはマイクロプロセッサにパラレルバスで接続する。2015年現在の規格はDDR3で、1.5Vで動作する第3世代のダブルデータレートメモリバスである。通常のマザーボードは2つのDDR3チャンネルを有し、2つのメモリモジュールのバンクに同時にアクセスできるようになっている。DDR4が出現したが、これは1.2Vで動作し、さらに高速である。

　図9.49は4GBのDDR3 dual inline memory module（DIMM）である。モジュールの各面には120個の接点があり、全部で240個の接続の内訳は、64ビットのデータバス、16

ビットの時分割多重化されたアドレスバス、制御信号、そして多数の電源とグランドである。2015年現在、DIMMは1　16GBのDRAMを搭載している。メモリ容量は2　3年で2倍になってきた。

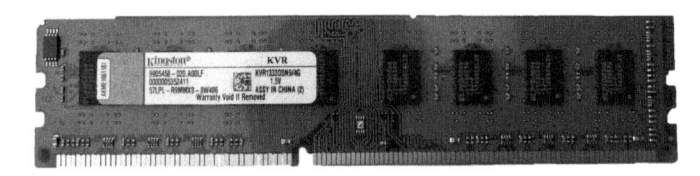

図9.49　DDR3 memory module

　DRAMは現在100〜266MHzのクロックレートで動作する。DDR3はDRAMのクロックレートの4倍で動作する。さらに、データをクロックの立ち上がりと立下りの両方のエッジで送る。したがって、各メモリクロック毎に8ワードのデータを送るので、64ビット/ワードでは6.4〜17GB/sの帯域幅になる。例えばDDR3-1600は200MHzのメモリクロックと800MHzのI/Oバスクロックを使うので、1600Mワード/s、つまり12800MB/sになる。したがってモジュールはPC3-12800とも呼ばれる。残念ながらDRAMでもレイテンシは高いままで、リード要求から最初のデータが到着するまでに、およそ50nsの遅延がある。

9.6.4　ネットワーク

　コンピュータは**Transmission Control Protocol and Internet Protocol**（**TCP/IP**）で稼動しているネットワークインタフェースを介してインターネットに接続する。物理的な接続はEthernetケーブルか、あるいは無線Wi-Fi接続かもしれない。

　EthernetはIEEE 802.3規格で定義されており、1974年にXerox Palo Alto研究所（PARC）が開発した。最初は10Mb/s（10メガビットイーサネットと呼ばれる）で動作したが、現在は100Mビット（Mb/s）や1Gビット（Gb/s）Ethernetが、4つのツイストペア線のカテゴリ5のケーブルで稼動する。光ファイバケーブルで稼動する10GビットEthernetは、サーバや他の高性能計算機で一般化しており、100 Gビットも出現している。

　Wi-Fiは通称で、正式名称はIEEE802.11無線ネットワーク規格である。2.4GHzと5GHzの免許不要な無線帯域で動作し、これは低出力なのでこれらのバンドの送信を行うのにユーザの無線従事者免許が不要であることを意味している。次ページの表9.11はWi-Fiの3つの世代の能力をまとめたもので、世に出ようとしている802.11ac規格は1Gb/sを超える無線データレートに引き上げることを約束している。増していく性能は、変調技術の発展と信号処理、複数のアンテナ、それに信号帯域の広がりの成果である。

表9.11　802.11 Wi-Fiプロトコル

プロトコル	公開	無線帯域 (GHz)	データレート (Mb/s)	到達範囲 (m)
802.11b	1999	2.4	5.5–11	35
802.11g	2003	2.4	6–54	38
802.11n	2009	2.4/5	7.2–150	70
802.11ac	2013	5	433+	可変

9.6.5　SATA

内蔵ハードディスクはPCとの高速なインタフェースを必要としている。1986年にWestern Digital社が**Integrated Drive Electronics**（IDE）インタフェースを導入し、**AT Attachment**（ATA）規格に進化した。この規格は、かさばる40または80本のリボンケーブルを最大18インチの長さで、16 133MB/sでデータを伝送できた。

ATAはSerial ATA（SATA）に取って代わられた。これは高速なシリアル接続で、図9.50に示すより便利な7端子のケーブルを使って、1.5Gb/s、3Gb/s、6Gb/sのいずれかで動作した。最速の半導体ドライブは2015年に500 MB/sの帯域幅を超え、SATAの利点をフルに生かせる。

図9.50　SATA cable

関連する規格はSerial Attached SCSI（SAS）で、パラレルSCSI（Small Computer System Interface）の進化形である。SASはSATAと同じ性能を提供し、より長いケーブルを使え、サーバ機での利用が常識になっている。

9.6.6　PCとのインタフェース

これまでに説明してきたPCのI/Oインタフェースのすべては、高性能や接続の容易さに向けて最適化されてきたが、ハードウェアでの実装は難しい。技術者や科学者はしばしばセンサーやアクチュエータ、マイクロコントローラ、FPGAといった外部回路とPCを接続する方法を必要としている。9.3.4.2節で説明したシリアル接続は、UARTを備えたマイクロコントローラとの低速な接続なら十分である。この節は2つの手段、つまりデータ収集システムとUSB接続について説明する。

9.6.6.1　データ収集システム

データ収集システム（Data Acquisition Systems、DAQs）はアナログI/OやディジタルI/Oのチャンネルを複数使って、コンピュータを実世界を結びつけるものである。DAQsは現在USBデバイスとして労せず入手可能で、そのおかげで導入が容易である。National Instruments社（NI）は代表的な

DAQの製造業者である。

高性能なDAQは数千ドルに達しようとしているが、これは市場が小さく、競争が限られているからである。NIは図9.51のmyDAQシステムを、LabVIEWソフトウェア込みで学生割引価格の200ドルで販売している。これには2つのアナログチャンネルがあり、入力と出力を16ビットの解像度、±10Vのダイナミックレンジ、200kサンプル/sで行うことができる。これらのチャンネルはオシロスコープと信号発生器として動作するように設定可能である。さらに8個のディジタル入出力線を備え、3.3Vと5Vのシステムと接続できる。さらに5、15、–15Vの電源を生成し、電圧と電流、抵抗の計測が可能でディジタルマルチメータとして使える。したがってMyDAQでテスト用機材や測定機器をおおかた置き換えることができ、さらに自動データ記録もできてしまう。

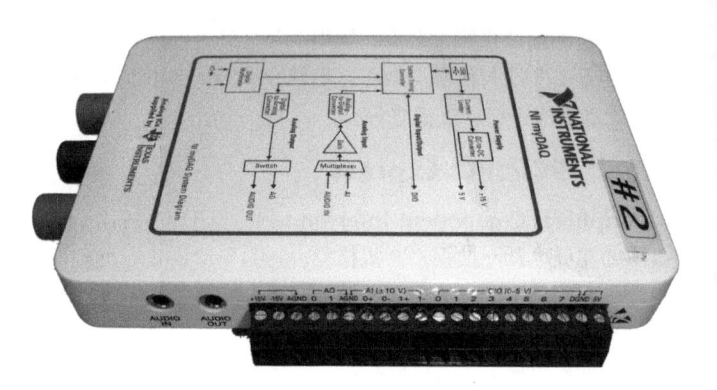

図9.51　NI myDAQ

NIのDAQはLabVIEWソフトウェアで制御されるが、これはNI製の測定と制御の設計を行うシステムである。Measurement Studio environmentを使うMicrosoftの.NETアプリケーションのLabWindows環境を使うC言語のプログラムや、MatlabでData Acquisition Toolboxを使って制御できるDAQもある。

9.6.6.2　USBリンク

製品の多様化が進み、PCと外部ハードウェアの間は単純で安価なUSB接続になった。これらの製品は開発済みのドライバとライブラリを備えていて、ユーザはFPGAやマイクロコントローラとPCの間でデータをやりとりするプログラムを、容易に書けるようになった。

FTDI社はそのようなシステムの代表的な製造業者である。例えば次ページの図9.52に示すC232HM-DDHSL USB to Multi-Protocol Synchronous Serial Engine (MPSSE)ケーブルは、USB端子を片端に備え、他端には3.3Vで30Mb/sまで動作するSPIと、4つの汎用I/Oピンを備えている。次ページの図9.53はケーブルを介したPCとFPGAの接続例で、ケーブルからFPGAに3.3Vの電源を与えることもできる。3つのSPIピンはFPGAのスレーブデバイスに例9.4の1つとして接続できる。図ではGPIOのピンの1つをLEDを駆動するのに使っている。

図9.52 FTDI USB to MPSSEケーブル（転載許可済（FTDI© 2012））

USBのような複雑な規格ではデバイスドライバを書くことは、デバイスとUSBのプロトコルに習熟した専門家によってなされる職人芸である。普通の設計者は検証済みのデバイスドライバと注目しているデバイスのコード例があるプロセッサを選択すべきだ。

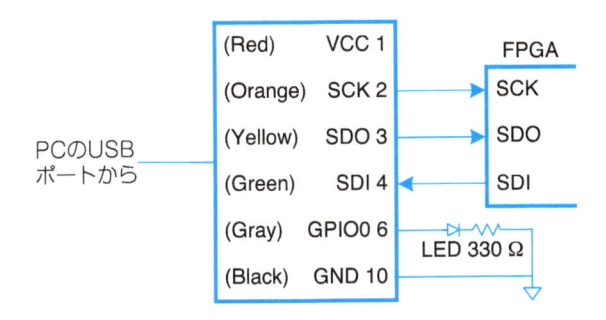

図9.53 C232HM-DDHSL USB to MPSESEを用いたPCとFPGAの接続

PC側ではD2XXダイナミックリンクライブラリドライバをインストールしておく必要がある。そして、ライブラリを使うC言語プログラムを作成し、データをケーブル経由で送る。

さらに高速な接続が必要なら、図9.54に示すFTDI UM232Hモジュールを使ってPCのUSBポートで40MB/sを上限とする8ビットの同期式パラレルインタフェースを構成する。

図9.54 FTDI UM232Hモジュール（転載許可済（FTDI© 2012））

9.7 まとめ

ほとんどのプロセッサはメモリマップトI/Oを使って実世界とやりとりをしている。マイクロコントローラは汎用、シリアル、アナログI/Oあるいはタイマーといったたくさんの基本周辺デバイスを提供している。

この章ではRaspberry Piを使って、たくさんのI/Oの例を示した。組み込みシステムの設計者は常に新しいプロセッサと周辺デバイスに出会う。単純な組み込みI/Oの一般原理は、データシートを調べて使える周辺デバイスを特定し、どんなピンとメモリマップトI/Oレジスタから構成されているのかを調べることである。そうすれば周辺デバイスを初期化し、データをやり取りする単純なデバイスドライバを書くのに迷い道はない。

A

ディジタルシステムの実装

アプリケーション ソフトウェア	>"hello world!"
OS	
アーキテクチャ	
マイクロ アーキテクチャ	
論理	
ディジタル 回路	
アナログ 回路	
デバイス （素子）	
物理	

A.1 はじめに

この付録は、ディジタルシステムの設計における実践的な問題を扱う。題材は、本書の以降の部分を理解するのには不要だが、現実のディジタルシステムを構築する過程ではdemystifyである。さらに、ディジタルシステムを理解するのに最適な方法は、実験室で自分でディジタルシステムを作ってバグを取ることだと信じている。

ディジタルシステムは、通常1つ以上のチップを用いて構築する。その戦略の1つは、個別の論理ゲートや、算術・論理演算ユニット（ALU）のようなより大規模なエレメントが入ったチップ同士を接続する方法である。もう1つは、汎用の回路をプログラミングで特定の論理機能を果たすようにできる、プログラミング可能な論理回路を使う方法である。3つ目は、システムのために必要な特定の論理回路を、特注の集積回路で作成する方法である。これら3つの戦略には、以降の節で見ていく、コストとスピード、消費電力、そして設計期間のトレードオフがある。この付録ではさらに、回路の物理的なパッケージングや組み立て、チップ間の接続線の伝送、そしてディジタルシステムの経済性を確認する。

A.2 74xx論理回路

1970年代と80年代では、多くのディジタルシステムは、それぞれが目いっぱい論理ゲートを搭載した単純なチップから作られていた。例えば、7404はNOTゲートを6つ、7408はANDゲートを4つ、7474はフリップフロップを2つ搭載していた。これらのチップは、まとめて**74xxシリーズロジック**と呼ばれている。これらは多くの製造元から売られていて、チップ当たり10セントから25セントであった。これらのチップの

多くはいまや時代遅れだが、それでも単純なディジタルシステムや教材として使われているのは、非常に安くて使いやすいためである。74xxシリーズチップは、通常、14ピンの**デュアルインラインパッケージ（DIP）** に格納されて売られている。

74LS04インバータチップは14ピンのデュアルインラインパッケージ（DIP）に入っている。部品番号が最初の行に見える。LSは論理回路ファミリを示す（A.6節参照）。最後のNはDIP パッケージであることを示す。大きなSは製造元であるSigneticsのロゴである。下の2行の記号列は、そのチップが製造されたグループを示す。

A.2.1 論理ゲート

図A.1は、基本的な論理ゲートを搭載している有名な74xxシリーズのピン接続図を示す。これらは時に**小規模集積回路（SSI）** チップと呼ばれる。これは少数のトランジスタにより作られているためである。14ピンパッケージは、上のほうに切り欠きがあるか、左上に点が打ってあり、これにより方向が分かる。ピン番号は左上を1番として、パッケージに対して逆時計回りに付いている。チップには電源（$V_{DD} = 5V$）を14

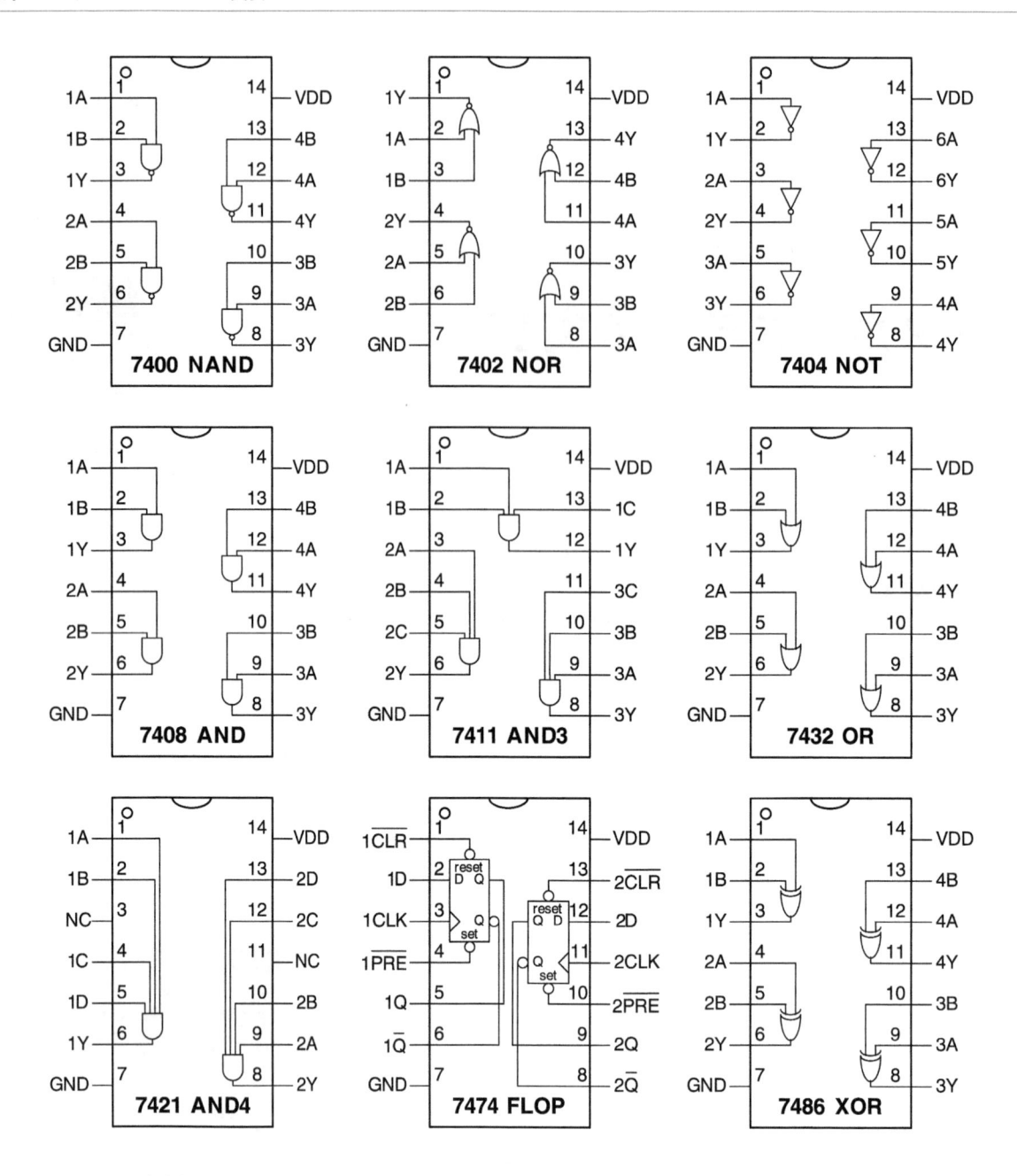

図A.1　一般的な74xxシリーズの論理ゲート

番、グランド（GND = 0V）をピン7番から供給する。チップの論理ゲートの数はピンの数で決まる。7421のピン3と11はどこにも接続されない（NC）ことに注意されたい。7474フリップフロップは、一般的なD、CLKとQ端子を持つ。これに加えてQの反転出力の$\overline{Q}$を持つ。さらに、非同期セット（プリセットまたはPRE）と、非同期リセット（クリアまたはCLR）信号を入力することができる。これらはアクティブLOWである。すなわちフリップフロップは$\overline{PRE} = 0$でセットし、$\overline{CLR} = 0$でリセットされ、$\overline{PRE} = \overline{CLR} = 1$で通常通りの動作をする。

A.2.2.　他の機能

　74xxシリーズには、次ページの図A.2と次々ページの図A.3に示すやや複雑な論理機能を持つものが含まれる。これらは**中規模集積回路（MSI）** チップと呼ばれる。通常、もっと入出力の多い大きなパッケージを使う。電源とグランドは、や

はりチップの右上と左下のピンから供給する。それぞれのチップに対して一般的な機能の解説が付いている。ちゃんとした説明は製造元のデータシートを参照されたい。

A.3　プログラマブルロジック

　プログラマブルロジック（プログラム可能論理回路）は、特定の論理機能を構成することのできる回路のアレイで出来ている。3種類のプログラマブルロジック——プログラム可能な読み出し専用メモリ（PROM）、プログラマブルロジックアレイ（PLA）、ユーザがプログラム可能なゲートアレイ（FPGA）——は、すでに説明済みである。この節ではそれぞれのチップの実装を示す。これらのチップの機能設定は、オンチップのヒューズを飛ばして、回路エレメントを接続したり切り離したりすることがある。これをワンタイムプログ

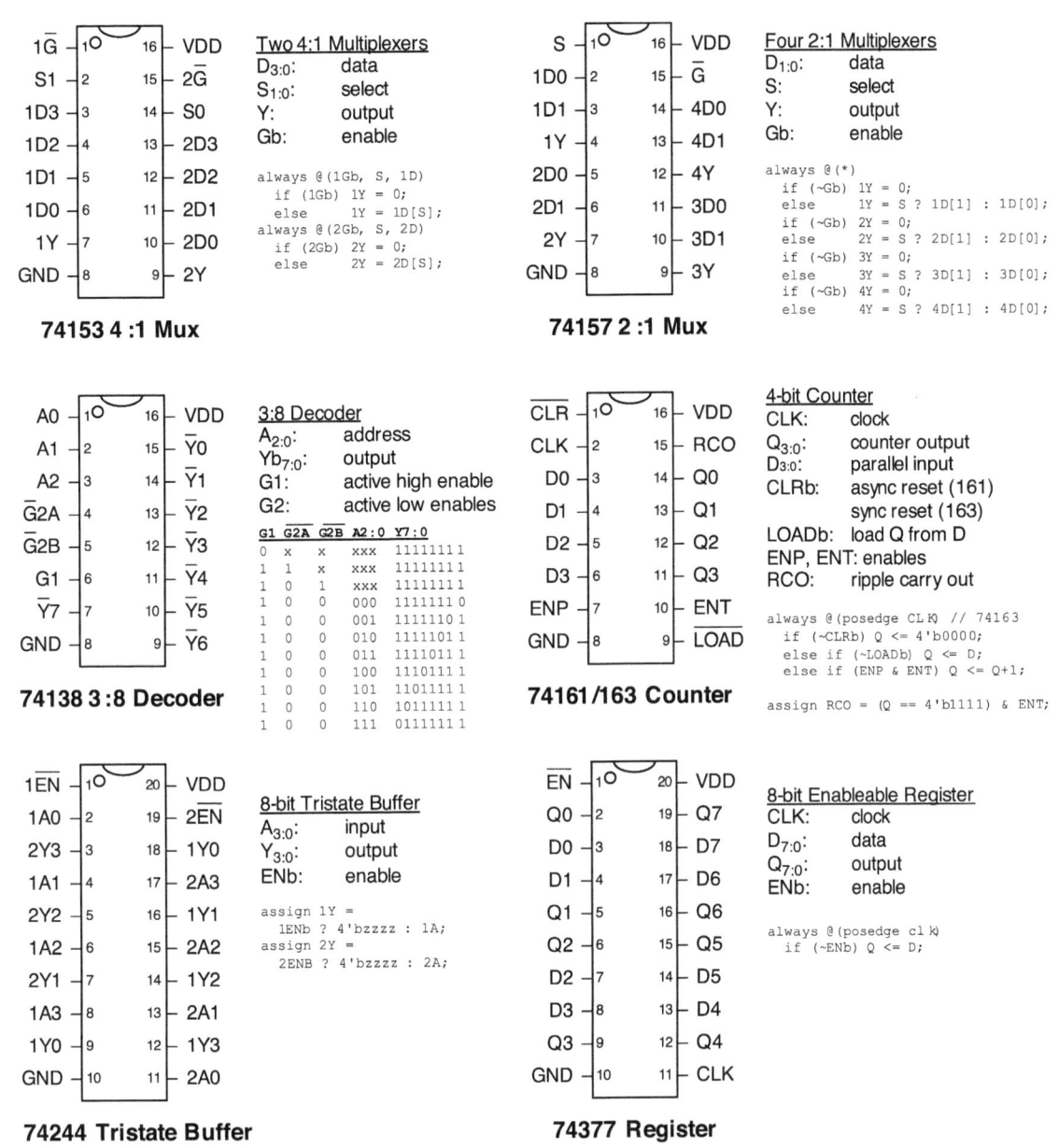

Note: SystemVerilog variable names cannot start with numbers, but the names in the example code in Figure A.2 are chosen to match the manufacturer's data sheet.

［注：SystemVerilog変数名は、数字から始めることはできない。しかし図A.2の例示されたコードの名前は製造元のデータシートと合うように選ばれている。］

図A.2　中規模集積チップ（MSI）

ラム（OTP）論理と呼ぶ。これは、ひとたびヒューズが飛んでしまったら、これをもとに戻すことができないからだ。別の方法では、構成情報は自由にプログラムできるメモリに蓄えておく。研究室では、再プログラムできる論理回路は、同じチップを開発中に再利用することができて便利である。

A.3.1　PROM

5.5.7節に示すように、PROMはルックアップ表として使える。2^Nワード×MビットのPROMは、N入力、M出力の任意の組み合わせ回路を実現できる。設計の変更は、チップ間の接続をし直すのではなく、PROMの内容の変更で行われる。ルックアップ表は、小規模な回路には便利だが、入力が大きくなると許容できないほど高価になる。

例として古典的な2764 8KB（64Kb）電気的消去可能型PROM（EPROM）を次ページに図A.4に示す。このEPROMは13本のアドレス線を8Kワードのうちの1つを選ぶために使っており、その1ワードを読み出すのに8本のデータ線を利用する。チップイネーブルと出力イネーブルは、データを読み出す際には両方とも有効になっていなければならない。最大の伝搬遅延時間は200psである。通常の動作では$\overline{PGM} = 1$として、VPPは用いない。EPROMのプログラムは通常、特殊なプログラム装置を使って$\overline{PGM} = 0$として、VPPに13Vかけて、メモリ書き込み用の特殊なシーケンスを実行することで行う。

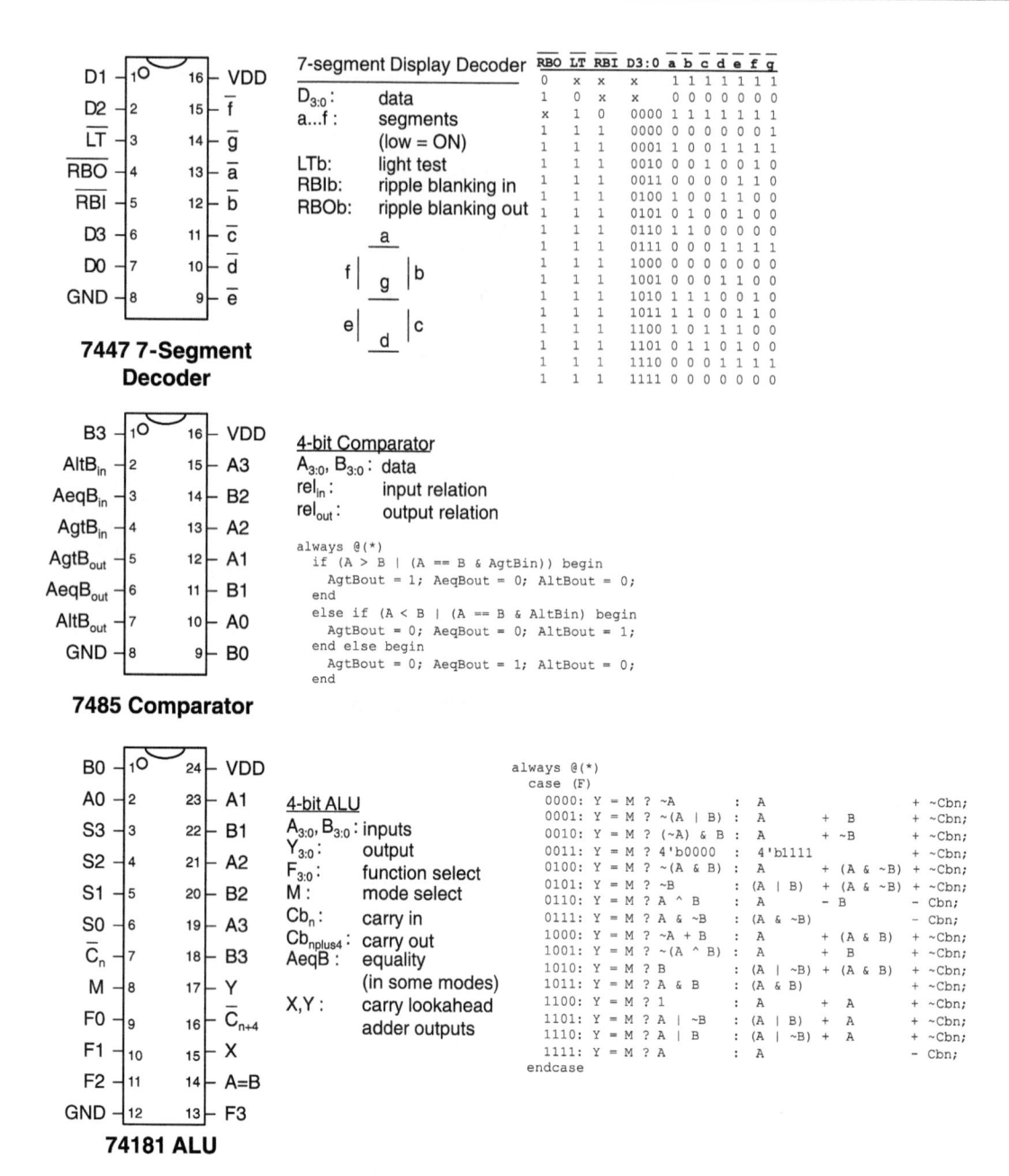

7447 7-Segment Decoder

7-segment Display Decoder

$D_{3:0}$: data
a...f: segments (low = ON)
LTb: light test
RBIb: ripple blanking in
RBOb: ripple blanking out

$\overline{RBO}$	LT	RBI	D3:0	$\overline{a}$	$\overline{b}$	$\overline{c}$	$\overline{d}$	$\overline{e}$	$\overline{f}$	$\overline{g}$
0	x	x	x	1	1	1	1	1	1	1
1	0	x	x	0	0	0	0	0	0	0
x	1	0	0000	1	1	1	1	1	1	1
1	1	1	0000	0	0	0	0	0	0	1
1	1	1	0001	1	0	0	1	1	1	1
1	1	1	0010	0	0	1	0	0	1	0
1	1	1	0011	0	0	0	0	1	1	0
1	1	1	0100	1	0	0	1	1	0	0
1	1	1	0101	0	1	0	0	1	0	0
1	1	1	0110	1	1	0	0	0	0	0
1	1	1	0111	0	0	0	1	1	1	1
1	1	1	1000	0	0	0	0	0	0	0
1	1	1	1001	0	0	0	1	1	0	0
1	1	1	1010	1	1	1	0	0	1	0
1	1	1	1011	1	1	0	0	1	1	0
1	1	1	1100	1	0	1	1	1	0	0
1	1	1	1101	0	1	1	0	1	0	0
1	1	1	1110	0	0	0	1	1	1	1
1	1	1	1111	0	0	0	0	0	0	0

7485 Comparator

4-bit Comparator
$A_{3:0}$, $B_{3:0}$: data
rel_{in}: input relation
rel_{out}: output relation

```
always @(*)
  if (A > B | (A == B & AgtBin)) begin
    AgtBout = 1; AeqBout = 0; AltBout = 0;
  end
  else if (A < B | (A == B & AltBin) begin
    AgtBout = 0; AeqBout = 0; AltBout = 1;
  end else begin
    AgtBout = 0; AeqBout = 1; AltBout = 0;
  end
```

74181 ALU

4-bit ALU
$A_{3:0}$, $B_{3:0}$: inputs
$Y_{3:0}$: output
$F_{3:0}$: function select
M: mode select
Cb_n: carry in
Cb_{nplus4}: carry out
AeqB: equality (in some modes)
X,Y: carry lookahead adder outputs

```
always @(*)
  case (F)
    0000: Y = M ? ~A          : A              + ~Cbn;
    0001: Y = M ? ~(A | B)    : A          + B  + ~Cbn;
    0010: Y = M ? (~A) & B    : A          + ~B + ~Cbn;
    0011: Y = M ? 4'b0000     : A    4'b1111     + ~Cbn;
    0100: Y = M ? ~(A & B)    : A    + (A & ~B) + ~Cbn;
    0101: Y = M ? ~B          : (A | B) + (A & ~B) + ~Cbn;
    0110: Y = M ? A ^ B       : A       - B      - Cbn;
    0111: Y = M ? A & ~B      : (A & ~B)          - Cbn;
    1000: Y = M ? ~A + B      : A       + (A & B) + ~Cbn;
    1001: Y = M ? ~(A ^ B)    : A       + B      + ~Cbn;
    1010: Y = M ? B           : (A | ~B) + (A & B) + ~Cbn;
    1011: Y = M ? A & B       : (A & B)          + ~Cbn;
    1100: Y = M ? 1           : A       + A      + ~Cbn;
    1101: Y = M ? A | ~B      : (A | B) + A      + ~Cbn;
    1110: Y = M ? A | B       : (A | ~B) + A     + ~Cbn;
    1111: Y = M ? A           : A                - Cbn;
  endcase
```

図A.3　中規模集積チップ（MSI）つづき

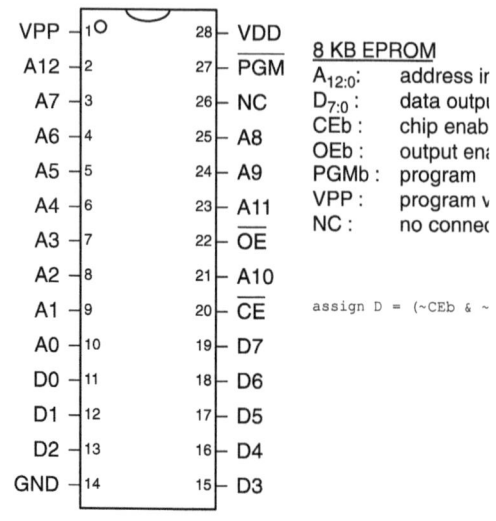

2764 8KB EPROM

8 KB EPROM
$A_{12:0}$: address in
$D_{7:0}$: data outpu
CEb: chip enab
OEb: output en
PGMb: program
VPP: program v
NC: no connec

```
assign D = (~CEb & ~
```

図A.4　2764 8KB EPROM

最近のPROMは、概念は同じだが、もっと多くの容量とピンを持っている。フラッシュメモリはPROMの最も安いタイプであり、2015年にはギガバイト当たり0.30ドル程度で売られている。価格は長年にわたり、年間30から40%落ちている。

A.3.2　PLA

5.6.1節に紹介したようにPLAはANDとORプレーンを持っており、部分和の形を書き込むことにより任意の組み合わせ回路を実現する。ANDとORのプレーンは、PROMと同じ技術を用いてプログラムすることができる。PLAはそれぞれの入力に対して2つの列、出力に対して1つの列を持つ。それぞれの行はそれぞれの積項に相当する。この構成は多くの論理関数においてPROMよりも効率が良いが、それでもアレイは、I/Oと積項の数が増えると大きくなり過ぎる。

多くの製造元が、簡単なPLAの概念を拡張して、レジスタを含むプログラマブルロジックデバイス（PLD）ができた。

22V10は、古典的なPLDの中では最も一般的なものである。これは12個の専用の入力ピンと10本の出力を持っている。出力はPLAから直接取り出すこともできるし、チップ内のクロックの入ったレジスタから取り出すこともできる。この出力はまた、PLAにフィードバックすることもできる。22V10は100個購入した場合、それぞれが2ドルほどであった。PLDは、FPGAの容量とコストの改善が急であったことにより、ほとんどが時代遅れなものになっている。

A.3.3 FPGA

5.6.2節で紹介したように、FPGAは構成可能なロジックエレメント（**LE**）（構成可能ロジックブロック（**CLB**）とも呼ぶ）をプログラム可能な配線と接続した構成を持つ。LEは、小規模なルックアップ表と複数のフリップフロップから構成される。FPGAは、何千というルックアップ表を持つ巨大な容量のものまで様々な大きさがある。XilinxとAlteraはFPGA業界を主導する2つの製造元である。

ルックアップ表とプログラム可能な配線は、どのような論理機能を実現するにも十分な柔軟性を持っている。しかし、同じ機能を固定配線で実現するのに比べてスピードとコストの点で1桁不利である。このため、FPGAはメモリ、乗算器、時にはマイクロプロセッサまるごとを特殊ブロックとして持つことが多い。

図A.5は、FPGA上でディジタルシステムを開発する設計工程を示す。

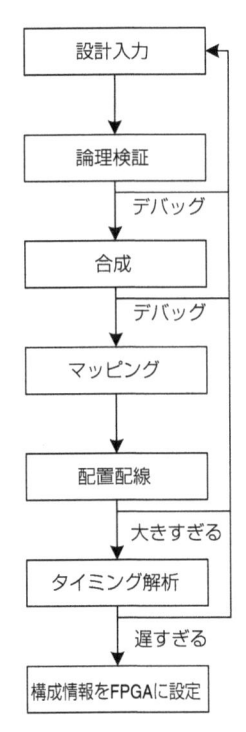

図A.5　FPGAの設計フロー

設計は多くの場合、ハードウェア記述言語（HDL）で記述されるが、ある種のFPGAツールは回路図による設計をサポートする。次に設計をシミュレーションする。入力を与えて、期待値と出力を比較して、論理が正しいことを**検証**する。多くの場合、なにかしらデバッグが必要となる。次に論

理**合成**がHDLをブール論理式に変換する。良くできた合成ツールは論理構成の回路図を出力してくれるので、注意深い設計者はこれらの回路図も検証する。また、合成過程でワーニングが出た場合も、所定の設計が生成されたかどうかを確認する。時にひどいコーディングによって意図したよりもずっと大きい回路ができてしまったり、非同期回路を含む回路ができてしまう場合がある。合成結果が問題なければ、FPGAツールはこれを特定のチップのLEに対して**マッピング**する。この**配置配線**ツールは、どの機能がどのルックアップ表に割り付けられ、どのようにそれらが配線されるかを決定する。配線遅延は長さとともに大きくなるので、クリティカルな部分は近くに割り当てなければならない。設計がチップに対して大きすぎれば、やり直しが必要になる。**タイミング解析**がタイミング制約（例えば、要求周波数100MHzなど）と、実際のタイミング値を比較してエラーがあればそれを出力する。回路が遅すぎる場合、設計し直すか、パイプラインの切り方を変えたりしなければならない。設計が正しい場合は、FPGAのすべてのLEの内容と、すべての配線のプログラミングの内容を示すファイルが生成される。多くのFPGAはこの**構成情報**をスタティックRAMに格納するため、FPGAの電源を入れる際に、再ロードするこが必要となる。FPGAはこの情報を実験室のコンピュータからロードすることもできるし、電源が最初に入ったときに、不揮発性のROMから読み出すこともできる。

例題A.1　FPGAのタイミング解析

アリッサ・P・ハッカー嬢は、赤いチョコレートを1つのビンに、緑色のチョコレートを別のビンに入れるカラーセンサとモータ付きM&M選別器を、FPGAを使って実装している。彼女の設計はFSMを1つ装備しており、Cyclone IV FPGAを使っている。データシートによるとこのFPGAは表A.1に示すタイミング特性を持っている。配線遅延が無視できるほど設計が小さいと仮定する。

アリッサはFSMを100MHzで動作させたい。クリティカルパス上のLEの最大数はいくつか。彼女のFSMが動作可能な最大周波数はいくつか。

表A.1　Cyclone IVの遅延

名前	値（ps）
t_{pcq}	199
t_{setup}	76
t_{hold}	0
t_{pd}（LE当たり）	381
t_{wire}（LE間で）	246
t_{skew}	0

解法：100MHzでは、サイクル時間T_cは10nsになる。アリッサは式(3.14)を使ってこのT_cにおける最小の組み合わせ遅延時間t_{pd}を以下のように算出した。

$$t_{pd} \leq 10\text{ns} - (199\text{ns} + 0.076\text{ns}) = 9.725\text{ns} \tag{A.1}$$

組み合わせLEと配線遅延381ps + 246ps = 267psで、アリッサのFSMは、次の状態を決める論理回路のために、最大15個の連続したLEを使うこと（9.725/0.627）ができる。

Cyclone IV上で走るFSMが最大スピードで動作するのは、これが次の状態を決める論理回路用にLEを1つだけ使っている場合で

ある。最小サイクル時間は、

$$T_c \geq 381ps + 199ps + 76ps = 6.56ps \qquad (A.2)$$

すなわち、最大動作周波数は1.5GHzになる。

2015年現在Alteraは「Cyclone IV FPGAを25ドルで14,400 LEを出荷した」と宣伝している。大量の中規模サイズFPGAは数ドルであり、最大のFPGAは数百ドルから1000ドルにすぎない。コストはだいたい年間に30%下がるため、FPGAは非常に普及している。

A.4 ASIC

ASIC（Application-specific integrated circuits）は、特定の目的のために設計されたチップである。グラフィックスアクセラレータ、ネットワークインタフェースチップ、携帯電話用のチップなどがASICの一般例である。ASIC設計者は、論理ゲートを構成するためにトランジスタを置き、これを配線でつなぐ。ASICは特殊な機能を固定配線するため、通常、同じ機能を実装した場合に、FPGAよりも数倍速く、1桁チップ面積が少ない。しかし、トランジスタと配線をチップ上のどこに置くかを決めるマスクを作るのに、数百から数千ドルかかる。製造プロセスは、ASICの製造、パッケージ、および検査に通常6から12週間を要する。ASICが製造されてからエラーが見つかると、設計者は問題を修正し、新しいマスクを作り、このチップができてくるまで待たなければならない。このため、ASICが向いているのは大量に生産し、しかもその機能があらかじめちゃんと決まっている製品に限られる。

次段の図A.6は、ASICの設計工程を示す。これは、図A.5のFPGAの設計工程に似ているが、論理検証が特に重要である。これは、マスクが出来上がった後の修正が高価であるからだ。論理合成により、論理ゲートとゲート間の接続が記述されたネットリストが出力される。次にネットリスト中のゲートの配置を決め、ゲート間の配線が行われる。設計者が満足したらマスクが生成され、ASIC製造に使われる。塵1つによってもASICは駄目になるので、チップは製造後に検査する必要がある。製造されたチップの中で動くものの割合を**歩留まり**と呼び、チップのサイズと製造工程の慣れにもよるが、50から90％位である。最後に動くチップはA.7節で示すようにパッケージ内に格納される。

A.5 データシート

半導体製造元はそのチップの機能と性能を記述した**データシート**を発行する。データシートを読んで理解することは重要である。ディジタルシステムの設計ミスの有力な原因の1つは、チップ動作の誤解から生じている。

データシートは、通常は、製造元のWebサイト上にある。あるパーツのデータシートが載っておらず、他からもきちんと記述されたものが入手できない場合は、そのパーツを使ってはならない。データシートの一部は秘密が含まれているか

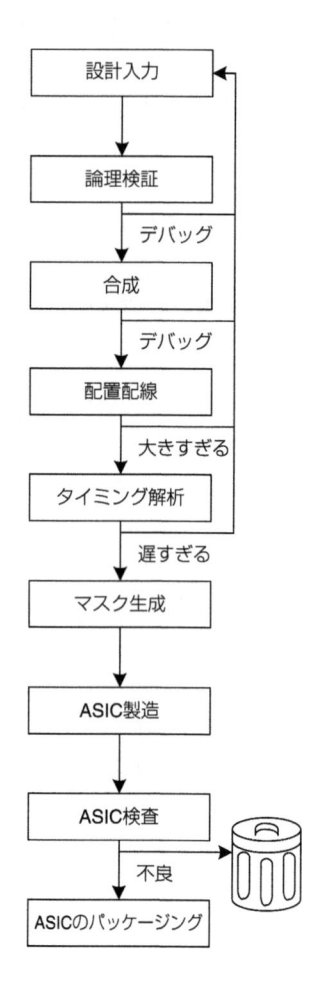

図A.6 ASICの設計フロー

もしれない。製造元は、多くの関連するパーツのデータシートが載っているデータブックを発行する。データブックの最初の部分は付加的な説明情報である。この情報は注意深く探せば、通常Web上で見つかる。

この節は、74HC04インバータチップのTexas Instruments（TI）によるデータシートを用いる。このデータシートは比較的単純だが、主要な部分の多くを説明することができる。TIはさまざまな74xxシリーズをまだ広く作っている。その昔は、多くの他の会社もこれらのチップを作っていたが、売り上げが減るとともに市場が小さくなっている。

次ページの図A.7は、データシートの最初のページである。重要な部分は灰色で示してある。タイトルは、SN54HC04、SN74HC04 HEX INVERTERSである。HEX INVERTERSは、このチップが6つのインバータを格納していることを示す。SNはTIが製造元であることを示す。他の製造元のコードは、MCならばMotorola、DMはNational Semiconductorである。このコードは通常無視してよい。なぜならすべての製造元は互換性のある74xxシリーズの論理回路を作っているからだ。HCは論理回路ファミリを示す（高速CMOS）。この論理回路ファミリは、そのチップのスピードとパワーを示すが、機能とは関係ない。例えば、7404、74HC04、74LS04はすべて6つのインバータを備えているが、性能とコストが違っている。他の論理回路ファミリ（ロジックファミリ）についてはA.6節

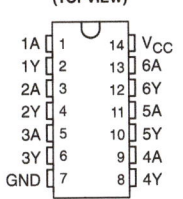

SN54HC04, SN74HC04
HEX INVERTERS

SCLS078D – DECEMBER 1982 – REVISED JULY 2003

- Wide Operating Voltage Range of 2 V to 6 V
- Outputs Can Drive Up To 10 LSTTL Loads
- Low Power Consumption, 20-∝A Max I_{CC}

- Typical tpd = 8 ns
- ±4-mA Output Drive at 5 V
- Low Input Current of 1 ∝A Max

SN54HC04 . . . J OR W PACKAGE
SN74HC04 . . . D, N, NS, OR PW PACKAGE
(TOPVIEW)

```
1A  [ 1      14 ] V_CC
1Y  [ 2      13 ] 6A
2A  [ 3      12 ] 6Y
2Y  [ 4      11 ] 5A
3A  [ 5      10 ] 5Y
3Y  [ 6       9 ] 4A
GND [ 7       8 ] 4Y
```

SN54HC04 . . . FK PACKAGE
(TOPVIEW)

```
       1Y 1A NC V_CC 6A
        3  2  1 20 19
2A  [ 4            18 ] 6Y
NC  [ 5            17 ] NC
2Y  [ 6            16 ] 5A
NC  [ 7            15 ] NC
3A  [ 8            14 ] 5Y
        9 10 11 12 13
       3Y GND NC 4Y 4A
```

NC – No internal connection

description/ordering information

The 'HC04 devices contain six independent inverters. They perform the Boolean function $Y = \overline{A}$ in positive logic.

ORDERING INFORMATION

T_A	PACKAGE†		ORDERABLE PARTNUMBER	TOP-SIDE MARKING
–40℃ to 85℃	PDIP – N	Tube of 25	SN74HC04N	SN74HC04N
	SOIC – D	Tube of 50	SN74HC04D	HC04
		Reel of 2500	SN74HC04DR	
		Reel of 250	SN74HC04DT	
	SOP – NS	Reel of 2000	SN74HC04NSR	HC04
	TSSOP – PW	Tube of 90	SN74HC04PW	HC04
		Reel of 2000	SN74HC04PWR	
		Reel of 250	SN74HC04PWT	
–55℃ to 125℃	CDIP – J	Tube of 25	SNJ54HC04J	SNJ54HC04J
	CFP – W	Tube of 150	SNJ54HC04W	SNJ54HC04W
	LCCC – FK	Tube of 55	SNJ54HC04FK	SNJ54HC04FK

† Package drawings, standard packing quantities, thermal data, symbolization, and PCB design guidelines are available at www.ti.com/sc/package.

FUNCTION TABLE
(each inverter)

INPUT A	OUTPUT Y
H	L
L	H

Please be aware that an important notice concerning availability, standard warranty, and use in critical applications of Texas Instruments semiconductor products and disclaimers there to appears at the end of this data sheet.

TEXAS INSTRUMENTS
POST OFFICE BOX 655303 ∞DALLAS, TEXAS 75265

図A.7　7404のデータシート1ページ目

で紹介する。74xxチップは、民生用（0℃～70℃）、工業用（–40℃～85℃）の温度の幅で動作する。一方、54xxチップは、軍用の温度幅（–55℃～125℃）で動作し、値段が高いが、他は互換性がある。

7404には多くの違ったパッケージがあり、購入の際に、所定のものを注文することが重要である。パッケージは部品番号の添え字の部分で識別できる。Nは**プラスティックデュアルインラインパッケージ**（PDIP）を示す。これはブレッドボードや、スルーホールを半田付けするプリント基板で利用可能である。他のパッケージについてはA.7節で紹介する。

論理表は、それぞれのゲートが入力を反転することを示す。AがHIGH（H）ならばYはLOW（L）になる、等である。この場合、この表はつまらないが、もっと複雑なチップではもっとおもしろい。

次ページの図A.8は、データシートの2ページ目を示す。論理図はチップがインバータを搭載していることを示している。**絶対最大定格**の部分は、このチップがこれを超えると壊れる可能性のある条件を示している。実際、電源電圧（V_{CC}、本書ではV_{DD}とも示される）は、7Vを超えてはならない。連続出力電流は、25mAを超えてはならない。**温度抵抗**あるいはインピーダンスθ_{JA}は、チップの放熱による温度上昇を計算するのに使う。放熱器を付けないチップの許容温度

SN54HC04, SN74HC04
HEX INVERTERS

SCLS078D – DECEMBER 1982 – REVISED JULY 2003

logic diagram (positive logic)

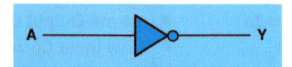

absolute maximum ratings over operating free-air temperature range (unless otherwise noted)†

Supply voltage range, V_{CC} .... –0.5 V to 7 V
Input clamp current, I_{IK} ($V_I < 0$ or $V_I > V_{CC}$) (see Note 1) .... ±20 mA
Output clamp current, I_{OK} ($V_O < 0$ or $V_O > V_{CC}$) (see Note 1) .... ±20 mA
Continuous output current, I_O ($V_O = 0$ to V_{CC}) .... ±25 mA
Continuous current through V_{CC} or GND .... ±50 mA
Package thermal impedance, θ_{JA} (see Note 2): D package .... 86° C/W
　　　　　　　　　　　　　　　　　　　　　　　 N package .... 80° C/W
　　　　　　　　　　　　　　　　　　　　　　　 NS package .... 76° C/W
　　　　　　　　　　　　　　　　　　　　　　　 PW package .... 131° C/W
Storage temperature range, T_{stg} .... –65° C to 150° C

† Stresses beyond those listed under "absolute maximum ratings" may cause permanent damage to the device. These are stress ratings only, and functional operation of the device at these or any other conditions beyond those indicated under "recommended operating conditions" is not implied. Exposure to absolute-maximum-rated conditions for extended periods may affect device reliability.

NOTES: 1. The input and output voltage ratings may be exceeded if the input and output current ratings are observed.
　　　　 2. The package thermal impedance is calculated in accordance with JESD 51-7.

recommended operating conditions (see Note 3)

			SN54HC04			SN74HC04			UNIT
			MIN	NOM	MAX	MIN	NOM	MAX	
V_{CC}	Supply voltage		2	5	6	2	5	6	V
V_{IH}	High-level input voltage	V_{CC} = 2 V	1.5			1.5			V
		V_{CC} = 4.5 V	3.15			3.15			
		V_{CC} = 6 V	4.2			4.2			
V_{IL}	Low-level input voltage	V_{CC} = 2 V			0.5			0.5	V
		V_{CC} = 4.5 V			1.35			1.35	
		V_{CC} = 6 V			1.8			1.8	
V_I	Input voltage		0		V_{CC}	0		V_{CC}	V
V_O	Output voltage		0		V_{CC}	0		V_{CC}	V
$\Delta t/\Delta v$	Input transition rise/fall time	V_{CC} = 2 V			1000			1000	ns
		V_{CC} = 4.5 V			500			500	
		V_{CC} = 6 V			400			400	
T_A	Operating free-air temperature		–55		125	–40		85	°C

NOTE 3: All unused inputs of the device must be held at V_{CC} or GND to ensure proper device operation. Refer to the TI application report, *Implications of Slow or Floating CMOS Inputs*, literature number SCBA004.

TEXAS
INSTRUMENTS

POST OFFICE BOX 655303 ● DALLAS, TEXAS 75265

図A.8　7404のデータシート2ページ目

ががT_Aで、チップがP_{chip}電力を消費する場合、チップ自身のパッケージとの接続点での温度T_Jは

$$T_J = T_A + P_{chip}\theta_{JA} \tag{A.3}$$

となる。

例えば、7404チップがPDIPパッケージを使い、50℃で20mW消費する場合、接合温度は、50℃ + 0.02W × 80℃/W = 51.6℃に上がる。内部電力消費が74xxシリーズのチップで重要になることはめったにないが、最近の電力消費が10Wを超えるようなチップでは重要である。

推奨動作条件は、このチップが利用される環境を定義している。この条件の範囲ならば、このチップは仕様に適合して

いる。これらの条件は、絶対条件よりもさらに厳しい。例えば、電源電圧は2から6Vの範囲である。HCロジックの入力論理レベルは、V_{DD}に依存している。電圧が5V（あるいは4.5Vまで落ちる）の場合は、4.5Vの欄を用いよう。

次ページの図A.9はデータシートの3ページ目である。電気的特性は、このデバイスが推奨動作条件以内で使われ、入力が固定されている場合にどのように動くかを示している。出力電流I_{OH}/I_{OL}は20μAを超えなければ、最悪でもV_{OH} = 4.4V、V_{OL} = 0.1Vである。出力電流が増えると出力電圧は理想から離れる。これは、チップのトランジスタが電流を維持するために頑張るからだ。HC論理回路ファミリは入力電力が非常

SN54HC04, SN74HC04
HEX INVERTERS

SCLS078D – DECEMBER 1982 – REVISED JULY 2003

electrical characteristics over recommended operating free-air temperature range (unless otherwise noted)

PARAMETER	TEST CONDITIONS		V_{CC}	$T_A = 25°C$			SN54HC04		SN74HC04		UNIT
				MIN	TYP	MAX	MIN	MAX	MIN	MAX	
V_{OH}	$V_I = V_{IH}$ or V_{IL}	$I_{OH} = -20\,\mu A$	2 V	1.9	1.998		1.9		1.9		V
			4.5 V	4.4	4.499		4.4		4.4		
			6 V	5.9	5.999		5.9		5.9		
		$I_{OH} = -4\,mA$	4.5 V	3.98	4.3		3.7		3.84		
		$I_{OH} = -5.2\,mA$	6 V	5.48	5.8		5.2		5.34		
V_{OL}	$V_I = V_{IH}$ or V_{IL}	$I_{OL} = 20\,\mu A$	2 V		0.002	0.1		0.1		0.1	V
			4.5 V		0.001	0.1		0.1		0.1	
			6 V		0.001	0.1		0.1		0.1	
		$I_{OL} = 4\,mA$	4.5 V		0.17	0.26		0.4		0.33	
		$I_{OL} = 5.2\,mA$	6 V		0.15	0.26		0.4		0.33	
I_I	$V_I = V_{CC}$ or 0		6 V		±0.1	±100		±1000		±1000	nA
I_{CC}	$V_I = V_{CC}$ or 0, $I_O = 0$		6 V			2		40		20	μA
C_I			2 V to 6 V		3	10		10		10	pF

switching characteristics over recommended operating free-air temperature range, CL = 50 pF (unless otherwise noted) (see Figure 1)

PARAMETER	FROM (INPUT)	TO (OUTPUT)	V_{CC}	$T_A = 25°C$			SN54HC04		SN74HC04		UNIT
				MIN	TYP	MAX	MIN	MAX	MIN	MAX	
t_{pd}	A	Y	2 V		45	95		145		120	ns
			4.5 V		9	19		29		24	
			6 V		8	16		25		20	
t_t		Y	2 V		38	75		110		95	ns
			4.5 V		8	15		22		19	
			6 V		6	13		19		16	

operating characteristics, $T_A = 25°C$

PARAMETER	TEST CONDITIONS	TYP	UNIT
C_{pd} Power dissipation capacitance per inverter	No load	20	pF

TEXAS
INSTRUMENTS
POST OFFICE BOX 655303 • DALLAS, TEXAS 75265

図A.9　7404のデータシート3ページ目

に小さいCMOSトランジスタを使っている。それぞれの入力は1000nAを超えることはなく、室温では通常0.1nAである。**待機時**消費電流I_{DD}はチップが動作していない場合、20μAを下回ることを示している。それぞれの入力は10pFを下回る電気容量を持っている。

　動作時特性は、このデバイスが推奨動作条件以内で使われ、入力が変化した場合について示す。**伝搬遅延時間**t_{pd}は、入力が$0.5V_{CC}$を超えてから、出力が$0.5V_{CC}$を横切るまでの時間を示す[†]。V_{CC}が通常5Vでチップが50pFより小さい電気容量を駆動する場合、伝搬時間は24nsを超えることはない（通常はもっとずっと速い）。それぞれの入力には10pFの電気容量

があるかもしれないことを思い起こそう。つまりチップはフルスピードでは同じチップを5個以上駆動できない。実際は、チップをつなぐ配線の浮遊容量が使える負荷をさらに少なくしてしまう。**遷移時間**は上昇／下降時間とも呼ばれ、出力が$0.1V_{CC}$から$0.9V_{CC}$まで変化する時間を示す。

　1.8節を思い出してほしいのだが、チップは**スタティック**と**ダイナミック**の両方の電力を消費する。HCの回路ではスタティック電力は小さい。85度で待機時最大供給電流は20μAで

[†]　（訳注）CMOSでは定常的なHレベルがVCCと等しいのでこの定義は正しいが、TTLなどの定常的なHレベルがVCCと異なるものでは違った定義が使われる。

ある。5Vでは、スタティック消費電力が0.1mWになる。ダイナミック電力は駆動する電気容量とスイッチ周波数で決まる。7404はインバータごとに入力内部電力消費容量を20pF持っている。すべての6つのインバータが10MHzでスイッチし、外部にある25pFの負荷を駆動すると、式(1.4)で与えられるダイナミック電力は$1/2 \times 6 \times (20\text{pF} + 25\text{pF}) \times 5^2 \times 10\text{MHz} = 33.75\text{mW}$であり、全体の電力は33.85mWである。

A.6 論理回路ファミリ

74xxシリーズのチップは、多くの違ったテクノロジで作られており、これらは**論理回路ファミリ**あるいは**ロジックファミリ**と呼ばれる。これらはスピード、消費電力、論理レベルのトレードオフが異なっている。チップは、これらの論理回路ファミリのどれかと互換性があるように設計されるのが普通である。7404などもともとのチップは、バイポーラトランジスタを使った**TTL**（Transistor-Transistor Logic）と呼ばれるテクノロジで作られている。より新しいテクノロジは74の後ろに論理回路ファミリを示すために、1文字かそれ以上の文字列が加わる。74LS04、74HC04、74AHCT04などである。表A.2は最も普通に使われる5Vの論理回路ファミリをまとめる。

表A.2 代表的な5V論理回路ファミリの仕様

特性	バイポーラ／TTL						CMOS		CMOS/TTL互換	
	TTL	S	LS	AS	ALS	F	HC	AHC	HCT	AHCT
t_{pd} (ns)	22	9	12	7.5	10	6	21	7.5	30	7.7
V_{IH} (V)	2	2	2	2	2	2	3.15	3.15	2	2
V_{IL} (V)	0.8	0.8	0.8	0.8	0.8	0.8	1.35	1.35	0.8	0.8
V_{OH} (V)	2.4	2.7	2.7	2.5	2.5	2.5	3.84	3.8	3.84	3.8
V_{OL} (V)	0.4	0.5	0.5	0.5	0.5	0.5	0.33	0.44	0.33	0.44
I_{OH} (mA)	0.4	1	0.4	2	0.4	1	4	8	4	8
I_{OL} (mA)	16	20	8	20	8	20	4	8	4	8
I_{IL} (mA)	1.6	2	0.4	0.5	0.1	0.6	0.001	0.001	0.001	0.001
I_{IH} (mA)	0.04	0.05	0.02	0.02	0.02	0.02	0.001	0.001	0.001	0.001
I_{DD} (mA)	33	54	6.6	26	4.2	15	0.02	0.02	0.02	0.02
C_{pd} (pF)			n/a				20	12	20	14
価格*	陳腐	0.63	0.25	0.53	0.32	0.22	0.12	0.12	0.12	0.12

* 2012年に7408をTexas Instrumentsから1000個買った場合の1個当たりの価格（US$）

バイポーラ回路とプロセス技術の進歩により、Schottky（S）とLow-Power Schottky（LS）ファミリが登場した。両方ともTTLよりも高速である。Schottkyは電力は多いが、Low-Power Schottkyは電力の点でも少ない。Advanced Schottky（AS）とAdvanced Low-Power Schottky（ALS）は、SとLSに比べて速度と電力が改善されている。Fast（F）ロジックは、ASより高速だが、電力は小さい。これらのファミリのすべては非対称論理レベルを用いており、HIGHの出力よりもLOWの出力のほうがより電流を流し込むことができ

る。これらは、「TTL」論理レベルを満足する。すなわち$V_{IH} = 2\text{V}$、$V_{IL} = 0.8\text{V}$であり、$V_{OH} > 2.4\text{V}$、$V_{OL} < 0.5\text{V}$である。

CMOS回路は1980年代から1990年代にかけて成熟し、消費電力および入力電流が非常に少ないことから普及した。High Speed CMOS（HC）とAdvanced High Speed CMOS（AHC）ファミリは、ほとんどスタティック電力を消費しなかった。これらは、HIGHとLOWの出力が同じ電流を流すことができる。これらが満足するのは、CMOS論理レベルである。すなわち、$V_{IH} = 3.15\text{V}$、$V_{IL} = 1.35\text{V}$、$V_{OH} > 3.8\text{V}$、$V_{OL} < 0.44\text{V}$である。不幸なことに、これらのレベルはTTL回路と互換性がない。すなわち、TTLのHIGH出力である2.4Vは、CMOSのHIGH入力として認識されない可能性がある。このことから、HighSpeed TTL-compatible CMOS（HCT）とAdvanced High Speed TTL-compatible CMOS（AHCT）などTTL入力論理レベルを受け付けて、有効なCMOS出力レベルを生成するファミリが作られた。これらのファミリは、純粋CMOSの対応機種と比べるとやや遅い。すべてのCMOSチップは、静電気による**静電破壊**（ESD）に弱い。CMOSチップに触る前には、壊してしまわないように、大きな金属などに触れて自分の身体をGNDレベルに落としておきなさい。

74xxシリーズロジックは安価である。新しい論理回路ファミリは時代遅れのものよりも安価なこともある。LSファミリは広く入手可能でタフであるため、実験室や趣味で使う場合で、特に性能が要求されない際に、一般的に選択される。

5Vスタンダードは、トランジスタが小さくなり過ぎて電圧に絶えられなくなって、1990年代中頃に崩壊した。さらに、低電圧は低電力につながる。現在、3.3、2.5、1.8、1.2およびもっと低い電圧が一般的に使われる。電圧の変動は違った電源電圧のチップ間でデータを交換するという課題を生んだ。表A.3は低電圧論理回路ファミリのいくつかを示している。すべての74xxパーツがこれらの論理回路ファミリで利用可能とは限らない。

表A.3 代表的な低電圧論理回路ファミリの仕様

	LVC			ALVC			AUC		
Vdd (V)	3.3	2.5	1.8	3.3	2.5	1.8*	2.5	1.8	1.2
t_{pd} (ns)	4.1	6.9	9.8	2.8	3	?*	1.8	2.3	3.4
V_{IH} (V)	2	1.7	1.17	2	1.7	1.17	1.7	1.17	0.78
V_{IL} (V)	0.8	0.7	0.63	0.8	0.7	0.63	0.7	0.63	0.42
V_{OH} (V)	2.2	1.7	1.2	2	1.7	1.2	1.8	1.2	0.8
V_{OL} (V)	0.55	0.7	0.45	0.55	0.7	0.45	0.6	0.45	0.3
I_O (mA)	24	8	4	24	12	12	9	8	3
I_I (mA)		0.02			0.005			0.005	
I_{DD} (mA)		0.01			0.01			0.01	
C_{pd} (pF)	10	9.8	7	27.5	23	?*	17	14	14
価格 (US$)		0.17			0.2			利用不可	

* 遅延と電気容量は本書が書かれた時点では公開されていない。

すべての低電圧論理回路ファミリは、近代半導体を牽引するCMOSトランジスタを使っている。これらは、広い範囲のV_{DD}で動作するが、低い電圧では速度は遅くなる。Low-Voltage CMOS（LVC）ロジックとAdvanced Low-Voltage CMOS（ALVC）ロジックは、一般的には3.3、2.5、1.8Vで利用する。LVCは5.5Vの入力電圧に耐えるので、5V CMOSあるいはTTL回路からの入力を受け付ける。Advanced Ultra-Low-Voltage CMOS（AUC）は通常、2.5、1.8あるいは1.2Vを使うが、例外的に高速である。ALVCとAUCは両方共3.6Vの入力に耐えるので、3.3V回路からの入力を受け付けることができる。

FPGAは、コアと呼ばれる内部ロジックと入出力（I/O）ピンの電圧を分離している。FPGAは、進んだテクノロジを用いているため、電力を節約し、非常に小さいトランジスタをダメージから防ぐために、コアの電圧は、5から3.3、2.5、1.8、1.2Vまで落ちた。FPGAは互換性のあるI/Oを持っているため、多くの異なる電圧で動作する。このため、他のシステムと共存できる。

A.7 パッケージと組み立て

半導体回路は、通常、プラスティックやセラミックでできたパッケージの上に置かれる。パッケージは、チップの微小な金属I/Oパッドからパッケージの大きなピンに接続し外部と接続しやすくすること、チップを物理的なダメージから保護すること、チップが発生する熱をより広い領域に拡散し空冷を助けることなど、多くの機能を提供する。パッケージはブレッドボードかプリント基板上に置き、互いに接続してシステムを組み立てる。

パッケージ

図A.10にさまざまな半導体のパッケージを示す。パッケージは一般的に**スルーホール**と**表面実装（SMT）**に分けられる。スルーホールパッケージは、名前通り、ピンが基板を貫通する穴（スルーホール）またはソケットに挿入する。DIP（Dual Inline Package）は、0.1インチの間隔で並ぶ2列のピンを持つ。PGA（Pin Grid Array）は、より小さいパッケージにたくさんピンを付けるため、ピンをパッケージの下に設けている。SMTパッケージは、穴を使わず、プリント基板の表面に直接半田付けする。SMT部品のピンはリードと呼ぶ。TSOP（Thin Small Outline Package）は狭い間隔（多くの場合、0.02インチ間隔）にリードを2列持っている。PLCC（Plastic Leaded Chip Carrier）は、J型のリードを4辺のすべてに0.05インチ間隔で備えている。これらは直接ボードに半田付けするか、スペースを食うソケット中に格納される。QFP（Quad Flat Pack）は、多数のピンを狭い間隔の足を使って四隅に出している。BGA（Ball Grid Array）は足をすべて取り去ってしまっている。その代わり、パッケージの下部に何百という小さな半田ボールを備えている。これを注意深くプリント基板上のマッチングパッドに載せて加熱す

る。そうすると半田が溶けてパッケージが下のボードと接続される。

図A.10 集積回路のパッケージ

ブレッドボード

DIPはブレッドボードに挿すことができることからプロトタイプに使うのが容易である。ブレッドボードは、図A.11に示す、ソケットの列をたくさん持つプラスティックのボードである。1行の中のすべての5つの穴は1つに接続されている。パッケージのそれぞれのピンを、分離された列のそれぞれの穴に置く。行方向に接続されている穴に、配線を挿せばピンと接続する。ブレッドボードは、縦方向に接続され、横方向には分離された穴の列を持ち、これを電源とGNDを配布するために使う場合がある。

次ページの図A.11は、74LS08 ANDチップと74LS32 ORチップからできた多数決回路を搭載している。この回路を図A.12に示す。図中のそれぞれのゲートには、チップのラベル（08か32）が、入力と出力にはピン番号を付けてある。よく見ると同じ接続がブレッドボード上にあることが分かる。入力は08チップの1、2、5ピンに接続されており、出力は32チップの6ピンで測定される。電源とグランドは、Vb、Vaのバナナプラグコンセントから、縦方向のパワーおよびグランドの列を経て、それぞれのチップの14、7ピンにそれぞれ接続されている。このように回路図にラベルを付け、それらの間の接続をチェックしていくのは、ブレッドボード作成の際のミスの数を減らす良い方法である。

不幸にして、間違った穴にうっかり配線を挿し込んだり、配線が切れていたりすることはよくあり、このためブレッドボード作成は、細心の注意が必要である。（そして、通常実験室ではなにかしらデバッグが必要になる。）ブレッドボードはプロトタイプ作成のみに適しており、製品にはならない。

図A.11　ブレッドボード上の多数決回路

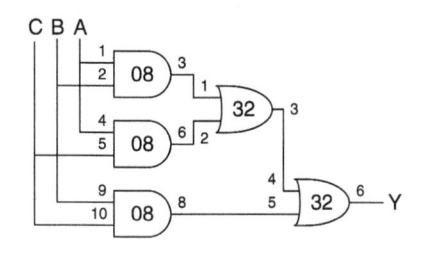

図A.12　多数決回路のゲート接続図。チップ名とピンが示してある。

プリント基板

　チップパッケージは、ブレッドボードではなくプリント基板（PCB）に半田付けすることができる。PCBは導体である銅と、絶縁体のエポキシが交互に重なっている。銅はエッチングされ、トレースと呼ばれる配線を形成する。穴はビアと呼ばれ、ドリルでボードを貫通して金属でメッキして層間を接続する。PCBは、通常CADツールで設計する。実験室では単純なボードを自分でエッチングしてドリルを掛けることができるが、安価な大量生産を行う特殊な工場にボード設計を送ることもできる。工場は、数日（安価な大量生産用には数週間）の納期と、大量生産を行う中規模の複雑さを持つボードならば、2、3百ドルの設計製作費およびボードの数当たり2、3ドルで作ってくれる。

　PCBのトレースは通常、抵抗が少ないことから銅を用いてできている。トレースは、通常、緑色の耐火プラスティック絶縁体FR4によって絶縁されている。PCBは通常、信号層の間にプレーンと呼ぶ銅の電源とグランド層を持つ。図A.13はPCBの断面図を示す。信号層は最上層と最下層であり、電源とグランドプレーンはボードの中央部に配置されている。電源とグランドプレーンは、低抵抗であり、ボード上の部品に安定した電源を供給できる。このおかげで、トレースの電気

容量とインダクタンスを一定にできる。

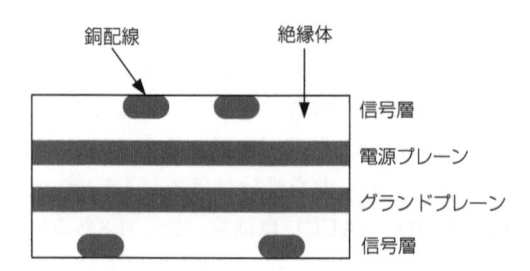

図A.13　プリント基板の切断図

　図A.14は1970年の傑作であるApple II+コンピュータのPCBである。上部に6502マイクロプロセッサがある。下方は6個の16Kb ROMで、全体で12KBのROMを構成しており、OSを格納している。8個の16Kb DRAMの3つの行は、48KBのRAMを形成している。右には、メモリアドレスデコーダとその他の機能を持つ74xxシリーズの行がいくつかある。チップ間の線は、チップ間を接続するトレースである。端のいくつかのトレースの終点はメタルで埋まっているビアである。

図A.14　Apple II+の基板

まとめ

　最近のチップのほとんどは多数の入出力を持っていて、SMTパッケージ、特にQFPやBGAを使っている。これらのパッケージはブレッドボードでなく、プリント基板を使う必要がある。BGAを使うのは特に大変で、これは特殊な組み立て装置を使うからである。さらに、ボールはパッケージの下に隠れているので、デバッグ中に電圧計やオシロスコープを当てることができない。

　まとめると、設計者は、ブレッドボードをプロトタイプに使うかどうか、BGA部品が必要かどうかを決めるために早めにパッケージングについて考える必要がある。プロの技術者は、実験なしでもチップをきちんとつなげると信じている場合、めったにブレッドボードを使うことはない。

A.8 伝送線路

これまでのところ、配線はその長さのどこでも単一の電圧を持つ、**同一電位接続**をするものと仮定した。実際は、信号は配線上を電磁的な波の形を取りつつ光の速さで伝わる。配線が十分短いか、信号がゆっくり変化すれば、等電位と仮定しても問題ない。配線が長いか、信号が非常に高速な場合、配線上の**伝送時間**は回路の遅延を決める上で重要になる。私たちはこのような配線を、電圧と電流の波が光の速さで伝わる**伝送線路**としてモデル化しなければならない。波が配線の終端に達した場合、それは線路を反射して戻っていくかもしれない。この反射は、これを制限する手法を用いない限り、ノイズや誤動作を招く。このため、ディジタル設計者は、長い配線上の遅延とノイズの効果を正確に計算に入れるため、伝送線路の振る舞いに配慮しなければならない。

電磁的な波は与えられた媒体の上で光の速さで伝搬する。これは速いけれど、瞬時というわけではない。光の速さvは媒体の**誘電率**εと**誘磁率**μによって決まる[1]。

$$v = \frac{1}{\sqrt{\mu\varepsilon}} = \frac{1}{\sqrt{LC}}$$

光の速度は真空中では$v = c = 3 \times 10^8$m/sである。PCB上の信号はだいたい半分の速度になる。これはFR4絶縁体が真空に比べて4倍の誘電率を持つためだ。このため、PCBの信号伝搬速度はだいたい1.5×10^8m/s、あるいは15cm/nsとなる。信号が長さlの伝送線路を進む際の時間遅延は、

$$t_d = l/v \tag{A.4}$$

である。

伝送路の**特性インピーダンス**Z_0（「Zノート」と発音する）は、線路上の波の伝搬における電圧と電流の比であり$Z_0 = V/I$である。これは配線の抵抗とは**違う**（良くできたディジタルシステムの配線では、抵抗は普通無視できる）。Z_0は線路のインダクタンスと電気容量（キャパシタンス）に依存し（A.8.7節の導出参照）、だいたい50から75Ωになる。

$$Z_0 = \sqrt{\frac{L}{C}} \tag{A.5}$$

図A.15は、伝送線路の記号を示す。この記号は**同軸ケーブル**に似ている。同軸ケーブルは、中に信号用、外部にグランド用の導体を持ち、テレビの配線などに使われる。

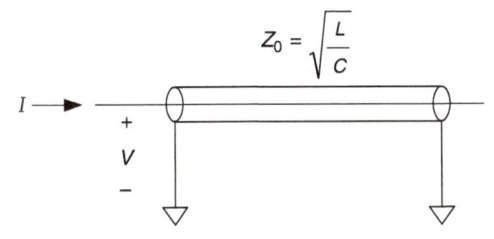

図A.15　伝送線路の記号

1　配線の電気容量CとインピーダンスLは、その配線が置かれている物理的な媒体の誘電率と誘磁率に依存する。

伝送線路の振る舞いを理解する鍵は、電圧の波が線路上で光の速度で伝わる様子を図示することである。波が線路の端まで到達したら、終端あるいは端の負荷によって、消滅するか、反射が起きる。反射波は線路を反対側に進み、線路上にすでに存在する電位に加算される。終端は整合（マッチ）、開放、短絡、不整合（ミスマッチ）に分けられる。以下の小節では、どのように波が線路を伝搬し、終端に到達したとき波に何が生じるかを示す。

A.8.1　整合終端

図A.16は、長さlの伝送線路の終端が整合している。すなわち、負荷インピーダンスZ_Lが特性インピーダンスZ_0に等しい場合を示す。伝送線路が50Ωの特性インピーダンスを持っている。線路の片方を電源につなぎ、時間$t = 0$でスイッチを入れる。もう片方の端は50Ωの整合した負荷を接続する。この節では、A：線路の始まり、B：線路の3分の1の長さ、C：線路の終点、の電圧と電流をそれぞれ示すことにする。

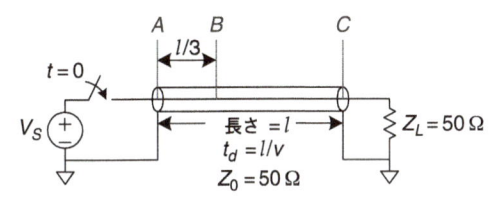

図A.16　整合終端の伝送線路

図A.17はA、B、Cの電圧の時間変化を示す。

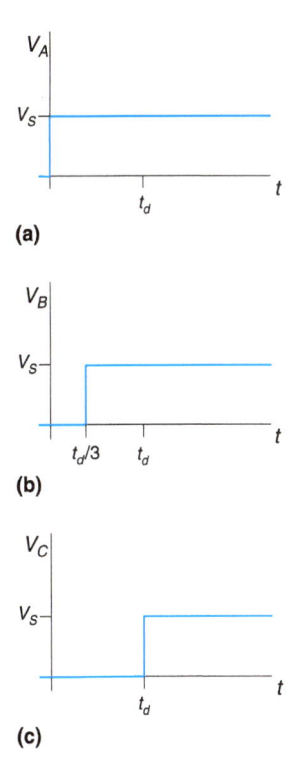

図A.17　図A.16のA、B、Cにおける電圧波形

最初はスイッチが切れているので、伝送線路に電圧も電流も生じていない。$t = 0$にスイッチが入る。そして電源が$V = V_S$の波を線路に送り出す。これを**入射波**と呼ぶ。特性インピーダンスはZ_0なので、$I = V_S/Z_0$の電流が生じる。図A.17

（a）に示すように線路の始まり（点A）で電圧はすぐにV_Sに到達する。波は光の速度で線路を伝わる。$t_d/3$で、波はB点に達する。この点の電圧はここで、図A.17（b）に示すように0からV_Sに上昇する。t_dで**階段状の波**は線路の端に達して、電圧が同様に上昇する。すべての電流Iは、$Z_L = Z_0$ なので、抵抗Z_Lを流れて、$Z_L I = Z_L (V_S/Z_0) = V_S$を生じる。電圧は、一貫して伝送線路にそって伝わる。すなわち、波は負荷インピーダンスに**吸収**され、伝送線路は$t = t_d$で**定常状態**（steady state）になる。

定常状態では、伝送線路は結局のところ単純な線になることから、理想の同一電位線のように振る舞う。線路のすべての点で電圧は同じである。図A.18は定常状態における図A.16の等価モデルを示す。電圧は配線のどこでもV_Sである。

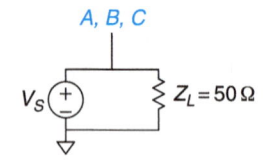

図A.18　図A.16の定常状態における等価回路

例題A.2　整合した電源と負荷終端を持つ伝送線路

図A.19はソースインピーダンスZ_Sと、負荷インピーダンスZ_Lが整合した伝送線路を示す。A、B、Cの電圧の時間経過を図示せよ。いつこのシステムは定常状態に達するか、定常状態における等価回路はどうなるか。

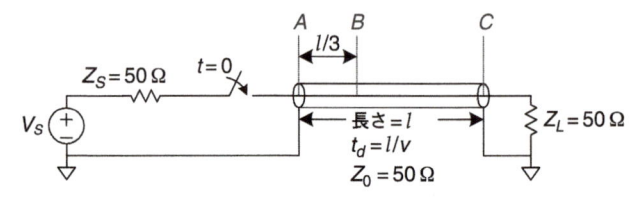

図A.19　供給源と負荷の両方が整合している伝送線路

解法：電源がソースインピーダンスZ_Sを持ち、伝送線路と直列に入るときには、電圧の一部はZ_Sで降下するが、残りは伝送線路を伝わって行く。最初、伝送線路はインピーダンスZ_0であるかのように振る舞う。これは、線路の終端の負荷は光の遅延が経過するまでは影響を及ぼさないからだ。このため、電圧分割式によって線路の電圧降下を求めることができる。

$$V = V_S \left(\frac{Z_0}{Z_0 + Z_S} \right) = \frac{V_S}{2} \tag{A.6}$$

すなわち、$t = 0$で、電圧の波は$V = V_S/2$が点Aから送られて行く。再び、図A.20に示すように信号は点Bに$t_d/3$で達し、点Cにt_dで達する。電流のすべては負荷インピーダンスZ_Lで吸収されるので、回路全体は$t = t_d$で定常状態に達する。定常状態では全体の線路は$V_S/2$になる。これは図A.21から予想される等価回路と同じである。

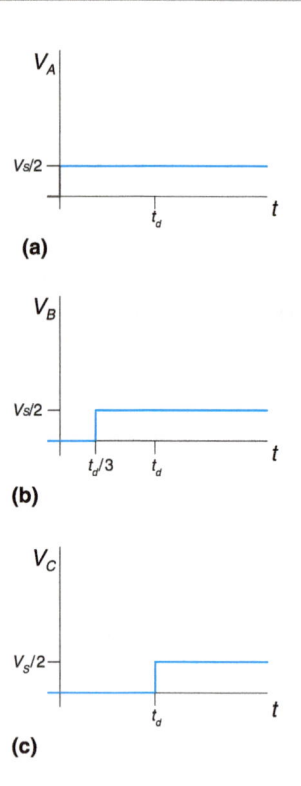

図A.20　図A.19のA、B、Cにおける電圧波形

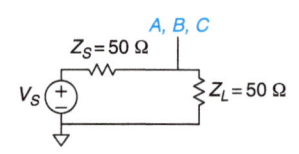

図A.21　図A.19の定常状態における等価回路

A.8.2　開放終端

負荷インピーダンスがZ_0に等しくない場合、終端はすべての電流を吸収できず、一部の波は反射する。図A.22は、開放終端の伝送線路を示す。開放終端では電流は流れることができないので、点Cの電流は常に0である。

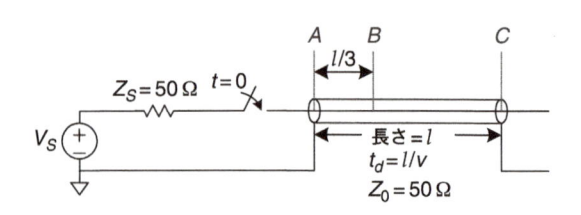

図A.22　開放終端の伝送線路

線路の電圧は最初0である。$t = 0$でスイッチが閉じ、電圧$V = V_S \frac{Z_0}{Z_0 + Z_S} = \frac{V_S}{2}$ の波が線路を伝搬し始める。この最初の波は例題A.2と同じで、終端に依存しない点に注意されたい。なぜなら、線路の終端の負荷は、最低t_dを経過するまで影響を与えることができないからだ。この波は、次ページの図A.23に示すように点Bまでは$t_d/3$で、点Cにはt_dで達する。

進行波が点Cに達したとき、配線は開放されているため、これ以上先に進めない。その代わり、発生源に向かって戻っていく。反射波は、同様に、電圧$V = V_S/2$である。これは開放終端がすべての波を反射するからである。

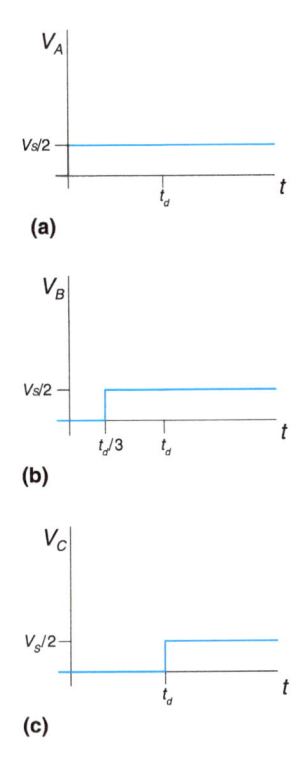

(a)

(b)

(c)

図A.23　図A.22のA、B、Cにおける電圧波形

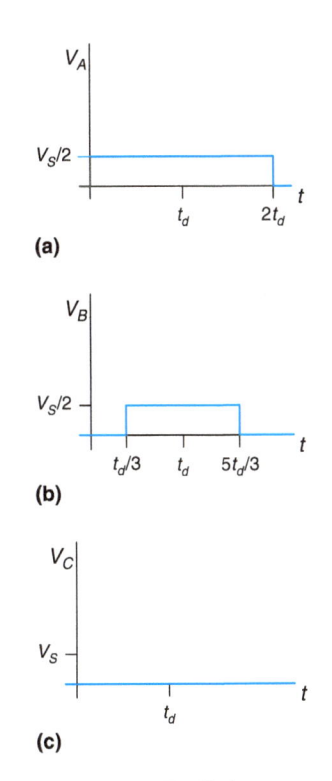

(a)

(b)

(c)

図A.25　図A.24のA、B、Cにおける電圧波形

どの点においても電圧は進行波と反射波の和になる。$t = t_d$ において点Cの電圧は$V = V_S/2 + V_S/2 = V_S$である。この反射波は点Bには$5t_d/3$、点Aには$2t_d$で達する。点Aに達したときに、波は線路の特性インピーダンスに整合している供給源の終端に吸収される。このため、システムは$t = 2t_d$で定常状態に達し、伝送線路は電圧V_S、電流$I = 0$の同一電位線となる。

A.8.3　短絡終端

図A.24はグランドにショートした終端を示す。このため、点Cの電圧は常に0である。先の例と同様、線路の電圧は最初は0である。スイッチを閉じたとき、電圧$V = V_S/2$の波は線路を伝わり始める（次段の図A.25）。線路の終端に達したときに、反対の極性で反射することになる。電圧$V = -V_S/2$の反射波は進行波と重なり合い、点Cの電圧は0のままである。反射波が$t = 2t_d$で供給源に達し、供給源のインピーダンスで消滅する。ここで、システムは定常状態となり、伝送線路は電圧$V = 0$の同一電位線となる。

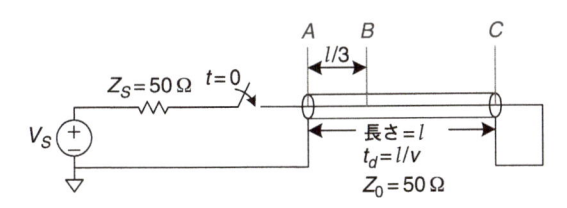

図A.24　短絡終端の伝送線路

A.8.4　不整合終端

終端インピーダンスが**不整合**という意味は、これが線路の特性インピーダンスと等しくないということである。一般的には、進行波が不整合終端に達したら、一部の波は吸収され、一部は反射する。反射係数k_rは、進行波のうち反射する割合$V_r = k_r V_i$である（V_iは入射波）。

A.8.8節より反射係数を今まで使った変数から導き出すことができる。ある進行波が特性インピーダンスZ_0の伝送線路を伝わり、線路の端で終端インピーダンスZ_Tに達する場合、反射係数は、

$$k_r = \frac{Z_T - Z_0}{Z_T + Z_0} \tag{A.7}$$

となる。特別な場合としては、終端が開放回路（$Z_T = \infty$）である場合、進行波全体が反射する（終端の電流は常に0である）ため$k_r = 1$となる。終端が短絡回路（$Z_T = 0$）である場合、進行波は負の極性で反射する（終端の電圧は常に0である）ため、$k_r = -1$となる。終端が線路インピーダンスに整合している（$Z_T = Z_0$）場合、波は完全に吸収されるため、$k_r = 0$となる。

図A.26は、伝送線路が75Ωの不整合な抵抗で終端されている場合を示す。

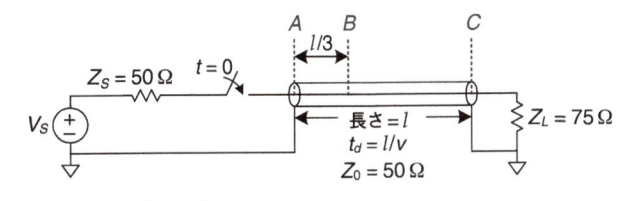

図A.26　不整合終端の伝送線路

$Z_T = Z_L = 75\Omega$であり、$Z_0 = 50\Omega$である。このため、$k_r = 1/5$となる。以前の例に示すように、線路の電圧は最初は0である。スイッチが閉じると、電圧$V = V_S/2$の波が線路を伝わり、終端に$t = t_d$で達する。発生した波が線路の終端に達したら、1/5の波が反射し、残りの4/5が終端抵抗を流れる。このため、反射波は電圧が$V = (V_S/2) \times (1/5) = V_S/10$となる。$C$点での全電圧は、入ってきた電圧と反射した電圧の和となり、$V_C = (V_S/2) + (V_S/10) = 3V_S/5$となる。$t = 2t_d$において、反射波は点$A$に達し、整合している50Ωの終端$Z_S$により消滅する。図A.27は線路の電圧と電流を示している。

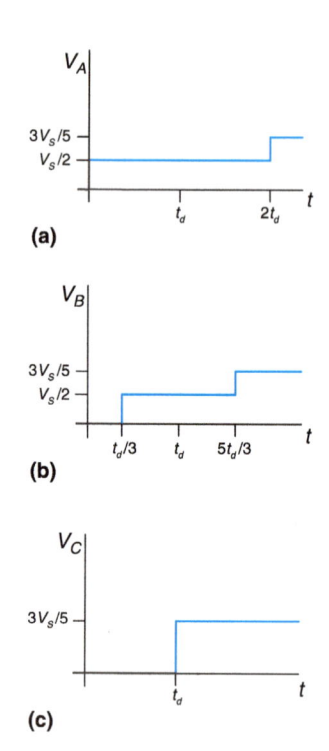

(a)

(b)

(c)

図A.27　図A.26のA、B、Cにおける電圧波形

再び、定常状態（$t > 2t_d$）においては、図A.28に示すように、伝送線路は同一電位線となる。定常状態において、システムは分圧回路のように働くためV_Aは以下のようになる。

$$V_A = V_B = V_C = V_S\left(\frac{Z_L}{Z_L + Z_S}\right) = V_S\left(\frac{75\Omega}{75\Omega + 50\Omega}\right) = \frac{3V_S}{5}$$

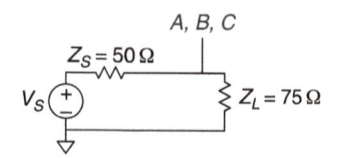

図A.28　図A.26の定常状態における等価回路

反射は、伝送線路の両端で生じる。図A.29は、ソースインピーダンスZ_Sが450Ωで開放終端の場合を示す。終端と発生源での反射係数k_{rS}とk_{rL}はそれぞれ1と4/5になる。この場合、波は両端を定常状態に達するまで往復する。

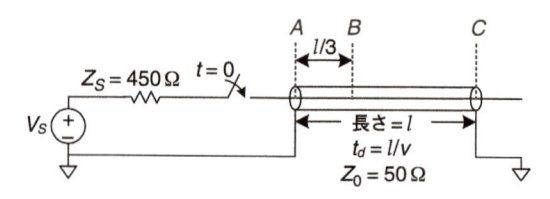

図A.29　供給源と負荷の両方が不整合の伝送線路

図A.30に示す**跳ね返り図**は、伝送線路の両端における反射を見やすくするためのものである。横軸は伝送線路の長さを示し、縦軸は時間であり、下向きに時間は進む。跳ね返り図の両側は、発生源と終端、A点とC点を示す。進行波と反射波は、A点とC点の間を斜めに走る線で示している。$t = 0$においてソースインピーダンスと伝送線路は分圧器のように振る舞い、A点からC点に向かって$V_S/10$の電圧波で出発する。時刻$t = t_d$において信号は点Cに達して、完全に反射する（$k_{rL} = 1$）。$t = 2t_d$において$V_S/10$の反射波は、点Aに達して反射係数$k_{rS} = 4/5$で反射し、発生した$2V_S/25$の波が点Cに向かって進んでいく。これを繰り返す。

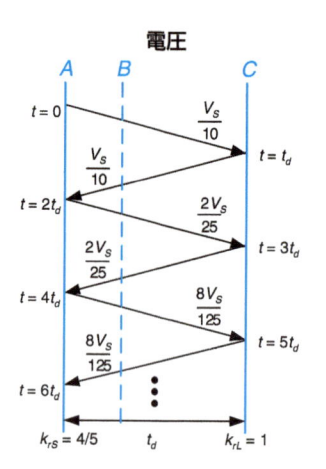

図A.30　図A.29の跳ね返り図

伝送線路のどの点においても与えられた時間における電圧は、進行波と反射波の和となる。すなわち、$t = 1.1t_d$において、C点の電圧は$V_S/10 + V_S/10 = V_S/5$である。$t = 3.1t_d$のとき、C点の電圧は$V_S/10 + V_S/10 + 2V_S/25 + 2V_S/25 = 9V_S/25$となる、等々。図A.31は、時間対電圧を示している。tが大きくなるにつれ、電圧は定常状態$V_A = V_B = V_C = V_S$に近づく。

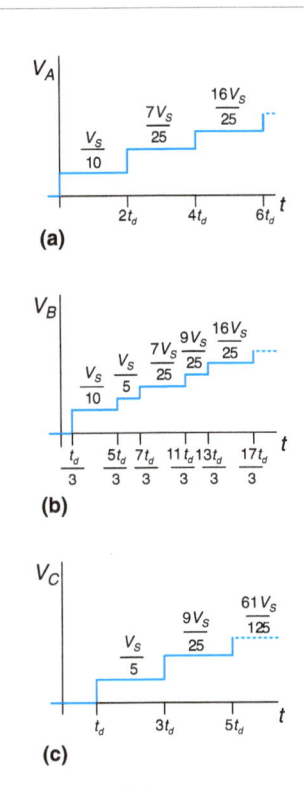

(a)

(b)

(c)

図A.31　図A.29の電圧と電流の波形

A.8.5　伝送線路モデルを利用する場合

　配線の伝送線路モデルは、配線遅延t_dが、信号の立ち上がり、立ち下がり時間に対して一定の割合（例えば20%）より長くなるときは常に必要となる。配線遅延が短い場合は、信号の伝搬遅延や信号伝送時における劣化に対する影響は少な

い。しかし、遅延が長い場合、伝搬遅延と波形を正確に見積もるために配慮する必要がある。特に、反射により波形がディジタル的でなくなることで、誤った論理操作に終わる。

　PCB上を信号は、15cm／nsで伝わることを思い出そう。TTL論理で立ち上がり、立ち下がりが10nsで起きる場合、配線は30cm（10ns×15cm／ns×20%）より長い場合に伝送線路としてモデル化する必要がある。一方、最近の多くのチップでは、立ち上がりは2ns以下である。この場合6cm（約2.5インチ）程度で伝送線路でのモデル化が必要である。必要よりも鋭い立ち上がり、立ち下がりを使うことは、明らかに設計者にとって困難を増すことになる。

　ブレッドボードは、グランドプレーンを持たないので、それぞれの信号の電磁界は不均一となり、モデル化するのが難しい。さらに、電磁界は他の信号に影響を与え得る。このため、ブレッドボードは数MHzを超えると信頼できなくなる。

　一方、PCBは一定の特性インピーダンスと速度を全ラインにわたって有する優れた転送線路を持つ。発生源あるいは負荷で線路インピーダンスに整合する終端を行う限り、PCBは反射を起こさない。

A.8.6　適切な伝送線路の終端

　伝送線路を適切に終端する方法でよく用いる2つを図A.32に示す。**並列終端**（図A.32（a））においてドライバは、低いインピーダンス（$Z_S \approx 0$）を持つ。インピーダンスZ_0に等しい負荷抵抗（Z_L）を配置する（レシーバゲートの入力とGNDの間に）。ドライバが0からV_{DD}に値を変えたとき、電圧V_{DD}の

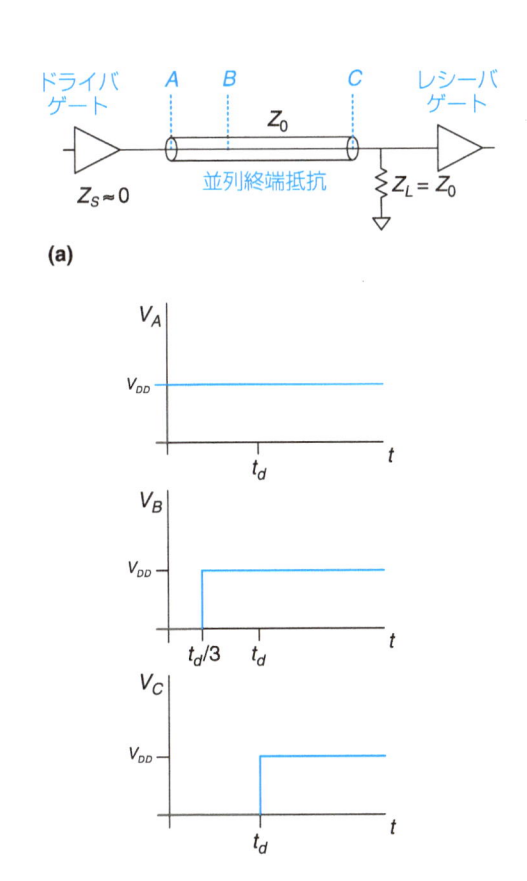

(a)

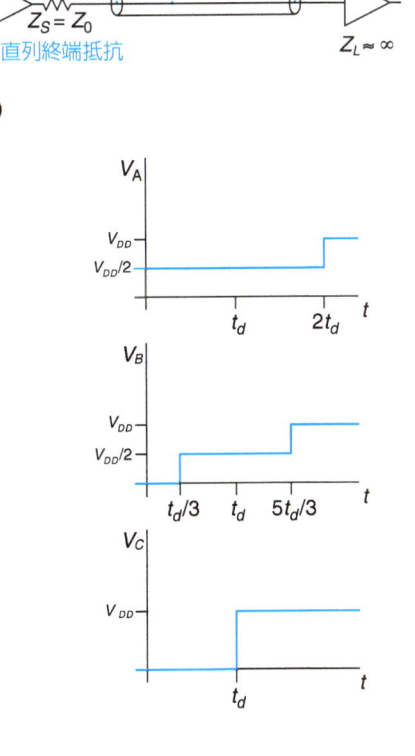

(b)

図A.32　終端手法：（a）並列、（b）直列

波形を線路に送る。波形は整合した終端で吸収される。**直列終端**において、発生源の抵抗（Z_S）は、ドライバに直接挿入されて、インピーダンスをZ_0に引き上げる。負荷は高いインピーダンス（$Z_L \approx \infty$）である。ドライバが値を変化させると電圧$V_{DD}/2$の波形を線路に送り込む。波形は開放回路負荷で反射して戻ってきて、線路の電圧をV_{DD}に引き上げる。波形は発生源の終端で消滅する。どちらの方法とも、受信側の入力が設計通りに$t = t_d$で0からV_{DD}に引き上げられる点で類似している。並列終端は、線路が高い電圧レベルにあるときに、負荷抵抗で電力を継続的に消費する。直列終端は、開放回路であるため、DC電力は消費しない。しかし、直列終端線路において、伝送線路の中央付近の点は反射波が戻ってくるまで$V_{DD}/2$が見られる。もし他のゲートが中央付近に接続されたら、瞬間的に間違った論理レベルが現れるかもしれない。このため、直列終端は、ドライバ1個、レシーバ1個の1対1転送で最もうまく働く。並列終端は多数のレシーバを持つバスに適している。これは、中央付近のレシーバから間違ったレベルが出てこないためである。

A.8.7　Z_0の導出*

Z_0は、伝送線路上に伝わる波の電圧と電流の比である。この節では、Z_0を導く。ある程度、抵抗-インダクタ-コンデンサから成るRLC回路の解析について前提知識があるものとする。

片方向に無限長の伝送線路（すなわち反射がない）にステップ電圧を与えるとする。図A.33は、片方向に無限長の導体と長さdxの部分のモデルを示す。R、L、Cは、それぞれ単位長当たりの抵抗、インダクタンス、電気容量の値であるとする。図A.33（b）は、抵抗Rの部品を持つ線路のモデルである。これは損失伝送線路モデルと呼ばれる。なぜなら、線路上の抵抗で、エネルギーが消費あるいは損失するからである。しかし、損失は往々にして無視でき、この場合、私たちは図A.33（c）に示すように理想の伝送線路として扱うことができる。

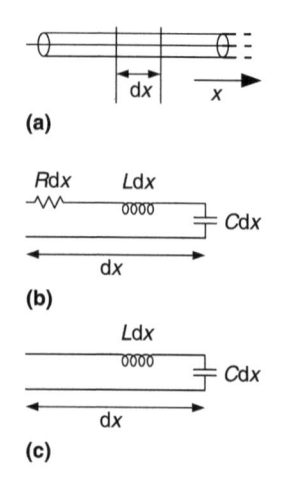

(a)

(b)

(c)

図A.33　伝送線路モデル：（a）疑似無限ケーブル、（b）損失、（c）理想

電圧と電流は、伝送線路を通じて時間と空間の関数であり、式(A.8)と(A.9)で与えられる。

$$\frac{\partial}{\partial x} V(x,t) = L \frac{\partial}{\partial t} I(x,t) \tag{A.8}$$

$$\frac{\partial}{\partial x} I(x,t) = C \frac{\partial}{\partial t} V(x,t) \tag{A.9}$$

式(A.8)を空間項xで偏微分し、式(A.9)を時間項tで偏微分したものを代入すると、波形方程式(A.10)が得られる。

$$\frac{\partial^2}{\partial x^2} V(x,t) = LC \frac{\partial^2}{\partial t^2} V(x,t) \tag{A.10}$$

Z_0は、図A.34（a）に示すように伝送線路の電圧対電流比である。Z_0は、波形が距離に依存して変化しないことから、線路の長さに依存しないと考えられる。長さに依存しないことから、図A.34（b）に示すように、線路に微小長のdxを付け足しても、Z_0は変化しないであろう。

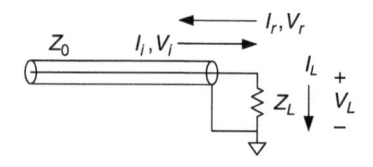

(a)　　　　**(b)**

図A.34　伝送線路モデル：（a）全線路、（b）追加の長さdx

インダクタとコンデンサのインピーダンスを用いて、図A.34の関係を式に書き直すと以下のようになる。

$$Z_0 = j\omega L dx + \left[Z_0 \| \left(1/(j\omega C dx) \right) \right] \tag{A.11}$$

整理すると、以下を得る。

$$Z_0{}^2(j\omega C) - jwL + \omega^2 Z_0 LC dx = 0 \tag{A.12}$$

dxを0に対して極限を取ると、最後の項は消えるので、次式が得られる。

$$Z_0 = \sqrt{\frac{L}{C}} \tag{A.13}$$

A.8.8　反射係数の導出

反射係数k_rは、電流の保存則から求める。図A.35は、特性インピーダンスZ_0、負荷インピーダンスZ_Lの伝送線路を示す。電圧V_i、電流I_iの波が発生したとする。この波が終端に達したときに、一定の電流I_Lが負荷抵抗を流れ、電圧降下V_Lが発生する。電流の残りは電圧V_r、電流I_rの波として線路を反射して進んでいく。波が伝わっていく以上、電圧と電流の比はZ_0になるため、$V_i/I_i = V_r/I_r = Z_0$ である。

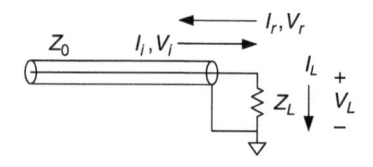

図A.35　伝送線路における入力、反射、負荷の電圧、電流

線路上の電圧は進行波と反射波の和である。線路を正の方向に流れる電流は、進行波から反射波を引いたものになる。

$$V_L = V_i + V_r \tag{A.14}$$

$$I_L = I_i - I_r \tag{A.15}$$

オームの法則から式(A.15)中のI_L、I_i、I_rを書き換えると、次式が得られる。

$$\frac{V_i + V_r}{Z_L} = \frac{V_i}{Z_0} - \frac{V_r}{Z_0} \tag{A.16}$$

整理すると、反射係数k_rは以下のようになる。

$$\frac{V_r}{V_i} = \frac{Z_L - Z_0}{Z_L + Z_0} = k_r \tag{A.17}$$

A.8.9 まとめ

伝送線路は、信号が長い線上を伝搬するのに、光の速度が有限であるがゆえに時間が掛かるという点をモデル化している。理想の伝送線路は、単位長当たり単一のインピーダンスL、電気容量Cで、抵抗は0である。伝送線路は、特性インピーダンスZ_0と遅延t_dによって特徴付けられ、これらはインダクタンス、電気容量と線路長から求められる。伝送線路は、立ち上がり／立ち下がり時間が$5t_d$を下回る信号の遅延とノイズについて顕著な効果がある。これはすなわち、2nsの立ち上がり／立ち下がり時間を持つシステムにおいて、PCB上の配線では6cmより長ければ、その挙動を正確に理解するには伝送線路を解析しなければならないことを意味する。

あるゲートの出力が長い線を経由して2つ目のゲートの入力に接続されているディジタルシステムは、図A.36に示すように伝送線路としてモデル化される。電圧源、ソースインピーダンス（Z_S）、スイッチによりモデル化されている1つ目のゲートが、時間0で0から1にスイッチしたとする。出力ゲートは、無限の電流を供給できるわけではない。これは、Z_Sでモデル化されている。Z_Sは通常、論理ゲートでは小さい。しかし設計者はゲートに直列に抵抗を入れて、Z_Sを上げて、線路インピーダンスに整合させることもできる。2つ目のゲートの入力はZ_Lでモデル化されている。CMOS回路は通常ほとんど入力電流は流れない。このため、Z_Lは∞に近い。設計者はまた、2つ目のゲートに並列、つまりゲートの入力とグランドの間に入れ、Z_Lを線路インピーダンスに整合させることもできる。

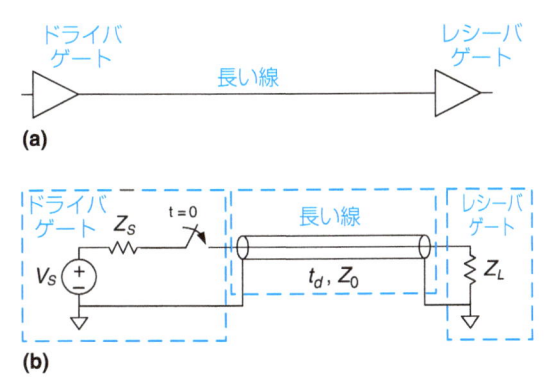

(a)

(b)

図A.36　伝送線路でモデル化されたディジタル回路

1つ目のゲートがスイッチすると、電圧の波は伝送線路上に送られる。供給源のインピーダンスと伝送線路は、分圧回路を構成するため、進行波の電圧は以下のようになる。

$$V_i = V_S \frac{Z_0}{Z_0 + Z_S} \tag{A.18}$$

時間t_dにおいて波は線路の終端に達する。一部は負荷インピーダンスによって消滅し、一部は反射する。反射係数$k_r = V_r/V_i$は反射する割合を表す。すなわちV_rは反射波の電圧、V_iは進行波の電圧である。

$$k_r = \frac{Z_L - Z_0}{Z_L + Z_0} \tag{A.19}$$

反射波は、すでに線上に存在する電圧に重畳される。供給源には$2t_d$で達し、ここでまた一部は消滅して一部は反射する。反射は行ったり来たりしているうちに、ついには線路上の電圧は単純な同一電位線と見なせる値に近づいていく。

A.9　経済面

ディジタル設計は大変楽しいので趣味でやっている者もいるが、多くの設計者と企業は、それでお金を儲けようと考える。このため、経済面の配慮が設計における選択のうち大きな割合を占める。

ディジタルシステムのコストは、**回収できない技術コスト**（Nonrecurring Engineering Cost：NRE）と**回収可能なコスト**に分けられる。NREはシステムを設計するコストに相当する。これには、設計者チームの給料、コンピュータとソフトウェアのコスト、および動作する最初のユニットを作るコストが含まれる。2015年の米国におけるフルタイム勤務の設計者のコスト（給料、健康保険、退職金積み立て、コンピュータ、設計ツールのすべてを含める）は、大雑把に見積もって年間200000ドルであった。このため、設計コストは膨大なものになる。回収可能なコストは各追加ユニットのコストで、それには、部品、組み立て、マーケティング、テクニカルサポート、および出荷コストが含まれる。

売値は、システムのコストだけでなく、オフィスのレンタル料、税金、設計に直接関与しないスタッフ（管理人やCEO）の給料も含まれる。これらの費用のすべてを除いた後、企業は利益を保持しなければならない。

例題A.3　ベンはお金を儲けようとする

ベン・ビットディドル君は、雨粒を数える巧妙な回路を設計した。彼はこのデバイスを売って、いくらかお金を稼ごうとした。しかし、どのような実装にしたらよいか決定するために助けを必要としている。彼はFPGAかASICのどちらかを使おうと決めている。FPGAを設計しテストする開発キットは1500ドルする。各FPGAは17ドル、ASICはマスクセットを作るのに600000ドル、1チップ当たり4ドルかかる。

いずれのチップ実装を選ぶかにかかわらず、ベンは、1枚当たり1.5ドルのプリント基板（PCB）上にパッケージされたチップを搭載しなければならない。彼は月当たり1000デバイスを売ることができると考えている。ベンは優秀な学生のチームに彼らの卒業プロジェクトでチップを設計させることにしたので、設計コストは全く掛からない。

コストの2倍の価格（100%の利益マージン）で売り、製品のライフタイムが2年とすると、どちらの実装が正しい選択だろうか。

解法：ベンは、それぞれの実装についての2年間にわたる総コストを表A.4に示すように計算した。2年にわたり、ベンは24000デバイ

スを売ろうと計画し、それぞれの選択肢に対する総コストを表A.4 に示す。製品のライフタイムが2年だけだとすると、FPGAの実装が明らかに有利である。ユニット当たりのコストは445500/24000 = 18.56ドルとなる。100%の利益マージンをつけた売値は37.13ドルとなる。ASICで作ると732000/24000 = 30.5ドルとなり、売値はユニット当たり61ドルになる。

表A.4　ASICとFPGAのコスト比較

コスト	ASIC	FPGA
NRE	$600,000	$1,500
チップ	$4	$17
PCB	$1.50	$1.50
トータル	$600,000 + (24,000 × $5.50) = $732,000	$1,500 + (24,000 × $18.50) = $445,500
ユニット価格	$30.50	$18.56

例題A.4　ベンは欲が深くなる

彼の製品のマーケティング広告を見た後、ベンはもともと考えていたよりも多くを、1か月当たり売ることができるのではないかと考え始めた。彼がASIC実装を選んだとし、ひと月にいくつデバイスを売ったら、FPGA実装よりも利益が得られるか。

解法：ベンは2年間で売る必要がある最小ユニット数Nを求めた

$$\$600,000 + (N \times \$5.50) = \$1,500 + (N \times \$18.5)$$

この式を解くとN = 46,039ユニットとなり、ひと月当たり1,919ユニットとなる。彼はASIC実装にした場合、ひと月当たりほぼ倍の数を売らなければならない。

例題A.5　ベンはちょっと欲がなくなる

ベンはちょっと欲張りすぎたことに気付き、ひと月当たり1000デバイスは売れないのではないかと思い始めた。しかし、彼は、製品のライフタイムは2年より長くできるのではないかと考えている。ひと月当たりに売る数が1000デバイスであるとき、ASIC実装が有利になるのは製品のライフタイムがどのくらい長くなければならないか。

解法：ベンが46,039ユニットよりも多く売れば、ASIC実装の選択肢のほうが良くなる。このためベンは、1か月当たり1,000個、最低47か月（切り上げ）すなわちほぼ4年間売らなければならない。この頃までには彼の製品は時代遅れとなる可能性が高い。

チップは、製造元から直接買うよりも、代理店から買うのが普通（1万ユニットを超えて注文しない限りは）である。Digikey（www.digikey.com）はさまざまな電子部品を売っている代表的な代理店である。Jameco（www.jameco.com）とAll Electronics（www.allelectronics.com）は、趣味の設計者に対して、安価でよく揃った電子カタログを提供している。

B

ARM命令

この付録では、本書で使われるARMv4の命令をまとめた。条件の符号化は、表6.3の通りである。

B.1　データ処理命令

標準のデータ処理命令では、図B.1の符号化を用いる。4ビットの*cmd*フィールドは次ページの表B.1の命令のタイプを定める。Sビットが1であると、命令によって生成された条件フラグで、ステータスレジスタが更新される。Iビットとビット4ビット7で、6.4.2節で詳述した2番目のソースオペランド*Src2*の3つの符号化のうちの1つを指定する。*cond*フィールドは、6.3.2節で説明した条件コードのうちの1つを指定する。

B.1.1　乗算命令

乗算命令は図B.2の符号化を用いる。3ビットの*cmd*フィールドで、次ページ表B.2に示す通りに乗算の種類を指定する。

乗算

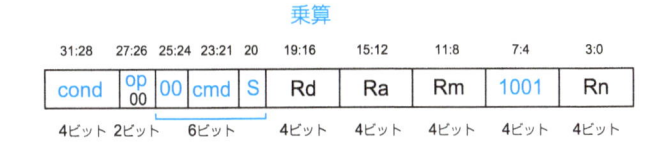

31:28	27:26	25:24 23:21	20	19:16	15:12	11:8	7:4	3:0
cond	op 00	00 cmd	S	Rd	Ra	Rm	1001	Rn
4ビット	2ビット	6ビット		4ビット	4ビット	4ビット	4ビット	4ビット

図B.2　乗算命令の符号化

B.2　メモリ命令

共通のメモリ命令（LDR、STR、LDRB、STRB）は、ワードかバイトの操作で、*op* = 01である（次ページの図B.3および次次ページの表B.3を参照）。*op* = 00で符号化されたの追加メモリ命令は、半ワードか符号付バイトの操作で、*Src2*の生成に制約がある。直値のオフセットは8ビットのみで、レジスタオフセットはシフトされない。LDRBとLDRHはゼロ拡張され、LDRSBとLDRSHは符号拡張されて、ワードに変換される。メモリ指定モードについては、6.3.6節を参照してほしい。

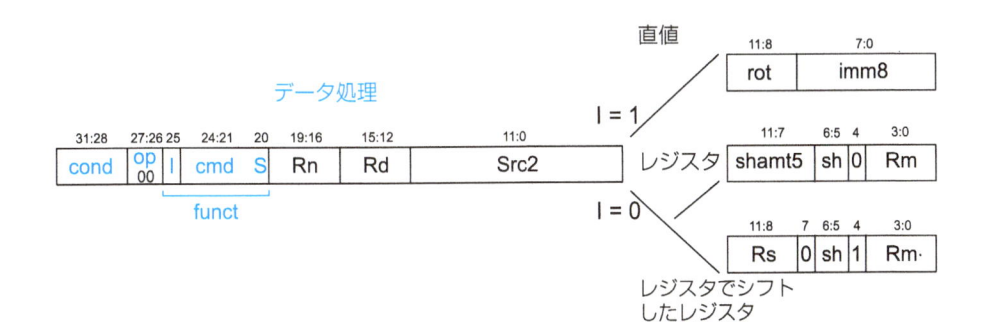

図B.1　データ処理命令の符号化

表B.1　データ処理命令

cmd	フォーマット	説明	動作
0000	AND Rd, Rn, Src2	ビットごとのAND	Rd ← Rn & Src2
0001	EOR Rd, Rn, Src2	ビットごとのXOR	Rd ← Rn ^ Src2
0010	SUB Rd, Rn, Src2	減算	Rd ← Rn − Src2
0011	RSB Rd, Rn, Src2	逆方向減算	Rd ← Src2 − Rn
0100	ADD Rd, Rn, Src2	加算	Rd ← Rn + Src2
0101	ADC Rd, Rn, Src2	キャリ付加算	Rd ← Rn + Src2 + C
0110	SBC Rd, Rn, Src2	キャリ付減算	Rd ← Rn − Src2 −$\bar{C}$
0111	RSC Rd, Rn, Src2	キャリ付逆方向減算	Rd ← Src2 − Rn −$\bar{C}$
1000 ($S = 1$)	TST Rn, Src2	テスト	Rn & Src2に基づきフラグをセット
1001 ($S = 1$)	TEQ Rn, Src2	等しいかテスト	Rn ^ Src2に基づきフラグをセット
1010 ($S = 1$)	CMP Rn, Src2	比較	Rn − Src2に基づきフラグをセット
1011 ($S = 1$)	CMN Rn, Src2	負の比較	Rn + Src2に基づきフラグをセット
1100	ORR Rd, Rn, Src2	ビットごとのOR	Rd ← Rn | Src2
1101	シフト：		
$I = 1$ OR (instr$_{11:4} = 0$)	MOV Rd, Src2	移動	Rd ← Src2
$I = 0$ AND ($sh = 00$; instr$_{11:4} \neq 0$)	LSL Rd, Rm, Rs/shamt5	論理左シフト	Rd ← Rm << Src2
$I = 0$ AND ($sh = 01$)	LSR Rd, Rm, Rs/shamt5	論理右シフト	Rd ← Rm >> Src2
$I = 0$ AND ($sh = 10$)	ASR Rd, Rm, Rs/shamt5	算術右シフト	Rd ← Rm>>>Src2
$I = 0$ AND ($sh = 11$; instr$_{11:7, 4} = 0$)	RRX Rd, Rm, Rs/shamt5	拡張右回転	{Rd, C} ← {C, Rd}
$I = 0$ AND ($sh = 11$; instr$_{11:7} \neq 0$)	ROR Rd, Rm, Rs/shamt5	右回転	Rd ← Rn ror Src2
1110	BIC Rd, Rn, Src2	ビットごとのクリア	Rd ← Rn & ~Src2
1111	MVN Rd, Rn, Src2	ビットごとの否定	Rd ← ~Rn

NOPは通常、MOV R0,R0に相当する0xE1A000に符号化される。

表B.2　乗算命令

cmd	フォーマット	説明	動作
000	MUL Rd, Rn, Rm	乗算	Rd ← Rn × Rm （下位32 ビット）
001	MLA Rd, Rn, Rm, Ra	積和	Rd ← (Rn × Rm)+Ra （下位32 ビット）
100	UMULL Rd, Rn, Rm, Ra	符号無長乗算	{Rd, Ra} ← Rn × Rm （Rm/Rnの64ビットは符号無）
101	UMLAL Rd, Rn, Rm, Ra	符号無長積和	{Rd, Ra} ← (Rn × Rm)+{Rd, Ra} （Rm/Rnの64ビットは符号無）
110	SMULL Rd, Rn, Rm, Ra	符号付乗算	{Rd, Ra} ← Rn × Rm （Rm/Rnの64ビットは符号付）
111	SMLAL Rd, Rn, Rm, Ra	符号付積和	{Rd, Ra} ← (Rn × Rm)+{Rd, Ra} （Rm/Rnの64ビットは符号付）

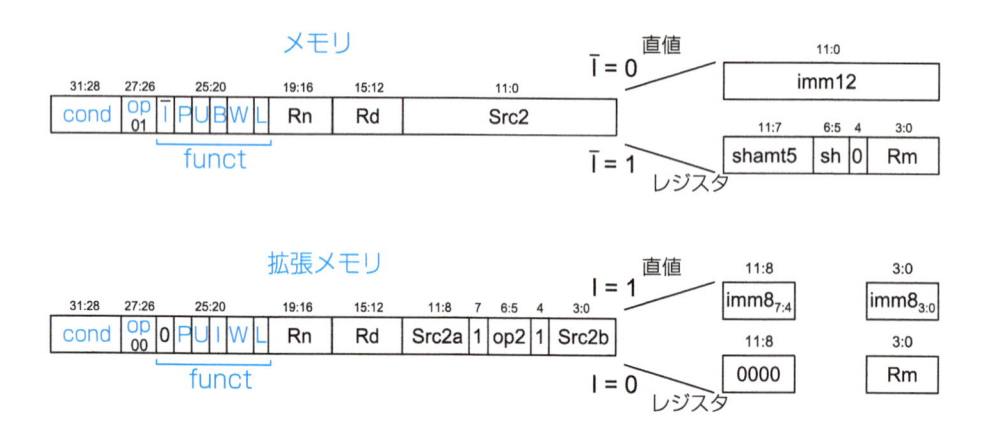

図B.3　メモリ命令の符号化

表B.3　メモリ命令

op	B	op2	L	フォーマット	説明	動作
01	0	N/A	0	STR Rd, [Rn, ±Src2]	レジスタをストア	Mem[Adr] ← Rd
01	0	N/A	1	LDR Rd, [Rn, ±Src2]	レジスタにロード	Rd ← Mem[Adr]
01	1	N/A	0	STRB Rd, [Rn, ±Src2]	レジスタをバイトでストア	Mem[Adr] ← $Rd_{7:0}$
01	1	N/A	1	LDRB Rd, [Rn, ±Src2]	レジスタにバイトをロード	Rd ← $Mem[Adr]_{7:0}$
00	N/A	01	0	STRH Rd, [Rn, ±Src2]	レジスタを半ワードでストア	Mem[Adr] ← $Rd_{15:0}$
00	N/A	01	1	LDRH Rd, [Rn, ±Src2]	レジスタに半ワードをロード	Rd ← $Mem[Adr]_{15:0}$
00	N/A	10	1	LDRSB Rd, [Rn, ±Src2]	レジスタにバイトを符号付ロード	Rd ← $Mem[Adr]_{7:0}$
00	N/A	11	1	LDRSH Rd, [Rn, ±Src2]	レジスタに半ワードを符号付ロード	Rd ← $Mem[Adr]_{15:0}$

B.3　分岐命令

　図B.4に分岐命令（BとBL）の符号化を示し、表B.4にその動作の詳細を示す。

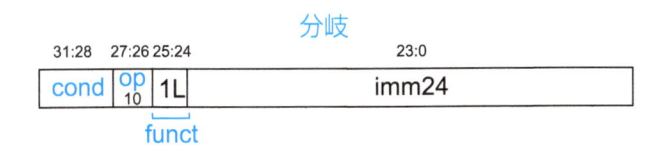

図B.4　分岐命令の符号化

表B.4　分岐命令

L	フォーマット	説明	動作
0	B label	分岐	PC ← (PC+8)+imm24 << 2
1	BL label	分岐結合	LR ← (PC+8) − 4; PC ← (PC+8)+imm24 << 2

B.4　その他の命令

　以下では、ARMv4命令セットのその他の命令を紹介する。詳細についてはARMアーキテクチャリファレンスマニュアルを参照してほしい。

命令	説明	目的
LDM, STM	複数のレジスタのロードとストア	サブルーチン呼び出しでの複数のレジスタの復帰と退避
SWP / SWPB	交換（バイト）	プロセス同期のためのアトミック（不可分）なロードとストア
LDRT, LDRBT, STRT, STRBT	ワード/バイトの変換付きロード/ストア	オペレーティングシステムがユーザ仮想空間のメモリへアクセスで用いる。
SWI[1]	ソフトウェア割り込み	例外を発生する。しばしばオペレーティングシステムの呼び出しに使われる。
CDP, LDC, MCR, MRC, STC	コプロセッサへのアクセス	オプションのコプロセッサと通信する
MRS, MSR	ステータスレジスタと汎用レジスタの間のデータ移動	例外時のステータスレジスタの退避

1　SWIはARMv7ではSVC（スーパーバイザ呼び出し）と改名された。

B.5　条件フラグ

　データ処理命令の機械語で$S = 1$であると、条件フラグが変更される。CMP、CMN、TEQ、TST命令を除くすべての命令で$S = 1$にするには、命令ニモニックの後に"S"を付ける。表B.5はそれぞれの命令でどのフラグが変化するかを示している。

表B.5　条件フラグを変化させる命令

タイプ	命令	条件フラグの変化するビット
加算	ADDS, ADCS	N, Z, C, V
減算	SUBS, SBCS, RSBS, RSCS	N, Z, C, V
比較	CMP, CMN	N, Z, C, V
シフト	ASRS, LSLS, LSRS, RORS, RRXS	N, Z, C
論理演算	ANDS, ORRS, EORS, BICS	N, Z, C
テスト	TEQ, TST	N, Z, C
移動	MOVS, MVNS	N, Z, C
乗算	MULS, MLAS, SMLALS, SMULLS, UMLALS, UMULLS	N, Z

C言語プログラミング

C.1　はじめに

　本書の最終目標は、すべてがそれから構成されるトランジスタに始まり、稼動するソフトウェアに至る、多くのレベルでコンピュータがどのようにして動くのかということに対する視点を与えることである。最初の5つの章では、トランジスタから論理設計のゲートまでの、低いレベルの抽象化を行った。第6章から第8章では、アーキテクチャのレベルに飛躍して、マイクロアーキテクチャに視点を下げ、ハードウェアとソフトウェアの関係を結び付けた。この付録のC言語プログラミングは、論理的には第5章と第6章の間に合致し、この教科書における最も高いレベルの抽象化としてC言語プログラミングを扱う。C言語プログラミングは、アーキテクチャ的な題材の動機となり、本書の読者が既に親しんでいるプログラミングの経験に直結している。この題材を付録として収録することで、読者はこれまでの経験に即して、容易に学ぶか、本章を飛ばすことができる。

　プログラマはコンピュータにさせたいことを伝えるのに、多くの言語を使い分ける。第6章でみたように、コンピュータは根本的に1と0から成る機械語の命令を処理する。しかし**機械語**によるプログラミングは苦痛で時間がかかるので、意図をより効率的に伝えるように、もっと抽象的な言語を使う方にプログラマを導く。次段の表C1は、いろいろな抽象レベルの言語の例を示している。

　これまでに開発されたプログラミング言語の中で最も有名なものの1つは、C言語と呼ばれるものである。これはデニス・リッチーやブライアン・カーニハンを含むグループによって、元々はアセンブリ言語で記述されていたUNIXオペレーティングシステムを書き直すために、1969年から1973年の間にベル研究所で開発された。C言語は（C++やC#、Objective C 等の密接に関連した言語族を含んで）、現実の言語として最も広く使われている。その一般性は、以下を含む多くの要因に根ざしている。

- ▶　スーパーコンピュータから組み込みマイクロコントローラに至る数多で多様なプラットフォームにおける稼動。
- ▶　多くのユーザが認めるように、用いるのが比較的簡単。
- ▶　アセンブリ言語よりもかなり抽象度が高く生産性が高い一方で、プログラマはコードがどのように実行されるかを理解可能。
- ▶　効率が高いプログラムの生成に適している。
- ▶　ハードウェアの直接操作が可能である。

表C.1　言語記述の抽象度が低くなるように大雑把に並べた言語たち

言語	説明
Matlab	数学関数の利用を強く意識して設計された
Perl	スクリプト言語として設計された
Python	コードの可読性を強調して設計された
Java	すべてのコンピュータにおけるセキュアな稼動のために設計された
C	柔軟性とデバイスドライバを含むシステム全体へのアクセスのために設計された
アセンブリ言語	可読性がある機械語
機械語	プログラムの2進表現

　本章では、いろいろな理由でC言語プログラミングに集中する。最も重要なのは、C言語がメモリアドレスに直接アクセスできることであり、本書で強調するハードウェアとソフトウェアの関係を体現している。C言語はすべてのエンジニアと計算機科学者が知っている実践的な言語である。C言語は、実装と設計の多くの場面で使われている：例えば、ソフトウェア開発、組み込みシステムのプログラミング、そして

シミュレーション。C言語に熟達することは、実用的で稼げるスキルを身に着けることになる。

以降の節では、ヘッダや関数、変数宣言、データ型、そしてライブラリが提供するよく使われる関数等に言及しながら、例題とともにC言語プログラムの文法を包括的に説明する。第9章では、ARMベースのRaspberry PiコンピュータでプログラミングするのにC言語を使って、実際のアプリケーションを記述している。

まとめ

▶ **高水準プログラミング**：高水準プログラミングは、分析やシミュレーションソフトウェアの記述から、ハードウェアを直接操作するマイクロコントローラのプログラミングに至るまでの多くの設計レベルにおいて有用である。

▶ **低水準アクセス**：C言語のコードは、高水準の構文に加えて、ハードウェアやメモリへの低水準のアクセスを提供する。

デニス・リッチー (Dennis Ritchie, 1941.2011)

ブライアン・カーニハン (Brian Kernighan, 1942-)

C言語が正式に紹介されたのは、Brian Kernighan とDennis Ritchie が1978年に著した古典的な書 The C Programming Language（邦訳：プログラミング言語C）であった。1989年に米国工業規格（ANSI）で言語は拡張・標準化され、ANSI C、標準C、あるいはC89として知られるようになった。まもなく1990年にこの標準規格は国際標準規格（ISO）と国際電気委員会（IEC）に含められた。ISO/IECは1999年にこの規格を更新し、この教科書で取り扱うC99として知られるものになった。

C.2 C言語への招待

C言語プログラムはコンピュータが実行するオペレーションを記述するテキストファイルである。テキストファイルはコンパイルされ、機械が読み取り可能な形式に変換され、走らせる、つまりコンピュータで**実行**する。C言語コード例C.1は、**コンソール**に "Hello world!" と表示する簡単なC言語のプログラムである。C言語のプログラムは、通常1つ以上の ".c" でファイル名が終わるファイルから成る。良いプログラミングスタイルのために、プログラムの中身が分かるようにファイル名を選ぶので、このファイル名は**hello.c**ということになる。

C言語コード例C.1　単純なプログラム

```
// コンソールに"Hello world!"と表示する
#include <stdio.h>

int main(void){
  printf("Hello world!\n");
}
```

コンソール出力
```
Hello world!
```

C.2.1　C言語プログラムを解剖する

一般にC言語プログラムは1つ以上の関数から構成される。プログラムは各々main関数を含み、これはプログラムが何処から開始されるかを示している。ほとんどのプログラムは、C言語のコードやライブラリの何処かで定義された関数を使っている。**hello.c**全体を見渡すと、ヘッダ、main関数、そして本体から構成されている。

ヘッダ：#include <stdio.h>

ヘッダはプログラムが引用するライブラリ関数を示している。この場合プログラムは**printf**関数を使うが、これは**stdio.h**が対応する標準入出力ライブラリの一部である。C.9節でC言語の標準ライブラリを詳説する。

主関数：int main(void)

C言語プログラムにはすべての場合において、ちょうど1つだけの関数**main**が定義されている。**main**の中を実行させると、プログラムが実行される。関数の文法は、C.6節で詳説する。関数の本体は文の並びから成る。各々の文は、セミコロンで終わる。**int**は**main**関数が結果として整数を出力、つまり値として**返す**ことを意味し、プログラムがうまく稼働したか否かを示す。

C言語はLinuxやWindows、iOSといったどこにでもあるシステムのプログラミングに使われる。C言語はハードウェアに直接アクセスできる点で強力である。PerlやMatlab等の他の高水準言語と比較すると、C言語自体にファイル操作やパターンマッチング、行列操作、そしてグラフィカルユーザインタフェース等への組み込みの支援がない。C言語には、配列の範囲外へのデータ書き込みといったよくある間違いから、プログラマを守るような機能が備わっていない。システムに侵入するするために、ハッカーは保護の欠落を悪用してきた。

この章ではC言語プログラミングの基礎を学ぶが、C言語について深く議

論している教科書もある。その中でもC言語の開発者向けに有名なのは、Brian KernighanとDennis Ritchieの*The C Programming Language*（邦題：プログラミング言語C）である。この教科書は、C言語の基本を詳説している。もう1つの良書は、Al KelleyとIra Pohlの*A Book on C*（邦題：基本から学ぶC言語）である［訳注：経験豊かなCプログラマには、S. P. Harbison IIIとG. L. Steele Jr.の*C Reference Manual*, 5th Ed.（邦題：Cリファレンスマニュアル、第5版）も勧める）。

本体：**printf("Hello world!\n");**

このmain関数には1つの文があり、printf関数を呼び出すが、これは "Hello world!" というフレーズに続いて "\n" の特別なシーケンスで指定される改行を出力する。入出力関数に関しては、C.9.1節でさらに詳説する。

すべてのプログラムは、この単純なhello.cプログラムの形式のように一般化される。もちろん、さらに複雑なプログラムは、数百万行のコードと数百のファイルに渡るかもしれない。

C.2.2　C言語のプログラムを動かす

C言語のプログラムは多様なマシンで動かすことができる。このポータビリティ（**可搬性**）はC言語のもう1つの利点である。最初にプログラムを望みのマシンでコンパイルする。C言語のコンパイラには少し異なるバージョンが存在し、その中には**cc**（C compiler）や**gcc**（GNU C compiler）がある。ここでは、gccを使ってC言語のプログラムをコンパイルし、実行するやり方をみていく。gccは自由にダウンロードし使うことができ、Linuxマシンで直接実行したり、WindowsマシンのCygwin環境でも使うことができる。gccはARMベースのRaspberry Piのような多くの組み込みシステムでも利用可能である。以下に示す典型的なC言語のソースファイルの作成、コンパイル、そして実行の手順は、どのC言語のプログラムでも共通である。

1. hello.cのように、テキストファイルを作成する。
2. 端末ウインドウでhello.cが置いてあるディレクトリに移動し、gcc hello.cとコマンドプロンプトで入力する。
3. コンパイラは実行形式ファイルを生成する。既定（デフォルト）では、a.out（Windowsマシンではa.exe）が実行形式である。
4. コマンドプロンプトで ./a.out（Windowsでは./a.exe）とタイプする。
5. スクリーンに "Hello world!" と表示される。

まとめ

▶ filename.c：C言語のプログラムの拡張子は通常.cである。

▶ main：C言語プログラムには、ちょうど1つのmain関数がある。

▶ #include：多くのC言語プログラムは、備え付けのライブラリが提供する関数を使う。これらの関数はC言語のソースファイルの冒頭で#include <library.h>と書い

て使う。

▶ gcc filename.c：C言語のファイルはGNUコンパイラ（gcc）やCコンパイラ（cc）等を使って実行形式に変換される。

▶ 実行：コンパイルの後にコマンドラインプロンプトで./a.out（または./a.exe）とタイプして実行する。

C.3　コンパイル

コンパイラは高水準言語のプログラムを読んで、実行形式と呼ばれる機械語のファイルに変換するものである。教科書全体を通してコンパイラについて論じているものもあるが、ここでは簡潔に説明するに留める。コンパイラの動作の全体像は次のようになる。

①ファイルを前処理（プリプロセス）して、参照されているライブラリを取り込んだり、マクロ定義の展開を行う。

②コメント等の不要な情報を除去する。

③高水準コードを、バイナリ表現の単純なネイティブ命令に翻訳する。

そして

④すべての命令を、コンピュータが読んで実行できる単一のバイナリ実行形式コンパイルする。

各機械語は対応するプロセッサに特有なので、プログラムはそれが動くシステム向けにコンパイルしなければならない。例えば、ARMの機械語については第6章で詳述した。

C.3.1　コメント

プログラマはコメントを使って、高レベルで明確なコードの機能の説明を行う。コメントがないコードを読んだことがある人なら、その重要性が分かるだろう。C言語のプログラムでは、2つのタイプのコメントを使うことができる。1つは//で始まり行末で終わる1行コメントで、もう1つは/*で始まり*/で終わる行をまたがったコメントである。コメントはプログラムの構成や明確性において重要であるが、コンパイラは無視する。

```
// これは1行コメントの例
/* これは複数行にまたがる
   コメントの例 */
```

C言語のソースファイルの冒頭のコメントに、プログラムを書いた人や、作成したり変更した日付、プログラムの目的を書くと都合がよい。以下のコメントは、hello.cファイルの冒頭のものである。

```
// hello.c
// 2015年1月1日 Sarah_Harris@hmc.edu,
//             David_Harris@hmc.edu
//
// このプログラムは"Hello world!"をスクリーンに表示する
// ものである.
```

C.3.2 #define

定数には#defineディレクティブを用いて名前を付け、プログラムを通して使う。大域的に定義された定数は「マクロ」と呼ばれる。例えば最大で5つの質問を行うプログラムを書くとして、その数を#defineを用いて以下のように定義できる。

```
#define MAXGUESSES 5
```

プログラム中に#で始まる行があると、その行は**プリプロセッサ**によって扱われるということを意味する。コンパイルの前に、プリプロセッサはプログラム中のMAXGUESSESという識別子に出会う度に、5に置き換えていく。慣習的に#defineの行はファイルの先頭に置き、識別子は大文字の並びにする。定数を1箇所で定義してプログラムでその識別子を使うと、プログラムは首尾一貫したものになり、値を容易に変更できる。つまり、値を必要としている箇所のすべてを変更しなくても、#defineの行を変更するだけで済む。

C言語コード例C.2では、インチからセンチメートルに変換するのに#defineディレクティブを使っている。変数inchとcmはfloatとして宣言され、単精度浮動小数点数を表す。変換の因数（INCH2CM）が大きなプログラムを通して使われると、タイプミスによる間違い（例えば2.54の代わりに2.53と打ち込む）をなくし、場所を特定して変更（例えばもっと上位桁の数字が必要）するのが容易になる。

C言語コード例C.2 定数の宣言として#defineを使う

```
// インチからセンチメートルへの変換
#include <stdio.h>

#define INCH2CM 2.54

int main(void) {
  float inch = 5.5; // 5.5 インチ
  float cm;

  cm = inch * INCH2CM;
  printf("%f inches = %f cm\n", inch, cm);
}
```

コンソール出力
```
5.500000 inches = 13.970000 cm
```

C言語の数値定数は既定では10進であるが、（先頭に "0x" がついた）16進数や（先頭に "0" がついた）8進数も扱える。2進定数はC99の中では定義されていないが、コンパイラによっては（先頭に "0b" をつけることで）利用可能である。例えば、次の代入は同じ意味である。

```
char x = 37;
char x = 0x25;
char x = 045;
```

大域的に定義された定数は、プログラムから魔法の数を撲滅する。魔法の数は名前が付かないでプログラムで晒される定数のことである。プログラム中の魔法の数はしばしば不可解なバグの発生源となる。例えば、値を変更した個所と変更していない個所が混在する場合など。

C.3.3 #include

モジュラリティを高めるには、プログラムを複数のファイルや関数に分割する。共通に使われる関数は、再利用を容易にするためにまとめ上げられる。**ヘッダファイル**の中に置かれた変数の宣言や値の定義、それに関数のプロトタイプ定義は、もう1つのファイルの中でプリプロセッサの#includeディレクティブを用いて利用する。共通に使われる**標準ライブラリ**の関数には、この方法でアクセスする。例えばprintfのような標準入出力（I/O）ライブラリで定義されている関数を使うには、以下の行が必要である。

```
#include <stdio.h>
```

取り込みファイルの接尾子 ".h" は、ヘッダファイルであることを示している。取り込まれた関数や変数宣言、あるいは識別子が必要な個所の前ならば、#includeディレクティブはどこにでも置けるのだが、慣習的にC言語ソースファイルの先頭の方に置く。

プログラマが作成したヘッダファイルを、かっこ（<>）の代わりに引用符（""）を使って取り込むこともできる。例えば、myfunctions.hというユーザ作成のヘッダファイルは、次のようにして取り込む。

```
#include "myfunctions.h"
```

コンパイラは、括弧で指定したファイルを探すのに、システムディレクトリの中を探索する。引用符で指定したファイルは、C言語のソースファイルがあるのと同じディレクトリの中を探索する、ユーザ作成のヘッダファイルが異なるディレクトリにある場合は、現在のディレクトリからの相対パスで指定しなければならない。

まとめ

▶ **コメント**：C言語では、1行コメント（//）と複数行コメント（/* */）を使える。

▶ **#define Name val**：#defineディレクティブを使うと、NAMEという識別子をプログラム全体で使うことができる。コンパイル前に、NAMEが現れるとすべてvalに置き換えられる。

▶ **#include**：#includeによって、プログラムで共通に使われる関数を取り込むことができる。備え付けの関数をつかうのに、ソースコードの先頭に#include <library.h> のような行を置く。ユーザ定義のヘッダファイルを取り込むには、引用符でファイル名を括り、次のように現在のパスからの相対パスで指定する。

```
#include "other/myFuncs.h".
```

C.4　変　数

C言語プログラムの変数には、名前、値、そしてメモリ位置がある。変数宣言では型と変数の名前を指定する。例えば次は、型がchar（1バイトの型）で名前がxの変数の宣言である。コンパイラはこの1バイトの変数をメモリの何処に置くかを決定する。

```
char x;
```

C言語では、メモリは連続したバイトの集まりであり、メモリのバイトの各々には図C.1に示すように場所がある。つまりアドレス（番地）が割り振られており、複数のバイトのアドレスは最も小さいバイトのアドレスで代表すると考える。変数の型は、それらのバイトを、整数や浮動小数点数、あるいはその他の型のいずれとして解釈するかを示している。以降この節は、C言語の基本データ型やグローバル／ローカル変数の宣言、それに変数の初期化について詳説する。

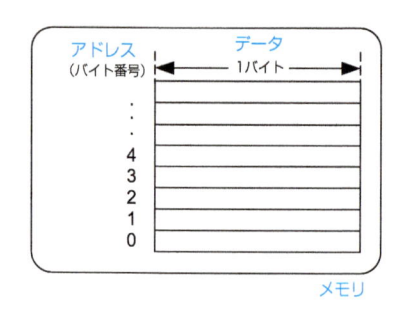

図C.1　C言語からのメモリの見え方

> 変数名では大文字と小文字の違いが区別され、プログラマが使い分けられる。しかしながら、名前としてC言語の予約語（つまり int、while等）を使うことはできず、数字から始まる字面も許されない（つまりint 1x;は間違った宣言）。そして、名前に\、*、?、あるいは-といった文字を含むこともできないが、アンダースコア（_）は使える。

C.4.1　基本データ型

Cではいくつかの基本、つまり備え付けのデータ型が用意されている。それらは整数、浮動小数点数、そして文字変数と多様である。整数型は、限られた範囲で2の補数表現の符号付としても、符号無としても解釈可能である。浮動小数点型では、IEEEの浮動小数点表現を使って有限な範囲と精度の実数を表現する。文字型はASCII値としても整数としても解釈できる[1]。表C.2に、各基本型のサイズと範囲を示す。整数は16、32、あるいは64ビットである。これらは2の補数を使うが、符号無にもみなせる。

表C.2　基本データ型とサイズ

型	サイズ（ビット）	最小値	最大値
char	8	$-2^7 = -128$	$2^7 - 1 = 127$
unsigned char	8	0	$2^8 - 1 = 255$
short	16	$-2^{15} = -32,768$	$2^{15} - 1 = 32,767$
unsigned short	16	0	$2^{16} - 1 = 65,535$
long	32	$-2^{31} = -2,147,483,648$	$2^{31} - 1 = 2,147,483,647$
unsigned long	32	0	$2^{32} - 1 = 4,294,967,295$
long long	64	-2^{63}	$2^{63} - 1$
unsigned long	64	0	$2^{64} - 1$
int	機種依存		
unsigned int	機種依存		
float	32	$\pm 2^{-126}$	$\pm 2^{127}$
double	64	$\pm 2^{-1023}$	$\pm 2^{1022}$

intの型は機種依存であり、マシン本来のワードサイズである。例えば32ビットのARMプロセッサでは、intやunsigned intのサイズは32ビットである。浮動小数点数は32ビットの単精度か、64ビットの倍精度である。文字は8ビットである。

C言語コード例C.3は、異なる型の変数の宣言を表している。図C.2に示すように、xは1バイト、yは2バイト、そしてzは4バイトのデータである。プログラムはこれらのバイトが格納されるメモリの場所を決定するが、各々の型は常に同じ量のデータを必要とする。例えばこの例でのxやy、それにzのアドレスは、それぞれ1、2、4である。変数名の大文字と小文字は区別され（ケースセンシティブ）例えば変数xと変数Xは2つの異なる変数となる。（しかし、同じプログラムで使うと混乱してしまう！）

C言語コード例C.3　データ型の例

```
// いくつかのデータ型とその2進表現
unsigned char x = 42;  // x = 00101010
short y = -10;         // y = 11111111 11110110
unsigned long z = 0;   // z = 00000000 00000000 00000000 00000000
```

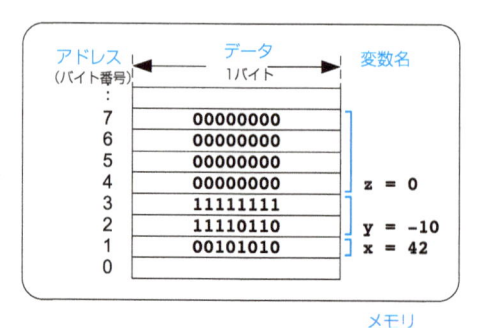

図C.2　C言語コード例C.3におけるメモリへの変数の格納

---

[1] 技術的にC99規格では、1バイト＝8ビットを要求せず、文字を「バイトに当てはまるビット表現」と定義している。しかしながら、現状のシステムはバイトを8ビットと定義している。

C.4.2 グローバル変数とローカル変数

グローバル（大域）変数とローカル（局所）変数は、宣言する場所と、どこから見えるのかが異なる。グローバル変数は関数の外の、通常はプログラムの冒頭で宣言し、すべての関数からアクセス可能である[訳注]。グローバル変数は控えめに使うべきで、その理由はプログラムのモジュラリティに反し、大規模なプログラムの可読性を阻害するからである。しかしながら、多くの関数から参照されるものは、グローバル変数にすべきである。

ローカル変数は関数の中で宣言され、その関数中からのみ使われる。したがって、2つの関数で同じ名前のローカル変数を使うことが可能で、それらは相互干渉しない。ローカル変数は関数の冒頭で宣言される。関数の実行が終わると消滅してしまい、関数が呼び出されると再び作られる。関数が次に呼び出されても、ローカル変数の値は消滅してしまう[訳注]。

C言語コード例C.4とC.5は、グローバル変数を使う場合とローカル変数を使う場合を対比している。C言語コード例C.4では、グローバル変数maxはすべての関数から参照可能である。C言語コード例C.5は、うまく定義されたモジュラリティのあるインタフェースを維持している、ローカル変数を使った好ましいスタイルである。

C言語コード例C.4 グローバル変数

```
// 3つの数の最大値を見つけて出力するのにグローバル変数を使う
int max;  // 最大値を保持するグローバル変数

void findMax(int a, int b, int c) {
  max = a;
  if (b > max) {
    if (c > b) max = c;
    else       max = b;
  } else if (c > max) max = c;
}

void printMax(void) {
  printf("The maximum number is: %d\n", max);
}

int main(void) {
  findMax(4, 3, 7);
  printMax();
}
```

C言語コード例C.5 ローカル変数

```
// 3つの数の最大値を見つけて出力するのにローカル変数を使う

int getMax(int a, int b, int c) {
  int result = a;  // 最大値を保持するローカル変数

  if (b > result) {
    if (c > b) result = c;
    else       result = b;
  } else if (c > result) result = c;

  return result;
}

void printMax(int m) {
  printf("The maximum number is: %d\n", m);
}

int main(void) {
  int max;

  max = getMax(4, 3, 7);
  printMax(max);
}
```

> intの機種依存という性質は吉でも凶でもある。楽観的にみれば、機種本来のワードのサイズに合致するので、効率的にフェッチしたり操作できる。悲観的には、intを使ったプログラムは異なるコンピュータで異なる振る舞いをする可能性がある。例えば銀行の口座の預金高をintで格納するプログラムがあるとする、64ビットのPCでコンパイルすると、最も裕福な起業家でも十分な量である。しかし16ビットのマイクロコントローラに移植すると、不幸せで極貧の客でも、口座が327.67ドルを超えるとあふれてしまう。

> 変数の可視範囲（スコープ）は、使われる文脈である。例えばローカル変数では、宣言された関数である。ほかの場所からは見えない。

C.4.3 変数の初期化

変数には初期化、つまり読まれる前の値の代入が必要である。変数が宣言されると、メモリ中に正しいバイト数が予約される。しかしながら、それらに対応するメモリ領域には、最後に使われた得体のしれない値が格納されており、本質的にランダムな値である。グローバル変数やローカル変数は宣言された個所か、プログラム本体で初期化可能である。C言語コード例C.3は、変数が宣言されると同時に初期化されることを示している。C言語コード例C.4は、変数が使われる前で、宣言の後に初期化するやり方を示している。グローバル変数maxは、printMax関数が読む前に、getMax関数で初期化されている。初期化されていない変数の読み出しはよくあるプログラミングの間違いで、デバッグが難しくなる。

† （訳注）グローバル変数の宣言で、型名と一緒にstaticという修飾子を添えると、可視範囲がプログラム全体ではなく、その変数が宣言されたソースファイル（コンパイル単位）の中の関数に限定される。
ローカル変数の宣言で、型名と一緒にstaticという修飾子を添えると、関数の実行が終わっても値が保存されるようになる。この場合は、変数はスタックフレームではなく、グローバル変数と同じ領域（BSS）に確保される。

まとめ

▶ **変数**：変数は各々データ型と名前、それにメモリ位置で定義される。変数はデータ型　名前　で定義される。

▶ **データ型**：データ型はサイズ（バイト数）と値の表現（バイトに対する解釈）を記述するものである。表C.2はC言語の備え付けデータ型を列挙したものである。

▶ **メモリ**：C言語はメモリをバイトの連なりとしてみる。

メモリは変数を格納し、各々の変数とアドレス（バイトの番号）を関連付ける。

▶ **グローバル（大域）変数**：グローバル変数は関数の外で宣言され、プログラムの任意の場所からアクセス可能である。

▶ **ローカル（局所）変数**：ローカル変数は関数内で宣言され、関数内からのみアクセス可能である。

▶ **変数の初期化**：変数は読み出される前に初期化されねばならない。初期化は宣言時にでもその後にでも行い得る。

C.5　演算子

C言語プログラムに共通する文のかたちは、次のような式である。

y = a + 3;

式には、1つ以上のオペランド（変数や定数等）に作用する、+や*のような演算子（オペレータ）が含まれる。C言語

表C.3　優先順位が低くなるように列挙した演算子

カテゴリ	演算子	説明	例	
単項	++	ポストインクリメント	a++;	// a = a + 1
	--	ポストデクリメント	x--;	// x = x - 1
	&	変数のメモリアドレス	x = &y;	// 変数x = 変数yのメモリアドレス
	~	ビット毎のNOT	z = ~a;	
	!	ブール値のNOT	!x	
	-	否定	y = -a;	
	++	プレインクリメント	++a;	// a = a + 1
	--	プレデクリメント	--x;	// x = x - 1
	(type)	xを型typeにキャスト	x = (int)c;	// cをintにキャストしてxに代入
	sizeof()	変数か型のバイトでのサイズ	long int y; x = sizeof(y);	// x = 4
乗除演算	*	乗算	y = x * 12;	
	/	除算	z = 9 / 3;	// z = 3
	%	剰余	z = 5 % 2;	// z = 1
加減演算	+	加算	y = a + 2;	
	-	減算	y = a - 2;	
ビット毎のシフト（移動）	<<	左シフト	z = 5 << 2;	// z = 0b00010100
	>>	右シフト	x = 9 >> 3;	// x = 0b00000001
関係演算	==	等しい	y == 2	
	!=	等しくない	x != 7	
	<	未満	y < 12	
	>	より大きい	val > max	
	<=	以下	z <= 2	
	>=	以上	y >= 10	
ビット毎の演算	&	論理積	y = a & 15;	
	^	排他的論理和	y = 2 ^ 3;	
	|	論理和	y = a | b;	
論理演算	&&	ブール論理積	x && y	
	||	ブール論理和	x || y	
3項演算	?:	3項演算子	y = x ? a : b;	// もしxが真ならy=a, // さもなければy=b
代入	=	代入	x = 22;	
	+=	加算代入	y += 3;	// y = y + 3
	-=	減算代入	z -= 10;	// z = z - 10
	*=	乗算代入	x *= 4;	// x = x * 4
	/=	除算代入	y /= 10;	// y = y / 10
	%=	剰余代入	x %= 4;	// x = x % 4
	>>=	右シフト代入	x >>= 5;	// x = x>> 5
	<<=	左シフト代入	x <<= 2;	// x = x<< 2
	&=	論理積代入	y &= 15;	// y = y & 15
	|=	論理和代入	x |= y;	// x = x | y
	^=	排他的論理和代入	x ^= y;	// x = x ^ y

では、表C.3に示す演算子を使うことができ、この表はカテゴリと優先順位が低くなる順番で並んでいる。例えば乗除演算の演算子優先順位は、加減演算の演算子よりも高い。同じカテゴリでは、演算子はプログラム中で出現する順番で評価される。

単項（unary、monadic）演算子は1つのオペランドが対象となる。3項演算子は3つのオペランドを対象とし、他は2つである。3項演算子（ラテン語のternariusは3つから成るという意味）は、1つ目の値が真（0以外）か偽（0）かで、それぞれ2つ目と3つ目の値を選択するというものである。C言語コード例C.6はy=max(a,b)が3項演算子を用いてどのように計算されるかを示しており、同じことを行うより煩雑なif/else文が添えてある。

C言語コード例C.6　(a)3項演算子と(b)同等なif/else文

```
(a) y = (a > b) ? a : b; // 括弧は不要だが明確になる
(b) if (a > b) y = a;
    else       y = b;
```

単純な代入では=演算子を用いる。C言語コードでは、単純な演算の後に代入を行う複合代入を使える。例えば加算代入（+=）や乗算代入（*=）がある。複合代入では、左辺の変数はオペランドであり、代入の対象でもある。C言語コード例C.7は、これらと他のC言語での操作を示している。コメント中の2進数の値は、先頭に"0b"を置いて表されている。

> **真、完全に真、真以外の何物でもない**
> C言語では式の値が0でない場合に真で、0の場合は偽と考える。論理演算子と3項演算子は、ifやwhile等のフロー制御文と同様に式の値が真であることに依存する。関係演算子と論理演算子は真に対しては1を、偽に対しては0を生成する。

C言語コード例C.7　演算子の例

式	結果	注釈
44 / 14	3	整数丸め除算
44 % 14	2	44 mod 14
0x2C && 0xE //0b101100 && 0b1110	1	論理積
0x2C || 0xE //0b101100 || 0b1110	1	論理和
0x2C & 0xE //0b101100 & 0b1110	0xC(0b001100)	ビット毎の論理積
0x2C | 0xE //0b101100 | 0b1110	0x2E(0b101110)	ビット毎の論理和
0x2C ^ 0xE //0b101100 ^ 0b1110	0x22(0b100010)	ビット毎の排他的論理和
0xE << 2 //0b1110 << 2	0x38(0b111000)	2ビット左シフト
0x2C >> 3 //0b101100 >> 3	0x5(0b101)	2ビット右シフト
x = 14; x += 2;	x=16	

y = 0x2C; // y = 0b101100
y &= 0xF; // y &= 0b1111
	y=0xC(0b001100)	

x = 14; y = 44; y = y + x++;	x=15, y=58	xを使った後にインクリメント
x = 14; y = 44; y = y + ++x;	x=15, y=59	xを使う前にインクリメント

C.6　関数呼び出し

モジュラリティはプログラミングの要（かなめ）である。大規模なプログラムは、ハードウェアモジュールと同様に、関数と呼ばれる複数の小さい部分に分割され、各々はうまく定義された入力、出力をもち、振る舞いもうまく設計されている。C言語コード例C.8は、sum3関数の定義を示している。関数の宣言は返り値の型のintに始まり、関数名のsum3、そして括弧で括った入力(int a, int b, int c)から成る。巻き括弧{}はゼロ個以上の文から成る関数本体を囲い込んでいる。return文は関数が呼び出し側に返す値を示していて、これは関数の出力と考えることができる。関数は1つの値しか返すことができない。

C言語コード例C.8　sum3関数

```
// 3つの入力値の和を返す
int sum3(int a, int b, int c) {
  int result = a + b + c;
  return result;
}
```

次のsum3の呼び出しを行うと、yの値は42になる。

```
int y = sum3(10, 15, 17);
```

関数には入力も出力もあるが、すべてが必須というわけではない。C言語コード例C.9は、入力無しの関数を示している。関数名の前のキーワードvoidは、何も返さないことを意味している。括弧の間のvoidは、関数の入力がないことを示している。

C言語コード例C.9　関数printPromptには入力も出力もない

```
// コンソールにプロンプトを表示する
void printPrompt(void)
{
  printf("Please enter a number from 1-3:\n");
}
```

> 括弧の中に何もないのは、入力引数がないことを示している。したがってこの場合は、次のように書く。
>
> ```
> void printPrompt()
> ```

関数は呼び出しの前に宣言されていなければならない。こうするには、ファイル上で呼び出される関数を呼び出す関数の前に置く。この理由により、しばしばmainは、それが呼び出すすべての関数の後、つまりC言語のソースファイルの最後に置かれる。代わりに**関数プロトタイプ**を、プログラム中で関数の定義の前に置くことができる。関数のプロトタイプは関数定義の最初の行であり、返り値の型、関数名、そして関数への入力から成る。例えばC言語コード例C.8とC.9の関数プロトタイプは次のようになる。

```
int sum3(int a, int b, int c);
void printPrompt(void);
```

C言語コード例C.10は関数プロトタイプの使い方を示している。関数自身はmainの後にあり、関数プロトタイプはmainから使えるようにファイルの冒頭に置いてある。

C言語コード例C.10　関数プロトタイプ

```c
#include <stdio.h>

// 関数プロトタイプ列
int sum3(int a, int b, int c);
void printPrompt(void);

int main(void)
{
  int y = sum3(10, 15, 20);

  printf("sum3 result: %d\n", y);
  printPrompt();
}

int sum3(int a, int b, int c) {
  int result = a+b+c;
  return result;
}

void printPrompt(void) {
  printf("Please enter a number from 1-3:\n");
}
```

コンソール出力

```
sum3 result: 45
Please enter a number from 1-3:
```

main関数は常にintを返すように宣言され、これを使ってオペレーティングシステムにプログラム終了の理由を返す。ゼロは正常終了を表し、ゼロ以外の値はエラー条件を表す。mainがreturn文ではなく最後まで実行すると、自動的に0を返す。ほとんどのオペレーティングシステムでは、ユーザに自動的にプログラムが返した値を知らせることはしない。

> 関数を注意深くレイアウトすれば、プロトタイプは不要である。しかしながら、関数f1がf2を呼び、f2がf1を呼ぶような場合にはどうしても必要である。C言語ソースファイルの先頭近くか、ヘッダファイルでプログラムに現れるすべての関数のプロトタイプを置いておくことは良いスタイルだ。

> 変数名と同様に関数名においても、大文字と小文字を区別し、C言語の予約語と被ることも、（アンダースコア_を除いて）特別な文字を使うことも、数字で始まることも許されない。通常関数名はそれが行う内容の動詞を含むようにする。
> 関数名や変数名での大文字の使い方について首尾一貫して、つねに見栄えが変わらないようにしよう。よく使われるスタイルとしては、（printPromptのように）最初の単語より後の単語の最初の文字を大文字にするcamelCaseと、（print_promptのように）単語の間にアンダースコアを入れるの2つがある。非科学的観察によると、アンダースコアを打つと手根管症候群を悪化させる（私の小指はアンダースコアと考えるだけで疼く！）ので、camelCaseが好ましい。しかし最も重要なのは、自分の組織内で首尾一貫していることである。

C.7　制御フロー文

C言語は条件実行とループに対応した制御フロー文を備えている。条件文は条件が合致した時のみ文を実行する。ループ文は条件が合致する間、文の実行を繰り返す。

C.7.1　条件文

if、if/else、およびswitch/case文は条件文であり、C言語を含む高水準言語で共通に使えるものである。

if文

if文は括弧内の式が真（つまりゼロ以外）であるときに、続く文を実行する。一般形式は次の通り。

```
if (式)
  文
```

C言語コード例C.11に、C言語でのif文を使い方を示す。変数aintBrokeが1であるとき、変数dontFixを1に設定する。複数の文を実行するときは、C言語コード例C.12に示すように、それらを巻き括弧{}で括る。

> 巻き括弧{}で括った0個以上の文のことを**複文**あるいは**ブロック**と呼ぶ。

C言語コード例C.11　if文

```c
int dontFix = 0;

if (aintBroke = = 1)
  dontFix = 1;
```

C言語コード例C.12　文のブロックを制御するif文

```c
// amt >= 2のとき，ユーザに飴を選べと催促する
if (amt >= 2) {
  printf("Select candy.\n");
  dispenseCandy = 1;
}
```

if/else文

if/else文は、以下の例のように、2つの文を条件に応じて実行し分ける。if文の式が真である場合、文1を実行し、さもなくば文2を実行する。

```
if (式)
  文1
else
  文2
```

switch/case文

switch/case文は、以下の例のように、条件に応じていくつかの文うちの1つを実行する。

```
switch (変数) {
  case (式1): 文1 break;
  case (式2): 文2 break;
  case (式3): 文3 break;
  default: 文4
}
```

例えば変数が式2と等しい場合、キーワードbreakに達するまで文2を実行し、この時点でswitch/case文を脱出する。合致する条件がない場合、defaultに対応する文を実行する。

キーワードbreakがない場合、条件が真である点から実行を開始し、その下にある残りのcaseに対応する文に落ちる。通常これは望まれず、C言語プログラマに共通の間違いである。

C言語コード例C.13 switch/case文

```c
// optionの値に応じてamtを設定する
switch (option) {
  case 1: amt = 100;  break;
  case 2: amt = 50;   break;
  case 3: amt = 20;   break;
  case 4: amt = 10;   break;
  default: printf("Error: unknown option.\n");
}
```

C言語コード例C.14 入れ子になったif/else文

```c
// optionの値に応じてamtを設定する
if      (option == 1) amt = 100;
else if (option == 2) amt = 50;
else if (option == 3) amt = 20;
else if (option == 4) amt = 10;
else printf("Error: unknown option.\n");
```

C.7.2 ループ文

while文、do/while文、それにfor文は、C言語を含む高水準言語に共通なループ構文である。これらのループは条件が見たされている間、繰り返し文を実行する。

while文

while文は、次の一般形式に示すように、条件が満たされなくなるまで文を繰り返し実行する。

```c
while (条件)
  文
```

C言語コード例C.15のwhileループは、9! = 9 × 8 × 7 × ... × 1を計算する。文を実行する前に、条件を検査することに注意しよう。この例では文は複文、あるいはブロックになっていて、巻き括弧が必要である。

C言語コード例C.15 whileループ

```c
// 9! (9の階乗) を計算する
int i = 1, fact = 1;

// 1から9までを掛け合わせる
while (i < 10) { // whileループは先ず条件を検査する
  fact *= i;
  i++;
}
```

---

do/whileループ

do/whileループはwhileループに似ているが、文が一度実行された後に条件を検査する。一般形式は次の通りで、条件の後にセミコロン;が続く。

```c
do
  文
while (条件);
```

C言語コード例C.16のdo/whileループは、ユーザに数を尋ねる。プログラムは条件（もしユーザが入力した数が正しい数に等しい場合）をdo/whileループの本体を一度実行した後に検査する。この構文はこういった条件を検査する前に、何かを一度実行する（例えばユーザへ結果を質問する）場合に有用である。

C言語コード例C.16 do/whileループ

```c
// ユーザに数を尋ね，正しい数かどうかを検査する
#define MAXGUESSES 3
#define CORRECTNUM 7

int guess, numGuesses = 0;
do {
  printf("Guess a number between 0 and 9. You have %d more guesses.\n",
         (MAXGUESSES-numGuesses));
  scanf("%d", &guess); // ユーザ入力を読む
  numGuesses++;
} while ( (numGuesses < MAXGUESSES) & (guess != CORRECTNUM) );
// 最初の繰り返しの後に条件を検査する

if (guess = = CORRECTNUM)
  printf("You guessed the correct number!\n");
```

---

forループ

forループはwhileループやdo/whileループと同様に条件が満たされなくなるまで文を繰り返し実行する。しかしながらforループにはループ変数の管理があり、これを使ってループ実行の回数を管理する。forループの一般形は以下の通り。

```c
for (初期化; 条件; ループ操作)
  文
```

初期化のコードは一度だけ、ループを開始する前に実行する。条件が真でなければ、ループを脱出する。ループ操作は、繰り返しの終わりに実行される。C言語コード例C.17は、forループを使って9の階乗を計算するものである。

C言語コード例C.17 forループ

```c
// 9!を計算する
int i; // ループ変数
int fact = 1;

for (i=1; i<10; i++)
  fact *= i;
```

C言語コード例C.15のwhileループやC.16のdo/whileループでは、それぞれループ変数iやnumGuessesをインクリメントしたり検査するコードをループ本体の中に記述するのに対して、forループではそれらを含んだ形式である。確かにforループと同じことを記述できるが、以下のように不便である。

```
初期化;
while (条件) {
    文
    ループ操作
}
```

まとめ

▶ **制御フロー文**：C言語は条件文やループ文の制御文を有している。

▶ **条件文**：条件文は条件が真である場合に文を実行する。C言語ではif文、if/else文、switch/case文を使える。

▶ **ループ**：ループは条件が偽になるまで文を繰り返し実行する。C言語ではwhileループ、do/whileループ、forループを使える。

C.8　さらなるデータ型

多様なサイズの整数や浮動小数点数の他に、C言語ではポインタや配列、文字列、そして構造体といったデータ型を用意している。この節では、動的なメモリ確保と一緒に、これらのデータ型を紹介する。

C.8.1　ポインタ

ポインタは変数のアドレス（番地）のことである。C言語コード例C.18はポインタを使う例であり、salary1とsalary2は整数を保持する変数、ptrは整数へのポインタを保持する変数である。コンパイラは実行時環境に依存してRAMの何処かにこれらの変数を割り付ける。具体的に話をするために、このプログラムは32ビットのシステム向けにコンパイルされ、salary1は0x70　0x73番地、salary2は0x74　0x77番地、ptrは0x78　0x7B番地にそれぞれ割り付けられるとする。図C.3はプログラムを実行した後のメモリの中身である。

C言語コード例C.18　ポインタ

```
// ポインタ操作の例
int salary1, salary2;   // 32ビットの数
int *ptr;               // intの変数のアドレスを指す

salary1 = 67500;        // salary1 = $67,500 = 0x000107AC
ptr = &salary1;         // ptr = 0x0070, salary1のアドレス
salary2 = *ptr + 1000;  /* ptrの参照剥がしを行い0x70番地の中身の67,500ド
ルに1,000ドルを足して，salary2を68,500ドルにする */
```

変数宣言では、変数名の前のアスタリスク（*）はその変数が宣言した型へのポインタであることを示す。ポインタ変数を使う場合、*演算子はポインタの**参照を剥がす**、つまりポインタの中身のアドレスで指されたメモリに格納された値を返す。&演算子は「〜のアドレス」と読み、参照されている変数のメモリアドレスを返す。

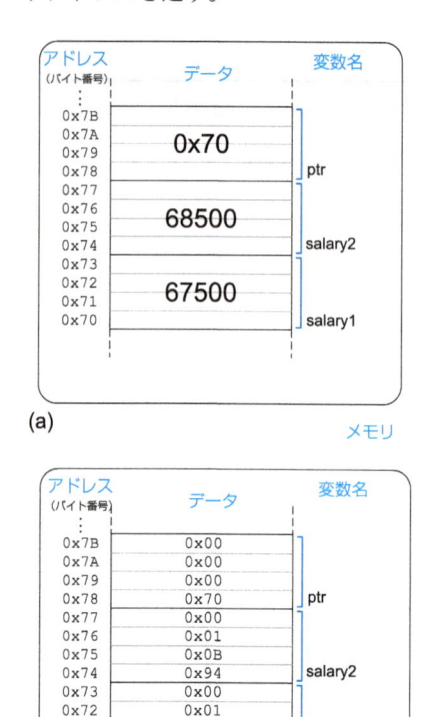

(a)

(b)

図C.3　C言語コード例C.18を実行した後のメモリの中身

存在しないメモリ位置へのポインタ剥がし、あるいはプログラムから参照できる範囲外へのアクセスは、通常プログラムがクラッシュする原因になる。このクラッシュはしばしば**セグメンテーションフォールト**と呼ばれる。

ポインタが特に有益であるのは、関数に期待するのが戻り値ではなく、変数の直接変更である場合だ。関数は入力を直接変更できないので、入力として変数へのポインタを受け取る。このことを値の代わりに**参照を渡す**と呼び、先の例で示した通りである。C言語コード例C.19では、quadrupleがxの値を直接変更できるように、xを参照で渡している。

0番地のポインタは**ヌルポインタ**と呼ばれ、ポインタが意味のあるデータを指していないことを意味する。プログラムではNULLと記述される。

C言語コード例C.19　参照渡しで変数を入力

```
// aで指されている値を4倍する
#include <stdio.h>

void quadruple(int *a)
{
    *a = *a * 4;
}
```

```
int main(void)
{
  int x = 5;
  printf("x before: %d\n", x);
  quadruple(&x);
  printf("x after: %d\n", x);
  return 0;
}
```

コンソール出力

```
x before: 5
x after: 20
```

C.8.2 配 列

配列は均質な変数がメモリの連続するアドレスに格納されているものである。Nを配列の長さとして、各要素には0からN − 1までの番号がついている。C言語コード例C.20では、scoresという名前の配列を宣言しており、3人の生徒の期末試験の点数を保持している。3つのlongのためのメモリ領域は、3 × 4 = 12バイトである。配列scoresは0x40番地から始まる。図C.4に示すように、1つ目の要素（つまりscores[0]）のアドレスは0x40、2つ目の要素は0x44、3つ目は0x48である。C言語での配列変数（この例ではscores）は1番目の要素へのポインタである。配列の終わりを超えてアクセスしないようにするのは、プログラマの責任である。C言語の仕様には境界検査が備わっていないので、配列の境界を越えてアクセスするプログラムでもコンパイルは通り、実行時にメモリの配列以外の場所を爆撃するかもしれない。

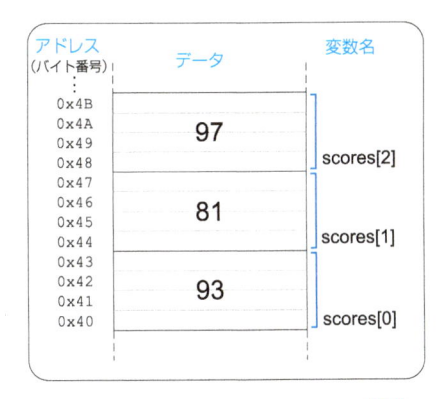

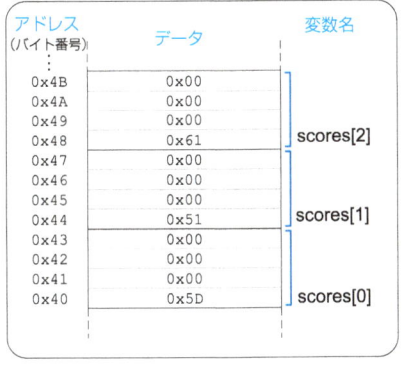

図C.4　メモリに格納された配列scores

C言語コード例C.20　配列の宣言

```
long scores[3]; // 4バイトの数3つから成る配列
```

C言語コード例C.21に示すように、巻き括弧{}を使って配列の要素を宣言時に初期化することも、あるいはC言語コード例C.22に示すように必要に応じてプログラム本体で個々に初期化することもできる。配列の各要素をアクセスするには角括弧[]を使う。配列を含むメモリの中身を図C.4に示す。巻き括弧{}を用いた配列の初期化は、宣言時のみに可能で、後からはできない。C言語コード例C.23に示すように、通常は配列に代入したり読み出すのにforループを使う。

C言語コード例C.21　宣言時に{}を使って配列を初期化する

```
long scores[3]={93, 81, 97}; // scores[0]=93; scores[1]=81;
scores[2]=97;
```

C言語コード例C.22　代入を使って配列を初期化する

```
long scores[3];

scores[0] = 93;
scores[1] = 81;
scores[2] = 97;
```

C言語コード例C.23　forループを使った配列の初期化

```
// 配列に3人の生徒の点数を入力する
long scores[3];
int i, entered;

printf("Please enter the student's 3 scores.\n");
for (i=0; i<3; i++) {
  printf("Enter a score and press enter.\n");
  scanf("%d", &entered);
  scores[i] = entered;
}
printf("Scores: %d %d %d\n", scores[0], scores[1], scores[2]);
```

配列を宣言するとき、コンパイラが正しい量のメモリを確保できるように、その長さは定数でなければならない。しかしながら、配列が関数に入力引数として渡される場合、関数は配列の先頭アドレスだけを必要としているので、長さが特に定義されている必要はない。C言語コード例C.24に、配列を関数に渡す様子を示す。入力引数arrは、単純に配列の1番目の要素のアドレスである。配列の要素数も入力引数として渡すことが多い。関数の入力引数の型int[]は、それが整数の配列であることを表している。任意の型の配列でも関数に渡すことができる。

C言語コード例C.24　入力引数として配列を渡す

```c
// 4要素の配列を初期化し，平均値を求め，結果を表示する
#include <stdio.h>

// 長さlenの配列（arr）の平均値を求める
float getMean(int arr[], int len) {
  int i;
  float mean, total = 0;

  for (i=0; i < len; i++)
    total += arr[i];
  mean = total / len;
  return mean;
}

int main(void) {
  int data[4] = {78, 14, 99, 27};
  float avg;

  avg = getMean(data, 4);
  printf("The average value is: %f.\n", avg);
}
```

コンソール出力

```
The average value is: 54.500000.
```

　配列の引数は、配列の先頭を指すポインタと同じである。したがってgetMeanは次のように宣言することもできる。

```c
float getMean(int *arr, int len);
```

　機能的に同じではあるが、引数が配列であることを明確にしているという点で、データ型[]とする方が配列を入力引数として渡す方法としては好ましい。

　関数の出力、つまり戻り値は、1つという制限がある。しかしながら、配列を入力引数として受け取ることで、関数は配列を変更することで、本質的に1つ以上の値を出力できる。C言語コード例C.25は、配列を小さい値から大きい値でソートし、結果を同じ配列に残す。以下の3つの関数プロトタイプは同じ働きをする。関数宣言の配列の長さ（つまりint vals[100]の100）は無視される。

```c
void sort(int *vals, int len);
void sort(int vals[], int len);
void sort(int vals[100], int len);
```

C言語コード例C.25　配列とその長さを入力として渡す

```c
// 長さlenの配列valsを最小値から最大値の順でソートする
void sort(int vals[], int len)
{
  int i, j, temp;

  for (i=0; i<len; i++) {
    for (j=i+1; j<len; j++) {
      if (vals[i] > vals[j]) {
        temp = vals[i];
        vals[i] = vals[j];
        vals[j] = temp;
      }
    }
  }
}
```

　多次元の配列も許される。C言語コード例C.26では、10人の生徒の8つの問題の点数を格納するのに2次元配列を使っている。繰り返すが、{}を使った配列の初期化は、宣言時のみである。

C言語コード例C.26　2次元配列の初期化

```c
// 宣言時に2次元配列を初期化する
int grades[10][8] = {{100, 107, 99,  101, 100, 104, 109, 117},
                     {103, 101, 94,  101, 102, 106, 105, 110},
                     {101, 102, 92,  101, 100, 107, 109, 110},
                     {114, 106, 95,  101, 100, 102, 102, 100},
                     {98,  105, 97,  101, 103, 104, 109, 109},
                     {105, 103, 99,  101, 105, 104, 101, 105},
                     {103, 101, 100, 101, 108, 105, 109, 100},
                     {100, 102, 102, 101, 102, 101, 105, 102},
                     {102, 106, 110, 101, 100, 102, 120, 103},
                     {99,  107, 98,  101, 109, 104, 110, 108}};
```

　C言語コード例C.27は、C言語コード例C.26の2次元の成績配列で実行させるいくつかの関数を示している。関数への入力引数で多次元配列を使う場合は、最初の次元以外のサイズを定義しなければならない[訳注]。したがって次の2つの関数プロトタイプが有効である。

```c
void print2dArray(int arr[10][8]);
void print2dArray(int arr[][8]);
```

C言語コード例C.27　多次元配列の操作

```c
#include <stdio.h>

// 10x8の配列の中身を表示する
void print2dArray(int arr[10][8])
{
  int i, j;

  for (i=0; i<10; i++) {            // 10人の生徒の各々について
    printf("Row %d\n", i);
    for (j=0; j<8; j++) {
      printf("%d ", arr[i][j]);     // 8個の問題の点数を表示する
    }
    printf("\n");
  }
}

// 10x8の配列の平均値を計算する
float getMean(int arr[10][8])
{
  int i, j;
  float mean, total = 0;

  // 2次元配列の平均値を求める
  for (i=0; i<10; i++) {
    for (j=0; j<8; j++) {
      total += arr[i][j]; // 配列の値の総和
    }
  }
  mean = total/(10*8);
  printf("Mean is: %f\n", mean);

  return mean;
}
```

---

† 　（訳注）多次元配列を渡すとき、[]にできるのは最後の次元（一番左側のインデックス）だけである。C言語の多次元配列は、最初の次元でメモリアドレスが隣接することになっている。

配列は最初の要素へのポインタとして表現されるので、C言語は=で配列をコピーしたり、==で配列同士を比較することはできない。その代わりにループを使って個々の要素を1つ1つコピーしたり比較しなければならない。

C.8.3　文　字

文字（char）は8ビットの変数である。そして、−128　127の間の2の補数表示の数としても、文字や数字、記号のASCIIコードとしても見ることができる。ASCII文字は数値（10進、16進等）として扱うことも、シングルクオートで括られた表示可能な文字として扱うこともできる。例えば、文字AのASCIIコードは0x41、Bは0x42、等。したがって、'A'+3は0x44、あるいは'D'である。表6.5にASCIIの文字符号を示したが、表C.4は書式指定文字や特殊文字の一覧である。書式指定文字としては、キャリッジリターン（\r）、改行（\n）、水平タブ（\t）、そして文字列の終端（\0）等がある。一応\rを紹介したが、Cのプログラムではほとんどわれないれないしないし。\rはカーソル位置を行の始まり（左）に戻し、そこにある文字は上書きされる。その代わりに、\nは新しい行の始まりに移動させる[2]。ナル文字NULL（\0）はテキスト文字列の終わりを示していて、C.8.4節で詳説する。

表C.4　特殊文字

特殊文字	16進の符号	説明
\r	0x0D	キャリッジリターン
\n	0x0A	改行
\t	0x09	タブ
\0	0x00	文字列の終端
\\	0x5C	バックスラッシュ
\"	0x22	ダブルクオート
\'	0x27	シングルクオート
\a	0x07	ベル

「キャリッジリターン」という用語は、タイプライタの紙を保持する仕掛けであるキャリッジを右に動かして、ページの左から印字することが語源である。キャリッジリターンのレバーは下の写真の左側についていて、これを押すと、キャリッジを右に動かし紙を1行上に進める（これをラインフィードという）。

Winston Churchillが使ったレミントン製の電気タイプライタ
(http://cwr.iwm.org.uk/server/show/conMediaFile.71979)

C.8.4　文字列

文字列は文字の配列で、有限だが可変長のテキストの断片を格納するのに使われる。各々の文字はバイトでASCIIコードを使って文字や数字、記号を表現する。配列のサイズが文字列の最大長を決めるが、文字列の実際の長さはもっと短い。C言語で文字列の長さは、文字列の終わりにあるナル文字（ASCIIコードで0x00）の終端を探すことで決定する。C言語コード例C.28は、greetingという10要素の文字配列を宣言し、それに"Hello!"という文字列を保持している様子を表している。話を具体化するために、greetingは0x50番地から始まるとする。図C.5はメモリの0x50番地から0x59番地が文字列"Hello!"を保持するメモリであることを示している。配列は10要素分をメモリに確保したが、文字列は配列の最初の7要素しか使っていないことに注意せよ。

C言語コード例C.28　文字列の宣言

```
char greeting[10] = "Hello!";
```

図C.5　文字列 "Hello!" がメモリの中に格納されている様子

C言語コード例C.29は、文字列greetingの別の宣言を示している。ポインタgreetingは"Hello!"の各々の文字を表す配列の7要素のうちの最初の要素のアドレスを保持していて、最後にナル終端がついている。このコードは%s書式指定を使って文字列を表示する方法も例示している。

C言語の文字列はナル終端とかゼロ終端と呼ばれ、文字列の長さを知るには終端のゼロを探すことになる。対照的にPascalのような言語では、最初のバイトが文字列の長さを表していて、最大で255文字までとなる。このバイトはプレフィクスバイトと言い、このような文字列は**P文字列**と呼ぶ。ナル終端文字列の利点は、長さをいくらでも大きくできることである。P文字列の利点は、文字列全体を見なくてもその長さが分かる点である。

2　Windowsのテキストファイルは\r\nで行末を表現しているが、UNIXベースのシステムでは\nを使っていて、これがシステム間でテキストファイルを移動する際に不快なバグの元となる。

C言語コード例C.29　文字列の別の宣言

```
char *greeting = "Hello!";
printf("greeting: %s", greeting);
```

コンソール出力
```
greeting: Hello!
```

　基本データ型の変数とは異なり、別の文字列と等しくなるように文字列をセットするのに=演算子を使うことはできない。文字配列の各々の要素を、元の配列から行先の配列に個々にコピーしなければならない。C言語コード例C.30は、文字列srcを別のdstにコピーしている。このやり方はどんな配列でも使える。配列のサイズは不要であるが、他のデータを爆撃しないようにdstのサイズは十分大きくなければならない。C言語の作り付けライブラリ（C.9.4節）で、strcpyをはじめとする文字列操作関数が利用可能である。

C言語コード例C.30　文字列のコピー

```
// 元の文字列srcを行き先dstにコピーする
void strcpy(char *dst, char *src)
{
  int i = 0;

  do {
    dst[i] = src[i];   // 一度に1バイトをコピー
  } while (src[i++]); // ナル終端が見つかるまで
}
```

C.8.5　構造体

　C言語では、いろいろな型のデータの集まりを格納するのに構造体を用いる。構造体の宣言の一般形は以下の通り。

```
struct 名前 {
  型1 要素1;
  型2 要素2;
  ...
};
```

　ここでstructは構造体を表すキーワードであり、名前は構造体につけたラベル名で、要素1と要素2は構造体のメンバである。構造体には任意の個数のメンバを入れることができる。C言語コード例C.31は、構造体を使って連絡先の情報を格納するやり方を示している。プログラムはstruct contact型の変数c1を宣言している。

C言語コード例C.31　構造体の宣言

```
struct contact {
  char name[30];
  int phone;
  float height; // メートルで
};

struct contact c1;
strcpy(c1.name, "Ben Bitdiddle");
c1.phone = 7226993;
c1.height = 1.82;
```

　C言語の作り付けの型と同様に、構造体の配列や構造体へのポインタを作ることができる。C言語コード例C.32は、構造体contactの配列を宣言している。

C言語コード例C.32　構造体の配列

```
struct contact classlist[200];
classlist[0].phone = 9642025;
```

　構造体へのポインタを使うのは一般的である。C言語はメンバへのアクセスの演算子->を用意していて、構造体へのポインタの参照を剥がし、構造体のメンバにアクセスするのに使う。C言語コード例C.33はstruct contactへのポインタを宣言している例で、それにC言語コード例C.32のclasslistの42番目の要素を指すように代入し、メンバアクセス演算子を使ってその要素に値をセットしている。

C言語コード例C.33　ポインタと->を使って構造体のメンバにアクセスする

```
struct contact *cptr;
cptr = &classlist[42];
cptr->height = 1.9; // (*cptr).height = 1.9と等価
```

　構造体は関数の入力としても、あるいは値か参照による出力としても渡すことができる。値として渡すのにコンパイラは、関数がアクセスするのに構造体全体をメモリにコピーするコードを生成する必要がある。これは大きな構造体の場合、大量のメモリと時間が必要になる。参照で渡す場合は、構造体へのポインタを渡すことになり、こちらの方が効率的である。関数はもう1つの構造体を用意して戻り値をこさえるのではなく、指された構造体を変更して戻り値を返すことができる。C言語コード例C.34はstretch関数の2つの版を示していて、両者とも連絡先の身長のフィールドを2cm高くしている。stretchByReferenceは、大きな構造体を2回コピーするのを回避している。

C言語コード例C.34　構造体の渡しを値で行うか名前で行うか

```
struct contact stretchByValue(struct contact c)
{
  c.height += 0.02;
  return c;
}
void stretchByReference(struct contact *cptr)
{
  cptr->height += 0.02;
}

int main(void)
{
  struct contact George;
  George.height = 1.4;     // かわいそうに、ここまでしか成長しない.
  George = stretchByValue(George);   // スターを目指して成長
  stretchByReference(&George);       // さらに成長
}
```

C.8.6 typedef*

C言語にはtypedef文を使ってデータ型に名前を定義する機能がある。例えばしばしば使われるのでいちいちstruct contactと書くのが面倒な場合、contactという名前がついた新しい型を定義し、C言語コード例C.35のように使うことができる。

C言語コード例C.35　typedefを用いて新たに型を造る

```
typedef struct contact {
  char name[30];
  int phone;
  float height; // メートルで
} contact;       // struct contactの短縮形としてcontactを定義

contact c1;       // contact型の変数として宣言できる
```

---

typedefは基本型が使うのと同じ量のメモリを使って、新しい型をつくるのに使うことができる。C言語コード例C.36は、byteとboolを8ビットの型として定義している。byte型は、posの目的がASCII文字よりは8ビットの数であることを明示している。bool型は、8ビットの数がTRUE（真）かFALSE（偽）を表していることを示している。これらの型により、charをそこら中で使うよりもプログラムの可読性が増す。C言語コード例C.37は、配列を使った3要素のベクタと配列を3×3の定義例である。

C言語コード例C.36　byteとboolのtypedef

```
typedef unsigned char byte;
typedef char bool;
#define TRUE 1
#define FALSE 0

byte pos = 0x45;
bool loveC = TRUE;
```

C言語コード例C.37　ベクタと配列のtypedef

```
typedef double vector[3];
typedef double matrix[3][3];

vector a = {4.5, 2.3, 7.0};
matrix b = {{3.3, 4.7, 9.2}, {2.5, 4, 9}, {3.1, 99.2, 88}};
```

C.8.7 動的なメモリ確保*

これまでの例では、変数は**静的**に宣言されていた。つまり、それらのサイズはコンパイル時に分かっている。この制約は、プログラムが想定し得る最大のサイズで、可変長の配列や文字列を宣言しなければならないので、メモリの使用効率の観点で問題である。代わりの方法は、実際に使うサイズが判明した時点でメモリを実行時に**動的**に確保することである。

stdlib.hのmalloc関数は、指定されたサイズでメモリのブロックを確保し、それへのポインタを返す。十分なメモリが利用可能でなければ、NULLのポインタを返す。例えば次の

コードは10個のshort（10 × 2 = 20バイト）を確保する。sizeof演算子は、指定された型や変数のサイズをバイト単位で返す。

```
// 動的に確保された20バイトのメモリ
short *data = malloc(10*sizeof(short));
```

C言語コード例C.38は動的な確保と解放の例である。プログラムは不定個数の入力値を受け取り、それらを動的に確保された配列に格納し、平均値を計算する。必要なメモリの量は配列の中の要素の個数と各々の要素のサイズに依存する。例えばもしintが4バイトの変数で10個の要素が必要なら、動的に40バイトが確保される。free関数は、確保したメモリを後に別の目的で利用できるように解放する。動的に確保したメモリの誤った解放は、**メモリ漏洩（リーク）**として知られ、避けられるべきである。

C言語コード例C.38　動的なメモリ確保と解放

```
// mallocとfreeを使った配列の動的な確保と解放
#include <stdlib.h>

// C言語コード例C.24からgetMean関数を引用せよ

int main(void) {
  int len, i;
  int *nums;

  printf("How many numbers would you like to enter? ");
  scanf("%d", &len);
  nums = malloc(len*sizeof(int));
  if (nums == NULL) printf("ERROR: out of memory.\n");
  else {
    for (i=0; i<len; i++) {
      printf("Enter number: ");
      scanf("%d", &nums[i]);
    }
    printf("The average is %f\n", getMean(nums, len));
  }
  free(nums);
}
```

C.8.8 連結リスト*

連結リストは個数が不定な要素を格納するのに使われる一般的なデータ構造である。リストの要素には、各々1つ以上のデータフィールドと次の要素へのつなぎ（リンク）を用意する。リストの最初の要素はヘッド（先頭要素）と呼ばれる。連結リストは構造体やポインタと動的メモリ確保を含んだ例である。

コンピュータのユーザアカウントを格納するための連結リストを、C言語コード例C.39で詳説する。各々のユーザには、ユーザ名、パスワード、1対1対応のユーザ識別番号（UID）、そしてそのユーザが管理者権限を有するかを示すフィールドが対応する。userL型のリストの各々の要素には、これらのユーザ情報を格納しており、次の要素をnextで指しながらリストを構成している。リストの先頭要素を指すポインタとしてグローバル変数usersを用意し、初期値としてNULLをセットしてユーザが無いことを表す。

C言語コード例C.39 連結リスト

```c
#include <stdlib.h>
#include <string.h>

typedef struct userL {
  char uname[80];   // ユーザ名
  char passwd[80];  // パスワード
  int uid;          // ユーザ識別番号
  int admin;        // 1であれば管理者権限があることを示す
  struct userL *next;
} userL;

userL *users = NULL;

void insertUser(char *uname, char *passwd, int uid, int admin) {
  userL *newUser;

  newUser = malloc(sizeof(userL)); // 新しいユーザのための場所を確保
  strcpy(newUser->uname, uname);   // userフィールドに値をコピー
  strcpy(newUser->passwd, passwd);
  newUser->uid = uid;
  newUser->admin = admin;
  newUser->next = users; // 連結リストの先頭に挿入
  users = newUser;
}

void deleteUser(int uid) { // uidで指定された最初のユーザを削除
  userL *cur = users;
  userL *prev = NULL;

  while (cur != NULL) {
    if (cur->uid == uid) { // 削除すべきユーザが見つかった
      if (prev == NULL) users = cur->next;
      else prev->next = cur->next;
      free(cur);
      return; // 終了
    }
    prev = cur; // 当たりでなければリストの走査を続行
    cur = cur->next;
  }
}

userL *findUser(int uid) {
  userL *cur = users;

  while (cur != NULL) {
    if (cur->uid == uid) return cur;
    else cur = cur->next;
  }
  return NULL;
}

int numUsers(void) {
  userL *cur = users;
  int count = 0;

  while (cur != NULL) {
    count++;
    cur = cur->next;
  }
  return count;
}
```

このプログラムでは、ユーザの挿入と削除、そして検索のための関数を定義しており、常にユーザ数を数えている。関数insertUserはリストの新しい要素のための場所を確保し、リストの先頭にそれを挿入する。関数deleteUserはリストから指定されたUIDの要素を走査し、その要素を削除し、削除した要素を飛ばすようにその要素を指す1つ前の要素のリンクを調整し、削除した要素が占めていたメモリを解放する。findUser関数は指定されたUIDの要素が見つかるまでリストを走査してその要素へのポインタを返し、そのUIDが見つからなければNULLを返す。関数numUsersはリストの中の要素数を数える。

まとめ

▶ **ポインタ**：ポインタは変数のアドレスを保持する。

▶ **配列**：配列は連続する均質な要素のかたまりで、角括弧[]を使って宣言する。

▶ **文字**：char型は小さい整数や、テキストや記号を表現する特定の符号を保持する。

▶ **文字列**：文字列は文字の配列で、0x00で終端する。

▶ **構造体**：構造体には関連する変数の集まりを格納する。

▶ **動的メモリ確保**：mallocはプログラムの実行中に記憶を確保し、freeは記憶を解放する標準ライブラリの関数。

▶ **連結リスト**：連結リストは不定個数の要素を格納するための一般的なデータ構造である。

C.9 標準ライブラリ

プログラマは、ごく当たり前に表示や三角関数といった多様な標準関数を使う。プログラマがこれらの関数をゼロから書き起こさなくても良いように、C言語はよく使われる関数のライブラリを提供している。ライブラリには各々対応するヘッダファイルがあり、これらはC言語のソースファイルの一部を成し、作成したソースファイルと一緒にコンパイルされる。オブジェクトファイルには関数自身が入っていて、コンパイル時にリンクして実行形式を生成する。ライブラリの関数はコンパイル済みでオブジェクトファイルの中にあるので、コンパイル時間が節約できる。表C.5はC言語のライブラリで頻繁に使われるものを列挙したもので、以下で簡潔に説明する。

表C.5 頻繁に使われるC言語ライブラリ

C言語ライブラリ ヘッダファイル	説明
stdio.h	標準入出力ライブラリ。印字やファイルや画面の読み書き（printf、fprintf、scanf、fscanf）やファイルのオープンとクローズ（fopen、fclose）が含まれる。
stdlib.h	標準ライブラリ。乱数生成（rand、srand）、動的なメモリの確保と解放（malloc、free）、プログラム終了（exit）、文字列と数の間の変換（atoi、atol、atof）が含まれる。
math.h	数学ライブラリ。sin、cos、asin、acos、sqrt、log、log10、exp、floor、ceil等の標準数学関数が含まれる。
string.h	文字列ライブラリ。文字列の比較、コピー、連結、長さ検査の関数が含まれる。

C.9.1　stdio

標準入出力ライブラリ stdio.hは、コンソールへの印字、キーボードからの入力、そしてファイルの読み書きが入っている。これらの関数を使うには、C言語のソースファイルの冒頭で次のようにして取り込む。

```
#include <stdio.h>
```

printf

書式印字関数printfは、テキストをコンソールに出力する。必要な入力引数は、""で括られた文字列である。文字列にはテキストと引数を表示するオプションのコマンドから成る。表示する引数は文字列の後に並べ、表C.6に示す書式指定を使って表示する。C言語コード例C.40はprintfの単純な例である。

C言語コード例 C.40　printfを用いたコンソールへの印字

```
// 単純な印字関数
#include <stdio.h>

int num = 42;
int main(void) {
  printf("The answer is %d.\n", num);
}
```

コンソール出力
```
The answer is 42.
```

表C.6　printfにおける引数を表示するための書式指定

指定	書式
%d	10進数
%u	符号無10進数
%x	16進数
%o	8進数
%f	浮動小数点数（floatかdouble）
%e	科学的表記法の浮動小数点数（floatかdouble）（例えば1.56e7）
%c	文字（char）
%s	文字列（ナル終端の文字の配列）

浮動小数点フォーマット（floatとdouble）は、規定値では小数点の後に6桁を表示するようになっている。精度を変更するには、%fの代わりに、wは表示の最小幅、dは小数点以下の桁数として%w.dfを用いる。小数点以下の桁数は最小幅の中に含まれることに注意。C言語コード例C.41では、piを4文字で表示していて、2桁は小数点より下で、3.14となっている。eは全体で8文字で表示しており、3文字は小数点以下である。小数点以上は1文字しかないので、前に3文字の空白を詰め込んで、要求された幅になっている。cは5文字幅で表示し、そのうち3文字は小数点以下である。しかし、これは幅が広いので、要求された幅を上書きし小数点以下の残りの3桁がそのまま表示される。

C言語コード例 C.41　浮動小数点数の書式指定

```
// 浮動小数点数を異なるフォーマットで表示する
float pi = 3.14159, e = 2.7182, c = 2.998e8;
printf("pi = %4.2f\ne = %8.3f\nc = %5.3f\n", pi, e, c);
```

コンソール出力
```
pi = 3.14
e = 2.718
c = 299800000.000
```

%や\は書式指定印字で使われるので、これらの文字を印字するにはC言語コード例C.42に示すような特別な文字シーケンスを使わねばならない。

C言語コード例C.42　printfを使って%と\を印字する

```
// %と\をコンソールに印字する
printf("Here are some special characters: %% \\ \n");
```

コンソール出力
```
Here are some special characters: % \
```

Scanf

scanfはキーボードから入力したテキストから読み込む関数で、printfと同じ書式指定を使う。C言語コード例C.43はscanfの使い方を示している。scanf関数を実行すると、プログラムはユーザが値を入力するまで待つ。scanfへの引数は1つ以上の書式コードと結果を格納する変数へのポインタである。

C言語コード例C.43　scanfを使ってキーボードからユーザの入力を読み込む

```
// コマンドラインから変数を読む
#include <stdio.h>

int main(void)
{
  int a;
  char str[80];
  float f;

  printf("Enter an integer.\n");
  scanf("%d", &a);
  printf("Enter a floating point number.\n");
  scanf("%f", &f);
  printf("Enter a string.\n");
  scanf("%s", str); // strはポインタなので&は不要
}
```

ファイル操作

多くのプログラムで、すでに格納されたデータを操作したり、大量の情報の記録をとるために、ファイルの読み書きが必要である。C言語では、最初に関数fopenを使ってファイルを開く。そしてコンソールの場合と同様に、fscanfやfprintfを使って読み書きする。最後に、関数fcloseを使ってファイルを閉じる。

関数fopenには引数としてファイル名とアクセスモードを渡すと、FILE *型のファイルポインタを返す。fopenがファイルを開くことができない場合はNULLを返す。存在しないファイルを読もうとしたり、別のプログラムから既に開かれているファイルに書こうとするとこうなる。モードは以下の通りである。

"w"：ファイルへの書き込み。ファイルが存在する場合は上書きする。

"r"：ファイルからの読み出し。

"a"：存在するファイルへの追加。ファイルが存在しない場合は作成する。

C言語コード例C.44にファイルを開き、印字し、閉じる手順を示す。ファイルがちゃんと開かれたかを調べ、うまくいかない場合はメッセージを表示するのは良い習慣である。exitについてはC.9.2節で議論する。関数fprintfはprintfと同様であるが、ファイルポインタを入力引数として受け取り、どのファイルに書き込むかを指定できる。fcloseはファイルを閉じ、すべての情報が実際にディスクに書き出されるようにし、メモリ内のファイルの資源を解放する。

C言語コード例C.44　fprintfを使ってファイルを表示する

```
// result.txtというファイルに書き込むファイル書き込みのテスト
#include <stdio.h>
#include <stdlib.h>

int main(void) {
  FILE *fptr;

  if ((fptr = fopen("result.txt", "w")) == NULL) {
    printf("Unable to open result.txt for writing.\n");
    exit(1); // 実行がうまくいかなかった
  }
  fprintf(fptr, "Testing file write.\n");
  fclose(fptr);
}
```

C言語コード例C.44に示すように、ファイルを開き、返ってきたファイルポインタがNULLかどうかをチェックする1行の記述は定句になっている。しかしながら、以下のように機能毎に2つの行に分けてもかまわない。

```
fptr = fopen("result.txt", "w");
if (fptr = = NULL)
 ...
```

Cコード例C.45は、関数fscanfを使って、data.txtという名前のファイルから数を読み出す例である。最初にファイルを読み出しで開く。プログラムは関数feofをを使ってファイルの終わりに達しているか否かをチェックする。ファイルの終わりに達しない間は、プログラムは次の数を読み出して表示する。そして、プログラムはファイルの終わりに達すると、これを閉じ資源を解放する。

C言語コード例C.45　scanfを使ってファイルを読み込む

```
#include <stdio.h>

int main(void)
{
  FILE *fptr;
  int data;

  // 入力ファイルからデータを読み込む
  if ((fptr = fopen("data.txt", "r")) == NULL) {
    printf("Unable to read data.txt\n");
    exit(1);
  }

  while (!feof(fptr)) { // ファイルの終わりに達していないか検査する
    fscanf(fptr, "%d", &data);
    printf("Read data: %d\n", data);
  }

  fclose(fptr);
}
```

```
data.txt
25 32 14 89
```

コンソール出力

```
Read data: 25
Read data: 32
Read data: 14
Read data: 89
```

他の良く使うstdio関数

関数sfprintfは文字列に文字を出力し、sscanfは変数を文字列から読む。関数fgetcは1つの文字をファイルから読み、fgetsはまるまる1行を読みこんで文字列を返す。関数fscanfが複雑なファイルを読んだり解析する能力には限界があるので、fgetsを使って1行をいっぺんに取り込んでsscanfでその中から数をさっと抜き出すか、fgetcを使って文字を1つずつ調べて解析する。

C.9.2　stdlib

標準ライブラリstdlib.hは汎用の関数を提供し、その中には乱数生成（randとsrand）、動的メモリ確保（既にC.8.7節で説明したmallocとfree）、プログラムからの中途終了（exit）、そして数表現の変換が含まれる。これらの関数を使うには、C言語のソースファイルの冒頭に次の行を加える。

```
#include <stdlib.h>
```

randとsrand

randは擬似乱数の整数を返す。擬似乱数は統計的には乱数だが、シード（種）と呼ばれる値から始まる決定的なパターンになっている。特定の範囲に変換する場合は、C言語コード例C.46に示すように剰余演算子（%）を使って0から9の範囲にする。xとyの値はランダムだが、プログラムを動かすたびに同じ値になる。コードの後に出力例を示す。

C言語コード例C.46　randを用いた乱数生成

```c
#include <stdlib.h>
int x, y;

x = rand();        // xは乱数
y = rand() % 10;   // yは0 9の乱数
printf("x = %d, y = %d\n", x, y);
```

コンソール出力

```
x = 1481765933, y = 3
```

> 歴史的理由で、関数timeは通常UTCの1970年1月1日から現在までの秒数である。UTCはCoordinate Universal Timeの略で、GMT（グリニッジ標準時）と同じ意味である。この日は、1969年に UNIXオペレーティングシステムがデニス・リッチーとブライアン・カーニハンを含むベル研究所のグループによって開発された直後である。UNIXの熱狂的支持者は、新年のイブのパーティーと時間が同様に重要な値になるときにパーティーを行う。例えば、2009年23:31:30にUTCは、時刻が1,234,567,890になった。2038年に、32ビットのUNIXクロックはあふれて1901年になる。

　プログラマはプログラムを動かす度にシードを変更するようにして乱数の並びが違うようにする。このためには関数srandを用いるが、シード自体をランダムにするために、C言語コード例C.47のように現在の時刻を返す関数timeを呼び出してシードにする。

C言語コード例C.47　srandを持ちて乱数成績器の種を決める

```c
// 実行の度に異なる乱数を生成する
#include <stdlib.h>
#include <time.h> // time()を呼ぶのに必要

int main(void)
{
  int x;

  srand(time(NULL)); // 乱数生成器に種を与える
  x = rand() % 10;   // 0 9の乱数
  printf("x = %d\n", x);
}
```

exit

　関数exitはプログラムの実行を途中でやめさせるものである。1つの引数をとり、オペレーティングシステムに終了の理由を返す。0は通常終了で、非ゼロはエラーを意味する。

フォーマット変換 atoi、atol、atof

　標準ライブラリのatoiやatol、atofは、C言語コード例C.48に示すように、ASCII文字列を変換してそれぞれ整数や長整数、あるいは倍精度浮動小数点数に変換する。文字列と数字が混在するデータをファイルから読んだり、C.10.3節で詳説するように数値的なコマンドラインの引数を処理する場合に便利である。

C言語コード例C.48　フォーマットの変換

```c
// ASCII文字列をint, long, floatに変換する
#include <stdlib.h>

int main(void)
{
  int x;
  long int y;
  double z;

  x = atoi("42");
  y = atol("833");
  z = atof("3.822");

  printf("x = %d\ty = %d\tz = %f\n", x, y, z);
}
```

コンソール出力

```
x = 42 y = 833 z = 3.822000
```

C.9.3　数　学

　数学ライブラリmath.hは、三角関数や平方根、そして対数のようなよく使われる数学関数を提供している。これらの関数を使った例をC言語コード例C.49に示す。数学関数を使うには次の行をC言語ソースファイルの冒頭に置く。

```c
#include <math.h>
```

C言語コード例C.49　数学関数

```c
// 数学関数の例
#include <stdio.h>
#include <math.h>

int main(void) {
  float a, b, c, d, e, f, g, h;

  a = cos(0);           // 1, 注意：入力引数はラジアン
  b = 2 * acos(0);      // pi (acosはcosの逆)
  c = sqrt(144);        // 12
  d = exp(2);           // e^2 = 7.389056
  e = log(7.389056);    // 2 (eを底とする自然対数)
  f = log10(1000);      // 3 (10を底とする対数)
  g = floor(178.567);   // 178, 次に小さい自然数
  h = pow(2, 10);       // 2の10乗

  printf("a = %.0f, b = %f, c = %.0f, d = %.0f, e = %.2f,
      f = %.0f, g = %.2f, h = %.2f\n",
      a, b, c, d, e, f, g, h);
}
```

コンソール出力

```
a = 1, b = 3.141593, c = 12, d = 7, e = 2.00, f = 3, g = 178.00,
h = 1024.00
```

C.9.4　文字列

　文字列ライブラリstring.hは、よく使われる文字列操作関数を提供している。主要な関数は以下の通り。

```c
// srcをdstにコピーしてdstを返す
char *strcpy(char *dst, char *src);
```

```
// srcをdstの後ろに連結し、dstを返す
char *strcat(char *dst, char *src);

// 2つの文字列を辞書式順番で比較する.等しい時は0を返す
int strcmp(char *s1, char *s2);

// ナル終端を除いたstrの長さを返す
int strlen(char *str);
```

C.10　コンパイラとコマンドラインオプション

比較的簡単なC言語のプログラムを紹介してきたが、実際のプログラムは数十あるいは数千のC言語のソースファイルから構成され、モジュラリティと可読性と大勢のプログラマによる開発を可能にしている。この節では、複数のファイルにまたがったプログラムをコンパイルするやり方と、コンパイラのオプションやコマンドラインの引数の与え方を説明する。

C.10.1　複数のC言語ソースコードファイルをコンパイルする

次に示すようにコンパイル時にすべてのファイル名を並べて複数のC言語ファイルをコンパイルすると、1つの実行形式を得る、注意すべきは、複数のC言語のファイルの中で、関数mainの個数はただ1つでなければならず、それは慣習的にはソースファイルmain.cの中に置く。

```
gcc main.c file2.c file3.c
```

C.10.2　コンパイラオプション

プログラマはコンパイラオプションから、出力ファイルや形式、最適化等を指定する。コンパイラオプションには標準形式は無いが、表C.7によく使われるものを列挙する。このようにオプションは、コマンドラインでダッシュ（-）から始まるものである。例えば "-o" オプションを使うとプログラマは、a.outでない出力ファイル名を指定できる。たくさんのオプションがあるが、gcc --helpとコマンドラインから打ち込むと、それらを一覧できる。

表C.7　コマンドラインオプション

コンパイラ オプション	説明	例
-o outfile	出力ファイル名を指定	gcc -o hello hello.c
-S	アセンブリ言語の出力ファイルを生成（実行形式ではない）	gcc -S helloは hello.sを生成する
-v	詳細モード。コンパイルが終わる毎に結果と過程を表示	gcc -v hello.c
-Olevel	最適化レベルを指定（levelは通常0 3）。コンパイル時間と引き換えにより高速かつ／またはコードのサイズが小さいコードを生成	gcc -O3 hello.c
--version	コンパイラgccのバージョンを表示	gcc .version
--help	すべてのコマンドラインオプションを表示	gcc --help
-Wall	すべての警告を表示	gcc -Wall hello.c

C.10.3　コマンドライン引数

他の関数と同様に、mainも引数をとることができる。しかしながら他の関数とは異なり、引数はコマンドラインで与える。C言語コード例C.50のように、argcは引数の個数で、コマンドラインの引数の個数を示す。argvはargument vector、つまり引数ベクタのことで、コマンドライン中の文字列の配列である。

C言語コード例C.50　コマンドライン引数

```
// コマンドライン引数を表示

#include <stdio.h>

int main(int argc, char *argv[])
{
  int i;

  for (i=0; i<argc; i++)
    printf("argv[%d] = %s\n", i, argv[i]);
}
```

コンソール出力
```
argv[0] = ./testargs
argv[1] = arg1
argv[2] = 25
argv[3] = lastarg!
```

例えばC言語プログラム例C.50をコンパイルして、testargsという実行型ファイルを得る。以下の行がコマンドラインから打ち込まれると、argcは4になり、配列argvは{"./testargs", "arg1", "25", "lastarg!"}となる。実行形式の名前は1番目の引数として扱われることに注意せよ。このコマンドを打ち込んだ後のコンソール出力を、C言語コード例C.50の下に示す。

```
gcc -o testargs testargs.c
./testargs arg1 25 lastarg!
```

数の引数が必要なプログラムは、stdlib.hの関数で文字列から数に変換する。

C.11　良くある間違い

いろいろなプログラミング言語同様、あなたはC言語のプログラムでも重大な間違いをしてしまうであろう。以下はC言語でのプログラミングでよくやる間違えを説明したものである。これらの間違いのいくつかは、コンパイルは通るけどちゃんと動かないという、本当に困りものである。

> デバッグの能力は訓練で獲得されるが、以下はちょっとしたヒント。
> - コンパイラが最初に間違いだと言った箇所からバグ取りを開始せよ。後の間違いが下流効果でこのエラーを引き起こす。このバグをやっつけた後に、再コンパイルして（少なくともコンパイラが見つけられる）すべてのバグは退治できる。
> - コンパイラが正しい行を間違いだと言ったら、その上の行をチェックすべし。（例えばセミコロンを忘れたとか...）
> - 必要なら、複雑な文は複数の行に分割せよ。
> - 結果が期待したのと違う場合、期待したのと違う最初の場所からデ

バッグを始めよ。
- コンパイラが発するすべての警告に目を通せ。無視できる警告もある一方で、コンパイルは通るが思ったとおりに動かない、ちょっとしたコードの間違いを警告しているのもある。

C言語コードの間違C.1　scanfの中で**&**を入れ忘れる

間違いコード

```
int a;
printf("Enter an integer:\t");
scanf("%d", a); // aの前の&を忘れた
```

正しいコード

```
int a;
printf("Enter an integer:\t");
scanf("%d", &a);
```

C言語コードの間違C.2　比較する時、**==** の代わりに**=**を使う

間違いコード

```
if (x = 1) // 常にTRUEとして評価
  printf("Found!\n");
```

正しいコード

```
if (x == 1)
  printf("Found!\n");
```

C言語コードの間違C.3　配列の最後のよりも後の要素を触ってしまう

間違いコード

```
int array[10];
array[10] = 42; // インデックスは0 9
```

正しいコード

```
int array[10];
array[9] = 42;
```

C言語コードの間違C.4　**#define**指令で**=**を使う

間違いコード

```
// コード中でNUMを"= 4"に置き換えてしまう
#define NUM = 4
```

正しいコード

```
#define NUM 4
```

C言語コードの間違C.5　初期化してない変数を使う

間違いコード

```
int i;
if (i == 10) // iが未初期化
...
```

正しいコード

```
int i = 10;
if (i == 10)
...
```

C言語コードの間違C.6　ユーザが定義したヘッダファイルが**include**のパスに入ってない

間違いコード

```
#include "myfile.h"
```

正しいコード

```
#include "othercode/myfile.h"
```

C言語コードの間違C.7　ビット毎の演算(**~, |, &**)の代わりに論理演算(**!, ||, &&**)を使う

間違いコード

```
char x=!5;  // logical NOT: x = 0
char y=5||2; // logical OR:  y = 1
char z=5&&2; // logical AND: z = 1
```

正しいコード

```
char x=~5; // bitwise NOT: x = 0b11111010
char y=5|2;// bitwise OR:  y = 0b00000111
char z=5&2;// logical AND: z = 0b00000000
```

C言語コードの間違C.8　**switch/case**文で**break**を忘れる

間違いコード

```
char x = 'd';
...
switch (x) {
  case 'u': direction = 1;
  case 'd': direction = 2;
  case 'l': direction = 3;
  case 'r': direction = 4;
  default:  direction = 0;
}
// direction = 0
```

正しいコード

```
char x = 'd';
...
switch (x) {
  case 'u': direction = 1; break;
  case 'd': direction = 2; break;
  case 'l': direction = 3; break;
  case 'r': direction = 4; break;
  default:  direction = 0;
}
// direction = 2
```

C言語コードの間違C.9　巻き括弧を忘れる

間違いコード

```
if (ptr == NULL) // 巻き括弧を忘れた
  printf("Unable to open file.\n");
  exit(1); // つねに実行する
```

正しいコード

```
if (ptr == NULL) {
  printf("Unable to open file.\n");
  exit(1);
}
```

C言語コードの間違C.10 関数を宣言する前に使う

間違いコード

```c
int main(void)
{
  test();
}

void test(void)
{...
}
```

正しいコード

```c
void test(void)
{...
}

int main(void)
{
  test();
}
```

C言語コードの間違C.11 ローカル変数とグローバル変数で同じ名前を使う

間違いコード

```c
int x = 5;    // xのグローバル宣言
int test(void)
{
  int x = 3; // xのローカル宣言
  ...
}
```

正しいコード

```c
int x = 5;    // xのグローバル宣言
int test(void)
{
  int y = 3; // yのローカル変数
  ...
}
```

C言語コードの間違C.12 宣言の後で{}を使って配列を初期化しようとする

間違いコード

```c
int scores[3];
scores = {93, 81, 97}; // コンパイルできない
```

正しいコード

```c
int scores[3] = {93, 81, 97};
```

C言語コードの間違C.13 配列の代入を=でやってしまう

間違いコード

```c
int scores[3] = {88, 79, 93};
int scores2[3];

scores2 = scores;
```

正しいコード

```c
int scores[3] = {88, 79, 93};
```

```c
int scores2[3];

for (i=0; i<3; i++)
  scores2[i] = scores[i];
```

C言語コードの間違C.14 do/whileループの後のセミコロンを忘れる

間違いコード

```c
int num;
do {
  num = getNum();
} while (num < 100) // ;を落としてしまった
```

正しいコード

```c
int num;
do {
  num = getNum();
} while (num < 100);
```

C言語コードの間違C.15 for文でセミコロンの代わりにカンマを使う

間違いコード

```c
for (i=0, i < 200, i++)
  ...
```

正しいコード

```c
for (i=0; i < 200; i++)
  ...
```

C言語コードの間違C.16 浮動小数点の除算の代わりの整数の除算

間違いコード

```c
// 除算の引数が両者とも整数であると
// 整数（まるめ）除算になる

float x = 9 / 4; // x = 2.0
```

正しいコード

```c
// 浮動小数点の除算に帰着するには
// 最終的に除算の引数の1つは
// floatでなければならない
float x = 9.0 / 4; // x = 2.25
```

C言語コードの間違C.17 初期化していないポインタが指している先に書き込む

間違いコード

```c
int *y = 77;
```

正しいコード

```c
int x, *y = &x;
*y = 77;
```

C言語コードの間違C.18 過大な期待（またはその欠如）

　共通の大きな間違いは、（通常はモジュラリティが足りなくて）プログラム全体を書き、それが一発で動くことを期待することである。自明でないプログラムを書くときは、モジュラリティのあるコードを書き、ここの関数を1つ1つテストしていくのが本質的である。デバッグは指数関数的に困難で、複雑で時間を食う。

　もう1つのよくある間違いは、予測がないことである。これがないと、プログラマはコードが結果を出すということしか確かめられず、結果が正しいということを確認できない。既知の入力と期待される結果は、ちゃんと動作するのかを検証するのに重要である。

　この付録ではパーソナルコンピュータのようなシステムでC言語を使うことに焦点を当てた。C言語は、第9章で組み込みシステムとして使うことができるARMベースのRaspberry Piコンピュータをプログラムするのに使っている。アセンブリ言語と同じぐらいの低レベルなハードウェア制御をC言語は提供しているので、通常はマイクロコントローラは、C言語でプログラムする。

索　引

翻訳者からのメッセージ

　本書は同じ書名の第1版の改版にあたる。0と1の定義に始まり、実際に動作するプロセッサのマイクロアーキテクチャを含むコンピュータアーキテクチャに至る話題を網羅する、「コンピュータシステムを作るプロフェッショナル」の養成を目指したオール・イン・ワンの教科書というスタイルは、以前のままである。

　主な変更点は第4章「ハードウェア記述言語」をSystemVerilogとVHDL 2008に変更し、第6章と第7章で取り扱うアーキテクチャをMIPSからARMに変更し、それらに伴って他の章も内容を調整している。

　SystemVerilogへの変更は種々の現場からの要望があり、第2版で実現されていたが、日本語版では懸案であった。本書で対象にするARMアーキテクチャは、今日ではメモリ管理を有しない組み込みマシンから、ゲーム端末、ファイルサーバ、そして数多のスマートフォンに至るまでをカバーしており、しかもRaspberryPi等の安価な教材が市販されている。これらにより、本書の実践性がさらに高まった。

　手を動かしながら学んでいけば、著者が第8章末のエピローグで読者に向けた一言、「あなたは、今、私たちの未来を形作るであろうこれらの新しいシステムを設計して作っていくツールを身に付けた」を実感できるだろう。

　本書が読者の教鞭、あるいは自習の一助になればと切に願います。

　なお、本書（pdf版）の翻訳に当たった訳者は以下の4人で、記載の章を分担して翻訳作業に当たった（50音順）。

　　天野英晴：第4章、第5章、第7章、第8章、付録A
　　鈴木　貢：第6章、第9章、付録B、付録C
　　中條拓伯：第1章、第2章、第3章
　　永松礼夫：第1章

　和田英一先生には「推薦のことば」だけではなく、誤植のご指摘もいただきました。感謝申し上げます。（ただ、「2進数」「8進数」などは、先生流儀の「二進数」「八進数」ではなく、アラビア数字のままとさせていただきました。ご了解ください。）

　最後に、本書の翻訳にあたり誤訳のチェックに協力してもらった慶應義塾大学の河野隆太君、奥原颯君、杉本成君、安戸僚汰君、および東京農工大学の五十嵐雄太君、老子裕輝君、小塚郁君、松田和也君、山下貴大君、吉内大成君、鈴木涼太君、村田義雄君、矢内奎太朗君、石川雄登君、照屋大地君、宮崎大智君、渡邊智広君ら、学生の皆さんに感謝します。

　また本翻訳書の発行にあたり多くのご支援をいただいたアーム株式会社の青山淳一氏、株式会社スイッチサイエンスの坪井義浩氏、REVSONIC株式会社の井上善雄氏の各氏に感謝します。

訳者を代表して

鈴木　貢

下記サイトを訳者が設けました：
　http://www.am.ics.keio.ac.jp/arm/
ここには、本書のバグ情報やコメントを載せています。

●著者紹介

サラ・L・ハリス（Sarah L. Harris）
ネバダ大学（University of Nevada）電気コンピュータ工学准教授

デイビッド・マネー・ハリス（David Money Harris）
ハーベイ・マッド大学（Harvey Mudd College）工学教授。

●訳者紹介

天野英晴（あまの ひではる）
1986年、慶應義塾大学工学研究科電気工学専攻修了、工学博士
1985年より慶應義塾大学工学部に勤務
1889年より1990年までStanford大学CSLのVisiting Assistant Professor
現在、慶應義塾大学理工学部情報工学科教授
並列計算機アーキテクチャ、リコンフィギャラブルシステムの研究に従事

鈴木　貢（すずき みつぐ）
1995年、電気通信大学電気通信学研究科情報工学専攻博士後期課程単位取得満期退学
1995年より電気通信大学電気通信学部に勤務
現在、島根大学総合理工学部数理・情報システム学科准教授、博士（工学）
特殊命令セット向けコンパイラ最適化と、オープンソース活用向け工学教育に興味を持つ

中條拓伯（なかじょう ひろのり）
1987年、神戸大学工学研究科電子工学専攻修了、博士（工学）
1989年より神戸大学工学部システム工学科に勤務
1998年よりIllinois大学Center for Supercomputing Research and Development（CSRD）にて、Visiting Research Assistant Professor
1999年、東京農工大学工学部に赴任
現在、東京農工大学大学院共生科学技術研究院准教授
プロセッサアーキテクチャ、FPGAを用いた高性能計算機システムの研究に従事

永松礼夫（ながまつ れお）
1984年、東京大学工学系研究科計数工学専攻博士課程中途退学
1984年より東京大学工学部に勤務
1995年より会津大学情報センターに勤務
現在、神奈川大学情報科学科教授、博士（工学）
並列・分散処理と、プログラミング方法の教育に興味を持つ

● カバーデザイン： アピア・ツウ 中村隆郎

ODP全訳版

ディジタル回路設計とコンピュータアーキテクチャ［ARM版］

2016年4月18日	ブック版発行
2016年9月20日	ODP（On-Demand Printing）版発行

著　者	サラ・L・ハリス、デイビッド・マネー・ハリス
訳　者	天野英晴、鈴木貢、中條拓伯、永松礼夫
出版協力	アーム株式会社、株式会社スイッチサイエンス、REVSONOIC株式会社
発行人	富澤　昇
発　行	株式会社エスアイビー・アクセス（http://www.sibaccess.co.jp） 〒183-0015 東京都府中市清水が丘3-7-15 TEL: 042-334-6780／FAX: 042-352-7191／e-メール: sib-tom@hh.iij4u.or.jp
発売所	株式会社星雲社 〒112-0005 東京都文京区水道1-3-30 TEL: 03-3868-3275／FAX: 03-3868-6588
印刷製本	デジタル・オンデマンド出版センター

ISBN 978-4-434-22501-7　　　　　　　　　　　　　　　　　　　　Printed in Japan

The edition of *Digital Design and Computer Architecture, ARM Edition* by **Sarah Harris**, **David Harris**（邦題：ディジタル回路設計とコンピュータアーキテクチャ［ARM版］）are published by arrangement with ELSEVIER INC., a Delaware corporation having its principal place of bussiness at 360 Park Avenue South, New York, NY 10010, USA.

JAPANESE language edition published by SIBaccess Co. Ltd., Copyright © 2016.

SiB
access　SiB means *Small is Beautiful* and/or *Simple is Better.*